VOYAGE

DANS

L'AMÉRIQUE MÉRIDIONALE

(Le Brésil, la République orientale de l'Uruguay, la République Argentine, la Patagonie, la République du Chili, la République de Bolivia, la République du Pérou).

ALCIDE D'ORBIGNY.

VOYAGE

DANS

L'AMÉRIQUE MÉRIDIONALE

(LE BRÉSIL, LA RÉPUBLIQUE ORIENTALE DE L'URUGUAY, LA RÉPUBLIQUE ARGENTINE, LA PATAGONIE, LA RÉPUBLIQUE DU CHILI, LA RÉPUBLIQUE DE BOLIVIA, LA RÉPUBLIQUE DU PÉROU),

EXÉCUTÉ PENDANT LES ANNÉES 1826, 1827, 1828, 1829, 1830, 1831, 1832 ET 1833,

PAR

ALCIDE D'ORBIGNY,

CHEVALIER DE L'ORDRE ROYAL DE LA LÉGION D'HONNEUR, OFFICIER DE LA LÉGION D'HONNEUR DE LA RÉPUBLIQUE BOLIVIENNE, MEMBRE DE PLUSIEURS ACADÉMIES ET SOCIÉTÉS SAVANTES NATIONALES ET ÉTRANGÈRES.

Ouvrage dédié au Roi,

et publié sous les auspices de M. le Ministre de l'Instruction publique

(commencé sous M. Guizot).

TOME PREMIER.

PARIS,

CHEZ PITOIS-LEVRAULT ET C.e, LIBRAIRES-ÉDITEURS,

RUE DE LA HARPE, N.° 81;

STRASBOURG,

CHEZ V.e LEVRAULT, RUE DES JUIFS, N.° 33.

1835.

VOYAGE

DANS

L'AMÉRIQUE MÉRIDIONALE.

CHAPITRE PREMIER.

Premières études et travaux préparatoires de l'auteur. — Sa mission. — Départ de France. — Arrivée et séjour à Ténériffe. — Départ de Ténériffe. — Suite et fin de la traversée.

Soumis au grand mouvement imprimé à tous les esprits, dans le cours du dernier siècle et dans le premier quart du siècle présent, les voyages, comme toutes les autres branches de la littérature scientifique, ont dû prendre un caractère plus imposant et plus sérieux que celui qu'on leur reconnaissait généralement, antérieurement à cette époque de régénération et de progrès.

Les voyages ne sont plus, comme naguères, relégués dans le coin le plus obscur des bibliothèques, parmi les romans et les ouvrages de pure imagination; et, sans avoir cessé de fournir une distraction agréable à l'homme du monde, qui ne veut que se délasser de ses plaisirs, la lecture en est devenue un besoin pour l'homme grave, qui cherche à se distraire de ses études, et pour le savant, toujours plus avide d'augmenter la masse de ses connaissances; d'où il suit que les voyages entrent réellement, aujourd'hui, dans le domaine de toutes les classes éclairées, et sont, grâces aux pas immenses qu'ont faits dernièrement, et que font encore, tous les jours, la physique générale et particulière, l'indispensable complément de toute éducation libérale.

De là, deux dispositions également encourageantes pour ce genre de travaux; d'abord, le discrédit absolu dans lequel est tombé, depuis assez long-temps déjà, l'injuste préjugé qui enveloppait, sans choix et sans critique, dans une même défaveur, les expéditions lointaines, en les frappant toutes indistinctement du stigmate d'un vieux proverbe, dont le texte trivial n'est plus qu'un non-sens ridicule. Les voyageurs, en effet, se trompent toujours, sans doute, ou peuvent toujours se tromper, car ils sont hommes....; mais les voyageurs ne *mentent* plus.... Et comment oseraient-ils mentir, en présence d'un public en général aussi défiant qu'éclairé, d'une critique toujours éveillée, d'une presse toujours prête à révéler leurs impostures?

Une seconde disposition, non moins favorable aux travaux de l'écrivain-voyageur, c'est la sympathie qui vient accueillir et féconder à la fois la pensée qui le préoccupe et le sentiment qui l'agite, dès que la franchise et la loyauté de son début ont pu lui conquérir la confiance du lecteur ombrageux et établir entr'eux et lui cette douce communauté d'impressions, première et souvent seule récompense de l'homme de lettres délicat et consciencieux; mais à quel prix l'heureux écrivain l'obtiendra-t-il, cette confiance, gage infaillible des succès les plus flatteurs qui puissent couronner ses efforts?

Le lecteur a déjà répondu, en trouvant, dans ces réflexions préliminaires, non pas l'apologie gratuite, mais l'explication nécessaire des détails personnels auxquels je me verrai quelquefois contraint de me livrer, dans le cours de ces récits. Équitable et bienveillant, il n'y cherchera point l'odieuse préoccupation de l'égoïsme et de la vanité; mais il y reconnaîtra le désir naturel et légitime de m'identifier, en quelque sorte, avec lui, pour le rendre plus utilement pour lui-même, le confident le plus intime de tous mes sentimens et de toutes mes pensées.

Prêt à m'élancer avec lui, jeune encore, au milieu des hasards d'une carrière immense, j'ai besoin de me dire qu'en consentant à m'accepter pour guide, il daigne aussi m'accorder son appui; et si, dans notre route, vient s'unir à mes observations et à mes recherches, l'éloge si facile des hommes distingués qui, comme amis, comme maîtres ou comme émules, ont affermi mes premiers pas, le lecteur aussi, je l'espère, me reconnaîtra, dans l'expression toujours aussi franche que profondément sentie de mon admiration et de ma gratitude pour les uns, dans la réserve et dans la modération de ma critique des autres, et dans mon respect pour tous, un droit de plus à cette confiance, dont le défaut rendrait improgressive et inféconde à jamais l'exploitation des plus riches trésors de la nature et des champs les plus fertiles de l'intelligence.

Né avec des dispositions toutes particulières pour les sciences naturelles, dispositions qui se manifestèrent en moi dès mes premières années, je dus, aux encouragemens d'un père honorablement connu du monde savant, et à ses doctes leçons, le développement prématuré de l'irrésistible instinct qui m'entraînait vers leur étude.

Habitant alors le littoral de notre France, je m'occupais tour à tour, sous la direction de ce sage Mentor, des productions variées que j'avais continuellement sous les yeux, ce qui ne tarda pas à me donner des notions assez étendues sur plusieurs des branches de la zoologie et de la géologie; et c'est, sans nul doute, à ces études premières, perfectionnées, dans la suite, à Paris, que je dois le succès de mon long voyage, auquel, dès-lors, me préparait, à mon insçu, mon goût prononcé pour les excursions scientifiques.

Tout en continuant à m'instruire sur les généralités des diverses branches de l'histoire naturelle, je sentis bientôt qu'il m'importait de m'attacher à une spécialité, afin de l'approfondir le plus possible.

Je dus m'arrêter aux animaux mollusques et rayonnés, alors fort peu connus et que j'étais plus à portée d'étudier. Je m'en occupais avec ardeur. Mes premiers essais furent encouragés par mon père et par M. Fleuriau de Bellevue, de La Rochelle, les deux seules personnes qui s'occupassent alors sérieusement des sciences naturelles dans la ville de Réaumur; et c'est même à la complaisance de M. Fleuriau, non moins obligeant qu'instruit, que je dus les moyens d'étudier ces myriades de petits êtres que je rencontrais, à chaque pas, dans les sables de nos côtes; et, après six années de travail, j'avais préparé, sur les Céphalopodes microscopiques, une publication générale, dont mon prompt départ ne m'a permis de faire connaître encore que le prodrome.

M. de Férussac me fit venir à Paris au commencement de 1824. L'idée peut-être trop avantageuse qu'il avait conçue de moi, le porta à m'offrir une collaboration dans les divers travaux qu'il entreprenait. J'étais riche d'observations, et de dessins faits sur le vivant de beaucoup d'animaux de France, dont une partie devait entrer dans les publications projetées. Accueilli avec bonté par les savans de notre capitale, je pus suivre mes goûts favoris d'une manière plus spéciale, et étudier, sous leur direction, une science qui me devenait de plus en plus chère.

Je m'occupais à coordonner mes nombreuses observations sur les mollusques, lorsqu'à l'occasion du départ d'Europe d'une compagnie anglaise, chargée d'exploiter les mines de Potosi, dans la Bolivia, l'Administration du Muséum forma le projet d'envoyer en Amérique un Naturaliste-voyageur, et me fit part de ses intentions à cet égard. Cette communication réveilla en moi l'amour des voyages, bientôt modéré, néanmoins, par le désir d'étudier encore. Je ne me trouvais pas assez instruit pour accepter une pareille mission, que j'ambitionnais de remplir le plus consciencieusement possible. Je voulais travailler quelques années de plus, afin d'acquérir, au moins en partie, les connaissances variées, nécessaires à un voyageur qui prétend servir efficacement la science et faire connaître un pays sous ses divers points de vue.... mais il en fut autrement!

Au commencement de Novembre (1825) M. Geoffroy Saint-Hilaire me prévint que, dans une séance de l'Administration du Muséum, de concert avec MM. Cuvier, Brongniart et autres de ses collègues, il avait proposé de me charger du voyage projeté, et que j'avais été nommé. Je fus extrêmement flatté de cette marque de confiance, tout en ne sachant pas trop, d'abord, quel parti prendre; et je demandai du temps pour me décider : l'Administration m'en accorda.

L'idée de parcourir l'Amérique sous des auspices aussi flatteurs me souriait on ne peut davantage. Mille tableaux, tous plus séduisans les uns que les autres, se peignaient à mon imagination. Je me voyais déjà au sein de cette nature vierge, entouré d'objets nouveaux et observant sur leur sol natal ces animaux qui caractérisent un autre hémisphère. Les conseils de quelques voyageurs expérimentés ne contribuèrent pas peu à me déterminer. J'allai visiter MM. les professeurs du Muséum et j'acceptai avec empressement leur proposition, à la seule condition de rester encore quelque temps en France, pour corroborer mes études et me mettre ainsi en état de faire un voyage plus avantageux : l'Administration voulut bien condescendre à mes vues.

Dans sa séance du 15 Novembre suivant, elle me nomma Naturaliste-voyageur et m'alloua, comme élève du Muséum, un traitement pour tout le temps que je passerais à étudier, en attendant l'instant du départ. Je ne m'occupai plus, dès-lors, que de l'acquisition des connaissances les plus nécessaires à la mission qui m'était confiée. La bienveillance de MM. les professeurs du Muséum vint à mon secours. L'immortel Cuvier daigna me consacrer quelques-uns de ses précieux instans. Je reçus de lui des directions verbales étendues sur ce que je pourrais faire en Amérique, pour l'ensemble de la zoologie; et l'intérêt qu'il prenait à un grand travail que j'avais entrepris avec M. de Férussac sur les Céphalopodes cryptodibranches[1] et les Gastéropodes nudibranches[2], le porta à me permettre d'étudier au cabinet d'anatomie du Muséum tout ce qui appartenait à ces deux séries d'animaux.

M. Alexandre Brongniart, que j'ai partout et toujours trouvé rempli pour moi d'une bienveillance qui ne s'est jamais un seul instant démentie, voulut bien me donner, avec une patience et une bonté toutes paternelles, des leçons particulières de géologie, et mit à ma disposition ses nombreuses collections.

1. Ce travail paraît seulement à présent.

2. Ce travail, complet alors, mais dont les nouvelles découvertes exigeront le remaniement partiel, est encore, texte et planches, dans les porte-feuilles de M. de Férussac. Il ne tardera, sans doute, pas à paraître.

M. Geoffroy Saint-Hilaire me communiqua quelques-unes de ses vues physiologiques; et je suivis, enfin, avec empressement, les doctes cours de MM. Cordier, de Blainville, Latreille et autres, pour ne négliger aucun moyen de m'instruire de toutes les parties de l'histoire naturelle, qui devait être le principal but de mon voyage.

Je sentais que, devant voyager seul, il m'était indispensable de m'occuper de tout ce qui pouvait rendre plus complètes et moins arides des recherches de la nature de celles que j'allais entreprendre; je veux dire des sciences accessoires, comme la géographie, l'ethnologie, l'histoire, etc. Je visitai, dans cet intérêt, nos plus célèbres voyageurs. M. de Humboldt eut la complaisance de me poser une foule de questions à résoudre, et de me mettre au fait des moyens d'observation dans ces contrées lointaines. C'est même à ses démarches que j'ai dû de pouvoir emporter des baromètres, les seuls instrumens qui m'aient été donnés. Ce savant illustre m'offrit, de plus, des recommandations que son nom, si avantageusement connu en Amérique, devait me rendre des plus précieuses. Tous les voyageurs s'empressèrent de m'indiquer le matériel nécessaire au voyage. MM. Quoy, Gaimard, Lesson et Garnot me communiquèrent les fruits de leur expérience des voyages par mer; MM. Auguste de Saint-Hilaire et Milbert, ceux de leur pratique des voyages de terre ferme. Je dus au premier des recommandations pour plusieurs habitans de Rio de Janeiro et de Montevideo, et j'obtins de mes amis des notes détaillées sur les objets à observer, surtout relativement à la botanique. M. Adolphe Brongniart, en particulier, ne négligea rien pour me mettre à portée de me rendre utile à cette dernière science. M. Isidore Geoffroy Saint-Hilaire vint rédiger pour moi, dans les galeries du Muséum, les notes les plus précieuses, sur les objets à recueillir en mammifères et en oiseaux; et, spécialement, sur les observations à faire relativement à leurs mœurs, encore si peu connues. Il voulut bien se charger, en outre, du dépôt de mes observations, à mesure que j'en ferais de nouvelles.

Tout souriait à mes vœux pour l'avenir de mon expédition. J'avais recueilli tous les renseignemens désirables et je me voyais enfin en mesure d'utiliser mon séjour en Amérique. Une seule chose m'inquiétait encore. Le Muséum m'avait accordé 6000 francs par an pour voyager, acheter les objets d'histoire naturelle et transporter les collections jusqu'aux ports. Quoique ce fût le maximum de ce qu'il avait fait jusqu'alors, déjà bien convaincu de l'insuffisance d'une pareille subvention, pour parer aux dépenses d'un voyage de cette nature, des informations ultérieures m'en convainquirent encore davantage, et les sinistres paroles du savant M. Desfontaines, professeur de botanique au Muséc, à l'époque d'une dernière visite, résonnaient sans cesse à mon oreille : « N'allez pas en Amérique avec cette modique somme, m'avait-il dit; vous allez y mourir de faim. » Que faire, cependant? Mon parti était bien pris et j'aurais difficilement reculé, après avoir accepté les conditions du Muséum; mais une ressource me restait. Je savais avec quelle générosité M. le duc de Rivoli protégeait ceux qui s'occupaient des sciences naturelles. Toujours bien accueilli par lui, je me décidai à aller le trouver à sa résidence de la Ferté Saint-Aubin. Je lui peignis franchement ma position; il m'écouta comme je devais m'y attendre; il me comprit et m'accorda 3000 francs par an, jusqu'en 1830.

Je dois le déclarer ici; sans cette augmentation de subsides, ma mission était tout-à-fait manquée. J'entre dans ces détails, sans trop craindre de fatiguer le lecteur; le lecteur me les pardonnera, en faveur du plaisir si doux que j'éprouve à lui faire partager la reconnaissance que je dois personnellement à M. le duc de Rivoli, et que lui devra, comme moi, quiconque prendra quelqu'intérêt aux résultats consignés dans cet ouvrage.

Au commencement de Mai (1826), je reçus du ministère de la marine l'avis que la corvette de charge, la *Meuse,* devait partir, sous peu, pour l'Amérique méridionale, et que j'avais mon passage sur ce navire.

Le 27 Mai, je quittai Paris. Je ne m'éloignais pas sans regret de cette belle capitale. Il me semblait que je ne reverrais plus ce sanctuaire de la science. Je passai par La Rochelle, pour faire mes derniers adieux à une famille chérie; je ne jouis qu'avec inquiétude de ses embrassemens, obligé que j'étais de m'arracher bientôt de son sein et de me rendre au lieu d'embarquement. Ceux-là qui se sont quelquefois séparés de parens et d'amis qu'ils aiment, surtout pour aller affronter les périls d'une mission où presque tout est abandonné au hasard, ceux-là seuls pourront se faire une idée des sensations que j'éprouvais en me séparant des miens; mais je ne sais quel instinct secret me disait intérieurement : tu les reverras!

Une lettre du ministère de la marine m'avait fait partir trop promptement. J'arrivai à Brest avant le navire qui devait m'emmener, et je l'attendis pendant plus d'un mois; mais ce temps ne fut pas tout-à-fait perdu pour mes études. Je l'employai à des recherches dans les environs de Brest, où j'eus le bonheur de rencontrer beaucoup d'animaux marins intéressans, et même des genres nouveaux.... On court au loin faire des découvertes, et les côtes de notre France sont encore bien peu connues.

Il est difficile de se figurer l'impatience que causent les retards prolongés lorsqu'une résolution est bien prise. Tous les jours j'allais sur le port voir si l'armement du navire avançait; tous les jours on me disait : ce sera pour demain; et je revenais tristement à mon domicile.

1826 En mer. 29 Juillet.

Je m'embarquai le 29 Juillet. Et dès-lors, nous n'attendions plus pour partir que le signal que devait nous donner le navire commandant la rade. Ce signal même se fit bien long-temps attendre : on l'aperçut enfin le 31, à deux heures. De suite, on leva l'ancre et les voiles se déployèrent. Un ciel pur, une forte brise de nord-est, tout présageait un départ heureux. Nous vîmes s'éloigner la ville de Brest; bientôt nous passâmes au milieu du goulet et nous gagnâmes la pleine mer; les côtes s'effacèrent peu à peu; la seule île d'Ouessant se montrait encore à nos yeux; elle disparut bientôt elle-même et il fallut dire un dernier adieu à la terre natale. Une tristesse vive et difficile à définir pénétra bientôt nos cœurs; mais enfin la nuit, en nous amenant le sommeil, mit fin aux pénibles réflexions qui nous agitaient.

Nous fûmes assez malades de cette incommodité que l'on ne peut éviter, et qui provoque l'hilarité des marins: le *mal de mer* me tourmenta pendant plusieurs jours; c'était le dernier tribut que j'avais à payer à cet élément; car je n'en ai jamais souffert depuis.

Je crois inutile d'entrer dans des détails nautiques qui fatiguent le plus souvent le lecteur, sans autre avantage que celui d'envahir beaucoup de terrain. Je me contenterai de dire que nous aperçûmes, près des côtes de Portugal, quelques varechs[1], et que diverses troupes de cétacés passèrent près du navire, par le parallèle du cap Finistère. Parmi ces cétacés, qui étaient d'espèces différentes, plusieurs avaient de cinquante à soixante pieds de long; ils faisaient jaillir l'eau à une grande hauteur, se distinguant les uns par une teinte gris pâle, et les autres par une couleur brune. Nous suivîmes des yeux, avec plaisir, ces énormes animaux, qui nageaient avec une assez grande vîtesse et qui paraissaient se jouer à la surface des ondes. Un autre jour, une troupe de petits marsouins passa près de nous; ils sautaient obliquement à qui mieux mieux; quelques-uns s'élançaient hors de l'eau à plus de trois pieds et s'y replongeaient ensuite, nous donnant, pendant assez long-temps, un spectacle nouveau; puis ils disparurent. Nous crûmes aussi apercevoir quelques tortues. A la mer, on redevient enfant; on s'amuse de tout; on saisit au passage, avec l'avidité de l'enfance, le moindre objet qui

1. *Fucus longissimus.*

1828. vient y rompre l'assommante monotonie des journées toujours uniformément
En mer. commencées et finies.

9 Août. Le 9, à une heure, nous aperçûmes, encore confondues avec les nuages, les montagnes élevées de l'île de Madère, dont les crêtes déchirées couronnent un sol ancien, théâtre des révolutions volcaniques, qui paraissent avoir ravagé tout l'archipel des Canaries. Plusieurs petites îles, que nous avions en vue, présentaient le même aspect : partout des cimes écrasées et découpées, et des coteaux escarpés, qui, vus à la distance de six à sept lieues, offrent l'image de murailles perpendiculaires d'une très-grande élévation. Le coucher du soleil est des plus beaux dans ces lieux : l'horizon nous montrait des montagnes bleuâtres qui venaient se détacher sur sa ligne invariable et apporter quelque diversion à cette uniformité si fastidieuse à la mer. Les seuls êtres animés que nous eussions près de nous, étaient de petits pétrels de tempête[1], qui sautillaient sur l'eau, derrière le navire; et, de temps en temps, quelques puffins. Au sein de cette vaste solitude, on s'intéresse au moindre oiseau, on s'en occupe un instant, on aime à le suivre, tantôt dans son vol léger, tantôt dans la manière dont il prend sa nourriture.

L'officier chargé du soin des montres ayant oublié de monter le chronomètre, une relâche paraissait indispensable, et l'on avait décidé que les observations nécessaires se feraient à Ténériffe. Cette décision nous fit grand plaisir; car elle nous donnait l'espoir de fouler, le lendemain, une terre nouvelle. Il faudrait être naturaliste et enthousiaste pour se faire une idée bien juste de ce que j'éprouvais; ce que mes yeux, avides de nouveautés, espéraient y rencontrer, mon imagination exaltée se le représentait sous la forme de mille chimères. Dès-lors, plus de sommeil possible pour moi. Le 12, l'aurore me trouva sur le pont, cherchant à percer de mes regards les vapeurs du matin, pour distinguer la terre. J'attendis encore long-temps; enfin, la terre se montra, à la distance de dix à douze lieues, ressemblant d'abord, à l'horizon, à ces nuages qui, tant de fois, ont trompé les marins, dans des parages inconnus; mais qui amusent le voyageur oisif, heureux de tromper un instant, par là, son long ennui dans ces longues traversées. Peu à peu la terre se détacha davantage, sans que nous pussions apercevoir encore le fameux pic, toujours caché par les nues amoncelées; enfin, ce géant africain montra sa tête au-dessus d'un voile de vapeurs qui l'enveloppèrent encore assez long-temps, et ne disparurent que très-lentement, à mesure que le soleil prenait

1. *Procellaria pelagica*, Brisson.

de la force. Je n'avais jamais vu que de petites montagnes; aussi avais-je 1828. de la peine à croire que ce cône écrasé, qui forme le sommet du pic, fût une En mer. continuité de la terre qui se montrait bien nettement au-dessous des nuages. Au retour de mon voyage au Pérou, je n'aurais pas fait cette observation. Bientôt les nuages disparurent entièrement; et la terre montra ses contours mamelonnés, qui se dessinaient gracieusement sur un ciel du plus bel azur.

A mesure que les différens mamelons se détachaient sur le fond et qu'un 11 point de plus se montrait plus nettement, j'éprouvais intérieurement des Août. sensations exquises qu'il me serait difficile de décrire; mais je les éprouvais seul, et ne les vis point partager par mes compagnons, habitués à voyager. Cependant la terre paraissait s'élancer au-devant de nos désirs; bientôt, on distingua des points éclairés qui, peu de temps après, furent reconnus pour une réunion de maisons, une ville. Le vent nous poussait rapidement, et nous ne tardâmes pas à reconnaître la ville de l'*Orotava*, assise sur un plateau élevé de cent soixante toises au-dessus du niveau de la mer[1]. Nous vîmes distinctement la partie basse, appelée port, communiquant avec la ville par un beau chemin qui se dessine sur le penchant de la montagne. Nous supposions pouvoir débarquer dans quelques heures; mais il en fut autrement. Les bâtimens de guerre ne relâchant jamais à l'Orotava, Santa-Cruz est le seul port des Canaries où ils soient reçus; aussi éprouvâmes-nous le chagrin de changer tout à coup de direction : le commandant donna l'ordre de virer de bord; nous nous éloignâmes de terre, pour courir une bordée et pour nous trouver le lendemain près du port de Santa-Cruz.

Le lendemain, vers midi, nous doublâmes la pointe d'Anaga, qui nous 12 cachait Santa-Cruz, et nous eûmes la certitude d'aller le même soir à terre. Août. Nous longeâmes la rangée de montagnes déchirées et arides qui bordent cette partie de la côte; nous y cherchâmes en vain une végétation active; la lunette nous montrait, pour toutes richesses végétales, des groupes d'euphorbes à feuilles de cactus, placés sur les assises des rochers, et quelques plantes rabougries. Peu de temps après, encore à l'aide de la lunette, nous découvrîmes les tours de deux églises de Santa-Cruz; enfin, vers trois heures, nous mouillâmes, à peu de distance de terre, en face de la ville. Il ne tarda pas à s'approcher du bord un canot, portant un officier de la marine espagnole et le vice-consul français. Après les questions d'usage sur la santé des gens du bord, le canot partit, pour annoncer au commandant que notre

1. Humboldt, Voyage aux régions équinoxiales, tom. I, pag. 248.

1826. En mer. intention était de saluer; bientôt, en arborant le pavillon espagnol au haut du grand-mât, on le salua de vingt et un coups de canon; les forts de la côte répondirent au salut et l'écho des montagnes en reproduisit long-temps au loin les sons belliqueux.

Nous étions dans une grande baie ouverte, que bordent, de chaque côté, une suite de montagnes ravinées par le lit des torrens qui les sillonnent de distance en distance. Derrière la ville s'étend un vaste terrain en amphithéâtre, de plus en plus élevé; au premier aspect, la ville offre un coup d'œil assez pittoresque, que je retrouvai plus tard à Valparaiso, au Chili; elle se déploie sur le bord de la côte : on y remarque un air de propreté; les maisons, bien bâties, mais peu élevées et n'ayant, au plus, que deux étages, sont peintes de diverses couleurs et ont, à leurs angles, une ligne noire simulant un pilastre : toutes sont surmontées d'une terrasse.

Ténériffe. Nous descendîmes à terre le soir; nous débarquâmes au môle, construit en pierres de taille. Malgré cette construction avancée, le débarcadaire est incommode; les canots s'y brisent fréquemment; et il est rare qu'on y puisse descendre sans se mouiller; car la mer y est toujours grosse et y déferle avec violence. Je vis d'abord une promenade publique peu vaste, ne contenant, alors, que quelques tamarisques et des peupliers blancs; et ornée, dans le style mauresque, de petits pilastres alignés, peints de diverses couleurs; ornement qui ne me parut pas de bon goût. Il est vrai que j'étais encore préoccupé du souvenir de nos beaux monumens de France. J'allai sur la place, à l'une des extrémités de laquelle est une grande fontaine, en forme de pyramide quadrangulaire. Cette place est munie de trottoirs en pierres de taille et artistement pavée de cailloux roulés de diverses couleurs, arrangés symétriquement et représentant des dessins assez réguliers. Nous ne trouvâmes, d'ailleurs, de remarquable, dans la ville, que l'extrême propreté qui la distingue.

Comme il faisait encore jour, je ne vis, dans les rues, que des femmes du peuple; elles sont habillées à l'espagnole, avec une écharpe ou mantille de laine blanche, dont elles s'enveloppent la moitié de la tête, et dont les bouts pendent ou sont croisés sur la poitrine. Quelques-unes portent, en outre, un chapeau d'homme. J'ai retrouvé un costume analogue dans les villes du Haut-Pérou. Les hommes ont un pantalon qui ne leur va qu'au genou et dont les bords sont libres sur le côté. La plupart des enfans des deux sexes, dans les classes inférieures, vont tout nus; aussi leur peau est-elle basanée. Les femmes ont ce caractère de figure propre à tous les descendans des fiers

Castillans; elles ont, en général, des traits assez prononcés et de beaux yeux noirs, ce qui ne contraste pas mal avec la blancheur des femmes des hautes classes de la société. Ces dernières se renferment chez elles et n'en sortent que pour aller à la messe. On ne les voit pas aux fenêtres, comme en France; et une sorte de petit guichet (*postigo*), pratiqué aux croisées, leur permet de voir au dehors, sans risquer d'être vues elles-mêmes. 1828. Ténériffe.

Je n'entrerai pas dans plus de détails sur les mœurs des habitans. Il faut un long séjour pour se prononcer à cet égard; et un voyageur qui ne voit qu'en passant, doit toujours craindre de se tromper. Du reste, une foule d'ouvrages en ont déjà parlé; et l'on ne saurait mieux faire que d'attendre la savante histoire des îles Canaries, que préparent MM. P. Barker Webb et Sabin Berthelot, qui ont séjourné long-temps dans toutes ces îles, et qui, mieux que personne, sont à portée d'en compléter la description.

Comme dans beaucoup des pays chauds d'Amérique, je vis un grand nombre de femmes des classes inférieures se baigner, tous les soirs, au môle même; elles étaient entièrement nues et laissaient à la demi-obscurité de la nuit le soin de voiler leurs formes; elles ne paraissaient pas du tout s'occuper du voisinage d'un grand nombre d'hommes que la fraîcheur de la mer attire sur le môle, promenade du soir de ces lieux. Je remarquai, parmi les curieux, plusieurs prêtres portant, comme tous ceux que j'ai vus depuis en Amérique, un chapeau relevé de chaque côté.

Je désirais descendre de bonne heure, le lendemain, pour aller faire des courses d'histoire naturelle; mais le caprice du commandant de la *Meuse* en décida autrement. Il ne voulut pas me faire donner un canot; et je fus obligé d'attendre qu'un bateau de pêcheurs consentît à me prendre, en payant. Je saisirai cette occasion de signaler l'espèce de rivalité, si préjudiciable à l'avancement de la science, qui existait, à cette époque, entre quelques officiers de marine et les naturalistes. Je n'ignore pas l'origine de ce préjugé, qui semblait vouloir faire expier à une classe entière la gaucherie d'un seul, mort depuis à Madagascar; mais il n'en est pas moins injuste. Je regrette d'avoir à dire que j'eus beaucoup à souffrir, pendant toute cette traversée, du manque absolu de procédés du commandant et de son lieutenant, qui ont poussé le mauvais vouloir jusqu'à entraver continuellement mes explorations. Je me hâte d'ajouter que l'aimable société des autres officiers du bord m'indemnisait amplement des dédains de leurs chefs; et, glissant rapidement sur un sujet aussi pénible, j'anticiperai quelque peu sur le cours de mon voyage, pour rendre ici un hommage public à plusieurs autres officiers de la marine

1826. Ténériffe. de l'État, parmi lesquels je nommerai M. Lefèvre, commandant de la *Zélée*, en 1826, et M. du Petit-Thouars, commandant du *Griffon*, en 1833. Tous, avec une délicatesse, une grâce et une complaisance infinie, ont constamment tout mis en œuvre pour me seconder dans mes travaux, en facilitant de tout leur pouvoir mes observations et mes recherches.

La petite barque de pêcheur ne put me mettre à terre qu'à dix heures du matin. J'avais perdu toute la matinée, et une chaleur accablante se faisait déjà sentir. Une fois débarqué, j'éprouvai une joie extrême, que l'on ne goûte qu'en foulant pour la première fois une terre étrangère et éloignée du sol natal. Je me dirigeai vers le lit d'un torrent voisin, en marchant sur des débris de basaltes, transportés par les eaux. J'admirais ces masses imposantes tourmentées par les orages et par les anciennes éruptions qui, tant de fois, en des temps reculés, ont changé la forme de leurs crêtes élevées. Partout des roches saillantes, nues, ne donnant pas même naissance à un malheureux lichen. Je ne trouvai qu'un peu plus loin des euphorbes[1] bravant l'excès de la chaleur et de la sécheresse, et se groupant, dans les crevasses des rochers, en jolis candelabres d'un beau vert, élevés de six à sept pieds. Quelques petits arbustes sont dispersés çà et là, comme pour montrer que la nature n'est pas tout à fait ingrate envers ce sol bouleversé. Je n'avais apporté qu'une petite quantité d'eau : l'exercice que je fis en soulevant des pierres, pour chercher dessous des hélices, n'avait fait qu'augmenter la soif qui me dévorait. J'aperçus, dans le ravin, à une assez grande distance, des arbustes dont les feuilles jaunissantes attestaient le besoin d'humidité; je portai machinalement mes pas de ce côté, et je les reconnus avec plaisir pour des figuiers blancs, chargés de figues à moitié sèches, qui apaisèrent momentanément ma soif; puis je m'enfonçai, tout en poursuivant mes recherches, dans les sinuosités du lit desséché du torrent. La soif se fit bientôt de nouveau sentir, et avec plus de violence; la chaleur était étouffante; pas un souffle de vent ne venait la tempérer. Le sol noirâtre était brûlant; aussi m'estimai-je très-heureux de rencontrer un berger descendu des montagnes, tandis que ses chèvres paissaient librement sur les coteaux escarpés. Je lui demandai de l'eau. Il se montra d'une obligeance extrême. Il alla chercher un petit baril qu'il avait caché dans une petite cabane couverte de branchages, et me l'offrit. Je bus à longs traits, et recouvrai les forces nécessaires pour continuer ma promenade. Je trouvai, à

1. *Euphorbia Canariensis*, Lin.

quelque distance, une grotte spacieuse, taillée dans le roc. Cette grotte me paraissait avoir dû être l'une des demeures de ces fameux Guanches, les premiers habitans de l'île. J'y pénétrai, et la fumée qui en noircissait la voûte et les parois, justifia mes prévisions. Plus tard, je fis la découverte d'une source d'eau limpide. Je m'y arrêtai, afin d'y faire un léger repas, avec les provisions dont je m'étais muni. 1826. Ténériffe.

Peu de temps après, le plus beau spectacle s'offrit à moi. Le soleil n'éclairait plus que le sommet des montagnes, dont les crêtes en feu contrastaient avec l'ombre, qui se répandait de toutes parts. Des groupes de cierges plus rapprochés et quelques arbustes verts annonçaient encore un peu de vie; l'aspect agreste des coteaux, la solitude dans laquelle je me trouvais, tout me disait que je n'étais plus en France; et j'osais à peine articuler un mot, dans la crainte de troubler le silence sauvage de ce désert, interrompu seulement par les sifflemens des bergers, que répétaient mille fois les échos. J'entendais ces bergers, armés d'une longue lance, appeler, du haut des pics, leurs chèvres qui, se ralliant paisiblement à ces sons si bien connus d'elles, descendaient, à pas mesurés, du sommet des monts, et se réunissaient en troupes, au signal de leur guide. Je les vis se diriger vers l'entrée du ravin; et, bientôt, s'éloigner avec lenteur. Toujours en extase, j'entendais encore, dans le lointain, le son aigu des sifflemens et le tintement des clochettes suspendues au cou des chèvres. Bientôt les sons se perdirent tout à fait dans le vague des airs. Je m'aperçus alors seulement que la nuit s'avançait et que j'étais seul au milieu des montagnes.

Mon parti fut bientôt pris. Je me décidai à passer la nuit dans la grotte des Guanches. J'y retournai; et, avant d'y prendre possession de ma couche improvisée, je restai long-temps encore en dehors. La nuit était calme et sans lune; le silence solennel; à peine entendait-on le bruissement des ailes de quelques chauves-souris et le chant monotone de quelques oiseaux nocturnes. Cependant la nuit s'avançait; je rentrai daus ma grotte, et je m'y couchai pour réparer les fatigues du jour. Telle fut la première nuit que je passai dans la campagne; nuit suivie, depuis, dans mes voyages, de tant d'autres du même genre, que je finis par trouver du plaisir à ne plus habiter sous un toît.

Le lendemain, je repris le chemin de Santa-Cruz; et, de là, je me dirigeai à pied vers la capitale de l'île, la Laguna de Mercedes. Les habitans comptent une lieue et demie de Santa-Cruz. Il me fallut près de deux heures pour m'y rendre. Le chemin est on ne peut plus difficile. J'allais toujours montant sur une pente assez raide, et marchant sur des morceaux de lave, qui, en moins

1826. Ténériffe. d'une heure, eurent déchiré ma chaussure. Tout le long de la route, j'avais lieu de reconnaître que, malgré les obstacles que leur oppose la nature, les habitans sont laborieux. Les terrains qui bordaient le chemin étaient labourés, et les coteaux des montagnes plantés de vignes, dont la verdure formait un contraste piquant avec l'aridité des terrains en chaume des environs. J'arrivai non sans fatigue à la Laguna. Cette ville me parut assez bien bâtie, dans le genre de toutes les villes américaines, c'est-à-dire divisée en carrés (*cuadras*) de maisons d'égale grandeur. Les rues en sont bien pavées. Les habitans riches de Santa-Cruz viennent y passer le temps des chaleurs, qui sont très-fortes au bord de la mer, et jouir de la belle végétation des environs. Les campagnes, en effet, sont riches, et l'on y trouve l'agréable mélange des orangers, des citronniers et des bananiers.

Après avoir vu la ville, je me dirigeai sur l'un des points boisés du pays. Je traversai de belles campagnes, et je gagnai un petit bois composé d'arbres peu élevés. Sur les montagnes voisines on apercevait des sapins[1], qui donnent aux habitans un bois utile à tout; car ils l'emploient aux charpentes et à la construction des conduites d'eau par lesquelles Santa-Cruz se fournit de l'eau nécessaire à sa consommation.

En revenant à Santa-Cruz, je rencontrai beaucoup de chameaux, qui servent au transport des marchandises jusqu'à la Laguna, et une foule de femmes, avec d'énormes paniers sur leurs têtes. C'est ainsi qu'elles transportent, tous les jours, les fruits, pour l'approvisionnement de Santa-Cruz. Il n'est pas rare de les voir chargées de fardeaux pesant près de soixante livres. Quelques-unes vont pieds nus, ce qui paraît incroyable, à cause des cailloux de la route.

J'éprouvai, en descendant à Santa-Cruz, une chaleur proportionnément plus intense que la fraîcheur que j'avais sentie en montant à la Laguna. J'ai souvent, depuis, observé le même phénomène, dans mes courses au milieu des hautes montagnes de Bolivia et du Pérou.

J'employai les jours suivans à dessiner des animaux marins et des poissons, et à faire des recherches sur la côte et sur les montagnes. Mes recherches furent assez fructueuses. Le nombre d'espèces de poissons est des plus varié, et je trouvai beaucoup de varechs et des polypiers. Les montagnes m'avaient présenté plus de dix espèces de coquilles terrestres.

18 Août. Le 18 Août, j'étais retourné à bord, attendant l'instant du départ. Les

1. *Pinus Canariensis.*

nuages permettaient alors de voir en plein le pic de Ténériffe, long- 1826.
temps soustrait à nos regards. Son cône écrasé s'étant éclairé, paraissait Ténériffe.
couvert de neiges, et se détachait sur un ciel d'un bleu foncé. Combien de fois, depuis, en parcourant les côtes du Pérou et en contemplant les sommités neigeuses des Andes, ne me suis-je pas rappelé la première impression que m'a fait éprouver la vue du pic de Ténériffe! C'est aussi là que j'ai rencontré des ravins aussi secs et aussi dénués de végétation qu'aux environs de Santa-Cruz.

Le soir, nous mîmes à la voile, et les ténèbres nous contraignirent à faire, En mer.
plus promptement que nous ne l'aurions désiré, nos adieux à cette île montueuse. Un autre spectacle nous attendait. La nuit, une foule de petites barques de pêcheurs s'éloignent de la côte; et, à l'aide de feux, attirent les poissons, qu'on pêche de diverses manières. Rien de plus pittoresque que ces lumières vacillant au gré des vagues, et se reflétant sur l'eau au milieu d'une obscurité augmentée par les montagnes. Cette scène singulière s'éloignait de notre vue, à mesure que nous avancions. Elle disparut enfin entièrement, et nous nous retrouvâmes de nouveau seuls au sein de l'océan.

Un beau requin, qui suivait le navire, nous offrit un jour l'une de ces distractions enfantines, ressource des longues traversées. Il semblait se jouer sur l'eau, remuant à peine ses énormes nageoires. Nous lui jetâmes un appât, qu'il tenta de saisir à plusieurs reprises, se renversant sur le dos pour l'avaler, et fit ce manége pendant plus d'une heure. Il était accompagné de trois *pilotes*[1], qui, placés près de sa nageoire dorsale, se jetaient bien avant lui sur la proie, puis reprenaient spontanément leur poste. Les pilotes sont de jolis petits poissons, longs d'un pied, agréablement annelés de noir et de bleu. Il est rare que le tyran des mers ne soit pas suivi de quelques-uns de ces fidèles compagnons de sa fortune.

Nous voyions tous les jours des poissons volans. Rien de plus divertissant que de voir s'élever du sein des eaux ces poissons si bizarrement conformés, qu'on les prendrait, à leurs ailes argentées, pour des papillons marins. Les bonites leur font une guerre à mort et les poursuivent à outrance. Ils s'élancent par bandes dans les airs pour leur échapper; mais, quand ils s'y sont soutenus plus ou moins long-temps, leurs ailes sèchent, et ils retombent dans l'eau, où les attendent leurs implacables ennemis. Du quinzième au cinquième degré de latitude nord, les poissons volans ne nous quittèrent pas.

---

1. *Centronotus conductor*, Lacép.

1826. En mer. Vers quatre heures du soir, nous commencions à voir quelques cyanées, qui se montraient bientôt par centaines. Je pensai dès-lors, comme j'ai pu m'en convaincre, plus tard, dans d'autres mers, que ces animaux sont tous crépusculaires ou nocturnes. Leurs formes et leurs couleurs nous retracent l'image des plus jolies fleurs de nos jardins. La nuit, ils sont phosphorescens; en les saisissant, on les prendrait pour des globes de feu. La substance visqueuse qu'ils laissent sur les corps avec lesquels on les met en contact, projète aussi une vive lumière, plus brillante quand il y a choc ou frottement. La mer était calme; la marche du navire était lente; mais, comme il touchait un grand nombre de ces animaux, une longue traînée de feu s'attachait à la poupe, et la proue n'était pas moins éclairée. C'était un spectacle enchanteur que celui de la mer, brisant à l'avant du navire. Lorsqu'il ventait un peu, un large espace, couvert d'une écume d'un beau blanc, s'étendait au loin, parsemé, en tous sens, de larges étoiles, qui scintillaient, par intervalle, parmi des myriades de petites étincelles, en émaillant cette neige flottante.

Dans ces alternatives de calmes et de bourrasques violentes, de beau temps et de pluie, qui caractérisent la zone équinoxiale, sur la ligne des vents alizés, nous pûmes observer un grand nombre d'animaux marins des espèces les plus variées. Ici les glaucus déployaient à nos yeux leurs formes élégantes, brillant des plus belles teintes argentées, au milieu du bleu foncé qui les colore; là, s'entourant de leurs mille bras, les porpites déroulaient leurs disques violets, bordés de bleu; plus loin, avec les vélelles à la voile diaphane, voguaient, en relevant leurs voiles en crête, les physalides, les janthines, les ptéropodes aux ailes gracieuses; et, partout, se pressaient, autour de nous, ces petits crustacés pélagiens, dont la multitude augmente la phosphorescence des eaux; trésors animés de l'océan, qui, tous, devaient devenir l'objet constant de mes études, quand, plus tard, je m'appliquerais, soit à pénétrer les mystères de leur organisation, soit à tenter de fixer, par le pinceau, les nuances à la fois si délicates, si riches et si fugitives, dont la nature les a parés dans les hautes mers.

Les seuls oiseaux que nous vîmes à diverses reprises, étaient de petits pétrels de tempête; cependant, par le travers du Cap-Vert, il vint à bord quatre ou cinq hirondelles de cheminée. Le temps avait été calme, et nous ne pouvions deviner ce qui avait contraint ces pauvres petits oiseaux à s'éloigner autant des rivages; car nous étions alors à plus de cent lieues de la côte d'Afrique. Elles paraissaient si fatiguées qu'elles se laissèrent prendre

sans peine; et leur maigreur annonçait qu'elles avaient voyagé long- 1826
temps. En mer.

Le 8 Septembre, nous coupâmes la ligne par vingt-six degrés de longitude 8
ouest de Paris. Le fameux baptême du tropique eut lieu avec le cérémonial Septemb.
ordinaire; mais avec d'autant plus d'éclat, dans la circonstance, que c'était la première fois que le commandant et le navire passaient dans un autre hémisphère. Il serait superflu d'insister sur des usages tant de fois décrits par les voyageurs.

Peu de jours après, nous nous trouvâmes tout à coup au milieu de ces immenses bancs de petits crustacés, si nombreux qu'ils transmettent à l'eau leur couleur rouge; la mer, sur une grande surface, en était fortement colorée : c'est ce que les baleiniers appèlent le *banc du Brésil.* C'est là qu'ils viennent faire la pêche de la baleine, qui se nourrit seulement de cette multitude de petits êtres, dont le plus gros n'a pas plus d'une ligne de long[1]. Ce banc paraît s'étendre le long d'une grande partie de la côte du Brésil, et se maintenir à peu près toujours à la même distance. Se figure-t-on combien il faut de ces petits animaux pour nourrir quelques centaines de baleines, et pour colorer l'eau? Quelle multitude n'en doit-on pas supposer sur une superficie qu'on peut évaluer à cinquante ou soixante lieues de long sur deux ou trois lieues de large? J'ai tout lieu de penser que la mer est habitée par un nombre incalculable de ces êtres; et, cela, sous toutes les latitudes, du moins, si j'en juge d'après la grande quantité que j'en ai vue partout, même au cap Horn, par cinquante-sept degrés de latitude méridionale. Nous aperçûmes, à une assez grande distance, quelques baleines, qui faisaient jaillir l'eau à une grande hauteur.

Des capitaines baleiniers m'ont appris que ces cétacés étaient très-communs, il y a quelques années, sur ce banc; mais qu'ils s'en sont éloignés peu à peu, et y sont devenus fort rares, de sorte qu'à présent (en 1834), on n'y fait plus de pêche réglée; et l'on se borne à suivre le banc, dans la direction du sud, où les baleines deviennent plus communes. A quoi attribuer la disparition des baleines du banc du Brésil, qui leur fournit une nourriture si abondante? Serait-ce à la destruction de toutes celles qui habitaient le banc ou à leur émigration forcée, quand elles se sont vues poursuivies par

1. C'est un genre de crustacés nouvellement décrit par M. Roussel-Vauzienne, sous le nom de *Cetochylus*; il a donné le nom de *Cetochylus australis* à son espèce, voyez Annales des sciences naturelles, zoologie, tom. I.er, pag. 333, pl. 9, fig. 1 B à 9 B.

1826 les navires de toutes les nations? Je pencherais assez pour cette dernière
En mer. hypothèse; car, aux îles Malouines et dans leurs environs, et plus au sud, où l'on ne les pêche que dans une saison de l'année, parce que les pêcheurs redoutent ces parages inhabités et manquant de ports, elles n'abondent pas moins qu'il y a quelques années. Ce banc nous annonçait l'approche des côtes et la fin de notre traversée.

23 Septemb. Le 23, les eaux, qui jusqu'alors avaient été constamment d'un bleu foncé, changèrent de couleur et devinrent vertes.

Bientôt après, nous aperçûmes les rochers du cap San-Thome, à la distance de quatre lieues. Nous étions alors entourés d'une foule d'oiseaux de mer; les fous étaient en troupes, et la frégate aux longues ailes planait, par intervalle, autour de nous. Vers dix heures, nous vîmes d'autres terres élevées, que nous reconnûmes, bientôt, pour les îles Santa-Anna, au nombre de quatre; et, à mesure que nous en approchions, nous distinguions mieux leurs pains de sucre écrasés, isolés au milieu des eaux, leur sol d'apparence granitique, leurs sommets couverts d'une végétation active et de grands arbres. Elles doivent n'avoir été que rarement visitées par les hommes; car le pourtour en est taillé à pic, et le débarquement y serait sans doute difficile. Nous ne les approchâmes que de deux lieues.

Bientôt ces îles restèrent en arrière, et nous commençâmes à en reconnaître d'autres, que nous serrâmes de plus près, et qui présentaient le même aspect; enfin, le soir, le cap *Frio* nous montra ses deux mamelons décharnés, qui se perdaient dans les nuages. J'admirais cet aspect général des terrains, cette forme mamelonnée des îles et des points visibles de la côte. J'ai retrouvé, depuis, ces mêmes formes, au milieu des plaines de la rive orientale de la Plata et des forêts de la province de Chiquitos, en Bolivia.

Le coucher du soleil et la nuit, qui vint promptement, nous dérobèrent le continent américain. Les réflexions qui m'avaient assailli au premier aspect de cette terre si impatiemment attendue, m'occupèrent dans toute cette soirée, en l'abrégeant pour moi. J'avais vu, sans trop de peine, les pics du cap Frio se perdre momentanément dans les ombres, et les rêves du jour ne m'abandonnèrent pas de toute la nuit, ou plutôt m'y tinrent lieu de sommeil.

Le lendemain matin, j'étais le premier sur le pont pour voir la terre. Nous nous en étions éloignés la veille, et elle ne reparut que vers huit heures. On reconnut, à la vue de quelques-uns des points principaux, que nous étions à l'entrée du goulet de Rio de Janeiro (rivière de Janvier), ainsi nommé parce qu'il fut pris, d'abord, pour une rivière, et revu, le 1.er Janvier 1531, par Sousa. Le grand nombre de petites îles qui couvrent cette entrée, se montra bientôt à nous d'une manière distincte. L'une de celles qui gisent au sud est surmontée d'une tour où l'on avait l'intention de placer un phare; mais, par suite de la guerre avec la république Argentine, le hasard fit arriver la machine en Patagonie, où je l'ai vue. Le bâtiment qui la portait, avec des équipemens militaires, fut pris par un corsaire de cette nation, vers le commencement de 1828. Du même côté que cette île, nommée *Ilha rasa*, il s'en trouve quatre ou cinq autres plus petites, dont deux très-voisines l'une de l'autre. Toutes ont la forme de monticules coniques plus ou moins arrondis, couverts de buissons et quelquefois d'arbres.

1826.

En mer.

Nous approchions toujours. Le continent se faisait remarquer par une longue suite de montagnes de diverses formes, entassées les unes à côté des autres. Au sud du goulet se montrait la montagne de la Gabia, ainsi nommée parce qu'elle ressemble à la hune d'un navire, qu'elle représente sous un certain aspect; tandis que, vue d'un autre point, elle figure, avec les montagnes voisines, un profil couché horizontalement, qui rappèle celui de Louis XVI. Non loin de là s'élève le fameux pain de sucre, dont la forme, qui est celle d'un cône tronqué très-aigu, contraste avec les mamelons des montagnes voisines. On s'étonne d'apercevoir, sur son sommet, quelques grands arbres et beaucoup de buissons. Toutes ces montagnes sont dominées par celle du Corcovado, dont la cime, couverte de bois d'une couleur bleue foncée, tranche sur les nuages blanchâtres qui rampent autour d'elle. Au nord du goulet les montagnes forment des mamelons peu élevés et de figure peu remarquable.

Un air embaumé du parfum de mille fleurs venait déjà jusqu'à nous. Je jouissais d'un bonheur parfait. A mesure que les objets se dessinaient plus nettement à ma vue, je me récriais sur la beauté du pays. Pas un seul point dépourvu de verdure; les rochers, même dans leurs crevasses, s'ornaient d'une belle végétation; partout les cocotiers, les palmiers d'espèces variées se mariaient agréablement à une multitude d'autres arbres d'un aspect tout à fait nouveau. Les papillons, habitans paisibles de ces riches contrées, venaient déjà nous visiter, et les brillantes couleurs de leurs ailes diaprées m'annonçaient les merveilles que la nature promettait à mon admiration sur ce sol privilégié.

Nous entrâmes enfin dans le goulet, au milieu de coteaux verdoyans et des plus rians vallons; nous passâmes entre les deux forts de l'entrée, et nous nous trouvâmes dans cette immense rade, l'une des plus belles du monde. Nous avions, au nord, la charmante chapelle de Notre-Dame de bon voyage,

1826. placée au sommet d'un rocher couvert d'arbres, et la grande baie, sur le bord
En mer. de laquelle est le joli village de Santo-Domingo; à gauche, toute la ville de San-Sebastiaô ou de Rio de Janeiro se montrait à nous, dominée par de hauts sommets boisés. Le fond de la rade ne nous paraissait que comme un lointain bleuâtre, couronné des fameuses montagnes dos Orguas (des orgues), dont les cimes en aiguille se distinguaient à l'horizon, seulement par une teinte un peu plus foncée que le bleu argenté du ciel; mais un coup d'œil jeté sur la rade entière n'y montre qu'une enceinte de montagnes.

Au moment de notre arrivée, des émotions indéfinissables s'étaient emparées de moi. Mon cœur débordait, et je regrettais vivement de ne pouvoir communiquer à personne les sentimens divers qui l'agitaient à la fois. J'allais enfin mettre le pied sur cette terre tant désirée, dont j'avais, presque dès mon enfance, rêvé l'exploration et l'étude; sur cette terre des Colon et des Cabral, qui, sous des auspices si différens, devenait pour moi le théâtre de recherches auxquelles je rattachais involontairement de nobles idées de gloire et de dévouement à la patrie et à la science, de douces pensées d'indépendance et de repos, au sein des foyers paternels, après tant de courses aventureuses. Quelques prévisions de fatigues, de mécomptes, de dégoûts, de périls même, peut-être, venaient bien, comme ces lueurs sinistres qui annoncent les orages, traverser, par intervalle, mon imagination exaltée; mais jeune et plein d'ardeur, mais confiant et préoccupé des illusions de la jeunesse, que m'importaient, alors, les périls, les dégoûts, les mécomptes et les fatigues!

Rien ne manquait à mon bonheur.... J'étais en Amérique.

1826.

Rio de Janeiro.

CHAPITRE II.

Séjour à Rio de Janeiro. — Départ et traversée pour Montevideo.

Nous mouillâmes le 24 Septembre, à une demi-lieue de la ville, au milieu de navires de toutes les nations. Bientôt nous fûmes entourés de pirogues montées par des nègres et chargées des productions du pays. Tous les fruits américains nous furent offerts; des ananas, des bananes, des oranges...... Ces dernières surtout sont délicieuses. 24 Septemb.

Ce qui me frappa le plus, en entrant dans la ville, ce fut le grand nombre d'hommes de couleur, comparativement à celui des blancs. C'est ce qui me semble devoir étonner le plus tout Européen débarquant au Brésil. Des yeux faits au spectacle d'une population de couleur, pour ainsi dire, uniforme, s'habituent difficilement à ce mélange de teintes dans tous les tons possibles, du noir au blanc, en passant par le jaune et par le brun; à tel point que toutes les figures paraissent d'abord identiques et qu'il est impossible de distinguer une personne d'avec une autre. Un long séjour peut seul faire discerner sans peine la différence des traits au milieu des teintes foncées.

Les renseignemens que je pris sur la guerre avec Buenos-Ayres et sur les moyens de passer à Montevideo, ne me promettaient rien de bon pour la suite de mon voyage. Un grand nombre de navires français avaient été pris par la marine brésilienne, et les capitaines de ces navires me firent appréhender des entraves de tout genre. J'appris cependant que, sous trois ou quatre jours, un bâtiment hambourgeois devait partir pour Montevideo. J'allai voir notre consul général, M. de Gestas; je lui expliquai les difficultés qui s'élevaient; il me promit d'en lever quelques-unes, celles surtout que pourrait faire naître le gouvernement; mais il ne me donna aucun espoir sur un autre point des plus importans. Je me trouvais sans argent, et aucun négociant de Rio de Janeiro ne voulut me passer de fonds sur mes lettres de crédit, qui étaient pour Buenos-Ayres, me disant que toute communication était interrompue avec cette ville. Il me fallut renoncer à cet espoir et même à celui d'obtenir un logement en ville, tous les appartemens étant occupés par le grand nombre d'étrangers qu'y attiraient alors des réclamations de toute espèce. Ces difficultés me décidèrent à profiter de l'occasion du bâtiment hambourgeois. En effet, je traitai avec le capitaine, qui, moyennant 200,000 reis (1400 francs) de passage, s'engagea à me prendre à son bord, sans toutefois m'assurer contre les corsaires de Buenos-Ayres, qui croisaient

1826. Rio de Janeiro. alors sur toute la côte du Brésil. Je ne jouis de quelque tranquillité qu'après avoir fait mes adieux à mes compagnons de voyage de la *Meuse*, et m'être installé à bord de mon nouveau navire.

Le départ ne fut pas aussi prompt que je le pensais. Il s'écoula encore douze jours, que j'employai à des recherches d'histoire naturelle et à des courses aux environs de Rio, pour prendre une idée générale du pays.

Ma première course eut lieu du côté du Corcovado; je gravis une côte assez raide, jusqu'à un joli couvent, bâti au-dessus d'un bel aqueduc, qui fournit l'eau nécessaire aux besoins de la ville. Je suivis cette construction; et, bientôt, une pente assez douce me permit de jouir de la magnificence du site. D'un côté, une montagne, sur le penchant de laquelle on passe, offre des flancs escarpés; et, de l'autre, la vue plonge agréablement sur les plus jolis vallons. Des cases de nègres, semées sur la campagne dans un désordre pittoresque, d'élégantes habitations entourées de champs cultivés, partout une verdure fraîche, attestent la fertilité de ces lieux. Ce riant paysage s'étend à l'horizon jusqu'au point où commencent les forêts vierges. La nature prend alors un caractère plus agreste, et l'on se reporte, par la pensée, au premier âge de ce beau pays. Ce ne sont plus ces magnifiques champs de cafeyers, de bananiers et de cocotiers : ce sont des arbres de toute espèce, tellement serrés les uns contre les autres et tellement enlacés de lianes, qu'ils forment un réseau d'autant plus impénétrable, que des palmiers épineux viennent encore le compliquer de leurs rameaux.

Tout en recueillant un grand nombre de ces beaux insectes et de ces beaux papillons, dont les couleurs sont si variées, j'arrivai à un endroit où cesse l'aqueduc et où l'eau, tombant de rochers en rochers, entre les forêts vierges, forme un petit réservoir naturel qui alimente l'aqueduc même. Il faudrait être bien peu sensible pour ne pas se sentir ému d'un tel spectacle. Les divers arbres croisent leur feuillage au-dessus de l'eau bondissant en cascade, sur des roches granitiques, et semblent ainsi vouloir la préserver des rayons du soleil et lui conserver cette fraîcheur si précieuse au voyageur, haletant sous le poids du jour. De chaque côté, des orangers sauvages, des cafeyers, des mimoses au feuillage délicat, des palmiers, et, surtout, ces belles fougères arborescentes, dont les élégans rameaux, d'un vert tendre, paraissent sortir de leur tronc, comme un jet d'eau, qui retomberait en pluie tout autour. Le nombre des espèces de fougères varie à l'infini sur les bords des eaux, qu'ornent, d'ailleurs, mille fleurs diverses, couvertes de papillons et d'oiseaux-mouches qui, d'un vol léger, viennent s'abreuver tour à tour du nectar de chacune d'elles.

Beaucoup d'autres hôtes de ces bois les animent de chants agréables; et la cigale importune même vient aussi fêter ces lieux enchanteurs. 1826

Rio de Janeiro.

Je retournai souvent à la cascade du Corcovado, que je revoyais toujours avec un nouveau plaisir. Je voulus même monter au sommet de la montagne; mais, sans guide, dans un sentier à peine tracé, gravissant une pente des plus rapides et recevant d'aplomb le soleil brûlant des tropiques, je me vis contraint de renoncer à ce projet.

Je voulus, une autre fois, descendre dans une profonde vallée, voisine de la cascade; j'y descendis avec deux compatriotes, qui m'y avaient accompagné, pour se livrer à des recherches d'histoire naturelle. Au fond du ravin nous vîmes la montagne s'élever comme une muraille verdoyante, offrant la réunion de toutes les formes de la végétation. Après avoir long-temps admiré les environs, il fallait remonter; et, ne doutant de rien, nous nous engageâmes dans l'intérieur des forêts du coteau, pour couper court et regagner plus tôt la route. La pente était des plus rapides; mais un joli petit sentier tortueux, tapissé de verdure et riche en ombrage, s'offrit à nous et nous séduisit. Nous y entrâmes; nous le suivîmes quelque temps avec le plus grand plaisir; mais il se trouva bientôt embarrassé de lianes, qui nous fermaient le passage. L'un de mes compagnons s'éloigna, croyant rencontrer un chemin plus commode. Je restais seul avec l'autre, et nous étions fort en peine. Le fourré devenait de plus en plus épais; il fallait continuellement débarrasser le chemin des lianes, des branches de palmiers à épines; et, en même temps, s'y accrocher, de peur de glisser et de rouler au milieu des halliers. Nous entendîmes notre compagnon nous appeler, pour tâcher de nous rejoindre; car il s'était enfoncé dans une partie de la forêt si épaisse, qu'il ne pouvait plus avancer. Nous lui répondîmes; et, après avoir long-temps crié pour le diriger dans sa marche, nous le vîmes enfin arriver tout couvert d'épines. Nous n'étions pas au haut de la côte, et il eût été difficile de juger bien positivement si nous avions encore beaucoup de chemin à faire. Les obstacles croissaient à chaque pas, dans une progression presqu'effrayante; le courage allait nous manquer; mais nous fîmes un dernier effort; et, une demi-heure après, nous arrivâmes au sentier du Corcovado, haletans, épuisés de fatigue, tout criblés de longues épines de palmiers. Je n'oublierai jamais l'intérieur des forêts vierges du Brésil, si magnifiques à l'extérieur, mais si difficiles à traverser, et bien différentes de ces majestueuses forêts que j'ai vues, plus tard, au pays des Yuracarès, dans la république de Bolivia. Là, peu ou point d'entraves à la marche du voyageur, qui les parcourt en tous sens sous

1826. — Rio de Janeiro.

un dôme de verdure de deux cents pieds de haut, que forme l'entrelacement de branches d'arbres de diverses espèces.

Dans une autre occasion, je dirigeai mes pas vers l'entrée de la baie du côté du pain de sucre; je franchis trois vastes plages du sable le plus blanc, formé de grains quartzeux, et dont chacune est séparée des autres par des montagnes en mamelons, composées de gneiss, assez élevées et couvertes de bois. Je gravis une assez haute colline et j'arrivai enfin au bord de la mer. J'étais alors derrière le Corcovado, qui, de ce côté-là, est coupé perpendiculairement et présente l'aspect d'une muraille tellement élevée, qu'à peine peut-on y distinguer le corps-de-garde des signaux, bâti sur son point culminant[1]. Quoique cette coupe soit presque verticale, quelques plantes et même quelques agavés croissent dans les fentes des rochers. Les autres côtés de la montagne sont infiniment moins rapides; aussi voit-on des forêts vierges s'y grouper et s'y dérouler dans toute leur pompe. Le Corcovado ressemble beaucoup à la Silla de Caracas, décrite par M. de Humboldt[2]. Le Corcovado, comme la Silla, est composé de gneiss; et, comme elle, présente un escarpement du côté de la mer. Quand de grands faits géologiques les justifient, de tels rapprochemens intéressent et ne sont pas indifférens pour les progrès de la science.

Les cierges épineux et les agavés abondent sur les bords de la mer, entre les rochers qui la bordent. Les dunes de sable sont couvertes des plus jolis *convolvulus*, et les troncs d'arbres surchargés de plantes parasites.

Ces courses m'ont procuré beaucoup d'objets d'histoire naturelle intéressans; l'une d'elles m'avait été particulièrement avantageuse; j'avais fait beaucoup de chemin, et je revenais bien fatigué, mais riche d'une ample récolte, en suivant le bord de la mer, dans la jolie petite baie de *Botafogo*. J'étais vêtu et équipé en vrai naturaliste : veste grise, sac à plomb, poire à poudre, carnassière pesante sur le dos, mon fusil sur l'épaule et la tête couverte d'un énorme chapeau de paille, qui m'avait servi de boîte à insectes et qui en était couvert. Je pensais aux trésors dont j'étais chargé, quand je fus interrompu dans mes réflexions par le bruit des chevaux de deux cavaliers, dont l'un, en redingote noire, portait des moustaches; l'autre était une femme en habit d'Amazone. Ils cheminaient très-lentement. Je n'avais aucun motif pour chercher à les connaître; et, déjà indisposé contre tous les indi-

1. M. de Freycinet, dans son Voyage autour du monde, tome I, page 75, donne au Corcovado 746 mètres ou 383 toises d'élévation.

2. Relation historique, tome IV, page 249.

vidus dont j'avais précédemment fait la rencontre, par suite de la hauteur et du mépris qu'ils m'avaient montrés, en me voyant *chargé comme un homme de couleur,* dans un pays où les blancs ne font jamais rien, je passai près de ces deux derniers sans paraître les remarquer. Ils me gagnèrent de vitesse, puis revinrent sur leurs pas et m'appelèrent. Je me retournai sans leur répondre, ne sachant pas ce qu'ils me disaient; car je n'entendais alors que très-peu la langue portugaise. Je leur fis signe que je ne les comprenais pas, sans leur montrer la moindre déférence. Ils en parurent choqués; et, en me poussant avec leurs chevaux, ils me demandèrent si j'étais Allemand. Je répondis en leur faisant connaître mon pays; ils s'approchèrent alors, et le cavalier me fit, en mauvais français, quelques questions sur les motifs de mes recherches. La dame qui l'accompagnait s'exprimait mieux dans ma langue. Après une assez longue conversation, ils me souhaitèrent le bonsoir et continuèrent leur promenade. Quand ils m'eurent quitté, je me souvins que trois personnages, dont l'un couvert de décorations, s'étaient arrêtés en même temps qu'eux, mais à une certaine distance et chapeau bas. Ceci me donna à penser. Je n'imaginais pas que mon premier interlocuteur pût être un grand seigneur de la cour; car il ne portait aucune décoration, tandis que j'en avais vu couverts jusqu'à des enfans de quatorze à quinze ans. Je fus bientôt tiré de mon inquiétude. Les deux personnages vinrent à passer de nouveau; et l'un des officiers qui les suivait, s'arrêtant près de moi, me demanda si je savais avec qui je venais de causer; puis, sur ma réponse négative : « c'est avec l'empereur et l'impératrice *do Brasil,* » me dit-il.... Je restai assez étonné, peu fait à voir des majestés se promener seules en dehors des villes; et je le priai d'excuser, sur mon ignorance, la manière peut-être un peu cavalière dont j'avais répondu à ce prince. Je vis ensuite que tous les habitans se découvraient sur son passage; que partout on lui rendait les honneurs dus à la souveraineté; et j'appris que cette jolie petite baie, bordée de belles maisons de campagne et de beaux jardins, était la promenade habituelle de *Pedro primeiro.*

1826

Rio de Janeiro.

Je n'avais encore parcouru que l'intérieur et le côté du pain de sucre. Je me dirigeai vers *San-Christovaõ* (Saint-Christophe), où est le palais de plaisance de l'empereur. J'y vis d'abord ces belles carrières de gneiss, qui fournissent la pierre à bâtir de la ville. Les petites anses du bord de la mer me livrèrent une foule de coquilles; j'y fus témoin d'une pêche assez singulière. Une troupe de marsouins avait pénétré dans une des anses. Les nègres pêcheurs en fermèrent l'entrée avec de nombreux filets; ils parvinrent à

1828. Rio de Janeiro.

prendre plusieurs de ces animaux, en les resserrant, de plus en plus, dans des cercles successifs toujours plus rétrécis.

Je continuai ma course et vis, plus loin, sur un sable vaseux, le rivage miné tout entier par une foule d'Ocypodes et de Gécarcins, qui se cachaient dans leurs trous à mon approche. En pénétrant dans l'intérieur, je vis des marais remplis de mangliers. Le terrain était entièrement labouré par les crabes, dont plusieurs d'un rouge éclatant.

En revenant au village de San-Christovaô, des nègres me donnèrent le spectacle d'une de leurs danses, exécutée au son d'un tambour et de plusieurs autres instrumens. Rien de plus original que leurs grimaces et leurs postures grotesques, qu'ils savent varier sans rompre la mesure. Toutes ces danses nègres sont imitatives. Les musiciens paraissaient fort animés. Non-seulement leurs mains, mais leurs pieds encore, et leurs traits, tout était en mouvement. Les vieillards entouraient les danseurs, en battant des mains; leur physionomie joyeuse semblait sourire au souvenir de leur pays natal. Il est si doux de se rappeler la patrie! Je crus trouver une preuve de plus de cette vérité de sentiment dans la conduite d'un vieux nègre, assis tout seul sur sa pirogue, au bord de la mer. Il tenait à la main un instrument à cordes fait avec une calebasse et un morceau de bois; il en tirait des sons, au moyen d'une sorte d'archet, en chantant des paroles de son pays, sans paraître faire la moindre attention à ce qui l'entourait, tant il était absorbé par les idées que réveillaient, sans doute, en lui, et ces chants et, peut-être, la forme même de l'instrument grossier dont il les accompagnait. Je m'approchai de lui et lui demandai s'il voulait me vendre son instrument. Il repoussa ma demande avec un mouvement d'impatience, qui me fit craindre d'avoir, par une question indiscrète, arraché ce pauvre homme à une rêverie, dont, si long-temps moi-même éloigné de mon pays et des miens, j'ai, plus d'une fois, senti tout le charme.

Je ne chercherai pas à décrire ici la ville de Rio de Janeiro. Je n'entrerai dans aucun détail statistique et historique sur le pays, satisfait d'avoir rendu compte des courses qui m'ont permis d'en caractériser les principaux sites. Je renvoie le lecteur à la description générale qu'en a donnée notre célèbre voyageur M. de Freycinet, dans son Voyage autour du monde avec l'*Uranie* et la *Physicienne*; à la relation historique des savans voyages de M. Auguste de Saint-Hilaire, dans l'intérieur du Brésil; et, enfin, au bel ouvrage pittoresque que publient maintenant MM. Debret et Rugendas.

La ville est placée sur la côte sud d'une rade immense, où l'on pénètre par un goulet étroit que défendent plusieurs forts, qui, bien servis, en rendraient l'entrée impossible. Elle range la côte et se prolonge, à l'est et à l'ouest, par des faubourgs étendus; assise au pied de monticules assez élevés que domine le Corcovado, elle est assez bien bâtie; la plupart des rues en sont assez larges et munies d'un double trottoir, d'autant plus nécessaire, que le milieu de la chaussée est très-mal pavé. Les maisons y sont assez régulières, mais d'un aspect triste, les portes et les fenêtres en étant constamment fermées et ne donnant d'air que par une petite ouverture. Les monumens n'ont rien de remarquable; le palais impérial, situé près de la mer, est d'une architecture très-simple et ressemble à une maison bourgeoise. La salle de spectacle est un grand bâtiment d'un style uni, dans le goût moderne, d'ailleurs assez bien décoré et donnant sur une grande place, où l'on s'étonne de voir, en permanence, une potence enrichie d'ornemens, destinée aux seuls *Fidalgos* ou nobles; car les plébéiens n'ont pas l'honneur d'y être attachés; une potence en bois leur est réservée. Les églises y sont grandes. J'ai été choqué de la vente publique qui se fait tous les matins des offrandes des fidèles, à la porte des couvens.

1826

Rio de Janeiro.

La population de Rio de Janeiro est un mélange de toutes les couleurs et de toutes les nations. Après les Brésiliens, les Français paraissent y être les plus nombreux. Ils y habitent exclusivement des rues entières, témoin la *rua do ouvidor*. Les Allemands y affluent, depuis le mariage de l'empereur; mais, au milieu de cet ensemble de toutes les races, on est désagréablement surpris de ne voir jamais dehors que des femmes de couleur, la jalousie des habitans ne permettant pas aux femmes blanches de se montrer en public.

Impatient de poursuivre mon voyage et d'amener mon lecteur sur le véritable théâtre de mes explorations, je ne quitterai pourtant pas la métropole de l'empire brésilien, sans indiquer, au moins en quelques mots, une question d'archéologie transatlantique, qui se rattache immédiatement à cette localité, et dont l'intérêt capital, pour les progrès de la géographie de ces contrées, se répandra nécessairement, de proche en proche, sur toutes mes courses subséquentes dans l'intérieur du continent.

On a beaucoup parlé des peuplades qui habitaient primitivement les environs de Rio de Janeiro; on les a toujours désignées par leurs noms respectifs, mais sans jamais s'occuper, à cet égard, d'un genre de recherches de première importance, puisqu'on voulait se rendre exactement compte de la distribution géographique des grandes nations répandues sur le sol améri-

1826 Rio de Janeiro. cain. Je veux parler de recherches qui détermineraient d'une manière positive la race à laquelle ont appartenu ces premières peuplades. J'ai reconnu que leurs noms seuls, purement Guarani, pourraient fournir une donnée déjà péremptoire, à mon avis, sur le fait très-probable de leur parfaite identité avec cette nation, comme me paraissent le prouver, entre mille autres, les noms des *Tamoyo,* mot sans doute corrompu, qui vient de *tamôi,* grand-père, ou, pour mieux dire, les anciens[1]; des *Goitacas,* mot, sans doute, aussi corrompu et composé de *guata,* voyageur, et de *caa,* bois ou forêt (voyageurs des bois); ces derniers divisés en trois tribus : 1.° les *Goitaca-guazu* (ou grands); 2.° les *Goitaca-moppi,* sans doute *mbopi* (ou chauve-souris), et 3.° les *Goitaca-caraya* (ou hurleurs)[2]; et, enfin, les *Parahiva,* dont le nom est probablement dérivé de *para,* mer, et de *ĩba,* fruit (le fruit de la mer), et peut se prendre au figuré comme désignant des habitans de la côte : tous mots empruntés, sans exception aucune, à la seule langue guarani.

Mais, quand ces allégations ne suffiraient pas pour justifier mon assertion, un simple coup d'œil jeté sur les noms indigènes des rivières des environs de Rio de Janeiro, lui donnerait le caractère d'une démonstration à laquelle je ne vois pas trop ce que pourraient opposer les défenseurs de l'opinion contraire.

Ces rivières, en effet, portent toutes des noms empruntés à la langue guarani, et seulement à cette langue, comme ceux des tribus indiquées plus haut; témoins : *Piray,* de *pira,* poisson, et de *ĩ*[3], eau, rivière (la rivière des poissons). *Boso-rahi,* de *boso,* nom d'animal, et de *rahi,* jeune (la rivière du jeune animal, nommé boso). *Uru-rahi,* de *uru*[4], oiseau ressemblant à la poule, et de *rahi,* jeune (la rivière du jeune oiseau). *Guarahi*[5], de *guara,* barrière, obstacle, etc., et de *ĩ,* eau, rivière (la rivière à cascade ou saut). *Igüa,* de *ĩ,* eau, rivière, et sans doute de *guag,* orné (la rivière ornée), ou de *ygüá,* rayé. *Pitanga,* venant de *pÿta'*[6], rouge (la rivière rouge). *Guapeasi,* sans doute dérivé du nom *Guapeazo,* le Jacana (la rivière du Jacana). *Suruy,* de *çuru,* débordé, et de *ĩ,* eau, rivière (la rivière débordée).

Que concluons-nous, en somme, de ce qui vient d'être énoncé? Nous en conclurons tout naturellement que ces petites tribus si nombreuses, citées

1. Il est à remarquer que j'ai retrouvé ce même nom comme désignation d'une tribu.

2. On pourrait traduire aussi *singes hurleurs, Caraya* voulant dire proprement *singe hurleur.*

3. *ĩ* est la lettre *i* avec un signe qui indique une prononciation nasale entre le son habituel de cette lettre et de l'*u.*

4. Prononcez *ourou.* — 5. Prononcez *Gouarahi* du gosier. — 6. Qui se prononce *puitan.*

par les historiens comme ayant primitivement habité les environs de Rio de Janeiro d'aujourd'hui, et signalées par eux comme parlant autant de langues distinctes, ne sont effectivement, à très-peu d'exceptions près, que des ramifications de la grande nation guarani; et j'ajoute préalablement à mes observations ultérieures sur cet objet, dont les détails se reproduiront dans tout le cours de mon voyage, que la nation guarani a dû occuper la plus grande partie des terrains dont se compose l'Amérique méridionale; que si la nation guarani n'est pas aussi connue que les nations mexicaine et péruvienne, c'est qu'elle est restée sauvage ou du moins n'a pas fait autant de progrès dans la civilisation et n'a pas joué un aussi grand rôle dans l'histoire de la conquête; mais je ne crains pas d'affirmer (en m'engageant à le prouver plus tard), qu'elle s'étendait, du sud au nord, depuis le Rio de la Plata, jusqu'à l'Amazone, peut-être même jusqu'à la Guyane; et, de l'ouest à l'est, depuis le pied de la Cordillière des Andes, jusqu'à l'océan atlantique, en enclavant une foule de petites tribus, plus ou moins connues, et parlant des langues plus ou moins distinctes. 1826. Rio de Janeiro.

Le matin du 11 Octobre, tous les préparatifs du départ étaient terminés; et, à huit heures, nous appareillâmes pour Montevideo. Nous passâmes lentement au milieu du goulet, longeant les masses de roches primitives. Dans le milieu du jour, la terre se déroba encore une fois à nos yeux; et nous ne vîmes plus que le ciel et l'eau. Nous n'étions cependant pas seuls. Un convoi de sept navires de transport faisait même route que nous; mesure alors des plus indispensables. De nombreux corsaires de la république Argentine croisaient continuellement sur le littoral du Brésil, pour nuire au commerce de l'empire; car la république était en guerre avec les Brésiliens, à cause de l'occupation par ces derniers de la province de la *Banda oriental*. Ces corsaires étaient la terreur des bâtimens marchands, par suite des mauvais traitemens que quelques-uns de leurs capitaines avaient fait éprouver aux passagers des navires capturés. Je n'étais pas sans crainte à ce sujet; car, en temps de guerre et chez des peuples peu amis des sciences, je ne pouvais pas espérer d'être respecté. Ma bonne étoile m'épargna cette épreuve, et les corsaires ne prirent qu'au voyage suivant le navire qui me portait dans celui-ci. En mer. 11 Octobre.

Les poissons volans qui nous avaient accompagnés, lorsque nous étions près du tropique du capricorne, disparurent entièrement, ainsi que ces beaux poissons dorés ou argentés, que les matelots nomment dorades[1], et qui, vrais

1. *Coryphœna ippurus.*

1826. En mer. caméléons de mer, changent mille fois de couleur avant d'expirer, lorsqu'ils sont pris. Un grand nombre d'oiseaux les remplaça : les pétrels de tempête reparurent; les voraces damiers[1] furent, jusqu'à notre arrivée à Montevideo, nos fidèles compagnons de voyage, et se mêlaient quelquefois aux grands pétrels[2] ou *quebranta hueso* des Espagnols, et aux pétrels cendrés[3]. Nous nous procurâmes plusieurs de ces oiseaux, souvent victimes de leur voracité même. Nous aperçûmes pour la première fois, par 29 degrés de latitude, ces énormes albatrosses ou moutons du Cap[4], qui devenaient de plus en plus communs, à mesure que nous avancions vers le sud.

Un matin, un cachalot vint à passer assez près du navire, pour nous couvrir de l'eau qu'il lançait en l'air par son orifice nasal. Deux ou trois fois, il revint à la surface, et toujours aussi près de nous. Il était aussi long que notre navire; sa tête, coupée perpendiculairement en avant, lui donnait un aspect bizarre. Il était de couleur grisâtre; il n'avait pas de nageoires dorsales, ce qui nous fit penser que c'était le *Physeter macrocephalus.*

Un autre soir, il sauta à bord, malgré l'élévation de la lisse, un calmar, que nous reconnûmes pour être le *loligo Bartramii* de Lesueur. Les couleurs en étaient des plus variées. Quelle force ne devait pas trouver ce mollusque dans ses nageoires caudales, ou dans le refoulement de l'eau par les bras, pour pouvoir s'élancer à plus de dix pieds au-dessus de la surface de la mer!

Cette faculté n'appartient qu'à un nombre très-borné d'espèces. Je ne la connais qu'à deux espèces de calmars, et à des sépioteuthes, à qui leur appareil natatoire latéral permet de s'élancer bien plus facilement, qu'à un animal cylindrique, dont l'extrémité seulement est munie d'une nageoire anguleuse. Je suppose que c'est pour échapper à la poursuite des poissons, que ces animaux sortent ainsi de l'eau et franchissent une aussi grande distance; car j'ai remarqué que c'est toujours en arrière ou quand ils fuient, qu'ils nagent avec le plus de vitesse.

22 Octobre. Le 22 Octobre, nous étions, par 32 degrés de latitude australe, en calme plat, depuis le milieu de la nuit. Le matin, la surface de la mer était couverte d'un grand nombre de mollusques et de zoophytes. Je fus assez heureux pour prendre cinq espèces du genre *Salpa* et des diphies. Je ne pouvais me lasser de contempler ces êtres animés, dont la multitude altérait la transparence ordinaire de l'eau; mais une forte brise survint tout à coup et les fit dispa-

1. *Procellaria capensis*, Lin. — 2. *Procellaria gigantea*, Gm. — 3. *Procellaria glacialis.* — 4. *Diomedea exulans*, Lin.

raître. Le même jour, nous commençâmes à sentir le changement de température. Le thermomètre ne donnait plus que 10 degrés centigrades, et cette différence suffit pour nous faire éprouver une sensation de froid assez vive. Le vent qui soufflait du sud, nous apportait la température propre à une zone plus méridionale. 1828. En mer.

Le 24 Octobre, par 34° 50' de latitude, nous remarquâmes que le nombre des oiseaux avait considérablement diminué. Plusieurs loups marins[1] passèrent assez près du bâtiment; ils s'arrêtaient la tête hors de l'eau et semblaient vouloir nous demander ce que nous venions faire dans ces parages, leur domaine exclusif depuis tant de siècles. La terre ne s'était pas encore montrée à nous; l'estimation du capitaine nous en portait à quinze lieues; la sonde donna vingt-cinq brasses de fond de sable, composé de détrimens de coquilles, dans lesquels je trouvai une belle espèce de *trochus*. 24 Octobre.

Le lendemain matin, plusieurs oiseaux de terre vinrent se reposer sur les cordages. Nous nous procurâmes ainsi le coucou guira cantara de Buffon[2], un gobe-mouche à longue queue[3] et un moineau. Les oiseaux de rivage, tels que les hirondelles de mer et les mouettes, nous annonçaient l'attérage. En effet, le soir, on aperçut une terre, qu'on reconnut être la Pointe *de la Ballena* et la *Punta negra* (Pointe noire), près de Maldonado. Notre bâtiment était alors couvert de mouches, de libellules[4] et de papillons venus de la terre, distante d'au moins six ou huit lieues; et qui, probablement, ne tardèrent pas à périr en mer. Vers le soir, de nombreux éclairs sillonnèrent l'horizon, et tout annonçait une tempête. Nous reprîmes le large par prudence; une pluie abondante nous rassura contre la crainte de l'orage, et le temps redevint beau. Nous fûmes importunés, toute la nuit, des cris d'un grand nombre d'oiseaux de mer qui nous entouraient. Ces cris, entendus à distance, ressemblent à un concert discordant ou à la conversation animée de personnes qui parleraient sur divers tons.

Le 26, nous étions encore entourés de loups marins. Nous en tirâmes plusieurs, mais en vain. Vers le soir, nous nous aperçûmes que la surface de la mer était couverte d'insectes; nous jetâmes un filet dehors; et, en très-peu de temps, nous en prîmes plus de cinquante espèces, principalement 26 Octobre.

1. Espèce d'Otarie de Péron, voisin du *Phoca jubata*, Gm.
2. *Cucullus cristatus brasiliensis*, Briss. *Cucullus guira*, Lin.
3. Tyran à queue fourchue, *Muscicapa tyrannus*, Buff., enl. pl. 471, fig. 2.
4. Espèce voisine de notre espèce commune de France.

1826. En mer. des hémiptères, des lépidoptères et des coléoptères de la famille des carabiques; les uns morts, les autres encore vivans. Ils s'étendaient sur l'eau en une espèce de banc, qui pouvait avoir plus de deux lieues de longueur, sur une largeur plus ou moins considérable; et étaient couverts de parties d'étamines de graminées. Je pensai d'abord qu'ils avaient pu être surpris par les inondations du Parana ou de l'Uruguay, et poussés au large par le vent; mais je reconnus bientôt que cette hypothèse n'était pas admissible; car les inondations des rivières que je viens de nommer, n'ont pas lieu dans cette saison; et des observations suivies m'ont fait découvrir, plus tard, la véritable cause de ce phénomène, qui, du reste, est toute naturelle.

Dans ces régions, les vents, d'ailleurs plus ou moins durables, varient du nord-est au nord-ouest. Ils accumulent, dans la direction du sud, des parties aqueuses qu'ils apportent des régions plus chaudes; le temps se charge de plus en plus; la chaleur devient plus forte; l'atmosphère plus lourde. A l'approche d'un changement de temps, on éprouve un calme parfait, précurseur de l'orage. Les insectes, alors, s'élèvent dans les airs, où les enveloppent bientôt les tourbillons impétueux d'un vent de sud-ouest, qu'on appèle *pampero*, parce qu'il souffle des pampas, et qui les empêche de regagner la terre, en les emportant au loin dans la mer. Vient ensuite la pluie, qui les rabat à la surface de l'eau, où ils s'entassent par bancs, jusqu'à ce que les vents de nord-est les portent à la côte et les y amoncèlent en masses, qui ont quelquefois un pied de hauteur, dans les anses sablonneuses des environs de Montevideo et de Maldonado.

Comme nous avions calme plat, et que le courant, qui porte avec violence vers le nord, nous faisait reculer, on mouilla, en attendant le lendemain, qui devait nous conduire à notre destination. Nous fûmes encore trompés dans notre attente. Dans la nuit, le pampero, dont j'ai parlé, se mit à souffler avec force, et la mer devint tellement grosse, que le capitaine ne put faire lever l'ancre. Ce vent dura trois jours, pendant lesquels nous fûmes cruellement ballottés. Mais, enfin, le 29, nous pûmes lever l'ancre et poursuivre

29 Octobre. notre voyage. Nous nous approchâmes de la côte, passâmes assez près de l'île de Flores; et, à dix heures du soir, nous étions mouillés en dehors de la rade de Montevideo.

CHAPITRE III.

Séjour à Montevideo. — Voyage à Maldonado. — Retour et nouveau séjour à Montevideo.

§. 1.er

Séjour à Montevideo.

Le 30 Octobre, dès la pointe du jour, je voulus reconnaître l'aspect de la ville de Montevideo. Mon premier soin fut de chercher le Cerro (la colline), cette montagne, dont on m'avait tant parlé dans la traversée, et qui a fait donner à la ville le nom qu'elle porte aujourd'hui. Je m'attendais à de hautes sommités; mais quelle ne fut pas ma surprise, de ne voir qu'un pays entièrement plat! La montagne, si vantée, n'était qu'une colline d'une forme conique on ne peut plus écrasée, dominant quelque peu les environs, et ne s'élevant pas de plus de cent toises au-dessus du niveau de la Plata. 30 Octobre.

L'aspect général du pays m'inspira de la tristesse. Je m'étais habitué à la brillante végétation du Brésil et à son sol accidenté, et je n'avais plus autour de moi qu'une plaine unie, pour ainsi dire dénuée d'arbres ou n'en montrant que quelques-uns, semés de loin en loin dans les jardins ou dans les lieux cultivés; je me retrouvais sur les rives dépouillées du sol natal, et ne reconnaissais plus, dans cette nature appauvrie, cette Amérique idéale que mon imagination s'était créée!

La rade de Montevideo est une sorte de mer ouverte, d'un assez bon mouillage, quoique le fond en soit de vase très-molle. Les navires y trouvent un abri contre les vents régnant du nord et du nord-est, mais non contre les pamperos ou vents du sud-ouest; aussi des vigies signalent-elles les carcasses de plusieurs grands navires perdus dans le fond de la baie. A l'ouest est le Cerro, que domine un fort entouré de prairies naturelles, d'un aspect assez riant; à l'est est la ville, d'abord nommée *San-Felipe* (Saint-Philippe), située sur une petite langue de terre qui s'élève un peu au-dessus du niveau de l'eau. Les maisons sont disposées en amphithéâtre, assez bien bâties et d'un beau blanc, toutes munies d'une terrasse supérieure ou *azotea*. Les nombreuses fortifications qui entourent la ville, étaient alors garnies de sentinelles, et tout y respirait la guerre. Le fond de la rade est couvert de dunes de sable, au-dessus desquelles on voit, çà et là, quelques maisons de campagne entourées d'arbres qu'il est facile de reconnaître pour appar-

1826 — Montevideo.

tenir à un autre sol : ce sont des peupliers et des pêchers. La rade était, à cette époque, remplie de bâtimens de guerre brésiliens et de navires marchands, pris ou détenus par eux, pour avoir voulu forcer le blocus de Buenos-Ayres.

Je croyais pouvoir descendre à terre le même jour; mais, dans ces pays peu civilisés, et surtout chez la nation la plus méfiante du monde, la brésilienne, il en fut tout autrement. Il fallait qu'avant de m'accorder la permission de descendre, le gouverneur pesât, dans sa sagesse, s'il devait me laisser débarquer ou me faire rétrograder; tour qu'il avait déjà joué à plusieurs personnes. Heureusement, il voulut bien me l'épargner; et j'en fus quitte pour ne voir, pendant deux jours, Montevideo qu'en perspective.

Libre, enfin, de descendre, la première chose dont je m'occupai fut l'arrangement de mes affaires pécuniaires, qui m'inquiétaient beaucoup, à cause du blocus de Buenos-Ayres. Le consul me tira d'inquiétude, en m'annonçant qu'il se trouvait dans la ville un commis de la maison sur laquelle j'avais des traites.

Ce consul me surprit on ne peut davantage, en m'annonçant qu'un *grand naturaliste,* se disant envoyé par le Gouvernement français, était arrivé depuis quelque temps et se disposait à reprendre ses courses dans l'intérieur de la Patagonie, qu'il avait déjà parcourue pendant sept années. Je lui demandai son nom. Le consul me répondit qu'il se nommait D......., *alors* comte de Potoski. Je ne connaissais pas ce nom-là; et pour lever les doutes que je manifestais sur la mission d'un savant dont je n'avais jamais entendu prononcer le nom à Paris, le consul me montra un passeport sur lequel il me fut facile de reconnaître une falsification dans les titres d'*homme de lettres,* de *savant naturaliste* et de *membre de plusieurs sociétés savantes,* qui paraissaient y avoir été mis après coup. Je témoignai le désir de connaître M. le comte, qui se fit assez long-temps prier. Il était chamarré de croix de tous les pays, et prenait un ton analogue au rôle qu'il voulait remplir. Il me fut néanmoins facile de le reconnaître pour un intrigant; et, dès-lors, je ne m'en occupai plus: mais l'indifférence avec laquelle je le traitai, pour ne pas dire plus, me fut, plus tard, extrêmement préjudiciable, et faillit même devenir funeste à ma mission; ce qui me fera, sans doute, pardonner d'entrer en des détails, que leur trop grande publicité dans le pays ne me permet point de passer sous silence, quelque désagrément que j'éprouve à m'en occuper.

M. D...... s'était présenté à l'amiral brésilien comme naturaliste du Gouvernement français, montrant des recommandations, sans doute fausses, de quelques professeurs du Muséum d'histoire naturelle. Il demanda et obtint la faculté de passer à Buenos-Ayres sur l'un des bâtimens de guerre chargés du blocus. Ce *grand naturaliste* fut débarqué dans la ville par un parlementaire. On l'y accueillit avec tous les honneurs dus à un noble et savant personnage; et il parvint à faire passer, à ce même titre, comme renfermant des préparations d'histoire naturelle, un grand nombre de caisses remplies en effet..... mais d'articles de parfumerie, avec lesquels il monta un magasin. Le gouvernement portugais fut instruit de la manière dont il avait été mystifié; et, quand je demandai, à mon retour, à passer à Buenos-Ayres, non-seulement on me refusa le passage sur un parlementaire, me prenant aussi pour un imposteur, mais encore on me refusa de me laisser passer même par le continent; et l'on me retint, en quelque sorte, prisonnier, pendant trois mois; temps nécessaire pour écrire au consul général de France à Rio de Janeiro, et pour recevoir des autorités supérieures la permission de continuer mon voyage.

Les mêmes circonstances défavorables m'accompagnèrent à Buenos-Ayres, où le Président d'alors ne voulut pas me recevoir, me confondant avec M. D......., qu'il avait démasqué, et que l'on commençait à connaître dans le pays pour ce qu'il était réellement. Aussi ne restai-je alors que vingt jours à Buenos-Ayres, attendant, de circonstances plus heureuses, l'occasion de donner une meilleure opinion des naturalistes-voyageurs. Je ne m'étendrai pas davantage sur la suite des aventures de M. D......., qui, dès-lors, perdirent leur caractère d'originalité, et n'inspirèrent plus, en Amérique, qu'un profond mépris pour sa personne.

Après avoir rempli des formalités sans nombre, avant de pouvoir débarquer mes malles; après m'être assuré d'un logement et avoir pris mes arrangemens de ménage, je songeai à parcourir les environs de Montevideo.

Une première fois, je n'en pus sortir, faute d'une permission du général commandant de la place. Nouvelles courses; nouvelles démarches.... J'obtins, enfin, la permission indispensable; encore l'officier brésilien de garde à la porte, qui souvent ne savait pas lire, semblait-il me voir en user à regret, à en juger par la mauvaise humeur et l'extrême impertinence avec laquelle il en accueillait l'exhibition.

Les environs de Montevideo étaient alors secs et arides. Le sol primitif sur lequel est fondée la ville, et qui s'étend au loin dans la direction de l'est-nord-est, forme une petite colline basse, composée de gneiss feuilleté, rempli de belles lames de mica noir et quelquefois de tourmaline. Elle est partout

1826 — Montevideo.

couverte de plantes peu élevées, parmi lesquelles les malvacées dominent. Des carrières ouvertes, une foule de blocs de roche détachés du sol, me permirent de chercher dessous des insectes assez nombreux, mais peu variés en espèces; les carabiques étaient, de tous les coléoptères, les plus communs. Je descendis au bord de la mer, formant ici une belle plage de sables fins, qui occupe tout le fond de la baie, et interrompue seulement, de distance en distance, par quelques bancs de gneiss. Je trouvai dans la baie quelques-unes de ces coquilles[1] qui aiment le mélange de l'eau douce et de l'eau salée, que présente cette localité, où, dans les forts coups de vent d'est, l'eau est entièrement salée; tandis que, lorsque les vents soufflent long-temps de l'ouest ou du sud-ouest, l'eau n'est plus que légèrement saumâtre; et, à six lieues de Montevideo, à la rivière de *Santa-Lucia*, l'eau est entièrement douce. Cette même plage, bordée de dunes de sable, me conduisit à un petit ruisseau, servant de limite entre la ligne brésilienne et le terrain occupé par les patriotes, qui faisaient alors, par terre, le blocus de Montevideo. Je ne voulus pas m'avancer plus loin, dans la crainte de tomber entre les mains des *Gauchos* ou soldats de guérillas de ce pays, dont j'aperçus de loin le *poncho*[2] rouge, et dont les coursiers paraissaient plutôt voler que marcher. Je m'en revins par l'intérieur des dunes, où je revis, non sans plaisir, près de jolies maisonnettes, des peupliers et des saules, mêlés à tous nos arbres fruitiers de France. Rien ne différait essentiellement de notre végétation; le site même me rappelait, jusqu'à un certain point, la côte de la Vendée.

Un bâtiment de guerre français, la corvette la *Zélée*, était alors dans le port de Montevideo. J'allai voir le commandant et les officiers, dont j'ai déjà eu l'occasion de parler. Je fus reçu avec la franchise de cœur et la grâce aimable qui caractérisaient tout l'état-major de ce navire. Ils me proposèrent de me transporter, le lendemain, de l'autre côté de la baie, au Cerro, où je pourrais me livrer à des recherches scientifiques. Il devenait indispensable de me servir des canots de la *Zélée*, pour aller de ce côté, parce qu'eux seuls pouvaient y débarquer, par suite des mesures militaires des Brésiliens; et encore ne le faisaient-ils pas toujours sans essuyer des désagrémens de la part de la garnison du fort de *las ratas* (des rats).

Le lendemain, dès la pointe du jour, j'étais à bord de la *Zélée*. Plusieurs

1. Une *Corbula* et un *Solen*.

2. Espèce de couverture percée d'un trou, par lequel on passe la tête, et ressemblant à la chasuble d'un prêtre.

des officiers voulurent bien m'accompagner. Nous nous embarquâmes dans le canot; et, après avoir passé assez près du fort de *las ratas*, situé sur la petite île de ce nom, nous débarquâmes au pied du Cerro, sur une petite plage de sables, au milieu de rochers nus, formés du même gneiss feuilleté que de l'autre côté de la rade. Nous nous dirigeâmes vers la plaine. Alors tout me faisait envie à la fois; mais il fallait opter, et les oiseaux eurent la préférence. Je laissai mes compagnons de voyage chasser cette petite espèce de *tinamou*[1], si commune dans les plaines, où elle remplace nos perdrix, et je me mis, comme à mon ordinaire, à errer dans la campagne, poursuivant tour à tour les animaux de toutes les classes. Dans les plaines, je poursuivais l'étourneau militaire[2], à la gorge et aux épaulettes rouges; les jolis traquets à lunette[3], dont le plumage est d'un si beau noir; le troupiale à ventre jaune[4], et une foule d'autres espèces moins brillantes.

Toujours continuant ma récolte ornithologique, j'abandonnai les belles plaines vertes pour gagner une petite rivière, dont les rives étaient boisées; là, au milieu de peupliers et de saules, je poursuivis le gobe-mouche rubin[5], à qui son beau plumage rouge et la gentillesse de ses manières ont valu, de la part des Indiens guarani, le nom, trop beau peut-être, de *quarahĩ rahĩ* (fils du soleil). Tout en chassant de charmans oiseaux-mouches, j'arrivai au bord de la petite rivière, où je vis des valves isolées de coquilles d'eau douce. Déposer mon accoutrement de chasse et entrer dans l'eau, fut l'affaire d'un instant. Je fus bien payé de ma peine; car je pêchai des unio et des anodontes nouvelles, qui me firent d'autant plus de plaisir, que c'étaient les premières que je rencontrais en Amérique.

Chargé de mes richesses, je passai le ruisseau et rejoignis mes compagnons de chasse, dans une petite ferme placée sur le coteau opposé. Là, un verre d'un excellent lait vint me désaltérer agréablement. Je commençai alors à m'occuper de botanique et à recueillir les plantes des environs de la ferme; mais cette plante étrangère, cet artichaut sauvage, qui paraît poursuivre partout l'homme dans sa vie pastorale[6], avait envahi déjà tous les environs

---

1. *Tinamus maculosus*, Temm. *Ynambui* des Indiens guarani et d'Azara.

2. *Sturnus militaris*, Lin.

3. *Clignot*, Buff., vol. VI, p. 127. *Ænante perspicillata*, Vieillot, Dict., tom. XXI, p. 133.

4. *Leistes suchii* des Anglais, *Zool. Journ.*, tom. II, 1826.

5. *Muscicapa coronata*, Lin.; *Churincho*, Azara, n.° 177.

6. J'aurai, plus tard, occasion de parler de cette plante, qui couvre maintenant plus de deux cents lieues de superficie aux environs de Buenos-Ayres.

1826. Montevideo. et détruit entièrement la végétation indigène; et je fus obligé de passer sur le coteau opposé pour continuer fructueusement mes investigations botaniques. Je recueillis une foule de graminées; d'autres plantes non moins communes, des bermudiennes ou *sisyrinchyum*, à fleurs de couleurs variées, les unes d'un beau violet, les autres d'un beau jaune, émaillaient ces lieux et formaient, avec les graminées, la base de la végétation des plaines; car les autres plantes des familles des verbénacées, des composées, des légumineuses (parmi lesquelles un beau lupin) et des ophrydées, sont rares et ne se trouvent que de loin en loin. Le fond des ravins et le bord des eaux seuls offraient une végétation bien plus variée, où les graminées et les bermudiennes ne dominent plus, et où elles sont remplacées par les légumineuses. En général, ces plantes ont un aspect tout à fait européen, sans présenter pourtant les mêmes espèces. Tout en cherchant des plantes, je trouvai un autre sujet d'observation. Une série de blocs de quartz laiteux me frappa. On y remarquait les jalons d'un ancien filon, qui, plus dur que le gneiss qui l'enveloppait, avait plus résisté que celui-ci, dont les fragmens, divisés par l'action atmosphérique, avaient, sans doute, été entraînés par les eaux. Je ne rentrai qu'à la nuit dans Montevideo, où le travail de préparation dut succéder au plaisir des recherches; et deux jours me suffirent à peine pour tout mettre en ordre.

J'employais mes journées à parcourir les environs de Montevideo, autant, du moins, que me le permettait le blocus; à recueillir tout ce qui pouvait intéresser les sciences naturelles, à rédiger mes observations et à dessiner les objets qui n'étaient pas de nature à se conserver autrement, soit entiers, soit sans altérations notables de leurs caractères distinctifs. J'allais le soir dans quelques maisons espagnoles, où notre vice-consul français, M. Cavaillon, m'avait présenté. J'y étais souvent témoin des danses du pays, auxquelles même je prenais, quelquefois, une part plus ou moins active, sans trop craindre de compromettre la gravité de mon caractère officiel; et j'y voyais toujours se dessiner, avec un nouveau plaisir, ces contredanses nationales, où les femmes espagnoles déploient tant de grâces.

Depuis plusieurs jours, les officiers de la corvette me parlaient du projet du commandant d'aller croiser à l'embouchure de la Plata, et de visiter plusieurs points de la côte. Je pensai que c'était le seul moyen de parcourir les environs, puisque j'étais momentanément dans l'impossibilité de continuer mon voyage à Buenos-Ayres. J'allai voir M. Lefèvre, et lui demandai la permission de l'accompagner dans ce voyage. Il accueillit ma demande avec une extrême complaisance, me proposant même de me débarquer à Maldonado et de revenir m'y prendre, après avoir été croiser en dehors. Cette offre était trop séduisante dans son objet et trop aimable dans sa forme, pour que je pusse m'y refuser. Je m'occupai des préparatifs de ce nouveau voyage. 1826 En mer.

§. 2.

Voyage à Maldonado.

Le 17 Novembre, je m'embarquai à bord de la *Zélée*, et nous cinglâmes sans accident vers Maldonado. Le 19, nous nous rapprochâmes de la côte, et nous mouillâmes le soir même dans la grande baie de Maldonado; mais assez loin de la côte. Les Brésiliens avaient alors dans la rade deux frégates de ligne et trois goëlettes chargées de protéger la construction d'un fort qu'ils élevaient sur la petite île de Gorriti, dont ils s'étaient emparés depuis quelques jours, en en chassant une poignée de soldats patriotes non disciplinés, chargés de la garder et de la défendre. Ils y avaient jeté une très-forte garnison. 17 et 19 Novemb.

La rade de Maldonado est une grande baie formée à l'ouest par les rochers élevés de la *punta de la Ballena* (pointe de la baleine), et au sud-est par la *punta del este* (pointe de l'est), également rocheuse. L'intervalle entre les deux pointes a plus d'une lieue et demie d'une plage de sable bordée de dunes, au-delà desquelles on aperçoit un pays uniformément plat du côté du nord-est, et varié de quelques monticules au nord et au sud. Au milieu, on voit une tour indiquant la ville de Maldonado, cachée par les dunes et qu'on ne peut apercevoir de la mer. Le mouillage est bon, fond de sable. Les petits navires sont à l'abri, entre la petite île de Gorriti et la terre; mais les grands restent mouillés en dehors de l'île. Le même soir, les Brésiliens nous tirèrent plusieurs coups de canon, pour nous forcer d'aller à leur bord : on y envoya un canot.

Le 20, au matin, je débarquai avec les officiers de la corvette, dans l'intention de parcourir les environs. A notre arrivée, nous fûmes reçus par des *Gauchos* armés et à cheval, formant la patrouille de reconnaissance de la côte. C'était de la milice du pays, qui partout ailleurs eût fait reculer de frayeur, et qui donnait une idée assez peu avantageuse des fidèles défenseurs de l'indépendance argentine. Après quelques pourparlers, ils nous laissèrent continuer notre route, tout en nous suivant pour nous tenir compagnie. Nous traversâmes près d'un quart de lieue de dunes hérissées d'épines et de terrains marécageux, pour nous rendre à la ville, où le commandant patriote nous reçut parfaitement bien. J'allai voir aussi un de mes compatriotes, 20 Novemb.

1826. Maldonado. médecin, marié à Maldonado. Il voulut bien m'offrir sa maison et sa table pour le temps que je devais passer dans le pays; et il eut toujours pour moi toutes les bontés possibles.

J'entrepris une chasse, qui ne me fut pas infructueuse; car je recueillis une foule d'espèces d'oiseaux et d'insectes. Les environs sont dépourvus d'arbres; on ne voit de tous côtés qu'une plaine immense. La monotonie du paysage n'est interrompue que par quelques maisons de campagne ou *quintas*, éparses dans les lieux humides des environs. Ces maisons sont entourées de vergers riches de tous les arbres fruitiers de l'Europe. A l'ouest de la ville, je rencontrai, avec étonnement, disséminés au milieu de la plaine, des cônes de rochers arrondis, dont plusieurs dépassaient de plus de cent pieds le niveau du sol. Je montai sur l'un d'eux et reconnus un granite fortement micacé, rempli de parcelles de feldspath blanc. Un phénomène géologique assez curieux me frappa. La roche, au lieu d'être divisée à sa superficie par des fissures verticales ou irrégulières, est, au contraire, divisée en minces calottes exactement modelées sur la forme primitive de la masse. Je ne sais à quoi attribuer ce phénomène, qui ne pouvait résulter que d'une action purement extérieure. Je rencontrai, au sommet de ce monticule, des plantes particulières, que je ne retrouvai pas aux environs; et, sous les parties détachées, de très-beaux insectes de la famille des mélasomes et des reptiles intéressans des genres amphisbène et typhlops.

Un autre jour, les officiers de la *Zélée* m'invitèrent à les accompagner dans une chasse à cheval. J'acceptai avec empressement leur proposition, qui me mettait à portée d'étendre plus au loin mes recherches. Nous nous dirigeâmes vers l'ouest, sur la route de Montevideo, en passant près des mamelons primitifs que je viens de décrire. Nous arrivâmes à une colline assez élevée, couverte de terre végétale, et montrant seulement, par intervalle, la roche granitique qui la compose. Cette colline se dirige du nord-est au sud-ouest, depuis la pointe de la *Ballena* jusque bien avant dans l'intérieur. Cette colline, ainsi que plusieurs autres qui suivent la même direction, sillonne, d'une manière uniforme, la partie ouest du territoire de Maldonado; mais toutes affectent, à une distance plus ou moins considérable, une sorte de parallélisme. Il est à remarquer que cette disposition du terrain ne caractérise pas seulement les environs de Maldonado, mais encore tout le sol primitif de la province entière de la *Banda oriental*, comme je le démontrerai plus tard, en rendant compte de mon voyage au travers de cette belle plaine.

Arrivés au sommet de la colline, nous découvrîmes des plaines immenses, ou, pour mieux dire, des coteaux peu déclives, dont la riche culture nous rappelait les champs de la Beauce. Des blés de la plus belle espérance paraient des lieux où la nature a fait tous les frais, pour centupler la récolte de tout ce qu'on y voudrait semer[1]. Au milieu des champs, sur le coteau opposé, se faisaient remarquer plusieurs jolies petites cabanes qui, dominant la plaine, offraient un coup d'œil d'autant plus pittoresque, qu'un immense *Ombu*[2], le seul arbre des environs, couronnait le tableau et en relevait l'uniformité. Entre ces maisonnettes et la sommité sur laquelle nous étions, au fond du vallon, coulait un ruisseau bordé de quelques saules, et dont les nombreux méandres serpentaient au loin dans la plaine. Nous nous en approchâmes, et nous y fûmes assaillis par une foule d'oiseaux d'espèces diverses, dont les cris trahissaient la crainte que leur inspirait notre présence. Comme c'était la saison des nids, nous supposâmes que le véritable motif de leur inquiétude était l'amour pour leur nichée. Nous ne nous étions pas trompés; et un seul coup d'œil jeté aux environs, nous fit apercevoir une colonie entière de nids, les uns construits par les troupiales, entre les joncs du bord des eaux, et les autres sur les saules, artistement enlacés par le tyran *bien-te-veo*[3]. Au milieu de ceux-ci s'apercevaient les nids en terre et en spirale du plus ingénieux des oiseaux, l'*hornero* (le fournier)[4]. Je fus assez barbare (la science l'exigeait) pour enlever tous les œufs des différens nids. Les pauvres oiseaux, alors, redoublèrent leurs cris, et le bruit en était si fort, que j'en étais étourdi. Je m'éloignai rapidement du ruisseau; ils me suivirent long-temps dans ma marche, en me reprochant, sans doute, d'être venu, contempteur des lois de l'hospitalité, troubler leurs amours paisibles, que les habitans respectent toujours; ce qui leur donne de l'assurance et les dispense du soin de cacher leur nichée.

1826. Maldonado.

Nous traversâmes de beaux champs de blé; et, tout en chassant, nous arrivâmes au sommet de la colline opposée, qui suit la direction de la précédente et va se réunir à la *Punta negra* (pointe noire) de la côte, qu'elle

1. Je dis centupler, et ce n'est pas par figure; car dans la Bande orientale et à Buenos-Ayres une mesure donnée en produit toujours cent et plus.

2. Espèce de *Ficus*, qui caractérise ces plaines.

3. Le nom de *Bien-te-veo* (je te vois bien) vient de la hardiesse avec laquelle cet oiseau s'approche de tous ceux qui s'arrêtent aux environs de sa demeure, et des cris qu'il fait entendre. On le nomme en Pérou *Testigo* (témoin); c'est le *Lanius sulfuraceus*, Gm., Buff., enl. pl. 209.

4. *Furnarius rufus*, Vieillot.

1826. ne fait que continuer; aussi est-elle également granitique. Nous nous approchâmes des cabanes de cultivateurs que nous avions aperçues; et, là, nous fîmes un léger repas de chasseurs, à l'ombre de ce grand *Ombu*, que nous avions contemplé de l'autre coteau. De là, une vue admirable s'offrait partout à nos yeux; et, tout en nous restaurant, nous jouissions avec délices de la beauté des campagnes voisines.

Maldonado.

Notre appétit satisfait, nous nous divisâmes sur le haut de la colline, afin d'y poursuivre des cerfs ou *Benados*[1], qui, la tête élevée, s'éloignaient de nous rapidement, mais sans paraître nous redouter beaucoup. Tous nos efforts, en effet, furent infructueux, même avec nos chevaux; et nous en vîmes un grand nombre, sans pouvoir en approcher aucun.

Au sommet de cette seconde colline, nous découvrîmes le fameux Lac du pain de sucre (*Laguna del pan de azucar*), qui tire son nom d'une montagne conique, nommée *Pan de azucar*, que nous apercevions dans le lointain. Cette montagne nous rappela que, non loin de là, au bord d'un ruisseau qui a conservé son nom, l'infortuné Solis, après avoir, en 1508, vu, pour la première fois, la Plata, nommée alors par les Guarani *Parana guazu*[2], y revint de nouveau, en 1515; et, victime d'une crédulité trop confiante aux offres perfides des terribles *Charruas*, descendit en ce lieu même, où, le premier d'entre les Espagnols, il arrosa de son sang ces régions devenues plus tard le théâtre de tant de hauts faits et de tant de crimes.

Nous descendîmes sur le rivage du lac, où nous poursuivîmes des *Carpinchos*[3], sans pouvoir les joindre; ils s'enfoncèrent dans leur élément habituel et disparurent à nos yeux. Ce lac a plus d'une lieue de long, sur trois quarts de lieue de large; il n'est séparé de la mer que par une légère digue naturelle, que la mer franchit quelquefois dans les gros temps; ce qui fait que les eaux en sont légèrement saumâtres. Nous le côtoyâmes très-long-temps, en chassant les oiseaux attirés par quelques petits buissons du littoral. Je vis aussi là, pour la première fois, cet immense lézard que les Guarani nomment *Teyu*[4], et autres *Sauve-gardes*. Celui que j'aperçus avait plus de quatre pieds de long; il présentait un agréable mélange de blanchâtre et de noir-bleu,

---

1. C'est le *Guazuti* des Guarani et d'Azara, ou le *Mazame*, *Cervus campestris*.
2. De *para* ou *parana*, mer, ou grande rivière, et de *guazu*, grand.
3. Le grand *Cabiaï* des auteurs, *Capiyguara* des Guarani, et *Hydrochœrus cabybara* d'Erxleben.
4. *Lacerta teguixin*, Lin.

divisé sur la queue en anneaux alternes de ces deux teintes. Il vit dans des terriers des bords du lac. 1826.

Maldonado.

Nous abandonnâmes enfin la *Laguna del pan de azucar,* et nous prîmes une autre direction pour revenir à Maldonado. Dans un pays où les propriétés ne sont séparées par aucun fossé, où le sol est dans son état primitif, il est facile de se diriger sur un point donné, sans suivre la route tracée; c'est ce que nous fîmes. Nous traversâmes la première colline et arrivâmes à un autre lac, alimenté par le ruisseau où j'avais si inhumainement détruit les nichées d'oiseaux. Ce lac, nommé *Laguna de los sauces* (lac des saules), est presque entouré de joncs d'une grande hauteur, qui empêchent, sur beaucoup de points, d'en approcher. De là, nous prîmes le bord de la mer et revînmes à Maldonado, après avoir parcouru près de vingt lieues.

Je consacrai les jours suivans à l'exploration des environs, en des courses dont je variais le but. Ainsi, m'occupant tel jour exclusivement de botanique, je recueillais de belles fougères[1] et de beaux lycopodes, et d'autres plantes des plaines voisines, peu différentes de celles de Montevideo. Un autre jour, ma course était toute entomologique. Les dunes, alors, m'offraient de belles espèces de mélasomes[2], et les lieux cultivés des carabiques[3] et des longicornes[4]. Une autre fois, enfin, je chassais aux oiseaux, m'appropriant, de la sorte, tour à tour, toutes les productions naturelles du pays, sans oublier les coquilles fluviatiles, qui abondaient dans les petits lacs de la côte.

L'une de ces courses me conduisit à la *Punta de la Ballena,* le long du bord de la mer. J'examinais les animaux marins et la constitution géologique des rochers à découvert. Parvenu au sommet de cette pointe granitique, que la mer sape sans cesse, en s'y brisant avec violence, je voulus descendre au bord de l'eau. Une pierre sur laquelle j'avais le pied se détacha du sol, et je roulai avec elle jusqu'au bas des rochers, de plus de vingt pieds de haut. Je restai presque sans connaissance; une forte contusion à la rotule m'empêchait de marcher; cependant je me traînai de mon mieux jusqu'à Maldonado, où je ne pus reprendre de deux jours mes courses habituelles.

Je ne quitterai pas Maldonado sans entrer dans quelques détails sur son

1. Surtout une espèce d'*Osmonda,* très-voisine de l'*Osmonda regalis* de France. Le lycopode est aussi très-voisin du *Lycopodium inundatum.*

2. Surtout des genres *Scotobius* de Germar et *Nyctilia* de Latreille.

3. De la famille des harpaliens.

4. Et cette jolie espèce dont chaque antenne est ornée d'une houppe de poils (*Callichroma plumigera,* Olivier, nommée *Cosmus equestris* dans le catalogue de Dejean).

1828 Maldonado. histoire, et sur l'état où je l'ai vue, au milieu des guerres qui entravaient, à cette époque, le commerce et même l'agriculture de tous les environs.

Avant l'arrivée des Espagnols à l'embouchure de la Plata, les environs de Maldonado et la plus grande partie de la *Banda oriental* étaient habités par les indomptables Charruas, peuples chasseurs, menant une vie errante et vagabonde au milieu de ces immenses plaines, et poursuivant tour à tour les cerfs, les autruches ou *ñandu* des Guarani[1], les nombreux tatous ou les innombrables tinamous qui couvrent le sol. Ils virent pour la première fois sur leurs côtes, en 1508, les voiles européennes, qu'ils revirent encore[2] en 1515, toujours sous le commandement du malheureux Solis, massacré par eux, peu de temps après. Onze ans se passèrent ensuite sans qu'ils revissent les Européens. En 1526, Gaboto parut sur leurs côtes, après avoir enlevé quatre enfans à quelques-uns des principaux chefs guarani, qui habitaient un peu plus au nord. Depuis cette époque, les indigènes eurent sans cesse en vue de nouvelles expéditions, qui se succédaient rapidement; et bientôt il leur fallut subir l'épreuve et le poids des armes espagnoles en de sanglantes batailles, qui, renouvelées jusqu'à nos jours, n'ont pu encore abattre leur courage.

Cependant Maldonado était toujours inhabitée; et plus de deux siècles s'écoulèrent sans qu'on pensât à s'en occuper sérieusement. Ce laps de temps suffit pour rendre sauvages les chevaux et les bestiaux, dispersés en troupes nombreuses dans la campagne, par suite des attaques réitérées des nations américaines. Les nations de l'Europe y envoyaient, de temps en temps, des corsaires armés en course, qui trouvaient toujours moyen de se procurer des dépouilles de ces bestiaux sans maîtres. Une de ces expéditions, composée de quatre navires français, habita la première, en 1720, la baie de Maldonado, achetant les cuirs de bœuf aux indigènes de la côte; mais la jalousie espagnole devait bientôt inquiéter ces nouveaux colons. Le capitaine Don Martin Jose de Echaurri les attaqua et les força de se rembarquer. Ils tentèrent de s'établir plus au nord, au lieu nommé *Castillo*, d'où ils furent également repoussés par les ordres de Zabala.

Les Espagnols, craignant que les Portugais, leurs rivaux acharnés, ne tentassent de s'établir sur cette côte, comme ils en avaient manifesté le désir, le cabinet de Madrid envoya, en 1730, à Zabala, gouverneur de Buenos-Ayres, l'ordre exprès de bâtir à Maldonado une ville semblable à celle de

1. L'autruche de Magellan, ou le *Struthio rhea*, Lin.

2. Ces renseignemens sont tirés en partie de l'*Ensayo de la historia civil del Paraguay, Buenos-Ayres y Tucuman*, par le docteur Don Gregorio Funes.

Montevideo, déjà fondée depuis quatre ans. Zabala se transporta sur les lieux en personne pour les reconnaître; et, dans le compte qu'il rendit de sa reconnaissance au vice-roi de Lima, il donna une idée si défavorable de la baie et des environs, que l'on renonça encore à cet établissement. En 1762, néanmoins, on fonda, à deux lieues de Maldonado actuelle, une ville nommée *San-Carlos,* encore existante aujourd'hui; Maldonado même ne tarda pas à s'élever en dedans des dunes de sable qui bordent la côte, et reçut, en 1786, le titre de ville. En 1790, il y avait déjà, dans les deux cités naissantes, cent vingt-quatre familles et six cent trente-six Espagnols, sans compter les nombreux Indiens de service et les Indiens amis.

1826

Maldonado.

En 1807, les Anglais, sous les ordres du commodore Popham, attaquèrent et prirent, après une vive résistance, Maldonado et San-Carlos, qu'ils rendirent bientôt à l'Espagne, par suite de la capitulation du général Whitelock à Buenos-Ayres; Maldonado prospéra néanmoins jusqu'en 1812, où elle fut prise par les troupes d'Artigas; et alors, avec une partie de la république naissante du Rio de la Plata, elle jeta le cri de liberté.

Depuis cette époque, Maldonado a beaucoup souffert de ses guerres avec l'Espagne, avec le Portugal, et de ses guerres intestines. Plus d'une fois les Portugais en ont ravagé les campagnes et l'ont réduite à la dernière extrémité. Il n'y a pas encore long-temps que, pendant les guerres avec le Brésil, les habitans s'en sont en partie retirés à San-Carlos, où ils se regardaient comme à l'abri des atteintes des Brésiliens. A mon arrivée, la ville, abandonnée de la plupart de ses paisibles habitans, n'était peuplée que de *Gauchos,* et tout y présentait l'aspect le plus belliqueux.

Maldonado est bâtie sur une petite éminence, au milieu d'une plaine. Les rues en sont bien percées, comme dans toutes les villes d'Amérique, et elle est divisée en *quadras.* Elle a pour tous monumens, d'abord, une belle église encore en construction, et dont la guerre a fait suspendre les travaux; mais qui, lorsqu'elle sera terminée, ornera avantageusement l'un des côtés d'une belle place; puis une haute tour carrée, bâtie à l'entrée de la ville, du côté de la mer, et sur laquelle flotte le drapeau bleu et blanc de la république Argentine. C'est aussi de là que des sentinelles observent incessamment les mouvemens des Brésiliens. Les habitans, en temps de paix, n'ont guères d'autre occupation que celle de la culture des bestiaux, favorisée pour eux par les belles campagnes des environs; et cette aptitude leur est commune avec tous les habitans de la *Banda oriental.* Leur caractère est fier et indépendant. De tout temps, le nom des *Orientales* a fait trembler les Brésiliens.

1826

Maldonado.

Peu de temps avant mon arrivée à Maldonado, un de ces hommes de caractère, corsaire dans l'ame, mais brave soldat, Fournier, trop connu dans la république de Buenos-Ayres, avait adopté un nouveau système de stratégie. Entouré d'une petite troupe d'étrangers de toutes les nations, véritables forbans, il l'avait stylée au triple service de la cavalerie, de l'infanterie et de la marine. Il possédait six à sept grandes chaloupes, qu'il tenait toujours dans l'intérieur; et, dès qu'il apprenait, par ses éclaireurs, que des bâtimens marchands brésiliens se trouvaient dans un des ports de la côte, à l'instant, sous l'escorte de sa troupe, formée en corps de cavalerie, il acheminait sur des charrettes, avec agrès et apparaux, sa flotte entière, vers le point d'attaque; la flotte prenait la mer; et ses cavaliers, tout d'un coup devenus marins, abordaient résolument les pauvres Brésiliens, fort surpris d'une pareille visite. Fournier en prit ainsi un grand nombre; et les malheureux, redoutant également la mer et la terre, avaient fini par ne s'approcher qu'avec terreur des petits ports de leur nation, sur toute la côte voisine de la *Banda oriental.*

Ce même Fournier, se trouvant un jour à Maldonado, une corvette brésilienne échoua sur la côte, où il ne se trouvait alors qu'une pièce de canon et trois boulets pour tous projectiles. Il débuta par en saluer la corvette; celle-ci fit feu contre lui de toute son artillerie, ce qu'attendait Fournier, qui lui renvoyait ses boulets, à mesure qu'il les recevait, jusqu'à ce qu'enfin les Brésiliens, s'apercevant qu'ils ne faisaient que donner des armes à leur ennemi, cessèrent leur feu et ne lui échappèrent que parce qu'il manquait alors de barques pour les joindre.

Le commerce de Maldonado, qui consiste surtout en cuirs de bœuf, était alors réduit à rien, et l'on me fit voir plus de dix mille peaux de loups marins[1] emmagasinées depuis deux ans, faute de débouchés. Ces peaux venaient de l'île de *Los Lobos,* située en dehors de la baie de Maldonado, et qui doit son nom à la grande quantité de ces animaux qui l'habitent. Cette île fut long-temps déserte; seulement, à des époques fixes, on y allait faire une pêche réglée de loups marins; mais, peu de temps avant la déclaration de guerre des Brésiliens, un propriétaire s'y établit. C'est lui qui avait envoyé à Maldonado la partie considérable que j'en ai vue. Depuis, on s'est plaint que le nombre des loups marins diminue dans leur premier asyle, qu'ils semblent abandonner pour aller former de nouvelles colonies sur les côtes

1. Espèce d'Otarie, difficile à déterminer; car dans ce genre, comme dans quelques autres, on ne peut pas encore en séparer les espèces.

de Patagonie, où, sans doute, assez long-temps encore du moins, ils pourront vivre plus tranquilles. 1826

Maldonado.

La *Zélée* était revenue à Maldonado, après une croisière de plusieurs jours. Le commandant m'informa qu'il appareillerait le jour même pour Montevideo. Je me hâtai de faire embarquer mes collections; et le soir nous mîmes à la voile. Le vent étant contraire, nous fîmes peu de chemin dans la nuit. Le lendemain le temps était calme, et le navire voguait lentement. Toute la matinée, un nuage de libellules voltigea autour de nous et parfois couvrit les voiles du côté opposé au vent. Un nombre extraordinaire de grandes sauterelles[1] d'une seule espèce vint également se reposer à bord; toutes les manœuvres et les voiles en étaient couvertes. C'étaient de ces sauterelles dont j'aurai l'occasion de parler plus tard, qui émigrent par myriades et désolent parfois les provinces riveraines du Parana. Il paraît qu'une de ces nuées de sauterelles était récemment venue s'abattre dans la *Banda oriental;* car, quelques jours en çà, j'ai vu, à la côte de Montevideo, toutes les anses remplies de dépouilles de ces insectes apportés par les vents. 30 Novemb. En mer.

Le soir, le vent s'était un peu élevé. J'étais à table avec les officiers, lorsque nous sentîmes une secousse terrible; et, en même temps, un craquement effroyable eut lieu dans le bâtiment. Chacun s'écria : Nous sommes sur le banc anglais! En effet, les courans nous avaient portés loin de notre estime, et nous touchions sur ce banc, la terreur des marins. La vigie n'avait pas signalé les brisans; la sonde, deux minutes avant, donnait encore huit brasses de fond. Nous nous crûmes perdus. Le commandant et le premier lieutenant ordonnèrent les manœuvres qu'exigeaient les circonstances. Le bâtiment touchait toujours avec violence; par instans les deux extrémités du navire pliaient sur elles-mêmes, parce qu'il n'y avait alors que le milieu qui touchât. On mit un canot à la mer pour sonder; mais le danger ne semblait pas moindre. Je me rappelais un naufrage affreux qui, peu de temps avant, avait eu lieu sur ce banc même. Enfin, après une demi-heure d'inquiétude et de trouble, les manœuvres savantes du commandant nous sauvèrent, et nous eûmes le bonheur de nous retrouver à flot, sans autre perte que celle de la roue du gouvernail; d'autant plus heureux d'en être quittes à si bon marché, qu'il n'est guère d'année où ce banc ne soit fatal à plus d'un navire.

Le soir, nous mouillâmes dans le port de Montevideo, au milieu des bâtimens marchands dont il était alors encombré. 2 Decemb.

1. Espèce voisine de la Sauterelle émigrante, *Gryllus migratorius*.

1826. Montevideo.

§. 3.

Nouveau séjour à Montevideo.

Entr'autres nouvelles politiques, nous apprîmes, à notre arrivée, qu'une proclamation du général Alvear, commandant les forces des patriotes, condamnait à mort quiconque, à partir du 12 Décembre, tenterait de franchir la ligne d'observation des Brésiliens pour passer dans la *Banda oriental.* Cette rigoureuse mesure, d'ailleurs exécutoire dans quelques jours, me rendait plus difficile le choix des moyens à employer pour sortir de Montevideo, où je me trouvais, pour ainsi dire, prisonnier. J'avais écrit à Rio de Janeiro, afin d'obtenir la permission de passer à Buenos-Ayres; mais je n'avais encore aucune réponse, et j'avouerai que, plus d'une fois, je maudis de bon cœur l'intrigant dont les basses manœuvres me mettaient dans une position aussi critique. Il me fallut pourtant bien prendre mon parti; et pour utiliser, autant que possible, mon séjour forcément prolongé dans Montevideo, je m'occupais d'observations barométriques sur les marées atmosphériques, et je continuai mes recherches d'histoire naturelle.

Dans une nouvelle course au Cerro, faite de compagnie avec les officiers de la *Zélée,* nous avions débarqué près de l'île aux Rats; et, armés de nos fusils, nous nous acheminions vers l'endroit où nous comptions ouvrir notre chasse, encore sous la volée du canon du fort, lorsque nous vîmes accourir à nous, au grand galop et le sabre nu, dix à douze *Gauchos,* qui nous enveloppèrent, nous prenant, apparemment, pour des Brésiliens; et, sans tenir le moindre compte de toutes nos observations, nous intimèrent l'ordre de les suivre au camp des patriotes, que nous savions être éloigné de plus d'une lieue, ajoutant que, là, nous nous expliquerions avec le commandant de la ligne. Nous nous mettions, bien malgré nous, en devoir de les suivre, lorsque les Brésiliens, du haut de leur montagne, voyant un groupe nombreux et s'inquiétant peu de savoir s'il se composait d'amis ou d'ennemis, pointèrent sur nous un canon, dont nous aperçûmes la fumée et dont, au même instant, le boulet laboura le sol à nos pieds, en nous couvrant tous de terre. Aussitôt je vis un *Gaucho* disparaître de dessus son cheval et son chapeau tomber.... Je le crus mort; mais il se releva de suite, n'ayant fait que se cacher derrière sa bête, suivant la coutume des *Gauchos,* en pareille occurrence. Le boulet avait été bien pointé, et nous dûmes rendre grâces à la Providence qui l'avait fait tomber au milieu de nous tous sans qu'il touchât personne. Le fort nous adressa deux autres boulets, qui ne nous atteignirent pas plus que le premier, et qui nous avertirent seulement de chercher un abri derrière une colline du voisinage. Le danger que notre escorte avait couru comme nous, l'avait, sans doute, rendue plus traitable. Quelques verres de vin et quelques pièces de monnaie nous débarrassèrent des Gauchos, et nous poursuivîmes notre chasse sans autre accident. Le soir, au retour, nous ramassâmes le boulet qui avait failli nous être fatal; et nous le renvoyâmes au commandant du fort, avec nos remercîmens pour sa politesse. 1826 Montevideo.

Le courage des soldats patriotes ou Gauchos, poussé même souvent jusqu'à la témérité, contrastait de la manière la plus frappante avec la pusillanimité des Brésiliens. Fréquemment, un Gaucho enlevait, de nuit, et même de jour, leur sentinelle avancée, qu'il enlaçait, en passant au galop à ses côtés, *sans qu'elle pût se défendre*. Une autre fois, un Gaucho venait jusqu'à la sentinelle de la ligne intérieure lui demander du feu pour allumer sa cigare. Je ne tarirais pas, si je voulais énumérer tous les tours que les patriotes jouaient aux Brésiliens, qui, à l'approche d'un seul homme, faisaient résonner, des heures entières, leurs canons impuissans; et manœuvrer, toute la journée, sur les glacis de la ville, cinq à six mille hommes, avec la musique, pour effrayer une poignée de citoyens paisibles, soldats seulement par occasion.

Un jour, les Brésiliens avaient mis paître les chevaux de leur cavalerie très-près du fort du Cerro et sous son feu, à mi-portée de canon. Les Gauchos de ronde, au nombre seulement de dix ou douze, ayant entrepris de les enlever, accoururent au grand galop, cernèrent les chevaux et les emmenèrent en effet. Il était onze heures du matin; cinq cents hommes défendaient la forteresse; et toute son artillerie ne fit éprouver à ces Diomèdes américains d'autre perte que celle d'un de leurs coursiers.

Comme il arrivait souvent que des Gauchos passaient même la ligne des Brésiliens, en cachant leurs armes sous leur poncho, la sentinelle reçut l'ordre de ne laisser passer personne sous ce vêtement, sans le lui faire déposer au passage. Cette mesure coûta la vie à l'un de nos malheureux compatriotes. Le commissaire de la *Zélée* revenait à cheval d'une maison de campagne habitée par un Français; il était revêtu d'un poncho; la sentinelle lui cria de l'ôter; il n'entendit pas la sentinelle; et un coup de fusil, tiré presque à bout portant, l'étendit par terre : il mourut peu d'instans après. C'est, peut-être, la seule victime du siége de Montevideo; car les Brésiliens ne cherchaient jamais à forcer la ligne patriote, se contentant d'une observation inoffensive.

1826. Montevideo. L'armée navale, chargée du blocus de Buenos-Ayres, ne faisait pas plus d'honneur à la bravoure brésilienne. Tous les jours l'escadre, ou souvent un seul de ses bâtimens commandés par le vaillant général Guillermo Brown, sortait du port ou y rentrait à volonté, traversant une double ligne de blocus, formée d'un grand nombre de frégates et de corvettes. Pendant mon séjour à Montevideo, ce même général ne craignit pas d'entrer dans le port à bord d'une petite corvette, au milieu de beaucoup de vaisseaux de guerre, dont deux ou trois frégates. Il s'avança, sous pavillon français, à l'arrière de l'une des frégates, lui lâcha toute sa bordée, en hissant le pavillon de Buenos-Ayres; et, avant que les bâtimens de guerre, témoins de cette scène étrange, eussent eu seulement le temps de le reconnaître, il avait viré de bord et se trouvait hors de portée.

Pendant une des observations barométriques que j'allais faire tous les jours au bord de la mer, un officier brésilien était venu me demander si j'avais la permission de lever le plan de Montevideo. Je croyais avoir répondu à tout, en lui montrant l'instrument dont je me servais; mais j'acquis bientôt à mes dépens la preuve du contraire, et l'on va voir combien les Brésiliens sont à la fois ignorans et méticuleux.

18 Décemb. Le 18 Décembre, à neuf heures du matin, instant du maximum des marées atmosphériques, je m'étais rendu, comme à mon ordinaire, au lieu que j'avais choisi pour mes observations de ce genre, près du fort *San-Jose*. Je commençais mon opération, lorsque je vis venir à moi une vingtaine de soldats, conduits par l'officier même à qui, quelques jours auparavant, mon baromètre avait porté tant d'ombrage. Même question de sa part; même réponse de la mienne; et, sans vouloir entendre à rien, ordre par lui donné à sa troupe de me conduire au fort San-Jose, où je fus amené sur l'heure, en véritable criminel d'État. Là, un officier, qui parlait français, me fit subir un long interrogatoire, dans lequel je m'épuisai gratuitement à leur expliquer à tous qu'il était impossible de lever un plan avec un baromètre, surtout quand on ne change pas de lieu d'observation. Sans comprendre le moins du monde, dans leur ignorance, l'usage de cet instrument, dont ils ne paraissaient pas même connaître le nom, ils tinrent un long conseil et dressèrent un long procès-verbal. Sur ma demande d'être conduit chez le général commandant la place[1], on m'y conduisit, sous l'escorte de douze soldats et d'un

1. M. Muller, homme des plus aimables, et bien déplacé au milieu de ces hommes prétendus civilisés.

sous-officier, qui ne me perdait pas un instant de vue. J'étais outré de traverser ainsi la ville. 1826 Montevideo.

Le général n'était pas chez lui. Je demandai à parler à son aide-de-camp ; les soldats s'y opposèrent, en me donnant des coups de crosse de fusil. Accouru au bruit, l'aide-de-camp, au lieu de s'entremettre en ma faveur, me laissa de nouveau maltraiter par les soldats. J'eus l'imprudence de vouloir repousser la force par la force. On ne me permit pas d'attendre le général, et l'on me conduisit au poste du *porton*. Là, nouvel interrogatoire, qui ne me fut pas plus favorable que le premier; nouvelles railleries de la part des officiers; nouvelle escorte, nouveaux ordres donnés au sous-officier. Je partis encore.... On me conduisait à *las bovedas* (les cachots), près du môle. Arrivé au corps-de-garde, je demandai à l'officier du poste du papier et de l'encre.... refus; je demandai à rester au corps-de-garde.... refus encore. J'entendis tirer des verroux sans nombre; j'entendis un bruit de chaînes. On me força d'entrer dans un souterrain voûté, d'où sortait un air infect et humide; et une double porte se referma sur moi.

D'abord, je ne distinguai rien, tant j'étais étourdi de tout ce qui venait de m'arriver. Peu à peu, je revins à moi, et me mis à contempler à la fois ma demeure et mes compagnons d'infortune. Le cachot est au-dessous du niveau de la mer haute; il est voûté, de forme oblongue, et ne reçoit de lumière que par deux très-petites ouvertures, l'une donnant sur la mer, l'autre sur la rue, et toutes deux si bien grillées, que la main pourrait à peine y passer. Le sol en est si humide et si mou, qu'il cède à l'impression de la marche; et l'on n'y trouve pas même un peu de paille pour poser les membres endoloris du malheureux détenu. Quelques planches de chaque côté y servent de lit, et forment, avec deux demi-futailles, tout l'ameublement de cet horrible séjour. Il s'y trouvait une vingtaine de prisonniers, vrais squelettes ambulans, nègres ou mulâtres, dont au moins quinze enchaînés, les uns à la ceinture, les autres aux pieds. Ces malheureux m'entourèrent à l'instant pour me faire payer ma bien-venue, fort surpris, sans doute, de trouver en moi un camarade...... en habit noir. Par bonheur, j'avais de l'argent; je leur donnai quelques pièces de monnaie; et l'un d'eux, qui paraissait avoir quelque autorité sur les autres, se fit fort, sur ma demande instante, de me procurer du papier et même de faire parvenir une lettre à qui je voudrais, si je consentais à gratifier la sentinelle voisine : je promis tout ce qu'on voulut. Le papier arriva. J'écrivis de suite au général Muller, au consul français; et, comme je ne devais payer qu'en voyant la

1826. Monte-video. réponse à ces lettres, j'attendis plus patiemment le résultat de ma démarche.

Je fus livré, jusqu'à midi, à des réflexions qui n'étaient pas des plus gaies. J'avais entendu dire dans la ville que la nuit on assassinait dans les prisons pour voler les prisonniers riches, et même qu'on les coupait en morceaux, jetés ensuite à la mer; le tout sans que le gouvernement y fît attention. Je savais, de plus, que l'usage des Brésiliens était de ne prévenir personne de la détention des étrangers, qu'ils détestaient, et de les laisser, des mois entiers, privés de toute communication extérieure. Rempli de ces idées, je regardais tristement autour de moi, lorsque j'entendis tirer les verroux de ma prison... Une lueur d'espérance vint me frapper; mais ce n'était autre chose que le dîner des prisonniers, consistant en une poignée de farine de manioc, qu'on distribuait à chacun d'eux. Le geolier m'en offrit aussi, mais je la refusai. Le mets n'était pas appétissant; et les besoins physiques n'étaient pas d'ailleurs ce qui m'occupait alors le plus. Pour manger cette farine, les malheureux la trempaient dans l'eau et en formaient des boules, qu'ils avalaient; encore à peine en avaient-ils assez pour ne pas mourir de faim.

Une heure après, je reçus de M. Cavaillon un billet par lequel il m'annonçait qu'il allait à l'instant voir le général. Je ne saurais dire combien ce billet me fit plaisir; je le lus et relus plusieurs fois. A trois heures, une ordonnance vint me chercher de la part du général. Ce digne commandant, que j'allai remercier aussitôt après ma sortie, me pria d'excuser la conduite de ses officiers, en me disant qu'il ne savait que trop bien à quoi s'en tenir sur l'ignorance de la plupart d'entr'eux, et en m'invitant à regarder le grief dont j'avais à me plaindre comme leur étant exclusivement personnel. Cependant il ajouta que je ferais bien de ne plus retourner faire mes observations, parce qu'il serait possible que, malgré ses ordres, l'on me maltraitât de nouveau. Je rentrai chez moi, où je reçus une foule de visites de condoléance à l'occasion de mon emprisonnement.

Imaginerait-on jamais qu'au dix-neuvième siècle des officiers supérieurs d'un empire tel que celui du Brésil puissent ne pas connaître un baromètre, et croire qu'on peut faire des levés avec un instrument de cette nature? Les sauvages les plus grossiers des parties les plus reculées de l'Amérique regarderaient avec indifférence ce qu'ils ne connaîtraient pas; mais, j'en suis convaincu, ne seraient pas assez ombrageux pour en concevoir des craintes.

Le lecteur me pardonnera de l'avoir si long-temps entretenu d'une affaire qui m'est personnelle. Je n'ai pas cru devoir l'omettre, parce qu'elle se rattache à l'état politique de Montevideo, à l'époque de mon séjour dans cette ville, et peint parfaitement le caractère de la plupart des militaires brésiliens.... On sait bien, du reste, qu'au Brésil, comme ailleurs, on peut trouver, même dans cette classe, des personnes instruites et polies. 1826. Montevideo.

Montevideo, ayant toujours joué un rôle très-important dans l'histoire de l'Amérique, comme capitale d'une immense province, possédée tour à tour par l'Espagne, l'Angleterre, le Portugal, la république Argentine, le Brésil; et ayant fini par devenir, ce qu'elle est encore aujourd'hui, le chef-lieu d'une petite république, un court précis de son histoire, depuis la conquête jusqu'à nos jours, pourra n'être pas sans intérêt pour le lecteur.[1]

Le vaste territoire qui s'étend de l'ouest à l'est, depuis les rives de l'Uruguay jusqu'à l'océan, et du sud au nord, depuis la Plata jusqu'à la rivière Yi et aux montagnes de San-Ignacio, était, à l'arrivée des Espagnols, habité, dans toute sa partie méridionale, par la nation Charrua et ses tribus; et, du côté du nord, par quelques autres petites nations, dont l'esprit d'indépendance se manifesta d'abord par la résistance que la première sut opposer à Solis, devenu bientôt sa victime, et par le courage persévérant avec lequel toutes se liguèrent contre l'étranger, pour la défense de leur sol.

En 1526, Gaboto[2] jeta les fondemens du premier établissement espagnol à l'embouchure du *Rio de San-Juan*, sur la rive orientale de l'Uruguay. Il y construisit un fort; mais, en 1530, les Charruas, jaloux de leur liberté, chassèrent les Espagnols, et restèrent les maîtres absolus de leur pays, non sans continuer d'avoir de fréquentes querelles avec les divers partis d'Espagnols, qui ne songèrent à s'établir définitivement dans le pays qu'en 1566, époque à laquelle ils y jetèrent les fondemens du premier village de la province, *Santo Domingo Soriano*, qui existe encore aujourd'hui, sur les rives de l'Uruguay. Dans les premières années du dix-septième siècle, tandis que les Espagnols bâtissaient des cités dans l'intérieur des terres, sur les rives du Paraguay, toutes celles de la Plata n'étaient encore habitées que par leurs possesseurs naturels. La ville appelée *Colonia del Sacramento*, si souvent, depuis, prise et reprise, alternativement, par les Espagnols et par les Portugais, ne fut élevée par ces derniers qu'en 1679.

---

1. Tous ces renseignemens sont tirés de Funes, *Ensayo de la historia civil del Paraguay, Buenos-Ayres y Tucuman*, et des autres historiens.

2. Il remonta alors le Parana jusqu'aux frontières du Paraguay. C'est à cette même époque qu'ayant vu des morceaux d'argent répandus comme ornement chez les Guaranis, il changea le nom de *Rio de Solis*, qui avait remplacé celui de *Parana guaçu*, en celui de *Rio de la Plata* (rivière d'argent), encore en usage aujourd'hui.

1826. Monte-video.

Au commencement du dix-huitième siècle, les Espagnols songèrent à fonder Montevideo, pour arrêter la contrebande par laquelle les étrangers ruinaient le commerce de Buenos-Ayres. La cour d'Espagne donna ordre à Zabala, gouverneur de Buenos-Ayres, de fonder Montevideo, en en tirant la population du Tucuman ou d'autres points; mais la chose était impossible, et Zabala se contenta de faire continuellement parcourir les côtes par un corps de trois cents Indiens guaranis, chargés d'incendier partout les établissemens portugais; mesure aussi barbare que barbarement exécutée, qui n'empêcha pas les Portugais d'entrer, en 1723, avec quatre vaisseaux, dans le port, alors désert, de Montevideo, et d'y fonder une colonie, que les Espagnols les forcèrent d'abandonner précipitamment dès l'année suivante. Zabala y construisit, à cette même époque, un fort armé de six pièces de canon, et dont il confia la défense à une garnison de cent cinquante hommes.

En 1726, le gouvernement espagnol y envoya vingt familles tirées des îles Canaries, et qui permirent à Zabala de fonder la nouvelle ville de San-Felipe de Montevideo. Trente autres, également sorties de Ténériffe, se joignirent bientôt à ces vingt premières, d'où le nom de *Canarios* (Canariens), donné, encore aujourd'hui, aux habitans de Montevideo, dont le nombre, d'abord si petit, s'accrut rapidement, grâce à leur commerce, qui ne tarda pas à leur affilier plusieurs familles de Buenos-Ayres; si bien que, dès 1730, Zabala, dans le but de donner plus d'importance à sa nouvelle cité, y installa un *Cabildo* (conseil de ville).

En 1731, la brutalité d'un Portugais, nommé Martinez, et qui habitait Montevideo, faillit ruiner entièrement la colonie naissante. Il eut querelle avec trois Indiens de la nation Minuan[1], et tua l'un d'eux. Les deux autres, furieux, parvinrent à soulever, contre les Espagnols, leurs compatriotes, qui, réunis bientôt au nombre de trois cents hommes, vinrent piller tous les établissemens des environs de la ville; et, rendus plus audacieux par un premier succès, provoquèrent le gouverneur à une bataille, où les troupes réunies de Buenos-Ayres et de Montevideo, après avoir combattu tout un jour, de neuf heures du matin à quatre heures du soir, furent obligées d'abandonner tous leurs chevaux aux Indiens victorieux. Zabala, défait et manquant de troupes fraîches à opposer aux Indiens, demanda cinq cents Guaranis au Père Geronimo Heran, provincial du Paraguay; celui-ci, ne se souciant pas d'exposer ses Guaranis, et comptant plus d'ailleurs sur les voies

1. Sans doute une des tribus des Charruas.

de conciliation que sur la force des armes, envoya aux Minuans un messager de paix, qui parvint à calmer leur fureur, et ménagea, entr'eux et les Espagnols, un traité définitif, conclu en 1732. 1826. Montevideo.

En 1757, le cabinet espagnol éleva Montevideo au rang de chef-lieu de province ou de gouvernement.

Cette même année, les Minuans reprirent les armes et attaquèrent les établissemens espagnols. C'est dans cette guerre que le gouverneur de Buenos-Ayres, Andonaegui, donna l'ordre cruel, trop souvent et trop bien suivi dans les guerres modernes, d'égorger tous les Indiens au-dessus de douze ans, parce que, disait-il, *le véritable baptême de ces sauvages, est le baptême de sang*[1]; heureusement Viana, gouverneur de Montevideo, ne partageait pas son opinion; car, dans les combats sanglans qui suivirent, les Espagnols firent quatre-vingt-onze prisonniers. C'est dans cette même guerre qu'un cacique, à qui les Espagnols avaient arraché des renseignemens sur la position militaire des siens, se tua de désespoir, pour ne pas survivre à la honte de ses aveux.

L'histoire de Montevideo ne présente plus rien d'intéressant jusqu'en 1807 où, le 12 Février, après une longue résistance, la ville fut prise par les Anglais, puis évacuée par eux au mois de Juillet suivant, et rendue aux Espagnols, en vertu du traité de Buenos-Ayres; événement dont j'ai parlé plus haut.

Dès 1808, le libéralisme du gouverneur Elio, qui, le premier, ne craignit pas de refuser l'obéissance au vice-roi de Buenos-Ayres, put faire présager les mouvemens qui, deux ans plus tard, devaient agiter le pays. En 1810, le premier cri de liberté fut jeté, par une poignée d'hommes, dans la ville de Buenos-Ayres, et bientôt répété partout.

Elio seul alors, changeant de bord, entreprit de soutenir le système de la monarchie espagnole en Amérique; mais tous ses efforts furent inutiles. En 1812, le général Rondeau enleva Montevideo d'assaut, et cette ville se réunit à la république des Provinces-Unies du Rio de la Plata, comme chef-lieu de la province de la *Banda oriental.*

Avant cet événement décisif, le gouvernement portugais avait paru vouloir soutenir les prétentions de l'Espagne sur la province de la Banda oriental, afin de mieux masquer ses projets d'envahissement de la rive orientale de la Plata. Il avait fait entrer sur ce territoire une armée de quatre mille

1. *El verdadero bautismo de estos salvages es el de sangre.*

1826. Monte-video. hommes, et les habitans de la république se préparaient à la bien recevoir, lorsqu'un ambassadeur de la cour de Portugal négocia et conclut avec eux un armistice, en vertu duquel les troupes portugaises durent évacuer le pays; ce qu'elles firent en Mai 1812.

Après l'expulsion des Espagnols de Montevideo, la province resta sous la conduite du général Artigas, qui ne reconnut jamais la république, et renouvela des scènes d'horreur, dont le souvenir afflige encore aujourd'hui cette province et celles des Missions et de Corrientes. Les Provinces-Unies, lasses de verser gratuitement le sang américain, finirent alors par laisser aller les choses, se contentant de réunir leurs forces contre l'Espagnol, leur ennemi commun.

En 1816 et 1817, les Portugais envahirent la province avec une armée considérable. Le général brésilien déclara qu'il ne venait que comme médiateur, pour prévenir l'anarchie. Il alla même jusqu'à signer un traité par lequel il s'engageait à remettre au cabildo les clefs de la ville, dès que la cessation des troubles politiques dans le pays permettrait d'en retirer les troupes. Ce traité mit fin à la guerre générale de la république, mais non pas à celle de la province. Les Orientalistes restèrent en armes contre les Portugais.

La grande armée brésilienne, au lieu de pacifier le pays, en proie à des dissentions funestes, ne songeait qu'à s'emparer de Montevideo, dont le cabildo invita les habitans de la campagne à faire, avec les Brésiliens, une paix, qui fut conclue aux conditions du traité de 1817, c'est-à-dire que l'occupation de la province serait seulement provisoire, et que l'armée brésilienne reconnaîtrait toujours les autorités locales.

La ville même, alors, recouvra le calme; mais le général portugais mit la province entière au pillage; ce qui se fit néanmoins avec ordre et régularité; car des chefs militaires, aidés de leurs soldats, présidaient en personne à l'enlèvement des peaux de bestiaux qui peuplaient encore la campagne en telle quantité qu'en vendant, par exemple, un terrain d'une lieue carrée, on livrait, par-dessus le marché, toutes les têtes de bétail au-dessous de deux ans, n'y faisant entrer que les têtes plus âgées. En 1821, après plusieurs actes arbitraires, le général portugais fit approvisionner la ville, et déclara la province réunie au Portugal sous le nom de *Provincia cisplatina*.

Peu de temps après, le Brésil secoua le joug du Portugal et se déclara indépendant. Cet événement semblait devoir être favorable à la province; mais il n'en fut pas ainsi. La discorde parut se mettre entre les chefs.

Les campagnes prirent parti pour le Brésil, la ville pour le Portugal, dans l'espoir d'accélérer le départ des troupes portugaises pour Lisbonne. Enfin, en 1823, les deux chefs, divisés seulement en apparence et pour se ménager l'opinion de leur parti, se réunirent et convinrent que le baron de la Laguna prendrait possession de Montevideo, au nom du Brésil, et que le général Alvaro serait défrayé avec les siens jusqu'à Lisbonne. A cette même époque, la province, fatiguée du joug brésilien, se mit, par un acte authentique, sous la protection de Buenos-Ayres, et déclara nulle son incorporation forcée à l'empire du Brésil. Cependant l'empereur du Brésil renforçait toujours la garnison, et régnait toujours dans Montevideo. 1826. Montevideo.

En Avril 1826, le général Lavalleja, né à Montevideo, prit l'héroïque résolution de chasser les Brésiliens. Parti de Buenos-Ayres avec trente-trois braves seulement pour l'exécuter, il ne tarda pas à se réunir au général Fructuoso Rivera; tous deux, en peu de jours, eurent conquis les campagnes à la cause de l'indépendance. Ils remportèrent plusieurs victoires; et bientôt il ne resta plus au Brésil que les deux seules places de la Colonia del Sacramento et de Montevideo; encore étaient-elles bloquées par terre. Buenos-Ayres ne put se refuser à soutenir le général Lavalleja; et pendant mon séjour à Montevideo, la capitale des Provinces-Unies fit tous ses efforts pour seconder ceux des Orientalistes, en leur fournissant des troupes de ligne, en équipant pour eux des vaisseaux de guerre et des corsaires armés en course.

Tel était l'état des choses à l'époque où je me trouvais à Montevideo. Plusieurs batailles avaient déjà eu lieu entre les deux nations; dans celle de Sarandi, surtout, le général Lavalleja avait prouvé aux Brésiliens que les Orientalistes n'avaient rien perdu de leur ancienne valeur, et pouvaient se mesurer avantageusement avec eux. Bientôt après, une armée argentine s'organisa et couvrit les frontières; plus tard, la fameuse bataille d'Ituzaingo contraignit le Brésil à prendre des arrangemens, auxquels le forçaient, d'ailleurs, les troubles intestins de Bahia et Pernambuco, et l'énormité de la dette de jour en jour croissante, par l'obligation où il se trouvait d'avoir autant de troupes sous les armes. Enfin, un envoyé de Buenos-Ayres, Don Manuel Garcia, conclut, en 1828, un traité de paix très-favorable à Buenos-Ayres. Les conditions principales en étaient le départ des troupes des deux puissances, et l'entière séparation, d'avec la république Argentine, de la province, qui, dès-lors, devait former un état particulier, sous le nom de *Republica oriental del Uruguay*.

1827. Montevideo. 6 Janvier.

Le 6 Janvier, jour des rois, des cérémonies bizarres attirèrent mon attention. Tous les nègres nés sur la côte d'Afrique se réunissent par tribus, dont chacune élit, dans son sein, un roi et une reine. Affublées de la façon la plus originale, des habits les plus brillans qu'elles ont pu trouver, précédées de tous leurs *sujets* des tribus respectives, ces majestés d'un jour se rendent d'abord à la messe, puis font des promenades dans la ville; et, réunis, enfin, sur la petite place du marché, tous y exécutent, chacun à sa guise, une danse caractéristique de leur nation. Je vis là se succéder rapidement des danses guerrières, des simulacres de travaux agricoles et des figures des plus lascives. Là, plus de six cents nègres semblaient avoir ainsi reconquis un moment leur nationalité, au sein d'une patrie imaginaire, dont le souvenir seul, tout en les délassant au milieu de ces bruyantes saturnales d'un autre monde, leur faisait oublier, dans un seul jour de plaisir, les privations et les douleurs de longues années d'esclavage. Heureuse insouciance du malheur qui fait la base de leur caractère, et qui, loin d'absoudre leurs bourreaux, en aggrave encore les torts aux yeux de l'humanité, en montrant combien il leur serait facile d'adoucir, sans compromettre leurs intérêts, les maux de leurs patientes victimes!

Peut-être ne trouvera-t-on jamais une meilleure occasion d'observer le contraste frappant des coutumes et des usages propres à chaque tribu africaine, et plus particulièrement encore celui des traits et de la couleur; car, d'après mes remarques de ce jour, il n'y a pas moins de variations dans la race d'Afrique que dans celle du Nouveau monde, en ce qui concerne les divers degrés d'intensité de la teinte et le mélange plus ou moins tranché du jaune avec la nuance fondamentale.

J'ai déjà dit que la ville de Montevideo est bâtie sur une langue de terre un peu élevée. La forme en est elliptique; elle est très-régulière, et entourée de murailles et de fossés qui en font une place de guerre importante. A son entrée se trouve un fort qui rompt la monotonie d'aspect des pâtés de maisons. Ce fort est sans doute celui que fit bâtir Zabala en 1724. Il y a encore le fort *San-Jose*, situé au bord de la mer; puis, enfin, une citadelle, dans la partie orientale de la ville.

On n'y peut guères remarquer d'ailleurs, comme édifice public, que l'église de la Matriz, bâtie dans le goût espagnol, et dont les tours sont couvertes en faïence peinte et vernissée.

Un autre bâtiment, la première maison de la ville qu'on aperçoive de la rade, est celle qu'occupait, en 1826, M. Cavaillon, le vice-consul français.

Cette maison, assez haute, est construite en étages diminuant de largeur, à mesure qu'ils s'élèvent; de manière à présenter à leur sommet l'apparence d'une sorte de pyramide. 1827. Montevideo.

La ville de Montevideo avait alors un air de richesse, de vie et de prospérité commerciale. Les magasins y regorgeaient de marchandises; les terrasses même des maisons en étaient encombrées; et, tous les jours, il y en arrivait de nouvelles, qu'on était forcé d'y débarquer; mais ces marchandises étaient toutes destinées à Buenos-Ayres. On attendait la fin de la guerre pour les y transporter; et, sans débouchés, elles y étaient vraiment plus embarrassantes qu'utiles. D'un autre côté, il y avait, en ce moment, à Montevideo un grand nombre d'officiers brésiliens de terre et de mer, qui faisaient beaucoup de dépense; ces derniers surtout, à qui le gouvernement avait donné la propriété de toutes leurs captures maritimes sur Buenos-Ayres : privilége qu'ils étendirent au point qu'un juge, choisi par eux, regardait comme de bonne prise tous les bâtimens étrangers qui voulaient entrer au chef-lieu de la république Argentine; d'où, par la suite, de nombreuses réclamations de la part de toutes les nations lésées, ce qui ne contribua pas peu à charger d'autant le trésor impérial. La fortune temporaire de ces officiers exaltait encore l'orgueil qui leur est naturel, et les habitans avaient beaucoup à souffrir de leur impertinence.

Le commerce a donné, par des communications fréquentes avec les habitans de tous les pays, un air d'aisance et des manières aimables aux habitans de Montevideo, doués, d'ailleurs, comme tous les Argentins, de beaucoup d'esprit et d'un extérieur très-avantageux. Les hommes y sont bien faits, d'une belle figure; les femmes jolies, aimables et très-spirituelles. La démarche de ces dernières est noble, leste et dégagée, à tel point qu'un Français, habitué au maintien généralement plus simple de ses compatriotes, commence par être choqué des grands airs que se donnent les dames de Montevideo, parce qu'il y voit de l'affectation; mais il s'y accoutume bientôt, et finit par admirer, comme naturelles, des grâces qui d'abord lui paraissaient empruntées.

Dans les premiers jours de Janvier, j'avais, enfin, reçu du gouvernement du Brésil l'autorisation nécessaire pour continuer mon voyage. Le Président de la province (le *Baraõ da villa Bella*) m'invita à l'aller voir, me reçut avec beaucoup d'amabilité et me permit de partir à mon choix, par un parlementaire, ou par terre, ajoutant que les ordres qu'il avait reçus lui enjoignaient de me protéger de tout son pouvoir. Heureux de cette permission, je ne m'occupai plus que des préparatifs du voyage par terre, préférant

1827. Monte-video. cette voie à toute autre, dans l'espoir de mieux étudier ainsi l'intérieur de la province, tant vanté par les habitans; mais j'avais entendu dire que la prudence ordonnait de ne pas voyager isolément, afin de ne point s'exposer à la fâcheuse rencontre des déserteurs et des brigands, qui, alors, infestaient, en grand nombre, la province de la Banda oriental. Une foule de Français, venus pour s'établir à Buenos-Ayres, étaient retenus à Montevideo, et ne demandaient pas mieux que de suivre leur destination. Il me fut donc facile d'en choisir quelques-uns et d'en former une petite caravane, composée de onze hommes, dont deux avec leurs familles. Je louai des charrettes pour le transport des bagages.

L'heureux passage à Montevideo de M. de Mendeville, qui se rendait en France, afin d'y solliciter la place de consul général, m'ayant procuré une recommandation de ce fonctionnaire pour le général Mancilla, commandant alors la ligne des patriotes, je me trouvais à l'abri des effets de la proclamation du général Alvear, dont j'ai déjà parlé; proclamation qui, du reste, ne fut jamais mise à exécution; et je partais sans crainte : heureux de pouvoir enfin quitter une ville où, depuis trois mois, gêné dans toutes mes démarches, je me trouvais, en quelque sorte, captif. Mes dignes amis, les
10 Janvier. officiers de la *Zélée*, vinrent me faire leurs adieux. Je franchis, le 10 Janvier, les portes de Montevideo; et je pus, dès-lors, respirer, avec d'autant plus de plaisir, l'air si doux de la liberté.

1827. Banda oriental.

CHAPITRE IV.

Voyage dans la province de la Banda oriental, et premier séjour à Buenos-Ayres.

Vers midi, la caravane, dont tous les bagages étaient portés par deux charrettes, se mit en route; et nous marchâmes gaîment jusqu'à la nuit. Nous étions sur le territoire des Orientalistes; et bientôt, des éclaireurs de patriotes nous ordonnèrent de halter jusqu'au lendemain matin. Nous fîmes sortir les charrettes du chemin; et l'on détela les bœufs au milieu d'une belle plaine, où nous devions bivouaquer. La crainte des voleurs nous fit organiser notre petite troupe; chacun devait, à son tour, faire deux heures de faction, et toutes les armes devaient être prêtes, de manière, que tout le monde fût sur pied au premier signal. Les soldats que nous avions rencontrés ne nous rassuraient pas; leur mine était peu faite pour inspirer de la confiance; le ton avec lequel ils nous avaient ordonné de nous arrêter, ne nous avait pas paru très-poli; cependant, nous étions contens; tous réunis autour de nos charrettes, nous nous félicitions mutuellement d'être sortis de Montevideo; et chacun se promettait de mettre du sien, afin d'égayer le voyage, dont nous nous faisions tous une fête. Quant à moi, je laissai plusieurs fois la conversation pour courir après des Taupins[1] portant lumière; enfin, la nuit s'avançait, je voulus donner l'exemple, en montant la première garde, celle de dix heures à minuit. 10 Janvier.

La nuit était des plus sombres, quoique le ciel fût parsemé de ces belles constellations dont l'éclat si pur est propre à l'hémisphère austral. On ne pouvait, à plus de dix pas, rien distinguer qu'à la lueur fugitive des nombreux *elater*, qui, dans leur vol rapide, décrivaient des courbes variées sur le fond noir de l'horizon. Jamais je n'avais vu une nuit plus calme, depuis ma nuit de Ténériffe[2]. Pas un souffle de vent; la nature entière semblait endormie; et ce profond silence n'était interrompu, par intervalle, que par le chant toujours le même de quelques grillons[3], et par celui d'une espèce de grenouille, qui faisait entendre des sons argentins semblables au carillon de petites clochettes montées sur des tons différens, et qu'on touche-

1. Espèce voisine de l'*Elater noctilucus*, Lin.
2. Voyez chap. I, pag. 13.
3. Espèce du genre *Grillus*, et voisine du *G. campestris*, Lin.

1821. Banda oriental.

rait sans règle ni mesure. Ce silence, déjà si morne par lui-même, ajoute encore, en se prolongeant, à la mélancolie qu'il inspire; aussi la fin de ma faction vint-elle fort à propos pour m'arracher aux tristes idées que faisait naître en moi la comparaison de ces campagnes avec celles de France.

Le lendemain, à la pointe du jour, on attela les six bœufs de nos deux charrettes, et nous nous remîmes en route, au travers de plaines immenses, où rien ne borne la vue, et dont la froide monotonie n'est variée, sans agrément, que par quelques vallons d'une profondeur médiocre ou par des champs de ces artichauts sauvages, que j'ai déjà fait connaître[1]. Nous ne suivions aucune route tracée; nous cherchions à joindre le camp des patriotes, où nous arrivâmes après une heure de marche.

Qu'on se figure une réunion de gens habillés de toutes les manières, couchant tous en plein air, et l'on aura une idée de ce camp. Combien alors j'admirai la simplicité de ces braves, dévoués à la défense de leur patrie! Jamais de pain; de la viande, pour toute nourriture; tous les jours exposés aux feux d'un soleil ardent; et, la nuit, sans autre couche que le cuir (*recado*[2]) qui leur sert de selle dans la journée, et qu'ils étendent le soir par terre, le corps de la selle même leur servant de chevet et leur poncho de couverture. Jamais ils ne peuvent se déshabiller. La rosée tombe, et n'empêche pas ces braves militaires, hier encore paisibles pasteurs, de reposer, en attendant le jour, qu'ils passent tout entier à garder leurs frontières et à combattre les usurpateurs de leur sol. Les officiers ne se distinguent des simples soldats que par un galon d'or à la casquette. L'habillement des soldats ou gauchos consiste en un caleçon blanc ou *calzoncillo*, un *chilipa*, de couleur bleue ou rouge écarlate, pièce d'étoffe qui les enveloppe de la ceinture aux jambes[3]; un poncho bleu, doublé de rouge, qu'ils relèvent sur les épaules, ce qui présente un contraste de couleurs assez piquant. Ils ont pour chaussure des *botas de potros*, c'est-à-dire des bottes faites de la peau épilée, mais non tannée, de la jambe d'un cheval, et dont le coude forme le talon[4]. Ils sont coiffés d'un chapeau petit et en pain de sucre, que couvre

1. Voyez chap. III, pag. 37.

2. Voyez planches des paysages, n.° 1. Le cheval attaché près de la cabane est couvert d'un *recado* complet.

3. Voir le costume du personnage, des coutumes et usages, pl. 2.

4. Souvent les gauchos tuent un cheval, seulement pour avoir une paire de bottes, qu'ils assouplissent en les frottant dans leurs mains.

presque toujours un mouchoir de couleur attaché sur leur tête, de manière à flotter sur leurs épaules, ce qui les rafraîchit quand ils galopent. Pour arme, ils ont un sabre, une carabine et quelquefois des pistolets; mais tous sont munis du terrible lacet (*lazo*[1]), dont j'aurai l'occasion de parler plus d'une fois, et des non moins dangereuses boules (*bolas*[2]). Rien de plus élégant qu'un gaucho galopant, son poncho relevé, la carabine appuyée sur la cuisse, et dans une attitude oblique.

Après un long pourparler avec l'officier qui commandait le camp, et grâces à mes lettres de recommandation, on nous donna la permission de continuer notre route. Je m'étonnais de voir que des forces si peu imposantes pussent tant effrayer les Brésiliens. A peine y avait-il deux cents miliciens orientalistes, vivant dans la campagne, campant tantôt dans un endroit, tantôt dans un autre; et cette poignée de soldats tenait en échec plus de cinq mille hommes de troupes de ligne brésiliennes!

Nous regagnâmes un chemin et nous poursuivîmes notre voyage toujours au milieu des plaines. Vers neuf heures, nous vîmes de loin un petit bouquet de bois; nous nous en approchâmes et nous nous arrêtâmes tout auprès, à une *Estancia*[3] (ferme où l'on élève des bestiaux), dont il dépendait, dans l'intention d'y rester jusqu'au soir, suivant l'usage dans ce genre de voyage. J'allai voir les habitans de cette ferme, qui me reçurent avec une extrême affabilité. Je leur demandai la permission de parcourir le bois d'orangers et de pêchers qui entourait la maison. Ils me l'accordèrent sans difficulté, et je tuai plusieurs oiseaux intéressans, entr'autres le cardinal américain[4], ce qui m'attira des reproches de la part du propriétaire, qui, depuis plusieurs années, voyait les mêmes couples nicher tous les ans dans son verger. Je tuai aussi plusieurs perdrix ou tinamous; ce qui ne déplut pas à ceux de mes compagnons de voyage qui s'étaient chargés du soin de la cuisine.

---

1. Le lacet, ou *Lazo*, est une tresse de cuir non tannée, longue de douze à dix-huit mètres, dont une extrémité est fixée à la selle, tandis qu'à l'autre est un anneau de fer qui sert à former le nœud coulant. Je décrirai plus au long cette arme redoutable, en en faisant connaître les usages.

2. Deux ou trois boules réunies à un axe commun par autant de courroies longues au plus d'un mètre, dont ils se servent pour arrêter les chevaux au milieu de leur course, en les faisant tomber.

3. Le mot *Estancia* signifie proprement un lieu de repos ou une maison de campagne; mais, dans le pays, il désigne seulement un établissement où l'on élève des bestiaux, et le directeur de l'établissement se nomme *Estanciero*.

4. L'*Oxia cucullata*, Lath., sous-genre *Paroare*, Lesson.

1827. Banda oriental. Partis à trois heures, nous marchâmes jusqu'à dix, au milieu des plaines, et fîmes halte près d'une marre boueuse, où, nouveaux Tantales, nous ne pûmes, de toute la nuit, étancher la soif qui nous dévorait.

12 Janvier. Le 12, nous nous éloignâmes, sans regret, dès la pointe du jour, d'un lieu où nous n'éprouvions que des privations. Nous nous trouvions alors dans des plaines parfaitement unies, où rien ne bornait la vue; seulement, à huit heures, nous commençâmes à distinguer, à l'horizon, des points auxquels un mirage extraordinaire donnait l'aspect de tours ou de monumens élevés; mais ces points changeaient de place, et même disparaissaient rapidement, par intervalle. Nous pensâmes alors que ce ne pouvait être une ville; et, peu de temps après, nous y reconnûmes des troupes de chevaux, dont les premières, grandies par le mirage, nous avaient paru courir au bord des eaux. Ces troupes innombrables de chevaux, libres dans la campagne, nous annonçaient l'approche d'un lieu habité; et nous ne tardâmes effectivement pas à apercevoir les clochers de Canelones[1], une des villes du pays. C'était alors le chef-lieu de la province, et le séjour du gouverneur. Nous y arrivâmes bientôt, et nous l'eussions prise, tout au plus, pour un village, assez étendu, il est vrai, mais d'un aspect triste. Chaque maison en est munie d'un très-grand parc, ou *corral*, où l'on fait entrer les chevaux, afin de les enlacer plus facilement. Ces maisons sont bâties en terre et n'ont qu'un étage, sans doute dans la crainte des pamperos. Elles sont couvertes en tuiles ou en roseaux. Chacun de nous se récria sur la pauvreté de la ville.

Il fallut aller voir le gouverneur, qui nous contraignit à prendre de nouveaux passe-ports pour Buenos-Ayres; mais qui fut assez aimable pour ne nous retenir que deux heures. Canelones, à cette époque, était dans un dénûment absolu. Nous n'y trouvâmes ni pain ni biscuit, ce qui nous parut fort étrange. J'étais encore trop nouvellement arrivé pour ne pas faire cette remarque; mais, plus tard, habitué moi-même à ne voir plus, nulle part, pendant des mois entiers, cet aliment des peuples civilisés, je finis par trouver tout naturel de ne manger que de la viande, du reste, alors, la seule nourriture du pays. Toutes les denrées étrangères y étaient d'un prix excessif, le blocus de Montevideo ne permettant, momentanément, de les recevoir que de Buenos-Ayres, par la voie de terre; mais il n'en était pas de même des productions locales, car nous y achetâmes, à cinq ou six francs

1. *Les grands canaux*, nom donné à cette localité, à cause de deux bras de rivière qui coulent dans son voisinage, et qui vont, un peu plus loin, se réunir à la rivière de *Santa-Lucia*.

pièce, des chevaux dont nous nous défîmes à Las Vacas à plus de cent pour cent de bénéfice, après une traite de quatre-vingts lieues. 1827. Banda oriental.

A la sortie de Canelones, le terrain est plat encore quelque temps, puis il s'ondule tout à coup en collines peu élevées; et, à quatre lieues plus loin, quelques arbres, que nous aperçûmes à l'horizon, nous annoncèrent l'approche d'une rivière. Nous eûmes, en effet, à passer bientôt la petite rivière nommée *Canelon chico*, alors presque à sec; et, à une demi-lieue de là, nous passâmes la petite rivière dite *Canelon grande*, par opposition à la première, sur les bords de laquelle nous fîmes halte. Il est à remarquer que, dans la partie sud de la province orientale de la Plata, on ne retrouve plus ces forêts immenses qui couvrent tous les terrains au 26.° degré. Le sol, au contraire, y est entièrement nu, ne présentant encore quelques arbres que sur les bords des ruisseaux ou des petites rivières.

Le *Canelon grande* est assez large, et paraît devoir être assez rapide dans la saison des pluies; mais les eaux en étaient alors très-basses, et n'offraient que par intervalle des réservoirs assez profonds, dans lesquels je pêchai de belles espèces de cyrènes[1], d'unio et d'anodontes[2]. Les *convolvulus*, assez nombreux, qui couvrent les parties humides des bords de la rivière, me présentèrent de belles espèces d'insectes, surtout des cassides d'un beau bleu métallique. Les arbres des bords montraient, de distance en distance, suspendus à leurs rameaux, les gros nids de l'ingénieux Anumbi[3], qui, dans son inquiétude et dans son empressement, nous faisait entendre, de temps à autre, son chant cadencé, véritable parodie de celui de son voisin, le fournier, non moins ingénieux, et dont les gammes chromatiques, exécutées par le mâle et répétées, en même temps à la tierce, par la femelle, remplissaient les lieux d'alentour, contrastant avec les cris aigus des perruches[4], et des coucous guira cantara, dont les troupes voyageuses changeaient de place cent fois dans une heure; tandis que le silencieux, mais brillant cardinal américain déployait le rouge éclatant de sa tête, en opposition au gris ardoisé du reste du corps.

Nous repartîmes à quatre heures, comme de coutume; et, vers le soir,

1. Espèce nouvelle, que je décrirai parmi les nombreux mollusques nouveaux qui composeront le cinquième volume.

2. Espèces nouvelles.

3. *Anabates*; *Furnarius Anumbi*, Vieillot.

4. *Psittacus marinus*.

1827. Banda oriental.

nous aperçûmes les arbres qui bordent la rivière de *Santa-Lucia;* nous les atteignîmes bientôt et traversâmes le bourg du même nom, qui paraît être des plus pauvres. Les maisons y sont en terre, et, pour la plupart, couvertes en paille. La vue de ce village me rappela l'histoire d'un Espagnol que j'avais vu à Montevideo. Fait prisonnier, avec plusieurs de ses compatriotes, dans la première guerre de l'indépendance, à une époque où le nom espagnol était en horreur dans le pays, ce malheureux devait être égorgé par les ordres d'un ennemi barbare, ainsi que tous ses compagnons. Tous le furent, en effet; mais un chapelet, qu'il portait au cou, détourna le fer homicide, et, laissé pour mort sur la place, au milieu du sang et des cadavres, il se releva à la nuit, quoique blessé dangereusement, et reçut, dans une cabane voisine, une hospitalité qui le rendit à la vie. L'infortuné m'a dit avoir plusieurs fois, depuis, revu son juge et ses bourreaux, non sans éprouver un frissonnement involontaire, au souvenir du danger qu'il avait couru.

Nous laissâmes le bourg et arrivâmes à la rivière, alors un peu débordée, assez large, et dont les eaux coulaient très-rapidement. Les bœufs y entrèrent; mais, arrivés au milieu du lit, ils perdirent pied. Le courant les entraînait avec les charrettes, où se trouvaient les femmes de deux de mes compagnons de voyage, qui jetaient des cris de frayeur; et l'eau, déjà, les gagnait de toutes parts. Heureusement, le conducteur, qui était à cheval, parvint à tirer les bœufs de ce mauvais pas, d'autant plus effrayant, que peu d'entre nous savaient nager. Dans la plus grande partie de l'Amérique on n'est pas encore arrivé à construire des ponts sur les rivières; aussi les passe-t-on le plus souvent à gué, lorsqu'elles sont basses; et quand elles sont enflées par d'abondantes pluies, on attend, pour les passer, que les eaux baissent, ou on les passe dans une peau de bœuf, de la manière que je décrirai plus tard.

Les bords du *Rio de Santa-Lucia* sont boisés à une assez grande distance dans les terres, ce qu'expliquent les fréquens débordemens de cette rivière; d'où vient qu'on cite toujours dans la province, *el monte de Santa-Lucia* (la forêt de Sainte-Lucie). La nuit nous enveloppa à notre sortie de la rivière, et nous fûmes agréablement surpris de la grande quantité de lampyres ou vers luisans qui voltigeaient en tous sens, et dont le fanal instantané, éteint et rallumé sans cesse, à la volonté de l'animal, dessine un horizon embrasé, mais mouvant, que je ne puis comparer qu'à l'effet produit par cette multitude de corps phosphorescens qui brillent à la mer, sous les tropiques, et dans un temps calme. Ce nuage scintillant n'embrassait qu'une lisière d'un quart de lieue, près de la rivière, ou sur des terrains plus abaissés et un peu marécageux, favorables au genre de vie des animaux qui le composaient, et qui, plus tard, furent remplacés par quelques taupins portant lumière, au vol plus élevé et plus rapide. Ce spectacle varié nous accompagna jusqu'auprès d'un petit ruisseau, où nous campâmes, pour passer le reste de la nuit; il était dépourvu d'arbres, et les eaux en étaient si boueuses, que nous ne pûmes en boire. 1827. Banda oriental.

Le lendemain nous ne rencontrâmes aucune habitation sur la route. Ces belles campagnes étaient tout à fait désertes; cette immense prairie naturelle était alors sans bestiaux, et des squelettes, ou restes d'ossemens, dispersés çà et là, témoignaient seuls encore de leur existence dans le pays, avant les dernières guerres des Portugais. Il paraît qu'alors, en effet, le sol en était couvert; et beaucoup de personnes dignes de foi m'ont dit, à Montevideo, que, de 1810 à 1820, pour traverser en sûreté la Banda oriental, il fallait chasser de la route les innombrables troupeaux de taureaux sauvages, qui, jaloux de leurs droits de propriété, disputaient quelquefois le passage aux voyageurs; mais nous n'y rencontrâmes que quelques troupes de cerfs et de nombreuses familles de ñandus ou autruches d'Amérique, qu'intimidait peu notre approche, habitués qu'ils étaient, sans doute, à n'être plus troublés dans leurs déserts. Il est bien à regretter qu'une province que ses ports nombreux sur la Plata rendraient la plus riche du monde, pour peu qu'elle fût cultivée ou seulement habitée par des pasteurs, reste absolument dépeuplée, par suite des guerres portugaises et du peu de stabilité de ses gouvernemens nouveaux, symboles perpétuels de discorde et d'anarchie. 13 Janvier.

Le soir nous arrivâmes dans un lieu assez singulier sous le rapport géologique : les plaines y sont couvertes de blocs granitiques, isolés, perçant la pelouse, sans suivre de direction donnée, et qui, bien qu'appartenant à un même système de formation, ne semblent pas faire partie d'une même masse; ils présentent plutôt l'aspect de rocs long-temps battus, et peut-être roulés par les eaux; car tous les angles en sont détruits, et ils offrent de tous côtés des surfaces arrondies; et, fendillés en plusieurs endroits, nourrissent des arbrisseaux dans leurs scissures; ils me rappelèrent ceux que M. de Humboldt a trouvés aux environs du lac de Valencia ou Tacarigua[1], près de Caracas en Colombia, et sur les bords de l'Orénoque[2]. Il est assez remarquable de retrouver

1. Voyage aux régions équinoxiales, tom. V, p. 160. — 2. Même ouvrage, tom. VIII, p. 327.

1827. Banda oriental. sur tout notre globe, les mêmes phénomènes et le même aspect, chaque fois qu'il y a identité dans la composition du sol et dans les circonstances locales. Quand la nuit nous déroba les accidens de la campagne, ces arbustes, sortant du milieu des blocs de granit, en rendaient l'effet plus sauvage, et inspiraient des craintes aux femmes de nos compagnons de voyage, qui croyaient à chaque instant voir des hommes à cheval ou tout autre objet effrayant. Ces fantômes disparurent enfin, et la vaste plaine se montra de nouveau, mais alors sans aucun chemin tracé; aussi nos guides s'arrêtèrent-ils plus de dix fois, pour chercher des remarques, qu'ils connaissaient, dans les lieux où ils se trouvaient embarrassés.

14 Janvier. Le 14 nous partîmes de bonne heure, toujours traversant les belles plaines ondulées qui caractérisent ce sol. A huit heures, nous aperçûmes des arbres dans le lointain, ce qui nous réjouit. Ces bois étaient ceux qui bordent un bras de la rivière de *San-Jose*, que nous passâmes; et nous continuâmes d'avoir des bois en vue, jusqu'à la rivière proprement dite, que nous passâmes aussi, plus tard, mais avec assez de peine, parce qu'elle était très-gonflée. Cette rivière coule rapidement, au milieu de quelques arbres et de buissons; elle va, plus loin, se réunir à la rivière de *Santa-Lucia*, dont elle forme un des plus grands affluens. Aussitôt la rivière passée, nous eûmes en perspective le bourg de *San-Jose*, situé sur une petite éminence. Nous passâmes à côté, et allâmes nous arrêter à l'autre extrémité du bourg, près d'un ruisseau, agréablement ombragé de saules très-élevés, dont l'élégant feuillage, très-voisin de celui du saule pleureur, ombrageait les eaux de ses gerbes verdoyantes.

Nos provisions commençaient à diminuer; et, le besoin de les renouveler se faisant sentir, nous arrêtâmes, de concert, que l'on enverrait à San-Jose acheter ce qui nous manquait; mais le résultat de la démarche ne répondit pas à notre attente. A San-Jose il n'y avait ni pain ni viande. Pour avoir l'un et l'autre, il fallait attendre un ou deux jours. Force nous fut d'en prendre notre parti; et chacun de nous, alors, s'occupa de ce qui pouvait sourire à ses goûts. Ceux-ci se promenaient et regardaient sans rien voir; ceux-là chassaient, ou dormaient pour tout oublier; et les autres juraient contre les pauvres habitans, en les traitant de sauvages. Pour moi, retranché derrière le vieux proverbe, *à quelque chose malheur est bon*, j'étais ravi d'un contre-temps qui me permettait de faire aux environs des récoltes abondantes. Les coquilles fluviatiles eurent d'abord la préférence, à cause de la proximité du ruisseau. J'en rencontrai de même espèce que celles que j'avais trouvées près du Cerro de Montevideo. Je recherchai ensuite les espèces terrestres; mais je n'en trouvai qu'une seule. La chasse aux insectes vint remplacer la chasse aux coquilles; elle fut très-fructueuse, et j'étais surtout enchanté d'une belle espèce de scarabé[1]. Je voulus aussi aller à San-Jose : c'est un village des plus pauvres, et dont les maisons sont, pour la plupart, couvertes en roseaux. L'église est à l'unisson du reste. San-Jose, cependant, conserve la mémoire de la fameuse bataille gagnée dans ses environs, en 1811, sur les Espagnols, par Don Jose Artigas, l'un des chefs patriotes.

La nuit arrivant, nous prîmes nos précautions contre la possibilité d'une attaque. Nous étions à moins d'un demi-quart de lieue de San-Jose, et assez près d'un petit bois de saules, dont j'ai parlé. Nous fûmes encore tranquilles cette nuit. Le lendemain, n'ayant pu obtenir les provisions que nous attendions, il fallut nous résigner à rester encore. Nous nous en vengeâmes sur les perdrix, les tourterelles et les perruches, dont nous faisions un carnage horrible. Nous avions toujours sur notre table du gibier délicieux, prodigué à tel point qu'on mettait jusqu'à une douzaine de perdrix (tinamous) pour faire la soupe. A l'approche de la nuit, que nous espérions passer aussi tranquillement que la précédente, nous conçûmes quelques craintes, en voyant rôder, à une certaine distance, deux hommes armés à cheval. Nous prîmes des précautions extraordinaires, et qui ne furent pas inutiles; car, à minuit, notre vedette vit s'approcher de notre campement quelques hommes à cheval, qui paraissaient chercher à nous surprendre; elle nous réveilla tous, en les tenant en respect. Notre contenance leur en imposa, sans doute; car, après quelques questions, auxquelles, selon la coutume, ils répondirent qu'ils étaient soldats de la patrie, et qu'ils ne voulaient qu'allumer leur cigare à notre feu, ils se retirèrent en jurant. Nous restâmes sur le qui-vive tout le reste de la nuit, et nos conducteurs eurent tout le loisir de nous faire l'histoire des différens vols commis sur cette même route, depuis le commencement du blocus, et qui obligeaient les voyageurs pour Buenos-Ayres, à traverser la Banda oriental. Entre autres vols, on en cite un, dont j'ai connu les acteurs, et qui se fit d'une manière assez singulière. Deux Français et six Anglais étaient campés, comme nous, au milieu de la campagne, et soupaient autour de leur feu, quand cinq hommes armés, se disant soldats de la patrie, s'approchèrent d'eux, en leur demandant du feu pour allumer leur cigare. On leur offrit à manger; ce qu'ils acceptèrent : mais à l'instant où les voya-

1. *Scarabæus mentor*, Guér., Icon. du règne anim., Insectes, pl. 23.

1827. Banda oriental. geurs s'y attendaient le moins, trois des leurs se trouvaient liés derrière les charrettes, et les autres, couchés en joue, durent aussi se laisser attacher pour sauver leur vie; après quoi les brigands prirent tout ce qu'ils voulurent dans les charrettes, et se retirèrent avec leur butin : ils voulaient même tuer un des Français, qui ne dut son salut qu'aux prières instantes d'une femme de Montevideo.

16 Janvier. Le 16, nous pûmes enfin obtenir du pain. Nous achetâmes un bœuf, qu'on abattit à la manière du pays, c'est-à-dire, qu'après l'avoir enlacé par les cornes, au milieu du troupeau, et l'avoir amené auprès de nos charrettes, on l'enlaça également par les jambes; il tomba, et on lui plongea un couteau dans la gorge. Lorsqu'un bœuf est trop méchant, on lui coupe les jarrets; ce que les Gauchos font avec beaucoup d'adresse, sans descendre de cheval.

En général, tous les Argentins sont bons cavaliers. L'habitude les rend adroits, au point de ramasser une pièce de monnaie par terre, tout en courant au grand galop; ils savent aussi se dérober sur le côté de leurs chevaux, de telle manière, que souvent, au lieu d'un régiment de cavalerie, on ne voit qu'une troupe de chevaux; tactique qui leur a plus d'une fois assuré l'avantage dans ces petites affaires, si souvent répétées pendant les guerres de la Banda oriental.

Nous laissâmes enfin San-Jose, vers quatre heures du soir, et traversâmes des terrains ondulés, remplis de ces roches isolées dont j'ai déjà parlé. Notre première station eut lieu près du ruisseau de Pabon, rempli de rochers, et dont les eaux rapides tombent en petites cascades, et se creusent des réservoirs assez profonds, où l'eau est très-bonne. Le 17, au matin, avant
17 Janvier. de partir, nous fûmes frappés de l'immense quantité de ces petites perdrix ou tinamous qui couvraient le sol. Une autre grande espèce[1] nous fatiguait de son cri plaintif, qui a beaucoup de rapport avec certaines inflexions du chant du merle. Cette espèce se tient dans les chardons ou artichauts sauvages, de sorte qu'il est très-difficile de s'en rendre maître. Quant à la petite espèce, elle est si commune et si facile à prendre, qu'au besoin nous en aurions pu tuer des centaines tous les jours. Nos conducteurs en tuaient beaucoup avec leur perche à guider les bœufs; et nous montraient comment on prend celles dont on approvisionne en abondance les marchés de Buenos-Ayres et de Montevideo. Cet oiseau est très-stupide; et quand il a caché sa tête derrière une touffe d'herbes, il croit ne pas être aperçu. Les habitans, pour

1. *Crypturus rufescens*, Lich., et *Tinamus rufescens*, Temm.; *Inambu guazu* d'Azara.

les prendre, parcourent la campagne à cheval, munis d'une longue perche, à l'extrémité de laquelle est attaché un petit lacet, formé de la tige des plumes d'autruche. Dès que le chasseur aperçoit une perdrix, il tourne autour avec précaution, s'en approchant peu à peu, jusqu'à ce qu'il puisse l'atteindre avec sa perche; et, par un mouvement brusque, il passe le lacet au cou de l'oiseau. Il est rare qu'un homme exercé manque son coup; et il en prend ainsi un grand nombre en un instant. La grande espèce se chasse avec des chiens dressés à cet effet.

Nous eûmes en vue toute la journée, au milieu de ces plaines verdoyantes, des troupes nombreuses d'autruches (ñandus). Nous n'avions malheureusement que de vieux conducteurs, et de mauvais chevaux; aussi n'espérions-nous pas en prendre; mais nous voulûmes au moins les poursuivre, pour voir comment elles se sauvent, dès qu'elles aperçoivent que c'est à elles qu'on en veut. Elles se mettaient à battre des ailes, en marchant en zigzag; puis prenaient leur galop, qui les mettait bientôt hors de toute atteinte. Nous en trouvâmes un nid, où il n'y avait que vingt-cinq œufs, tous très-frais et sans commencement d'incubation; car la ponte est bien plus nombreuse. Cette rencontre n'était pas un petit renfort de vivres, et nous nous faisions une fête de manger ces énormes œufs. Sur une troupe de jeunes autruches, nous ne pûmes en prendre qu'une, que nous voulûmes élever; ce qui se fait tout simplement, en exposant au soleil un morceau de chair, dont l'odeur attire les mouches, que la jeune autruche saisit avec une adresse extraordinaire, aussitôt qu'elles viennent s'y poser.

La campagne offrait toujours les mêmes rochers isolés. Nous nous arrêtâmes, pendant la chaleur du jour, auprès d'un ruisseau, où la forme d'un de ces blocs de granit attestait évidemment une lutte opiniâtre avec les eaux pendant une longue période de temps. Il avait, à peu de chose près, l'aspect d'un champignon raccourci, c'est-à-dire, que la partie supérieure en était arrondie, et un peu plus large que sa base, et les faces tellement polies, qu'on l'aurait plutôt pris pour l'ouvrage de l'art, que pour l'ouvrage de la nature. Le ruisseau voisin ne nous offrit de remarquable que le grand nombre de nids de guêpes, qui couvraient les buissons et même quelques rochers. Nous quittâmes ces lieux à l'heure accoutumée, et nous allâmes coucher près de l'*arroyo del rosario* (le ruisseau du rosaire), non loin d'une humble cabane, placée au milieu de bouquets de bois, qui poussaient dans les interstices des rochers.

Nous voulûmes entrer dans la cabane (*rancho*); mais nous faillîmes y

1827. Banda oriental.

être suffoqués, ne distinguant rien au premier abord, à cause de l'épaisse fumée qui en remplissait l'intérieur. Enfin, j'y reconnus deux hommes et deux femmes, assis sur des têtes de bœuf, dont les cornes servaient de bras à ces siéges d'une espèce nouvelle; et groupés autour d'un grand feu brillant au milieu de la chambre, où ils s'occupaient à faire rôtir un énorme morceau de viande. Des ames pusillanimes eussent pu, au premier aspect, s'effrayer de tels hôtes; mais ils se levèrent ensuite; et, avec une franchise extrême, mirent tout ce qu'ils possédaient à notre disposition. Les femmes allèrent à l'instant nous chercher du lait, et ils s'empressèrent tous de nous offrir ce qui pouvait adoucir, pour nous, les fatigues de voyage. L'une des femmes avait le teint presque bronzé; la pommette des joues un peu saillante et la face arrondie; signes certains du mélange du sang américain et du sang de l'Europe. Cette habitation était un poste d'*Estancia*, ou, pour mieux dire, une division d'une de ces immenses fermes, où l'on élève des bestiaux. La cahute se composait de deux petites pièces, dont l'une servait, tout à la fois, d'abord, comme on l'a vu, de cuisine, puis de salle à manger, et même de chambre à coucher; car nous remarquâmes quelques peaux de bœuf étendues à terre dans un coin, et sur lesquelles, sans doute, la famille se délassait des travaux du jour. Pour tous ornemens, étaient suspendus aux murailles, quelques *lazos* (lacets), des *bolas* (boules) et des selles à la mode du pays. La seconde pièce était consacrée à recevoir en dépôt les peaux sèches des bestiaux tués pour la table. Les hôtes de cette humble demeure étaient un vieillard encore vert, très-disposé à raconter toutes les guerres des patriotes et des Espagnols, et même les anciennes guerres des Indiens; son fils marié, et sa fille. La famille, habituée à cette misère apparente, qui choquait notre délicatesse, paraissait des plus satisfaites; et, en effet, tout bien calculé, que manquait-il à son bonheur? Son troupeau pourvoyait à sa nourriture; la privation de pain n'en était pas une pour elle; ses vêtemens étaient si simples, qu'il lui était facile de se les procurer. Pouvait-il donc, comme me le répétait continuellement le vieillard, y avoir rien de préférable au genre de vie de ces braves gens, loin des révolutions, et dans les lieux même qui, dès leur enfance, s'étaient offerts à leurs regards?

La candeur et la bonhomie de ce patriarche américain me rappelaient involontairement le bon vieillard du Galèse, si bien peint par Virgile[1], et, sans avoir précisément l'esprit tourné aux idées bucoliques, je ne pouvais

1. Géorgiq. IV.

m'empêcher de rendre un hommage tacite au génie, que la différence des temps, des lieux et des mœurs ne trouve jamais en défaut, quand la nature est son modèle. 1827. Banda oriental.

Le lendemain matin, à l'aube du jour, tandis que tous mes compagnons dormaient encore, j'allai visiter les environs et pêcher, dans la rivière, des coquilles d'eau douce. Ma récolte fut des plus riches. Je rencontrai cinq ou six espèces d'unio et d'anodontes; et j'éprouvais tant de plaisir à pêcher ces coquilles, quoique je fusse dans l'eau jusqu'à la ceinture, que j'oubliai totalement l'heure du départ. Mes compagnons me cherchaient avec inquiétude et me croyaient perdu, quand leurs cris parvinrent enfin jusqu'à moi. Chargé de mes richesses, je me hâtai de revenir au campement, où les bœufs étaient déjà depuis long-temps attelés et où tout le monde se montrait impatient de partir.

Le ruisseau du Rosaire se divise en deux bras, peu éloignés l'un de l'autre, entre lesquels se trouvait la cabane hospitalière, qui nous avait hébergés la veille. En passant le second de ces deux bras, nous nous étonnions de l'immense quantité de vautours urubu[1] qui perchaient sur les arbres, le long de la route, et que nous touchions presque, sans qu'ils parussent s'en inquiéter. Près de ce même lieu, dans la plaine, il y en avait des centaines, qui se disputaient avec acharnement les restes du cadavre d'un animal laissé mort sur la place, tandis que beaucoup d'autres planaient, en tournoyant, à une grande hauteur au-dessus. Ne cessant de traverser de belles plaines ondulées, toujours semées, par intervalle, de rocs isolés, nous nous arrêtâmes, enfin, près d'un ruisseau, qui, plus loin, devient un des affluens de la rivière del Rosario, dans un lieu où des blocs isolés de granit s'élèvent davantage et prennent une couleur plus sombre. Je recueillis là beaucoup d'objets d'histoire naturelle.

Deux voyageurs comme nous, deux compatriotes, vinrent nous joindre à cette halte. Partis de Montevideo six jours avant nous, ces pauvres malheureux, l'un peintre, l'autre se disant géomètre, s'étaient aventurés seuls de San-Jose pour *Las Vacas;* mais, n'y ayant aucune route tracée, et le géomètre n'étant, sans doute, que peu habitué à se guider, ou sur le soleil, ou sur les étoiles, comme le font les gens du pays, ils s'étaient perdus au milieu des plaines, où ils erraient depuis quatre jours, mourant de faim, mourant de soif, et réduits à manger des feuilles d'un arbre qui faillit les

1. *Cathartes urubu*, Vieillot.

1821. Banda oriental. empoisonner; lorsqu'enfin ils furent assez heureux pour rencontrer un des domestiques d'une *estancia*, qui les conduisit chez son maître, où ils furent reçus avec cette noble et franche hospitalité qui caractérise les habitans fixés loin des villes, et que le séjour près de ces dernières a fait entièrement disparaître. Le digne *estanciero* leur donna gratuitement une charrette et un domestique pour porter leurs effets, dont ils s'étaient chargés jusqu'alors, et pour les conduire à leur destination. Ils ne tardèrent pas à se séparer de nous, afin de continuer leur route.

Peu de temps après, nous fûmes accostés par deux hommes et deux femmes à cheval, que leur costume nous fit reconnaître pour des fermiers ou *estancieros*. Les femmes étaient habillées comme toutes les Amazones, c'est-à-dire qu'elles portaient un chapeau d'homme, orné de belles plumes d'autruche; ce qui leur allait très-bien. Nous leur offrîmes du vin ou de l'eau-de-vie; ils préférèrent cette dernière liqueur et se passaient le verre de bouche en bouche, jusqu'à ce qu'il fût vide. Ils restèrent quelque temps avec nous, puis, enfin, nous quittèrent. Il paraît que l'un des hommes n'avait pas pu résister au plaisir de posséder un de mes pistolets à piston, qu'il avait examiné long-temps avec une attention toute particulière; car, après leur départ, je ne revis plus mon pistolet.

Nous allâmes nous baigner; ce que je faisais toujours, dans l'espoir de pêcher quelques coquilles fluviatiles. Nous avions déposé nos vêtemens au pied d'un rocher, dans le voisinage duquel nous n'avions pas remarqué un énorme nid de guêpes. Le premier d'entre nous qui voulut aller reprendre les siens, fut piqué si cruellement, que nous ne savions comment ravoir nos habits. L'un des associés se dévoua pour les autres; mais il ne put se soustraire à cette plaie du désert qu'en jetant son fardeau dans l'eau. Nous rîmes beaucoup de notre aventure, et il fallut nous remettre en route tout mouillés.

Repartis vers trois heures, et continuant à traverser ces belles plaines, au commencement de la nuit, nous rencontrâmes une mouffette[1], charmant petit animal, à la robe noire, orné de deux lignes blanches, et relevant avec grâce sa belle queue touffue. Sa démarche était grave et lente; il paraissait apprivoisé. L'un de nous, qui n'avait jamais entendu parler de cet animal, crut qu'il lui serait facile de le prendre; mais, au moment où

1. *Viverra mephitis*, Gmel., ou espèce voisine; car ce genre est encore peu connu, quant aux espèces qu'il contient.

il se croyait près de le saisir, la mouffette lui fit payer un peu cruellement, peut-être, le plaisir qu'il avait trouvé à la considérer, en l'inondant de cette liqueur fétide dont l'odeur se répand à plus d'une lieue; et le chasseur malencontreux ne put s'en affranchir, qu'en se dépouillant des vêtemens qui en étaient infectés. 1827. Banda oriental.

Près d'atteindre le terme de notre première course, quelques détails sur la manière de voyager dans le pays pourront ne pas paraître inutiles.

Nos charrettes étaient grandes, couvertes en peau de bœuf et munies de roues sans ferrures. Elles étaient attelées de six bœufs, et conduites par un gaucho à cheval, muni d'une longue perche, armée d'un aiguillon. Ces conducteurs, mal vêtus et de mine fort rébarbative, eussent pu, partout ailleurs, paraître suspects. Ils font entendre à chaque instant le mot *vamos* (allons), en nommant les bœufs par leurs noms respectifs. Ces cris, réunis au bruit causé par le frottement de l'essieu de bois, résonnant au loin, au sein de ces plaines inhabitées, sans être répétés par aucun écho, inspirent un sentiment de tristesse. Nous partions régulièrement à la pointe du jour; nous marchions jusqu'à dix ou onze heures; puis nous nous arrêtions auprès d'un ruisseau ou d'une mare. On dételait les bœufs; on se reposait jusqu'à trois ou quatre heures du soir; puis on se remettait en route jusqu'à dix ou onze. Alors on dételait de nouveau, jusqu'au lendemain matin. La nuit nous couchions, soit dans nos charrettes, soit dessous; et nos conducteurs couchaient par terre, sur leur selle.

Ils ont l'usage d'un mets dont la préparation est des plus simples, mais assez appétissante. Quand nous étions près d'un ruisseau boisé, ils allumaient un grand feu. Le bois réduit en un monceau de braise, ils y jetaient un énorme morceau de bœuf, dont toute la surface était bientôt calcinée. Dès qu'ils le supposaient assez cuit, ils le retiraient du brasier, en enlevaient le brûlé et mangeaient le milieu, qui était fort bon; mais, le plus souvent, ce mode de cuisson leur était interdit; car, dans tous les campemens où il n'y avait pas de ruisseaux boisés, les chardons ou artichauts sauvages, et la bouse de vache sèche, étaient les seuls combustibles dont nous pussions disposer.

Le 19 Janvier, en traversant des plaines de chardons, nous arrivâmes à un petit ruisseau, près d'une ferme, ou nous mangeâmes encore beaucoup de perdrix; mais nous commencions à nous en lasser. 19 Janvier.

Il était temps pour mes compagnons que le voyage finît; car ils se plaignaient déjà beaucoup de son extrême longueur, dont, moi seul, je me

1827. Banda oriental.

trouvais bien, parce qu'elle me procurait tous les jours les moyens de faire de nouvelles découvertes. Je savais que le lendemain nous arriverions à *Las Vacas*, et je m'attristais de ce qui réjouissait les autres.

Nous étions assez près de la *Colonia del Sacramento*, dont j'ai déjà parlé comme de l'une des villes du monde qui ont le plus souvent changé de maîtres. En effet, fondée en 1679 par les Portugais, elle fut conquise, après une sanglante bataille, par les armées espagnoles et par la valeur d'un chef guarani, Ignacio Amandau, en Août 1680; remise aux Portugais par suite du traité de Badajos, en 1683; évacuée par ces derniers, après un siége prolongé, en 1705; remise de nouveau aux Portugais, en 1716, en vertu d'un traité signé avec l'Espagne, en 1715. Elle soutint, en 1737, un second siége, qui continua jusqu'en 1751, époque où le Portugal, enfin, céda encore à l'Espagne la Colonia del Sacramento, qui fut bientôt, derechef, rendue aux Portugais; assiégée en 1762, et prise, la même année, par les Espagnols. La ville, attaquée en vain par les Anglais, en 1763, fut restituée aux Portugais, en 1764, par ordre de l'Espagne; revint aux Espagnols, en 1777, en vertu d'une capitulation; fut attaquée et prise par les Anglais en 1807; remise par eux à l'Espagne, en vertu d'une capitulation; et enfin reprise, en 1817, par les Portugais, qui ne la rendirent à la république orientale de l'Uruguay qu'en 1828. Il est assez rare de rencontrer des exemples d'une ville qui, dans cent quarante-neuf ans, ait changé quatorze fois de possesseurs. Cette ville offre aussi, dans son histoire, un fait assez bizarre. En 1733, l'une des époques où la colonie était au pouvoir des Portugais, il s'éleva une question relative à la limite de la ville, sur le territoire des environs, toujours possédé par les Espagnols. Pour trancher la difficulté, qui pouvait amener de nouveaux embarras, le gouvernement espagnol décida que l'on pointerait, de dessus les murailles de la Colonia, une pièce de vingt-quatre, et que l'endroit où viendrait mourir un boulet lancé de cette pièce, déterminerait le rayon des possessions portugaises autour de la ville.

Vers le soir, nous passâmes la petite rivière de San-Juan, à l'embouchure de laquelle Caboto fonda, en 1526, un petit fortin, où vint le joindre le seul homme échappé aux Charruas, dans la seconde expédition de Solis. Il y avait dix ans que cet Espagnol, seul de sa nation, vivait avec ces

1. Renseignemens tirés en partie de Funes, *Ensayo de la historia civil del Paraguay, Buenos-Ayres y Tucuman.*

Indiens, que les premiers historiens nous peignent comme anthropophages, et que je crois ne l'avoir jamais été. Après avoir établi son petit fort, Caboto chargea Juan Alvarez Ramon d'aller, sur un brigantin, dont il lui donna le commandement, reconnaître le cours du Rio Uruguay; mais cet officier eut le malheur de toucher sur un banc de sable; et, dans une tentative de retour par terre au fort San-Juan, il subit le sort du malheureux Solis, en tombant, comme lui, sous les coups des Charruas. Alors Caboto, laissant le fort San-Juan sous les ordres de Diego Garcia, s'en alla, à son tour, reconnaître le cours du Parana et du Paraguay. En son absence, son lieutenant se rendit tellement odieux aux Charruas, que ceux-ci, cherchant les moyens de secouer son joug, parvinrent à surprendre les Espagnols endormis, et massacrèrent tous ceux qui n'eurent pas le temps de se sauver à bord des navires qui stationnaient près de l'embouchure de la rivière. Les vainqueurs demeurèrent, de nouveau, libres possesseurs de leur territoire reconquis, jusqu'en 1555, époque à laquelle le capitaine Juan de Romero, avec cent vingt soldats seulement, entreprit de fonder la ville de San-Juan; mais les Charruas, ennemis irréconciliables des Espagnols, et qu'alarmait le voisinage d'hommes aussi redoutables, assiégeaient sans relâche la ville naissante, et la réduisirent, par la famine, aux dernières extrémités. Du Paraguay, le capitaine Alonzo Richelme accourut à son secours; mais, arrivé à peine assez à temps pour sauver les misérables restes d'une population épuisée, il se vit contraint d'abandonner tout à fait l'établissement projeté sur cette rivière.

1827. Banda oriental.

La rivière de San-Juan sert, pour ainsi dire, de limite entre les terrains primitifs de la province de la Banda oriental, et le commencement de l'argile calcaire durcie, qui forme tout le fond du bassin proprement dit des *Pampas*[1], et dont j'aurai, plus tard, occasion de parler.

Nous nous arrêtâmes près d'une grande mare, entourée de roseaux. La nuit, un individu à cheval voulut s'approcher des charrettes; mais l'homme de garde lui intima l'ordre de se retirer, d'un ton qui ne lui permettait pas d'insister, et il s'éloigna en jurant.

1. Le mot *Pampas*, venu du *quichua* (langue des Incas), signifie proprement *place*, *terrain plane*, *grande plaine*, *savane*, etc. (*Llanura ó llanos* des Espagnols). On pourra s'étonner de retrouver ce mot appliqué dans un pays si éloigné de sa source; mais on remarquera que beaucoup de Quichuas habitaient Santiago del Estero, assez près des Pampas, où ils ont encore conservé un jargon mélangé de quichua et d'espagnol.

1827. Bande oriental. 20 Janvier.

Le 20, partis dès la pointe du jour, nous traversâmes des plaines tout à fait horizontales, et bien plus sèches que celles que nous avions vues les jours précédens. La campagne changea d'aspect, en se couvrant de cette espèce d'acacia épineux (*espinillo*[1]), à tête arrondie, dont les branches, croisées en tous sens, offrent un tissu d'autant plus difficile à rompre, qu'il est hérissé d'épines nombreuses. Les anumbis et les perruches se plaisent à placer leurs énormes nids sur cet arbre; aussi est-il rare d'en rencontrer un dégagé des paquets d'épines dont ces nids sont composés. En traversant des bois d'espinos ou espinillos, nous arrivâmes enfin à Las Vacas (les vaches).

Ce triste village est situé sur les bords d'un ruisseau qui se jette dans la Plata, à l'embouchure de l'Uruguay. Il se compose de baraques de terre mal bâties et couvertes en roseaux, signe extérieur d'une profonde misère, que ne dément pas l'aspect du dedans. Il y a peu d'habitans; et nous n'y trouvâmes que du biscuit pourri.

A peine arrivés, nous nous occupâmes des moyens de passer à Buenos-Ayres. Il y avait alors à *Las Vacas* plusieurs patrons de barque; mais aucun ne voulait se décider à traiter avec nous, dans la crainte d'être pris par les corsaires brésiliens; crainte, au reste d'autant mieux fondée, que toute la journée on avait entendu des coups de canon, qui paraissaient venir de l'embouchure de l'Uruguay. Enfin, un patron français consentit à nous prendre; et nous fîmes embarquer nos bagages. La barque que nous avions louée n'était pas pontée, et se trouvait entièrement remplie par nos effets, de sorte que nous n'y avions plus de place; mais il fallut bien trouver moyen de nous y entasser de manière ou d'autre.

Le patron ne voulut pas partir de jour. Les coups de canon qu'on entendait par intervalle n'étaient pas propres à le rassurer; et l'on savait d'une manière positive que douze ou quinze petits navires de guerre brésiliens venaient d'entrer dans l'Uruguay, afin d'en ravager les rives. Il attendit jusqu'à neuf heures; et alors nous descendîmes le petit ruisseau de *Las Vacas* jusqu'à son embouchure dans la Plata. Une nuit assez sombre nous favorisait et nous avions un assez bon vent. Bientôt nous entendîmes un coup de canon, parti, sans doute, de l'un des bâtimens mouillés près de l'île de *Martin-Garcia*, et dont le son, prolongé sur la surface des eaux, au milieu du silence de la

---

1. Cette espèce couvre une grande partie de la province de Santa-Fé et d'Entre-rios. Elle caractérise les terrains argileux. C'est l'*Espino* des habitans du Chili, l'*Aroma* des Péruviens, etc., et une espèce d'*Acacia* des botanistes.

nuit, jeta l'effroi parmi notre petite troupe. Le patron voulait, dans le cas où il se verrait poursuivi, faire échouer sa barque sur les bancs de sable, moyen de salut qui ne nous souriait pas plus que la nécessité subséquente de gagner à la nage les îles boisées de l'entrée du Parana, dont les seuls habitans sont les jaguars ou tigres américains. 1827 La Plata.

Enfin, toujours inquiets et toujours entendant des coups de canon par intervalle, nous passâmes non loin de l'île de Martin-Garcia, qui servait alors de galère (*presidio*), et en même temps de prison militaire; lieu d'ailleurs célèbre, dans l'histoire des premiers temps de la conquête, par le long séjour qu'y fit Zarata, après s'être soustrait, en 1573, à la poursuite acharnée des Charruas, que guidait leur grand chef Sapican. C'est pendant l'embarquement du commandant espagnol, au moment même où il se sauvait de la côte ferme, qu'un Indien charrua, cédant à l'élan chevaleresque des idées du siècle, vint, ayant de l'eau jusqu'à la ceinture, défier en combat singulier celui des Espagnols qui voudrait se mesurer avec lui; mais ce brave reçut, pour toute réponse, une balle qui le frappa de mort au sein des flots. On trouve encore, dans cette même guerre, au milieu des scènes les plus sanglantes, trop souvent renouvelées par les féroces Charruas, un trait qui atteste, en des hommes par nous appelés sauvages, la présence de sentimens élevés et généreux, que ne désavoueraient assurément pas les nations les plus civilisées de notre moderne Europe. Au milieu de l'une des actions les plus chaudes, un détachement espagnol fut enveloppé par les Indiens. Les Espagnols combattaient en désespérés, quand l'un d'eux, Domingo Lares, ayant eu un bras coupé par l'ennemi, n'en continua pas moins de se défendre avec l'autre, malgré la mort de tous ses compagnons, ce qui inspira un tel respect aux Charruas, que, cessant de le combattre, ils se jetèrent sur lui pour le désarmer, et lui prodiguèrent ensuite les soins les plus délicats, jusqu'à son entière guérison.[1]

Un vent frais nous poussait toujours et nous favorisa tellement, que nous passâmes sans être aperçus. À la pointe du jour, nous étions hors de danger, en vue de Buenos-Ayres. A mesure que nous nous en approchions, chacun de nous s'égayait à l'aspect de vie répandue de tous les côtés et à la vue des nombreux édifices publics qui dominaient la masse des maisons particulières. Buenos-Ayres se montrait alors sous l'aspect le plus riant. Une rade remplie de vaisseaux de guerre, et d'une foule d'embarcations de

1. Funes, *loc. cit.*, tome I.er, page 217-220.

1827. La Plata. tout genre; au bord de l'eau, des charrettes sans nombre; une multitude de lavandières couvrant la plage, et chamarrant de blanc le tapis vert naturel qui s'étend au loin vers le nord, et paraît se terminer par un groupe d'arbres; au sud, la forêt de mâts de mille petites embarcations, qu'on croirait à sec dans le petit ruisseau *de la Boca* (de la bouche); et, devant nous, la ville de Buenos-Ayres, avec sa ligne de maisons riveraines; mais qui, dans son ensemble, placée horizontalement sur le haut de la falaise, a l'air d'une grande ville. Au milieu se dessine un fort; et, non loin, un édifice de construction mauresque, qui contraste avec les nombreux dômes ou clochers dont sont hérissées toutes les villes construites par les Espagnols. Une autre chose me frappa, et cette observation s'applique à toutes les villes américaines; c'est la différence d'aspect qui les distingue généralement de nos villes d'Europe. Dans celles-ci, les maisons sont toujours surmontées d'une multitude de cheminées et de tuyaux, dominant des toits plus ou moins inclinés et de diverses couleurs; en Amérique, au contraire, l'ensemble en est plus simple et plus élégant: il est rare qu'une seule cheminée dépasse la toiture, qui est toujours en terrasse (*azotea*) horizontale.

Nous nous approchâmes le plus possible de la côte pour débarquer; mais la plage est si plane, que, touchant déjà, nous étions pourtant encore à plus de trois cents pas du rivage. Nous fûmes entourés d'une foule de charrettes à hautes roues, dont les conducteurs nous invitaient à prendre possession pour descendre. Le patron nous engagea à nous en emparer sans délai, comme du seul mode de débarquement. Il fallut bien nous accommoder à ce nouveau genre de débarcadère, et nous fîmes notre entrée triomphante dans Buenos-Ayres.

Buenos-Ayres. Je songeai d'abord au débarquement de nos malles, ce qui me contraignit à faire des courses à la douane, à la capitainerie du port, et au *Cabildo*. J'obtins ce que je voulus avec assez de facilité, et je revins au rivage prendre une charrette pour le transport de mes effets; puis je retournai à l'hôtel, où je me trouvai en compagnie d'une foule de Français de toute classe. Beaucoup d'officiers de corsaires y venaient manger.

Je fis plusieurs visites pour remettre quelques lettres de recommandation. L'accueil dont on m'honora dans la maison de M. de Mendeville fut des plus aimables, et l'on voulut bien m'y faire faire la connaissance de plusieurs des personnes les plus recommandables de la ville et du pays, entre lesquelles je dois distinguer MM. Roguin et Meyer, négocians, avec lesquels j'eus, dans la suite, des relations fréquentes. Ma première entrevue avec le négociant sur lequel j'avais des traites, ne fut pas des plus rassurantes pour la suite de mon voyage. L'argent de Buenos-Ayres était alors du papier-monnaie, qui perdait déjà plus de cinquante pour cent sur le change en numéraire, et l'on me menaçait de me solder le montant de mes traites en monnaie courante du pays, ce qui eût instantanément réduit mes faibles ressources à la moitié de leur valeur effective. Je voulus établir mes droits; on ne me contestait rien; mais l'oubli d'un seul mot dans mes lettres, devait me réduire au silence et causer toutes ces tracasseries commerciales. On n'y parlait que de *piastres* (papier-monnaie) et non pas de *piastres fortes*, manière de désigner alors les piastres argent.

1827.

Buenos-Ayres.

Ces difficultés eurent une influence funeste sur l'économie ultérieure de mon voyage. Je comptais passer de suite au Chili, en traversant les Pampas; mais la crainte de manquer de fonds me contraignit à prendre le parti de faire un voyage aux environs de Buenos-Ayres, en attendant de France des lettres qui devaient lever les obstacles financiers.

Mes idées n'étaient pas fixées sur la direction à donner à mon voyage dans la république Argentine. Je ne voulais pas trop m'éloigner, afin de pouvoir reprendre, aussitôt après la solution de la question de banque, l'itinéraire que je m'étais tracé par avance; et, cependant, je ne pouvais pas rester à Buenos-Ayres, où ne me retenait aucun intérêt scientifique. Une conversation avec M. Roguin leva tous mes doutes. Cet homme éclairé me dépeignit avec de si vives couleurs l'extrême variété des plantes et des animaux de la province de Corrientes, tout en me démontrant la facilité de revenir quand je voudrais, que je jugeai très-important pour la science de voir les pays explorés par Don Félix de Azara et d'étudier, son livre à la main, dans leur patrie, une foule d'animaux décrits par cet observateur consciencieux; animaux dont plusieurs, n'ayant encore été vus d'aucun autre, passaient même pour fabuleux dans le monde savant. Cette idée me souriait tellement, que je priai de suite M. Roguin de me retenir un passage sur une goëlette qu'il expédiait sous peu de jours.

Tout en m'occupant des préparatifs de ce voyage, où je devais faire une longue navigation sur un des plus grands fleuves connus, je parcourus les environs de Buenos-Ayres, pour les étudier sous le rapport zoologique. Mes premières courses me conduisirent sur les rives septentrionales de la Plata. J'y suivis ces belles pelouses vertes, tapissées de plantes graminées, qui occupent l'intervalle compris entre les petites falaises calcaires de Buenos-Ayres, et la Plata même. Là je poursuivais, dans de petites lagunes,

1827. Buenos-Ayres. beaucoup d'espèces d'oiseaux aquatiques et riverains, parmi lesquels je remarquai grand nombre de canards et de rhynchées[1], dont plusieurs se cachaient dans des touffes de joncs, et remplaçaient, sur ces rivages, les bécassines d'Europe. Cette promenade me conduisit insensiblement au-delà de l'ancien couvent de la *Recoleta*, où la falaise s'éloigne du rivage, et laisse un espace assez étendu, planté de saules et entrecoupé d'un grand nombre de petits fossés d'écoulement. Là je revis de nouveau une partie des oiseaux que j'avais déjà vus à Montevideo et à Maldonado; mais, changeant de recherches, je m'occupai plus spécialement d'entomologie, et je recueillis un grand nombre d'insectes, en secouant sur un filet en poche à cet usage, les nombreuses touffes de *convolvulus* qui abondent en ces lieux: c'est ainsi que je recueillis de belles espèces de Cassides, et sous les écorces, beaucoup de Carabiques, surtout des genres *Brachinus*, *Galerites*, etc. Mes courses entomologiques me firent faire la connaissance de M. Lacordaire, homme très-instruit dans cette partie des sciences naturelles. J'eus depuis le plaisir de faire dans sa compagnie mes excursions scientifiques les plus agréables. Dans une autre de ces dernières, nous nous dirigeâmes vers le sud, en suivant les terrains en partie inondés par les grandes marées, qui occupent l'intervalle compris entre la fin des falaises de Buenos-Ayres, et un ruisseau nommé *La Boca* ou *Barracas*, où viennent décharger une partie des petits bâtimens caboteurs du Parana et de l'Uruguay. Là, parmi de vieux saules, nous cherchions des Carabiques sous les écorces, lorsque nous entendîmes un grognement de mammifères carnassiers qui semblait sortir du creux d'un arbre, et bientôt nous reconnûmes un didelphe femelle[2], gardant avec courage l'entrée d'un petit terrier, où se trouvait sa jeune famille. Alors s'engagea, entre l'animal et moi, une lutte qui ne pouvait être qu'à mon avantage. La pauvre mère succomba et j'en restai maître, ainsi que des neuf petits qui composaient sa portée. C'était une des premières espèces de mammifères que je rencontrais; aussi me fit-elle grand plaisir, sans que je pusse, néanmoins, m'affranchir d'un sentiment pénible qui troublait un peu la joie de mon triomphe. Ces excursions, trop souvent sanglantes, commandées par l'intérêt de la science au naturaliste-voyageur, contre des êtres paisibles que la nature semble abandonner sans défense

1. Rhynchée de Saint-Hilaire, *Rhynchea Hilaria*, Mus. Gal. de Paris; Azara, long-temps avant, l'avait décrit sous le nom de *Chorlito*, à demi-colliers blancs et noirâtres, t. IV, p. 285, n.° 465.

2. Didelphe mustelin.

égale à la supériorité des armes de l'homme, m'ont fait, plus d'une fois, éprouver quelque chose qui doit ressembler au remords, et demandent une sorte de courage dont je n'ai jamais manqué, mais que l'impérieuse nécessité peut seule inspirer et soutenir. 1827. Buenos-Ayres.

J'allai un dimanche soir au *Bajo* (en bas), promenade publique de Buenos-Ayres, située au bord de la Plata, et plantée de ces *ombus* dont j'ai déjà parlé, arbres petits, rabougris et d'un aspect triste; ils y sont disposés en allées, et des siéges en maçonnerie, assez grossièrement construits, occupent l'intervalle qui les sépare. C'est tous les soirs le lieu de réunion ordinaire d'un grand nombre des habitans, et je pus m'y faire une idée très-favorable de la population de Buenos-Ayres, bien qu'il me parût s'y trouver comparativement beaucoup plus d'étrangers que de nationaux. La promenade donne sur la rade, où mouillent, en temps de paix, beaucoup de navires marchands. Dans un pays où l'élégant peuplier croît si facilement, on s'étonne de ne pas le voir remplacer ces tristes ombus.

Dans l'un des premiers jours de Février, je fus témoin d'une grande réjouissance. Le soir, la musique militaire parcourait les rues, accompagnée de grandes lanternes; elle s'arrêtait à chaque coin (*esquina*), exécutait l'air national; et les curieux, qui l'accompagnaient en grand nombre, criaient ensuite : *viva el jeneral Brown! viva la pátria!* (vive le général Brown! vive la patrie!). Cette réjouissance avait pour objet la prise de quinze à vingt petites barques de guerre brésiliennes, qui étaient remontées dans l'Uruguay, à l'effet d'y ravager les villages riverains; mais le général Brown leur avait coupé la retraite, au moment où elles redescendaient le fleuve pour rejoindre l'escadre, et avait pris toutes celles qui ne s'étaient pas fait brûler. C'étaient les embarcations auxquelles nous avions échappé dans l'Uruguay, lors de notre traversée de Las Vacas à Buenos-Ayres.

Je me propose de renvoyer les détails sur Buenos-Ayres à une époque où de nouvelles lumières me permettront de le mieux décrire; mais je crois indispensable d'en faire connaître en peu de mots la situation politique et commerciale lors du premier séjour que j'y ai fait. Buenos-Ayres étant, depuis quelques mois, bloqué par les Brésiliens, son commerce extérieur se trouvait interrompu; mais la grande quantité de marchandises entassées dans les magasins ne s'en écoulait que mieux, attendu que la suspension des arrivages surabondans permettait l'écoulement plus rapide des denrées emmagasinées avant le blocus; aussi tous les commerçans étaient-ils contens. Les propriétaires seuls se plaignaient du manque de débouchés pour leur

1827. Buenos-Ayres. viande salée et pour leurs cuirs; mais ils s'en consolaient par l'espérance de la fin prochaine de la guerre, et renvoyaient à cette époque l'exploitation des nombreux troupeaux qui couvraient leurs belles plaines.

Le gouvernement de Rivadavia, quoique prématuré dans l'état actuel de la civilisation des habitans, se soutenait, parce que toutes les pensées étaient tournées vers la guerre, devenue nationale, que la Bandá oriental faisait aux Brésiliens. Rivadavia voulait faire fleurir les sciences à Buenos-Ayres; il s'était, à cet effet, procuré, à grands frais, une belle collection d'instrumens de physique, un laboratoire de chimie; et avait fait venir, d'Italie et de France, des hommes instruits, qui devaient y professer les diverses branches des sciences. Tout porte à croire que la génération actuelle aurait totalement changé l'aspect des choses dans la république, si son gouvernement eût pu s'asseoir ou passer graduellement de la servitude établie par les Espagnols, au régime de liberté éclairée que lui ménageait Rivadavia; malheureusement un passage trop subit de l'une à l'autre devait inspirer des craintes, qui ne se justifièrent que trop tôt. Ces innovations n'avaient pas eu lieu seulement dans les sciences; mais encore dans tous les rameaux des administrations, où un grand nombre d'étrangers étaient venus remplir les places subalternes, et même enseigner leurs fonctions à quelques chefs de divers départemens; mais, vu le caractère un peu léger des habitans, il était difficile que des employés accoutumés aux lois et à l'ancienne routine espagnoles, adoptassent de prime abord une méthode nouvelle, que peut-être même ils ne voulaient pas entendre.

Les dépenses extraordinaires faites depuis le commencement des guerres de l'indépendance, avaient diminué les revenus de l'État. La nouvelle guerre avec les Brésiliens avait occasioné des dépenses énormes. Il avait fallu réparer la négligence du gouvernement précédent; faire précipitamment une levée au-dessus des forces de la seule province de Buenos-Ayres, et l'armer à grands frais; le tout à une époque où la présence de l'ennemi privait la ville des droits de douane, son seul revenu, ce qui contraignit le président Rivadavia à prendre d'urgence une mesure indispensable, il est vrai, mais qui devait entraîner les plus grands maux : c'était l'établissement d'un papier-monnaie qui, loin de se soutenir à la valeur de l'argent, comme l'espérait peut-être Rivadavia, tomba peu à peu; et, déjà réduit à cinquante pour cent de sa valeur primitive, tombait encore tous les jours et menaçait, dès-lors, une ruine totale.

L'émigration des étrangers de Buenos-Ayres, commencée dès 1825, par les ordres de M. Rivadavia, obligeait encore à des dépenses assez considérables le gouvernement, forcé de nourrir, des mois entiers, les émigrés, qui ne lui étaient d'aucune utilité, la plupart s'évadant avant d'avoir commencé le remboursement des dépenses faites pour eux; et cela, néanmoins, sans mériter, malgré des torts trop réels, tout le blâme dont on pourrait d'abord les croire passibles; car ce même gouvernement, au lieu de les employer comme il s'y était engagé, les obligeait, le plus souvent, à servir dans l'armée ou sur les bâtimens de l'État. Dirai-je par quels moyens? Le soir, assez souvent, des troupes de soldats de police cernaient une rue ou un café; et, s'emparant de tous ceux qui s'y trouvaient, surtout des étrangers, excepté des Anglais, qui savaient se prévaloir de leur traité, ils les mettaient en prison; puis, le lendemain matin ou dans la nuit même, on les enrégimentait, ou on les traînait à bord des vaisseaux de guerre. Cette mesure indisposait tout le monde, les étrangers surtout, et faisait craindre de sortir le soir, d'autant plus que des personnes respectables de la ville avaient été capturées de la sorte, et qu'il avait fallu des démarches pour les faire relâcher. La terreur était si grande parmi les gens de la campagne, qu'ils ne venaient plus en ville, de peur de la *presse,* indépendamment même de cette antipathie pour la mer, commune à tous les hommes qui ont l'habitude du cheval.

Tous mes préparatifs pour le voyage projeté étaient terminés. Le 14 Février, je fis mettre mes effets dans une charrette, et j'allai m'embarquer à *La Boca,* où l'on n'attendait plus que moi pour partir.

1827.

Parana.

14 Février.

CHAPITRE V.

Voyage sur le Parana, de Buenos-Ayres à Corrientes.

Nous levâmes l'ancre sans retard pour profiter d'un vent assez favorable, et nous longeâmes Buenos-Ayres, ayant en vue la ville entière et les bords animés de la Plata. Bientôt nous passâmes devant les bois de saules qui décorent la rive, jusqu'auprès de *San-Isidro*, à l'ouest de Buenos-Ayres, où se voient les plus jolies campagnes des environs; mais nous ne pûmes en jouir, le grand nombre d'îles de l'embouchure du Parana[1] les dérobant à nos regards. Vers trois heures nous atteignîmes l'un des bras nombreux du Parana, nommé le *Parana de las palmas* (Parana des palmiers), nom qu'il tire de quelques-unes de ces belles plantes, dont s'orne l'intérieur de cette partie.

Avant de se réunir avec l'Uruguay, le Parana se divise en plusieurs canaux tortueux, dont les plus grands seulement sont fréquentés. Au milieu de ces canaux il en est un beaucoup plus large que tous les autres, et le plus septentrional, qui débouche dans la Plata. C'est le *Parana guazu* (le grand Parana), par où passent tous les grands navires, parce que c'est le plus profond. Il aboutit à l'embouchure de l'Uruguay, ce qui force les navires qui se rendent dans l'une ou dans l'autre rivière, à passer en face de l'île granitique de Martin-Garcia, présentant un point un peu élevé, assez près de groupes d'îles basses souvent inondées, qui séparent les diverses bouches du Parana. Le canal le plus fréquenté et le plus méridional, est le Rio de las palmas, à l'entrée duquel nous étions. Il est assez profond dans son cours; mais le grand nombre de bancs de sable de son embouchure empêche la plupart du temps les navires de s'y engager; ils aiment mieux passer par le Guazu. Entre ces deux canaux principaux il en existe un troisième, nommé *Parana mini* (petit Parana), qui sert également à la navigation. Toutes les îles qui séparent le Parana de las palmas du Parana guazu, sont basses et sujettes à de fréquentes inondations: aussi sont-elles couvertes de plantes marécageuses et de quelques arbres qui aiment aussi l'humidité. Ce sont les

1. Le mot *Parana*, dans la langue guarani, signifie *grande rivière*, et n'est, sans doute, qu'un diminutif de *para*, mer. Ce mot se retrouve, sous la forme un peu corrompue de *parava*, dans les langues maypure et tamanaque, qui, comme le prouvent beaucoup d'autres analogies que je citerai, ne sont que des dialectes du guarani; ce qui vient à l'appui de ce que j'ai avancé chap. II, pag. 29.

Seïbos[1], dont j'aurai occasion de parler plus tard. Entre le Parana de las palmas et les falaises de San-Isidro ou *del tigre* (du tigre), s'étendent un grand nombre d'îles plus élevées que les premières, couvertes de bois de pêchers et d'orangers, entre lesquels se déroulent plusieurs canaux nommés *caracoles* (limaçons), à cause des méandres sans nombre qu'ils décrivent jusqu'à San-Isidro ou au village de *Las Conchas* (les coquilles). C'est par là que, pendant la guerre avec les Brésiliens, passaient tous les petits navires pour se dérober aux pirates qui couraient alors toute la Plata et ses affluens. 1827. Parana.

Nous étions dans la saison des pêches. Toutes les îles que nous avions sur notre gauche sont couvertes de pêchers et d'orangers; et là, tous les jours, un nombre infini de petites barques, remontant ce dédale de petits ruisseaux, qui se ramifient des bords au centre de ces îles, viennent s'y charger de fruits, qu'elles vont ensuite vendre à Buenos-Ayres. Le patron de notre goëlette se décida, sur ma prière, à s'arrêter pour envoyer faire provision des fruits que nous apercevions de toutes parts. Je m'embarquai sur le canot et nous entrâmes dans un petit ruisseau, que nous remontâmes quelque temps; puis je mis pied à terre. Je fus enchanté de l'aspect que présentaient ces lieux. Tout y respirait l'abondance. Partout des pêchers aux fruits d'un rose tendre; partout des orangers aux feuilles toujours vertes, et dont les pommes dorées invitaient la main à les cueillir. L'élégant palmier enrichissait du luxe de sa végétation ce tableau déjà si varié, où les longues grappes de carmin du seïbo se mariaient au feuillage léger du bambou, comme pour en relever encore l'éclat; et nous admirions à l'envi tout cela, sans trop penser aux épines, qui nous déchiraient impitoyablement à chaque pas, tout occupés que nous étions, d'ailleurs, de notre récolte, qui remplit en peu de temps notre canot de pêches, dont le parfum embaumait au loin les airs. Il serait difficile de se faire une idée de la promptitude avec laquelle les pêchers et les orangers se sont multipliés dans cette localité, et cela sans la moindre culture. Les habitans de Buenos-Ayres en font l'objet d'un commerce considérable, quoique les oranges soient amères; et, tous les ans, lorsqu'elles sont mûres, des familles entières viennent les cueillir, les couper en morceaux, et en exprimer les sucs, qu'elles conservent dans des barils, afin de se ménager, en toute saison, une boisson rafraîchissante, fort estimée dans le pays, l'amertume primitive de cette liqueur se changeant, avec le temps, en un goût légèrement acidulé, qui ne laisse pas que d'être encore agréable.

1. C'est l'*Erythrina Crista-galli*, Lin., ou espèce très-voisine.

1827. Parana. Il est même arrivé que quelques Européens ont fait une assez bonne spéculation, en allant, dans la saison des fleurs, les cueillir, les distiller et en tirer de l'eau de fleurs d'orange; mais les habitans n'ont pas suivi cette branche d'industrie. Quelques étrangers ont aussi tenté de mettre à profit l'*immense* quantité de pêches qui se perdent, chaque année, dans ces îles, en en tirant de l'eau-de-vie par la fermentation; et, quoiqu'ils eussent obtenu des produits d'excellente qualité, ils ont dû suspendre leurs travaux, faute de moyens ou de prévoyance, ou par suite des entraves qu'apportent à toutes les entreprises industrielles formées dans le pays, la cherté de la main-d'œuvre et la paresse des ouvriers. Au temps des fruits, quelques familles pauvres de Buenos-Ayres s'emploient à ramasser et à sécher les pêches, dont les habitans sont très-friands; mais c'est au Pérou et dans les provinces de Mendoza, de Cordova, de Tucuman et de Salta qu'on s'entend le mieux à cette préparation, qui s'opère de deux façons différentes. L'une consiste à couper le fruit par lanières autour du noyau, pour le faire sécher ensuite, plus facilement, sur des claies; après quoi, dès qu'il est sec, on le roule de diverses manières, et l'on en fait ce que l'on appèle des *orejones* (oreilles), de la forme qu'il prend ainsi roulé. Dans l'autre méthode, plus simple, on fait sécher sur le noyau le fruit entier, qui reçoit alors le nom de *pelones*. Ce sont ces fruits qui, avec les figues et les raisins secs des provinces de Mendoza et de Cordova, forment un objet de commerce assez intéressant. On ne trouve des pêchers et des orangers que dans les îles élevées, et surtout dans celles qui avoisinent Buenos-Ayres, parce que ce sont les seules qui ne s'inondent pas. Cependant M. Parchappe m'a dit en avoir vu dans une île de l'*Uruguay*[1], à cinquante lieues au-dessus de l'embouchure de ce fleuve. Il y a vu aussi des pommiers, et pensait que ces arbres ont été plantés là par une troupe de charbonniers, qui avaient travaillé dans cette île, quelques années auparavant.

Les habitans du pays ne s'accordent pas sur l'origine des arbres fruitiers qui couvrent les premières îles du Parana. Quelques-uns en attribuent la plantation aux jésuites, d'autres aux voyageurs dont les bâtimens sont souvent obligés de s'amarrer sur ces parages; d'autres, enfin, et c'est

1. Le mot *Uruguay* se compose de deux mots guaranis : *uruguâ*, limaçon d'eau (ampullaire), et *ÿ*, eau, rivière; vulgairement *Rivière des limaçons d'eau*, ou mieux *Rivière des ampullaires*; nom qui lui vient du grand nombre de ces coquilles qu'on y trouve. C'est comme *Piray*, de *pira*, poisson, et *ÿ*, eau, rivière (rivière des poissons).

l'opinion la plus raisonnable, pensent que la multiplication en est due aux troupes de charbonniers et de marchands de bois qui passent une partie de l'année dans ces îles. Aucune publication n'indique d'une manière précise l'époque où ces bois ont commencé à se peupler de pêchers; mais, d'après des traditions verbales, je crois pouvoir fixer au milieu du dix-huitième siècle celle où l'on a commencé à en exploiter les fruits. 1827 Parana.

Le pêcher croît avec une rapidité extraordinaire dans toutes les parties tempérées de l'Amérique. A Buenos-Ayres et dans ses environs, on l'emploie comme bois de chauffage; et le premier soin d'un fermier est de semer, autour de sa maison, des pêchers, qui, dès la troisième année, lui donnent des fruits et du bois. Cet arbre croît aussi au sud du rio Salado; mais la violence des vents l'empêche d'y donner beaucoup de fruits. Sur les rives du rio Negro, au 40.e degré de latitude, il vient parfaitement; et j'en ai trouvé des bois entiers au 27.e degré, sur les anciens établissemens des jésuites, où les Indiens en avaient planté dans leurs jardins. Les pêchers sont également communs dans le Chili, ainsi que dans toutes les parties tempérées du Pérou et de la Bolivia; mais je n'y ai trouvé que la pêche à chair ferme d'Europe; encore n'y conserve-t-elle pas la saveur qui la distingue en France, par exemple; ce qui vient, sans doute, de ce que, les habitans ne sachant pas écussonner leurs arbres, les fruits en sont le produit de la seule nature, sans que l'art vienne les améliorer.

Les îles de l'embouchure du Parana sont peuplées d'arbres particuliers, bien différens de ceux qui se trouvent plus haut dans cette rivière. J'ai décrit les îles basses, et partie des îles qui produisent des pêchers et des orangers; mais, indépendamment de cette végétation étrangère, ces îles en possèdent une indigène. Leur lisière ou leurs parties les plus basses, plus exposées aux inondations, se couvrent de saules, qui croissent assez droits, et dont le feuillage vert tendre, gracieusement penché sur les eaux, en orne les bords. Dans l'intérieur, au contraire, plus de saules; mais, au milieu des pêchers et des orangers, supérieurs en nombre, s'élèvent deux espèces de lauriers (*laureles*), distingués sous les noms de *laurel mini*[1] (petit laurier), dont l'écorce s'emploie utilement dans le pays à tanner les cuirs, et de *laurel blanco* (laurier blanc). Il y a de plus le seïbo, arbre très-épineux, de

1. Ces noms et d'autres semblables, moitié espagnols et moitié guaranis, se retrouvent à chaque pas dans les lieux qu'ont habités les Guaranis. Je ne puis donner le nom scientifique de l'arbre cité, n'ayant pu le rapporter.

1827. — Parana. moyenne grandeur, qui se charge de belles fleurs pourprées, et ferait ornement dans nos bosquets les plus magnifiques. Le bois en est tendre, et ne sert qu'à faire des gamelles ou tels autres ustensiles analogues. Les habitans prétendent que le tronc en est très-souvent sillonné par les griffes des jaguars, qui, en raison de leur peu de dureté, les recherchent, afin d'y aiguiser leurs armes; fait que je n'ai jamais été à portée de vérifier. Ces arbres s'élèvent et présentent, en masse, l'aspect de nos taillis. Ils forment quelquefois un fourré tellement épais qu'on n'y peut pénétrer que la hache à la main.

C'est dans ces lieux, et un peu plus haut dans le Parana, qu'un grand nombre de charbonniers viennent, tous les ans, fabriquer leur provision de charbon, enfumant quelquefois le pays à vingt lieues à la ronde. Leur mode de fabrication est des plus vicieux; aussi le produit en est-il très-mauvais, et perdent-ils beaucoup de bois, sans que, néanmoins, la quantité en soit sensiblement diminuée, ces forêts occupant une superficie de terrain assez considérable; et sans que, du reste, les exploitateurs maladroits s'inquiètent beaucoup du dommage, parce que ces îles sont du domaine public, de sorte que chacun est libre d'en disposer comme bon lui semble. Le bois à brûler qu'on rapporte à Buenos-Ayres, s'appelle *leña del monte* (le bois à brûler de la forêt), pour le distinguer du bois de pêchers et de saules, qui croît aux environs de la ville.

Revenus à la barque, qui n'attendait que notre retour pour profiter d'un bon vent sud-est, propre à nous faire remonter le Parana avec vîtesse, on déploya de nouveau les voiles, et nous cheminâmes. Le Parana de las palmas pouvait être, en cet endroit, deux fois aussi large que la Seine en face des Tuileries; l'eau en était profonde, trouble et de couleur rougeâtre, le courant des plus rapides, et les rives en étaient basses, surtout sur la côte nord-est, où de nombreuses plantes aquatiques ou riveraines bordaient les îles garnies de seïbos, dont les fleurs brillantes, laissant à peine apercevoir quelques feuilles, contrastaient avec la tendre verdure des plantes élevées qui formaient gazon tout autour. Ce verger naturel, dont j'ai déjà parlé, nous accompagnait toujours, et venait étaler à nos yeux sa parure embaumée jusqu'au bord du fleuve, où, de temps en temps, quelques loutres semblaient prendre leurs ébats, disparaissant un instant pour reparaître un moment après, un poisson dans la gueule. Cependant la surface des eaux était sillonnée en tout sens par une multitude de légères hirondelles[1], à

1. Hirondelle à queue carrée d'Azara.

qui la grande quantité de moustiques, qui commençaient à obscurcir l'air, présentait une chasse facile, tandis que d'innombrables volées du troupial *chopi*[1] couvraient les arbres de leur noir lustré, et faisaient retentir les deux rivages de leur cri, fidèlement rendu par le nom qu'il porte dans la contrée.

Ce spectacle varié m'enchantait et m'occupait beaucoup. C'était mon premier voyage sur les fleuves. Le patron me tira de mes réflexions, en me faisant remarquer, placées à notre gauche, de distance en distance, des croix de bois, dont chacune marquait, me dit-il, la sépulture de quelque malheureux dévoré par les jaguars; allégation qu'il accompagnait du récit de plusieurs faits épouvantables. Je déplorais le sort de ces infortunés, victimes, soit de leur imprudence, soit de la nécessité de parcourir ces îles; et fis, de suite, involontairement, un léger retour sur moi-même, en songeant que, dans mes excursions, l'amour de la science me portait à me fier, toujours, beaucoup trop à mes armes, et m'entraînait trop facilement seul au milieu des bois les plus touffus; mais de telles idées ne pouvaient être que passagères : aussi les abandonnai-je promptement, pour jouir de la fraîcheur que le soir amène en ces lieux, et observer, autant que possible, la forme des îles que nous ne cessions de suivre. Aussitôt après le coucher du soleil le vent tomba tout à coup; et, forcés de nous arrêter, nous nous trouvâmes exposés sans défense à la piqûre d'une nuée de moustiques, qui nous assaillit de toutes parts.

Le lendemain matin, je me vis, non sans étonnement, enveloppé de vapeurs qui s'élevaient de l'eau, si épaisses, que je ne pouvais distinguer la terre, bien que notre navire y fût amarré. Ces vapeurs, analogues à celles qui sortent d'un vase en ébullition, ressemblaient parfaitement aux nuages aqueux qu'on traverse souvent sur le penchant des hautes montagnes, et se montraient encore, quoique le soleil fût déjà, depuis quelque temps, sur l'horizon. J'attribuai ce phénomène à la différence de température de l'air et de l'eau, différence que je ne pouvais, dans le moment, apprécier au juste, parce que je n'avais pas de thermomètre; mais la sensation de chaleur que j'éprouvais en plongeant ma main dans l'eau, ne me permit pas de douter du fait, expliqué, pour moi, par la direction générale du Parana, qui, courant rapidement nord et sud, apporte sans doute, des régions plus chaudes, une masse d'eau naturellement plus échauffée.

---

1. *Icterus unicolor*, Spix, pl. 64; *Chopi*, Azara.

1827. Parana. Aussitôt que ce brouillard fut dissipé, je reconnus que l'île près de laquelle nous étions arrêtés, n'était, pour ainsi dire, qu'une immense plaine couverte de grands roseaux et de végétaux épineux. Malgré tous ces obstacles, je descendis à terre, mais je n'y pus recueillir autre chose que quelques plantes ornées de riches grappes de fleurs papillionacées, d'une belle couleur rouge. Je m'occupai à les dessiner; après quoi nous essayâmes de jeter des lignes, et nous fîmes, en peu de temps, une assez heureuse pêche. Toute la journée se passa à l'ardeur du soleil, sur le pont d'une petite barque de quarante tonneaux au plus, et de la manière la plus incommode. Le soir, un vent léger nous détermina à mettre à la voile. Nous abandonnâmes la côte des îles pour suivre la côte du continent, qui alors était basse et se formait de terrains inondés. Bientôt nous aperçûmes la côte proprement dite, les falaises (*Barrancas*), argilo-calcaires, analogues à celles de Buenos-Ayres, dont le sommet ne tarda pas à se montrer, surmonté de quelques maisons qu'on nous dit être *Zarate*, village d'un aspect misérable. Nous marchâmes une partie de la nuit, et mouillâmes toujours au milieu de ces îles basses, couvertes de plantes épineuses. Le jour suivant, nous étions encore mouillés au même lieu. L'œil s'égarait avec tristesse sur une campagne uniformément marécageuse, et ne trouvait à se reposer agréablement que sur quelques seïbos. Dans la matinée, on leva l'ancre. Nous suivîmes encore des localités marécageuses; mais, vers le soir, un motif assez singulier nous força de nous arrêter de nouveau. Dans presque toute l'Amérique méridionale, les habitans sont dans l'usage d'incendier la campagne, pour brûler la paille sèche, afin de renouveler l'herbe propre à la nourriture des bestiaux. Il paraît qu'un de ces incendies annuels venait d'avoir lieu. Des flammèches et des débris embrâsés couvraient la rivière. Toute la rive méridionale était en feu. Des flammes élevées, une fumée noire et épaisse, emportée par tourbillons, un pétillement affreux, des nuées d'oiseaux de proie, planant au-dessus du brasier, pour saisir le peu d'animaux échappés au désastre; tout cela réuni présentait un spectacle de destruction, qui portait dans l'ame un sentiment profond de douleur et d'effroi. Nous dûmes nous arrêter, dans la crainte que le feu ne prît à notre barque. J'avais déjà vu des traces d'un incendie semblable, dans mon voyage au travers de la Banda oriental. Le vent portait sur la rivière; mais nous espérions que le feu cesserait, en y arrivant, avec les alimens qui le nourrissaient, ce qui effectivement arriva pendant la nuit; et nous nous remîmes en marche.

17 Février. Dans la nuit du 16 au 17 Février, nous abandonnâmes le Parana de las

palmas pour entrer dans un autre bras du Parana, appelé le *Baradero*, 1827
nom qui lui vient de ce que, vu son peu de largeur, il n'est pas rare que Parana.
les navires à la voile y échouent[1]; accident, au reste, assez peu redouté des marins dans ces parages, parce que le fond y est vaseux et ne présente aucun danger. Nous passâmes la nuit auprès de deux petits ruisseaux qui s'y jettent, l'un nommé *del cuervo* (du corbeau), et l'autre *del tigre* (du tigre). Lorsque le jour parut, nous avions déjà remonté assez haut dans le Baradero. L'aspect de la campagne était peu varié; cependant, à gauche, nous avions toujours les falaises calcaires qui commencent dès Buenos-Ayres, de temps en temps couronnées de fermes ou *estancias*. Entre elles et la rivière existait un plus ou moins grand espace, offrant, près des falaises, quelques arbres ou du moins quelques buissons épars; et, près des eaux, des terrains marécageux couverts d'oiseaux aquatiques. La rive droite est formée d'îles basses, sujettes aux inondations, et sur lesquelles quelques seïbos clair-semés contrastent seuls avec l'uniformité de ces prairies naturelles.

Les petits réservoirs d'eau de la gauche étaient ornés de deux belles espèces de cygnes propres à ces contrées : celle à tête et collier noirs[2], et le petit cygne blanc[3]. Tous paraissaient familiers; à peine daignaient-ils s'écarter sur notre passage; et il en était ainsi d'un grand nombre de canards de toute espèce, qui semblaient leur faire la cour, en nageant autour d'eux, dans les parties moins profondes. Des troupes innombrables de *kamichis huppés*[4], nommés *chaa* dans le pays, par imitation de leur cri, couvraient les lieux environnans sur une surface immense, et nous étourdissaient, par intervalle, de leurs bruyans éclats, qu'on peut facilement entendre à une grande distance. Nous nous arrêtâmes vers sept heures du matin, et j'en profitai pour chasser. En un instant, je tuai plusieurs cygnes et un grand nombre d'oiseaux aquatiques; puis je me dirigeai vers le pied de la falaise, où m'attendait un autre genre de chasse. Tandis que des ibis noirs[5], nommés corbeaux dans le pays, s'acharnaient en troupes sur les lambeaux de quelques carcasses de chevaux morts, et remplaçaient, en ces lieux, les dégoûtans cathartes d'autres localités, de nombreuses tribus de tourterelles

1. *Baradero*, du verbe espagnol *barar*, échouer : lieu où l'on échoue, où l'on peut échouer.
2. *Anas nigricollis*, Lin., Gmel. 67, *sp*. 48, 49.
3. *Anas hyperborea*, Lin.
4. *Parra chavaria*, Lin.; *Channa Illig*.
5. Ibis à cou varié, Azara, tom. IV, pag. 220.

1827. Parana. et de pigeons couvraient le sol des terrains secs, en y cherchant paisiblement leur nourriture; et quelques cardinaux se pavanaient sur les buissons que le bruyant hornero venait animer de ses cadences toujours joyeuses.

Pendant ma chasse, les gens du bord allèrent acheter un bœuf, pour provision de voyage, au village du Baradero, dont nous étions très-près, et qui tire son nom du canal sur les bords duquel il est situé. Je n'avais long-temps songé qu'à la chasse; et, comme je me disposais à l'aller voir, le patron m'annonça qu'il fallait partir, afin de profiter d'un vent de sud, qui soufflait avec force. Il fallut donc, pour le moment, me contenter, sur le Baradero, de ce que m'en dirent les marins, aidé de ce que j'apercevais du rivage. Le village paraît n'être composé que de vingt à trente misérables maisons, presque toutes habitées par des fermiers; et de deux ou trois *pulperias*, sortes de cabarets, où se réunissent tous les fainéans et tous les assassins du voisinage.

Une fois à la voile, un vent frais nous poussait avec force; aussi passâmes-nous rapidement près des falaises, qui continuent toujours, et sur lesquelles, de distance en distance, on aperçoit des maisons et quelques arbres. Elles s'interrompent un instant, pour donner passage à la rivière d'*Arrecife*, qui, après avoir long-temps serpenté dans les pampas, et s'être grossie du grand ruisseau du *Tala*, vient se jeter dans le Baradero, à quelques lieues en-deçà du Parana proprement dit. Après avoir dépassé cette embouchure, le Baradero devient de plus en plus étroit; et à peine, alors, était-il assez large pour que notre petit navire pût y virer de bord. Nous étions toujours entourés d'oiseaux de toute espèce, qui s'envolaient devant nous, puis venaient se poser assez près derrière. Dans ces lieux, où les chasseurs épouvantent rarement le gibier, l'abondance en est telle, qu'il faudrait l'avoir vue pour s'en faire une juste idée. Enfin, vers cinq heures du soir, nous débouchâmes dans le Parana. J'éprouvai un instant de surprise extatique, en contemplant ce fleuve majestueux, libre enfin des îles dont je l'avais vu d'abord obstrué; et qui, comparativement au Baradero, me présentait l'aspect d'un océan. Il a, sur ce point, plus d'une lieue de large; et ses eaux, agitées par des houles, comme celles de la mer sur les côtes, son immense largeur, perdue dans un horizon lointain, tout me faisait l'admirer avec un silence religieux. Sur la rive droite s'étendent encore des terrains parsemés d'arbres; et, le long de la rive gauche, se prolonge toujours la falaise du Baradero, au sommet de laquelle on aperçoit un groupe de maisons et un monastère dont l'église paraît assez vaste, et est ornée d'un clocher en dôme. C'est le monastère et le bourg de San-Pedro, sur lequel je reviendrai plus tard avec plus de détails. 1827

Parana.

Les bords du Parana étaient peuplés de diverses espèces de plantes, principalement de saules. Les brillans seïbos avaient entièrement disparu. Comme le vent soufflait toujours du sud, nous continuâmes notre route. La nuit nous prit bientôt, et la campagne s'effaça pour moi. Le vent de sud avait chassé tous les moustiques; aussi cette nuit fut-elle une nuit de repos. Bientôt nous mouillâmes, faute de vent, près d'une île tellement entourée d'arbres morts, que, le lendemain matin, nous ne pûmes descendre; mais, la brise devenant plus forte, à mesure que le soleil lui-même prenait de la force, nous appareillâmes à sept heures, et marchâmes de nouveau jusqu'à dix, où le calme survenu nous força de nous amarrer à l'île de San-Nicolas, en face de la ville de ce nom. Je descendis, et me disposais à m'avancer dans l'intérieur, quand les matelots me crièrent de revenir sur mes pas, parce que cette île, très-boisée, était habitée par un jaguar (*tigre*). Ils me contèrent qu'un animal de cette espèce, par eux surnommé Simon, avait, depuis quelques années, fixé sa demeure en ce lieu, et qu'il y était toujours redouté. Il avait poussé la hardiesse jusqu'à monter, la nuit, à bord des bâtimens amarrés, afin d'y prendre la viande qu'on y suspend aux porte-haubans. Plusieurs personnes avaient été ses victimes, ce qu'annonçaient nombre de croix placées le long du rivage. Tous les soirs, on l'entendait rugir d'une manière effroyable, et l'on assurait l'avoir vu, plusieurs fois, dans les crues, perché sur un arbre. Il allait, toutes les nuits, à terre, tuer des bestiaux, puis revenait, à la nage, dans son repaire habituel. La conversation une fois entamée sur les jaguars, ne tarissait plus; et j'appris des choses étonnantes sur les mœurs de cet animal, qui, en Amérique, remplace le tigre africain. On me fit alors, par exemple, pour la première fois, la description de sa manière de pêcher, qui ne laisse pas d'être ingénieuse. Il s'enfonce dans l'eau jusqu'au poitrail, et y laisse tomber son épaisse salive, qui attire un grand nombre de poissons. Dès qu'il en voit beaucoup de réunis, il les frappe, en développant ses énormes griffes, de la patte dont il les guettait, il en atteint toujours quelques-uns, qu'il lance à terre par derrière lui, pour les dévorer ensuite à loisir. On me décrivait aussi l'un de ses stratagèmes, dont les fermiers de Corrientes m'ont, depuis, fort souvent entretenu. Profitant de l'habitude qu'on a d'attacher ensemble, par le cou, deux chevaux, quand on veut accoutumer l'un d'eux à une nouvelle demeure, il tue d'abord un de ces chevaux, et force l'autre, à coups de

1827. Parana. griffes, à traîner le cadavre dans un lieu où il puisse, loin des habitations, dévorer tranquillement sa proie; puis attaque le second, qu'il tue également, et se trouve ainsi approvisionné pour plusieurs jours.

Comme le patron désirait un renfort de provisions, il interrompit la conversation pour faire préparer le canot qui devait en aller chercher sur la côte ferme. Je m'y embarquai, et nous descendîmes un peu plus bas que le bourg, au pied d'une haute falaise argilo-calcaire assez escarpée, de même nature que celles de Buenos-Ayres. J'en examinai les couches avec attention; et, après y avoir aperçu quelques fragmens d'os de mammifères fossiles, j'aimai mieux y en chercher de nouveaux, que d'accompagner les marins à *San-Nicolas de los arroyos* (Saint-Nicolas des ruisseaux). Mes recherches me procurèrent des ossemens très-importans de trois espèces de mammifères. Les uns appartenaient à un animal aussi gros qu'un bœuf : c'en étaient les côtes et le coccyx. Les autres étaient ceux d'un animal carnassier de la taille du chat, et ceux d'un rongeur de la taille du rat. Ils étaient devenus entièrement noirs, ainsi que les dents, d'ailleurs très-bien conservées. C'est aussi là que je rencontrai, pour la première fois, une jolie espèce de copris à élytres de la plus belle couleur d'or. Je m'occupais à chasser, quand les matelots revinrent; nous retournâmes à bord, et nous marchâmes toute la nuit.

19 Février. Le 19, au matin, nous avions laissé en arrière un grand coude du Parana, nommé *vuelta de Montiel*, et nous suivions d'assez près des falaises perpendiculaires et élevées, toujours de même nature, c'est-à-dire de calcaire argileux. Nous passâmes devant le bourg du Rosario (rosaire), le premier point habité de la province de Santa-Fe, agréablement situé au sommet de la falaise, sur le bord du Parana, et dont le clocher est en dôme, comme celui de San-Pedro; ce dont, au reste, je ne pus juger que par ce que je vis de notre barque; car nous ne nous y arrêtâmes pas. Vers le milieu du jour, un calme nous força de nous arrêter près d'une île au milieu du Parana. J'y descendis de suite et fus agréablement surpris de trouver, sur les terrains qui venaient d'être abandonnés par les eaux des crues, plusieurs belles espèces de coquilles d'eau douce, du genre ampullaire, dont quelques-unes nouvelles. Je tuai aussi plusieurs oiseaux, entr'autres le tangara rouge-cap[1], à la tête d'un beau rouge, et le râle géant d'Azara[2], connu

1. *Tanagra gularis*, Gmel.; *Demâsia gularis*, Vieillot.
2. *Gallinula gigas*, Spix.

des marins sous le nom de *gallineta* (petite poule), à cause de l'analogie de sa forme avec celle de ce dernier oiseau. Cette île était entièrement submergée par les crues du Parana; et je fus obligé de me mettre dans l'eau jusqu'à la ceinture, pour atteindre quelques petits bouquets de bois de son intérieur. La côte ferme nous montrait toujours les falaises élevées, audessus desquelles on voyait, de distance en distance, des maisons d'Estancieros, très-reconnaissables par leurs enclos ou parcs, formés de troncs d'arbres. Les parcs, nommés *corrales* dans le pays, servent à enfermer les chevaux ou les bœufs.

1827.

Parana.

La brise souffla de nouveau vers le soir. Nous marchâmes toute la nuit, et nous arrêtâmes, le lendemain matin, contre une île submergée. On y apercevait plusieurs petits bouquets de saules que je ne pus atteindre qu'en me mettant dans l'eau, et sur lesquels je tuai de sinistres caracaras[1], attirés là, sans doute, par la multitude de poissons morts qu'y avaient jetés les eaux. J'y rencontrai aussi une belle espèce de pic à tête blanche[2], qui faisait retentir les bois de ses cris aigus et désagréables. Le bord des eaux était couvert de canards, et les espaces secs m'offrirent de belles ampullaires. Cette île était entièrement submergée, à l'exception d'un petit espace, seul accessible auprès des arbres, morts pour la plupart; ce que j'attribuai à la quantité de plantes grimpantes appartenant surtout au convolvulus, qui, en les enveloppant, quelquefois, jusqu'au sommet, finissent par les étouffer; ou, desséchées pendant l'hiver sur les arbres mêmes, les entraînent dans leur ruine, quand elles viennent à être incendiées par les marins de relâche, qui s'amusent, le plus souvent, à mettre le feu aux îles. Je dus, au reste, à ces plantes beaucoup de petites espèces d'insectes, que j'en fis sortir, en les secouant sur un parapluie renversé. Le soir, nous démarrâmes, et allâmes nous attacher, de l'autre côté du Parana, à une île beaucoup plus élevée, et toute couverte de bois, ce qui me fit espérer une chasse plus fructueuse. Cette île se nomme *Isla de los Pajaros* (île des oiseaux), sans doute en raison du grand nombre qu'on y en rencontre habituellement.

De vives contrariétés domestiques que j'avais éprouvées avant de quitter Buenos-Ayres, m'avaient causé une fièvre lente qui ne me quittait pas. Entièrement privé d'appétit, une volonté ferme me faisait seule agir, en

1. *Polyborus vulgaris*, Vieillot, Gal. pl. 7; *Falco brasiliensis*, Gmel.
2. *Picus dominicanus*, Vieillot.

1827. Parana. dépit d'une extrême faiblesse, comme si j'eusse été bien portant. Je sentais mes forces s'épuiser peu à peu, et je commençais à n'être pas sans inquiétude, en me trouvant éloigné de tout secours, au milieu des pays les plus sauvages, sans autre nourriture que du bœuf salé et du biscuit rongé par les vers. Je n'en allais pas moins mon train ordinaire, me mettant à l'eau, tous les jours, sauf à sentir redoubler l'intensité de ma fièvre, et à me coucher, au retour de mes courses.

L'exercice de la veille m'avait beaucoup affaibli; mais pouvais-je résister au désir de voir des objets nouveaux ? Je fis cette fois encore ce que je n'avais cessé de faire. Je sacrifiai mon intérêt personnel à celui de la mission dont j'étais chargé; et, descendu à terre avec mon filet à insectes et mon fusil, fidèle compagnon de mes courses, j'essayai de pénétrer dans l'intérieur. Ce fut en vain. Un grand nombre d'arbres tombés, des convolvulus partout, et des plantes épineuses, hautes de six à huit pieds, opposaient à mon dessein des obstacles invincibles. Des myriades de moustiques compliquaient encore la difficulté. J'eus, en effet, en un instant, toute la figure enflée de leurs piqûres. J'éprouvais des souffrances horribles, déchiré d'un côté, mordu de l'autre, et la fièvre par-dessus tout. Enfin, après quelques heures de tentatives, je dus renoncer à mon projet, et me contentai de suivre la côte de l'île. J'y pus admirer un mimose élégant, au feuillage léger, ainsi que beaucoup d'autres espèces de plantes, dont je recueillis de nombreux échantillons.

Le vent du nord continuant toujours, nous restâmes pendant quatre jours à la même place. Je profitai de la circonstance pour étudier à fond la constitution géologique de l'île. Elle est, comme toutes les autres, sous cette latitude, formée de terrains de transport amoncelés graduellement par les courans, lors des crues annuelles. Le sol en est formé, par couches, d'argile, de sable et de détritus de végétaux. Elle est, partout, couverte de saules énormes, qui représentent assez bien nos bois de haute futaie. La plupart de ces saules sont chargés de lianes, ou d'autres plantes grimpantes; et ceux d'entr'eux que ces plantes ont étouffés, sont, les uns encore debout, les autres déjà renversés; et, dans leurs interstices, croît une foule de plantes aquatiques ou riveraines, parmi lesquelles j'ai remarqué, surtout, une grande espèce de *polygonum* épineux. L'aspect du bois est, en général, élégant, la fraîche verdure des saules et de leurs plantes parasites, formant un fond d'une teinte gracieuse, sur lequel se détachent agréablement les grandes fleurs blanches des convolvulus. Le bord des eaux est émaillé des belles touffes rosées de cette sensitive qui caractérise les rives du Parana, mais dont il ne faut pas trop s'approcher, à cause des épines crochues dont elle est armée. On dirait que, dans ces îles si riantes, le luxe d'une végétation si pompeuse n'est destiné qu'au plaisir des yeux; car on ne peut l'aborder sans s'exposer aux plus cruelles piqûres. 1827. Parana.

La chasse, quoique bien pénible, me réussit pourtant un peu mieux que les herborisations. Quelquefois, le matin, à l'heure où toute la nature s'éveille, j'étais éveillé moi-même par le chant de mille oiseaux divers. Le croassement rauque des hérons m'annonçait, par intervalle, leur présence au bord des eaux, où seuls, dans une attitude stupide, ils attendaient quelques poissons pour les saisir au passage et reprendre, ensuite, leur impassibilité coutumière. D'autres fois, ils venaient se poser familièrement sur les vergues de notre navire; mais, instruits du péril, ils s'envolaient bientôt, pour aller, de nouveau, chercher leur sûreté dans les solitudes. Le sémillant râle géant, explorateur empressé des nombreuses sinuosités du rivage qu'il parcourait à grands pas, et dans un mouvement perpétuel, représentant alors une jeune poule, frappait les échos voisins de sa voix sonore et désagréable, et articulait avec précision son nom guarani d'*Ipacaha*, de façon à se faire entendre de très-loin. On le voyait, de temps en temps, sortir du fourré des plantes; et, des plus familier, se promener si près de notre navire que, sans descendre, je lui fis payer, plus d'une fois, bien cher, son inexpérience ou l'excès de sa confiance en l'homme, dont, au sein de ces déserts, il n'avait pas encore appris à redouter la domination tyrannique. « Pauvres oiseaux! « me disais-je souvent, en ramassant, sur le sol ensanglanté, le gibier qui « venait, en quelque sorte, au-devant de mes coups; pauvres oiseaux!.... « Quand la civilisation aura envahi vos rives sauvages, vous ne parcourrez « plus d'un pas si léger les méandres de vos marais! Devenus plus timides, « alors, pour vous, plus de repos! Partout, avec trop de raison, vous soup- « çonnerez des dangers et des piéges; et vos mœurs si confiantes changeront, « en raison des progrès de vos nouveaux maîtres sur cette terre encore votre « empire. » D'après ces réflexions, on s'étonnera que j'eusse le courage de tirer sur ces paisibles habitans des rives; mais, abstraction faite même des intérêts de l'histoire naturelle, le moyen de ne pas chercher à remplacer, par la chair tendre et délicate d'un gibier qui s'offrait de lui-même, les grossiers alimens de notre cantine!

Des martins-pêcheurs étaient assez souvent nos voisins; ils se perchaient sur la pointe la plus élevée des branches mortes du bord des eaux, exécutant quelques mouvemens de tête assez vifs; s'envolaient, planaient un

1827. instant; et, comme une flèche, se précipitaient, au sein des eaux, sur un
Parana. poisson, qu'ils rapportaient dans leur bec, pour l'avaler bien vîte; puis recommençaient leur chasse, en faisant entendre des sons aigus et entrecoupés, surtout lorsqu'ils reprenaient leur vol. Des habias ou tangaras à gros bec, venaient aussi nous visiter en petites sociétés bruyantes; quelques paisibles grimpereaux, aux couleurs sombres, montaient verticalement le long des grands arbres, cherchant leur nourriture, tandis que des pics[1] à tête pourprée, faisaient retentir, aux environs, les écorces des vieux arbres, des coups répétés de leur bec aigu; manœuvre qui leur a fait donner, dans le pays, le nom de *carpintero* (charpentier).

Pour nous délasser de la chasse par la pêche, nous allâmes à l'entrée d'un ruisseau voisin, où nous eûmes pris, en un instant, plusieurs *dorados* (dorés), dont chacun pouvait nous fournir des provisions pour deux jours. Ils avaient tous au moins un mètre de long[2]. Ce poisson joue, dans les rivières de l'Amérique, un rôle analogue à celui du brochet des nôtres, en détruisant les jeunes poissons. Les lignes de fond nous amenèrent une foule d'espèces de silures variés en couleurs, les uns armés de cuirasses osseuses sur les flancs, et pour cela nommés *armados* (armés); les autres, d'une très-grande taille, élégamment marbrés de noir sur un blanc argenté, et que les Guaranis appèlent *surubi*. Les marins voulurent se baigner; mais la perfide *Palometa*, aux dents tranchantes, les contraignit, crainte d'accident, à se retirer au plus vîte. Ce poisson, qui habite toutes les rivières américaines, y remplace les voraces bécunes de la côte d'Afrique, et en a toutes les habitudes. Il a les dents si aiguës, que j'ai vu, plus tard, les Indiens s'en servir pour se couper les cheveux, ou pour tout autre usage auquel nous employons les ciseaux.

Lorsque le vent soufflait du sud, j'avais à souffrir du froid que nous éprouvions sur l'eau; mais, tant que dura notre séjour dans l'île de *los Pajaros*, il souffla du nord, ce qui nous empêchait de partir. Le jour, nous avions un calme plat, mais accompagné d'une chaleur accablante, d'autant plus incommode, qu'à bord il ne se trouvait pas un endroit où l'on pût travailler à l'ombre. Il fallait donc rester exposé à l'ardeur du soleil; et, le soir, quand le retour de la fraîcheur semblait promettre quelque adoucissement au supplice de la journée, je devais, dès avant le coucher du soleil,

1. *Picus lineatus*, Lin.
2. Espèce voisine du *Mileles mycropo*.

m'envelopper de ma moustiquaire, pour n'être pas, dès la naissance du crépuscule, déchiré par des myriades de moustiques, dont la piqûre envenimée fait horriblement enfler les parties mordues; aussi peut-on bien dire qu'avec le vent du nord il n'y a plus de repos pour le voyageur. Peu expert dans l'art de me préserver de ces insectes importuns, je fermais mal ma moustiquaire, que j'avais choisie, d'ailleurs, d'une gaze trop fine; fatigué de mon insomnie, je me levais souvent la nuit, pour me promener sur le pont jusqu'au jour; et, sans le tourment des moustiques, j'aurais quelquefois délicieusement savouré le plaisir de cet exercice nocturne. La fraîcheur était si agréable! la nature dans un repos si parfait! À peine entendait-on le frémissement des feuilles légèrement agitées par le vent, et le bruit du courant de la rivière. De longs intervalles du silence le plus profond n'étaient interrompus que par le chant lugubre du *nacurutu*[1], ou la voix glapissante du râle géant, qui, non content de s'être fait entendre le jour, remplit encore les nuits de son cri joyeux. Au sein de cette solitude, l'homme de quart n'attend pas qu'une montre, souvent infidèle, lui indique l'instant heureux où son camarade doit prendre sa place. Il trouve là, sans jamais craindre d'erreur, son horloge naturelle; et le nombre de fois que le *cháá* ou *kamichi* huppé, l'horomètre de ces rivières, a fait retentir sa voix sonore, mesure exactement pour lui le nombre des heures écoulées. Combien de fois moi-même n'ai-je pas, d'un crépuscule à l'autre, compté les chants du cháá, passant les nuits entières avec les marins, et saisissant, d'une oreille avide, le moindre bruit qui vient interrompre le silence imposant du désert, depuis le rugissement lointain du terrible jaguar, jusqu'au cri de frayeur du timide cabiai! Les moustiques restés la nuit dans la cale du navire, pour s'y préserver du serein, en sortaient par milliers à la pointe du jour, et s'allaient cacher dans les bois, non sans avoir redoublé de fureur, comme pour profiter du temps qui leur restait. Que le lever de l'aurore est beau dans ces contrées! Avec quel plaisir on entend succéder à l'insupportable bourdonnement des moustiques le chant joyeux des hôtes des bois! Avec quel plaisir on assiste au réveil d'une nature encore vierge, en voyant les acacias même et les mimoses épanouir lentement leurs feuilles au soleil levant! Spectacle enchanté, que le voyageur, de retour de ses courses périlleuses, retrace avec transport à son imagination profondément frappée, et qui lui rappèle involontairement

1827.
Parana.

1. Nom guarani, qui se prononce *Gnacouroutou*, et véritable onomatopée du chant de l'oiseau; Grand-duc barré, *Strix magellanicus*, Lin.

1827. — Parana. — 24 Février.

son *Olim meminisse juvabit*[1]; rattachant ainsi le souvenir des doux travaux de son enfance à celui des travaux plus graves de son âge mûr!

Le 24, je commençais à me fatiguer de n'avoir à parcourir qu'un espace de deux ou trois cents mètres. Heureusement l'atmosphère se chargea. Un orage, formé dans le sud, nous fit espérer un changement de temps; et, en effet, une heure après, nous étions à la voile. Nous côtoyâmes plusieurs îles de même nature que celle de los Pajaros; mais le tourbillon de vent qui nous avait permis de partir, cessa tout à coup, et nous força de nous arrêter près d'un banc de sable, où nous passâmes la nuit. Le lendemain nous mîmes, de nouveau, à la voile et tentâmes de passer entre deux îles où le *vaqueano* (le pilote) croyait trouver assez d'eau; mais il s'y était formé un banc de sable sur lequel nous touchâmes, sans pouvoir nous dégager qu'après cinq heures de travail et plus. Nous continuâmes à suivre des îles semblables, ayant bientôt en vue les falaises élevées de la rive droite ou de la province d'*Entre-Rios*. Un vent contraire nous contraignit à nous arrêter encore jusqu'au jour suivant. En reprenant notre marche, nous allâmes jusqu'à l'île de *Toros*, près de celle de *Colastina*, où nous nous arrêtâmes quelque temps et où je recueillis une petite espèce d'ampullaire, ainsi que beaucoup d'insectes carabiques. Nous étions en face des hautes falaises calcaires de la province d'Entre-Rios, sur laquelle est située la capitale de cette province, la ville de *la Bajada* (la descente); ville assez grande, composée d'un groupe assez considérable de maisons, et dont l'église, qui paraît vaste, est éloignée d'un demi-quart de lieue de la côte du Parana. Un petit port, où l'on chargeait des navires, et toute la côte, avaient un air de vie qui interrompit momentanément pour moi la monotonie de tant de longues journées, où je n'avais vu d'autres hommes que mes compagnons de voyage. Le long de la falaise très-escarpée, j'apercevais, à diverses hauteurs, des fours à chaux, qui fournissent en partie à la consommation de Buenos-Ayres. Je désirais bien vivement voir de près ces côtes, surtout les terrains calcaires qui devaient nécessairement s'y trouver, et examiner les bancs d'huîtres fossiles qu'on m'avait assuré se rencontrer en ces lieux; mais, soumis aux ordres du patron, peu disposé à condescendre à mes désirs, où, d'ailleurs, il n'aurait vu qu'un caprice, je dus me contenter de contempler de loin ces falaises, me promettant bien d'y revenir plus tard.

Comme la côte de la Bajada est en partie dénuée de bois, ou ne pré-

1. Virg., *Æneis*, *lib. I.*

sente que quelques arbres disséminés sur les hauteurs, les habitans sont obligés d'en envoyer chercher sur les îles, pour chauffer les fours à chaux; mais les ouvriers employés à ce travail, ne portant jamais rien eux-mêmes, font passer des chevaux de l'autre côté du Parana dans les îles, malgré l'extrême profondeur de la rivière et sa largeur, qui, là, est de près d'une demi-lieue. Le hasard nous les fit voir tous occupés simultanément à cette opération, pour laquelle ils emploient divers moyens, dont un des plus simples consiste en ce qu'après avoir attaché deux chevaux ensemble, un homme, monté sur l'un d'eux, les lance à la nage de la côte de Bajada, nage avec eux et les guide au sein des eaux, en luttant contre la rapidité du courant, jusqu'à ce qu'ils aient atteint l'une des îles. Je suivais de l'œil, avec intérêt, l'un de ces intrépides nageurs, déjà prêt à toucher son but, quand un autre spectacle plus singulier captiva toute mon attention. Une barque plate, ressemblant assez aux toues de nos rivières, mais de beaucoup plus grande dimension, était montée par six hommes, dont trois d'un côté, et trois de l'autre, tenant chacun dans l'eau, par un licol, un cheval, que tous dirigeaient de manière à lui faire traîner à la fois, vers la rive, l'embarcation et l'équipage[1]. Je les vis atterrir, et les chevaux furent, à l'instant même, employés à charrier, au moyen d'un lacet attaché à la sangle, des arbres entiers, du centre à la circonférence de l'île, faisant force non du cou, comme en France, mais du ventre; et, comme les conducteurs se fussent trop fatigués s'ils avaient été à pied, ils montaient sur leurs chevaux, ce qui augmentait d'autant la charge des pauvres bêtes. Dans toutes ces contrées, où les chevaux abondent, on les ménage peu; trop heureux, quand leur propriétaire ne les laisse pas deux ou trois jours de suite au poteau, sans leur donner de nourriture. 1827. Parana.

Nous marchâmes très-lentement toute la journée, faute de vent. Nous avions toujours, d'un côté, les falaises élevées de la province d'Entre-Rios, qui s'ornaient, de temps en temps, de maisonnettes isolées et de quelques arbres peu élevés; et, de l'autre, des îles basses, en partie couvertes d'eau. Le soir, le vent changea, et nous fûmes obligés d'amarrer à une île, où nous restâmes les 27 et 28 Février.

27 et 28 Février. Je désirais vivement voir la côte orientale de la rivière, pour juger par moi-même de la composition géologique des falaises que j'avais en vue. A mon instante prière, le patron me fit débarquer à la côte ferme, un peu au-

1. Voyez planches, Vues, n.° 1.

1827. Parana.

dessus de la rivière de *las Conchillas* (les petites coquilles). La falaise avait plus de cent cinquante pieds de hauteur; elle était formée de terrains qui me parurent tertiaires; les couches les plus basses en étaient composées de grès ferrugineux durcis, recouverts d'alternances de sable ferrugineux et d'argile. C'est principalement au milieu de ces sables que je rencontrai de gros tronçons de bois fossile, dont l'intérieur est agatisé; ce qui a fait croire aux habitans que le Parana, comme le dit Falconer[1], pétrifie les arbres qui tombent dans son lit; idée entièrement dénuée de fondement. Je trouvai de plus, dans cette couche, un tibia de grand mammifère. Les sables sont recouverts d'une argile durcie, occupant près de la moitié de la hauteur de la falaise. Cette couche contient beaucoup de rognons de gypse; elle est elle-même recouverte d'une légère couche de terrain d'alluvion moderne, dans laquelle je rencontrai un grand nombre de coquilles d'unio à demi décomposées. Ces coquilles d'eau douce, actuellement vivantes dans le Parana, y ont-elles été transportées par les anciens habitans, en des temps très-reculés, ou bien ont-elles été déposées là par les eaux? Ce dernier fait semble peu probable; car il y a près de cent cinquante pieds de différence de niveau entre cette couche et le lit actuel du Parana; ce qui supposerait l'inondation complète de toutes les plaines de la rive opposée.

Sur le haut de la falaise s'élèvent d'assez grands arbres de diverses espèces, appartenant aux genres acacia et mimose. L'un de ces arbres, le *timbo* des habitans, se distingue par un feuillage touffu, d'un vert animé, du plus charmant effet. Quelques palmiers y étalent aussi les panaches de leurs feuilles en éventail, coriaces, et terminées par des épines. Ils sont petits et rabougris. Je les crois à l'une des extrémités de leur zone d'habitation, ce qui expliquerait pourquoi ils n'ont pas atteint l'accroissement propre à leur espèce. Je trouvai là plusieurs espèces d'insectes, entr'autres un scarabée de grande taille; mais, par suite de l'usage du pays, on avait incendié toute la campagne; et les plantes sur les feuilles ou sur les fleurs desquelles j'aurais pu recueillir des insectes, avaient été détruites, ainsi que les vieux troncs, qu'aiment tant les entomologistes. Je ne vis que quelques oiseaux amis de la destruction, des caracaras et des cathartes urubus, des pics, qui trouvent toujours leur nourriture sous l'écorce des grands arbres morts que le feu n'a pas atteints; ou, enfin, des troupes bruyantes de perruches, qui venaient

1. Description des terres magellaniques, trad. de Lausanne (1787), tom. I, pag. 81.

boire au bord des eaux. Tel fut le produit d'une course sur la rive droite, d'où je revins à l'autre rive. 1827. Parana.

Lors de notre arrivée à l'île où nous étions amarrés, j'avais éprouvé de telles difficultés, pour pénétrer dans son intérieur, que je m'étais contenté de ramasser des insectes sur les lianes qui grimpent aux saules; mais je fis de nouvelles tentatives; et je parvins à découvrir un côté par où je pus l'aborder. Je ne fus pas peu étonné de son étendue. Le milieu en était rempli d'arbres élevés. J'y découvris une petite rivière, sur les bords de laquelle je tuai plusieurs oiseaux intéressans, ce qui me contraignit à la passer sept fois à la nage, pour aller relever ma chasse. Tout à coup l'empreinte bien nettement marquée sur le sable des pas récens d'un jaguar vint frapper mes yeux, et je me reprochai l'imprudence qui me faisait pénétrer seul, loin de tout secours, avec un fusil chargé à plomb pour toute défense, en des lieux où règne sans partage l'un des ennemis les plus dangereux de l'homme. Absorbé dans ces réflexions, je m'étais arrêté près des traces du jaguar, quand j'entendis soudain sortir précipitamment et à grand bruit, d'un buisson voisin, un grand animal... Je tressaillis, je l'avoue, en armant mon fusil... peut-être même changeai-je de couleur... mais je fus bientôt rassuré, en voyant un paisible cabiai s'enfuir et disparaître dans la rivière, avec une frayeur au moins égale à la mienne. Ce petit incident me servit de leçon; et je me promis bien de prendre, à l'avenir, toutes les précautions que me suggérerait la prudence, avant de m'aventurer dans l'intérieur des bois.

La fièvre lente qui me consumait ne semblait pas devoir me quitter encore. J'en éprouvais quelquefois de très-forts accès, au retour de mes courses; mais, dès qu'elle diminuait un peu, je me remettais en campagne, comme si j'eusse joui de la meilleure santé, incapable de résister à cet amour de recherches et de découvertes, qui me stimulait sans cesse. Les bains répétés que j'avais pris dans la journée, l'exercice forcé auquel je m'étais livré, me firent éprouver une récrudescence terrible. J'eus toute la nuit un délire affreux; et l'on fut obligé de me veiller, de peur d'accident. Le lendemain, je me trouvai mieux que je ne l'avais été depuis quinze jours. La fièvre avait disparu; la force de ma complexion en avait triomphé. Je n'étais plus malade; mais le remède qui avait déterminé cette heureuse crise pouvait tout aussi bien m'emporter qu'amener ma guérison; je ne le conseillerais pas à mes lecteurs.

Un vent faible nous avait fait remonter jusqu'à l'extrémité nord de la même île. Je pris des balles; et, accompagné d'un autre passager, armé comme moi, je descendis de nouveau, mais, cette fois, en pleine sécurité, dans l'île,

1827. Parana. et pénétrai à plus d'une lieue dans son intérieur. Dans cette direction, elle offre des terrains très-variés, des bouquets de bois élevés, composés de beaucoup d'arbres d'espèces différentes, qu'on y voit remplacer le saule au feuillage monotone. Des ondulations marquées dans le terrain y dénotent une formation plus ancienne; des rivières y serpentent au milieu des plantes aquatiques, et de grands lacs s'y entourent de roseaux. Là, tout est vivant; là fourmillent des oiseaux par milliers. Des troupes innombrables de spatules[1], colorant en rose les rivages des réservoirs naturels, s'opposent aux cygnes d'une éclatante blancheur qui se jouent, au milieu des eaux, avec des centaines de canards de toute espèce. D'un côté, des aigrettes[2] au long cou se promènent gravement sur les rives; de l'autre, paissent en paix des troupes du grand ibis huppé[3], faisant résonner au loin leur cri sonore, comparé par les Espagnols au bruit redoublé du maillet des calfats, ce qui le leur a fait nommer *mandurria*. Je voulus surprendre des cabiais qui paissaient dans une plaine voisine d'un lac; mais ils m'aperçurent; et, après un cri de frayeur, ils se plongèrent dans l'eau, où je les vis reparaître ensuite, mais n'y montrant que leurs museaux, à peu près comme font les caïmans aux aguets dans les rivières des pays plus chauds que ceux où je me trouvais alors. Les lacs étaient remplis de poissons énormes, qui venaient de temps en temps à la surface. J'essayai d'en tirer; mais je ne pus en atteindre aucun. Il paraît que, dans ces lieux, les eaux sont aussi bien peuplées que les terres; car d'innombrables dépouilles de toutes les espèces d'ampullaires que j'avais vues jusqu'alors, jonchaient partout le sol, et attestaient assez combien devaient en renfermer les eaux. En revenant à la barque, je reconnus que les jaguars ne sont ici pas moins communs qu'aux lieux dont j'ai déjà parlé; car j'en vis beaucoup de traces sur tout le rivage. Je reconnus aussi qu'il s'y en trouve de différentes tailles. Toute la nuit suivante, nous les entendîmes rugir autour de nous. Ces rauques accens, répétés au loin par l'écho des bois et des falaises de la côte opposée, auraient pu glacer d'épouvante tout homme qui, du sein de nos pays civilisés, se serait trouvé tout d'un coup transporté dans ces sauvages solitudes.

1.er Mars. Le 1.er Mars, nous partîmes avant le jour; et, le lendemain, nous longions les falaises élevées de la province d'Entre-Rios, qui présentent toujours le même aspect. Les marins me firent remarquer au loin, dans la campagne,

1. *Platalea aiaia*, Enl. 165. — 2. *Ardea alba*, Enl. 886. — 3. *Ibis albicollis*, Lin.

une cabane qu'ils me dirent être habitée par un Portugais célèbre dans tout le pays par son habileté pour la chasse au jaguar. Aucun Américain, dit-on, ne peut lui en remontrer en cela. On assure que, pour chasser cet animal féroce, il s'arme seulement d'un long couteau qu'il tient de la main droite, enveloppe son bras gauche d'une peau de mouton, et attaque ainsi le jaguar, qui, selon sa coutume, s'élance debout, de cinq à six pas, sur son agresseur. Le vaillant athlète reçoit ce premier choc sur son bras gauche; et, tandis que l'animal se consume en vains efforts pour déchirer le bras couvert de la peau de mouton, il lui enfonce son couteau dans les flancs. Cette manière de chasser le tigre, que j'ai vu également pratiquer à Santa-Cruz de la Sierra, dans la Bolivia, demande une présence d'esprit extraordinaire, et, de plus, une grande vigueur; car le premier choc d'un jaguar est terrible; aussi ces téméraires chasseurs paient-ils presque toujours, tôt ou tard, de leur vie, cette haute imprudence. Cela est si vrai, qu'on dit, en forme de proverbe, dans quelques provinces d'Amérique : « Celui qui veut chasser « les tigres, doit apprendre à mourir. » Tout ce jour et la nuit suivante nous longeâmes encore les falaises de la côte orientale, qui paraissaient moins élevées. Nous passâmes devant la pointe de *Feliciano*. Partout les terrains du sommet de la falaise étaient couverts d'arbres d'un vert foncé et dont les touffes arrondies contrastaient avec la forme élancée des saules des îles. Bientôt nous remarquâmes quelques maisons sur la falaise; les marins me dirent que c'était *Caballu quatia*[1]. Peu de temps après, la côte orientale se trouvant encombrée de bancs de sable, nous l'abandonnâmes pour naviguer encore entre les nombreuses îles qui obstruent le Parana dans cette partie. Ces îles ne sont plus peuplées des mêmes arbres que celles de l'embouchure du fleuve. On n'y voit pas seulement des saules et des *laureles;* on y voit encore une multitude d'arbres divers. Les principaux sont le *timbo,* dont le bois est très-estimé pour la menuiserie; le *sangre-drago* (sang-dragon), qui donne une résine; et le *palo de leiche* (bois de lait), ainsi nommé parce qu'il distille, des incisions pratiquées à son écorce, une liqueur laiteuse, qui forme aussi une résine assez coulante. Ces arbres, et plusieurs autres, couvrent les par-

1827.

Parana.

1. Ce mot est un exemple du mélange de la langue guarani et de la langue espagnole. *Caballu* vient de *caballo*, cheval, corrompu par les Guaranis; *quatia* signifie dessin, peinture, sculpture; et les Guaranis s'en sont servis pour désigner le papier, où ils voyaient des dessins et de l'écriture. Je crois que, dans ce cas-ci, *quatia* veut dire peinture ou sculpture, et non *papier*. Je traduirai donc *Caballu quatia* par *cheval peint* où *cheval sculpté*.

1827. Parana. ties élevées des îles et y dépassent les arbres du littoral, qui sont bien différens. Les masses des premiers sont, le plus souvent, arrondies; et le vert foncé du timbo, le bleu blanchâtre des palos de leiche, contrastent avec le vert tendre des saules. Nous vîmes paraître un nouveau végétal, l'*aliso* des habitans, petit arbre couvrant les bancs vaseux que vient d'abandonner le Parana, et qui précède toujours le saule sur les atterrissemens de l'année antérieure.

Les canards musqués[1] commencèrent à se montrer. C'est l'espèce sauvage du grand canard domestique que nous élevons en France sous le nom de canard d'Inde, que les Espagnols du pays nomment *pato real* (canard royal) et les Guaranis *ipe guazu* (le grand canard). Nous étions encore au sud du 30.e degré de latitude. Les cormorans[2] se voyaient par bandes noires, perchant, de temps en temps, sur les arbres transportés par les courans et arrêtés par les bancs de sable. Ils ressemblent, de loin, à ces troupes de cathartes urubus, qui couvrent, quelquefois, les environs des maisons dans la campagne. Ces oiseaux attendaient le passage de quelques poissons; puis on les voyait plonger et rester très-long-temps sous l'eau. Près d'eux, sur tous les bancs de sable, s'abattaient des troupes nombreuses d'hirondelles de mer[3], parcourant, d'un vol léger, les endroits où le courant est le plus rapide; plongeant, là, dans l'eau, la tête la première, pour saisir les poissons; et reparaissant, de suite, avec les pauvres animaux dans le bec. Ces troupes criardes semblaient s'inquiéter de notre passage; et, dès que la première hirondelle nous apercevait, elle jetait un cri, à la suite duquel la troupe entière accourait au-devant de nous, pour nous reprocher peut-être de venir troubler sa paix au milieu de ce vaste fleuve. Des scènes de cette nature se renouvelaient à chaque instant; car un très-fort vent du sud nous poussait avec violence, et nous faisait vaincre la force du courant avec une facilité extraordinaire; aussi, la nuit suivante, fîmes-nous beaucoup de chemin. Je n'étais pas fâché d'approcher du terme de ce voyage; et, pourtant, je voyais avec regret le navire marcher la nuit, parce que l'obscurité ne me permettait pas d'apprécier au juste l'influence atmosphérique que pouvaient avoir, dans les lieux que nous parcourions, les divers mouvemens du terrain, sur les plantes et sur les animaux, qui variaient à chaque instant.

1. *Anser moschata*, Lin.; Enl. 989.
2. *Pelecanus graculus?* Lin.
3. *Sterna cayennensis*, Lin., *Syst. nat.*, *gen.* 77, *sp.* 9.

Le 3 Mars, au matin, nous nous trouvions très-avancés au milieu des îles. Elles s'ornaient de plus en plus d'arbres d'espèces différentes. Nous avions alors à notre gauche cette partie de la terre ferme qu'habitaient anciennement les Indiens Abipones, dont je parlerai plus tard; tribu célèbre par la description qu'en ont donnée les historiens, ainsi que par le massacre qu'en firent les habitans de Corrientes; et, aujourd'hui, sur cette même terre, des troupes de Taubas viennent, quelquefois, faire des descentes hostiles à Goya, ville de la province de Corrientes, dont nous étions alors assez près. Les bois dont la terre ferme est couverte, la font beaucoup ressembler aux îles; mais elle s'en distingue par un caractère de végétation très-particulier, en ce qu'aux autres espèces d'arbres vient se mêler le palmier *datil* des Espagnols du pays, ou le *pindo* des Guaranis, dont le tronc grêle et droit, et l'élégante touffe de feuilles qui en orne le faîte, contrastent agréablement avec le brillant feuillage des autres arbres. Nous nous estimions alors à soixante-dix ou quatre-vingts lieues de Corrientes, et à vingt ou vingt-cinq lieues de Goya. Nous marchâmes encore tout le jour; mais le calme nous força de mouiller à douze lieues de Goya, près d'une île couverte d'arbres touffus et dans laquelle je me promis, pour le lendemain, une chasse abondante en oiseaux et en insectes. Dans la nuit, je fus assailli par les moustiques de la cale, au point d'être contraint à venir établir mon bivouac sur le pont. Ma moustiquaire était dans un tel état de délabrement, qu'il ne devait plus y avoir pour moi de repos jusqu'à notre arrivée à Corrientes. Un matelot me dit que, depuis quelque temps, il entendait un jaguar, épiant peut-être le moment de nous surprendre; et, en effet, je crus entendre marcher à petits pas un gros animal, dont le craquement seul de quelques petites branches mortes, brisées sur ses traces, trahissait la marche; mais je n'aurais pas cru que ce fût un jaguar, si, de temps en temps, je n'avais entendu cette espèce d'aboiement ou de cri de frayeur des cabiais, qui accuse en eux une crainte motivée. Un peu de pluie était tombé au commencement de la nuit, par un calme parfait, et avait arraché de leurs retraites des myriades de moustiques. Ces insectes, quand il pleut, abandonnent, en épais nuages, les bois où les gouttes d'eau les incommodent, pour venir s'abreuver, nouveaux vampires, avec plus d'acharnement que jamais, du sang du malheureux voyageur. Je vis, pendant quelque temps, avec grand plaisir, se mouvoir, sur la sombre profondeur des bois, des milliers de lumières errantes, produites par autant de lampyres, dont le reflet des eaux double la multitude; et confondues, alors, avec les innombrables étoiles brillant au firmament, quand

1827.

Parana.

3 Mars.

1827. Parana. de gros nuages noirs n'en dérobaient pas aux yeux l'éclat. Véritables baromètres vivans, indicateurs de l'orage, ces insectes semblaient profiter, pour parcourir, d'un vol léger, l'air calme encore, du dernier instant de paix qui leur restait, avant que la tempête déchaînée les forçât d'aller chercher, au fond des forêts, l'asyle qu'y trouve leur faiblesse.

J'admirais le calme imposant de ces lieux sauvages, n'entendant que de très-loin le cri de quelques oiseaux de rivage, qui se confondait avec le rugissement des jaguars. De temps à autre, le craquement des branchages semblait annoncer l'approche d'un jaguar, épiant silencieusement le moment de s'élancer à bord, comme cela est arrivé quelquefois, ou la sortie des eaux du timide cabiai, pour en faire sa victime. La nuit, on ne peut plus obscure, inspirait la tristesse. J'essayai vainement de dormir. Des souvenirs bien chers, ceux de la patrie, venaient se retracer en foule à mon imagination; et, de là, des comparaisons, qui me faisaient regretter plus encore les plaisirs de ma chère France. Il n'y avait que huit à neuf mois que j'avais quitté Paris; et, du sein de cette bruyante cité, je me trouvais transporté, seul, au moins au moral, dans une frêle barque, parmi des jaguars et des sauvages; pouvant, à chaque instant, tomber sous la griffe meurtrière des premiers, ou dans les chaînes des seconds, au moindre coup de vent qui jetterait l'esquif sur un banc de sable. Ces idées sinistres me conduisirent à une douce mélancolie, qui me fit trouver le sommeil jusqu'alors vainement attendu; et, confondant la Seine avec le Parana, les jaguars avec les moustiques, j'oubliai tout jusqu'au lendemain matin.

4 Mars. Le 4 Mars, comme il n'y avait pas de vent et que nous étions en un lieu où le Parana fait un coude, le capitaine voulut marcher en se halant. Pour cela, il envoyait en avant attacher un bout de grelin à un arbre; les matelots halaient ensuite jusqu'à l'arbre, et puis ils allaient attacher plus loin un autre grelin, sur lequel ils recommençaient la même manœuvre. On sent qu'une navigation semblable ne fait pas faire beaucoup de chemin, et qu'il faut bien du travail pour franchir une lieue de route, qu'on fait si vite lorsqu'il y a du vent. Nous nous arrêtâmes le long d'une île couverte d'arbres élevés, mais si embarrassée de lianes et d'arbres morts tombés, qu'il était bien difficile d'y pénétrer, sans avoir continuellement à la main le couteau de chasse, pour s'y frayer un passage. La lisière des bois était émaillée de mille fleurs brillantes; l'azur se montrait par touffes au milieu de l'or le plus pur et du pourpre le plus foncé. Le soir nous nous halâmes encore le long d'un marais immense, qui appartenait à la côte ferme de la province de

Corrientes. A peu de distance se trouvait un banc de sable, sur lequel nous 1827.
apercevions un grand nombre de canards musqués. Un des matelots, grand Parana.
chasseur, m'engagea à venir les chasser avec lui. Vers le soir, il s'y en réunit
une telle quantité, que le sable paraissait à peine; et l'on voyait aux environs d'énormes jabirus[1] à la gorge rouge et au corps blanc, géans des
oiseaux de rivage de ces lieux. A l'approche de la nuit, je me jetai dans la
petite pirogue, avec le matelot chasseur; nous nous mîmes à l'eau en arrivant aux canards; et, à demi cachés par la pirogue, que nous poussions
devant nous, nous atteignîmes ainsi les trop confians palmipèdes, dont
une décharge simultanée de trois coups de fusil seulement coucha plus de
quinze sur la place, sans compter les blessés, qui allèrent mourir sur l'eau.
Après ce brillant exploit de chasse, nous jugeâmes inutile de détruire plus
de gibier, puisque nous avions des provisions pour quelques jours.

Le lendemain nous restâmes encore dans le même lieu. J'essayai de péné- 5
trer dans l'intérieur du marais au bord duquel nous étions; et ce ne fut Mars.
qu'après beaucoup de fatigues que j'y réussis, en traversant des fourrés de
roseaux tranchans, hauts de six à huit pieds. J'y trouvai quelques belles
espèces d'oiseaux, entr'autres l'étourneau à tête et col rouge de feu[2],
qui, perché sur les roseaux les plus élevés, s'y pavanait, en se regardant,
peut-être avec raison, comme l'hôte le plus brillant de ces lieux. Je m'en
procurai deux, trop occupés d'eux-mêmes pour songer au danger qui les menaçait. Je retournai sur le banc de sable où j'avais fait, la veille, un si grand
carnage de canards. J'y poursuivais les cormorans, ayant de l'eau jusqu'aux
genoux; car le Parana avait crû considérablement le jour précédent. J'étais
étourdi des cris aigus des hirondelles de mer, qui me voyaient, sans doute,
avec inquiétude sur le petit espace de sable qui leur servait habituellement
de demeure. De nombreux becs-en-ciseaux[3], aux longues ailes et au bec d'une
forme si bizarre, parcouraient la surface du fleuve, le bec ouvert, en traçant,
avec leur mandibule inférieure, à la surface de l'eau, une ligne droite; habitude singulière, qui leur a valu des habitans espagnols le nom de *rayador*
(qui fait des raies).

Le vent devint bon; un instant nous en profitâmes pour marcher un peu; 6
mais nous fûmes bientôt forcés de nous arrêter le long d'un terrain boisé, Mars.

1. *Mycteria americana*, Lin.; *Tuyuyu* ou mangeur de terre des Guaranis.
2. *Sturnus pyrrhocephalus*, Licht., n.° 18; *Oriolus ruber*, Gmel.
3. *Rhynchops flavirostris*, Vieillot.

1827. Parana. très-difficile à parcourir, à cause de la grande quantité de lianes de diverses espèces et de plantes élevées, dont il était encombré. Quelques oiseaux-mouches y voltigeaient de fleurs en fleurs, et ajoutaient encore à l'éclat de leurs couleurs, déjà si vives, par la rapidité de leurs mouvemens oscillatoires, qui, tour à tour, les rapprochent et les éloignent des rayons du soleil. Je tuai plusieurs martins-pêcheurs, et surtout un oiseau singulier, au bec démesurément long et recourbé; c'était le grimpereau à bec en faucille[1], qui devait, sans doute, être ainsi conformé pour introduire, tout en grimpant verticalement le long des arbres morts, cette espèce de sonde au fond des trous de l'écorce, et y saisir les vers dont il fait habituellement sa nourriture.

Nous marchâmes encore un peu dans la soirée et passâmes devant le canal naturel qui conduit à Goya; mais nous nous arrêtâmes avant huit heures. Le temps était chargé. De gros nuages noirs s'amoncelaient au sud, et l'hygromètre des marins, le grand singe hurleur[2], faisait entendre au loin les sons rauques et cadencés de ses bruyans entretiens. Ces animaux grimpent, par bandes, au sommet des grands arbres et poussent, au lever et au coucher du soleil, surtout lorsqu'il doit pleuvoir, des hurlemens épouvantables, dont pourraient s'effrayer des voyageurs inexpérimentés, en les attribuant à des êtres plus dangereux. Les marins annonçaient du mauvais temps. En effet, les vents se déchaînèrent tout d'un coup; les arbres se heurtaient les uns les autres : on eût pris leurs frottemens pour des gémissemens plaintifs; les branches mortes se brisaient avec fracas; les oiseaux fuyaient de toutes parts, et la nature entière paraissait épouvantée. Bientôt des torrens de pluie firent un peu tomber le vent, qui poussait avec violence des houles énormes contre notre barque. On se figurerait difficilement la gêne qu'on éprouve alors sur ces petits navires, obligé qu'on est de tout fermer et de se claquemurer dans un espace des plus étroit, où l'on manque d'air, en étouffant de chaleur.

7 Mars. Le jour suivant, le temps était plus calme; mais le vent de sud soufflant encore avec force, nous en profitâmes pour mettre à la voile. Bientôt nous laissâmes derrière nous le groupe d'îles de Goya, où le sommet des arbres est surchargé de clématites et de coloquintes, pour suivre de nouveau les falaises de la rive droite ou de Corrientes. Nous passâmes à peu de distance de l'embouchure du Rio de Santa-Lucia, qui nous était cachée par une petite île. Ces falaises ne sont pas argileuses, comme celles de la

1. *Dendrocolaptes, Nov. sp.*, voisin du Bec en faucille.
2. Le Hurleur caraya, *Stentor caraya.*

province d'Entre-rios; elles paraissent composées de sable peu agglutiné, plus ou moins ferrugineux. L'eau qui tombe du sommet, quand il pleut, forme, dans quelques endroits, des groupes de cônes réunis par leur base, et qui représentent assez bien des stalagmites. Les falaises sont beaucoup moins élevées que celles de la *Bajada;* le sommet en est, le plus souvent, dépourvu d'arbres et ne présente pas un aspect plus gai que la plupart des vastes plaines de la Banda oriental. Favorisés d'un bon vent, nous passions rapidement devant les côtes escarpées. A quinze ou dix-huit lieues de ce point, le Parana s'obstrue de nouvelles îles. Il nous fallut abandonner la rive droite, pour suivre celle de gauche, entre les îles et la côte ferme. Les îles et le continent nous offraient des terrains bas, susceptibles d'inondations et couverts de grands arbres. La nuit, nous continuâmes notre route; mais, le vent venant tout à coup à changer, nous jetâmes l'ancre.

1827 — Parana.

Le 8, au matin, nous nous trouvions arrêtés au milieu du Parana, et l'éloignement des rives ne nous permit pas de mettre pied à terre. Le lendemain je fis une tentative de découverte qui ne me réussit pas. Je m'étais fait descendre sur une île, où des obstacles de tout genre m'empêchèrent de pénétrer; et, criblé d'épines, je revins à bord, écrire ou contempler à distance les rives éloignées, ou la vaste étendue des eaux. J'étais chaque jour plus impatient d'arriver à Corrientes. J'adressais, à tout moment, au patron et aux marins, sur les productions du pays, mille questions, auxquelles, suivant l'usage, dans le désir de me satisfaire, ils répondaient par mille exagérations. A les en croire, je devais tout rencontrer sans peine aux environs même de la ville. Crédule encore pour ce genre de renseignemens, mon imagination s'exaltait, et je me faisais une fête de cette arrivée; mais plus tard, après avoir été souvent trompé par ces rapports, qui tiennent plus ou moins du merveilleux, j'en rabattais au moins la moitié. Il est, sans doute, de l'essence du patriotisme, comme de toutes les passions sympathiques, d'embellir un peu son objet; car, depuis l'homme le plus civilisé jusqu'au sauvage le plus ignorant, j'ai toujours vu les Américains parler de leur pays avec le même enthousiasme.

8 Mars.

Pour ne pas être si fort tourmentés par les moustiques, nous nous rapprochâmes d'un immense banc de sable, qui s'étendait au milieu du Parana; et, comme le vent ne changea pas de trois jours, nous y restâmes tout ce temps. Ce banc avait au moins une demi-lieue de long sur peu de largeur. Il était élevé, et son extrémité méridionale était couverte de jeunes alisos. L'emploi de mon temps était peu varié; je chassais une partie de la journée sur le

1827. Parana. banc, épouvantant ainsi les oiseaux, ses hôtes ordinaires; ou j'y recherchais, avec le plus grand soin, les plus petites espèces d'insectes. C'est là que je trouvai mes premières mégacéphales et les carabiques les plus curieux. J'y rencontrai aussi quelques fragmens de coquilles fluviatiles, qui me firent beaucoup espérer pour l'avenir; entr'autres la fameuse Castalie, qui avait tant de valeur en Europe. Le dernier jour, un orage me surprit sur le banc, au milieu de mes recherches; et, privé d'abri, je fus mouillé jusqu'aux os; mais cette averse fit changer le temps. Je revins promptement à bord, et un vent favorable nous permit de continuer notre voyage.

En partant, nous passâmes entre deux îles très-rapprochées; là je vis, d'assez près, de très-grandes loutres, appelées *lobos* (loups) par les marins. Nous relâchâmes, dans la journée, près de la terre ferme du *Chaco*. J'y débarquai et j'y fus dévoré par les moustiques; mais, ayant remarqué plusieurs palmiers, je voulus en abattre un, afin d'en voir de plus près les gousses et les feuilles; j'y réussis et trouvai même plusieurs charançons dans le cœur. Je me chargeai d'une partie de ce que je voulais examiner sur ce palmier, dans l'intention de revenir chercher le reste; mais, à peine de retour à la goëlette, un bon vent me fit tout abandonner, et notre barque vogua avec vîtesse.

15 Mars. Le 15 Mars, le vent nous favorisant toujours, nous passâmes rapidement devant une côte boisée et un peu élevée; et, bientôt, nous aperçûmes les premières maisons de Corrientes. Nous passâmes devant plusieurs ports, et nous mouillâmes dans l'un d'eux. Encore une attente trompée... En partant pour Corrientes, je croyais trouver une ville..., et, en y arrivant, après une si longue navigation, je ne trouvais guère qu'un grand village.

CHAPITRE VI.

Corrientes et ses environs. — Premier voyage à Iribucua.

§. 1.er

Corrientes et ses environs.

Malgré le peu de régularité de Corrientes, j'avouerai que je trouvai la ville et ses habitans très-agréables. Un séjour d'un mois au milieu de pays inhabités, le supplice continuel de la morsure des moustiques, le manque de pain depuis mon départ de Buenos-Ayres, et de viande fraîche, depuis plus de quinze jours, m'avaient rendu peu difficile; et, de plus, Corrientes doit un aspect des plus rians à sa position au bord du Parana, aux bois dont s'ornent ses environs, et à la forme de ses maisons, bâties de manière à préserver de la chaleur. J'allai remettre quelques lettres de recommandation que j'avais pour plusieurs compatriotes établis dans le pays, et qui me reçurent comme un frère. M. Bréard, à qui j'étais plus spécialement recommandé pour des fonds, eut la bonté de m'installer dans sa propre maison, en m'invitant à la regarder comme la mienne. C'est alors, aussi, que je fis la connaissance de M. Parchappe, ancien élève de l'école polytechnique, homme aussi modeste qu'instruit, qui voulut bien, dès ce moment, m'offrir son amitié, et guider mon inexpérience dans le nouveau genre de vie auquel les circonstances m'appelaient. Il me conduisit, avec d'autres Français, chez le gouverneur, et me facilita le débarquement de mes malles, ainsi que l'accomplissement des formalités exigées dans le pays.

1827 — Corrientes. 15 Mars.

Il m'était difficile de rester long-temps en ville sans éprouver le désir de chasser aux environs : aussi, dès le lendemain de mon arrivée, après avoir déballé les objets dont je pouvais avoir besoin, je partis pour reconnaître les environs du côté du nord; mais je ne pus pas m'étendre très-loin, les terrains étant alors noyés par intervalles, et entrecoupés de petits buissons épars. Je tuai cependant encore la même espèce de tinamous que j'avais rencontrée, en si grande quantité, dans la *Banda oriental*. Je poursuivis aussi, non sans succès, des engoulevens, au plumage léger, à la figure grotesque, qui, par troupes, occupaient ces parties inondées, et beaucoup moins nocturnes que les autres espèces de leur genre; car ils voyaient parfaitement

1827. Corrientes. de jour, et ne cherchaient point à se poser sur les branches, ne quittant jamais la terre. Je fus long-temps intrigué par une sorte de miaulement très-fort et des plus plaintifs, que j'entendais de toutes parts. Je cherchai vainement à découvrir, autour et au milieu des buissons, l'animal que je supposais en être la cause. Lorsque je m'approchais des lieux où je le croyais caché, le cri cessait, et je ne voyais rien; souvent le bruit paraissait sortir du sein des eaux. Je cherchais depuis long-temps, lorsqu'un habitant qui passait par là, me dit que c'était un très-petit crapaud, qu'on ne voyait que pendant les inondations, et qui, dans les sécheresses, disparaissait totalement. J'eus, malgré ces renseignemens, beaucoup de peine à le trouver; et, quelle ne fut pas ma surprise, en reconnaissant qu'un cri susceptible d'être entendu de très-loin, provenait d'un animal à peine aussi gros qu'une fève! Je rencontrai aussi quelques belles coquilles fluviatiles.

Le même soir, M. Bréard me proposa de venir passer quelques jours avec lui dans une ferme de culture (*chacra*), qu'il possédait à trois lieues au nord-est de la ville. Ne demandant qu'à voir les environs, j'acceptai sa proposition avec empressement; et, le lendemain, dès la pointe du jour, nous partîmes à cheval pour la chacra[1] *de la laguna brava* (ferme du méchant lac). Nous traversâmes près de deux lieues de terrains inondés, couverts, de loin en loin, de buissons semblables à ceux qui entourent la ville, groupés en petits bouquets de forme généralement arrondie, et dont le pied était alors baigné par les eaux. Je commençais à me fatiguer de la monotonie de ce terrain, lorsqu'une lieue en avant de la chacra le pays changea tout à coup d'aspect. Ces marais temporaires firent place à de belles campagnes des plus pittoresques. Des terrains sablonneux et légèrement ondulés se montraient de toutes parts, entrecoupés de beaux lacs arrondis, d'une eau limpide, et sur les bords de quelques-uns desquels s'élèvent des bouquets de bois verdoyans qui couronnent on ne peut mieux le tableau. Nous arrivâmes enfin à la chacra, située sur une petite hauteur, près d'un beau lac entouré de plusieurs autres, et sur lequel je vis un caïman, qui disparut à notre approche. C'était le premier des animaux de son espèce qui se présentait à moi dans son pays natal. Je fus frappé de l'ordre qui régnait dans la métairie; et, après un déjeûner frugal, M. Bréard me promena dans ses domaines, en m'expliquant, avec une extrême complaisance, ce que son expérience lui avait appris des divers genres de

1. *Chacra*, ferme de culture. C'est la même chose que *quinta* à Buenos-Ayres, *chaco* au Pérou, et *chara* en Colombie.

culture du pays. Nous visitâmes ainsi de beaux champs de cannes à sucre, de coton, de maïs, de patates douces, de mandioca ou manioc, de haricots et de tabac, les seules plantes cultivées dans le canton. Elles paraissaient pousser avec une grande vigueur, sans qu'on eût besoin d'engraisser le terrain; et, sans les fléaux accidentels, le cultivateur verrait ses récoltes le payer amplement de ses fatigues; mais les sécheresses d'une année, les nuées de sauterelles qui, l'année suivante, font disparaître, en quelques jours, jusqu'aux moindres traces d'une plantation sur pied, tout cela rend des plus chanceuses les spéculations agricoles, et ruine, le plus souvent, quiconque ose en faire de cette nature.

Des troupes nombreuses de perruches attendaient, sur les buissons voisins, qu'un instant d'oubli des surveillans leur permît de dévaster des champs de maïs hauts de sept pieds, et ressemblant à des bois, où il était facile de se perdre. Là, toute la journée, des femmes, à qui leurs fonctions ont fait donner le nom de Lorreras[1], parcourent, en tout sens, les allées ouvertes entre les plants de maïs, en sifflant, criant ou frappant de manière à faire du bruit; mais, malgré toutes ces précautions, dès qu'elles sont d'un côté, les voraces perruches viennent, de l'autre, s'abattre sur le maïs, et ont, en moins de rien, dévoré un épi.

Après les momens consacrés à explorer la ferme de M. Bréard, sorte d'hommage lige que doit, presque partout, comme en France, à tout propriétaire, tout étranger admis sous son toit, comme prix tacite de son hospitalité; après cette prestation de rigueur, que la bonne grâce du patron avait rendue pour moi, d'ailleurs, aussi instructive qu'agréable, je me trouvai libre de chasser aux environs. Trois lacs et un immense marais entourent la chacra. Je passai près de celui qui a donné son nom à la ferme, *la laguna brava* (le méchant lac). Le guide qui m'accompagnait ne se fit pas prier pour m'expliquer, à ma première réquisition, l'origine du nom de ce lac si fameux dans tous les environs par les contes dont il est l'objet. « Peu de temps après la fondation « de Corrientes, me dit-il, en prenant, comme on voit, la chose *ab ovo*, « un charretier passant, le soir, avec sa charrette et ses bœufs, près de la « lagune, les bœufs y furent entraînés par une puissance irrésistible; et le « conducteur, après avoir long-temps crié, et appelé ses bœufs par leurs noms, « reconnaissant enfin qu'ils étaient sous l'influence d'un puissant démon,

1. *Lorreras* vient de *lorro*, perroquet ou perruche, et veut dire celles qui sont chargées de donner la chasse aux perroquets, pour les empêcher de nuire.

1827. « laissa entrer sa charrette au milieu du lac, qui est rempli de plantes

Corrientes. « élevées, se sauva, et courut à Corrientes implorer les secours de la religion. « Le curé de la ville vint processionnellement pour conjurer le malin esprit; « mais celui-ci ne rendit pas la charrette; et, depuis, les habitans craignent « de passer auprès, la nuit, et entendent encore, vers le soir, le bruit des « roues et les mugissemens des bœufs.»

La forme de la *laguna brava* se prête un peu à ce genre d'histoire, au milieu d'hommes imbus de superstitions. Elle est très-vaste, assez profonde, couverte partout de joncs ou de longues plantes aquatiques. Au milieu s'élève, assez haut, un bouquet de bois, formant une île, où personne ne peut pénétrer: toutes circonstances, il faut l'avouer, assez favorables au merveilleux. Quoi qu'il en soit, l'aspect en est pittoresque, et présenterait une jolie vue, si les environs étaient animés, ne fût-ce que par des chaumières; mais, privée de ce genre d'ornement, la plus brillante nature perd une partie de ses charmes.

Non loin du lac enchanté, de l'autre côté d'un bois, se trouve un autre lac, bien plus grand, plus libre d'herbes aquatiques, et agréablement entouré de bouquets de bois au feuillage élégant et varié. Là, je trouvai réunis tous les oiseaux aquatiques des environs : des troupes nombreuses de canards, des ibis aux cris aigus, des hérons au plumage divers, et de légers jacanas[1], munis d'ongles si longs, qu'ils semblent se promener, comme sur terre, sur des plantes qu'on ne croirait pas capables de les porter. Habitans des eaux et des rivages, on les entend chanter joyeusement, sur les plantes qui couvrent la surface des lacs; on les y voit prendre une démarche aisée et gracieuse. J'aurais bien volontiers consacré plus de temps à parcourir ces campagnes, si différentes de celles des parties plus méridionales; mais il fallait retourner à la ville. Rentré dans Corrientes, j'en parcourus les environs pendant quelques jours, et j'y fis mes préparatifs pour une plus longue résidence à la chacra de M. Bréard.

J'y revins, en effet, le 22 Mars, et j'y restai jusqu'au 10 Avril, en parcourant, en tous sens, les environs, y recueillant alternativement des insectes, des plantes, des oiseaux ou des reptiles; tour à tour préparateur ou peintre, ou naturaliste, ou voyageur, ou géographe.

Je ne proposerai pas la chacra-Bréard pour modèle absolu, parce qu'elle était un peu francisée par son genre d'exploitation et par le genre de vie de ses habitans; mais je la décrirai avec détail, persuadé qu'on ne verra pas

1. *Parra Jacana*, Lin.

sans intérêt, en Europe, la constitution des métairies sur un sol si différent du sol européen. Tous les environs de la chacra offrent un système de terrain bien remarquable qui se continue au loin dans le nord-est jusque vers *San-Cosme*. Ce sont ce qu'on appelle dans le pays des *lomas*, petites collines ou tertres sablonneux, séparés par des lacs d'eau limpide, plus ou moins ronds, et couverts de marais de joncs (*esteros* des habitans), ainsi que de bouquets de bois épais, qu'ils nomment *islas*, parce qu'on les prendrait, en effet, pour des îles, à cause des marais et des terrains sablonneux qui les enveloppent. 1827 Corrientes.

La chacra de la laguna brava possède une jolie maison occupant deux des côtés d'un carré, et qui n'a qu'un rez-de-chaussée. Les chambres en sont vastes, et des galeries larges de huit à dix pieds, qui règnent tout autour, garantissent tour à tour du soleil et de la pluie. Ce genre de construction est de toute nécessité dans les pays chauds, et la distribution n'en est pas sans agrément. Le toit est, comme celui de beaucoup de maisons de Corrientes, couvert d'un nouveau genre de tuiles, faites du tronc du palmier nommé *carondaï* dans le pays. Ce tronc se coupe en deux, se creuse en gouttière, et se dispose comme des tuiles; de sorte qu'il suffit de deux ou trois de ses longueurs pour couvrir chaque côté du toit. Cette sorte de toiture est également en usage dans l'intérieur du Haut-Pérou, à Santa-Cruz de la Sierra, et dans tout le Paraguay, partout enfin où peut croître l'espèce de palmier qu'on y emploie.

Dans un des corps du logis est l'habitation du maître; dans l'autre, sont la cuisine, où couchent les ouvriers, quand il pleut; car, autrement, ils couchent en plein air; les servitudes d'exploitation, renfermant les chaudières et alambics à faire l'eau-de-vie; et, enfin, les magasins destinés à conserver les produits de l'année. En avant de la maison est un enclos en palissades, qui renferme un jardin; et, accolés à cet enclos, se trouvent plusieurs parcs ou *corrales*, formés de gros arbres fichés en terre, où l'on rassemble, tous les soirs, les bœufs, et où l'on amène la troupe entière des chevaux de la maison, chaque fois qu'on a besoin d'un seul d'entr'eux, afin de l'enlacer plus facilement; car ces animaux étant, toute l'année, libres dans la campagne, il serait difficile de s'en emparer d'une autre manière. A côté, est un autre parc, moins grand, où l'on réunit, chaque soir, les moutons; en face de l'intérieur du bâtiment, une cour en partie formée par les constructions ou par des fossés; vis-à-vis, une *ramada*, espèce de plancher fait de troncs de palmiers coupés en deux, posés sur des poteaux très-élevés, et où couchent les propriétaires, pour se garantir des moustiques qui importunent toujours, dès que le vent vient du nord, ce qui oblige de s'élever; car le moindre souffle les maintenant au

1827. Corrientes. rez-de-chaussée, en préserve les lieux élevés. A côté, se trouve une autre ramada, bien plus grande, où couchent les ouvriers sur des peaux de bœufs qui leur tiennent lieu de matelas. Les ramadas sont les premières constructions du pays; on s'en occupe avant même de songer aux maisons; aussi aucune habitation n'en est-elle dépourvue; et dès qu'un propriétaire veut s'établir en un lieu quelconque, où le retient la coupe des bois ou toute autre industrie, il commence par se construire une ramada, pour dormir plus tranquille, affranchi des moustiques, toutes les fois qu'il vente, et toujours sans crainte des jaguars. Auprès de cet échafaudage, où l'on monte par une échelle, est le moulin à sucre, machine des plus simples, composée de deux cylindres libres, entre lesquels s'en trouve un troisième mobile qui les met tous deux en mouvement au moyen d'engrenages en bois; percé lui-même d'un trou dans lequel s'engage une longue perche, à l'extrémité de laquelle sont attachés deux bœufs qui font tourner le tout avec un bruit affreux, résultat du frottement. Tout le terrain cultivé est entouré de fossés, qui empêchent les bestiaux de dévaster les plantations. Celles-ci sont divisées en carrés; et, comme le terrain est en pente, on a réservé les parties inférieures à la canne à sucre, qui est la petite espèce. Plus de moitié des carrés supérieurs est employée à la culture du maïs; le surplus à celle du coton et des divers légumes de la contrée. Autour des champs cultivés, près des lacs, s'étend une belle pelouse naturelle, servant de pâturage aux bestiaux et aux chevaux, qui sont libres dans la campagne. Les chevaux sont sous la conduite d'une jument qui a choisi ce séjour, qu'elle ne quitte jamais, y retenant les autres chevaux. C'est ce que les habitans nomment *aquerinciar*. Chaque ferme possède un certain nombre de bœufs de labour, de vaches laitières et de chevaux de main, parce que jamais les ouvriers ne vont à pied. Ceux-ci, nommés dans le pays *peones* (piétons, journaliers), gagnent par mois cinq ou six piastres (25 à 30 francs). Ils sont nourris, mais non logés, et doivent se fournir de chevaux; aussi s'en vont-ils, tous les soirs, dès qu'ils ont fini leur journée, ou chez eux ou chez leurs amis, ou dans les maisons du voisinage, soit pincer de la guitare, soit chanter, soit danser le cielito, soit enfin jouer, ce qui est leur passion favorite. Ils sont ordinairement surveillés, dans chaque ferme, soit par le propriétaire, soit par un majordome nommé *capatas*, qui travaille lui-même, tout en dirigeant les travaux des autres, et qui est aussi chargé du soin des chevaux et des bœufs.

Je passais mes journées à étudier les environs, à rechercher avec soin les plantes de ces collines sablonneuses et celles des immenses marais d'alentour.

Ces marais, s'ils sont peuplés de joncs, prennent, comme je l'ai déjà dit, le nom d'*esteros*. Il y en a de très-considérables; et la plupart des rivières de la province naissent en d'immenses esteros, qui couvrent le centre du pays. A peu de distance de la chacra, le long d'un marais considérable, s'étendait un grand bois naturel, nommé *isla de la laguna brava* (île du méchant lac). J'y allais souvent herboriser ou chasser. Ce bois est formé d'arbres très-élevés, qui fournissent le bois nécessaire à la consommation de la ferme. C'est le seul du voisinage où l'on puisse pénétrer sans peine, l'accès de tous les autres étant défendu par des épines toujours prêtes à déchirer quiconque ose trop s'en approcher. Les plaines sont, le plus souvent, couvertes de broussailles ou de longues herbes. Auprès de tous les grands lacs, on voit des troupes de *carpinchos* ou grands cabiais, gros comme nos cochons de moyenne taille. Ces animaux sont d'une belle couleur brune; ils paissent tranquillement autour des lacs, sans trop s'en éloigner, parce qu'ils sont très-craintifs, quoique les habitans ne les chassent pas, prétendant, bien à tort, qu'ils ont mauvais goût. Les Indiens de toutes les nations en sont très-friands, et ce n'est pas sans raison; car la chair en est blanche et délicate. J'ai déjà décrit, ailleurs, en partie, les habitudes des cabiais. Quand on les approche, ils dressent la tête, et restent dans la même position jusqu'à ce que la peur, si l'on avance toujours, leur fasse pousser un cri assez fort, qu'on prendrait pour l'aboiement d'un chien, et qui est, ordinairement, pour la troupe entière, un signal auquel tous ensemble plongent dans l'eau; mais, après y être restés long-temps, ils vont en sortir un peu plus loin, ne montrant plus alors, hors de l'eau, comme les caïmans, que les yeux et le bout du museau.

Les caïmans habitent aussi les bords des plus grands lacs, où ils restent, une partie du jour, sur les rives, exposés au soleil. Ordinairement ils sont, au moindre bruit, très-prompts à se jeter dans l'eau. J'avais promis de l'argent aux gauchos du pays, pour les stimuler à m'en procurer. Ils se mirent bientôt en campagne; et, en peu de jours, j'en obtins plus que je n'en voulais, et tout vivans. Dès que les chasseurs aperçoivent de loin un caïman sur une plage, ils déroulent leur *lazo*, ce long lacet de cuir que j'ai déjà décrit, l'élèvent au-dessus de leur tête, en l'y faisant vibrer, lancent leur cheval au grand galop; et, tout en courant à toute bride, jettent le lacet autour du cou du caïman, avant qu'il ait eu le temps de plonger dans l'eau; et, sans s'arrêter, le traînent derrière leur cheval, jusqu'au lieu de leur destination. Combien de fois n'ai-je pas admiré l'adresse de ces Franconi du nouveau monde?

1827. Corrientes. Un jour, ne voulant pas garder tous les caïmans qu'ils m'amenaient ainsi captifs, je fis couper la tête à l'un deux. Plus de cinq minutes après l'exécution, je voulus enlever le lacet engagé dans la gueule de la tête coupée; mais je faillis perdre la main. La gueule s'ouvrit plus vîte que je ne m'y attendais, et se referma soudain avec violence. J'en fus quitte pour un bout de doigt emporté; mais, si j'eusse un peu plus avancé la main, il restait aux muscles assez de force pour me la couper toute entière. L'énergie vitale est des plus développée chez les animaux à sang froid, et surtout chez les reptiles chéloniens et sauriens. Encore une de ces expériences cruelles auxquelles ma profession de naturaliste m'expose trop souvent à soumettre la délicatesse et la sensibilité du lecteur. Quelques jours plus tard, pressé que j'étais de partir de la chacra, et voulant emporter le squelette d'un caïman, qu'on venait de m'amener, je le fis disséquer tout vivant, pour apprécier, en même temps, le degré de vitalité dont il pouvait être susceptible. Toutes les chairs étaient enlevées, jusqu'aux muscles de la tête, que les yeux avaient encore leur vie ordinaire, et qu'il suffisait de les toucher pour leur imprimer leur mouvement normal.

Indépendamment de beaucoup de petites fermes de culture plus ou moins éloignées de la chacra de M. Bréard, on trouvait, à une lieue à l'est, les restes d'une ancienne mission fondée en 1588, presqu'en même temps que Corrientes, la mission de Guaicaras, composée d'Indiens guaranis, subjugués lors de la conquête de cette partie du vaste territoire habité par la grande nation. Ce *pueblo* (village) est agréablement situé au milieu de beaucoup de petits lacs, et près du plus grand, rempli d'une eau limpide. Il se compose d'une trentaine de maisons basses, couvertes en troncs de palmier coupés en tuiles, et d'une église des plus simple, parfaitement à l'unisson du reste. Les habitans en sont, pour la plupart, des Indiens guaranis, dont peu entendent l'Espagnol, quoiqu'ils aient un maître d'école. On n'y parle que la langue guarani. Le curé même prêche dans cette langue, qu'il me fallait alors apprendre, afin de pouvoir parcourir avec fruit l'intérieur de la province. Guaicaras, primitivement réduit par la force, était ensuite devenu mission des Jésuites en communauté; et, après leur avoir appartenu jusqu'à leur expulsion, commença à perdre de son importance, sous les corregidores et les curés qu'on leur substitua. Les Indiens, travaillant alors chacun pour son compte, et n'étant plus forcés d'habiter ensemble, se dispersèrent. Les dernières guerres d'Artigas consommèrent la ruine de cette mission, jadis si florissante; et, sans un grand nombre de maisons isolées des alentours, dont les propriétaires viennent le dimanche à la messe du village, il serait, selon toutes les apparences, depuis long-temps abandonné. 1827 Corrientes.

La semaine-sainte arriva peu de jours après mon retour à Corrientes. J'y pus observer les restes des rits fanatiques qui paraissent avoir présidé aux commencemens de civilisation de ce pays; je dis, les restes; car ce que j'ai vu là n'était rien, en comparaison de ce qu'on y faisait il y a cinquante ans, et de ce que j'ai trouvé, plus tard, dans l'intérieur du Haut-Pérou, au milieu des missions indiennes. Le Vendredi-Saint, la foule se pressait, en costume de deuil, pour entendre le sermon d'un frère, à l'église de *la merced* (la grâce). Je m'y rendis aussi, et j'y fus témoin d'une scène, nouvelle encore pour moi, représentant la mort de Jésus-Christ. A côté du prédicateur s'élevait un immense crucifix, disposé de façon à ce qu'un homme, caché derrière, imprimait, avec des cordes, à la tête du crucifié, des mouvemens analogues aux paroles du prêtre qui, souvent trop plein de son sujet, oubliait ce qu'il devait dire en espagnol, et s'interrompait pour faire quelques exclamations en guarani. Arrivé au moment de peindre les derniers soupirs du Christ, le frère s'exalta de telle sorte que l'église retentissait des cris et des sanglots des femmes, qui s'arrachaient les cheveux et se donnaient de grands coups de poing sur la poitrine. Elles n'auraient pas fait pis pour la fin du monde; et, comme j'étais déjà prévenu que ce luxe de piété purement extérieure cachait, le plus souvent, un grand fonds de corruption, je quittai, sans bruit, le triste théâtre de cette parade religieuse, affligé de voir profaner ainsi les mystères d'une religion toujours respectée, quand ses ministres savent la rendre respectable, en se respectant eux-mêmes. 13 Avril.

Je voulais explorer l'intérieur de la province; mais une mesure protectrice du commerce interdisait à tout étranger non marié dans le pays la faculté de le parcourir. Je me présentai au gouverneur de la province, Don Pedro Ferre, pour obtenir la permission qui m'était nécessaire. Il me promit de réunir *el congreso* (le congrès), pour me l'obtenir; et, en effet, quelques jours après, il m'envoya un passe-port du gouvernement, qui me recommandait, de la manière la plus pressante, aux autorités rurales. Je me préparai, en conséquence, à visiter la province du côté de l'est. Ce voyage me souriait d'autant plus, que j'y devais accompagner M. Parchappe, chargé par le gouvernement d'y faire un relevé topographique.

1827.

Corrientes.

§. 2.

Premier voyage à Iribucua.

22 Avril. Le 22 Avril, nous allâmes dîner à la chacra de M. Bréard, vers midi, heure militaire de ce pays pour ce repas, après quoi nous nous mîmes en route. Nous étions à cheval et accompagnés de domestiques ou *peones*, qui nous aidaient à porter notre bagage, composé de provisions et d'instrumens. Nous passâmes à Guaicaras, et entrâmes ensuite dans les parages nommés *las Ensenadas* (les baies ou golfes), sans doute à cause du grand nombre de lacs qui caractérisent ces terrains. Au milieu d'un sol sablonneux, j'admirais ce contraste de grands et de petits lacs remplis d'une eau limpide comme du cristal, ou peuplés de joncs toujours verts. Un grand nombre de petits bouquets de bois épars, auprès des lagunes, de jolies petites maisons couvertes en troncs de palmier, animaient ces lieux, et recélaient de bons pasteurs ou des agriculteurs habitués à la solitude, heureux des richesses que la nature leur a départies et de la beauté de leur site. Quel contraste, en effet, ils doivent trouver entre leur résidence et les environs immédiats de Corrientes! Avec quel plaisir ne doivent-ils point voir les bords de leurs lacs couverts de timides cabiais, tandis que les belles eaux en sont arpentées par des hérons de toute espèce, ou sillonnées par de joyeux canards et de beaux cygnes blancs, dont leur cristal réfléchit l'éclat. Sur les lagunes garnies de joncs, nous vîmes des milliers d'hirondelles se réunir en troupes, comme nos hirondelles de rivage ou mortreuses d'Europe, à l'époque de leur départ. Sans doute, alors, ces pauvres petits oiseaux se rassemblaient pour aller chercher, au loin, sous une zone plus chaude, des moyens d'existence prêts à leur manquer sous celle-ci.

Le pays présente un riant aspect jusqu'à *San-Cosme* (Saint-Côme), chef-lieu de toutes les habitations de la commandance de las Ensenadas, situé à onze lieues de Corrientes, sur le chemin d'Itaty. Cette commandance, ou chef-lieu de division militaire, comprend les terrains les plus fertiles et les mieux cultivés du pays, et surtout les plus pittoresques, à cause de ses lacs, de ses bouquets de bois épars et de ses ports sur le Parana. Le village de Guaicaras en dépend. Lorsqu'on fit de San-Cosme, il n'y a pas encore long-temps, le chef-lieu de la commandance, la petite chapelle qui s'y trouvait ne parut plus suffire. L'espace manquant pour former un bourg, le gouverneur actuel donna l'ordre de tracer, non loin de là, un nouveau village, dont je vis l'église presqu'achevée, et les propriétaires des environs construisaient leurs maisons tout autour, avec d'autant plus d'empressement que, dans cette nouvelle localité, ils n'avaient pas à craindre les grandes pluies auxquelles se voyaient exposées les maisons de l'ancien village. La commandance de las Ensenadas occupe tout le nord-est de Corrientes, depuis le territoire d'Itaty. Elle est resserrée entre le cours du Parana, celui du *Riachuelo* et la ville de Corrientes.

1827

Corrientes.

Parmi les maisons qui entouraient l'ancienne chapelle, fondée à peine depuis dix ans, et couverte en troncs de palmier, il y avait une *pulperia,* où l'on vendait quelques comestibles et surtout de l'eau-de-vie. C'est le seul endroit où le voyageur puisse se reposer; car il n'y a pas une seule auberge dans toute la province. Nous nous y arrêtâmes quelques instans, pour faire donner de l'eau-de-vie aux domestiques.

J'avais été frappé d'un usage introduit, sans doute, par les Jésuites, dans ces contrées, si long-temps soumises à leur domination, ou qui s'y est perpétué depuis la conquête; je veux parler de la manière de saluer. J'avais entendu tous ceux qui passaient près de moi, même au grand galop, me crier, en ôtant leur chapeau : *la benedicion, señor!* puis ils suivaient leur chemin, le plus souvent sans attendre ma réponse. Mon compagnon de voyage m'apprit que c'était un usage établi dans le pays, avec beaucoup d'autres, que je verrais plus tard, depuis les premiers temps de la conquête; et qu'à cette demande de bénédiction on devait répondre : *la tiene v. para siempre* (vous l'avez pour toujours). Je remarquai ultérieurement que la question se faisait toujours du plus jeune au plus âgé, ou de l'inférieur au supérieur, ce qui, dans l'origine, en faisait, sans doute, quelque chose de plus qu'une simple formule de politesse, quoiqu'elle ne soit rien de plus aujourd'hui.

Nous nous dirigions vers une maison isolée, distante d'une lieue de San-Cosme, connue de mon compagnon de voyage, et où nous devions demander l'hospitalité. En arrivant, M. Parchappe, habitué aux usages locaux, se mit à crier à la porte : *Ave Maria,* ce à quoi le propriétaire répondit, en nous abordant : *sin pecado concebida* (conçue sans péché). Ensuite il nous invita à descendre de cheval, et nous fûmes reçus avec la franche bonhomie qui caractérise les habitans de ces campagnes. A mesure que les enfans de la maison ou les domestiques entraient dans la chambre où nous étions, ils venaient nous demander la bénédiction accoutumée. Nous parlâmes jusqu'à huit heures de culture, de récolte, du temps, et surtout des chevaux et des bestiaux du propriétaire, seule conversation du pays; car, loin des agitations du monde, la politique n'est pas encore, chez ces braves gens, le sujet de conversation à la mode. A huit heures, instant de rigueur, on couvrit la

1827. Corrientes. table, autour de laquelle nous nous plaçâmes avec le maître de la maison; car sa femme et ses enfans ne mangèrent qu'après nous et nous servirent pendant le repas. On nous donna d'abord un plat de viande sèche ou *charque*[1], coupée en lanières et rôtie sur des charbons, avec du fromage au lieu de pain. Depuis mon arrivée en Amérique, j'avais toujours mangé avec des Européens; aussi ce premier service me surprit-il fort, ce qui ne m'empêcha pas d'y faire honneur. On peut croire qu'un tel mets ne tarda pas à m'altérer; mais, aucun liquide ne paraissant sur la table, je me hasardai à demander de l'eau, ce qui parut étonner notre hôte. Cependant il m'en fit apporter par un de ses enfans. Après le rôti, on servit un ragoût de poulet, qui me contraignit à renouveler ma demande. Nouvelles marques d'étonnement de notre hôte, qui voulut savoir de moi si l'usage des Européens était de boire en mangeant. Sur ma réponse affirmative, sa surprise ne fit qu'augmenter, et il ne se lassait pas de répéter, le sourire à la bouche : Singulière coutume de boire en mangeant! Lui ni les siens ne buvaient jamais qu'après le repas, ce qui, d'ailleurs, est le fait de la plus grande partie des Américains. Après le ragoût, on nous servit la soupe. Il était temps, et je n'y comptais plus. Enfin parut un grand pot de lait bouilli. On me le présenta d'abord, et j'en bus passablement; mais mon compatriote, au fait de la politesse du pays, m'avertit, en français, que l'usage est de n'en boire chacun qu'une gorgée, et de faire passer ensuite le vase, de main en main et de bouche en bouche, autour de la table, jusqu'à ce qu'il soit vide.

Avant de desservir, les enfans et les domestiques se mirent à genoux et récitèrent les grâces, auxquelles le chef de la famille répondait; ensuite tous vinrent, les uns après les autres, demander à chacun de nous sa bénédiction; puis ils allèrent souper de leur côté, après avoir toutefois apporté du feu et des cigares, que l'une des demoiselles de la maison allumait, fumait un peu, et nous présentait ensuite tout allumés. Après une conversation qui dura autant que les cigares, on se disposa au repos de la nuit. Je n'avais pas emporté de matelas, voulant m'accoutumer aux usages du pays, et ne pouvant pas, d'ailleurs, m'embarrasser de plus de bagages. En conséquence, j'étendis

1. Ce mot n'est pas espagnol; car viande sèche, en espagnol, se dit *tasajos*. *Charque*, venu de la langue quichua ou des Incas, est corrompu de *chharqui*, signifiant viande sèche et désignant aussi figurément une personne très-maigre. Il est curieux de retrouver des mots maintenant adoptés dans presque toute l'Amérique méridionale, chez les anciens possesseurs de parties éloignées; car les mots de cette espèce sont généralement locaux. J'ai déjà cité l'exemple du mot *Pampas*, également quichua et généralement adopté.

les pièces de ma selle ou *recado* sous la galerie, en dehors de la porte de la maison, et m'enveloppai de mon *poncho*, sur ce nouveau lit-de-camp, qui me parut un peu dur. J'essayai de dormir; mais vainement. Des myriades de moustiques fondirent sur moi et me tourmentèrent de telle sorte que le jour vint avant le sommeil.

1827 — Corrientes. 23 Avril.

Le lendemain, il ne me fut pas difficile de me lever; et le soleil paraissait à peine que j'étais à cheval. Mon compagnon de voyage prit son *maté*, et nous partîmes. Le maté est, pour les habitans, d'une nécessité non moins indispensable que le manger même. Ils se croiraient malades s'ils n'en prenaient pas à diverses heures de la journée; mais le maté du matin est, de tous, le plus nécessaire. Le maté est l'infusion de la feuille d'un arbre séchée au feu, puis réduite en poudre, et connue, dans le commerce, sous le nom de *yerba del Paraguay* (herbe du Paraguay)[1]. On peut le comparer à notre thé. Il se prépare dans une petite calebasse ou dans un vase d'argent nommé aussi maté, où l'on met d'abord l'herbe avec du sucre; puis on verse dessus de l'eau chaude; et la préparation est achevée; mais, comme la poussière du végétal pourrait être désagréable, on l'aspire plutôt qu'on ne la boit, au moyen d'un tube ou siphon d'argent, nommé *bombilla* (petite pompe), percé de très-petits trous qui ne laissent passer que le liquide. Dès qu'un individu a ainsi absorbé le contenu du vase, on y remet de l'eau et du sucre; on le passe à un autre, qui l'épuise à son tour; et ainsi de suite, tant que l'herbe conserve quelque peu de ce léger goût d'amertume, qui en fait le prix. C'est ordinairement, avec le cigare, la première chose offerte à l'étranger qui entre dans une maison.

Je traversai des terrains semblables à ceux de las Ensenadas, des hauteurs sablonneuses, interrompues par de jolis lacs et par des bouquets de bois clairsemés. J'y vis, pour la première fois, le palmier connu des indigènes sous le nom de *yataï*, ce qui a fait donner à cette localité le nom de *Yataïty*, qui, en guarani, signifie bois de yataïs, ou lieu couvert de yataïs, comme nous disons en français *saussaie, chênaie, aunaie*, etc., pour bois de *saules*, de *chênes*, d'*aunes*, etc. Ce palmier s'élève peu; le tronc en est gros et couvert des anciennes traces des attaches des feuilles, dans lesquelles croissent assez volontiers quelques *ficus*, qui finissent par étouffer l'arbre. Les feuilles de ce palmier sont élégamment arquées; et le vert-bleu de leurs folioles dirigées vers le ciel, contraste agréablement avec la végétation des environs.

Le yataï couvrait autrefois tous les sables de ces lieux; mais la nécessité

1. C'est l'*Ilex paraguayensis* d'Aug. Saint-Hilaire.

1827. Corrientes. de ménager du terrain à la culture ou l'attrait de l'aliment savoureux que présente le cœur de l'arbre, l'ont fait tellement exploiter que, dès l'époque des guerres, il ne s'en trouvait plus sur pied qu'un très-petit nombre; triste et dernier reste de la belle forêt dont ils faisaient partie, et qui, sous peu, doit entièrement disparaître. Nous étions partis de très-bon matin. Il était déjà onze heures; et mon compagnon de voyage ne parlant pas de déjeûner, répondit à une question qui n'était pas tout à fait désintéressée (car je commençais à sentir mon estomac), en m'apprenant que, dans le pays, on ne déjeûnait pas, et que notre premier repas serait le dîner, servi régulièrement à midi. Cette coutume me souriait peu; mais il fallut bien attendre; et quoique je me plie, en général, assez facilement aux usages locaux, cette habitude nouvelle fut, je l'avoue, l'une de celles qui me coûtèrent le plus à prendre, surtout dans une contrée où le seul instant favorable pour les courses est le matin, avant la chaleur. A midi, nous gagnâmes une maison où, après la salutation ordinaire, les habitans, déjà réunis à table, nous engagèrent, par un obligeant *a buen tiempo* (vous êtes les bienvenus), à partager leur repas; ce à quoi nous consentîmes, sans trop nous faire prier. Le menu de ce dîner était le même que celui du dîner de la veille, servi absolument dans le même ordre, et toujours sans boire. M. Parchappe avait affaire au maître de la maison, ce qui me donna le temps d'aller chasser autour des lacs et des bois environnans. Ma chasse fut assez heureuse. Le soir, mêmes bons traitemens de la part de nos hôtes; mais toujours le supplice des moustiques la nuit; et, par conséquent, point de sommeil, comme ci-devant.

Le jour suivant, je voulus, avec mon domestique, aller à la chasse des cerfs du pays, vers la côte du Parana, où l'on m'assurait qu'ils étaient communs. Nous traversâmes plusieurs grands marais de l'espèce de ceux que les habitans nomment esteros, et dont les eaux, quoique stagnantes, ne se corrompent jamais, et ne peuvent causer de maladies. Près du fleuve, les marais furent remplacés par des terrains remplis d'*espinillos* ou acacias épineux, qui caractérisent les terrains d'argile, et dont la végétation est triste, surtout à cette époque, qui est celle de la chute des feuilles, mais dans les lieux secs, seulement; car toutes les plantes propres à ces localités ont, ainsi que presque toutes celles de l'Europe, leur temps de repos; tandis que celles des lieux humides ne se dépouillent jamais de leur feuillage, qui est généralement plus sombre. Je découvris enfin un cerf, un *guacu bira*[1] des Guaranis. Mon *peon*

1. *Cervus nemorivagus*, Fréd. Cuv.

détacha de suite ses terribles boules (*bolas*), et partit au grand galop en les faisant tournoyer au-dessus de sa tête. Je le perdis bientôt de vue; mais il revint peu après, un peu honteux d'avoir manqué l'animal. La manière de *bolear* (bouler) paraît extraordinaire aux Européens; je l'ai déjà décrite; mais ce sont de ces détails sur lesquels le lecteur doit revenir plusieurs fois pour se les rendre familiers. Le chasseur est armé de deux ou trois boules en plomb ou en pierre, attachées à l'extrémité d'autant de courroies, qui se réunissent à un centre commun, de manière à former des branches d'égale longueur. Quand il aperçoit le gibier, il lance son cheval au galop, tenant une des boules dans la main droite, tandis qu'il fait tournoyer les autres au-dessus de sa tête. Dès qu'il se croit à portée, il les détache sur l'animal, qu'elles vont, le plus souvent, frapper, en sifflant dans les airs; et, pour peu qu'elles l'atteignent aux jambes, l'animal est perdu; car elles l'entortillent, le font tomber, et le chasseur le prend vivant. Le soir, on fit brûler de la paille mouillée et l'on ferma les portes, afin de chasser les moustiques. Je ne sais trop si je n'aurais pas préféré la morsure de ces cruels insectes à l'infection de la fumée; mais la fatigue l'emporta; je dormis bien, et rachetai ainsi la pénible insomnie des nuits précédentes.

1827.

Corrientes.

Le 25, je montai de bonne heure à cheval; et, traversant encore des terrains sablonneux, remplis de lacs et de bouquets de bois, j'arrivai à l'*estancia de la Cruz* (de la croix), placée elle-même sur le bord d'un beau lac, dont les eaux limpides invitaient à s'en approcher. En sortant de la Cruz, je fis deux lieues au milieu de bouquets épars de l'*acacia espinillo*, ou dans l'*espinillar* (bois d'espinillos), propre à ce terrain, qui n'est plus sablonneux et varié, comme celui de las Ensenadas, mais purement argileux, bas, inondé en partie et d'un aspect tout à fait triste, bien différent de celui des jolis sites que je venais de parcourir; sol constamment plat, n'offrant plus que des arbres en boules, épineux, rabougris, et perdant alors leurs feuilles, dont la chute laissait à nu des branches croisées en tous sens, le plus souvent chargées de gros nids d'anumbis et de perruches, et de quelques plantes parasites non moins disgracieuses. J'arrivai de la sorte à une autre estancia, dite *la Limosna* (l'aumône), l'une des fermes des environs les plus riches en bestiaux, ce qu'attestent à tous les yeux les immenses parcs dont elle est entourée. J'avais encore trois lieues à faire pour atteindre le but de ce premier voyage. La première moitié de cette dernière partie de ma route fut encore bordée de ces tristes *espinillos*, et le reste présentait un terrain inondé pendant les pluies, mais couvert, à l'époque de mon passage, d'une belle pelouse verdoyante. La

25 Avril.

1827. Corrientes. direction que j'avais suivie depuis Corrientes était est et ouest, entre le cours du Parana au nord, et celui de la petite rivière de *Riachuelo* au sud. Des bois élevés, qui se montraient alors à découvert, longeaient la côte du Parana; et, vers le sud, des marais étendus, entremêlés, de loin en loin, de quelques bouquets de bois, bornaient l'horizon.

J'arrivai enfin à *Iribucua*[1] (le trou de l'urubu). Je ne m'arrêtai pas à la maison de poste, distante d'une lieue du Parana, où il y avait une estancia occupée par une famille d'Indiens guaranis, et le seul endroit habité des environs. Je me rendis promptement à la côte même du fleuve, où un vieux Français, ancien négociant ruiné, faisait couper des bois de charpente, pour les expédier ensuite à Buenos-Ayres. C'est là que j'avais résolu de m'établir quelques jours, pour rayonner et bien reconnaître les environs.

L'habitation de mon pauvre compatriote, hutte de l'aspect le plus humble, était située sur le haut de la falaise du Parana, au milieu d'une pelouse, entre deux bois très-étendus. De la maison, un paysage admirable se présentait de toutes parts à la vue. D'un côté c'était le Parana, large alors de plus d'une lieue, déroulant, aussi loin que les regards pouvaient s'étendre, son cours peu tortueux, et promenant majestueusement, entre deux rives ornées de bois élevés, ses ondes paisibles, que divisaient, de distance en distance, ou des bancs de sable d'un beau jaune, ou des îlots richement boisés, et que n'obstruaient plus, comme ailleurs, ces grandes îles, qui ne permettent que difficilement d'en mesurer et d'en admirer l'étendue. En face, de l'autre côté, se développaient les vastes plaines du beau Paraguay, d'assez près pour qu'on pût en distinguer les estancias, et entendre, quand le vent portait, les mugissemens des bestiaux qu'elles nourrissent.

Impatient de parcourir les environs, je pris mon fusil; et, dans la compagnie de mes deux compatriotes, j'allai faire une promenade au bois voisin, où, depuis peu de temps, on avait ouvert quelques sentiers destinés à faciliter le transport, jusqu'au lieu d'embarquement, de la coupe, qui doit passer, par le Parana, dans les chantiers de Buenos-Ayres. L'aspect de l'intérieur de ce bois était enchanteur. Partout des arbres d'une élévation considérable, qui, pour la première fois, voyaient l'homme porter ses pas sur leur sol natal, foulé seulement, jusqu'alors, par les jaguars et par les pécaris; partout les jets verdoyans du palmier *pindo*, gracieusement unis aux feuillages touffus et variés des autres arbres, qui semblaient vouloir l'entourer de leur protection.

---

1. Nom guarani, composé de *iribu*, catharte urubu, et de *cua*, trou, demeure.

Celui qui n'a pas vu la nature vierge dans son luxe agreste et sauvage, ne peut se faire qu'une faible idée de ce qu'elle a d'imposant. A cet aspect, l'esprit le plus impassible et le plus froid s'exalte, et reporte involontairement sa pensée vers l'auteur de tant de merveilles. Les travaux de l'art peuvent être plus réguliers; mais les œuvres de la nature offrent, dans son désordre même, un attrait et un enchantement de plus. J'aurais contemplé bien longtemps ce magnifique spectacle, sans les myriades de moustiques dont je me vis bientôt assailli; et, la tête déjà horriblement enflée, souffrant un véritable martyre, mais toujours enthousiasmé, malgré mes douleurs, force me fut enfin, pour ne pas les aggraver encore, de revenir à la hutte de mon vieux compatriote.

Cette hutte[1] était construite de morceaux de bois disposés comme ceux d'une tente, et couverte en feuilles de palmier, qui ne pouvaient garantir que du soleil, car on voyait le jour à travers. Les deux extrémités en étaient ouvertes à tous les vents, dans le double but de ménager la circulation de l'air à l'intérieur et d'empêcher les moustiques d'y demeurer pendant le jour. L'ameublement se composait de deux ou trois pieux placés debout vers l'un des côtés, et qui en soutenaient horizontalement quelques autres, sur lesquels s'étendait un cuir qui servait de lit au propriétaire; d'un banc, servant de table, et d'un ou deux autres employés comme siéges, le tout sur une surface de dix pieds de long sur huit de large. En dehors était une *ramada* formée de branchages, mal construite, menaçant ruine à chaque instant, et qui servait de chambre à coucher, quand il y avait beaucoup de moustiques. Comme elle était fort élevée, on y montait par une échelle d'une construction non moins négligée et que constituaient deux perches tortues auxquelles, de distance en distance, étaient attachés transversalement, en guise d'échelons, des bâtons assujettis par des lanières de peau de bœuf non tannée. C'est sous cette ramada qu'on faisait la cuisine en plein air. A proximité, se trouvaient quelques autres de ces échafaudages informes, à l'usage des ouvriers qui travaillaient à la coupe des bois.

Je restai plusieurs jours à Iribucua, parcourant tous les environs, afin d'en recueillir les animaux et les plantes. On m'eût vu, tour à tour, m'enfoncer au plus épais des bois, en longer les lisières, ou bien examiner, dans les plaines, la moindre plante et le moindre insecte. L'automne commençait alors à exercer son empire sur toute la nature; aussi mes courses

1. Voyez planches de vues, n.° 1.

1827. Corrientes. furent-elles beaucoup moins fructueuses que je l'avais espéré. La cabane n'était pas assez grande pour que je pusse y trouver place; de sorte que je m'étendais en dehors sur un cuir; mais là, souvent les moustiques me tourmentaient à tel point que, pour me soustraire à leurs morsures, j'étais obligé de monter sur la ramada; et alors, la plupart du temps, la trop grande fraîcheur du vent, dont je ne pouvais me préserver, faute de vêtemens convenables, me privait de tout repos. Dans ces fâcheuses occurrences, faisant de nécessité vertu, je passais les nuits entières à contempler le ciel si pur en Amérique, dans cette saison de l'année, admirant le calme de la nature, où régnait le silence le plus absolu, interrompu seulement par l'agitation des feuilles, par les cris de quelques oiseaux de rivage ou nocturnes, et par le bourdonnement continuel des moustiques, mille fois plus insupportable que les cris les plus aigus. Les habitans de nos cités, en lisant, bien commodément, au coin de leur feu ou dans le tranquille sanctuaire de leur cabinet, une relation de voyages, en supposent toujours le héros entouré de jouissances nouvelles; mais qu'ils sont loin de sentir combien ces jouissances sont chèrement payées, par combien de privations il les achète, et de combien de patience, de courage et de persévérance il doit s'armer, pour braver les dégoûts, les contrariétés et les périls d'une course prolongée, loin du centre de la civilisation!

3 Mai. Le 3 Mai, je me remis en route pour revenir à Corrientes, tout en chassant le long de la route. A midi, j'eus le bonheur de trouver, à la Cruz, un brave homme qui dînait avec de la viande sèche rôtie. Il m'offrit cordialement ma part de son modeste repas. J'acceptai d'autant plus volontiers que j'étais encore à jeun; après quoi j'allai coucher dans une maison de las Ensenadas; et, le lendemain, j'étais, de bonne heure, à Corrientes.

CHAPITRE VII.

Corrientes. — Voyage à San-Roque. — Continuation au Rincon de Luna.

§. 1.er

Corrientes.

A mon retour à Corrientes, je repris mes travaux de recherches aux environs 1827.
de la ville, sans cesser d'étudier les mœurs des habitans. Le commencement Cor-
du mois de Mai n'est pas là, comme en Europe, l'annonce du printemps; rientes.
il signale, au contraire, une saison tout opposée, celle où la nature commence à prendre le court repos dont elle jouit sous les tropiques. Je voyais tous les jours quelques arbres se dépouiller de leurs feuilles, ou ceux qui ne les perdaient pas échanger, en arrêtant leur sève, le vert tendre en ce vert foncé qui caractérise, le plus souvent, à cette époque, les plantes toujours vertes. Les campagnes devenaient tristes; on n'entendait plus le chant animé des oiseaux sans nombre qui, naguère, couvraient les buissons des environs de la ville. Ces hôtes passagers étaient allés, sous une zone plus chaude, chercher une nourriture que ces lieux ne leur offraient plus. Ils y étaient bien remplacés par des oiseaux d'une latitude plus méridionale; mais, moins brillans et plus taciturnes, ces derniers montraient assez, dès la première vue, qu'ils ne se trouvaient pas chez eux; comptant, d'ailleurs, dans leur nombre, beaucoup plus d'hôtes des marais que d'habitans des bois. Aucune plante ne fleurissait plus; les insectes ne se montraient que très-rarement, ou il fallait les aller chercher péniblement sous les écorces des arbres.... Saison de repos pour la nature américaine, peut-être; mais, bien plus certainement encore, morte-saison pour un observateur aussi insatiable que moi.

Mais si le mois de Mai était, pour ces climats, une époque de décadence 24
matérielle, c'en était une aussi de régénération politique. Tous les Argentins Mai.
se souvenaient que, le 25 Mai 1810, une junte de neuf membres avait, la première, osé jeter le cri de liberté; et que ce cri, bientôt répété dans toute la province avec la sympathie d'un enthousiasme irrésistible, les avait amenés à la conquête de leur indépendance; aussi, chaque année, voyait-elle le moindre petit village s'empresser de célébrer ce glorieux anniversaire. Tout le monde, à Corrientes, était donc alors occupé, les autorités à chercher

1827. Corrientes. quels divertissemens elles offriraient au peuple, et le peuple quels plaisirs nouveaux il pouvait attendre de la sollicitude de ses chefs. Le gouverneur avait voulu se distinguer de ses prédécesseurs, en donnant à ses administrés un spectacle qui eût, au moins, le mérite de la nouveauté. Il s'agissait de la représentation d'une tragédie. Beaucoup d'hommes à Corrientes savaient, du plus au moins, ce que ce pouvait être; car plusieurs étaient allés à Buenos-Ayres; mais pour les femmes, qui, par suite d'une mesure administrative, ne peuvent sortir de la province qu'après y avoir été mariées, peut-être n'y en avait-il pas quatre qui en eussent la moindre idée; aussi la nouvelle occupait-elle alors exclusivement tous les esprits. Le théâtre était, depuis plus de quinze jours, le sujet de discussions sans nombre, entre les plus fortes têtes de la province; et l'on se demandait avec anxiété ce que devait représenter le rideau d'avant-scène. Un Français s'était chargé de cette partie de la décoration; mais n'ayant jamais manié le pinceau, il se vit obligé d'abandonner l'entreprise, et de la céder à un orfèvre indien de la ville, qui s'en tira comme il put. La salle fut construite en toile, sur l'un des côtés de la grande place, en face du *cabildo*, et ne ressemblait pas trop mal à ces tentes que les saltimbanques dressent sur les champs de foire en France. En avant s'élevaient deux larges pilastres destinés tout à la fois à masquer les coulisses et à servir d'encadrement à la toile. Sur chacun des pilastres figurait un soldat au port d'armes; et, sur la toile, comme emblème des armes de la république, brillait un soleil mesurant, y compris ses rayons, au moins dix pieds de périmètre, et dont la face, tracée circulairement au compas, contrastait, par sa régularité géométrique, avec deux yeux de proportions inégales, assez peu fidèles, d'ailleurs, à la grande loi du niveau... En face de cet appareil, des rangs de bancs attendaient les spectateurs; et, de l'autre côté de la place, on avait préparé un jeu de bague et des casse-cous.

25 Mai. Le jour désiré vient enfin; il s'annonce par un salut de vingt-un coups de canon, que tire la seule pièce qui défende le passage de la rivière, près de la douane. Les cloches de toutes les églises ébranlent les airs de leurs discordantes volées. Les habitans de la campagne affluent, par tous les chemins, à la ville. Grands propriétaires aux coursiers caparaçonnés d'argent, Indiens et esclaves noirs, tous obstruent un moment les rues de leurs équipages; puis, bientôt répartis dans les diverses maisons, reviennent, bien parés, inonder la place. La police confisque à son profit, toute l'année, le cheval de tout individu qui galope; mais, ce jour-là, tout le monde a le droit de galoper pour un ancien jeu qui rappèle les premiers temps de la conquête. Deux

hommes à cheval, habillés burlesquement, masqués et armés de fouets, ont le droit de poursuivre tous les autres cavaliers, et de les flageller, quand ils les attrapent. Les habitans, tous montés de leur mieux, prennent plaisir à provoquer l'adresse et la célérité des deux masques, en se faisant, quelquefois au nombre de plus de deux cents, poursuivre ensemble par eux au grand galop, tantôt à l'une des extrémités de la place, tantôt aux carrefours des rues, qu'ils encombrent ainsi de manière à ce que la fête finit rarement sans qu'il y ait eu quelques enfans écrasés ou quelques personnes blessées.

Les réjouissances du jour ont commencé; et, pendant ce premier divertissement un peu sauvage, tandis que les enfans grimpent sur les casse-cous, la brillante jeunesse du pays entoure à cheval les juges du jeu de bague. Honneur aux bons habitans de Corrientes! Plus de trente courses sont fournies avant que le premier anneau soit emporté; mais, enfin, le bruit des fanfares proclame un premier triomphe. Cependant les autorités de la ville, le gouverneur à leur tête, et les premiers fonctionnaires de la province, se réunissaient sous la galerie du cabildo. Plusieurs dames y vinrent aussi. J'avais obtenu la permission d'y prendre place. De moment en moment, la musique militaire exécutait des valses et des contredanses espagnoles. On causait beaucoup; et la principale galanterie des hommes auprès des dames consistait à leur acheter et à leur offrir des billets d'une loterie, qu'elles acceptaient sans scrupule, recevant ensuite très-volontiers les divers objets que leur assignaient les chances du sort. Cette loterie, qui a lieu tous les ans, est accordée à l'un des marchands de la ville, qui prend chez tous ses confrères les divers lots dont il la compose, et dont la valeur est estimée, par avance, en présence d'employés de l'administration, afin de prévenir la fraude. C'est un des divertissemens qui plaisent le plus aux habitans, d'ailleurs fort avides de toute espèce de jeux... Deux Indiens guaranis, l'un monté sur des échasses, et l'autre la figure barbouillée de noir, vinrent, en vrais bouffons, divertir l'honorable assemblée, et recevoir quelques pièces de monnaie. L'un d'eux surtout, par des saillies plus obscènes que spirituelles, et souvent accompagnées de gestes plus indécens encore, excitait constamment l'hilarité générale; et, quoiqu'il m'en échappât beaucoup, en raison du jargon mi-guarani mi-espagnol dont se servait le saltimbanque, je n'en rougissais pas moins pour les spectateurs que pouvaient encore divertir dans Corrientes, au dix-neuvième siècle, des scènes que ne justifieraient pas l'ignorance et la grossièreté des siècles de barbarie.

La journée finissant, et l'heure du spectacle, impatiemment attendue de tous, enfin arrivée, la foule se porta autour du théâtre. On voulait me faire

1827. Corrientes.

prendre place sur les bancs; mais j'aimai mieux rester libre, et me plaçai, avec plusieurs compatriotes, derrière les personnes assises. Des mimes bizarrement accoutrés et passant, à plusieurs reprises, d'une coulisse à l'autre, devant la toile, provoquaient, par des gestes plus grotesques encore que leur personne, les éclats de rire des spectateurs. La musique de l'orchestre, empruntée momentanément aux diverses églises de la ville, exécuta un air assez peu analogue à la circonstance. La toile, enfin ébranlée, remonta, non sans plus d'une anicroche, au faîte du théâtre, et découvrit aux yeux avides quatre individus, dont trois en habits de ville noirs, et un officier le sabre au port d'armes, tous le chapeau sur la tête, en ligne de front, dans la première position du soldat, le corps penché en avant. Ils restèrent un moment dans une immobilité parfaite. Je me demandais déjà ce qu'ils allaient faire, quand la musique joua le prélude de la chanson patriotique de la république Argentine. Tous quatre, alors, ôtèrent, en même temps, leurs chapeaux, qu'ils tenaient dans la même position, mais sans remuer la tête, les yeux ni le corps; puis ils se mirent à chanter, ce dont je m'aperçus seulement au mouvement de leurs lèvres; car mon oreille saisissait à peine quelques sons nasillards, plus funèbres que guerriers. Le chant terminé, tous levèrent ensemble leurs chapeaux, en poussant le cri de *viva la patria!* (vive la patrie!) énergiquement répété par les spectateurs. On baissa la toile; et les curieux n'eurent plus, pendant une demi-heure, pour charmer l'ennui d'une attente nouvelle, que la réapparition de plusieurs grotesques, et le spectacle de plusieurs fusées, dont les baguettes, lancées trop perpendiculairement, faillirent tuer plusieurs personnes. Enfin on leva de nouveau la toile, et la tragédie commença. Quatre soldats habillés de rose flanquaient les quatre côtés de la scène. Un roi et une reine parurent bientôt. Le roi était jeune, petit et gros; quant à la reine... la reine était un homme de cinquante ans, sec, maigre, plus rembruni que le plus brun des nationaux, et dont la main noire contrastait assez singulièrement avec la dentelle et la soie dont elle était couverte. Je ne parle pas de sa gorge nue et d'un cou d'une grosseur plus qu'ordinaire. Après s'être gravement promenée pendant quelque temps, elle ouvrit la bouche; et des sons rauques attestèrent surabondamment qu'il n'y avait rien de féminin dans son fait[1]. « Voilà la reine! » s'était-on écrié de toutes parts, en voyant s'avancer

1. C'était un docteur de Santa-Fe, qui, peu de temps après, compromis par ses relations avec les Indiens des Missions, fut chargé de chaînes et envoyé comme soldat à l'armée nationale de Buenos-Ayres.

cette étrange actrice; et une foule de gens voulant monter, pour mieux la voir, sur une table placée près de moi; la table, apparemment peu solide, s'affaissa sous son fardeau; entraîna, dans sa chute, tous ceux qui la surchargeaient; de là, comme on peut le penser, désordre, cris, représentation interrompue, intervention des soldats de police, qui voulaient empêcher de crier, même les victimes de la malencontre... J'étais un peu près... Ma qualité d'étranger pouvait attirer les yeux sur moi; et je crus prudent de m'éclipser, mes souvenirs de Montevideo me faisant craindre tout démêlé avec la police américaine.

La ville était illuminée. Des transparens ornaient les édifices publics et la résidence des autorités. Les fêtes durèrent trois jours, mais les amusemens en furent peu variés; aussi la fameuse tragédie, si impatiemment attendue, servit-elle bientôt de soporifique au petit nombre de personnes qui, par devoir ou par complaisance, y suivaient le gouverneur.

Les détails où je viens d'entrer sur ces solennités transatlantiques ont-ils besoin d'apologie auprès de mes lecteurs européens, et ne sont-ils pas suffisamment justifiés par cette espèce de parodie des mœurs et des usages de l'ancien monde sur le territoire du nouveau?

La curiosité n'était pourtant pas le seul motif qui m'eût retenu à Corrientes pendant les fêtes. Le correspondant auquel j'étais adressé pour des fonds était assez mal dans ses affaires; et, ne pouvant me donner d'argent, il avait jugé à propos de partir pour le sud de la province, sans même prendre la peine de m'écrire, de sorte que je me trouvais gêné au point de manquer même du plus strict nécessaire. Heureusement plusieurs autres de mes compatriotes (et c'est une justice que je m'empresse de leur rendre) voulurent bien venir à mon aide, jusqu'à la réception de nouvelles lettres de crédit de Buenos-Ayres; et je dus même à l'un d'eux les moyens d'entreprendre une course dans le sud de la province, où je devais accompagner M. Parchappe, chargé de la levée du plan du *Rincon de Luna*.

J'employai le temps qui me restait jusqu'au jour du départ à visiter les environs, et à faire chasser les jeunes Indiens à la *cimbra*. La cimbra est un arc à deux cordes, entre lesquelles, vers leur centre, et vers leur centre seulement, est un morceau de peau qui les réunit ensemble, de manière à présenter, dans l'intervalle d'un pouce au plus qui les sépare, une surface plane ou un peu concave, d'où le chasseur lance, au lieu de flèche, une boule de terre cuite, en lui imprimant assez de force pour étourdir ou même pour tuer de petits oiseaux. J'ai vu, mille fois, soit à Corrientes, soit dans la Bolivia, des

1827. Corrientes. hommes et surtout des enfans se servir de cette arme avec une adresse telle que quelques-uns d'entr'eux pouvaient répondre au moins de la moitié de leurs coups. Une autre arme, non moins ingénieuse, leur sert à chasser les gros oiseaux. Cette arme consiste en trois petites boules de plomb attachées à l'extrémité d'autant de courroies déliées. Dès que le chasseur aperçoit une troupe de cigognes, de canards et même des oiseaux isolés, il court après, en faisant tournoyer ses boules au-dessus de sa tête, et puis les lance sur l'oiseau, dont, obéissant à l'impulsion reçue, elles vont enlacer les ailes, de manière à ce que le pauvre animal, arrêté dans son vol, tombe à terre, où le chasseur vient le saisir. Dans ces contrées, où le gibier est si commun, les habitans peuvent ainsi se procurer une chasse facile; mais, dès que l'usage du fusil sera plus généralement répandu, nul doute que les oiseaux ne deviennent plus sauvages, et que ce genre de chasse ne tombe en désuétude, par défaut d'occasion de l'exercer.

§. 2.

Voyage à San-Roque.

22 Juin. Route de San-Roque. Après avoir loué une charrette et acheté toutes les provisions qui pouvaient nous être nécessaires, comme biscuit et viande sèche, M. Parchappe et moi sortîmes de Corrientes, le 22 Juin, vers trois heures du soir, nous dirigeant au sud-sud-est. Nous traversâmes un très-grand marais (*pantano*), qui a près d'une demi-lieue de large, entoure, pour ainsi dire, la ville de Corrientes, et en rend l'approche très-pénible. Il ne faudrait pourtant, pour dessécher ce marais, qu'en réunir les eaux à celles d'un petit ruisseau, nommé *Santa-Rosa*, qui se jette dans le Parana, à l'extrémité sud de la ville. Une simple tranchée de cent toises au plus suffirait, et serait facile à pratiquer dans un terrain sans pierres; mais il faudrait, préalablement, que les habitans sortissent de leur apathie habituelle, ce qu'on obtiendra difficilement, sans de grands changemens dans leur civilisation stationnaire. Ce pantano est très-pénible à traverser. Nos chevaux avaient de l'eau ou de la boue jusqu'au ventre; et des eaux vertes, sans être pourtant corrompues, offraient une surface à chaque pas semée de touffes de cette belle plante-arbuste, aux fleurs rosées et infundibuliformes, que les Guaranis nomment *amândĩyû-rá*[1], à cause de l'analogie qu'ils ont remarquée entre la graine de cette plante et celle qui produit le

1. *Amândĩyû-rá* vient d'*amândĩyû*, coton, et de *rá*, qui ressemble; plante *qui ressemble au coton*, ou *faux coton*. C'est un *Ipomæa* des botanistes.

coton. A la sortie du pantano, le terrain offre un aspect tout à fait différent. On entre dans la région qu'on appèle des *lomas* (petites collines), comparativement au reste des terrains d'alentour, quoiqu'il n'y ait peut-être pas vingt pieds de différence entre son niveau et celui du marais voisin; mais ces termes de comparaison n'ont qu'une valeur relative, basée sur le plus ou moins d'uniformité des terrains. Partout de jolies maisons isolées renferment chacune une humble famille de cultivateurs, que leurs champs de coton, de cannes à sucre, de manioc et de maïs, en y joignant quelques bestiaux, nourrissent, habillent et mettent à portée de faire un peu de commerce. Ce côté de la province de Corrientes est le premier où l'agriculture ait fait quelques progrès, en mettant à profit les terrains sablonneux et fertiles de las lomas. Des haies d'un beau vert entourent partiellement les fermes de culture, tandis qu'en dehors, les plaines voisines ne présentent plus aucune division. On y voit paître ensemble les bestiaux de plusieurs propriétaires, qui distinguent leurs bêtes soit par l'énorme stigmate qu'ils leur appliquent sur la fesse, soit par tel autre signe plus barbare encore, comme une oreille coupée ou fendue, un morceau de la peau du cou pendant, etc. Nous marchâmes jusqu'à l'entrée de la nuit, puis on détela les bœufs de notre charrette. On alluma du feu, pour faire rôtir un modeste morceau de viande; et nous préparâmes nos lits. Mon compagnon de voyage, comme plus âgé, mit son lit dans la charrette, et moi j'élus domicile sur la terre, au-dessous, pour tout le temps du voyage. Quelques moustiques vinrent bien, d'abord, me visiter; mais la fraîcheur de la nuit les obligea bientôt à la retraite, et je dormis d'aussi bon sommeil que sur le plus fin duvet, ou dans les appartemens les mieux clos.

En voyage, et surtout en plein air, on ne dort jamais tard; aussi le chant des oiseaux vint-il m'annoncer l'heure du départ, pour le moment même où la nature entière se réveille. On fit chauffer de l'eau; et, tandis que nos gens attelaient les bœufs et sellaient les chevaux, nous prîmes le *maté,* suivant l'usage du pays. Il ne nous fallut pas une heure de marche pour arriver aux bois qui bordent un cours d'eau connu sous le nom de *Riachuelo* (petite rivière). Le Riachuelo, qui n'est navigable qu'une lieue de son cours et près de son embouchure, et encore seulement pendant les crues, prend naissance au milieu d'immenses marais, peuplés de joncs et situés à trente lieues à l'est-nord-est de Corrientes, près des rives du Parana, à San-Antonio. Il arrose des plaines de deux à trois lieues de large, qui se couvrent de joncs élevés; passe ainsi près des Ensenadas, dont j'ai parlé, puis s'encaisse, en serpentant

1827. dans les campagnes, entre de grands bois, jusqu'à l'instant où il se jette dans le Parana, à trois lieues au-dessous de Corrientes. Dans l'endroit où nous le passâmes, il coulait sur un lit de sable, et les eaux en étaient basses; mais, dans la saison des pluies, il déborde au moins d'une demi-lieue; et, alors, faute de barque, on le traverse dans des cuirs, dont je parlerai plus tard. Ses bords nous montraient de loin les touffes arrondies du palmier *carondaï*, disséminées dans les lieux fangeux; car jamais il ne se montre sur les terrains sablonneux, où les yataïs le remplacent. Les plaines recommencèrent après notre passage du Riachuelo; plaines sèches, quoique couvertes de bestiaux qui paissaient paisiblement sur un sol uniforme, offrant seulement, de distance en distance, des buissons épineux, chargés des énormes nids des anumbis à la voix bruyante. Quelques cerfs se montraient aussi au loin, avec de nombreuses troupes de l'autruche américaine. Deux lieues de marche à travers ces terrains uniformes nous amenèrent aux bois qui bordent la rivière du *Sombrero* (chapeau), bien plus petite que le Riachuelo, et qui naît dans des marais dits *cañadas de los Sombreros*. Il est à remarquer que la province de Corrientes n'a de bois que sur les bords des rivières ou au milieu des marais. A une lieue plus loin, nous vîmes le ruisseau du *Sombrerito* (petit chapeau), remarquable seulement quand il est gonflé par les pluies, mais alors aussi difficile à passer que tous les autres. Nous suivîmes encore des plaines, passâmes deux autres petits ruisseaux, l'*Ooma* et le *Peguajó*; puis, après avoir traversé un marais assez étendu, nommé *la cañada del Empedrado*, nous nous arrêtâmes non loin de la petite rivière de l'*Empedrado* (rivière pavée), ainsi nommée des pierres qui tapissent son lit, près d'une ferme avec les habitans de laquelle nous n'eûmes aucune communication, ces gens-là ne paraissant pas même s'occuper de nous; sorte d'anomalie morale assez remarquable, dans une contrée généralement si hospitalière. L'uniformité des plaines argileuses que nous avions arpentées tout le jour, par des chemins affreux, ne m'avait pas donné une haute idée du pays, les bois touffus du bord des rivières venant seuls en interrompre la monotonie, et la saison morte de l'hiver en rendant l'aspect plus triste encore. Les buissons des plaines, en effet, étaient dépouillés de leur verdure accoutumée, et le feuillage même des arbres riverains avait pris une teinte plus sombre. Nous allumâmes le feu de rigueur; et, après une cuisine de voyage, nous nous livrâmes au repos.

Route de San-Roque.

24 Juin. Le 24 Juin, nous étions de bonne heure sur les bords de l'Empedrado. C'est, après le Riachuelo, l'une des plus grandes rivières du pays. Elle prend

sa source au milieu des immenses marais de la *Maloya,* qui occupent tout le centre de la province de Corrientes. Elle était alors assez bien encaissée; et ses eaux, basses et sans courant rapide, allaient lentement se réunir au Parana, à quinze lieues au-dessous de Corrientes. Les bords en sont agréablement boisés d'arbres d'espèces différentes, mais la lisière, du côté de la plaine, en est formée de ces tristes espinillos ou acacias épineux, qui dénotent les terrains argileux. En passant la rivière, je remarquai plusieurs débris de coquilles d'eau douce; et, sans avoir égard au froid piquant qu'on éprouvait alors, je mis habit bas et me jetai dans le courant, afin d'y pêcher des coquilles. Je sentis un froid très-vif; mais je rapportais une belle espèce d'anodonte.... et j'étais satisfait. Je remontai à cheval, et repris au galop le chemin qu'avait suivi notre petite caravane, que je ne tardai pas à rejoindre.

Peu de temps après, la campagne parut s'étendre. Nous nous rapprochâmes de la côte du Parana, et nous en aperçûmes les eaux majestueuses qui, du haut de ses falaises élevées, présentaient un aspect des plus imposant. Le fleuve, en cet endroit, est tout parsemé d'îles couvertes de bois, dont le vert sombre, propre à la saison, contrastait avec les eaux tranquilles, reflétant les rayons du soleil. Quoiqu'alors à plus de deux cent cinquante lieues de son embouchure, la largeur en était immense. Je ne le revoyais jamais sans éprouver un nouveau plaisir et même un sentiment d'admiration. L'Europe n'a rien d'analogue, dans ce genre; et ses plus beaux fleuves ne sont, comparativement, que de minces ruisseaux. Tout en faisant ces réflexions, j'arrivai au petit ravin de *Pedro Gonzalez,* au bord duquel nous haltâmes un instant. J'y recueillis plusieurs espèces de coquilles fluviatiles, et j'allai, avec mon compagnon de voyage, jusqu'au bord même du Parana, dans le but d'examiner la composition géologique des couches que laissaient à découvert les falaises escarpées de ses rives. Je n'y trouvai que des sables argileux remplis de cailloux roulés, de jaspes et d'agates. Repartis bientôt, nous abandonnâmes les côtes du Parana, et arrivâmes à la rivière de *San-Lorenzo,* que nous traversâmes. Cette petite rivière, qui prend sa source, comme l'Empedrado, au milieu des marais de la Maloya, n'est pas bordée d'arbres touffus. Elle traverse un terrain argileux, couvert de marais, où l'on ne voit que très-peu de maisons, ce qui attristait encore la campagne, qui ne tarda pourtant pas à s'animer de nouveau; et nous aperçûmes, de loin, quelque ombrage, sur les bords de la rivière *Ambrosio,* où nous nous arrêtâmes. Cette rivière vient des marais voisins, et reçoit, en outre, dans la saison des pluies, le trop plein des eaux du San-Lorenzo. Nous avions campé près d'une humble hutte qu'ombrageait

1827. Route de San-Roque. un énorme timbo, et qu'habitait une pauvre famille de cultivateurs métis (indiens et blancs), qui nous offrit tout ce qu'elle possédait avec un tel abandon, que nous ne pûmes refuser la viande sèche rôtie dont elle couvrit pour nous sa table indigente. Nous cherchâmes à l'indemniser de ses sacrifices; mais comment payer une si touchante hospitalité?

Le soleil du lendemain dorait à peine la campagne, que déjà nous étions en marche. Nous passâmes la rivière Ambrosio, sur les bords vaseux de laquelle faillit verser la charrette qui contenait nos effets. Nous entrâmes, de l'autre côté, dans les grands bois qui la bordent. Nous suivîmes ces bois jusqu'à une estancia, dont mon compagnon de voyage connaissait le propriétaire. Je profitai d'une halte que nous y fîmes pour préparer ma chasse des jours précédens; puis, laissant ce propriétaire faire la siesta, nous continuâmes notre voyage. Les terrains étaient encore, là, marécageux et remplis d'oiseaux de rivage; mais, peu à peu, les marécages furent remplacés par des sables entrecoupés de lacs et de bouquets de bois épars, au lieu dit *las islas* (les îles), de la forme qu'y prennent les groupes d'arbres, constamment désignés par ce mot dans tout le pays. Ces bouquets de bois, placés toujours au bord de lacs d'une eau limpide comme du cristal, invitent le voyageur à s'y arrêter; ce que nous fîmes. Riant et animé par deux ou trois huttes d'Indiens, l'aspect de ces lieux pourrait vraiment inspirer nos poètes, et m'enchanta d'autant plus, qu'une de ces belles soirées d'hiver y donnait encore à la nature un caractère de solennité tout différent de celui dont le printemps l'eût revêtue, la température un peu basse dotant d'un charme de plus ces bois élevés, qui semblaient s'être réunis, en ces lieux, comme par enchantement, pour mettre leur verdure en opposition avec les lacs et les chaumières d'une campagne d'ailleurs aride et argileuse.

Nos vivres étaient épuisés, au moins quant à la viande sèche, que le gibier remplaça pour nous, mais non pour nos domestiques, qui, peu connaisseurs en bonne chère, préféraient aux mets les plus délicats une lanière de viande sèche ou de charque. En passant près d'une des chaumières dont j'ai parlé, nous reconnûmes qu'on y avait tué un bœuf. Nous en envoyâmes acheter quelques morceaux; mais les habitans, apparemment moins hospitaliers que nos dignes hôtes de la veille, ne voulurent pas nous en vendre; de sorte que nous dûmes nous borner à manger des canards que nous avions tués en route; puis nous nous occupâmes à renouveler nos provisions pour le lendemain, ce que nous rendait facile un grand nombre d'oiseaux attirés par les lacs. Les haies sèches, servant d'enclos à de petits champs cultivés par les habitans des huttes, étaient remplies d'*apereas* ou cochons d'Inde sauvages, dont nous tuâmes un bon nombre. Nous avions établi notre domicile de nuit assez loin des maisons, et nous étions tous autour de notre feu, quand un jeune Indien vint nous offrir de nous vendre des *batatas* (patates sucrées) cuites au four. L'offre était des plus opportunes, et nous l'acceptâmes avec empressement. Les batatas sont un mets délicieux, dont je ne me suis jamais lassé pendant tout mon séjour en Amérique.

1827

Route de San-Roque.

Le lendemain, nous suivîmes encore quelque temps les mêmes terrains, côtoyant, à chaque minute, des lacs d'eau limpide. La crainte de manquer de vivres me fit prendre le parti d'ouvrir une campagne contre les canards, qui couvraient surtout les lacs aux bords garnis de joncs, et sur l'un desquels j'en voyais réunis quelques milliers, dont je m'approchai avec précaution, à la faveur d'un buisson. Dès que je fus à portée, je tirai, sans ajuster, au milieu. Les rives furent à l'instant jonchées de canards morts ou blessés. J'en ramassai dix-sept; plusieurs autres m'échappèrent; mais nos provisions se trouvant ainsi renforcées, je crus devoir m'en tenir là, quoique je visse, à chaque instant, de nouvelles troupes de canards de toute espèce, venus sans doute du midi, d'où la saison des froids les avait chassés; car les oiseaux américains suivent les mêmes lois d'émigration que ceux du pôle nord. Bientôt les lacs disparurent, en même temps que les jolis bouquets de bois. Le sol redevint argileux, et un immense marais, connu sous le nom de *cañada de cebollas* (le marais des oignons), se présenta devant nous, n'offrant, de tous les côtés, à perte de vue, qu'une plaine inondée. Je contemplai, de ses bords, avec un sentiment qui ressemblait à la terreur, son triste aspect, son effrayante uniformité; mais il fallait bien le traverser, et nous y entrâmes. Nos chevaux avaient de l'eau jusqu'au ventre; ils enfonçaient, à chaque pas, dans une fange molle. De distance en distance, des pelouses, sorties du sein des eaux, s'émaillaient de l'éclatante blancheur des aigrettes, tandis que leurs intervalles, quoique parfois très-profonds, étaient couverts de plantes aquatiques, au milieu desquelles des troupes innombrables de canards de toute espèce s'ébattaient avec délices. Nous frémissions à l'idée d'avoir à fournir trois lieues d'une route pareille, non sans maudire l'indolence des habitans, qui ne cherchent pas à décharger ces eaux dans le Parana, résultat qu'on pourrait obtenir par un petit canal d'écoulement de deux à trois lieues de long, au plus, à ouvrir au travers de terrains planes et non pierreux; mais je réfléchis que le pays avait encore beaucoup d'excellens terrains non cultivés ou non couverts de bestiaux; que, par conséquent, le desséchement n'était

1827. Route de San-Roque. pas d'urgence absolue pour les habitans actuels, et qu'il s'écoulerait bien des siècles avant que l'augmentation de la population et le manque de sol cultivable rendissent la mesure nécessaire. Des nuées de canards s'envolaient à notre approche; mais il ne nous vint même pas à la pensée de leur donner la chasse. Notre marche était des plus pénible. Il faudrait avoir fourni de longs trajets au milieu des marais de cette espèce pour se faire une juste idée des difficultés qu'ils présentent. Il fallait nous mouiller ou tenir les jambes ramassées sur le côté de la selle, attitude impossible à conserver long-temps. Nos chevaux enfonçaient à chaque instant et nous faisaient chanceler; aussi ne marchions-nous qu'au petit pas, allure des plus insipide. Après deux heures de traite, nous n'étions guère encore qu'au milieu; et là, réellement comme au sein d'un lac, ne voyant, de loin en loin, devant nous, à l'horizon, que quelques arbres clair-semés, se dessinant sur une ligne uniforme; à l'est et à l'ouest... rien. Je conçois l'ennui du voyageur qui, s'égarant dans les déserts sablonneux de l'Afrique, n'y voit en perspective aucun point qui lui indique le terme de son pénible voyage, aucun oasis qui lui permette l'espoir du repos; mais si l'ennui le dévore, si l'ardeur du soleil l'épuise, au moins a-t-il sous les pieds un terrain plane et solide; tandis que, dans ces immenses marais, qui caractérisent le centre de l'Amérique, il faut, des jours entiers, lutter contre la fange et les fondrières, avant de toucher un sol où l'on puisse poser le pied. Quelques heures après, enfin, nous atteignîmes la terre ferme, non loin des arbres que nous avions aperçus, près d'une cabane indienne ouverte à tous vents, ayant pour tous meubles, en un coin, deux cuirs de bœuf, qui servaient de lit à une famille entière, composée du couple et de plusieurs enfans en bas âge; le feu allumé dans la chambre; et ces pauvres ermites, demi-nus, gais, le sourire du bonheur peint sur un front ouvert et serein, ne se plaignaient pas de leur sort. Se plaindre? et pourquoi se seraient-ils plaints? — « Pouvaient-ils être malheureux? me disait le maître de la maison.... Ils avaient de quoi manger. » Ils nous offrirent, avec la plus grande obligeance, le partage du peu d'ombre que pouvait donner leur toit; et nous firent chauffer l'eau du maté, que me proposait invariablement mon compagnon de voyage, dès qu'il fallait tromper un appétit auquel ne répondaient pas toujours nos moyens d'y satisfaire. Saluant cordialement d'un dernier adieu cet humble asyle de l'indigence heureuse, je ne pus m'empêcher de me livrer à des réflexions qu'inspirait tout naturellement cette famille des solitudes américaines, comparée à telles des familles de nos capitales d'Europe. Quel contraste, en effet, entre ces laborieux Indiens, satisfaits et contens dès que la nourriture ne leur manque pas, et tant d'oisifs de nos cités, qui, blasés sur tous les plaisirs, au sein d'une molle opulence, nourrissent encore des regrets, et trouvent une voix pour se plaindre des rigueurs de leur destinée!

1827

Route de San-Roque.

Près de cette cabane s'étendait un lac immense, sur le bord duquel se jouait une troupe de cabiais, encore étrangers à la crainte. Plus loin, nous fîmes halte près d'une maison, où nous dînâmes. Bientôt, nous arrivâmes aux bois qui bordent la rivière de *Santa-Lucia*. Là, parmi les produits d'une végétation très-variée, je vis de près, pour la première fois, le palmier connu dans le pays sous le nom de *carondaï*. Rien de plus élégant que le feuillage en éventail de cet arbre; aussi ne pouvais-je me lasser d'en admirer les touffes en boules, composées de feuilles croisées en tout sens. La rivière était alors réduite à un simple lit de vingt-cinq à trente mètres de largeur; mais, dans les crues, elle développe un second lit, quelquefois d'un demi-quart de lieue de large, de manière à former une rivière dangereuse à passer, surtout dans un pays où l'on n'a pas de barques, et où il faut confier sa vie à un cuir de bœuf relevé sur les côtés.

La rivière de Santa-Lucia ne prend pas sa source dans la lagune d'Ibera, comme les cartes d'Azara pourraient le faire croire. Elle traverse diagonalement toute la province, dont elle forme une presqu'île triangulaire. Elle commence au sein des marais qui occupent le bord du Parana, sur la frontière des Missions, près du hameau de las Barranqueras, à plus de quarante lieues au-dessus de Corrientes; se déroule en forme de marais très-large au sud-sud-ouest, longeant les bourgs de Caacaty, de San-Antonio et de San-Roque; s'encaisse près de ce dernier bourg; suit alors un lit assez profond, et finit par se perdre dans le Parana, à deux lieues au-dessous du bourg de Santa-Lucia, par le 29.e degré de latitude sud.

Lorsque nous arrivâmes sur les bords de la rivière, le bourg de San-Roque s'offrit à nous sur la rive opposée. L'aspect n'en avait rien de pittoresque: assemblage de maisons couvertes en paille ou en troncs de palmiers; église des plus simple; le tout dégarni de bois, ou présentant seulement quelques arbres fruitiers dépouillés alors de leurs feuilles, et tous appartenant aux espèces cultivées en Europe... C'était l'automne dans nos climats. Dans ces contrées, jamais d'auberges; pas même de ces maisons sans meubles, ouvertes aux voyageurs sous le nom de *tambos*, dans tout le Pérou et dans la Bolivia. Heureusement, mon compagnon de voyage avait déjà des relations avec les habitans, et put me conduire, avec lui, chez l'un d'eux. Le souvenir récent de notre promenade du marais nous rendait le repos plus nécessaire.

San-Roque.

1827. San-Roque. 27 Juin.

Le lendemain, je me présentai chez le commandant militaire du lieu. Il était malade. Comme Français, j'étais, de nécessité, médecin; aussi fus-je consulté sur sa maladie. Dans cette occasion, comme, ultérieurement, dans beaucoup d'autres, j'ordonnai quelques remèdes simples qui, pris de confiance, et sans parler de la bonne constitution du malade, amenèrent, ainsi que je l'ai su plus tard, la plus parfaite guérison. Je fus, d'ailleurs, d'autant mieux reçu, qu'indépendamment de ma réputation de médecin, j'avais, du gouverneur de la province, des recommandations, lesquelles produisirent, sur les autorités locales, le meilleur effet du monde.

San-Roque a été fondé vers la fin du dix-huitième siècle. Il se compose d'une grande place alongée, dont l'église, selon la coutume du pays, occupe longitudinalement tout un côté, de manière à la rendre irrégulière; les autres côtés en sont entourés de maisons éparses et de quelques huttes isolées. L'église de San-Roque, fort simple, n'est guère qu'une grande maison munie d'un clocher en charpente. Son curé d'alors était un de ces pauvres moines que le despote Francia avait, quelques années, retenus au cachot et aux fers, dans le Paraguay, par un caprice; et que, par un autre caprice, il en avait renvoyés, sans avoir jamais eu, peut-être, plus de raisons de les renvoyer qu'il n'en avait eu de les retenir.

Mon compagnon de voyage me garantit un fait que j'ai pu facilement vérifier plus tard; c'est que les habitans de San-Roque, comme de tous les autres bourgs des parties méridionales de la province de Corrientes, n'ont pas, à beaucoup près, cette bonhomie, cette franchise, cette simplicité si aimables, qui caractérisent ceux de Caacaty et de tout le nord de la province; ils sont plus fiers et surtout beaucoup plus joueurs. L'amour du jeu est général dans toute l'Amérique méridionale; mais il est surtout extrême à San-Roque, malgré les ordres sévères du gouverneur de la province. On y joue non-seulement le jour, mais encore la nuit entière; on m'a même cité des personnes qui étaient restées au jeu plusieurs jours et plusieurs nuits de suite. J'ai été témoin de quelques-unes de ces parties de *monte*, où tout le talent du joueur consiste à tricher adroitement. Quiconque ne triche pas, ne sait pas jouer; et, de là, des disputes, des haines de famille... Souvent une pauvre mère reste sans vivres avec ses enfans, tandis que son mari joue jusqu'à son cheval, dernier objet qu'abandonne un *Correntino* (habitant de Corrientes); car il ne sait pas marcher. Ce vice remplace en Amérique l'ivrognerie de notre Europe. A cet égard les Correntinos sont de la plus grande sobriété; aussi n'ai-je point vu chez eux d'ivrognes; mais j'y ai vu un grand nombre de personnes ruinées par le jeu. J'ai vu, là aussi, pratiquer, pour la première fois, une coutume qui s'est, depuis, souvent reproduite à mes yeux, dans le cours de mes voyages; coutume qui semble allier le fanatisme des premiers âges du christianisme à la barbarie de l'état sauvage; je veux parler du *velorio*. Dès que meurt un enfant jeune encore (et cet évènement venait d'arriver dans une maison du village), c'est, disent les parens, une ame encore sans tache, un ange, qui remonte au ciel. Ils dressent un autel domestique; ils y placent l'enfant, vêtu avec soin, et l'entourent de cierges allumés; voisins, amis, et même tous ceux qui apprennent la nouvelle, invités ou non, accourent aussitôt à la maison du velorio; étrangers et parens, indifféremment, dansent le *cielito* et les autres danses du pays, boivent de l'eau-de-vie, fument, prennent le maté, tous d'une gaîté folle. La nuit se passe ainsi dans l'exaltation de la joie. Le lendemain se présente le prêtre, qui vient chercher le corps de l'enfant, pour l'enterrer, ce qu'il ne fait encore qu'accompagné au moins d'un violon, comme dans quelques-unes de nos noces rustiques de France; et, alors, la mère qui, la veille, chantait et dansait comme les autres, se souvenant, enfin, qu'elle fut mère, se désole, pleure, crie à étourdir tout le village, jusqu'à ce que la fatigue et le souvenir de la nuit viennent tarir et sécher ses larmes. Ces fêtes réunissent ordinairement les habitans de deux lieues à la ronde. Je les ai vues à Corrientes, je les ai vues dans l'intérieur de la Bolivia; elles existent jusqu'en Colombie; mais là (m'en croira-t-on sur le témoignage d'un voyageur consciencieux?) on va jusqu'à emprunter le cadavre d'un enfant, qui, souvent, passe de maison en maison, jusqu'à ce qu'il soit corrompu. Mélange monstrueux de superstition et de débauche, qui méconnaît les droits de l'humanité, en effaçant ou pervertissant les sentimens que la nature même a gravés au fond du cœur de l'homme! Cet usage n'est point inconnu en Espagne; mais au moins n'y en pratique-t-on que la partie touchante et respectable, qui cherche à donner le change à la douleur maternelle, en en divinisant l'objet.

1827. San-Roque.

Le soir, en allant chasser vers la rivière, je traversai la place, et m'étonnai d'y voir tracés en foule de petits sentiers dépourvus d'herbe, et larges de six pouces au plus. Je les suivis et arrivai à un centre, d'où ils rayonnaient en se bifurquant, de manière à couvrir une surface de plus de cinquante mètres de circonférence. C'était une immense fourmilière, large elle-même de trois à quatre mètres. Quand le soleil darde ses rayons, une multitude de fourmis vont et viennent dans chaque sentier, toutes portant des fragmens de feuilles, des insectes morts, vers le magasin général. A la nuit, toutes rentrent dans

1827. San-Roque. leur logement souterrain, pour ne reparaître que le lendemain, si le temps le leur permet.

J'avais parcouru les environs avec détail, en m'occupant d'histoire naturelle, autant, du moins, qu'il m'était loisible, dans une saison si peu favorable. Nous nous disposâmes à poursuivre notre voyage au Rincon de Luna.

§. 3.

Voyage au Rincon de Luna.

Route du Rincon de Luna. 28 Juin. Le 28 Juin, après midi, nous abandonnâmes San-Roque, non sans laisser les habitans bien étonnés de m'avoir vu recueillir des insectes et préparer des oiseaux, ce qui leur faisait dire, à chaque instant, que j'étais sorcier ou fou. Nous traversâmes d'abord une campagne découverte, sans arbres. Un lointain bleuâtre, d'un aspect tout à fait nouveau pour moi, se déroulait devant nous, et nous offrait des bois immenses de palmiers yataïs. A mesure que nous en approchions, nous en distinguions d'abord les masses séparées, puis les petites boules, portées sur un tronc grêle; enfin nous arrivâmes aux premiers. Je ne les avais vus que courts et rabougris, à Yataïty, sur la route d'Iribucua; je les trouvai, là, grands, pleins de vigueur, sans qu'ils eussent jamais été tourmentés par l'homme. J'étais enchanté de ce nouveau genre de végétation. Partout des palmiers, dont la touffe arrondie, d'un vert bleuâtre, se compose de longues feuilles plus ou moins recourbées en jet d'eau, où les anciennes attaches des feuilles tombées dessinent des reliefs naturels, en lignes tortueuses. A mesure que nous avancions, les bois épaississaient, et aucun autre arbre ne venait se mêler aux palmiers, que je voyais toujours avec le même plaisir. L'aspect d'un bel objet auquel notre vue n'est pas habituée, nous fait éprouver une sensation difficile à définir, mais qui n'en est pas moins réelle; bientôt l'admiration vient s'y joindre, et un respect plus profond pour la nature entière se fait involontairement sentir. Au milieu de ces brillans palmiers, s'offraient, de toutes parts, à notre vue, des lacs, annoncé infaillible d'un sol sablonneux. De la verdure de leurs rives, leurs eaux limpides laissaient apercevoir le sable fin qui tapisse le fond de ces réservoirs naturels. Peu d'oiseaux se montraient en ces lieux, dont le morne silence n'était interrompu que par le froissement léger des feuilles, que caressait un doux zéphir, et par le cri rauque de quelques oiseaux de proie. Ce n'étaient plus ces bois où mille oiseaux voltigent de fleurs en fleurs, font entendre leur chant joyeux, ou étalent leurs brillantes couleurs. L'hiver avait entièrement changé l'aspect de ces lieux, et y avait tout revêtu de ses teintes rembrunies. La nature y était belle, imposante, mais son uniformité même inspirait la tristesse. Foulant toujours un sol sablonneux, légèrement ondulé, et assez semblable aux anciennes dunes fixées qu'on remarque sur beaucoup de côtes; toujours traversant les mêmes bois de yataïs, nous arrivâmes à une maison qu'habitait la fille du commandant de San-Roque. Cette maison, située non loin des marais du Batel, au milieu des palmiers, était tout à la fois une ferme de culture (*chacra*), et une *estancia* ou ferme à élever des bestiaux. Des palmiers abattus, dont les troncs servaient de barrières, entouraient des terrains plantés de tabac en été, mais alors en friche. La position de cette maison me plut beaucoup. Au milieu de vastes bois, elle est séparée de quelques lieues de toute autre habitation, mais réunit toutes les commodités auxquelles on est habitué dans le pays. Nous y fûmes on ne peut mieux reçus; et, tandis qu'on nous préparait à souper, M. Parchappe et moi allâmes chasser dans les bois de palmiers; mais ma récolte d'oiseaux et d'insectes ne fut pas aussi fructueuse qu'elle aurait pu l'être dans toute autre saison. On nous fit coucher en dedans de la maison, et non pas au dehors, comme nous avions été obligés de le faire sur toute la route; et nous nous en trouvâmes très-bien; car un vent de sud assez violent s'était élevé, et nous menaçait d'une nuit très-froide.

1827. Route du Rincon de Luna.

Le 29, nous montâmes à cheval de bonne heure. Nous cheminâmes encore quelque temps au milieu des bois de palmiers yataïs qui caractérisent les terrains sablonneux compris entre le Rio de Santa-Lucia et les marais du Rio Batel, suivant, dans la direction sud-sud-ouest, une ligne de terrains de plus de cinquante lieues marines de longueur, sur une largeur moyenne de trois lieues, ce qui forme une surface de plus de cent cinquante lieues, entièrement couverte de cette plante monocotylédone, sans mélange d'aucun autre végétal; terrains également bien caractérisés par les lacs qui les couvrent de distance en distance. Trouverait-on en Europe une aussi grande surface de terrain occupée par une végétation absolument uniforme? Les bois de sapins des landes de Bordeaux pourraient seuls en donner quelque idée; mais ces derniers sont le produit de l'art, tandis que la forêt que je viens de décrire est tout-à-fait naturelle, et disparaîtra, probablement, quand la population du pays augmentera et dépouillera ce sol si riche des palmiers qui le couvrent aujourd'hui. Nous abandonnâmes bientôt les terrains sablonneux; et, en même temps, les palmiers yataïs, pour arriver aux rives du Batel, où des terrains argileux, inondés en partie, étaient couverts de beaux palmiers

29 Juin.

1821. Route du Rincon de Luna.

carondai, épars sur la rive d'un marais. Nous étions alors au bord de l'immense plaine de joncs formée par un des bras du Rio Batel, qui, en cet endroit, peut avoir près d'une demi-lieue de large. Comme nous avions envoyé un exprès au propriétaire du Rincon de Luna, compris entre deux bras du Rio Batel, nous étions attendus; aussi déchargea-t-on la charrette qui, là, n'aurait pu traverser la rivière; et, comme on manquait de cuirs de bœuf pour faire des nacelles, afin de passer la rivière, j'allai chasser aux environs, tandis qu'on allait en chercher. Cependant je m'éloignai peu, ces immenses plaines de joncs ou de grandes herbes, que les habitans nomment *pajonales*, étant le repaire des jaguars, bien plus encore que les forêts; et les lieux où nous nous trouvions étaient des plus renommés à cet égard.

La rivière connue sous le nom de *Batel* ou *Bateles*, des deux bras qu'elle forme jusqu'au-delà du Rincon de Luna, prend sa source dans les immenses marais de la lagune d'*Iberá*[1]. Elle se forme de deux larges bras de marais, qui courent parallèlement au sud-sud-ouest, direction générale de toutes les rivières de la province de Corrientes, puis se réunissent un peu au sud du parallèle de San-Roque; et, s'encaissant alors, elle suit la même direction, jusqu'au moment où elle entre dans un grand marais qui mêle ses eaux à celles du Rio Corrientes, à quelques lieues au-dessus du confluent de cette rivière avec le Parana, près du 30.e degré de latitude sud.

A l'endroit où nous devions passer le Batel, il était, dans l'espace de près d'un quart de lieue de largeur, couvert de joncs élevés. Malgré la sécheresse de la saison, ces marais étaient tellement profonds, que, par intervalle, les chevaux ne pouvaient les traverser qu'à la nage; aussi dûmes-nous prendre le parti de passer en *pelota*, nom qu'on donne dans le pays à un cuir sec, dont les quatre côtés se relèvent et s'attachent ensuite ensemble. Le cuir qu'on attendait arriva, et je vis confectionner la nacelle où nous devions nous embarquer. Quand fut terminé ce nouveau genre de barque, représentant assez bien le papier dont on enveloppe les massepains en France, on y plaça une partie des bagages; M. Parchappe s'y embarqua; on attacha une courroie à l'un des angles du cuir, et l'autre bout en fut saisi par le conducteur qui, à demi nu, montait un cheval sans selle; et, le cheval parti, je vis mon compagnon de voyage s'éloigner au milieu du marais, sans paraître éprouver la moindre crainte, ayant déjà souvent traversé des rivières de

1. *Iberá* vient d'*I*, eau, et de *bera*, brillante, qui reluit (eaux brillantes). Ce mot appartient à la langue guarani.

cette façon. Laissé seul sur la rive, je me mis à parcourir les bords du marais, et je commençais à m'ennuyer de mon isolement, dans ce lieu triste et sauvage, quand le guide revint avec son cuir. On y plaça deux de mes malles, avec mes fusils, et il fallut m'asseoir sur une des malles; mais, quand le cheval perdit pied, et quand, une fois à flot, je vis que le plus petit mouvement pouvait me faire chavirer, j'aurais mille fois mieux aimé le cheval. Cependant le trajet devait durer assez long-temps pour que j'eusse le temps de m'y habituer. Cette voiture, pour moi si nouvelle, ne tarda pas à me paraître aussi commode que beaucoup d'autres, et je me trouvai même disposé à passer ainsi une rivière quelconque, malgré la flexibilité de ma nacelle, qui cédait à mon moindre changement d'attitude, ce qui me forçait de rester dans une immobilité parfaite. Plusieurs fois l'homme qui me remorquait disparut, avec son coursier, sous les eaux; mais ma nacelle surnageait toujours, quoiqu'elle s'affaissât tellement, que j'avais fini par me trouver au fond d'une espèce d'entonnoir, où je pouvais à peine remuer. Après une heure de cette étrange navigation, je touchai sans accident l'autre rive; malheureusement elle était si fangeuse, qu'il n'y avait pas moyen de descendre. On sella un cheval, qu'on m'amena près de la pelota. Je le montai; mais cavalier et cheval faillirent rester en route. Le cheval tomba dans une fondrière profonde, et m'y entraîna. Sorti encore de ce mauvais pas, j'en fus quitte pour être éclaboussé de la tête aux pieds. Nous nous reposâmes le temps nécessaire pour charger nos effets dans une nouvelle charrette qui nous avait été amenée, et nous partîmes. Nous étions dans une espèce de presqu'île couverte de groupes de palmiers carondaï, qui animaient une plaine en partie inondée, mêlée de bouquets de bois et d'immenses marais, séjour des jaguars. Nous entrâmes ensuite dans le *Rincon de Luna*[1] proprement dit, couvert de belles plaines herbeuses. Nous n'avions plus, autour de nous, de terrains inondés, mais des savanes étendues, sablonneuses, et assez élevées pour ne pas craindre les inondations annuelles de la saison des pluies. Nous n'arrivâmes qu'à la nuit près de l'estancia où nous devions séjourner. Long-temps auparavant, notre oreille était frappée de sons confus, plus forts à mesure que nous approchions, mais non pas mieux articulés, et formant un ensemble de bruits inappréciables, que je ne puis réellement comparer à rien. Presque arrivés, je reconnus qu'il fallait les attribuer à une réunion de six mille têtes de bétail, bœufs, veaux et vaches,

Route du Rincon de Luna.

Rincon de Luna.

1. *Le recoin de Luna.* Cette estancia est ainsi appelée de sa forme, qui est celle d'un sac, et du nom de son premier propriétaire.

1827. renfermés dans un parc immense, où l'on devait les compter le lendemain;

Rincon de Luna. et, là, beuglant sur toutes les gammes possibles.

Nous fûmes bien reçus à l'estancia. Nous y trouvâmes le commandant du canton de Yaguarété cora (le parc du jaguar), venu, avec plusieurs autres personnes, pour présider au recensement qu'on devait faire des bestiaux, et pour être ensuite les champions de la marque des jeunes taureaux et génisses, l'un des grands divertissemens des habitans du pays, et qui les attire ordinairement, sans salaire, de six à huit lieues à la ronde, pour le seul plaisir de se servir du lazo, et de montrer leur adresse à cet exercice, malgré les dangers qu'ils peuvent courir.

Le beuglement continuel des bestiaux entassés les uns sur les autres nous priva entièrement du repos de la nuit.

30 Juin. Le lendemain, avide de connaître tous les détails relatifs à l'exploitation d'une estancia, j'étais de bonne heure à tout observer. Je vis ce grand nombre de bestiaux entassés, toujours beuglant à qui mieux mieux. On avait placé en dehors de la grande barrière du parc une suite de pieux disposés en cône renversé, de manière, à ce que l'extrémité par où devait sortir le bétail fût assez étroite pour qu'il ne pût sortir qu'une tête à la fois, à l'effet d'en rendre le recensement plus facile. Arriva l'heure où devaient commencer les travaux du jour. Le commandant de Yaguarété cora se plaça d'un côté de la sortie, avec plusieurs estancieros, pour compter les bestiaux au-dessus d'une année; et, de l'autre, plusieurs personnes comptaient les jeunes veaux au-dessous de cet âge. On ouvrit l'étroite issue, et les bestiaux commencèrent à sortir, ce qu'ils firent long-temps d'eux-mêmes; mais, dès qu'ils ne se sentirent plus si pressés, ils s'y refusèrent. Alors dix ou douze hommes à cheval entrèrent dans le parc; et, cernant un petit nombre d'animaux, qu'ils poussaient vers la barrière, ils les forçaient de la franchir; mais, souvent, épouvantés des beuglemens de cette réunion fortuite, les animaux échappaient aux cavaliers, et couraient sans but dans le parc, en mugissant eux-mêmes. Un vieux bœuf, plus expérimenté, fit, pendant assez long-temps, un manège assez singulier et fort utile aux hommes chargés de cette besogne. Sorti du parc, suivi de beaucoup d'autres, il y rentrait et en sortait sans cesse, emmenant, chaque fois, à sa suite, un certain nombre de ses compagnons; et, en le voyant répéter cette épreuve, je me demandais si une telle conduite ne supposait pas quelque chose de plus que l'instinct. L'opération dura jusqu'au soir. J'avais la tête fatiguée du bruit affreux que j'avais entendu tout le jour. Qu'on se figure, en effet, le tintamarre causé par six mille bêtes à cornes, depuis deux jours

entassées, sans manger, dans un même parc : taureaux mugissant et se livrant de sanglans combats, pour la possession des génisses; génisses épouvantées, mugissant à leur tour, sans pouvoir fuir; veaux éloignés de leurs mères, qu'ils appelaient à grands cris; vaches inquiètes de leurs veaux et ne pouvant les joindre... Bruit infernal, déjà, sans doute; mais qui le devint bien plus, quand le parc fut à moitié vide; car souvent, alors, les fils y étaient encore que les mères n'y étaient plus; et plusieurs vaches venaient avec fureur se ruer contre les pieux du parc, pour tâcher de s'y réunir à leur progéniture. A mesure que les bêtes sortaient, des hommes à cheval formaient autour d'elles un grand cercle ou *rodeo,* dans la campagne, pour les empêcher de s'y disperser. On voyait de loin ces hommes, toujours au galop, les envelopper et les contraindre à rester en place; mais, à mesure que les bêtes, sortant du parc, allaient, en hâte et mugissant, rejoindre le gros de la troupe, ainsi graduellement augmenté, il fallait bien que les gardiens s'étendissent à chaque instant davantage; de sorte qu'une superficie de près d'une lieue fut bientôt couverte de bestiaux, ce qui donnait au canton entier un aspect de vie. Les mugissemens de tant d'animaux, les cris des cavaliers, tout me paraissait neuf; tout pour moi faisait spectacle; mais ma curiosité satisfaite ne me défendit pas d'un sentiment de tristesse, qui m'accompagna toute la soirée. Comme il y avait, pour le jour suivant, une nouvelle cérémonie, celle de la marque des bestiaux, on les fit tous rentrer dans le parc. J'attendais le lendemain avec impatience, afin de compléter mon cours d'observations sur l'économie des estancias.

1827. Rincon de Luna.

Le 1.er Juillet, tous les voisins accourus pour la *hierra* (marque des bestiaux) étaient à cheval, les uns prêts à *lacer,* d'autres à retenir un petit nombre de bêtes près de l'endroit où la marque devait se faire. Quinze à seize piétons, avec leur lazo, se préparaient à enlacer, par les jambes, les bêtes à marquer, exercice nommé *pialar* dans le pays. Plusieurs marqueurs chauffaient les fers qui portent la marque des propriétaires; et, enfin, plusieurs autres hommes étaient là, chargés de maintenir les animaux, pendant la marque, et de châtrer les jeunes taureaux. On fit sortir du parc un petit nombre de bêtes, parmi lesquelles les cavaliers choisirent celles qui n'avaient pas encore été marquées; puis, les forçant à fuir par leurs cris et à coups de lazos, ils les poursuivaient au grand galop.... J'ai déjà décrit en partie ce procédé. Ainsi lancé, le cavalier fait tournoyer son lazo au-dessus de sa tête; et, dès qu'il se croit à portée, il lâche la courroie, qui enveloppe de son nœud coulant les cornes de l'animal. En même temps, l'écuyer arrête son

1.er Juillet.

1827. Rincon de Luna.

cheval, et lui fait présenter les flancs au taureau enlacé. Celui-ci, tout d'un coup retenu dans sa course, tombe, assez souvent par suite du choc même, tandis que le cheval se penche, en sens contraire, afin d'y résister. Le taureau mugissant tourne autour du cavalier et cherche à lui échapper; mais... vains efforts! le cavalier a soin de présenter toujours au taureau le flanc de son cheval, et de tenir son lacet tendu, pour n'être pas démonté par les terribles secousses que lui imprime l'animal; manœuvre dont on conçoit facilement tout le danger. Le taureau, cependant, de plus en plus irrité, s'agite et bondit. Des hommes à pied cherchent alors à l'enlacer par les jambes de derrière; et, quand ils y sont parvenus, ils se laissent traîner, jusqu'à ce que l'action du lazo, se combinant avec celle du leur, fasse tomber l'animal vaincu. Ils sont, d'ailleurs, souvent secondés en cela par d'autres hommes à pied comme eux, tirant la bête de côté par la queue, qu'ils saisissent sans trop craindre les ruades, ce qui entraîne nécessairement sa chute; et, de suite, ces mêmes hommes la maintiennent couchée et immobile, ceux-ci en la tenant par les cornes, ceux-là par la queue, d'autres, enfin, en pesant sur elle de tout le poids de leur corps [1]; tandis que le marqueur, accouru avec son fer rougi au feu, le lui imprime soit sur la fesse, soit sur le milieu des côtes, soit sur l'épaule, selon l'habitude du propriétaire, sans s'effrayer des mugissemens de l'animal ni des efforts qu'il fait pour leur échapper. Cette marque porte ordinairement la lettre initiale du propriétaire, ornée de fleurons destinés à la faire distinguer de toutes celles qui pourraient lui ressembler; et, dans chaque province, les habitans de la campagne, qui ont la mémoire meublée de tous ces signes, les discernent, même de loin, avec une sagacité extraordinaire. Mais, indépendamment de cette marque, il y en a une autre, plus cruelle, qui consiste à mutiler l'animal dans quelque partie du corps ou de la tête. Cette marque, au Rincon de Luna, est un fragment du fanon, que le marqueur enlève avec son couteau, de manière à ce qu'il pende ostensiblement pour tous, dès que la plaie est cicatrisée. L'opération terminée, on lâchait les génisses, mais non pas les taureaux, qui devaient en subir une autre non moins douloureuse, celle de la castration, consistant à leur arracher le testicule, le cordon et tout... L'animal, ensuite, se relève, furieux; il cherche souvent à se précipiter sur ceux qui viennent de le mutiler; mais ces derniers, qui mettent toujours beaucoup de sang-froid dans leurs travaux, évitent le danger avec une extrême légèreté, forçant, à coups de lazo,

1. Voyez planches, Coutumes et usages, n.° 2.

l'animal à prendre la fuite. Ces marqueurs sont continuellement exposés à la mort; ce qui ne les empêche pas de se rire des périls attachés à leurs fonctions, dont l'exercice est pour eux le plus grand des plaisirs, et qu'ils remplissent souvent sans autre intérêt que celui de signaler leur adresse. Le commandant de Yaguarété cora déployait, surtout au lazo, une dextérité réellement étonnante. Montant un cheval léger, fait à cette espèce de joute, et parfaitement secondé par lui, bien rarement il manquait sa bête. Les opérations durèrent six jours de suite, sans que les champions se fatiguassent de ce divertissement un peu barbare. Il est vrai que des fêtes continuelles venaient en interrompre la monotonie. On réserve ordinairement, pour ces occasions, le bœuf ou plutôt la vache la plus grasse; car les habitans estiment beaucoup plus la vache que le bœuf.

1827.

Rincon de Luna.

Vers le soir, las de voir souffrir tant de pauvres bêtes, je partis pour aller visiter le bras sud du Batel. Je ne rencontrai sur ma route que des troupes de pigeons, dont je tuai plus de douze d'un seul coup de fusil, tant ils étaient entassés les uns sur les autres. Si l'Amérique septentrionale est riche en oiseaux de cette espèce, les parties australes de l'Amérique méridionale n'en possèdent pas moins, surtout la Patagonie, où, pendant l'hiver, leurs volées forment nuage à l'horizon. Le bras du Batel que j'étais allé voir n'est pas boisé sur ses bords; il ne s'y trouve qu'un large marais couvert de joncs, d'où lui vient le nom d'estero, que lui donnent les habitans.

Cette plaine, verte, uniforme, qui s'agite et ondule au moindre vent, comme les vagues de la superficie de la mer, offre aussi, de loin, dans les temps calmes, l'aspect d'une immense prairie, parfaitement horizontale, que la vue a peine à franchir, pour apercevoir les terrains de la rive opposée; singulière variété de formes que présentent, à chaque pas, les déserts des continens modernes et encore à l'état de nature, mais qu'on chercherait en vain, aujourd'hui, dans notre vieille Europe trop civilisée. Après avoir parcouru les rives du marais, jusqu'à une petite maison ou *puesto d'estancia,* distante de plus de trois lieues de l'estancia même, je revins sur ce théâtre d'intrépidité, d'adresse et de sang.

Le Rincon de Luna est presqu'au centre de la province de Corrientes, vers l'est, comme je l'ai dit; il est formé d'une langue de terre comprise entre deux bras du Batel, qui la circonscrivent entièrement, sans y laisser d'autre issue, avec le chemin que j'avais pris pour m'y rendre, qu'une sortie ouverte vers son extrémité nord. Séduits par la facilité de veiller aux bestiaux réunis en un lieu disposé de la sorte, les Jésuites y avaient établi une estancia

1827 — Rincon de Luna.

que leur expulsion fit tomber au pouvoir du gouvernement espagnol. L'affranchissement du pays en avait fait, ensuite, une propriété de la province, et la province l'avait vendue à une société de négocians ou gros propriétaires de Buenos-Ayres, qui voulaient y former une estancia en grand, et y élever beaucoup de bestiaux. Cette société, enfin, avait chargé M. Parchappe d'en lever le plan topographique; et c'est à cette dernière circonstance que je devais de me trouver, dans la compagnie de cet ami, au Rincon de Luna, qu'en raison de son éloignement je n'aurais peut-être jamais vu.

Le Rincon de Luna a plus de vingt lieues de longueur; mais la largeur n'en est que d'une lieue dans certaines parties, et moindre encore dans certaines autres. Pour toute habitation, il n'y a qu'une estancia, ses différens postes et une petite chapelle, bâtie du temps des Jésuites, qui couvraient de leurs estancias toutes les rives de l'Ibera. Cette estancia avait un gérant ou mayordomo, chez lequel nous étions. Le Rincon de Luna dépend de la *comandancia* de Yaguarété cora (parc du jaguar), dont le nom indique assez que cette partie de la province est celle où se trouve le plus de ces terribles animaux, qu'y attirent le grand nombre des plaines couvertes de joncs, les petits bouquets de bois et la proximité des immenses marais de l'Ibera, servant de séjour aux grands cerfs et à une multitude de cabiais, nourriture habituelle des jaguars.

Avant de passer outre, je crois devoir donner en détail à mes lecteurs la description d'une estancia dans la province de Corrientes, sauf à constater avec lui, quand nous pénétrerons ensemble dans les immenses pampas, les diverses modifications qu'y subissent les établissemens de ce genre[1]. On sait déjà qu'une estancia est un lieu où l'on élève des bestiaux; mais on n'a pas encore pu juger de l'ensemble de ces établissemens, principales spéculations des propriétaires des parties australes de l'Amérique du sud. Aux environs de Buenos-Ayres, ces estancias ont quelquefois trente à quarante mille têtes de bétail, distribuées en divers groupes. Celle du Rincon de Luna, que je vais décrire, comme modèle des estancias de la province de Corrientes, n'en possédait que six mille, vaches, bœufs et taureaux, sans compter les bestiaux d'autre espèce, comme les chevaux, au nombre d'environ deux cents, et près de huit cents à mille bêtes à laine. La maison se composait de trois corps de

1. Je dois, sur les estancias, à la complaisance de M. Parchappe, des renseignemens additionnels, fruit de sa longue expérience du pays, et qui, j'ose l'espérer, laisseront peu de choses à dire sur ce sujet.

logis : l'un servant d'habitation au propriétaire; un autre servant de cuisine et de logement aux employés, en hiver (car, dans la saison des moustiques, ces derniers couchent sur une immense ramada en troncs de palmiers coupés en deux); et le troisième servant à emmagasiner les peaux et les suifs. Dans tous les pays boisés, on construit, autour des maisons, d'immenses parcs (corrales), le plus souvent de figure ronde et formés de pieux fichés en terre. Ceux du Rincon de Luna étaient en troncs de palmiers coupés en deux, et parfaitement alignés. Deux, surtout, étaient assez vastes pour contenir, l'un six mille bêtes à corne, et l'autre tous les chevaux de l'établissement. Les autres parcs devaient renfermer les moutons. A Buenos-Ayres, on les entoure de fossés profonds qui défendent aussi les estancias de l'approche des Indiens. Ils servent tantôt à réunir, de temps en temps, les bestiaux, pour les empêcher de devenir tout à fait sauvages; tantôt à en faciliter le dénombrement et la marque, comme on vient de le voir. Les chevaux sont plus souvent réunis dans leur parc. Indépendamment de sa maison centrale, chaque estancia est pourvue de plusieurs puestos (postes), où l'on répartit les bestiaux quand ils sont trop nombreux, ou même dans le but spécial de les disperser sur une plus grande surface de terrain, afin qu'ils y puissent paître avec plus de facilité. Parmi les bestiaux élevés dans les estancias, les jumens ne sont considérées que comme devant fournir les chevaux nécessaires aux besoins de l'établissement. On n'en fait point un objet de commerce; et c'est seulement lorsque le nombre en devient trop considérable, qu'on les tue pour les écorcher et pour en vendre la peau; aussi ne se fait-on aucun scrupule, même dans la saison des moustiques, de leur couper la queue pour en vendre les crins. L'éducation des bêtes à cornes, ainsi que celle des chevaux, est absolument abandonnée à la nature; et si l'on ne les réunissait pas, de temps en temps, dans les parcs, soit pour séparer des autres celles qu'on veut vendre ou tuer, soit pour les empêcher de trop s'écarter et de sortir des limites du propriétaire, on pourrait dire qu'elles sont entièrement sauvages. Il faut distinguer, néanmoins, celles qu'on attache pour les traire et que l'on apprivoise à cet effet. Leurs veaux participent naturellement de leur douceur. On nomme les bêtes de cette race *tamberos*, du mot *tambo*[1], qui signifie qu'elles sont apprivoisées, pour les distinguer des autres, que l'on appelle *cerreros*[2]. C'est parmi les premières qu'on choisit ordinairement les taureaux dont on fait des

1827.

Rincon de Luna.

1. Dérivé du mot quichua *tampu*, qui veut dire auberge, hôtellerie, etc.

2. Mot local, employé plus particulièrement à Buenos-Ayres.

1827. Rincon de Luna. bœufs de travail; mais, du reste, elles vivent comme les autres, et paissent, toute l'année, aux champs, sans jamais, non plus que les chevaux, connaître l'étable. Les vaches qui doivent donner du lait à l'établissement, sont aussi choisies parmi les tamberos. Elles ne se laissent pas traire sans leur veau, comme font celles de France. Pour qu'elles donnent leur lait, on attache le veau à un poteau, près de l'estancia; puis on laisse en liberté la mère, qui va paître avec les autres, mais revient à des heures données vers son veau, lorsque le lait la presse. On l'attache alors, quelquefois; et, tandis que le veau la tette d'un côté, on la trait de l'autre; mais si le veau meurt, la vache cesse de donner son lait; ce qui vient, sans doute, de ce qu'on ne l'a pas accoutumée à continuer de le donner; car une colonie d'Écossais, fixée près de Buenos-Ayres, a réussi à tirer des vaches le même profit qu'en Europe. Les habitans de Corrientes prétendent que c'est chose impossible, et trouvent fort étrange que nos vaches donnent leur lait sans avoir leur veau.

Le plus souvent, la vache qui accompagne la troupe vêle pour la première fois à deux ou trois ans; et, ensuite, elle vêle chaque année. Quand elle veut mettre bas dans la campagne, elle va se débarrasser de son fardeau dans un lieu isolé, puis le cache derrière quelque touffe d'herbe, et retourne à la pâture, en le quittant, mais sans l'abandonner; car si, par hasard, on la mène au parc ce jour-là, on la voit retourner, sans se tromper, à sa cachette, à quelque distance qu'elle s'en trouve, et continuer ce manège jusqu'à ce que son veau soit assez fort pour la suivre; ce qui a lieu au bout de quelques jours. Dans les provinces boisées, il arrive quelquefois que les vaches perdent la trace de leur cachette, et que le jaguar en profite pour dévorer les veaux isolés; aussi les gardiens épient-ils les vaches prêtes à vêler; et, dès qu'elles l'ont fait, ils réunissent leurs veaux à la masse du troupeau. On a vu aussi, de temps à autre, des vaches, vêlant pour la première fois, prendre en haine leur progéniture, et la laisser mourir d'inanition; mais cela n'arrive jamais quand elles ont du lait; car alors elles sont pressées de la rejoindre. Il y a d'autres vaches qui ne deviennent jamais fécondes, et qu'on nomme *machorras*. Les habitans les emploient quelquefois aux mêmes travaux que les bœufs. La plupart des vaches commencent à vêler vers le mois d'Août, et continuent jusques et passé le mois de Janvier. Quelques-unes, mais c'est le plus petit nombre, vêlent en hiver; aussi compte-t-on toujours les bestiaux à la fin de l'hiver, ou au commencement du printemps, afin de n'avoir pas de trop jeunes veaux, et parce que la saison est plus propice à la castration des taureaux et à la marque des jeunes, sans compter qu'on n'y voit presque plus de ces mouches à viande qui, dans les pays chauds, déposent leurs œufs sur les plaies vives, et causent la mort de beaucoup de bétail. C'est donc au printemps de chaque année que tout propriétaire est à la veille de savoir de combien ont augmenté ses richesses; ce qui fait qu'il n'épargne rien pour donner tout l'éclat possible à la fête de la hierra, qui attire chez lui tous les environs.

La marque est un titre de propriété des plus respectés, et l'usage autorise un propriétaire à se saisir, en quelque lieu qu'il les rencontre, des animaux qui portent la sienne; aussi l'étranger trop confiant qui achète un cheval, le plus souvent volé, court-il le risque d'être mis à pied, si son malheur veut qu'il soit rencontré par le propriétaire de la bête. C'est une épreuve par laquelle presque tous ont passé, moi, comme tant d'autres; et le pauvre voyageur, s'il n'obtient du propriétaire de conserver son cheval jusqu'au premier gîte, se voit contraint de s'y rendre à pied, sa selle sur le dos; vexation contre laquelle il réclamerait en vain l'intervention de la justice. Pour aliéner un animal, on lui imprime une seconde fois la même marque, soit près de la première, soit sur le côté opposé, ce qu'on appelle la *contra-marca* (contre-marque).

On châtre, comme nous l'avons dit, les taureaux à un certain âge, n'en réservant que le nombre nécessaire à la propagation. Le taureau châtré prend le nom de *novillo*, le nom de *buey* (bœuf) ne s'appliquant qu'au taureau qui est apprivoisé et destiné au travail. Le bœuf, comme on sait, acquiert, par la castration, une beaucoup plus forte corpulence, et des formes qui le rapprochent d'autant plus de la vache, qu'il a été châtré plus jeune. Les taureaux qui ont subi l'opération après deux ou trois ans, conservent toujours le cou plus épais et des formes plus mâles. Le travail augmente aussi la taille et la force des animaux; car les novillos sont toujours plus minces et plus efflanqués que les bœufs proprement dits. La manière de dompter les novillos est assez simple. On attèle un novillo avec un vieux bœuf; le premier, d'abord, rue, bondit et veut tout rompre; mais il prend peu à peu les allures nouvelles, et finit par suivre en tout le vieux bœuf. Quelques mois suffisent pour dompter le novillo le plus sauvage; mais il est quelquefois beaucoup plus difficile de réduire ceux qui sont nés dans la campagne, et qui l'ont constamment habitée.

Les novillos font la richesse d'une estancia; ce sont eux que l'on conduit en troupes, afin d'en faire de la viande salée, aux marchés de la ville ou à Buenos-Ayres, aux *saladeros* (saloirs), dont j'aurai, plus tard, occasion de

1827. Rincon de Luna. parler; ce sont eux aussi dont la peau a le plus de valeur. On tue rarement les taureaux, et l'on ne se défait des vaches que lorsque le progrès de l'âge arrête ou diminue leur fécondité. Il est assez ordinaire de voir, dans les estancias, les animaux se répartir et se classer naturellement; ainsi les bœufs de travail et les vaches laitières forment des groupes séparés, se mêlant rarement avec les autres animaux sauvages ou cerreros; et, parmi les premiers, les novillos, les vaches et les taureaux paissent chacun de leur côté. Ce n'est qu'au temps des amours que les taureaux recherchent les vaches et se les disputent par des combats terribles. Dans les pays où ils errent en immenses troupes sauvages, comme celles que j'ai rencontrées au centre de l'Amérique, dans la vaste province de Moxos, les taureaux, dès qu'ils ont atteint leur troisième année, se séparent des veaux et des vaches, vivent isolés, deviennent furieux, et ne sont pas sans danger pour le voyageur qui ose s'approcher de leurs hordes vagabondes.

Les bêtes à cornes et les chevaux s'attachent singulièrement au sol de leur naissance, ou sur lequel ils ont vécu long-temps; aussi, lorsqu'on les a fait voyager, même à la distance de trente à quarante lieues, les voit-on très-fréquemment s'échapper et retourner d'eux-mêmes à leur premier domicile, que les habitans nomment *querencia*. Les bœufs sont toujours disposés à revenir à la querencia; ce qui fait que les bouviers et les conducteurs de charrettes sont, pour les en empêcher, obligés d'exercer sur eux la surveillance la plus active. On cite des bœufs qui sont revenus seuls de Salta dans Corrientes, quoiqu'ils eussent à faire un trajet de plus de deux cents lieues, en traversant le Parana et plusieurs autres rivières. Il résulte de cet instinct si prononcé des animaux, qu'il est très-difficile de leur faire oublier le lieu natal et de les accoutumer à une résidence nouvelle, et qu'on n'y peut parvenir qu'en plus ou moins de temps et par des soins très-assidus. On remarque que les troupeaux transplantés sur les estancias paissent long-temps séparés des anciens, auxquels ils ne se réunissent que graduellement; et que, renfermés avec eux au parc pour la nuit, ils y font également bande à part, et couchent en leur particulier.

Les bestiaux présentent, dans leurs races diverses, plusieurs variétés importantes. On remarque surtout, parmi ces races, celle dont le mufle est écrasé et très-raccourci, et que, pour cette raison, l'on nomme *ñata* (camus). Elle a la tête de moitié plus courte que celle des autres, et le bout du museau relevé comme celui du chien carlin; ce qui lui donne un aspect hideux. Il existe aussi une variété nommée *mocha*, tout à fait dépourvue de cornes, ce qui défigure beaucoup l'animal. Une autre a les cornes très-longues et presque droites. On nomme cette sorte de vaches *chilenas* (du Chili), sans doute parce que les premières qu'on a vues dans le pays ont été amenées de cette province. Enfin, il en est d'une très-petite taille, comme celles de la Basse-Bretagne, et qu'en conséquence on nomme *enanas* (naines). Les habitans ont, de plus, pour les bêtes à cornes, comme pour les chevaux, un grand nombre de noms, qui servent à en distinguer les couleurs et les nuances diverses.

Les produits des estancias, comme l'indique le but de ces établissemens, sont la chair et la dépouille des animaux, c'est-à-dire leur peau, leur suif, leur graisse, leurs cornes; et enfin, mais seulement à Buenos-Ayres et dans les Pampas, les os, qu'on emploie comme combustibles dans les briqueries, les savonneries, etc.; car on ne s'est pas encore avisé de les exporter en Europe, où, sans doute, ils seraient appliqués à d'autres usages. Près de Buenos-Ayres, les animaux sont vendus aux saladeros; à Corrientes, on les vend au marché, ou l'on en fait du *charque* ou *tasajo*, viande sèche, préparée de diverses manières. Le plus souvent, on la coupe en petites lanières, que l'on étend ensuite sur des cordes en plein air, pour la faire sécher, sans autre préparation; mais, pour le commerce, surtout aux environs de Buenos-Ayres, après avoir enlevé la chair de dessus les os, on la coupe en morceaux, qu'on fend ensuite, en la déroulant avec le couteau. Quand ils sont ainsi réduits en longues tranches, larges de plusieurs décimètres, et de moins d'un doigt d'épaisseur, on les saupoudre d'un peu de sel égrugé; on les met en presse pendant une nuit; et, le lendemain, on les expose au soleil, sur des cordes, comme du linge. Deux ou trois jours d'été suffisent pour sécher la viande, qui peut, ainsi, se conserver fort long-temps, car elle ne craint plus la putréfaction; l'humidité ou de petits insectes pouvant seuls, alors, la détériorer. Cette manière de préparer la viande est très-avantageuse dans un pays où l'on fait de longs voyages sans trouver d'hôtelleries, et dans lequel les pauvres gens, qui ne mangent que de la viande et qui ne tuent que rarement, n'ont pas d'autre moyen d'assurer leur subsistance. C'est, sans doute, ce procédé qu'employaient les anciens boucaniers.

Pour faire sécher les peaux, on en perce le pourtour d'une suite de trous, dans lesquels on introduit de petits piquets, qu'on fiche en terre, de manière à tendre la peau, le poil en dessous, et à cinq ou six centimètres au-dessus du sol. Trois ou quatre jours d'un soleil d'été suffisent pour la sécher complétement; alors, on en coupe toutes les parties saillantes; on la ploie lon-

1827. gitudinalement sur le milieu, le poil en dehors, et on la met en presse. A la
Rincon de Luna. campagne, les peaux se vendent généralement à la pièce, à des marchands qui la parcourent pour en acheter; mais, près des ports, elles se vendent au poids; et, à Buenos-Ayres, par pesées de trente-cinq livres d'Espagne. Les habitans consomment un très-grand nombre de peaux pour leur service particulier; ils en font des sacs, des paniers, des malles; ils en couvrent leurs charrettes, les substituent à nos brouettes, pour transporter, à de petites distances, toute espèce de fardeaux; ils les emploient en guise de toile dans leurs lits de sangle; ils en font leurs matelas, leurs paillasses, dans les campagnes, couchant dessus, dans un coin de leur hutte; enfin, ils les coupent en lanières et en courroies de toute grandeur, pour en faire leurs rênes, leurs lazos, leurs boules; et les appliquent à tous les usages auxquels nous employons la corde, la ficelle, l'osier, etc. On pourrait presque dire qu'il n'est aucun de leurs travaux mécaniques où elles n'entrent pour quelque chose; aussi sont-ils tous très-habiles à en tirer parti. Ils les coupent avec une adresse merveilleuse; ils savent les décharner, les épiler, les assouplir, les diviser en lanières très-fines et très-minces, les tresser de mille façons, et tout cela sans autre instrument que leur couteau. Quand une peau doit être coupée ou employée à quelqu'un des usages que je viens d'indiquer, au lieu de la faire sécher en lui conservant sa forme naturelle, on enlève les mâchoires et on l'étire dans tous les sens, de manière à lui donner une forme presque carrée. Il en résulte ce qu'on appèle dans le pays *cueros redondos.* On se sert aussi de la peau fraîche, coupée en lanières, pour des usages plus grossiers; pour lier ensemble les pièces de la charpente d'une maison de campagne, par exemple; pour en fixer les pans de bois ou le clayonnage des murailles, dont les interstices doivent ensuite être remplis de terre; et même pour attacher les pieux qui forment les parcs, dans les endroits où l'on n'a point à craindre les renards; car, partout ailleurs, comme en Patagonie, ces derniers, en dévorant les lanières, rendraient ce travail absolument inutile.

On fait sécher le suif mésentérique sur des cordes, comme la viande. On le porte, en cet état, à Buenos-Ayres; là, on le coupe en petits morceaux, pour le faire fondre, et on le coule dans des barils. Quelquefois on néglige l'opération de la fonte, et l'on se contente de l'empiler fortement dans les barils, jusqu'à ce qu'il y forme une masse compacte. Il se conserve très-bien ainsi pendant plusieurs mois. On fait fondre la graisse et on la recueille dans des vessies et dans de gros intestins, dans lesquels on la porte aux marchés des villes. Les habitans l'emploient exclusivement à leur cuisine, et en sont très-friands; ils la prodiguent dans tous leurs ragoûts, où l'on voit les morceaux nager dans un bain de graisse, qu'ils avalent à pleines cuillers, sans jamais s'en trouver incommodés; et, bien loin d'enlever celle qui surnage sur le bouillon de leur marmite, ils y en ajoutent, lorsque la viande leur paraît un peu maigre, ou lorsqu'ils veulent bien régaler leurs hôtes. Les parties les plus grasses de l'animal sont celles qu'ils estiment le plus, et un rôti leur semble d'autant meilleur, que la graisse en laisse à peine apercevoir les parties charnues. J'ai vu de pauvres gens, auxquels la graisse manquait, y substituer du suif, sans aucune répugnance. La graisse qui se consomme, étant toujours mêlée d'un peu de suif, et les vessies ou intestins qui la renferment se nettoyant rarement avec soin, l'usage en est quelque temps désagréable aux étrangers, peu faits à cette cuisine; mais il faut bien s'y habituer.

1827

Rincon de Luna.

C'est en cela que consiste la richesse des estancias de la province. Les estancias y sont le genre de spéculation le plus facile et surtout le plus sûr. Les pâturages couvrant le pays, les bestiaux y multiplient avec une facilité extraordinaire, et donnent assez ordinairement la moitié en sus par année. Ce genre d'entreprise demande si peu de capitaux, que c'est, pour ainsi dire, le seul commerce de Corrientes.

Les habitans se font peu de scrupule de voler les bestiaux de leurs voisins, sans néanmoins, peut-être en raison du caractère pacifique de leurs mœurs, pousser la rapine jusqu'au point où elle est arrivée à Buenos-Ayres, où voler les bestiaux, et les voler en plein jour, sous les yeux même des propriétaires, est une gentillesse des gauchos. La plupart des ouvriers employés dans les estancias du pays ne touchent pas de gages; ils reçoivent seulement le vêtement et la nourriture. Les étrangers seuls les paient, à raison de six piastres ou trente francs par mois. Il est vrai que ces ouvriers travaillent peu hors le temps de la hierra, n'ayant qu'à conduire les chevaux au parc, à parcourir la campagne à cheval, et quelquefois à rallier les troupeaux. Leur principale occupation est de jouer. On paie un peu plus le *capatas*, qui les conduit et les surveille, soumis lui-même aux ordres du *mayordomo* ou majordome, qui dirige en grand toutes les opérations de ce genre d'entreprise. Quelques racines de manioc seraient du luxe pour ces ouvriers, qui ne mangent que de la viande; aussi en consomment-ils une quantité extraordinaire. Le plus souvent ils la mangent rôtie ou bouillie avec un peu de sel; mais ils préfèrent toujours le rôti (*asado*); et, presque tout le temps qu'ils n'emploient pas à jouer, on les voit occupés à faire rôtir de la viande ou de gros intestins, qu'ils aiment beaucoup, soit en les embrochant dans un morceau de

1827. Rincon de Luna. bois fiché verticalement en terre, soit en les étendant sur des charbons; sauf, quand ils sont cuits, à les gratter légèrement avec leur couteau, pour ôter le plus gros de la cendre qui s'y est attachée pendant la cuisson. Le pain, toujours et partout fort rare, est remplacé, quelquefois, par du fromage, qui se mange comme accessoire avec la viande. Ordinairement, même, on ne se donne la peine d'en faire que dans les petites estancias; encore y est-il toujours aigre et peu savoureux; mais les habitans corrigent ce défaut, en le faisant rôtir au feu, ce qui le rend passable. Ils font peu de beurre; encore le font-ils quelquefois avec le fromage; et comme, ainsi que la graisse, on le vend dans des vessies, il y contracte un goût assez désagréable.

Dans les établissemens qui ne passent pas deux mille têtes de bétail, on est dans l'usage de les ramener tous les soirs au parc, ou du moins de les réunir en un seul groupe, près de l'habitation, et on les surveille à cheval, jusqu'à ce qu'ils soient couchés. Comme les bêtes à cornes ne mangent pas la nuit, on est sûr qu'elles ne se lèveront qu'au point du jour, pour regagner les champs. On a remarqué que celles qui sont habituées à ce régime, engraissent plus que celles qui vivent en toute liberté; et il n'est pas rare de les voir, l'après-midi, se rapprocher d'elles-mêmes du lieu où elles ont coutume de passer la nuit. De ce que les ruminans ne mangent pas la nuit, il résulte aussi qu'ils consomment beaucoup moins de pâturages que les solipèdes; aussi est-il d'expérience, dans ces contrées, qu'il faut, toutes choses égales d'ailleurs, beaucoup moins de terrain pour élever des vaches que pour élever des jumens. Les vaches, de plus, sont moins délicates sur la nature des fourrages; ce qui leur importe, surtout, c'est que l'eau se trouve en abondance à leur portée. Les terrains arrosés ont, en conséquence, infiniment plus de valeur que les autres; et c'est le premier point dont on s'occupe lorsqu'on établit une estancia. Un autre objet important pour la prospérité du bétail est le sel, qui abonde dans toute la province de Buenos-Ayres, mais qui manque dans celle de Corrientes. Conséquemment, le peu d'endroits où se trouvent des *salitrales* (terrains salés), y ont un bien grand avantage sur ceux qui en sont privés. La viande y est beaucoup plus savoureuse, et les bestiaux y engraissent plus facilement. Ce fait, capital pour l'agriculture, et qui m'est démontré, quant aux parties de l'Amérique que j'ai visitées et dans lesquelles le sol est tel encore que la nature l'a formé, ne serait peut-être pas aussi facile à établir en Europe, où tous les champs sont annuellement couverts de fumiers qui renouvèlent leur énergie productive. Dans les provinces de Corrientes et d'Entre-Rios, où, généralement, le terrain n'est pas salé, on voit les bestiaux chercher ces lieux, nommés *barreros*, avec un instinct tout particulier, soit au bord d'une falaise, soit même au milieu des bois, où ils viennent, sans cesse, lécher, avec avidité, les efflorescences salines. Ils creusent ainsi continuellement ces lieux salés, et ce motif suffit pour les ramener d'une grande distance vers les endroits où ils savent que se trouve du sel. Pour suppléer à son défaut, à Corrientes, et même dans quelques parties de la république du Haut-Pérou, on enterre du sel près des lieux où l'on veut le plus attirer les bestiaux, et l'on y donne du sel à lécher aux chevaux et aux mules. 1827. Rincon de Luna.

La sécheresse, qui détruit, quelquefois, les estancias de la province de Buenos-Ayres, n'est pas à craindre pour celles de Corrientes, à cause des eaux qui les entourent; mais, depuis quelques années, on y éprouve un autre fléau. Une maladie, nommée *mancha* (tache), analogue au *charbon* de France, y a causé de grandes pertes à beaucoup de propriétaires. Cette maladie consiste en un bouton ou pustule, qui s'accroît rapidement, en prenant une teinte noirâtre. La partie lésée enfle; cette enflure se communique aux membres, et l'animal atteint périt en deux ou trois jours. Cette maladie paraît être contagieuse; et les habitans qui l'ont contractée en soignant leurs bêtes, la guérissent quelquefois par la cautérisation de la tumeur; mais il est rare qu'ils en échappent. Elle a porté la désolation dans les estancias. On a remarqué que la mortalité augmente en raison proportionnelle de l'élévation de la température; car les habitans du sud ont moins souffert de l'épidémie, et on ne la connaît à Buenos-Ayres que par les rapports des habitans du nord.

Je voulais parcourir avec soin tous les environs de l'estancia, et surtout étudier en détail tout ce qui avait rapport au Rincon de Luna, dont la géographie est absolument inconnue; et, pour atteindre ce but, je n'avais qu'à accompagner M. Parchappe dans ses relevés topographiques. Une première course me fit connaître les bords boisés du bras nord du Batel. Je passai près de plusieurs lacs peuplés de joncs, où je tuai plusieurs oiseaux intéressans; et j'arrivai aux bois qui bordent la rivière. Les cris rauques des singes hurleurs m'annonçaient leur présence dans un fourré circonscrit comme une île. J'y entrai; mais j'y entrai seul, la crainte des jaguars, si communs dans ces lieux, ayant empêché mon domestique de m'y suivre.

J'aperçus bientôt au milieu du fourré, au faîte d'un très-grand timbo, trois singes, dont un mâle d'un beau noir, une femelle et un jeune, assis sur de grosses branches. Dès que j'eus tiré, le mâle, que j'avais blessé, se mit, de compagnie avec les autres, à pousser son cri rauque et désagréable, à

1827. Rincon de Luna.

grincer des dents, à uriner de frayeur et même à faire pis encore, en sautant d'une branche à l'autre. Prévenu, par bonheur, de ce qui pouvait arriver, je n'étais pas dessous. Le blessé s'accrocha par la queue à une autre branche, et resta dans sa position. Je tirai successivement les autres. Le petit, frappé à mort, tomba; mais son père et sa mère, qui n'étaient que blessés, restèrent sur l'arbre. La mère, qui saignait beaucoup, me parut saisir une feuille, sans doute dans l'intention d'étancher son sang; mais un second coup de fusil rendit ce soin inutile. Elle tomba, à son tour; et il me fallut encore un coup de fusil pour faire tomber le mâle, que j'avais blessé le premier. Je les traînai ensuite en dehors du bois et les donnai à porter à l'estancia, où j'avais établi mon quartier-général de préparation. Je continuai ensuite ma course et parcourus les bois de palmiers carondaï, qui offraient un aspect charmant; seulement ils furent cause que je m'en revins sans pantalon, leurs épines crochues ayant mis le mien en pièces; ce qui m'est arrivé, depuis, presque dans chaque course, heureux quand je ne laissais pas encore, dans les bois, quelques lambeaux de ma chair, et ne revenais pas tout sanglant au gîte! Encore ne sont-ce là que les roses du métier. Se sentir, en effet, des nuits entières, dévoré par les moustiques; courir, à chaque instant, le risque de se perdre en des fondrières; se voir constamment exposé à tomber sous la griffe des jaguars; tous ces désagrémens, tous ces dangers et tant d'autres, pourquoi faut-il que, trop souvent, ceux-là même qui en tirent le plus d'avantages, les regardent avec indifférence, bien loin de tenir compte au voyageur de son dévoûment aux intérêts de la science, dans ces courses toujours si hasardeuses, et qui, fréquemment, lui deviennent fatales?

Un peu plus loin, je vis un cheval qui, la nuit précédente, avait été tué par un jaguar. La place où ils s'étaient battus était ensanglantée, et le jaguar avait traîné sa victime, sans doute pour s'en repaître plus à son aise, à plus de vingt-cinq pas, en de grandes herbes, croissant sur le bord d'un lac. Il avait déjà dévoré tout le poitrail; et la peau du pauvre animal était partout profondément sillonnée par ses griffes. On a, comme à plaisir, atténué la force du tigre américain. J'ai souvent acquis, au contraire, la preuve que cet animal est des plus vigoureux et qu'il peut traîner long-temps un cheval. Souvent on les trouve à plus de cent mètres du théâtre de leur combat, ce qui paraîtra d'autant plus extraordinaire que ce n'est qu'à reculons qu'il entraîne sa proie, la saisissant avec les dents et faisant force de ses pieds; opération qui suppose un développement incroyable d'énergie musculaire. Je restai quelque temps plongé dans une contemplation silencieuse, devant le cadavre du pauvre cheval, non sans songer qu'un pareil genre de mort m'était peut-être réservé; mais, enfin, m'arrachant à ces idées, assez gratuitement lugubres, je continuai ma course. J'étais avec le majordome, qui, prudemment, me laissait le devancer de beaucoup, et je galopais au milieu des grandes herbes, afin d'y poursuivre un oiseau de proie, que je voyais pour la première fois, quand, tout d'un coup, au moment où je m'y attendais le moins, mon cheval s'effraya, fit un écart de plus de dix pas et me jeta par terre, auprès d'un objet de couleur jaune, que je ne distinguais qu'imparfaitement et que je crus être un jaguar. Ce n'était, heureusement, qu'une de ces fourmilières en monticule élevé, si communes dans ces contrées, et dont la couleur ressemble si parfaitement à celle du jaguar, qu'elle épouvante naturellement tout coursier qui déjà s'est une fois vu poursuivi par cet animal; aussi, pour n'être pas démonté dans ces occasions, faut-il avoir été prévenu de ce défaut de presque tous les chevaux de Corrientes. Le mien était parti au galop; et mon compagnon, peu rassuré, préparait déjà sa retraite, me croyant tombé sur un jaguar. Cependant il rattrapa mon cheval et me le ramena, dès qu'il me vit debout. Je ris de ma mésaventure, me promettant de me défier des chevaux *pajareros* (ombrageux), comme les appèlent les habitans, et surtout de ne jamais pousser en avant, en des lieux où les bêtes féroces abondent; promesse que je m'étais déjà faite et que je devais encore me faire, sans doute; mais me la suis-je jamais tenue? me la tiendrai-je jamais? et le désir d'augmenter mes trésors ne me fera-t-il pas toujours commettre des imprudences?

1827. — Rincon de Luna.

Indépendamment du Rincon proprement dit, ou langue de terre comprise entre les deux bras du Batel, les marais immenses qui représentent alors la rivière forment encore plusieurs petites îles ou presqu'îles, nommées aussi *Rincon* (recoins). Une nouvelle course me conduisit à l'un d'eux, le *Rincon de San-Luis* (Saint-Louis), sur le bras nord du Batel, et dont l'entrée est à trois lieues de l'estancia. Après avoir traversé plusieurs bois de palmiers carondaï, j'arrivai au bord du Batel, à l'endroit où des marais moins larges le séparent du Rincon de San-Luis, qui est une véritable île. Le passage était d'abord argileux, et nous remarquâmes qu'il était tout couvert de pas de jaguars de divers âges. Pour qu'il s'y en trouvât autant et de si récens, il fallait que ce fût la route qui les conduisait habituellement du Rincon de San-Luis à la terre ferme, afin d'y chasser les bestiaux. En tous cas, nous traversâmes le marais, qui est assez large et surtout assez profond; et, de l'autre côté, nous vîmes encore les mêmes traces de *yaguareté*. Les gens qui nous accom-

1827. Rincon de Luna.

pagnaient n'étaient pas trop rassurés. Chacun d'eux, à l'envi, contait les exploits du tyran du nouveau monde; et, parmi tous ces récits, auxquels les craintes des narrateurs ajoutaient, sans doute, un peu de merveilleux, j'ai recueilli un fait qui, s'il est vrai, doit paraître assez singulier. Deux enfans de l'estancia parcourant la campagne sur un même cheval, à la selle duquel, comme de coutume, était attaché un lazo, rencontrent un jaguar endormi. L'un d'eux propose à l'autre de l'attendre à cheval, tandis qu'il ira, lui, tout doucement, disposer, autour du cou du jaguar, le lazo, qui, en se fermant, prendra l'animal. Aussitôt fait que dit. L'un contient le cheval; l'autre court au jaguar, place son lazo, revient, enfourche la bête; et, partant au grand galop, les deux petits héros enlacent le jaguar, et le traînent en triomphe jusqu'à l'estancia, pendant plus d'une lieue. Qui, dans ce trait, doit étonner le plus, la témérité de ces enfans ou leur ignorance du danger? Je pencherais pour le dernier; car quel être raisonnable ira se mettre de la sorte et sans nécessité sous la griffe d'un jaguar endormi, qui peut se réveiller d'un instant à l'autre?

Comme M. Parchappe était obligé de lever le plan de ce Rincon, nos domestiques, malgré leur répugnance, devaient en parcourir avec nous tout le périmètre. L'intérieur en est couvert de terrains argileux, sur lesquels ont poussé des bois de l'acacia espinillo. Je vis en route une grande couleuvre sans pouvoir la tuer, parce qu'elle se cacha dans un trou qui, sans doute, lui servait de retraite. Je fis, dans ce lieu sauvage, une chasse très-fructueuse. J'y tuai, pour la première fois, cette belle espèce d'ara bleu que les Guaranis nomment *arárácá*. Quelques belles espèces d'insectes vinrent aussi augmenter ma collection entomologique. Je ne vis point de jaguars; mais les traces s'en montraient à chaque pas et annonçaient combien ils sont en force dans ce lieu, qui paraît leur servir de refuge le jour. Ce Rincon de San-Luis est à peu près triangulaire et placé au milieu des esteros; la surface en est couverte de bois, qui, sur les parties les plus sèches, ne sont composés que d'espinillos épars, alors dépouillés de leurs feuilles. Autour de ces bois, au bord de ces eaux, sont des palmiers carondaï, épars aussi. Le terrain y est argileux; et la saison ne contribuait pas à égayer cet endroit, où tout, d'ailleurs, inspirait la tristesse, tant son état sauvage, que le silence de mort qui y régnait; aussi abandonnai-je sans regret le Rincon de San-Luis, quoique bien sûr de ne le revoir jamais.

Au point de jonction des deux bras du Batel, il se trouve encore, au milieu des plaines de joncs, deux langues de terre qui communiquent avec la terre ferme; l'une connue sous le nom de *Rincon de Valingo*, l'autre sous celui de *Rincon de Cabrera*. L'entrée du premier Rincon est à cinq lieues de l'estancia. Pour nous ménager le temps de le voir, nous partîmes de bonne heure. Un temps de galop nous y conduisit. J'y retrouvai les mêmes terrains que dans celui de San-Luis. Je descendis de mon cheval, en remis la bride à mon domestique, et m'enfonçai seul dans le bois, malgré les observations de M. Parchappe et de ce même domestique, qui ne voulut pas me suivre; mais, bientôt, je renonçai à mon projet et rejoignis la petite troupe; un jaguar, qui sortit à mes côtés d'auprès d'un buisson et qui s'éloigna lentement ensuite, m'ayant fait réfléchir sur mon imprudence. Je ne rejoignis le campement que très-tard, à l'instant du dîner. Nos repas, dans ces courses, consistaient en un morceau de viande, que l'on faisait rôtir, et que l'on mangeait sans autre cérémonie. Les jours précédens, nous avions été assez heureux pour trouver de l'eau; mais, quoiqu'entourés de marais, il nous était impossible de nous en procurer, parce qu'on ne pouvait l'atteindre sans courir le risque de se perdre au milieu des joncs qui en défendaient l'approche.

1827.

Rincon de Luna.

La sécheresse était très-grande; aussi ne trouvâmes-nous pas d'eau à l'extrémité du Rincon de Valingo, où nous nous étions établis pour dîner. Je m'en plaignais, car j'avais grand'soif, quand un Indien de notre suite se mit à rire, s'éloigna un instant, et revint avec ma tasse de voyage pleine d'une eau pure et limpide. Je lui demandai où il avait pu la trouver au milieu des terrains desséchés qui nous entouraient. Il me montra une plante épineuse, à larges feuilles, dont l'ensemble dessine un calice alongé où l'eau des pluies se conserve en tout temps. Il coupa devant moi la racine, les épines de l'extrémité des feuilles, et me versa une seconde tasse, contenue dans une seule plante. Je remerciai la Providence, qui, attentive aux besoins de l'homme, a placé dans les déserts arides ce végétal bienfaisant auquel, tant de fois depuis, dans mes courses aventureuses, au sein des pays les plus sauvages, j'ai dû, sans doute, de ne pas succomber aux angoisses d'une soif dévorante. Cette plante, que les Espagnols nomment *cardo* (chardon) et les Guaranis, *caravuata*, est une espèce du genre Tillandsia des botanistes. Je ne revins que très-tard à l'estancia, et encore n'avais-je pas vu tout ce que je désirais; aussi retournai-je au même lieu, l'un des jours suivans, seulement pour chasser.

Il ne me restait à visiter, dans cette partie sud-ouest du Rincon de Luna, que le Rincon de Cabrera. Je ne voulus pas quitter la place avant de l'avoir vu. En conséquence, j'accompagnai M. Parchappe dans cette course, qui fut des plus longues, le Rincon étant très-éloigné de l'estancia. Je laissai la troupe

1827. s'avancer dans l'intérieur de cette presqu'île, et je m'arrêtai seul pour chasser; mais, lorsque je voulus la rejoindre, je perdis la trace de nos gens, en galopant dans les clairières pour les attraper; et, encore à jeun, il fallut me résoudre à me passer de nourriture, les vivres de la journée étant avec la troupe. Je mourais de faim, et je m'inquiétais de savoir comment je rejoindrais. Quelques fruits de cactus, au goût acerbe, vinrent, tant bien que mal, donner le change à mon estomac; mais la faim qui me tourmentait, se fit sentir, plus tard, avec plus de force; et, pourtant, je ne pus l'apaiser entièrement que le soir, après avoir fait plus de dix-sept lieues à cheval.

Rincon de Luna.

Depuis mon arrivée à l'estancia, je n'étais pas resté un seul instant oisif. J'employais les journées entières soit à parcourir le pays, soit à préparer les objets recueillis dans mes courses, ce qui n'était pas le plus agréable; mais, seul chargé de toute la besogne, et forcé de recueillir, d'observer et de préparer, tour à tour, il fallait bien y consacrer le jour et même la nuit, quand le jour ne suffisait pas. Mon départ étant fixé, je voulus encore aller dessiner les palmiers carondaï, et en faire couper des troncs, destinés au Muséum. Le cœur de ce palmier ne me parut pas d'un goût désagréable; mais les habitans n'en mangent jamais, au lieu qu'ils se sont nourris très-long-temps du cœur de palmiers yataïs, pendant les guerres ou lors du manque de bestiaux, par suite de causes quelconques.

12 Juillet.

Le 12 Juillet, après avoir passé treize jours à l'estancia, je me disposai à la quitter, pour parcourir les parties nord-est du Rincon de Luna. Nous chargeâmes nos effets sur une charrette, que nous expédiâmes pour la *capilla* (chapelle), où nous devions aller coucher, et nous partîmes de l'estancia, après en avoir remercié les habitans de leur bonne réception. Nous nous dirigeâmes vers le bras sud du Batel, que nous suivîmes tout le jour, en faisant seulement une halte à midi, près d'une maison d'Indiens isolée dans la campagne, où nous reçûmes une hospitalité des plus franches. Nous arrivâmes d'assez bonne heure à la capilla, où résidait anciennement le jésuite chargé de la gérance de ce terrain. La chapelle est très-petite, entourée de huit à neuf maisons. Celle du curé était, comme toujours, la plus belle du village, et donnait sur un assez beau bois de pêchers et d'orangers. Le curé vivait fort simplement, en bon ermite, avec une gouvernante et plusieurs enfans, réalisant à peu près la fable du rat qui s'est retiré du monde. Nous obtînmes la permission de coucher dans le corridor, et le curé nous traita de son mieux à souper. Au commencement de la nuit, fatigué des cadences monotones d'un bruit que j'entendais sous terre, par intervalle, j'en cherchai la cause près de monticules de sable rejetés en dehors, à la manière de notre taupe d'Europe. Je reconnus que ces monticules communiquaient entr'eux par des conduits souterrains dans lesquels vivait l'animal qui faisait entendre cette musique. Je le guettai long-temps avec soin et le tuai au moment où il se présentait à l'entrée de son terrier. C'était un animal voisin du rat et de sa taille, à fourrure de soie. Les Guaranis l'appèlent *anguya-tutu*.[1] 1827. Rincon de Luna.

Le lendemain, nous poursuivîmes notre route, en suivant la même rive que la veille; mais le vent devint si fort que nous fûmes obligés de nous arrêter, après avoir deux ou trois fois couru le risque d'être renversés de nos chevaux. Un spectacle, nouveau pour moi, se déroulait à nos yeux sur la rive opposée du Batel. Le feu couvrait toute la campagne; et le vent transportait au loin des flammes et des tourbillons d'une fumée noire. Le feu avait gagné un bois de palmiers carondaï, dont il dévorait les feuilles sèches, qui brûlaient avec un pétillement affreux; et, gagnant le sommet des arbres, les montrait, au-dessus du sol déjà noirci par le feu, comme autant de torches allumées et brillantes. Plus de deux lieues de terrain étaient embrâsées; coup d'œil des plus imposans, quoique triste. Des nuées d'oiseaux de proie de diverses espèces se tenaient au vent, en poussant des cris aigus, et se disputaient, sur ce théâtre de mort, le pauvre animal échappé par hasard aux fureurs de l'incendie. Le plus avide et le plus effronté de tous, le carácará, venait saisir, au milieu même des cendres ardentes, les petits quadrupèdes ou les reptiles, à moitié consumés; tandis que la buse, moins aguerrie, planait, au loin, avec lenteur, et que le faucon léger croisait en tout sens, plus prompt à saisir au vol le timide passereau, enveloppé de torrens de flamme et de fumée, au moment où, paisiblement, il cherchait, peut-être, au sein des graminées desséchées, une nourriture qu'allait lui dérober l'incendie. Le feu, comme un fleuve débordé, envahissait rapidement la campagne, semant partout la terreur... mais quel contraste! D'un côté du Batel, des nuages de fumée obscurcissant l'atmosphère; les cris des oiseaux, le pétillement des flammes; la nature entière en convulsion et dans l'épouvante, image animée d'une tempête furieuse : sur la rive où nous étions, tout dans le calme le plus parfait; une campagne paisible, éclairée par un soleil brillant; de grandes plaines de graminées, ondulant au gré des vents, et représentant assez bien les gracieuses oscillations d'une mer légèrement agitée; tableau vraiment sublime, que je contemplais avec admiration, et auquel je ne m'arrachai qu'à regret, pour suivre ma route. 13 Juillet.

1. Espèce du genre Cténome.

1827. La halte du soir fut des plus agréables. Une dame âgée, propriétaire d'une petite estancia, nous reçut avec beaucoup de bonté. Dès notre arrivée, elle s'empressa de nous offrir des cigares et du maté, et fit tout de son mieux pour nous être agréable. Elle mit sa basse-cour à contribution; mais une plus grande faveur encore fut de nous faire préparer un lit à chacun, ce que l'on n'obtient pas partout; car, le plus souvent, on est obligé de coucher dehors.

Rincon de Luna.

14 Juillet. Le 14 Juillet, nous traversâmes l'espace compris entre les deux bras du Batel, à un endroit où ce terrain pouvait être large de plus d'une lieue. Une maison de fermier était près du passage. Quelques instans nous suffirent pour parcourir les environs, qui n'avaient rien de bien remarquable, ne présentant que quelques bouquets de bois isolés au milieu de plaines. Le Batel, en cet endroit, est, comparativement, de peu de largeur, raison pour laquelle on y a établi le chemin de traverse qui mène des deux bras du Batel au Yaguareté cora. Nous franchîmes l'un de ces bras, alors peu profond, et nous y suivîmes, pendant quelque temps, des bois de palmiers carondaï, bientôt de nouveau remplacés par des terrains sablonneux, couverts de palmiers yataïs, par bois épais. Nous nous retrouvions alors entre le Rio Batel et la rivière de Santa-Lucia, sur ces terrains si remarquables où croît l'yataï. Au milieu de ces bois s'étend un marais qui a plusieurs lieues de long et suit la direction nord-nord-est. Comme, en général, toutes les masses d'eau de la province, ce marais nous contraignit à faire un grand détour pour doubler l'une de ses extrémités, et nous continuâmes à le suivre au milieu des bois de palmiers auxquels je commençais à m'habituer et dont l'aspect, quoique toujours imposant et gracieux, ne produisait déjà plus sur moi cette impression d'admiration extatique que j'avais éprouvée à leur première vue. Une maison qui joignait le caractère d'estancia à celui de ferme de culture, nous donna l'hospitalité. Le propriétaire en fut pour nous des plus aimables, et poussa même la complaisance jusqu'à envoyer ses domestiques chasser pour moi dans la campagne; mais, après avoir inutilement attendu le résultat de leur chasse, je fis moi-même beaucoup plus de besogne qu'eux. Peut-être qu'au lieu de poursuivre les cerfs, ils étaient dans une maison voisine à faire leur partie de *monte*.

Rio de Santa-Lucia.

Non loin de cette maison, agréablement située au milieu des palmiers, s'offrit à nos yeux une échappée de vue assez pittoresque, chose rare dans un pays si uniformément plat. Vers la gauche, sur une pente très-douce, se dessinait une petite ferme, simple cabane couverte de feuilles de palmier, entourée de plusieurs parcs; le tout nouvellement construit aux dépens des palmiers groupés sur le coteau, et qui semblaient s'ouvrir tout exprès pour recéler cette humble demeure. A droite était un bouquet de bois, contrastant, par la teinte rembrunie de son éternelle verdure, avec les palmiers d'un vert bleu. Ce bois se composait d'arbres divers, au milieu desquels se dressaient de grands ficus, nommés *guapohu* par les Guaranis, et le brillant palmier pindo, au feuillage léger, s'y élevait avec grâce, de toute la tête, au-dessus des autres végétaux. Sur le premier plan s'étendait un terrain où l'on avait tout récemment coupé les palmiers yataïs, afin d'y bâtir une maison, qui n'était encore qu'en charpente; et, en attendant qu'elle fût achevée, ses futurs propriétaires habitaient une charrette. Entre ces trois points se déployait la nappe des eaux limpides d'un lac immense, uni comme une glace, aucun souffle de vent n'en troublant alors la tranquillité. Nous nous y arrêtâmes; mon compagnon de voyage en prit la vue [1]. Un peu plus loin, le pays changea tout à coup d'aspect. Un spectacle de dévastation y attirait partout les regards. La campagne, sans doute, avait été brûlée la veille; aussi tout annonçait la mort. Les palmiers avaient perdu leur verte parure; un jaune noirâtre remplaçait leur teinte de vie, si agréable à la vue. Tous les oiseaux avaient fui ce théâtre de tristesse, à l'exception de quelques caràcaràs et de quelques urubus, qui le parcouraient encore, cherchant, sous les cendres, des cadavres à moitié consumés par les flammes. Heureusement, le feu s'était arrêté environ à deux lieues de là. Nous atteignîmes le soir une ferme située au lieu dit *Pasto reito,* où M. Parchappe devait s'arrêter pour prendre quelques mesures de terrain. Le propriétaire, chez lequel nous descendîmes, était un bon vivant, qui nous reçut à bras ouverts, comme tous les propriétaires de campagne, et se montra pour nous d'une obligeance extrême. Il serait difficile d'exprimer la franchise et la loyauté cordiale avec lesquelles les habitans des campagnes de Corrientes reçoivent les étrangers. Ils ont conservé ces habitudes d'hospitalité qui caractérisaient les Espagnols avant les guerres de l'indépendance, parce qu'en ces lieux la guerre, ce fléau des vertus sociales, n'a pas laissé de traces de son passage; mais, quand la civilisation aura gagné ces campagnes encore vierges, craignons de voir tous ces procédés disparaître comme ils ont déjà disparu sur les côtes; craignons que l'égoïsme et la fausseté n'étendent un jour leur funeste empire jusque dans l'intérieur de ces forêts, aujourd'hui la paisible demeure d'habitans plus paisibles encore.

1827. Rio de Santa-Lucia.

Je passai au Pasto reito huit jours, que j'employai à tout voir, à tout

1. Planches de vues, n.° 3.

1827. Rio de Santa-Lucia. 15 Juillet.

observer, au plus épais des bois, sur le bord des marais, au fond des lacs et des rivières; interrogeant tour à tour toute la nature pour me faire une idée complète du pays. Le lendemain de mon arrivée, j'allai chasser dans un bois immense qui borde un immense marais. J'y tuai plusieurs singes et des aras; j'y recueillis également les divers âges des palmiers; j'éprouvais un plaisir inexprimable à m'enfoncer au milieu des plus épaisses forêts, bravant les épines et les jaguars, pour contempler la nature vierge, qui brillait de tout son éclat. J'admirais ces arbres énormes, en apparence aussi vieux que le monde; ces élégans pindos, au tronc droit et svelte, surmonté d'un panache, dont la forme gracieuse, le feuillage si léger et d'un si beau vert, contraste avec la sombre verdure du timbo [1] à la coupe arrondie, placé à côté de l'immense *lapacho* [2], alors dépouillé de ses feuilles, au milieu d'arbres toujours verts; et, par sa nudité dans ces bois, rappelant seul l'hiver de notre Europe. Partout une foule de belles fougères aux feuilles symétriquement découpées, et la capillaire modeste, dont les feuilles légères se courbent humblement vers la terre. On n'entendait plus alors les chansons joyeuses des gobe-mouches, les roucoulemens de la tourterelle, les sifflemens des pie-grièches, ni les éclats de voix des cassiques, momentanément remplacés par le chant de quelques tangaras et par le cri des aras, toujours dur et sans harmonie. Cette solitude sauvage me plaisait et j'aimais à en jouir seul. En de tels endroits, en effet, tout parle à l'ame, et laisse une impression mélancolique que je me plaisais à nourrir, parce qu'elle me ramenait doucement aux souvenirs de la patrie, souvenirs toujours si chers au voyageur, qui le font vivre autant des biens qu'il a possédés que de ceux qu'il espère et qui le soutiennent dans ses pérégrinations. Assez souvent, je m'enfonçais dans les bois, absolument seul, pour n'être pas, à chaque instant, distrait par les craintes puériles de mon domestique, qui, peureux par caractère, me peignait toujours avec tant d'éloquence les périls attachés à ce genre de courses, qu'il m'était quelquefois impossible de n'y pas faire attention.

D'autres investigations, non moins fructueuses, me conduisirent aux bois inondés qui bordent la rivière de Santa-Lucia. Dans l'une de ces courses, je fis la rencontre d'un magnifique jabiru; je le tirai et lui cassai l'aile. L'animal, aussi grand que moi, se mit en présence, et faisait rapidement claquer, l'une contre l'autre, ses deux énormes mandibules, comme pour m'intimider, se

1. Espèce du genre Acacia.

2. Grande espèce de la famille des Bignoniacées, commune partout, sur les rives du Parana.

défendant en brave. Cette lutte dura quelque temps; mais je parvins à saisir son bec; dès-lors il se trouva sans défense aucune, et je me rendis maître de lui. Dans une autre course au même lieu, j'y allai le soir seulement, parce que toute la matinée avait été employée à préparer mes chasses des jours précédens; en y arrivant, j'attachai mon cheval à un arbre, et je m'enfonçai dans l'intérieur, à pied; mais bientôt, ne trouvant rien de nouveau dans ce bois, je passai à un autre du voisinage. Le soir s'avançait rapidement. Le temps était très-sombre. Dans le second bois, j'éprouvai un instant d'inquiétude; j'entendais marcher près de moi plusieurs animaux; et des grincemens de dents, qui ne me rassuraient guère, me firent, dès-lors, reconnaître que je n'avais, pour toute défense, qu'un fusil de très-petit calibre, chargé à plomb, et un sabre court. Je ne me sentis pas assez fort pour m'assurer de ce que ce pouvait être, d'autant plus que j'étais presque certain que c'était une troupe de ces pécaris ou sangliers américains, qu'il n'est pas toujours très-prudent d'attaquer, à moins de pouvoir monter sur un arbre, dès qu'on les a tirés; et cela, sous peine d'être impitoyablement mis en pièces. Il n'y avait plus d'observations à faire; car la nuit commençait à étendre ses voiles, et l'on sait que, près des tropiques, le crépuscule est très-court. Je jugeai prudent de regagner le logis. Les rugissemens lointains des jaguars m'avertissaient d'aller, en toute hâte, rejoindre mon cheval, déjà tout épouvanté. Je l'enfourchai; mais, en route, sa frayeur ne fit qu'augmenter; tout lui donnait de l'ombrage, à chaque instant il dressait les oreilles et ne voulait plus avancer qu'à coups d'éperons. J'étais au milieu de très-hautes herbes; et il paraîtrait que, plus expérimenté que moi, il avait réellement senti quelqu'animal dangereux; car, dès que j'eus franchi les hautes herbes, il se rassura et me ramena d'un galop au gîte.

1827.

Rio de Santa-Lucia.

Depuis quelques jours je m'occupais beaucoup d'un chien qui servait de gardien, de conducteur et même de berger à un troupeau de plus de cent moutons. Tous les matins, à la pointe du jour, il faisait sortir les brebis du parc et les conduisait dans la campagne aux endroits où elles pouvaient paître. Je l'avais suivi dans sa marche et le voyais surveiller son troupeau, sans jamais permettre qu'une brebis s'écartât des autres; et s'il y avait des agneaux nouveau-nés, il en prenait un soin tout paternel, les défendant contre l'approche des vautours et surtout des caracarás, oiseaux de proie qui ont l'habitude de profiter de cet instant pour déchirer le cordon ombilical des agneaux et les tuer ainsi; ou bien pour leur crever les yeux, causant, de la sorte, de grands dégâts parmi les troupeaux. Le pauvre chien se donne alors beaucoup de peine pour défendre ses agneaux, et pour forcer le féroce caracará de s'éloigner. On

1827. Rio de Santa-Lucia.

le voit sautant, aboyant, jusqu'à ce qu'il attire par ses cris quelque personne de la maison, ou qu'il soit parvenu à faire entièrement lâcher prise à l'oiseau vorace. Il veillait aussi à ce qu'aucun animal ne s'approchât de la famille; il poursuivait les autres chiens des alentours, soit sauvages, soit domestiques; et ne permettait même à aucune personne étrangère à la maison de s'en approcher. Il serait trop long de détailler tous les soins que ce berger d'un nouveau genre rendait à ses brebis. Le berger le plus actif et le plus intelligent ne saurait mieux garder un troupeau. Il chassait quelquefois aux perdrix dans la campagne, et ne revenait à la maison que lorsque la faim l'y forçait. Alors il trouvait à la cuisine son repas quelquefois réservé, et repartait de suite pour aller rejoindre ses bêtes. Le maître de la maison, afin de me montrer jusqu'où allait l'instinct de son chien, lui dit, un jour qu'il venait de manger, d'aller chercher son troupeau. Il partit de suite; et, quelque temps après, je le vis revenir, le ramenant en toute hâte. Ordinairement il restait toute la journée dehors et ne rentrait que le soir. Il forçait les brebis d'entrer dans le parc, en les poussant et en en faisant continuellement le tour; ses brebis rentrées, il se couchait au milieu d'elles et ne laissait aucun étranger s'approcher du parc, fait que j'ai moi-même assez souvent expérimenté.

Je questionnai le propriétaire des moutons pour savoir comment il pouvait habituer ainsi les chiens à une surveillance si active. On prend les chiens dès qu'ils sont nés, on les sépare entièrement de leur mère, et on les conduit, chaque jour, trois ou quatre fois au troupeau. Là, on les fait téter la première brebis qui tombe sous la main. On continue cette manœuvre jusqu'à ce que les petits chiens ouvrent les yeux et marchent un peu; on approche d'eux une brebis, et ils la tettent d'eux-mêmes. Peu à peu ils s'accoutument à aller au troupeau, comme s'ils étaient de la même famille; et ils finissent par s'y attacher de manière à ne plus le quitter qu'à la mort. Il est déjà fort remarquable que les brebis se laissent téter par un jeune chien, sans la moindre difficulté; mais ce qu'il y a de plus étonnant encore, c'est l'affection que prennent ces animaux pour le troupeau qui leur a fourni leur premier aliment. Ces chiens peuvent se comparer à ceux qu'on élevait au même usage dans l'ancienne Grèce, et principalement à ceux de l'Épire, si fameux sous le nom de *molosses*. On les appèle *perros ovejeros* (chiens-bergers). Ces animaux, en agissant ainsi, obéissent-ils à un instinct aveugle, ou leur conduite est-elle raisonnée? C'est une question que je ne chercherai pas à résoudre, me bornant à admirer ces animaux, qui, bien plus que ceux d'Europe, sont à l'état sauvage, et rendent néanmoins de si grands services aux habitans, soit, comme je viens de le dire, en prenant soin de leurs troupeaux, soit en les accompagnant dans leurs chasses aux jaguars, aux perdrix, etc., comme je le dirai plus tard; et nulle part, pourtant, ils ne sont traités plus cruellement, recevant à chaque instant des coups de couteau ou des coups de bâton de leurs barbares maîtres, qui ne leur donnent jamais à manger que le rebut de leurs repas, ce qui n'empêche point les pauvres bêtes de leur être on ne peut plus attachées, de les aimer, généralement, beaucoup plus et de s'y montrer bien plus fidèles que ne le sont, à nous, nos chiens de chasse civilisés, le plus souvent toujours prêts à suivre la première personne qui se présente armée d'un fusil. Les observations faites sur la manière d'être de ces chiens-bergers, sur l'énergie d'attachement dont ils sont susceptibles et sur ce qu'on appèle leur instinct (puisqu'on leur refuse le jugement et la pensée); ces observations, dis-je, pourraient amener des réflexions de la plus haute philosophie. N'est-il pas fort extraordinaire, par exemple, qu'un animal dont le genre de vie diffère tant de celui des ruminans, s'attache à ce point à ses tyrans et prenne, dans leur intérêt, des soins si continus et si délicats, quand le tout se réduirait à un simple jeu de l'habitude? J'en doute; et je pense qu'il est, en eux, quelque chose de plus que dans les animaux apparemment moins parfaits, à qui la nature a refusé un tact aussi fin et des manières aussi rapprochées de celles de l'être dit exclusivement raisonnable.

Ces chiens appartiennent à une race particulière, caractérisée par sa forme un peu mâtinée, grande et forte. Leurs oreilles sont droites comme celles des chiens-loups, et les mouvemens qu'ils leur impriment indiquent les diverses sensations qu'ils éprouvent; leur queue est plus ou moins longue et le plus souvent touffue. Leur couleur est variable: leur teinte le plus souvent uniforme, roussâtre ou jaune; ils sont fréquemment rayés du dos aux flancs, comme le tigre royal, ce que les habitans appèlent *barcinos*. Ces chiens, sauvages, partout, dans ces provinces, il y a quelques années, ne le sont plus que dans la province d'Entre-Rios et de la Banda oriental, surtout dans les parties septentrionales de cette dernière. Ils chassent aux divers animaux sauvages, en les poursuivant adroitement. Quand ils étaient beaucoup plus nombreux, ils nuisaient beaucoup à l'accroissement des troupeaux et même attaquaient les voyageurs. On m'a fait connaître l'ingénieux moyen par lequel ils parviennent à s'emparer d'un cheval. Divisés par relais composés de plusieurs chiens, ils se placent de distance en distance, de manière à former un grand cercle autour du cheval qu'ils veulent attaquer; puis quelques-uns d'entr'eux le relancent et le poursuivent, en se relevant, jusqu'à ce que la pauvre bête se soit épuisée

1827. Rio de Santa-Lucia. en vains efforts dans un cercle qu'elle ne peut franchir; et, quand elle n'en peut plus, ils se rapprochent, fondent sur elle tous ensemble, et ne peuvent manquer d'en avoir bon marché. Ceci viendrait à l'appui de ma réflexion précédente sur l'intelligence supérieure de ces animaux. Croira-t-on, en effet, qu'une aussi profonde tactique soit le fruit d'un instinct aveugle? Il paraîtrait, au reste, que la tactique de défense dont s'arment les bestiaux contre les loups en Europe, les a suivis en Amérique; car les taureaux, par exemple, opposent aux jaguars et même aux chiens un rempart de leurs cornes, et les chevaux leur présentent les pieds de derrière.

Autour de plusieurs lacs des environs, résidaient plusieurs cabiais que j'avais en vain essayé d'atteindre. De loin, à mon approche, habitués qu'ils étaient à fuir les chiens du voisinage, ils plongeaient dans l'eau; mais je réussis à en approcher un assez pour le tirer à balle. Je croyais l'avoir touché; mais il s'enfonça dans le lac et disparut. Le soir, me promenant sur la rive opposée, je le rencontrai mort. C'était un très-vieux mâle, d'une grande taille, pesant plus de deux cents livres : son poil était presque blanc, ce qui n'arrive qu'à ceux qui vivent dans les lacs de certains cantons; car tous ceux qui vivent au bord des fleuves sont d'un roux foncé. Je le fis traîner à la résidence, et l'on peut le voir aujourd'hui dans les galeries du Muséum de Paris.

Une pareille course me conduisit au loin sur les bords de la rivière de Santa-Lucia, au milieu de plaines sablonneuses couvertes de palmiers yataïs. La rivière, en ce lieu distant au plus de quatorze lieues de San-Roque, est encore couverte de joncs; seulement, vers son centre, elle offre, là, quelques espaces libres; elle y est encore très-large et paraît avoir très-peu de courant.

Le Pasto reito ne dépend ni de la commandance de Yaguarété cora, ni de celle de San-Roque, mais de celle de Saladas, dont je n'étais qu'à quelques lieues.

25 Juillet. J'étais parvenu à connaître le Pasto reito et ses environs. Rien ne pouvait donc plus m'y retenir, et je partis le 25 Juillet pour revenir à San-Roque. Je traversai encore des bois de yataïs, au milieu de terrains sablonneux, où, depuis peu, beaucoup de cultivateurs venaient de s'établir, pour défricher ces terres vierges. On ne voyait partout que palmiers abattus et maisons nouvellement bâties, ou encore en construction. Tout annonçait que, dans quelques années, ces environs, naguère incultes et sauvages, seraient couverts de tabac et de cannes à sucre, et deviendraient le lieu le plus productif de la province. En nous entretenant de l'Europe avec mon compagnon de voyage, qui l'avait quittée depuis plus de neuf ans, nous oubliâmes que

nous étions en Amérique. La nuit arriva, et nous surprit dans la campagne, où il n'y avait pas de chemin tracé. Nous craignions à chaque instant de nous perdre, et nous n'aperçûmes qu'après sept heures de marche la lumière de la cuisine d'une ferme, où les chiens nous annoncèrent par leurs aboiemens. Nous surprîmes nos hôtes, qui ne nous en saluèrent pas moins, avec beaucoup d'amabilité, du bienveillant: *a buen tiempo* (soyez les bien-venus). Ils n'avaient pas encore soupé. Nous nous assîmes à leur table, où, pour dessert, ils nous régalèrent d'oranges cuites sous la braise, mets tout-à-fait nouveau pour moi, mais que je trouvai fort agréable. On nous fit coucher dans la cour, sous un hangar ouvert à tous les vents, et un froid piquant se faisait sentir. Heureux encore d'être sous un toit! Le lendemain, nous suivîmes les rives du Rio de Santa-Lucia, traversant des plaines couvertes de gazon et passant, de temps en temps, auprès de petites fermes de culture. J'arrivai de bonne heure à San-Roque, où nous retinrent deux jours de fortes pluies, qui n'étaient pas de saison et qui m'empêchèrent de parcourir de nouveau les environs.

1827

Rio de Santa-Lucia.

26 Juillet.

Ces pluies enflèrent la rivière de Santa-Lucia et la firent déborder. Elle couvrait de ses eaux une grande surface de terrain, et son lit était au moins quatre fois plus large qu'à l'époque où je l'avais passée, lors de ma première course à San-Roque. Pour la passer de nouveau, il fallait attendre que les eaux baissassent, ce que j'étais peu disposé à faire, ou mettre en usage la *pelota*, moyen de transport plus ingénieux que commode, mais auquel je m'étais habitué lors de mon voyage au Rincon de Luna, et qui, dès-lors, me devenait indifférent.

On avait chargé la charrette de nos effets; on la déchargea quand nous arrivâmes au bord de la rivière. Alors, relevant une peau de bœuf desséchée, on y plaça deux de mes malles, sur lesquelles je m'installai; et un habitant à la nage me remorqua ainsi de l'autre côté, tenant entre ses dents une petite courroie attachée à l'appareil. Cette navigation me fit éprouver quelques inquiétudes, à cause des oscillations que la violence du courant imprimait à mon cuir; cependant j'arrivai sain et sauf sur l'autre rive. Mon compagnon me suivit bientôt de la même manière, et sans plus d'accidens; mais il restait à passer la charrette, dégagée du poids de nos effets, qu'on avait préalablement embarqués avec nous dans la *pelota*. On la fit rouler au bord de l'eau; puis on y attacha, par une longue courroie, deux chevaux, qui furent immédiatement lancés à la nage, sous la direction d'un homme du pays chargé de la remorquer ainsi jusqu'à la rive opposée, tandis que, pour en empêcher la culbute au milieu de la rivière, un autre homme, monté derrière, la main-

1827. Rio de Santa-Lucia. tenait en équilibre, en lui faisant contre-poids, tantôt d'un côté, tantôt de l'autre[1], en raison du plus ou moins de résistance opposée à sa marche transversale par la force du courant. Elle arriva ainsi sur l'autre bord; on y replaça nos bagages, on sella les chevaux et nous nous remîmes en route.

Combien de siècles s'écouleront encore, peut-être, avant que l'augmentation de la population et le besoin de communications plus fréquentes, rendues nécessaires par l'extension des rapports commerciaux, déterminent les habitans à construire des ponts sur ces routes; et combien alors ne leur fera pas éprouver de difficultés le manque de pierres, qui se fait déjà sentir dans presque toute la province; les bois, par lesquels on voudra les remplacer, ne pouvant jamais permettre que des constructions temporaires!

Corrientes. Je suivis la même route que j'avais prise pour me rendre à San-Roque. Trois jours de marche me ramenèrent à Corrientes, sans autre accident digne de remarque que la rencontre de quelques voleurs célèbres dans le pays et que l'on amenait à Corrientes, après les avoir pris dans le sud de la province. Les voleurs sont rares en cette contrée, où la bonne foi règne encore dans les campagnes septentrionales. Ceux-ci venaient de *Curuzu quatia*, le village le plus sud de la province, dont les habitans ont déjà changé de mœurs, en adoptant, pour leur malheur, celles de la province d'Entre-Rios. Ces misérables étaient à cheval, retenus dans cette position par une énorme barre de fer, passée dans leurs jambes et assujettie au moyen d'un cadenas. Ils portaient, de plus, cette espèce de gilet de sûreté, mis en usage, dans le pays, pour les prisonniers dont on veut s'assurer, mais qui n'en est pas moins barbare. C'est tout uniment une peau de bœuf encore fraîche, dont on les enveloppe au moment de leur arrestation; cette peau, en séchant, se contracte, de sorte que les misérables se trouvent bientôt comme en presse, ne pouvant exécuter aucun mouvement, ni élever les bras jusqu'à la tête. Souvent même ils arrivent à leur destination les bras enflés, la circulation du sang se trouvant ainsi interrompue. A leur arrivée à la prison, on leur ôte ce gilet, en le coupant avec un couteau. Quatre ou cinq hommes conduisaient la troupe, sans autres armes qu'une mauvaise lance, et des sabres pour quelques-uns; mais aucun n'avait de fusil.

1. Voyez planches, Vues, Costumes, n° 2.

CHAPITRE VIII.

Nouveau séjour à Corrientes et dans ses environs, et voyage à Itaty, sur le Parana. — Séjour à Itaty et retour à Corrientes.

§. 1.er

Nouveau séjour à Corrientes et dans ses environs, et voyage à Itaty, sur le Parana.

A mon retour à Corrientes, j'avais déjà beaucoup à faire pour mettre en ordre mes observations et mes collections; et, cependant, de nouveaux embarras m'y attendaient. Le gouvernement venait d'appeler M. Parchappe à Buenos-Ayres, où il devait remplir une place d'ingénieur-géographe, et poursuivre ses observations sur un plus vaste théâtre. Nous étions antérieurement convenus de nous associer pour la publication générale des résultats de toutes les notions que nous devions recueillir dans nos voyages partiels. Agréablement préoccupés de cette idée, nous nous étions, depuis, livrés avec ardeur à ce genre de recherches; mais les circonstances obligeant M. Parchappe à renoncer aux voyages projetés, je me trouvais, dès-lors, seul chargé de tout. Je le voyais partir avec un vif regret; car, jusqu'à ce moment, il m'avait servi de guide et de Mentor dans nos courses communes. Lui et un autre compatriote, M. Lebon, étaient les deux seuls amis que j'eusse dans le pays, et tous deux allaient s'éloigner. Le 25 Août, je les accompagnai jusqu'à bord du bâtiment qui me les enlevait. Ils partirent. Leur éloignement m'affligeait. Je me retrouvais encore une fois seul; mais j'avais l'espérance de les revoir bientôt à Buenos-Ayres, où je devais revenir, après avoir fait plusieurs courses indispensables au complément de mes études sur la province.

1827. — Corrientes et environs. — 25 Août.

Quelques jours après leur départ, je louai une petite barque et descendis le Parana, jusqu'à l'embouchure du Riachuelo. Là se trouvent beaucoup de ces immenses marais qu'on nomme dans le pays *bañados*, terrains bas, inondés au temps des crues du Parana, et dont le séjour des eaux convertit en lacs temporaires les parties les plus profondes. Quelques débris de coquilles d'eau douce me firent soupçonner qu'il devait y avoir de ces coquilles dans les étangs. J'y entrai; et un avare qui trouve un trésor n'éprouve pas un plus

1827. Corrientes et environs.

vif plaisir que celui que je ressentis, en tirant des sables vaseux qui tapissent le fond de ces réservoirs naturels, une foule d'espèces d'anodontes et de mulettes. Après avoir passé toute la journée dans l'eau, je revins le soir, chargé de mon butin et enchanté de ma bonne fortune. Cette première course m'encouragea; j'en fis une nouvelle, en remontant le Parana, dans les îles de sa rive gauche, et qui ne fut pas moins fructueuse. Le Parana était très-bas. Les îles, naguère inondées, étaient élevées, alors, de plus de quinze à vingt pieds au-dessus du niveau de ce fleuve. Leurs contours sablonneux, contrastant d'une manière piquante avec leur verdure, qui commençait à poindre, en auraient fait un séjour enchanteur, sans les moustiques et les taons innombrables dont on y était assailli; et, sans l'inquiétude que donnaient les traces non équivoques des jaguars imprimées, à chaque pas, sur le sable, et attestant assez que ces animaux sont en force dans ces îles, d'où ils vont, chaque nuit, chasser en terre ferme. Le printemps renaissait. Les tiges sèches des plantes restées sous les eaux, se couvraient d'une tendre verdure; les saules, élégans couronnaient les eaux de leurs touffes pyramidales, contrastant avec le vert glauque des alisos, dont les rivages étaient couverts, et avec les timbos dont s'ornait le centre des îles. Cette course me fut à la fois agréable et utile. La chasse m'y procura beaucoup d'oiseaux qui déjà revenaient des parties plus chaudes, pour repeupler quelques mois les forêts de cette latitude.

Rio negro (Grand Chaco).

J'avais depuis long-temps l'intention de pénétrer dans le *Rio negro* (rivière noire), qui arrose le Chaco et se jette dans le Parana, en face de Corrientes. Cette rivière tire son nom de la couleur de ses eaux, qui sont effectivement noirâtres. J'ai retrouvé cette couleur de l'eau dans beaucoup de rivières de la république de Bolivia surtout, parmi les cours d'eau qui sillonnent les immenses bassins presque horizontaux du centre de l'Amérique méridionale; et, de là, cette innombrable quantité de *Rio negro* ou de rivières noires, qu'on trouve partout sur les cartes. Les rivières rouges (*Rio colorado, vermejo*, etc.) ne sont pas moins communes, ainsi que les rivières salées (*Rio salado* ou *Yuraj-mayo*) des Incas. Toutes ces dénominations s'appliquent chaque fois que se présentent les phénomènes qu'elles désignent. L'application du mot *Rio negro* n'est pas toujours également juste; car on s'en sert aussi pour désigner des rivières qui, sans être noires, sont seulement d'un vert foncé, comme, par exemple, le Rio negro de Patagonie, au 41° de latitude sud, qui, réellement, ne paraît pas noir, quand on le compare au Rio negro dont je m'occupe en ce moment; mais qui l'est comparativement à la rivière la plus voisine, ou Rio colorado (rivière rouge), qui se jette dans l'Océan atlantique, au 39° 40'. J'ai souvent cherché à m'expliquer, par les faits, d'où pouvait provenir la colorisation si variée des cours d'eau de l'Amérique; et je devais d'abord interroger, à cet égard, les indigènes, qui ne purent jamais me répondre que d'une manière très-vague, l'attribuant quelquefois à la macération des racines de salsepareille; mais cette explication n'est pas admissible; car j'ai vu des rivières noires où il n'y avait pas de salsepareille, et des rivières blanches où cette racine abondait. Il fallait donc en chercher une autre. Des faits nombreux sont venus, plus tard, m'en donner une pleine et entière, lorsque, parcourant quelques centaines de rivières, j'ai pu en reconnaître les véritables sources. Le problème fut, dès-lors, résolu pour moi. J'ai bien rencontré quelquefois, en effet, de petits cours d'eau limpide, réunis à des rivières fortement colorées; mais j'ai toujours remarqué que cette colorisation n'était très-intense que dans les rivières à cours peu rapide et prenant leur source au milieu de marais, ou de plaines inondées, où les eaux séjournent long-temps sur des amas de plantes qui se décomposent quelquefois, mais qui abandonnent toujours leur principe colorant. Le Rio Machupo, le Rio Ivari et le Rio Yacuma, dans la grande province de Moxos, m'en fournirent les meilleures preuves, lorsque je reconnus leurs divers affluens jusqu'à leur berceau. J'ajouterai même que les rivières qui naissent au milieu des forêts ont quelquefois une teinte un peu foncée, toujours jaunâtre, mais jamais noire. C'est donc au séjour des eaux sur les plaines, sur les marais ou sur les tourbes, que je crois devoir positivement attribuer la colorisation de l'eau; aussi, après avoir fixé mes idées à cet égard, suis-je parvenu à savoir d'avance où je devais rencontrer la source de telle rivière ou de tel ruisseau, et j'oserai dire que, sous ce rapport, je suis rarement tombé dans l'erreur.

1821.

Rio negro (Grand Chaco).

La colorisation en rouge des eaux m'est devenue également facile à expliquer. J'en trouvai un exemple dans les eaux du Rio vermejo (rivière vermeille), que je traversai dans le Parana, avant d'arriver au confluent du Rio negro. Les eaux de cette rivière ne se mêlent pas de suite à la masse de celles du Parana, et conservent leur couleur propre quelques lieues encore, ne la perdant que par degrés. Les seules rivières que j'aie vues teintes en rouge sont celles qui naissent au milieu des grès ferrifères des montagnes ou derniers contreforts des Andes; et il me serait facile d'en citer un grand nombre, comme le Rio colorado, qui prend sa source dans les Cordillères, au sud de Mendoza; le Rio vermejo, qui naît dans les montagnes des provinces de Salta, de Jugui et de Tarija; le Rio Pilcomayo, qui traverse toutes les montagnes de la république de Bolivia, et le Rio Grande, de la même république, qui tra-

1821. Rio negro (Grand Chaco). verse aussi presque toutes les montagnes secondaires de ce pays, dont les grès ferrifères forment la base. Au temps des pluies, des matières terreuses, enlevées par les eaux et entraînées par le courant, communiquent à tout le cours de ces rivières leur principe colorant, qu'on retrouve même au temps des crues dans une partie du cours du Parana, au-dessous de sa jonction avec le Paraguay, qui lui apporte les eaux rouges du Rio vermejo et du Pilcomayo, tandis que ses propres eaux ne sont que jaunâtres au-dessus de cette jonction.

J'ai remarqué que toutes les eaux blanches, ou, pour mieux dire, incolores des rivières, proviennent de la fonte des neiges, ou des montagnes très-boisées, comme j'en ai eu mille fois la preuve dans les rivières du versant oriental des Cordillères orientales de la province de Yungas, en Bolivia, ou dans les belles et limpides rivières du sommet des Andes, ou même dans cet admirable lac de Titicaca, dont les eaux sont assez pures pour permettre d'en voir le fond à de grandes profondeurs, ainsi qu'il arrive dans les mers profondes, et qui offre ce bleu d'azur ou ce vert bleu que présentent seules, peut-être, avec lui, les hautes mers; mais c'est assez s'occuper, pour le moment, de la couleur de l'eau des rivières. Je reviens à mon voyage.

Je montai une petite barque, munie de quelques rameurs et convenablement approvisionnée. Je traversai le Parana et entrai dans le Rio negro.

C'était un des premiers jours du printemps, époque où tous les êtres semblent se ranimer, sous l'influence d'une douce chaleur. La nature se présentait à mes yeux sous un aspect nouveau et me paraissait parée de couleurs plus fraîches; les oiseaux célébraient, comme à l'envi, le retour de cette saison charmante où toute la création se régénère; les papillons reparaissaient, fiers d'un plus vif éclat, cherchaient avec avidité quelques fleurs, première parure de l'année, et se mêlaient quelquefois aux sémillans oiseau-mouches, en s'enivrant du nectar des fleurs. Tel est le riant aspect sous lequel s'offrit à moi l'embouchure du Rio negro, dont les eaux tranquilles coulaient à peine entre des branches croisées en tous sens, au milieu de bois où n'ont jamais retenti les coups redoublés de la hache du bûcheron. Ces bois s'étendent d'abord à plus d'une demi-lieue dans les terres; mais leur largeur diminue peu à peu et ils finissent par ne former qu'une étroite lisière, qui s'interrompt ensuite, elle-même, de temps en temps, pour laisser voir d'immenses forêts de palmiers carondaï, qui aiment les terrains sujets aux inondations, et dont les globes élégans, portés sur un tronc droit et cylindrique, donnent un aspect sérieux à toute la campagne. À quelques lieues de l'embouchure, après avoir suivi des détours sans nombre, je remarquai qu'à mesure que je m'avançais, les rives se paraient de nouveau d'immenses timbos, qui continuèrent jusqu'à près de cinq lieues de l'embouchure, après quoi le terrain changea entièrement d'aspect. Les marais furent remplacés par des plaines unies, couvertes de graminées, quelquefois d'espinillos, mais qui s'élèvent au-dessus du niveau des plus fortes crues de la rivière, que bordent encore de beaux arbres, et plus encaissée, sans que le courant en devienne plus rapide. J'étais sur l'immense territoire par lequel ces plaines sont séparées des premiers contreforts des Cordillères des provinces du Tucuman et de Santiago del Estero; territoire qu'on a nommé le *Grand Chaco*[1], parce qu'on l'a jugé des plus propre à une culture facile, quoiqu'il fût encore désert, ou peuplé seulement par quelques hordes sauvages. Des signes d'un séjour récent nous annoncèrent que la nation la plus voisine, celle des Tobas, n'était pas éloignée. J'abandonnai la barque et m'avançai dans la campagne. Il s'offrit à mes yeux une plaine argileuse, garnie d'arbrisseaux rabougris; mais j'apercevais, au loin, des bouquets de bois, que leur espèce me disait devoir avoisiner des marais; car, habitué à voir des terrains analogues dans toute la province de Corrientes, j'avais appris à les reconnaître à l'espèce de bois qui les couvre. L'approche de la nuit me contraignit à regagner la barque. Le lendemain, j'allai à la chasse, toujours seul, parce que mes guides étaient trop craintifs pour m'accompagner; et, dès la veille, leur conversation du soir m'avait fait juger que je devais peu compter sur eux, pour l'exécution du projet formé de m'avancer dans les terres. La crainte de rencontrer des Tobas et des jaguars les préoccupait tellement, que je devais tout appréhender de leur pusillanimité. En revenant de ma course, je vis de loin plusieurs Indiens qui traversaient la campagne à cheval. Je revins à mes gens qui, les ayant également aperçus, me déclarèrent positivement qu'ils voulaient retourner à Corrientes. Après des efforts inutiles pour combattre leur résolution, je me vis contraint de partir; et une nouvelle apparition d'Indiens à cheval les décida à précipiter leur retraite, d'autant plus que les Indiens venaient vers nous. Ils s'avancèrent même au milieu des bois de palmiers, apparemment dans l'intention de nous reconnaître; mais les marais des bords retardèrent leur marche; et, comme mes rameurs ne voyaient que les arcs et les flèches dont les sauvages étaient armés, ils voguèrent avec un courage extrême, et me firent ainsi voler sur la rivière jusqu'au Parana. Leur vigueur alors se ralentit; car ils étaient chez eux, et hors de danger. J'avais projeté un long voyage; je n'avais pas compté

1827. Rio negro. (Grand Chaco).

1. *Chaco*, mot local qui signifie *jardin potager*.

1827. Environs de Corrientes.

sur un si prompt retour; la certitude d'être abandonné de mes gens, à la première vue des Indiens, avait pu seule me faire changer de dessein; mais je renvoyai à un autre temps la reprise et la continuation de mes recherches dans le Grand Chaco.

Je retournai, quelques jours après, de l'autre côté du Parana, dans la seule intention de chasser des *carayas* ou singes hurleurs, les seuls qu'on trouve sous cette latitude. Il est assez facile de se guider sur leurs cris; car ces animaux se font entendre de près d'une lieue de distance. Ils semblaient hurler, ce matin-là, beaucoup plus fort que de coutume. On eût dit qu'ils s'étaient tous réunis sur le même point, pour faire plus de bruit. Quiconque ne connaîtrait pas l'animal d'où partent des sons aussi énergiques, n'imaginerait jamais que des singes pussent les produire. Ce sont des sons cadencés, rauques et forts, qui vont *crescendo*, à mesure que les individus d'une troupe joignent leurs voix à celle d'une sorte de coryphée, qui semble leur donner le signal, et qui est ordinairement un vieux mâle. Tous forcent de voix ensemble, puis baissent graduellement de ton, jusqu'à cesser entièrement, puis reprennent avec plus de force. L'écho des bois répète leurs discordans concerts qui franchissent le Parana, et qu'on entend, presque tous les jours, de la ville de Corrientes. Guidé par eux, j'arrivai bientôt, de l'autre côté du fleuve, assez près d'un grand bois, leur résidence. En effet, après avoir traversé, non sans beaucoup de peine, des halliers très-épais, j'atteignis un très-grand timbo, sur lequel il y avait de vingt à vingt-cinq singes, tant mâles que femelles. J'étais accompagné d'un autre Français, qui désirait ardemment tuer des singes. Dès qu'il les aperçut, il se plaça sous l'arbre, ce que je me gardai bien de faire; car, dès les premiers coups de fusil, les cris, un moment suspendus, recommencèrent sur une autre gamme, accompagnés d'une pluie d'immondices qui, du haut de l'arbre, eut bientôt inondé mon malencontreux compatriote. Celui-ci, avait blessé un singe; tout entier à la joie de son triomphe, il ne s'était aperçu de rien, et recommençait à tirer. Je riais à gorge déployée, en le voyant inondé de cette pluie infecte, tandis qu'ignorant de quoi je riais, il m'engageait à m'avancer, sans doute pour partager sa gloire, dont j'étais assez peu jaloux. Je tuai plusieurs singes; mon compagnon en avait fait autant, et nous revînmes à notre barque, chargés de notre butin. Arrivés au bord de l'eau, les clameurs de nos gens lui révélèrent sa mésaventure. Il fut obligé de bien laver ses vêtemens et de se bien laver lui-même, avant qu'on lui permît de rentrer dans la barque. Nous revînmes à Corrientes, où il se vit en butte à de nouvelles plaisanteries.

Le Parana était dans l'instant de ses plus basses eaux, et j'étais impatient de parcourir ce fleuve à cette époque même, afin de recueillir le plus grand nombre possible d'espèces de coquilles d'eau douce. Je louai une grande barque, arrêtai un guide, et me munis de tout ce qu'il fallait en route, et des provisions jugées nécessaires pour une résidence de quelques jours, que je comptais faire au village d'Itaty.[1] 1827. Environs de Corrientes.

Je partis le soir du 20 Septembre. Je passai successivement devant toutes les pointes de grès ferrugineux dont la réunion forme les petits ports de la ville de Corrientes, qui offraient un aspect de vie ravissant. Bientôt cette vue animée fit place à des bois qui bordent le Parana et qui couronnent une falaise élevée au moins de dix mètres au-dessus des eaux. A une lieue de Corrientes, ces falaises disparurent et furent remplacées par un marais, nommé *Bañado de Torre,* du nom du propriétaire riverain. Ce marais qui, sans doute, occupe l'ancien lit du Parana, forme un immense lac, masqué, du côté du fleuve, par plusieurs îles sablonneuses, couvertes de saules. Nous le longeâmes lentement, et nous trouvâmes les terrains élevés, près d'une maison qui, réunissant les deux caractères d'estancia et de ferme de culture, est agréablement située sur les bords du fleuve et entourée de bois assez épais. Là, je m'arrêtai, afin de passer la nuit et de pouvoir faire, le lendemain, tuer un bœuf, pour les provisions de voyage. Pendant cette opération et la section de la viande en petites lanières, qu'on devait ensuite faire sécher au soleil, dans l'intention de les conserver, j'allai, avec le propriétaire de la ferme, parcourir les environs, d'autant plus pittoresques que les arbres, long-temps dépouillés de verdure, commençaient à se couvrir d'un feuillage d'un vert tendre, qui donnait au paysage un air de vie dont il était privé peu de jours auparavant. 20 Septemb. Parana.

Je pus, néanmoins, partir à midi. Non loin de là, après avoir suivi des côtes rocailleuses, bordées de falaises assez escarpées, couvertes de bois et flanquées de blocs de grès ferrugineux, je vis l'île de *Meza,* la seule qui soit, dans tout le cours du Parana, depuis Buenos-Ayres jusqu'aux Missions, un reste du continent et non pas, comme toutes les autres, une île basse, formée d'atterrissemens et sujète aux inondations. On ne trouve, dans un cours de plus de trois cents lieues, que deux exemples d'îles élevées; chose singulière, surtout en des terrains aussi horizontaux que ceux des provinces riveraines. La première est celle que je viens de nommer; la seconde, qui est aussi la plus

1. *Itatÿ*, pierre blanche; de *ita*, pierre, et de *tÿ*, sans doute contracté de *moroty*, blanc, comme dans beaucoup d'autres mots.

1827. Parana. grande de toutes celles du Parana, se nomme *Apypé*, et est située du 58° 30′ au 59° 12′ de longitude ouest de Paris, près de l'ancien village de Loreto, aux Missions. L'île de Meza, dont il s'agit maintenant, appartient au gouverneur actuel de Corrientes, don Pedro Ferre, qui y avait établi une ferme de culture; mais il se vit bientôt forcé de renoncer à l'entreprise, une quantité innombrable de fourmis détruisant toutes ses récoltes, ce qui a lieu également, dans tous les environs, sur le continent. L'Europe ne nous présente aucun exemple de cette multitude d'insectes qui couvrent surtout les terrains argileux de quelques parties de l'Amérique. Une autre plaie vint encore priver le propriétaire de ce terrain de l'avantage d'en tirer parti comme estancia et le forcer même de l'abandonner tout à fait, les jaguars, cantonnés sans nombre dans les bois qui en occupent toute la partie non défrichée, en ayant, en peu de temps, détruit les bestiaux. Le terrain dont je parle, au niveau des falaises de la terre ferme, est entouré de rochers déchirés, qui ne sont que les parties les plus dures des couches de grès emportées par les eaux. Nous passâmes dans le bras du Parana qui sépare l'île du continent. Les bords du fleuve sont ensuite assez escarpés et assez déchirés, partout couverts de bois. Je retrouvai le même aspect varié, jusqu'à la pointe de Guaïcaras, où viennent pêcher les habitans du village de ce nom, dont j'ai parlé dans la relation de mon voyage à Iribucua. Là cessent les côtes escarpées, pour être remplacées par des terrains marécageux et bas, où viennent aboutir quelques-uns des marais qui avoisinent la chacra de la *Laguna Brava*, par un petit ruisseau nommé *San-Jose*. Ces terrains bas n'occupent qu'un court espace; les terrains élevés ou du moins rocailleux les remplacent. Une pointe, que nous doublâmes, me présenta, de l'autre côté, une suite de rochers isolés, disposés en cercle, ce qui lui a fait donner, par les Guaranis, le nom d'*Ita-cora* ou *parc de pierre*. Nous passâmes ensuite à côté de deux immenses bancs de sable; et, après avoir doublé plusieurs pointes, nous arrivâmes à Tolero, grande île boisée, aux rives basses et séparée de la terre ferme par un canal naturel nommé *Riacho de Tolero*. Nous y pénétrâmes; nous doublâmes de nouvelles pointes et nous nous arrêtâmes en dedans de celle de *Godoy*, qui est en face des *Ensenadas*, afin d'y passer la nuit. La petite baie dans laquelle nous stationnions était couverte d'arbres morts, charriés par les courans des crues et arrêtés par les pointes avancées. Mes marins s'amusèrent à dresser un bûcher composé de plus de trente de ces arbres amoncelés les uns sur les autres, et, bientôt, des tourbillons de flammes s'élevèrent dans les airs, éclairant au loin les eaux majestueuses du Parana et la lisière des forêts qui les bordent. Le feu, même au milieu des pays les plus chauds, est toujours, pendant la nuit, le fidèle compagnon de l'homme civilisé, comme de l'homme sauvage. L'esprit d'incendiarisme, si j'ose ainsi m'exprimer, ou plutôt, peut-être, de la destruction qui l'accompagne, semble être, pour tous, une passion innée, dominante, aveugle, à en juger, du moins, par l'acharnement avec lequel ils brûlent partout, sur leur passage, soit les plaines, soit les forêts. Combien de fois n'ai-je pas vu mes Indiens, dans leurs bois, mes marins, dans les contrées civilisées, grands enfans, même après le long et pénible travail du jour, au lieu de se livrer au repos, former d'immenses bûchers, pour faire de grands feux ou se fatiguer encore à allumer la campagne; et cela, sans en prévoir, sans en attendre aucun avantage; et cela, pour le seul plaisir de voir des flammes briller dans les airs! Et qu'on ne croie pas que ces feux aient au moins pour objet d'épouvanter les jaguars. On les fait également en des lieux où ne se trouvent pas de ces animaux; et, d'ailleurs, ces précautions, à tort si vantées comme efficaces, en Afrique, la plupart des nations américaines ne croient point à leur efficacité. L'incendie n'est donc guère, pour elles, une nécessité que lorsqu'il faut renouveler les pâturages; mais il est toujours une jouissance. Moi-même (l'avouerai-je?), enfant comme eux, j'aimais à voir tous les environs éclairés par ces brillans phénomènes, si faciles à provoquer sur les bords des grands fleuves américains, qui réunissent tous les élémens de combustion et les amoncèlent, comme pour faciliter l'opération au voyageur. 1827 Parana.

Le 22, le vent étant contraire, nous dûmes voyager d'une manière bien pénible, en poussant notre barque avec des perches; mais, souvent, le courant triomphait des efforts réunis de nos rameurs; et telle ou telle pointe de rocher nous coûtait plus d'une heure de travail inutile; car, au moment de la doubler, le courant emportait la barque, et c'était à recommencer; aussi fallait-il, alors, jeter une corde à terre, et tandis qu'une partie des marins poussait la barque en avant, l'autre la tirait de la côte; genre de navigation, comme on le sent facilement, très-peu favorable au progrès. Nous doublâmes ainsi la pointe *Añasco*, en longeant le marais ou bañado de *Payube*, puis la pointe de Rori; mais celle de *Vaca rahi cora*[1] nous prit une partie de la journée, à cause de son fort courant et des rochers dont elle est hérissée; et à peine pûmes-nous arriver le jour même en dedans de cette pointe, où l'épuisement des forces des marins nous contraignit à nous arrêter, à cinq lieues du village d'Itaty. Toute la nuit, le vent nous apporta, de l'autre côté du Parana, les aboiemens des 22 Septemb.

1. *Vaca rahi cora* signifie, en guarani, le *parc de la jeune vache*, ou mieux *du veau*.

1827. Parana. chiens d'un poste de Francia, au Paraguay. La largeur seule du fleuve me séparait de cet État si redouté, où règne le despotisme. Trois mois plus tôt, je ne me serais pas hasardé à remonter le Parana, parce que toute barque qui le sillonnait portait ombrage au dictateur, qui faisait détruire, la nuit, jusqu'à la plus petite pirogue des habitans riverains; mais, à la faveur d'un traité conclu, depuis peu, entre le Paraguay et Corrientes, j'avais la faculté de naviguer sur le Parana, pourvu que je ne m'éloignasse pas de la rive sud de ce fleuve. Les marins renouvelèrent leurs feux pour se distraire, et incendièrent jusqu'aux lianes sèches des arbres de la côte.

23 Septemb. Le lendemain, on se remit de bonne heure au travail; et, non sans fatigue, nous arrivâmes à la pointe de *Yaguari* (chien chéri). Là, force nous fut de nous arrêter, pour reprendre haleine. La barque était près d'un grand bois. J'entendis crier des yacùs, espèce de pénélope, de la forme des faisans, qui fait retentir les bois de son chant désagréable. Je pénétrai, de suite, dans le fourré, et fus assez heureux pour en tuer deux, que je poursuivais encore en m'enfonçant dans le bois, quand parvinrent d'assez près à mon oreille ces mêmes claquemens de dents qui m'avaient frappé, dans une course précédente, au milieu des bois de la rivière de Santa-Lucia; mais, alors plus expert, je reconnus de suite que c'était une troupe de pécaris [1]. Je voulus pourtant m'en assurer, et je vis bientôt, non loin de moi, plusieurs de ces sangliers d'Amérique écumant de rage et grinçant des dents, en se portant sur moi tête baissée. Je revins à la barque prévenir mes gens de ma rencontre. Ces animaux ne sont pas à beaucoup près aussi dangereux que nos sangliers de France; mais il y aurait, néanmoins, imprudence à les affronter seul. Ils mettent en pièces quiconque les attaque, surtout si l'on a le malheur d'en blesser un; car la troupe, alors, baisse la tête, grince des dents, écume de colère; et, si le pauvre chasseur n'a pas le temps de monter sur un arbre, elle l'entoure et le déchire à l'instant. J'avais encore présente à la mémoire l'aventure récente de mon vieux compatriote d'Iribucua, qui, ayant rencontré une troupe de ces pécaris, avait tiré dessus et en avait blessé un. Les autres étant accourus aux cris du blessé, il n'eut que le temps d'embrasser un tronc d'arbre et de s'élever à quelques pieds de terre. Les pécaris entourèrent l'arbre et cherchaient à le déchirer à coups de dents, tandis que le malheureux, dans une attitude des plus gênantes, commençait à sentir s'épuiser ses forces et allait tomber en leur pouvoir, quand, par bonheur, ils se retirèrent. Les habitans leur donnent

1. *Dicotyles torquatus.*

quelquefois la chasse, mais toujours avec beaucoup de précautions. Les Indiens m'ont certifié plusieurs fois que les jaguars même les craignent et qu'ils n'attaquent jamais que le dernier d'une troupe, ou celui qui s'écarte des autres. 1827. Parana.

C'était la saison où les jeunes, d'une grosse espèce de tique[1], semblable à celle qui s'attache aux chiens en France, couvrent les sommités des plantes par petits pelotons, qui se déroulent dès qu'on les touche et couvrent les gens de leurs innombrables essaims. Ces insectes s'étaient attachés à mes vêtemens, partout où j'avais passé. Les marins en étaient aussi couverts; mais ils s'en débarrassaient, en les grattant, jusqu'au dernier, avec leur couteau. Ils m'invitèrent à en faire autant; mais je m'aperçus plus tard qu'apparemment j'avais mal suivi leurs prescriptions. Ces insectes deviennent aussi gros que des lentilles; et il est alors plus difficile de s'en débarrasser. Les Espagnols les nomment *Garapata*, et les Guaranis *Yatebu*. Les tiques sont bien la plaie du désert. Elles enfoncent leur trompe dans la peau et sucent le sang, réalisant ainsi, en petit, la hideuse fable des vampires.

Nous passâmes devant l'île de *Caa-béra* (bois brillant), située au milieu du Parana, boisée, comme les autres, mais dont l'aspect assez pauvre répondait mal à l'éclat de son nom guarani. Nous atteignîmes enfin la pointe de *Guira-ï* (l'eau de l'oiseau), dernier grand détour du fleuve avant d'arriver à Itaty. Ici le vent devint bon et nous commencions à cheminer lentement à la voile, lorsque j'aperçus plusieurs personnes qui, du haut d'un rocher, faisaient des signaux avec leurs mouchoirs et se mirent à nous appeler à haute voix. C'étaient les parens d'un jeune homme que j'avais emmené avec moi de Corrientes. Ils venaient au-devant de nous; et, parmi eux, se trouvaient plusieurs demoiselles d'Itaty, qui nous attendaient avec du maté et des cigares, selon la coutume du pays. Je ne saurais peindre la grâce naïve avec laquelle on me recevait, ni dire combien de caresses m'étaient prodiguées. Encore peu familiarisé avec des mœurs si différentes des nôtres, j'en étais vraiment étonné. Un exprès fut envoyé, par terre, au village, afin d'y annoncer notre arrivée.

§. 2.

Séjour à Itaty et retour à Corrientes.

Une heure après, la troupe joyeuse débarquait sur la grève d'Itaty. On se disputait l'avantage de me servir de guide au village. On m'enleva presque. C'était un triomphe. On m'installa dans une des chambres de la maison curiale. Itaty.

1. Espèce du genre *Crotonus*.

1827. Itaty.

J'étais un objet de curiosité pour les habitans; tous passaient et repassaient devant la maison pour me regarder. Bientôt la musique du lieu, composée de quelques mauvais violons et de harpes, restes de la splendeur musicale des Jésuites, et dont quelques Indiens jouaient tant bien que mal, vint me donner une sérénade et chanter des couplets en mon honneur. Je régalai de mon mieux les musiciens. Le commandant, le curé et l'alcade vinrent aussi me rendre visite, et me retinrent ainsi fort tard.

Ma première nuit d'Itaty ne fut pas, à beaucoup près, aussi satisfaisante. Je fus tourmenté, pendant toute sa durée, par les tiques dont j'ai parlé, et qui m'occasionèrent d'horribles démangeaisons, accompagnées d'une fièvre ardente. Ces insectes enfoncent leur tête dans l'épiderme, et il faut s'armer de beaucoup de patience pour parvenir à les arracher.

Je consacrais toutes mes journées à des courses aux environs, chassant et recommandant aux habitans de m'apporter des animaux, des coquilles et des insectes. Chaque jour je voyais s'enrichir mes collections. Souvent j'étendais un drap sur la place du village; j'y tenais deux chandelles allumées, et j'attendais ainsi que les insectes nocturnes vinssent tomber dans le piége. Je me procurai de la sorte un grand nombre d'insectes de tous les ordres. Ce stratagème paraissait assez extraordinaire aux habitans du village, qui trouvaient étrange que je m'occupasse de si peu de chose; mais j'avais trouvé le moyen de couper court à leurs questions, parfois importunes, en leur disant que je recueillais ces objets comme médecin, pour les convertir en remèdes; et, dès-lors, tous les habitans s'employèrent pour moi, ce qu'ils n'auraient pas fait, sans doute, s'ils n'eussent vu dans mes recherches qu'un simple objet de curiosité. Tous les enfans du village devinrent mes aides pour les récoltes de plantes, de coquilles et d'insectes.

La campagne, aux environs d'Itaty, était assez belle. La saison n'aidait pas peu à la rendre agréable. Tous les arbres, dépouillés de feuilles pendant l'hiver, se couvraient de fleurs et de feuillages; et quelques fruits printaniers se montraient même avant les feuilles de certains arbres. Au milieu de cette végétation toute nouvelle et des plus variées, on voyait le *lapacho* (*Tayi* des Guaranis), grand arbre de la lisière des bois, se couvrir partout de fleurs rouges, de forme agréable, avant de se parer d'aucune feuille. Sa teinte, d'un pourpre éclatant sans mélange, contrastait avec le vert foncé du timbo, acacia à la coupe arrondie et avec le feuillage léger du *curupaï*, qui étalait alors ses belles feuilles pennées, si gracieusement découpées et si légères dans leur ensemble, enveloppant des touffes de fleurs en plumets non moins aériennes, et dont les parfums embaumaient les airs. Cet arbre, dont l'écorce donne un excellent tannin, est une des branches du commerce actuel du pays. D'un autre côté, l'*Iba-hat*[1], grand arbre, comme le lapacho, mais au fruit jaune, gros comme une pomme, se distinguait de tous les autres, en étalant le premier ses fruits printaniers, dont les habitans sont assez friands, mais qui me parurent extrêmement acerbes; et dont la propriété énergiquement purgative ne me plaisait pas davantage. Mille lianes de toutes espèces commençaient à dérouler leurs fleurs de couleurs si variées, et à orner de leurs guirlandes naturelles, du pourpre le plus pur ou de l'or le plus éclatant, la voûte verdoyante formée par les grands arbres. Celui qui n'a pas vu les forêts des tropiques, au printemps, n'aura jamais une idée juste des beautés qu'y déploie la nature, à cette époque de l'année. Comment imaginer, en effet, ces feuilles pennées si belles des mimoses et des acacias; les larges feuilles lustrées de quelques figuiers; l'élégant feuillage du palmier? Qui peindrait cette diversité de formes de troncs; le tronc élancé des monocotylédones, à côté de tous les autres, si chargés de plantes parasites, qu'on en voit à peine l'écorce? Ce pêle-mêle de plantes de toute hauteur et de feuillage si différent, qui couvrent le sol sous l'ombrage des grands arbres et étalent, à l'abri des rayons brûlans du soleil et des vents impétueux, leurs belles fleurs de teintes et de formes si élégantes? Tel était alors le tableau qu'offraient à mes yeux les forêts d'Itaty, où tout semblait renaître et revivre, d'autant mieux que tous les oiseaux de passage étaient revenus parer de leur plumage et égayer de leurs accords ces lieux enchantés. Les *couroucous*[2], au plumage d'un vert métallique mêlé au rouge le plus vif, habitant les parties les plus sombres des plus sombres forêts, venaient témoigner, à chaque instant, par leur présence, que les oiseaux exposés aux rayons du soleil ne sont pas les seuls colorés. Cet oiseau au cri plaintif, qui pleure soir et matin, comme disent les Indiens guaranis, habite le centre des forêts, tandis que le *coucou piaye*[3], reconnu sorcier par toutes les nations, vole légèrement près du couroucou, en étalant sa belle queue marron aux taches blanches, et disparaissant pour reparaître bientôt au milieu du feuillage, où il fait entendre son chant disgracieux, entrecoupé des cris bruyans de tant

1827. Itaty.

1. Fruit aigre; de *iba*, fruit, et *hat*, qui est aigre (guarani).

2. Couroucou rouge, *Trogon Curuicui*, L.

3. *Cuculus Cayanus*, Gmel. Il est à remarquer que chaque nation donne à cet oiseau un nom qui équivaut à celui de *sorcier*, comme celui de *piaye* qu'indique Buffon, et qui n'est qu'une corruption du *paye* (sorcier) des Guaranis. Les Aymaras du Haut-Pérou le nomment aussi *pijma*, qui veut également dire *sorcier*.

1827. — Itaty. de gobe-mouches et de tangaras qui parcourent le faîte des arbres, au moment même où les fauvettes vont cherchant minutieusement dans les lianes les petits insectes dont elles se nourrissent. Les bois, alors, sont tout à fait vivans, et l'on y entend avec plaisir jusqu'aux éclats de voix des nombreux perroquets qui voyagent de l'un à l'autre, ainsi que les cris du matin de tant d'espèces de tinamous ou perdrix de bois qui, tout en se cachant et retournant les feuilles sèches, font entendre leur chant monotone, que couvrent quelquefois les cris désagréables des *pénélopes* ou faisans de ces parages. Que d'heures j'ai passées au plus épais des bois à observer cette gent ailée, dans ses formes, dans ses couleurs si variées et dans ses diverses habitudes! Livré alors tout entier à l'observation, je repaissais avidement mes regards des richesses répandues avec tant de profusion sur cette nature si pompeuse; j'aimais à m'y livrer à des idées mélancoliques, auxquelles venait souvent m'arracher un léger et brillant papillon qui tournoyait autour de moi, comme pour me provoquer à le poursuivre, ou tel autre insecte posé sur les branches voisines des arbres; et puis je reprenais tranquillement ma tâche d'observateur, en jouissant de tout ce qui m'entourait. J'avoue que, plus d'une fois, j'ai oublié le monde entier au milieu des douces rêveries amenées par ce spectacle même; et je me plais encore aujourd'hui à retrouver dans mon imagination jusqu'aux moindres traits qui peuvent m'en rappeler le souvenir.

Je parcourus aussi les fermes de culture des environs. Elles sont en petit nombre, mais j'y voyais avec plaisir des champs de canne à sucre, de manioc, de coton, de patates douces (*yetí* des Guaranis), et surtout beaucoup de terrains couverts de jeunes plants de maïs et de haricots du pays. Le propriétaire de l'une de ces fermes se plaignait amèrement des sauterelles qui venaient de dévaster son domaine. J'y vis, en effet, quelques jours après, des nuées de sauterelles qui venaient de l'ouest, sans doute du Grand Chaco. Elles passèrent dans un champ, y séjournèrent seulement quelques jours, dévorèrent jusqu'à la racine des plantes naissantes et détruisirent, en peu de temps, l'espoir du cultivateur; car les plantes ainsi dévorées repoussent rarement, ou restent toujours chétives. Ce n'était néanmoins pas tant cette première invasion des sauterelles que leurs suites immédiates qui désolaient les propriétaires. En effet, l'un d'eux m'emmena dans son champ, et, tant au milieu des sentiers battus qu'aux endroits où la terre était dégarnie d'herbe, il me montra, dans un trou de douze à quinze millimètres de profondeur, bien recouvert d'un enduit blanchâtre, imperméable même aux plus grandes pluies et qui, me dit-il, résiste au feu, une multitude d'œufs que ces sauterelles y avaient laissés.

J'ai pu reconnaître plus tard, tant à Itaty qu'à Corrientes et dans le reste de la province, les effets de ce terrible fléau, analogues dans le pays à ceux des fortes gelées de Mai sur nos vignes de France; car il ôte aux cultivateurs tout espoir de récolte et anéantit tous les fruits de leurs travaux; aussi emploient-ils, mais en vain, tous les moyens possibles pour faire périr ces insectes dévastateurs. Six semaines après leur première apparition, leurs œufs éclosent. Les jeunes, alors de couleur noirâtre, couvrent les lieux voisins de leurs nids; puis se forment en phalanges nombreuses qui se mettent en route peu de jours après leur naissance, dévorent tout ce qu'elles trouvent sur leur passage et gagnent, chaque soir, les hautes plantes, les arbustes et les arbres, afin d'y passer la nuit et se remettre en marche le lendemain matin, dès que le soleil a dissipé la rosée. Les plantes sur lesquelles elles se sont abattues la veille se trouvent, le jour suivant, entièrement dégarnies de feuilles, et les jeunes tiges dépouillées de leur écorce. Un bouquet de bois sur lequel elles ont passé présente le même aspect que s'il eût été incendié. Elles détruisent tout, autant et plus encore que les incendies annuels des champs, qui, du moins, n'attaquent pas les branches élevées des arbres. Rien ne peut arrêter leur marche envahissante, ni les détourner. Elles couvrent quelquefois une grande surface de terrain. Rencontrent-elles une maison? Elles en dévorent jusqu'au toit, s'il est en joncs; et le linge même n'est pas à l'abri de leurs attaques.

1827. Itaty.

Trois mois de suite, ces hordes ennemies parcourent la campagne, semant partout la désolation, changeant de couleur deux fois dans cet intervalle; et de peau, dès que la première et la seconde deviennent trop petites pour les contenir. Dans cet intervalle, il n'est partout question que des *langostas*. On s'interroge sur les mouvemens de leurs diverses phalanges; on se demande quels cantons elles ont parcourus, quels cantons elles parcourent encore et ce qu'elles y ont laissé, chaque propriétaire s'estimant heureux quand il n'a perdu qu'une partie de sa récolte. A leur troisième métamorphose, les larves de sauterelles se munissent de leurs ailes et abandonnent enfin le pays qu'elles ont dévasté, assez nombreuses alors pour obscurcir de leurs nuages l'éclat du soleil couchant. C'est un de ces nuages animés que j'avais vu tomber à la mer, à mon arrivée à Montevideo[1]; et, plus tard, dans une des haltes de ces redoutables voyageuses, j'ai été à portée d'en voir des arbres tellement couverts que leurs branches pliaient sous le fardeau. Alors les eaux du Parana charrient quelquefois des

1. Voyez chap. II, pag. 31-32.

1827. Itaty. bancs entiers de ces sauterelles noyées, et les poissons en font en partie leur nourriture. Leurs ennemis, à l'état de larve, sont les oiseaux, et surtout les caracaras, qui les mangent avec avidité; mais la destruction qu'ils en font est tout à fait insensible. Un observateur distingué, M. Roullin, m'a dit que ces innombrables phalanges de sauterelles s'étendaient jusqu'en Colombie. Ce savant voulait, sans doute, parler d'autres hordes que celles qui parcourent Corrientes et le Paraguay; car, entre les pays où les sauterelles font tant de dégâts vers le sud, et la république de Colombie, s'étendent des terrains immenses, les républiques de Bolivia et du Pérou, par exemple, où ces insectes ne portent pas leurs migrations. Ces migrations, d'ailleurs, ne sont pas annuelles; sans cela, plus d'agriculture pour le Paraguay ni pour Corrientes. Elles laissent souvent quelques années d'intervalle entre deux. Elles apparaissent surtout du 26.e au 32.e degré de latitude sud. On a lieu de penser qu'elles naissent au milieu des immenses plaines inhabitées du Grand Chaco; car c'est *toujours* de là qu'elles arrivent. Les grands terrains encore déserts sont seuls exposés à des fléaux de ce genre. Les déserts africains ont, comme l'Amérique, leurs sauterelles dévastatrices; et les solitudes américaines se voient aussi quelquefois en proie à des légions de fourmis, qui expulsent de chez eux les paisibles Indiens yuracarès, habitans des forêts humides et chaudes des derniers contreforts de la Cordillère des Andes, à l'est de Cochabamba, république de Bolivia; légions non moins nombreuses et non moins redoutables que celles des sauterelles, et qui, comme elles, détruisent tout sur leur passage.

Itaty est une des fondations les plus anciennes de la province de Corrientes. Son village fut fondé en 1588, presque en même temps que Corrientes et que le village de Guaïcaras, par les Indiens guaranis, qui se soumirent et se convertirent à la foi chrétienne, lors des premiers combats avec les Espagnols, après le prétendu miracle de *la Cruz,* dont j'aurai occasion de parler en traitant de l'histoire de Corrientes. Ils s'étaient sauvés et constitués en une peuplade, non pas à l'endroit où se trouve le village actuel, mais à une lieue plus à l'ouest, près de la pointe de Yaguarï, déjà mentionnée; et c'est seulement vers 1628 qu'on établit définitivement le village à la place qu'il occupe aujourd'hui, c'est-à-dire assez près du Parana. Il fut alors formé de l'ancien noyau de Guaranis, auxquels se joignirent quelques Indiens qui habitaient plus à l'est, sur la grande île d'Apypé, et d'autres encore amenés du Paraguay. Cette peuplade, selon Azara[1], chassa les Cordeliers qui l'avaient administrée jusqu'a-

1. Tome II, page 332.

lors, pour appeler les Jésuites, dont l'administration plus régulière devait lui offrir plus de garanties. Mais les Cordeliers intentèrent un procès aux nouveaux possesseurs, et le village leur fut restitué en 1616. La peuplade subsista ainsi jusqu'en 1748, époque à laquelle elle fut presque entièrement détruite par une invasion des Payaguas qui, depuis long-temps déjà, ravageaient la province de Corrientes, et qui, en 1718, avaient tué plusieurs Jésuites et leur suite, près du village même d'Itaty. Il est rare que la fondation d'une mission ou d'une réduction d'Indiens n'ait pas lieu sous l'influence d'un miracle. Itaty ne pouvait manquer d'avoir le sien. Itaty avait donc une vierge directement descendue du ciel, et qui opérait, dans les environs, beaucoup de guérisons sur des malades incurables. Le frère Cordelier qui dirigeait la mission dit avoir vu, certaine nuit, à son retour d'une course sur les bords du Parana, descendre du ciel une vierge qui s'était arrêtée au milieu du fleuve, dans l'île de Caa-béra, qu'elle éclairait d'une vive lumière. Le lendemain il alla processionnellement dans l'île, avec tous les chefs des Indiens. On trouva, en effet, la vierge modestement construite en bois et qui fut transportée en pompe à l'église. Le bruit du miracle se répandit bientôt partout; celui même de la Cruz de Corrientes fut un moment oublié. Toutes les offrandes, tous les vœux, toutes les neuvaines se faisaient au nom et au profit de la vierge d'Itaty; de sorte que l'église ne tarda pas à se voir remplie d'*ex voto*, d'ornemens des plus riches, et beaucoup de terres furent données en aumônes à la vierge miraculeuse. Lors d'un autre voyage que je fis à Itaty, le gouverneur de Corrientes, à ma grande surprise, me chargea de reconnaître la place où la vierge avait pris pied sur l'île de Caa-béra; car on disait qu'elle y avait imprimé la trace des siens. Par bonheur, je pus me prévaloir d'une crue du Parana, pour dire au digne fonctionnaire que la pierre qui portait l'empreinte était alors couverte par les eaux, ce qui avait dû s'opposer à la vérification demandée.

1827 — Itaty.

Jusqu'à l'époque de l'indépendanee de l'Amérique, Itaty était cité comme une des plus jolies réductions du pays, et surtout comme la plus riche. Son église était garnie d'ornemens d'or et d'argent, et le village de San-Antonio, distant d'Itaty de vingt lieues à l'est, en dépendait comme estancia, ainsi qu'une grande partie des terrains intermédiaires, qui produisaient beaucoup d'argent; mais bientôt Itaty fut confié à l'administration de *corregidores* du pays, qui, à la faveur des troubles, le pillèrent à qui mieux mieux. Bientôt le bétail en fut vendu ou tué pour les peaux seulement. En 1826, on aliéna les propriétés de la vierge. Le gouvernement s'appropria les trésors de l'église et le produit des offrandes. Un corrégidor partit pour Buenos-Ayres, avec

1827. deux navires chargés de cuirs et des dernières richesses du village. La vierge
Itaty. fit un dernier miracle, en privant du fruit de son crime le corrégidor sacrilége. Un fort coup de vent fit périr ses deux navires, non loin de l'île de Caa-béra. Il se sauva; mais il est aujourd'hui dans la misère.

Les Indiens guaranis qui possédaient tous ces biens en commun, habitués à la discipline des missions, à leur richesse, et surtout à ne jamais penser au lendemain, ne tardèrent pas à se voir vexés par ces nouveaux administrateurs. Les parens des employés envahissaient leurs maisons, les forçaient à travailler sans salaire et les châtiaient à chaque instant. Les malheureux abandonnaient le village et se dispersaient dans la campagne, maudissant cette liberté si vantée, pour eux pire que l'esclavage dans lequel ils avaient vécu avant la révolution. La plus profonde misère régnait dans le village, naguère florissant. Les habitans de Corrientes en achetaient les maisons, seulement pour en enlever et en vendre les tuiles; commerce qui ne cessa, par suite d'un ordre du gouverneur, que lorsqu'il n'y avait plus qu'un petit nombre de maisons intactes.

On ne voit donc plus à Itaty cette suite de jolies maisonnettes uniformes, bien blanches ou couvertes de peintures, qui servaient de demeures aux Indiens; les maisons qui restent sont sales, en désordre, à moitié tombées, et l'on n'y trouve plus guère de passables que celles du curé et du commandant militaire, qui est venu remplacer les *corregidores*. Le village compte encore parmi ses habitans une dizaine de familles indiennes. Situé à cent toises des rives du Parana, au milieu d'un bois, il possède une grande place entourée de demeures uniformes, basses, couvertes en tuiles et toutes munies de galeries sur le devant. Sur un des côtés de cette place s'élève une ancienne église, surbaissée et humide, abandonnée pour une autre, assez belle, dont la construction s'est achevée cette année même (1827). Pendant mon séjour dans le village, le gouverneur s'est vu forcé de faire cette dépense, pour imposer silence aux témoins du pillage et de la vente des biens de la communauté. Près de la place est un très-beau bois d'orangers, qui appartenait aussi à la réduction; mais il a été cédé presque pour rien au frère du gouverneur de la province, qui en tire un très-bon revenu, les oranges d'Itaty ayant, dans les environs, la réputation d'être les meilleures du pays. Ce bois d'orangers, qui devait être la promenade du village, est tombé entre des mains si peu disposées à en faire un objet d'agrément, que je n'ai pu le voir qu'en me disputant avec les gardiens.

Itaty, je viens de le dire, est tombé dans la plus grande misère. Sa position, si agréable, tente peu les habitans du pays, incapables, pour la plupart, d'apprécier la beauté d'un site. Le commerce du village est aussi réduit à peu de chose; mais on compte beaucoup d'estancias dans son district, parce que c'est un des terrains les plus propres pour ce genre de spéculation, à cause de la proximité du Parana, d'un côté, et du Riachuelo, de l'autre. C'est, sous ce point de vue, l'une des parties les plus florissantes de la province de Corrientes. On y aime assez l'agriculture, grâce aux Indiens guaranis qui peuplaient le village. Ils se sont presque tous établis aux environs, où ils cultivent les denrées du pays, le tabac, le coton; ou les plantes comestibles, telles que le manioc, les haricots, les patates douces, et surtout le maïs et la canne à sucre. Presque tous les Indiens qui restent dans le village s'occupent surtout de la confection de poteries, qui s'exportent à Corrientes et dans les autres villages de la province, où les habitans ne veulent pas prendre la peine d'en faire. 1827. Itaty.

Cette industrie, presque bornée à ce seul village, est digne d'une attention particulière. J'en ai suivi avec le plus grand soin toutes les opérations. La terre se tire de plusieurs carrières qui sont auprès du village, dans les bois. C'est une argile noirâtre, à grains assez gros. On commence par en réunir une assez grande quantité; on la prend par petites portions, on la pétrit long-temps, en s'efforçant d'en enlever toutes les petites pierres ou les plus gros grains de sable. La terre ainsi purifiée, sans qu'on lui fasse subir de lavage, s'amoncèle dans un vase de bois. Quand les Indiennes veulent la mettre en œuvre (car ce sont plus spécialement les femmes, comme chez la plupart des Indiens de l'Amérique, qui sont employées à cet office), elles prennent un morceau de cette argile encore très-molle, et commencent à façonner avec les doigts la base du vase projeté, sur une planchette de dimension proportionnée à celle qu'elles veulent lui donner, en la polissant avec les doigts aussi, puis laissent sécher cette première couche jusqu'à ce qu'elle soit assez ferme pour en pouvoir supporter une supérieure, ayant bien soin, d'ailleurs, d'humecter, à l'aide d'un linge mouillé, la partie de la base sur laquelle doit porter la seconde assise, qui se pose quand la première est solidifiée et qu'on laisse sécher à son tour, avant de la surcharger d'une troisième. Elles continuent de la sorte jusqu'au parfait complément du corps du vase, qui reçoit sa forme circulaire et son poli, toujours et seulement de l'action des doigts; mais parfois, en raison du talent des ouvrières, si régulièrement et avec tant de précision, qu'on le croirait fait au tour; machine encore inconnue dans presque toute l'Amérique, et que je n'y ai même jamais vue. La première façon du vase ainsi obtenue, on en humecte la superficie, on la polit encore doucement avec les doigts, puis on le laisse sécher entièrement. Un vase commun se fait cuire alors, sans plus de cérémonie; mais ceux qui doivent faire partie du mobilier de

1827. Itaty. l'appartement, comme ces grandes jarres, nommées *tinajas*, en permanence dans les maisons, au coin de la salle à manger, et servant à conserver l'eau à boire; vases de luxe, dont quelques-uns ont jusqu'à quatre pieds de haut; ces derniers exigent une nouvelle manipulation. Quand la terre en est bien cuite, l'ouvrière les frotte partout d'une graine de légumineuse bien polie, qui leur donne un assez beau brillant. Veut-elle enfin les orner de ces peintures grossières dont se parent toujours les vases de cette espèce? elle y applique, avant la cuisson, des oxides de fer plus ou moins colorés, qui lui en donnent les diverses teintes; sachant bien, par exemple, que, des oxides ou de l'hydrate de fer en rognons, on obtient, par le feu, une belle teinte noire; que de telle ou telle autre terre colorée on obtient le jaune, le rouge, le blanc, le vert, etc. Les vases ainsi modelés, on les dépose sous des hangars jusqu'à ce qu'il y en ait un assez grand nombre pour une cuite, qui se fait de deux manières différentes. S'il s'agit de grands vases, on les met les uns à côté des autres, et même quelquefois on les amoncèle dans la campagne; puis on les couvre d'une quantité de bois sec arrangé de manière à ce que la chaleur soit à peu près égale partout. Le bois s'entasse également s'il n'y a pas de vent; mais, pour peu qu'il y en ait, on en réunit davantage dans la direction où il souffle, afin que la chaleur soit portée par lui sur les vases. Alors on allume le feu et l'on reste auprès, souvent plus d'une journée, à l'alimenter, ne cessant que lorsqu'on croit la cuite faite et laissant le bûcher s'éteindre de lui-même, sans toucher aux vases que lorsqu'ils sont entièrement refroidis. Quand on veut faire cuire de petits vases, on se sert d'une fosse longue de six à huit pieds, large de deux et profonde au plus de dix-huit pouces, dans laquelle on fait cuire la poterie; mais l'usage de ces fosses me paraît un perfectionnement apporté par les Espagnols; car, le plus souvent, les Indiennes ne les emploient que pour vernisser leurs petits vases. Les Indiens, avant la conquête, ne connaissaient pas le vernis. Nulle part, en effet, les beaux vases que j'ai trouvés dans les tombeaux des antiques Incas et Aymaras, ni les restes très-anciens que laissent quelquefois à découvert les escarpemens des fleuves, au milieu des immenses forêts du centre de l'Amérique, ne m'ont offert la moindre trace de vernis.

Le vernis qu'on applique à quelques vases, au village d'Itaty, est des plus grossiers et annonce bien que l'industrie est encore au berceau dans ces contrées. Les Indiennes se contentent de faire fondre dans un vase de terre du plomb, qu'elles laissent ensuite brûler jusqu'à ce qu'il soit entièrement réduit à l'état d'oxide; puis, elles attendent qu'il se refroidisse; et, après l'avoir pilé,

elles le mêlent avec du jaune d'œuf, de manière à en faire une teinture épaisse, 1827.
dont elles enduisent à sec les vases qu'elles veulent vernisser. Elles les font Itaty.
sécher en cet état; puis, après avoir disposé dans la fosse, dont j'ai parlé, des barres de terre cuites en forme de gril, elles y posent les vases en travers, en faisant en sorte qu'ils ne se touchent pas, et allument dessus un grand feu de branchages, qu'elles y entretiennent jusqu'à ce que les vases soient rouges et que le vernis en soit fondu. Alors, elles les retirent tout doucement et les exposent à l'air, pour les faire refroidir. Ce vernis est des plus vulgaire; mais il n'en fait pas moins les délices des habitans de la province, qui recherchent avec curiosité ces produits de leur industrie nationale.

Ces vases varient beaucoup dans leurs formes et reçoivent divers noms, en raison de leur destination ou de leur figure[1]. Les plus grands, ceux, par exemple, qui servent à conserver l'eau, sont nommés *tinaja* par les Espagnols, et par les Guaranis *ñaétá-guaçu*. La coupe en est dans le goût étrusque et assez élégante; la base sphérique, de la moitié de leur hauteur totale, et supporte des bords en entonnoir aussi élevés que le reste. D'autres, les *cantaros*, servant exclusivement aux femmes pour aller puiser de l'eau à la rivière et qu'elles portent toujours sur leur tête, sont aussi sphériques, munis d'une très-petite ouverture, avec un bord peu élevé; et la forme, d'ailleurs assez agréable, en est ingénieusement appropriée à leur usage. On reconnaît que les Indiennes leur ont donné l'extérieur des grandes calebasses qui leur servent également à puiser de l'eau. Cette forme est la plus commune en Amérique, et je l'ai trouvée chez presque toutes les nations qui ont eu des rapports avec les Guaranis. D'autres, enfin, plus petits, nommés *cantarillos*, affectent une forme bien connue en Espagne, ressemblant à ces vases à deux goulots latéraux, placés de chaque côté d'une anse supérieure, avec lesquels les Espagnols, et principalement les Catalans, boivent à la régalade, la tête renversée, en laissant tomber le liquide de haut en bas dans la bouche. On fait ensuite de petits pots à boire, des assiettes, des plats, tous assez grossiers; puis une foule de vases de fantaisie, représentant des figures plus ou moins grotesques d'hommes, de femmes et d'animaux. D'autres poteries, que fabriquent aussi les femmes, ce sont des *braseritos*, figures des divers animaux du pays, comme tatous, cerfs, tortues, etc., surmontés d'une petite tasse dans laquelle on met du feu, et qu'on présente aux étrangers pour qu'ils y allument leur cigare. Ces vases

1. On peut voir, au Muséum de la manufacture royale de porcelaines de Sèvres, la collection de ces vases que nous y avons déposée.

1827. sont vernissés, et la nécessité de s'en pourvoir amène quelquefois les habitans de Corrientes à Itaty; car on n'en fabrique que là.

Itaty.

J'ai déjà dit que, dans tous les lieux où les naturels américains sont encore rapprochés de l'état de nature, les femmes sont seules chargées de la fabrication de la poterie. Cette même fabrication est quelquefois soumise à des rites superstitieux, assez singuliers, que j'aurai occasion de décrire en détail, quand je peindrai les peuples chasseurs des forêts du pied des Andes, dans la république de Bolivia. Chez ces peuples, les hommes ne doivent pas toucher les vases. Les femmes se cachent au sein des bois pour les fabriquer; gardent, tout le temps, le silence le plus absolu, et croiraient tout leur travail inutile, si une seule parole était prononcée ou si un homme venait à paraître, dans le cours de l'opération. C'est aussi chez ces peuples qu'un vase cassé par une des personnes qui m'accompagnaient, faillit mettre en révolution toutes les femmes d'une tribu.

On ne saurait trop s'étonner que les Jésuites ou autres missionnaires qui ont transplanté tant d'usages de notre Europe au milieu soit des savanes, soit des forêts les plus impénétrables de l'Amérique, n'aient pas fait connaître le tour du potier aux Indiens des grandes missions qu'ils ont formées. Il n'est pas douteux que l'usage de cette machine n'eût épargné aux indigènes au moins la moitié du temps qu'ils consacrent à cette fabrication, tout en en perfectionnant les produits. L'usage des poteries peintes est de la plus haute antiquité, fait dont on trouve la preuve dans ces beaux vases couverts de grecques et d'arabesques, des anciens Péruviens, des nations Quichua et Aymara. Il est fort singulier de retrouver ces formes primitives du dessin chez toutes les nations américaines, depuis les habitans des plaines jusqu'à ceux des plus hautes montagnes; mais tous ne connaissaient pas les peintures, dont l'usage est bien moins répandu que celui des grecques en creux sur les vases, ainsi que de tous les reliefs possibles, que j'ai retrouvés partout; tandis que les peintures sont beaucoup moins communes et paraissent n'être pratiquées que chez quelques nations, comme chez les deux que j'ai citées, celle des Guaranis et les habitans des montagnes et des plaines du nord de l'Amérique méridionale; car la plupart des peuples du Chaco n'avaient aucune connaissance des peintures; et les Araucanos du Chili, qui, aujourd'hui, ont pris la coutume des vases peints, ne paraissent pas avoir connu cet art avant l'arrivée des Espagnols, sauf, peut-être, dans les districts déjà subjugués par les Incas.

Un autre genre de commerce, connu seulement depuis quelques années à Itaty, et qui n'y peut être que très-momentané, c'est le commerce de l'écorce de *curupaï*, espèce de mimose, dont j'ai déjà décrit le feuillage penné si élégant. Cet arbre croît à la lisière des bois, surtout aux environs du Parana. Depuis que plusieurs grandes tanneries se sont constituées à Corrientes, et que ces établissemens se servent de l'écorce de cet arbre pour préparer leurs cuirs, cette écorce est devenue l'objet d'une branche de commerce assez lucrative pour les habitans d'Itaty, parce que toutes les rives du Parana, jusqu'aux Missions, en étant couvertes, les habitans se sont, de suite, mis à exploiter en grand ce genre de récolte; aussi voyait-on alors, partout, dans les lieux les plus sauvages, des ouvriers, sans autre demeure que des *ramadas*, dépouillant la lisière des bois de leur plus bel ornement, incessamment occupés à renverser ces beaux arbres, à leur enlever leur écorce et à la faire sécher, pour l'expédier ensuite par charretées à Corrientes. Le prix de cette écorce a augmenté, à mesure qu'il est devenu plus difficile de se la procurer. A l'époque où je me trouvais à Itaty, elle valait quatre-vingts piastres, ou quatre cents francs de France, la charretée. Tous les gros propriétaires d'Itaty et de ses environs s'étendaient donc peu à peu sur toute la côte du Parana, jusqu'aux Missions, abattant et détruisant partout les *curupaï*. Le dehors des bois ne présentait, en conséquence, de tous côtés, qu'arbres abattus ou dépouillés, encore debout, de leur écorce; et ces beaux *curupaï*, naguère si nombreux dans le pays, n'y étaient plus représentés que par de jeunes sujets, dédaignés des spéculateurs, comme offrant peu de chance de produit. Ce même arbre, appelé *sumako* à Chiquitos, à Santa-Cruz de la Sierra, et *chirca* par les Aymaras de la province de Yungas, république de Bolivia, est partout employé au même usage et avec le même succès; mais, partout, le tannin qu'il contient, trop fort pour être employé pur, brûle le cuir en huit jours; ce qui fait qu'afin d'en modérer l'action, les tanneurs expérimentés mêlent l'écorce du *curupaï* à celle d'un autre arbre, nommé *laurel*. Probablement cette branche de commerce, après avoir enrichi plusieurs propriétaires des environs, va cesser entièrement, avec les arbres qui l'alimentent; car le reste de la province en est entièrement dépourvu, et à peine en reste-t-il maintenant quelques jeunes, sur plus de trente lieues du cours du Parana.

1827

Itaty.

Au reste, l'occupation habituelle des habitans riches d'Itaty est celle de tous ceux du pays, c'est-à-dire qu'ils dorment, fument, prennent du maté, et jouent le reste du temps. Toutes les fois que j'allais chez le curé ou chez le commandant, je les trouvais jouant au *monte*, au lieu de s'occuper à extirper cette passion du jeu, si ardente et si effrénée chez presque tous les Américains, et que le gouverneur de Corrientes, émule de son voisin, le docteur Francia,

1827. Itaty. avait tenté de combattre par des réglemens très-sévères, mais en vain; car elle faisait journellement des progrès dans les campagnes.

28 Septemb. Le 28 Septembre, à l'occasion de la fête de S. François, qui était celle d'un ancien habitant du village, ami des Indiens, le corps de musique municipale devait se rendre chez lui; et, comme ce concert tenait aux usages locaux, je voulus y assister aussi, pour juger de ce genre de réunion. L'assemblée était nombreuse en hommes et en femmes. A chaque instant une personne de la maison faisait le tour de la salle, distribuant des cigares à tout le monde. De temps en temps, on passait un verre de *caña* ou eau-de-vie de canne à sucre; et chacun buvait à la ronde. Cependant un Indien, connu dans le pays pour ses saillies, vint tout barbouillé de noir, imitant l'homme ivre. Il apostrophait les uns et les autres par des plaisanteries le plus souvent moitié guarani, moitié espagnol, ou seulement dans l'une de ces langues. Je m'étonnais de l'esprit de quelques-unes de ses saillies; mais le plus grand nombre étaient des plus lestes et faisaient, cependant, beaucoup rire les dames, sans égayer moins les demoiselles, accoutumées à ce genre de propos. Bientôt un nouvel acteur parut sur la scène. C'était un Indien affublé d'un drap, la face couverte d'un masque, et portant sur la tête la partie supérieure d'un crâne de bœuf, armé de ses cornes, à l'extrémité de chacune desquelles était attachée une espèce de torche allumée. Il se mit à poursuivre l'autre Indien barbouillé, ce qui parut beaucoup divertir l'assemblée et dura long-temps, au grand contentement des spectateurs. Le héros de la fête se mit à danser une ancienne danse du pays; puis, à midi sonnant, tout le monde s'en alla dîner et faire la *siesta*, indispensable pour les habitans des pays chauds. Chaque fois que je voyais se renouveler ces scènes, qui rappèlent encore le premier âge de la civilisation, je commençais par tout critiquer; mais, en les rapprochant, par le souvenir, de beaucoup de nos fêtes de village de la Basse-Bretagne ou du fond des campagnes du Poitou, je reconnaissais bientôt qu'en dépit de l'éloignement des lieux, les hommes, sur les deux continens, sont, au même degré de civilisation, toujours et partout à peu près les mêmes, mus par les mêmes passions, susceptibles des mêmes goûts, entraînés par les mêmes plaisirs, et toujours trop promptement condamnés comme barbares par l'observateur qui les voit pour la première fois.

Iribucua. 3 Octobre. Je partis le 3 Octobre pour Iribucua, distant seulement de sept lieues d'Itaty. J'y fus en un temps de galop et j'y retrouvai mon vieux compatriote, toujours dispos, malgré les myriades de moustiques et de taons dont il était continuellement dévoré. Je revis avec plaisir cette humble hutte et les bois des environs, alors bien plus beaux qu'à mon premier voyage. Les lianes avaient fleuri, et couronnaient de leurs guirlandes d'or le sommet des arbres, où mille oiseaux divers faisaient entendre leur ramage varié. L'écho répétait, de tous côtés, les cris des cassiques et les bruyantes conversations des toucans au gros bec. Beaucoup d'insectes couvraient les feuilles et les écorces des arbres; aussi trouvai-je à m'occuper fructueusement, tant à la chasse aux oiseaux qu'à celle des insectes. Le Parana, très-bas alors, m'offrait encore une nouvelle source de richesse, en laissant à découvert de belles coquilles fluviatiles, que je recherchais également avec le plus grand soin. Que de jouissances variées j'éprouvais, soit au plus épais des bois, soit à passer tour à tour en revue toutes les fleurs des ombellifères qui couvraient la campagne, soit encore au bord des eaux, en découvrant telle ou telle espèce nouvelle, et réunissant ces objets différens avec l'avide empressement d'un avare qui entasse de l'or!

1827. Iribucua.

Je voulus aussi profiter de mon nouveau séjour en ces lieux pour en examiner les environs plus en détail. Ma première course fut aux rives du Riachuelo. Je partis dès la pointe du jour, comptant passer la journée au bord de ces immenses marais; mais, quoique la route ne soit que de trois lieues, elle est tellement embarrassée que je n'arrivai qu'après six heures de marche. C'est un pays affreux, sans routes tracées. Quelques langues de terre un peu sèches, couvertes, par instans, de tristes *espinillos*, y sont séparées les unes des autres par des marais très-larges, profonds et boueux, où mon cheval avait de l'eau jusqu'au ventre, et où il enfonçait à chaque pas dans la vase. On voit surgir partout, au milieu de ces marais, de petites buttes de terre, de forme conique, élevées de cinq à six pieds, et construites par des fourmis, qui savent se soustraire ainsi aux inconvéniens des plus fortes inondations. On s'étonne que de si petits insectes puissent élever des masses aussi disproportionnées à leur taille; néanmoins la persévérance et la continuité de leur travail non-seulement les édifie, mais encore les augmente sans cesse. Elles tirent ordinairement les matériaux de ces constructions d'excavations pratiquées sous les fourmilières mêmes, ce qui en rend l'approche dangereuse; car les chevaux y enfoncent et peuvent s'y casser les jambes, ou tout au moins renverser leur cavalier. Je franchis ainsi plus de six marais, entre autant de langues de terre sèches, et j'arrivai enfin au bord du Riachuelo, indiqué par des bois de haute futaie, dont les eaux débordées de la rivière baignaient les racines. La rivière alors ne présente qu'une immense plaine de joncs, large de plus d'une lieue et tout à fait impénétrable; sur ses bords sont les repaires des jaguars et de tous les animaux qui fuient l'homme. Épuisé de fatigue, je

1827. Iribucua. m'arrêtai à la lisière d'un bois, dans un lieu des plus sauvage. Je fis rôtir quelques-uns des oiseaux que j'avais tués à la chasse; puis je repris mon voyage. Dans une espèce de savane, au détour d'un bois, je fus étonné de rencontrer une troupe de chevaux sauvages. En m'apercevant, un beau cheval, qui paraissait être le chef de la troupe, frappa du pied, détacha quelques ruades et partit au galop, en avant des jumens qui le suivirent et disparurent avec lui dans un instant. J'accompagnai de l'œil ces fières cavales et leur noble chef, et pris grand plaisir à contempler la libre démarche de ces dominateurs du désert. Pour revenir à la hutte, je crus abréger, en coupant dans une autre direction; mais la nuit approchait; je me perdis, et, n'ayant pour me diriger que quelques étoiles qui paraissaient seulement par intervalle, je ne rentrai au gîte qu'à dix heures du soir.

Dans une autre occasion je me dirigeai à l'est, accompagné de deux domestiques, et emportant des vivres pour quelques jours. Je voulus suivre, en dehors du bois, la côte du Parana. Je vis tour à tour ces beaux bois qui bordent la falaise du fleuve. Ils offraient alors un aspect gai, mais peu varié. Je retrouvais toujours les espèces d'arbres que j'avais déjà rencontrées aux environs d'Iribucua et d'Itaty; seulement, près des marais du lieu dit *Asuncion*, je vis quelques bambous élevés, dont les élégans rameaux avaient jusqu'à vingt pieds de haut. Je m'en approchai; mais les nombreuses épines qui les défendent me forcèrent de me retirer plus tôt que je ne l'aurais voulu. J'arrivai ensuite en face du lieu nommé *Yaha-pé* (allons ici), qui n'est qu'une ferme, située sur le chemin des Missions. Ma petite troupe s'arrêta près d'un bois, afin d'y passer la nuit. On ramassa beaucoup de bois sec, à l'effet d'avoir constamment du feu; on dessella les chevaux, qu'on laissa libres dans la campagne, et chacun établit son bivouac comme bon lui sembla. Plusieurs jaguars se firent entendre aux environs. Ils sont très-communs dans ces lieux. Il semble que partout où il y a des joncs ils soient en plus grand nombre qu'ailleurs. Après une assez longue conversation sur ces féroces animaux, chacun s'étendit sur la terre, à sa guise; et nous arrivâmes ainsi au lendemain matin, où nous attendaient de nouvelles fatigues. J'allai d'abord à Yaha-pé; et, de là, j'entrai bientôt en d'interminables marais qui me conduisirent au petit village de San Antonio. Je jouis, en route, d'un spectacle nouveau pour moi. Un serpent immense se promenait dans un espace dégarni de joncs; il ondulait gravement, en élevant la tête au-dessus des eaux. Je priai mes gens de tâcher de l'enlacer. L'un d'eux, homme très-adroit à ce genre d'exercice, l'enlaça par le cou et le traîna de la sorte derrière son cheval, jusqu'à la sortie du marais. Il avait plus de quatre mètres de longueur, et son diamètre pouvait être de plus de quinze centimètres. J'eus occasion d'en voir plusieurs autres dans la même journée. Tous s'enfuyaient au milieu des joncs. Ces serpens abondent dans les marais, où ils vivent de reptiles, de petits mammifères et même de poissons. Ils sont purement aquatiques et ne font aucun mal aux habitans, qui les laissent tranquilles ou ne les poursuivent que pour en tanner la peau, dont ils se font des sangles; espèces de surtouts de leur *recado*, ou selle du pays. 1827. Iribucua.

Arrivé à San Antonio, j'eus à m'occuper de la préparation des animaux chassés la veille, et le jour même. J'avais peu de choses à voir dans le village, qui n'est composé que d'un petit nombre de maisons et d'une chapelle. J'ai déjà dit que ce village n'était, dans l'origine, qu'une estancia du village d'Itaty; aujourd'hui, quoique éloigné de vingt lieues, il fait encore partie de la même commandance. Il n'était peuplé que d'Indiens; mais, jour et nuit tourmentés, dans cette résidence infernale, par les moustiques et par les taons, ils l'abandonnèrent pour aller vivre plus tranquilles dans les bois de palmiers yataïs des environs de *Caacaty*, qui est assez près de là. Cependant les jolies petites maisons des Indiens, encore entourées de vergers d'orangers et de pêchers, font toujours l'ornement du village, qui, avec les terrains environnans, forme une véritable île entourée de marais immenses, lesquels y attirent ces myriades d'insectes dont il est habituellement infesté. San Antonio d'Itaty.

Le 9, parti de San Antonio, j'arrivai d'assez bonne heure à Yaha-pé, malgré la traversée des marais, qui est toujours des plus pénible; et, alors, n'ayant plus que sept lieues à faire pour regagner ma cabane, je franchis, en un temps de galop, l'espace qui m'en séparait, et j'y arrivai chargé d'objets d'histoire naturelle recueillis dans cette course. Iribucua. 9 Octobre.

Quelques jours après, je voulus aller, avec un Indien, chasser la grosse espèce de tinamous ou perdrix de ces plaines. J'étais curieux de voir les chiens chasser d'eux-mêmes, toujours sûr de faire une bonne chasse. Les chiens dressés à cet effet et nommés *perdrigueros*, accompagnent le chasseur à cheval. Ils sentent bientôt et forcent la perdrix, qui s'envole et va se poser à trois ou quatre cents mètres de là. Le chasseur la suit de l'œil et se rend à l'endroit où elle s'est posée. Les chiens la forcent encore; mais elle ne vole plus qu'à cent mètres de distance. Le chasseur la relance de nouveau, mais pour la dernière fois; car elle ne s'envole plus. Le chien, alors, la saisit et le chasseur la lui enlève avant qu'il l'ait dévorée. C'est par ce moyen que beaucoup d'Indiens indigens de la campagne se procurent leur nourriture journalière,

1827. Iribucua. et que des milliers de ces oiseaux sont pris dans les pampas de Buenos-Ayres.

Je restai encore jusqu'au 15 à Iribucua, augmentant mes collections; mais, pour les rapporter à Itaty, je fus obligé de faire venir une charrette; car j'avais fait une riche moisson, que j'apportais bien intacte à Itaty.

Itaty. 16 Octobre. De retour à Itaty, je poursuivis, avec le plus grand soin, mes recherches quotidiennes. Mes collections s'enrichissaient tous les jours des plus belles espèces.

J'éprouvais, depuis quelque temps, de très-fortes douleurs aux pieds; et, d'abord, je ne m'en étais pas occupé; mais elles devinrent telles que force me fut d'en chercher la cause, afin d'y porter remède. Je reconnus bientôt qu'un grand nombre de ces puces pénétrantes[1], nommées *piques* à Corrientes, *chique* dans les îles de l'Amérique française, et *nigua* au Pérou, s'étaient introduites sous la peau de mes pieds et y avaient grandi de telle sorte que chacune d'elles était presque aussi grosse qu'un pois ordinaire. La personne la plus experte du pays dans l'art de les enlever s'offrit à me rendre ce service; et, avec une aiguille, elle enleva l'épiderme tout autour, les en détachant tout entières. Elle m'en retira ainsi plus de vingt; et, pour que les plaies restées ouvertes guérissent plus promptement, elle les remplit de cendre de tabac, ce qui ne laissa pas de me faire souffrir beaucoup, et me contraignit à garder la chambre pendant quelques jours. Ces insectes, si connus dans toutes les parties chaudes de l'Amérique, fourmillent dans la province de Corrientes, surtout dans les districts sablonneux. On a prétendu qu'ils s'introduisaient, plus volontiers, dans les pieds des nouveau débarqués. Nul doute qu'ils ne puissent plus facilement pénétrer sous l'épiderme non endurci par la marche sans chaussure; mais je n'ai jamais pu croire que les étrangers soient leurs victimes plus souvent que les gens nés dans le pays. Le créole sent toujours un pique dès qu'il en est atteint et le fait enlever de suite, tandis que l'étranger, qui n'a pas l'habitude de cette piqûre, ne s'en aperçoit pas aussitôt et le laisse ainsi grossir, de manière à devoir souffrir beaucoup, lorsqu'il s'agit de l'extirper. Au bout d'un an de séjour, je sentais immédiatement l'introduction d'un de ces insectes dans mes pieds. C'est dans cette partie du corps qu'ils s'introduisent de préférence; cependant ils s'attachent aussi aux jambes et à quelques autres parties. Ils poursuivent avec acharnement les cochons et les chiens, qui s'ensanglantent les pattes pour s'en délivrer. La négligence et la malpropreté de quelques

1. *Pulex penetrans.*

pauvres gens sont cause que leurs enfans se couvrent de ces insectes, qui des pieds gagnent successivement les jambes et les parties un peu calleuses du corps. Les pieds de ces malheureux deviennent difformes; leur marche gênée et ridicule, et l'on cite des exemples, heureusement très-rares, de tels d'entre eux qui ont péri victimes de l'incurie de leurs parens. Ceux qui en guérissent se reconnaissent toujours à leurs pieds et à leur démarche. On leur donne le nom de *patojos*. L'huile et tous les corps gras sont d'excellens préservatifs contre les piques. On avait découvert depuis peu, chez le gouverneur de Corrientes, don Pedro Ferre, que l'huile de térébenthine est un remède infaillible à leur piqûre, et les fait immédiatement périr sous l'épiderme où ils se sont introduits. Les cochons sont, de tous les animaux, ceux qui en souffrent le plus. Non-seulement leurs jambes, mais encore quelques autres parties du corps, et les mamelles des truies, en sont infectées, ce qui les rend bien plus dégoûtans encore dans les pays chauds qu'ils ne le sont en Europe.

1827

Itaty.

Je n'étais connu dans toute la contrée que sous mon nom de baptême, ou sous le titre de ma mission; aussi m'appelait-on partout *Don Carlos*, ou bien *el naturalista*, suivant l'usage de tous les pays espagnols.

4 Novemb.

Le 4 Novembre, au matin, je vis arriver chez moi, de bonne heure, le curé, le commandant et l'alcade du village qui, en entrant, me souhaitèrent ma fête et me déclarèrent qu'il me fallait absolument, en l'honneur de mon saint, donner un bal le soir même; ajoutant qu'ils m'ameneraient la musique du lieu. J'y consentis, de gré ou de force, sachant, d'ailleurs, à combien peu je m'engageais; mais, néanmoins, j'y mis la condition qu'ils se chargeraient des invitations. Tout étant ainsi arrêté, j'allai m'informer, auprès d'une voisine, des emplettes que j'avais à faire. Elle m'offrit sa maison et me dit qu'un millier de cigares et une douzaine de bouteilles d'eau-de-vie feraient l'affaire. Elle se chargea de disposer les lieux et de me remplacer pour les honneurs. La salle de bal n'était pas même carrelée; le sol y tenait lieu de parquet ciré. L'ameublement consistait en bancs placés tout autour, et le luminaire en quelques chandelles jetant une lumière d'autant plus terne que les murailles de l'appartement étaient un peu rembrunies. Le soir, dès sept heures, j'avais toutes les dames d'Itaty, au nombre de quinze ou vingt. Toutes se rangèrent autour de la salle, et je remarquai que, si quelques-unes avaient pris des souliers pour venir danser, quelques autres avaient oublié de mettre des bas. Toutes fumaient à qui mieux mieux, et nulle ne reculait devant le petit verre d'eau-de-vie; ce qui, déjà, ne m'étonnait plus.... car c'était l'usage du pays. On dansa le joyeux *cielito*, pendant lequel, au son des instrumens, se

1827. Itaty. joignait le chant d'une ou de plusieurs personnes qui chantaient les couplets les plus plaisans. Pendant cette danse si vive, les danseurs font claquer leurs doigts de manière à imiter le son des castagnettes. Au *cielito* succéda le grave menuet; mais la plus jolie danse fut le menuet *montonero*, qui réunit au sérieux caractéristique du genre les figures gracieuses de la contre-danse espagnole. On dansa toute la soirée. On paraissait beaucoup s'amuser; mais ce qui contribua surtout à mettre en gaieté l'assemblée, c'est qu'après de longues sollicitations, on parvint à me faire danser un *cielito*, pendant lequel ma gaucherie à tenir mes bras élevés et à faire claquer mes doigts, réjouit infiniment l'honorable compagnie; aussi monsieur le curé, en se tenant le ventre à deux mains pour rire, me fit-il l'honneur de m'assurer qu'il ne s'était jamais tant diverti. Quel contraste entre les habitudes un peu grossières et même encore à demi sauvages de ces contrées lointaines et celles, par exemple, de nos brillantes réunions d'hiver, à Paris! Que diront nos élégantes Françaises d'un bal, où, dans l'intervalle des danses, les dames, pour la plupart, sans souliers et sans bas, avaient toutes le cigare à la bouche et se rafraîchissaient avec de l'eau-de-vie? « Fi donc! s'écrieront-elles, peut-être; quelles dames étaient-ce donc là? » C'étaient, mesdames, les personnes les plus distinguées du village d'Itaty, et plusieurs d'entr'elles, même, possédaient de grandes richesses; mais, avant de juger en dernier ressort, il faut bien connaître l'état relatif de la civilisation générale du pays; et, dès-lors, ces étranges orgies ne paraîtront plus extraordinaires. Les hommes étaient en *chilipa*, en *calsoncillos*, et pieds nus, pour la plupart. A deux heures du matin, on se retira, non sans m'avoir plusieurs fois chanté des vers sur la *despedida* (les adieux).

Je ne devais plus songer qu'à retourner à Corrientes, d'autant plus que des bruits de guerre avec la province des Missions m'alarmaient sur le sort de mes collections et m'obligeaient à les surveiller. Je m'occupai donc sans relâche des préparatifs de mon départ, que j'avais fixé au 6 Novembre. J'allai faire mes adieux aux habitans, qui avaient eu pour moi des bontés et qui m'avaient accueilli avec une bienveillance dont le souvenir ne s'effacera jamais de ma mémoire.

6 Novemb. Le 6 Novembre, je quittai Itaty pour retourner à Corrientes; mais ce ne fut pas sans un sentiment de tristesse. Les habitans voulurent me faire leurs adieux en masse, et quand je montai à cheval, j'avais autour de moi toute la population du village. Je me rendis, d'une seule traite, à l'*Ensenada*, où je m'arrêtai un instant pour attendre la charrette qui portait mes effets. Elle arriva vers midi et je lui fis prendre les devants. Je m'arrêtai près d'un lac

où les habitans m'avaient assuré qu'il y avait des coquilles d'eau douce. En effet, je me mis dans l'eau jusqu'au cou, je plongeai et je recueillis une belle espèce d'Anodonte. Après cette pêche, je repris ma route et me rendis à San-Cosme, où la charrette m'attendait devant la *pulperia*. Deux ou trois hommes qui s'y reposaient m'offrirent un verre d'eau-de-vie. Je n'eus garde de les refuser; car c'eût été leur faire une grande injure; mais je leur rendis sur le champ leur politesse en même monnaie, et nous nous quittâmes fort bons amis. Quiconque veut voyager fructueusement doit ne rien négliger pour se mettre partout au courant des usages propres à chacune des provinces qu'il parcourt; car, s'il se conforme à tous, il est sûr de se faire aimer de toutes les classes de la société, de les voir partout, à l'envi, s'empresser à seconder ses vues; et, dès-lors, le succès de sa mission est assuré. De quel droit, en effet, voudrions-nous tout plier à nos habitudes et à nos usages? Pourquoi trouver ridicule tout ce qui ne s'en rapproche pas? Ces mêmes habitudes, ces mêmes usages que nous croyons les meilleurs, ne paraîtront-ils pas aussi ridicules à ceux-là même que nous critiquons? Cette réflexion me rappèle involontairement un de mes premiers repas de voyage, où je m'étonnais si fort de voir paraître la soupe après le ragoût, tandis que mon digne hôte ne pouvait revenir de sa surprise, en me voyant boire en mangeant[1]. Lequel des deux était le plus raisonnable?

1827.

San-Cosme.

Un orage affreux éclata pendant la nuit. La pluie tombait par torrens et le toit de ma charrette ne m'en garantit qu'à moitié, car je songeais plus à mes caisses qu'à ma personne. La pluie continua le lendemain; cependant je partis et ne retrouvai le beau temps qu'auprès de la ville. Là je rencontrai plusieurs jeunes Indiens qui me reconnurent et me demandèrent si je voulais toujours acheter de petits oiseaux et des insectes; et, sur ma réponse affirmative, ils ouvrirent à l'instant leur chasse, en sautant de joie.

1. Voyez Chapitre VI, p. 126.

CHAPITRE IX.

Guerre des Missions. — Voyage en remontant le Parana. — Caacaty et ses environs. — Voyage à la Laguna d'Ybera.

§. 1.er

Guerre des Missions.

1827. Corrientes. A mon arrivée à Corrientes, je trouvai tout en rumeur. Les Indiens des Missions, réunis aux habitans de la province d'Entre-Rios, étaient venus attaquer *Curuçu cuatia*[1], voulant user de représailles envers les troupes de Corrientes, qui leur avaient enlevé les bestiaux dont eux-mêmes avaient fait la capture sur les Brésiliens de San-Paulo. On n'entendait que des plaintes à Corrientes, où tout le monde était en larmes; car on n'y avait pas oublié les horribles excès auxquels s'y étaient livrées les troupes d'Artigas, quand, à la tête des Indiens des Missions, ce chef était venu forcer les habitans à reconnaître l'indépendance du pays. Je ne savais vraiment que faire, les nouvelles devenant chaque jour plus alarmantes. Instruit de ce que peuvent attendre les étrangers d'une guerre civile, je me mis, sans perdre de temps, à emballer toutes mes collections, afin d'être prêt à tout événement. Les nouvelles devinrent pressantes. Je louai, moyennant deux cent cinquante piastres ou douze cent cinquante francs de France, un navire pour le transport de mes collections et je fis tout embarquer.

Cette guerre des Missions tirait son origine de causes déjà bien éloignées, d'anciennes querelles mal éteintes, et surtout de l'état de leurs voisins du Brésil. On sait qu'avant même les premiers établissemens des Jésuites, les Portugais de San-Paulo, connus sous le nom de *Mamelucos*, ravageaient journellement le territoire des Missions, en enlevant les Indiens guaranis, pour les vendre ensuite soit dans les villes de la côte, soit même sur les places publiques de Lisbonne. La fondation des Missions, en 1610, donna plus de force aux Indiens; et, dès-lors, ils commencèrent à résister aux habitans de San-Paulo; ce qui n'empêcha pas ceux-ci d'envahir, à diverses reprises, le

1. *Curuçu cuatia*, mot formé dans le même système que *caballu cuatia*, est un mélange de la langue guarani et de la langue espagnole : il signifie *croix soulptée*.

territoire des Missions, de ravager et de voler tout sur leur passage; procédés dont le résultat fut, entre les habitans des Missions et ceux du Brésil, une antipathie mortelle, qui, transmise par leurs pères aux hommes de la génération présente, subsistera probablement encore des siècles. Le caractère des Indiens, naturellement très-vindicatifs, et qu'il est rare de voir oublier une injure, se prêtait d'autant plus à cet esprit de vengeance, que les Brésiliens, profitant des derniers troubles causés par l'émancipation de la république Argentine, avaient de nouveau ravagé ces riches missions des Jésuites, y avaient mis le feu partout et avaient entièrement détruit cette province, où, depuis lors, un amas de ruines remplaçait ces beaux édifices, sujet de jalousie pour tous les habitans des villes voisines; plaies encore fraîches, saignant encore et ne pouvant être lavées que dans le sang.

Quand, en 1816, les Brésiliens envahirent la Banda oriental, le général Artigas, à la tête de troupes rebelles aux lois de Buenos-Ayres, s'était rendu dans la province des Missions, où, ayant réuni tous les Indiens dispersés par suite de l'invasion des Brésiliens, il en avait formé une petite armée, avec laquelle il avait marché sur Corrientes, afin d'en obliger les habitans à se rallier à la république; car, jusqu'alors, les Correntinos, de même que les habitans du Paraguay, avaient été du parti espagnol. Quand cette armée, mal disciplinée, sous un chef grossier, ami du sang, et qui n'avait d'autre règle de justice que son caprice, entra dans la province de Corrientes, une partie des habitans passèrent au Paraguay, pour ne pas tomber en son pouvoir; mais beaucoup d'autres, soit amour pour leur pays, soit opinion politique, ne voulurent pas abandonner leur capitale. Dès qu'Artigas y fut entré, on le vit mettre à contribution les uns, faire fustiger publiquement les autres, laissant ses soldats s'abandonner, s'abandonnant lui-même, sans pudeur, à la plus horrible débauche, forçant même quelquefois jusqu'aux femmes des premières maisons, quand elles résistaient à ses infâmes désirs, à se mêler aux danses publiques de ses barbares satellites; livrant au pillage toutes les propriétés, froissant indistinctement les affections les plus chères. De là, par suite des crimes de ce chef odieux, qui maintenant gémit dans les fers du despote du Paraguay, cette haine irréconciliable qui sépare les habitans de Corrientes et les Indiens des Missions, aveugles instrumens des excès d'Artigas; haine qui a survécu même à l'anéantissement de la province entière. Cette époque du séjour d'Artigas à Corrientes est toujours le sujet des conversations des Correntinos, dans les discours desquels, à chaque instant, la moindre allusion le ramène. Il est vrai que ce premier acte d'une

1827. révolution a dû faire particulièrement époque dans ces contrées jusqu'alors si paisibles.

Corrientes.

A l'époque où éclata la guerre entre Buenos-Ayres et le Brésil, pour l'occupation de la Banda oriental, guerre qui durait toujours, le président de la république Argentine, Rivadavia, avait demandé la coopération des Provinces-Unies de la Plata; mais celle du Paraguay s'était totalement isolée, et les autres, sans s'être déclarées tout à fait indépendantes, s'étaient créé des lois et ne recevaient aucun ordre de Buenos-Ayres : ainsi, la province de Corrientes, celle des Missions, celle d'Entre-Rios et celle de Santa-Fe, n'avaient pas voulu prendre part active à cette guerre, qui, quoiqu'elle dût être nationale, ne fut soutenue que par la seule province de Buenos-Ayres.

Cependant ces provinces, tout en se refusant à fournir des troupes pour combattre les Brésiliens dans la Bande orientale, avec les troupes de Buenos-Ayres, commencèrent une guerre de pillage. La province des Missions se rappela ses anciens griefs et arma quelques soldats qui, en leur propre nom, entrèrent sur le territoire brésilien, pillant les habitations voisines de l'Uruguay et enlevant tous les bestiaux qu'ils rencontraient. La facilité avec laquelle ils avaient exercé ces déprédations, en quelque sorte autorisées par la guerre nationale, détermina tous les propriétaires des Missions à les imiter successivement et à enlever, comme eux, aux Brésiliens des bestiaux sans nombre. Leurs voisins, les habitans de la province d'Entre-Rios et de celle de Santa-Fe, firent, à leur exemple, des expéditions semblables, pour eux également fructueuses; de telle sorte que ces campagnes, naguères désertes, par suite des guerres intestines, se couvrirent en peu de temps d'immenses troupeaux enlevés aux Brésiliens. Ce fut bientôt une fureur. Les provinces riveraines ne s'occupaient plus qu'à prendre part à cette curée générale, et tous les moyens paraissaient bons aux pillards; aussi commirent-ils des horreurs chez les propriétaires de la province de San-Paulo. La province de Corrientes entra la dernière dans ce nouveau système d'hostilités, et dut s'avancer davantage sur le territoire brésilien, parce que tout avait été pillé sur les frontières. Souvent des troupes des autres provinces se trouvaient en concurrence sur le même terrain; et de là des luttes fréquentes entre ces divers corps, surtout entre ceux de Corrientes et ceux de la province d'Entre-Rios et des Missions. Les anciennes haines contre ces dernières se réveillaient, dans ces occasions, avec plus d'énergie que jamais; d'où rixes partielles, enlèvement particulier aux soldats des Missions, par ceux de Corrientes, des bestiaux que les premiers avaient enlevés aux Brésiliens, ce qui fut même la principale cause déterminante de cette guerre, qui devait être des plus sanglante, l'appât du butin ne stimulant pas moins les Correntinos que le désir de se venger d'ennemis irréconciliables. De querelles particulières, on en vint à une rupture ouverte entre Corrientes et les Missions, liguées, dans cette circonstance, avec la province d'Entre-Rios. 1827 Corrientes.

Après ces hostilités partielles, le gouverneur de Corrientes, voulant anéantir, en une seule fois, les restes de la pauvre province des Missions, envoya ses troupes de Curuçu cuatia à *San-Roquito*, premier village des Missions et capitale momentanée de ce débris de province. Il se fit un carnage affreux de tout ce que l'on y trouva. Des soldats tuèrent jusqu'à des vieillards malades ou même des femmes, pour assouvir leur vengeance. Des officiers m'ont dit qu'ils n'avaient pu, en aucune manière, réprimer ce désordre, malheureusement trop souvent renouvelé. San-Roquito ne fut plus qu'un vaste champ de cendres couvert de cadavres. Les Correntinos étaient fiers de leur victoire, quoique d'autant plus facile, que la plupart des Indiens des Missions n'étaient pas au village, et que les vainqueurs y trouvèrent seulement quelques femmes, des vieillards et des enfans; et ils enlevèrent ces derniers, partagés ensuite entre les officiers, comme des esclaves. Pour se venger à leur tour, les Indiens se réunirent aux troupes de la province d'Entre-Rios. Trois cents hommes, presque sans armes, se présentèrent devant Curuçu cuatia, dont les défenseurs étaient au nombre de cent à peu près, sous les ordres du colonel Lopez, bon militaire; et, pour la première fois peut-être, les Correntinos, se défendant avec courage, mirent les ennemis en déroute. Dans cette bataille, des plus sanglante, on ne fit point de prisonniers. Tous les Indiens des Missions qui furent pris, furent immédiatement mis à mort. Un officier de Corrientes, qui s'y trouvait, m'a dit que beaucoup d'Indiens qui avaient jeté leurs armes et qui se présentaient comme prisonniers, ne furent pas plus épargnés que les autres. Les Correntinos étaient assez bien armés, c'est-à-dire qu'ils avaient presque tous une carabine et un sabre; mais l'équipement de leurs adversaires était des plus incomplet. La plupart d'entr'eux n'avaient qu'une mauvaise lance et les armes habituelles du pays, le lazo et les bolas, armes terribles contre l'étranger qui n'a pas l'habitude de la tactique qu'elles supposent, mais peu efficaces entre hommes qui les manient également bien.

Après cette victoire, les Correntinos, enhardis par ce premier succès, se mirent à battre la campagne, pour découvrir les traces des Indiens, afin de les exterminer, ce qui eut lieu plusieurs fois. Un des officiers chargés de cette

1827. recherche, me dit en avoir trouvé un jour, au fond d'un bois, sur la rive
Corrientes. occidentale de l'Uruguay, une quinzaine, sans armes, qui se reposaient à l'ombre, en prenant leur repas. On les surprit; on les chargea de liens. Les soldats voulaient les tuer tous. « Pouvais-je, me disait l'officier, refuser à ces *héros* le plaisir d'en tuer quelques-uns? » Il leur en abandonna cinq à leur choix; et ces tigres à face humaine s'amusèrent à les faire lentement mourir, l'un après l'autre, à petits coups de lance. Conçoit-on qu'il puisse se trouver au dix-neuvième siècle, chez un peuple qui se dit civilisé, des traits et des scènes qu'on a peine à croire, en les lisant même dans les pages sanglantes de l'histoire de la conquête?

Pendant que tout cela se passait sur la frontière, Corrientes était en proie
16 Novemb. aux plus vives alarmes. Le 16 Novembre un courrier arriva de Curuçu cuatia, et jeta la consternation dans la ville, en annonçant que les Indiens y avaient triomphé, qu'ils occupaient déjà San-Roque, qu'ils marchaient vers Corrientes, et que le lendemain, sans doute, ils attaqueraient la capitale. Ce qui restait de troupes partit avec le gouverneur; mais un second courrier, venu le jour d'après, démentit entièrement le premier, en annonçant, au contraire, la défaite complète des Indiens. Cette dernière nouvelle rendit le calme et la tranquillité à tous les esprits. Je débarquai mes effets, voulant visiter les rives du fameux lac d'Ybera, ainsi que les environs de Caacaty, et je repris mes occupations habituelles, en me préparant à cette dernière course dans la province.

Cette guerre avait tellement enrichi en bestiaux la province de Corrientes, qu'il arrivait tous les jours à la ville quelques centaines de têtes de bétail, qui se vendaient à vil prix dans les marchés, tandis qu'il s'en vendait encore plus sur les frontières. On en offrait même souvent à dix francs par tête, c'est-à-dire pour le prix de leur peau. Les provinces voisines se trouvaient dans le même cas; et l'on évaluait à plus de deux cent mille le nombre des têtes de bétail enlevées aux Brésiliens, seulement par les quatre provinces de Corrientes, des Missions, d'Entre-Rios et de Santa-Fe.

Sans cesser de me préparer à mon nouveau voyage, je continuais à parcourir tous les environs, allant, de temps en temps, de l'autre côté du Parana, dans ses îles, sur ses rives, faisant toujours de nouvelles découvertes. Un autre motif me retenait à Corrientes. J'avais à ma disposition beaucoup de jeunes Indiens qui couraient pour moi dans les environs et m'aidaient à compléter mes observations sur l'incubation des oiseaux, nichés en grand nombre dans tous les buissons d'alentour. La saison était dans toute sa force,

ce qui m'obligeait à des recherches minutieuses; ce genre d'études ayant été, 1827.
d'ailleurs, jusqu'à ce jour, trop négligé par les voyageurs pour que je n'y Corrientes.
consacrasse pas tous mes instans. Cependant, vers le commencement de Décembre, j'étais prêt à partir et mon itinéraire était arrêté. Je devais prendre une route tout à fait nouvelle, afin de reconnaître, par la même occasion, le cours du Parana, au-dessus de Corrientes. Il s'agissait de m'embarquer à Iribucua et de me rendre ensuite jusqu'en face de Caacaty, où mon projet était de m'arrêter quelque temps.

§. 2.

Voyage en remontant le Parana.

Le 12 Décembre j'avais déjà expédié des malles, par une charrette, à Caacaty, et je me disposai à partir pour Iribucua, accompagné d'un aide et d'un domestique, tous trois bien pourvus des objets que je présumais devoir m'être nécessaires pour mes travaux. Je faisais ce voyage avec mon vieux compatriote d'Iribucua. Au moment même du départ je reconnus que le cheval que j'avais acheté pour moi n'était pas bon pour une telle route. J'en achetai de suite un autre, qu'on me garantit meilleur. Je voulus le monter, chargé, comme à mon ordinaire, de mon fusil et de tout mon appareil de chasse; mais je n'eus pas plus tôt mis le pied dans l'étrier, que mon nouveau bucéphale se cabra, ruant avec fureur, et, malgré tous mes efforts pour me retenir, me jeta par terre, avant que je ne l'eusse enfourché. J'épargne à mes lecteurs les détails tant de fois décrits d'une mésaventure de ce genre; la confusion du malencontreux écuyer; les cris de la foule qui m'entourait, sans prendre garde que je pouvais mille fois être écrasé par le cheval, qui détachait toujours des ruades. J'eus quelque peine à me dégager et à me relever, ce qui n'était pas chose facile, embarrassé que j'étais dans mon appareil de chasse; j'y parvins pourtant, grâce à ma bonne étoile, sans autre inconvénient ni pour moi ni pour mon fusil, sur le sort duquel j'avais des craintes; et je reçus alors les félicitations de quelques compatriotes, les seuls de l'honorable assistance qui eussent pris part à ma peine, mais qui ne m'épargnèrent pas leurs plaisanteries, dès qu'ils me virent debout. Il fallait pourtant partir. Nouveaux efforts pour monter la maudite bête; j'y réussis, enfin, avec un peu d'aide, et sortis de la ville avec mon vieux compatriote. Nous voulûmes alors prendre le galop. Nouvel embarras! mon coursier rebelle, sans doute habitué aux *carreras* (courses), s'emporta de nouveau, voulant toujours prendre le pas sur le reste de la caravane;

1827. Chemin à Iribucua. mais je commençais à connaître ses défauts; dès-lors j'en devins facilement le maître; et nous arrivâmes sans autre accident à la *Laguna brava*, où je voulais passer la nuit, pour repartir de bonne heure le lendemain.

13 Décemb. La lune se levait le lendemain à deux heures. Cette heure devait être celle du départ; mais, dans la nuit, des *peones* de la *chacra*, ayant sans doute quelque course à faire dans le voisinage, avaient coupé la longue courroie à laquelle on attache les chevaux dans la campagne, quand on veut ne pas les laisser libres, afin d'être sûr de les retrouver à l'heure où l'on veut partir. Il fallut, dès-lors, attendre et les chercher. L'un d'eux ne se retrouva qu'à cinq heures du matin; et nous nous remîmes en route pour Itaty, laissant en arrière un de nos gens, qui devait ramener l'autre cheval égaré. Nous arrivâmes en un temps de galop à San-Cosme, traversant encore une fois les jolis sites de Las Ensenadas. A trois lieues d'Itaty nous trouvâmes tous les marais inondés, de sorte qu'il nous fallut faire plus de deux lieues jusqu'aux hauteurs d'Itaty, ayant de l'eau jusqu'au ventre des chevaux, qui bronchaient à chaque pas. Enfin, à dix heures du matin, après cinq heures de la marche la plus fatigante, nous avions fourni une traite de douze lieues, et nous arrivions à Itaty. Dès que nous en atteignîmes les premières maisons, et que les enfans du village me reconnurent, ils allèrent, en courant, annoncer mon arrivée aux habitans, qui me reçurent, comme la première fois, avec une bienveillance dont leur simplicité et même leur rusticité habituelles ne me permettaient pas de suspecter la franchise. A peine descendu de cheval, je me vis entouré de mes petits pourvoyeurs, qui m'apportèrent plusieurs insectes, et entr'autres des chrysomèles, ornées de couleurs métalliques des plus vives. Le reste du jour ne fut qu'une fête, un peu troublée, pour mes excellens hôtes comme pour moi, par l'idée que je devais, dès le lendemain matin, partir pour Iribucua. J'annonçai, dans la conversation, mon intention de remonter le Parana, jusqu'aux frontières des Missions, et de m'arrêter à Ita-Ibaté, afin de reconnaître ce fleuve. Ils s'écrièrent tous que j'étais un homme perdu et que je devais tout au moins m'attendre à toutes les souffrances possibles, si je persistais dans ce projet d'une navigation que personne n'avait encore tentée. Mon parti était pris. Toutes leurs remontrances furent vaines; et je leur fis mes adieux dès le soir même, afin de partir le lendemain avant l'aurore, pour profiter un peu de la fraîcheur du matin; car la chaleur du jour était accablante. En passant par l'Estancia de la Limosna, où nous ne restâmes que quelques minutes, nous en trouvâmes le capataz encore tout ému d'un événement

arrivé la nuit même dans son établissement. Un jaguar s'était introduit dans le parc au gros bétail et y avait attaqué un jeune bœuf qu'on y avait isolé, parce qu'il devait être abattu le lendemain. Il paraît que la lutte avait été terrible; car le pauvre bœuf expirait, la peau déchirée par lambeaux de la nuque à la croupe, le corps tout sillonné de blessures profondes, où se montraient les traces des ongles acérés du jaguar; mais son redoutable adversaire n'avait pas été plus heureux. Il expirait aussi, gisant près de sa victime, criblé lui-même de coups de cornes; et les deux champions, prêts à rendre le dernier soupir, se menaçaient encore des yeux; spectacle sublime, dans son horreur, et digne d'un habile pinceau. Le capatas se plaignait du grand nombre de jaguars des environs et des ravages qu'ils causaient dans son estancia. Ses brebis, au reste, n'étaient pas moins chanceuses. Tout récemment un cougouar était entré, de nuit, dans leur parc; et, non content d'y choisir, comme le jaguar, une seule victime, il y avait égorgé un grand nombre de ces paisibles animaux, pour ne se repaître que de leur sang. Bien différent en cela du jaguar, le cougouar ne revient pas, comme lui, sur la proie de la veille. S'il tombe sur une proie, il tue de nouveau et n'est satisfait qu'après avoir amoncelé les cadavres. Le capatas assurait que l'approche seule du jour avait pu mettre fin au carnage.

1827. Chemin à Iribucua.

A neuf heures du matin nous étions à Iribucua.

Parana.

Pour exécuter le voyage projeté, il nous fallait construire une pirogue avec les quatre seules planches que nous eussions à notre disposition. Dès le lendemain nous nous en occupâmes. Deux de ces planches devaient faire le fond; les deux autres, les bordages, et nous devions former les extrémités de gros morceaux de bois propres à résister au choc de la côte, ou des troncs d'arbres amoncelés sur les rives. Cette construction, quoique très-simple, devait nous demander beaucoup de temps, parce que nous manquions de matériaux, qu'il nous eût été difficile de nous procurer, sans les aller chercher à Corrientes, distant de vingt-quatre lieues. Nous n'avions pas de clous; et, faute de goudron pour calfater, nous dûmes remplir les coutures avec du suif mêlé de cendres. Cependant, malgré l'inexpérience de notre aide, paresseux d'ailleurs, comme le sont tous les hommes du pays, deux jours nous suffirent pour achever notre embarcation. J'employais mes instans à chasser dans les bois et à poursuivre les insectes. Je comptais partir sans délai; mais mon vieux compatriote, un peu avare et morose d'autant, s'était aliéné tous les ouvriers. Ils ne voulaient plus nous servir de rameurs. J'étais on ne peut plus contrarié. Mon compagnon de voyage avait épuisé les

1827. Parana. provisions dont il s'était pourvu à notre départ de Corrientes. Nous étions réduits à vivre de notre chasse, consistant en canards musqués, en pénélopes et en aras bleus; mais la chair de ces oiseaux est si coriace, que je ne pouvais en manger. J'envoyai mon domestique à quatre lieues de là, pour acheter un mouton; mais, dès le lendemain, la chair en était corrompue. La mauvaise nourriture, l'impatience de partir, l'ennui de voir toujours les mêmes lieux, m'inspirait une affreuse tristesse, qu'augmentaient encore les piqûres des moustiques de nuit et de jour, et des taons, qui ne nous laissaient pas un seul instant de repos. Le constructeur même de la pirogue élevait, sans cesse, pour nous accompagner, des difficultés sans nombre, qui s'aplanirent, pourtant, dès que j'eus acheté un bœuf qu'on fit sécher à la manière du pays; et le départ fut irrévocablement fixé au lendemain.

20 Décemb. Le 20 Décembre, dès la pointe du jour, j'envoyai au lieu le plus voisin d'Ita-Ibaté mon domestique, avec mes chevaux et des lettres pour plusieurs personnes de Caacaty, afin de prévenir de mon arrivée. Ce domestique avait, de plus, ordre de gagner, sur les rives du Parana, près d'Ita-Ibaté, la place la plus abordable pour les chevaux, et d'y élever, au bout d'un morceau de bois, un signal propre à nous faire connaître, en ces localités sauvages, où personne ne va jamais, à quel endroit nous pourrions atterrir sans nous exposer à tomber entre les griffes du docteur Francia, en violant involontairement celle de ses lois qui interdit aux étrangers l'entrée de ses domaines. Toutes mes instructions bien données, je m'occupai de mon voyage. J'embarquai mon bagage, consistant en mes fusils, les objets nécessaires à la préparation des objets à recueillir; ma selle, qui me servait de lit, mon poncho, ma seule couverture et ma boussole, pour relever en détail le cours du Parana. L'embarcation était si petite, qu'avec ce peu d'objets et quatre hommes, elle était trop chargée et avait à peine deux pouces hors de l'eau; mais cela ne m'arrêta pas. Nos vivres consistaient en viande sèche et en une bouteille d'eau-de-vie.

A dix heures du matin nous démarrâmes et fîmes force de rames contre le courant. Le temps était magnifique; le soleil pas trop ardent. Tout semblait nous promettre un voyage agréable. Une falaise élevée, couverte de bois, était à notre gauche; à droite s'étendait le Parana, qui, lorsque sa rive opposée n'était pas masquée par des côtes, nous offrait presqu'une lieue de largeur; et, au-delà, le territoire du Paraguay. Tout le long de la falaise, on voyait disséminés des couples d'aras d'un bleu glauque, dont les échos des bois répétaient incessamment les cris aigus. Chaque couple se montrait soit sur le bord des énormes trous qu'ils se creusent dans les falaises, afin d'y déposer leur nichée, soit perché sur les branches pendantes des arbres qui couronnent la côte. A ces cris aigus venait se mêler le cri non moins désagréable des *pavas del monte*[1] (dindon des bois), qui ne cessait que lorsque nous nous éloignions de leurs nids. Je descendis à terre; et, chemin faisant, je tuai quatre canards musqués sauvages d'une taille énorme. Un peu plus d'une lieue plus loin, nous laissâmes la falaise pour prendre un petit bras du Parana, qui avait à peine cent pas de largeur. A chaque instant nous apercevions d'énormes caïmans qui se précipitaient et disparaissaient dans l'eau à notre approche. Sur les arbres des lieux inondés des bords de ce bras, des anis des savanes faisaient entendre leurs conversations joyeuses et cadencées, et le martin-pêcheur se montrait à chaque pas à l'extrémité des branches avancées sur l'eau. Ce bras pouvait avoir une demi-lieue dans la direction sud-est. Arrivés à la fin de ce bras, nous longeâmes de nouveau les côtes élevées; et, peu après, nous arrivâmes à l'endroit où des ouvriers de mon compatriote exploitaient l'écorce du mimose appelé curupaï dans le pays, et dont j'ai déjà parlé. En débarquant, nous fûmes dévorés par les moustiques, dont les myriades obscurcissaient l'air et formaient, sous l'ombrage des grands arbres, des nuages mobiles qui nous suivirent au travers des parties basses du bois, et ne disparurent qu'à la lisière extérieure, seul lieu où se trouve cette espèce d'arbre. Nous suivîmes un étroit sentier dans les hautes herbes, et vîmes, fichés en terre, trois morceaux de bois sur lesquels était étendue une peau de bœuf. C'était la maison de jour des ouvriers de mon compatriote. La femme de l'un d'eux s'y retirait en cas de pluie ou quand l'ardeur du soleil ne lui permettait pas de rester dehors. Le mobilier de cette espèce de tente consistait en pots de terre propres à faire la cuisine, et en deux ou trois peaux de bœufs, tenant lieu de matelas. Une ramada grossière, formée de quatre pieux très-élevés et couverte de branches d'arbres croisées, servait de chambre à coucher. C'est sur cet échafaudage, recouvert d'un simple cuir, que ces malheureux se reposaient la nuit des fatigues de la journée. Ils couchent là pour se préserver des moustiques qui n'y montent pas, pour peu qu'il vente. C'est aussi pour eux un moyen de se garantir des jaguars, qui rôdent la nuit tout autour, et n'osent monter par les pieux, dont l'élévation les effraie. Travaillant tout le jour à moitié nus, en plein soleil, sans autre vêtement qu'une pièce d'étoffe attachée autour du corps;

1827.

Parana.

1. *Penelope obscura*, Illiger; *Yacu-hû* (Pénélope noire) des Guaranis.

1827. Parana. dévorés par les moustiques et par les taons; à chaque instant couverts de ces odieuses tiques ou *garapatas*, qui enfoncent leur tête sous l'épiderme et causent des démangeaisons atroces; ne mangeant que de la viande sèche, ne buvant que de l'eau et passant, le plus souvent, les nuits sans sommeil, à cause des moustiques, ou réveillés par les rugissemens des jaguars.... Quel sort! Qu'une philantropie plus ardente qu'éclairée compare le genre de vie de ces misérables, dont elle ne parle pas, avec celui de nos paysans d'Europe, objet constant de sa sollicitude, et qu'elle décide si leurs frères d'Amérique ne mériteraient pas autant sa compassion et sa sympathie.

Là, nous mangeâmes un morceau de viande sèche cuite sur les charbons, ce qui passa pour un repas en forme et que, d'ailleurs, nous trouvâmes excellent, assaisonné qu'il était par la faim. Quelques gorgées de l'eau du Parana complétèrent notre gala, dont les pauvres ouvriers avaient fait les frais et que nous leur payâmes, en leur laissant quelques canards; et nous reprîmes notre route. Ces hommes avaient presque démoralisé notre équipage, en lui répétant que nous n'arriverions pas de quinze jours ou que nous nous ferions prendre par les habitans du Paraguay, qui occupent tout l'ancien territoire des Missions du nord et qui ont des postes sur les îles même du Parana; mais ces prédictions n'effrayaient que nos deux rameurs. J'aurais, moi, difficilement changé de résolution, et mon vieux compatriote était stimulé par un motif d'intérêt. Il avait l'espoir de rencontrer des troncs du cèdre américain, que le Parana amène des parties montueuses de son cours et charrie jusque dans ces parages; article alors très-recherché à Corrientes et qui s'y vendait très-cher. En recommençant à voguer, chacun de mes compagnons de voyage gardait le silence, et ses pensées étaient, sans doute, quant à leur objet, bien différentes de celles des autres. Pour moi, je ne songeais qu'à relever le cours du Parana. Nous entrâmes dans un second bras du fleuve aussi étroit que le premier, mais dont le courant rapide retardait, on ne peut plus, notre marche. Nous ramions toujours avec courage, attendant notre sortie de ce bras, pour nous arrêter et descendre à terre, parce qu'il commençait à se faire tard et que nous ne trouvions aucun lieu où nous pussions descendre, les rives de ce canal étant couvertes d'épines et de bois très-épais, où des myriades de moustiques voltigeaient, en attendant leur proie. Cependant l'ombre devenait, de moment en moment, plus épaisse; nous n'avions aucun espoir de rencontrer un débarcadère commode, et le canal ne finissait pas. Devenus toujours moins difficiles, à l'instant où la nuit arrivait, nous descendîmes enfin sur un espace sans arbres, au bord d'une large lagune entourée de bois.

Cet espace était couvert de *polygonum* élevés de plus de deux mètres, et si étroit qu'à peine pouvait-il nous contenir tous les quatre. Je cherchai mieux, pendant qu'on y allumait du feu; car nous y étions dévorés par les moustiques, ce qui n'était pas rassurant pour la nuit. Près des polygonum s'étendait une immense plaine de graminées hautes de plus de six pieds, qui nous empêchaient de distinguer au loin. Je voulus y pénétrer, et m'y enfonçai si précipitamment, que je ne m'aperçus qu'à une dizaine de pas que j'étais couvert des épines qui entourent les tiges de cette plante et qui, pénétrant dans la peau, y causent une démangeaison des plus douloureuse. Chacune de ces épines avait un demi-pouce de long et enveloppait le tronc d'un tissu compacte et serré. Je ne pus sortir de ce lieu vraiment infernal, qu'en me couvrant d'épines, et encore sans en savoir plus que lorsque j'y étais entré. On renonça, dès-lors, à coucher en ces lieux, et nous passâmes à l'autre rive, sur une langue de terre qui se prolongeait entre un bois et le lac. Là nous dûmes, à coups de couteau de chasse, abattre les polygonum, pour déblayer le terrain et le rendre propre à nous recevoir. La nuit était venue, et il nous fallut souper debout, marchant toujours, parce que l'air était obscurci par les moustiques, qui, sans le mouvement continuel d'un mouchoir, nous eussent dévoré la figure. Après avoir mangé, tout en maudissant ces lieux, nous cherchâmes à prendre quelque repos sur un cuir que nous étendîmes à terre; et nous nous couchâmes, nos fusils à côté de nous. Mon vieux compatriote fut bientôt endormi, quoique sa figure fût couverte de moustiques. Moi et les deux autres nous n'y pouvions résister sans moustiquaire. Nous avions déjà la figure et tout le corps horriblement enflés. Je me relevais à chaque minute, le seul moyen de se garantir du fléau étant de se tenir toujours en mouvement; puis je me recouchais, épuisé de fatigue, dans l'espoir constamment trompé de goûter enfin quelque repos; et je me relevais encore.... Toujours en vain. L'implacable ennemi semblait, à chaque instant, redoubler de fureur. Une fièvre ardente me dévorait; je me sentais presque fou. Je regardais sans cesse à ma montre, pour compter les heures de mon martyre; et, plus d'une fois, je l'avouerai, en proie à des tourmens dont on ne peut se faire une idée, je promis de revenir le lendemain sur mes pas et de renoncer au voyage. A cet état d'exaspération succéda un état d'affaissement tel, que je m'assis et souffris, dès-lors, sans remuer davantage, parvenu, sans doute, à cet état de souffrance qui en ôte le sentiment et dans lequel se trouvaient aussi, peut-être, mes compagnons d'infortune, quand, à la distance de six à huit pas, j'entendis le rugissement d'un jaguar. Je me levai de suite, en

1827.

Parana.

1827. saisissant mon fusil. Les ténèbres étaient profondes et je n'en vis que mieux
Parana. les yeux étincelans du monstre. Le voir, l'ajuster et tirer, fut l'affaire d'une seconde peut-être. Un second rugissement plaintif suivit mon coup de fusil, et l'animal disparut. Dans l'intervalle, mon vieux compatriote s'était mis sur la défensive, et mes deux rameurs s'étaient embarqués dans la pirogue. On doit penser dans quelle agitation nous nous trouvâmes et quelle était notre position. Ce ne fut qu'à force de crier que nous pûmes faire revenir nos rameurs, tout disposés à nous abandonner. On fit un peu de feu et nous restâmes sur le qui-vive, toujours souffrant, jusqu'au matin. Cet incident m'avait appris combien peu je devais compter sur mes gens pour la défense commune, et combien de précautions j'avais à prendre. Au lever de l'aurore les moustiques revinrent en plus grand nombre et plus acharnés, s'il est possible; mais l'approche de leur retraite prochaine nous fit supporter plus patiemment leur dernière attaque.

Au jour, nous embarquâmes nos effets et nous nous disposâmes à partir. L'apparition de la lumière avait détruit les idées de retour, et me faisait plus que jamais penser à poursuivre. Je ne me souvenais de ma mauvaise nuit que par l'extrême lassitude qu'elle m'avait laissée dans tous les membres. Je voulus voir, cependant, le lieu d'où le jaguar était venu. J'en trouvai facilement les traces, au milieu des herbes; mais un long trait de sang me donna la certitude que je l'avais touché. Je le suivis; et, assez près de là, sur la lisière du bois, je vis le cadavre de l'animal avec une joie extrême, mais non, je l'avouerai, sans frémir, car je craignais qu'il ne vécût encore; mais le sang qui le couvrait me rassura bientôt; et, en effet, il était mort. Ma balle lui avait traversé le poitrail, les poumons et toutes les entrailles. Je me mis à lui enlever la peau, pensant au danger que j'avais couru, et tout fier de cet exploit, dont l'occasion ne se présente pas tous les jours. Cette Providence, à laquelle j'avais entièrement abandonné mon existence dans ce voyage, venait de me donner une preuve nouvelle de sa sollicitude en ma faveur; et, je n'en doute pas, c'est à sa protection dans ces premières rencontres, à la confiance aveugle avec laquelle je me suis constamment, en quelque sorte, jeté dans ses bras, sûr dès-lors de surmonter tous les obstacles, que j'ai dû mes succès dans un voyage aussi prolongé et aussi fructueux, où, tout en ne craignant jamais les dangers, j'ai toujours conservé mon sang-froid, dans les circonstances difficiles, et trouvé de l'à-plomb, du courage même, dans les momens périlleux.

Après un maté, fidèle ressource des voyageurs du pays, nous nous remîmes en route, en nous entretenant des accidens de la nuit passée. Nous suivîmes le même canal (*riacho*). Après l'avoir parcouru pendant long-temps, nous arrivâmes enfin au Parana; mais ce fut pour peu de temps; car un autre canal s'offrit à nous. Le courant de la rivière se faisait moins sentir dans ce dernier; nous le suivîmes l'espace d'une demi-lieue; mais nous reconnûmes, après un long et pénible travail, qu'ainsi que beaucoup d'autres, il n'avait pas d'issue ou débouchait dans un marais de l'intérieur du bois. Il nous fallut rebrousser jusqu'à son entrée et continuer le long du fleuve même. Nous suivîmes toujours des côtes basses et boisées, jusqu'à une pointe de terre sablonneuse, où nous descendîmes. On y fit rôtir un morceau de viande sèche, un peu gâtée, seule ressource alimentaire qui nous restât, par la faute de mon vieux compagnon de voyage, qui, apparemment pour ne pas surcharger notre pirogue, et dans l'idée de revenir bientôt à sa hutte, y avait laissé presque toute la viande du bœuf que j'avais acheté, et n'en avait apporté que quelques petits morceaux, à peine suffisans pour nous nourrir un jour encore; comptant, d'ailleurs, un peu trop, dans cette expédition hasardeuse, sur nos fusils et sur les lignes de pêche. En visitant, pendant qu'on préparait notre repas, la côte sur laquelle nous étions, je vis partout des traces fraîches de jaguars; et le temps à la pluie menaçait de nous retenir en ces lieux, ce qui me contrariait beaucoup, me souciant fort peu de renouveler si tôt l'épreuve de la veille; mais il s'éclaircit un peu et nous continuâmes notre route. J'admirais le silence imposant qui régnait partout sur le fleuve, troublé seulement de temps à autre par le cri des caràcaràs, qui nous suivaient à la piste, en volant d'un arbre à l'autre, accompagnés d'urubus, leurs fidèles associés; tous parasites de nos minces repas et seuls témoins de nos fatigues. Des caïmans taciturnes se montraient à chaque pas sur le bord des bancs de sable; des troupes de cabiaïs nageaient tranquillement au devant de nous, sans s'inquiéter de notre présence, chose pour eux tout à fait nouvelle. Nous entrâmes dans un grand bras, craignant de passer en dehors et de trop nous rapprocher de la côte du Paraguay. Ce bras, un peu plus loin, se divisait en une foule d'autres; mais, comme nous y avions été déjà pris, nous n'étions pas disposés à le suivre, d'autant plus qu'il ne paraissait pas avoir de courant. A notre gauche, au milieu d'un ensemble varié de végétation, se distinguaient les rameaux élégans des bambous ou graminées arborescentes, dont les tiges coquettement empanachées produisaient un effet charmant, en déployant, de toutes parts, leurs gerbes vertes et leurs folioles tombantes et légères, d'un aspect vraiment enchanteur. Ces énormes roseaux, dont quel-

1827. Parana.

1827. ques-uns ont plus de trente pieds de haut et plus de six pouces de diamètre à leur base, sont très-épineux ; le bois en est dur et creux, dans l'intervalle de ses nœuds. On l'emploie à mâter de petites embarcations, à construire des échafaudages, à faire des toitures ; on s'en sert aussi pour bâtir ces immenses radeaux nommés *angadas*, que l'on conduit à Buenos-Ayres, et chacun de ces bambous se vend jusqu'à cinq francs pièce. En suivant le même bras, nous arrivâmes à un banc de sable, qui tenait à la terre ferme par des marais couverts de grandes herbes. On se mit à réunir du bois et à faire la cuisine. En tournant leurs regards vers l'autre extrémité du banc, mes compagnons aperçurent deux jaguars qui semblaient venir de notre côté. De suite je pris mon fusil ; et, accompagné de mon aide, également armé, nous nous avançâmes sur eux, mais un ruisseau très-large nous en séparait encore, et il n'était pas prudent de les poursuivre à la nage ; aussi me contentai-je de leur envoyer une balle, qui ne les toucha pas, mais qui les fit changer de direction ; et, à petits pas, ils s'enfuirent d'un autre côté. Nous revînmes à notre banc de sable, où nous nous amusâmes à pêcher des raies armées, qui abondent dans tous les lieux sablonneux des rives du Parana. Nous nous promettions une bonne nuit. Nous soupâmes avant le coucher du soleil. Dans la crainte des moustiques, nous attendions la nuit, couchés sur le sable ; mais, dès que la nuit commença à étendre ses voiles sur tout ce qui nous entourait, les moustiques arrivèrent en bien plus grand nombre. C'était une autre espèce, facile à reconnaître au bruit argentin de son vol, et plus encore à ses piqûres. Celles-ci causaient une douleur aussi vive que pourrait l'être la douleur causée par une aiguille rougie au feu qu'on enfoncerait dans la peau, et chacune d'elles laissait à sa suite une ampoule large d'un pouce, de telle manière qu'une demi-heure après l'arrivée des moustiques, on ne nous aurait pas reconnus, enflés que nous étions de toute une moitié du corps. Voyant qu'il était impossible de dormir, je pris le parti de faire de grands feux pour attirer les insectes, et j'allai couper les branches d'un arbre charrié là par les courans, afin de continuer mes recherches entomologiques. Ma tentative ne fut pas sans fruit. J'y trouvai une belle espèce de mégacéphales [1] nouvelle et quelques autres espèces venues à la lumière. Absorbé par ce travail, je sentais moins les moustiques ; mais, vers onze heures, il ne vint plus un seul insecte. Je m'aperçus alors que j'étais consi-

Parana.

1. *Megacephalus* (*nova species*). Voyez Partie entomologique.

dérablement enflé. Je ressentis de nouveau la douleur et il me fut impossible de rester un instant tranquille. J'étais perpétuellement en mouvement, et j'agitais, en même temps, un mouchoir sur ma figure, ce que je fis jusqu'à une heure du matin; mais alors, harassé de fatigue et poussé presqu'au désespoir, j'allai me jeter dans l'eau pour essayer si j'y serais moins mordu... vains efforts! Ma figure était toujours couverte de ces cruels animaux. N'en pouvant plus, j'allai m'asseoir près du feu, je fis un trou dans le sable et m'y ensevelis tout entier, à l'exception d'un bras et de la tête. De ce moment, je me trouvai un peu plus calme jusqu'au jour, qui ne pouvait arriver assez tôt. Enfin nous pûmes distinguer les objets; et toutes nos figures bouffies, où l'on voyait à peine les yeux, présentaient à chacun de nous un spectacle assez grotesque dont il aurait ri de bon cœur, s'il n'eût pas tant souffert lui-même. Pour moi, j'admirais mes insectes, dont la vue adoucissait un peu mes douleurs.

1827. Parana.

Nous étions tous de plus mauvaise humeur les uns que les autres; chacun se livrait silencieusement à ses occupations spéciales et nous continuâmes ainsi long-temps notre assez triste navigation. Nous avions l'espoir d'abandonner bientôt les côtes basses, le long desquelles nous voguions, et d'arriver aux falaises, auxquelles seules nous devions reconnaître les lieux. D'après mon estime, nous ne devions pas être loin de Yaha-pé. En effet, à dix heures du matin, nous vîmes des falaises. Nous les gravîmes et reconnûmes, avec grand plaisir, des traces récentes de chevaux et de bœufs, signe certain du voisinage d'une habitation quelconque. Enfin, du haut d'un arbre, choisi comme observatoire, nous aperçûmes une maison qui ne pouvait être que celle de Yaha-pé. Les deux rameurs y allèrent et je restai pour essayer de dormir, mais inutilement. La chaleur à laquelle nous étions exposés et les rayons brûlans du soleil qui tombaient presque d'aplomb sur nos têtes, nous faisaient éprouver des souffrances peu différentes de celles que causent les moustiques et qu'augmentait encore l'agitation où nous avaient mis ces derniers. Deux heures après, les envoyés revinrent, apportant un peu de maïs et de viande sèche. En leur absence nous avions pêché un énorme poisson de l'espèce nommée *pacu* dans le pays, de sorte que nous avions encore des vivres au moins pour un jour. Le reste de la journée fut employé à ranger de hautes falaises composées de grès friables, le plus souvent mélangés d'argile. Nous nous arrêtâmes dans une anse sablonneuse. On fit rôtir le poisson, qui, quoique mangé sans pain, nous parut délicieux. Cette nuit ne fut pas meilleure que les précédentes; mêmes moustiques, mêmes souffrances, même insomnie; et,

11 Decemb.

1827. Parana. de plus, le voisinage de jaguars qui rugissaient non loin de nous, mais qui ne nous attaquèrent pas, peut-être à cause du feu que nous ne cessions d'entretenir avec soin. La nuit était des plus obscure, et eût favorisé leur attaque. Nous les entendions, par intervalles, marcher à petits pas sur la lisière des bois qui bordaient la falaise, en faisant craquer les branches sèches; mais ils s'éloignaient aux aboiemens d'un chien qui nous accompagnait; et, néanmoins, à plusieurs reprises leurs yeux phosphorescens étincelaient à travers le feuillage. Il était temps que le jour mît fin à nos fatigues et à nos alarmes.

23 Décemb. Nous ne pouvions nous arrêter en ces lieux; et, plus je m'avançais, moins j'avais envie de revenir sur mes pas. Nous suivîmes quelque temps des falaises boisées dont l'aspect eût réjoui tous autres que nous. Nous abandonnâmes ces côtes élevées et suivîmes le rivage d'une île. Là, j'étais tellement accablé de sommeil, de fatigue et de chaleur, que je faillis dix fois faire chavirer la petite barque, parce que ma tête tombait malgré moi d'un côté ou de l'autre, au mouvement de la nacelle, ce qui lui faisait embarquer de l'eau, de sorte que ce mode même de repos m'était interdit. N'ayant pas de place pour me coucher, il fallait me tenir assis et maintenir l'équilibre sur le milieu d'un banc; douloureuse position trop présente encore à ma mémoire, qui m'en retrace minutieusement tous les détails. Cette île se couvrit de bambous au feuillage léger, qui formaient des bois épais, dont l'aspect était enchanteur; mais ils avaient entièrement perdu leur prix à mes yeux, et je ne les voyais qu'à peine. La vue de quelque animal nouveau pour moi avait seule le pouvoir de me tirer de mon apathie; et, m'apercevant, alors, que la vie n'était pas entièrement éteinte en moi, je sentais renaître mes forces. Nous descendîmes dans l'île vers la moitié du jour; nous nous mîmes à l'ombre de ces élégans bambous; mais nous reconnûmes, bientôt, que cette belle plante ne doit être vue qu'à distance, étant couverte d'épines crochues qui nous déchiraient impitoyablement, et mirent mes habits en pièces, parce que je voulus pénétrer dans l'intérieur du bois, pour chercher des insectes; car il n'y avait pas de sommeil à espérer. L'intérieur des bois est toujours rempli de moustiques, dont la piqûre enfle la peau d'autant plus vite que la chaleur du jour la prédispose davantage à l'enflure. Nous en repartîmes et tuâmes en route plusieurs Pénélopes, qui nous étaient d'autant plus nécessaires que nous n'avions plus de viande. En passant près du bord, un terrain couvert de hautes herbes sèches engagea mes rameurs à me demander d'y mettre le feu; par suite de cet aveugle instinct d'incendiarisme qui paraît inné chez

les habitans du pays; je n'y voyais pas autrement d'inconvéniens, et tout aussitôt les flammes s'élevèrent. Une fumée noire tourbillonnait dans les airs; un pétillement étrange se faisait entendre. En peu d'instans le feu couvrit une large surface de terrain. Des caracarás et autres oiseaux de proie arrivèrent bien vîte, voltigeant circulairement autour du feu, pour guetter les animaux que la fumée en faisait sortir. Des hirondelles aussi volaient en grand nombre de chaque côté des lieux par où s'épaississait la fumée, parce qu'il en sortait d'innombrables moustiques et autres insectes. Nous n'osions penser à la nuit, dans la crainte qu'elle ne fût semblable aux précédentes; mais un vaste banc de sable du milieu du Parana paraissait devoir nous offrir quelques garanties de repos. Cet espoir nous fit avec courage affronter et vaincre le courant, afin d'y arriver. La nuit commençait, quand nous l'atteignîmes. Nous y fîmes un grand feu avec des tronçons d'arbres que le fleuve y avait apportés; nous fîmes bouillir notre gibier coupé par morceaux, avec un peu d'eau et de sel; et cette cuisine nous procura un excellent souper, comparativement du moins à nos repas de viande sèche et pourrie. Nous nous étendîmes sur le sable. Le calme de la nuit nous amena bien un certain nombre de moustiques, mais pourtant notre position était plus supportable, et je dormis peut-être une couple d'heures, en dépit de leurs attaques.

1827. Parana.

Le 24 nous nous trouvions mieux, et nos forces étaient un peu revenues. Nous regagnâmes la côte et la suivîmes jusqu'à dix heures du matin. En chemin nous tuâmes des canards musqués et nous entrâmes dans un bras du Parana. Là nous nous arrêtâmes un instant à l'ombre d'un immense timbo; puis nous reprîmes notre navigation le long de la falaise boisée de la côte ferme. Nous entendions au milieu du bois des cris que je présumais être ceux des loutres que nous rencontrions à chaque pas et qui venaient nous narguer jusqu'au bord de notre pirogue, le plus familièrement du monde. Je m'approchai avec précaution, et j'aperçus un couple d'aras rouges[1] connus des Guaranis sous le nom de *gũa*. Je tuai l'un de ces oiseaux, orné de belles couleurs. L'autre voltigeait au-dessus de moi, mais hors de portée, en jetant des cris aigus. Ce pauvre animal me reprochait sans doute de l'avoir privé de sa compagne. Il nous suivit toute la journée, toujours criant, et nous ne le perdîmes de vue qu'à la nuit. Pendant que je le chassais, le vent était devenu très-fort; des houles s'étaient élevées et l'eau entrait de toutes parts dans notre pirogue, ce qui nous força de nous arrêter et de débarquer nos

24 Décemb.

1. *Macrocircus macao*, Vieill.; *Psittacus macao*, Gmel.

1827. — Paraná. effets. Je montai sur le haut de la falaise; mais je n'aperçus de traces ni de bestiaux ni d'hommes. Je montai au sommet d'un grand arbre, et vis seulement le feu que mes gens avaient mis à la campagne la veille. Il avait fait de trois à quatre lieues de chemin, au moins, sur une surface de plus d'une ou deux, et s'était divisé en plusieurs rameaux, qui brûlaient toujours. Mes gens mirent encore le feu aux graminées de la campagne. Les habitans des campagnes de Corrientes n'ont pas de plus grand plaisir. Un convoi de charrettes quitte rarement le lieu où il a passé la nuit sans l'incendier. Ils prétendent détruire ainsi les reptiles et les sauterelles. Ne pouvant pas partir du pied de la falaise, je fis abattre un palmier pindo chargé de fruits mûrs. J'y trouvai plusieurs insectes intéressans, et en recueillis beaucoup de fruits, dont la couleur est dorée et dont la pulpe charnue est d'un goût délicieux. Vers trois heures le vent avait un peu faibli; mais des nuages noirs parcouraient rapidement l'atmosphère et présageaient l'approche d'un orage. Nous suivions la falaise, où se déroulait à nos yeux un riant amphithéâtre de toute espèce d'arbres, dont le feuillage vert et élégant des pindos variait agréablement l'ensemble; mais il manquait à cette belle nature le chant animé de notre rossignol ou le roucoulement de nos tourterelles. Un morne silence régnait partout, interrompu seulement par le bruit de nos rames, que l'écho répétait, en nous renvoyant aussi les rugissemens lointains des jaguars, annonce prochaine du mauvais temps. En un mot, la campagne était sans vie. Ce spectacle m'attristait et me faisait éprouver une angoisse, un vide intérieur que je ne pouvais vaincre, et que je ne saurais définir, à moins que d'en chercher la cause dans les souvenirs involontaires de ma patrie et dans la contemplation de ma position actuelle, si précaire et si hasardée. Que pouvaient, en effet, faire quatre individus jetés sur des rives sauvages, où, depuis la conquête, depuis ces temps d'aventures, peut-être pas un homme n'avait mis le pied; ces rives où le moindre coup de vent pouvait nous faire périr, et anéantir en un clin d'œil les plus doux souvenirs du passé, les jouissances du présent et les espérances de l'avenir. Que faire, si nous avions perdu notre barque, le long d'une falaise, impossible à gravir, dans un lieu, retraite habituelle des jaguars, exposés à mourir sans que personne pût même savoir ce que nous serions devenus? Le souvenir de ma famille vint s'offrir à moi avec l'idée du chagrin qu'elle éprouverait si je périssais par imprudence ou par excès d'ambition; je la voyais pleurer, je sentis même une larme couler de mes yeux. Je ne sortis qu'alors de ma triste rêverie, et je craignais d'être surpris dans cet état par mes compagnons de voyage, qui pouvaient prendre pour de la crainte ce qui n'était qu'un excès d'attendrissement déterminé par des souvenirs trop chers. Je revins à des idées moins sinistres, mais non moins sombres, et ne m'occupais nullement de ce qui m'entourait. Le tonnerre pourtant vint me rappeler à moi-même, en grondant au-dessus de ma tête avec un fracas affreux. Les éclairs sillonnaient en longues traces de feu des nuages noirs. Il fallut promptement songer à notre conservation. Je fis arrêter la frêle nacelle dans une petite baie sablonneuse, sur le côté de laquelle se trouvait un rocher isolé. Je fis placer là tous nos effets, avec les fusils, notre seule ressource, le tout couvert de la peau de bœuf que nous avions apportée à cet effet; et, sans autre abri que mon poncho, dont je m'affublai, je me disposai à recevoir bravement l'orage. J'attendis peu. La foudre vint éclater non loin de moi, y brisa un très-grand arbre, et en même temps la pluie tomba par torrens. Nous tirâmes la pirogue à terre; et, comme nous n'avions à notre disposition aucune retraite de quelque genre que ce pût être, je me mis à me promener de long en large, recevant avec le plus beau sang-froid du monde un de ces torrens de pluie tels qu'on n'en essuie que sous les tropiques; mais le temps ne pouvait qu'augmenter la mélancolie dans laquelle j'étais plongé. L'on ne pouvait allumer de feu; aussi fallut-il se passer de manger. La pluie tombait toujours; le tonnerre grondait encore par intervalle; la nuit devint des plus obscure. Je me promenais déjà depuis long-temps. Enfin, fatigué et engourdi par la pluie, j'allai m'asseoir dans la nacelle, et mes réflexions me conduisirent au sommeil, dont j'étais privé depuis plusieurs jours. Là, recevant constamment la pluie qui ne cessait pas, je dormis pourtant jusqu'au lendemain matin, où je me réveillai ayant de l'eau jusqu'à la ceinture et tellement engourdi par le froid, que je pouvais à peine me remuer pour me réchauffer. Je recommençai pourtant ma promenade; et, tout en tremblotant, je cherchais à considérer ma position du côté le moins sérieux, en me demandant ce que mes amis de Paris diraient du pauvre naturaliste ainsi trempé jusqu'aux os par amour pour la science? La pluie dura toute la journée, et je la souffris en silence, sans manger, parce qu'il était impossible de préparer des alimens. J'eus même quelque peine à retrouver mes compagnons de voyage, qui s'étaient blottis au pied d'un arbre, chacun de son côté, attendant la fin du mauvais temps avec une résignation et une apathie tout indiennes. La nuit suivante fut terrible. Ce n'étaient plus les moustiques qui m'empêchaient de dormir, mais un froid des plus piquant, causé par la pluie qui me pénétrait depuis plus de vingt-quatre heures; aussi attendais-je le jour avec impatience. La pluie ne cessa

1827.

Parana.

1827. que vers le matin. J'éprouvais le double besoin de prendre de la nourriture
Parana. et de revoir le soleil.

26 Décemb. Le 26 Décembre nous vidâmes la pirogue; nous fîmes tous nos préparatifs de départ et nous pûmes enfin allumer un peu de feu, pour faire cuire deux canards, qui nous restaient seuls de toutes nos provisions et qui furent bientôt dévorés; après quoi nous continuâmes notre voyage. Comme nous n'avions pas de rechange sec, il fallut nous sécher au soleil, dont les doux rayons nous eurent bientôt rendu le bien-être et la joie.

Nous suivîmes la côte toujours parée de grands arbres en amphithéâtre, et du gracieux feuillage du palmier pindo. Il est difficile au spectateur de rester muet devant des sites aussi rians et aussi variés. Nous les admirions, tout en y cherchant de la vie. Nous n'avions plus de provisions, et nous ne voyions pas un oiseau. Le soir seulement nous entendîmes chanter des *Pavas del monte* ou Pénélopes, et nous fûmes assez heureux pour en tuer quelques-unes. Nous marchions toujours dans l'espoir d'atteindre le port désiré; car je supposais que nous n'étions pas loin d'Ita-Ibaté. Vers trois heures le vent se leva furieux; et, dans la crainte de nous briser sur les pointes de rochers qui se montraient de toutes parts, nous relâchâmes dans une petite baie où il y avait beaucoup d'arbres à gouyaves, mais sans fruits. Le terrain était encore composé de grès ferrifère, de rognons d'hydrate de fer, disséminés, et de géode montrant de très-gros rognons d'ocre rouge de la couleur la plus vive. Nous étions très-inquiets, sans nous communiquer nos craintes, et nous gardions le plus morne silence. Mes gens craignaient d'avoir dépassé les possessions de Corrientes, et d'être entrés sur celles de Francia. Mon vieux compatriote voulait toujours aller en avant, dans l'espoir de rencontrer des tronçons de cèdre, charriés par le Parana, des parties montueuses des Missions. Pour moi j'avais entrepris ce voyage pour faire de l'histoire naturelle et de la géographie; mais j'en pouvais tout aussi bien faire ailleurs; et la perspective d'aller partager, au Paraguay, sans fruit pour personne, la captivité de mon compatriote Bonpland, dont alors je n'étais séparé que par le fleuve, ne me souriait pas du tout. Cependant on ne prit aucune décision, et l'on envoya l'un des rameurs en avant pour reconnaître le terrain. Il revint bientôt, criant: Nous sommes au port; on voit le signal de l'autre côté d'une pointe. Ce signal était un linge blanc qu'il avait vu de loin au haut d'un arbre. Le cœur plein d'espérance, je voulus m'assurer du fait. Je crus bien aussi voir une tache blanche; mais très-éloignée, et si élevée, qu'elle me représentait plutôt un héron de cette couleur. Je ne voulus pourtant pas témoigner mes craintes à mes compagnons, qui chantaient et sentirent peu les moustiques de la nuit, pensant arriver le lendemain; pour moi, pas de sommeil possible. 1827.

Parana.

27 Décemb.

Le lendemain mes gens enchantés reprirent la rame avec courage. Le vent était des plus fort, et nous donna des craintes. Enfin, nous doublâmes une large pointe, que nous apprîmes ensuite être celle que nous cherchions. C'était Ita-Ibaté, bien caractérisée par ses falaises pierreuses, qui lui ont valu son nom[1]; mais nous ne revoyions plus le signal de la veille, ce qui commençait à attrister de nouveau mes gens. Ils firent néanmoins tous leurs efforts pour arriver au fond d'un coude du Parana. En passant par là nous aperçûmes trois poteaux, sans y faire beaucoup d'attention; car nous ne remarquions, auprès, aucune trace récente d'hommes, ni sentier dans le bois qui pût y conduire. Nous les croyions placés là par les habitans du Paraguay; et nous espérions toujours revoir le signal de la veille. Vain espoir! Il est bon de dire que les habitans nomment *Port*, tous les endroits où un léger sentier conduit d'une maison quelconque à la côte du Parana, et que souvent ces chemins ne sont pas pratiqués six fois par an. Nous passâmes les trois pieux, que nous apprîmes, plus tard, être le signal du port où nous devions nous arrêter, mais que nous ne reconnûmes pas. Nous suivîmes donc la côte, regardant de toutes parts.... Rien. Aucune trace d'homme ne s'offrait à nous. Nous étions séparés de la côte proprement dite par un immense marais impossible à traverser. Nous voguâmes ainsi jusqu'à dix heures, moment où la violence du vent nous contraignit à relâcher. Alors toute gaîté disparut. Je me croyais certain d'être au-dessus d'Ita-Ibaté, et je ne voyais devant moi d'autre perspective que celle de me battre avec les Paraguays. L'un des rameurs se révolta et dit qu'il ne travaillerait plus, si l'on ne retournait pas; mais le vieux Français tint bon. Malgré mon avis contraire, il fut décidé que l'on continuerait jusqu'au soir seulement; et que, le soir venu, l'on ne songerait plus qu'au retour. Bientôt je crus apercevoir de très-loin deux hommes habillés de blanc. « Ce sont, me disaient mes compagnons, des tuyuyus ou grands jabirus[2], qui, « élevés de quatre à cinq pieds, et de couleur blanche avec la tête noire, suivent « le rivage, et trompent souvent les voyageurs, d'autant plus que leur taille « paraît plus grande par le mirage. » Pourtant je ne me trompais pas; nous reconnûmes qu'en effet c'étaient des hommes, qui, malheureusement, s'éloignèrent bientôt et nous laissèrent dans le même embarras qu'avant leur apparition.

1. *Ita-Ibaté*, en guarani, *pierre élevée*.
2. *Mycteria americana*, Gmel.; *Tuyuyu*, ou *mangeur de terre* des Guaranis.

1827. Parana. Ayant abordé une côte sablonneuse, nous y vîmes des traces récentes de pas d'hommes et de chevaux; et, en nous avançant dans le pays, nous vîmes, dans l'éloignement, sur un coteau, plusieurs petites maisons toutes entourées d'orangers. Notre joie fut extrême. Je laissai l'un des rameurs à la pirogue, et j'allai, avec l'autre, reconnaître le pays. Après avoir franchi un marais où nous avions de l'eau jusqu'à la ceinture, je gagnai la côte élevée. Je me rendis à la première maison et je croyais être à Ita-Ibaté; mais le propriétaire me dit que ce lieu se nommait *Barranqueras* (les falaises); que j'étais à trois lieues au-dessus d'Ita-Ibaté, et qu'à peu de distance j'aurais rencontré la première garde du Paraguay, heureux de me trouver en lieu sûr, quoique si près du danger. Le même individu me dit qu'il était prévenu de mon arrivée et même chargé, par des habitans de Caacaty, de me fournir tout ce dont je pourrais avoir besoin. Je fis, en conséquence, apporter tout le chargement de la pirogue, et je pus enfin me promettre quelque repos. Ce brave homme mit tout en œuvre pour me bien traiter. Il envoya prévenir mon domestique qui, avec mes chevaux, m'attendait à Ita-Ibaté. Un souper composé de viande sèche, répara le temps perdu et je m'étendis sur un banc, enveloppé dans mon poncho. Quel bonheur de dormir sous un toit à l'abri des moustiques et sans craindre l'approche des jaguars! Je me trouvai aussi bien sur mon banc, que sur le meilleur lit, et ne me réveillai que le lendemain à huit heures. A mon réveil j'appris que mon domestique était arrivé dans la nuit même. Afin de ne pas perdre du temps, je me disposai à partir pour Caacaty, distant de douze lieues; et pendant qu'on pansait les chevaux, j'examinai les environs.

Barranqueras.

Barranqueras, ainsi nommé de son petit coteau qui présente une falaise à pente douce et couverte de pelouse, est un hameau composé de sept à huit maisons placées sur le haut de la falaise. Ces maisons sont éloignées les unes des autres, et chacune d'elles représente une jolie ferme couverte en paille et ornée de beaucoup d'orangers. Tout autour se présente un charmant paysage. On domine de là sur les îles du Parana; et le cours majestueux du fleuve, large, ici, de plus d'une lieue, s'y découvre d'aussi loin que la vue peut s'étendre. Il est bordé, sur la rive septentrionale, de bois appartenant au Paraguay; et, sur la rive sud, de falaises dépourvues de bois, que sépare du fleuve un large marais où l'on ne peut pénétrer. Au loin vers l'Est, à l'extrémité de la falaise, se dessinent les bois d'orangers de l'*Ybera-tingahi*, première ferme abandonnée de la province des Missions; car Barranqueras est, de ce côté, le dernier lieu habité de la province de Corrientes. C'est aussi non loin de là que commencent ces immenses plaines de joncs (*esteros*) qui donnent naissance à la rivière de Santa-Lucia, représentée dans toutes les cartes, même dans celles d'Azara, comme prenant sa source dans le lac d'Ybera, quoique ce lac en soit éloigné de plus de quinze lieues. Avant de partir, je partageai le déjeûner de ces pauvres gens, composé de maïs rôti et de lait; et l'on me fit ensuite manger d'un autre plat, consistant en maïs concassé, bouilli et mêlé avec du fromage; car les habitans mettent du fromage dans tout. Après ce léger repas, les chevaux étant prêts, je fis mes adieux à mes hôtes et partis pour Caacaty.[1] 1827. Barranqueras.

§. 3.

Caacaty et ses environs.

En partant de Barranqueras, qui dépend de Caacaty, je suivis d'abord la côte du Parana, jusqu'auprès d'Ita-Ibaté; ensuite je passai un marais dans lequel, l'espace d'une lieue, le cheval avait de l'eau jusqu'au ventre; mais comme, dans la province de Corrientes les chemins, pour plus de moitié, sont ainsi faits, je commençais à en prendre l'habitude. Ce marais est encore un des bras de la rivière de Santa-Lucia. Au sortir de ce mauvais pas, je changeai de cheval, et je suivis les rives de la rivière de Santa-Lucia, sur une petite langue de terrains secs et sablonneux un peu élevée, qui sépare la rivière, exclusivement composée de marais, de ceux de San-Antonio d'Itaty, qui s'étendent au loin et forment horizon. J'arrivai vers trois heures à une ferme de culture, habitée par un Français, et distante de deux lieues seulement de Caacaty; le propriétaire en étant au village, je continuai ma course et j'arrivai bientôt à ma destination, traversant toujours des terrains sablonneux et fertiles, variés de lacs et de bouquets de bois, mais dénués des palmiers yataïs, qui caractérisent, ordinairement, les terrains de cette espèce. Peut-être en faut-il attribuer la disparition au développement des exploitations agricoles, qui sont assez actives dans cette localité, où partout se trouvent des fermes; mais les palmiers se retrouvent au sud du village, apparemment moins cultivé. Caacaty.

Je fus on ne peut mieux reçu à Caacaty, par le commandant et par plusieurs autres personnes dont j'avais déjà fait la connaissance à Corrientes et à Itaty. L'on m'installa dans une chambre qui m'était préparée; et, de nouveau, j'avais un chez moi. Les curieux affluaient de toutes parts; j'étais

1. Caá-caty, de *caa*, bois, et de *cati*, l'un des mots qui, joints à d'autres, signifient de *mauvaise odeur*, de sorte qu'on peut traduire *Bois puant*.

1827. Caacaty. encore à onze heures entouré de visites. Le bruit s'était tellement répandu que j'achetais des animaux de toute espèce, que, le même soir, le vieux curé du village vint m'offrir de me vendre des blattes ou kakerlacs qu'il me réservait, me dit-il, depuis plusieurs jours. Je ne pouvais que rire de son offre; mais je fus heureux de voir que les petits enfans, mieux avisés, plus adroits ou mieux servis par le hasard, m'avaient apporté plusieurs chauves-souris et des tortues très-intéressantes, ce qui était de bon augure pour mon séjour dans le village. Quand je fus libre chez moi, voulant souper, j'envoyai acheter quelque chose; mais on ne trouva rien; et j'allais me coucher à jeun, lorsqu'instruites de mon embarras, mes voisines m'envoyèrent des confitures de toute espèce.

Je restai trois jours encore à Caacaty, occupé à parcourir les environs, et à tout observer. Il m'était impossible de rester en place. L'excessive chaleur du jour ne m'arrêtait pas, et plus je voyais, plus j'étais avide de voir. Mes collections s'augmentaient rapidement, ainsi que mes notes sur tout ce qui m'entourait. Je reçus un jour la visite de trois commerçans français mariés dans le pays, ce qui leur donnait le droit de parcourir la province; de sorte qu'avec mon vieux compatriote et moi, nous nous trouvions alors cinq Français à Caacaty, ce qui ne s'était sans doute jamais vu. Un soir, tandis que j'étais chez le commandant, la musique du lieu s'y présenta. Je l'entendis réellement avec plaisir, à cause de son originalité. Elle se composait d'Indiens guaranis. L'un jouait d'un violon qu'il avait fabriqué lui-même, un autre pinçait d'une harpe faite d'un seul tronc d'arbre creusé, sur lequel on avait adapté une table d'harmonie et des cordes fabriquées dans le village; un autre pinçait de la guitare. Les trois enfans du harpiste composaient la petite musique, l'un muni d'un tambourin, l'autre d'une grosse caisse, le troisième d'un triangle; mais ce qui me frappa surtout, ce fut un Indien aveugle qui s'était fait, avec un roseau, un flageolet dont les sons rappelaient ceux d'une flûte, et avec lequel, en mesurant l'intensité du souffle, il exécutait deux octaves des sons les plus justes. Ce corps de musiciens formait la musique de bal, de guerre et d'église de Caacaty. Chacun était aussi fier de son talent que s'il eût été le chef de la musique du Pape, et gardait constamment la plus imperturbable gravité, qui est, au reste, le caractère général des nations américaines, dont les individus sont toujours fort attentifs à tout ce qu'ils font. Ces virtuoses nous jouèrent, avec beaucoup de précision, quelques airs nationaux, et je m'expliquais à peine comment des hommes sans principe de musique et n'ayant que des instrumens aussi imparfaits, pouvaient exécuter des airs et se faire écouter avec plaisir. Ils exécutèrent l'accompagnement du cielito; et, aussitôt, les personnes présentes se mirent à danser cette danse joyeuse, toujours accompagnée de chants, qui retracent, dans toute sa naïveté, le premier âge de la civilisation. Ils continuèrent par un menuet *montonero* très à la mode dans le pays, et qui, au caractère grave du menuet ordinaire, joint celui de ces figures si gracieuses, de ces passes, que les Espagnoles savent si bien exécuter. Je m'approchai du commandant, qui était un bon propriétaire du pays, nommé Esquibel, nom célèbre dans les premiers temps de la conquête de cette partie du monde, et lui fis mon compliment sur la musique; alors, pour me montrer le savoir-faire de chacun des musiciens, il appela l'Indien joueur de flûte, et l'invita à exécuter plusieurs morceaux. L'Indien tira de sa poche un second flageolet de roseau et mit les deux à sa bouche, pour jouer des deux mains. L'un des deux instrumens était à la tierce de l'autre. Il joua un air pur guarani, exécutant les deux parties à la fois. La simplicité de cet air, dans son caractère tout à fait indigène de tristesse, qui distingue la plupart des airs américains, me fit beaucoup de plaisir. Je proposai à l'Indien de lui acheter ses flageolets; mais il me répondit qu'eux seuls lui faisaient oublier les profondes ténèbres dans lesquelles il était à jamais plongé. La gaîté de cet Indien, ses saillies pleines d'esprit me plaisaient beaucoup et je le faisais souvent venir pour l'entendre, lui et ses airs nationaux. Quoiqu'aveugle, il connaissait toutes les maisons du village, et allait même dans toutes les maisons isolées des environs jusqu'à un quart de lieue de distance.

1827. Caacaty.

Caacaty est situé beaucoup à l'ouest de la place que lui assigne Azara. Il n'est pas, non plus, sur les bords de la Laguna d'Ybera, comme l'indique cet auteur, qui n'a pas lui-même parcouru cette province, et qui n'en a retracé les localités que d'après des renseignemens fournis par les habitans de la ville de Corrientes, peu versés, sans doute, dans la géographie de leur pays. Caacaty est placé sur une langue de terre sablonneuse qui suit la direction ouest-sud-ouest depuis Ita-Ibaté, traversant diagonalement la province pour se continuer jusqu'aux rives du Parana, près de *Bellavista*. C'est sur cette langue de terre, comprise entre le cours du Rio de Santa-Lucia, les marais de la Maloya, et les cours d'eau qui en sortent, que se trouvent les villages de San-Antonio, de Burucuya[1], de Saladas, de Las Garzas et de Bellavista. C'est

1. *Burucuya*, ou mieux *Mburucuya*, est le nom guarani de la grenadille ou fleur de la passion, et le village est ainsi nommé de la grande quantité de grenadilles qu'on y rencontre.

1827. Caacaty. un canton très-remarquable, caractérisé par un grand nombre de petits lacs d'eau toujours limpide, et qui font la richesse des estancias. Ces terrains sont, en outre, les plus fertiles de la province, ce qu'annoncent, au reste, les grands bois de palmiers yataïs, qui couvrent une partie considérable de leur superficie.

Le village, fondé en 1780, à ce qu'assure Azara, ne fut pas composé d'Indiens, comme ceux d'Itaty et de Guaycaras. Il ne fut composé que d'Espagnols ou de descendans d'Espagnols, attirés par la fertilité du sol. L'emplacement en est des mieux choisi; entouré de lacs d'eau limpide, il n'est pas loin des grands bois de la rive de Santa-Lucia, qui peuvent lui fournir les bois de construction propres à ses établissemens et à son chauffage, et la culture lui donne abondamment des vivres, ainsi que ses nombreuses estancias des rives de la rivière de Santa-Lucia. Il est à sept lieues du Parana, à cinq du premier village des Missions, celui de San-Miguel, et à trente lieues est de Corrientes. Le village présente une place allongée, entourée de petites maisons, et sur l'un des côtés de laquelle s'élève l'église. Les maisons sont basses, petites, couvertes en troncs de palmiers coupés en tuiles. Toutes sont munies d'une galerie de chaque côté; mais le village ne se compose que de ces maisons formant enceinte autour de la place, et de quelques autres éparses dans la campagne; aussi la population du village se compose-t-elle, tout au plus, de sept à huit cents personnes; mais le nombre des personnes qui habitent toujours les champs est beaucoup plus considérable; car les campagnes des environs sont très-peuplées, et l'on en voit les habitans arriver en foule les dimanches et fêtes, pour aller à la messe.

En 1826 le gouverneur de Corrientes, Don Pedro Ferre, fit tracer un nouveau village sur un lieu voisin de celui qu'occupe aujourd'hui Caacaty, parce que le village actuel ne peut s'étendre du côté du sud-ouest, à cause d'une grande plaine de joncs inondée (estero) qui, dans la saison des pluies, déborde de toutes parts. C'est le chef-lieu d'une commandancia, la plus considérable du pays. Il y a un curé et un vicaire, un alcade, des juges annuels, choisis parmi les propriétaires du pays, et un commandant militaire, qui est le premier personnage du lieu. La plus étroite union règne parmi tous ses habitans, qui ne forment, en quelque sorte, qu'une grande famille; car ils sont presque tous parens. Les Esquibel constituent à eux seuls la moitié de la population; ils sont les plus nombreux; ils sont aussi les plus riches; et je dus à leur complaisance tous les services que leur position dans le pays les mettait à portée de me rendre, sous tous les rapports. Tous ont les traits réguliers, et les femmes sont charmantes, bien faites, grandes, avec des manières des plus naïves. On les cite, en général, comme les plus jolies de la province. Elles ont conservé le beau type espagnol, qui, bien loin de dégénérer, est, au contraire, devenu plus gracieux par le mélange avec les Guaranis, ainsi que j'ai pu le remarquer dans tous les endroits où ce mélange a lieu; effet que ne produit pas le mélange avec les nations péruviennes ou alpines de l'Amérique. Il n'y a dans Caacaty que fort peu d'Indiens; et encore le petit nombre de ceux qu'on y trouve est-il venu des Missions voisines. 1827. Caacaty.

Les mœurs sont on ne peut plus relâchées dans le pays. Les femmes n'y sont pas cruelles, et se livrent, sans scrupule, à des excès dans lesquels elles ne sont pas retenues par l'opinion publique, qui est fort indulgente et ne critique jamais. Une femme est toujours bien vue et recherchée, eût-elle plusieurs enfans de différens pères, et ses intrigues ne sont jamais un obstacle à son mariage. La pudeur même n'existe plus. Tous les soirs tous les habitans vont se baigner dans un lac voisin du village. Les femmes et les hommes y sont ensemble, ces derniers entièrement nus, et les femmes se contentant d'entrer dans l'eau enveloppées d'un drap qu'elles donnent à leur domestique, dès qu'elles y sont entrées. Souvent même les deux sexes s'y livrent à des jeux où ils ne semblent pas trop craindre de dévoiler les formes les plus secrètes. Je voudrais pouvoir dire que les femmes sont encore là dans cet âge du monde où leur innocence leur sert de voile; mais je crois, au contraire, que cet abandon s'explique, pour elles, par une indifférence née du peu de prix qu'on attache à des jouissances trop faciles et trop fréquemment reproduites. Les femmes, chez quelques nations sauvages, montrent plus de pudeur que beaucoup des femmes des villes de la côte et de l'intérieur de l'Amérique; contraste qui m'a souvent frappé.

A Caacaty je n'ai jamais vu fermer une porte, ni la nuit, ni le jour; souvent même les habitans s'absentaient quelques heures, en laissant chez eux tout ouvert, le vol n'y étant pas encore connu. On en était encore là, il y a vingt ans, à Corrientes même. Alors on ne volait pas dans la ville, et des marchands laissaient leurs magasins seuls, sans avoir à craindre aucun accident. Cette confiance a disparu, dès que le commerce a pris de l'essor, dès que les étrangers sont entrés dans le pays; et cette antique bonhomie est reléguée, aujourd'hui, au fond de campagnes ignorées, seuls endroits où le vol soit encore entièrement inconnu. Tous les soirs presque tous les habitans sortaient leurs lits de leurs maisons, et la place publique devenait une grande chambre à coucher. Chaque lit, entouré d'une moustiquaire de couleur, offrait un aspect assez neuf, quand la lune d'une belle nuit éclairait le silencieux

1828. Caacaty. repos de ces lieux. Chacun dormait sur la foi publique, dans une parfaite quiétude; et, dans l'intervalle, les maisons ouvertes étaient toujours aussi respectées que leurs propriétaires au milieu de la place; heureuse et touchante sécurité, que je signale encore; mais qui, peut-être au moment même où je parle, est déjà remplacée par les alarmes et par les timides précautions que rendent bientôt nécessaires, au maintien de l'ordre social perfectionné, les vices qui accompagnent toujours les progrès et les avantages qu'il procure !

1.er Janvier. Le jour du premier de l'an, jour où tout est en mouvement en France, m'avait surpris à Caacaty, au milieu de ses bons habitans, qui s'occupaient peu de cette époque de renouvellement des vœux de chacun, dans notre Europe; aussi m'occupais-je tout ce jour-là, sans être interrompu par aucune visite importune, des préparatifs d'un voyage que je devais entreprendre, dès le lendemain, dans les bois de palmiers yataïs. Je partis, en effet, avec un de mes compatriotes pour le Tacuaral[1] (bois de bambous). Je suivis les bois de palmiers jusqu'au terme de mon voyage, distant de quatre lieues de Caacaty. (Le Tacuaral.) Je franchis des hauteurs sablonneuses, entrecoupées de lacs remplis d'une eau limpide ou plantés de joncs. Je retrouvai aux palmiers tout le charme qu'ils avaient eu pour moi à la première vue, d'autant plus qu'alors ils étaient animés par la présence d'un grand nombre d'oiseaux. J'admirais aussi l'étroite union du *ibápòhi*[2] avec les palmiers; union qui dure jusqu'à la mort. Si ces parties ignorées de l'Amérique avaient leurs poètes, ces derniers, sans doute, compareraient l'ibápòhi à notre lierre et ne manqueraient pas d'y voir le symbole de l'attachement le plus sincère. Il paraît, en effet, serrer entre ses bras le riche palmier, ami de son choix, et ne l'abandonne que lorsqu'il meurt; mais il arrive, assez souvent, comme pour le lierre (et pour certains hommes), que le parasite étouffe de ses caresses le soutien de ses jeunes années, objet d'un sentiment trop tendre. Ce palmier yataï est assez élevé; son tronc est, sur toute sa longueur, garni des restes de ses anciennes feuilles; ce qui le couvre d'aspérités. Les oiseaux transportent la petite figue des ibápòhis, qui

1. *Tacuaral* est encore un exemple du mélange de la langue espagnole avec la langue indigène. Il vient de *tacuara*, qui veut dire bambou en guarani, et de la terminaison espagnole *al*, douée de la propriété collective. *Tacuaral* signifie donc *bois de tacuara* ou de *bambous*.

2. Espèce de *ficus*. Le mot *ibápòhi* se compose de *ibá*, fruit, de *pó*, fil ou linge, et de *hi*, contracté, sans doute de *hibi*, qui veut aussi dire *filasse* ou vêtement; parce que ce *ficus*, ainsi que beaucoup d'autres espèces d'Amérique, possède une seconde écorce qu'en d'autres parties habitées par les Guaranis on emploie à faire des vêtemens; ce dont, au reste, j'aurai l'occasion de parler plus tard.

se fixe entre les tiges des feuilles du palmier, y germe, projette bientôt, à son tour, de petites tiges d'un feuillage vert des plus gai et des racines déliées qui, s'enlaçant en réseaux et suivant la direction en quinconce des anciennes attaches des feuilles du palmier, en embrassent le tronc, en tous sens. Le jeune rejeton grandit lentement, en entourant le palmier; mais dès qu'une de ses racines a gagné la terre, douée d'une force nouvelle, elle dessine le tronc d'un arbre, en prenant un accroissement très-rapide, enveloppe le palmier à sa base, semble le presser dans ses bras, et affecte tour à tour toutes les figures possibles. Naguère, il avait besoin de l'appui du palmier; mais, bientôt, il va devenir un gros arbre; bientôt il surpassera d'assez haut le front même de son protecteur, et n'en laissera quelquefois qu'à peine reconnaître le tronc au milieu du sien; bientôt les touffes de feuilles du palmier, sortant du milieu du tronc de l'ïbápóhì, ne formeront avec lui qu'un seul corps; bientôt l'ïbápóhì, qui croît très-rapidement, finira par étouffer le palmier, en le serrant de ses puissantes étreintes, et le fera disparaître entièrement, en l'enveloppant des chaînes redoublées de ses branches et de son feuillage.

Nous arrivâmes de très-bonne heure chez mon compatriote. J'y fus reçu à bras ouverts. Je ne pouvais qu'admirer son hermitage. La maison était assez grande, modestement couverte en feuilles de palmiers, élevée sur un petit tertre, en face d'un massif épais de palmiers yataïs et d'ïbápóhìs, que flanquait, de chaque côté, un joli lac d'eau limpide, où, à chaque instant du jour, on pouvait prendre des bains que la chaleur excessive de la saison invitait à rechercher. Derrière la maison s'étendaient de beaux champs de tabac, de maïs, de canne à sucre, de manioc, etc., le tout en plein rapport, très-soigné et faisant le plus grand honneur au propriétaire.

Après une vie agitée comme marin, M. Chauvin était venu se marier à Corrientes. Il y vivait tranquillement dans son joli hermitage, recevant bien ses compatriotes, et l'exemple des étrangers du pays. Je ne restai que jusqu'au lendemain dans les environs, occupé d'histoire naturelle. Je voyais s'augmenter, à vue d'œil, mes collections d'insectes, d'oiseaux et de plantes, secondé que j'étais, d'ailleurs, par l'empressement que chacun mettait à me rendre mes travaux plus faciles. Avec quel ravissement je parcourais ces sites variés, où la nature a déployé tant de luxe. Mon séjour au milieu de ces bois de palmiers, est, je crois, l'un de ceux qui m'ont fait le plus de plaisir. Les jolis sites! et quelle bonté dans leurs habitans! Avec quelle hospitalité j'étais reçu partout, en maître plutôt qu'en étranger! Combien de fois n'ai-je

1828 — Le Tacuaral. pas fait cette réflexion, trop juste pour l'honneur de l'humanité, que l'hospitalité, la bonhomie, la franchise, et cette naïveté qui séduit, sont toujours en raison inverse du voisinage des ports et de la civilisation ! Il est triste d'avoir à reconnaître que les progrès de cette civilisation si importante, si nécessaire, amènent avec eux tant de changemens dans les mœurs. Cette hospitalité, que nous citent les premiers historiens, comme existant entre Espagnols, peu après la conquête; cette hospitalité, qui existait encore à l'époque de la révolution d'Amérique, et que M. de Humboldt a retrouvée partout; cette hospitalité a fini, dès qu'un grand nombre d'étrangers commerçans en ont abusé; et, maintenant, dans toutes les villes riveraines, elle est remplacée par l'indifférence et par une froide insensibilité. Pour la retrouver, il faut pénétrer dans les villes du centre de l'Amérique. Je la retrouvais, en ce moment, dans Caacaty et dans ses environs; je l'ai retrouvée, plus tard, à Santa-Cruz de la Sierra, dans l'intérieur de la Bolivia. Là, l'on n'a pas besoin d'être du pays pour compter des parens, des frères, des amis; et, malade même, on reçoit les soins les plus affectueux, comme les plus désintéressés.

J'avais remarqué, chez M. Chauvin, une peau de jaguar criblée de grains de plomb. L'attention avec laquelle je la regardais attira la sienne, et lui donna lieu de me décrire une de ces chasses périlleuses, à laquelle il avait pris part. « Depuis long-temps, me dit-il, j'avais l'envie de chasser au jaguar et j'en « cherchais l'occasion, lorsqu'un jour, des jaguars ayant fait beaucoup de « dégâts dans les estancias des bords de la rivière de Santa-Lucia, les pro« priétaires des environs de Caacaty décidèrent qu'il serait fait une battue « générale. Ils réunirent tous les chiens, surtout ceux qui étaient générale« ment reconnus pour bons *tigreros* (chasseurs de jaguars), et partirent pour « chercher la bête. Je les accompagnai, armé d'un fusil à deux coups. Les « chiens ne tardèrent pas à rencontrer un jaguar, et les moins expérimentés « furent bientôt éventrés par le féroce animal. Malgré les remontrances des « autres chasseurs, je descendis de cheval et m'approchai à pied du monstre. « Un instant après, au lieu d'un jaguar, je me trouvai entouré de trois, « attirés par une femelle en chaleur. Je tirai le premier et parvins à le « tuer, tandis que les chiens le tenaient en arrêt. Je pus aussi tuer le « second; mais, pour le troisième, je n'avais plus de balles; il ne me restait « que du gros plomb. Abandonné par les autres chasseurs, presque dès « le commencement de l'attaque; obligé d'affronter à pied un danger immi« nent, il me fallait tâcher de tirer parti de mon plomb contre le dernier « jaguar. Étourdi par des rugissemens, dont le seul souvenir me glace

« encore d'effroi, ma position était des plus critique. Je vins pourtant à « bout du troisième, comme des deux autres; et cette peau, que vous « regardez, est le trophée de ma victoire. » M. Chauvin ajoutait, avec une franchise, preuve et garant du vrai courage, qu'il avait, depuis, tout à fait perdu l'envie de chasser les jaguars, ayant trop présent à l'esprit le danger auquel l'avait exposé une lutte aussi inégale. Cette chasse fit beaucoup de bruit dans le pays, et plusieurs personnes m'en parlaient, en vantant la bravoure de M. Chauvin. Les chiens employés à cette chasse doivent, pour être bons, ne jamais s'approcher à plus de cinq pas de l'animal. Ils doivent seulement l'entourer et le tenir à cette distance. Le chien assez maladroit pour s'en approcher, est, incontinent, mis à mort, soit d'un coup de patte, soit d'un coup de dents; aussi les habitans estiment-ils d'autant plus un tigrero, qu'il sait mieux retenir le jaguar, sans lui donner prise et sans même s'en approcher.

1828. Le Tacuaral.

Le 4 Janvier, je quittai le Tacuaral, pour aller au *Yataïty-Guaçu*[1], distant de quatre lieues. Tout le long de la route j'apercevais, partout, des maisons éparses dans les bois de palmiers; des paysages charmans s'offraient à ma vue à chaque pas. Arrivé au Yataïty-Guaçu, je descendis chez un parent du commandant Esquibel, où je fus accueilli avec une cordialité des plus franche et des plus aimable. Cette maison était à la fois une ferme de culture et une estancia, les terrains sablonneux des bois de palmiers permettant de tout semer avec avantage; et les marais, ainsi que les plaines de la rivière de Santa-Lucia, d'élever sans peine des bestiaux. Le Yataïty-Guaçu est, sans contredit, le terrain le plus productif de toute la province de Corrientes; aussi ne voit-on, partout, que des fermes placées sur le bord de lacs arrondis et très-propres, entourés de pêchers, d'orangers et d'immenses cultures. On ne peut juger que là des ressources agricoles du pays. Tous les habitans des autres parties de la province viennent s'établir au milieu de ces bois, abattent les palmiers et ensemencent les terres; mais il est à craindre que ces terrains encore vierges ne s'épuisent facilement; car ils sont très-sablonneux, et peu mélangés de terrain. Il est à craindre aussi que peu à peu l'on ne détruise les palmiers, qui ne repoussent plus dans les terrains habités, et qui finiront par disparaître entièrement, comme il est arrivé au Yataïty, près des Ensenadas.

Yataïty-Guaçu. 4 Janvier.

Le 5 Janvier (c'était un dimanche, jour de fête), les habitans des maisons

5 Janvier.

1. Le mot *Yataïty-Guaçu* appartient à la langue guarani. Il est formé du nom du palmier *yatai* et de la particule *y*, douée de la faculté collective : ainsi, bois de *yatai;* et de *guaçu* (grand), le *Grand bois de Yatais*, traduction littérale.

1828. voisines se rassemblèrent et voulurent me mener à la côte du Rio de Santa-Lucia, pour manger des fruits. Vers huit heures du matin, une partie de la famille Esquibel était réunie. Nous montâmes tous à cheval; et au nombre de quinze à vingt personnes, hommes et femmes, nous partîmes pour les bois du Rio de Santa-Lucia, situés à une lieue de là; mais, pour les atteindre, nous eûmes à traverser un marais de près de trois quarts de lieue de largeur. Les bois où nous allions sont, dans la saison des pluies, en partie baignés par les eaux. Là, nous cherchâmes une espèce de myrte arborescent, alors couvert de fruits connus dans le pays sous le nom de *Iba-Viyu;* fruits noirâtres, gros comme une cerise et attachés à l'extrémité des jeunes tiges de l'arbre. Le goût en est, à la fois, aigrelet et sucré. Toutes les personnes qui m'accompagnaient se mirent à en manger avec une voracité extraordinaire. Je ne conçois même pas comment elles pouvaient en manger une aussi grande quantité sans s'indisposer; elles ne s'en rassasiaient pas; et l'heure du dîner, midi, les engagea seule à retourner au logis. Alors, tout en galopant dans des terrains sans route tracée, et même au milieu du marais, nous revînmes à la maison; mais, avant de dîner, ils voulurent encore aller se baigner dans un lac voisin, où tous, pêle-mêle, se rafraîchirent, sans trop songer à la décence. On revint dîner, on fit la siesta, comme à l'ordinaire; et, ensuite, on proposa une nouvelle promenade à cheval, qui fut acceptée. On la dirigea au milieu de ces bois de yataïs, si variés. En route on aperçut un énorme ìbápóhì, cette espèce d'arbre que j'ai déjà décrite et qui s'attache étroitement aux palmiers. Il était couvert de fruits mûrs, qui sont de petites figues grosses comme le doigt, douces et agréables au goût, mais fortement purgatives. La promenade se prolongea jusqu'au soir, au travers des forêts, et l'on visita tour à tour une foule de jolis lacs tous plus agréablement entourés les uns que les autres de bois variés et recélant, sur leurs eaux limpides, des troupes de canards d'espèces différentes.

Ytaïty-Guaçu.

La culture du tabac[1] occupe tous les loisirs des gens de la campagne, et cette plante est leur principal objet de commerce. Lorsqu'ils n'exploitent pas

1. Je n'entrerai dans aucune discussion sur l'origine du nom du tabac, trop connue pour mériter qu'on s'y arrête; mais j'insisterai sur la comparaison de son nom guarani *péti* (prononcé pétu) avec celui qu'il porte dans la Basse-Bretagne et dans plusieurs autres parties de la France. J'ai toujours vu, sur les enseignes, à Brest ou ailleurs, *bétun*, pour tabac, et j'ai souvent, dans ces contrées, entendu offrir du *bétun*, d'où le mot local *bétuner* (priser). Ce nom, si différent par son origine de celui de tabac, ne viendrait-il pas du nom guarani? Tout me porte à le croire. Il aura probablement été apporté du Brésil ou de la Guyane en France, dans les premiers temps de la conquête.

des terrains déjà défrichés, ils abattent des bois yataïs, en enlèvent les troncs, 1828.
et labourent légèrement la superficie de ce sol sablonneux; puis en Octobre Yataïty-
ou Novembre, ils font des semis de tabac, sans beaucoup de précaution. Guaçu.
Aussitôt que les jeunes plants ont atteint six à huit pouces d'élévation, ils les plantent, en lignes, lorsqu'il vient de pleuvoir (car ils n'arrosent jamais), à trois pieds de distance les uns des autres. Le tabac croît ordinairement avec vigueur. Dès que les feuilles sont presque toutes sorties, on coupe la plante au sommet de la tige, afin, dit-on, de donner plus de force et de vigueur à celles qui sont déjà hors de terre; et, en effet, toute la sève se reporte, bientôt, dans ces feuilles, qui s'allongent d'un pied et quelquefois même de dix-huit pouces. Ces feuilles mûrissent petit à petit. Dès que l'extrémité en devient jaune, ainsi que le pourtour, on les regarde comme mûres et on en fait la récolte. C'est ordinairement après trois heures, lorsque la chaleur du jour a dissipé toute l'humidité de la rosée de la nuit, que se fait cette récolte, tous les dix ou quinze jours, selon que le temps est plus ou moins pluvieux. Si le temps est sec, les récoltes sont plus rapprochées. Les feuilles cueillies se placent, à l'abri de la pluie, sous des hangars ou dans des chambres, sur des cuirs de bœuf. On les attache ensuite six par six ensemble, par le pétiole; on étend ces fascicules, appelés *sartas*, sur des cordes, à une certaine distance les uns des autres; puis on les laisse ainsi sécher à l'ombre, exposés à tous les vents. Dès qu'ils ont tout à fait jauni, et qu'ils se flétrissent dans toutes leurs parties, on en achève la dessiccation, en les exposant au soleil. Ces *sartas* bien sèches, on les suspend dans les magasins disposés à cet effet; et quand la plus grande partie de la récolte est faite, ou bien quand le propriétaire en a besoin, on expose la veille, ou seulement à l'aube du jour, les feuilles à la rosée, en les couvrant, néanmoins, de feuilles de diverses plantes, surtout de fenouil, quand on en a, pour ne pas les exposer à l'action immédiate de l'humidité, ce qui, à ce qu'on prétend, donnerait au tabac ce goût piquant qu'il n'a jamais, lorsqu'il s'est humecté bien couvert de feuilles. Enfin, on détache les différentes sartas et l'on en forme de plus grosses liasses, en les attachant par la pointe; puis, prenant quatre de ces liasses, on les attache ensemble, on les presse, au moyen d'une courroie, fixée à un poteau, et sur laquelle on force, après l'avoir roulée en double autour du tabac. Ces feuilles, ainsi pressées, présentent la figure d'un cylindre acuminé à l'une de ses extrémités, et bien lié avec de la corde d'aloès. Elles forment alors ce qu'on appèle un *mazo* (une carotte) de tabac, et c'est en cet état que le produit est livré au commerce.

1828. Yataïty-Guaçu.

J'étais présent au fort de la récolte et j'ai pu suivre, à plusieurs reprises, les procédés de la fabrication entière. Je fus aussi à portée de voir les singulières conventions auxquelles donne lieu la récolte du tabac. Une foule de petits marchands parcourent les campagnes à l'approche de cette opération, offrant leurs marchandises aux divers cultivateurs. Ceux-ci, qui comptent sur leur tabac, pour leurs emplettes de l'année, achètent beaucoup à crédit, devant payer ensuite en tabac. Les colporteurs évaluent leurs marchandises à un taux qui équivaut à un bénéfice de cent pour cent au moins. Ils les livrent ainsi d'avance à tous ceux qui veulent en acheter, en raison du plus ou moins de beauté de la récolte qu'ils voient sur pied; car ils ne manquent jamais, sous quelque prétexte, de demander à voir le *tabacal* ou *champ de tabac*. J'ai été souvent témoin de ces singuliers marchés, en monnaie relative; car d'avance tout est convenu entre le marchand et l'acheteur. Le premier porte d'abord au double le prix de sa marchandise et convient, avant que le prix du cours de l'année soit établi, qu'il recevra, par exemple, chaque mazo de vente, c'est-à-dire d'un calibre connu dans le pays, à raison d'une piastre chacun ou cinq francs, bien sûr qu'il est de gagner encore beaucoup sur ce prix; car j'ai vu de ces marchands vendre le tabac douze *reales*, ou sept francs cinquante centimes le mazo, dans un moment où il était au meilleur marché possible. Rien de plus plaisant que ce mode de commerce. Les colporteurs sont reçus, hébergés et fêtés partout où ils passent; et, tout naturellement, chacun s'occupant de ses intérêts, le marchand fait valoir sa marchandise, en en vantant la bonté et la beauté; le propriétaire fait remarquer la longueur des feuilles de ses plants de tabac; mais la plus entière confiance règne de part et d'autre. Les promesses faites, l'échange convenu, arrêté, chacun tient scrupuleusement sa parole, sans qu'il soit nécessaire de rien écrire; et la force majeure seule y peut faire manquer. Ce tabac est ensuite porté par charretées à Corrientes, où il se vend au poids par *arrobas* d'Espagne, ou pesées de vingt-cinq livres, à des commerçans plus en grand, qui l'expédient à Buenos-Ayres, où il est toujours recherché sous le nom de *tabac du Paraguay*. Ce genre de spéculation est tout à fait nouveau dans la province de Corrientes. On sait que, du temps des Espagnols, depuis 1748, le tabac était sujet à un droit exorbitant; que le tabac en poudre venait d'Espagne ou de la Havane; et que la seule province du Paraguay obtint, plus tard, le droit de le fabriquer, mais celui à fumer seulement, dans des établissemens appartenant à l'État, qui s'était réservé le monopole de ce genre de culture. C'est seulement depuis quelques années, depuis l'émancipation, que ce commerce a pris une certaine activité; et il a pris, depuis, l'extension la plus remarquable. 1828.

La seconde branche de commerce de ces lieux est celle du produit de la canne à sucre. On ne cultive que la petite espèce[1]; encore tous les terrains ne lui sont-ils pas propices. La récolte s'en fait l'hiver, dans les mois de Mai et de Juin. On presse la canne dans des moulins ou *trapiches* des plus simples, consistant en trois cylindres mouvans, dont celui du milieu fait tourner les deux autres en sens inverse, au moyen d'engrenages. Ces moulins sont mis en mouvement par des bœufs attachés à l'extrémité d'une longue perche qui passe dans une mortaise pratiquée en dessus du cylindre central. Le jus de la canne, reçu dans des vases de bois, est porté à la chaudière. On l'y fait bouillir jusqu'à ce qu'il ait acquis la consistance de mélasse. On le met ensuite dans des outres; et livré, dans cet état, au commerce, sous le nom de *miel de caña,* on le transporte à Buenos-Ayres, dont les habitans l'aiment beaucoup. Dans les campagnes on en obtient, par la fermentation, de l'eau-de-vie de canne à sucre, appelée *caña* dans le pays; aussi voit-on, dans chaque maison, un alambic en terre cuite, avec un canon de fusil pour tuyau ou réfrigérant; et chaque ferme fabrique ainsi parfaitement sa provision d'eau-de-vie. Les habitans prétendent que la canne à sucre ne peut pas donner de sucre à Corrientes, ou qu'elle en donne si peu que la vente du sirop présente plus de bénéfice.

Yataïty-Guaçu.

Je séjournai jusqu'au 12 Janvier au Yataïty-Guaçu, variant mes occupations de manière à recueillir, à la fois, des objets de tout genre pour mes collections; et, sur le pays, les renseignemens les plus détaillés possibles. L'une de mes courses, motivée sur la recherche de cette grande espèce de cerfs décrite par Azara, son Guaçu-pucu, ou grand cerf des Guaranis, me fit pousser jusqu'aux rives du Rio de Santa-Lucia. J'arrivai d'abord à la plaine de joncs, ou estero que forme le débordement de ses eaux et qui, dans cet endroit, peut avoir près d'une lieue et demie de large. En Europe, on aurait peine à croire que le cours d'une petite rivière non navigable, laisse, à droite et à gauche, un terrain d'au moins deux lieues de large tout à fait perdu, sur toute sa longueur; car, indépendamment des plaines de joncs, qui forment le cours proprement dit de la rivière, il y a, de chaque côté, une vaste étendue couverte de plantes aquatiques, inondée au temps des pluies. Là, personne ne peut traverser la rivière. Il est bon de redire que la province de Corrientes, ainsi que tous les terrains plans du centre de l'Amérique, dérangent tous les systèmes de versans établis, d'abord en raison de leur peu

1. Canne à sucre créole.

1828. Yataïty-Guaçu. de régularité; et puis, en ce qu'on n'y peut reconnaître aucune ligne de partage des eaux.

Accompagné de plusieurs hommes du pays, armés de lazos et de bolas, je parcourus ces immenses marais, m'efforçant d'y découvrir les cerfs qui les habitent d'ordinaire. J'en aperçus enfin deux; mais très-éloignés. Mes chasseurs se cachèrent sur le flanc de leurs chevaux pour en approcher plus facilement.... peine inutile. Les cerfs s'enfuirent au loin et s'enfoncèrent au milieu des joncs, où personne ne pouvait les suivre. Je fis ensuite battre la campagne sur une grande surface; mais toujours en vain. Je ne revis plus aucun de ces cerfs. Enfin, las de courir à cheval au milieu de ces herbes parfois aussi hautes que mon cheval même, en des lieux où la terre s'enfondrait à chaque instant sous ses pas, je m'en revius très-fatigué.

Tous les soirs, quand il ne faisait pas de lune, j'employais, pour attirer les insectes, mon stratagème déjà décrit, étendant un drap par terre et mettant dessus des chandelles allumées. Je m'en procurai ainsi un nombre considérable; mais l'importance que j'attachais à cette opération et à ses suites était toujours, de la part des habitans, le sujet de questions bizarres, auxquelles je répondais de mon mieux. Ma chasse aux oiseaux, en général moins fructueuse, ne fut pourtant pas sans quelque valeur, quoique les bois de yataïs renfermassent peu de ces beaux oiseaux qui peuplent ordinairement les bois des pays chauds ou la zone des tropiques. J'ai souvent remarqué, depuis, dans la Bolivia, que les bois de cette espèce sont ceux qui réunissent le moins d'oiseaux, excepté dans la saison des fleurs; car alors tous les insectivores y trouvent une pâture certaine et facile; mais, dans tout autre temps, ces bois sont déserts et à peine y trouve-t-on un petit nombre d'oiseaux de proie.

Les terrains sablonneux et couverts de yataïs, qui, à Caacaty, forment une seule langue de terre, se bifurquent bientôt en deux bras, qui viennent se réunir de nouveau à douze lieues au sud-ouest de ce village, et laissent, dans leur intervalle, un immense marais couvert de joncs, et qui n'a aucun écoulement. Ce marais est surtout très-large à l'ouest du Yataïty-Guaçu; c'est là que, le plus souvent, j'allais chasser les oiseaux aquatiques, qu'on y trouve en quantité. Quelle variété et quelle abondance de gibier! Il m'était souvent facile de tuer, en un instant, quelques douzaines de canards, et un grand nombre d'autres oiseaux aquatiques. Quelle profusion dans ces déserts de l'Amérique méridionale, comparativement aux ressources qu'offre au chasseur notre vieille Europe! En Amérique, le chasseur trouvera promptement à satisfaire la passion la plus exaltée; et, si j'en puis juger par moi, je doute qu'après un séjour prolongé dans ces lieux où se rencontre, presque partout, une chasse si facile, il aimât encore cet exercice, à son retour dans sa patrie. 1828.

Yataïty-Guaçu.

Chaque maison du Yataïty-Guaçu est assez grande, et toujours composée de deux corps de logis, l'un spécialement habité par le propriétaire, et l'autre servant de magasin pour les récoltes, de cuisine et de logement pour les ouvriers en hiver. Ces maisons, couvertes en feuilles de palmier, sont, le plus souvent, placées de manière à former deux parties d'enceinte qu'achèvent des pieux fichés en terre. Une grande ramada occupe, la plupart du temps, le milieu de la cour. C'est là que la famille entière couche à la belle étoile lorsque, dans les fortes chaleurs de l'été, les moustiques ne lui permettent plus de reposer dans la maison; c'est là que le père, la mère, les enfans, les parens et les amis couchent tous à côté l'un de l'autre. Les voyageurs obtiennent aussi, parfois, cette faveur, sans que cela paraisse extraordinaire; mais, quand il ne vente pas, et quand les moustiques s'élèvent jusqu'à la hauteur de la ramada de la maison, les habitans vont dormir sur une autre, construite à cet effet au milieu même du parc destiné à recevoir les bœufs de travail, prétendant que les moustiques se font alors moins sentir, parce que l'odeur des bestiaux les chasse ou qu'ils s'occupent d'eux, plutôt que des personnes couchées sur la ramada. Une autre remarque qu'ils me communiquèrent et que j'ai été souvent à portée de vérifier, c'est que ces insectes s'acharnent de préférence sur les corps de couleur foncée; aussi les nègres sont-ils bien plus tôt piqués que les blancs; ce qui fait que les habitans préfèrent toujours les couvertures blanches à toutes autres. Ne pourrait-on pas expliquer ce fait par l'habitude que ces hôtes incommodes ont de s'attacher surtout, dans la campagne, à des animaux le plus souvent revêtus de couleurs foncées, et par l'extrême rareté de la couleur blanche dans les déserts qu'ils habitent?

Les ouvriers employés dans ces fermes se nomment *Peones*. Ils ne sont pas payés et reçoivent seulement le vêtement et la nourriture; mais comme toute leur famille, lorsqu'ils sont mariés, est nourrie avec eux, et comme, d'ailleurs, on leur donne un terrain sur lequel ils cultivent du tabac, qu'ils vendent ensuite à leur profit, ils n'ont, en définitive, pas trop à se plaindre de leur sort. Tout l'été ils couchent en plein air sur une ramada, ou dans la cuisine, quand il pleut; seulement quelques-uns d'entr'eux, ceux qui sont mariés, ont une petite cabane qui leur sert à la fois de chambre à coucher et de cuisine; car leur lit se réduit toujours à un simple cuir qu'ils étendent par terre et sur lequel la famille entière goûte le repos de la nuit. Ces gens sont exempts de toute ambition. Tous leurs désirs sont remplis, dès que leur existence est

1828. assurée; accoutumés à la vie un peu indolente du pays, ils se trouvent heureux dès qu'ils sont en famille, qu'ils peuvent faire la siesta et posséder un cheval, premier bien d'un ouvrier. Les gens de la campagne de toutes les classes sont tous, en général, en même temps très-voraces et très-sobres. Ils se passent quelquefois de manger deux ou trois jours de suite, sans se plaindre; mais, dès qu'ils trouvent des vivres en abondance, ils mangent prodigieusement. Je n'ai jamais entendu un homme de la campagne dire qu'il eût assez mangé. A Iribucua (j'ai été témoin du fait), deux Indiens avaient passé plusieurs jours sans nourriture; ils allèrent à la chasse, et tuèrent un de ces grands cerfs (un guaçu-pucu), qui sont presque de la taille d'un petit âne; et, l'ayant rapporté chez eux, ils se mirent à manger plus de vingt-quatre heures de suite, coupant un petit morceau de leur proie, le faisant rôtir sur les charbons, le dévorant ensuite, et recommençant toujours ainsi. Ils n'abandonnèrent la partie qu'après avoir presque achevé le cerf, sans autre intermittence que le temps de dormir, pour faire la digestion.

Yataïty-Guaçu.

Dans l'une des maisons du Yataïty-Guaçu il y eut un jour un festin splendide à l'occasion de l'anniversaire de la naissance de l'un des membres de la famille Esquibel. Ce festin, que je vais décrire avec détail, rappèle assez l'idée que les auteurs nous ont donnée de ceux de certains peuples européens du moyen âge.

On servit, d'abord, deux cochons entiers rôtis au four, tous les deux seulement fendus sur le ventre, avec une tête de bœuf également cuite au four. C'était le premier service, dans lequel, comme dans le suivant, le pain fut remplacé soit par des épis de maïs bouillis ou rôtis, soit par du fromage rôti, au choix des convives. On dépeça ces énormes pièces et chacun en mangea à sa guise. Le second service se composait de pourpier bouilli en épinards mêlé avec du fromage, d'un plat de viande au maïs; puis de la soupe ou *locro,* composée d'énormes morceaux de viande, de citrouille, de manioc et de maïs. Pour dessert, on servit plusieurs pots de lait, qu'on mangeait avec des morceaux de citrouille bouillis et du maïs en grains également rôtis; et le repas finit par un mets très-recherché des gourmets du pays. C'était du fromage frais sans sel, avec du sirop de canne à sucre. On préfère ce dernier mets à tous les autres. Les habitans aiment beaucoup tout ce qui est sucré. Ils boivent quelquefois des pots entiers de sirop de canne à sucre, appelé miel dans le pays, comme, ailleurs, on boirait de l'eau, qui, du reste, est la seule boisson en usage pendant ces repas, le vin n'étant connu qu'à la ville; ou bien on fait circuler, de temps en temps, un verre d'eau-de-vie de canne à sucre, dont chacun prend ce qu'il veut.

Il m'est pénible d'avoir à dire que pendant ce dîner, comme dans toutes les réunions plus ou moins nombreuses des habitans, ma délicatesse eut souvent à souffrir de la grossièreté des plaisanteries et de l'obscénité des discours que les hommes et les femmes se permettaient devant les jeunes personnes, qui, du reste, n'en paraissaient pas du tout surprises. Quel cynisme dans le langage! quelle rudesse dans les manières! Croira-t-on qu'au dessert des jeux mal-propres se mêlaient aux divertissemens; qu'on se jetait des choses sales à la tête; que des plaisans souillaient jusqu'aux plats de confitures, pour que personne qu'eux n'en mangeât? Et qu'on sache que loin de charger ce tableau, j'en adoucis encore les teintes, par respect pour mes lecteurs. Combien de fois n'ai-je pas eu à souffrir de ce que je voyais et de ce que j'entendais! mais, fidèle à la règle de conduite que je m'étais tracée, je ne fis jamais la moindre observation qui pût donner lieu de croire que j'y trouvasse à redire; et c'est, sans doute, à l'espèce de courage (car il en faut) avec lequel j'ai supporté ces dégoûts, que j'ai dû, en grande partie, de me voir bien traité partout, et d'obtenir aussi facilement tout ce que je pouvais désirer, dans l'intérêt de la mission à laquelle j'avais consacré ma vie.

1828. — Yataïty-Guaçu.

L'occasion de faire une course difficile et qui devait m'être des plus fructueuse, vint s'offrir; et je voulus en profiter. Il y avait quelques mois qu'on avait été sur les bords du lac d'Ybera, couper des bambous pour la toiture de l'église qui devait s'élever sur l'emplacement du bourg de Caacaty projeté. Il s'agissait d'aller chercher ces bambous, ce que tous les propriétaires de charrettes offraient de faire gratuitement, se proposant même d'accomplir le voyage en personne. Une telle circonstance devant m'être des plus favorable pour reconnaître ces immenses marais, je sollicitai la faveur d'être de la partie, ce qui me fut bien facilement accordé. Cet arrangement m'était d'autant plus avantageux qu'il me présentait, pour le transport, des facilités que je n'aurais jamais obtenues sans lui. Je me disposai donc à partir; et, le 13 Janvier, je m'acheminai vers Caacaty, où devait avoir lieu la grande réunion des charretiers. Un temps de galop me transporta chez M. Chauvin au Tacuaral, où je me reposai quelques instans, en attendant que la grande chaleur fût passée, les employant, d'ailleurs, à recueillir des insectes et quelques œufs d'oiseaux aquatiques, que m'apportèrent les Indiens. Je partis le soir; et, une heure après, j'étais à Caacaty. A mon arrivée, en passant près d'un beau lac voisin du bourg, j'y vis tous les habitans au bain. Toutes les femmes de Caacaty, se jouaient, entièrement nues, à la surface des ondes, leurs longs cheveux flottant sur l'eau; et déployaient gracieusement un joli

13 Janvier.

1828. bras, en nageant à la brasse. Le cristal trop limpide, ne voilait pas assez peut-être des formes qu'un témoin délicat (je parle ici le langage de l'Europe), aime mieux deviner qu'apercevoir; mais il ne tenait qu'à moi, d'ailleurs, de me croire revenu au temps des Naïades. Vrai tableau de l'Albane, transporté, comme par enchantement, sur les rives américaines, et des plus gracieux, s'il n'eût été quelque peu sali par la présence de quelques satyres. La sécurité dont les baigneuses paraissaient jouir au milieu des ris et des jeux, ne faisait qu'ajouter au charme de cette scène de volupté, quand un indiscret s'écria: *Yacaré!* (un caïman). Au même instant, la joie fit place à la terreur. La plupart des jeunes femmes qui folâtraient sur l'eau, en sortirent en toute hâte, sans attendre qu'on leur apportât un voile; et le mauvais plaisant, qui avait jeté l'alarme, de rire et de se moquer des peureuses. Je crois que je l'aurais battu.

Yataïty-Guaçu.

Caacaty. La frayeur qu'avait fait éprouver le nom seul de yacaré n'était que trop justifiée par des souvenirs récens. Peu de jours auparavant, un enfant, qui jouait sur les bords d'un lac voisin, avait été enlevé et mis en pièces par un caïman; et deux mois à peine s'étaient écoulés, depuis qu'une autre catastrophe non moins funeste avait eu lieu près de Caacaty. Une jeune fille de quatorze ans, venait de chercher quelque chose au village, et s'en retournait à cheval. Elle avait à traverser un bras de lac, où son cheval avait de l'eau jusqu'à la sangle. Dans ce passage un très-grand caïman la saisit par une jambe, et l'entraîna dans l'eau; puis, ce féroce animal, la secouant avec force, afin de lui couper la jambe, élevait au-dessus de l'eau ou bien y replongeait sa victime. Les cris de la jeune Indienne furent entendus de quelques personnes qui suivaient la même route, et qui l'aperçurent luttant ainsi contre l'affreux reptile. Elles accoururent; mais trop tard. Le caïman avait disparu avec sa proie. Les recherches faites pour retrouver son cadavre ne furent pas moins inutiles; et l'on ne recueillit que plusieurs jours après, quelques lambeaux du corps de la pauvre enfant. Ces tragiques aventures fréquemment renouvelées avaient, enfin, réveillé l'indolence des habitans du pays contre les caïmans, qui abondaient, outre mesure, dans tous les lacs des environs. Le commandant leur avait ordonné de consacrer une semaine à la poursuite de ces animaux, et l'on évaluait à quelques milliers le nombre des caïmans tués, en moins de quinze jours, par suite de cette mesure, aux environs de Caacaty. Les habitans les attrapaient avec leur lazo, en les surprenant endormis au bord des lacs. Je restai un jour de plus à Caacaty, parce qu'on y attendait encore quelques charrettes; et quand enfin elles arrivèrent, tout était prêt pour le départ, fixé au 15 Janvier.

1828. Voyage à l'Ybera.

§. 4.

Voyage à la Laguna d'Ybera.

15 Janvier.

La troupe se mit en marche. Elle était fort nombreuse, et se composait de treize charrettes, traînées chacune par six bœufs; des hommes nécessaires pour les conduire; d'une escorte de dix soldats de la garde nationale, pour le cas où l'on viendrait à rencontrer des déserteurs ou des Indiens des Missions; du curé de Caacaty, qui allait visiter les villages de Yatebu et de San-Miguel; de tous les propriétaires des charrettes, d'une troupe de plus de cent cinquante chevaux et de près de cent bœufs, pour les rechanges. Il pouvait y avoir, en tout, quarante-cinq à cinquante hommes, tous munis de lazos et de bolas, ce qui me donnait beaucoup d'espoir de faire un voyage fructueux et d'obtenir des animaux nouveaux, au milieu des déserts que nous allions parcourir. Je laissai la caravane partir dès la pointe du jour; et, ne voulant pas les suivre à petits pas, j'attendis au village le curé de Caacaty, homme aimable, sans présomption, et pas du tout fanatique, qui devait s'acheminer un peu plus tard. Nous nous arrêtâmes en route à une ferme de culture, où le digne prêtre fut, en raison de sa qualité, abondamment pourvu de fruits et de provisions de voyage. Les ecclésiastiques conservent encore, dans ces contrées, toutes leurs anciennes prérogatives. On les régale partout; et, partout, ce qu'il y a de meilleur est pour eux. A onze heures, la chaleur devint insupportable. La troupe que nous avions rejointe, se disposa à s'arrêter. Il s'offrit bientôt à nous, sur le côté du chemin, un vaste lac couvert de joncs, qui fut choisi comme lieu du repos. On détela les bœufs. Chacun s'occupa de ce qu'il voulut, et surtout de la cuisine; pour moi, je chassai aux environs, poursuivant des oiseaux aquatiques. Je fis aussi partir une belle espèce de rat rouge et blanc[1], nommé par les Guaranis, *anguya-guaçu* (grand rat). Je l'attrapai et j'appris que c'était l'espèce que l'on redoutait le plus pour les champs de canne à sucre, à cause de son habitude de ronger les jeunes pousses de cette plante.

On m'appela pour dîner, à l'ombre d'une charrette. On mangea modestement un rôti de viande sèche, sans pain, et l'on but un verre d'eau par dessus; puis tout le monde se mit à faire la sieste, tandis que je préparais ma chasse. La chaleur était excessive, et pas un souffle de vent ne se faisait sentir.

1. Espèce nouvelle. Voyez les *Mammifères*, tome IV, première partie.

1828. Voyage à l'Ybera.

La sieste faite, on attela de nouveau les bœufs et nous nous remîmes en route. En chemin, le curé me dit, en me montrant une humble hutte: « C'est là que demeure un de vos compatriotes, qui a, je crois, entièrement « oublié sa langue. » Je voulus le voir. C'était un homme de près de cinquante ans, que, dans le pays, on ne regardait plus comme étranger. Il y avait vingt-sept ans qu'il habitait les mêmes campagnes, et il parlait si bien le guarani, qu'il était difficile de le distinguer des indigènes; l'espagnol lui était beaucoup moins familier. Je lui fis quelques questions en français. Il ne put me répondre, mêlant souvent ensemble des mots guaranis ou espagnols. Je cessai de le questionner dans sa langue maternelle; car je le comprenais moins encore que lorsqu'il parlait espagnol. Il vivait dans une petite cabane couverte en feuilles de palmiers, ayant oublié le monde entier pour ne s'occuper que de culture, afin de soutenir une assez nombreuse famille demi-indienne. Ses manières étaient tout à fait celles des Indiens du pays, et le français s'était entièrement effacé en lui. Je ne déciderai pas s'il y avait réellement beaucoup perdu; mais je trouvai quelque chose de triste dans cette complète oblitération de la langue, des habitudes et des goûts de la patrie, comme s'ils ne faisaient pas, en quelque sorte, partie intégrante de l'homme.

Les descendans espagnols qui se sont fixés dans ces campagnes désertes partagent les mœurs et la vie demi-sauvage des Indiens, et l'Européen même qui s'établit dans ces solitudes adopte insensiblement, et presqu'à son insçu, une partie des usages et des dehors agrestes de leurs habitans. On dirait que tous les êtres ont un égal penchant au retour à la vie naturelle. Les animaux dont la domesticité originaire se perd, avec l'origine de l'état social de l'homme, dans les ténèbres des temps fabuleux, reviennent promptement à l'état sauvage, dans les solitudes de l'Amérique; ainsi le cheval, le bœuf, le cochon, le chien même, cet ami si fidèle de l'homme, oublient bientôt les liens qui l'unissent à lui; et abandonnent souvent l'abondance du toit domestique, pour les privations de la vie errante, dont la liberté les indemnise; et l'homme même éprouve l'influence d'une situation qui le rapproche tant de la nature.

Mon Français-Indien m'offrit quelques fruits de son jardin, des oranges, des pêches, des melons d'eau; et je lui fis mes adieux. Le curé me parla longtemps de lui, mais la conversation fut interrompue par un orage affreux, qui était sur le point d'éclater. Un vent impétueux nous annonçait l'approche de la pluie, qui tomba bientôt par torrens, accompagnée de tonnerre. Nous nous réfugiâmes dans les charrettes, pour n'être pas désarçonnés par le vent, et pour ne pas être mouillés. Ces charrettes offrent un excellent abri; car elles sont toutes vastes et couvertes en peaux de bœuf. Nous nous arrêtâmes enfin à une maison voisine de la rivière de Santa-Lucia, à cinq lieues de Caacaty, et à une lieue et demie de San-Antonio d'Itaty. Vers le soir, le temps redevint beau, et nous pûmes nous promener aux environs. 1828. Voyage à l'Ybera.

Le 16, dès la pointe du jour, la caravane était en marche. Nous arrivâmes au bord de l'estero du Rio de Santa-Lucia. Là, je fus effrayé de l'immensité de la plaine de joncs uniformément verte, qui constituait la rivière et qui ondulait au souffle des vents. Je ne pouvais apercevoir l'autre rive. Je ne voulus pas y entrer à cheval. Je montai dans une des charrettes. On entra dans le marais. Qu'on se figure une masse de joncs inondés, de plus d'une lieue et demie de largeur, où les bœufs nagent par intervalle ou tout au moins ont de l'eau jusques aux côtes, et l'on aura quelque idée de ce premier bras, qui n'est ni le plus profond, ni le plus large. Les joncs étaient plus hauts que la charrette et masquaient entièrement la vue, ce qui ne contribuait pas peu à faire trouver le chemin long. Enfin, après trois heures de marche, on atteignit une île un peu plus élevée que le reste, bordée de tous côtés par des palmiers carondaïs, qui seuls peuvent charmer, un moment, par l'aspect de leur élégant feuillage, l'ennui d'une route aussi tristement monotone. On passa ces palmiers, puis un bois inondé et épais, que bordent, du côté opposé, d'autres palmiers de la même espèce; et, enfin, on joignit un autre bras du Rio de Santa-Lucia, qui, en raison de sa largeur, est la véritable rivière. Il fallait aussi le traverser; on y entra, et je me crus encore en enfer, ayant au moins pour trois heures de souffrances, dans l'eau, et dévoré des taons et des moustiques, qui vivent habituellement dans ces marais. Au-delà de cet estero nous trouvâmes une autre île, également entourée de bois de palmiers carondaïs, mais formée de terrains un peu plus élevés. Là se trouvait la maison d'un estanciero, qui, bravant les jaguars et les moustiques, avait établi sa demeure au milieu de cette île, où il élevait des bestiaux qui, certes, ne pouvaient, en aucune manière, sortir de son enceinte naturelle. Cette maison est à trois lieues de l'endroit dont nous étions partis le matin. Des marais ou des plaines de joncs l'entouraient de tous les côtés; et, dans les crues, à peine ses propriétaires ont-ils aux alentours un espace où ils puissent marcher à pied sec. J'admirai la constance de ces fermiers, isolés du monde entier, sans autre société que les animaux de ces contrées et les nombreux oiseaux aquatiques qu'attire la conformation du sol. Une paix sauvage règne en ces lieux, et leurs hôtes tranquilles, au sein d'une famille nombreuse, vivent heureux, sans s'inquiéter du reste de l'univers, satisfaits, pour vivre, 16 Janvier.

1828. Voyage à l'Ybera.

du produit de leurs bestiaux et d'un peu de culture; indifférens même aux piqûres des taons et des moustiques, qui les assaillent au temps des chaleurs.

Nous dînâmes en ces lieux; et, tandis qu'on faisait la siesta, j'allai au plus épais des bois chercher des insectes et chasser. A trois heures, on se disposa à partir. Nous traversâmes un troisième bras de marais, non moins large que les autres; puis on arriva à des hauteurs sablonneuses, où il y avait deux maisons occupées par des estancieros. Près de chaque maison était un immense ombu, qui seul pouvait donner de l'ombrage aux voyageurs. Ce lieu, nommé *Vastidores*, est le plus triste possible, séparé de toute habitation par d'immenses marais. La vue ne se repose nulle part sur des arbres, exclusivement fixée sur ces vastes plaines de joncs, dont elle ne saurait atteindre les limites, dans un horizon sans fin. On changea les bœufs de chacune des charrettes et nous poursuivîmes notre voyage. Bientôt un nouveau marais s'offrit à nous, et il fallait encore le traverser; mais, fatigué d'une marche si lente, au milieu de l'eau boueuse, je piquai des deux, et ne tardai pas à me trouver au pied des hauteurs sablonneuses sur lesquelles sont quelques maisons isolées, non loin du premier village des anciennes Missions, celui de Yatebu [1] ou de Loreto. Ce dernier nous rappelait seulement celui de l'ancienne Mission, située assez près du Parana, mais qui avait été détruite par les Portugais. Ce village date au plus de vingt à vingt-cinq ans. Il n'est peuplé que des débris de la population indienne échappée aux guerres désastreuses qui détruisirent entièrement la belle Mission de l'ancien Loreto, laquelle, dès 1555, avait vu, suivant Azara [2], *Nuflo de Chaves* réduire ses habitans en commanderies. Yatebu est bâti au bord d'une belle lagune. Il n'est composé que de vingt à trente maisons couvertes en feuilles, placées autour d'une place, dont une petite chapelle occupe une façade. Chaque maison a son jardin, planté de pêchers et d'orangers, suivant l'ancienne habitude des Missions. Les Indiens observent encore, jusqu'à un certain point, les coutumes établies par les Jésuites, c'est-à-dire que plusieurs d'entr'eux ont, sur les autres, une autorité de direction et de police qui leur a été transmise par les curés; mais on sent que, soustraits à la surveillance immédiate des conducteurs spirituels, qui résident actuellement à Caacaty, les Indiens, faisant à peu près tout ce qu'ils veulent, ont dû, pour ainsi dire, revenir à l'état sauvage. Ce village et celui de San-Miguel n'appartiennent plus à la province des Missions, comme du temps des Jésuites. Maintenant

1. Yatebu est le nom guarani d'une espèce de tique très-commune dans ces contrées. Il est à remarquer que ce village de Loreto est très-loin de l'ancienne Mission de ce nom.

2. Voyage dans l'Amérique méridionale, t. 2, p. 328.

tous les terrains situés à l'ouest de la Lagune d'Ybera, forment la commanderie de San-Miguel qui, depuis 1825, appartient à la province de Corrientes. 1828. Voyage à l'Ybera.

J'allai rejoindre la troupe qui s'était dirigée au Nord, du côté de *San-Jose*. Elle était campée près d'un lac de plus d'une lieue de largeur, où une eau limpide, et un fond de sable blanc et fin engageaient à se baigner, ce que fit une grande partie de la caravane. On alluma de grands feux et l'on fit rôtir de la viande pour le souper; notre campement présentait un aspect assez curieux. Cette multitude de bivouacs, de petits feux séparés; ce nombre de personnes assises autour, dépeçant chacune son morceau de viande sèche, ou en faisant rôtir de nouveaux morceaux; tout cela, dans son ensemble, avait quelque chose de pittoresque ou de sauvage qui n'était pas sans attrait pour moi; mais, bientôt, le silence remplaça ce mouvement et chacun s'endormit, étendu par terre. Il ne restait sur pied que les hommes chargés de la surveillance des chevaux et des bœufs, et qui faisaient leur temps de faction. Avant le point du jour, le bruit recommença. On amenait les bœufs, on les attelait, on sellait les chevaux, et chacun fut occupé de nouveau jusqu'à l'instant où notre longue phalange s'ébranla et prit son ordre de marche ordinaire. Le curé de Caacaty, qui m'avait accompagné jusque-là et qui m'avait tout expliqué avec beaucoup de complaisance, me quitta pour aller à San-Miguel, où il devait s'occuper de son ministère; je le vis partir avec regret; car je me retrouvais encore seul avec des gens qui ne savaient parler que de chevaux ou de bestiaux.

Nous suivîmes des plaines très-étendues où personne n'était venu depuis des années; aussi n'y avait-il aucune route tracée. J'allai en avant de la troupe au galop, afin d'arriver promptement à des hauteurs sablonneuses que j'apercevais au loin. Une fois sur ces collines, élevées au plus de vingt à trente pieds au-dessus des plaines voisines, j'admirai quelques plantes particulières, différentes de celles de Corrientes, et une multitude de fleurs à tige rampante qui émaillaient le sol de toutes parts. Tout ce terrain était, en outre, couvert de petits palmiers sans tronc, connus dans le pays sous le nom de yataï-poñi, qui signifie yataï nain ou rampant. Ceux-ci sont au rez de terre, et ne s'élèvent pas de plus d'un mètre, les feuilles comprises; au reste les feuilles et le fruit sont absolument semblables à ceux du yataï ordinaire. Malgré cette analogie de forme il est impossible que ce soit la même espèce que celle qui couvre le reste des parties sablonneuses de la province de Corrientes. Cette vaste campagne déserte, ces immenses marais qui bornaient l'horizon de toutes parts, étaient exclusivement uniformes. Je vis, cependant, du côté de l'Ybera, quel-

1828 ques petits bouquets de bois isolés, mais si éloignés qu'ils paraissaient à peine. Il n'en était pas ainsi des bois de San-Jose qui se montraient sur la gauche; un large marais était à notre droite. Je me retournai du côté du convoi et je fus étonné de l'aspect imposant de la troupe, qui cheminait lentement dans une vaste plaine au-dessous de moi. La gravité des guides au milieu de ces déserts; la longue ligne de ces charrettes, attelées chacune de six bœufs, et que leur hauteur et leur forme allongée faisaient ressembler à une suite de huttes ambulantes; les conducteurs assis en dedans, avec les énormes bambous qui leur servent à piquer les bœufs et dont l'extrémité, ornée de panaches de plumes, est dans un mouvement qui ne cesse pas; après les charrettes, leurs propriétaires à cheval par lignes de front; puis le troupeau de bœufs, conduit par cinq à six hommes à cheval; puis, enfin, les chevaux de réserve, guidés par le même nombre d'hommes; le tout pouvant couvrir, en somme, un espace de terrain de plus d'un demi-quart de lieue de long.... C'était pour moi un spectacle d'une originalité piquante et dont je ne pouvais me rassasier; encore n'ai-je rien dit du bruit des essieux de bois, causé par le frottement des roues, des cris des conducteurs, des beuglemens de quelques bœufs qui, fâchés de quitter leurs pâturages habituels, appelaient incessamment leur pays et leurs compagnons de travail, restés en arrière..... Cette simplicité pastorale, cette vie de mouvement et de repos alternatifs, en des déserts sans fin; cette lutte perpétuelle de l'homme contre la nature, rappelaient involontairement à mon imagination exaltée l'histoire des anciens patriarches, des Abraham et des Jacob, errant, comme nous, en d'autres solitudes, à l'ombre des palmiers de Cédar et dans les sables de l'antique Mésopotamie.

Voyage à l'Ybera.

Les charrettes arrivèrent sur la colline connue sous le nom de *Loma de San-Jose*, et la suivirent pendant une heure. Le bruit de la troupe fit partir un cerf de l'espèce que les Guaranis appellent *guaçu-ti*[1]. Tous les coursiers furent lancés à sa poursuite, mais ne purent pas le joindre. Bientôt après un jeune faon de la même espèce succomba sous les efforts de plus de vingt personnes, qui le relancèrent à la fois; et, dans un instant, le pauvre animal était tellement empêtré des bolas des chasseurs, qu'il ne pouvait plus marcher et que je l'eus tout vivant. Nous suivîmes ensuite les rives d'un grand marais ou estero, nommé en guarani Y-pucu (longues eaux). Comme nous devions le traverser et qu'il n'y avait aucune trace de route, les guides les plus expérimentés se détachèrent du gros de la caravane pour aller à la décou-

1. *Cervus campestris.*

verte de la route, qui fut trouvée après une course d'une heure. Il faut être né dans le pays, pour reconnaître ainsi des chemins où, depuis des années, personne n'a passé, et qui sont entièrement cachés par les joncs et autres plantes aquatiques. On changea de bœufs avant de se mettre en marche, et l'on entra dans le marais. Il avait plus d'une demi-lieue de large. D'abord c'était une plaine de joncs, dans les parties les plus profondes; puis, dans les endroits où il y avait moins d'eau, ces joncs étaient remplacés par une espèce de graminée, haute de deux à trois mètres, que les Espagnols nomment *cortadera*, et les Guaranis *andira cĩce* (herbe-couteau); appellations, toutes deux, parfaitement justes; car chacune des feuilles de ce roseau est un rasoir des mieux affilé. Dans cette traversée, mes pantalons furent mis en pièces en moins de rien; et, de suite, je me trouvai les jambes cruellement tailladées dans tous les sens et tout ensanglantées, sans parler de la nécessité de cheminer ainsi accommodé dans un terrain tellement fangeux que mon cheval y enfonçait jusqu'au-dessus des jarrets, et, bronchant à chaque pas, n'en était que plus difficile à conduire. Je ne m'étais pas muni de ces cuirs dont les habitans se couvrent alors les jambes, et je dus en subir les conséquences. On sortit enfin de ce mauvais pas; mais comme les charrettes ne s'arrêtèrent point, j'eus à souffrir on ne peut davantage d'avoir les jambes ainsi mutilées, exposées aux feux du soleil de Janvier, le plus ardent de toute l'année dans ces régions. 1828. Voyage à l'Ybera.

Nous étions entrés dans le rincon de *San-Jose* (recoin de Saint-Joseph), formé par deux bras de l'estero Y-pucu, qui vient de l'Ybera. Nous cheminâmes sur une hauteur où l'on reconnaissait quelques indices d'anciennes habitations, un poteau encore debout, des traces évidentes de chemins, couverts alors d'herbes élevées, ainsi que le reste du sol. C'est dans ce rincon et dans celui de *San-Joaquin*, que les Jésuites des Missions avaient leurs estancias. Ce rincon de San-Jose est une langue de terre de cinq à six lieues de long sur deux environ de large: elle est entourée de profonds marais et n'a qu'une issue, située du côté du Nord. Ce terrain est des meilleurs. Il présente partout de magnifiques pâturages; l'eau n'y manque jamais, et les bestiaux ne peuvent en sortir, conditions précieuses pour ces grands établissemens d'estancia. Quel beau pays devenu inculte ou inutile! On se rappèle avec un sentiment de tristesse que, du temps de la splendeur des Missions, tous ces terrains étaient couverts de bestiaux, qui servaient à l'approvisionnement des villages. Aujourd'hui, une solitude profonde règne de toutes parts. On ne voit plus partout qu'une plaine uniforme, paisible séjour des cerfs, qui y paissent tranquillement, et n'y sont plus inquiétés que par le jaguar, leur mortel ennemi.

1828. Voyage à l'Ybera. Je désirais ardemment obtenir le grand cerf du pays, le *guaçu-puçu* des Guaranis, et je ne négligeai rien pour m'assurer, dans cet intérêt, l'aide des hommes de notre escorte et des propriétaires, mes compagnons de voyage, d'autant plus que nous étions dans un des lieux qu'habite cet animal. Les meilleurs chasseurs changèrent de coursiers, prirent des chevaux bons coureurs, et préparèrent leur lazo. L'on marchait tout en observant, lorsqu'il partit deux femelles de ces cerfs, couchées dans l'herbe. De suite, la troupe s'ébranla; et vingt-cinq hommes au moins se mirent à leur poursuite. Tous galopaient à toute bride, penchés en avant sur leur cheval, et faisant tournoyer le lazo au-dessus de leur tête. C'était un coup d'œil charmant. Je les suivais, mon fusil à la main. Les biches arpentaient légèrement la campagne; mais les coursiers les approchèrent, et l'un des chasseurs, mieux monté que les autres, lança son lazo à l'une d'elles et l'attrapa. Mon but était rempli. Quant à l'autre biche, elle se sauva dans un marais, où elle se trouva hors d'atteinte. La pauvre bête capturée était tellement fatiguée qu'on ne put la faire courir. On la mit dans une des charrettes. Les cerfs de cette espèce se tiennent toujours, de nuit, dans les plaines de joncs inondées ou esteros; mais, de jour, les taons qui abondent en ces lieux, les obligent d'en sortir et ils passent sur les endroits plus secs, afin d'y chercher un peu de repos. Ils diffèrent beaucoup des nôtres par leurs formes, et surtout par leurs mœurs, vivant rarement dans les bois, et ne cherchant guère que les lieux aquatiques. J'achetai sans peine cette femelle à celui qui l'avait prise; mais je la payai cher, parce qu'il lui était facile de voir que j'avais le plus grand désir de la posséder. Elle me coûta dix piastres ou cinquante francs. Peu de temps après un jeune cerf de l'espèce guaçu-tî fut lancé. Cette fois les lazos restèrent neutres; mais les bolas entrèrent en jeu. On les lui lança plus de vingt fois infructueusement, tant sa course était rapide. Un enfant de douze ans, fameux pour son adresse, arriva, faisant, comme à l'ordinaire, tournoyer ses bolas au-dessus de sa tête, il les lança et le guaçu-tî resta sur la place, empêtré par les jambes. C'était un jeune, qui portait encore la livrée. Je l'achetai également.

Bientôt la troupe arriva sur l'autre bras de l'estero de l'Y-pucu, lequel sépare le rincon de San-Jose de celui de San-Joaquin. Là, nous nous arrêtâmes un instant, pour manger. Quant à moi, prenant à peine le temps de dévorer un morceau de viande, je dus, tandis que tout le monde se reposait, me mettre, à l'ardeur du soleil, à préparer les animaux pris dans la journée. A trois heures, comme de coutume, nous partîmes. La chaleur était encore excessive. Il y avait à traverser un estero reconnu, vu sa profondeur, pour plus mauvais que tous ceux que nous avions déjà passés. Pourtant je n'avais pas envie de reculer. Je montai à cheval et m'y jetai bravement. Qu'on se représente un marais sans écoulement sensible d'une demi-lieue de largeur et partout couvert de joncs, au milieu desquels le cheval nage, prend pied, nage encore, et l'on aura quelque idée de cette agréable traversée, qui nous demanda beaucoup de temps. Je n'étais pas encore très-fait à ce genre de chemin; mais je suivais les autres. Ceux qui avaient de grands chevaux riaient de ceux qui n'en avaient que de petits, parce que ces derniers nageaient bien plus souvent que les autres. Mon cheval était d'une taille assez avantageuse et j'atterrissais assez souvent. Malheureusement l'eau, le frottement des vêtemens et des joncs avaient rouvert toutes les blessures que l'herbe-couteau m'avait faites au passage du premier bras, et j'eus beaucoup à souffrir pendant le trajet. Tout fut oublié sur l'autre rive, où le soleil me sécha promptement. Je pris le galop en avant des charrettes, avec plusieurs de la troupe. L'un des plus avancés fit partir un jaguar couché dans l'herbe. L'animal s'enfuit rapidement. La troupe entière se mit à ses trousses; il s'achemina vers un estero et s'y précipita, après avoir échappé au lazo de deux des chasseurs; il marchait à petits pas dans l'eau; je lui envoyai une balle qui parut lui casser une jambe; mais il y aurait eu imprudence à le poursuivre dans ses domaines aquatiques. Il marchait furieux, en rugissant, et disparut ainsi dans les joncs. Rien de plus curieux à observer que la frayeur des chevaux à la vue d'un jaguar. Il faut bien les connaître pour les faire avancer sur cet animal, dont l'odeur seule en ferait fuir une troupe. On les voit galoper alors, aiguillonnés par l'éperon du cavalier, en remuant les oreilles, et cherchant à se retenir. C'est un galop forcé qui a quelque chose de bizarre.

Nous continuâmes notre course. Plusieurs personnes se mirent à poursuivre avec leurs chiens de grandes perdrix (*inambu-guaçu* des Guaranis), grand tinamou de ces plaines. Cet oiseau s'envole, va se poser assez loin, semble narguer les chiens, du lieu où il s'est posé, s'envole encore, mais ne s'abat de nouveau qu'à une courte distance, d'où il ne s'envole plus, se laissant alors niaisement prendre par les chiens. Cette espèce de perdrix est beaucoup plus grande que notre perdrix rouge de France: c'est un excellent manger. Nous étions au milieu de plaines immenses, absolument horizontales. Seulement on apercevait, dans le lointain, quelques bouquets de bois isolés, épars le long de l'Ybera. Ces terrains sont évidemment, ou du moins tout semble l'indiquer, inondés au temps des pluies. On franchit encore deux petits bras d'esteros, et nous arrivâmes au premier bouquet de bois, où l'on s'arrêta

1828. Voyage à l'Ybera. pour passer la nuit. On commençait à dételer les bœufs des charrettes, lorsqu'une autruche d'Amérique, ou ñandu des Guaranis, partit du milieu de nous. A l'instant tous les cavaliers coururent après, avec les bolas. Plus de vingt fois on les lui lança sans succès. Je m'amusais beaucoup à la voir courir les ailes élevées et faisant continuellement des zig-zags pour se soustraire à la poursuite des chasseurs; cependant elle devait succomber; et recevant enfin les bolas autour des jambes, elle tomba. A peine prise, avant que j'eusse pu m'approcher de ses vainqueurs, groupés autour d'elle, ils lui avaient coupé le cou, pour faire de sa peau une bourse, estimée des habitans de la campagne, et lui avaient arraché toutes les plumes, afin d'en orner les perches des charrettes; de sorte que j'eus le regret de ne pouvoir me la procurer. Je revins près du bois et descendis de cheval. J'étais épuisé de fatigue, et je souffrais tout à la fois de mes blessures et de l'exercice forcé que j'avais fait dans la journée, galopant en des terrains fangeux ou au travers de hautes herbes, entre lesquelles il n'y a pas de chemin tracé; mais mon épuisement même me fit narguer les moustiques, auxquels, au reste, je commençais à m'habituer.

18 Janvier. Le 18 Janvier, la caravane se remit en marche dès la pointe du jour. La troupe des chasseurs, composée de plus de vingt personnes, s'étendit de front dans la campagne, pour battre une plus grande surface de terrain, après convention préalable qu'au premier signal, en cas d'heureuse rencontre, tous se concentreraient, afin de poursuivre ensemble le gibier lancé. J'étais un des plus avancés, avec le commandant de notre escorte. Je vis de très-loin que les plus arriérés avaient rencontré quelque chose. Ils s'étaient arrêtés, après une course plus prolongée, ce qui me fit croire que la bête, quelle qu'elle fût, avait été prise; et, en effet, un instant après, mon domestique vint me prévenir qu'il venait de *bouler* (bolear) un cerf guaçu-ti d'une belle taille, avec ses bois grands et complets. J'allais toujours de beaucoup en avant, quand un de mes voisins se mit à crier, en levant le bras en l'air, signal convenu. Je partis au grand galop pour le rejoindre; et, lorsque je fus assez près je vis, sans pouvoir deviner quel animal ce pouvait être, une grande bête noire, qui, à distance, paraissait avoir deux corps. Je m'approchai plus encore, et reconnus enfin un fourmilier tamanoir, connu des Guaranis sous le nom de *yoqui*. Ce qui m'avait offert l'aspect d'un second corps, c'était sa queue, qu'il avait presque aussi longue que tout le reste et qui, dressée en l'air, figurait un autre animal. Enchanté de ma rencontre, je voulais l'approcher pour le tirer. Mon cheval en avait si grand peur, qu'il se cabrait et ne voulait pas avancer. Je mis pied à terre, courus au fourmilier et le tirai avec

tant de précipitation, que je le manquai. Je courus de nouveau sur lui; je lui lâchai mon second coup. Il tomba; mais, selon sa coutume, il se mit sur le dos, les pattes en l'air, pour se défendre avec ses grands ongles. Je voulais approcher. On me cria de n'en rien faire, parce que, dès qu'il se voit en danger, il embrasse de ses pattes tout objet qui se trouve à sa portée. C'est ainsi, à ce que j'appris plus tard, qu'il lutte contre le jaguar, et que, tout en mourant, il lui vend cher sa vie, lui enfonçant dans les flancs ses terribles ongles de quatre à cinq pouces de long et ne le lâchant plus, même après la mort. Plusieurs personnes dignes de foi m'ont garanti qu'on a trouvé quelquefois les deux champions morts ensemble sur la place même où ils avaient combattu. Ne pouvant donc en approcher, et pressé de partir, je le fis lacer des quatre pieds, et un de nos gens le tua. Il pesait au moins cent cinquante livres et avait trois mètres de long, y compris la queue. Les habitans le regardaient comme étant d'une très-grande taille. Je le fis charger sur l'une des charrettes et nous continuâmes notre marche. J'étais enchanté de ma capture qui, ultérieurement, devait enrichir d'autant les galeries du Muséum. La conversation entamée sur le fourmilier avec toute la troupe, ne tarit pas de longtemps; et je faisais tout de mon mieux pour la soutenir, afin d'obtenir sur ce sujet le plus de renseignemens possible. Le grand nombre des hautes buttes de terre élevées par les fourmis attire cet animal, qui se nourrit exclusivement de ces insectes; aussi ne le voit-on que dans les plaines, tandis que le tamandua se trouve dans les bois. Il chasse en ouvrant avec ses ongles les fourmilières, où il fait entrer sa langue démesurément longue, et qui s'y charge de fourmis, retenues par une salive gluante, et englouties dans son gosier, dès qu'il la retire dans sa gueule. On conçoit combien il faut de fourmis pour nourrir un animal de cette taille-là; et l'on peut aussi penser facilement que le fourmilier est un des animaux qui disparaîtront les premiers du sol américain, dès que les progrès de la civilisation et de la population forceront à rendre utiles, ou seulement à visiter plus fréquemment les immenses déserts qui leur servent maintenant de retraite. Le fourmilier est peut-être, de tous les animaux, celui dont la marche est la plus singulière; car sa conformation l'oblige à fermer les doigts et à marcher sur le côté du poing fermé. Il est aussi, sans contredit, l'animal le plus bizarre dans ses formes et dans ses mœurs, et celui qui présente les plus grandes anomalies par son long museau sans dents, ses yeux si petits et la longueur démesurée de sa langue. Il porte son petit sur son dos.

Mes collections augmentaient rapidement, et chaque instant pouvait les

1828. — Voyage à l'Ybera.

augmenter encore. Je désirais bien vivement les enrichir d'un mâle de cerf guaçu-pucu et je n'osais l'espérer; car c'était la dernière journée de marche, après laquelle nous devions retourner sur nos pas. Tout en traversant des plaines parfois inondées, partout couvertes de hautes herbes, nous cheminions au milieu de petits bouquets de bois épars qui, au bord des marais, formaient de petites îles isolées, variant un peu la monotonie du paysage. L'un de ces bouquets de bois, voisin de la route que nous suivions, me frappa par son éclatante blancheur. Il était tout couvert d'une immense quantité de ces belles aigrettes d'un blanc éblouissant qui portent ces belles plumes dont s'orne le schako des colonels en France. Rien de plus pittoresque que cette réunion. C'était, sans doute, une de ces troupes voyageuses, arrêtée là pour pêcher plus à son aise les innombrables petits poissons que laisse à sec, dans ces marais, la saison des sécheresses. Nous arrivâmes sur une légère hauteur, près d'un bois; là nous aperçûmes encore un poteau qui, sans doute, était le reste de quelque habitation du temps des Missions. Aucune autre trace humaine n'existait nulle part, et la nature avait repris son ancien domaine. Quelle solitude, quel silence dans ces lieux! on eût dit que tous les êtres animés les avaient quittés en même temps que l'homme.

Après avoir passé un petit bois, nous entrâmes dans d'immenses marais encore plus parsemés de ces petits bosquets si singuliers, de formes si arrondies, et isolés chacun au bord d'un lac rempli de joncs. Là, je fis de nouveau disperser la troupe, pour tâcher d'attraper un mâle de cerf. En faisant le tour d'un grand estero, j'en aperçus un d'une grande taille. Aussitôt je poussai un cri; l'on m'entendit, et toute la troupe courut après; mais inutilement. Le cerf entra dans un estero, d'où l'on ne pouvait le faire sortir. On fut plus heureux pour une biche; ce qui ne me consolait pas de ne pouvoir attraper ce mâle, que je voyais parfaitement au milieu de l'estero. Je demandais à tout le monde d'aller l'y relancer; mais, comme cet animal est parfois méchant, personne ne se laissait tenter. Mes offres d'argent y décidèrent enfin deux soldats, qui se préparèrent à le faire sortir. Tous les chasseurs entourèrent l'estero, le lazo prêt, et les deux soldats nus, le sabre nu à la main, entrèrent dans l'eau et se dirigèrent sur le cerf, qui cheminait tout doucement devant eux. Il sortit enfin du marais. Tous les lazos lui furent lancés; et il s'échappait encore, lorsqu'un lazo mieux ajusté entoura ses bois. L'animal furieux fit volte-face, se précipita sur le cheval du chasseur, et lui donna un coup de bois qui le blessa grièvement. Les autres chasseurs lui lancèrent alors un second lazo; on le tint ainsi en respect, jusqu'aux charrettes, où on le déposa, après l'avoir tué. Il affectait, dans sa marche, un air fier et menaçant, que n'ont pas nos cerfs d'Europe, ni même sa biche, dont les mœurs, au contraire, sont douces et timides; et c'est la connaissance qu'ont les habitans des allures de l'animal, qui leur fait prendre tant de précautions contre lui, dans la crainte qu'il ne se jette sur eux, ce qui arrive souvent.

Quelque temps après, je fus assez heureux pour obtenir un autre mammifère, non moins rare. C'était la belle espèce de loup rouge d'Amérique à crinière noire [1], nommée *aguara-guaçu*, ou grand renard, par les Guaranis. Je n'ai jamais vu d'animal plus leste. Il sautait sur les grandes herbes avec une extrême légèreté; cependant le terrible lazo vint l'arrêter; et, dès-lors, il m'appartint. Il était encore jeune. En se voyant captif, il devint furieux; ce fut en vain..... On se contenta de ne pas s'approcher de lui. Cet animal est doué d'un instinct extraordinaire pour la chasse aux perdrix. Un propriétaire m'a dit en avoir élevé un qui les chassait avec ses chiens et les sentait beaucoup mieux que ses compagnons. A l'état sauvage, il paraît qu'il en fait, pour ainsi dire, sa nourriture habituelle, en les poursuivant indifféremment de jour et de nuit. Il n'entre que très-rarement dans les bois; c'est encore un habitant exclusif des plaines, surtout des plaines humides, bien différent, en cela, du loup d'Europe, plus grand, mais non pas aussi alerte ni aussi bon chasseur. Celui d'Amérique joint l'astuce de notre renard à la voracité de notre loup.

Nous étions dans le territoire de la laguna d'Ybera, en des lieux bas, entièrement inondés au temps des pluies. On trouvait alors encore quelques lieux secs; mais les esteros ou plaines de joncs inondées étaient en bien plus grand nombre. Notre marche devenait de moment en moment plus difficile, entravée qu'elle était, à chaque pas, par la fange du terrain. De petits bouquets de bois épars de tous côtés animaient le paysage. Chacune de ces petites îles de bois, comme les nomment les habitans, est remplie d'une foule de palmiers pindos, dont les longs rameaux verts tombent en gerbe du sommet d'un tronc grêle. Nous ne voyions que quelques cathartes ou vautours auras et urubus, venus, sans doute, pour nicher, et quelques carácarás, qui se trouvent partout. Pour ces chantres des bois qui animent la nature, néant absolu.... Un morne silence régnait de toutes parts, au milieu de ces immenses marais, séjour des cerfs et autres mammifères qui fuient l'homme. Comme on ne voulait plus s'arrêter qu'au lieu où l'on devait trouver

1. *Canis jubatus*, Cuv.

1828. Voyage à l'Ybera. les bambous, objet du voyage, ce jour-là je fus obligé de rester à jeun jusqu'à trois heures du soir. Mon appétit s'était accru par l'exercice de la journée, et il était temps pour moi que nous atteignissions notre but; car je commençais à voir la nature se colorer de teintes plus sombres que de coutume. Enfin nous arrivâmes à notre destination, après avoir traversé une foule de marais, remplis d'herbes tranchantes et d'esteros. C'était un bois d'un demi-quart de lieue de tour, entouré de marais profonds, et dont l'intérieur, à cause de la proximité des eaux, était rempli de ces bambousiers, élevés de cinquante à quatre-vingts pieds, et aux rameaux élégans, mais armés d'épines, qui faisaient craindre d'en approcher. Nous trouvâmes là des bambous secs, coupés l'année précédente, dont on chargea les charrettes. On s'étonnera peut-être qu'ils n'eussent point été enlevés au moment même où on les avait coupés. Ceci s'explique par la grosseur de ces bambous, qui est telle qu'encore verts, chacun d'eux est trop pesant pour qu'on en puisse, alors, charger les charrettes, sans les embarrasser d'un poids énorme, diminué de plus du tiers, dès qu'ils ont séché. Il me tardait de me mettre à préparer mes acquisitions; car je craignais que l'excessive chaleur ne fît tomber en putréfaction mes animaux; et je songeai plutôt à travailler qu'à manger. Malheureusement ma tâche était si forte que, malgré tout mon zèle, je ne pus l'achever que le lendemain matin. En effet, j'avais deux grands cerfs, un petit, un fourmilier et un loup; ce qui était énorme. Le lendemain, mes préparations terminées, je fis étendre les peaux des animaux sur les charrettes, pour qu'elles pussent sécher en route.

Le lieu où j'étais peut être considéré comme faisant partie du lac même de l'Ybera. Tout le sol ne se composait plus que de marais profonds, le plus souvent couverts de joncs. Les petits bouquets de bois se rapprochaient les uns des autres, et on y distinguait, pourtant, des bambous, signe certain de la profondeur des eaux voisines; aussi nos guides m'assurèrent-ils que l'on ne pouvait plus aller en avant.

Suivant toutes les cartes publiées en Europe, même les plus modernes, qui ont constamment reproduit les erreurs des cartes d'Azara, j'aurais été au moins au milieu de ce lac; car on le fait couvrir la province entière de Corrientes, réunissant ainsi tous les marais de la Maloya et ceux de la rivière de Santa-Lucia, à cette lagune d'Ybera des cartes. On a vu, cependant, que des cours d'eau et des terrains assez élevés existent au centre de toute cette surface, dont il était bien plus facile au géographe de former un seul marais. Malgré la grande diminution que, de concert avec M. Parchappe, je fais subir à la lagune d'Ybera, comme on peut le voir dans la partie géographique de l'ouvrage, cette lagune reste encore immense. Sa forme est toujours allongée du Nord Nord-Est au Sud Sud-Ouest, direction générale de tous les cours d'eaux de cette contrée. Elle ne donne plus naissance à toutes les rivières de la province de Corrientes, mais à trois seulement, le Batel, le Meriñay et le Corrientes; le second se jetant dans l'Uruguay, les deux autres dans le Parana. La lagune d'Ybera, telle qu'on la conçoit aujourd'hui, couvre de ses marais une surface qu'on peut évaluer à plus de deux cents lieues carrées. Ce n'est pas un de ces lacs ordinaires dont les eaux sont dégagées d'îles et de roseaux. L'Ybera, au contraire, présente l'aspect d'un marécage plus ou moins abordable, selon la saison. On peut, en effet, en été, pénétrer fort avant sur ses bords, couverts, comme on l'a vu, de petits bouquets de bois épars; mais il n'y a que très-peu d'endroits, au moins dans les directions ouest et nord, qu'on puisse parcourir en canots. Elle est beaucoup trop fangeuse, en somme, pour qu'il soit possible d'y jamais pénétrer à pied, et trop peu profonde pour permettre une navigation continue. Cela étant, d'où peut lui venir son nom si pompeux d'Ybera[1], eau brillante? Le côté oriental offrirait-il des bords plus accessibles? C'est tout au moins ce que nous devons supposer, pour trouver quelque vérité dans l'application de ce nom; à moins d'y voir, comme pour *Caa-bera*, bois brillant, les restes d'une ancienne superstition des Guaranis, qui croyaient y apercevoir, la nuit, des lumières. Il serait, au reste, assez inutile de chercher à approfondir ce fait, qui remonterait aux temps les plus reculés des annales de la nation guarani, privée, jusqu'à nos jours, des moyens de nous transmettre les souvenirs de son histoire.

1828. Voyage à l'Ybera.

Plusieurs Indiens des anciennes Missions, qui accompagnaient la troupe, nous firent part de leurs idées plus ou moins plausibles sur la lagune d'Ybera. Ils prétendaient, entr'autres choses, que, quoiqu'il soit très-difficile de traverser cet ensemble de marais, qui rendent presque impossible l'approche du centre de la lagune, il se trouve bien certainement, dans son milieu, des terrains secs. Ils disaient encore qu'il y a long-temps, dans une forte sécheresse, quelques bestiaux ont passé les marais et ont pénétré dans cette île, que le seul individu qui y soit entré depuis cette époque, trouva couverte de bestiaux devenus sauvages. Ces Indiens étaient si bien convaincus du fait, qu'ils prétendaient avoir entendu les beuglemens des taureaux et des vaches. Si l'on en doit croire le témoignage de Funes[2], qui a pu puiser à de

1. *Ybera*, mot formé des mots guaranis *y*, eau, et *bera*, qui reluit, qui brille; *eau brillante*, *eau lumineuse*.

2. *Ensayo de la historia civil del Paraguay*, etc., tom. 2, pag. 29.

1828. Voyage à l'Ybera. bonnes sources, en 1639, lors des premières guerres avec les habitans des Missions qui, depuis plus de vingt ans, étaient couvertes de villages, les Carácarás, les Capasalos, les Mepenses et les Gualquilaras, sans doute tribus des Guaranis, vivaient dans les îles de la laguna d'Ybera, d'où ils venaient ravager les environs de la ville de Corrientes, ce qui fit lever une armée composée de cent Espagnols et de deux cent trente Guaranis, qui prirent une pirogue des ennemis, découvrirent ainsi leur retraite, les combattirent et les dispersèrent. En supposant, qu'on ne confondit pas, dès-lors, les marais de la Maloya avec la laguna d'Ybera, comme l'ont fait, depuis, tous les géographes, ce fait viendrait à l'appui de ce que disaient les Indiens des Missions. Suffirait-il pour faire admettre qu'il y ait des terres habitées dans la lagune même?

19 Janvier. Le 19, nous nous mîmes en route pour revenir sur nos pas. On marcha sur les traces de la veille; mais, comme les charrettes étaient chargées, et comme les premières avaient déjà formé des ornières, les mauvais chemins nous arrêtaient à chaque instant; aussi n'arrivâmes-nous qu'à onze heures du soir au lieu d'où nous étions partis la veille. Le 20, nous nous remîmes, de nouveau, en marche. Partout nous trouvions la campagne déserte. Nous ne revoyions plus ces cerfs à la démarche fière, ni même le rusé loup rouge. Tous les paisibles possesseurs de ces contrées avaient fui l'approche de l'homme. A deux heures nous étions arrivés à ce mauvais pas, où les chevaux allaient à la nage. Nous eûmes bien plus de peine qu'en venant, et nous faillîmes briser une de nos charrettes; enfin on franchit l'obstacle et la troupe s'arrêta de l'autre côté, pour manger le peu de morceaux de viande sèche, qui nous restaient; car nos provisions touchaient à leur fin. Là notre caravane se divisa, à ma grande satisfaction. Quelques charrettes voulaient traverser la rivière de Santa-Lucia, par la route déjà parcourue, ce qui devait être très-pénible, à cause de leur charge; mais les propriétaires de celles où j'avais établi mon laboratoire de préparation, consentirent, à ma prière, à faire le tour des marais qui donnent naissance à la rivière de Santa-Lucia, et à passer par les Barranqueras, que j'avais visitées avant de me rendre à Caacaty.

Ces charrettes de voyage sont très-grandes et si différentes des nôtres que j'en crois la description nécessaire. Le corps en est construit en bois massif, avec un long timon en avant, qui se prolonge derrière sur toute la longueur de la machine, accompagné, d'ailleurs, de deux autres pièces de bois qui forment les côtés, le tout lié par de fortes traverses. L'essieu est très-gros et de bois, ce qui oblige de mettre aux roues des moyeux plus volumineux que pour les essieux en fer; aussi ces moyeux sont-ils énormes. Les roues sont, en général, tenues très-hautes, afin de pouvoir cheminer dans les terrains inondés qu'on traverse à chaque moment, et très-épaisses, ce qui est nécessaire à la solidité, attendu le manque de ferrure; aussi y aurait-il bien, dans chacune d'elles, assez de matière pour établir, en Europe, au moins trois roues de moyenne grandeur. Au corps de la charrette s'adaptent des montans, sur lesquels on attache des tiges de lianes, courbées en demi-cercle, pour dessiner la charpente d'un toit, de quatre à cinq mètres de long sur deux de hauteur. Les côtés sont garnis de paille sèche cueillie dans les marais, et solidement amarrée; le dessus se couvre de trois ou quatre peaux de bœufs placées en travers et bien attachées entr'elles; le tout formant une véritable hutte. Au milieu du devant de la charrette est suspendu un petit croissant sur lequel se place un grand bambou nommé *picana*, qui sert à piquer les bœufs, et que dirige un charretier assis sur le devant même. La picana est longue de dix mètres au moins, et repose par sa base sur le croissant, ce qui permet au conducteur de la diriger dans tous les sens sur les trois paires de bœufs. L'extrémité, assez ordinairement ornée d'un large panache de plumes d'autruches, en est armée d'un aiguillon qui doit atteindre la troisième paire; un petit bâton, également aiguillonné, descend perpendiculairement sur le dos des bœufs de la seconde; et pour stimuler la première ou celle des timoniers, le piqueur tient de la main gauche un petit aiguillon (*picanilla*), se servant de la droite pour diriger la picana; d'où résulte pour lui la nécessité d'être toujours en mouvement, ce qui rend ses fonctions excessivement pénibles.

Chaque charrette est attelée de six bœufs, dont deux au timon, avec un joug assez long pour que chacun d'eux soit obligé de marcher dans la trace même que doit occuper la roue. Les deux autres paires ont également deux jougs semblables, mais attachés de façon à ce qu'une grande distance les sépare l'une de l'autre, comme de la première; aussi une seule charrette occupe-t-elle une grande surface de terrain. Chaque bœuf est là, comme partout, stimulé, dans sa marche, par les deux aiguillons dont j'ai parlé (la picana et la picanilla); et par les cris à chaque instant répétés de *vamos* (allons), auquel le conducteur ajoute le nom particulier de chacun de ses bœufs, dont il semble se croire entendu et compris. Un convoi de charrettes ainsi attelées est réellement imposant et forme une ligne prolongée qui gagne encore en majesté au milieu de ces immenses déserts, où elles viennent tracer une route sur un gazon qui n'a pas été foulé depuis

1828. Voyage à l'Ybera. un grand nombre d'années, et qui verra s'en écouler un plus grand nombre encore, peut-être, avant de l'être de nouveau.

Nous prîmes les hauteurs de San-Jose; mais nous fûmes obligés de faire un long détour, à cause du feu que nos gens mêmes avaient mis à la plaine pour se divertir. La campagne brûlait de toutes parts; des tourbillons de fumée s'élevaient dans les airs, accompagnés du pétillement des plantes incendiées; et les marais seuls arrêtaient les flammes, qu'un vent impétueux avait, en moins de rien, étendues sur tout le pays.

Bientôt les bois de San-Jose se montrèrent sur notre gauche. Je pris les devants avec plusieurs autres individus, qui espéraient trouver des fruits. Nous reconnûmes l'ancien chemin des habitans, couvert alors de plantes élevées et même de petits arbustes. De chaque côté se montraient des arbres qui semblaient avoir formé des allées. J'étais alors sur de légères hauteurs sablonneuses couvertes du palmier yataï-poñi, ou espèce rampante que j'ai déjà décrite. En suivant l'ancienne route au milieu des broussailles, j'arrivai à un bois de pêchers et d'orangers, seul reste de l'ancien village. Une croix marquait, sur l'endroit où avait été la place, le lieu jadis occupé par l'église; mais il n'en restait rien autre chose, pas même un poteau debout, pour témoigner de l'ancienne splendeur des Missions, lorsqu'elles étaient gouvernées par les Jésuites. San-Jose, au nom duquel on ajoute, dans le pays, *cue* (qui fut), était le chef-lieu des estancias des Jésuites sur la rive ouest de l'Ybera. C'est là que toutes les autres Missions s'approvisionnaient de bestiaux. Aujourd'hui, tout y est désert, les animaux domestiques ne parcourant plus ces vastes et fertiles campagnes, où les bêtes fauves les ont remplacés. Le village devait être assez grand, ce qu'atteste le grand nombre de pêchers et d'orangers épars qui représentent les petits jardins particuliers de chaque famille. Aujourd'hui ils forment bois et sont mêlés de beaucoup d'autres arbres indigènes, qui finiront par étouffer entièrement cette végétation importée. Un magnifique lac aux eaux limpides occupe un côté du village et devait être jadis très-fréquenté, à en juger par les restes de sentiers qui semblent encore y conduire.

« Voilà donc, me disais-je, en contemplant ces tristes débris d'établissemens « jadis si riches; voilà donc l'état où sont réduites ces belles Missions qui ont « soulevé tant de haines contre leurs courageux fondateurs, parmi les autres « ordres de religieux et les séculiers espagnols! Voilà donc ces lieux, dont la « possession enviée a conduit à tant de dénonciations contre leurs possesseurs « des évêques jaloux, ou des gouvernemens plus jaloux encore! Voilà donc

« à quoi les ont réduits des hommes injustes et passionnés qui, tout en dé-
« clamant contre la tyrannie de leur administration, les ont soumis à une
« administration plus tyrannique encore. »

Toutes ces idées se liaient pour moi avec le souvenir des temps de la splendeur de ces Missions et avec ceux de leur histoire, depuis la conquête jusqu'à nos jours; histoire des plus intéressante, mais dont je ne donnerai ici qu'un court extrait; me réservant de parler du gouvernement qui les régissait, au moment où je parcourrai ces belles Missions des vastes provinces de Chiquitos et Moxos, où j'ai retrouvé encore intacte cette administration vraiment paternelle.

Le premier Européen qui parcourut les rives du Parana au-dessus de Corrientes, et même, à ce qu'assurent les historiens[1], jusque près de la grande cascade, fut Gaboto, vers l'année 1527, le même qui, postérieurement, remonta aussi la rivière du Paraguay. Les provinces des Missions ou mieux celles du Guayra, comme les nomment les premiers conquérans, étaient habitées par diverses tribus de Guaranis, Indiens paisibles, faciles à réduire, dont le costume d'alors était un simple manteau de peaux d'animaux, pareil à celui que portent encore les Tobas du Chaco et les Patagons. Ces Indiens, des plus traitables et des plus hospitaliers, restèrent long-temps indépendans, sans qu'on cherchât à les réduire, et la première tentative faite pour les réunir en village eut lieu vers 1536, sur les rives du Paraguay, à l'endroit où est aujourd'hui l'Assomption. Plusieurs Espagnols, ayant à leur tête Nuflo de Chaves, entrèrent dans la province du Guayra, et commencèrent, vers 1555, à s'y établir en commanderies. Les Guaranis restèrent amis des Espagnols, ou plutôt subirent patiemment leur joug, jusqu'en 1560, époque à laquelle ils cherchèrent à recouvrer leur liberté. Cette effervescence gagna la province du Guayra, aujourd'hui les Missions; il s'y livra plusieurs batailles. Il y éclata des querelles sans cesse renouvelées ou jamais éteintes entre les Espagnols, toujours despotes, et les Guaranis soumis par la force à un joug sévère, auquel ils cherchaient continuellement à se dérober. Jean de Garay, fondateur de Buenos-Ayres, marchait, en 1579, contre les Indiens réunis près des rives du Parana, accompagné de trente soldats choisis. Deux Guaranis, l'un nommé Pitum et l'autre Corasi, vinrent nus, armés seulement de leur dard, défier les plus vaillans des Espagnols. Deux se présentèrent dans la lice, avec leurs épées, et les

1. Renseignemens tirés de Funes, *Historia del Paraguay, Tucuman et Buenos-Ayres*, et des autres historiens accrédités.

1828. Missions. Guaranis, après une résistance opiniâtre, furent vaincus. Ils se retirèrent, vantant la valeur espagnole, ce qui offensa leur chef Tapuyguaçù, qui, de peur que cela n'eût une influence fâcheuse sur les siens, fit tuer les guerriers, pour les récompenser de leur valeur.

Les Espagnols de ce temps, vers 1600, traitèrent les Indiens de l'ancienne Guayra avec tant de tyrannie que la plupart d'entr'eux, déjà réduits dans les *encomiendas*, désertaient de tous côtés, et reprenaient la vie sauvage. Deux expéditions faites vers cette époque par Hernandarias sur les rives du Parana et de l'Uruguay, firent renoncer à l'espoir de réduire par la force les nombreux indigènes de ces contrées, ce qui amena la cour d'Espagne à conclure que les armes de la foi pouvaient seules les soumettre; et Philippe III donna, en 1608, une cédule royale par laquelle il approuvait cette mesure. L'année suivante deux Jésuites arrivèrent en Amérique; et, partis sur-le-champ pour la Guayra, commencèrent à fonder, à la fois, dès 1610, toutes les Missions du Paraguay et celles des Missions encore existantes, pour et contre lesquelles on a publié tant d'écrits. C'est alors que s'éleva Loreto, non le village que j'ai décrit, mais l'ancien Loreto, bien plus haut sur le Parana et qui devait tant de fois changer de place, avant de se fixer où il est. C'est, au reste, cette première Mission qui donna naissance à San-Ignacio et à toutes les autres. Il est bien certain que les Indiens, accoutumés à se voir maltraiter par les gouverneurs militaires, se trouvèrent heureux sous ce nouveau mode de gouvernement, qui leur assurait une vie tranquille, sans beaucoup de travail, et surtout des vivres et des vêtemens, qu'ils fabriquaient eux-mêmes en commun; aussi toutes les tribus voisines des Jésuites les joignirent-elles, en peu de temps, avec un empressement extraordinaire.

La cour d'Espagne prit, en 1612, une mesure des plus favorable aux Jésuites et à leurs pauvres néophytes. Une ordonnance détruisit les encomiendas, en abolissant le droit accordé jusqu'alors aux nouveaux arrivans de s'approprier comme esclaves, pendant deux générations, tous les Indiens trouvés dans les pays découverts et conquis par eux. Cette sage mesure devait nécessairement causer de grands désordres parmi les soldats de ce temps; mais n'amena pourtant pas de changemens notables dans l'état des choses. Les Missions étaient florissantes et les Indiens guaranis, divisés en bourgs nombreux et prospères, jouissaient en paix du gouvernement paternel des Jésuites; ce qui dura jusqu'en 1628, époque à laquelle Louis Cespedes Xeray prit le gouvernement du Paraguay. Ce fonctionnaire, ayant épousé une Portugaise de Rio de Janeiro, laissa entrer les *mamelucos* ou Portugais libres de San-Paulo[1], leur permit de chasser les Indiens, pour les vendre comme esclaves, et ne craignit pas de mettre lui-même un prix à cette condescendance criminelle. Sûrs, dès-lors, de leur pardon, les mamelucos entrèrent d'abord dans la province du Guayra ou des Missions vers l'année 1629, et y détruisirent onze villages nouvellement bâtis par les Jésuites. Don Estevan Davila, gouverneur de Buenos-Ayres, évalue à soixante mille le nombre des Indiens vendus sur la place de Rio de Janeiro, dans le court intervalle de 1628 à 1630. Les nations barbares du voisinage imitèrent les mamelucos, ce qui réduisit les Missions à un état déplorable, auquel les Jésuites cherchèrent à porter remède à force de soins; leurs efforts furent inutiles. En 1636, une armée composée de cinq cents mamelucos et de deux mille Tupis, envahit de nouveau la république chrétienne. Ses habitans implorèrent la protection du gouverneur du Paraguay, Pedro de Lujon. Celui-ci accourut en toute hâte comme pour les secourir; mais il eut peur au moment d'en venir aux mains. Les Indiens engagèrent seuls l'action et remportèrent une victoire complète. Le lâche Lujon, bien loin de féliciter les vainqueurs, leur fit un tort de leur victoire et mit en liberté les prisonniers faits sur l'ennemi, ne paraissant prendre plaisir qu'à l'échange de deux mille captifs qu'on obtint des ennemis; et, au lieu de réintégrer ces derniers dans leurs villages respectifs, il les répartit entre ses soldats, sans doute pour payer ces derniers de leur lâcheté. Une nouvelle tentative eut lieu en 1640. Les mamelucos, aidés des Tupis, leurs compagnons de rapine, s'embarquèrent sur l'Uruguay dans trois cents pirogues, et vinrent encore attaquer les Guaranis; ceux-ci rassemblèrent quelques armes à feu, firent des canons avec de gros roseaux ou bambous, garnis en cuir; et, malgré l'infériorité de leurs armes, les Guaranis furent encore victorieux. Les Portugais firent une troisième incursion, vers 1652; mais ils furent vaincus pour la troisième fois.

1828.

Missions.

En 1644, les Jésuites eurent plusieurs discussions avec l'évêque du Paraguay, qui les chassa de l'Assomption, où ils ne rentrèrent qu'en 1650. Les néophytes n'avaient pas seulement à défendre leur territoire; il leur fallait encore servir, comme auxiliaires, dans toutes les guerres qu'avaient à soutenir les gouverneurs du Paraguay et de Buenos-Ayres, ce qui devait retarder beaucoup les progrès des Missions des Jésuites et les exposer

1. On sait que la province de San-Paulo, colonie portugaise, peuplée seulement de malfaiteurs échappés aux lois, conserva son indépendance jusqu'au commencement de 1700, époque à laquelle le gouvernement du Portugal la prit sous sa protection.

1828. Missions. souvent à la corruption; cependant elles étaient, de jour en jour, plus florissantes, et devenaient un objet d'envie pour tous les gouverneurs voisins; de là ces fausses déclarations de la richesse des prétendues mines de la province, qui retentirent même en Europe et firent accorder, en 1657, au gouverneur du Paraguay la faculté de visiter tous les établissemens chrétiens, où il ne trouva d'autres trésors que ceux d'une culture active et d'une administration qui permettait d'attendre pour l'avenir des résultats avantageux. Cette fois l'envie n'eut pas de prise. Vers 1676, la cour d'Espagne, qui voulait imposer aux Indiens des Missions les mêmes contributions qu'à ceux du Pérou, sans avoir égard aux services militaires qu'ils rendaient chaque jour, autorisa D. Diego Hañez à faire un recensement des contribuables; mais il paraît qu'il en augmenta beaucoup le nombre, en y ajoutant les enfans et les vieillards. Heureusement les Jésuites surent quelque temps encore soustraire à l'effet de cette mesure les néophytes qui se trouvaient sous leur domination.

En 1722, les querelles entre Reyes et Antiguera, et plusieurs autres dissentions qui eurent lieu au Paraguay vers cette époque, firent beaucoup de tort aux Missions. Il fallait toujours tenir sous les armes un grand nombre d'Indiens guaranis; et l'on ne dut qu'à leur bravoure, en 1735, le salut de l'Assomption, attaquée de toutes parts par les Bocobis et les Gauycurus, nations du Chaco. Les Jésuites avaient, de plus, à lutter contre les continuelles inimitiés des ecclésiastiques séculiers, qui, sur des incriminations fausses, obtinrent contr'eux, de l'évêque Arregui, en 1733, un ordre d'expulsion de tout le Paraguay, dont les Pères eurent à subir les conséquences jusqu'en 1743, époque à laquelle ils furent rappelés. Le nombre des Indiens susceptibles de travail, que Barua, dans un mémoire adressé au gouvernement et rempli de calomnies, avait évalué à 1,500,000, se trouva réduit à 19,116, dont chacun payait, par an, un tribut d'une piastre. Dans le mémoire apologétique rédigé par le père provincial des Missions, il est dit qu'en 1715 il s'y trouvait 117,488 individus, et qu'en 1730 le nombre s'en était élevé à 133,117.

D'après un dernier traité fait entre le Portugal et l'Espagne, en 1750, on rendait la colonie del Sacramento à l'Espagne, et l'on devait enfin fixer les limites entre les deux puissances. Ces limites convenaient également aux deux nations; mais les Jésuites, à qui la mesure enlevait quelques-uns de leurs villages des Missions orientales de l'Uruguay, la virent avec peine, et s'efforcèrent d'en retarder l'exécution le plus possible. Ils adressèrent au vice-roi de Lima, et à l'audience de Charcas, un mémoire dans lequel ils réclamaient contre l'injustice d'une telle mesure. A l'audience, on appuya leur demande;

elle fut transmise au vice-roi, et l'on résolut de soumettre cette note au roi, afin qu'il en décidât et donnât aux commissaires des instructions à cet effet. En 1752, le marquis de Valdelirios arriva en Amérique, accompagné d'Altamirano et de Cordoba, deux Jésuites envoyés d'Espagne en qualité de commissaires de la ligne. Les Jésuites des Missions firent tout leur possible pour retarder l'évacuation, disant que les Indiens ne voulaient pas abandonner leurs villages; qu'il serait possible qu'ils reçussent, les armes à la main, les troupes des limites, et qu'ils avaient conservé un souvenir trop pénible du mal que les Portugais leur avaient fait, pour jamais consentir à se ranger sous leurs lois. Le marquis de Valdelirios reconnut enfin le motif des retards des Jésuites, et partit pour sa mission en Octobre 1752. Il joignit D. Gomez Freire de Andrade, commissaire du Portugal, et les deux fonctionnaires commencèrent leurs travaux de délimitation par le Castillo, au nord de Maldonado. Dans cet intervalle, le provincial écrivit aux Indiens qu'ils eussent à se déplacer; mais ceux-ci répondirent qu'ils devaient leurs terres à Dieu et à leurs ancêtres, se mirent en pleine révolte, et entraînèrent, à quelques exceptions près, tous les autres néophytes dans le mouvement insurrectionnel, en dépit des efforts faits par les commissaires ecclésiastiques auprès des curés, pour amener ces derniers à consentir à l'évacuation. Ces commissaires furent regardés comme auteurs du mal; on alla jusqu'à douter qu'ils fussent Jésuites, et les Indiens marchèrent même contre l'un d'eux, Altamirano, qui ne put leur échapper qu'en se réfugiant à Buenos-Ayres.

1828. Missions.

Ces envoyés arrivèrent, sans rien savoir, à Santa-Tecla. Les Indiens prévenus se rapprochèrent d'eux, et le chef guarani eut avec eux une entrevue dans laquelle il se refusa obstinément à reconnaître la nouvelle ligne de démarcation accordée; ce qui détermina les commissaires à se retirer, sans oser passer outre. Le procureur des Missions, voyant le chef des limites s'occuper de préparatifs de guerre, donna, au nom de son provincial, le désistement de toute son autorité sur les villages qui refusaient d'obéir. Altamirano autorisa cette renonciation et attendit que l'on retirât des Missions les *doctrineros* (curés), que l'on supposait être les chefs de la révolte. Il écrivit de plus à tous les curés, leur ordonnant de brûler la poudre, de briser les armes, de s'opposer surtout à la fabrication d'armes nouvelles, d'abandonner leurs villages, après avoir détruit tous les objets destinés au culte; et, enfin, de revenir à Buenos-Ayres. Les Jésuites, dans leurs écrits, prétendent qu'en dépit de tous leurs efforts pour les ramener à l'obéis-

1828. Missions. sance, les Indiens ne voulurent pas changer de résolution, et qu'ils refusèrent même d'entendre ce qu'on leur disait sur l'abandon de leurs villages. On ajoute qu'ils allèrent jusqu'à arracher l'ordre d'évacuation et à le brûler sur la place publique.

Valdelirios, de son côté, se rendit avec ses troupes à Martin Garcias, et Gomez Freire en fit autant du sien. Les troupes de Valdelirios se composaient de la garnison de Buenos-Ayres et des milices de Montevideo, de Corrientes et de Santa-Fe. Enfin, en Avril 1754, tous les corps devaient attaquer, chacun sur un point déterminé. Andonaegui, chef de la partie espagnole, marcha jusqu'au ruisseau de Guarupa; et, voyant, dès-lors, ses chevaux fatigués, il envoya un exprès à Yapeyu, pour demander du renfort; mais les habitans de ce village, tous Guaranis, étaient intimement liés avec les insurgés, et, conséquemment, détestaient les Espagnols comme usurpateurs. Deux cents d'entr'eux, dans un premier mouvement de fureur, entourèrent l'exprès et le mirent à mort. Ils allèrent même, dans le cours de cette guerre, jusqu'à emprisonner leurs curés, parce que ceux-ci paraissaient tenir pour les Espagnols. L'état de l'armée espagnole décida son chef à aller hiverner en un lieu où il espérait trouver des fourrages, qui lui manquaient dans ses cantonnemens. Dans sa retraite il fut attaqué par les Indiens de Yapeyu, et ceux-ci furent vaincus. Gomez, le chef portugais, apprit à Yacuy la retraite d'Andonaegui, et s'en fâcha; mais il n'attaqua pas, et fut, au contraire, attaqué par les Indiens, qui avaient toujours présent à la mémoire leurs anciens griefs contre les Portugais. Les deux partis se firent, pendant quelques mois, une guerre cruelle, qui les contraignit d'en venir à un armistice, pendant lequel ils devaient attendre la résolution de leurs cours respectives, chacune des deux armées rentrant dans ses foyers; convention qui s'exécuta fidèlement de part et d'autre. Cependant Freire oublia promptement ce traité, et invita Andonaegui à recommencer les hostilités dès le mois de Mars de l'année suivante. La honte de leur retraite précipitée décida aussi les Espagnols à la guerre. En Décembre 1755, Andonaegui sortit de Montevideo; et, au commencement de l'année suivante, les partis étaient en présence. Les Indiens, tout en se battant avec courage, se plaignaient de défendre seuls les véritables intérêts de l'Espagne contre ses ministres, et ils espéraient chaque jour se voir confirmés dans leurs droits. Les armées n'attendant plus que le signal du combat, le chef guarani Nanguiru fit dire au camp espagnol que ses Indiens étaient prêts à se soumettre. Andonaegui lui accorda une heure pour déposer les armes; et cela, sous peine d'être passés, lui et les siens, au fil de l'épée; mais les Espagnols commencèrent le combat, sans attendre l'expiration de ce terme. Plus de treize cents Indiens furent tués et leur armée fut mise en déroute. Il est vrai que les Indiens n'étaient qu'au nombre de mille sept cents, tandis que l'armée combinée des Espagnols et des Portugais se composait de deux mille cinq cents hommes armés à l'européenne. Après plusieurs autres rencontres, les Espagnols restèrent les maîtres, et les Indiens furent chassés du pays de leur naissance. Ainsi finit la première guerre des Guaranis. 1828. Missions.

Cette guerre, interprétée de tant de manières par les divers écrivains, en raison de la diversité de leurs opinions favorables ou contraires aux Jésuites, est le principal motif qui rendit ces derniers odieux à beaucoup de personnes impartiales qui ont cru quelques-uns des historiens de ce temps animés contre eux; mais si, avec Funes, on examine les pièces à l'appui de leur défense, on devra penser qu'ils n'y ont pris que peu de part; que l'entêtement seul des Indiens, d'un côté, de l'autre la mauvaise foi des Espagnols et des Portugais dans l'affaire de l'armistice, amenèrent indispensablement la guerre, cause principale de la première désorganisation des Missions, qui fut, plus tard, si funeste à ces belles cités naissantes. Il est bien certain que l'Espagne ne pouvait que perdre à cette guerre, et que le Portugal y avait au contraire tout à gagner. Funeste exemple du danger de ces déterminations hâtives, prises par des gouvernemens dans l'ignorance des lieux et des choses! De bonne foi, les Guaranis, qui s'étaient vu enlever par les Portugais leurs pères, leurs mères, leurs fils, leurs filles, leurs frères, leurs sœurs ou leurs femmes, traînés ensuite et vendus à l'encan par les vainqueurs dans les marchés de leurs capitales; les Guaranis, dis-je, pouvaient-ils, dans cette position, se soumettre, sans combattre, au joug d'une nation qui les opprimait depuis deux siècles?

Quoi qu'il en soit, on commença l'exécution du traité des limites; mais les Portugais, sous de vains prétextes, en éludèrent l'entier accomplissement jusqu'en 1759. En 1760, la mort de Ferdinand VI vint arrêter la remise du territoire; et le traité fut définitivement annulé, en 1761, par Charles III, sans que les Jésuites eussent pu recouvrer, auprès de la cour, leur ancien pouvoir; et plusieurs écrits publiés contr'eux, joints à la jalousie que leur prospérité inspirait à leurs voisins, ainsi que le désir qu'on avait de se partager leurs dépouilles; tous ces motifs réunis amenèrent leur expulsion totale du territoire appartenant aux Espagnols, dont l'acte fut signé le 27 Mars 1767. Bucareli, en recevant cette décision à Buenos-

1768 Ayres, voulut s'en faire un mérite, prépara un plan réservé d'exécution

Missions. militaire. Le 22 Juin fut désigné pour la surprise, dans les villes de Corrientes, de Cordova, de Santa-Fe, de Montevideo, et le 21, à Buenos-Ayres; mais un accident rapprocha la catastrophe. Bucareli apprit, le 2 Juin, que les Jésuites avaient été expulsés d'Espagne. Il craignit que la chose ne devînt trop tôt publique, réunit le conseil, dans la nuit du 2 au 3, prépara des couriers, commanda les troupes. Le lendemain on cerna le collége, on enfonça les portes et on signifia leur expulsion aux Jésuites. Les proscrits obéirent au décret, abandonnant tout. Bucareli accorda à chacune des personnes qui avaient quelque chose appartenant aux Jésuites, un délai de trois jours pour en faire la restitution, et se livra, dans cette circonstance, à de coupables excès envers plusieurs particuliers qui avaient eu des relations avec eux. En Septembre de la même année, deux cent soixante et onze Jésuites furent arrêtés et envoyés en Espagne. Ils avaient reçu l'ordre avec la plus grande soumission.

Bucareli devait aller visiter les établissemens; mais ses craintes chimériques lui firent prendre beaucoup de précautions. Il fit occuper divers points par quatre cents hommes des milices du Paraguay et de Corrientes; puis il partit le 24 Septembre 1768, accompagné d'une petite armée. Il arriva au saut de l'Uruguay, envoya deux officiers dans une partie des Missions et se rendit en personne à Yapeyu. Partout les Indiens se soumirent sans se plaindre, et Bucareli se trouva maître des trente villages. Les curés jésuites furent remplacés par des religieux des ordres mendians, qui n'eurent plus que le gouvernement spirituel, au lieu de le cumuler, comme autrefois, avec les fonctions administratives. On nomma des administrateurs chargés de faire travailler et de diriger les intérêts de chaque village. Bucareli sépara les Missions en deux provinces. Il donna les dix établissemens de l'Uruguay à Zabala, et les vingt autres à Rivaherrera, après quoi il revint à Buenos-Ayres.

Les Indiens des Missions ne tardèrent pas à s'apercevoir de la perte qu'ils avaient faite et se virent en butte à une suite de calamités qui devaient entraîner leur ruine totale. Leurs nouveaux chefs employèrent tous les moyens possibles pour les abrutir; ce qui, du reste, devait avoir lieu. Les Jésuites étaient alors les plus instruits de tous les religieux. Ils venaient d'être remplacés par des frères sans instruction, ignorant la langue guarani, et par des administrateurs plus ignorans encore; tous despotes sans motifs, continuellement rivaux dans leurs attributions respectives et jaloux l'un de l'autre.

Au milieu de ce conflit d'autorité, les Indiens subirent toutes les vexations possibles, ce qui arriva également dans les Missions du Pérou, comme je le dirai plus tard. Les administrateurs voulurent suppléer à leur propre ineptie, en obligeant, à coups de fouet, les Indiens à entendre l'espagnol. Tous volaient à qui mieux mieux, s'occupaient beaucoup plus de leurs intérêts que de ceux de l'État; et ces mêmes intérêts étaient toujours un motif de querelle entre le curé et l'administrateur. On sent combien peu les pauvres Indiens devaient être heureux sous de pareils maîtres; aussi commencèrent-ils à les détester. Bucareli, instruit de ce désordre, et s'efforçant d'y remédier, changea, en 1769, tous les premiers administrateurs, et envoya deux inspecteurs, qui ne firent rien de bon. Les nouveaux administrateurs ne furent pas plus humains que les précédens. Bucareli crut remédier à tout, en concentrant le gouvernement de la province entre les mains de Zabala; et, après avoir choisi Candelaria comme capitale, il fit, en 1770, d'autres réglemens et assujettit les Indiens des Missions aux lois d'Espagne; mais, paresseux par nature et corrompus, à l'exemple de leurs chefs, ces nouvelles institutions, quoique donnant plus d'étendue aux droits de propriété, laissèrent encore les champs sans culture, et les ateliers sans travail, faute du stimulant qui rattachait autrefois les laboureurs et les ouvriers à la solidarité d'un même intérêt. On permit aussi aux Indiens de faire librement le commerce avec les Espagnols. Par malheur, encore novices dans ce genre de spéculation, ils se virent souvent les dupes des commerçans européens, sans pouvoir jamais compter sur la protection des administrateurs et des curés, qui, sous peine de châtiment, se réservaient une part plus ou moins forte de ce commerce, comme j'ai pu le voir encore dans les provinces de Chiquitos et de Moxos; se fondant, au reste, sur une disposition de l'arrêté de Bucareli, qui portait que le commerce devait se faire par les mains des administrateurs; aussi ceux-ci forçaient-ils les Indiens à travailler pour eux pendant le temps qu'ils eussent mieux employé à pourvoir aux besoins de leurs familles.

1828 — Missions.

Les difficultés se compliquaient de plus en plus. Les curés, les administrateurs et les Indiens étaient continuellement en querelles; ceux-là, par suite de leur cupidité toujours plus excitée, et de la jalousie que leur inspiraient leurs succès réciproques; ceux-ci, parce que le joug de leurs tyrans leur devenait, de jour en jour, plus insupportable.

En 1772, plusieurs administrateurs dénoncèrent leurs curés comme animant les Indiens contre eux. Les curés, à leur tour, accusèrent les admi-

1828. Missions. nistrateurs de traiter les Indiens en esclaves, suivant leur caprice. Le nouveau vice-roi de Buenos-Ayres écrivit à ce sujet à Zabala. Plus tard (en 1774) des discussions qui s'étaient élevées avec les Portugais relativement aux limites, l'ayant forcé à se rendre en personne aux Missions, il vint à Santa-Tecla, estancia riche, du temps des Jésuites, de cinq cent mille têtes de bétail, et il en reconnut l'entière dévastation.

En 1776, les Indiens Minuans, stimulés par les Portugais, attaquèrent Yapeyu; les Portugais, ayant promis de rétablir les Jésuites aux Missions, s'emparèrent facilement de San-Ignacio, et peu s'en fallut que, par cet artifice, ils ne prissent possession de tout le reste de la province; car les Indiens regrettaient toujours beaucoup les Jésuites.

Les Missions furent régies, jusqu'en 1800, par les lois de Bucareli. Il y avait déjà vingt-deux années que cette malheureuse province était en proie aux cruautés et aux désordres de ses curés et de ses administrateurs, et l'on ne commença qu'alors à s'en occuper. On crut remédier à ses maux, en y abolissant la communauté des biens, remplacée par la propriété et par la liberté des Indiens; et cette mesure pouvait alors paraître de saison, parce qu'il était naturel de penser qu'ils avaient eu le temps d'apprendre à leurs dépens la valeur des choses. Pour essayer ce nouveau système, on affranchit cinq cents familles, auxquelles on donna des terres et du bétail; mais, ne travaillant, depuis une époque déjà reculée, que pour leurs administrateurs, et sous le bâton de ces derniers, le travail leur était devenu odieux; ils s'étaient abrutis; ils ne pouvaient plus faire ce que leur avaient enseigné les Jésuites; n'étant plus guidés paternellement, ils étaient redevenus esclaves par la crainte, et ils avaient oublié leur industrie première.

En 1801, la guerre ouverte avec le Portugal, par suite des guerres de l'Europe, fit de nouveau craindre pour les Missions, qui déjà n'offraient plus que l'ombre de leur ancienne splendeur. Elles comptaient alors, si l'on en croit le recensement de cette époque, 45,639 habitans, ce qui présentait un déficit de 98,398 sur celui de 1767. C'était la preuve la plus incontestable des vices de leur administration et des pertes que leur avaient fait éprouver les invasions des Charruas; d'autres causes étaient, d'ailleurs, à la veille d'en consommer à jamais la ruine. Les Portugais en attaquèrent encore une fois et en prirent facilement une partie, les Indiens, fatigués du joug qu'ils subissaient, ne leur opposant qu'une faible résistance; et leurs implacables ennemis, ravageant tous les lieux par lesquels ils passaient, mirent un tel esprit de suite à ce système de dévastation, pendant la crise de l'indépendance de la république Argentine, qu'alors (1810, 1811) on vit disparaître presqu'entièrement la province des Missions, dont il ne resta plus qu'un amas de ruines. Le général Artigas en recueillit postérieurement les débris dans son armée de la Bande orientale; et, avec ces Indiens, il passa dans la province de Corrientes, où ses désordres et son despotisme attachèrent à son nom une odieuse célébrité. 1828. Missions.

J'ai présenté le tableau succinct de l'histoire politique des Missions, depuis leur découverte jusqu'à nos jours. Voilà où en sont ces beaux établissemens qui ont tant fait parler tous les philosophes de l'Europe; voilà quel fut pour eux le résultat du désordre qui a succédé à ces temps de calme où chaque Indien exempt d'ambition, s'acquittant de la faible tâche qui lui était imposée, voyait sa famille entretenue, logée, nourrie, habillée, défrayée de tout, sans avoir à s'occuper de l'avenir. Il est certain que les néophytes ne jouissaient que d'une liberté fort limitée; il est certain qu'ils étaient sous une tutèle permanente; mais je crois que ce système de gouvernement leur convenait beaucoup mieux que celui qui le remplaça, celui des administrateurs. J'ai pu l'étudier longuement et dans tous ses détails aux Missions de Moxos et de Chiquitos, où il existe toujours, et je le crois préférable à tous autres; car les Indiens de nos jours ne sont pas plus libres que sous ce régime, livrés, au contraire, à des hommes capables de tous les excès, qui, se détestant entr'eux, au lieu de suivre la même marche dans leurs administrations respectives, veulent, chacun en particulier, gouverner à sa manière. Aujourd'hui ces belles campagnes, couvertes jadis de villages bien bâtis, bien propres, et de cultures qui promettaient l'abondance, sont revenus à leur état primitif. D'épaisses forêts couvrent les champs; les arbres envahissent jusqu'aux ruines des villages, où quelques pans de mur, quelquefois même des plantes étrangères, annoncent seuls la place qu'occupait chaque Mission. La nature semble chercher à s'y revêtir de sa première parure, et chasse jusqu'à ces pêchers et ces orangers, végétation d'un autre hémisphère, pour reprendre sa végétation indigène.

Je crois qu'il serait difficile de juger à fond des Jésuites d'après ce qu'ils ont fait dans les Missions du Paraguay.

Ce précis historique a montré combien de fois ils y furent entravés dans leur marche, combien de fois ils en furent chassés et se virent réintégrés dans leurs fonctions; ce qui, joint à l'obligation dans laquelle ils se trouvaient sans cesse, de décimer leurs populations pour satisfaire aux réquisitions de troupes qu'ils recevaient journellement des gouverneurs du Paraguay ou des vice-rois de Buenos-Ayres, dans le cours des cent cinquante-sept ans de leur

1828 administration, devait nécessairement en entraver beaucoup les progrès; aussi
Missions. ne saurait-on donner trop d'éloges à la persévérance et aux talens d'hommes que tant d'obstacles n'ont pas empêchés d'atteindre des résultats aussi satisfaisans qu'incontestables, malgré tout ce qu'en ont pu dire des adversaires généralement moins désintéressés que partiaux.

20 Janvier. Je regardais tristement les gens de la troupe qui, comme des fous, s'étaient mis à manger les pêches dont tous les arbres étaient ornés. Je contemplais avec un sentiment pénible ces fruits veloutés à la couleur rosée, qui se montraient au milieu du feuillage; et les orangers chargés d'oranges dorées. Je fus enfin tiré de ma rêverie par l'arrivée des charrettes, qui, passant lentement devant moi, allèrent successivement se ranger autour du lac, et notre campement fut établi. Pour la première fois, peut-être, depuis longues années les eaux n'avaient reflété un plus grand nombre de lumières. Chaque feu placé au bord offrait un aspect vivant, qui, plus tard, devait être remplacé par le silence du désert. La troupe n'était pas animée comme de coutume et je m'en étonnais. Je ne voyais faire aucun préparatif de cuisine qui pût servir de texte à la conversation; mais je n'en fus plus surpris, quand le chef de la caravane vint me dire: „Nous n'avons plus de vivres; et nous allons nous coucher „ pour oublier la faim." Tout le monde, en effet, se coucha, s'endormit; et je fus obligé d'en faire autant.

Chemin de las Barranqueras. Le lendemain matin toute la troupe se mit à cueillir des pêches et à les charger dans les charrettes; puis nous abandonnâmes San-Jose. Nous traversâmes plusieurs marais, et surtout un estero assez large où les charrettes faillirent verser.

21 Janvier. Bientôt nous aperçûmes de loin les forêts d'*Ybera-tingaï*, qui sont à côté du Parana. De petits bouquets d'orangers épars marquaient la place de l'ancienne demeure des Indiens des Missions. Nous arrivâmes enfin à un grand bois d'orangers, qui jadis avait formé des allées, et près desquels on s'arrêta. Ces orangers, couverts de fruits, étaient tellement élevés qu'ils auraient pu figurer parmi nos hautes futaies de France. En toute autre occasion j'aurais sans doute admiré ces lieux; mais le manque de nourriture m'empêchait de prêter attention à ce qui m'entourait. Je mangeai quelques oranges, pour donner le change à mon estomac; ce fut en vain. Rien cependant ne se préparait encore. Je souffrais toujours davantage, et voyant enfin que mes compagnons de voyage s'en inquiétaient peu, se disposant peut-être à attendre, pour satisfaire leur appétit, leur arrivée à Caacaty; je pris le parti d'acheter un bœuf, qui fut tué immédiatement. A trois heures nous avions de quoi manger; et la gaîté devint générale parmi la troupe. Les charretiers firent encore

provision d'une quantité d'oranges; après quoi nous partîmes. Le bois de l'Ybera-tingaï est placé sur le haut de la falaise du Parana; mais dans un lieu où le cours même du fleuve est aujourd'hui séparé des falaises couvertes de pelouses, par un marais d'au moins une demi-lieue de largeur. Ce marais alors était à sec, et nous fûmes obligés de nous passer d'eau; car il était impossible d'en aller chercher au Parana. Nous en suivîmes le bord, ayant en vue les bois dont s'ornent ici les îles nombreuses qui décoraient alors le fleuve. En cheminant ainsi, nous arrivâmes, à neuf heures du soir, à las Barranqueras, où nous nous arrêtâmes pour passer la nuit. J'étais de nouveau dans l'ancien territoire de Corrientes, et à douze lieues de Caacaty. Je n'étais pas fâché de revenir en un lieu habité; car mon séjour dans les déserts commençait à me paraître un peu long. 1828. Retour à Caacaty.

Je revis avec plaisir les environs de las Barranqueras, qui me rappelaient les contrariétés et les souffrances du voyage que j'avais fait sur le Parana, pour venir à Caacaty; et dont les souvenirs même alors n'étaient pas sans charmes. J'ai toujours éprouvé du plaisir à repasser dans ma mémoire ces instans de découragement amenés par les douleurs physiques, et qui donnaient plus de prix au repos.

Le 22 Janvier, on attela les bœufs de bonne heure et nous nous mîmes en marche, en suivant la route que j'avais prise lors de mon premier voyage à Caacaty. Nous nous arrêtâmes à Ita-Ibate, pour passer le temps de la chaleur, qui était excessive; car, à l'ombre, elle se maintenait encore à 36° du thermomètre centigrade. Pas un souffle de vent ne rafraîchissait l'atmosphère, dont l'excessive pesanteur annonçait un prochain orage. Le lieu de notre campement avait été habité, il y avait peu d'années. Une hutte en ruines et un petit bois d'orangers en étaient la preuve. On se plaça sous les orangers, afin d'avoir un peu d'ombre. Je voulus, malgré la chaleur, chercher quelques insectes; mais ma tentative ne fut pas heureuse. Je retournais quelques morceaux de bois semés près de la maison, lorsque je fus inopinément assailli par quelques-unes de ces énormes guêpes rouges, connues des Guaranis sous le nom de *Cava-pyta*. L'une d'elles m'enfonça son aiguillon sur la main; et, au même instant, je sentis une douleur atroce. Un Indien, qui m'entendit me plaindre, courut aussitôt cueillir quelques feuilles d'un arbre qu'il appelait *Curupicahi*, les mâcha, les appliqua sur la partie souffrante; et, au même instant, comme par enchantement, la douleur devint presque nulle. Cet effet me surprit, ne sachant pas si je devais attribuer la cessation si prompte du mal à ce nouveau genre de cataplasme, ou bien à la vertu propre des feuilles 22 Janvier.

1828 mâchées. Je penchai cependant pour la première opinion. Quoi qu'il en soit, ma main enflait d'une manière extraordinaire et se trouvait totalement engourdie; mais, dès le lendemain, la dernière trace du mal avait disparu.

Retour à Caacaty.

Après la siesta, un de mes compagnons de voyage, voulant enlever les pièces de son *recado* (selle du pays) pour les mettre sur son cheval, aperçut dessous une énorme vipère, de l'espèce de celles que les habitans craignent le plus. Elle s'était glissée sous lui pendant son sommeil. Cette espèce, que les Espagnols appèlent *Vivora de la cruz* (serpent de la croix), qui n'est que la traduction de son nom guarani *mboy-curuçu*, est, sans contredit, la plus dangereuse du pays. Il y a des exemples terribles des effets de sa morsure. Au moment d'une halte le cheval de mon vieux compatriote d'Iribucua, ayant marché sur une de ces vipères, fut mordu à la jambe. La pauvre bête se mit à trembler; on fut obligé de la desseller promptement; elle tomba bientôt; et, une heure après, elle était morte. J'ai été à portée de voir l'effet de la morsure des serpens à sonnettes ou crotales, et jamais je n'en vis un aussi prompt, ce qui tenait peut-être à la partie mordue sur laquelle le venin pouvait avoir plus de prise. Les pays plats, sablonneux et peu boisés sont généralement plus abondans en reptiles ophidiens. C'est là, bien plutôt que dans les montagnes, qu'il faut les aller chercher; et chaque fois que je retrouvais des terrains de cette nature, j'y faisais d'abondantes récoltes dans ce genre d'animaux, partout la terreur des habitans. J'offrirai une nouvelle preuve de ce que j'avance ici, en décrivant mon séjour à Santa-Cruz de la Sierra de Bolivia, où les serpens sont si communs qu'il n'est rien de plus ordinaire que d'en rencontrer à chaque instant dans l'intérieur des maisons du centre de la ville, ou d'en voir tomber des toits, ce que je n'ai jamais vu dans les terrains fortement ondulés ni très-boisés.

Nous partîmes après la siesta; mais, comme les charrettes ne pouvaient pas arriver à Caacaty le même jour, qu'il était déjà sept heures du soir et que j'avais encore six lieues à franchir, je quittai la troupe; et, deux heures après, j'étais à Caacaty, où je dormis enfin dans un lit, ce qui depuis long-temps ne m'était pas arrivé. Je restai plusieurs jours à Caacaty, achevant mes recherches aux environs, écrivant et dessinant tour à tour. Ayant enfin exploré tous les bois et tous les lacs du voisinage, je résolus d'abandonner cette contrée, ce que je fis le 29, me dirigeant, avec toutes mes collections, vers le Yataïti-Guaçu, d'où je devais aller à Corrientes, par l'occasion d'un convoi destiné de là pour cette ville. Je me trouvais de nouveau parmi ces beaux yataïs, où je fus reçu à bras ouverts par leurs bons habitans; et, pendant

29 Janvier.

quelques jours, je repris mes courses d'histoire naturelle, qui me procurèrent des objets nouveaux; puis je me disposai à retourner à Corrientes. Le 4 Février on chargea les charrettes; et, le soir, tout était prêt pour mon départ, qui s'effectua le lendemain. 1828. Retour à Corrientes.

Le 5 au matin, la troupe se mit en marche. Je la suivis de près, et l'atteignis au moment où, abandonnant le Yataïti-Guaçu, elle entrait dans un immense estero sans cours, qui se dirige parallèlement à la rivière de Santa-Lucia. A deux lieues de distance de cette rivière vers l'Ouest, ce marais, comme tous les autres, est rempli de joncs, et sert de demeure habituelle à une foule d'espèces d'oiseaux aquatiques. Sur sa rive opposée, je retrouvai encore des palmiers yataïs, avec le terrain sablonneux et les petits lacs du Yataïty-Guaçu; mais ce terrain ne tarda pas à disparaître; et un autre marais, semblable au premier, se présenta devant nous. Il fallut encore le traverser, quoiqu'il eût plus d'une demi-lieue de largeur, et qu'il fût très-profond. Le yataï se montra de nouveau avec ses sables et ses lacs. Ce fut là, près d'une petite maison d'estanciero, que, sur une petite hauteur sablonneuse, au lieu dit Monzon, l'on s'arrêta pour passer la nuit. Toutes ces terres, semblables à celles du Yataïty-Guaçu, sont des plus fertiles; habitées par des cultivateurs, qui y font d'abondantes récoltes de tabac et de canne à sucre, et par des estancieros, qui tirent parti de ces immenses marais de la Maloya, que bornent les yataïs à l'ouest, en y élevant une quantité de bestiaux. Le soir, au moment où la troupe était réunie autour d'un feu, je fus assez heureux pour recueillir beaucoup d'insectes très-intéressans, attirés par la lumière; puis, chacun établit son bivouac comme bon lui sembla. 5 Février.

Le 6, nous suivîmes encore quelque temps les bois de yataïs; mais ils ne tardèrent pas à disparaître, en même temps que les sables, leur patrie exclusive. Les terrains devinrent argileux, se couvrirent de carondaïs, et les marécages commencèrent. Bientôt je me vis dans ces immenses marais qui occupent tout le centre de la province de Corrientes, et qui sont connus sous le nom de Maloya; marais dont l'Amérique seule offre des exemples; car nulle part ailleurs on ne trouve des lieux inondés de plus de trois cents lieues de superficie, dont les eaux sont sans cours apparent, à cause de la parfaite horizontalité du sol. Ces marais sont plus ou moins profonds, tantôt couverts de joncs, tantôt donnant naissance à une grande variété de plantes aquatiques, ou recélant dans leur sein des bouquets de bois composés d'arbres divers, et dont les lisières sont ornées de nombreux palmiers carondaïs; mais où, dans 6 Février.

1828. La Maloya. la saison des pluies, tout est entièrement inondé, au moins dans certaines parties. Pourtant (qui le croirait?) dans ces localités affreuses, séjour des jaguars et des autres animaux sauvages, il se trouve encore quelques propriétaires qui vivent élevant des bestiaux, bravant les taons et les moustiques, les moindres fléaux de ces déserts. Qui le croirait encore? Dans ces lieux humides, qui en Europe seraient infectés, au temps des sécheresses, pas un pouce d'eau en putréfaction, pas le moindre miasme délétère. La fièvre tierce, ce fléau de nos marécages, n'est pas connue au milieu de la Maloya, et les habitans en sont aussi forts et aussi robustes que partout ailleurs. Toute la journée se passa dans les marais, le plus souvent dans l'eau; mais nous fûmes assez heureux pour rencontrer une maison d'estanciero, l'une des trois ou quatre qui existent dans cette solitude aquatique.

Le lendemain nous parcourûmes toute la journée les mêmes terrains inondés, coupés de bouquets de bois épais, et de plusieurs carondaïs épars. Nous avions toujours de l'eau jusqu'aux genoux du cheval, parce que nous étions en été, et nous ne rencontrâmes pas un seul endroit où l'on pût faire la cuisine. De toute la journée nous ne pûmes descendre de cheval; et, le soir, nous fûmes obligés d'allumer le feu sur le sommet d'une de ces énormes fourmilières en terre, qui caractérisent les marais de ces contrées, et que j'avais déjà trouvées sur les rives du Riachuelo [1]. Ces fourmilières coniques indiquent des marais moins profonds que ceux où croissent les joncs, ou esteros, dont le sol est argileux. Quelquefois ils restent à sec ou à peu près, ce qui n'a jamais lieu dans les esteros. On les appèle, dans le pays, *Malesales*. Ces longues traites au sein des eaux sont des plus fatigantes, à cause des mouvemens forcés du pauvre cheval, qui enfonce parfois, ou trébuche à chaque instant, et surtout quand on est exposé aux ardeurs du soleil de Février sous cette zone. J'avais, le matin, franchi l'estero qui donne naissance au Rio empedrado. Ce rio n'était pas encore encaissé et ne peut être considéré comme rivière qu'au sortir de la Maloya. Le soir, nous fûmes obligés de coucher, tant bien que mal, dans les charrettes; car on ne pouvait mettre pied à terre.

8 Février. Le 8, la moitié de la journée fut employée à traverser des marais; ensuite nous commençâmes à trouver des terrains secs; et, vers le soir, nous étions assez près du Riachuelo, à six lieues de Corrientes. Je ne voulus pas, pour une traite si courte, passer une nuit de plus en plein champ. Je changeai de cheval; et un temps de galop me transporta de nouveau jusqu'à la ville.

1. Page 205, tome I.er

CHAPITRE X.

Environs de Corrientes.

Nouveau voyage sur le Parana. — Excursions dans le Chaco, et Indiens Tobas et Lenguas.

§. 1.er

Nouveau voyage sur le Parana.

Du 9 au 29 Février.

Rentré dans Corrientes, j'y repris mes travaux ordinaires. J'avais beaucoup à faire pour mettre mes notes en ordre, et je devais en même temps songer à mon retour à Buenos-Ayres. Les nouvelles des hostilités commencées entre Buenos-Ayres et le Brésil n'étaient pas rassurantes. Une foule de barques de pirates de toutes les nations, avec des patentes plus ou moins en règle des deux gouvernemens, volaient et pillaient partout. Le cours même du Parana n'était pas à l'abri de leurs entreprises, et je ne savais que faire. Je tenais pourtant beaucoup à reconnaître en détail le cours du fleuve. Je cherchai en conséquence à me procurer une petite barque. N'en trouvant pas aussi promptement que je le désirais, je résolus d'achever, au moins, en attendant, le relevé du Parana au-dessus de Corrientes. Il ne me manquait que l'intervalle compris entre Iribucua et Itaty; mais ce court espace suffisait pour tronquer mon travail. Je n'hésitai donc pas à faire de mon mieux pour le compléter. Je louai une petite embarcation et l'envoyai en avant par eau, avec ordre de m'attendre à Iribucua, où je voulais me rendre par terre, afin de ne point lutter trois ou quatre jours de plus contre le courant.

1.er Mars.

Le 1.er Mars, je partis de nuit, accompagné d'une seule personne. Je m'aperçus bientôt que j'avais été trompé. Les chevaux que j'avais achetés pour cette course, se fatiguèrent promptement, et à peine me conduisirent-ils jusqu'à Guaïcaras, d'où je continuai ma route, après les avoir remplacés. Je m'arrêtai néanmoins encore auprès d'un lac qui m'était signalé comme contenant beaucoup de coquilles d'eau douce. Je me déshabillai et y fis, en effet, une assez bonne récolte. A onze heures, j'étais au village de San-Cosme. Je croyais arriver dans la journée à Iribucua; mais un violent orage et des torrens de pluie me forcèrent à séjourner chez un pauvre cultivateur, qui me reçut de son mieux. Je ne pus me remettre en route que le lendemain matin; et, parti au galop, j'étais à dix heures à la petite cabane de mon compatriote Grouet, au bord du Parana. J'arrivai le cœur plein d'espérance, croyant rencontrer au port mon embarcation. Mon espoir fut déçu. Tout était silencieux, dans la cabane

1828. Voyage sur le Parana. et dans les environs. M. Grouet avait abandonné sa demeure, de sorte que j'étais maître des lieux. Mon bateau n'était pas arrivé; aucune trace humaine ne s'apercevait sur le sable. Tout était revenu à son état de tranquillité primitive. Je retournai tristement à la cabane. Cette hutte délabrée n'était pas propre à m'égayer. Mon compagnon de voyage n'était pas plus content que moi. Ce qu'il y avait de plus fâcheux, c'est que nous manquions de vivres, n'ayant rien apporté, parce que nous croyions rencontrer la barque; et nous étions encore à jeun. Après avoir long-temps attendu, je me décidai à courir jusqu'à la maison de poste, distante d'une lieue. J'y fus en moins de rien. Plus de maison; les Indiens qui l'habitaient vivaient alors sous des buissons épais de l'arbuste appelé *Tala*. Sans autre abri contre la pluie et le soleil que les rameaux croisés des buissons, sans autre lit qu'un cuir de bœuf, qui leur servait de toit, lorsqu'il pleuvait : ces pauvres malheureux n'avaient pas de vivres, ce qui les dispensa de m'en donner. Ne pouvant deviner pourquoi mon embarcation ne paraissait pas, j'expédiai l'un de ces Indiens à Itaty, pour savoir si elle avait passé devant le village. Je me disposais à coucher en ces lieux, en attendant le retour de mon messager; et cela toujours à jeun, lorsqu'un autre Indien, qui avait été pêcher sur les rives du Parana, vint me prévenir que ma barque était enfin arrivée. Je me rendis à la côte. Je retrouvai la gaîté avec les vivres et ma pirogue, qui avait été retardée par la force du courant des crues déjà très-sensible. La nuit fut froide et désagréable.

2 Mars. Je m'embarquai de bonne heure le lendemain; et, relevant les directions à la boussole, calculant les distances avec une montre, sur une marche égale, préalablement mesurée, je me dirigeai, de pointe en pointe, en suivant les rives méridionales du Parana. Je passai d'abord dans le *Riacho de Isipo*[1] (la petite rivière des lianes), bras du Parana, qui sépare une assez grande île de la côte ferme. Partout se montrait à mes yeux la végétation la plus active. Toutes les côtes étaient boisées, et l'ensemble était varié par le feuillage élégant du palmier pindo, par des masses de fleurs violettes, de convolvulus, dont les tiges, mille fois contournées, couronnent le sommet des arbres et retombent ensuite sur l'eau, de manière à former des berceaux naturels, des voûtes où tout respire la fraîcheur et la vie; parure naturelle de ces lieux sauvages, et qu'on prendrait plutôt pour ces berceaux factices dont s'ornent quelquefois nos jardins d'Europe. Des espèces d'acacias offrent aussi là leurs

1. Le mot guarani *Isipo* s'applique, en général, aux plantes grimpantes et en particulier aux lianes.

grappes dorées, qui se marient on ne peut plus agréablement à l'ensemble; mais, bientôt, ces sites enchantés firent place aux falaises sèches et argileuses des environs d'Itaty, et j'atteignis enfin le village, dont les bons habitans me fêtèrent à qui mieux mieux. En les quittant pour continuer ma route, je doublai les pointes rocailleuses de *Hivirai* (bois mouillé), de *Yaguari*, etc., et m'arrêtai près de la pointe de *Tolero*, pour passer la nuit. Il y avait quantité de moustiques. Nous ramassâmes beaucoup de bouse de vache desséchée pour faire de la fumée, afin de les chasser. Nous disposâmes en un grand cercle de petits tas de ce combustible, que nous allumions d'abord; puis nous éteignions la flamme, dans le but de provoquer la fumée; et le procédé nous réussit parfaitement. Mes rameurs m'apprirent que les Indiens Tobas chassent les moustiques en mettant ainsi le feu à de la paille ou à des herbes mouillées. Je me couchai au milieu du cercle, sur mon poncho, qui me servait à la fois de couverture et de matelas; lit auquel déjà depuis long-temps j'étais habitué.

1828. Voyage sur le Parana.

Le 3 Mars, je recommençai ma navigation; et, descendant toujours rapidement le Parana, j'arrivai à l'embouchure du petit ruisseau de San-Jose, qui forme un immense marais, avant de se réunir au fleuve. Là je trouvai une plante qui est peut-être l'une des plus belles d'Amérique. Cette plante, qui paraît appartenir à la famille des Nymphéacées, voisine du Nénuphar de France, mais dans des dimensions gigantesques, est connue des Guaranis sous le nom de *yrupẽ*[1], qu'elle doit à son séjour habituel et à l'analogie de la forme de ses feuilles avec celle de certains grands plats ou avec la couverture de certains paniers ronds fabriqués dans le pays. Qu'on se figure, sur une étendue de près d'un quart de lieue de long, et de plus de largeur, des feuilles arrondies, flottant à la superficie des eaux, toutes larges d'un à deux mètres, et dont le pourtour est muni de bords relevés perpendiculairement à deux pouces audessus de l'eau comme un plat. Ces feuilles, lisses en dessus, se divisent en dessous en une foule de compartimens réguliers, qui forment des côtes très-saillantes, remplies d'un air qui les soutient à la superficie de l'eau. Toute la partie inférieure de la feuille, ainsi que sa tige et ses fleurs, sont couvertes de longues épines. Au milieu de cette vaste plaine, brillent, dans la proportion des feuilles, des fleurs larges de plus d'un pied, de couleur tantôt violacée, tantôt rosée, tantôt blanche, toujours doubles, et exhalant un parfum délicieux. Ces fleurs produisent une espèce de fruit sphérique, qui, dans sa maturité, est

3 Mars.

1. Mot composé de *y*, eau, et de *rupẽ*, grand plat, ou couverture de panier rond.

1828. gros comme la moitié de la tête, et plein de graines arrondies très-farineuses; ce qui a fait donner à cette plante le nom de *maïs del agua* (maïs d'eau) par les Espagnols du pays, qui, à ce qu'il paraît, recueillent ces graines et les font rôtir pour les manger. Je ne pouvais me lasser d'admirer ce colosse des végétaux, dont je recueillis des fleurs, des feuilles et des fruits, et je m'acheminai vers Corrientes, où j'arrivai à quatre heures du soir.

Voyage sur le Parana.

Il y avait depuis quelque temps, dans cette ville, une épidémie de rougeole. Un grand nombre d'enfans y mouraient; et il y eut, à cette occasion, près de chez moi, plusieurs *velorios*. C'étaient toujours des anges qui allaient au ciel, et dont le départ donnait lieu à une réunion; mais, à Corrientes, je ne vis plus danser comme à San-Roque. Les convives se contentaient de jouer aux cartes, à de petits jeux innocens, tout en prenant le maté et fumant toute la nuit. La gaîté fut très-expansive. Les éclats de joie, qui se répétaient à chaque instant, me contrariaient on ne peut davantage; et j'aurais bien vivement désiré que cette scène barbare se passât plus loin de moi.

§. 2.

Excursions dans le Chaco; Indiens Tobas et Lenguas.

Grand Chaco. 5 Mars.

Je voulus faire plusieurs courses dans le Chaco, afin de connaître quelques parties de ce vaste pays et d'étudier les Indiens qui l'habitent. Ma première eut lieu le 5 Mars. Je me dirigeai vers l'embouchure du Rio negro. Je parcourus encore avec plaisir les forêts vierges qui le bordent, et j'y recueillis de beaux insectes; mais un orage venant à gronder inopinément sur ma tête, je crus prudent de revenir au gîte. La pluie tombait par torrens; les éclairs sillonnaient de toutes parts l'épaisseur des bois, et le tonnerre était très-près de nous. Mes rameurs voulurent s'arrêter à l'embouchure même du Rio negro, sur les bords du Parana. On attacha la barque à un grand saule desséché, isolé au bord des eaux. Presque au même instant un éclair nous fit momentanément perdre la vue; le tonnerre, avec fracas, tomba sur un autre saule voisin de là, et en brisa toutes les branches. La frayeur fit précipitamment débarquer mes compagnons, qui craignaient pour l'arbre auquel la barque était amarrée. Je descendis aussi. La foudre renouvelait à chaque moment ses éclats et paraissait tomber partout à la fois. Je me tapis dans un petit bois du voisinage, d'où je fus témoin d'un accident semblable à celui qui venait d'avoir lieu. La foudre frappa l'arbre auquel notre barque était attachée; mais elle ne le renversa pas, et ne fit que lui enlever une partie de son écorce sur toute sa longueur. Nous dûmes nous estimer heureux de nous en être séparés. Il pleuvait toujours à verse; cependant le tonnerre s'était éloigné et ses roulemens ne s'entendaient plus qu'à une très-grande distance. La barque était pleine d'eau. Toutes les provisions faites pour le voyage étaient avariées; toutes les mesures prises pour l'accomplir devenaient inutiles. Je crus plus raisonnable de revenir à Corrientes; et je partis, recevant encore des torrens de pluie, mais qui m'étaient devenus indifférens; car j'étais déjà, depuis long-temps, mouillé jusqu'aux os. A Corrientes, je n'ai jamais vu pleuvoir qu'après des orages, qui se forment au Sud, et sont toujours précédés par un fort vent de cette partie. J'ai remarqué que les éclairs viennent ensuite de toutes parts, que les détonations de la foudre sont très-fortes, et plus sèches qu'en France; qu'on entend plusieurs orages à la fois et que la foudre semble se renouveler, pour tomber partout en même temps. Au milieu du Parana, la pluie cessa; le soleil reparut bientôt, et mit fin à ce froid qu'on éprouve toujours, même dans les pays les plus chauds, lorsqu'on est mouillé. J'arrivai à Corrientes, où je dus changer de tout.

1828. Grand Chaco.

8 Mars.

Le 8 Mars, je voulus entreprendre une nouvelle course chez les Indiens Tobas, qui vivaient alors de l'autre côté du Parana. J'accompagnais quelques commerçans qui allaient échanger des peaux de *Qiya* [1], ou de grands rats aquatiques des déserts; et, bravant les dangers que m'exagéraient plusieurs habitans de Corrientes, je sacrifiai tout au plaisir de voir ces sauvages chez eux, et de les interroger. Je traversai le Parana, puis je le descendis, passant devant l'embouchure du Rio negro. Le Parana avait crû à un point extraordinaire. Ses eaux sales et boueuses charriaient des arbres entiers. Je fus même étonné de n'y plus retrouver une petite île que je connaissais, et que j'avais vue encore quelques jours avant, en face de l'embouchure du Rio negro. Elle avait été entraînée par les flots, avec tous les arbres qui la couvraient. Le lit du Parana m'offrait un contraste de couleur assez singulier, les eaux près de la côte de Corrientes étant claires, tandis que, sur toute la moitié ouest de son cours, elles sont rouges; mais il est facile d'expliquer cette différence de couleurs. On sait que le Parana prend sa source dans les montagnes boisées des provinces des Mines, de Goyas, et de San-Pablo du Brésil. Là, comme dans tous les pays humides et chauds, la saison des pluies accidente bien moins le terrain que dans les lieux dépourvus de végétation; d'ailleurs, les eaux qui tombent, pendant cette saison, suintent, avant de se rendre

1. *Myopotamus coypus.*

1828. Grand Chaco.

aux torrens qui les portent dans les rivières, entre les plantes nombreuses qui couvrent le sol en profusion, ce qui, peu à peu, les dégage, au moins partiellement, des molécules terreuses dont elles étaient surchargées; d'où il résulte qu'elles arrivent aux rivières, sinon très-limpides, du moins relativement moins sales. On n'ignore pas, non plus, que les montagnes qui donnent naissance au Parana sont des montagnes primitives, et, dès-lors, bien moins susceptibles de se déliter et de saturer les eaux de beaucoup d'oxides ou autres principes colorans. De là vient, sans aucun doute, que le Parana n'est jamais rouge. Il est parfois un peu trouble; mais seulement au temps des fortes crues. Il n'en est pas et n'en peut pas être ainsi du Paraguay. Cette rivière, qui prend naissance dans les montagnes du Diamantino, au nord-est du Matogrosso du Brésil, ne charrie par elle-même que des eaux plus ou moins sales, comme le Parana, mais jamais elles ne sont colorées. La couleur qu'elle contracte à sa jonction avec le Parana lui vient des eaux que lui apportent le Pilcomayo et le Vermejo, qui prennent naissance dans les montagnes secondaires de la Bolivia et de la province de Salta de la république Argentine, montagnes nues et en partie composées de grès ferrifères rougeâtres. Les eaux qui tombent par torrens dans ces contrées, aux mois de Janvier et de Février, détachent une grande quantité de particules des terrains qui les constituent et les transportent par les courans, qui ne les déposent pas toutes dans les méandres sans nombre que forment ces rivières au milieu des terrains plans du Grand Chaco, et leurs eaux sont encore fortement chargées de ces principes colorans lorsqu'elles arrivent à la rivière du Paraguay, qui devient tout naturellement rougeâtre, en se mêlant à ses deux grands affluens. Ce sont ces eaux ainsi colorées qui, au temps des crues, occupent toute la rive occidentale du Parana, sans se mêler avec celles de ce fleuve, lesquelles longent la rive orientale et cheminent ainsi parallèlement avec elles, pendant plus de dix lieues, avant de se mêler entièrement. Le contraste de ce changement de couleur dans le même fleuve est frappant, et étonne lorsqu'on le voit pour la première fois.

J'entrai dans un bras du Parana qui sépare le continent d'une très-grande île. Ce bras se nomme *Riacho del palmar* ou *del Carondaïti* (Petite rivière des palmiers). Je le suivis pendant quelque temps et je débarquai sur des terrains alors couverts d'eau, pour aller à la nouvelle demeure des Indiens Tobas, qu'on m'annonçait être éloignée d'une demi-lieue de la côte. Je me mis en route ayant de l'eau jusqu'au genou, ainsi que mes compagnons de voyage.

Je rencontrai, dans un endroit un peu plus sec, un troupeau de chevaux et de vaches appartenant aux Indiens, et nous trouvâmes bientôt celui qui prenait, parmi eux, le titre d'alcade ou de juge. Un vieil Indien servait d'interprète, parce qu'il parlait un peu l'espagnol et était en même temps un des chefs. Nous lui parlâmes, et il alla prévenir les Indiens de notre arrivée. Nous ne tardâmes pas à le suivre. A peu de distance de leur village, un large marais, alors rempli d'eau, et causé par les crues du Parana, nous empêcha d'avancer. Les commerçans qui étaient avec moi pouvaient encore facilement atteindre le but de leur voyage; mais le mien était manqué, dès que je ne pouvais pas aller chez les Tobas mêmes. L'alcade seul traversa le marais à la nage; et se rendit au village pour annoncer aux Indiens notre arrivée, et pour les inviter à apporter les pelleteries dont ils pouvaient disposer. Un quart d'heure après, ils vinrent au nombre de trente, tant hommes que femmes et enfans, passant tous le marais à la nage, avec leurs légers vêtemens et leurs marchandises sur leur tête. Les commerçans firent quelques échanges pour des biscuits; ils furent peu satisfaits de leur opération. Je l'étais moins encore de ma course, et je me promis bien de revenir promptement étudier plus en détail ces tribus sauvages.

1828.

Grand Chaco.

Quelques jours après, j'eus une assez bonne occasion de voir une des nations indiennes de l'intérieur du Chaco. Le cacique Bernardo, chef des Tobas, vint à Corrientes, accompagnant quatre Indiens de la nation Lengua, qui venaient en députation auprès du gouverneur pour l'inviter à passer avec eux un traité de commerce, soit en allant les trouver, soit en leur permettant d'apporter leurs cotons ou leurs pelleteries. Le gouverneur était absent, et je fus témoin de leur entrevue avec le fonctionnaire qui le remplaçait. Leur langue est aussi gutturale que celle des Indiens Tobas, et me parut n'en être qu'une variante; car ceux-ci s'entendaient entr'eux. Ces Indiens portaient leur grand costume national, c'est-à-dire qu'ils étaient à moitié nus avec un poncho sur les épaules, et une pièce d'étoffe à la ceinture. Ce qu'il y avait de plus singulier dans leur accoutrement, c'étaient leurs ornemens de tête. Le lobe de leurs oreilles est chargé, comme celui des Botocudos du Brésil, d'un gros morceau de bois rond, qui le traverse; et comme c'est une beauté d'avoir les plus gros, deux des Indiens, qui, sans doute, étaient des plus respectables de leur nation, en avaient de larges comme la main, de manière à ce que leurs oreilles pendaient sur leurs épaules; mais cet ornement bizarre n'était pas le seul. Ils avaient, de plus, une ouverture transversale à la base de la lèvre inférieure, et de cette ouverture sortait une petite palette de bois, longue d'un à deux pouces, rete-

1828. Indiens Lenguas.

nue en dedans de la bouche par une partie plus large, ressemblant à la tête d'une béquille. Comme le trou transversal s'agrandit toujours, ils sont obligés de changer souvent le morceau de bois, qui est énorme chez les plus vieux individus. C'est cette singulière parure qui leur a valu, du temps des premiers Espagnols, le nom de *Lenguas* (les Langues), parce que cette palette ressemble assez à une langue. On sent facilement combien l'étirement des lèvres dans le sens transversal doit les défigurer. Je ne pouvais pas me lasser de les regarder. Leurs cheveux tombent en arrière réunis en une queue, à laquelle sont attachées des plumes d'autruches, dont le tuyau est renversé, de manière à ce qu'elles forment ensemble un panache qui vient ombrager la tête.

Les Lenguas ont le teint bronzé, les yeux légèrement inclinés, et les pommettes saillantes; tous traits que j'ai trouvés chez les Tobas, chez les Botocudos, chez les Bocobis, et, pour ainsi dire, chez tous les Indiens du Chaco, ainsi que chez toutes ces petites nations isolées au milieu des Guaranis, dont les langues même ont beaucoup de rapport entr'elles.

Le gouverneur intérimaire ne sentit pas l'avantage qu'il pouvait retirer d'une alliance avec les nations riveraines du Chaco. Il dédaigna leur proposition, en disant qu'il n'avait pas besoin de coton, et qu'il pouvait se passer de pelleteries, les Tobas, d'ailleurs, en fournissant assez au commerce. Ils repartirent comme ils étaient venus, et l'on perdit encore une fois l'occasion de pénétrer en ami dans ce vaste territoire du Chaco. Je ne doute pas que si les gouverneurs des provinces limitrophes du Chaco eussent rempli avec plus de bonne foi leurs promesses envers ses habitans et, surtout, eussent mis moins de raideur dans leurs relations avec eux; je ne doute pas, dis-je, qu'aujourd'hui le Chaco ne fût peuplé sur plusieurs points, tant par des Indiens, que par les commerçans espagnols, qui se seraient mêlés aux indigènes. Ces nations commencent à sentir le besoin de se rapprocher des lieux où elles peuvent se procurer une foule d'objets qui leur sont devenus indispensables, comme les haches, les couteaux et beaucoup d'autres choses de première nécessité; aussi voit-on les Tobas se fixer près de Corrientes, les Lenguas chercher la même alliance; et, d'un autre côté, les Matacos des parties nord-ouest du Chaco, sortir tous les ans de leurs déserts, pour venir en grandes troupes louer quelques mois leurs services dans la province de Salta, afin de se procurer les articles dont ils ont besoin. Je n'ai plus trouvé ces Lenguas décrits par Azara[1]. Le cacique Bernardo, à qui je demandai, à diverses reprises, si ces

1. Voyage dans l'Amérique méridionale, tome II, page 148.

Indiens s'occupaient de culture, me répondit toujours que oui, ce qui est en contradiction avec ce qu'annonce l'auteur espagnol, qui les traite de fainéans et de guerriers féroces. Je n'ai rien observé de semblable. Mes Lenguas, appelés par les Tobas *Niomaca*, et non *Cocoloth*[1], comme le dit Azara, paraissent doux et bons. Ils n'ont pas non plus la taille moyenne de cinq pieds neuf pouces que leur donne cet écrivain. Leur taille n'est guère que de cinq pieds trois ou quatre pouces pour les plus grands. Ils sont au reste bien proportionnés, quoiqu'assez massifs, ainsi que l'indique notre auteur. Je ne chercherai pas à combattre ce qu'il dit de leurs coutumes; il les connaissait mieux que moi. 1828. Indiens Tobas.

Le 18 Mars, malgré les instances de mes amis de Corrientes de ne pas entreprendre cette course, je me mis de nouveau en route pour aller visiter les Tobas. Cette fois, en dépit de dangers réels, je disposai tout de manière à rester quelques jours au milieu d'eux. Je me fiai à l'amitié de leur cacique Bernardo, que j'avais achetée par quelques cadeaux, ayant été à portée de le voir plusieurs fois à Corrientes; d'ailleurs j'étais bien armé, et accompagné de plusieurs personnes. Une petite barque me transporta de l'autre côté du Parana. J'entrai dans le Riacho del Carondaïti, et débarquai sur le territoire des Indiens. Le Parana avait beaucoup baissé, de sorte qu'il me fut facile d'arriver à leur petit village, en me mettant un peu dans l'eau. Il est placé près d'un lac, et composé de quelques suites de huttes. Je fus bien reçu du cacique, et je voulus sur-le-champ parcourir toutes les maisons, autant pour les voir que pour m'assurer s'il ne s'y trouvait pas à acheter quelques objets intéressans pour moi; car il est, pour ainsi dire, impossible de tirer quelques éclaircissemens de ces Indiens, qui parlent très-peu entr'eux et moins encore avec les étrangers. Le jour fut employé à tout observer et à questionner le cacique et l'alcade, les seuls de tous les membres de la tribu qui parlassent espagnol. Je leur fis toutes les questions possibles sur leurs mœurs et sur leurs usages. Je ne retirai que peu de fruit de mes efforts. Ils ne se décidaient qu'avec peine à répondre à mes questions. Je travaillai aussi à recueillir une série de mots les plus usuels de leur langue; malheureusement leur parler est si guttural, qu'il me fallut beaucoup de temps pour n'obtenir que très-peu de chose. Non-seulement ils n'aimaient pas à parler; mais ils étaient, peut-être assez à propos, étonnés de mes questions, qui devaient souvent leur paraître indiscrètes et toujours importunes. J'ai vu plus d'une fois deux Tobas, assis l'un à côté de l'autre, rester des heures entières 18 Mars.

1. Mot qui est sans doute une corruption ou une répétition du mot *coloc*, allons, appartenant à la langue Toba.

1828. Indiens Tobas.

sans parler. Ils sont toujours sombres ou apathiques, et bien différens, en cela, des Indiens des provinces de Chiquitos, qui ont sans cesse le sourire à la bouche et qui rient d'un rien. Les Tobas ne rient que très-rarement. Je ne les ai jamais entendus chanter, même dans l'ivresse.

Le soir les Indiens firent une traînée de paille mouillée au seuil de leurs cabanes pour en chasser les moustiques; pour moi, je dormis en plein air; et, le lendemain, je recommençai mes recherches. Je voulais me procurer des insectes et chasser. Un des Indiens me fit entendre qu'il voulait s'exercer avec moi à tirer des flèches. Je lui répondis que je le désirais aussi. Il choisit pour but un tronc de palmier large de huit pouces; se plaça à la distance de trente pas; et, plusieurs fois de suite, mit la flèche dans le tronc. Je craignais de ne pas être aussi adroit que lui. Je lui fis néanmoins entendre que je pouvais faire mieux. Il parut en douter et me pressait de tirer. N'étant pas aussi sûr que lui de mon coup, et ne voulant pas compromettre le crédit de l'arme à feu, je le fis attendre, et chargeai mon fusil de petit plomb. Le hasard fit passer peu de temps après, à portée, un vol de troupiales. Je leur adressai mes deux coups l'un après l'autre, et il tomba un grand nombre de ces oiseaux. Il serait difficile de se figurer l'étonnement de l'Indien; il était resté stupéfait, et me demanda tant bien que mal, si, tuant autant d'oiseaux d'un seul coup, je pourrais aussi tuer autant d'hommes. Je lui répondis de manière à le laisser dans cette idée. Alors il admira mon arme; et, quand nous revînmes au village, il en parla à ses concitoyens comme d'une merveille. J'ai vu mille fois chez des peuples spécialement chasseurs se renouveler l'expression de cet enthousiasme de mon Toba, en voyant tuer aussi facilement le plus petit oiseau.

Un homme de la province de Santiago del estero, qui habitait Corrientes, depuis quelques années, avait trouvé un moyen facile de faire le commerce de la pelleterie. Il vint d'abord s'établir au village avec des objets d'échange; puis, croyant son commerce assuré, il demanda en mariage la fille du cacique. Il se maria en effet à la manière des Indiens; et, dès-lors, se trouva membre de la nation. Tous les Indiens le nommèrent frère, et il obtint le monopole exclusif du commerce de ces lieux; mais cet homme, qui n'avait vu, dans cet engagement, qu'un moyen de spéculation momentanée, ne se regardait pas comme sérieusement engagé, et me dit que, lorsqu'il aurait fini son commerce, il romprait ses liens, pour retourner dans son pays. J'ai vu sa femme, qui était une des plus jolies Indiennes du village. Ce n'est pas, au reste, la première fois que les pauvres Indiens ont été ainsi indignement trompés. L'histoire du Paraguay en offre un exemple sanglant. En 1678, sous le gouvernement de Don Felipe Rege, les Guaycurus vinrent comme amis près de l'Assomption. Ils étaient campés de l'autre côté du Rio Paraguay, attendant le moment favorable pour tomber à l'improviste sur les habitans, afin de se venger d'anciennes insultes. Une Indienne découvrit les projets hostiles des Indiens aux chefs espagnols, qui n'imaginèrent rien de mieux pour déjouer le complot de leurs ennemis, que de simuler un mariage. Don Joseph d'Abalos, lieutenant-gouverneur, feignit d'être amoureux de la fille du grand cacique, et demanda sa main, promettant à ce prix une alliance franche et durable. Il quitta même son costume espagnol et prit le costume des Guaycurus. On signa un traité; on indiqua le lieu de la noce. Pendant ce temps, les Espagnols méditaient une action des plus basse et des plus indigne de leur caractère. Ils cachèrent des soldats chez les personnes qui avaient arrangé le mariage, en donnant à leurs satellites l'ordre d'attaquer les Indiens, aussitôt qu'ils seraient ivres. Au jour indiqué, les Indiens accoururent en foule, ne songeant qu'à la solennité de l'alliance qui allait se conclure; et pendant qu'ils recevaient les premiers présens, les Espagnols envoyèrent de l'autre côté de la rivière un corps d'infanterie et de cavalerie, qui devait tomber sur ceux qui restaient, mais qui ne put les surprendre. Les Guaycurus, peu confians dans les promesses espagnoles, s'étaient armés et se défendirent. A l'Assomption, l'instant de la cérémonie nuptiale fut marqué par un carnage horrible. Les Espagnols massacrèrent tous les chefs Indiens assez crédules pour croire à leurs promesses, même les plus solennelles. Trois cents Indiens furent égorgés; et les Espagnols fêtèrent, le 20 Janvier de chaque année, l'anniversaire de cette victoire facile, de cette S. Barthélemi d'un nouveau genre. On ne peut s'empêcher de reconnaître que, si les nations américaines ont été parfois féroces, elles étaient souvent excusables, puisqu'elles défendaient leur sol natal et, surtout, leur liberté; tous motifs bien nobles, assurément, et bien propres à expliquer des excès que justifiait presque leur manque de lumières. Les Espagnols n'ont pas trop le droit de se plaindre de la haine mortelle que ces nations leur ont vouée; car, assurément, en beaucoup de circonstances, ils se la sont attirée par des crimes affreux, et par des parjures non moins coupables envers des êtres que, pour pallier leur perfidie, ils affectaient, quelquefois, de regarder comme au-dessous de l'humanité.

1828.

Indiens Tobas.

Le commerçant demi-Indien dont je viens de parler, avait déjà vécu plus de huit mois avec les Tobas. Il me donna beaucoup de renseignemens sur eux; renseignemens qui, joints à ce que j'ai pu voir moi-même, m'ont mis à portée de dire quelque chose de cette nation.

1828. Indiens Tobas.

Du temps des premières conquêtes, les Tobas habitaient entre le Rio Vermejo et le Pilcomayo. Leurs tribus, alors, étaient nombreuses, et firent souvent trembler les Espagnols et les nations voisines. Elles occupaient depuis les derniers contre-forts des Andes, sur les rives du Pilcomayo, jusqu'aux rives du Parana, et jusqu'à celles du Paraguay. Aujourd'hui, quoique divisées en petites sections, elles forment encore deux hordes : l'une (la plus grande), s'étendant des rives du Pilcomayo aux derniers contre-forts des Andes, dans la république de Bolivia ; l'autre vivant au village où nous étions, et plus à l'Ouest sur les rives du Vermejo ; c'est donc du 20.e au 28.e degré de latitude sud, sur une bande transversale sud-est et nord-ouest, entre les deux rivières citées, qu'on peut placer les limites d'habitation de cette nation. Avant l'arrivée des Espagnols, les Tobas étaient divisés en une foule de tribus, et devinrent, sous différens noms, que je chercherai plus tard à réduire à leur juste valeur, les ennemis mortels des Espagnols, auxquels ils livrèrent beaucoup de combats. Cette première circonstance en diminua le nombre ; puis, les querelles de ceux d'entr'eux qui habitaient au Sud-Est, avec les Abipones et les Bocobis, les détruisirent presque tous ; et ce sont les débris de cette malheureuse tribu du Sud, qui forment aujourd'hui le village situé en face de Corrientes.

Azara prétend que le nom de Tobas leur a été donné par les Espagnols ; cela peut être. Toutefois est-il vrai que ces Indiens, depuis les Andes jusqu'à Corrientes, s'appèlent partout ainsi ? Chaque nation voisine leur donne un nom particulier. J'ai trouvé, comme Azara, que les Lenguas les nomment *Natocoec*, peu différent du nom *Natocoet*, donné par cet auteur ; et les Abipones les appelaient *Caliazec*. Il n'est pas étonnant qu'on rencontre une si grande diversité de noms dans les relations des premiers historiens. On sait que chaque tribu en prenait elle-même un qui lui était propre, et que, de plus, chaque nation voisine donnait le sien à chacune de ces tribus. De là cette multitude d'appellations qui embrouillent l'histoire de ces temps, quelque peu reculés qu'ils soient, et qui multiplient fictivement le nombre des nations qu'on prétend avoir disparu depuis la conquête.

Les Tobas errèrent long-temps dans les grandes plaines du Chaco, poursuivis par les Bocobis, leurs cruels ennemis, qui les pillèrent plusieurs fois, et les réduisirent à ce qu'ils sont aujourd'hui ; aussi m'ont-ils dit souvent qu'ils n'allaient pas vers le Sud, à cause des mauvais Indiens qui l'habitent. C'est après une de ces escarmouches qu'en 1819 ils vinrent réclamer l'appui de la province de Corrientes, en concluant avec elle un traité de paix, maintenu depuis cette époque, quoique plusieurs fois partiellement enfreint par eux ; car, comme de grands enfans, ils veulent avoir tout ce qu'ils aperçoivent; mais ce traité, du moins, a mis fin aux vols qu'ils faisaient sans cesse, en passant, de nuit, le Parana, pour enlever les bestiaux des habitans de la campagne de Corrientes. En 1826, ils vivaient encore dans l'intérieur des terres, lorsque, par spéculation, un Français voulut faire couper des bois de construction et des palmiers sur les rives du Rio negro, à quelques lieues dans l'intérieur du Chaco. Les ouvriers y étaient déjà depuis quelques mois, lorsqu'ils virent paraître quelques Indiens, guidés par la fumée de leurs feux. Ils eurent peur d'abord; mais, peu de jours après, le cacique, avec toute sa nation, vint assurer les travailleurs qu'ils n'avaient rien à craindre, et qu'au contraire il amenait tous les Indiens, afin de les faire connaître à la nation entière. Très-souvent, depuis, on employa les Indiens à traîner des pièces de bois au bord de la rivière, service pour lequel on leur donnait quelques bagatelles. Ce ne fut qu'en 1827, tandis que j'étais à Corrientes, que les Tobas prirent, enfin, un lieu d'habitation plus rapproché de la ville, et qu'ils se fixèrent où je les voyais; et cela, encore, par la crainte des Bocobis; car ils abandonnaient une chasse productive, qu'ils étaient encore obligés d'aller chercher de temps en temps. Ils construisirent alors ces cabanes divisées en deux groupes, par lignes séparées, et reçurent du gouverneur de Corrientes des bestiaux, comme gage du renouvellement de la paix.

1828.

Indiens Tobas.

Les Tobas n'ont qu'un chef, qui est, pour ainsi dire, pour eux, un bon père de famille, et un alcade ou second chef. Le premier (le cacique) était, en 1828, un très-vieil Indien, qui disait avoir été baptisé par les Jésuites et être né sur une des Missions tentées par les religieux dans le Chaco; Missions qui ne réussirent jamais, et dont pas une ne subsiste aujourd'hui. On a vu qu'il se nommait Bernardo. Le cacique est le chef militaire. C'est lui qui, en temps de guerre, conduit les guerriers au combat et dirige les attaques. Le second chef administre la police du lieu et remplit, en même temps, la fonction d'interprète. C'est, avec le cacique, le seul Indien qui ne s'absente pas du village; mais ces deux chefs n'ont pas une grande autorité; étant plutôt les conseillers que les gouverneurs de leurs subordonnés.

Je crois que le rameau des Tobas des rives du Pilcomayo est très-nombreux, puisque ces derniers intimident quelquefois les Chiriguanos du sud des contre-forts les plus avancés des Andes dans la Bolivia, quoique ces Chiriguanos soient au nombre de vingt mille, au moins. Pour ceux du village dont je m'occupe, je crois pouvoir évaluer leur population à deux ou trois cents, au plus, en comptant les hommes, les femmes, les enfans. Il y a

Indiens Tobas.

à peine soixante guerriers; aussi ont-ils perdu le souvenir de leur ancienne tactique militaire. On m'a cependant encore parlé de l'usage dans lequel ils seraient de couper la partie supérieure des narines de leurs chevaux, pour les empêcher de renifler avec bruit, lorsqu'ils passent une rivière à la nage. Ces chevaux sont, au reste, leur seul moyen de traverser les rivières; et c'est avec eux, à ce que prétendent les habitans de Corrientes, que les Tobas venaient les voler sur la rive orientale du Parana. Ils tiennent, dit-on, ces chevaux, pour les jours d'attaque, dans l'intérieur des terres, sur des réserves à eux connues; mais je crois qu'à présent ils ont peu de pensées hostiles contre Corrientes, qui leur fournit tout ce dont ils peuvent avoir besoin. Leurs armes sont maintenant peu redoutables; ils ont des arcs et des flèches; les premiers faits en bois très-dur, longs de six pieds et quadrangulaires; les secondes longues de quatre pieds, faites en roseau, avec l'extrémité seule en bois de palmier carondaï, bois très-dur, attaché en pointe aiguë, et à crocs à rebours sur les côtés. Ils se servent encore de la massue lorsqu'ils sont à pied, ce qui leur arrive le plus souvent, quoiqu'ils soient très-bons cavaliers, et qu'ils courent avec la plus grande vitesse à cheval, se cachant quelquefois, dans leurs charges, sur le côté de leurs chevaux. Alors ils se servent des bolas, qu'ils manient aussi avec beaucoup d'adresse.

Lorsque les Tobas venaient à Corrientes, j'avais remarqué que, même dans des rues très-larges, ils n'allaient jamais deux de front, et qu'ils étaient, au contraire, toujours à la file les uns des autres, les plus âgés en avant, et tous les hommes d'abord, puis toutes les femmes et les enfans, également par rang d'âge. Je les vis faire de même chez eux et je vis, de plus, qu'ils marchaient toujours la tête baissée. J'interrogeai le cacique sur cet usage et il m'en donna une explication tout à fait satisfaisante : « Lorsque nous sommes en marche, « me dit-il, pour ne pas nous égarer dans les bois, nous mettons toujours « en avant ceux d'entre nous qui ont le plus de connaissance du pays, ou « une plus grande facilité à juger du soleil, de la lune ou des étoiles, pour « se guider au milieu des déserts. C'est pourquoi nous plaçons toujours le « plus âgé en avant, afin qu'il conduise les autres. Si nous allons à la file, « c'est à cause de l'habitude que nous avons de suivre de petits sentiers à « peine praticables pour une personne à la fois; et le motif qui nous « fait tenir la tête baissée, est la nécessité de traverser souvent des bois où « les lianes nous obligent à courber continuellement la tête, afin d'éviter les « branches. » Je compris parfaitement ce que me disait le cacique et ne le questionnai plus à ce sujet. Je crois pourtant que c'est, de plus, une convention parmi eux de cheminer ainsi; car j'ai retrouvé cette coutume chez beaucoup de races sauvages dans l'intérieur de l'Amérique, et je sais qu'elle existe aussi dans presque toutes les îles océaniennes, principalement à O-taïti, sans qu'il y ait, pour cela, nécessité absolue. Il faut cependant remarquer que les habitans des pays boisés ont seuls cette habitude-là, de même que celle de danser toujours sur une ligne et jamais en rond, comme les habitans des plaines ou ceux des montagnes.

La chasse est leur première occupation et leur principal moyen de subsistance. Ils ne renoncent momentanément que pour cet exercice à leur indolence habituelle, et montrent alors une grande activité. Ils sont dans l'usage de partir, tous les dix jours, pour aller à la poursuite des qiyas, en garder la peau et en faire sécher la chair, qu'ils apportent ensuite comme provision dans les cabanes; aussi ne voit-on jamais que très-peu d'hommes au village. Ceux-ci passent la moitié de leur vie à la chasse; car tous y vont successivement par détachemens séparés, dont les uns partent au retour des autres. Ils poursuivent comme un mets friand les singes hurleurs; mais ils font bien plus facilement la capture des qiyas, qui vivent dans des marais, au milieu desquels il est facile de les surprendre et de les tuer en très-grand nombre, surtout la nuit. J'ai déjà indiqué l'adresse avec laquelle ils manient la flèche. Je n'ai plus à parler que de leur patience et de leur persévérance à la chasse, stimulés qu'ils sont aujourd'hui tout à la fois par l'appas des vivres et du commerce qu'ils font des peaux des animaux qu'ils parviennent à tuer.

Ils ont commencé, depuis quelque temps, à se livrer à l'agriculture autour de leurs cabanes. J'y ai vu plusieurs champs de maïs en plein rapport. Ils aiment beaucoup ces grains, mais ils sont effrayés des travaux agricoles par la difficulté de les accomplir; car ils ne se servent pour labourer que d'une pelle de bois haute de cinq à six pieds, nommée *Nérérec*, et qui leur sert à remuer légèrement la terre dans les endroits où ils sèment. Ils se nourrissent aussi de racines qu'ils arrachent dans les forêts, font sécher et conservent chez eux pour les temps de disette. Le cacique me parla d'une plante singulière, mangée par les Indiens; elle serait voisine des *cuis*[1] ou calebassiers arborescens; et elle donnerait un fruit mangeable et même bon. Ils ont aussi quelques bestiaux donnés par le gouverneur de Corrientes, ou obtenus par échange pour des peaux de qiyas.

La pêche est encore une de leurs occupations. Dans ces grands lacs ou

1. *Crescentia cujete.*

1828. Indiens Tobas.

marais de l'intérieur du Chaco ils pêchent plus particulièrement avec leurs flèches, attendant sur le bord de l'eau que quelques poissons se montrent. Alors ils les leur lancent avec beaucoup d'adresse; néanmoins, depuis que les Européens leur ont montré l'usage des hameçons, ils s'en servent plus exclusivement, et ont pris un goût tout particulier pour cet exercice.

Leur industrie est assez bornée; car les Tobas fabriquent rarement leurs armes. Ils savent pourtant les faire; mais ils aiment mieux les recevoir par échange des Indiens Lenguas, beaucoup plus industrieux qu'ils ne le sont eux-mêmes. Il est vrai de dire que les roseaux dont se font leurs flèches, ne croissent pas sur les bords de leurs rivières. Il n'y a aucune tradition qui indique ou puisse faire croire que les Tobas aient jamais imaginé de voyager sur le fleuve. Ils étaient bons nageurs et passaient toujours les rivières à la nage, depuis leurs fréquentes communications avec les blancs; même depuis qu'ils possèdent des haches, ils n'ont jamais cherché à imiter les Espagnols ou les nations navigatrices, comme leurs voisins les Payaguas, qui ont donné leur nom au Paraguay, et dont on peut dire qu'ils étaient les navigateurs par excellence de cette partie australe de l'Amérique. Quant aux Tobas, quoique vivant au milieu de bois épais, dont ils peuvent employer les arbres à faire des pirogues, ils n'ont peut-être jamais songé à en construire, ce qui est d'autant plus étonnant qu'ils occupent les bords des plus grandes rivières de cette partie du monde. Ils aiment mieux les passer à la nage, se servant, depuis la conquête, de leurs chevaux, afin de traverser plus facilement les grands cours d'eau. C'est ainsi, comme on l'a vu, qu'ils passaient le Parana pour voler, quoique ce fleuve eût plus d'une lieue de large. Il est singulier de retrouver fréquemment, au milieu de pays arrosés de nombreuses rivières, des nations qui n'ont l'idée d'aucun genre de navigation; tandis que, même sur les lacs du sommet des Andes, les habitans en connaissent une quelconque.

Dans la partie de l'ouvrage plus spécialement consacrée à l'ethnologie de mon voyage, je traiterai cette question sous ses divers points de vue. Je fais remarquer, en attendant, que le manque de marine chez les Tobas doit être attribué aux difficultés qu'ils ont éprouvées dans les temps reculés à s'approcher du Parana et du Rio Paraguay, où les Payaguas régnaient depuis des siècles, s'en étant arrogé le domaine exclusif.

Les femmes savent tisser et faire des ponchos, ce qu'elles font cependant très-rarement. Le hasard m'a fourni l'occasion d'observer, auprès d'elles, le mode d'exploitation de ce genre d'industrie. Elles n'ont aucun métier; car on

ne peut donner ce nom à deux morceaux de bois fixés en terre par des pieux, 1828.
dans une position parallèle et horizontale. A ces pieux est attachée la trame, Indiens Tobas.
formée de fils qui entourent ces bois; et, pourtant, elles connaissent la manière de séparer la trame pour croiser les fils. C'est au reste le même genre de tissage que j'ai vu employer chez les Indiens des Pampas et de la Patagonie, et chez toutes les nations qui ont reçu des anciens Incas cette amélioration industrielle. Elles donnent à leur laine et à leurs cotons des couleurs vives et des plus durables, en employant, pour toute substance tinctoriale, des bois ou les écorces de diverses espèces de plantes ou d'arbres. J'admirais surtout la vivacité de leur couleur rouge, sans contredit aussi animée que celle que nous obtenons par la garance en Europe. Le jaune est aussi très-brillant, et on l'obtient d'une plante du genre *Solidago*[1], qui croît dans tous les terrains sablonneux du Grand Chaco et de Corrientes, où, dans l'été, elle étale ses belles tiges dorées.

Je leur ai vu quelques vases de terre, de proportions médiocres, et de formes un peu étrusques. Les femmes seules se livrent à cette occupation; mais leur terre est mauvaise, et leurs produits s'en ressentent. Je leur ai acheté l'un de leurs vases, qui figure aujourd'hui dans la collection céramique de Sèvres. Un autre m'a offert un genre d'ornement tout à fait neuf. J'y avais remarqué, près du col, une foule de petites incrustations blanches. Je cherchai à reconnaître avec quoi on avait pu les faire. C'étaient de petits fragmens arrondis de coquilles terrestres des bois, surtout de l'*Helix oblonga*. Il m'a été impossible de reconnaître comment on les avait incrustés. Je ne puis croire que ces petits morceaux si bien enchâssés aient été mis dans la terre avant la cuisson; car la cuisson même les eût convertis en chaux. Il est probable qu'on les a placés en de petits creux ménagés à cet effet, sur le vase, avant de le mettre au feu. Ces incrustations, au reste, forment des dessins assez réguliers; et les vases qui les portent sont les seuls sur lesquels j'ai vu cette espèce d'ornemens. Une autre sorte d'industrie, qui occupe beaucoup les femmes, c'est la confection de fils, de lignes et même de grosses cordes, avec les feuilles d'une espèce de plante du genre *Bromelia*, voisine des ananas, et connue des Guaranis sous le nom d'*Uvira*. Elles font avec cette plante beaucoup de choses différentes. Les habitans de Corrientes leur achètent pour des bagatelles tous les produits de leur industrie.

En général, le commerce des Tobas avec les Correntinos se borne à ces minces objets; mais on ne doit pas regarder comme une petite branche de

1. *Solidago virga aurea*, ou espèce voisine.

1828. commerce les nombreuses pelleteries qu'échangent journellement les Tobas contre des biscuits ou tels autres objets d'aussi peu de valeur. Les Tobas achètent les peaux aux autres nations de l'intérieur, et les vendent ensuite aux commerçans de Corrientes. L'agent de la douane m'a certifié qu'à la fin de 1827 et au commencement de 1828, il est sorti de la ville plus de 150,000 douzaines de peaux de cette espèce de coypu qui vit aussi dans les marais de la province d'Entre-Rios. Je puis évaluer à 60,000 les peaux vendues dans les seules villes de Buenos-Ayres et de Santa-Fe. J'ai appris plus tard, d'un seul individu, que sur ses terres il avait lui-même tué plus de 6000 coypus; de sorte que, sans en porter le nombre à la totalité de ce qui a été livré au commerce à Buenos-Ayres, à la fin de 1827 et au commencement de 1828, on peut facilement évaluer à trois millions soixante-six mille la quantité de ces animaux détruits en une seule année. Ces peaux, qui ont, sous un poil rude et long, un duvet soyeux, s'emploient à Buenos-Ayres pour la fabrication des chapeaux, et constituaient, à l'époque dont je parle, une branche considérable de commerce. C'est ce qui a fait dire à un écrivain moderne, en critiquant les Anglais, qu'ils sont commerçans au point d'avoir fait tuer tous les rats du pays pour en faire une nouvelle ressource commerciale. L'animal qui donne cette peau[1], se rapproche beaucoup des rats par son genre de vie et par sa longue queue. Il se tient dans les immenses marais du Chaco et de tout le cours du Parana. On le chasse avec des chiens. C'est un animal nocturne qui fait quelquefois retentir les airs de ses cris plaintifs au milieu des plus grandes solitudes. Les Tobas se font des manteaux de sa peau, en en cousant plusieurs ensemble, et ils s'en servent presque exclusivement. Il paraît que c'était aussi le costume des anciens Guaranis, avant l'arrivée des Espagnols.

Indiens Tobas.

Les Tobas sont d'une assez haute stature, c'est-à-dire qu'ils ont fréquemment cinq pieds cinq pouces, et je crois pouvoir évaluer approximativement leur taille moyenne à cinq pieds trois pouces chez les hommes. Ils sont très-robustes, forts, bien musclés. Leurs jambes sont grosses. Leur teint est bronze foncé. Leurs traits sont différens de ceux des Indiens Guaranis, dont ils n'ont pas la face pleine. Les pommettes de leurs joues sont, au contraire, très-saillantes dans l'âge adulte; car, dans le jeune âge, la figure s'arrondit. Leurs yeux sont légèrement inclinés par en haut. Ils sont presque tous très-laids. Quelques jeunes Indiennes font cependant exception. Leurs traits, alors, sont très-réguliers, et leur sourire gracieux. Les cheveux des Tobas sont gros, longs,

1. Voyez la description de cet animal, tome IV, première partie.

plats et noirs. Ils ne doivent pas avoir beaucoup de barbe; mais il est difficile de le savoir; car, chez eux, la mode est de se l'arracher tout entière, ainsi que les autres poils du corps, même des sourcils; ne laissant que les cils; usage que j'ai également retrouvé chez les nations puelche et patagone, et commun à beaucoup d'autres. Il n'en est pas moins singulier et défigure tellement les traits, que la plus jolie figure paraît horrible, quand elle est ainsi accommodée. Leur voix est forte et rauque; et les femmes même, chez ce peuple, ne reproduisent plus les douces inflexions caractéristiques de leur sexe. Il est très-possible que ces sons désagréables ne soient que l'effet d'une prononciation trop gutturale propre à leur langue[1], qui l'est peut-être plus encore que la langue aymara, la langue quichua ou des Incas, et la langue canichana de la province de Moxos. J'ai déjà dit n'avoir jamais entendu un Toba chanter. 1828. Indiens Tobas.

Je n'ai rencontré en Amérique que chez les Tobas la coutume du tatouage. Azara l'avait cependant remarquée chez les Payaguas. Toutes les autres tribus remplacent ordinairement cet ornement barbare, et propre aux nations océaniennes, par des peintures qui s'enlèvent facilement. J'ai vu beaucoup d'individus des deux sexes tatoués. Les hommes avaient diverses raies sur la figure; les femmes n'avaient que quelques signes légers au-dessus du nez, sur les joues et à l'angle extérieur de l'œil, place où, chez tous les Indiens, il y a des peintures. J'avais déjà remarqué que les femmes nubiles étaient seules tatouées. J'interrogeai le cacique à cet égard, et j'appris que c'est encore, chez les femmes, une marque distinctive qui annonce en elles l'âge de nubilité; usage que je retrouvai, sous diverses formes, chez presque tous les Américains à l'état sauvage. Jamais je n'ai vu un Toba la figure ornée de peintures.

Le costume des Tobas est assez simple. Les hommes et les femmes laissent tomber leurs cheveux sur leurs épaules, divisés seulement sur le milieu de la tête, afin de n'en avoir pas la figure couverte. Les hommes portent une pièce d'étoffe qui leur enveloppe les hanches. C'est aussi le seul costume des femmes. En hiver les deux sexes se couvrent, de plus, d'un poncho ou d'un manteau fait de peaux de coypus, assez souvent couvert de peintures sur le côté opposé au poil. Les femmes ont toujours le sein découvert et elles ont une coutume bizarre. Je voyais de jeunes Indiennes de treize à quinze ans, ayant encore le sein parfaitement arrondi, croiser continuellement leurs bras au-dessus, et le presser ainsi, pour le forcer à descendre. Ce manège me parut avoir une raison;

1. Voyez le vocabulaire, à la partie ethnologique.

1828. Indiens Tobas.

et, devenu plus inquisitif, j'appris que les femmes regardent comme une beauté d'avoir la gorge pendante; beauté dont quelques Indiennes sont étonnamment pourvues. J'avoue que cette mode me parut des plus ridicule et des plus absurde, et je ne pouvais voir, sans en être vivement contrarié, forcer et déformer ainsi la nature. Conduit à penser que cette mode étrange devait avoir aussi quelque but d'utilité, je le découvris facilement. Lorsque ces Indiennes voyagent, elles portent leurs enfans sur leur dos, et les allaitent de la sorte, dans de longues courses, sans jamais suspendre leur marche.

Les enfans des deux sexes vont nus jusqu'à l'âge de puberté. Quelques femmes s'ornent de bracelets et de colliers de verroteries, qu'elles achètent à Corrientes. Azara dit, que les Tobas portent les oreilles et le barbote comme les Payaguas[1]; mais je n'ai jamais vu, chez les Tobas, rien qui indique que les oreilles soient percées, ni que la lèvre inférieure ait une ouverture propre à recevoir le barbote. Cette coutume n'existe bien certainement pas chez les Tobas que j'ai vus. L'observateur a pu se tromper ou appliquer aux Tobas des renseignemens propres à une autre nation.

J'ai déjà dit un mot de leurs habitations. Elles sont singulières, et annoncent un degré de civilisation de plus que celles des nations australes, qui vivent encore sous des tentes de peaux d'animaux. Les cabanes des Tobas sont formées de lignes continues à un seul toit non interrompu, longues de cent à deux cents mètres, dirigées est et ouest, et dont les extrémités sont ouvertes. Chacune de ces lignes sert d'asyle à plusieurs familles. Le côté du sud est entièrement fermé; et, au nord, on reconnaît la longueur respective, occupée par chaque famille, par la porte tournée dans la même direction et servant de division. Ces cabanes sont construites en roseaux attachés à des pieux fichés en terre. Le toit est également couvert en roseaux. Ces espèces de longs villages sont toujours placés au bord des eaux, près des rivières ou des lacs. Le cacique n'avait pas de cabane particulière; il occupait seulement le premier compartiment ou l'extrémité orientale de l'une des piles. Il est curieux de comparer les diverses modifications de formes propres aux cabanes des Indiens de chaque race, et de voir combien elles diffèrent dans chacune des hordes sauvages. Chaque cabane a, pour tous meubles, suspendus au toit, les armes du chef de la famille, et quelques ustensiles de ménage, qui se réduisent à quelques marmites de terre et à quelques calebasses. On y trouve, de plus, leurs vêtemens de rechange, ainsi que leurs provisions; et les objets de commerce

1. Voy. dans l'Amér. mérid., tom. II, pag. 161.

sont sur une espèce de petite soupente suspendue au toit. Dans chaque division il y a un clayonnage élevé de terre de deux pieds, sur lequel ils placent quelques peaux, et où couche la famille entière; luxe que l'on ne retrouve pas chez toutes les autres nations, parmi la plupart desquelles un hamac ou une peau étendue à terre compose tout l'ameublement. 1828. Indiens Tobas.

Les Tobas ont peu de propreté dans leur manière de vivre; et cependant les femmes vont continuellement se baigner dans les lacs et dans les rivières.

Leur caractère est insouciant, lent et assez paresseux pour tout, excepté pour la chasse; aussi, pendant les huit ou dix jours qu'ils passent dans leur famille, en en revenant, les voit-on se coucher une grande partie de la journée; et demeurer, le reste du temps, assis auprès de leur cabane, sans dire un mot à leurs voisins. Si ceux-ci font une question, c'est seulement pour obtenir une réponse laconique. La conversation ne se soutient guère. Ils sont voleurs; et, à cet égard, peuvent être comparés à de grands enfans, désirant tout ce qu'ils voient, et trouvant tous les moyens bons pour se l'approprier. Il leur est arrivé de tuer des ouvriers qui coupaient du bois, seulement pour s'emparer de leur provision de viande. Dans ce cas, le besoin pouvait expliquer ce meurtre. Les Espagnols les considèrent comme essentiellement faux; ils les disent habiles à dissimuler, pendant long-temps, une offense jusqu'au moment de se venger. Mes relations avec eux ont toujours été agréables. Je les ai trouvés doux, quoique très-réservés et très-sérieux. Il faut se garder de les enivrer; car, alors, ils sont terribles et ne tiennent aucun compte des liens de la reconnaissance; ils seraient, dans cet état, capables de blesser et de tuer même leur bienfaiteur. Ils ne considèrent jamais l'ivresse comme une action honteuse. Je ne leur ai vu aucun jeu; ils restent des heures entières dans la même attitude, sans remuer. Ils paraissent peu jaloux de leurs femmes. Celles-ci ont bien plus de retenue que celles des Indiens pampas, qui se prostituent publiquement. Les femmes Tobas ne commettent jamais d'indécence avec les étrangers; mais elles gardent peu de réserve avec leurs maris; car souvent, tandis que j'étais à causer avec le cacique dans sa cabane, un couple conjugal, qui se trouvait non loin de moi, s'occupait fort peu de ma présence.

La cuisine des Tobas est très-simple. Le plus souvent, ils se contentent de faire rôtir leur viande, en la jetant sur des charbons. Je les vis aussi faire une espèce de soupe, consistant en un mélange de maïs et de viande bouillis pendant long-temps ensemble. Comme tous les peuples à l'état sauvage, ils sont généralement sobres; mais si, après avoir quelques jours souffert de la faim, ce qu'ils supportent avec résignation sans se plaindre, ils trouvent abon-

1828. dance de vivres, ils mangent avec une voracité extraordinaire, et se couchent ensuite pour faire la digestion. Ils prennent leurs repas en famille, et font toujours, au préalable, cuire leurs alimens. Jamais ils ne manquent de feu. Chaque Indien a soin d'avoir avec lui une petite baguette d'un certain bois, dont le frottement avec du bois pourri lui en procure promptement.

Indiens Tobas.

Les Tobas jouissent ordinairement d'une santé robuste. Ils connaissent encore peu les maladies dues à la corruption et si communes dans les villes. Le fléau destructeur des races indigènes, la petite vérole, fait, parfois, chez eux de terribles ravages. C'est un des motifs qui les empêche de se rapprocher des grandes populations. Ils craignent cette maladie à un tel point que, lorsqu'ils en sont attaqués, ils abandonnent jusqu'à leurs parens les plus chers. Ce sont les vieilles Indiennes qui font l'office de médecin; ce sont elles qui appliquent certains remèdes simples qu'elles connaissent de tradition. Le plus souvent ces remèdes sont des plantes cuites ou même seulement mâchées, appliquées sur les parties malades. On sait, au reste, que, parmi ces nations, comme dans nos campagnes reculées en France, des superstitions sans nombre dirigent la méthode curative; et que beaucoup de choses tout à fait insignifiantes sont consacrées pour eux comme remèdes des plus efficaces; par exemple, une foule de parties animales.

Le mariage est chez les Tobas une simple affaire de convention; car on ne peut considérer comme cérémonies, quelques formules adoptées à cet égard. Un Toba, pour se marier, doit s'être montré bon chasseur, et pouvoir subvenir à la nourriture de sa femme. Il demande d'abord la jeune fille à ses parens, leur fait quelques présens, ainsi qu'à sa prétendue. Si les parens consentent à l'union, tous les amis se réunissent, et font consommer le mariage au milieu d'eux, au moins à ce que m'assura le commerçant *santiagueño*, à qui je dois ces détails. Il est rare qu'un Indien abandonne sa femme, et les époux vivent le plus souvent en bonne intelligence. Les Tobas ont eu, comme plusieurs nations du Chaco, une habitude des plus atroce qu'ils ont fort long-temps conservée, et qui fut la première cause de leur destruction. Je veux parler de l'usage où étaient les femmes de se faire avorter, pendant leurs premières grossesses, et de ne chercher que dans un âge plus avancé à élever le seul enfant qu'elles voulussent conserver. Pour cela elles se contentaient de se coucher sur le dos, et de se faire donner des coups sur le ventre. On conçoit facilement que cette coutume devait entraîner les suites les plus fâcheuses, et même amener souvent la mort des femmes qui s'y soumettaient. Ce genre de coquetterie mettait plus d'une fois celles qui survivaient à ces cruelles opérations, souvent répétées, dans l'impossibilité d'arriver à terme, lorsqu'elles s'étaient enfin décidées à conserver un enfant; aussi, en quelques années, la population disparut-elle, pour ainsi dire, de ces vastes plaines du Chaco, et l'abandon de cette monstrueuse pratique a seul maintenu quelques familles de ces races nombreuses, qui, avant son introduction, occupaient toutes ces contrées. Depuis quelques années elle est tombée en désuétude. J'ai cherché pendant long-temps quel pouvait être le motif de cette coutume, et je crus le trouver dans un autre usage, introduit depuis des siècles, et très-général parmi beaucoup de nations américaines; celui en vertu duquel le mari peut se considérer comme veuf pendant le temps de la grossesse de sa femme et de la nourriture de son enfant; car il n'y a plus, dès-lors, aucune communication entr'eux; et cela, pendant deux ou trois ans. La femme qui craignait peut-être que, dans cet intervalle, son mari ne s'attachât à une autre femme et ne cessât de l'aimer, épuisait tous les moyens possibles de ne pas devenir enceinte, afin de cohabiter plus long-temps avec son mari. C'était donc chez ces Indiennes une espèce de coquetterie mal entendue. Les enfans, jusqu'à l'âge de puberté, vont nus, et sont élevés à faire toutes leurs volontés, n'obéissant jamais à leur mère, qui est toujours esclave de leurs moindres caprices. Ils s'exercent de bonne heure à tirer de l'arc; mais, le plus souvent, ils ne font rien, et je n'ai jamais vu, parmi eux, ces jeux bruyans qu'on trouve chez tous les peuples civilisés. Les femmes sont nubiles à dix ou douze ans, les hommes pubères à quatorze ou quinze. Aucun Indien n'a voix délibérative dans les conseils que lorsqu'il est marié.

1828.

Indiens Tobas.

Je n'ai pu avoir que des renseignemens très-vagues sur leurs cérémonies funèbres; ils se cachent toujours pour les célébrer. Ils transportent au loin les cadavres des défunts et les enterrent au milieu des bois, avec leurs armes, ce qui prouve au moins qu'ils croient à une autre vie; croyance si consolante pour les survivans, et qui rend la mort moins pénible. C'est, au reste, le seul fond d'idées religieuses que j'ai trouvé chez les Tobas; car, lorsque je voulus écrire le vocabulaire de leur langue, ayant demandé au cacique quel nom il donnait à Dieu, il me répondit qu'il n'avait pas de nom pour Dieu, parce qu'il n'en connaissait aucun. C'est ce qui a fait, si souvent, dire à Azara, que la plus grande partie des nations américaines n'avaient ni Dieu, ni croyance religieuse; mais admettre une autre vie, c'est déjà avoir une foi.[1]

1. Le désir d'élever les Espagnols aux dépens des indigènes opprimés par eux a fait souvent tomber cet auteur, sous plus d'un rapport si recommandable, dans une foule d'erreurs relativement

1828. Indiens Tobas.

Les Tobas ont une connaissance exacte de tout le Grand Chaco. Le cacique Bernardo me dit qu'il avait été plusieurs fois à l'est de Santiago del estero, voir ce fameux morceau de fer natif ou aérolithe décrit par Azara, et qu'il se faisait fort d'aller m'en chercher un morceau; mais il me demandait trop de temps, et je devais partir sous peu pour Buenos-Ayres. Un peu avant, ce même cacique avait offert au gouverneur de Corrientes de servir de courrier entre cette province et Salta. Il proposait de conduire d'abord quelques Indiens avec lui, pour leur enseigner le chemin, et de les laisser ensuite continuer seuls cette négociation, de manière à établir ainsi peu à peu les communications; tandis qu'aujourd'hui, pour aller de Corrientes à Salta, il faut passer par Santa-Fe, par Cordova et par Tucuman, voyage de quelques centaines de lieues, qu'on pourrait réduire à soixante-dix ou quatre-vingts. Cette proposition pouvait, sans aucun doute, amener les plus heureux résultats, en augmentant les rapports de ces deux provinces et en liant le commerce du Pérou à celui de Buenos-Ayres; mais le gouverneur la rejeta, ne sentant pas les avantages qu'il refusait, et l'on perdit encore une fois l'occasion de civiliser cette immense partie du continent américain, entièrement soumise à un petit nombre de hordes sauvages qui n'en occupent que quelques points.

J'ai obtenu à Corrientes des manuscrits intéressans sur diverses expéditions faites dans le Chaco. Toutes ces expéditions ont eu différens résultats; aucune cependant n'a fait connaître à fond les parties intérieures du pays, ni le nombre des nations qui l'habitent; car on ne peut prendre ici pour guide ni des récits exagérés, ni des nomenclatures évidemment fautives. Je crois qu'un mot historique et descriptif sur cette partie de l'Amérique ne sera pas déplacé. On connaît fort mal en Europe ce vaste terrain presqu'inhabité, étendu, d'un côté, depuis les dernières montagnes des Andes à l'Ouest, jusqu'aux frontières des provinces de Salta, de Tucuman, de Santiago del estero, de Cordova, et jusqu'aux rives du Parana, à l'Est; et de l'autre au Nord, depuis le sud de la province de Chiquitos, dans la république de Bolivia, jusqu'aux premiers lieux habités de la province de Santa-Fe, au Sud; surface qu'on peut comparer à un quart au moins de la superficie de la France. Ce terrain, arrosé par plusieurs rivières importantes, formant une immense plaine sans aucune montagne, est habité par une foule de tribus qu'il serait facile de réduire à quelques nations seulement; et il est resté, depuis

à l'existence politique et religieuse des Indiens. Il pouvait dire qu'il ne leur connaissait ni religion, ni gouvernement; mais ne devait pas se retrancher, à cet égard, dans une négative absolue. Il est, d'ailleurs, sur d'autres points, fréquemment en contradiction avec lui-même.

des siècles, tout à fait interdit aux Européens. On ne cherche même pas à y pénétrer; car on sait de combien de difficultés et de périls sont environnées des expéditions de cette nature; ce qui doit d'autant plus faire admirer le courage des premiers aventuriers espagnols qui le parcoururent. On se rappèle qu'en 1526, lors du premier voyage de Gaboto [1], quatre aventuriers abandonnèrent ce chef et traversèrent les premiers le Chaco, se dirigeant de Santo-Espiritu sur Tucuman, où les troupes espagnoles s'occupaient de la conquête du Pérou. Les voit-on seuls, sans guide, parcourant des pays dans lesquels une petite armée pourrait à peine aujourd'hui se frayer une route? Un motif puissant stimulait les Espagnols de cette époque. Ils nourrissaient toujours l'espoir de trouver au centre des continens des richesses immenses, ce pays d'or, ce grand Païtiti, qui se trouve partout, même là; but de la fameuse expédition de *Irala,* qui eut lieu vingt-quatre ans après, expédition surnommée par les historiens la mauvaise journée (*la mala jornada*). Cet intrépide aventurier partit avec des troupes et un grand nombre d'Indiens; mais, après avoir, pendant long-temps, visité en détail les immenses territoires qui s'étendent depuis les rives du Paraguay jusqu'aux contre-forts des Andes, il revint, désabusé sur les richesses qu'il devait y rencontrer. Les anciens historiens célèbrent aussi la bravoure de Bazan qui, avec quarante soldats, traversa, en 1567, le Chaco, de Tucuman au Parana. C'est peu de temps après qu'on tenta de fonder une ville sur les rives du Rio Vermejo; ville qui fut détruite en 1631. Depuis ce temps, aucun établissement régulier n'a pu s'y faire. Les nombreuses nations du Chaco, surtout les Guaycurus, les Tobas, etc., sont les ennemis mortels des Espagnols, en représaille des offenses qu'ils ont reçues d'eux depuis les premiers temps de la conquête jusqu'à nos jours. De là cette haine qui, encore aujourd'hui, porte les Indiens et les descendans d'Espagnols du Paraguay à se faire incessamment une guerre d'extermination. C'est ce qui, vers le commencement du dix-huitième siècle, décida les Espagnols à ne pas se contenter de se tenir sur la défensive, et à relancer les Indiens dans leurs retranchemens les plus cachés. On projeta, dans ce but, une grande expédition, composée de troupes de Santa-Fe, de Corrientes et de Santiago. La réunion eut lieu à Santa-Fe, et le départ fut fixé au 13 Octobre 1721. Cette armée, sous les ordres du général Marquez, était forte de quatre cent quarante-cinq hommes et de quelques Indiens amis. Elle était suivie de trente charrettes, de près de trois mille chevaux et de huit cents bœufs pour les vivres.

1828.

Indiens Tobas.

1. Funes, *Ensayo de la historia civil del Paraguay*, etc., tom. 1, pag. 8.

1828. Indiens Tobas.

Elle se mit pesamment en marche. Elle surprit, sur les rives du Parana, un parti d'Indiens Abipones; qui se jetèrent à la nage et lui échappèrent ainsi. Le général espagnol voulait prendre un chef; mais, l'ayant manqué à la première entrevue, il prit mieux ses mesures et en demanda une seconde. Voyant se retirer deux caciques venus seuls pour traiter, il fit tirer à mitraille sur eux et sur les Indiens qui attendaient le résultat de la conférence. On peut facilement juger qu'après une conduite aussi lâche et aussi peu en harmonie avec cet esprit de valeur chevaleresque qui caractérisait les Espagnols des siècles antérieurs, les Indiens devinrent les ennemis irréconciliables de leurs nouveaux adversaires. Ils cessèrent dès-lors de se fier aux promesses des blancs, qu'ils regardent, avec quelque raison, comme toujours prêts à se jouer de tous leurs traités.

Pendant que les armes espagnoles se déshonoraient par la perfidie, la même année un religieux, le père Patino, remontait le Rio Pilcomayo, et écrivait la relation de son voyage de découvertes.[1]

En 1755, les Indiens du Chaco voulurent, à leur tour, prendre l'offensive. Ils se réunirent et attaquèrent la ville de l'Assomption du Paraguay; ils furent momentanément repoussés par les Indiens des Missions jésuitiques, qui vinrent heureusement au secours du pays; mais ce ne fut qu'une victoire partielle. Les Indiens acharnés continuèrent leurs hostilités, et les continueront probablement long-temps encore.

En 1764, on voulut ouvrir un chemin direct entre Corrientes et Tucuman. L'expédition manqua totalement, par l'ignorance des soldats qui n'avaient pas confiance au guide jésuite, et qui abandonnèrent leurs chefs. En 1790, tous les gouverneurs des provinces riveraines du Chaco firent des expéditions de découvertes, qui eurent peu de résultats satisfaisans. J'ai obtenu les originaux de ces relations partielles, dans lesquelles il y a quelques renseignemens assez intéressans; mais qui ne peuvent entrer dans le cercle de ceux que je me suis proposé de remplir par ce court aperçu, et que je renvoie à des publications plus spéciales. Les dernières tentatives de reconnaissance du Grand Chaco, ont été faites en 1826, par l'entreprenant Soria, qui s'embarqua aux frontières de Salta sur le Vermejo, et vint déboucher dans

1. Manuscrit imprimé par Arenales, *Noticias historicas su le Gran Chaco*, p. 15. Cet ouvrage, imprimé récemment à Buenos-Ayres, par un Argentin, contient une foule de renseignemens précieux sur l'histoire et sur les diverses expéditions faites dans le Chaco; détails le plus souvent extraits de manuscrits authentiques. M. Arenales, par cette publication, a rendu un grand service à la science.

la rivière du Paraguay, à dix ou douze lieues au-dessus de Corrientes. Il eut le malheur de se laisser prendre par les soldats de Francia, qui le retint jusqu'en 1830. Cet homme courageux était envoyé par une société formée à Salta, pour reconnaître la navigation du Vermejo; société qui fut dissoute avant même la sortie de Soria. 1828.

Grand Chaco.

Le Chaco est donc toujours possédé par des nations indigènes. Aucune des provinces riveraines n'a encore d'établissement dans son sein. Combien de temps doit durer cet état de choses négatif? Je ne me dissimule pas les nombreuses difficultés à vaincre pour parvenir à peupler cette surface de terrain, ou tout au moins à la traverser soit par terre, soit en utilisant les rivières, comme moyen de communication commerciale; difficultés dont on ne pourra triompher que lorsque les gouvernemens limitrophes seront, depuis long-temps, dans une paix profonde, dans un état de prospérité, bien éloignés de leur état actuel. Il faudrait surtout beaucoup d'union; et ce n'est pas ce qu'on trouve dans les provinces dites unies du Rio de la Plata, qui forment, chacune de leur côté, un gouvernement despotique et ennemi de toutes les provinces voisines, au lieu de composer un même État, lequel, par ses produits et par sa position, pourrait être des plus florissant. Dans cette partie de l'Amérique, au lieu de se frayer de nouvelles routes et de s'ouvrir de nouvelles communications au milieu des déserts, les Européens oublient celles qu'ils y possédaient depuis des siècles, et sont, à la honte de la civilisation, refoulés, par les hordes sauvages, jusqu'aux portes de leurs villes. C'est ce qu'on peut observer tous les jours dans cette malheureuse république Argentine, qui, en proie aux dissentions politiques, a vu, successivement, compromise la sécurité de ses communications avec le Chili, et détruits par les Indiens tous les postes établis par elle.... Inévitable conséquence de la discorde et de l'anarchie.

CHAPITRE XI.

Coup d'œil sur Corrientes et sur ses habitans.

Avant l'arrivée des premiers Espagnols, la côte du Parana, au lieu où est aujourd'hui Corrientes, offrait des bois épais, qui bordaient la rivière sur une assez grande largeur, et en dedans desquels habitaient de paisibles Indiens de la nation guarani. Il paraîtrait qu'ils formaient une espèce de petit hameau, où plusieurs familles vivaient de chasse, de pêche et d'un peu de culture.[1] Les forêts des bords du Parana présentaient une chasse facile, en ce qu'on y trouvait un grand nombre de pécaris ou sangliers d'Amérique et de pénélopes, qui y abondent encore aujourd'hui. Les marais ou *pantanos* qui séparent les parties boisées des *Lomas*, étaient couverts de canards et autres oiseaux aquatiques; et les rives du Parana, dans une multitude de petites anses sablonneuses, au milieu des rochers de grès déchirés de la côte, assuraient aux habitans une pêche aussi riche que commode. Ces Indiens vivaient donc tranquilles, et les siècles, pour eux, s'écoulaient sans aucun changement; car ils n'avaient d'autre soin à prendre que celui de s'armer par intervalle pour repousser leurs belliqueux voisins du Grand-Chaco, ou pour réprimer le pillage des Indiens payaguas[2], qui, possesseurs de ce dédale de canaux de l'embouchure du Rio Paraguay, se regardaient comme les propriétaires exclusifs de tous les affluens voisins de ce lieu. Seuls entre les Indiens qui fussent vraiment navigateurs, les Payaguas avaient même quelques cabanes sur la côte,

1. Les renseignemens historiques que j'ai compulsés à Corrientes parlent des chacras des Indiens, anciens habitans.

2. Ce sont les Payaguas qui ont donné leur nom au Paraguay. On disait, avant la conquête, *Payagua-y*, de *Payagua* et de *y*, rivière : la rivière des Payaguas, dont, par corruption, on a fait *Paraguay*. La nation payagua resta jusqu'à nos jours sur les rives du Paraguay et à Corrientes. Ce n'est même que depuis les guerres de l'indépendance qu'elle a forcément abandonné ce territoire, pour aller s'établir aux environs de Ñembucu, au Paraguay. Vraiment industrieuse, elle avait toujours été maîtresse de la navigation de toutes les rivières, au grand confluent du Parana et du Paraguay; et les Payaguas furent long-temps employés comme courriers, à cause de la promptitude avec laquelle ils voguaient. Azara les a bien décrits. J'ajouterai seulement quelques mots à leur histoire. Ils avaient établi leur résidence aux environs de Ñembucu; mais furent soupçonnés et convaincus, en 1820, de s'être affublés de peaux de jaguar, pour épouvanter et voler plus commodément les maisons de la campagne. Alors, on les chassa de Ñembucu par ordre du dictateur Francia, et on les obligea de venir à l'Assomption. On m'a assuré à Corrientes que Francia les fit tous mettre à mort. Si le fait est vrai, la plus brave des nations américaines aura entièrement disparu de la face du globe et ne sera plus connue que par le témoignage des historiens.

un peu au-dessus de Corrientes, passaient leur vie dans leurs pirogues, et ne vivaient que de pêche. Les Guaranis venaient souvent à la côte du Parana pour se livrer à cet exercice, et de petits sentiers, pratiqués au milieu des bois, les amenaient tous les jours au bord du fleuve. Le grand nombre de lézards, qui couvraient les rochers riverains, avait fait donner à ce lieu le nom de *Taragui* (Lézard) par ces Indiens; nom qu'ils emploient encore aujourd'hui.[1]

Ces Guaranis étaient presque nus, se couvrant les épaules d'un manteau de peaux de divers animaux cousues ensemble, et s'ornaient de plumes brillantes des oiseaux du pays. Leurs armes étaient l'arc et la flèche. En 1527, quarante-huit ans après la découverte de l'Amérique, et dix-neuf après celle de la Plata par Solis, les Indiens virent apparaître l'intrépide Gaboto. De ce moment la face des choses dut à jamais changer pour eux. La liberté dont ils jouissaient au sein de leurs familles, heureux d'un avenir toujours serein, allait leur être enlevée, remplacée par l'esclavage, par le meurtre; et le bonheur ne devait plus exister pour eux que dans les souvenirs du passé. Tout devait céder à la soif de l'or, qui foulait aux pieds et sacrifiait tout à ses vues, dans ces siècles de fanatisme. Je ne veux cependant pas ravaler la gloire de ces expéditions hasardeuses, dont les chefs courageux, soutenus d'une poignée des leurs, s'élançaient des rives de l'Océan au sein même des continens par ces immenses cours d'eaux qui les leur ouvraient, quand, forts de leurs armes et de leur activité persévérante, on les voyait braver des milliers d'ennemis qui pouvaient les anéantir; mais, d'un côté la bravoure, stimulée par la cupidité et par le désir d'amener des âmes à la foi chrétienne; de l'autre, l'admiration qu'inspiraient, à l'Américain des forêts, l'audace de ces hommes si différens de lui par leurs traits, et qui lui étaient si supérieurs par leurs armes; tout cela devait concourir à faciliter à la fois les découvertes et la conquête. Dans tout son trajet jusque près des sources du Rio Paraguay, Gaboto n'eut à soutenir qu'une attaque de la part des indiens Agaces, navigateurs qui avaient le plus à craindre, leur territoire étant déjà envahi. Leur défaite fit trembler les autres nations. C'étaient les guerriers les plus habiles et les plus redoutés. Tous les autres vinrent offrir leur amitié à l'audacieux Européen.

La première tentative de fondation de Buenos-Ayres avait eu lieu; mais les continuelles attaques des Indiens faisaient craindre pour son avenir. Ayolas, neuf ans après le voyage de Gaboto, avait, de nouveau, visité les domaines des Guaranis, et bientôt (en 1537) jeté au Paraguay, après la défaite des

1. Les Indiens ne disent jamais : Allons à Corrientes; mais bien : *yaha, taragui-pe*, allons au Lézard.

possesseurs naturels du pays, les fondemens de l'Asuncion, ville où se transportèrent, de suite, les restes de la population exténuée de Buenos-Ayres; et l'Asuncion ne tarda pas à devenir la première ville espagnole de cette partie de l'Amérique. Dès-lors les habitans de Taragui virent fréquemment les Espagnols passer devant la côte du Parana, sans s'occuper d'eux. Quand les Européens furent en force, ils éprouvèrent le besoin d'avoir des points habités sur l'immense étendue de terrain qui séparait la capitale du Paraguay de l'embouchure de la Plata. Déjà les fondemens de Santa-Fe avaient été jetés, et un grand nombre d'années s'étaient écoulées avant qu'on songeât à fonder une ville au point important du confluent du Parana avec le Paraguay.

On finit néanmoins par sentir combien l'existence d'une telle ville était nécessaire pour réprimer les désordres de nations barbares, et pour faciliter la navigation du fleuve. Ce projet fut mis à exécution sous le gouvernement de Juan Torres de Vera y Aragon. Il envoya son frère, Don Alonzo de Vera, dit le Tupi, accompagné, selon les uns, seulement de vingt-huit hommes, et de plus de soixante, selon les autres[1], pour jeter les fondemens de cette ville. Il débarqua, le 8 Avril 1588, à l'endroit nommé Arasaty, à un quart de lieue plus bas que la ville actuelle. Les naturels, voulant défendre leur territoire, attaquèrent vigoureusement les Espagnols, et obligèrent ceux-ci à construire un fort, où ils les bloquèrent long-temps. Il y eut de sanglans combats. Enfin, après beaucoup d'échecs, Corrientes fut fondée, avec le titre de *Ciudad*. On la nomma *San Juan de Vera* (du nom du gouverneur du Paraguay), en lui donnant le surnom *de las siete Corrientes*, à cause des nombreuses pointes de grès où le courant devenait on ne peut plus rapide. Dans la suite on oublia le nom de San Juan de Vera pour appeler la ville *las siete Corrientes*, et, plus tard, enfin, par abréviation, tout simplement *Corrientes*; nom sous lequel elle est aujourd'hui connue.

Dans ces temps de fanatisme et de superstition, chaque conquête nouvelle devait avoir son miracle, destiné à en légitimer et à en affermir la possession.[2] Corrientes eut aussi le sien, contre lequel on n'a rien à dire; car il est certifié sur un grand livre intitulé *Milagros de la Cruz* (Miracles de la croix), et déposé dans l'église de la Cruz. J'ai eu ce livre en ma possession, et j'y ai puisé, dans tous leurs détails, appuyés de la déposition des témoins et de leur signature, les renseignemens dont voici l'extrait :

1. J'ai emprunté tous ces renseignemens historiques aux pièces originales qui existent dans les archives de Corrientes.

2. Le Cuzco avait son *Santiago*; Buenos-Ayres sa *Maldonado*, et ainsi des autres.

A leur arrivée à Corrientès, les Espagnols éprouvèrent beaucoup de résistance de la part des Indiens. Il y eut plusieurs combats dans lesquels les étrangers perdirent beaucoup des leurs; enfin ils purent construire un petit fort, où ils se renfermèrent au nombre de vingt-huit, derrière des fossés et des palissades, qui ne laissaient qu'une entrée, en dehors de laquelle ils plantèrent une croix de bois, comme signe de leur religion. Les Indiens, dont le nombre augmentait journellement, les assiégèrent sans pouvoir les réduire ni pénétrer dans l'enceinte. Au bout de huit jours, ils s'avisèrent enfin d'imaginer que le signe de la religion des chrétiens pouvait bien défendre ces derniers contre leurs attaques. Ils résolurent, en conséquence, d'y mettre le feu, réunirent beaucoup de bois et l'amoncelèrent au pied de la croix. Vains efforts! La croix resta intacte. Ils revinrent à la charge huit jours de suite; huit jours de suite le feu brûla sans entamer le signe sacré. Le neuvième, plusieurs Indiens attisaient encore le brasier sacrilége; quand, par le plus beau temps du monde, le tonnerre gronda, et des éclairs les frappèrent de mort. Leurs compatriotes alors se prosternèrent, reconnurent qu'une puissance surnaturelle protégeait les Espagnols, virent que le Dieu de ces étrangers valait mieux que le leur, cessèrent de suite leur attaque; et, au nombre de cinq mille, demandèrent en grâce d'être admis parmi les fidèles. De ce moment, on les réunit en commanderies, et l'on fonda les villages de Guaycaras et d'Ytaty [1]. La croix miraculeuse fut respectée et adorée des Espagnols. On bâtit, pour la conserver, une petite chapelle, qui existait encore cent ans après. La ville de Corrientes ayant été fondée un peu plus haut, on voulut transporter cette croix dans l'église de la Cruz, qu'on avait construite à cet effet; mais la croix résista..... second miracle! Vainement creusa-t-on la terre; vainement employa-t-on tous les moyens.... La croix avait pris racine! et ce n'est que cinquante ans plus tard qu'elle voulut bien se laisser enlever. On la transporta alors dans l'église de la Cruz, où l'on me l'a montrée, comme pièce à l'appui des miracles. Elle en a fait encore plusieurs, qu'il serait trop long de rapporter ici.

Corrientes n'a pas été bâti à l'endroit même où l'action avait eu lieu. Les Espagnols remontèrent à un quart de lieue, près d'un petit ruisseau, qu'ils nommèrent *Santa-Rosa*, et qui pouvait servir de port aux petits navires. Ils édifièrent la ville un peu au-dessus, en abattant les bois épais qui couvraient

1. Ce dernier fait est positif : ce sont les Indiens subjugués lors de cette première attaque qui vinrent établir ces deux villages. Peu de temps après, ils fondèrent ceux d'Ohoma et de Santa-Lucia, qui tous formaient des commanderies.

alors le sol. Trois ans après la fondation, Don Alonzo de Vera, fondateur, fit, au nom de Philippe II, une première répartition de terrains à deux cent cinquante et une familles, déjà réunies à San Juan de Vera de las siete Corrientes. Cette distribution eut lieu le 18 Septembre 1591[1]. La seule condition était de ménager, partout où le besoin s'en ferait sentir, des chemins de dix varas (trente pieds espagnols) pour l'exploitation, et les chemins royaux de quarante pieds de largeur, le tout sous peine de cinq cents piastres (2500 fr.) d'amende. Il y eut d'autres distributions faites successivement jusqu'en 1601; après quoi, on accorda gratis les terrains demandés par les habitans, sans plus les leur distribuer; usage qui s'est maintenu jusqu'à nos jours.

Corrientes eut beaucoup à combattre contre les Indiens non convertis à la foi chrétienne; et, pendant les premières années, le sol fut souvent arrosé du sang américain et de celui des Espagnols; mais sa population, faible quelque temps, s'augmenta bientôt du renfort de beaucoup de familles échappées à la destruction et à l'abandon de la ville naissante de la *Concepcion de Buena Esperanza,* située au centre du Chaco, sur les rives du *Rio Vermejo*, et, dès-lors, Corrientes se vit mieux à l'abri des attaques des indigènes. Cependant les *Guaycurus,* nation belliqueuse du Chaco, l'inquiétaient souvent, de concert avec les Payaguas, nation de navigateurs, la plus rusée et la moins facile à réduire. Les habitans voyaient fréquemment dévaster leurs propriétés, principalement sur les rives du Parana. Ce n'était pourtant rien, comparativement à ce que ces redoutables adversaires faisaient souffrir aux habitans du Paraguay; néanmoins, en 1673, Corrientes faillit être entièrement détruit par les Guaycurus du Chaco. Ceux-ci avaient passé le Parana, et allaient s'emparer de la ville, quand les Indiens guaranis des Missions, troupes légères de ce temps, accoururent à sa défense, et forcèrent les assaillans à quitter la rive orientale du fleuve. Les Abipones et les Payaguas du Chaco ne tardèrent pas à revenir à la charge. Ils ne cessaient de ravager les établissemens riverains. En 1720, ils attaquèrent la ville même. Ils furent de nouveau repoussés, et Corrientes recouvra, pour quelque temps, sa tranquillité. Le vice-roi crut, cependant, indispensable de faire une battue générale dans le Chaco, pour châtier les nations ennemies. Les Correntinos s'unirent pour cette entreprise aux habitans de Santa-Fe. Ce fut en vain. La discorde se mit dans l'armée; et le peu de discipline des soldats de Corrientes fit manquer l'expédition.

1. J'ai eu cette pièce entre les mains et j'ai retrouvé dans la ville les noms des personnes auxquelles a été faite la distribution dont il s'agit.

La haine la plus implacable existait entre les Correntinos et les Indiens du Chaco; aussi les premiers cherchaient-ils, par tous les moyens possibles, à détruire leurs ennemis, et à se venger des vols partiels que ces nations faisaient continuellement sur les propriétés des rives du Parana. Ils passèrent, en 1745, dans le Chaco, au nombre de cent quatre-vingt-dix, surprirent une tolderia ou village des Abipones, et en tuèrent tous les habitans, hommes et femmes, réservant seulement vingt-cinq jeunes gens, qu'ils se répartirent comme esclaves, en qualité de butin pris sur l'ennemi. Cette lâche victoire, si peu digne des Espagnols, ne resta pas long-temps sans vengeance. Deux ans après, les Abipones, par légions nombreuses, attaquèrent, sur tous les points à la fois, la province de Corrientes, et tuèrent plus de cent personnes. Les habitans, qui n'étaient pas en mesure pour se défendre, furent obligés de demander la paix, et l'obtinrent encore par la ruse et par des promesses. Corrientes flotta dans cette alternative de guerre et de paix jusqu'à l'époque de la grande révolution américaine, où elle eut beaucoup à souffrir des Indiens des Missions, qui accompagnaient Artigas, lors de son passage au Paraguay; mais, quoiqu'en butte aux désastres inévitablement amenés par les guerres civiles, Corrientes reprit bientôt après un autre aspect. Le commerce du tabac, devenu la propriété de l'État depuis 1748, avait été tout à fait oublié dans la province jusqu'à l'instant où les franchises accordées aux commerçans lui permirent de faire ce qu'elle voudrait. Corrientes commença dès-lors à prospérer; et, depuis, son sort est devenu meilleur de jour en jour.

La province de Corrientes a relevé du Gouvernement de Buenos-Ayres, jusqu'à l'époque de la déclaration d'indépendance, où elle a pris le titre de province, avec les mêmes prérogatives que celles de Buenos-Ayres, du Paraguay et autres provinces unies. Dès-lors elle se gouverna par elle-même, tout en envoyant tous les ans des députés à la Junte générale de la république du Rio de la Plata, dont elle fait partie.

Elle est comprise entre les 27° 18' et 30° 21' de latitude sud, et 59° et 62° de longitude ouest de Paris. Elle est bornée au Nord par le Parana, qui la sépare du Paraguay; à l'Ouest, encore par le Parana, qui la sépare du Grand Chaco, habité seulement par des nations sauvages, les Tobas, les Lenguas, les Bocobis, etc.; à l'Est, par la laguna d'Ybera et le Rio Meriñay, qui la séparent des Missions; et au Sud, par la province d'Entré-rios, dont elle est séparée par le Rio *Guayquiraro*. La superficie en est immense; et, si tous les terrains dont elle se compose étaient susceptibles d'être cultivés, ce serait, sans contredit, une des plus riches provinces de la république de la

Plata. Elle est coupée en lanières, dirigées Nord-Est et Sud-Ouest, par plusieurs des rivières ou ruisseaux qui l'arrosent, et qui sont le Rio Corrientes, le Rio de Santa-Lucia, le Rio Batel, le Riachuelo, le Guayquiraro; le Sombrero, l'Empedrado, le San-Lorenzo[1] et le Rio Ambrosio. Toutes ces rivières versent leurs eaux dans le Parana. Les plus grandes sont le Rio Corrientes et le Santa-Lucia. Le premier n'est navigable que dans une partie de son cours; le second pourrait l'être au temps des pluies; mais comme la province est entourée, au Nord et à l'Ouest, par le Rio Parana, dont le cours majestueux, large souvent d'une lieue, procure une navigation bien liée sur tous les points les plus importans de la circonférence, les communications intérieures sont moins utiles à la province. Son sol n'a aucune montagne; on pourrait même dire aucune colline. Il est partout horizontal ou très-peu ondulé; car on ne peut appeler collines, les *Lomas* de Santa-Lucia et des Ensenadas, qui ont à peine cinq à six toises au-dessus des marais voisins. Les seules parties élevées sont les côtes du Parana au Nord, et la ligne de partage des eaux entre le Rio de Santa-Lucia et le Batel. Le centre de la province constitue un immense bassin presque toujours inondé. L'eau, ne trouvant pas de pente suffisante pour s'échapper, forme partout des marais ou des réservoirs naturels, qui permettent aux fermiers d'élever avec facilité des bestiaux, par l'abondance des pâturages, et des eaux qui ne sèchent jamais. On peut donc considérer le pays entier comme une grande plaine très-légèrement ondulée.

Les marais couvrent près de la moitié de la superficie de Corrientes. Ceux de l'Ybera sont immenses, sans pourtant absorber toute la province, ainsi que pourrait le faire penser l'inspection des cartes. Ils ne sèchent jamais, forment horizon et donnent naissance à plusieurs rivières, le Rio Corrientes, le Rio Meriñay et le Rio Batel. Les marais de la Maloya occupent tout le milieu de la contrée. Ils sont entrecoupés de bois par bouquets isolés et de nombreux palmiers employés comme toiture. Ils donnent naissance à presque tous les ruisseaux du pays. Dans les grandes sécheresses, il en reste encore la moitié d'inondés. Indépendamment de ceux qui alimentent les rivières, il y en a beaucoup d'autres sans issue, souvent couverts de joncs, nommés alors *Esteros*; et d'autres fois d'eau limpide, qui sont des *Lagunas*. S'ils sèchent, on les appèle très-improprement *Cañadas*[2], comme la *Cañada de Cebollas* et autres. Les esteros et les lagunas sont les plus répandus. Pas un terrain élevé

1. Dans la partie spécialement géographique, je donnerai des détails étendus sur le cours de ces rivières, ainsi que sur tout ce qui peut servir à éclairer la topographie de la province.

2. Ce mot, appliqué ici aux marais, veut dire, en espagnol, gorge de montagne.

et sablonneux n'en est dépourvu. On en rencontre à chaque pas dans les Ensenadas et aux environs de Caacaty. C'est dans ces lieux que le cultivateur et le fermier trouvent une fortune assurée et tous les élémens de prospérité. Partout une herbe verdoyante; partout une eau limpide et des bois isolés, qui, servant aux constructions, au chauffage, maintiennent, de plus, une humidité favorable à la culture. C'est aussi dans ces lieux que les sites les plus pittoresques et toutes les beautés de la nature charment incessamment l'œil du voyageur. 1828. Corrientes.

Le climat est chaud, comme doit le faire supposer la latitude. Il est surtout très-variable. Les étés sont brûlans et les hivers peu froids. L'eau n'y gèle jamais, et à peine y tombe-t-il de la gelée blanche, lorsque le vent vient du Sud; l'atmosphère est généralement pure, et l'on n'y voit pas ces temps sombres qui caractérisent les régions froides. Le vent, le plus souvent peu fort, est, presque toute l'année, Nord, Nord-Est ou Nord-Ouest. Il souffle d'ordinaire en augmentant progressivement d'intensité, jusqu'à ce qu'enfin l'atmosphère vienne à se charger au Sud. Alors il cesse tout à coup pour faire place à un calme de peu de durée, pendant lequel on éprouve une chaleur suffocante. Ce calme est toujours suivi d'un orage qui vient du Sud. Le temps se couvre de toutes parts; le tonnerre gronde avec fracas; les éclairs sillonnent des nuées noires; la pluie tombe soudain par torrens et dure parfois assez long-temps, surtout dans la saison pluvieuse. C'est principalement pendant les fortes chaleurs que ces orages se succèdent avec le plus de rapidité; car, en hiver, il pleut rarement. L'hiver est la saison sèche du pays. Il n'y a cependant pas à Corrientes de saison distincte pour les pluies, comme dans tout le haut Pérou et dans les autres régions équatoriales. Les pluies ne sont pas périodiques; elles sont seulement plus abondantes à l'époque indiquée. En hiver, le vent du Sud souffle souvent sans orages, et amène un froid vivement senti par les habitans. On les voit grelotter par une température qui ne donne pas de gelée. L'effet du vent du Nord sur toute l'économie animale, et sur les hommes en particulier, est des plus extraordinaire. Il cause à la plupart des créoles, et notamment aux étrangers acclimatés, un abattement général, accompagné de maux ou du moins d'une grande pesanteur de tête. L'appétit diminue; les forces morales ne sont pas moins débilitées que les forces physiques. On a même remarqué que, dans les régions méridionales, à Buenos-Ayres, par exemple, les *Gauchos* sont, tant que dure ce vent, plus disposés à leurs sanglantes querelles. Il est singulier de voir les Correntinos le redouter si fort; tandis que, dans

1828. Corrientes.

les régions plus chaudes, comme à Santa-Cruz de la Sierra, ce sont les vents du Sud que l'on craint, et qui empêchent de sortir et de rien faire. En tout état de cause, les vents du Nord ont une influence réelle sur les habitans de la province. On pourrait dire qu'ils en ont une contraire sur les animaux; mais, alors, c'est plutôt la différence de température que la pesanteur de l'atmosphère qui agit. Tout le monde a remarqué que, pendant les vents du Sud, aucun reptile ophidien ne se montre dans les campagnes; tandis qu'ils y pullulent par un temps plus chaud. Le vent de Sud-Ouest, nommé *pampero*, est, pour ainsi dire, l'antidote de celui du Nord, et les effets en sont diamétralement opposés. Il purge l'atmosphère, et met fin aux pluies qui accompagnent les orages. Il ne dure ordinairement que deux ou trois jours, quelquefois moins, rarement plus. Son intensité varie de la plus faible brise à l'ouragan le plus furieux. Il abaisse la température et ranime les forces vitales.

Les inondations des marais de la province sont dues aux pluies locales. Il n'en est pas ainsi de celles du Parana, dont les causes viennent de plus loin. Les crues périodiques sont au nombre de trois, une en Mars, l'autre en Juin, et une dernière en Décembre. La plus forte est celle de Mars. Les eaux sont plus basses en Septembre, Octobre et Novembre. Elles commencent à s'enfler par les pluies abondantes qui tombent alors dans toutes les régions chaudes: ainsi c'est en Bolivia et au Brésil qu'il faut aller chercher les causes de ces crues, dont j'aurai occasion de parler, plus longuement, dans la partie géographique.

Je vais jeter un coup d'œil rapide sur les productions naturelles de la province. Je commencerai par la zoologie, tout en renvoyant, pour les détails spéciaux, aux diverses généralités de distributions géographiques, placées en tête des diverses classes qui font le sujet des tomes IV à VII.

Je suivrai, dans ce court résumé, l'ordre classique des animaux selon Cuvier, en commençant par les mammifères.

Les bois des rives du Parana et des autres rivières sont journellement visités par des troupes de singes hurleurs, de l'espèce que les habitans nomment Caraya. Ils vivent en famille et s'entendent de très-loin. Les peaux des mâles sont seules estimées. De nombreuses chauves-souris parcourent le soir les campagnes. On distingue entr'elles les hideux vampires, qui sucent le sang des animaux et même des hommes. Des coatis aux mœurs gaies, des gloutons familiers, qu'on élève dans les maisons, détruisent les blattes et tous les insectes qui pullulent dans ces contrées. Les mouffettes, au pelage charmant, ne sont pas à beaucoup près aussi communes que dans les régions plus australes; mais elles n'en ont pas moins d'odeur; et le plus carnassier des animaux, le jaguar, est le premier, à ce que disent les habitans, à abandonner sa proie, quand cet animal s'en approche. Les loutres curieuses viennent au-devant du voyageur, dans les navigations, aux lieux peu fréquentés, et paraissent alors se jouer, à ses yeux, comme si elles voulaient se faire remarquer, en suivant, quelquefois, long-temps la même pirogue.

1828. — Corrientes.

L'agile loup rouge parcourt les plaines, où il chasse les tinamous; tandis que le rusé renard habite la lisière des bois, d'où il réussit toujours à faire quelque rapt. De hardis jaguars se cachent le jour au milieu des grandes herbes des marais ou dans les bois; le soir ils en sortent pour attaquer les jeunes veaux, les chevaux, les brebis, et même les hommes, faisant payer cher son imprudence à celui qui reste seul dans les campagnes. Ils arrêtent souvent le voyageur dans ses explorations, en le privant de son cheval, ou le forçant à prendre la fuite. Cet animal, faible dans l'abondance, devient furieux dans la disette; et les habitans de Corrientes ont vu un jaguar entrer dans la ville et aller se cacher sous un lit, où il fut tué : cependant le jaguar n'attaque que lorsqu'il n'a pas de proie morte; tandis que le couguar ne veut que du sang chaud, et tue toujours, tant qu'il a des victimes à sa portée; mais il n'est pas à craindre pour l'homme, dont la présence l'effraie. Une foule d'espèces de chats sauvages vivent dans la province. On fait de leurs peaux des bottes estimées de l'habitant des campagnes. Des sarigues, singulières par la manière dont elles portent leurs petits, sont toujours en guerre avec le fermier, auquel elles enlèvent les poules avec une effronterie et une adresse étonnantes. Une grande quantité de très-gros cabiais peuplent les bords des rivières et le rivage des lacs, où ils vivent paisiblement en société; tandis que les cobayes sauvages ou apéréas habitent en famille les haies et les buissons. Le pays abonde en rats de diverses espèces, dont quelques-unes nuisent à la canne à sucre. Le tapir est rare, quoiqu'il se rencontre quelquefois dans les lieux marécageux. Des troupes de sangliers sauvages ou pécaris battent aussi le sol des bois, où ils repoussent arrogamment les attaques dirigées contre eux. Plusieurs belles espèces de cerfs parcourent la province. Le plus grand de tous, le *guaçu pucu*, fréquente les marais où l'homme pénètre peu; le *guaçu ti*, les campagnes découvertes; tandis que le *guaçu pita* et le *guaçu bira* vivent en grandes troupes au milieu des fourrés. Les tatous à la cuirasse épaisse sont très-nombreux; les uns dévastent les champs, comme les *mulitas* et les encouberts; tandis que les *pebas* ou tatous noirs recherchent les bois.

1828. Corrientes.

Les oiseaux sont on ne peut plus variés; le pays est bien plus animé par eux que par les mammifères. On n'est seul nulle part, même dans les déserts. Le jour, le chantre des bois vient égayer le voyageur; et, la nuit, il est remplacé par l'oiseau nocturne, dont les cris plaintifs le portent naturellement à la mélancolie.

Les oiseaux de proie sont en proportion des autres. Ils sont très-nombreux en espèces. Les buses taciturnes couvrent les bords des marais; tandis que le faucon agile s'approche des maisons d'un vol rapide; et que les busards parcourent la campagne de leur vol majestueux et lent. Les carácarás et les cathartes vivent familièrement aux dépens du citadin et du fermier, et portent partout leur effronterie et leurs mœurs dégoûtantes. La nuit, au sein des lieux les plus sauvages, le repos du voyageur est souvent interrompu par le chant monotone du grand duc barré, *ñacurutu*, ou des chevèches; ou bien le cri lugubre et de mauvais présage de l'effraie épouvante l'habitant des villages.

De petits oiseaux de tout genre se montrent dans les plaines découvertes. Les criardes pies-grièches peuplent les halliers de la lisière des bois. Les merles vivent également dans les buissons ou sur les petits arbres, faisant parfois entendre leur chant mélodieux; et, tandis que les becs-fins cherchent au sommet des futaies, dans ces touffes de lianes qui les couronnent, les petits insectes dont ils se nourrissent, beaucoup de synallaxes sautillent autour des arbustes, au bord des marais. Les tangaras, au plumage brillant, parcourent les vergers en troupes bruyantes; tandis que les gobe-mouches agiles indiquent les plantes élevées des plaines, en se perchant dessus, ou bien font entendre leur chant, toujours le même, à la lisière des bois. De nombreuses hirondelles couvrent les campagnes et y détruisent une partie des importuns moustiques de ces lieux; s'enfonçant l'hiver, au dire des Indiens, dans les marais, pour reparaître aux premiers rayons du soleil de chaque printemps; singulier rapprochement à faire (si le fait est vrai) avec ce que dit Cuvier des mœurs identiques de nôtre mortreuse d'Europe. Les engoulevents mystérieux ou sont recherchés comme talismans par les crédules Indiens, ou trompent par leur cri, pareil à celui de l'homme, le voyageur perdu au milieu des forêts. Des pies babillardes, aux belles couleurs azurées, parcourent sans crainte les environs des maisons bâties près des bois; des troupiales vivent en société dans les rases campagnes, couvrant la terre de leurs nuages diversement colorés, laissant vivre dans les forêts les caciques et les carouges aux couleurs éclatantes. Des linottes de diverses espèces ont les mêmes mœurs qu'en Europe. Des grimpereaux, aux teintes sombres, imitent les pics, en montant verticalement le long des troncs d'arbres. Des colibris et des oiseaux-mouches, vrais papillons emplumés, disputent, aux papillons mêmes, le suc des fleurs, qu'ils courtisent ensemble, confondus avec eux par leurs couleurs vives, mais plus légers, paraissant et disparaissant comme un éclair. Les martins-pêcheurs, aux cris désagréables et aux teintes azurées, animent le bord des rivières, en pêchant avec adresse les petits poissons qu'ils aperçoivent du haut de leur observatoire aquatique. Les pics, au bec robuste, font retentir l'écho des coups redoublés qu'ils donnent aux arbres morts, afin d'y chercher des insectes; tandis que les coucous farouches, regardés comme sorciers par les naturels, étalent leur belle queue étagée; et que le couroucou pleure, pour m'exprimer comme les habitans, le coucher du soleil, qui couvre de ténèbres les forêts épaisses, où ses couleurs métalliques si brillantes restent inaperçues. Les disgracieux anis, au plumage de deuil, parcourent en troupes les marais et les bois. Le toucan, au bec aussi gros que lui, semble être le bouffon des hôtes des forêts, par son air empesé, par le ridicule de ses gestes, quand il fait entendre sa voix désagréable. Les perroquets babillards, ainsi que les perruches nombreuses, toujours unis par couples, souvent en troupes innombrables, volent dans les champs cultivés; leur vert éclatant s'y confond avec la verdure des plantations de maïs, où des ouvriers sont payés seulement pour les surveiller, afin qu'ils n'y portent pas le ravage; tandis que, plus sérieux, les aras, couleur de feu ou bleu céleste, se contentent d'étaler leurs belles queues, et de faire retentir de leur glapissement les échos des falaises sauvages qui bordent les grands fleuves. Les bois résonnent du chant des pénélopes, faisans de ces contrées. Dans les plaines paissent tranquillement des tinamous ou cailles américaines, toujours poussant leur sifflement plaintif; ou telles de leurs espèces, plus craintives, s'enfoncent au plus épais des forêts, d'où l'on ne les voit jamais sortir. Des troupes innombrables de pigeons ramiers couvrent les campagnes en hiver; au printemps, des tourterelles de taille variée murmurent leurs doux roucoulemens.

1828. Corrientes.

Les ñandus ou autruches américaines vivent dans les lieux découverts, fuyant d'un pas rapide le chasseur, qui les poursuit seulement pour s'approprier leurs plumes. Des pluviers nombreux parcourent avec précipitation les bords des lacs et les plaines inondées. Les vanneaux armés, placés comme les sentinelles de la gent ailée, l'avertissent par leur accent criard de la présence de l'homme, et déjouent toutes les ruses du chasseur. Les sariamas vivent au milieu des coteaux secs et buissonneux. Les courlans font entendre au fond des marais, leur résidence habituelle, un cri fort et fréquemment répété. Des hérons variés en espèces arpentent le bord des marais et des fleuves, faisant retentir les airs de leurs cris rauques de frayeur; les blanches aigrettes, au plumage envié, couvrent le bord des eaux de leurs troupes réunies aux autres oiseaux aquatiques. Les cigognes et les tantales viennent dans les plaines marécageuses, où ils recherchent les reptiles. Le grand jabiru, au col de pourpre sans plumes, se confond souvent, de loin, avec l'Indien pêcheur, par son plumage blanc et sa grande taille. La spatule, aux teintes rosées, vient orner les rives des lacs et des marécages. Des bandes innombrables d'ibis, variés en espèces, couvrent les lieux inondés, dont ils remuent sans cesse la fange avec leur long bec, ou bien décrivent dans les airs des cercles immenses, lorsqu'ils voyagent en troupes. Une foule de chevaliers et d'échassiers, aux longues jambes, animent le bord des eaux; tandis que le léger jacanas, aux grands ongles et aux mœurs joyeuses, marche, sans enfoncer, sur de petites plantes qui en couvrent la surface, en y étalant ses couleurs jaunes et brunes. Le kamichi huppé ou chaïa se fait entendre au milieu de la nuit, et annonce d'heure en heure au marin qu'une heure encore vient de s'écouler pour lui. Les râles, aux mœurs sautillantes et gaies, se faufilent au milieu des hautes herbes des marais, non sans les faire retentir, de temps en temps, de leur voix sonore, seul signe de leur présence. Des foulques et des poules d'eau, joyeuses, vivifient les lacs couverts de joncs, leur résidence favorite.

Les oiseaux purement aquatiques ne sont pas moins communs. Des grèbes, au col élancé, nagent incessamment dans les lieux où il y a beaucoup d'eau, plongeant et reparaissant continuellement à la surface; des mouettes nombreuses, au plumage blanc, disputent aux urubus, mais seulement l'hiver, les restes de chairs abandonnés dans les tueries, se livrant ensuite entr'elles de terribles combats, pour le partage de leur butin. Beaucoup d'hirondelles de mer couvrent les bancs de sable, où elles nichent et vivent, si peu habituées à s'y voir troubler qu'elles poussent des cris perçans quand les marins viennent à passer auprès. Du haut des airs, elles se laissent tomber, la tête la première, dans les eaux, afin d'y saisir leur proie. Le bec-en-ciseaux, non moins criard, trace des lignes droites avec son bec à la surface des ondes, comme le laboureur avec sa charrue; singulière habitude, qui lui a valu le nom de *rayador*. Les sombres et taciturnes cormorans couvrent les arbres morts arrêtés sur les bancs de sable des fleuves, ou autour des marais, se précipitant de là sur les pauvres poissons qui osent s'approcher. L'*anhinga* ou oiseau-serpent des Indiens, ainsi nommé à cause de son long col flexible et de sa petite tête, s'aperçoit au sommet des arbres qui bordent les fleuves; et quand il plonge dans l'eau, afin d'y saisir le poisson, sa nourriture habituelle, sa tête, en en ressortant, représente les replis d'un serpent. Les lacs fourmillent de canards variés, de toute espèce, qui se jouent en grandes troupes à la surface de leurs eaux, sur les marais, sur les bords des rivières; et, en hiver, ils sont couverts de cygnes blancs venus des parties méridionales.

On voit, par cet aperçu, combien les oiseaux sont variés au milieu des campagnes planes de la province. Les terrains montueux ou ceux qui les avoisinent peuvent seuls encore posséder une zoologie plus étendue, en raison des différences de température que cause l'élévation des montagnes. Comment se fait-il qu'avec tant de ressources les habitans dédaignent d'aussi bon gibier, pour ne se nourrir que de viande?

Si les oiseaux sont multipliés, les reptiles ne le sont pas moins; mais que de différences entr'eux! Quelques-uns inspirent la crainte, au lieu de faire désirer leur possession, et tous inspirent le dégoût. Des tortues d'eau douce, ou émydes, habitent au sein des marais et sur les rives des fleuves, où elles déposent quantité d'œufs dont les habitans ne font aucun cas. Des caïmans voraces couvrent les bords des lacs, des marais, des fleuves, où ils font souvent des victimes; aussi servent-ils de but à l'adresse du cavalier-chasseur, qui les enlace, lorsqu'ils sont endormis au bord des eaux. Des sauvegardes, à la queue annelée, parcourent les bois et les champs, et sont partout poursuivies, tant à cause de leur chair assez délicate, qu'en raison des croyances superstitieuses dont sont l'objet, chez les Indiens, les diverses parties de cet animal. De paisibles lézards, nombreux en espèces et en individus, fuient le passant, au milieu des campagnes; plus familiers sur les rochers de la côte, où leur affluence a motivé le nom indien de la capitale. Tout ce qui est serpent effraie tous les peuples; mais les aborigènes, plus rapprochés de la nature et meilleurs observateurs, savent distinguer les espèces venimeuses; aussi prennent-ils sans crainte l'orvet, aux écailles lisses; et l'amphisbène (leur *Ibiyau*, mangeur de terre), ainsi nommé parce qu'il habite sous le sol, d'où il ne sort que la nuit, menant en cela le même genre de vie que les typhlops. D'énormes boas aquatiques peuplent le centre des marais, où, paisibles, ils se contentent de chasser le quadrupède timide qui s'approche des eaux. L'Européen tremblerait à leur nom seul; mais l'Indien, qui connaît leur faiblesse, ne les craint pas le moins du monde. Il les enveloppe de son lazo, et les transporte ainsi jusque chez lui, où il en emploie quelquefois la peau pour servir de sangle à la selle. De nombreuses couleuvres, on ne peut plus variées en couleur et en taille, habitent principalement les plaines sèches et

1828. Corrientes. buissonneuses, où l'on en rencontre à chaque pas, et où quelques-unes représentent les plus jolis rubans annelés de rouge et de noir. Toutes fuient rapidement l'homme, qui ne les laisse jamais vivre, lorsqu'il les rencontre; habitude commune à tous les peuples du monde. Les serpens venimeux sont peu nombreux dans la province. Quelques crotales ou serpens à sonnettes s'y montrent, quoique rares; on les y craint; mais pas, à beaucoup près, autant que la meurtrière vipère, nommée *mboy curuçu* ou serpent de la croix, à cause de la figure de cet emblème qu'elle porte sur la tête. Cette espèce est terrible; et, souvent, les pauvres indigènes en sont les victimes, malgré la grande quantité d'antidotes qu'ils croient pouvoir opposer à ses poisons. Plusieurs espèces de grenouilles vivent dans les lacs. Des rainettes, aux vives couleurs, percent l'air de leurs cris aigus ou rauques, du haut des arbres, où elles sont perchées. Les hideux crapauds, surtout, abondent au bord des rivières et des marais; ce sont eux qui, la veille d'un orage, font entendre ces cris si variés et si singuliers qui étonnent le voyageur. Souvent c'est le son argentin de clochettes sur différens tons, ou le bruit que produit le choc d'une pierre ou d'un morceau de bois contre un autre, ou bien encore ce sont des gémissemens plaintifs, fréquemment répétés.

Les poissons ne sont pas moins nombreux. Nulle rivière au monde, peut-être, n'en possède une plus grande variété d'espèces que le Parana. Les lacs ont aussi les leurs, et il n'est pas jusqu'aux marais qui n'en fourmillent. Le chiffre dominant appartient à la division des siluroïdes, distinguée par les formes les plus bizarres et par des dimensions extraordinaires. Le *surubi* et le *maguruyu* des Guaranis en offrent des exemples, ainsi que beaucoup de leurs espèces écailleuses ou cuirassées. La *palometa,* aux dents tranchantes, fait souvent payer assez cher au baigneur l'imprudence de ne s'être point prémuni contre sa morsure; vraie bécune d'eau douce et non moins à craindre. Les pastenagues ou raies armées des rivières ne sont pas moins redoutées des pêcheurs. Leurs aiguillons acérés et en dent de scie font des blessures profondes, et on ne peut plus douloureuses. Ce sont elles qui défendent l'approche des bancs de sable. Tous ces poissons, quoiqu'on en estime la chair, ne servent guère de nourriture qu'aux Indiens. Les personnes riches regardent comme au-dessous d'elles d'en manger, ne vivant que de viande et de légumes.

Si je descends aux classes inférieures, aux mollusques, par exemple, je trouve moins de variété; ce qui s'explique facilement; car on ne peut avoir à Corrientes que des animaux terrestres et fluviatiles. Parmi les premiers, quatre ou cinq espèces d'hélices ou de limaçons composent la série des animaux terrestres, auxquels on peut joindre des vaginules. Dans les coquilles fluviatiles on rencontre beaucoup plus d'espèces. Un grand nombre d'ampullaires variées vivent dans les marais, dans les lacs et dans les rivières, ainsi que beaucoup de petites paludines. Les mêmes rivages du Parana sont couverts de belles espèces de bivalves, communes aux lacs d'eau limpide de Las Ensenadas et à tous les cours d'eaux de la province. Ces coquilles appartiennent aux genres Anodonte, Unio, Castalie, Mycétopode, Iridine et Cyclade; les plus grandes sont très-richement nacrées, tiennent lieu de cuiller aux habitans des campagnes, et l'éclat en est comparable à celui de l'argenterie. 1828. Corrientes.

Les animaux articulés sont, sans contredit, en majorité dans la province de Corrientes. Parmi les crustacés quelques crabes demi-terrestres, demi-aquatiques, parcourent les bords fangeux des marais; tandis que les entomostracés pullulent au milieu des mares d'eau et des lacs. Les arachnoïdes sont en bien plus grand nombre encore; et, parmi elles, des mygales énormes et venimeuses, à la démarche menaçante, habitent les campagnes; quelques-unes aussi grosses que le poing. Une innombrable quantité d'araignées fileuses placent leurs immenses filets sur les haies, sur les murs des maisons et à la lisière des bois. C'est, surtout, sur ces toiles rayonnantes que la rosée du matin se montre au lever du soleil, comme la plus belle rosace, ornée de perles limpides et brillantes. Ces araignées sont des plus variées en couleurs; et paraîtraient belles, sans l'aversion naturelle qu'elles inspirent. J'ai trouvé, aux environs de Caacaty, dans les animaux de ce genre, une espèce qui fournit une soie ferme et d'un beau jaune, assez forte pour être filée dans le pays, et pour servir à la fabrication de tissus durables; espèce assez rare, qu'on peut citer comme curieuse; aussi les habitans la protègent-ils au lieu de la détruire, comme ils le font des autres. De hideux scorpions, à l'aiguillon venimeux, sont on ne peut plus communs; mais on cite peu d'exemples de leur piqûre.

Les insectes, surtout, dominent en tous lieux, et l'on en rencontre à chaque pas. La terre est parfois couverte d'iules; et d'assez grandes scolopendres font fuir les enfans dans l'intérieur même des maisons. Parmi les insectes suceurs, la puce pénétrante ou *nigua* les fait beaucoup souffrir, tourmentant même les grandes personnes qui ne prennent pas la précaution de la faire enlever. Cet insecte incommode est aussi désagréable dans les lieux habités que les tiques ou *garapatas*, qui s'attachent à vous dans les bois et les campagnes. Ce sont des plaies véritables, qui atténuent d'autant les avantages que présente le pays. Parmi les insectes coléoptères, de nombreux carabiques couvrent le bord des rivières; c'est aussi là et près des marais que les brillantes cicin-

1828. delles apparaissent le jour ou le soir, marchant avec la rapidité de l'éclair, en étalant leurs couleurs métalliques. Les eaux des marais abondent en ditisques

Corrientes. et en hydrophiles; quantité de staphylins vivent près des animaux morts, et dans les campagnes; des buprestes brillans courtisent les fleurs et se promènent sur les écorces des arbres morts. Parmi la grande variété d'espèces d'élatérides ou taupins, on peut remarquer les taupins porte-lumière ou *taca-mua* des Guaranis, assez éclatans pour qu'on puisse lire à leur flambeau, quand il y en a plusieurs réunis. Leur lumière, qui vient de la tête, n'est, d'ailleurs, pas instantanée, ainsi que celle des lampyres ou vers luisans, et ne se détache pas par scintillement sur le sombre des marais, comme pour ces derniers. Ils volent droit ou circulairement, décrivant, à la lisière des bois, des lignes lumineuses qui ressemblent à des éclairs. Ils amusent les enfans, qui les recherchent et les attirent avec des charbons ardens; tandis que la lumière des lampyres, toujours vacillante et tour à tour effacée et brillante, peut se comparer, par une nuit sombre, à la phosphorescence de la mer dans un calme. Les scarabéides abondent. Ils volent le soir au crépuscule. On les rencontre au milieu des bois. Quelques mélasomes couvrent les terrains découverts ou vivent sous les écorces; des cantharidées nombreuses chargent les feuilles des plantes, principalement des solanées. D'innombrables espèces de rhynchophores ou charansons se trouvent sur les fleurs de beaucoup de plantes, vivant soit sur les arbres, soit sous leurs écorces. Beaucoup de cérambyciens ou capricornes volent au coucher du soleil, les cornes élevées, ou se tiennent sur les plantes fleuries. Des cassidaires et des chrysomélines, aux couleurs métalliques, s'attachent aux plantes grimpantes, dans les bois et dans les lieux humides, et offrent, souvent, aux yeux du voyageur attentif et ébloui, les feux du rubis et de l'éclatante topaze. Ce sont, sans contredit, les insectes les plus beaux et les plus communs, dans ces contrées chaudes. Les galérucites et les coccinelles mènent encore le même genre de vie. Les coléoptères étalent leurs riches couleurs; mais leur chant est nul : il n'en est pas ainsi des orthoptères. Quantité de perce-oreilles séjournent sous les pierres; des mantes aux longs bras, et des spectres qui se confondent avec les tiges des graminées, habitent les campagnes. Les plaines sont peuplées de beaucoup d'espèces de grillons étourdissans, de sauterelles voraces et de criquets variés de formes et de couleurs. On peut se rappeler la description que j'ai faite des sauterelles, qui couvrent les terrains de leurs innombrables phalanges, dévastant quelquefois les moissons, et enlevant, en un jour, au pauvre laboureur l'espoir de toute son année.

Les hémiptères ne sont pas moins communs. Des punaises, à l'odeur infecte, vivent partout dans les bois, sur les fleurs et sur les feuilles. Leurs couleurs sont on ne peut plus variées. Les cicadaires abondent aussi, particulièrement sur les plantes voisines des lieux humides. De joyeuses cigales, aux accens somnifères, font retentir les échos des bois de leur musique monotone, et célèbrent, tous les ans, le retour de la saison chaude. Ce sont elles qui, seules, se font entendre pendant la forte chaleur du milieu du jour; tandis que toute la nature repose, et que l'homme fait sa sieste. Ce sont aussi des insectes de cette série qui, jour et nuit, fatiguent l'écho de leurs chants cadencés et désagréables. C'est, enfin, parmi les animaux qu'elle renferme que nous retrouvons le puceron de la cochenille parasite des cactus, qui donne cette belle couleur si estimée dans le commerce. Les névroptères, quoique moins abondans, ne jouent pas un rôle moins important dans le pays. A ces derniers appartiennent les termes (*capihi* des Indiens), animaux faibles, qu'on voit néanmoins, compensant leur faiblesse par leur nombre, dévorer tout ce qu'il y a de boiserie dans une maison; et cela dans un si court espace de temps, qu'on ne saurait imaginer rien de plus extraordinaire. Indépendamment de ceux-ci, de légères libellules de beaucoup d'espèces parcourent d'un vol léger la surface des eaux; des fourmilions aériens errent près des bois; et des hémérobes, aux yeux dorés et aux ailes vertes, peuplent aussi cette campagne animée; tandis que le bord des rivières pullule parfois de ces éphémères, qui meurent dès qu'elles ont jeté le germe de leur reproduction.

Les piquantes hyménoptères contrastent avec les faibles névroptères. Ce sont, en effet, entre les insectes, avec l'araignée fileuse et le puceron de la cochenille, les plus utiles à l'homme sauvage, et ceux qui nuisent le plus au cultivateur et à l'homme demi-civilisé. Parmi les espèces utiles, on peut citer celles de petites abeilles sans aiguillon, qui déposent leur miel aromatique et si doux dans le creux des arbres des forêts, en le distillant en de petites vessies formées d'une cire également aromatique. Ce sont elles que recherche avec soin l'homme demi-sauvage, à qui elles procurent un mets délicieux, sans qu'il ait à se défendre des cruelles piqûres que font quelquefois nos abeilles européennes. Il n'en est pas ainsi d'une sorte de guêpe à miel ou *chiriguana* des Guaranis, qui suspend son nid aux branches des arbres, comme beaucoup d'autres espèces de ces animaux; mais qui dépose en des cellules papyracées et hexagones un miel blanc, limpide et du meilleur goût. Celles-ci défendent les abords de leur asyle, en piquant cruellement ceux qui s'en approchent. Elles sont, cependant, forcées de l'abandonner, lorsqu'on

1828. Corrientes. fait au-dessous une épaisse fumée, produite par les amas de feuilles qu'on y allume. Tels sont les insectes de cette série utiles à l'habitant des campagnes. Beaucoup lui sont indifférens et ne peuvent intéresser que le naturaliste, comme les nombreuses tenthrédines, les brillans et agiles ichneumons, au corps si varié en couleur, et qui volent et se posent si souvent dans une minute, vivant sans crainte au milieu des campagnes découvertes, où ils ont pour sauvegarde leur aiguillon venimeux, toujours prêt à percer quiconque ose les saisir; les chrysis étincelantes, éblouissant de leurs vives couleurs métalliques; les guêpes familières, qui viennent placer leur petite ruche sous le toit des maisons, et dans les maisons même, où elles semblent vivre en bonne intelligence avec les habitans; les mutiles, qui montrent leur abdomen velouté et coloré, en parcourant rapidement les terrains sablonneux. Les hyménoptères qui désolent le cultivateur, sont les innombrables tribus de fourmis (*tachii* ou *araraha* des Guaranis), on ne peut plus variées; vivant partout, ravageant ses propriétés ou détruisant ses récoltes, en lutte continuelle contre ses efforts pour les chasser de ses champs. Souvent une seule fourmilière couvre, de son centre et de ses chemins rayonnans, jusqu'à plus de cinquante mètres de surface, et forme, sous terre, des galeries non moins étendues; ou prend pour domicile le tronc d'un arbre; ou bien encore élève, au milieu des marais, des buttes coniques de plus de deux mètres de haut, se réfugiant, lorsque les eaux la poursuivent, des étages inférieurs de ces retraites à leurs parties élevées. Toujours industrieuses, profitant de tout dans les endroits où les relèguent leurs mœurs, ces fourmis donnent partout l'exemple d'une vie laborieuse et prévoyante.

La province de Corrientes est assez bien partagée en papillons; mais elle pourrait envier aux pays plus septentrionaux leurs belles espèces colorées Les siens sont brillans et légers, comme tous les insectes de l'ordre des lépidoptères. Les campagnes découvertes, émaillées de fleurs, sont fréquentées par des espèces diurnes de moyenne taille; tandis que l'intérieur des bois humides l'est par celles qui brillent tour à tour de l'azur le plus vif ou du plus éclatant carmin, auxquels se mêlent ou le noir velouté ou l'or le plus pur. Ils animent les lieux sauvages, et les peuplent de leurs légions aériennes. Au crépuscule, des sphynx, au vol tremblotant, moins brillans, mais plus agiles que les papillons, viennent les remplacer; et, bientôt, ceux-ci font place aux sombres phalènes, etc., qui bourdonnent encore, même au milieu de la nuit, venant se brûler aux feux du voyageur qui les attirent et leur font payer cher leur imprudence instinctive; mais, si elles plaisent à la vue, leurs chenilles, ou *maraudova* des Guaranis, inspirent aux cultivateurs des craintes continuelles; car ce sont elles qui détruisent les plantations de tabac, malgré toutes les précautions prises pour prévenir leurs dégâts.

Il me reste à parler des insectes les plus nombreux et en même temps les plus insupportables de tous, pour les habitans de la province, les diptères ou mouches. Eux seuls feraient fuir les contrées marécageuses, parce qu'il n'y a là de paix ni le jour ni la nuit pour le pauvre voyageur, à moins que le vent salutaire du Sud ne souffle avec un peu de violence, ou que les froids de l'hiver ne viennent suspendre, quelques momens, les souffrances des hommes de ces campagnes, du navigateur, et des animaux domestiques ou sauvages. Qui aura parcouru ces plaines en été, sans maudire, mille fois par jour, un pays où l'on ne peut jouir d'un instant de repos? Des myriades de cousins ou *mosquitos* s'acharnent sur l'homme, s'il pénètre dans l'intérieur d'un bois, et le piquent impitoyablement, malgré toutes ses précautions. Il n'est pas affranchi de leurs piqûres, même en voyageant par eau ou bien en traversant un marais; et pourtant, ce n'est rien encore. Les innombrables taons, et cette petite mouche importune, noire et blanche, qui doit à sa double couleur le nom de *vindita* (petite veuve), que lui donnent les habitans, ont le privilége exclusif de dévorer pendant le jour; mais, si le voyageur est sans moustiquaire pour la nuit, il doit s'attendre à un autre supplice. Le crépuscule n'est pas plus tôt arrivé, que des phalanges de ces cousins d'espèces variées, reconnaissables au bruit de leur vol souvent argentin, se ruent sur lui et le harcèlent incessamment jusqu'au lendemain matin. C'est pour s'en préserver que les habitans construisent ces échafaudages (ramadas) sur lesquels se couche la famille entière; car le vent du soir empêche ces insectes de s'élever beaucoup au-dessus du sol, où ils forment des nuages assez compactes pour épaissir sensiblement les couches d'air. C'est alors aussi que les chevaux et les bestiaux, qui ne vivent que dans la campagne, galopent sans cesse, comme des fous, pour s'en préserver; mais en vain.... Le vampire acharné ne les abandonne que lorsque la rosée du matin vient humecter la peau du pauvre animal. Il songe alors à se cacher, et à chercher un asyle pour la journée. Si ces insectes font souffrir les hommes et les animaux, les mouches à viande causent aussi d'assez grandes pertes au fermier qui ne donne pas à ses troupeaux les soins les plus assidus; car elles déposent leurs œufs sur le cordon ombilical des jeunes veaux et des agneaux nés pendant l'été; et lorsque le propriétaire ne s'en aper-

1828. çoit pas, les pauvres bêtes sont rongées vivantes par d'innombrables vers; leur mort est alors certaine.

Corrientes.

Tel est le coup d'œil zoologique qu'en qualité d'observateur et de collecteur attentif j'ai pu jeter rapidement sur les animaux de la province de Corrientes. On voit que, malgré leur grande variété d'espèces, peu d'entr'eux sont utiles aux habitans; et, cependant, les services qu'ils rendent, ou les avantages qu'ils procurent, peuvent compenser les désagrémens occasionnés par ceux qui sont malfaisans ou nuisibles. L'habitude qu'en a la population locale, et les préservatifs que son expérience lui suggère contre leurs atteintes, fait qu'elle en souffre beaucoup moins que les étrangers. Elle s'est identifiée avec ces petites souffrances physiques, au point de ne s'apercevoir que des bienfaits de la nature; aussi un Correntino ne parle-t-il que de ce qui est bon dans son pays, sans tenir compte des inconvéniens. Il est, du reste, absolument indifférent à tout ce qui ne le blesse pas, ou ne lui procure point de jouissances; ce qui fait qu'il connaît à peine les animaux qu'il n'a pas de raison de craindre ni de rechercher. Tel est le caractère des métis; mais les indigènes ne leur ressemblent pas. Plus ils se rapprochent de l'état de nature, plus ils sont observateurs; aussi voit-on souvent l'animal en apparence le plus insignifiant pourvu, dans leur langue maternelle, d'un nom générique, et souvent même d'un nom d'espèce. Tous sont bons naturalistes, sans s'en douter. Ils font même beaucoup d'observations sur les mœurs, et sont d'excellens guides de l'Européen dans ses investigations.

La végétation[1] de la province de Corrientes est aussi variée que sa zoologie. Cependant, je dois dire qu'elle manque de cette majesté de parure qui caractérise celle des Tropiques. Elle est, en quelque sorte, mixte, servant de transition de la pauvreté des plaines du sud, à la richesse des parties plus chaudes. Elle n'a certainement pas le triste aspect de la végétation méridionale; mais elle n'a pas non plus cette variété d'espèces, et cette énergie de développement qui distingue celle du nord. Je n'attribue pas cette différence au peu d'élévation relative de la température; je l'attribue plutôt au défaut de montagnes capables d'arrêter les nuages et de retenir une humidité favorable, dont sont privées ces plaines, où il ne pleut que très-rarement et à des époques qui n'ont rien de fixe. En effet, la végétation des mêmes plaines, au 17.e degré, dans les environs de Santa-Cruz de la Sierra, en Bolivia, présente encore, jusqu'à un certain point, le même aspect; comme ici, une partie des

1. J'ai tâché de compléter la Flore de Corrientes. Elle fera partie du 7.e volume de cette publication, destiné à la botanique.

arbres s'y dépouillent de leur verdure à l'époque des froids, et l'on y remarque partout un instant de repos pour les plantes; phénomène peu sensible sur les montagnes de Rio de Janeiro, par exemple, ou sur celles de Yungas, en Bolivia. 1828. Corrientes.

La végétation de Corrientes est susceptible de se diviser en deux sections, selon les terrains, celle des plaines et celle des bois. Les plaines mêmes se subdivisent; car elles sont sablonneuses ou argileuses. Les dernières sont couvertes presque exclusivement de graminées et de cypériées; tandis que les premières joignent aux graminées une multitude de plantes qui, au printemps, en font des parterres naturels, émaillés de mille fleurs. Là, quelques brillantes personées se confondent avec une foule de légumineuses aux vives couleurs, et avec des mimoses admirables de forme. L'une d'elles, surtout, a l'extérieur d'une houppe blanc de neige, grosse comme le poing, dont chaque filament est couronné d'une petite boule rouge; le tout porté par une tige à peine visible, élevée de terre de quelques pouces seulement. Au printemps ces plaines sont couvertes d'une végétation variée et vivement colorée qui enchante. Les bois sont aussi de deux espèces. Ceux qui sont clair-semés, composés de *quebrachos* ou d'*espinillos,* sont tristes et se dépouillent entièrement de verdure en hiver; ceux qui garnissent les bords des rivières sont, au contraire, élevés, fourrés, entremêlés de mille lianes, au feuillage varié et aux fleurs si vives en couleur; et de palmiers élégans, au feuillage empanaché. J'ai cru remarquer que les feuilles pennées ou découpées l'emportaient partout en nombre, sur les feuilles entières, ce qui rend l'ensemble plus léger et plus gai; aussi voit-on le matin, avant le lever du soleil, une multitude de plantes endormies, dont les folioles sont repliées sur elles-mêmes, et ne s'épanouissent que lorsque les rayons du soleil viennent les frapper. Alors elles sortent de leur léthargie, et s'ouvrent peu à peu pour ne se refermer que le soir. Quel plaisir de voir, avec le jour, cesser le sommeil général de la nature! Quelle différence entre nos bois si bien rangés, et le pêle-mêle des forêts vierges de ces contrées, où l'on ne pénètre que la hache à la main, ou en s'exposant à se voir déchiré par des milliers d'épines! Je les ai, d'ailleurs, trop souvent décrites pour qu'il soit nécessaire d'en parler ici avec plus de détail.

Quelques lichens cachent l'écorce des branches des arbres isolés, qui couvrent les plaines argileuses; des mousses nombreuses enveloppent le tronc des arbres des bois humides; d'humbles fougères croissent à terre, à l'ombre des grandes forêts, mais elles sont petites, peu variées en espèces; et, dans ce genre de végétation, la nature a refusé à ces contrées les belles fougères

1828. — Corrientes.

aborescentes qui font l'ornement des forêts des pays chauds. A peine trouve-t-on, dans toute la province, cinq ou six espèces de fougères.

Les plantes monocotylédones sont beaucoup plus nombreuses, et cela doit être, en raison de la quantité de marais et de plaines qui caractérisent la province. Les aroïdes le sont peu; elles vivent à la lisière de quelques bois, ou parasites sur les arbres. Quelques typhinées croissent dans les marais profonds de la lagune d'Ybéra; mais elles sont peu nombreuses, comparativement aux cypérées, qui se trouvent en abondance autour des lacs, des terrains sablonneux et argileux; et leurs espèces forment à elles seules ces immenses plaines de joncs ou esteros que j'ai décrites plusieurs fois, et qui occupent peut-être un vingtième de la superficie de la province. Ce sont elles qui fournissent les matières premières pour la confection des nattes, si utiles dans le pays. Si je jette un coup d'œil sur les plantes graminées, je vois qu'elles forment certainement la base de la végétation du pays. Elles remplissent les plaines, et fournissent au fermier des pâturages excellens; elles garnissent aussi les légers coteaux sablonneux, la lisière des bois; et, enfin, prennent le dessus dans tous les lieux où les arbres ne sont pas assez rapprochés pour les empêcher d'envahir le sol; encore quelques espèces trouvent-elles moyen de croître à l'ombre même des plus épaisses forêts. C'est parmi elles que se trouve le bienfaisant maïs (*abati* des Guaranis), nourriture première des habitans avant la conquête, et la douce canne à sucre ou *tacua-rêhé* (roseau sucré) des indigènes, qui, parmi les plantes cultivées, fait une partie essentielle des revenus agricoles. Les bambous élancés, au feuillage si léger, ornent les bords du Parana et ceux du lac Ybéra. Les uns, de plus de trente pieds de haut, font une branche de commerce importante; les autres, plus petits, mais plus durs, ne sont pas moins utiles à l'industrie indigène. Les élégans palmiers aux feuilles en panache, ne jouent pas un rôle inférieur dans la végétation du sol de Corrientes. On a vu le palmier yataï couvrir des parties immenses de la superficie, et signaler au laboureur inexpérimenté le sol sablonneux propre à la culture. On a vu ce palmier orner le terrain des Ensenadas, et tous les terrains compris entre le Rio Santa-Lucia et le Rio Corrientes. Son fruit engraisse les bestiaux au point de les rendre méconnaissables, après la saison, et donne, par la fermentation, une bonne eau-de-vie. Son amande, aussi, procure une très-bonne huile de coco. Son feuillage vert glauque se distingue, de loin, du feuillage vert foncé du palmier pindo. Ce dernier craint l'ardeur du soleil; aussi le voit-on croître humblement au sein des grands bois épais, et rarement ses belles palmes se montrent au-dessus des autres feuillages des bois. Le palmier carondaï, aux feuilles digitées, croît au sein des marais argileux, seulement à la lisière des forêts. Son tronc sert à faire des tuiles et des poutres durables, à l'usage de l'architecture; avec ses feuilles on fait des chapeaux de paille. Le palmier bocaya pousse aux Ensenadas; mais il me paraît importé. Le yataï poñi, ou yataï rampant, y croît aussi; et de plus, aux Missions et sur les rives du Parana. C'est en petit, et abstraction faite du tronc, le feuillage et le fruit de l'espèce arborescente. Le voyageur qui voit pour la première fois ces beaux végétaux, éprouve involontairement, à leur aspect, un sentiment d'admiration. Les palmiers et les bambous seuls donnent à la végétation des pays chauds un cachet qui la distingue de suite de celle des pays tempérés.

1828. Corrientes.

Les lacs des terrains sablonneux sont couverts de pontédériées et d'alismacées. Les lisières des bois et les terrains arides sont couverts d'épineuses broméliacées, qui déchirent impitoyablement le piéton assez hardi pour en pénétrer le fourré. Ce sont les *caraguatas* des Guaranis. Une de leurs espèces, seconde providence du voyageur, lui garde, dans le calice de ses feuilles, une eau salutaire, au milieu de terrains secs et arides, où l'homme ne saurait comment étancher la soif qui le dévore. Une autre, que je regarde comme un ananas sauvage, est mangeable et de bon goût. Ce qui paraît étrange, c'est que l'ananas cultivé ne fructifie pas à Corrientes; tandis que la variété sauvage donne de bons fruits. Plusieurs belles espèces d'amaryllidées, aux fleurs pourpres ou dorées, naissent dans les bois; et beaucoup d'iridées, à la fleur variée en couleur, croissent dans les prairies, dans les lieux humides et secs. Les bananiers ordinaires ne viennent pas dans la province, non plus que les petites espèces des marécages; la température n'est pas encore assez élevée pour elles. C'est surtout parmi les orchidées que la végétation parasite est riche; les grands arbres au bord des rivières et les arbres isolés dans la campagne, ont leurs branches couvertes de ces plantes appelées *flor del aire* (fleur de l'air) par les habitans. Elles sont variées en couleurs et de forme tout à fait légère. Il y en a une espèce dont la fleur est blanche, et que son odeur agréable fait rechercher par les dames de Buenos-Ayres, qui en ornent les barreaux de leurs fenêtres et de leurs balcons. Une autre étale ses belles couleurs dorées sous une forme tout à fait aérienne; aussi les habitans l'appèlent-ils *angelito*, petit ange.

Les plantes dicotylédones, si elles sont plus nombreuses en espèces, ce dont on pourrait douter, ne le sont pas moins en individus que les monocotylédones. C'est dans leur classe que se trouvent tous les grands

1828. Corrientes. arbres, et les plus belles fleurs du pays. Quelques aristolochiées, à la fleur bizarre, croissent dans les halliers. Beaucoup de laurinées en arbres, des polygonées riveraines au feuillage envenimé, à la grappe cramoisie, poussent dans les marais; des plantaginées rampantes couvrent les plaines; de rameuses personées, aux fleurs variées, habitent dans les terrains sablonneux; des solanées nombreuses, parmi lesquelles plusieurs riches en fleurs variées, et des plus majestueuses ou remarquables par leurs parfums, se trouvent partout sur des plantes épineuses ou non, soit en arbres, soit rampantes, aux fruits aigre-doux, estimés dans le pays. Quantité de labiées, aux couleurs diverses, peuplent les campagnes découvertes; tandis que les convolvulacées grimpantes, à la fleur élégante, souvent éclatante de blancheur, recherchent les lieux humides. Des bignoniacées ou lianes, dont les tiges s'élèvent en formant des chaînons en longues guirlandes dorées, pourprées ou d'un blanc éblouissant, forment des berceaux continuels, ou paraissent unir entr'eux par d'étroits liens tous les arbres d'une même localité, sans aucune distinction d'espèce. Ce sont elles qui donnent aux forêts du nouveau monde ce désordre pittoresque et ce négligé sauvage, si précieux aux yeux des peintres. Des asclépiadées, grimpantes aussi, enlacent les plantes des halliers, et donnent aux habitans un fruit assez bon, appelé *isipo* par les Guaranis. Des synanthérées, aux fleurs le plus souvent jaunes d'or, recherchent les lieux sablonneux; beaucoup de malvacées varient de leurs fleurs multicolores tous les terrains, égayant le sol marécageux comme le plus sablonneux, tantôt rampantes, tantôt rameuses. Une nymphacée extraordinaire, à feuille large de plus d'un mètre et épineuse, à fleur rosée de près d'un pied de diamètre, couvre certains ruisseaux. Elle donne une graine mangeable, connue sous le nom de *maïs del agua* (maïs aquatique). C'est, sans contredit, la plante la plus singulière et la plus remarquable du pays. Les crucifères ne s'y trouvent pas; elles sont remplacées par un grand nombre d'amaranthacées rampantes, aux fleurs jaunes ou pourprées, qui recherchent les lieux sablonneux. Nombre de joubarbes, aux fleurs vives, à la feuille épaisse, rampent sur la terre argileuse des plaines. Des cactoïdes épineux s'approprient les terrains argileux les plus arides; et, là, étalent leurs raquettes animées de mille pucerons colorés. Une autre espèce à raquette, portée sur un tronc droit et élancé, de vingt à trente pieds de haut, croît à l'ombre des grands bois, et, de loin, ressemble à un palmier; mais l'abord en est moins facile, les nombreuses et longues épines du tronc, et celles des raquettes, faisant craindre d'en approcher. Des cucurbitacées, au fruit disproportionné à la tige, y sont ou cultivées ou sauvages. On n'y trouve pas les caricées, qui appartiennent aux pays plus chauds; les papayers, au fruit aromatique, ne viennent pas dans le pays, dont beaucoup de points nourrissent des passiflorées ou fleurs de la passion, variées en couleurs, à la tige grimpante. L'une d'elles, le *mburucuya* des indigènes, fournit un fruit estimé et si commun qu'il a donné son nom à un village. C'est surtout parmi les myrtinées que les espèces sont nombreuses, en petits arbustes et en grands arbres; c'est parmi eux que se trouve la plus grande partie des fruits de la contrée: la gouyave succulente; l'*iba poru,* dont le fruit pousse sur le tronc de l'arbre; le *ñangapiri,* au fruit rouge, cerise de la contrée, et son espèce naine, *ñangapiri poñi;* l'*iba hai,* au fruit acerbe; l'*iba viyu,* au fruit violet; l'*iba vira,* verdâtre, tous estimés des habitans. Si les myrtes donnent la plupart des fruits du pays, les légumineuses donnent le plus grand nombre de fleurs. C'est parmi elles que de petites espèces rampantes couvrent le sol de petites collines sablonneuses. Les espèces en arbustes ornent les bords de tous les marais voisins des fleuves, montrant leurs fleurs papillonacées aux vives couleurs, aussi variées que leurs espèces. L'indigotier sauvage, aux fleurs rosées et en grappes; de nombreux acacias épineux en arbres, ou *espinillos,* garnissent les terrains argileux; les élégans et odoriférans yuquéris des Indiens, aux fleurs blanches ou jaunes, animent les halliers. La pudique sensitive, aux feuilles sensibles, *vergonzosa* ou honteuse des Espagnols, et *ebotineramba* des Indiens, aux touffes élevées de cinq à six pieds, aux branches épineuses, orne les rives du Parana, et étale partout ses fleurs rosées. D'abondantes mimoses, aux feuilles pennées et en arbres, forment une partie de la végétation des bois. Parmi elles se trouvent le timbo, au feuillage vert foncé, et l'utile curupahi, dont l'écorce fournit le tan nécessaire aux tanneries. A cette famille se rapporte une grande partie des arbres et arbustes du pays, et beaucoup de plantes. Le pistachier de terre lui appartient, ainsi que toutes les espèces de haricots cultivés. Parmi les rhamnées ou houx, se distingue la plante la plus productive de ces lieux, celle qui donne l'herbe du Paraguay ou maté, qu'on prend comme thé dans presque toute l'Amérique méridionale, et dont le commerce est un des plus lucratifs pour le Paraguay et pour la province du Parnagua au Brésil. Elle abonde dans les parties orientales de la province, aux frontières des Missions. Beaucoup d'euphorbiacées naissent dans les plaines, et l'une d'elles, le ricin ou *palma-christi,* marque partout dans les campagnes aujourd'hui désertes, le lieu où jadis les Indiens avaient fixé leur domicile momentané. C'est un indice qui ne trompe jamais; c'est le compagnon fidèle des migrations de l'homme, qui le suit partout, et ne pousse pas loin de lui.

1828. Corrientes. Il faut que celui-ci prépare le terrain où cette plante doit vivre. Singulière bizarrerie de la nature...! Parmi les urticées quantité de figuiers, aux feuilles entières, à l'écorce papyracée, s'élèvent dans les lieux sablonneux. C'est entre leurs espèces qu'on peut citer l'ibapohi, dont les racines enlacent et étouffent les palmiers yataïs, prenant mille formes différentes avant de devenir arbre. Quelques pipéritées, les unes en petits arbustes, les autres en arbres, aux feuilles découpées ou entières, vivent dans les lieux humides de la lisière des bois. Des salcinées ou saules, au feuillage vert tendre, couvrent de leurs tiges pyramidales les îles nouvelles du Parana, où elles commencent à préparer le sol pour les autres espèces d'arbres qui doivent les faire disparaître.

Je ne veux ici retracer que les principales familles de plantes dont se compose la végétation de ces contrées, afin que, par avance, on puisse s'en faire une idée. Il serait beaucoup trop long de les décrire toutes; car elles sont très-variées. Il me paraît aussi indispensable, avant d'abandonner la botanique de la province, de parler des fruits sauvages répandus dans le pays. Ils sont nombreux, et quelques-uns sont assez agréables. Je crois cependant qu'aucun ne peut rivaliser avec ceux de notre Europe. Je commence par les espèces de la famille des myrtinées, que j'ai déjà indiquées aux généralités sur les plantes. L'*iba poru*[1] est un fruit noir, gros comme le pouce; il sort du tronc et des grosses branches d'un arbre haut de vingt à trente pieds, qui croît au milieu des bois sur les rives du Parana, et n'est pas commun. Ce fruit a le goût aigrelet et agréable. Il est mûr en Novembre et Décembre, dans la Bolivia; il donne plusieurs récoltes. Le *ñangapiri* est un petit fruit rouge, à côtes élevées, muni d'un noyau ferme, et ressemble un peu, par le goût et par la forme, à nos cerises douces. Il vient à l'extrémité des branches d'un petit arbre qui abonde sur la lisière des bois voisins de Corrientes. Les fruits en sont on ne peut plus nombreux; et, tous les ans, à l'époque de la maturité (Novembre), le peuple se porte hors la ville, vers les lieux où il se trouve. Le *ñangapiri poñi* est un peu plus gros, de même couleur et de même goût que le précédent. Ses feuilles et ses fleurs sont aussi les mêmes; mais la plante qui le donne s'élève au plus de six à huit pouces au-dessus du sol, ce qui lui a valu son nom. Il naît dans les plaines sablonneuses, et donne son fruit à la même époque que la grande espèce. L'*iba viyu* est noir, velouté; il croît sur de grands arbres du milieu des bois de la rivière de Santa-Lucia, à l'extrémité des branches. Il est mûr en Janvier. Le goût en est agréable, sucré et doux. Les habi-

1. On a vu qu'*iba* veut dire fruit, dans la langue guarani.

tans en font, dans la saison, une consommation extraordinaire. L'*iba hay* est encore un myrte. Son fruit est d'un beau jaune, et a un goût acerbe un peu fort. Il est attaché à l'extrémité des branches d'un grand arbre du milieu des forêts des environs d'Itaty, surtout, et a, comme le ñangapiri, son espèce naine, qui croît dans les plaines sablonneuses. L'*iba vira* est un fruit vert et doux; l'arbre qui le produit appartient aux bois. L'*arasa* ou goûyave est rare à Corrientes. Elle ne vient que sur les rives du Parana, et présente plusieurs variétés. J'indique, enfin, l'*arachichu*, qui complète le nombre des myrtes à fruits. Celui-ci est un des plus volumineux, arrondi, aussi gros qu'une pomme d'api, d'un goût agréable par la grande quantité d'eau qu'il renferme. Il vient aussi sur de grands arbres de l'intérieur des bois. Les autres fruits appartiennent à diverses familles de plantes. L'*aguay* est la sapotille des Antilles. Le fruit en est rare au sein des forêts. L'*isipoa* est une asclépiadée, au fruit laiteux et agréable, lorsqu'il est encore vert et que ses graines à plumets sont encore tendres. Ce fruit croît dans les halliers, sur une plante qui grimpe aux branches des petits arbres, autour desquels ses tiges déliées viennent s'enrouler de mille manières. La plante appelée *mburucuya*, est une passiflorée, abondante dans certaines parties de la province, autour des buissons, qu'elle enveloppe de ses branches. Elle montre d'abord une belle fleur, comme toutes les plantes de cette famille, et, ensuite, des fruits orangés, oblongs, de deux à trois pouces de longueur, à pulpe rouge, aigre et fortement purgative. Ils sont, cependant, recherchés avec une certaine avidité par les habitans des campagnes. Les plantes solanées en donnent de deux espèces. Le *camambu*, fruit jaune, protégé par une enveloppe large, vient sur une plante basse, dans les haies, au mois de Novembre: le goût en est aigre-doux, comme celui d'une autre espèce, nommée *tutia*, petit fruit rouge, qui pousse sur une plante épineuse, commune au bord des eaux, et qui produit toute l'année. L'*ibapohi*, figuier aux petites figues, donne aussi un fruit que mangent les habitans, mais qui est peu agréable. Les halliers portent un ananas sauvage, généralement peu estimé. L'algorobo, ou *ibope* des Guaranis, mimose si utile aux habitans des provinces de Santiago, de l'Estero, de Tucuman et de Salta, fructifie aussi dans la province. La gousse en est allongée, la pulpe sucrée. On en fait une boisson très-agréable. Les palmiers paient aussi leur tribut en produits utiles. Le bocaya fournit une pulpe succulente, comme celle de l'algorobo, et très-recherchée; le palmier pindo, un fruit rouge-orangé, que les Guaranis appèlent, en conséquence, *iba pita;* placé sur des régimes longs de trois à quatre pieds; gros comme une olive et d'un goût sucré ou mielleux; la pulpe en est un peu gommeuse:

1828. Corrientes. ces deux fruits contiennent des cocos remplis d'une amande douce et oléagineuse, très-agréable au goût. Telle est la nomenclature des produits sauvages de la province, et qui sont aussi les seuls qu'on connaisse dans le pays; car, sauf quelques arbres européens cultivés, aucun des indigènes n'a encore été planté par l'indolent Correntino. Il est cependant bien certain que le goût de plusieurs d'entr'eux pourrait s'améliorer par la culture, et qu'ils seraient alors excellens. En attendant, la nature seule fait tous les frais de cette ressource; encore faut-il se trouver heureux que les habitans n'abattent pas les palmiers pour en recueillir les produits, sans s'occuper de l'avantage qu'ils en pourraient tirer tous les ans.

Sous le rapport géologique, la province n'offre pas à beaucoup près autant de richesses. Le sol en est partout tertiaire. L'argile y est partout au-dessous des sables ou collines sablonneuses. C'est à cette disposition qu'elle doit les nombreux réservoirs ou lacs d'eau limpide qui la couvrent et la fertilisent. Ces couches, qui paraissent être diluviennes, reposent sur des grès ferrugineux tertiaires, qui composent la géologie du pays[1]. On peut bien croire que les terrains sablonneux sont les plus peuplés, comme les seuls propres à la culture; les autres servant seulement à élever des bestiaux, dans les lieux qui ne sont pas trop inondés. Les argiles, dans certaines parties, sont assez fines pour pouvoir servir à la fabrication d'une faïence assez estimée. Cette industrie n'est, jusqu'à présent, exploitée que par des Indiens. Une grande quantité de terres colorées par des oxides, peuvent servir aussi pour les peintures. Les côtes du Parana présentent, sur beaucoup de points, des oxides et des hydrates de fer, de couleurs vives, qu'on peut facilement employer dans le commerce. Le sol de la province est entièrement dépourvu de pierres. La seule rivière de l'Empedrado en offre quelques-unes dans son lit; et l'on ne trouve de la pierre à bâtir que près de Corrientes, ou entre ce point et Itaty. Les côtes du Parana découvrent des grès assez durs pour que les Jésuites les aient employés à la construction de leur collége. Pendant long-temps, à Corrientes, pour se procurer du sel, on lessivait des terrains salés ou *salitrales*. Ce genre d'exploitation y a cessé, dès que l'on a commencé à apporter du sel de Patagonie. C'est depuis cette époque très-peu reculée que les goîtres ont disparu en partie dans la province; aussi les habitans peuvent-ils attribuer, avec raison, cette infirmité à l'action de ce sel impur. Quoi qu'il en soit, je n'ai rencontré que

1. Voir, pour ce qui a rapport au sol de Corrientes, la partie de l'ouvrage spécialement consacrée à la Géologie.

des personnes âgées qui en fussent affectées. Elle semble disparaître entièrement depuis l'introduction du sel étranger, et n'exister plus que vers le Sud. Aujourd'hui le muriate de soude, contenu dans les argiles, n'est exploité par personne. Les animaux sauvages et domestiques seuls le recherchent pour le lécher, ce qui influe beaucoup sur l'accroissement des troupeaux et sur la bonté de leur chair. 1828. Corrientes.

Interrogé par moi sur la population du pays, le gouverneur de Corrientes m'a assuré que, par calcul approximatif, car il n'y a pas de recensement régulier, la province contenait 50,000 habitans, et qu'il s'apercevait tous les jours de l'augmentation de la population. Si cette donnée est juste, l'*area* de la province étant à peu près de 2391 lieues marines, il y aurait vingt-quatre hommes par lieue carrée; tandis que la France, en 1825[1], en avait 1778, l'Espagne 763, etc. Cette différence cependant ne paraîtra pas énorme, quand on comparera les terrains cultivés de l'Europe avec les déserts américains, où de grandes surfaces de marais restent incultes, et le seront probablement toujours.

Le commerce de Corrientes est assez considérable, et la position géographique de la ville, au confluent du Parana et du Paraguay, en fera une place des plus importante, lorsque le Paraguay rouvrira ses ports; lorsqu'on aura enfin établi la navigation des provinces de Salta et Jujui, par le Rio Vermejo; lorsque les belles rives du Parana, au-dessus du confluent avec le Paraguay, commenceront à se peupler. Corrientes alors pourra devenir l'entrepôt général des marchandises européennes, pour le commerce intérieur de l'Amérique australe. Le petit ruisseau de Santa-Rosa, ainsi que la multiplicité des petites anses sablonneuses de la côte, en formeront un très-bon port, où les grands navires même atterriront sans crainte; car des bâtimens de près de deux cents tonneaux peuvent y remonter au temps des crues du Parana. Parmi les navires qui font cette navigation, quelques-uns se construisent à Buenos-Ayres; mais la plupart à Corrientes, où il y a de beaux chantiers de construction, et où le bois est à portée; car on n'a qu'à le choisir sur les rives du Parana. Plusieurs de ces navires sont très-larges et peu profonds, afin de pouvoir passer partout, sur les bancs de sable. Ils ont tous une quille, sont très-solides et durent long-temps; on les grée en smack, en goëlette et en sloop. Il y a aussi quelques bricks[2]. La plupart de ces bâtimens sont fort

1. Humboldt, Voy. aux rég. équinox., t. 9, p. 250.

2. On sait qu'une frégate de guerre (la Paraguaya) fut construite au Paraguay, et vint s'armer à Buenos-Ayres.

1828. Corrientes. mal gréés, et surtout très-sales et très-négligemment tenus. Les cordages sont, en partie, des tresses de cuir de bœuf tanné. Les amarres sont, en général, faites de l'écorce des racines d'un *arum* grimpant, qui croît au Paraguay, aux Missions et dans toutes les parties chaudes de l'Amérique méridionale. Cette plante, à Corrientes, se nomme *piasala*. Elle est noire, ne pourrit point dans l'eau; et, comme elle est moins forte que le chanvre, on donne plus de diamètre aux amarres qu'on en fabrique.

Ces navires servent à transporter les produits de la province et apportent les marchandises étrangères. Ils font continuellement des voyages de Buenos-Ayres à Corrientes, et amènent fréquemment des commerçans étrangers. Les marchandises qu'ils apportent sont sujettes à des droits de douane, non fixés sur les prix d'achat, mais de vingt à trente pour cent, sur une évaluation faite par l'administrateur des finances. Ces évaluations sont quelquefois très-outrées, et n'ont rien de régulier. Elles dépendent souvent du caprice de celui qui les fixe. Les marchandises consistent principalement en draps anglais et français, surtout en ces derniers, parce qu'ils sont meilleur marché; en flanelles de toute couleur, qui servent à faire ou à doubler les ponchos, ou à fabriquer des chilipas; en indiennes, et particulièrement en petites robes de mousseline, à broderies vertes ou rouges, de fabrique anglaise; en toutes sortes de tissus de coton; en quelques soieries et rubans; en beaucoup de quincaillerie; en armes, outils; en vins, sel, comestibles et farines; en chapeaux de laine, etc. Toutes les marchandises se réunissent souvent ensemble dans le même magasin (*tienda*). Cependant les comestibles au détail se vendent plutôt avec les cigares, chez les pulperos ou cabaretiers; car on ne compte, dans la ville, que ces deux sortes de marchands. Ceux-ci revendent ensuite aux petits débitans de campagne, ou marchands ambulans, dont j'ai parlé [1], qui achètent, la plupart du temps, à crédit, et paient les marchandises achetées soit en argent, soit en denrées agricoles, après la récolte du tabac ou de la canne à sucre. Ce commerce intérieur ne peut être exercé que par un individu né dans le pays, ou par un étranger soit marié avec une Correntina, soit propriétaire dans la province; mesure prise pour réserver cette ressource aux seuls indigènes. Les étrangers n'ont même pas le droit de pénétrer dans l'intérieur, à moins d'une permission du gouvernement; aussi n'ai-je pu obtenir cette faveur que par une grâce toute spéciale du gouverneur. C'est, généralement, avant la récolte du tabac, en Septembre et en Octobre, que les petits mar-

1. Chapitre IX, p. 246.

chands prennent le plus de marchandises; et c'est en Février et Mars que toutes 1828
les rentrées s'effectuent. Les commerçans de la ville paient chacun une patente Corrientes.
de quatorze piastres ou soixante-dix francs par an. Il y a quelques années il y en avait, au plus, deux ou trois; mais, aujourd'hui, il y en a un si grand nombre, surtout étrangers, que le commerce est devenu peu lucratif.

Lorsque le dictateur du Paraguay ouvre ses ports et annonce au gouverneur de Corrientes qu'il désire des marchandises, cette circonstance procure un autre débouché aux négocians correntinos, qui chargent immédiatement de petites barques plates ou chalanas, qu'ils dépêchent au Paraguay; genre de commerce assez original pour que j'en parle ici avec quelque détail. Ces petites barques ne peuvent pas porter les intéressés eux-mêmes; elles doivent être censées appartenir à des Correntinos, et non à des Buenos-Ayriens; car, alors, il y aurait confiscation au profit du docteur Francia, qui déteste ces derniers. On met dans la barque un jeune homme de Corrientes, comme propriétaire, avec des instructions sur la vente. Il faut que celui-ci et ses matelots sachent bien parler le guarani; car l'ignorance de cette langue les exposerait au soupçon d'être de Buenos-Ayres. On indique si l'on veut avoir de l'herbe ou maté du Paraguay ou des cuirs tannés, les deux seules branches de commerce admises dans le pays, et combien à peu près on désire recevoir de marchandises. Les barques partent. Dès qu'elles arrivent aux premières gardes placées sur les rives du Paraguay, des pirogues armées les suivent pour les empêcher de communiquer avec les habitans qui pourraient les aborder. Elles sont ainsi conduites jusqu'à Ñembucu, le premier lieu habité. Là, une garde surveille chaque barque et empêche ceux qui sont dessus de descendre à terre, ainsi que de s'entendre avec personne, pendant tout le temps du négoce. Le commandant vient, au nom de Francia, voir les objets apportés. Il prend la note du chargement et l'adresse immédiatement au dictateur. Celui-ci annonce qu'il veut de telle et telle chose, et qu'il refuse telle autre; alors le commandant revient à bord, prend des échantillons des objets demandés, et les lui envoie. Quelques jours après, le *chef suprême* répond qu'il donne un nombre déterminé de *tercios,* ou balles de maté, ou tant de cuirs, en échange. Si le subrécargue de la barque croit pouvoir accepter, il reçoit les denrées du Paraguay des mains du commandant; dans le cas contraire, le vendeur doit partir de suite; car il n'y a pas à marchander avec le souverain négociant. Quelquefois les Correntinos font d'assez bonnes affaires dans cet échange de marchandises; mais plusieurs en ont été dupes; d'ailleurs, Francia n'est pas toujours disposé même à cette communication. Le plus

1828. — Corrientes.

souvent son port n'est pas ouvert; alors, malheur au pauvre commerçant qui s'est hasardé; ses marchandises appartiennent de droit au dictateur; aussi le gouverneur de Corrientes ne permet-il le départ que lorsqu'il en a reçu l'autorisation du docteur Francia, et ne donne-t-il jamais de passe-ports pour le Paraguay.

Aucune forêt étendue ne couvre la province de Corrientes. De petits bouquets de bois épars nommés *islas*, disséminés çà et là près des eaux; une bordure de bois, près de toutes les rivières et de tous les ruisseaux, et séparés par des plaines, telle est la végétation que les cultivateurs préfèrent aux sombres forêts, où l'homme est obligé de s'armer, quelque temps, de la hache contre une nature active, qui lui dispute continuellement la propriété du moindre petit morceau de terre, et en reprend possession, aussitôt qu'il se repose. A Corrientes, au contraire, tout favorise l'homme laborieux qui veut semer; il recueille au centuple. Les seuls bois un peu étendus, encore sont-ils peu épais, sont ceux des brillans palmiers yataïs, dont nous avons parlé, et ces tristes *espinillos* répartis sur tout le territoire, les premiers sur les terrains sablonneux, les seconds sur l'argile.

Les produits commerciaux, dus au règne végétal, sont les suivans:

Les rives du Parana donnent partout des bois de construction et des bois propres à l'ébénisterie. Parmi les premiers on peut compter le *timbo*, le plus commun, et celui qui acquiert le plus grand diamètre : il est peu dur et sert principalement à faire des planches pour les parquets et pour de petites barques. Le *lapacho* est, avec raison, le plus estimé, en ce qu'il ne pourrit jamais; aussi le recherche-t-on principalement pour les constructions, et c'est celui qu'on préfère à Buenos-Ayres. Le *quiebra-acho*, l'*espinillo* même, sont d'assez beaux bois, très-durs, ornés de vives couleurs. Le cours du Parana amène celui que les habitans appèlent cèdre, à cause de l'agrément de son parfum, quoique ce ne soit pas celui d'Europe. Il ne croît point dans la province. Les marais fournissent des palmiers carondaï, dont les troncs droits et sveltes sont également exploités pour les bâtisses, comme chevrons; tandis que, dans la province, on les emploie à faire des tuiles, en les coupant en deux. Les rives du Parana fournissent aussi des bambous de diverses espèces. La grande espèce, de plus de trente pieds de long, s'applique à plusieurs usages dans la province et à l'extérieur. La *caña masisa* ou roseau d'un pouce et demi de diamètre, ainsi que le *tacuari* et la *caña uryvera*, servent dans le pays aux toitures, et le premier à la construction des grandes dromes des bâtimens qui descendent du Paraguay. L'espèce de roseau appelé *caña brava*, bien différent de celui qui porte ce même nom en Bolivia, se façonne en bâtons de sonde pour les marins de la rivière, parce qu'il est très-long, étroit et très-fort. Parmi ces divers bois, le *timbo,* le *lapacho,* le palmier carondaï, ou *palma,* ainsi que les bambous, sont une branche importante d'exportation à Buenos-Ayres; mais ces produits y ont beaucoup perdu de leur valeur, depuis que les Américains du Nord y apportent des bois de construction; plusieurs arbres produisent une écorce propre au tannage. Cette écorce n'est employée que dans la province par des fabriques de ce genre.

1828.

Corrientes.

La température n'est pas assez élevée pour que les productions des tropiques y soient abondantes; aussi le cacao, le café, n'y viennent pas, non plus que beaucoup de fruits des pays chauds, tels que les ananas, les bananes, les papayers, etc.

Les plantes cultivées à Corrientes sont : le maïs, d'une seule espèce; les batatas ou *yeti* des indigènes; les haricots ou *cumanda,* variés en espèces et fort bons; les pistaches de terre ou *mani;* le manioc ou mandioca des Espagnols, *mandio* des Guaranis. On en compte trois espèces : le *mandioti,* qui se mange dans la soupe ou rôti, ressemblant un peu par le goût à la châtaigne; le *mandio bachari* ou la grande espèce, dont la racine, ne servant qu'à faire de la farine, serait un poison prise comme la première espèce; et, enfin, le *mandio poropi,* ou racine rouge, très-bonne de toutes les manières. Il y a encore une autre racine voisine de forme, le *pio* des Guaranis. Viennent ensuite des citrouilles volumineuses, appelées *curapipi* ou *mandaca;* du *cihi,* ou piment rouge, très-estimé dans le pays; des choux, des laitues, plantés par les étrangers; la canne à sucre, le coton, le tabac. Le maïs s'exporte à Buenos-Ayres, ainsi que dans les provinces riveraines du Parana; mais c'est une bien petite branche de commerce. Les trois principales sont donc le produit de la canne à sucre, du coton et du tabac.

La canne à sucre croît très-bien particulièrement sur les terrains sablonneux et humides. Il y a quelques années tout ce qu'on plantait dans la province passait dans sa consommation; on exporte aujourd'hui le surplus de ses besoins. Il consiste toujours en miel de canne à sucre (miel de caña), nom sous lequel ce sirop est livré au commerce. On fabrique peu de sucre à Corrientes, parce que tout le produit des cannes se convertit en miel, dont on fait de l'eau-de-vie ou caña, chaque maison ayant son alambic de terre.

La culture du coton se réduit à rien. On n'en exporte pas, malgré sa bonne qualité, parce que l'on n'en sème pas assez pour cela. Son produit fournit le fil nécessaire aux besoins du pays; fil servant à faire des tissus propres aux

1828. Corrientes.

vêtemens, et qui ont un caractère particulier. Les fermiers en font des pièces dont la largeur varie selon l'usage auquel on les destine; car on ne s'en sert sans broderie que chez les Indiens. Le dernier des habitans de la campagne ne porterait pas un seul vêtement non brodé; aussi les femmes excellent-elles dans ce genre d'industrie, et leurs travaux sont très-estimés partout, surtout leurs *paños de mano*, ou essuie-mains, dont l'usage constitue le luxe d'une maison; car on n'ignore pas que, dans le pays, un de ces essuie-mains bien brodé vaut quelquefois près de cent piastres (500 francs). Il est vrai qu'il faut souvent plusieurs mois pour les achever. De tous les tissus de coton les paños de mano sont les seuls qui s'exportent, et, encore, en petite quantité; le reste se consomme dans la province, ainsi que les ponchos de coton d'un tissu plus serré. Tous ces tissus se font dans les campagnes avec des métiers d'une simplicité difficile à croire. Assez ordinairement chaque propriétaire rural a le sien, où sa femme ou ses filles tissent elles-mêmes. L'abondance et le bas prix des tissus étrangers a fait beaucoup négliger la culture du coton. Il serait à désirer pour les Correntinos que les progrès de l'industrie leur révélassent de nouveaux moyens d'emploi de ces matières premières, en en perfectionnant chez eux la manipulation; ce qui les affranchirait du tribut qu'ils paient aux étrangers; tandis que, possédant tous les élémens, il ne leur manque plus que de savoir les utiliser.

J'ai parlé[1] de la culture et de la récolte du tabac, dont le commerce a, depuis quelques années, pris une telle extension que Corrientes, aujourd'hui, peut pourvoir à la consommation des provinces riveraines du Parana et de Buenos-Ayres. On exporte aussi beaucoup de cigares confectionnés par les femmes de la campagne; ils se vendent à Buenos-Ayres sous le nom de cigares du Paraguay.

Plusieurs autres produits pourront encore s'exploiter dans la province de Corrientes. L'indigo y croît partout spontanément, et ne s'y recueille nulle part. Quelques Indiens seulement en retirent la couleur bleue dont ils peuvent avoir besoin pour teindre leurs vêtemens; industrie venue, sans doute, des Jésuites, et non commune chez les colons, qui se servent de l'indigo du commerce, venu par Buenos-Ayres. La grande quantité de cactus, naturellement couverts de cochenille, promettrait aussi des avantages commerciaux, si l'on s'occupait d'améliorer les produits par la culture; mais, non..... l'indolence générale est telle que quelques habitans pauvres prennent à

1. Chap. IX, pag. 244, 245.

peine le soin de recueillir les pucerons avec leur enveloppe blanche, de les écraser et d'en former des pains, qui se vendent comme teinture à Corrientes même. Il y a encore, dans la province, un grand nombre de plantes et d'écorces d'arbres, avec lesquelles les femmes du pays teignent le coton et la laine d'une couleur très-vive et très-solide. Il est certain que ces matières premières, perfectionnées par des procédés chimiques, acquerraient plus de solidité et seraient d'un emploi plus lucratif.

Les céréales ne produisent pas à Corrientes même; mais, dans les plaines des parties méridionales, on pourrait se procurer de belles récoltes, si le pays était cultivé, puisque la province d'Entre-rios, dont celle de Corrientes est limitrophe, en tire de beaux produits, qui ne servent jusqu'à ce jour qu'à l'alimentation de ses habitans; car elle n'a pas encore de débouchés pour cette denrée.

La population est éminemment agricole, et peut se diviser en deux séries: les agriculteurs spéciaux et les fermiers. Les habitans des rives du Rio de Santa-Lucia ou des environs de Caacaty, d'Itaty et de Corrientes réunissent souvent les deux qualités, parce que la nature du terrain le leur permet; mais ceux du sud de la province ne sont que fermiers, et s'occupent seulement d'élever des bestiaux. On les nomme *estancieros*. Ils fournissent une grande quantité de cuirs; et c'est encore là une des principales branches du commerce intérieur et extérieur de la province. Les gros estancieros apportent eux-mêmes leurs cuirs secs à vendre en ville. Les petits propriétaires les passent aux revendeurs dans les villages, et ces derniers les apportent à la ville, d'où on les expédie quelquefois à Buenos-Ayres; mais, le plus souvent, ils sont négociés dans le pays. Depuis long-temps les tanneries de Corrientes étaient dirigées par des hommes peu instruits dans cet art, et les cuirs en étaient souvent brûlés; mais, il y a quelques années, une tannerie sur une grande échelle a été montée par des Biscayens; et, dès-lors, les cuirs de Corrientes ont été renommés, dans les provinces et à Buenos-Ayres même, où ils rivalisent presque avec ceux qu'on apporte d'Europe. Dès ce moment, cette sorte de commerce a présenté un retour avantageux pour les marchandises d'importation, et a pris un nouvel essor. Cette tannerie a aussi ouvert, dans le pays, un nouveau genre d'industrie, par la consommation qu'elle fait de l'écorce du curupahi et du laurel pour le tannage, ce qui a fait abattre toutes ces belles mimoses aux feuilles pennées, qui couvraient la lisière extérieure des bois riverains du Parana. Tous les habitans occupés à cette spéculation se sont enrichis; mais les avantages individuels et nécessairement momentanés qu'ils en ont retirés, ne me

1828. paraissent pas devoir racheter les inconvéniens généraux et permanens qui en résultent pour le pays, dépouillé de sa plus riche parure.

Corrientes. Toutes les fermes de la province, et celles de tout le Paraguay, datent d'assez loin; cependant on doit s'étonner que les premiers bestiaux soient venus par terre, quoique la navigation du Parana fût dès-lors, depuis long-temps, établie. Les restes d'une colonie naissante, formée par les Espagnols près de l'île de Sainte-Catherine au Brésil, chassés par les Portugais en 1555, passèrent de là par terre au Paraguay, accompagnés d'un Portugais, nommé Goes. Celui-ci possédait huit vaches et un taureau. Il les confia à un nommé Gaete, qui eut une peine incroyable à les amener par les déserts jusqu'au Paraguay, où le propriétaire le récompensa par le don d'une vache; don alors tellement estimé, à cause de la valeur qu'on attachait aux vaches de Goes, qu'on a dit long-temps, dans le pays, en forme de proverbe: *C'est plus cher que les vaches de Gaete.* On doit à ces vaches l'innombrable quantité de bestiaux qui, un siècle après, couvraient de leurs troupes à moitié sauvages les campagnes du Paraguay, de Corrientes et des rives de la Plata; et qui devaient, plus tard, couvrir toutes ces belles plaines, et y former ces nombreuses fermes, aujourd'hui la richesse de cette partie de l'Amérique méridionale.[1]

Des troupeaux nombreux de moutons habitent aussi les plaines, où ils multiplient d'une manière extraordinaire. Leurs produits sont encore peu employés dans la province, quoique leur laine soit bien supérieure à celle de Buenos-Ayres, où elle est toujours mêlée de graines à épines ou abrojos, qui empêchent d'en tirer tout le parti possible. A Corrientes, on lui donne plus de finesse et elle est toujours propre. On a, depuis quelque temps, introduit des mérinos, afin d'en améliorer encore la qualité; perfectionnement qui pourra être utile à la génération à venir; car aucune fabrique ne s'en sert. A peine quelques femmes en font-elles des ponchos, qui ont une assez grande valeur.

Corrientes fait aussi un commerce qui lui est commun avec Buenos-Ayres, celui des pelleteries; mais borné à des peaux de singes hurleurs[2], *Caraya,* dont les mâles sont noirs et ont un pelage des plus beau, estimé à Buenos-Ayres et dans le pays, où il remplace avantageusement notre martre. Plusieurs autres peaux sont aussi achetées par les pulperos et emportées dans la

1. Je ne décrirai pas ici la manière d'élever les bestiaux. On l'a vue en détail dans la description de l'estancia du Rincon de Luna. Voyez chap. VII, pag. 156 et suiv.

2. *Stentor caraya.*

capitale de la république, comme retours avantageux. Dans ce genre, le commerce des peaux de *Nutria*, ou *qiya* des Guaranis [1], est, sans contredit, l'objet le plus lucratif du trafic par échange que font quelques commerçans avec les Indiens tobas du Grand Chaco. Ils leur donnent quelques quincailleries et du biscuit, dont ces sauvages sont friands, et en obtiennent des peaux sèches qui se transportent à Buenos-Ayres, et se vendent aux chapeliers, pour remplacer, avec avantage, le castor; ou bien s'expédient en Europe. Dans les premiers six mois de 1828, il avait été vendu à Corrientes plus de 150,000 douzaines de ces peaux, estimées de quinze à dix-huit francs la douzaine. Le qiya vit dans les marais, où les Indiens le chassent avec des chiens et à coups de flèche.

En résumé, le commerce d'exportation de la province consiste en bois de construction et de charpente, palmiers et bambous; en maïs, pistaches ou mani, sirop de canne à sucre; en tabac, peaux non tannées, cuirs de bœuf et pelleteries d'animaux sauvages. On voit qu'il se réduit à peu de choses; cependant il suffit pour attirer beaucoup d'étrangers, qui viennent de Buenos-Ayres avec des pacotilles et remportent seulement des marchandises; car la sortie de l'argent est prohibée. Ce genre de négoce a eu même une telle vogue, il y a quelques années, que l'arrivée d'un étranger faisait sensation dans la ville; mais, aujourd'hui, un grand nombre d'entr'eux, des Français surtout, y sont établis, ainsi que dans la province. Il est vrai que, pendant la guerre de Buenos-Ayres avec le Brésil, on a pu attribuer cette émigration à la crainte des levées forcées qu'on faisait à Buenos-Ayres, pour se procurer des soldats.

En dehors de la culture et des fermes, l'industrie est assez restreinte. Je dirai même qu'exercer une industrie quelconque est un déshonneur pour un homme qui serait quelque chose; aussi ne trouve-t-on des artisans et des fabricans que parmi les Indiens, les métis ou les femmes. Les blancs, comme *caballeros*, ne doivent rien faire. Les seuls établissemens un peu remarquables sont les tanneries, dirigées par des hommes étrangers au pays; car tout le reste de l'industrie est exercé par de simples artisans dispersés, et aucune fabrique en règle n'existe dans la ville. L'industrie peut être résumée ainsi qu'il suit, sans parler des cordonniers, bottiers, tailleurs, chapeliers, etc., indispensables à tous les pays. J'ai parlé, à l'article d'Itaty, de la confection de la poterie, travail entièrement abandonné aux femmes indiennes,

1. *Myopotamus coipus.*

1828. — Corrientes.

et dont les produits ne sortent pas de la province. Des fabriques de tuiles et de briques existaient aussi, près de ce village; et la manipulation en était entre les mains des Indiens; mais on a enfin senti qu'on pouvait également en faire près de la ville même, et plusieurs établissemens se sont formés un peu au-dessous, pour la consommation de la cité. On établit, dans la province, des selles ou recados, estimées même à Buenos-Ayres, et des chapeaux de feuilles de palmier, d'un assez joli tissu, confectionnés par les hommes. Ce sont eux encore qui s'occupent de la manipulation du sucre; mais le surplus de l'industrie manufacturière appartient exclusivement aux femmes. Elles distillent l'eau-de-vie du sirop de canne à sucre; elles font des cigares, pour la consommation interne de la province et pour l'exportation; elles tissent tout ce qui sert aux vêtemens des hommes et des femmes, ces beaux ponchos de laine et de coton, ces belles broderies si estimées dans les provinces voisines, à Caacaty; ce singulier fil de l'araignée, rivalisant par sa couleur vive avec la soie, dont cependant il n'a pas tout à fait la finesse. Il est singulier de voir les hommes, qui rougiraient de se livrer à des travaux manuels, les laisser faire à leurs femmes, comme chose toute naturelle; bizarre abus de la prédominance de l'homme sur sa compagne, toujours plus forte dans l'homme qui se rapproche le plus de la nature, et qui disparaît graduellement à mesure que la civilisation fait des progrès!

Des fabriques pourraient cependant être établies à peu de frais. Les ouvriers sont peu chers; car à peine les paie-t-on six piastres ou trente francs par mois, ce qui est peu de chose, comparativement au prix de leurs services en Amérique. Quand la civilisation et l'esprit industriel seront-ils assez avancés chez les Correntinos pour tirer parti des productions de la province, et pour établir des fabriques propres à mettre en œuvre des richesses qui n'attendent que des applications industrielles, pour affranchir ces contrées du tribut qu'elles paient, par leur faute, à l'industrie étrangère?

Le territoire se divise en douze *comandancias*, qui sont : les Ensenadas, Itaty, Caacaty, Empedrado, le Palmar, Bellavista, Saladas, Goya, San-Roque, Yaguarete cora, la Esquina et Curuçu cuatia. Dans chacune de ces circonscriptions il y a un commandant militaire, et un alcade. Ces comandancias ne sont pas les seuls lieux peuplés de la province. On y compte, en outre, seize bourgs ou villages, savoir : Guaycaras, San-Antonio d'Itaty, Santa-Lucia, San-Antonio de Burucuya, etc. De tous ces lieux habités, Goya et San-Roque ont seuls le titre de ville, quoique le dernier soit si peu de chose qu'il serait à peine un très-petit village en Europe. La province a dépendu

de Buenos-Ayres jusqu'au moment où l'on a juré la constitution en 1821. 1828.
Dès-lors la souveraineté résida dans le peuple, représenté par une chambre, Corrientes.
ou *concreso;* cette chambre se compose d'un président, d'un secrétaire et de onze membres. Les membres du congrès sont nommés par les habitans. Le congrès choisit un gouverneur, qui exerce le pouvoir exécutif, et, comme la chambre, est élu pour trois ans; elle nomme, dans son sein, une commission permanente de cinq membres, qui la représente tout le temps de son exercice; et, de plus, une députation de quatre membres, près du congrès général de la république de la Plata, à Buenos-Ayres.

Le gouverneur est intendant et capitaine-général de la province; on peut même dire qu'il est dictateur. Le fonctionnaire qui remplissait cette place en 1827 et 1828, se nommait Don Pedro Ferre, fils d'un Espagnol, né à Corrientes; cet administrateur, ne voulant que le bien de son pays, a mis Corrientes sur un très-bon pied de prospérité. On lui doit la bonne police du pays, basée sur un réglement sage et sévère. Il a restauré la ville, fondé trois nouveaux bourgs, rectifié l'alignement de trois anciens, et s'est occupé, avec fruit, de l'instruction publique. Il avait sous ses ordres, un secrétaire de gouvernement. L'administration civile se composait, alors, des fonctionnaires suivans :

1.° Le *colector general* ou receveur général, chargé de la perception des revenus de la province, et sous les ordres duquel est un compteur ou *contador*. Les revenus sont les droits de douane et la dîme, qui y existe toujours. Il y a, dans chaque *comandancia,* un receveur des dîmes, ou *diesmero,* qui achète les dîmes de l'année pour une somme déterminée, et qui, après la récolte, doit les rembourser au gouvernement. Il y a, de plus, la vente des terrains de l'État aux particuliers. Il me serait impossible de dire à combien montent ces revenus; ce sont des choses que les étrangers n'apprennent pas facilement, au milieu de ces administrations méfiantes et timides. Tout ce que je puis dire, c'est que ces revenus excèdent les dépenses annuelles, et qu'il y a un boni qu'on emploie à des améliorations.

2.° L'*administrador de correo,* l'administrateur des courriers ou postes, chargé de diriger les courriers sur Buenos-Ayres, et de les recevoir. Le même courrier dessert la Bajada et Santa-Fe; c'est le seul de Corrientes. Il n'y en a ni pour le Paraguay, ni pour Cordova, ni pour Salta; les lettres à la destination de ces deux dernières villes passent par Buenos-Ayres, quoiqu'il fût bien facile d'établir des communications au travers du Chaco, ce par quoi l'on s'épargnerait un détour de quatre à cinq cents lieues, en

1828. réduisant le trajet à quatre-vingts lieues à peu près. C'est une mesure qui pouvait être prise en mettant ce moyen de communication entre les mains des Indiens tobas, qui avaient offert de s'y employer. Espérons que, plus tard, les gouvernemens sentiront le besoin d'étendre le nombre de leurs relations, au lieu de s'isoler comme ils le font aujourd'hui, dans la crainte, sans doute, de la contagion de l'anarchie. Les employés sont payés sur le produit des lettres.

Corrientes.

3.° Le capitaine de port, chargé de la surveillance des mouillages et de la douane, ainsi que de la police du port. Il est aussi chargé d'empêcher le débarquement des marchandises frauduleuses, et l'embarquement de l'argent, dont les lois prohibent la sortie.

L'ordre judiciaire se compose d'un premier juge ou *juez de apelacion*, chargé de la police, d'alcades de première instance et de juges de paix, tous nommés pour une année seulement. Les lois sont celles d'Espagne, modifiées quelquefois par l'usage, dont l'application dépend entièrement du juge; aussi en ai-je vu fréquemment abuser. Un étranger en procès avec les gens du pays, suivant qu'il aura pour lui la coutume ou la loi, pourra se voir alternativement rendre justice au nom de la loi ou de la coutume; mais, en même temps, condamné au nom de l'une ou de l'autre. On ne commet, pour ainsi dire, aucun crime dans la province. Le vol même n'y est connu que depuis quelque temps; encore remarque-t-on qu'on ne vole ou qu'on n'assassine qu'à Curuçu cuatia, ou dans les autres parties méridionales du pays, qui se trouvent plus fréquemment en contact avec les sanguinaires habitans de l'Entre-rios, habitués à toute sorte d'excès de ce genre. Les prévenus, au reste, sont traités d'une manière barbare. On les jette dans une prison, où ils ne peuvent guère compter, pour leur nourriture, que sur les âmes charitables du lieu; puis, on les transfère dans la capitale; et c'est dans ce transport que commencent leurs souffrances. On leur met aux pieds une barre de fer munie de deux anneaux qui les saisissent, et ne permettent aux jambes de s'écarter que de la longueur de la barre, de sorte que le prisonnier ne saurait marcher. On le revêt, de plus, d'un gilet de peau de bœuf fraîche, cousue par derrière, lequel, en séchant, comprime avec force les bras et prévient tout mouvement; de sorte qu'après un long trajet, fait pendant les chaleurs de l'été, les malheureux, parfois, arrivent les bras fourmillant de vers et horriblement enflés, par suite de la suspension de la circulation du sang. On les assied ainsi à cheval et on les fait galoper, accompagnés d'une escorte. La nuit, ils sont renfermés dans une cabane, à la porte de laquelle on fait faction. Arrivés à Corrientes, on leur ôte le gilet de peau, en leur laissant la barre de fer; on les met en prison de nouveau; et dès-lors, on les néglige au point de les laisser sans nourriture. C'est à leurs parens, s'ils en ont dans la ville, à leur fournir des alimens; ou bien les femmes du pays les nourrissent par charité. Ils font, de même, leur temps de prison, quand ils sont condamnés; ou bien on les incorpore dans l'armée, punition la plus dure qu'on puisse infliger aux Correntinos. Tous les jours, je voyais accourir, de tous les quartiers de la ville, des femmes apportant aux prisonniers des vivres, qu'ils recevaient au travers de grillages de fer. J'ai pu aussi admirer un vieux soldat qui s'était dévoué à leur soulagement, et qui passait sa vie à quêter pour eux dans toutes les maisons. Il était devenu leur protecteur et leur père; aussi tout le monde lui donnait-il avec profusion. Sa quête terminée, il se rendait, de suite, à la porte de la prison, afin d'y faire sa distribution. Un tel dévouement ne paraissait que naturel aux habitans, tant la charité est active dans cette heureuse contrée, où n'a pas encore pénétré l'égoïsme de la civilisation! Il n'y avait certainement pas une femme à Corrientes qui n'eût caché chez elle un condamné, pour le soustraire à la rigueur des lois, quand bien même il eût été criminel, se contentant de déplorer son inclination pour le mal, sans le détester ni le fuir.

1828. — Corrientes.

Comme je l'ai dit, la police dépend du premier juge. Il a sous ses ordres un lieutenant de police, *teniente de polecia,* et son escorte. Celui-ci parcourt, toute la journée, les rues avec ses hommes, et réprime tous les désordres, en mettant en prison ceux qui contreviennent aux réglemens de police. Il fait rendre compte au gouvernement de ce qui peut intéresser l'autorité. La police était réduite à rien du temps des autres gouvernemens; mais le gouverneur actuel, ayant voulu réprimer beaucoup d'abus et arrêter la dépravation des mœurs, ne permet à personne de porter un couteau à la ceinture, suivant l'usage des provinces voisines; et cela, sous peine d'une amende. Le jeu est aussi strictement défendu, ainsi que l'ivresse. Pour la première fois, le délinquant est puni d'un emprisonnement de quelques jours; s'il récidive, sa punition est une réclusion beaucoup plus longue; et, pour la troisième fois, on l'enrôle dans les troupes de ligne. Le concubinage est également défendu; mais alors la femme coupable, et non pas l'homme, en porte la peine. On finit par l'exiler, quand elle persiste dans ses désordres. Il faut ajouter, que cette dernière mesure est peu efficace contre le mal à prévenir. La première femme placée dans cette position, et qu'on voulut envoyer à *Buena-Vista,* répondit avec arrogance qu'elle était prête à obéir; mais qu'elle voulait être accompagnée des concubines de tous les employés du gouvernement, à com-

1828. mencer par celles du gouverneur et de son frère; ne concevant pas, ajoutait-elle, en quoi elle pouvait paraître plus condamnable que les autres, parce qu'elle n'appartenait qu'à un pauvre moine. La mesure n'aboutit donc qu'à causer du scandale dans la ville, à dévoiler toute la corruption des mœurs; et la loi resta sans force. Il y aurait eu trop à punir dans un pays où une femme, quoi qu'elle puisse faire, ne perd jamais sa réputation. Cependant, l'alcade mayor obligeait, sur la simple déclaration de la mère, les étrangers qui passaient, dans le pays, pour être les pères d'enfans nés hors mariage, soit à épouser la déclarante, soit à lui payer une forte somme. On sent à combien d'abus pouvait donner lieu une aussi absurde jurisprudence.

Corrientes.

L'administration militaire est sous les ordres immédiats du gouverneur ou capitaine général de la province. L'armée active se compose d'un corps de vétérans à cheval, d'une compagnie d'artillerie, d'une de soldats de police; tous corps qui constituent les troupes de ligne. La garde nationale, ou des *civicos,* se divise en deux classes : les civiques actifs et les civiques passifs. La première classe doit se réunir sur le point indiqué au premier avis du gouvernement; et la seconde doit faire le service intérieur, en l'absence de l'autre. Les milices sont sous les ordres des commandans des cantons. La milice active compte vingt et une compagnies, et la milice passive en compte dix-huit. Toutes ces forces réunies, à ce que m'a dit le gouverneur, peuvent offrir un effectif de 4000 hommes. Cependant on assure que la province, en y comprenant tous les hommes en état de porter les armes, peut former un effectif de 7000 combattans. L'état-major de la province se compose d'un *sergente mayor* de place, et de son adjudant, de trois lieutenans colonels et d'un major.

Les lois du pays sont assez sévères pour la garde nationale. Tout homme qui atteint sa dix-huitième année y est immédiatement incorporé. Tous les étrangers commerçans, établis et patentés dans le pays, sont susceptibles d'en faire partie. Les Français, les Espagnols, Italiens, etc., sont obligés à un service; les Anglais seuls en sont exempts, par suite d'un traité de paix fait par la République. Les troupes de ligne, cavalerie comme infanterie, sont assez mal entretenues, depuis la garde du gouverneur jusqu'au dernier corps. Quoiqu'assez bien habillées, elles marchent pieds nus, ce qui contraste assez désagréablement avec de beaux pantalons rouges. J'ai eu l'occasion de dire quel fond la province pourrait faire sur les civiques. Nulle part il n'existe une aversion plus prononcée sur l'état militaire, qui, suivant les habitans, est la dernière des positions sociales. Il est vrai qu'ils sont peu braves, et qu'ils sont trop mous pour ne pas craindre la mort. Le seul nom d'Indiens fait fuir la moitié des soldats. J'ai observé que la bravoure n'existe, en Amérique, que dans les pays tempérés ou froids, et sur les montagnes. On ne trouve que là des soldats braves par nature; tandis que les habitans des plaines chaudes, loin d'avoir une imagination ardente, du courage et de la force d'âme, comme on pourrait le supposer, sont indolens et paresseux; et, tout en ne jouissant qu'à demi de la vie, à cause de leur apathie, ils y tiennent plus que les peuples des pays froids. Par compensation, ils sont plus humains, plus disposés à rendre service, et l'esprit de vengeance est moins actif chez eux; aussi sont-ils hospitaliers et prévenans, sans être curieux ni voleurs. La province de Corrientes offre un exemple frappant des mœurs qui distinguent ces contrées. On n'y trouve pas d'assassins. De jour comme de nuit, on peut, sans armes, en parcourir le sol dans toutes les directions possibles, sans avoir à craindre d'être volé, recevant, partout, au contraire, une hospitalité gracieuse et cordiale. Les seuls vols qu'on connaisse dans le pays sont de peu d'importance; ce sont toujours des objets comestibles, des fruits ou de la viande. On soustrait aussi, quelquefois, un cheval; mais c'est presque toujours pour faire un voyage, après quoi l'on ramène la bête à son propriétaire.

1828.

Corrientes.

L'instruction, qui n'était rien du temps des Espagnols, a pris enfin le dessus, sous la bonne administration de Don Pedro Ferre. Il a créé à Corrientes un collége, dont les professeurs enseignent le latin, l'espagnol, les mathématiques, le dessin. Ce collége a été fondé, en 1826, par un ancien élève de l'école polytechnique, M. Parchappe, et par un ancien élève de l'école normale. Sous de tels maîtres, on devait attendre des progrès rapides; mais, malheureusement pour le pays, cet état de choses dura peu. Nos compatriotes furent appelés à Buenos-Ayres, et tout dépérit entre les mains d'hommes du pays. Les maîtres sont dotés par l'État, qui a également placé des écoles primaires dans tous les villages. Espérons pour lui de bons résultats de ces mesures. La coutume était d'envoyer les jeunes gens au collége, soit à Buenos-Ayres, soit à Cordova, où ils prenaient le titre de docteur en théologie. La plupart sont très-ignorans, sans manquer pourtant d'une certaine sagacité et d'un jugement généralement sain et juste. On reconnaît, de suite, les personnes qui ont fait leur éducation hors de la province. Elles ont, comparativement, des manières et une conversation bien différentes de celles des habitans restés dans le pays. Ceux-ci savent à peine écrire leur langue d'une manière lisible, et l'on ne s'en étonnera pas, en apprenant que la langue indienne s'est maintenue, jusqu'à ce jour, au sein des familles, et que beaucoup de personnes de

1828. Corrientes. la ville même parlent difficilement l'espagnol. Leur seul talent est de pincer de la guitare et de chanter. En général, ils n'ont aucune idée de géographie. Il leur arrivait souvent de me demander si Paris était plus loin de Corrientes que la France, ou bien quel était le plus grand des deux. Il reste encore beaucoup de traces du système d'enseignement des Jésuites. Il n'est pas rare de rencontrer des Correntinos ou des Paraguays qui sachent s'exprimer tant bien que mal en latin. Ils emploient, dans leurs discussions, le ton pédantesque des écoles de théologie, et se servent communément des expressions techniques de la logique. Les femmes sont encore moins instruites. Il n'y a que celles des premières familles qui écrivent un peu couramment; les autres ne savent même pas lire. Presque tous les hommes sont musiciens, pincent de la guitare, et chantent des *tristes* ou romances, ainsi que des chansons gaies; mais ce qui m'a surpris quelquefois, c'est la facilité avec laquelle ils composent des vers. J'ai vu deux champions se défier, chacun avec sa guitare, à qui resterait court le premier, en chantant alternativement des couplets improvisés, où ils suivaient un même sujet; et cela, souvent, des heures entières, ou même toute une journée, sans se vaincre. On sent combien ce genre de lutte demande de présence d'esprit et de facilité, surtout chez des gens, pour ainsi dire, sans éducation. Il est bon de dire, cependant, que les vers espagnols sont plus faciles à faire que les nôtres, en ce que la mesure seule est exigée, et qu'on ne demande pas la rime.

La langue guarani a également ses chants populaires. Je serais porté à croire qu'ils ont été faits par des Espagnols dans la langue guarani; cependant, comme ils peuvent donner une idée de cette langue, telle qu'elle est actuellement modifiée à Corrientes, je traduis en espagnol et en français quatre couplets, que j'ai été plusieurs fois à portée d'entendre en ville. Ils sont, au reste, aussi simples et aussi naïfs que tous les *tristes* ou romances péruviennes, qu'aiment tant les habitans de Buenos-Ayres.

Guarani.	*Espagnol* (*prose*).	
Curaï hôcharaicha Mômbïri ñandehegui; Upérami abey che Mômbïri aï de agui.	Asi como el sol dista de nos otros, me parece que estoy distante de ti.	Il me semble que je suis aussi éloigné de toi que le soleil l'est de nous.
Guenbïaiju o mocanïro; Picaśumi ochacó, Upérá mi abey che Nderehé añapiro.	Llora la tortolita quando à su consorte pierde, asi tambien lloro yo tu perdida.	La tourterelle pleure, quand elle perd son consort; c'est ainsi que je pleure ta perte.

Guarani.	*Espagnol (prose).*	
Nderendape aha hâgna Che angâ che recobe Toy porucache ypepo, Mboraijupe ajurere.	Para hirte a ber mi alma y mi vida le pido al amor me preste sus alas.	Pour aller te voir, mon âme et ma vie, je prie l'amour de me prêter ses ailes.
Tesaï ndarecobeyma Añoebo nderêhe. Ara obahêre hae Cherecobe ameene.	Lagrimas no tengo ya a fuerza de llorar par ti. Llegara el dia que de la vida.	Je n'ai plus de larmes, à force de pleurer pour toi. Le jour viendra qui me donnera la vie.

En général, dans toute la république Argentine, on reconnaît, à leur manière de parler, les habitans de la province du Paraguay, parce qu'elle est bien plus lente que celle de toutes les autres républiques espagnoles. Les habitans de Corrientes ont absolument le même accent; ils traînent sur les mots et semblent mettre, dans la prononciation, l'indolence habituelle de leurs habitudes; ce qui les livre partout à la plaisanterie. Cet accent, au reste, paraît propre à Corrientes, au Paraguay, et à toutes les plaines du centre de l'Amérique; car je l'ai retrouvé également dans la province de Santa-Cruz de la Sierra (république de Bolivia); mais ce fait paraîtra d'autant moins extraordinaire qu'on sait que les fondateurs de cette dernière ville venaient du Paraguay.

Si l'on remonte à l'éducation première des enfans, on ne s'étonnera pas de leur ignorance. Élevés au milieu des domestiques, ils doivent, tout naturellement, apprendre le guarani plus tôt que l'espagnol. Leurs parens les surveillent fort peu et les laissent jouir d'une liberté indéfinie. Faisant, en conséquence, tout ce que bon leur semble; aimant, par-dessus tout, l'exercice du cheval, dont leurs frères, leurs pères leur donnent le goût, pour ainsi dire, dès le berceau, ils s'habituent plutôt à cet exercice, et à une vie ambulante et vagabonde, qu'à une vie sédentaire et studieuse.

Corrientes, lors de la guerre de Buenos-Ayres contre le Brésil, en admit et reconnut la justice, mais ne voulut, d'abord, ni concourir aux frais ni même fournir son contingent de troupes. La province, quoique extérieurement unie aux intérêts généraux de la république de la Plata, agissant comme presque toutes les autres, ne voulut, en rien, supporter les charges de cette guerre. Elle vivait, en effet, sous des lois spéciales et indépendantes de la capitale, ainsi que sa voisine, la province du Paraguay. Le gouverneur était un véritable dictateur. L'émission du papier-monnaie, établi à Buenos-Ayres, ne fut admise que dans les dépendances de Buenos-Ayres même; Corrientes s'y refusa. Elle prit même une mesure relativement sage, dans un

1828. pays où l'on ne tire pas d'argent de la terre, et où les marchandises d'exportation ne sont pas en rapport avec les marchandises importées. Elle prohiba la sortie du numéraire. Sous aucun prétexte on ne peut enfreindre ce réglement. On poussa même l'exécution jusqu'à la mauvaise foi; car on laissa un Italien apporter des fonds pour ses achats, et l'on saisit le surplus qui lui était resté, comme de contrebande. Cette mesure avait aussi pour but d'obliger les commerçans à emporter les marchandises produites par la province; ce par quoi l'on voulait prévenir la complète disparition du numéraire, qu'on avait vue à Buenos-Ayres. Malgré leur neutralité apparente, les Correntinos, comme je l'ai dit, prirent part à la guerre, non pas en aidant Buenos-Ayres, mais en se jetant sur le territoire brésilien, où ils ravagèrent tout, et enlevèrent de nombreux bestiaux. On peut évaluer à 200,000 les têtes de bétail qui entrèrent alors dans les provinces de Corrientes, de Santa-Fe et d'Entre-rios; ce qui amena les guerres que j'ai décrites ailleurs, et qui montrèrent au gouvernement qu'il manquait du nombre d'armes nécessaires pour armer les habitans. Il demanda au gouvernement de Buenos-Ayres de lui envoyer des fusils, offrant de procurer, en échange, un certain nombre de soldats à l'armée argentine. L'administration de Buenos-Ayres accepta la proposition; alors le gouverneur, qui manquait du nombre de soldats dont il avait besoin pour remplir son offre, vida ses prisons et envoya ses prisonniers, en paiement des armes accordées. La plupart de ces malheureux étaient détenus par suite d'une conspiration récemment découverte. Ils furent entassés au fond de la cale d'un navire. On les expédia ainsi, sous la surveillance d'un officier et d'une escorte. On assurait que plusieurs d'entr'eux étaient morts en route, faute d'air ou étouffés par la chaleur. Ce singulier commerce se fit une seule fois; car il paraît que d'un côté comme de l'autre, l'arrangement ne satisfit pas les intéressés.

Corrientes.

La ville de Corrientes est agréablement située sur la rive orientale du Rio Parana, assez près du confluent du Rio Paraguay. Elle longe le fleuve, et s'étend au loin dans la campagne. On a eu l'intention de la diviser en quadras, ou pâtés de maisons égaux entr'eux; mais, soit par la négligence des autorités, soit par égard pour des convenances individuelles, les rues sont restées mal alignées. En 1827, le gouverneur Don Pedro Ferre chargea un ingénieur français, M. Parchappe, de rectifier l'alignement des rues, de placer de nouvelles bornes, et de présenter un nouveau plan de régularisation de la ville. Le travail adopté, j'ai eu le plaisir d'en voir commencer l'exécution. Espérons que l'exemple de ce digne gouverneur sera suivi par ceux qui lui succéderont, et que Corrientes, qui gagne tous les jours sous d'autres rapports,

deviendra aussi l'une des villes les mieux percées de la république Argentine. 1828.
Le côté qui donne sur la rivière est assez irrégulier. Il est, cependant, le plus pittoresque de la cité; car une multitude d'anses sablonneuses, formées par des pointes de roches avancées, offrent, partout, de petits ports, pour la plupart remplis de barques. Au milieu même de la ville, l'une de ces pointes, plus saillante que les autres, et qu'on avait considérée comme pouvant servir de débarcadour, est devenue un point de défense. On a établi, à son extrémité, une pièce de canon à pivot, et un petit poste de douane, d'où l'on découvre au loin ce qui se passe dans les anses voisines, et où l'on décharge, quelquefois, les petits navires; car tous les grands vont débarquer dans le véritable port, à l'embouchure du ruisseau de *Santa-Rosa*, centre du mouvement commercial extérieur. C'est là que se pressent les matelots; c'est là que s'entassent des piles de bois et de planches, prêtes à s'expédier dans les autres provinces. Ce lieu est, pour ainsi dire, une partie distincte de la ville.

Corrientes.

Les maisons n'ont, généralement, qu'un rez-de-chaussée; une dizaine seulement, faisant exception, sont munies d'un étage surmonté d'une terrasse; encore celles-ci sont-elles tout aussi simples que les autres. Toutes ont des galeries extérieures propres à garantir leurs habitans des feux du soleil d'été, ce qui est très-bien vu pour ces climats. Ces galeries ont aussi pour effet de préserver les maisons des torrens de pluie, qui dégraderaient les murailles, le plus souvent bâties en terre; système, d'ailleurs, très-favorable au piéton, qui peut, presque toujours, marcher à couvert. Ce genre de construction existe dans toute la province, au Paraguay; et je l'ai retrouvé dans l'intérieur de la Bolivia, à Santa-Cruz de la Sierra, ville qu'on peut regarder comme la sœur de Corrientes, par la manière dont elle est construite, et pour son aspect de ville agricole américaine. Les maisons sont très-inégales en hauteur, et rarement sur la même ligne, les unes saillant sur la rue, les autres en retraite; celles-ci élevées de cinq ou six pieds au-dessus de la chaussée, munies de marches qui y conduisent; celles-là de niveau avec le sol. Leurs toits aussi sont disparates entr'eux; quelques-unes en terrasses, mais peu nombreuses, jurent à côté de petites maisons basses, couvertes en troncs de palmiers carondai, coupés en deux et taillés en tuiles. Ce genre de toiture donne à la ville un aspect singulier, qui la fait d'autant plus ressembler à Santa-Cruz de la Sierra. Quelques toits sont modestement formés en paille; mais, depuis qu'on a enlevé les tuiles des maisons d'Itaty, et qu'on a commencé à en fabriquer autour de la cité, un grand nombre de maisons en sont couvertes. Il est probable que cet exemple sera suivi par tous les propriétaires, à mesure qu'on sera forcé de remplacer les tuiles de palmiers, ce qui ne tardera pas; ce genre de toiture durant, au plus, dix ans.

Toutes les irrégularités que je viens de signaler, ne seraient rien, si, du moins, les rues étaient partout bâties; mais il n'en est pas ainsi. A l'exception peut-être d'une ou deux faces de pâtés, il n'y a que des maisons semées çà et là, séparées, quelquefois, par une haie vive, que forment des arbres épineux, des troncs de palmiers plantés debout; ou bien cet espace est entièrement libre, et se franchit sur une pelouse verdoyante.

Les rues ne sont pas pavées, et peuvent offrir au botaniste un vaste champ de recherches; car elles sont, pour la plupart, couvertes, sur les côtés, d'une végétation active, surtout les moins fréquentées, où il n'y a qu'un étroit sentier. Comme le terrain se forme de sable mêlé d'un peu d'argile, dès qu'il pleut, on n'y saurait marcher sans enfoncer jusqu'à la cheville; lorsqu'il fait beau, ce même terrain devient mouvant comme le sable des déserts de l'Afrique; s'il vente, il vole dans les yeux; enfin, s'il fait chaud, il brûle les pieds des piétons, presque tous sans souliers; de sorte que, quelque temps qu'il fasse, la marche est fort difficile.

D'autres inconvéniens non moins graves existent encore à Corrientes. Les rues sont très-mal nivelées, et beaucoup d'entr'elles courent en pente vers le Parana. Les pluies, tombant toujours par torrens, s'y précipitent avec violence, entraînant avec elles une partie des terres, et laissant ensuite de profondes ravines qu'il faut combler. On a cherché à obvier à cet inconvénient, en plaçant des poutres en travers; mais le remède s'est trouvé pire que le mal; car il est résulté, de cet arrangement, des cascades, au-dessous desquelles se formaient de profondes excavations. Enfin l'inégalité des pentes donne naissance à des mares qui, souvent, couvrent des rues entières et gênent beaucoup les communications, tant que les eaux ne sont pas absorbées par leur infiltration dans le sol. Le travail d'alignement, fait par M. Parchappe, a encore pour but de remédier à tous ces inconvéniens.

Corrientes a deux places, l'une au milieu de la ville, la *plaza mayor* (grande place); l'autre presque en dehors, la *plazita* (petite place), qui sert de marché. La première est formée, d'un côté, par le Cabildo, où se trouve la salle de réunion des représentans, la maison de justice et la prison; c'est un bâtiment à un étage, très-simple, muni, en haut et en bas, de galeries, formées par des arceaux. Sur la façade opposée, qui regarde l'Ouest, sont quelques belles maisons, et l'entrée du couvent de la *Merced*, dont l'église est la mieux bâtie de toutes celles que possède la ville. Le côté du nord est formé par le flanc de l'église paroissiale de la Matriz, très-basse, ressemblant assez à l'une de nos granges qui serait entourée de galeries. Une grande tour en pierre et appartenant à un autre genre de construction, occupe un des angles de la place, sans tenir à l'église. Pour la face méridionale, elle est garnie de petites cases éparses sans alignement et sans nivellement, qui attestent beaucoup d'indolence ou beaucoup de misère. 1828. Corrientes.

Les autres édifices publics sont peu nombreux. Il y a quatre églises : les deux qui occupent le côté de la place; et deux autres, dont celle *de la Cruz,* la seconde paroisse de la ville, est située en dehors, du côté de la campagne. On y fait des neuvaines, parce qu'elle contient la croix miraculeuse dont j'ai eu occasion de parler. Elle est peu riche en dehors, quoiqu'elle le soit beaucoup en dedans, par suite des offrandes des fidèles. La quatrième est celle du couvent de *San-Francisco,* également insignifiante. La maison qu'occupe le gouvernement actuel, doit son édification au soin de Don Pedro Ferre, qui profita des murailles en pierres de l'ancienne maison des Jésuites, et les transforma en un bâtiment spacieux, nommé *Fuerte* ou *Gobierno,* où siégent le gouvernement, l'administration des douanes, celle des finances, et même le collége des jeunes gens. C'est une maison des plus ordinaire, qui n'a qu'un rez-de-chaussée.

Corrientes avait d'autres monumens du temps des Jésuites. L'endroit où existe aujourd'hui l'église de la Matriz, était une belle église bâtie par ces derniers, et dont dépendait la tour qui existe encore. Le lieu où siége le gouvernement était ce qu'on appelait leur *colejio* ou collége; mais, à l'époque de leur expulsion, la rage des militaires espagnols était telle que, ne se contentant pas de les chasser, ils pillèrent et rasèrent leur église et leur collége; et, s'ils ne firent pas tout à fait disparaître les murailles du dernier, c'est qu'il était trop solidement bâti de pierre et de chaux; ce qui conserva la partie dont on a profité comme fondement, pour élever la résidence actuelle de l'administration. Beaucoup d'autres murailles en ruines, qui subsistent encore, annoncent combien vaste devait être l'étendue de cet établissement. Il est facile de concevoir qu'au milieu d'une révolution, dans un pays ignorant, des fous, aveuglés par la passion, se déchaînent contre les monumens servant d'asyle à ceux qu'ils expulsent; mais concevra-t-on aussi bien, qu'au sein du fanatisme du dix-huitième siècle, et d'un respect outré pour les temples, la haine ou la jalousie ait pu porter quelques militaires ou quelques administrateurs espagnols à renverser tous les établissemens des Jésuites, afin d'en effacer,

1828. disait-on, jusqu'aux moindres traces? Eux-mêmes, ne pouvant pas rétablir ce

Corrientes. qu'ils détruisaient, auront, probablement, plus tard, déploré les excès auxquels ils s'étaient portés; car ils n'ont point fait oublier les Jésuites. J'ai retrouvé encore partout leur nom révéré, dans beaucoup de familles; et l'on voit, entre les mains des anciens propriétaires, tant dans la province qu'au Paraguay, plusieurs écrits de ces Pères sur la religion, sur la culture de l'arbre qui donne la *yerba* du Paraguay; sur l'agriculture en général; de petits traités de médecine, dont les prescriptions sont encore littéralement suivies, etc. Les habitans conservent avec respect ces débris des travaux de la compagnie; ils les consultent comme des oracles, et ne s'en défont pour aucun prix.

Les Jésuites avaient donné le modèle de constructions en pierre, dont les matériaux se trouvaient dans la ville même; mais la paresse des habitans les empêcha de suivre cet exemple. Toutes les maisons du centre sont bâties en briques; celles de l'extérieur le sont en terre mêlée avec de la paille, soutenue par une charpente ou cage formée de poteaux posés les uns perpendiculairement, les autres transversalement, genre de construction que j'ai retrouvé dans tous les pays où les matériaux de bâtisse sont rares. Je dois faire remarquer que, si plusieurs maisons manquent sur la longueur d'une rue, il est rare qu'on n'en voie point aux encoignures ou coins (*esquinas*). Ces maisons sont bâties de manière à n'avoir sur l'angle qu'un seul poteau, qui sépare une large porte ouverte de chaque côté. Elles sont fort recherchées par les *pulperos* ou marchands de boisson et de comestibles, et même par les marchands de draps et de quincailleries.

Chaque maison à Corrientes a, sur la rue, ses chambres, toujours pourvues d'une porte et d'une fenêtre, ou seulement de l'une ou de l'autre; car le luxe des jours n'y est pas encore parvenu, quoique la chaleur soit accablante. Il est vrai que les portes, rarement fermées, donnent plus d'air même que les fenêtres, les habitans s'embarrassant peu que les passans puissent voir ce qu'ils font chez eux, à chaque instant de la journée. Les vitres ne sont pas encore d'usage à Corrientes, ou n'y existent que dans deux ou trois maisons, tout au plus; encore n'y ont-elles été placées que depuis fort peu de temps. Toutes les fenêtres sont munies de gros barreaux de bois tournés, assez espacés pour qu'on y puisse passer le bras. On se contente soit la nuit, soit pendant la siesta, de fermer, en dedans, des contre-vents, auxquels on a encore ménagé, comme à beaucoup de portes, une petite ouverture à battant ou *postico*, qui reste ouverte dans les grandes chaleurs. Les maisons des riches présentent toutes les mêmes distributions : elles ont toujours, sur la rue, une très-grande salle qui sert aux réceptions, et où tous ceux qui passent peuvent voir les visiteurs. C'est là qu'on danse, lorsqu'il y a assez de monde. Le reste de la maison est divisé en chambres assez ordinairement des plus simples, le plus souvent sombres et mal tenues.

1828. Corrientes.

On conçoit que l'ameublement est en rapport avec l'élégance des appartemens. La salle de réception comporte et résume tout le luxe d'une maison. Les murailles en sont bien blanchies et sans aucun ornement, et les fenêtres sans rideaux. Tout autour sont disposés des bancs, où se rangent des chaises de bois à l'antique, des plus massives; meuble que, d'ailleurs, on chercherait souvent en vain dans les autres chambres, où les lits en tiennent lieu.

Une seule salle à Corrientes était ornée d'un piano; c'était l'unique qui existât dans la ville; mais les murailles des autres salons étaient garnies d'une ou de plusieurs guitares mises à la disposition des amateurs, qui dédaignent la harpe, le violon, le hautbois et tous les autres instrumens, exclusivement réservés aux musiciens de profession, et ne s'employant que dans les bals (très-rares) ou pour la musique d'église. Les chambres à coucher sont également dépourvues de meubles; l'élégant canapé, l'utile commode, la fidèle psyché, tous si goûtés dans notre vieille Europe, sont ignorés à Corrientes, où un vieux miroir vient à peine décorer les murailles, blanchies moins souvent que celles de la salle, parce qu'elles sont moins exposées à la vue des étrangers. Un ou deux lits, entourés de rideaux de couleur (*cortinas*), parent seuls les chambres, où les chaises sont souvent de luxe. On voit que la coquetterie des appartemens n'a pas gagné Corrientes, et que la simplicité des anciens temps y règne encore.

Si, de l'intérieur des maisons, on jette un coup d'œil sur leur extérieur, on y voit, d'abord, un parc pour les chevaux, qu'on tient aussi dans une cour; puis, dans une autre cour, sont de petites cabanes ou hangars, qui servent de cuisine, quoique sans cheminées; car il n'en existe pas une seule dans toute la province. C'est là que, presque toujours, se logent les domestiques. En entrant dans ces taudis, on se sentira saisi d'un frisson de pitié. Tout y respire la plus profonde misère. Au coin de la chambre est un brasier qui noircit tout de fumée; autour sont disposés quelques pots de terre ou *yapépo* des Guaranis, des plats de terre ou *ñambé*, des vases à deux goulots ou *cambuchiguara;* quelquefois un mauvais gril, et trois pierres tenant lieu de trépied pour soutenir les pots où l'on fait cuire la soupe. Dans tous les sens, au travers de cet asyle de la malpropreté, sont tendues des cordes, auxquelles pendent les vêtemens de rechange de ses habitans. Aux murailles s'attachent

1828. Corrientes. aussi les selles, avec tout ce qui a rapport aux chevaux, mêlé aux paniers ou *ayacas* des Indiens. Enfin, dans un coin opposé à celui où se trouve le foyer, sont étendus, sur la terre nue, des cuirs de bœuf, destinés à servir de lits; car, dans beaucoup de maisons, la cuisine est aussi la chambre à coucher des domestiques; tandis que, dans quelques autres, elle se réduit à un petit hangar ouvert à tous les vents, auprès et en dehors duquel est, ordinairement, un four en dôme, *tatacua* (le trou du feu) des Guaranis, qui même est un objet de première nécessité chez les habitans de la ville et de la campagne. Dans ce dernier cas, les domestiques sans distinction de sexe ni d'âge, ont une chambre commune, ce qui ne contribue pas peu à entretenir, dans cette classe de la société, le libertinage qu'on lui reproche.

Telle est la ville. Je vais, maintenant, en parcourir les environs. Plus on s'éloigne de son centre et plus les maisons sont espacées. Elles finissent par ne plus conserver aucun alignement, éparses sans ordre sur la pelouse, ou au milieu d'une multitude de parcs à renfermer des chevaux, et que forment des pieux dressés perpendiculairement. En sortant par le côté de l'Est on rencontre, sur un espace de plus d'un quart de lieue de large, un marais nommé *Pantano* ou *Mandiyurati*, inondé pendant plus de six mois de l'année et toujours fangeux. Lorsqu'il pleut, les chevaux peuvent y nager. Il en est de même du côté du Nord, au lieu nommé *Poncho verde*, où les marais sont pourtant plus temporaires et moins profonds. On peut dire que la ville est entourée de marais. Quand il a plu, on n'en peut sortir qu'à cheval, et encore faut-il s'attendre à se mouiller. En examinant attentivement la pente du terrain au nord et au sud de la ville, on y remarque deux petits ruisseaux naturels qui reçoivent une partie du trop plein de ces marécages. Il ne faudrait donc que très-peu de travail pour les dessécher entièrement. Il ne s'agirait que d'aider la nature, en creusant des canaux, qui conduiraient les eaux des parties basses dans les ruisseaux indiqués; mais le goût des travaux utiles commence à peine à remplacer l'indolence innée des habitans. Si néanmoins le gouvernement actuel se maintient, il est à croire que Corrientes finira, comme beaucoup d'autres villes, par avoir des promenades à la place de marais boueux. Aujourd'hui elle n'en a réellement aucune. Les bords du Parana sont bien couverts d'une végétation active, d'une multitude d'arbres chargés de fleurs et de fruits, dans la saison; mais on a oublié de pratiquer des chemins qui puissent y conduire; et à peine les enfans, au travers des épines, peuvent-ils atteindre les fruits qu'ils sont, le plus souvent, condamnés à convoiter gratuitement. La campagne est belle et riante sur les rives du fleuve, ainsi qu'en dehors des marais; mais elle est absolument sans charme pour les habitans, qui ne conçoivent pas le plaisir de la promenade. Il est vrai que, dans la saison chaude, les moustiques, qui y abondent, peuvent faire redouter d'y aller, le soir, chercher une fraîcheur dont les avantages sont plus que compensés par la crainte trop légitime de se voir assailli de myriades de ces insectes incommodes.

La population de la ville peut s'élever à 8000 âmes, composée de descendans d'Espagnols, d'Indiens, de nègres et du mélange de ces trois races. Le croisement avec la race africaine est peu nombreux. Il y a peu de nègres; et, par conséquent, peu de mulâtres; cependant le mélange de ceux-ci avec les Indiens guaranis donne une belle race. On dirait que la race indienne, au lieu de s'enlaidir, y gagne en beauté; tandis que tout ce qui caractérise la race africaine disparaît, quant aux traits, pour ne laisser, quelquefois, d'autre trace que des cheveux crépus; encore est-il fréquent de voir, dans le premier croisement, les cheveux devenir presque plats; tandis qu'à la troisième génération le croisement du nègre avec le blanc donne toujours des cheveux crépus. Le nez épaté s'allonge de suite et les grosses lèvres disparaissent presque entièrement. Il en est de même de l'alliance des Guaranis avec les Espagnols. Il en résulte des hommes presque blancs et ayant de beaux traits, même dès la première génération; tandis que les Indiens, quoique assez bien bâtis, sont toujours laids de figure. En général, à Corrientes, au Paraguay et à Santa-Cruz de la Sierra, où le mélange a eu lieu entre les Espagnols et les Guaranis, on est frappé de la beauté et de la noblesse de l'extérieur; tandis que l'union des Indiens quichuas ou aymaras des Andes avec les Espagnols, au lieu de perfectionner l'espèce, a fait dégénérer le type espagnol en individus petits, dont les formes sont régulières, sans être belles. A Corrientes, le mélange entre les Européens et les Indiens est tel qu'il serait très-difficile de déterminer, à la première vue, à quelle caste appartiennent tels sujets; et la difficulté augmente par le hâle qui brûle le teint des blancs. Tous ont de grands yeux noirs, spirituels; des cheveux très-noirs, toujours plats, un nez parfois un peu court, mais régulier; une figure pleine, arrondie; une bouche dont le sourire est agréable; une belle taille et une tournure aisée.

A Corrientes même les Indiens absolument purs sont très-rares ou, du moins, on a peine à les distinguer d'avec les métis, avec lesquels ils se confondent, sous le rapport des habitudes sociales. J'ai pu reconnaître, après avoir visité ces immenses établissemens des Jésuites, où des Indiens seuls sont réunis, combien il est difficile de les civiliser, lorsqu'ils vivent ensemble. Il n'y a pour eux

1828. Corrientes.

d'autre mode de perfectionnement possible, que de les mêler et de les fondre avec les Européens. La civilisation est une éducation qui demande une longue suite de siècles; et comme les races s'améliorent au physique par les soins qu'on prend de n'en confier la reproduction qu'aux plus beaux individus de chaque espèce, de même les organes d'où dépendent nos facultés intellectuelles, ne se développent et ne se perfectionnent que progressivement. Le résultat du mélange des races est d'ordinaire supérieur à chacune d'elles, ainsi que j'ai pu le voir à Corrientes. Il ne dépend cependant pas toujours de celle qui prédomine; car, assurément, à Corrientes la race indienne est supérieure à la race blanche dans le mélange, et disparaît presque tout à fait dans le croisement; tandis que la race indienne, prédominant au Pérou, a conservé son type, en dépit du croisement avec les Espagnols. Néanmoins, en considérant la chose en général, il est constant que la minorité des individus d'une race disparaîtra promptement dans son mélange avec la majorité d'une autre. Buenos-Ayres en offre un exemple. Les Européens y sont plus nombreux que les Africains, aussi les traces de ceux-ci disparaissent-elles très-vite; tandis qu'au Brésil, où l'Africain l'emporte de beaucoup, elles ne disparaissent qu'avec beaucoup de lenteur. Il y aurait pourtant un grand nombre de faits à opposer à ceux-ci. Au Pérou, où les Indiens étaient en force numérique, les habitans d'aujourd'hui ont bien conservé, quant au physique, la plupart de leurs traits, et leur *facies;* mais, au moral, pour l'intelligence et pour les facultés intellectuelles, ils ont fait de grands progrès. Il en est de même des provinces australes du Rio de la Plata. Les indigènes provenant du croisement sont pleins de feu, de sagacité, et l'emportent même sur les Européens, sous le rapport de l'intellect.

Les peuples à l'état sauvage transmettent, de génération en génération, des qualités physiques qui tiennent à leur genre de vie, et qui ne peuvent que se perfectionner, comme une santé robuste, une agilité et une adresse extrêmes, une longévité remarquable, une vue perçante, l'ouïe la plus fine, des dents et des cheveux à l'épreuve des injures de l'âge, etc. A l'inverse, l'espèce humaine enfermée dans des villes populeuses dégénère au physique, mais se perfectionne au moral; acquiert mille sensations inconnues aux peuples sauvages, et un développement des organes de la pensée qui s'accroît de plus en plus, et ne tient pas uniquement à la variété des races.

La population de Corrientes peut se diviser en plusieurs classes, selon le rang qu'elle tient dans la société, ou selon son genre d'occupation.

La classe qui occupe les premiers emplois ou celle des personnes les plus riches, a bon ton, et peut être comparée, avec moins de babil et moins de légèreté, pour les formes et pour la grâce des manières, aux habitans de la capitale argentine. Les hommes qui la composent ont, pour la plupart, beaucoup d'aplomb et de morgue, et font largement leur *siesta,* ne donnant à leur emploi que le temps qu'ils ne consacrent pas à prendre gravement leur maté ou à fumer leur cigare, causant parfois de politique; mais, le plus souvent, de chevaux, de bestiaux ou, bien plutôt encore, d'aventures galantes et des femmes. Leur occupation de la journée se réduit à rien. Ils n'ont pas de journaux qui les occupent; aussi, en résumé, dormir, manger, fumer, prendre le maté, se promener à cheval, car jamais ils ne vont à pied, voilà leur vie quotidienne. Un *caballero* se croirait déshonoré s'il travaillait de ses mains; tandis que les femmes, au contraire, se livrent à beaucoup de travaux pénibles. Pour le caractère ce sont, au fond, des hommes obligeans, hospitaliers, toujours prêts à rendre service aux autres Américains, et même aux Espagnols; mais défians et jaloux des étrangers, tout en leur faisant bon accueil; les recevant, chez eux, avec affabilité, sans jamais les inviter à partager leur repas de ville. Quand, au contraire, ils sont sur leurs estancias ou fermes, à la campagne, non-seulement ils engagent les étrangers, mais encore ils se montrent heureux de les garder long-temps et de leur faire partager leur bien-être, leur prêtant les chevaux nécessaires à leurs courses ou à leurs promenades, et mettant tout en œuvre pour leur complaire.

Le Correntino se lève ordinairement à la pointe du jour. A peine est-il habillé, ce qui n'est pas long, qu'il demande son maté, si toutefois il ne le prend pas dans son lit. Un domestique, son enfant, ou l'un de ses enfans, s'il est père de famille, le lui apporte[1]. En entrant dans sa chambre, le domestique ou l'enfant commence par prier, lui demande sa bénédiction; puis dépose à terre un vase dont il est chargé, et contenant de l'eau bouillante. Il s'est aussi pourvu d'un maté[2], espèce de calebasse employée dans les ménages, et souvent remplacée par un vase d'argent portant le même nom. Il y

1. Il est à remarquer que ceux-ci ne mangent pas avec leurs parens, et leur tiennent lieu de domestiques jusqu'à ce qu'ils aient atteint un certain âge.

2. Le nom de *maté*, que beaucoup d'étrangers appliquent à l'herbe du Paraguay, désigne seulement le vase dans lequel on la sert. On ne doit même pas chercher l'origine de ce nom dans la langue guarani. Il vient de la langue des Incas ou quichua. C'est une corruption du mot *mati*, qui veut dire *calebasse*, et qui désigne le vase dans lequel on prend cette sorte de thé, parce que les premiers Espagnols ne la prenaient que dans des calebasses. Le nom guarani de cette même calebasse est *yeri-á;* mais celui qu'on donne plus particulièrement au maté est *cahi-gua.*

1828. Corrientes. jette une pincée de l'herbe du Paraguay, une pincée de sucre, verse de l'eau bouillante sur le tout; et, comme pour s'assurer si la liqueur est assez sucrée, en aspire quelques gorgées au travers du petit tuyau (*bombilla*) qui sert à la boire; coutume générale dans tous les pays où l'on prend le maté. L'épreuve faite, il présente le vase. Il court ensuite chercher du feu dans un *braserito,* petit vaisseau destiné à cet usage; et tandis que son maître ou son père y allume son cigare, qu'il fume avec gravité, le domestique ou l'enfant, retiré à une certaine distance, les bras croisés sur la poitrine, en signe de soumission, attend l'ordre de remplir de nouveau le maté, jusqu'à cinq ou six fois, plus ou moins, tant qu'on le lui demande; ne s'en allant que lorsqu'on s'est dit satisfait.

Après son lever, le Correntino va dans sa cour ou dans son parc (*corral*), enlace son cheval, qui, souvent, est resté sans manger toute la nuit. Il l'amène à sa porte, le nettoie un peu; puis, très-lentement, lui met successivement, sur le dos, les diverses pièces qui composent la selle du pays ou *recado.* Le luxe de cette selle consiste surtout dans la peau supérieure ou *pellon,* plus ou moins fine, suivant que son propriétaire est plus ou moins opulent, et dans la sangle supérieure ou *sobre sincha,* qui doit être richement brodée et ornée de vives couleurs. Le cavalier a toujours des éperons d'argent massif et pesans. Il monte à cheval, traverse les rues au petit pas, souhaitant le bonjour aux voisins et aux voisines, s'arrêtant, pour ainsi dire, à chaque minute, pour dire des riens, pour faire une plaisanterie grossière à une femme qu'il voit à sa fenêtre ou sur sa porte, ou qu'il aperçoit chez elle; parlant aux hommes du temps, de leurs chevaux, s'ils sont à cheval, ou bien de bestiaux. S'il est employé, il se rend ainsi jusqu'à son bureau, souvent à peine distant de cinq à six cents pas; mais, afin d'y arriver plus tard, il commence par visiter une partie de la ville. Alors il attache son cheval et se livre à ses attributions. S'il est commerçant, il entre dans sa boutique ou *tienda,* et attend les chalands. S'il s'occupe d'exploitation de bois, il va sur le port; et là, sans descendre de cheval, donne ses ordres aux ouvriers; si, enfin, il est estanciero, il va en dehors de la ville voir les animaux qu'on lui a amenés pour être vendus au marché; là, il passe une partie de sa matinée, fumant à chaque instant, parce que ses amis lui offrent un cigare; ce qui le force à tirer de sa poche son briquet et une petite corne fermée, remplie de coton brûlé, sur lequel il fait tomber les étincelles. Dès qu'il a du feu, il le présente à l'homme qu'il a rencontré. Celui-ci allume son cigare, éteint le coton brûlé ou *yesca,* et lui présente son cigare allumé, pour qu'à son tour il allume le sien. Ceci une fois fait, toujours avec une lenteur extraordinaire, ils se mettent à causer, tout en fumant, sans mettre jamais la moindre vivacité dans leur conversation. Les personnes comme il faut du pays fument plus particulièrement des *cigarillos* de papier, faits avec du tabac noir du Brésil, haché très-menu. Ce tabac ainsi préparé est d'une force extraordinaire, gâte les dents, tache les doigts et cause des douleurs de poitrine, par suite de la manière dont on le fume. Les fumeurs du pays ne se contentent pas d'introduire la fumée du tabac dans la bouche et de la rejeter ensuite, comme on le fait ordinairement. Ils introduisent la fumée du tabac dans la poitrine, l'y laissent séjourner quelques instans, parlant quelque peu, après l'avoir aspirée, puis la rejettent au moment où l'on s'y attend le moins, disant de tous ceux qui n'en font pas autant, qu'ils ne savent pas fumer. 1828. Corrientes.

Après avoir vaqué à ses affaires au dehors, le Correntino revient dans la ville, où il s'arrête souvent, sans besoin, dans une maison pour prendre un maté, dans une autre pour fumer un cigare, et toujours sans avoir déjeûné; car déjeûner est une coutume inconnue à Corrientes, et qu'on y regarde même comme ridicule. A onze heures, les amis s'invitent mutuellement à prendre de la liqueur ou de l'eau-de-vie. Ils appèlent cela *tomar las onze* (prendre le coup de onze heures). C'est le seul instant de la journée où ils aiment à boire de l'eau-de-vie. Il faut dire aussi qu'ils sont, à cet égard, d'une sobriété exemplaire. Quoiqu'il n'ait pas de montre, il est rare que le Correntino ne sache pas que midi approche. C'est l'heure du dîner. Si la cloche de l'Angélus le lui annonce au milieu d'une conversation, il s'arrête, ainsi que tout le monde, pour prier; et regagne, ensuite, son logis; s'il est en route, il suspend également sa marche; car ce serait un péché de cheminer pendant que la cloche sonne les trois coups. Il rentre donc chez lui, où son dîner l'attend. Il descend de suite de son cheval, desselle; car cette course-là, il ne la fait jamais à pied, n'eût-il que dix pas à faire. Le dernier des pauvres même va toujours à cheval. Aller à pied serait un déshonneur. Les étrangers seuls se le permettent. On ferme toutes les portes et les fenêtres sur la rue; on ne laisse ouverts que les *posticos* ou petits guichets, les portes sur la cour donnant seules le jour nécessaire. C'est par là que les domestiques font leur service. Ils ne mettent la table que pour les hommes; les femmes et les enfans de la maison mangeant après, dans une autre chambre, ou souvent même dans la cuisine. On sert d'abord l'*asado* ou rôti, assaisonné parfois avec des tomates. Quelquefois on donne du pain; mais c'est un luxe réservé pour les riches. Le pain est souvent remplacé par du fromage, qui se mange avec le rôti, ou bien par la *chipa,* mélange de farine

1828. — Corrientes.

de *mandioca* et de fromage, le tout cuit au four; ou bien encore on se contente, à l'instant du repas, d'étendre cette même pâte d'amidon de manioc et de fromage sur un bâton, et de la mettre ainsi rôtir comme à la broche. Cette pâte fermente, acquiert de la saveur et peut facilement faire oublier le pain de froment. Cette dernière préparation se nomme *cabure* dans la langue guarani. Après le rôti, on apporte de la viande frite ou *chiriri*, ou bien du *sohopupu*, la viande bouillie avec des légumes, comme des mandiocas, des patates douces, du riz, etc. Cette dernière manière d'accommoder serait assez bonne, si l'on n'y mettait pas une trop grande quantité de graisse de bœuf. Quand on veut même faire honneur à un convive, on en met souvent, dans cette soupe, des cuillerées entières, de manière à ce qu'elle ne soit pas mangeable pour un Européen; mais les habitans la trouvent excellente, mangent le suif avec délices, et trouvent le plat d'autant meilleur qu'il est saturé de plus de graisse. Après cette soupe, on sert ou du pourpier bouilli en épinards, ou de la *maçamora* (*cavigë* des Guaranis). Ce dernier mets, surtout, est très-estimé; cependant il inspire beaucoup de répugnance aux étrangers, lorsque la saveur qui le distingue leur apprend qu'on s'est servi d'une lessive de cendre de potasse pour faire cuire le maïs concassé, afin, dit-on, de faciliter la digestion. Après ce plat, on offre des confitures, ou du miel, sirop de canne à sucre, dont les habitans sont si friands qu'ils en boivent volontiers des verres entiers; après quoi, l'on apporte un grand verre d'eau à chacun des convives; mais cela seulement quand on veut leur faire honneur; car, le plus souvent, il n'y a qu'un pot, qu'on se passe successivement de bouche en bouche: c'est la seule boisson du repas, pendant lequel on ne boit jamais. Ce dernier verre d'eau est remplacé, dans les campagnes, par un verre de lait bouilli.

Pendant que les hommes mangent, les femmes s'occupent soit à faire la cuisine, soit à servir. Les domestiques ou les enfans sont autour de la table, les bras croisés sur la poitrine, à attendre les ordres qu'on voudra bien leur donner, enlevant les plats à mesure qu'on a fini. Ce sont eux qui apportent le verre d'eau qui achève le repas. Il est à remarquer que des hommes généralement enclins aux vices, n'aient pas celui de l'ivrognerie. Aucun ne boit de vin, sauf les cas extraordinaires, ni de liqueur forte, si ce n'est avant le repas. On ne voit jamais un homme ivre à perdre la raison. Immédiatement après le dîner, les domestiques desservent, apportent du feu dans un vase, le déposent sur la table, et se mettent à genoux pour prier, tandis que les maîtres répondent. Cette prière achevée, ils demandent encore la bénédiction; puis se retirent pour manger avec ou après les femmes et les enfans de la maison. S'il y a des convives, ils doivent nécessairement, après la prière, sous peine de passer pour manquer d'usage, dire au maître de la maison, avant de faire autre chose, *Dios se lo pagne* (Dieu vous le rende). Pendant que sa famille mange, le Correntino fume gravement son cigare; puis il va s'étendre sur son lit pour faire la siesta et la digestion. Après avoir mangé, les femmes et les enfans en vont faire autant, ainsi que les domestiques. Les femmes s'étendent par terre dans la salle, leur toilette dans le plus grand désordre; car elles se déshabillent presque entièrement, avant de se coucher. Elles se mettent souvent à côté des hommes, les enfans en font autant; et ainsi commence la nuit du milieu du jour. Dans les maisons riches chacun se met au lit; mais, bien plus fréquemment, la famille entière couche par terre pêle-mêle dans la même chambre, sans doute pour se procurer plus de fraîcheur.

Pendant le dîner, aucune porte ne reste ouverte, et personne ne passe dans les rues. Le silence est bien plus profond que la nuit. Tout est fermé, jusqu'aux boutiques. On croirait la ville totalement déserte. Les étrangers nouvellement arrivés sont seuls éveillés, osent seuls sortir, malgré le ridicule auquel ils sont en butte. C'est alors que la chaleur est la plus forte. Le sol est brûlant; un air chaud se respire partout. A cette heure le moindre travail manuel est extrêmement fatigant; et, si l'on sort, on est involontairement saisi de tristesse, en ne rencontrant pas ame vivante éveillée, malgré la beauté du jour. Aucun enfant jouant sous le corridor. Plus de galeries animées par la présence des femmes, qui parlent aux passans. La ville entière sommeille; le chien même, gardien fidèle, croit pouvoir dormir en paix; aussi le voit-on couché à l'ombre des galeries, sous lesquelles il laisse passer, sans se réveiller et sans aboyer, ce qu'il ne ferait pas là nuit. On dirait que tout repose alors sur la foi publique; car l'ouvrier qui travaillait a laissé ses outils au milieu de son chantier, sans surveillant; les cours, souvent remplies de linge qui sèche, restent ouvertes, sans qu'il y ait jamais de soustraction. Ce qui m'a bien souvent frappé pendant cette siesta, c'est que la nature entière paraît être dans le sommeil le plus complet. Non-seulement les hommes reposent; mais encore tous les animaux. Alors les bestiaux quittent la plaine pour se réfugier à l'ombre des arbres. Alors on ne rencontre aucun mammifère sauvage. Tous sont cachés, soit dans les bois, où ils dorment profondément, soit sous l'herbe épaisse des plaines. La campagne n'est plus égayée par les chants de mille oiseaux différens, voltigeant tour à tour seuls ou en troupe, d'arbre en arbre. Les oiseaux de rivage même cessent de répéter leurs airs rauques. Les forêts ne retentissent plus des cris des pénélopes. Les canards musqués perchent au plus épais des bois,

1828. Corrientes.

abandonnant les eaux trop échauffées; et les perroquets babillards ne viennent que rarement interrompre ce silence. La seule cigale remplit encore de ses cris joyeux la campagne, où l'excès de la chaleur fait parfois incliner les feuilles des arbres, comme si elles voulaient aussi sommeiller, ne se relevant vertes qu'au retour de la fraîcheur du soir. Dans les villes, le chant du coq, qui annonce, ordinairement, l'approche du jour, se fait entendre du fond de sa retraite, où il s'est réfugié avec ses poules, pour fuir la chaleur. Il serait réellement impossible de faire sentir au juste combien est solennelle la siesta des pays chauds, et combien elle a d'influence sur tout ce qui est animé. J'ai toujours été à portée de l'apprécier; car, resté fidèle aux coutumes européennes, c'est toujours dans cet intervalle que je me livrais à mes travaux de rédaction, plus certain de n'être pas, alors, dérangé par les nombreux importuns, qui se multiplient dans un pays où les hommes n'ont, pour ainsi dire, aucune occupation.

Il ne faudrait pourtant pas croire qu'au milieu de ce silence apparent tout le monde se livre au sommeil. C'est, au contraire, l'instant de mille intrigues amoureuses; aussi le moment où cesse la siesta est-il souvent, dans les ménages, par suite de surprises inattendues, le signal de querelles et de scènes scandaleuses.

A trois heures ou trois heures et demie, les portes et les fenêtres se rouvrent de toutes parts. La siesta est achevée; et, par une habitude ou par un instinct singulier, tout le monde se réveille, pour ainsi dire, à la même minute. Les étrangers seuls dorment plus tard, parce que, disent les habitans, ils ne savent pas faire la siesta. Alors mon Correntino s'éveille. Il appèle de suite. On lui apporte son maté, après lui avoir demandé la bénédiction. On le lui présente, comme le matin, avec du feu, pour allumer son cigare. Il prend successivement cinq ou six matés; fume un ou deux cigares, puis recommence la journée en sellant de nouveau son cheval. Celui-ci est d'autant plus petit que son maître est plus riche. C'était à Corrientes, lors de mon voyage, une mode, une fureur d'avoir des chevaux *petisos* ou nains. Ce qui, ailleurs, aurait paru ridicule était un signe de richesse dans la ville; car ces chevaux ne servaient que pour les promenades dans les rues, et non pour les voyages dans l'intérieur de la province. Le cheval sellé, son maître le monte, et recommence le même genre de vie que le matin, allant à son bureau, si c'est un employé; car les administrations sont ouvertes de huit heures du matin à midi, et de trois à cinq heures du soir. S'il n'a pas d'occupation fixe, il se promène toujours de la même manière de chez l'un chez l'autre, ou d'une fenêtre à la fenêtre voisine, faisant partout quelques plaisanteries un peu lestes à toutes les femmes; parlant aux hommes des femmes, des chevaux, des bestiaux, des récoltes de tabac, de maïs ou des cannes à sucre, s'il est intéressé dans ce genre de spéculation, ou bien des ravages causés par les nuées de sauterelles ou *langostas,* si elles sont dans la province. Quand le Correntino, passant devant une maison, veut s'y arrêter, avant de descendre de cheval, il crie *Ave Maria;* ce à quoi on lui répond, en l'invitant à s'arrêter. Il attache sa monture aux barreaux d'une des fenêtres; il entre. On le fait asseoir sur un banc, près de la croisée. La maîtresse de la maison le comble de politesses, et appèle ses domestiques pour demander le maté. Elle ou ses filles font un cigare, ou vont en chercher un, l'allument au feu qu'apportent les domestiques, le fument jusqu'à ce qu'il soit bien allumé et le présentent ainsi au visiteur. Ce serait une malhonnêteté de le refuser, ce qui oblige les étrangers, sous peine de passer pour des gens sans *éducation,* à fumer souvent malgré eux; car à peine le premier cigare touche-t-il à sa fin, que les femmes lui en présentent un second. Il faut une sorte de courage pour s'habituer à cette coutume; car, s'il peut être agréable de recevoir un cigare émanant d'une jolie bouche, on conçoit telle circonstance où la chose aura moins de charmes. C'est pourtant là encore un parti à prendre, si l'on veut se faire bien venir des habitans. Le cigare donné, on sert le maté, qu'on offre au visiteur; celui-ci boit en suçant la bombilla, causant et fumant alternativement jusqu'à ce qu'il ait achevé le maté, qu'on remplit de nouveau, et qu'on offre successivement à toutes les personnes de la maison; puis il lui revient encore, après avoir passé par toutes les bouches, et même par celle des domestiques, ce qui est on ne peut plus dégoûtant pour l'étranger non accoutumé à cet usage. Les habitans de Corrientes sont tellement habitués au maté, surtout les femmes, qu'il est pour eux un objet de première nécessité. En ville, on le prend sucré; mais beaucoup de gens de la campagne ou même les pauvres le prennent sans sucre, ce qu'ils appèlent *maté simaron* ou sauvage. Le goût du maté est un peu amer et assez agréable. On le boit si chaud, qu'il faut y être fait pour ne pas se brûler le palais, et cette extrême chaleur pourrait bien gâter les dents. Il n'a en soi, cependant, aucune propriété malfaisante; mais, pris à toute heure du jour, il doit débiliter l'estomac; et, en effet, les maux d'estomac sont la principale maladie des habitans.[1]

1. L'*Ilex paraguayensis* (Aug. S. Hil.), qui donne l'herbe du Paraguay, espèce de houx assez élevé, à feuille de châtaignier, ne se prépare pas comme le thé : c'est la feuille et la tige triturées après desséchement, au-dessus d'un feu de plantes aromatiques. On en trouve dans les îles

1828. Corrientes.

Le Correntino ne se contente pas d'aller dans un seul endroit. Il passe toute sa soirée soit à se promener, soit à entrer d'une maison dans l'autre; bien reçu partout, surtout par les femmes, qui sont réellement extraordinaires pour l'amabilité qu'elles mettent à retenir le visiteur, et la gaîté qu'elles déploient avec lui, riant, jouant même ou critiquant leurs voisines, avec une grâce toute particulière. S'il est musicien, il ne peut se dispenser de prendre la guitare suspendue dans la salle, et de pincer l'accompagnement du cielito ou toute autre danse du pays, ou bien il chante de ces petits riens qui souvent retracent les propos les plus lestes, s'accompagnant en frottant ses doigts sur les cordes de l'instrument plutôt que les pinçant, et faisant surtout beaucoup de bruit. La romance est rare, tandis que la chanson gaillarde est très-commune et goûtée par les deux sexes.

Comme les habitans sont tous mélangés du sang guarani, ou tout au moins élevés par des femmes de cette nation, la langue naturelle du pays est encore la langue guarani, et l'espagnole n'est, pour ainsi dire, employée, et encore assez mal, que pour converser avec les étrangers à la province. Les enfans élevés par des domestiques, qui ne parlent entr'eux que la langue indienne, apprennent cette langue, en quelque sorte, en naissant. Ce n'est que plus tard et dans les écoles qu'ils étudient l'espagnol; aussi, dans l'intérieur, la langue familière n'est-elle jamais que le guarani. Les hommes emploient toujours de préférence cette langue, lorsqu'ils causent avec les femmes du pays. Ils ne font qu'à l'étranger l'honneur de l'espagnol. Dans beaucoup de campagnes il est rare de trouver, parmi les Indiens ou les métis, des gens qui entendent l'espagnol. Les blancs seuls le parlent tant bien que mal. La langue guarani a été modifiée par l'introduction de beaucoup de mots corrompus, et ressemble peu au guarani pur, dont les dictionnaires nous sont transmis; mais elle ne l'a pas été sous le point de vue des mœurs; aussi n'y a-t-il rien dans la langue actuelle qui ne puisse se désigner sans blesser les bienséances; et, comme on ne trouve pas extraordinaire qu'une jeune fille déjà nubile se présente dans un état complet de nudité, de même ne l'est-il point d'entendre désigner, par le mot propre, une foule d'objets et de phénomènes naturels que la délicatesse

du Parana, au-dessus de Corrientes; mais c'est principalement sur le territoire des Missions qu'il en existe des bois considérables, ainsi que sur l'une et l'autre rive du Parana et de l'Uruguay. Depuis que Francia a fermé les ports du Paraguay, les Brésiliens de Parnagua en ont préparé et en font aujourd'hui un commerce étendu à toutes les parties centrales de l'Amérique; mais celle du Brésil ne vaut pas à beaucoup près celle du Paraguay. On la met dans de grands sacs de cuirs cousus ou *tercios*, du poids de 150 à 200 livres, livrés ainsi au commerce: l'aspect en est celui du sumac.

de nos langues civilisées dissimule dans la conversation, les traduisant tout au moins en périphrases ou en euphémismes. Qu'on n'attribue pourtant pas ce cynisme de langage à l'innocence des mœurs. La même jeune fille, qui prononce, sans rougir, des mots à effaroucher l'oreille d'un soldat, sait très-bien employer le mystère et fuir tous les regards, pour donner un rendez-vous dans le bois. Les habitans de Corrientes et du Paraguay s'expriment en espagnol avec la même liberté qu'en guarani. C'est avec stupéfaction qu'avant d'en avoir l'habitude, on voit des dames du premier rang faire tomber la conversation sur des sujets à l'indication desquels on consacre des formes de langage détournées, même dans nos amphithéâtres d'anatomie. 1828. Corrientes.

Le Correntino consomme ainsi sa soirée, traînant de tous côtés son désœuvrement. Cependant si, au milieu de sa promenade, il entend sonner l'*Angelus* du soir, ou *Oracion,* il s'arrête subitement, se découvre et prie. En ce moment on dirait que tout mouvement a cessé comme par enchantement dans la ville, et qu'un seul coup de baguette l'a paralysée. Les cavaliers et les piétons font halte au milieu des rues; les hommes, même chargés de fardeaux, ne peuvent continuer leur marche; les femmes, dans leurs maisons, cessent leurs travaux; les enfans abandonnent leurs jeux; toute conversation, toute action est suspendue : chacun se recueille, sans avancer d'un pas. La ville entière reste inanimée, immobile, silencieuse. Quand les trois coups ont sonné et que la cloche commence à tinter, tout se ranime, tout reprend la vie; le mouvement est revenu pour toute la soirée. Les personnes qui ont cessé leur entretien pour prier, après avoir fait le signe de la croix, se souhaitent d'abord une bonne nuit les unes aux autres, ce qui se fait aussi dans les maisons, toujours avant de reprendre le sujet entamé; singulière coutume, propre à beaucoup de villes américaines, même les plus corrompues. C'est, au reste, un usage espagnol importé par les conquérans, perpétué par l'exagération des idées religieuses; mais déjà abandonné dans toutes les grandes villes du littoral, où la différence de religion du plus grand nombre des étrangers a empêché d'y tenir autant que dans l'intérieur. A Corrientes, un étranger qui n'ôterait pas son chapeau, ou qui ne s'arrêterait pas lors de l'Oracion, serait regardé comme un impie et pourrait être lapidé. Il en est à peu près de même dans le cas du Viatique porté à un malade. Tous ceux qui se trouvent autour de l'église sont requis d'accompagner le cortége, en quelque lieu qu'il passe. Toute occupation cessant, quand la clochette a annoncé *nuestro Señor,* chacun se précipite aux portes pour se jeter à genoux, ne se relevant que lorsqu'il n'entend plus le son argentin. Dans les rues, les piétons

1828. se prosternent; les cavaliers s'arrêtent, ôtent leurs chapeaux et se recueillent. On se croirait dans une ville sainte; mais, quand chacun rentre dans ses habitudes, on ne reconnaîtrait plus les personnes tout à l'heure si dévotement prosternées; elles recommencent souvent des conversations obscènes avec une certaine naïveté qui les rend toutes naturelles. Quel singulier contraste! que de religion extérieure, et de corruption effective! Comment de telles antinomies se concilient-elles? Il faut que la conscience des habitans de Corrientes soit bien large, ou qu'ils aient une religion à eux, toute différente de la véritable; professant en cela, sans doute, la croyance espagnole, que la confession efface tous les péchés.

Corrientes.

Il est assez ordinaire de voir l'habitant de Corrientes passer toute la soirée dans une maison ou dans l'autre, prenant du maté, fumant à qui mieux mieux; mais cette soirée ne se prolonge pas au-delà de huit heures; car, alors, il revient chez lui. On ferme les portes; on met la table de nouveau, et l'on soupe, assez ordinairement avec du rôti et du bouilli. Ce repas se fait comme le dîner, sans aucune différence; après quoi tout le monde va se coucher. Alors sonne l'heure des intrigues. Les jeunes gens parcourent les rues avec des guitares, et vont donner des sérénades; aussi, pendant la nuit, les rues sont-elles moins silencieuses que pendant la siesta. L'amant s'affuble de son *poncho,* en prenant, pour n'être pas reconnu, un chapeau qu'il ne porte pas le jour. On voit partout des hommes qui causent aux fenêtres, ou de plus heureux mortels, entrant soit par les cours, soit par les portes doucement ouvertes au signal convenu par une jeune fille, faisant tous ses efforts pour n'être pas entendue de sa mère couchée dans la chambre voisine, et qui songe quelquefois, de son côté, à recevoir un amant favorisé, en cachette de sa fille, instruite de la conduite de sa mère, comme sa mère l'est de la sienne; mais aucune des deux n'en parle, dans la crainte, sans doute, que des explications n'amènent des reproches aussi désagréables qu'inutiles pour l'une et pour l'autre. Le mari, d'autre part, courtise ses maîtresses, peu soucieux de ce qui se passe chez lui, pourvu qu'il y trouve prêts son maté, des cigares et de quoi manger, sans se demander si sa propre conduite n'explique pas les torts des siens, et s'il n'a en rien contribué au luxe de sa femme et de ses filles. Son indifférence à cet égard est poussée au dernier excès. Il n'est même pas rare de voir, dans les familles peu aisées de la ville, les hommes provoquer, des premiers, les intrigues qu'on pourrait avoir chez eux, et faire leur possible pour les amener à bien, dans l'espoir d'en retirer quelque avantage. En un mot, les Correntinos, au moins le plus grand nombre d'entr'eux, sont d'une apathie des plus grande, sur tout ce que nous appelons l'honneur en Europe; aimant à faire à leur guise, et laissant faire de même aux leurs. On compte les familles où ce laisser aller n'existe pas, et qui font exception au milieu de la corruption générale. Il est vrai qu'une femme ne perd rien aux yeux de ses compatriotes pour avoir un ou plusieurs amans, ni pour avoir eu des enfans de différens pères. Cela même, quelquefois, ne l'empêche pas de se marier. Si, de l'intérieur des maisons riches, considérées sous le rapport de la conduite, je passe à celui des familles pauvres, en jetant un coup d'œil sur les enfans des riches eux-mêmes ou sur leurs domestiques, le lecteur, qui osera m'y accompagner, frémira du spectacle offert à ses yeux. Il y verra tous les enfans pêle-mêle à terre, dans une même chambre, le jeune esclave auprès de sa jeune maîtresse presque nubile, dormant l'un à côté de l'autre, souvent nus ou à demi habillés. S'il pénètre dans les cuisines, il y verra les domestiques des deux sexes mêlés et confondus, comme bon leur semble, amis, ennemis, hommes, femmes, filles, garçons, époux, parlant de tout, nommant tout, et s'habituant à tout faire et à tout dire; aussi dans cette classe règne-t-il une corruption telle que la seule pensée en fait frémir. L'inceste entre frère et sœur est assez commun, tant à la ville qu'à la campagne; mais la corruption est plus grande encore, s'il est possible, dans les campagnes, où tout la favorise. La chaleur du climat, qui développe rapidement la nature et éveille de bonne heure les sens; la liberté de langage, qui ne voile pas plus les mots aux oreilles des jeunes gens, que le défaut de vêtemens ne voile les objets à leurs yeux; l'isolement de la plupart des habitans de la campagne, qui réduit, pour ainsi dire, une famille à elle-même; enfin, le peu de convenance des maisons, n'ayant presque jamais qu'une seule pièce où tout le monde couche pêle-mêle, le père près de sa fille, le frère près de sa sœur, sont autant de causes qui font naître les occasions d'un crime condamné par les lois de la plupart des nations, plutôt que par la nature. L'inceste entre les pères et les enfans est d'autant plus rare, qu'il est plus contraire à celle-ci. J'en ai vu, cependant, plusieurs exemples dans la province, et je pourrais dire même qu'il est fréquent en Amérique. J'ai vu un domestique campagnard qui, du vivant même et sous les yeux de sa femme, avait, avec sa fille aînée, un commerce de ce genre, duquel étaient nés plusieurs enfans, dont le plus âgé l'accompagnait toujours.

1828.

Corrientes.

J'ai laissé mon Correntino dormant dans sa maison, ou ménageant une intrigue, pendant le silence de la nuit. S'il dort, ne l'éveillons pas; car c'est ce qu'il peut faire de mieux; mais passons à la description des diverses modifications de son existence.

1828. Corrientes.

Les jeunes gens qui appartiennent aux bonnes familles de la ville, passent leur vie dans une oisiveté complète, visitant les dames, pinçant de la guitare chez celle-ci, tout en chantant des chansons d'amour ou badines, courtisant celle-là, consumant leur temps en intrigues amoureuses, faisant du jour la nuit ou se promenant à cheval, de la manière déjà décrite. Si, au contraire, cet homme, que j'ai peint oisif, se livre à la passion du jeu, il ne se promènera plus aussi souvent, les femmes seront, pendant quelque temps, oubliées; il ne pensera qu'à manier les cartes. Par une mesure très-sage, la police défend le jeu; mais, comme partout, cette mesure prohibitive n'atteint que les classes pauvres, qui jouent ostensiblement, et non les personnes riches, à commencer par le gouverneur lui-même, chargé de faire exécuter les lois qu'il a dictées. Les personnes qui tiennent un rang dans la société aiment passionnément le jeu. Ce goût, non moins funeste que l'ivrognerie, a remplacé ce dernier vice en Amérique. Les Correntinos s'y adonnent autant qu'il est possible de le faire; aussi renoncent-ils souvent à leur indolence, afin d'y consacrer des journées entières, oubliant, alors, qu'ils ont une famille. Le jeu, qui est tout pour eux, leur ferait presque perdre le souvenir de leur siesta et du sommeil de la nuit. Ils s'enferment; et l'on a vu des individus rester, sans dormir, jusqu'à trois fois vingt-quatre heures, perdant leur avoir, le pain quotidien de leur famille et l'avenir de leurs enfans....; mais, que leur importe! Ils savent pertinemment que leurs enfans ne manqueront pas de pain, comme ils pourraient avoir à le craindre dans les pays plus civilisés. Ils savent que ceux-ci trouveront toujours, chez l'un ou chez l'autre, une hospitalité fraternelle. D'ailleurs ils espèrent, comme tous les joueurs, une meilleure chance pour le lendemain. Quel étrange contraste de corruption et de vertu, chez ce peuple encore enfant! Quelle aimable simplicité, quoique parfois grossière, à côté des plus horribles excès!

J'ai déjà eu l'occasion de le dire : le jeu est plus commun encore dans les campagnes. L'ouvrier cultivateur, dès qu'il a fait sa journée, monte à cheval pour aller chercher des compagnons avec lesquels il en perd le prix, qui devrait alimenter sa famille; et cela, sans le moindre remords, sans même penser à ce qu'il fait; se fâchant, battant même sa femme à son retour chez lui, s'il ne trouve pas de quoi manger, et si celle-ci lui reproche de laisser ses enfans nus et sans nourriture. Je dirai, cependant, que tous ne sont pas aussi pervertis, quoique de pareilles scènes se renouvellent très-fréquemment. Tous les jeux leur sont bons. Dès qu'il y a des voisins à la ronde, ils se réunissent, le dimanche, en un lieu convenu, pour faire courir des chevaux. C'est leur jeu favori; c'est même celui auquel ils se livrent avec le plus d'acharnement; car tous sont bons cavaliers, et celui qui croit son cheval le meilleur, le monte lui-même pour le faire courir. On ne tient compte, dans ces joutes, ni du poids du cheval ni de celui du cavalier; la taille même de la bête ne fait rien, le prix est à celui qui franchit, dans le moins de temps, un espace donné. Ces courses ne sont pas à beaucoup près aussi longues que les nôtres; et, selon la force du cheval, on parcourt une ou plusieurs quadras, quelquefois même une demi-lieue. C'est la plus forte course. Les chevaux qui doivent courir une fois désignés, chacun parie pour tel ou tel, selon son caprice. Les champions partent et reviennent, en s'efforçant de se devancer mutuellement, ce qui cause, parfois, des chutes et autres accidens graves. Le but atteint, les gagnans reçoivent des juges des courses l'argent des paris, et l'on recommence. C'est ainsi que tous les dimanches se passent sur les rives du Riachuelo, dans les *lomas*, en dehors de la ville; c'est là même que beaucoup de personnes de Corrientes vont faire courir ou parier; c'est à ce jeu que les habitans de la campagne perdent le plus. Ils l'aiment jusqu'à la fureur, et manquer une *carrera* ou course, ce serait une chose affreuse pour le campagnard.

La chasse n'est jamais, comme dans les pays tout à fait civilisés ou tout à fait sauvages, la passion des habitans de Corrientes. Seulement ceux des campagnes ou estancieros se font un plaisir du lazo ou *tuambo* des Guaranis, dont j'ai parlé plusieurs fois, pour enlacer les bestiaux; des différentes espèces de bolas, pour chasser, mais rarement. C'est aux Indiens seuls qu'est réservée la chasse à la cimbra, l'arc qui sert à lancer des balles de terre, le *nuha* des Indiens guaranis.

L'habitant des campagnes travaille plus que l'habitant de la ville. Il doit vaquer à la culture de son champ ou surveiller ses bestiaux, s'il est fermier; cependant, il n'est pas très-occupé; et tous ses instans de loisir se passent comme en ville, si ce n'est que ses visites et la vie oisive des Correntinos lui demandent plus de temps, à cause des distances; mais c'est son cheval qui en souffre, et non lui; car, de même, il va d'une maison à l'autre prendre le maté, fumer son cigare; et la nuit, aussi, on le verrait parcourir la campagne au galop pour arriver plus promptement au rendez-vous. Il est seulement plus sauvage, plus grossier, moins habitué à la galanterie, sans être moins exigeant, au milieu de son apathie. Les seules passions qui puissent réveiller l'Américain de ces provinces, sont celles du jeu et des femmes. Il s'y livre avec autant de véhémence que de brutalité. Les affections douces lui sont inconnues; et,

1828. — Corrientes.

dans les villes même, où il brille un vernis de civilisation, le mot amour ne signifie que libertinage. A l'âge où l'Européen sent pour la première fois battre son cœur, et s'attache à un objet respecté, sans presque se flatter de fixer son attention, depuis long-temps déjà, le jeune créole est rassasié de volupté. Son caractère est peu constant. S'il prétend, par tous les moyens possibles, arriver à la possession de l'objet qu'il désire, c'est pour peu de temps et sans l'aimer; car aime-t-on véritablement, lorsqu'on possède quelquefois les deux sœurs dans la même maison, ou plusieurs personnes à la fois, comme j'en ai vu des exemples? Aussi, dès qu'un créole a obtenu ce qu'il désire, il commence à se refroidir et cherche aussitôt une autre victime, qui lui fait promptement oublier la première. La constance est si rare qu'on pourrait même douter qu'elle fût connue dans la province parmi les hommes. Chez les femmes, elle est beaucoup plus fréquente; et celles-ci se plaignent avec raison de la légèreté de l'autre sexe. Un fait assez singulier, c'est qu'elles sont plutôt fidèles à un amant qu'à un mari, le premier cas étant général, tandis que l'autre est assez rare.

On pourrait croire, tout naturellement, qu'avec cet abandon et ce laisser aller du caractère des habitans on trouve, en eux, de la franchise, de la confiance; mais il n'en est rien.... Tous, au contraire, sont défians jusqu'au ridicule, surtout envers les étrangers. En vain ceux-ci ont-ils plus d'éducation, plus de finesse. S'ils veulent tromper, ils auront beaucoup à faire; tandis que les Correntinos les duperont avec d'autant moins de peine qu'ils paraîtront gauches, et affecteront même une certaine niaiserie, pour faire croire à leur sincérité. Ils ont une sagacité étonnante, un jugement généralement juste, sur tout ce qui est de raisonnement et ne dépend pas de l'éducation; et l'on s'étonne, à chaque instant, de la facilité avec laquelle ils comprennent. Cependant, ils se font remarquer par la lenteur de leur démarche, de leurs mouvemens, et surtout de leur parler. Ils sont, néanmoins, assez laborieux, et des plus exercés dans la navigation des fleuves. On les préfère même aux marins étrangers, que gâte ce genre de navigation. Il existe, pourtant, une assez grande différence quant à l'humeur nomade entre les Paraguays et les habitans de Corrientes. Les premiers sont essentiellement voyageurs, et l'on en trouve partout en Amérique; tandis que les seconds aiment leur pays, craignant d'en sortir, et se souciant peu d'apprendre même ce qui se passe hors de leur province. Ils ne s'intéressent pas aux récits d'un voyageur, ne désirent savoir rien de ce qui a lieu dans les autres parties du monde, et montrent, sous ce rapport, une indifférence parfaite. Le goût des pérégrinations est surtout inconnu dans l'intérieur des terres; tandis que les habitans des ports s'habituent, peu à peu, à voir des étrangers, et désirent voyager à leur tour. Que l'on compare, à cet égard, avec les Correntinos de l'intérieur, nos paysans du Bas-Poitou ou du fond de la Vendée; et, en retrouvant, dans ceux-ci, le même amour pour leur sol natal, on comprendra mieux, par l'analogie, l'identité de goûts entre des peuples placés, par la nature et par l'état actuel de leur civilisation, dans des situations à peu près semblables.

L'habillement des hommes est assez simple. Ceux qui ont été à Buenos-Ayres ont adopté les costumes d'Europe, et plus particulièrement les modes françaises. Ils portent, par-dessus, le manteau, lorsqu'il fait froid, ou bien le poncho, dont l'origine est américaine. Celui de Corrientes est une pièce d'étoffe d'environ sept pieds de long sur quatre de large, avec une ouverture longitudinale dans le milieu, pour passer la tête[1]. Le costume des habitans de la campagne ou de ceux qui ne sont pas *caballeros,* quoiqu'ils soient aussi fiers que les caballeros eux-mêmes, se compose : 1.° d'une chemise de toile de coton du pays, ornée d'une petite broderie à jour autour d'un jabot de tulle de coton, également fabriqué dans le pays. Le col et le bout des manches sont aussi couverts de points à jour et de broderies. Plus il y en a, et plus la chemise a de valeur. Telle de ces chemises se vend jusqu'à quatre-vingt-cinq francs, ou une once d'or; 2.° d'un caleçon également tissé dans le pays, et portant, au bas des jambes, au lieu de franges, des calzoncillos de Buenos-Ayres, des ornemens à jour semblables à ceux de la chemise; 3.° d'un *chilipa* ou bande d'étoffe de laine, ordinairement rouge, jaune ou blanche, de quatre à cinq pieds de long, et d'un pied et demi de large, qu'ils roulent autour de leur ceinture, de manière à en former une espèce de cotte, et qu'ils soutiennent au moyen d'une petite bande de coton tissée par leurs femmes et, le plus souvent, rouge, jaune ou blanche. Il est à remarquer que cette pièce de vêtement ne descend que jusqu'aux genoux; tandis que le chilipa de la Banda oriental et de Buenos-Ayres descend presque jusqu'aux pieds, ce qui lui ôte tout ce qu'il a de grâce lorsqu'il est court; 4.° d'une veste de drap générale-

1. On fabrique à Cordova la plus grande partie des ponchos de laine portés à Corrientes; ils sont plus ou moins fins et généralement d'un fond gris, avec des raies rouges et bleues. Il y en a aussi d'autres couleurs et de différens tissus. On fait aussi des ponchos de drap et d'autres étoffes de laine grossières. Les couleurs les plus usitées sont le bleu, le rouge et le vert. Des femmes font à Corrientes des ponchos de laine, ornés des plus vives couleurs et qui sont d'une grande solidité. Les mordans employés sont l'alun et les urines putréfiées. Elles tissent aussi des ponchos de coton, d'un tissu très-serré et presque imperméable, rayés alternativement de blanc et de bleu.

1828. Corrientes.

ment bleu, très-courte, veste que beaucoup d'hommes de la campagne mettent seulement le dimanche. Les jours de la semaine, ils n'ont que leur chemise, et je les ai vus même souvent, en route, ne porter que le calzoncillo et le chilipa, marchant les épaules nues, à l'ardeur du soleil. Ils se couvrent la tête d'un chapeau de feutre de laine, noir. Chaque homme a, de plus, son poncho, s'en servant comme de manteau. A pied, ils le drapent autour du corps, à la manière des anciens, pour se garantir du froid ou de la pluie; et, lorsque le temps est beau, ils le rejettent sur l'épaule. A cheval, dans le premier cas, ils passent la tête dans le trou, et le poncho les couvre par devant et par derrière comme une chasuble; dans le second, ils en font un rouleau, qu'ils nouent autour de la ceinture. Le poncho, en tout temps, sert de couverture la nuit.

Dans les campagnes, les hommes et les femmes vont pieds nus, à bien peu d'exceptions près. A la ville, il en est, pour ainsi dire, de même; toutes les personnes qui ne tiennent pas un rang dans la société vont pieds nus. Les souliers ne sont en usage que depuis très-peu de temps. On commence cependant à s'en servir généralement; mais il n'est pas rare de voir une femme assez bien vêtue marcher sans en avoir. L'usage de porter des bas a fait moins de progrès, parce qu'il entraîne à plus de dépense. On doit croire cependant qu'il deviendra général; car beaucoup de femmes se sont déjà mises à en porter. Les hommes laissent, le plus souvent, croître leurs cheveux, et en font une tresse qui leur pend sur le dos. Les femmes les rassemblent en chignons, qu'elles attachent avec un petit ruban de couleur, ordinairement cramoisie. Lorsqu'elles reviennent du bain, elles les laissent flotter sur leurs épaules, avec une coquetterie d'autant mieux calculée qu'ils sont généralement d'un beau noir.

Les femmes de la première classe de la société suivent les modes de Buenos-Ayres, qui, sauf la coiffure, sont les mêmes qu'en Europe; mais qui arrivent un peu tard à Corrientes. L'habillement des femmes du peuple consiste en une chemise, un jupon et une *manta*. Le blanc est la couleur à la mode. Les chemises sont d'une toile de coton qu'elles tissent elles-mêmes; la gorge en est coupée carrément, comme dans le costume des vierges de l'école italienne. Elle est ordinairement bordée d'une broderie à jour faite à l'aiguille, et qu'on admirerait même dans nos villes; ou d'une broderie de soie noire ou bleue de deux à trois doigts de large. Cette chemise s'attache, au milieu du corps, par une ceinture, nommée *cacuaha;* la jupe, appelée *naguas-cua* ou *saicua*, est du même tissu que la chemise, terminée par des broderies à jour, très-larges, qui sont souvent surmontées d'une autre, semblable à celle de la chemise. Depuis peu ces jupes, très-coûteuses en raison du travail qu'elles demandaient, sont remplacées par de petites jupes de mousseline anglaise, garnies d'une bordure verte ou rouge. Cette jupe n'est jamais longue : elle tombe seulement jusqu'à mi-jambe. La mante ou *paño*, de cinq à six pieds de longueur, sur un pied et demi de large, et faite du même tissu, est plus ou moins chargée de broderies aux deux extrémités, suivant la richesse de la personne qui la porte. Telles femmes ont jusqu'à un pied et demi de broderie à jour de chaque côté. Le plus souvent cette mante leur enveloppe la tête et se croise sur la poitrine, comme le voile des Espagnoles; d'autres fois, elle tombe, à droite et à gauche, sur les épaules. De quelque manière qu'on la dispose, c'est un vêtement plein de grâce; et la jeune fille, qui s'en pare, sait en tirer parti avec coquetterie. On aurait peine à imaginer tout ce qu'ont de piquant, dans leur simplicité et dans leur légèreté, le petit jupon court, la chemise brodée et la mante tout éblouissans de blancheur, sur une jeune fille leste, élancée, bien faite, portant, généralement, des traits réguliers.... Tout, jusqu'à son teint rembruni, fait contraste et plaît. Son effronterie, parfois, choque bien un peu; mais c'est le cachet du pays; elle est toujours prête à plaisanter avec le premier venu, et n'a rien de cette retenue et de cette décence qui lient les différentes classes de la société. Elle sait que, dans sa ville, elle sera courtisée, *tour à tour*, par tout le monde, ce qui lui donne, sans doute, ce ton d'égalité, encore augmenté par le *tu* sans façon du guarani, et de toutes les langues primitives, qui vient, le plus souvent, remplacer le *vous* cérémonieux des langues civilisées.

1828

Corrientes.

Les rues fourmillent de jeunes filles, qui vont débitant les productions du pays. Ce sont elles qui vendent en détail le pain, la chandelle, le savon, les fruits et les légumes. Elles portent, alors, sur la tête un grand panier rond, dans lequel est leur marchandise. Elles vont ainsi chargées, d'un air leste et enjoué, non en criant dans les rues, comme nos marchands, mais proposant leurs denrées à chaque maison, s'arrêtant devant chaque fenêtre ou chaque porte, plaisantant avec les hommes, restant parfois un quart d'heure à causer avec eux, ne paraissant s'occuper de leur commerce que comme d'un intérêt tout à fait secondaire. A Corrientes tout le monde se connaît tellement, il y règne une telle familiarité entre les habitans de toutes les classes, qu'on croirait être au sein d'une grande famille. Ces jeunes marchandes sont, en même temps, pour les femmes, les espions du pays. Elles voient tout, entendent tout, et le redisent à celles qui sont curieuses de le savoir. Arrive-t-il un étranger? elles accourent de préférence chez lui; elles l'assaillent de leurs offres, afin de juger de ce qu'il est, des marchandises qu'il apporte; et, le même jour,

1828. tout Corrientes sait, presque aussi bien que lui, ce qui peut intéresser sur sa personne et sur son genre de commerce. La coutume de porter sur la tête est générale chez les femmes. L'eau pour la consommation des maisons va se chercher ainsi; les domestiques, soir et matin, font, la tête chargée d'un pot sphérique, nommé *cantaro*, plusieurs voyages, afin de remplir le vase commun ou *tinaja*, que chaque maison possède, souvent, dans un coin de la salle, à moins que la civilisation ne l'ait, depuis quelques années, relégué dans la cuisine. Il est curieux de voir cette multitude de femmes habillées de blanc, le cantaro sur la tête, drapées à l'antique de leurs mantes, cheminer d'un pas leste et dégagé. On les prendrait pour des statues ambulantes. L'uniformité de costume a quelque chose de pittoresque et d'imposant tout à la fois.

Corrientes.

J'ai parlé longuement des hommes, tout en mêlant, à ce que j'en ai dit, beaucoup de circonstances relatives aux femmes, et propres à faire juger de celles-ci, sur lesquelles il ne me reste plus qu'à présenter quelques observations complémentaires. Tout le monde sait que les femmes sont d'autant plus respectées, d'autant plus heureuses dans la société, que cette même société est plus civilisée. L'Américain sauvage accable sa femme de tous les fardeaux, quand il se charge à peine de ses armes. Elle fait tout, tandis que lui ne doit s'occuper que de chasse. Si l'on compare le sort de ces compagnes de l'homme sauvage avec le sort des nôtres, au sein des cités européennes, on verra que tout a changé. Chez nous, dans les familles riches, elles ne se livrent à aucun travail de force, et ne s'occupent que de choses d'agrément, l'homme se livrant, au contraire, à un travail plus ou moins pénible, selon son rang dans le monde. En cherchant les intermédiaires, entre ces deux positions, nous verrons que, dans les villes peu civilisées d'Amérique, elles sont, en quelque sorte, aussi peu respectées que chez les Indiens. Elles ont bien leur moment d'autorité; mais ce moment dure peu; car, dès leur naissance, pour ainsi dire, elles sont obligées de travailler comme des esclaves, pendant que le mari passe sa journée dans l'inaction la plus complète, jouant souvent ce que sa femme a gagné avec tant de peine. Il est, à Corrientes, beaucoup de ménages où les femmes nourrissent leurs maris du produit de leur industrie, sans se plaindre d'un fait qui leur paraît tout naturel. Quel contraste entre la laborieuse Correntina et l'indolente femme de Montevideo et de Buenos-Ayres! L'une passe sa journée et souvent les nuits au travail ou à soigner ses enfans; l'autre ne fait jamais rien, ne songeant qu'à sa toilette et à recevoir avec grâce les visites du jour; aussi est-il passé en proverbe, dans ces régions, que l'enfer des femmes est chez les Indiens; leur purgatoire à Corrientes, et leur paradis à Buenos-Ayres; tandis que, pour les hommes, on place leur paradis à Corrientes. Une femme, quoiqu'appartenant à la meilleure famille, s'occupe, chez elle, de tout ce qui est du ressort de son sexe. Elle cuit le pain que ses domestiques vont vendre ensuite dans les rues; elle fabrique le savon, la chandelle; elle fait des confitures, des petits pâtés, des pâtisseries, qu'elle envoie vendre; ou bien elle s'occupe jour et nuit, à confectionner des cigares, tant pour les débiter, dans les rues, lorsqu'elle a besoin d'argent, que pour les exporter à Buenos-Ayres. C'est elle aussi qui file, tisse et brode les chemises, les calzoncillos des hommes, les vêtemens des enfans, les siens propres; elle allaite tous ses enfans; bonne mère, bonne épouse, elle partage ses instans entre les travaux de son industrie et les fonctions de mère de famille; en un mot, la femme de Corrientes est la très-humble servante du mari, son esclave, et, le plus souvent, son soutien; tandis que lui reste oisif et se croirait déshonoré, s'il s'appliquait au moindre travail mécanique. Son indolence va jusqu'à ne pas rougir de se voir à la charge de sa femme; ou bien, jeune homme, de devoir au travail de sa mère et de ses sœurs jusqu'à la dernière pièce de ses vêtemens.

1828.

Corrientes.

Les femmes sortent peu. Elles restent toute la journée chez elles, vaquant à leurs occupations intérieures. S'il y a des demoiselles dans la maison, elles reçoivent les visites, tandis que la mère songe aux affaires; mais ces demoiselles brodent ou fabriquent des cigares, tout en faisant les honneurs de la maison, et réservent les autres travaux pour les instans où elles sont seules. Comme je l'ai déjà dit, les enfans vont entièrement nus, jusqu'à six à huit ans, dans l'intérieur des maisons. A peine leur met-on une simple chemise de coton lorsqu'ils doivent sortir; aussi restent-ils toujours étrangers à la pudeur. La nudité des enfans n'est jamais un signe de pauvreté; c'est plutôt une coutume venue des Indiens, et que la haute température du pays a perpétuée au sein des familles.

Malgré les dissipations auxquelles se livrent les deux sexes à Corrientes, ils sont très-religieux. Ils ne manquent jamais la messe les dimanches et fêtes, et les femmes ont conservé, pour assister aux offices, le vêtement constamment noir. Les domestiques même prennent alors, souvent, une mante noire. On ne glisse pas de billets doux aux femmes dans les églises, comme en Espagne; et l'on serait étonné du recueillement qui y règne. Les femmes ne s'asseyent jamais sur des chaises, comme dans nos églises de France; elles ont conservé là, comme partout dans l'Amérique méridionale, l'habitude de s'asseoir par terre, sur des tapis qu'elles font porter par leurs domestiques. Les hommes se

1828. Corrientes. tiennent debout ou à genoux. Un grand nombre de ceux-ci sont en deçà de la porte extérieure, lorsqu'ils ne peuvent pas trouver place dans l'église, et l'Européen doit s'étonner de voir, quelquefois, un très-grand nombre d'hommes de la campagne à cheval en dehors des portes, chapeau bas, entendant ainsi la messe, tout en disant leur chapelet; singulière coutume commune à toute la république Argentine, ou, pour mieux dire, à tous les pays où les habitans montent continuellement à cheval. On a vu que, dans les maisons, les enfans ont conservé des habitudes religieuses. Ce ne sont que prières, demandes de bénédiction, reste du système d'éducation établi dans les Missions des Jésuites. Cependant, si l'on considère la croyance religieuse sous son véritable point de vue, on verra que la religion est plutôt, chez les habitans de ces provinces, affaire d'habitude que de conviction; car elle ne les empêche pas, lorsqu'ils sont jeunes, de se livrer avec fureur à tous les excès, sans craindre beaucoup les châtimens à venir, malgré les démonstrations sanglantes de la semaine sainte et les pénitences atroces auxquelles se soumettent les hommes et les femmes âgés.

La corruption des mœurs a dû nécessairement amener à Corrientes beaucoup de maladies qui en sont la suite indispensable; aussi la syphilis est-elle extrêmement commune, surtout parmi les Indiens et les gens peu riches. Comme elle est plus commune chez les indigènes, qui se soignent peu, que chez les blancs, on l'a crue innée chez les Guaranis, ce qui a confirmé l'opinion générale de sa transmission par l'Amérique à l'ancien continent. Cette opinion peut être erronée. Je ne chercherai pas à la combattre; mais ce qui a pu l'accréditer encore, c'est que les Indiens infectés ne paraissent nullement en souffrir, et qu'elle se manifeste rarement chez eux par des signes extérieurs; tandis que chez les créoles nés parmi eux et sous le même climat, le mal s'annonce par des symptômes alarmans; aussi les habitans disent-ils que ceux de ces derniers qui le contractent par leur commerce avec les Indiens, souffrent des douleurs cruelles; et il est rare qu'ils en guérissent radicalement dans un pays où il n'y a d'autres médecins que les *curanderos* (guérisseurs), et d'autres remèdes que les végétaux et des palliatifs. Il en résulte que le fléau se transmet des pères à leurs enfans; et il n'est pas rare de voir de petits malheureux à la mamelle défigurés par d'énormes bubons. Les Correntinos, en conséquence, ne l'attribuent point au commerce des deux sexes; et, lorsque les symptômes ordinaires s'en manifestent tout à coup chez eux, après une guérison qu'ils croyaient complète, ils en expliquent le retour en disant qu'ils se sont mouillé les pieds, ou qu'ils ont inopinément reçu quelqu'averse. Cette croyance est même générale dans l'Amérique méridionale. Le mal vénérien, communiqué par les Indiens, attaque ordinairement le visage, et plus particulièrement les mains et les organes vocaux. C'est pour cette raison qu'on voit nasiller beaucoup de vieux Espagnols, qui ont passé une partie de leur vie aux Missions. En général, cette maladie inquiète si peu ceux qui en sont atteints, qu'elle ne les empêche pas de se baigner tous les jours dans l'eau froide, et qu'ils s'en entretiennent aussi librement en société, qu'en France on parle du mal de dents.

Parmi les pauvres, il y a quelques lépreux. La gale est commune, surtout parmi les Indiens; beaucoup de ceux-ci ont celle que décrit Azara, causée par un *acarus* blanc, assez gros pour qu'on le distingue à l'œil nu. Il marche avec beaucoup de vélocité, et creuse une galerie d'un millimètre ou deux de profondeur. Les Indiennes suivent la trace du petit animal et l'atteignent avec beaucoup d'adresse, avec la pointe d'une aiguille ou d'une épine de cactus. Ces insectes se propagent avec rapidité; il suffit qu'il s'en niche deux ou trois dans quelque membre pour que le corps en soit bientôt criblé On rencontre fréquemment des indigènes assis au soleil et occupés à l'extirpation de ces hôtes incommodes.

La fièvre intermittente ou *chucho* est connue, depuis long-temps, au Paraguay; mais il n'y a que quelques années qu'elle s'est manifestée dans la province de Corrientes, où elle est assez commune aujourd'hui. Un fait singulier, que j'ai été à portée d'observer, est que les fièvres ne sont pas fréquentes, au milieu d'un pays couvert d'eaux stagnantes qui s'évaporent l'été et laissent des marais immenses, couverts d'eau croupie et fétide; tandis que j'ai vu, dans le fond de ravins escarpés, sur le bord de certains torrens de la république de Bolivia, où ne séjournent jamais d'eaux putréfiées, tous les habitans décimés par la fièvre, et obligés d'abandonner enfin les maisons de leurs pères, pour fuir ce fléau, qui n'épargne, en quelque sorte, jamais le voyageur assez malheureux pour séjourner quelque temps dans ces lieux pestiférés. Il serait donc possible que la putréfaction des eaux ne fût pas la principale cause de ces maladies endémiques; et cette cause, alors, on devrait la chercher dans quelques autres modifications du sol ou de l'atmosphère. A Corrientes, ces fièvres ne sont dangereuses que lorsqu'elles se joignent à quelque autre maladie. Le malade guérit au bout de vingt jours ou d'un mois; mais les rechutes sont fréquentes. Les symptômes ordinaires sont de violens maux de tête, des frissons accompagnés d'un tremblement général, et suivis d'une fièvre ardente. Cette fièvre se règle dès les premiers accès et laisse un jour

1828. Corrientes.

d'intervalle. L'indice certain de l'approche de la guérison est le retard des heures de l'accès, retard qui amène bientôt deux et plusieurs jours d'intermittence, jusqu'à la disparition complète du mal.

La *mancha* ou charbon est également une maladie nouvellement connue, qui, après s'être manifestée parmi les troupeaux, est tombée sur leurs possesseurs. Elle commence par un petit bouton douloureux, qui croît rapidement, devient noirâtre, fait enfler la peau, gerce tout le corps, et enlève le malade en deux ou trois jours. Les habitans emploient la cautérisation comme remède; mais la guérison est assez rare. Dans une année de disette et d'épizootie, qui eut lieu à Corrientes, il périt une foule de malheureux, qui s'alimentaient avec la chair des bêtes à cornes malades ou mortes du charbon.

Les maladies nerveuses sont très-communes dans cette province, ainsi que dans celle de Buenos-Ayres. Elles s'y désignent sous les noms d'*isterico* et de *flato* (vent), en raison de l'un des symptômes qui les annoncent, et auxquels se joignent des maux de tête, des palpitations de cœur, des suffocations, etc.; mais il est très-digne de remarque, qu'on rencontre beaucoup d'habitans de la campagne, hommes et femmes, qui souffrent de cette maladie, laquelle, par conséquent, n'est point le résultat d'une vie molle et efféminée, comme l'ont pensé plusieurs médecins; ni un travers de l'imagination, comme le croient beaucoup de personnes, puisqu'elle existe chez des individus où cette faculté de l'âme a si peu de ressort. L'*asoleo* ou coup de soleil est une maladie à laquelle on est surtout exposé sous ce climat brûlant. Elle cause de très-violens maux de tête, sans fièvre; il est rare, cependant, qu'on en guérisse tout à fait; et, d'ordinaire, elle abrège la vie. Les apoplexies foudroyantes sont assez fréquentes; et, après les blessures, surviennent souvent des tétanos. Parmi plusieurs espèces d'ophthalmies, il y en a une remarquable. Elle n'attaque qu'un œil à la fois. L'inflammation, qui est très-douloureuse, occasionne une suppuration intérieure des paupières; l'humeur, au commencement de la maladie, est visqueuse et très-épaisse, de sorte qu'elle s'amasse sur le globe de l'œil, en y déterminant des douleurs très-vives, qui privent le malade de l'usage de cet organe. La viscosité de l'humeur diminue graduellement, en passant à l'état de limpidité, et la guérison a lieu ordinairement au bout de huit jours; mais, dès qu'un œil est guéri, la maladie passe à l'autre et suit la même marche. Les yeux restent rouges et très-sensibles, long-temps encore après la guérison. Cette ophthalmie est épidémique; et, lorsqu'elle se déclare dans une maison, elle en attaque successivement tous les habitans sans distinction d'âge, excepté, toutefois, ceux qui l'ont déjà éprouvée. Les Correntinos emploient, comme remède, les feuilles d'un acacia nommé *bisnal*, arbre de première grandeur, rare dans la province. On en mâche les feuilles, et l'on en exprime le suc sur le globe de l'œil. 1828. Corrientes.

Il y a beaucoup de goîtres à Corrientes; tandis que, dans les provinces plus méridionales, on n'en remarque presque pas. Il semblerait que les Indiens guaranis ont, les premiers, fait cette observation; car le nom de la rivière de *Guaiquiraro* se décompose en *guai quira ro*, ce qui signifie *qui rend le cou gros;* et cette rivière sert de limites aux provinces de Corrientes et d'Entre-rios.

Un mal assez étrange se manifeste, parfois, en été, chez certains individus de la campagne. Leur gorge se remplit tout à coup de vers, qui y causent des ulcères; ce sont les larves d'un diptère introduit probablement dans le gosier des personnes qui dorment la bouche ouverte. Des gargarismes tuent ces larves, et les font rejeter par la bouche et par les narines.

Les moyens curatifs sont ou très-simples, ou très-violens. Le plus souvent, ils se bornent à des plantes qui produisent peu d'effet; d'autres fois les euphorbes, qu'ils s'administrent comme médicamens, leur causent des inflammations d'intestins et les font périr. Les Correntinos ont une autre coutume, non moins singulière; si un Indien leur donne un remède applicable à leur maladie, ils le conservent soigneusement dans leur mémoire. Quand ils sont malades ou qu'ils apprennent la maladie d'un voisin, sans s'inquiéter de la nature de l'affection, ils y appliquent indifféremment ce remède. En général, ils ont deux principes en médecine. Les maladies viennent d'échauffement ou de refroidissement, et les remèdes doivent aussi se diviser en deux classes. Les unes sont *frios*, froids, et les autres *calientes* ou chauds, applicables alternativement selon le genre de maladie présumé. Cette doctrine est universelle en Amérique, depuis la Patagonie jusqu'à la Colombie, et vient, probablement, d'une croyance espagnole, importée depuis la conquête. Les habitans ont une multitude de remèdes; chaque animal ou chaque plante a ses propriétés curatives. Par exemple : la queue du tatou, introduite dans l'oreille, guérit la surdité; la peau du jaguar fait disparaître les rhumatismes, pour peu que le malade puisse monter à cheval et courir au grand galop, tout en frottant la partie souffrante avec un morceau de la peau de cet animal; la graisse du catharte urubu guérit les maux de tête; les cornes du cerf guazu-bira empêchent la mort, après la morsure d'une vipère; un collier de coquilles d'ampullaires préserve les enfans des coups d'air; sans parler d'une foule d'autres remèdes, tout aussi efficaces et du même genre, qu'il serait trop long d'énumérer; mais le plus universel est

1828. Corrientes.

de frotter le malade de graisse de bœuf sur toutes les parties du corps, et de le coucher ensuite. On serait tenté d'imaginer, d'après l'indication que je viens de faire du grand nombre de maladies vénériennes qui règnent dans le pays, que le nombre des rachitiques et des personnes contrefaites est extrêmement considérable. Il paraît, au contraire, que ces maladies n'ont pas autant d'influence qu'on pourrait le croire sur les difformités naturelles; car à Corrientes, pas plus que dans les autres parties de la république Argentine, je n'ai vu un bossu, un boiteux de naissance, ni aucun homme contrefait; ce qui pourrait bien s'expliquer par la liberté dont jouissent les enfans, qui ne sont jamais emmaillotés, et qui, dès qu'ils peuvent se traîner, sont laissés nus sur une natte, s'y roulant comme bon leur semble, sans aucun vêtement qui puisse les gêner. Le plus souvent, ils arrivent à l'âge de la puberté sans presque jamais avoir porté de vêtemens. Leurs membres se développent avec facilité, et la nature exerce sur eux son empire; ce qui viendrait à l'appui de l'opinion déjà si souvent exprimée, que, dans les grandes cités populeuses, l'homme gagne en facultés morales ce qu'il perd en force physique, tandis que l'homme sauvage ou demi-civilisé gagne au physique, en restant stationnaire au moral. L'idiotisme est cependant beaucoup plus rare à Corrientes et en général en Amérique, que dans notre Europe. A peine existait-il deux idiots dans toute la province, quand je l'ai visitée, et encore appartenaient-ils à la race indienne. Je n'y ai trouvé aucun fou. La folie résultant, le plus souvent, de l'excès d'exaltation d'une imagination frappée de malheurs qui l'ébranlent et la renversent; comment une pareille affection pourrait-elle se manifester chez un peuple aussi peu studieux, indolent sous un ciel de feu, incapable d'impressions profondes; trop ignorant pour jamais suivre avec ardeur une idée, trop facilement satisfait en amour pour éprouver jamais cette surexcitation convulsive qui, dans l'un et l'autre sexe, conduit souvent à la folie; et pas assez impressionnable pour que jamais sa tête s'exalte par suite de la perte d'une personne aimée, ou de malheurs personnels? Le suicide n'est pas connu, non plus, dans la république Argentine. Pour se donner la mort, il faut avoir une énergie de sentiment et une force de caractère qui manquent aux Américains de ces contrées; considérations auxquelles on doit en ajouter une autre, plus puissante encore. Les fautes graves y sont moins punies qu'en Europe par l'opinion publique, toujours prête, sur le continent américain, à pardonner et à plaindre, plutôt qu'à condamner; d'où, pour ces contrées, le manque de ce point d'honneur qui coûte tant de sang à nos régions civilisées.

J'ai cherché à retracer tour à tour les bonnes qualités et les vices qui caractérisent l'habitant de Corrientes. On l'a vu hospitalier pour tout le monde; toujours prêt à faire le bien. On a vu sa compagne bonne mère, bonne épouse, laborieuse, douce, aimable. On les a vus, l'un et l'autre, allier des vertus si rares à des coutumes encore sauvages, qui, en effrayant tels de mes lecteurs, m'auront exposé à me voir soupçonner, par eux, d'exagérer le mal, pour mieux faire ressortir le bien. Cependant, je n'ai fait, ici, qu'obéir à ma conscience, que dire franchement ce que j'ai vu; et, si la nécessité d'être toujours vrai m'a contraint, quelquefois, à des révélations pénibles, je n'en demeure pas moins profondément reconnaissant des bontés que les Correntinos ont eues, partout, pour le jeune voyageur français, pendant un séjour de plus d'une année dans leur ville et dans leurs campagnes; ainsi que des facilités de tout genre qu'ils m'ont procurées, pour mener à bien les recherches dont j'étais chargé par l'Administration du Muséum d'histoire naturelle.

CHAPITRE XII.

Voyage sur le Parana, en retournant à Buenos-Ayres, par les parties sud de Corrientes, la province d'Entre-rios, celle de Santa-Fe et les parties septentrionales de celle de Buenos-Ayres.

§. 1.er

Parties sud de la province de Corrientes.

1828. — Corrientes. 24 Mars.

N'ayant vu que très-rapidement les rives du Parana, en venant à Corrientes, j'avais, dès-lors, formé un projet dont l'exécution m'importait beaucoup. Mon intention était d'acheter une barque qui pût contenir mes collections, de prendre un pilote, des matelots, et de descendre ainsi cette rivière, m'arrêtant où bon me semblerait, visitant tour à tour les îles, les embouchures des cours d'eau, les villages, les villes, et réunissant des renseignemens précieux sur la géographie et la géologie. Cette dernière science, surtout, m'intéressait vivement, en ce que les falaises des rives du Parana devaient continuellement me révéler la superposition des couches qui composent ce sol, encore inconnu sous ce rapport. Je ne me dissimulais pas à combien de dangers je m'exposais dans un voyage semblable, et combien de privations de tout genre je pouvais avoir à souffrir, avant d'arriver à Buenos-Ayres, en parcourant ainsi trois cents lieues du Parana, livré à la merci d'hommes sur la probité desquels j'étais autorisé à concevoir quelques craintes; mais cette fois encore, comme les autres, je sacrifiai tout au désir d'être utile aux sciences.

J'allai visiter tous les constructeurs, tous les propriétaires de petites barques; et je fus assez heureux pour en trouver une à vendre. C'était un bateau plat, non ponté, de ceux qu'on nomme, dans le pays, *Chalana.* Cette chalana avait une vingtaine de pieds de long et pouvait être de la charge de huit tonneaux. Presque neuve, d'ailleurs, et, sous ce rapport, ne me laissant rien à redouter, elle me coûta cent piastres ou cinq cents francs. Deux jours après, je m'y jetai, pour aller couper, dans les îles de l'autre rive du Parana, de jeunes arbres, destinés à construire une charpente sur laquelle je devais étendre des peaux de bœufs, de manière à former une petite cabane qui pût préserver mes collections de la pluie, et me mettre, moi-même, à l'abri des averses. J'accélérai tellement cette construction que la cage, déjà bâtie le lendemain du voyage, était, le jour d'après, couverte et entièrement achevée. Je l'avais formée de bâtons élevés de trois pieds au-dessus des bordages, ce qui présentait l'ensemble d'une vaste case fort solide. Il fallut opérer ensuite l'emballage de mes collections, ce qui devait me prendre un temps immense. On conçoit combien de semblables arrangemens demandent de soin; aussi m'occupais-je toujours tout seul de ce genre de travail, pendant tout le cours de mes voyages. Le gouverneur de la province devait être absent quelque temps, et il me fallait attendre ce fonctionnaire, dont j'espérais obtenir un passe-port, ainsi que des recommandations pour le sud de la province, auprès des commandans que je rencontrerais en descendant le Parana. 1828. Corrientes.

Du 1.er au 6 Avril, je ne pouvais rien attendre des habitans; c'était la semaine sainte, et personne ne travaille dans cet intervalle. Les Correntinos passent alors leurs journées à l'église, dans le plus grand recueillement; et, tous les soirs, les fidèles, conduits par un prêtre, parcourent les rues, en récitant le rosaire. On dirait que la ville, naguère si vive, si gaie, est plongée dans un deuil profond. Personne ne rit, personne ne chante; à peine ose-t-on se parler, encore bien bas, et l'on ne quitte pas un instant les habits noirs. Les images les plus sanglantes de la Passion sont exposées dans les églises; tout y inspire l'épouvante. C'est alors que les fautes s'expient; c'est alors que l'on trouve un véritable repentir, si, pourtant, les actes superstitieux d'un culte outré dans ses pratiques en ont jamais porté le caractère. Je décrirai, au sein des Missions des Indiens de la Bolivia, les sanglantes scènes que j'ai vues se renouveler à cette époque. Heureusement qu'à Corrientes elles avaient cessé, depuis le gouvernement de Don Pedro Ferre, qui avait menacé de la prison et du service militaire quiconque oserait s'infliger ces effrayantes macérations. Les pénitens étaient obligés de s'attacher autour du corps, sur la peau nue, une corde à laquelle ils suspendaient une pierre énorme, qu'ils traînaient péniblement, en se couvrant le corps de blessures profondes, faites avec des disciplines armées de morceaux de verre aigus, de pointes de fer et lames de canifs; et arpentant, dans cet équipage, la même surface de terrain que la procession. D'autres s'attachaient, les bras étendus, sur une pièce de bois énorme placée transversalement, comme s'ils eussent été en croix, et parcouraient ainsi les rues. Souvent ces malheureux tombaient d'épuisement, en route, après les jeûnes auxquels ils s'étaient soumis, malades ensuite des mois entiers. Il était rare que quelques-uns ne payassent pas de leur vie l'expiation de leurs fautes passées. Les femmes jeûnent deux ou trois jours; et, de plus, on leur ordonne, quelquefois, de se ceindre le corps d'une grosse corde garnie de 1.er au 6 Avril.

1828. nœuds, attachée le plus serré possible, et de la garder long-temps. Il y a des
Corrientes. exemples de femmes mortes par suite de ces pénitences. On peut s'étonner, avec raison, de voir autant d'austérité s'allier à des mœurs si relâchées; mais j'ai toujours rencontré l'une avec les autres. Les ministres de la religion obtiendraient, sans doute, des résultats plus avantageux, en prêchant la saine morale soutenue de manières paternelles, et de l'exemple d'une vie pure et sans tache.

10 Avril. Le gouverneur ne revint de l'intérieur que vers le 10 Avril. J'allai le voir aussitôt. Il avait, jusqu'alors, favorisé mes recherches, en me recommandant aux autorités rurales. Il ne se montra pas moins bon, à mon égard, dans cette dernière circonstance. Le passe-port qu'il me donna n'était pas délivré par la police; c'était un passe-port du Gouvernement même, accompagné d'ordres aux autorités constituées de la province, et d'une prière instante aux gouverneurs des autres provinces, de me prêter, dans tous les cas, appui et protection. Je saisis cette occasion de remercier ce digne fonctionnaire de l'intérêt avec lequel il m'a toujours accueilli, et de la grâce cordiale qu'il a toujours mise à me faciliter les moyens d'étudier les localités sous tous les points de vue possibles. Don Pedro Ferre est un de ces hommes rares qui doivent à la nature, plutôt qu'à l'éducation, la force de gouverner avec justice, et une judiciaire remarquable en tout, pour le bien général de leur pays. Des instructions furent adressées à la douane, afin que mes caisses ne fussent pas ouvertes à l'embarquement; faveur extraordinaire, dans un pays où la sortie du numéraire est prohibée, et où un caractère défiant, surtout contre les étrangers, les fait toujours soupçonner. J'obtins aussi, du capitaine de port, une patente de navigation, qui, avec le titre de *patron de barque,* me donnait tout droit, comme capitaine de ma petite embarcation, sur l'équipage que j'avais engagé. Cet équipage se composait : d'un pilote paraguay, ou *baquiano,* chargé de m'indiquer les noms des lieux que je devais visiter, de deux matelots français, l'un depuis peu sorti du Paraguay, et l'autre victime des guerres avec les Indiens des Missions, où il avait perdu tout ce qu'il possédait. Je les avais pris afin de les ramener à Buenos-Ayres, où ils pourraient chercher des moyens d'existence, qu'ils ne trouvaient pas dans le pays. J'avais, enfin, un jeune homme de Corrientes, que j'emmenais comme préparateur, et comme homme de confiance.

Résidant à Corrientes même depuis plus d'une année, j'y avais trouvé des amis. La bonté avec laquelle on m'y avait reçu partout m'en faisait beaucoup regretter les bons habitans. Ils me montrèrent tant d'attachement au moment où j'allais me séparer d'eux, que je ne pouvais, sans regret, voir arriver l'instant de cette séparation, sans doute éternelle. D'un autre côté, j'avais tout ce que je pouvais espérer de la province, et j'étais impatient de regagner Buenos-Ayres, afin de continuer mes voyages dans le sud du continent américain. Je pressais donc ce départ de tout mon pouvoir; mais des entraves multipliées me retenaient de jour en jour. Je devais, de plus, faire préparer les vivres dont je pouvais avoir besoin; je fis saler la chair d'un bœuf; j'embarquai une barrique de biscuits de bord. C'étaient là toutes mes provisions; car je comptais beaucoup sur ma chasse. 1828. Corrientes.

Tout ne fut prêt que le 18 Avril; je fis charger mes collections, afin de partir le jour d'après, et j'allai faire mes visites d'adieu. Le lendemain, un ouragan terrible, accompagné de torrens de pluie, s'étant élevé tout à coup, il fut encore impossible de partir. Le 20, au matin, je prévins tout mon monde; mais le *baquiano*, qui avait reçu quelques avances, s'était caché, afin de ne pas me suivre. Je fus obligé de recourir à la force pour l'y décider. Je portai plainte au capitaine de port; après des recherches faites par la police, ce pilote me fut rendu. Dans la crainte qu'il ne m'échappât de nouveau, je partis vers midi, abandonnant Corrientes, que je ne devais plus revoir. 18 Avril.

Ma barque descendait rapidement le Parana, emportée par le courant, aidée qu'elle était des rames de mes deux marins. Je passai successivement devant le port de Santa-Rosa, glissai avec vitesse au-dessous des bois épais qui couronnent les falaises déchirées de la pointe de *Vidal,* de la pointe *Portuguesa* et de *las siete puntas* (les sept pointes). Après cette dernière, les falaises firent place à des terrains inondés, où, quelques mois avant, j'avais été assez heureux pour rencontrer un grand nombre de belles coquilles fluviatiles. Alors le Parana était fortement gonflé, et plus de quinze pieds d'eau couvraient les coquilles que j'avais vues presqu'à découvert. J'étais en face du Carondaïti, par lequel j'étais allé visiter les Tobas. Le Parana était là sans îles, et présentait une largeur des plus majestueuse. La nuit me contraignit de m'arrêter à ces marais, malgré l'humidité des lieux.

J'ai remis, jusqu'à ce moment, à parler d'un chien, mon fidèle compagnon de misère dans cette navigation et dans tous mes autres voyages. Comme je lui ai dû, plus d'une fois, la vie par le soin qu'il prenait de m'avertir du moindre danger, on voudra bien pardonner au voyageur de consacrer, au milieu des déserts, un souvenir à ce digne serviteur. Ce chien était de la race primitive du pays. Tout jeune encore, il avait été trouvé et élevé dans la campagne. C'était un véritable loup par son museau allongé, ses oreilles droites et pointues; sa couleur était rousse; son poil ras, sauf à la crinière

1828. et à la queue, ornées, l'une et l'autre, de longs poils. C'était l'un des plus

Corrientes. Parana. beaux types des chiens américains de ces contrées; le plus zélé défenseur qu'on pût trouver contre toute surprise, et de la meilleure race pour la chasse aux jaguars; aussi dirai-je, par anticipation, qu'il m'annonçait toujours, dès que je descendais à terre, s'il y avait de ces animaux dans le voisinage; hérissant sa crinière, flairant le sol, tout en aboyant d'une manière particulière, en suivant la trace du terrible animal, sans néanmoins beaucoup s'éloigner de son maître. Trop prudent pour affronter un tel ennemi, il se contentait de prévenir de son approche, ce à quoi se bornent ordinairement les meilleurs chiens chasseurs aux jaguars.

Des myriades de moustiques nous assaillirent pendant qu'on préparait le souper; et, dès-lors, l'horrible supplice avait commencé. Je dus, pour m'en garantir, établir mon lit sur la rive, afin d'étendre sur quatre bâtons fichés en terre une moustiquaire que je ne pouvais mettre dans la barque. Mes gens en firent autant, en couchant sur des cuirs. Les moustiques disparurent dans la nuit. C'était l'automne du pays. Les nuits étaient très-fraîches, et une rosée des plus abondante tombait pendant leur durée, ce qui nous mouilla complétement.

En voyage, lorsqu'on dort en plein air surtout, et lorsque la rosée du matin amène ce froid humide et pénétrant, qu'on ressent même sous la zone torride, on ne reste pas complaisamment au lit, comme on pourrait le faire dans un appartement bien chaud; aussi, dès que le jour permet de distinguer les objets, on est déjà sur pied. C'est au moins l'ordre que j'établis pour toute la durée

21 Avril. du voyage. Je me remis en route d'assez bonne heure. Je longeai encore des falaises élevées, agréablement couvertes de verdure; mais de la verdure d'automne, non plus tendre, comme celle qui colore toutes les jeunes pousses au mois d'Octobre, printemps de ces contrées. Un vert foncé uniforme revêtait les arbres munis de feuilles toute l'année; et, déjà, ceux qui s'en dépouillent ordinairement pendant l'hiver, commençaient à perdre les leurs. Rien n'inspirait la gaîté. Presqu'aucune fleur ne parait la nature, et l'on n'entendait que le chant de bien peu d'oiseaux, sauf les aigres sifflemens des granivores, qui commençaient à se réunir en troupes nombreuses, pour passer ainsi la saison des froids. La nature entière n'offrait plus, alors, aux investigateurs, ces nombreux animaux qui animent le sol et la végétation, dans la saison chaude; il fallait aller péniblement chercher des insectes sous les pierres et sous les troncs d'arbres; aucun n'osait sortir. Je passai ainsi devant l'embouchure du *Riachuelo*, petite rivière dont j'ai plusieurs fois eu l'occasion de parler; cette embouchure se couvre de marais,

qui font disparaître tout ce que peut avoir d'attrayant ce genre de localité. J'apercevais devant moi l'île de Cabral, élevée, étendue et boisée, auprès de laquelle j'avais passé, en arrivant à Corrientes. De nombreux singes hurleurs ou *carayas* faisaient retentir l'écho de leurs cris ressemblant assez, lorsqu'on les entend de loin, au bruit d'une forêt agitée par un vent impétueux, ou à celui d'une cascade lointaine. Ces cris étaient les derniers de ce genre qui dussent frapper, de long-temps, mon oreille; car ils partaient de la troupe peut-être la plus avancée vers le Sud.

Dès que j'eus passé l'embouchure du *Riachuelo,* la côte me présenta de hautes falaises, dont le sommet était boisé. Elle formait des anses immenses, et des caps assez saillans. D'abord plusieurs bancs de sable et des îles boisées empêchaient de distinguer l'autre rive du Parana; mais, vers la pointe blanche (*punta blanca*) les nombreuses îles de l'autre rive disparurent, et le Parana se montra encore dans toute sa largeur. La rive opposée est si basse, et tellement inondée au temps des crues, qu'il est impossible d'y distinguer les îles du continent. Je franchis les embouchures des petites rivières du *Sombrero,* du *Sombrerito,* et je m'arrêtai pour dîner à l'*Ooma*. Ces diverses embouchures sont boisées; mais de bois qui sont ceux de l'argile, tous composés d'espinillos, ou d'autres arbres fort tristes. En arrivant près de l'Ooma, je rencontrai un énorme caïman qui dormait au soleil, sur un petit banc de sable; à mon approche, il s'enfonça dans les eaux et disparut. Le soir, le Parana étant toujours libre d'îles sur la rive orientale, je suivis les mêmes falaises, qui me fatiguaient, par l'uniformité de leur composition géologique; c'étaient toujours des terrains tertiaires, sans aucune trace de restes de corps organisés. Après avoir passé la pointe de la falaise (*Punta de la barranquera*), j'arrivai à l'embouchure de la rivière de l'*Empedrado,* où je m'arrêtai; et j'établis mon bivouac sur le penchant de la falaise, au-dessous d'un grand arbre. La nuit fut très-froide; pendant une partie de son cours, je ne pus dormir. Deux de ces grands ducs américains, ou *ñacurutus* des Guaranis, étonnés sans doute de voir des hommes venir troubler la tranquillité dont ils jouissent dans ces lieux et voulant les reconnaître, étaient venus se percher sur le grand arbre, en répétant pendant une partie de la nuit leurs chants uniformes : *Gnacouroutou! tou.... toù....*, prolongé d'une manière lugubre. Je ne saurais dire tout ce qu'avaient d'imposant ces accens fortement articulés au milieu du silence le plus complétement solennel. Ils chantèrent ainsi jusque vers le jour, où ils allèrent se cacher au fond des bois voisins, et je continuai ma navigation.

1828. Corrientes. Parana.

A l'embouchure de l'Empedrado, la rive orientale, que je suivais toujours et que je voulais suivre jusqu'à la Bajada, était encombrée d'un grand nombre d'îles, séparées de la terre ferme par une assez grande étendue d'eau. Cette rive offre des falaises argileuses basses, démunies d'arbres, présentant seulement une vaste plaine verdoyante, bornée par de petits bouquets de bois épars. Le grand nombre de petits sentiers, qui conduisent à la rivière, annoncent que cette partie de la province est habitée. En effet, je vis plusieurs hommes à cheval; et, un peu plus loin, je m'arrêtai, pour reconnaître, de la côte, la chapelle de l'Empedrado, ou mieux *Señor hallado* (Dieu trouvé), où se réunissent les nombreux estancieros ou fermiers des environs. Cette chapelle encore, pour ainsi dire, éparse au milieu de la campagne, est modeste et simple; elle est couverte en tuiles de palmiers. Elle a été construite en 1826 par ordre du gouverneur Don Pedro Ferre, pour servir de noyau au village projeté. La campagne des environs était animée. On voyait, de distance en distance, des maisons isolées dans la campagne. Je ne m'arrêtai pas long-temps en ces lieux; et, rembarqué, je continuai à longer des côtes assez basses, dépourvues de bois, toujours au milieu d'îles nombreuses. J'arrivai ainsi au ruisseau du Gonzales, où la côte devient plus sablonneuse et s'abaisse ensuite tout à coup, jusqu'au lieu dit *Puerto canario*, distant de quatorze lieues de Corrientes. Vers midi, je longeai un bois d'acacias espinillos, où je m'arrêtai pour préparer un énorme jabiru, que j'avais tué sur la plage. En descendant, mon chien m'annonça la présence d'un jaguar; et, en effet, des pas récemment imprimés sur l'argile dénotaient qu'un animal de cette espèce venait de parcourir ces lieux. Je suivis ensuite les mêmes côtes basses, ayant toujours à ma droite des îles boisées. Je passai en face de l'arroyo de *Peguajo;* et, à peu de distance, les îles, se rapprochant du continent, formèrent un large chenal, nommé *Riacho de San-Lorenzo* [1]. Les bords en sont tellement bas et marécageux, qu'il est impossible de descendre à terre; le canal se rétrécit toujours et devient à la fin assez étroit. La nuit me contraignit, cependant, de m'arrêter au premier endroit venu; c'était au milieu de hautes herbes, séjour habituel des moustiques; aussi ceux-ci ne tardèrent-ils pas à nous harceler, et à peine pûmes-nous manger. Un mets nouveau pour nous tous constitua notre souper; c'était la chair du jabiru que j'avais tué. Elle fut trouvée bonne, quoiqu'un peu dure. Bientôt vint à tomber une rosée, qui fit promptement disparaître nos hôtes

1. *Riacho* est un mot local, bien distinct de *Riachuelo*. Dans ces provinces, le premier désigne spécialement les bras des grandes rivières, tandis que le second veut dire *petite rivière.*

acharnés; mais elle fut si forte que nous fûmes tous mouillés comme s'il avait plu. Ceux qui ont voyagé sur les rivières des pays un peu chauds, dans l'automne surtout, ont pu juger de la grande humidité qui tombe la nuit; l'humidité est réellement si prononcée qu'une averse ne mouillerait pas davantage; et, jusqu'à ce que le soleil l'ait absorbée, il s'élève, de la surface des fleuves, des nuages de vapeur semblables à l'évaporation d'une eau en ébullition. Cette nuit-là notre sommeil ne fut point troublé par les chants monotones des paisibles ñacurutus; mais bien par les rugissemens d'un jaguar, convoitant une chasse qu'il croyait facile. Cependant, mon chien fidèle nous prévenait de son approche furtive. L'agitation de notre vigilante sentinelle nous donna plus d'une alerte; mes gens même se réfugièrent dans la barque; et le défaut de place ne me permettant pas d'y coucher, je restai seul à terre. Les rugissemens se répétèrent toute la nuit. Mon féroce voisin me donna souvent des inquiétudes; mais il était peu aguerri; car il ne s'approcha jamais à plus de quarante ou cinquante pas. Dès que le chien aboyait avec fureur, il s'éloignait et se faisait entendre d'un peu plus loin; alors, seulement, j'avais moins à craindre. Je l'épouvantai, de plus, par un coup de fusil, me refusant à l'invitation réitérée de mes gens de remonter dans la barque. Je savais, en effet, qu'en supposant ce jaguar affamé et déjà habitué à manger de la chair humaine, je n'y aurais pas été plus en sûreté que renfermé dans ma moustiquaire de toile de coton. J'aurais été encore plus tranquille, si j'avais eu la certitude, acquise plus tard, que les jaguars n'attaquent que les objets qu'ils peuvent voir; qu'un homme enveloppé n'a rien à craindre; et que, dans les nombreuses navigations de l'intérieur de la Bolivia, il n'y a pas d'exemple d'un homme surpris dans une moustiquaire.

1828. Parana.

Le bivouac fut levé avant le soleil. Nous suivions toujours le même bras du Parana, devenant des plus étroit, surtout près de l'embouchure de la rivière San-Lorenzo, qui s'y jette. Plusieurs loutres s'ébattaient au devant de la barque, soufflant avec force, comme pour nous narguer, ou bien sautant à qui mieux mieux, l'une après l'autre, comme si elles eussent exécuté une danse. Un coup de fusil mit fin à leurs jeux, sans que je pusse en obtenir. Ces animaux plongent sous le coup, et restent au fond, blessés ou morts; de sorte qu'on n'a jamais pu s'en procurer ainsi. Le seul moyen de les chasser, est de les surprendre dans leur terrier, en le bouchant et en creusant au-dessus, pour les enlever. Cette espèce est beaucoup plus grande que la nôtre. A un peu plus d'une lieue au-dessous du confluent, le canal, après s'être de plus en plus rétréci, s'élargit tout à coup. Les îles disparaissent, 23 Avril.

1828. et le Parana s'en trouve encore une fois libre. La côte est toujours basse, Parana. marécageuse, boisée par intervalles, et ne change d'aspect qu'auprès du village de *Bella-vista* (belle vue), où commence à se montrer une falaise sablonneuse très-élevée. Bella-vista est un charmant village naissant, fondé, en 1825, par Don Pedro Ferre, sur la rive même du Parana. Il y envoya, pour en augmenter la population, plusieurs femmes de mauvaise vie, le considérant comme un lieu de déportation. La situation en est charmante, et justifie, en tout, le nom qu'on lui a donné. Du sommet d'une falaise couverte de verdure, il domine le majestueux Parana, dont le courant est interrompu par plusieurs îles boisées. On en aperçoit le moindre navire qui se rend à Corrientes, ou qui en revient. Les environs sont sablonneux, couverts de bois par intervalle; et le village, quoique n'ayant que trois années de date, se compose déjà de plus de cinquante maisons rangées autour d'une place, dont une chapelle occupe un des côtés. C'est là que les habitans des campagnes environnantes se rendent en foule à cheval, le dimanche, afin d'entendre la messe. Le port du village est garanti des coups de vent par une suite d'îles; et quand la province se peuplera, quand le commerce prendra de l'extension, nul doute que Bella-vista ne devienne un des principaux débouchés de l'intérieur. Il est à trente lieues de Corrientes par terre; à sept lieues de San-Roque, et à dix-huit de Goya, le second port de la province. J'y fus reçu cordialement par le commandant, ce qui ne put me décider à y séjourner plus d'une ou deux heures. Je repartis et suivis des falaises élevées, mélangées d'argile et de sable, qui présentent les aspects les plus singuliers. L'eau de pluie tombe perpendiculairement sur la partie déclive, mine plus que d'autres certains endroits, irrégulièrement coupés, par intervalle, de petits cours d'eau, les dessine en une grande quantité de monticules coniques, déchirés, comme décrépits; figurant parfois des tourelles, un vieux château fort, des églises gothiques en ruines, ou bien, en grand, les restes des anciennes sculptures gothiques à demi effacées par les injures du temps, que présentent les belles églises de Normandie. Une imagination romanesque pourrait tout voir, tout retrouver, dans cette suite de falaises, que je longeai le reste du jour, et que je ne me lassais pas d'admirer. Elles ne sont nulle part soutenues par des bois; partout elles sont nues; et de nombreuses graminées croissent seules sur la plaine qu'elles dominent. Je m'arrêtai dans une des petites anses qu'elles constituent, afin de passer la nuit dans une solitude complète, sans avoir à craindre les jaguars. Les nombreux crapauds, qui y vivent, y faisaient seuls entendre leur cri, semblable au choc d'un morceau de bois contre un autre.

Le lendemain, je me remis en route avec le jour. Les mêmes falaises, sans aucune différence, se montrèrent encore à moi. Le vent était impétueux; le bras du Parana, qui séparait la côte ferme des îles, était très-large; des houles courtes, mais élevées, venaient battre la côte, et quelques-unes lançaient beaucoup d'eau dans ma petite barque. Le vent s'engouffrait dans la cabane de cuir qui dominait l'embarcation, et faillit, plus d'une fois, la submerger. Que faire? On ne pouvait pas s'arrêter le long de ces falaises, où nul abri ne se présentait; aussi pas d'autre alternative que de continuer à marcher, en luttant contre le vent contraire qui soulevait les lames. La pointe d'*Ibaviyu* avait été bien difficile à franchir; mais la pointe dite *Rubio*, en face de la poste de ce nom, nous présenta bien plus de difficultés encore. Nous faillîmes périr en cet endroit; cependant nous en fûmes quittes pour perdre un des cuirs qui couvraient la barque. Vis-à-vis de cette pointe, de l'autre côté du Parana, est une petite rivière qui conduit à San-Geronimo, situé à cinq lieues dans l'intérieur, village indien aujourd'hui en partie détruit. Presque aussitôt la côte s'abaissa de beaucoup; les terrains devinrent même marécageux; les îles se rapprochèrent des rives, et j'entrai dans le bras du Parana qui conduit à Goya, et qui doit à cette circonstance le nom de *Riacho de Goya*. Je passai en face du confluent du Rio de Santa-Lucia. L'embouchure en est assez large pour permettre aux embarcations de moyenne grandeur de remonter quelques lieues au-dessus, lorsque les eaux sont basses; et, au temps des crues, je ne doute pas qu'on ne puisse aller presque jusqu'à San-Roque. Cette rivière, alors, est assez encaissée, et bordée de beaux bois sur les deux rives; l'aspect en est ici tellement différent de celui qu'elle présente auprès de Caacaty, qu'on aurait peine à croire que ce soit la même rivière. 1828. Parana.

Le bras indiqué se resserre encore beaucoup, ainsi que celui d'Ambrosio. Cette disposition est même assez commune. Ces bras commencent par être larges du côté du courant, et se rétrécissent de telle sorte, près de leur embouchure, que, souvent, il ne reste plus qu'un chenal à peine assez large pour le passage d'une barque. Peu de temps après, j'arrivai au port de Goya, où je m'arrêtai; et, de suite, j'allai visiter le commandant et l'alcade; ce dernier surtout me fit un accueil charmant. Il était, en même temps, maître de poste du lieu; aussi me promit-il des chevaux pour un voyage que je devais faire le lendemain. Un de mes compatriotes, M. Périchon, marié, depuis long-temps, à Corrientes, avait une estancia sur les bords du Batel, à douze lieues de Goya. Il avait eu la complaisance de me procurer des coquilles fluviatiles de cette rivière et de celle du Rio Corrientes, et m'attendait pour m'en faire

1828. recueillir de nouvelles. L'alcade était son beau-frère, auquel il m'avait
Goya. recommandé. Je passai le reste de la journée à visiter Goya. Cette ville, car Goya porte le titre de *villa,* a été fondée, en 1807, par les estancieros des environs du Rio Corrientes, et du Rio Batel. Elle n'était d'abord qu'un point de réunion pour entendre la messe, les dimanches et fêtes, le gouvernement espagnol n'ayant permis qu'un seul lieu de débarquement dans la province. Goya ne prit réellement de l'accroissement qu'en 1812; car, en attendant que les lois provinciales fussent organisées, ce lieu commença par servir de port pour les marchandises étrangères, et de point d'exportation pour les nombreux produits de ces contrées; ce qui lui procura, en 1825, le titre de ville, et le fit considérer comme le second port de la province. Le commerce y était aussi libre qu'à Corrientes. Un grand nombre de commerçans s'y fixèrent, pour l'embarquement des peaux des nombreux bestiaux qui couvrent les rives des trois grandes rivières voisines; et pour la concentration des produits des tabacales, au milieu des bois de palmiers yataïs, qui s'étendent de là jusqu'à Caacaty. Il y avait alors à Goya un commandant militaire, un alcade et un employé de la douane; et son importance commerciale, en raison de sa population, en faisait le second port intéressant du pays. Goya est à cinquante lieues de Corrientes, et à vingt lieues de San-Roque. Elle est située sur le bord d'un bras du Parana, séparé du cours proprement dit de cette rivière par une île, et communiquant à celle-ci par un canal naturel, de sorte que les navires qui y entrent sont à l'abri de tout coup de vent. Les rues sont bien alignées. Les maisons sont basses, à un rez-de-chaussée seulement, toutes munies de galeries intérieures. L'église est petite et mal bâtie, occupant tout un des côtés d'une place, comme dans tous les villages du pays. On y voit plusieurs magasins tenus par des étrangers et par des indigènes. Tout annonce que Goya deviendra très-importante pour le commerce, étant, de droit, le débouché de tous les produits des parties australes de ce pays, si riche en fermes où l'on élève des bestiaux.

Il est bien probable qu'on aurait pensé beaucoup plus tôt à fonder Goya, si la nation des Abipones, qui habitait la partie du Grand Chaco située presqu'en face, n'eût pas constamment attaqué les établissemens agricoles formés dans les environs, et plusieurs fois détruit ces fermes florissantes, l'espoir de leurs propriétaires, souvent égorgés. Goya ne put exister qu'après l'anéantissement presque total de cette belliqueuse nation. Sa dernière attaque eut lieu en 1820 ou 1821, et en détermina la ruine complète. Elle fut poursuivie et ses membres furent impitoyablement massacrés. J'en ai vu les derniers restes, consistant en deux hommes et quelques femmes, échappés aux guerres avec les blancs, et aux fureurs de leurs voisins les Bocobis; ils témoignaient seuls de son existence. Si l'on en croit les premiers historiens, beaucoup de nations, qui existaient dans ces contrées au temps de la conquête, auraient disparu. Je ne doute pas que le nombre apparent n'en ait été beaucoup augmenté par la multiplicité de noms de chacune de leurs tribus, et par la différence des noms que chacune d'elles recevait de ses voisines et des Espagnols[1]; cependant il est impossible de douter que les nations du Grand Chaco n'aient beaucoup diminué de nombre, par suite des combats qu'elles n'ont cessé de livrer aux Espagnols, depuis l'époque de la conquête jusqu'à nos jours; et l'on ne saurait douter, aussi, que plusieurs n'aient totalement disparu du territoire qu'elles habitaient. La nation des Abipones me paraît être de ce nombre, de même que les belliqueux *Guaycurus,* quoique le nom de cette peuplade subsiste encore, et soit constamment appliqué dans le pays. 1828. Goya.

L'alcade m'invita de si bonne grâce à coucher chez lui, qu'il me fut impossible de ne pas accepter, malgré mes craintes sur ma barque. L'événement me fit voir que mes appréhensions étaient fondées. Il avait beaucoup plu toute la nuit; mon embarcation s'était démarrée; et mes gens, endormis dedans, furent emportés par le courant jusque dans le Parana, au milieu duquel ils se réveillèrent, et eurent grande peine à regagner la côte, n'ayant pu qu'au jour rentrer dans le port. S'ils s'étaient endormis à terre, je perdais, peut-être en un seul instant, le fruit de tant de travaux. J'en fus quitte encore cette fois pour la peur, et pour avoir tous mes effets mouillés. Cet accident en amena un autre. Fatigués de leur mauvaise nuit, et ennuyés de la continuité de la pluie, mes gens étaient allés s'égayer dans une pulperia voisine. Lorsque je voulus partir, 25 Avril.
je trouvai le pilote ivre et furieux. Je fus même obligé de le faire mettre en prison, pour qu'il ne tuât personne. Quant à mes deux matelots, il me fallut les laisser à terre, sous la garde de mon jeune Correntino, sur la probité duquel je pouvais compter; et sous celle de deux factionnaires, que l'alcade voulut bien mettre à ma disposition, pour surveiller ma barque pendant mon absence. Toutes ces pénibles mesures avaient employé une partie de la matinée. Il était onze heures lorsque je me remis en route; encore ne le faisais-je qu'en tremblant, malgré les promesses réitérées des autorités de la ville de veiller spécialement à mes intérêts.

---

1. Dans un travail spécial, je chercherai à ramener à leur juste valeur les diverses allégations sur le nombre effectif des nations des pays que j'ai parcourus.

1828. Goya. On me donna un bon postillon, et le meilleur cheval de la poste, celui même, à ce que m'assura l'alcade, qu'on réservait pour le gouverneur, quand il devait passer par Goya. Il était, en effet, fort bon, et j'en avais besoin; car j'avais à faire une longue traite. Je partis au galop, et franchis un marais assez large, nommé *Cañada,* sur le bord duquel mon guide me montra un grand bois touffu, en me disant : « Ce bois n'a pas toujours existé dans ce « lieu. Il était jadis sur les bords de la rivière de Santa-Lucia; mais le diable « l'a transporté dans une nuit à l'endroit où vous le voyez maintenant; aussi « n'osons-nous pas en approcher. » Ce discours m'étonnait, et je dus me le faire répéter plusieurs fois, avant de le croire sérieux; mais mon homme était tellement persuadé de ce qu'il disait, qu'il sembla même se formaliser du doute que je manifestais. Le mieux était de paraître convaincu, pour demeurer en bonne intelligence avec lui; et, d'ailleurs, comment douter d'un fait appuyé sur le témoignage de tous les habitans de Goya? Ce bois, au reste, faisait un singulier effet; il était de forme arrondie et bordait seul les marais, circonscrit, sur tous les autres points, de terrains sablonneux, couverts de palmiers yataïs. J'entrai sur ces terrains, où je trouvai les mêmes aspects que j'avais vus entre San-Roque et le Rincon de Luna. Les yataïs sont rapprochés les uns des autres et forment une forêt épaisse, dans laquelle un petit sentier, à peine marqué sur le sable, serpentait, de mille manières, au milieu du bois. Je galopai ainsi long-temps, en admirant la beauté de ces arbres, que je finis pourtant par trouver un peu uniforme. De petites fermes de culture se montraient par intervalle, mais si éloignées les unes des autres qu'elles semblaient comme perdues au milieu du désert. Mon guide paraissait les rechercher, sous prétexte d'aller y demander du feu, pour allumer son cigare.

Galopant ainsi, nous fûmes bientôt assez près du bourg de Santa-Lucia, qui se dessinait au bord de la rivière de ce nom; l'aspect en est des plus simple, et je crus reconnaître qu'il ressemblait beaucoup à celui d'Itaty, que j'ai longuement décrit, dans une autre occasion. Il a été fondé, peu de temps après ce dernier, vers 1588 ou 1589. C'était, dans l'origine, une *Incomienda* d'Indiens. Il paraît, aujourd'hui, que la population y est fort mélangée, et qu'il y a peu d'Indiens purs; c'est, au reste, de toute la province, le village qui a le plus souffert des invasions des Indiens du Chaco, qui, après l'avoir plusieurs fois détruit, l'ont, jusqu'au commencement du dix-neuvième siècle, empêché de prospérer et de s'augmenter. La fondation de Goya lui a aussi beaucoup fait perdre de son importance, et lui ôte tous les jours de ses habitans.

La rapidité de ma course me fit bientôt perdre de vue Santa-Lucia; ce village s'effaça pour moi entre les palmiers qui me le cachaient, et je continuai ainsi à galoper jusqu'au soir, tant qu'il fit jour. Jusqu'ici mon guide m'avait fait suivre une assez bonne direction, quoique la pluie, qui tombait par grains, l'empêchât, quelquefois, de profiter des clairières, pour se reconnaître de loin. Les maisons devenaient beaucoup plus rares; et, cependant, le terrain offrait toujours un sol propre à la culture, toujours sablonneux, muni, de loin en loin, de quelques petits lacs, bien plus rares qu'aux environs de Caacaty. La nuit assez sombre nous fit perdre tout à fait notre route. Nous galopions à l'aventure, cherchant à découvrir une maison où nous pussions prendre des informations; c'était en vain. Jamais la campagne n'avait été plus déserte; et jamais, peut-être, n'avais-je été plus impatient d'arriver, craignant d'aller dans une direction différente et de perdre beaucoup de temps. Mon guide ne m'inspirait, cependant, aucune crainte, malgré sa mine rebarbative, les guenilles qui le couvraient et le grand couteau passé à sa ceinture. Il m'était donné par l'alcade; et, d'ailleurs, je croyais à la bonne foi d'un Correntino. Il y avait déjà bien long-temps que nous cheminions en silence, malgré l'obscurité. Mon postillon répondait toujours à mes questions: « Nous allons arriver, » et il galopait plus fort en avant, me forçant à le suivre, pour ne pas rester en arrière. Il était déjà sept heures et demie du soir, et nous ne trouvions aucune habitation, lorsqu'une lumière, enfin, se fit voir au travers des palmiers. Le guide s'avança dans cette direction, et m'avoua seulement alors que nous nous étions perdus. En effet, à la maison, nous apprîmes que nous étions au moins à une lieue et demie du point où je voulais me rendre. Nous ne savions comment nous y transporter; je recourus à l'obligeance que me montraient les pauvres habitans de la hutte. Je priai le maître de la maison de nous accompagner jusque chez M. Périchon, en lui offrant de l'indemniser de sa peine. Il y consentit, sella son cheval et nous partîmes. Nous n'arrivâmes à l'estancia que vers neuf heures du soir; je n'y vis éveillés que les chiens, qui faillirent me dévorer à l'arrivée; cependant, après avoir fait beaucoup de bruit, on se leva et je fus bien reçu. On me donna, pour tout lit, un cuir, où je dus me reposer d'un galop de plus de quinze lieues, dont une partie faite dans l'obscurité, par des chemins inconnus, où il fallait retenir le cheval avec force; car celui-ci s'épouvantait d'un rien. Le bruit du vent sur les feuilles sèches des palmiers, l'approche d'une de ces fourmilières rouges, si effrayantes pour les chevaux qui ont déjà été à portée de voir des jaguars, dont elles ont la couleur, tout lui donnait de l'ombrage, et rendait la course plus pénible.

1828. Goya. Je dormis peu. J'étais assez fatigué; et, d'ailleurs, j'éprouvais un vif désir de voir les coquilles de la rivière voisine; aussi, dès la pointe du jour, allai-je trouver le propriétaire de la maison; il me montra plusieurs espèces de celles-ci, qui me firent désirer d'aller en chercher moi-même. On sella des chevaux; et, accompagné de M. Périchon et son capatas, je partis pour les rives du Batel, peu éloignées de la maison. Cette rivière était alors bien encaissée dans un lit assez profond, et ressemblait peu aux esteros ou plaines de joncs qu'elle forme au Rincon de Luna, les eaux y étant très-basses, son lit argileux et en partie à sec. Je pus y faire une ample récolte de coquilles, qui, avec celles que je possédais déjà, formaient une assez belle collection de mulettes et d'anodontes de cette région. Je me promenai long-temps sur les bords du Batel, où les palmiers étaient remplacés par quelques espinillos épars, et quelques bouquets de bois isolés, çà et là, parmi des prairies étendues, où de nombreux bestiaux paissaient avec tranquillité. Force me fut de les admirer, pour complaire à l'estanciero; et, après une course de quelques lieues, je revins à la maison, vaste et distribuée, à peu près, comme celle du Rincon de Luna[1]. On m'y fit manger, sans pain, un morceau de viande rôtie devant le feu, suivant l'usage du pays; puis je me disposai à repartir pour Goya, où il me tardait de revenir, à cause de ma barque. J'emballai mes coquilles de la manière qui me parut la plus propre à leur faire supporter un galop de douze lieues, et je me mis en route. Je traversai encore les bois de palmiers, et j'étais de retour de très-bonne heure à Goya, après une traite de plus de trente lieues de pays, en un peu plus de vingt-quatre heures. Mon cheval avait le galop un peu dur, quoique très-vigoureux et presqu'infatigable; et si j'étais harassé, il ne l'était guère moins que moi. On le lâcha dans la campagne aussitôt après mon arrivée, pour qu'il allât prendre du repos où bon lui semblerait, comme cela se pratique toujours dans le pays.

J'étais impatient de revoir ma barque; je trouvai tout en bon état. La nuit avait calmé le pilote; mes gens avaient réfléchi; aussi tout était-il rentré
27 Avril. dans l'ordre. Je m'arrangeai de manière à quitter, le lendemain matin, 27, le port de Goya, pour continuer ma course. Ma réputation de médecin étant venue de San-Roque à Goya, je fus obligé d'aller voir plusieurs malades abandonnés, pour leur guérison, à la nature seule; je donnai quelques remèdes, qui furent reçus avec empressement; néanmoins, je pus m'échapper vers onze heures du matin et je démarrai. Les terrains que je suivis n'avaient rien de

1. Voyez tome 1, chap. VII, pag. 156.

bien attrayant; d'abord je naviguai entre des îles et la terre ferme; puis le Parana devint libre, et j'entrai ensuite dans un autre bras, nommé, à cause du détour qu'il oblige à faire, *Vuelta de yagua rahi* (le détour du jeune chien). Je passai aussi celui du Caraguatai. Les terrains étaient constamment bas et en partie inondés, et je fus très-heureux de pouvoir m'arrêter, le soir, sur un banc de sable, où croissaient déjà beaucoup de jeunes arbres; c'était une île naissante. 1828. Parana.

Tous les ans, les crues du fleuve amènent quelque changement dans la forme et dans le nombre des îles : quelques-unes disparaissent; d'autres sortent du sein des eaux. Les nombreux bancs de sable, qui coupent le cours du Parana, changent, à chaque instant, de figure et de place; quelques-uns prennent un tel accroissement et une telle direction qu'ils arrêtent la plupart des débris de végétaux que charrie continuellement le fleuve. Les troncs pourris, les arbres que déracinent les grands éboulemens des rives, et surtout ces énormes amas de plantes aquatiques, nommés *camalote,* qu'entraîne la rapidité des eaux, et qui les descendent, comme autant d'îles flottantes, viennent se fixer sur ces bancs. Tant que ces derniers sont composés seulement de sable, ils ne se couvrent pas de végétation; mais, dès que tous ces aggrégats de troncs, de camalote, sont arrêtés, une grande quantité d'argile mélangée avec le sable se fixe un peu au-dessous. C'est la condition nécessaire pour la formation d'une île; car, de suite les graines flottantes des alisos, espèce arborescente de plantes de la famille des composées, qui couvre les îles, s'attachent à ce mélange d'argile et de sable, et y restent même, quand les eaux du fleuve diminuent. Elles germent de suite; et, dans la même année, il y a déjà des arbustes appartenant tous à cette même espèce de plantes, qui ont jusqu'à trois ou quatre pieds de hauteur au-dessus du sol, tous serrés les uns contre les autres; l'année d'après, lors des crues, les tronçons d'arbres qui se trouvent à la tête des bancs continuent à retenir encore ceux qui passent; l'eau ne peut plus entraîner le sable engagé entre les nombreuses tiges des alisos, et ce même tissu serré retient tout naturellement cette énorme quantité de parties terreuses transportées par le fleuve. Le terrain nouveau s'élève souvent d'un ou deux pieds, de manière à ce que le sol vienne envelopper, quelquefois, plus de la moitié de la hauteur du tronc de cette première plante. Cette seconde année, il n'y croît pas encore d'autres espèces. Les jeunes arbustes y ont plus de vigueur et y acquièrent jusqu'à six ou dix pieds de haut, pendant que les eaux restent basses. Dès-lors l'île est consolidée, et résistera, désormais, aux crues. La troisième année, le sol s'exhausse encore beaucoup;

1828. une quantité de graines de saules germent au milieu des alisos, et se distinguent de ceux-ci par leur feuillage d'un vert tendre, contrastant avec les feuilles glauques des derniers. Les jeunes saules s'élèvent d'un pouce au plus, protégés qu'ils sont par les alisos, qui prennent, alors, leur dernier accroissement, atteignant jusqu'à vingt pieds de hauteur, leur plus grande taille. Les années suivantes, les saules, croissant avec vigueur, dépassent et étouffent les alisos, qui disparaissent peu à peu, et sont, plus tard, entièrement remplacés par eux. S'il y a encore quelques-unes des premières plantes du sol, ce n'est que sur le pourtour de l'île, ou principalement sur les nouveaux terrains formés au-dessous des premiers. Les saules dominent partout sur le terrain accru peu à peu, montent rapidement, et sont mêlés à une foule de plantes grimpantes, qui s'enlacent et s'enroulent mille fois autour de leur tronc, pour arriver jusqu'à leur cime. Au bout de quelques années, lorsque l'île est assez élevée pour n'être inondée qu'au temps des grandes crues, plusieurs autres espèces d'arbres se joignent aux saules, qui ont entièrement remplacé les alisos. Des *laureles,* des lauriers blancs, viennent les premiers; puis, les timbos, le *palo de leche,* le *juga,* etc.; tous grands arbres, qui, prenant possession du terrain, font, à leur tour, disparaître leurs devanciers, et deviennent les derniers habitans de ce sol, où ils ne sont plus remplacés. Ainsi, les bancs de sable, formés d'origine par quelques troncs d'arbres, ont changé trois fois de végétation, selon leur hauteur au-dessus des eaux. Les alisos, leurs seuls possesseurs pendant les deux premières années, y sont peu à peu remplacés par les saules, qui, vers la cinquième ou sixième année, les en expulsent tout à fait et se voient, à leur tour, vers la dixième année, chassés par une végétation moins éphémère. Cette plage devient ainsi une forêt épaisse, jusqu'à ce qu'un nouveau banc de sable change la direction des courans, dont la violence mine et entraîne peu à peu, dans les eaux, ces îles, en en déracinant les arbres, qui vont, plus loin, servir de base à de nouveaux atterrissemens.

Parana.

J'avais été à portée d'examiner fréquemment la formation des îles; j'y avais toujours vu se succéder les végétations, et cette alternance des espèces m'avait souvent frappé. En effet, j'avais remarqué que les jeunes saules avaient besoin de croître à l'ombre, et surtout d'être protégés contre la force des courans, par les troncs des alisos serrés les uns contre les autres; j'avais aussi remarqué que le fourré des plantes grimpantes, mélangées avec les troncs des saules, n'était pas moins nécessaire à l'accroissement des autres arbres. Ces observations, faites avec soin sur les îles nombreuses du Parana, se confirmèrent, lorsque je pus voir encore une succession de végétation plus tranchée sur tous les terrains d'atterrissement des nombreuses rivières de la province de Moxos en Bolivia, où se présentera, pour moi, une occasion nouvelle de parler avec extension de ces révolutions végétales. Les îles d'atterrissement du Parana, toutes très-basses, s'inondent au temps des crues; plusieurs même restent sous les eaux une partie de l'année, ce qui a empêché de s'en servir comme lieu de culture ou pour élever des bestiaux. Leur terrain est un alternat de couches sablonneuses, terreuses, et de détritus de plantes. Elles finissent presque toujours par se recouvrir de couches fangeuses; ce qu'il est facile d'expliquer ainsi; plus le sol est élevé, moins les sables y peuvent arriver, leur poids leur faisant occuper des couches d'eau plus profondes; tandis que les particules terreuses se mêlent aux eaux jusqu'à leur superficie. Un singulier accident de beaucoup de ces îles, c'est d'avoir, le plus souvent, dans leur centre, lorsqu'elles sont grandes, un ou plusieurs lacs entourés de plantes aquatiques, et où une multitude d'oiseaux de rivage se réunissent dans la saison des sécheresses.

En général, toutes les îles sont bien plus pittoresques de loin que de près; vues d'une certaine distance, elles présentent un aspect riant et varié, selon la végétation dont elles sont couvertes. Si elles sont à leur naissance ou formées d'alisos, on aperçoit une teinte uniforme bleuâtre; ou bien, à la saison des fleurs de cette plante, les sommités de chaque arbuste se couvrent de belles touffes de fleurs blanchâtres ou rosées, bientôt changées en graines qui, transportées par les vents à la surface des eaux, s'arrêtent sur les terrains bas, où elles donnent une nouvelle végétation. Alors les troncs sont si serrés qu'on ne peut y pénétrer qu'en abattant ces arbustes; si, au contraire, les plantations sont plus vieilles, et que les saules viennent déjà s'y mêler, on voit s'y manifester ce mélange de couleur glauque et de vert tendre que j'ai déjà indiqué; elles ne sont plus abordables; le fourré en est plus épais. Sont-elles entièrement composées de saules de tout âge? elles revêtent cette teinte vert tendre que l'on ne connaît en Europe qu'au printemps, et les troncs sont enveloppés de convolvulus, qui tombent en guirlandes verdoyantes émaillées de belles fleurs blanches, ou diversement colorées; mais veut-on s'introduire sous ces voûtes de verdure? on se trouve arrêté, dès les premiers pas, comme dans un filet de pêcheur. Des milliers de liens empêchent d'avancer; et, après s'être épuisé en vains efforts, le voyageur se voit forcé de suivre les contours extérieurs de ces îles, sans plus chercher à pénétrer au centre, à moins d'avoir la hache à la main, ou, mieux, le couteau de chasse. Enfin, si les îles, par la grande variété de la végétation qui les couvre, sont devenues semblables à

1828. la côte ferme, il est, sans doute, plus facile d'y entrer; cependant les troncs
Parana. des saules morts sont tombés partout et viennent se croiser de mille manières sur le sol, au milieu d'un pêle-mêle de plantes entortillées en tous sens, et de beaucoup d'épines, qui arrêtent à chaque pas. Dans ces îles, la côte même est partout défendue par de nombreuses touffes de mimoses à feuilles sensibles ou sensitives, celles-ci hautes de cinq à six pieds, à tiges fortes, couvertes d'épines crochues, terminées par des touffes de fleurs rosées, qui font désirer de s'en approcher; mais, semblables aux îles qu'elles protègent, elles déchirent impitoyablement l'imprudent qui s'en approche. Quand les îles sont très-anciennes, elles se débarrassent, peu à peu, des troncs de saules et des plantes parasites; leurs bois se forment par bouquets qui circonscrivent les lacs de leur intérieur; et, dès-lors, on peut y pénétrer et les parcourir; car ils sont devenus d'autant plus abordables qu'ils sont plus anciens, les terrains, élevés tous les ans, finissant par devenir assez hauts pour n'être que très-rarement inondés.

28 Avril. Le 28, j'abandonnai, de bonne heure, le banc de sable et recommençai ma navigation. La côte était toujours basse, presque partout unie, ou montrant sur les bords, des marais étendus. Souvent je passais dans de petits bras qui la séparent d'îles plus ou moins grandes. Je longeai l'île de *Quirquincho* (du Tatou), et m'arrêtai un instant au lieu nommé *Costa del talar*, à cause du grand nombre des arbustes talas qui composent une partie de sa végétation. A peine y trouvai-je une place suffisante pour l'établissement de notre cuisine; c'était un amas d'arbres morts renversés et charriés par les courans, au milieu de bois formés d'épineux talas et de lauriers. Lorsque je repris mon voyage, je continuai jusqu'au soir à suivre des côtes aussi tristes et aussi peu abordables. Je franchis la *Costa de Cordillate*, et la difficulté d'aborder devint telle que nous ne sûmes où nous arrêter, quand la nuit fut arrivée, et qu'à peine nous fut-il possible de mettre pied à terre, au milieu des arbres morts et des épines, sur un terrain très-marécageux, où des milliers de moustiques ne nous laissèrent pas un instant de repos. Il y en avait tant que le bruit argentin de leur vol causait des étourdissemens; et qu'on ne pouvait ouvrir la bouche sans en avaler un grand nombre.

29 Avril. Le 29, je suivis les mêmes côtes basses jusqu'à l'entrée du *Riacho de la Esquina*, nommé ainsi parce qu'il conduit au village de ce nom; c'est un bras du Parana qu'une grande île sépare de l'embouchure du Rio Corrientes, lequel vient déboucher dans un canal toujours considéré comme le cours de la rivière, quoiqu'il reçoive déjà des eaux du fleuve par le bras de la Esquina.

Il se développe ainsi sur plus de dix à douze lieues, avant de se réunir au Parana. J'arrivai à l'*Esquina*, agréablement situé à l'endroit où le Rio Corrientes se mêle au bras que je venais de laisser. La rivière, alors, est large, et annonce qu'elle pourrait être navigable jusqu'à une certaine distance de son embouchure, surtout au temps des crues du Parana, où les marais qui s'y confondent sont plus couverts d'eau. Le Rio Batel y est déjà réuni à cette rivière, et ne forme qu'un corps avec elle. Ces cours d'eau diffèrent beaucoup par leur aspect de ceux qui sillonnent un terrain fortement ondulé. Là, les lits sont bien marqués, les courans rapides, les rives riantes et variées, animées de coteaux boisés, susceptibles partout d'être habitées; tandis que les rivières, qui arrosent un pays entièrement plat et uniforme, vont lentement, mêlées souvent aux marais riverains, et couvrant, parfois, une très-grande étendue de terrain, sans paraître avoir de cours réel. Leurs rives sont en partie inondées, peu abordables, peu susceptibles de recevoir d'établissemens, à cause des débordemens, au temps des pluies, et offrant toujours un aspect triste et sauvage, sans être jamais agréable à la vue. C'était la première fois que je voyais cette rivière, qui prend sa source dans la laguna d'Ybera; et, comme les autres, traverse diagonalement la province, du Nord-Est ou Sud-Ouest.

1828. L'Esquina.

Le village de *Santa-Rita de la Esquina* est placé sur le haut d'une falaise sablonneuse assez élevée, d'où il domine, d'un côté, sur le Rio Corrientes, et, de l'autre, sur les îles du Parana; c'est, avec *Curuçu cuatia*, le village le plus méridional de la province. L'Esquina est, sur la côte du Parana, le dernier point habité de Corrientes; assez joli village, composé de plus de vingt maisons, dont la plupart sont abandonnées dans la semaine, parce qu'elles appartiennent à des fermiers des environs. Ces huttes, car ces habitations ne méritent pas le titre de maisons, sont autour d'une petite place; dans le nombre se trouve une pulperia, où se vendent des boissons. Je crus remarquer, aux manières peu obligeantes des habitans, que là commençait le changement de mœurs. Ce n'était plus cette franche hospitalité du Nord, mais bien cette insolence et cette haine invétérée contre les étrangers qu'on trouve dans la province d'Entre-rios, où j'allais entrer. Quel contraste de mœurs et d'habitudes! J'avais déjà vu à Goya un premier trait de cette transition, plus marqué encore à l'Esquina, qui est à soixante-douze lieues de Corrientes, et à cinquante de la Bajada.

La falaise, qui commence à l'Esquina, se continue bien avant dans le bras du Parana mêlé avec le Rio Corrientes, que j'allais suivre; à gauche, les

1828. terrains étaient toujours élevés, et ceux de droite, composés d'îles basses, toujours très-boisées. Je partis, en suivant le même canal; je m'arrêtai à peu de distance de l'Esquina, me mis à parcourir la campagne, recueillant beaucoup d'insectes, et continuai encore ma route, au milieu de ce canal, qui s'obstruait de plus en plus. Les eaux couvraient de grands marais, de manière à empêcher de reconnaître le véritable chemin. Le pilote se trompa, et me fit entrer dans une lagune sans issue, d'où je fus obligé de rétrograder; ce qui me retarda beaucoup. Des loutres nombreuses, sorties de tous les fourrés, venaient se jouer sous nos yeux, en soufflant avec force, comme à leur ordinaire; des cabiais en troupes nageaient aussi devant nous, cachant tout leur corps et montrant seulement leur museau hors de l'eau. Il ne me fut pas possible de tuer de loutres; je fus plus heureux pour les cabiais; j'en aperçus un à terre, sans qu'il me vît, je le tuai, m'en emparai, le mis dans la barque et continuai ma marche. Plusieurs autres se montrèrent, poussant un cri léger (espèce d'aboiement), avant de se jeter dans l'eau, les uns après les autres, et d'aller reparaître très-loin de là. Pour passer la nuit, je m'arrêtai sur la rive gauche, en un lieu où il y avait un champ cultivé, couvert de citrouilles; c'était le premier champ que je voyais sur le bord de la rivière, depuis mon départ de Corrientes. Le terrain en était tellement bon que tout était couvert d'une moisson abondante. J'eus beaucoup de peine à empêcher mes gens d'y fourrager. La soustraction des fruits n'est jamais regardée comme un vol dans l'Amérique du Sud; aussi ne s'en fait-on pas de scrupule. Je fus presque contraint de me mettre en sentinelle pour empêcher le pillage du champ. Tandis que je me promenais sur le bord de la rivière, je rencontrai, à vingt ou trente pas de la côte, sur un lieu assez élevé au-dessus de l'eau, une Émyde ou tortue d'eau douce, occupée de sa ponte. Cette pauvre bête avait préalablement creusé, sans doute au moyen de son long cou, un terrier de six à huit pouces de profondeur, plus large dans l'intérieur qu'à l'entrée, et dans lequel elle venait pondre tous les jours. Nous la prîmes facilement; et, dans son trou, nous trouvâmes huit à dix œufs blancs presque sphériques. L'animal n'avait pas encore déposé tous ses œufs; car dans la barque, où je la conservais, elle en pondit encore trois ou quatre. Dans les endroits des environs où l'herbe était enlevée et où je voyais la terre fraîchement remuée, je cherchai de nouveaux nids, et j'en rencontrai deux autres, contenant chacun de dix à quinze œufs. Il paraît que, dès que la tortue à fini de pondre, elle recouvre le trou de terre et l'abandonne à la nature. Les œufs éclosent et les petites tortues gagnent les eaux, où elles grandissent rapidement. Les matelots voulurent manger de ces œufs; j'en goûtai aussi, mais je les trouvai sans saveur, et remplis de petites particules calcaires. 1828. Rio-Corrientes.

J'avais dépouillé le cabiai tué, et je voulus en manger.... De suite, mille objections de la part de mon jeune Correntino et du pilote; ils prétendaient que l'odeur désagréable des *Tobas* et des autres nations du Chaco, leur vient de ce qu'ils mangent du cabiai, et, pour cette raison, personne ne veut en goûter dans la province de Corrientes. Ils me dirent aussi qu'afin de rendre cette chair supportable, les Indiens payaguas du Paraguay la font rôtir d'abord, jusqu'à ce qu'elle soit à moitié cuite; puis la mettent dans l'eau et la battent, pour en faire sortir le sang et disparaître le mauvais goût. Je ne tins pas compte de leurs objections, et pourtant cette chair me parut délicieuse. Mes rameurs français étaient de mon avis; je n'en fis goûter qu'à grand'peine au jeune homme, qui lui trouvait, un peu, l'odeur du musc. Elle me semblait, en effet, avoir un fumet particulier, mais bon, et qui me l'a toujours fait rechercher comme une excellente nourriture; je ne sais ce qui a pu la décréditer parmi les Espagnols de ces contrées, et motiver la cuisson préalable des Payaguas. Quoi qu'il en soit, les Indiens de toutes les nations américaines qui habitent les terrains marécageux, patrie des cabiais, ne craignent pas d'en manger, et s'en montrent, au contraire, très-friands. C'est là un des préjugés des créoles de ces contrées qui, sous le rapport des alimens, en sont remplis. Ils aiment la chair de bœuf et le manioc; mais toute autre nourriture est regardée, par eux, comme mauvaise et abandonnée aux seuls Indiens. Il est vrai que les bestiaux sont si abondans qu'ils peuvent, sans trop d'inconvéniens, dédaigner le gibier, qui fait les délices de l'Américain chasseur.

J'établis mon bivouac sur la côte, et tous mes gens couchèrent dans la barque; mon chien fidèle resta seul avec moi, et ma moustiquaire blanche devait faire un singulier effet au milieu d'une campagne découverte et d'une pelouse verdoyante. La nuit était très-calme; un beau clair de lune éclairait les environs. J'avouerai que j'étais heureux de me trouver au milieu de cette nature sauvage. Au chant éloigné du ñacurutu se joignaient les coassemens d'une foule de petites grenouilles ou crapauds, qu'on aurait pris pour les sons d'une multitude de petites clochettes ou de gros grelots tintant ensemble sur divers tons. J'écoutais ces bruits discordans, lorsque, vers la moitié de la nuit, j'entendis, dans le lointain, des pas de chevaux. Je reconnus qu'il y avait plusieurs personnes, et un bruit de sabres m'annonça des hommes armés. Dans ces lieux éloignés de toute habitation cette arrivée me surprenait, et

1828. Corrientes. Parana.

j'avoue que j'éprouvai un instant de crainte; bientôt je reconnus qu'il y avait trois hommes, dont deux armés. Ceux-ci n'étaient pas moins étonnés de voir, dans ces campagnes si rarement fréquentées, un carré long et blanc, placé sur la pelouse. Ils firent halte pour se parler sur cette rencontre. Je regardais aussi et même j'armais mon fusil, avec lequel je couchais toujours, dans le cas où ce seraient des malfaiteurs. Les nouveaux venus, après une longue conversation, s'arrêtèrent, attachèrent leurs chevaux, et entrèrent dans le champ. Je crus alors que c'était le propriétaire du lieu; mais l'heure était peu propice pour le visiter. Je me tins sur mes gardes. Les aboiemens de mon chien réveillèrent enfin mes gens, et ils se montrèrent sur la côte. Ces hommes, pourtant, ne vinrent pas à nous; ils se promenèrent quelque temps, remontèrent à cheval et disparurent. Surpris de cette promenade nocturne, je continuai, par prudence, à prendre mes précautions jusqu'au lendemain, où je reconnus qu'elles étaient superflues. Le maître du champ, car tel était effectivement, comme je l'avais pensé, mon visiteur nocturne, revint à la pointe du jour. J'appris qu'il était venu chercher des fruits pendant la nuit, afin d'en faire manger à des soldats qui se rendaient de la Bajada à Corrientes; au reste, il se montra très-poli à mon égard. Je lui achetai des citrouilles que mes gens convoitaient, et nous nous séparâmes satisfaits les uns des autres. Cet homme me prévint que nous arriverions bientôt à la rivière du *Guayquiraro,* qui sert de limites méridionales à la province de Corrientes. J'allais donc abandonner à jamais ce pays hospitalier; j'avoue que je le regrettai, et que, plus tard, je me le suis toujours rappelé avec un nouveau plaisir. Peu de temps après, en suivant le même canal, séparé du Parana par des terrains bas, couverts d'arbres, j'arrivai à l'embouchure du Guayquiraro, qui prend sa source au milieu des plaines. C'est une très-petite rivière, qui n'a pas plus de largeur à son embouchure que le Riachuelo près de Corrientes. Je m'arrêtai quelques instans avant d'entrer dans une autre province, faisant mes derniers adieux à celle qui m'avait accueilli pendant plus d'une année, sans que j'eusse jamais eu à me plaindre un seul instant de ses habitans.

§. 2.

Province d'Entre-rios.

Entre-rios. 30 Avril.

Le 30 Avril, ayant passé sur la rive opposée du Rio Guayquiraro, je me trouvai dans la province d'Entre-rios, ainsi nommée parce qu'elle est comprise entre le Parana, à l'Ouest, et l'Uruguay, à l'Est. Je suivais toujours le même canal, sur le bord duquel je tuai plusieurs râles géans, à la démarche gaie, dont les cris m'étourdissaient par instans. Les rives étaient toujours inondées. Je m'arrêtai vers midi, pour dîner. Le lieu où nous étions descendus était partout couvert de traces récentes de pas de jaguars et de cabiais, ces derniers ayant, sans doute, attiré le sanguinaire animal. Le pilote me fit remarquer que les rives de certaines parties de ce bras étaient couvertes d'une espèce de salsepareille; et il engagea une longue dissertation relative aux cures qu'opéraient journellement les eaux du Parana sur les malades partis de Buenos-Ayres et remontant ce fleuve. C'est, à ce qu'il paraît, une idée généralement établie en Amérique, que les eaux de certains fleuves sont plus ou moins saines, selon les plantes qu'ils baignent. Ainsi les Indiens des bords du Mamoré en Bolivia, prétendent se guérir en buvant de ses eaux. M. de Humboldt a trouvé les mêmes convictions aux environs de Caracas[1], en Colombie, et elles sont partout répandues. Les eaux du Rio Guayquiraro me parurent avoir un goût bien différent de celles du Parana, que je leur préfère de beaucoup. Celles du Rio Corrientes sortent de vastes marais et parcourent, ensuite, une trop grande étendue de lagunes pour être bonnes, en dépit même de leur séjour momentané sur la salsepareille. Lorsque j'y étais entré pour la première fois, je leur avais trouvé une saveur agréable, quoiqu'elles sentissent un peu le musc. J'ai souvent retrouvé cette même odeur aux rivières des plaines, dans les parties chaudes seulement, et j'ai pu reconnaître la vérité de ce qu'assurent les indigènes, qu'elle vient du grand nombre de caïmans qui les habitent et leur communiquent celle qui leur est propre. Je ne l'ai jamais trouvée aux eaux des parties froides, sans croire, d'ailleurs, que leur passage sur les racines de plantes puisse beaucoup influer sur leur salubrité, ni que l'odeur du musc puisse leur donner un mauvais goût. Quoi qu'il en soit, il m'est démontré que les rivières de l'Amérique, malgré le séjour de leurs eaux dans des marais, malgré le grand nombre de poissons morts que charrient leurs courans, contiennent bien moins de parties délétères que nos rivières d'Europe, qui reçoivent toutes les immondices des villes qu'elles traversent, ainsi que tous les résidus des préparations chimiques employées dans les manufactures. Le voyageur est heureux de trouver des eaux plus saines; car il n'est pas souvent à portée de les corriger par un mélange quelconque de liqueur spiritueuse, ou moins encore de les purifier par le filtre. | 1828. Entre-rios.

Un vent affreux s'était levé. Nous ne pouvions rester dans le lieu où nous

1. Voyage aux régions équinoxiales, t. 4, p. 180.

1828 — Entre-rios; Parana.

avions débarqué, tant à cause de la fange et de l'humidité du terrain, qu'en raison de la grande quantité de pas de jaguars, qui rendaient la localité suspecte. Je repartis seulement pour chercher plus bas, dans le canal, un meilleur gîte. Nous luttions courageusement contre le vent du Sud, qui soufflait avec une force extraordinaire; plusieurs fois, la barque faillit chavirer. Des terrains plats et inondés se montraient de chaque côté, amortissant un peu la violence du vent. Les terres basses du continent étaient couvertes d'oiseaux aquatiques. En y abordant, je tirai une cigogne baguari; puis, je m'avançai dans ces marais, pour m'approcher de troupes innombrables d'oiseaux, que j'apercevais de loin. Je me mis dans l'eau jusqu'aux genoux, et marchai, en me baissant, sous le vent de ces oiseaux. C'était un sol très-plat, sur lequel un grand nombre de poissons étaient entrés avec le fleuve; mais les eaux, insensiblement écoulées, avaient laissé sur la place beaucoup de poissons, de l'espèce nommée *sábalo*, les uns morts, étendus sur l'herbe; les autres encore vivans, retenus par centaines dans les lieux un peu plus profonds. Là, des milliers d'oiseaux ichthyophages, attirés par cette pâture facile, s'étaient assemblés et présentaient un singulier mélange de couleurs; les tantales blancs, aux ailes noires, les blanches aigrettes, la spatule rose, s'étaient réunis et couvraient une vaste surface du sol. On ne trouve vraiment autant d'oiseaux qu'au sein des vastes déserts. Nos pays civilisés ne leur offriraient pas assez de nourriture. Je m'approchai de la troupe, trop occupée pour m'apercevoir; je tirai au milieu. Elle s'envola avec bruit, jetant des cris divers, et je vis la place jonchée de morts et de blessés; c'eût été un beau coup de fusil pour un chasseur. Il restait deux cigognes, deux tantales, trois spatules roses et trois aigrettes. Je pouvais à peine porter tout ce que j'avais tué, et ce ne fut qu'en pliant sous le faix que je me mis en route pour revenir à la barque. Des nuées d'oiseaux volaient de toutes parts en tournoyant à distance, et n'attendaient que mon départ pour revenir à leur pâture. De retour à la barque, le pilote voulut s'arrêter un peu plus bas. J'aimai mieux passer outre que de rester dans l'eau plus long-temps.

La fatigue de ramer contre la violence du vent avait indisposé mon équipage; et, lorsque je lui intimai l'ordre d'aller plus loin, il repartit d'assez mauvaise humeur. Une heure plus tard, à force de travailler, nous étions sur un terrain moins inondé, au bord même des marais. Le soir, aucun moustique ne vint; le vent excessif les chasse toujours ou les empêche de sortir soit des bois, soit des grandes herbes, où ils sont cachés. Le vent du Sud, surtout, met, dans tout l'hémisphère sud, obstacle à leur apparition, plutôt par le froid qu'il amène que par sa violence; car, par un vent fort de Nord, les moustiques volent à l'abri des bois et y piquent encore cruellement. J'avais été mouillé toute la journée; et, le soir, je sentais un si grand froid que je grelottais; fait, que m'expliquait tout autant l'approche de l'hiver que ma marche vers le Sud. Le chant d'aucun oiseau terrestre ne se faisait entendre; le vent du Sud les avait forcés à se réfugier au sein des bois, tandis qu'il tenait éveillés beaucoup d'oiseaux aquatiques ou de rivage, qui se disputaient la pâture, au milieu du marais que je venais de côtoyer. Ce mélange de cris divers produisait une bizarre cacophonie, résultat du sifflement des canards de toute espèce, du chant des râles, de l'espèce d'aboiement des bihoreaux, qui retentissait, par intervalle, au milieu des rauques accens des hérons divers, de la cigogne, des tantales, des ibis, des spatules et des jabirus. La saison des froids commençait à avertir les oiseaux des régions méridionales de se soustraire aux rigueurs de leur climat; et, déjà, quoique par troupes encore séparées, on les voyait tous, guidés par le même instinct, s'éloigner des immenses plaines au sud de Buenos-Ayres. Il faut avoir vu ces réunions nombreuses, pour s'en faire une idée juste; il faut avoir passé une nuit au milieu d'eux, pour se figurer le vacarme qu'ils font, soit en se battant, soit par leurs cris d'habitude, soit par le rappel propre à chaque espèce, pour se réunir aux siens. J'avais réellement du plaisir à contempler cette partie de la création encore animée, quand tout le reste était plongé dans le sommeil. « La jouissance que j'éprouve, me disais-je, en cherchant à « distinguer le chant propre à chaque espèce, est et sera, pour ainsi dire, « toujours inconnue à l'habitant des cités, qui se croirait peut-être bien mal- « heureux de passer ainsi une nuit en plein air, au milieu d'une nature aussi « sauvage. »

1828. Entre-rios. Parana.

Le 1.er Mai, au point du jour, je me remis en route. Le bras, dans lequel j'étais, s'étendit tout à coup, et doubla de largeur, lorsqu'il se fut réuni à un autre, nommé *Riacho del Espinillo*, à cause de la grande quantité d'acacias de cette espèce qui couvrent les rives des marais de la côte ferme. Je le suivis, et j'y vis beaucoup de cabiais et de grands cerfs, mais inutilement; car l'humidité de la nuit avait mis mes armes en mauvais état. Je passai devant un lieu nommé *Curuçu chali*, où le pilote me montra plusieurs croix de bois, indiquant la sépulture de plusieurs victimes des jaguars; il s'étendit, ensuite, beaucoup sur le grand nombre de jaguars de ces parages. Je m'arrêtai, un peu plus loin, dans un lieu où des terrains assez élevés permettaient de descendre facilement à terre, et de parcourir un terrain sec. Le bras du Parana s'était tellement élargi que sa plus grande largeur était du côté où je me trou-

1.er Mai.

1828. vais, les îles s'étant, de plus en plus, éloignées de la côte. Je parcourais ces
Entre-rios. environs, lorsque j'aperçus, sur la plage même, une troupe, des plus nombreuse,
de canards de l'espèce nommée *specutiri*; ils étaient sur le sable. Je crus
Parana. pouvoir les surprendre; et, en effet, marchant derrière un arbre, je les approchai d'assez près pour leur lâcher utilement un coup, tandis qu'ils posaient, préparant le second pour le leur adresser à l'instant où ils s'envoleraient. Les canards ne me voyaient pas; et, réellement, il serait difficile de peindre mon agitation; il faut être chasseur pour contenir l'émotion qu'on éprouve, quand un coup calculé est sur le point d'être mené à bien. Je lâchai mes deux coups de fusil, comme je l'avais projeté; la plage et le bord des eaux furent couverts de canards. J'en ramassai vingt-sept, ce qui pourrait paraître étonnant, si ceux-ci n'avaient pas été placés sur une grève, où chaque grain de plomb devait faire ricochet sur le sable, et pouvait être deux fois meurtrier: c'était le plus brillant coup de fusil que j'eusse jamais accompli; mais qu'il ne paraisse pas extraordinaire..... J'en ai vu souvent de plus beaux encore, faits dans l'hiver par les braconniers des marais aux environs de Buenos-Ayres.

Je repartis de ces lieux vers trois heures; je suivis jusqu'au soir la côte, qui s'éleva peu à peu, et donna naissance à ces hautes falaises caractéristiques de la province d'Entre-rios. Ces terrains étaient couverts d'acacias espinillos, tous, alors, dépourvus de leurs feuilles, tous arides et tristes. Le bruit de ma descente fit lever un léger cerf, qui se sauva au milieu du fourré et disparut comme un éclair. Je parcourus ce bois, où le sol était partout empreint de traces récentes de cerfs et de jaguars. Il y avait, surtout, une telle quantité de pas de ces derniers, qu'il était impossible de douter qu'il n'y en eût beaucoup dans les environs. Je crus prudent de ne pas coucher à terre, et de prendre, pour la nuit, le lit qui me restait, quelqu'incommode qu'il fût; obligé que j'étais de me mettre en travers dans une petite barque, faute de place. Je devais dormir le corps en arc, ce qui était très-pénible, d'autant plus, que, ce soir-là, j'éprouvai une assez forte fièvre, causée, sans doute, par la fatigue du jour; et je me couchai très-indisposé. Dès le commencement de la nuit, les rugissemens d'abord lointains des jaguars, se firent entendre plus rapprochés; et ces animaux devenaient d'autant plus à craindre qu'ils rugissaient moins, épiant les habitans de ma frêle embarcation. Mon chien, qui couchait à terre, aboyait continuellement, ce qui annonçait leur présence; il faillit même être emporté, et ne se sauva qu'en se précipitant vers nous. Le moment était venu de songer à notre sûreté personnelle. Un beau clair de lune permettait de distinguer de loin les objets. Le jaguar, qui avait fait fuir mon chien, vint doucement jusque sur la côte, à cinq ou six pas de notre retraite. Je ne lui laissai pas le temps de sauter sur le bateau, et peut-être de choisir quelque victime parmi nous; je lui lâchai un coup de fusil qui le fit fuir, sans que je pusse savoir si je l'avais touché. Il ne revint plus aussi près; mais d'autres moins hardis se faisaient constamment entendre aux environs. Le matin mit fin à nos craintes, et nous longeâmes les falaises, toujours de plus en plus élevées, jusqu'à Caballu cuatia, où je m'arrêtai; c'était le premier point habité de la province d'Entre-rios, réunion peu nombreuse de pauvres cabanes assez distantes les unes des autres, où vivaient des hommes défians et peu communicatifs, à la face d'apparence aussi féroce que celle des jaguars, leurs voisins. A peine voulurent-ils nous parler; aussi trouvai-je à propos de ne pas trop me rapprocher d'eux. Je passai une partie de la journée à préparer la chasse des jours précédens; puis je fis arrêter un peu plus loin, à l'embouchure du ruisseau de Caballu cuatia, d'où je partis pour chasser aux environs, dans les bois d'espinillos, où fourmillaient, de tous côtés, les perruches et les tinamous. Un assez grand arbre de la côte, près du lieu où nous campions, était couvert de ces énormes nids d'épines des anumbis, qu'ils savent si bien hérisser de toutes parts, pour préserver leurs petits de l'approche des autres oiseaux. Ces nids font un singulier effet; posés sur les dernières petites branches des arbres, ils sont balancés par les vents; c'est là que l'oiseau qui le construit vient, avec sa compagne, faire entendre ses cadences joyeuses, avant d'aller se coucher dans leur second ou troisième compartiment. Le lieu où j'étais paraissait très-voisin de celui où, après avoir glorieusement fondé Buenos-Ayres et l'avoir consolidé, le malheureux général Juan de Garay, dormant tranquillement à terre, fut surpris, avec les siens, par les Indiens minuans, qui le tuèrent, ainsi qu'une partie de ses soldats. 1828. Entre-rios. Parana.

Le 3 Mai, je côtoyai, lentement, les falaises élevées, jusqu'à dix heures; alors je m'arrêtai, pour examiner, avec attention, la superposition des couches qui les composent[1]. D'abord ferrugineuses dans leurs couches inférieures, elles sont, dans la plus grande partie de leur hauteur, formées par des alternats d'argile et de petites couches de gypse ou chaux sulfatée, dont on fait quelques exportations à Buenos-Ayres; ces falaises, élevées de plus de trois cents pieds au-dessus de la rivière, sont purement tertiaires. Le littoral du Parana, au bas de la côte, est partout sablonneux, parfois muni de quelques arbres, le plus souvent coupé à pic et peu abordable. Je le gravis, en recueillant des échan- 3 Mai.

1. Voyez la partie spéciale de Géologie, pour le cours du Parana.

1828. Entre-rios. Parana.

tillons mesurant la puissance des couches; et j'arrivai ainsi à son sommet, que je trouvai encore couvert d'espinillos, mêlés cependant à beaucoup d'autres espèces d'arbres. De ce lieu, je dominais sur les belles campagnes désertes de la rive opposée. Le Parana était démuni d'îles. Les atterrissemens du fleuve avaient lieu, dans cette partie de son cours, sur la rive droite, à la côte ferme; aussi des terrains bas, se montraient-ils autant que la vue pouvait s'étendre. Ils avaient cependant quelque chose d'étrange et de tellement sauvage, qu'il était impossible de les voir de sang-froid: des bois par bouquets, d'immenses plaines, où serpentaient des ruisseaux, et où une multitude de lacs, de marais alors couverts d'eau, coupaient tellement le sol, qu'on pouvait le prendre pour un véritable jardin anglais..... Je parcourus des yeux ces terrains encore vierges, cette vaste contrée encore inutile, qui pourraient procurer tant d'avantages au fermier, par la culture. Quel contraste entre les terres de la rive gauche, alors sèches, arides, pour ainsi dire sans végétation, à cause de la saison, et ces belles campagnes, toujours vertes, dont s'animait la rive opposée! Un coup d'œil jeté sur la première, me montra, de loin, une petite hutte; je m'y rendis et vis le premier champ de blé que j'eusse rencontré depuis mon départ de Corrientes. L'exploitation des céréales pourrait être mise à profit dans les parties méridionales de la province de Corrientes, puisqu'elle donne de très-bons résultats dans les parties limitrophes de celle d'Entre-rios; mais elle n'a été utilisée que depuis peu, et les résultats en sont tels que la province, appauvrie par des pertes de bestiaux, commence à regagner sa richesse première, en unissant au soin des bestiaux la culture du blé, qui donne, constamment, soixante pour un, sur ces terrains entièrement neufs, qui, d'ici à des siècles, n'auront besoin d'aucun engrais. Du lieu où je me trouvais, la campagne paraissait s'onduler par endroits, et j'aperçus, à l'horizon, une grande forêt de palmiers, dont la couleur glauque me fit présumer que c'étaient des yataïs; du moins formaient-ils, comme ces derniers, un bois peu élevé. Si ce sont aussi des yataïs, comme je ne puis en répondre, n'ayant pas pu les aller reconnaître, cette espèce occuperait un espace immense, depuis le 27.e jusqu'au 31.e degré sud, et annoncerait aussi des collines sablonneuses placées sur l'argile. Je repartis de nouveau, passai devant l'embouchure de l'*Arroyo verde* (ruisseau vert), de l'*Arroyo seco* (ruisseau sec), et longeai les falaises élevées qui s'étendent, sans interruption, jusqu'à la Bajada. J'avais recueilli des bois fossiles dans les grès, lors de ma navigation ascendante à Corrientes; le souvenir de cette circonstance me fit suivre les rives du fleuve, dans l'espoir d'en rencontrer encore, et peut-être aussi de trouver des ossemens fossiles: malheureusement les eaux étaient beaucoup trop hautes, battaient le pied même des falaises, et couvraient ainsi les localités les plus favorables à ce genre de recherches, plages où les parties plus solides restent après que les sables ont été emportés par les courans; pourtant, je mis un tel soin à mon exploration, que je rencontrai plusieurs troncs agatisés, et un grand os de mammifère, qui me parut être un fémur. J'arrivai aussi, vers trois heures, à Feliciano, le second point habité dans la province d'Entre-rios, petit hameau, comme celui de Caballu cuatia. C'est là, qu'un peu plus loin je vis, de près, la cabane du Portugais, chasseur de jaguars, dont j'ai parlé dans mon premier voyage sur le Parana.[1] J'avais reconnu que ce chasseur intrépide pouvait facilement satisfaire son goût, car ces animaux sont assez communs dans ces environs. Du haut de la falaise, je dominais sur la rive basse opposée, et j'aperçus, un peu plus bas, l'embouchure du *Riacho de Cañasco,* bras qui sépare du Parana une immense île basse, prolongée de là jusque près de Santa-Fe. Ne pouvant rester au pied de la falaise nue, car un coup de vent aurait pu soulever des lames et me faire naufrager, je dus chercher un port, tout en continuant mes observations géologiques. Je me fatiguai beaucoup, sautant parfois de pierre en pierre, en passant sur des terrains presque perpendiculaires qui s'éboulaient sous mes pas, et pouvaient, à chaque instant, m'entraîner avec eux dans le Parana. A défaut de véritable port, je m'arrêtai dans une petite anse où je voulus dormir à terre, aimant mieux m'exposer à tomber sous la griffe des jaguars, que de souffrir des milliers de moustiques qui me tourmentaient dans ma barque; et dont la pénible posture, que j'étais obligé d'y conserver pour dormir, aggravait encore le supplice.

1828. Entre-rios. Parana.

Le jour suivant, je continuai à suivre le pied des mêmes falaises élevées. Plusieurs petites îles se montraient près de la côte. Je passai devant la pointe de *Venandaria,* et je m'arrêtai dans un petit port connu sous le nom de *Fernandez,* au milieu d'une baie assez grande. Le grand nombre de pas de jaguars, marqués sur la plage, la même nuit, me fit juger qu'ils étaient communs en ces lieux; la falaise, dont les eaux ne battaient plus le pied, s'était peu à peu couverte de verdure et d'une végétation assez active, au milieu de laquelle je poursuivis plusieurs pics aux cris aigus. J'arrivai ainsi à son sommet, où je retrouvai les palmiers à feuilles flabelliformes que j'avais déjà observés, en remontant le fleuve; j'avais pensé, alors, parce qu'ils étaient petits 4 Mai.

1. Pag. 107.

1828. et rabougris, qu'ils étaient à l'extrémité de leur zone d'habitation; mais, comme je ne les avais vus nulle part ailleurs, dans la province de Corrientes, je dus croire que cette espèce est tout à fait particulière aux falaises du Parana. Dans la province d'Entre-rios j'en vis plusieurs en fruit, et j'ai pu en rapporter un, par fragmens, au Muséum de Paris. De ce lieu, je jouissais d'une perspective magnifique, et je ne me lassais pas de contempler la piquante irrégularité des cours d'eau, des lacs et des marais de ces îles de l'autre rive. Les falaises nues des environs me montrèrent encore des blocs de gypse en grande abondance. L'exploitation en était d'autant plus facile, que l'extraction s'en trouvait toute faite. Lorsque je me remis à voguer, je remarquai que la falaise avait changé d'aspect : elle n'était plus continuellement battue et minée par les eaux du fleuve; les bords, plus inclinés, avaient permis à la végétation de reprendre son empire. De temps à autre, elle s'ouvrait et montrait de rians vallons boisés, munis de coteaux animés; bientôt, après la pointe de la *Rosa,* la côte se couvrit entièrement de forêts, et me cacha les couches dont elle est composée, ou ne me les montra plus que sur très-peu de points. Je passai la pointe de *Bera.* La côte présente encore quelques petites îles, et c'est l'une d'elles qui forme le petit bras nommé *Riacho del chapeton,* dans lequel je m'arrêtai; je montai de suite sur le haut de la falaise, au milieu des épines et des palmiers; et, de là, j'eus une échappée de vue assez belle sur les riches campagnes désertes de l'intérieur de la province d'Entre-rios; je revis les nombreux bois de palmiers, semblables aux yataïs, semés par longues suites au milieu de belles plaines, dont aucun troupeau ne venait interrompre l'uniformité. Ces pays n'attendent que des bras laborieux pour produire au centuple. Combien se passera-t-il encore de temps avant que la stabilité des gouvernemens permette à l'étranger d'y trouver un refuge assuré? Les jaguars furent encore nos voisins de la nuit, et leurs rugissemens, unis aux aboiemens du pauvre chien, qui voulait nous prévenir de leur présence, nous laissèrent peu goûter le repos.

Entre-rios. Parana.

5 Mai. Le 5 Mai, je continuai à suivre les mêmes coteaux, de plus en plus boisés; je m'arrêtai bientôt pour chercher, au milieu de ce fourré, des coquilles terrestres. Je fus dévoré par les moustiques; mais je trouvai ce que je désirais, et tout fut oublié. Quant aux bois, ils étaient d'une tout autre nature que ceux de Corrientes, non plus entremêlés de lianes enlaçantes, non plus aussi variés en espèces; les arbres en étaient petits, et leur feuillage ressemblait plutôt à celui des pays tempérés, qu'à cette belle parure des pays chauds. Au-dessus du bois était une belle ferme de culture, où je

revis, non sans un vif plaisir, des sillons tracés par la charrue pour semer du blé. J'avoue que l'aspect de la ferme, tout à fait européen, celui même des bois voisins, tout me faisait illusion, et me transportait momentanément dans nos campagnes de France. J'étais heureux de ce que j'éprouvais; malheureusement je tournai la tête, et tout le charme fut détruit. La vue du Parana, de ce large fleuve, le fit disparaître; je me retrouvai en Amérique. J'aperçus, en même temps, les terrains bas que j'avais explorés l'année d'avant, et où j'avais recueilli de si belles espèces de coquilles; je voulus revoir ces lieux, où une fièvre dévorante ne m'avait pas empêché de chasser. Ils me rappelaient quelques souvenirs fâcheux; je revins rapidement à la barque et j'ordonnai le départ pour l'autre rive. On se mit en route, luttant péniblement, avec les avirons, contre un vent de Sud-Ouest, si violent que la barque faillit plusieurs fois être renversée. Mes gens commençaient à craindre. Le pilote même me dit que nous risquions de périr, si nous nous obstinions à combattre le vent, au milieu du fleuve; force nous fut donc de revenir en hâte à la rive gauche, en passant devant l'embouchure de la petite rivière de *las Conchillas*. Nous eûmes bientôt en vue le port de la Bajada, capitale de la province; nous nous y dirigeâmes, et ne tardâmes pas à nous voir au milieu d'une vingtaine de petites et de grandes barques, qui chargeaient ou déchargeaient.

Ce port de la Bajada consiste en un renfoncement de la côte, défendu des vents du Sud par une très-haute falaise; il est placé dans un petit ruisseau, qui permet aux barques d'aborder la côte même. Au débarcadère sont plusieurs petites cabanes, entre le chenal et la falaise, qui se continue vers le Nord. Sur le penchant de celle-ci, à mi-côte, est placée la maison de la douane et du capitaine de port; de sorte que de la rivière même on n'aperçoit que les barques et le mouvement commercial. La vue est bornée par des falaises, couvertes de pelouses; sur leur penchant sont tracés une multitude de sentiers, parmi lesquels est le grand chemin qui passe à la douane et même à la ville. L'intervalle compris entre la falaise et le Parana, est couvert de tout ce qui caractérise un établissement de cette nature; des troncs d'arbres pour constructions, dispersés çà et là, de vieilles barques abandonnées, et de petites huttes, où l'on vend des boissons aux marins.

Aussitôt mon arrivée, je me vis entouré de curieux, parmi lesquels étaient des Français, des Italiens et autres étrangers, qui m'avertirent, de suite, de ne pas aller du port à la ville sans armes, à l'heure de la siesta et le soir,

1828. La Bajada.

parce que je m'exposerais à être assassiné; et tous appuyaient leurs recommandations du récit d'aventures tragiques arrivées depuis peu. Ils me disaient même à voix basse, en me montrant plusieurs hommes à cheval, munis de leur grand couteau passé à la ceinture, et en me les désignant l'un après l'autre : celui-ci a déjà tué cinq personnes; cet autre, six; et, enfin, à les entendre, le plus innocent aurait eu à se reprocher la mort d'au moins un de ses semblables. Je leur demandai s'il n'y avait aucune justice dans le pays; et j'acquis la preuve que là, comme dans toute la république Argentine, les lois n'ont plus de force, dès qu'il s'agit de crimes. Quand on incarcère l'assassin, ce n'est que pour un instant. Il se sauve, si même on ne le laisse pas s'échapper, pour ne point encombrer les prisons; et on ne le reprend pas ou bien on en fait un soldat. On sent, dès-lors, quelles bonnes troupes on peut avoir. Jamais les criminels ne sont exécutés; aussi cette impunité les porte-t-elle à continuer. Cette habitude d'assassiner n'existait pas avant les révolutions qui ont amené l'émancipation des Provinces-Unies. On pouvait alors aller, avec la plus grande sécurité, du Pérou à Buenos-Ayres, avec des mules chargées d'argent; et la route de Buenos-Ayres à Corrientes, qui passe par la Bajada, était citée comme la plus sûre; mais les guerres de parti, le caractère un peu sanguinaire de toute la caste des Gauchos ou bergers, accoutumés au sang, ont développé, en eux, le germe du brigandage, et les ont tous rendus aussi indifférens à la mort d'un homme qu'à celle des bestiaux qu'ils sont accoutumés à tuer, ou même à celle de leur cheval, qu'ils égorgent parfois, quand celui-ci ne leur obéit pas promptement dans leurs marches. Il paraît qu'aujourd'hui on ne se donne même pas la peine de s'assurer de celui qui commet un crime; aussi la campagne était-elle infestée de bandits regardés, dans le pays, comme de bons citoyens, prêts, au reste, à piller les provinces voisines, comme ils ont déjà pillé les provinces riveraines de la Banda oriental.

Ma conversation fut interrompue par l'arrivée d'un soldat mal vêtu et pieds nus, qui me signifia de me présenter, immédiatement, comme patron de ma barque, chez le capitaine de port. Peu habitué à faire le récalcitrant, je m'y rendis sans retard, et trouvai un homme assez traitable, qui m'intima l'ordre de me transporter, de suite, chez le gouverneur ou capitaine général de la province. Ce fonctionnaire ne me laissa partir qu'après m'avoir fait beaucoup de questions. Je montai sur le sommet de la falaise par un chemin tortueux en assez bon état; une fois en plaine, j'aperçus la ville de la Bajada, située sur les mêmes terrains plans et argileux, légèrement inclinés vers la rivière, à un demi-quart de lieue du port. Une multitude de sentiers y conduisaient, sur les différens points, comme on peut l'imaginer, au travers d'un terrain appartenant à tout le monde, et non cultivé; son aspect, de loin, n'avait rien de gai ni même de pittoresque. Je voyais une réunion de maisons presque toutes à un seul étage, la plupart couvertes en chaume, et au milieu desquelles s'élevait un clocher en dôme, bas et peu élégant. Les maisons étaient assez belles au centre de la ville; mais elles devenaient, de plus en plus, petites et mal bâties en s'en éloignant, ce qui, sur un terrain horizontal, se reconnaît bientôt et produit un singulier effet, l'ensemble représentant une espèce de cône fortement écrasé. L'homme habitué à l'aspect extérieur de nos cités d'Europe, où tant de jardins, de bois, de maisons de campagne masquent, en partie, la vue générale d'un lieu habité, serait tout étonné de voir les dehors d'une ville dont les habitans se livrent plus particulièrement à l'éducation des bestiaux. Ils n'aiment pas la culture, et aucune de leurs maisons n'est ornée de jardins; ils ne plantent pas un seul arbre, et, au contraire, coupent tous ceux qu'ils peuvent trouver, pour former ces immenses parcs groupés autour des huttes du pourtour de la ville; aussi croirait-on que le feu a passé partout; un grand nombre de pieux en hérissent le contour et la font ressembler à une place forte, défendue par des chevaux de frise. Ce n'est pas tout encore; si l'on promène ses regards aux environs, on n'est pas moins attristé; quelle nudité, quel aspect sauvage! le terrain est partout dénué d'arbres à une grande distance, et l'on dirait même que la terre refuse de se couvrir de verdure. Elle est battue presque partout, montrant l'argile à nu; et, au moins dans la saison où j'y étais, à peine le sol montrait-il, de place en place, par l'apparition de quelques petites graminées sèches, qu'il était susceptible de nourrir au moins une ombre de végétation. Le temps ne contribuait pas peu à rendre l'approche de ce lieu aussi triste que possible. Le vent continuait toujours, il parcourait rapidement ces plaines non abritées, et enlevait, de tous les points, des tourbillons de poussière, qui, après avoir longtemps tournoyé sur eux-mêmes, formaient une véritable trombe, et s'élevaient dans les airs en colonnes rougeâtres mobiles et vacillantes; plusieurs de ces colonnes se montraient, s'écroulaient; et leur poussière, se dispersant en nuage sur toute la plaine, masquait la ville. D'autres fois elle m'enveloppait, me rendait aveugle, pour quelques instans; puis, allait couvrir les campagnes voisines. Voilà sous quels auspices s'offrit à moi la ville de la Bajada, capitale de la province d'Entre-rios.

Parmi la multitude de sentiers qui s'ouvraient à mon impatience, je suivis

1828. — La Bajada.

au hasard le premier qui se présentait; je rencontrais, à chaque pas, des hommes à cheval, à la mine rebarbative, à l'œil scrutateur, le couteau à la ceinture; capables de faire trembler le plus brave; plusieurs m'accostèrent d'une manière assez cavalière, pour rire ensuite entr'eux, en me voyant modestement à pied. C'était là mon passe-port d'étranger; car un homme du pays ne serait pas venu pédestrement du port à la ville. La siesta se faisait alors; et, malgré les avertissemens officieux des Européens que j'avais rencontrés au port, je me croyais en sûreté. J'arrivai enfin à la ville; je vis d'abord beaucoup de parcs, de petites cabanes mal bâties; puis, une grande place, sur un côté de laquelle est l'église, édifice vaste, mais d'une assez mauvaise construction et peu en rapport avec la splendeur habituelle des temples espagnols. Autour de cette place sont les plus belles habitations de la ville; quelques-unes même ont un étage et sont couvertes en terrasses. Beaucoup de magasins, où l'on débite les marchandises, commençaient à se rouvrir. Ils indiquaient le même genre de commerce qu'à Corrientes; mais non la même aménité de la part des marchands. A peine daigna-t-on m'enseigner la résidence du gouverneur, celui-ci n'étant pas, à cette heure-là, dans la salle du gouvernement. Je traversai plusieurs rues plus ou moins bien garnies de maisons, et se coupant toutes à angle droit; car la ville est divisée par cuadras, comme toutes celles bâties par les Espagnols; et j'arrivai ainsi, non sans m'enquérir plusieurs fois de ma route, à un logis de mince apparence, à un rez-de-chaussée, couvert en chaume. Je trouvai ouverte la porte d'une des deux chambres dont elle était composée; j'y entrai et j'y vis deux femmes pieds nus, assez mal vêtues, auxquelles je demandai le capitaine général de la province. L'une d'elles me répondit que son mari dormait, en m'invitant à attendre que la siesta fût achevée. Elles m'offrirent un siége avec assez de grâce; car les femmes américaines sont partout les mêmes; chez elles on retrouve toujours cette bonté cordiale, cette aménité si rare chez leurs maris, et qui contraste d'une manière frappante avec la rusticité habituelle de ces derniers. Ce sexe conserve constamment, depuis la civilisation la plus avancée, jusqu'à l'état sauvage le plus simple, en passant par tous les degrés intermédiaires, un langage plus affable, et des manières qui adoucissent et font même oublier les mauvais procédés de quelques hommes.

Je considérais attentivement, en silence, le chétif logement du chef suprême de la province, et le comparais, involontairement, à la demeure somptueuse des autorités dans les villes civilisées, et surtout à leur représentation intérieure; cependant, je pensais bien que ce gouverneur n'aurait pas changé sa place pour celle d'un de nos préfets, ayant, de plus que celui-ci, le droit de tout faire dans toutes les branches d'administration; et cependant sa demeure valait-elle la loge du concierge d'une préfecture? Les femmes, peu communicatives, comme tous les habitans de ce pays, me parlèrent peu, et la conversation se borna à savoir d'où je venais et où j'allais; enfin, vers trois heures et demie, le gouverneur se réveilla; il appela pour qu'on lui donnât son maté, et du feu afin d'allumer son cigare; puis, un instant après, il sortit. Il était nu-pieds, vêtu, comme un véritable Gaucho, d'un simple calzoncillo, d'un chilipa et d'une mauvaise veste. Il m'aborda d'une manière hautaine qui allait peu avec son costume; et, en me traitant assez cavalièrement, il me demanda mon passe-port, le lut, me le remit, en se radoucissant et me dit que, puisque je restais si peu de temps dans le pays, il ne m'en fallait pas d'autre, et que je pouvais m'en aller. Je ne me le fis pas dire deux fois, et je parcourus encore la ville pendant quelque temps. Elle fut bientôt vue, son uniformité la rendant peu attrayante; j'y fis plusieurs emplettes, et la quittai bientôt après, pour revenir au port avant la nuit.

La Bajada.

Avant l'arrivée des Espagnols, le territoire qui porte aujourd'hui le nom de province d'Entre-rios, était peuplé de petites tribus indiennes éparses sur le bord du Parana et de l'Uruguay. Il paraîtrait même, au milieu de l'obscurité qui règne à cet égard dans les anciens historiens, que les rives de l'Uruguay l'auraient été par les Minuans, qui, à mon avis, ne sont qu'une tribu des Charruas. Ils s'étendaient entre les deux rivières jusqu'au lieu où est aujourd'hui la Bajada; tandis que, vers le Sud, les îles du Parana étaient habitées par les Guaranis. Du côté du Nord, il y avait un intervalle inhabité entre les dernières tribus des Minuans et celle des Guaranis de la province de Corrientes; cette belliqueuse nation s'allia, plus tard, avec les Charruas, les plus braves de tous les Indiens de ces contrées, et combattit long-temps les Espagnols, qu'elle vainquit quelquefois et harcela toujours dans le territoire de la Banda oriental. Ce sont eux qui tuèrent le capitaine Juan de Garay, fondateur de Santa-Fe et de Buenos-Ayres, ainsi que ses troupes, et vouèrent une haine implacable aux Espagnols, dont jusqu'à nos jours ils furent les ennemis. Ils transmirent, sans doute, leur caractère belliqueux et féroce, avec leur sol, aux créoles qui y vivent aujourd'hui; car on voit comme une ligne de démarcation entre le caractère si doux des habitans de Corrientes, issus du mélange avec les Guaranis, bons par caractère, et celui d'autres créoles venus du croisement avec d'autres nations indiennes. Cette observation, toute

1828. hasardée qu'elle paraisse, n'est cependant pas sans intérêt; mais revenons à notre histoire.

La Bajada. Pendant long-temps cette vaste étendue fut peu fréquentée; elle était même regardée avec indifférence par les Espagnols établis au Paraguay, qui passaient et repassaient souvent pour aller à Buenos-Ayres. Les attaques fréquentes des Minuans contre les Espagnols de la Banda oriental, obligèrent ceux-ci à les poursuivre jusque dans leurs derniers retranchemens. On entra sur leur territoire; ils se réunirent plus intimement aux Charruas, et, dès-lors, abandonnèrent leur sol pour aller, dans la Banda oriental, se réunir à leurs alliés[1]; car, n'étant pas bons navigateurs, ils ne pouvaient que difficilement lutter contre la ville naissante de Santa-Fe. Le vaste territoire compris entre le Parana et l'Uruguay, resta long-temps inhabité, quant à ses parties australes; et je suis intimement persuadé, que l'on ne songea même à la peupler qu'en reconnaissant la nécessité d'établir des communications par terre entre Buenos-Ayres et le Paraguay: je suppose, que c'est par ce motif que la même année on fonda plusieurs villes sur toute la ligne suivie aujourd'hui; car les besoins des voyageurs rendirent cette mesure indispensable. En 1730 on bâtit, en même temps, sur cette route, San-Ysidro, près de Buenos-Ayres, Arecife, Rosario et *la Bajada de Santa-Fe* (descente de Santa-Fe); car la ville d'aujourd'hui n'était considérée que comme un pied-à-terre de Santa-Fe, dépendant toujours de cette province. Ce lieu fut même, jusqu'en 1780, le seul point habité. La nécessité de parcourir fréquemment cette route, devait donner une importance réelle à la Bajada, d'autant plus que là seulement se trouvait une riche carrière de pierre calcaire, susceptible de fournir la chaux nécessaire aux constructions de Buenos-Ayres et de Santa-Fe. Vers la fin du dix-huitième siècle, la Bajada fut érigée en ville, au moment même où l'on fondait, sur les rives de l'Uruguay (en 1780) les bourgs de l'*Arroyo de la china*, de *Gualeguay* et *Gualegaichu*. En 1800, selon Azara[2], la population de la Bajada s'était déjà élevée à 3000 âmes.

Jusqu'à l'époque de l'émancipation de la république Argentine, la Bajada ne fut qu'une dépendance de Santa-Fe; mais, alors, elle ne voulut appartenir ni à Santa-Fe, ni à Corrientes; et, d'après la constitution de la

---

1. Je ne donne pas ici ce qui a rapport à la description particulière des Minuans, me réservant d'en parler à la partie ethnologique. On peut consulter, à cet égard, l'ouvrage d'Azara, t. 2, pag. 30.

2. Voyage dans l'Amérique méridionale, t. 2, p. 338.

république, elle fut érigée en province, sous le nom d'*Entre-rios* (entre rivières). Dès-lors ses limites furent, à l'Est, le Rio Uruguay; à l'Ouest, le Parana; au Sud, le confluent de ces deux rivières; et, au Nord, une ligne Est et Ouest, qui suivrait le cours du Rio Guayquiraro, et irait rejoindre l'Uruguay. Grâce à sa situation, cette province a tous les moyens de commerce possibles; les deux grandes rivières, qui la circonscrivent, lui offrent d'excellens ports pour tous ses débouchés, et lui permettent d'espérer, pour l'avenir, toutes sortes d'améliorations. 1828. La Bajada.

Presque aussitôt après cette émancipation des provinces du Rio de la Plata, des guerres long-temps prolongées ruinèrent, pour ainsi dire, l'Entre-rios. Le passage continuel des troupes des différens partis, la misère à laquelle elle se trouva réduite, imprimèrent à ses habitans le caractère sanguinaire qui les a fait remarquer depuis; alors des troupes de voleurs infestèrent la forêt de Montiel, et vécurent aux dépens des voyageurs. Je citerai ici un passage intéressant du voyage de M. Parchappe, à l'époque des brigandages :

« Lorsque, me rendant de la Bajada de Santa-Fè à la Conception de l'Uru-« guay, je traversais cette forêt avec des charrettes pesamment chargées, cette « entreprise paraissait téméraire; mais mon conducteur avait su me persuader « de choisir ce chemin comme plus direct; et pour bannir toute crainte, il « m'avoua qu'il avait des relations avec les brigands qui habitaient ces parages, « et qu'au moyen de quelques présens, dont il était toujours muni pour les « leur offrir en cas de rencontre, il n'avait à redouter aucun mauvais traite-« ment. Malgré cette assurance, nous cheminions toujours sans bruit, et je « vis un moment l'inquiétude se peindre sur le visage de mon guide; il se « penchait à tout instant sur le cou de son cheval, et ses regards cherchaient « à pénétrer dans la sombre épaisseur des futaies. La forêt était silencieuse, « et je ne pouvais découvrir aucun indice du moindre péril. Je ne pus m'em-« pêcher de lui en faire l'observation, en lui disant que je ne découvrais pas « même un de ces animaux qui étaient si communs à notre entrée dans le « bois. C'est précisément là ce qui m'inquiète, me répondit-il.....; la forêt « est épouvantée. Il est passé quelqu'un par ici; mais bientôt un roulement, « semblable à celui du tonnerre, fit retentir la forêt. Ce bruit étrange, qui « me causa une certaine émotion, parut, au contraire, rassurer mon conduc-« teur. Ce sont des chevaux sauvages qui nous ont aperçus, et qui s'éloignent « de nous, me dit-il, en souriant de ma surprise; s'il y avait du danger, ils « ne seraient point ici. Effectivement nous rencontrâmes plus loin des bandes

1828. « d'autruches et de daims paissant paisiblement, et qui témoignaient la pro-
« fonde solitude qui régnait en ces lieux.[1] »

La Bajada.

Jusqu'alors tous les habitans étaient pasteurs; la très-grande abondance des bestiaux disparut. Ces campagnes, peu auparavant si riches en bêtes à cornes, que leurs nombreuses troupes, devenues sauvages, couvraient de tous côtés les plaines, furent réduites à la plus grande misère; et la nécessité amena le carnage des chevaux sauvages ou *baguales*. A l'époque des premières conquêtes, quelques-uns de ces animaux abandonnés dans les plaines du Sud et dans celles d'Entre-rios, avaient donné naissance à des troupeaux nombreux, qui se multiplièrent à un tel point que, deux siècles après la conquête, les estancias ne pouvaient plus en conserver, par l'habitude qu'avaient prise les troupes sauvages de chercher à enlever les chevaux domestiques, soit en les enveloppant de leurs phalanges, soit en hennissant pour les appeler[2]. On les voyait souvent venir au petit trot jusque sur le bord des chemins, s'arrêter quelques instans, dressant les oreilles, ouvrant les naseaux, et reconnaissant les caravanes qui parcouraient les déserts; puis, sur-le-champ, un coup de pied du mâle, une pétarade et quelques ruades menaçantes, devenaient le signal d'une fuite rapide, et la troupe s'éloignait ventre à terre, en faisant voler des nuages de poussière.

La misère détermina les habitans à leur faire une chasse à mort; on commença ces chasses exécutées par un grand nombre d'individus réunis, et dont le résultat était, principalement, la possession du crin et de la peau des baguales, qui leur servaient ensuite à commercer avec Buenos-Ayres. Ces beaux troupeaux animaient ces riches campagnes, et chacun de leurs étalons conduisait une troupe à soi, la défendait contre l'approche des autres mâles; et, pour l'augmenter, saisissait toutes les occasions d'enlever des troupes de jumens domestiques. On les voyait venir fièrement au-devant de quiconque battait la campagne, pour le reconnaître, et fuir au milieu des bois avec la vélocité d'une flèche, courant si vîte et avec si peu de précautions que plusieurs se brisaient la tête aux troncs d'arbres placés devant eux.... Tous ces nobles habitans des plaines ont entièrement disparu; et il ne reste plus que le souvenir de la chasse cruelle que leur firent les habitans. Ceux-ci se réunissaient en grand nombre, construisaient préalablement, dans un

1. Lu le 25 Février 1831 à la séance mensuelle du Comité du Bulletin universel des Sciences et de l'Industrie.

2. Je parlerai au quatrième volume, en traitant des mammifères, de tout ce qui a rapport aux animaux domestiques redevenus sauvages.

endroit écarté, un immense parc, à l'entrée duquel ils plaçaient deux rangées d'enceintes divergentes, qui s'étendaient au loin dans la campagne, et figuraient, en dehors de ce parc, un immense entonnoir. Ces préparatifs terminés, les chasseurs parcouraient à cheval la campagne, cernaient de petites troupes partielles de ces chevaux sauvages, les poursuivaient, tout en cherchant à les faire se diriger vers l'entrée de ce coin; et dès qu'ils y étaient parvenus, formaient, derrière eux, une haie serrée, de manière à les empêcher de rétrograder. Ils les forçaient ainsi d'accélérer leur perte, l'enceinte se rétrécissant à mesure qu'ils avançaient. Les cavaliers, armés d'une lance, y poussaient cruellement les chevaux; et là, des hommes, munis aussi de piques, tâchaient d'en frapper chacun d'eux, qui, ensuite, allait expirer dans le voisinage. Une fois tous introduits, on fermait le parc; on tuait tous ceux qui avaient survécu au massacre préalable; puis, les chasseurs se mettaient à couper la queue et la crinière à leurs victimes, et quelquefois à les écorcher. Ce genre de poursuite, souvent répété, diminua considérablement le nombre des chevaux sauvages. Ils furent réduits presque à rien; une épizootie acheva d'en détruire le reste; et, aujourd'hui, à peine en existe-t-il quelques petites troupes. Cette chasse devait rendre plus cruels encore ceux qui s'y habituaient; aussi la vue du sang était-elle si familière aux habitans de cette province, qu'ils en devinrent plus avides que jamais.

1828.

La Bajada.

La suite des guerres, les maladies des bestiaux, de grandes sécheresses, détruisirent leurs ressources. Il n'y avait plus de bêtes à cornes, et l'on n'y trouvait que peu de chevaux pour chasser les autruches (*ñandus*) et les cerfs des campagnes, qui firent, de 1818 à 1825, leur seule nourriture, réduits qu'ils étaient à la plus grande misère. Habitués à ne manger que de la chair, ils durent chercher jusqu'à des racines, commencèrent seulement alors à semer beaucoup de blé, et devinrent agriculteurs. Ils ont, cependant, de bien plus grands avantages qu'en Europe; car leurs terrains, vierges encore, produisent de 60 à 70 pour 1[1]. Puissent-ils persister dans ce genre d'occupation, qui peut finir par adoucir leurs mœurs! Ils continuèrent à semer jusqu'à la guerre des Missions, en 1827. Dès qu'ils virent les Indiens de ces établissemens entrer sur le territoire du Brésil pour voler des bestiaux, ils allèrent aussi en masse à cette curée commune. La Bajada fut alors, pour ainsi dire, abandonnée. Tous les habitans armés couraient

1. *Noticias estatisticas de la provincia d'Entre-rios*, par J. F. Acosta; Almanach de Buenos-Ayres, 1826.

1828. en troupes piller les fermiers brésiliens, comme je l'ai dit en parlant de Corrientes. Des milliers de bêtes à cornes arrivaient journellement sur la rive orientale de l'Uruguay. Dans le commencement, on se servait de chevaux, pour entraîner, en quelque sorte, les premiers bœufs, qui se jetaient à l'eau; et le reste de la troupe, harcelée par des cavaliers, finissait par les suivre, et traversait ainsi à la nage cette large rivière. Tous les jours la province se remplissait de troupeaux nouveaux; mais, plus tard, l'abondance du bétail sur les rives de l'Uruguay devint telle qu'on prit moins de précautions, et des centaines de bêtes à cornes se noyaient et allaient encombrer les côtes près du *Salto* (cascade de l'Uruguay), de manière que les vents transportaient une odeur pestilentielle sur les pays voisins. La province d'Entrerios, quelque temps avant si pauvre, et dont les habitans étaient réduits à mourir de faim, se voyait alors riche aux dépens des Brésiliens des provinces de San-Paulo (*Rio grande do sul*). L'abondance dont on y jouissait était telle que, même à l'époque où je m'y trouvais, on amenait de nombreux troupeaux, auxquels on faisait passer le Parana, pour les conduire à Santa-Fe, où la disette se faisait encore sentir; tous les jours leur chair était transportée de la Bajada à cette ville. Il est bien certain que cette prospérité momentanée va faire de nouveau abandonner la culture. Le pain n'est pas nécessaire à l'habitant de ces campagnes; la chair est ce qu'il préfère à tout; et, quand il en a, toute autre nourriture est pour lui superflue.

La Bajada.

Je trouvai donc la Bajada dans une abondance telle que la viande y valait deux et trois *reales* (24 à 36 sous) les vingt-cinq livres; le pain y était à aussi bon marché. Les habitans en étaient des plus riches, et l'on évaluait la population à 27,000 âmes.[1]

J'ai donné, plus haut, la circonscription de la province; je vais maintenant parler de sa superficie et de son aspect, en la considérant sous le point de vue de ses systèmes de cours d'eau. On voit, par le peu d'étendue de la contrée, entre l'Uruguay et le Parana, qu'elle ne peut avoir de grandes rivières intérieures; aussi n'est-elle arrosée que par de très-petits ruisseaux, qui se jettent à l'Est et à l'Ouest dans les deux grands fleuves. Tous sont bordés de bois qui donnent des produits avantageux pour la construction des navires. C'est une erreur grave que d'avoir placé une chaîne de montagnes comme point de partage des versans entre les deux grandes rivières. On a voulu représenter

1. *Noticias estatisticas de la provincia d'Entre-rios*, par Don Jose Francisco Acosta; imprimé dans l'Almanach de Buenos-Ayres, 1825.

les *lomas*, ou très-légères collines sablonneuses, qui en occupent le centre. Ces éminences, si peu élevées au-dessus du cours du Parana, qu'elles ne méritent même pas le nom de collines, sont couvertes de palmiers yataïs, mais non pas entrecoupées de ce nombre étonnant de petites lagunes qui font la richesse de la province de Corrientes; aussi les fermiers sont-ils obligés de s'établir soit près des petits ruisseaux, soit sur les rives de l'Uruguay, ou bien encore à proximité de ces immenses marais qui occupent presque toute l'extrémité sud de la province, au confluent des deux grandes rivières. 1828. La Bajada.

Si l'on veut la considérer relativement à ses ressources et à ses productions, on la trouvera, sous tous les rapports, assez différente de celle de Corrientes; mais le sol en est également tertiaire. Le centre est formé d'un sable diluvien, qui recouvre partout[1] une argile remplie de gypse, et dont l'exploitation est facile, sur toutes les côtes du Parana. Cette argile repose sur des calcaires grossiers, employés avec succès à faire de la chaux; aucune mine ne peut exister sur ce territoire beaucoup trop moderne.

Le sol est généralement plus élevé au-dessus des eaux que celui de Corrientes. Les falaises y sont plus hautes; aussi n'y trouve-t-on pas ces immenses marais qui caractérisent la première province; mais, en même temps, il est moins propice à la culture et à l'élève des bestiaux, par le défaut de cours d'eau permanens, qui se fait sentir dans sa plus grande étendue. La température moins chaude amène aussi, dans l'Entre-rios, de grands changemens pour la végétation. On n'y trouve plus du tout l'aspect des contrées qui avoisinent les Tropiques; elle est couverte de vastes forêts, comme celle de Montiel, qui forme, au milieu, une large bande nord et sud, et qui n'est composée que d'acacias, petits, rabougris, ou d'espinillos, à l'aspect triste, mêlés de bouquets épars d'autres espèces plus feuillées.

Plus de brillantes fleurs, plus de lianes, plus de pêle-mêle; c'est, avec moins de beauté, la végétation des zones tempérées, et semblable à celle que j'avais vue dans la Banda oriental. Les nombreux palmiers de la lisière des bois, rappellent seuls le sol américain. Par compensation, l'étendue des plaines, où ne croissent que des graminées, augmente; et celles-ci sont bien plus nombreuses que dans la province de Corrientes. Toutes les frontières du nord, du côté du Guayquiraro et du Rio Meriñay, sont couvertes de plaines, où les fermiers trouvent les meilleurs pâturages de tout le pays. Les rives de l'Uruguay en montrent autant, ainsi que toute la partie sud, aux environs du

1. Voyez Partie géologique spéciale.

1828. La Bajada.

Gualeguay: ainsi la province, sous ce rapport, offre des sources inépuisables de prospérité. On se souvient encore qu'avant la crise politique on n'y comptait pas moins de 2,500,000 têtes de bétail; et qu'alors le propriétaire qui n'avait pas 20,000 têtes n'était pas regardé comme estanciero. Alors on tuait les bestiaux seulement pour leur peau et pour leur suif; alors un taureau gras valait 7 fr. 50 cent., et un cuir de cheval 40 cent. Toutes ces richesses avaient, depuis, tellement disparu qu'en 1823 on ne comptait plus, dans toute la province, que 40,000 têtes de bétail et 60,000 chevaux. Tous les fruits d'Europe y viennent aussi bien que dans leur pays natal; et, sous ce rapport, l'abondance la plus complète pourrait y régner, si les habitans en étaient moins indolens. Les animaux sont à peu près les mêmes, à l'exception de ceux qui trouvent la température trop froide pour leur genre de vie; ainsi les singes ont entièrement disparu, les tapirs deviennent rares, de même que les grands cerfs; tandis que les cerfs guaçu-ti et les renards s'y montrent plus communément. Parmi les oiseaux, la plupart des espèces brillantes des Tropiques ne s'y trouvent pas; mais le nombre des granivores et des oiseaux aquatiques y augmente; cependant on y voit encore le léger oiseau-mouche voltiger, dans la saison, sur des fleurs bien nouvelles pour lui, celles des pêchers, des pommiers, etc. Les reptiles et les poissons sont, à peu de chose près, les mêmes; les insectes sont réduits à ceux des pays tempérés. Plus de ces brillantes chrysomèles; un nombre plus grand de carabiques et d'autres insectes nocturnes ou carnassiers les a remplacées.

La province d'Entre-rios diffère peu de celle de Corrientes, quant à son système de gouvernement; elle a aussi un gouverneur, une chambre des députés, composée de six membres; des députés au congrès national; une administration des finances dans la capitale, et des receveurs particuliers sur les différens points; une administration des douanes, dont les agens sont également répartis sur le Parana et sur l'Uruguay; une administration des courriers. Le personnel d'état-major militaire se compose de deux colonels, chefs de deux grandes divisions politiques du territoire; et ayant, chacun, sous leurs ordres, quatre commandans, qui résident dans autant de divisions secondaires. Il y a, enfin, des juges; mais, pour l'exécution, il n'y a aucune comparaison à faire. On a vu, à Corrientes, une police sévère; tandis qu'à la Bajada il n'y en a pas du tout, non plus que de justice. L'instabilité du gouvernement est, sans doute, le motif du peu de force des anciennes lois espagnoles, encore en vigueur dans le pays. Il serait inutile d'entrer ici dans des détails minutieux sur le caractère et la manière de vivre des

habitans, véritables Gauchos, comme ceux des Pampas de Buenos-Ayres; 1828.
et je me réserve de les décrire dans ce lieu, où ils sont encore mieux caractérisés. La Bajada.

On a vu que le commerce de la province consistait en chaux, qu'on fabrique à la porte même de la capitale; en plâtre, qu'on trouve partout, sur les rives du Parana; en blé, qu'on transporte à Buenos-Ayres. Celui des cuirs est, actuellement, dans sa plus grande vigueur, et peut s'étendre encore, de jour en jour. Les pelleteries étaient et ne cessent pas d'être une branche lucrative, à cause de la multitude de coypus qui vivent dans les marais des parties sud, où les habitans de la campagne vont les chasser. Leurs peaux sont livrées à l'industrie pour la fabrication des chapeaux.

Lorsque je revins au port, le trajet était bien plus rempli de curieux et d'affairés, et je trouvai beaucoup plus de mouvement que lorsque j'en étais parti. Personne ne dort à cinq heures du soir; c'est le moment, au contraire, où tout le monde se promène à cheval; aussi ne tardai-je pas à voir arriver le gouverneur, en costume un peu plus élégant. Il avait une demi-redingote verte, avec des galons au collet et aux poignets, et était armé d'un grand sabre; sa suite consistait en deux soldats à cheval. Il alla entretenir les uns et les autres avec la plus grande familiarité. On ne paraissait pas lui montrer non plus beaucoup de déférence. Il est vrai de dire que, pour les manières, il n'y avait pas de différence entre ce petit souverain momentané et les Gauchos déguenillés, au grand couteau et à la mine rébarbative. Le soir, je me tins sur mes gardes, et je fis une faction sévère, afin de ne pas être attaqué et volé au port même; ce qui s'était vu quelquefois.

Le 6 Mai, je passai la surveillance de ma barque à mon jeune Correntino, 6 Mai.
et je me dirigeai vers les falaises où l'on fait la chaux. J'étais impatient d'observer les couches qui servent à cette exploitation, et plus encore de recueillir les coquilles fossiles que je savais y rencontrer; en effet, ces falaises sont élevées de plus de deux cents pieds au-dessus de l'eau. Elles se composent d'une couche de plus de cent pieds de grès friable, contenant beaucoup d'huîtres et de peignes, sur laquelle repose un banc de calcaire grossier ou chaux carbonatée, la couche exploitée pour faire de la chaux; puis le grès recouvre encore cette couche, jusqu'à ce qu'on arrive au sol supérieur. Je recueillais avec avidité les fossiles que je rencontrais; car c'étaient les premiers que je trouvais en Amérique. Je m'occupai, ensuite, des usines, qui consistent en petites cabanes placées à diverses hauteurs, le long de la falaise; et, auprès de chacune, est un four à chaux, grossièrement construit et de

1828. peu de grandeur, où l'on prépare ce qui est nécessaire à l'exploitation. Comme

La Bajada. je l'ai dit ailleurs, on s'approvisionne du bois nécessaire à la fabrication dans les îles voisines du Parana, sur l'autre rive; ainsi que la pierre à chaux, il ne coûte au fabricant que la peine d'aller le chercher. L'extraction de la pierre calcaire se fait avec facilité; il y a encore pour bien long-temps à exploiter sans aucune peine, les couches étant à découvert. Pour se procurer le bois, il n'en est pas de même; il faut transporter des chevaux sur l'autre rive pour le traîner lorsqu'il est coupé, puis en faire des radeaux ou en charger des barques, afin de l'amener près des fours. C'est beaucoup exiger de l'indolente apathie des fiers Entre-rianos, qui, quoique ce travail soit très-lucratif, le regardent comme au-dessous d'eux, le genre de vie un peu chevaleresque des bergers, et surtout le peu de travail de cet état, leur convenant beaucoup mieux que quelque industrie que ce soit. Le commerce de la chaux s'étend, néanmoins, de plus en plus, à cause des nombreuses constructions de Buenos-Ayres; mais, comme cette substance se tire aussi des *conchillas* ou petites coquilles, qui forment des bancs au milieu des Pampas, et que cette chaux est moins chère que celle de la Bajada, on n'emploie celle-ci qu'à la dernière extrémité. Je suivis ainsi jusqu'à la pointe de la Bajada, du haut de laquelle je pus distinguer cette multitude de canaux tortueux qui séparent la côte ferme du cours même du Parana, avant d'arriver à Santa-Fe; c'est par l'un de ces canaux qu'on s'y rend. Les îles étaient basses, en partie dépourvues de bois, encore partiellement submergées; et l'on ne pouvait trouver la terre et les prairies à découvert que sur des points isolés. En me retournant du côté du Sud, je vis la prolongation lointaine des mêmes falaises; celles de la *Punta gorda* (la grosse pointe) étaient les plus hautes de toutes. Son élévation au-dessus des eaux peut être de près de trois cents pieds; et, d'après ce que j'appris des habitans, elle se compose aussi de couches calcaires. Du même côté, je voyais le cours majestueux du Parana, alors dépourvu d'îles vers la rive sur laquelle j'étais; la largeur en était très-grande, et le courant rapide. Je parcourus long-temps des yeux le beau paysage qui se déroulait devant moi; puis je revins à ma barque, non sans me retourner plus d'une fois, pour revoir l'ensemble qui m'était offert. Je fis, en arrivant, disposer mes gens, et me disposai moi-même à aller à Santa-Fe, éloignée de cinq lieues de la Bajada, sur la rive opposée du Parana.

§. 3.

Province de Santa-Fe.

Le Parana, très-rétréci, dans cet endroit, par beaucoup d'îles, nous transporta presque immédiatement dans la province de Santa-Fe, séparée seulement par lui de celle d'Entre-rios. Nous doublâmes la pointe avancée d'une île, et entrâmes dans un très-grand bras du fleuve, qui donne dans un canal naturel très-étroit, nommé *Riacho de Santa-Fe*, parce qu'il conduit à cette ville. Deux bateaux nous y devancèrent, chargés de passagers nombreux, qui venaient journellement acheter de la viande à la Bajada. Ce trajet est, à chaque instant, fréquenté par ces barques, qui font ces voyages une fois par jour. Nous entrâmes dans ce nouveau bras, étroit et entouré de terrains alors inondés; sur la gauche se montrait un grand lac, sans doute temporaire. Ce canal est on ne peut plus tortueux; il donne naissance à d'autres canaux, qui vont ensuite se jeter dans le Riacho de Coronda; ses rives n'ont rien de bien pittoresque, les terrains inondés lui ôtent tout le coup d'œil qui pourait exister. Je vis encore plusieurs caïmans, et je m'assurai, plus tard, que c'étaient ceux qui vivaient le plus au sud; car ils étaient là par plus de 31 degrés 30 minutes de latitude. En arrivant près de la ville, dont les clochers s'élevaient, de loin, au-dessus des maisons, je vis que la falaise, sur laquelle elle est située, est bordée au nord par une grande masse d'eau qui s'étend à perte de vue; c'était le Rio Salado ou le Santo Tome, alors débordé, et qui prend sa source dans la province de Salta. Je fus fort étonné de reconnaître qu'Azara, dans ses cartes, et tous les autres géographes modernes après lui, ont placé la ville entre cette rivière et le Parana; tandis qu'elle est, au contraire, à l'ouest de cette rivière, sur la rive même.

1828.

Santa-Fe.

J'arrivai peu après midi à Santa-Fe, le courant m'y ayant porté rapidement. Je fus frappé, à son approche, de l'aspect de grande cité qu'elle présentait; située qu'elle est sur le haut d'une falaise argileuse.

Tous les environs de la ville actuelle étaient habités par les Indiens abipones, vivant de chasse sur ces immenses plaines, qui bordent le Parana, et à qui leur genre de vie devait donner le caractère belliqueux qu'ils montrèrent jusqu'à nos jours. Ils furent remplacés, plus tard, par les Bocobis, plus belliqueux encore, qui harcelèrent continuellement les Espagnols, qui feront encore bien du mal aux habitans actuels, et seront pendant des siècles, peut-être, hostiles aux habitans de la campagne des environs. En 1573, le général

1828. Santa-Fe.

Juan de Garay, après avoir accompagné le général Caseres jusqu'à l'embouchure de la Plata, revint en ces lieux, amenant avec lui quatre-vingts hommes, qui furent le noyau de la population de la ville naissante, nommée par lui *Santa-Fe de la vera crux* (la sainte foi de la vraie croix). Cette ville fut d'abord fondée au sud-est du Rio aujourd'hui nommé Salado, sur la rive opposée de celle qu'habitent les Indiens quilaozas[1] et calchaquis, à trois lieues du Parana, et à trente lieues au-dessus de l'emplacement où elle est aujourd'hui, dans une belle plaine. Il fortifia la ville et fit une sortie[2], afin d'obtenir des Indiens, pour les répartir comme serfs en *encomiendas,* selon l'usage de ce temps. Les Indiens se réunirent dans le but de chasser les étrangers, et leur nombre s'était accru de manière à donner des craintes à Garay. Dès que celui-ci vit qu'ils étaient beaucoup trop en force pour qu'il pût espérer de soutenir leur choc, il invita tous ses gens à la retraite et les fit se rembarquer. Il était dans l'attente, lorsque la vigie vit un homme à cheval qui combattait les Abipones. La surprise fut extrême, et augmenta, lorsque ce premier combattant parut accompagné de plusieurs autres. Ces cavaliers ne pouvaient être que des Espagnols; en effet, c'en était une troupe, venue de Tucuman, par ordre de Cabrera, gouverneur de cette dernière cité, afin de former un établissement. Ce chef vint même en personne, tenter d'empêcher Garay de fonder la ville; mais celui-ci tint bon, obtint des terres de l'adelantado Ortiz de Zarate; et, plus tard, l'assentiment de l'audience de Charcas. Les premiers fondateurs éprouvèrent dans cette opération des difficultés sans nombre. Les Indiens les attaquèrent fréquemment, pendant trente années; et s'ils parvinrent à s'établir, ce ne fut qu'à force de courage et de persévérance. La ville resta à la même place jusqu'en 1651, où divers inconvéniens la firent transporter sur la rive ouest du Rio Salado, bien plus bas, au lieu où elle est encore aujourd'hui. Elle n'atteignit qu'alors cette splendeur qui la caractérisa jusqu'en 1708, époque à laquelle les Indiens bocobis abandonnèrent, sous les ordres de leur cacique Notiviri, les frontières de Salta, où ils avaient long-temps combattu, et vinrent habiter le pays des Abipones, aux environs même de Santa-Fe. Ce cacique réussit à soulever les nations voisines pour ruiner la ville, et elles en vinrent à faire craindre que leur projet ne fût que trop exécutable. Elles furent cependant repoussées; mais la ville et les campagnes étaient toujours harcelées. Les

1. Tous ces renseignemens sont tirés de Funes. Les Indiens quilaozas, dont il est ici question, étaient, sans doute, une tribu des Bocobis actuels.

2. C'est par erreur qu'Azara, dans ses cartes, porte l'ancienne ville au lieu où est actuellement Cayesta.

Indiens volaient les bestiaux, tuaient les fermiers, et plusieurs rencontres eurent lieu de part et d'autre. Les Espagnols, par la supériorité de leurs armes, compensaient le nombre des indigènes assaillans. Ils triomphèrent en 1712 et 1718; mais, deux ans après, Santa-Fe se trouvait encore aux abois, ses campagnes dévastées, la ville attaquée, et ses habitans se virent sur le point d'abandonner le territoire à ses premiers maîtres; ce qui dura jusqu'en 1722, époque à laquelle le gouverneur du Paraguay, Zabala, vint à son secours. Il faillit lui-même être défait par les barbares, et ne termina rien. Les Indiens continuèrent leurs attaques jusqu'en 1733, où ils furent vaincus par Echague, qui traita bien les prisonniers et crut pouvoir en renvoyer plusieurs, avec des propositions de paix. Ces propositions furent favorablement accueillies, et les Indiens se montrèrent amis, au moins pour quelque temps. Ils en vinrent, en 1743, jusqu'à demander des missionnaires, et une partie des Bocobis forma le village de San-Francisco-Xavier.

Après toutes ces guerres, que favorisaient les bois des environs de Santa-Fe, la ville se fortifia peu à peu; vers la fin du dix-huitième siècle, sa population était déjà de 4000 âmes; et, dès ce moment, ses forces étaient trop respectables pour qu'elle eût à craindre d'être encore attaquée par les Indiens, qui, eux-mêmes pensaient, alors, plutôt à se battre entr'eux qu'avec les Espagnols, dont ils connaissaient les armes. A cette époque, les Abipones furent, pour ainsi dire, détruits par les Bocobis, leurs voisins; et il existait un chemin de charrettes entre Santa-Fe et Santiago del Estero[1]; aujourd'hui, il n'y a pas la moindre communication entre ces deux villes, l'intervalle qui les sépare étant occupé par des nations sauvages toujours armées les unes contre les autres. La transition de l'esclavage à la liberté était difficile; aussi l'anarchie régnait-elle entre la capitale de la république Argentine et la province de Santa-Fe. Le gouverneur Lopez avait voulu établir un nouveau système militaire; il avait pris trois cents de ces indomptables Bocobis, les avait habitués au service et à la discipline, en avait fait sa garde particulière; et, auprès de tous les gouvernemens, il se glorifiait de ce succès, obtenu sur des nations beaucoup trop souvent considérées, par les premiers Espagnols, comme des barbares incapables d'éducation.

Si, pour ne pas revenir sur ce qui se passa dans la province de Santa-Fe,

1. C'est au moins ce que dit le gouverneur de cette province, dans son compte rendu de 1790; document dont je possède l'original.

1828. Santa-Fe. au milieu des révolutions de 1828 à 1830, je jette un coup d'œil anticipé sur les événemens, on pourra voir quel devait être le résultat de l'éducation militaire des Bocobis. En 1828, le gouvernement fédéral de Dorrego fut tout à coup renversé par la révolution du général Lavalle. Le parti *unitario* reprit, alors, le dessus. Cette singulière émeute, qui eut lieu sans coup férir dans Buenos-Ayres, alluma bientôt une guerre civile désolante dans ses campagnes. Le général Dorrego, soutenu par le colonel Rosas, réunissait tous les habitans de la campagne contre la ville. On sait de quelle manière Lavalle fit fusiller Dorrego, sans aucun jugement; ce qui aigrit encore les esprits. Le parti fédéral était froissé. Le gouverneur Lopez ne voulut pas rester en arrière. Il se présenta, avec les fidèles Indiens et une foule de miliciens avides de prendre part à la curée commune, et attirés par l'espoir du pillage. Buenos-Ayres ayant été bloqué pendant long-temps, et ses campagnes ravagées, détruites, par les troupes réunies, on vit enfin Lavalle rendre les armes, en 1829; et le colonel Rosas, pour indemniser le gouverneur Lopez de son assistance, et, de plus, de tout ce qui avait été pillé, lui donna, à ce qu'on assurait alors, 100,000 têtes de bétail prises dans les environs. Ces bestiaux furent confiés aux Bocobis, qui avaient fait des prodiges de valeur. Ceux-ci devaient les mener à la ville même de Santa-Fe; mais ils trouvèrent plus convenable de retourner, avec armes et bagages, et pourvus de cet immense butin, dans les lieux sauvages habités par leurs pères. Ils désertèrent ainsi en masse; et, au commencement de 1830, le colonel Lopez cherchait encore les moyens de réclamer chez eux ces Indiens, qu'il avait disciplinés avec tant de soin, et qui vivaient dans l'abondance; tandis que les *Santafecinos* (habitans de Santa-Fe) se trouvaient réduits aux dernières extrémités de la misère. Mon passage sur les côtes de l'Océan pacifique m'ayant fait perdre la suite des événemens dont ces contrées ont été postérieurement le théâtre, je n'en puis suivre plus loin l'histoire qui, d'ailleurs, n'offre, presque toujours, qu'une succession trop funeste de mouvemens révolutionnaires; et je reprends le récit de mon voyage.

J'étais arrivé à Santa-Fe; j'avais amarré ma barque au port même, au milieu d'un grand nombre de petites embarcations passagères pour la Bajada, et de *lanchones,* qui servaient à aller chercher du bois dans les îles, pour l'approvisionnement de la ville. Aucun gros navire n'était mouillé dans ce port. Après avoir laissé la garde de la barque à mes gens, j'allai voir le gouverneur, et m'occuper des démarches nécessaires pour lever tous les obstacles à la continuation de ma route. Je trouvai une ville comme Buenos-Ayres, divisée régulièrement par cuadras, ou carrés égaux, dont les rues sont larges; son aspect, qui me frappa, en contrastant avec celui de Corrientes et de la Bajada, que je venais de quitter, était celui d'une véritable cité bien différente de ces grands villages. On s'apercevait, de suite, qu'elle avait pu jouir de beaucoup de splendeur du temps des Espagnols; des maisons d'un extérieur riche, de grandes portes, des cours, des rues bien bâties, me conduisirent jusque sur la place où est le cabildo et l'une des églises. Le premier de ces monumens ressemble à peu près à celui de Corrientes, mais il est plus vaste, mieux construit; il annonce plus d'opulence. Des Indiens bocobis formaient la garnison de Santa-Fe. Leur teint basané et leur genre de figure ne s'assortissaient pas mal avec leur uniforme; leur regard, naturellement fier, était d'un bon effet, sous ce costume nouveau; je les vis même manœuvrer avec plaisir. Ils étaient bien disciplinés, et paraissaient mettre à leurs exercices tout le zèle dont ils sont susceptibles. Dans la visite que je fis au gouverneur, je fus traité avec une hauteur peu commune; à peine daigna-t-il me répondre, m'intimant l'ordre de prendre un nouveau passe-port, si je restais plus de vingt-quatre heures. Je me tins pour bien averti, sachant ce que coûtent les passe-ports dans les pays libres. Je me mis donc à parcourir la ville, afin d'en avoir une idée exacte; je n'y trouvai rien de bien remarquable. Une église paroissiale, et trois autres appartenant à des couvens de moines: ceux de *Santo-Domingo*, de *San-Francisco* et de la *Merced;* c'était la même chose qu'à Corrientes, les mêmes ordres; et, à peu de chose près, des couvens d'aussi peu d'apparence. Les femmes du peuple, que je vis au port, me choquèrent par l'effronterie grossière avec laquelle elles venaient accoster les marins; elles me parurent, au reste, aussi peu réservées dans la ville. Elles contrastaient avec les dames que je rencontrais dans les rues; celles-ci étaient mises comme les femmes de Buenos-Ayres, avec le même luxe; et leur démarche était aussi gracieuse. Elles maniaient, avec une élégance toute particulière, l'éventail qu'elles tenaient à la main. Je trouvai, de plus, à Santa-Fe trois classes bien distinctes d'habitans: la première est celle des *caballeros* ou personnes riches, qui occupent les emplois, suivant les modes de Buenos-Ayres, quoique un peu arriérés à cet égard, et vêtus comme les Européens. Ce sont des hommes à la démarche fière, hautaine, qui, dans le nouvel état de choses, sont venus remplacer les *hidalgos* ou nobles d'avant l'émancipation. Insolens envers les étrangers, qu'ils détestent, à cause de la supériorité de ceux-ci sur eux, ils méprisent les artisans de toute classe, tout en vivant de pair à compagnon avec les Gauchos. La seconde classe, les *artesanos* ou ouvriers en tous genres, forme une série d'hommes indiens, mulâtres ou étrangers, dédaignés par les caballeros, parce qu'ils travaillent pour vivre, et

1828.

Santa-Fe.

1828. Santa-Fe.

que travailler est un déshonneur. Il ne faudrait cependant pas confondre les boutiquiers avec les artisans; autant les premiers sont estimés, autant les derniers le sont peu. Un commerçant, dès qu'il ne fabrique pas lui-même, tient aux premières classes de la société. Le pauvre artisan est obligé de vivre avec les Indiens, les mulâtres; car il ne peut être considéré par aucune autre classe; les hommes même de la campagne évitent sa société. Il est ordinairement à peine couvert d'un poncho, et, les dimanches, d'un gilet rond, ne se permettant ni l'habit ni la redingote. La troisième classe est celle des Gauchos, ou campagnards; hommes à figure rébarbative, mal vêtus, toujours armés de leur couteau, toujours prêts à tuer, ou à répandre le sang, toujours à cheval, dont j'ai déjà fait la peinture à la Bajada, et dont je parlerai plus au long à Buenos-Ayres ou ses environs; car, dans toutes ces campagnes, ils sont absolument les mêmes; seulement on assure que ceux de la Bajada et de Santa-Fe sont plus féroces encore que ceux des Pampas. J'étais assez facilement reconnu pour étranger, mais seulement quand je parlais; car mon teint, noirci par le soleil, me faisait en tout, d'ailleurs, ressembler à un indigène; et là, comme à Cordova, sous le gouvernement de Bustos, n'être pas Américain est un crime; aussi me voyais-je fort mal reçu, quand je demandais quelques renseignemens. Las de me promener dans la ville, je cherchai à me procurer un Indien bocobi qui sût l'espagnol, afin d'en recueillir des séries de mots de la langue de cette nation, dans le but de la comparer avec celle des autres nations du Chaco. Mes démarches auraient été vaines, si je n'avais rencontré un compatriote chapelier, qui s'entendit avec un autre artisan du pays, un cordonnier demi-Indien, lequel me promit de m'en faire venir un chez lui le soir même. Je fus très-heureux de l'obligeance de cet homme; car je n'en trouvais guère ailleurs. Je me rendis dans la soirée à sa demeure, et bientôt y arrivèrent un Indien et une Indienne bocobis, auxquels je fis beaucoup de questions, souvent interrompues par les rires de pitié des ouvriers de l'atelier, qui trouvaient étrange que l'on vînt de si loin pour écrire la langue de *Barbaros*. Quoiqu'il en fût, je continuai tant que les Indiens voulurent bien m'écouter et me répondre; et le vocabulaire que je formai[1], me fit facilement reconnaître que leur langue est la même que celle des Tobas, à quelques altérations et à quelques mots près, qui s'y sont glissés depuis des siècles que les Bocobis se regardent comme distincts de leurs voisins; et, vainement pour moi, l'auteur du Voyage dans l'Amérique méridionale, Don Félix d'Azara,

1. Voyez la partie de Linguistique de l'ouvrage.

répète-t-il, à l'article de chacune de ces nations : « Son langage est entièrement différent de tous les autres. » Je demeure convaincu, non-seulement que le langage des Bocobis ou Mocobis, est le même que celui des Tobas et des Abipones ; mais encore (et il me sera facile de le prouver) que c'est celui de presque toutes ces petites nations belliqueuses du Grand Chaco, depuis le 24.e jusqu'au 32.e degré de latitude sud, telles que les Lenguas, les Enimagas, les Machicuys, etc. L'auteur espagnol, si véridique, d'ailleurs, lorsqu'il a vu les choses par lui-même, et qu'il n'est pas prédominé par des idées préconçues sur ces mêmes choses, s'est tout à fait trompé dans la description qu'il fait de cette nation. S'il a raison quand il la donne comme orgueilleuse, fière, guerrière, il est dans l'erreur lorsqu'il dit que sa taille moyenne est de cinq pieds six pouces. J'ai vu un grand nombre de Bocobis, et je puis assurer que, terme moyen, ils ont à peine cinq pieds un pouce français ; au reste, ils sont bien faits, trapus et forts, mais paresseux par excellence. Ils habitaient le centre du Chaco, entre le 26.e et le 30.e degré de latitude sud, et combattirent les habitans de Cordova jusqu'en 1708, époque à laquelle ils vinrent s'établir auprès de Santa-Fe, où, plus tard, une partie d'entr'eux forma les villages de San-Xavier, de San-Pedro et d'Yspin. Ce sont, d'ailleurs, pour les mœurs, de véritables Tobas ; il en est de même de leur manière de combattre. Chez eux, l'âge de nubilité des femmes est marqué par des dessins de tatouage sur les seins, coutume qu'ont abandonnée ceux qui vivent au milieu des chrétiens.

La province de Santa-Fe est limitée à l'Est par le Parana, qui la sépare de la province d'Entre-rios ; au Sud par le Rio Saladillo, qui la sépare de celle de Buenos-Ayres ; à l'Ouest et au Nord par des déserts qu'habitent des sauvages, qui ne permettent pas au pays d'avoir des limites fixes de ce côté ; car elles sont, dans cette direction, plus ou moins étendues, suivant l'état plus ou moins hostile de leurs habitans. Les lieux habités de la province sont situés sur les rives du Parana, du Rio Salado, du *Saladillo grande* ou de l'Yspin, les seules rivières qui arrosent son territoire. Aucune colline ne se montre au milieu des plaines. Là commencent déjà les Pampas. Pour la composition géologique, ce sont de puissantes couches d'une argile grossière, un peu endurcie, effervescente, gris cendré, contenant seulement des ossemens de mammifères. C'est dans cette couche qu'on a trouvé le megatherium qui est au cabinet de Madrid. La superficie du sol est horizontale ; mais elle diffère des Pampas proprement dites, en ce qu'elle est munie, là, de bouquets épars d'acacias espinillos ; tandis que les Pampas sont totalement dépourvues

1828. Santa-Fe. d'arbres. Ceux-ci sont dus, peut-être, à la proximité du Parana, et au voisinage des terrains boisés de l'Entre-rios. La campagne est aride, sèche, et les terrains sont loin de valoir, pour la culture, ceux de cette province; d'où il résulte qu'on s'y occupe principalement à élever des bestiaux, qui font la richesse du pays. Je ne parlerai ni de la zoologie ni de la botanique de Santa-Fe, différant trop peu de celles d'Entre-rios, pour mériter une description spéciale. Sous le rapport commercial, Santa-Fe est un point important. La ville communique journellement avec Cordova et les autres provinces dites d'*arriba* (d'en haut); et, lors des guerres des Indiens pampas, il devint indispensable de passer par la ville, pour aller dans ces contrées limitrophes de la Bolivia. Son commerce d'exportation consiste en cuirs de bestiaux et en quelques pelleteries; s'il prend plus d'extension, lorsque la tranquillité sera revenue, il est certain que les marchandises de Cordova, au lieu d'aller par terre de cette ville à Buenos-Ayres, pourront n'aller qu'à Santa-Fe, où leur embarquement pour la capitale Argentine, réduira au tiers de sa longueur le trajet par terre, toujours plus coûteux que le trajet par eau.

Les conversations que j'avais eues avec plusieurs patrons de barque, qui revenaient de Buenos-Ayres, devaient m'inspirer des craintes réelles sur la suite de mon voyage. L'entrée du Parana était remplie de pirates, qui remontaient jusqu'à San-Pedro; ils pillaient, volaient les navires, tuaient les passagers, brûlaient les bâtimens, et se livraient à des excès qui rendaient la navigation redoutable. Que faire? Je n'étais pas arrivé sur le théâtre de ces déprédations. Je me décidai à avancer encore, afin de mieux m'informer, avant de changer de marche. Je revins à ma chalana où je couchai, tant pour ne pas être obligé de prendre un nouveau passe-port, que pour ne pas enfreindre les lois qui m'avaient été dictées. Je me disposai à continuer ma route le lendemain matin, connaissant bien assez Santa-Fe, où la prolongation de mon séjour n'eût été que du temps perdu.

7 Mai. Le 7 Mai, j'en partis, longeant un instant la ville; puis, parmi les nombreux canaux qui forment le *Riacho de Coronda*, je pris celui qui suivait la côte ferme. Ce bras du fleuve, où, pour mieux dire, le cours du Rio Salado, est séparé du Parana par une grande étendue de terrains bas, en partie inondés, qui forment des îles immenses. Ce chenal a plus de deux tiers de degré de longueur, avant de se réunir au Parana; d'abord la côte ferme est munie de falaises élevées de quinze ou vingt pieds au-dessus de l'eau, toutes argileuses. Leur sommet est couvert de bois d'*espinillos* et d'*algarobos*, dont

les deux espèces sont des acacias. La première produit, dans la saison, une fleur jaune en petit bouton, dont l'odeur se répand au loin aux environs; c'est ce qu'en Bolivia l'on appelle *aroma*. J'ai déjà souvent parlé du triste aspect de cet arbre. L'autre espèce, si elle n'est pas plus élégante à la vue, est au moins plus productive, et donne cette gousse charnue, farineuse et sucrée, avec laquelle les habitans de la province de *Santiago del Estero* se nourrissent presque exclusivement, tant en nature, que fermentée en boisson. Je m'arrêtai au milieu de ces bois rabougris. Vers onze heures, je chassai et tuai, en peu de temps, beaucoup de canards et de pigeons sauvages, ainsi que plusieurs oiseaux intéressans pour la science. Je revis, non sans plaisir, des trous de *biscachas*, mammifères singuliers, que j'ai le premier envoyés en Europe, et qu'on ne savait à quel genre rapporter, avant mon voyage, parce qu'ils n'étaient connus que par les descriptions d'Azara. Le soleil dardait ses rayons avec force, ce qui ne m'arrêtait jamais. Je revenais de la chasse vers la barque, lorsque, passant près du vaquiano, endormi sur l'herbe, j'aperçus, le long de sa jambe, une énorme vipère de l'espèce qu'on appelle *Vivora de la cruz*, regardée, avec raison, comme la plus dangereuse de toutes; je ne savais quel parti prendre, dans la crainte qu'en s'éveillant il ne se retournât sur le malfaisant animal, qui aurait pu le mordre; je fus un moment dans l'indécision; puis je m'approchai de lui, saisis à la fois ses deux jambes; et, brusquement, le traînai à quelques pas de là, avant qu'il se fût réveillé. En ouvrant les yeux, il parut s'étonner de cette manière un peu brutale de réveiller les gens; mais, dès qu'il vit le danger auquel je venais de le soustraire, il me rendit grâce et l'on tua l'animal venimeux. J'abandonnai ces lieux, je suivis les mêmes côtes; puis, croyant raccourcir la distance, je pris un bras du Riacho qui paraissait plus direct. Ce bras, après s'être assez long-temps prolongé au milieu de ces plaines inondées, me conduisit à un grand lac sans issue, d'où je fus obligé de revenir. Je repris un autre bras, où un courant assez rapide paraissait en annoncer une; je traversai une grande lagune; puis les eaux se répartirent sur des plaines encore noyées, et je me retrouvai dans un très-grand embarras; car il fallait chercher à gagner un canal qui nous conduisît dans le principal. Nous n'imaginâmes rien de mieux que de nous arrêter et d'aller par terre, dans l'eau jusqu'au-dessus du genou, chercher par où nous devions prendre. Nous découvrîmes enfin un passage; et, après deux heures, employées à traîner la barque dans l'eau jusqu'à la ceinture, nous arrivâmes dans un canal profond; alors on s'arrêta pour se reposer, avant d'aller rejoindre, à contre-courant, le principal bras. Toutes ces plaines inondées étaient

1828. Santa-Fe. Coronda.

couvertes d'innombrables canards d'espèces différentes, par troupes distinctes. Je n'exagère pas en disant que, parfois, une de ces troupes couvrait plusieurs milliers de mètres carrés de superficie. Ces bruyans oiseaux venaient des régions australes, d'où ils étaient repoussés par les froids qui se faisaient déjà sentir. Deux de leurs espèces n'allaient jamais que par grandes bandes plus marcheuses que les autres, tenant un peu, par les mœurs, aux oies; ce sont les canards à face blanche[1] et le canard rouge et noir d'Azara. Les autres, au contraire, vont par petites troupes, et se tiennent plus souvent dans les eaux. Ceux qui n'ont vu que nos canards européens, ne peuvent pas avoir une idée juste de ces réunions, qui colorent, de leurs teintes variées, une grande surface de terrain, ou qui, de leurs volées étendues, font nuage à l'horizon; tandis qu'on est étourdi des sifflemens de tels d'entr'eux, et des cris des autres. Les poules d'eau, non moins nombreuses, sont surtout beaucoup plus bruyantes. En cherchant à approcher de ces canards pour les tirer, je vis partout, dans l'eau qui couvrait ces plaines, beaucoup de poissons de ceux qu'on nomme Sábalo; il y en avait tant, qui se tenaient à fleur d'eau, que je pus en tuer plusieurs à coups de fusil. Ces poissons échouent tous les ans, lorsque les eaux se retirent peu à peu, et leurs corps morts attirent une grande quantité d'oiseaux cultrirostres, les plus ichthyophages de ces contrées. En parcourant une petite plaine moins inondée que les autres, je vis, dans un lieu à sec, une grande quantité de coquilles d'œufs de tortues d'eau douce ou émydes; je regardai de près, et je reconnus que chacune de ces coquilles gisait près d'un trou nouvellement débouché par les râles géants, dont plusieurs, encore aux environs, s'occupaient à creuser ou à briser les œufs, dont ils sont très-friands. Assez souvent les œufs que renferment ces trous ne sont pas tous brisés; d'ailleurs il y avait tant de nids, que j'en rencontrai beaucoup encore intacts, contenant de huit à douze œufs sphériques, tous du même diamètre, appartenant à la même espèce d'émyde. Il semblait que toutes les tortues des environs se fussent réunies en ces lieux, afin d'y faire une ponte commune. Cette circonstance me rappelle, quoiqu'en petit, l'instinct de sociabilité des émydes de l'Orénoque, si bien décrit par M. de Humboldt, dans son Voyage aux régions équatoriales. S'il est singulier de retrouver des analogies de mœurs chez des chéloniens qui, d'espèces différentes, vivent en des contrées si éloignées les unes des autres, il l'est plus encore de reconnaître cet esprit

1. *Anas viduata*, Linn.

de sociabilité chez des animaux à sang froid, dont les facultés instinctives sont si bornées. 1828.

Santa-Fe. Coronda.

Je regagnai avec peine la falaise de la côte ferme, me promettant bien de ne plus l'abandonner, dans la crainte de me tromper encore. Je parcourus les environs du lieu où j'étais; c'étaient toujours des espinillos espacés entr'eux, au milieu de petites plaines argileuses. Je vis avec plaisir des terriers de biscachas; le soir, j'allai les épier; les examinai attentivement et vis, autour de chaque petite colonie, un large espace entièrement libre de tout, d'herbe même, nettoyé avec un soin rare; et, sur le milieu de cinq ou six de leurs entrées, de petits morceaux de bois, des pierres, surtout des os, qui feraient croire que leur demeure appartient plutôt à un animal carnassier qu'à un rongeur, et, enfin, tous les corps solides que la colonie avait pu trouver aux environs. J'appris, plus tard, que ce soigneux animal ne laisse jamais un mort dans ses voûtes souterraines; que, dès que l'un d'eux a péri par une cause quelconque, les autres l'en tirent et le placent sur le milieu des trous. Les habitans de ces plaines ont une idée si étendue de l'instinct qui porte les biscachas à tout recueillir dans la campagne, qu'ils vont chercher, sur les amas de matières hétérogènes, réunies par ces animaux, leur couteau, ou tout autre objet égaré ou perdu. J'ai remarqué que chaque colonie est séparée des autres et sur son terrain particulier; que chacune d'elles est composée de cinq ou six terriers seulement; que l'espace dégagé de végétation est à peu près de dix à quinze pieds de large, et que l'herbe y est rongée sur un rayon de cinquante à soixante pieds de tour. Je fus quelque temps sans rien entendre; puis, lorsque la brune arriva, il y eut, dans les galeries souterraines, force chants cadencés, mêlés de cris aigus. La famille était réveillée. Bientôt après, une vieille biscacha montra son nez à l'entrée d'un des trous; elle sortit ensuite, et fut suivie de quelques autres, qui se mirent à se jouer sur le terrain, non loin du bord du terrier, et dont les ébats rappelaient absolument ceux des lapins. Alors, malgré la peine que j'éprouvais à troubler la tranquillité de cette paisible famille, je songeai que j'étais naturaliste, et qu'il me fallait une biscacha. Je tirai au milieu de la troupe, qui disparut, laissant sur la place deux malheureuses victimes. La biscacha est un animal voisin de la marmotte par ses formes et par ses manières, plus gros et plus trapu que notre lièvre, à oreilles plus courtes, à tête plus large, à queue longue et relevée; son pelage est gris-brun en dessus, gris-cendré en dessous, avec un large bandeau noir transversal sur le devant de la face, ce qui, joint aux très-longues moustaches noires qui ornent sa lèvre

1828. supérieure, en fait un animal horrible. Ses colonies couvrent çà et là toutes
Coronda. les Pampas de Buenos-Ayres, et s'étendent jusqu'en Patagonie. Elles excavent tellement la terre qu'elles rendent dangereux le galop dans la campagne. Il arrive souvent qu'un cheval enfonce dans les terriers, au milieu d'une course, et jette lourdement son homme à terre. Les terriers des biscachas servent également de demeure à un animal qu'on ne s'attendrait guère à trouver en pareille compagnie, c'est la chevêche urucurea (*noctua cunicularia*, Mol.), si commune dans toutes les provinces de la Plata. Il est rare qu'on rencontre une *biscachera* (réunion de terriers de biscachas) sans y voir une ou deux chevêches juchées sur le point le plus élevé du monticule. L'oiseau, quoique nocturne, voit assez bien de jour; et, dès qu'il aperçoit un voyageur, il indique sa frayeur par une suite de cris aigus, destinés, sans doute, à donner l'éveil à la famille qui vit au-dessous. On pourrait regarder la chevêche comme une sentinelle, payant, par ce service, l'hospitalité qui lui est accordée.

Je revins avec ma chasse, content de posséder un animal si peu connu en Europe. Nous nous couchâmes à terre, dans ces lieux délicieux; la proximité des marais et des bois remplissait l'air de sons aussi variés qu'étranges; les canards sifflaient à qui mieux mieux; les joyeuses poules d'eau, ainsi que les râles géans, faisaient, par intervalle, entendre leurs chansons cadencées. De temps à autre le calme renaissait, comme par enchantement, après un grand tapage; et l'on entendait alors les timides quya (*myopotamus coypus*), ce castor de l'Amérique méridionale, dont les cris se répondaient de toutes parts. Souvent ce sont des accens plaintifs, qu'on pourrait comparer au bêlement d'un jeune agneau; d'autres fois c'est un son grave, analogue, quoique de moitié moins fort, au beuglement d'une vache, lorsqu'elle appelle son veau. Ces sons divers m'amusaient, quoique me conduisant par degrés à la mélancolie; mais à une mélancolie mêlée d'un charme qui n'était pas nouveau pour moi. Je goûtais avec transport le plaisir de vivre au milieu d'une nature vierge, entouré d'êtres qui paraissaient heureux, lorsque le rugissement d'un jaguar vint changer mes idées, et me faire envisager les choses sous un point de vue différent. Je restai néanmoins à terre, et la nuit s'écoula, mais non sans que j'eusse éprouvé, dans son cours, quelques craintes, que justifiait assez le voisinage du tyran des déserts.

Avant le jour, j'allai de nouveau, mais en vain, épier les biscachas; elles ne sortirent pas, et je me décidai enfin à partir. La côte ferme d'abord était déserte; mais, une lieue plus bas, elle s'animait peu à peu, et quelques petites cabanes couvertes en paille, à la manière du pays, lui donnèrent de la vie. La campagne était peuplée de bestiaux, qui paissaient sur de belles plaines, moins garnies d'espinillos; les bords du canal étaient aussi animés de mille manières : tantôt c'étaient des troupes de poules d'eau qui s'éloignaient à la hâte devant ma barque, tout en nageant ou cherchant à voler; tantôt des nuées de mouettes et de goëlands, qui fendaient l'air, en faisant retentir les environs de leurs cris désagréables. Des milliers de canards s'élevaient ensemble; tandis que des cygnes majestueux sillonnaient paisiblement la surface des eaux, dont les plaines étaient entrecoupées. La nature était partout vivante, et ce mouvement continuel égayait, sur tous les points, la campagne, en reposant agréablement la vue. Dans certains endroits j'avais remarqué que les falaises argileuses étaient uniformément creusées; ce phénomène m'occupait même depuis quelque temps, lorsque je pus, enfin, en connaître la cause, en voyant des bêtes à cornes, réunies dans une de ces excavations, lécher avec avidité la terre. Je descendis et remarquai que ces terrains sont saturés de parties salines recherchées par les bestiaux, qui, à force de les lécher, y forment ces creux. La navigation sur les rivières présente un panorama continuel. J'arrivai devant des huttes abandonnées, près de lieux où des charbonniers étaient venus s'établir momentanément, pour exploiter les bois d'espinillos, qui produisent d'excellent charbon; c'est une spéculation que font, par intervalle, des habitans du Rosario ou de *San-Nicolas de los Arroyos*. Je m'y arrêtai, afin de préparer ma chasse de la veille, et chercher des insectes sous l'écorce des arbres morts. Ces insectes étaient très-nombreux, et je trouvai, même, plusieurs vespertilions sous celle d'un vieux saule. Je repris, ensuite, ma marche et j'arrivai au village de Coronda, qui donne son nom au ruisseau que je suivais.

1828.

Coronda.

Ce village fut fondé, en 1768, par les fermiers des environs; il faut qu'il ait beaucoup souffert, durant les guerres de l'indépendance, ou que, dans le chiffre de la population, indiqué par Azara[1], cet auteur ait compris celle de tous les environs; car il élève à 2000 âmes la population de ce lieu, à la fin du siècle dernier; tandis qu'aujourd'hui elle représente à peine six à huit cents habitans. C'est un village mal bâti, avec une chapelle peu vaste, où tout respire la misère. Les habitans, néanmoins, paraissent tous être estancieros ou fermiers; ainsi il serait difficile de juger d'après le costume, s'ils sont riches ou pauvres; car ces hommes tiennent si peu à la tenue extérieure que, souvent, un très-riche fermier inspirerait la pitié, par les guenilles qui le couvrent. Je restai seulement quelques instans dans le village, la mine de ses habitans

1. Voyage dans l'Amérique méridionale, t. 2, p. 338.

1828. Coronda. me paraissant peu rassurante, et bientôt reparti, j'allai m'établir un peu plus bas, dans les marais de la rive orientale, craignant de coucher sur la côte ferme. Le lieu que j'occupais était en partie inondé et sec par intervalles; l'eau venait de l'abandonner. Les endroits où il en restait un peu étaient remplis de poissons; comme ils ne mordent pas à l'hameçon, j'en tuai à coups de fusil, ainsi que plusieurs oiseaux intéressans. Je passai toute la soirée dans l'eau, et dormis au milieu de milliers d'oiseaux aquatiques.

Ainsi mouillé, parmi des îles inondées, je me souvins de la description pompeuse, faite par Don Ignacio Nunez[1] de Buenos-Ayres, des crues périodiques du Parana, qu'il compare au Nil, en disant que tous deux prennent leur source sous la zone torride, et se jettent dans la mer, à peu près par la même latitude, dirigeant leur cours vers le pôle; et que tous deux sont également navigables. Jusque-là les points de comparaison peuvent être plus ou moins justes; mais, lorsque l'auteur Hispano-Américain compare les accroissemens périodiques des deux rivières, il est tout à fait dans l'erreur. Le Parana ne sort point de son lit, comme il le prétend; il faudrait une crue trop extraordinaire pour qu'il surgît ainsi au-dessus des hautes falaises qui le bordent. Il inonde seulement des îles d'atterrissement, comme toutes les rivières d'Europe; mais il n'y laisse pas cet engrais qui enrichit les cultivateurs riverains du fleuve d'Égypte. Les îles qu'il recouvre sont submergées quelque temps, et ne sont pas plus productives après qu'avant l'inondation; elles ne peuvent servir tout au plus qu'à donner, dans la saison sèche, une abondante pâture aux bestiaux qu'on y transporte momentanément. Au reste, cette description n'est qu'une copie moins emphatique de celle de Falconer, qui va plus loin encore, en disant que le limon, laissé par les eaux, engraisse le terrain, et lui donne une fertilité des plus grande. On pourrait demander à l'auteur cité où sont ces terrains; car les moins inondés et les plus profitables de tout le cours du Parana sont les îles sur lesquelles j'étais, et je pouvais les juger. Je les avais vues au temps des sécheresses; je les avais vues au temps des crues, et je puis affirmer qu'aucune d'elles n'est cultivée et ne pourrait l'être; car, dès que l'herbe qui les recouvre serait enlevée, les courans rapides qui passent par-dessus pendant les inondations emporteraient la terre, et l'île disparaîtrait promptement. Il est facile de voir, d'ailleurs, dans l'exagération des descriptions de l'auteur anglais, un but bien prononcé : celui de décider le gouvernement britannique

1. Esquisses historiques, politiques et statistiques de Buenos-Ayres, etc., traduites en français; p. 257.

à s'emparer de la Plata et de ses affluens. On sait quel fut le résultat des tentatives faites dans ce but. 1828. Coronda.

Je passai la nuit au milieu de ces terrains. Le 9 au matin, une brume épaisse couvrait la terre et m'empêchait de distinguer les objets. J'en profitai pour chasser aux environs; puis le soleil reparut, et je continuai ma route. J'arrivai très-promptement à l'entrée d'une immense lagune, dont le pilote m'avait fait peur, me disant que les houles s'y élevaient parfois tellement, que les petites embarcations étaient obligées de s'arrêter et d'attendre le calme. Cette lagune pouvait avoir deux lieues de long sur un peu moins de large; les eaux en étaient paisibles, et le vent ne faisait qu'en rider la surface, tout en poussant ma barque. Nous traversions une petite mer dont nous touchâmes enfin la côte, où je m'arrêtai, pour faire une petite excursion aux environs; puis nous continuâmes notre navigation. La côte ferme était toujours boisée; et, de temps en temps, j'apercevais des huttes sur la falaise, ou bien quelques bestiaux paissant sur les rives du canal, celui-ci paraissant s'élargir sensiblement. Les bois firent place aux plaines nues; mais c'était là qu'ils finissaient; et, dès-lors, ils ne devaient plus se trouver que par intervalle, avant de disparaître entièrement, pour le céder aux Pampas proprement dites. Nous n'en trouvâmes plus que le soir, et ces bois très-étendus me furent, quelques instans même, funestes. Je m'y étais enfoncé pour chasser; j'avais épié une biscacha, ce qui m'avait fait surprendre par la nuit. Je vis ensuite un engoulevent qui s'envolait, allait se poser à vingt pas de là et s'envolait encore, sans que je pusse le tirer. Je m'acharnai à le suivre, et il changea tellement de direction que je me trouvai perdu. Lorsque je voulus revenir à ma barque, aucune étoile ne pouvant me servir de guide, au milieu d'épines acérées, je marchai toujours en vain.... J'appelais; l'écho seul me répondait; je commençais à m'inquiéter, d'autant plus que les rugissemens lointains de jaguars n'étaient pas propres à me rassurer.... Enfin, je rencontrai un petit ruisseau; et comme je ne doutais pas qu'il dût se jeter dans le Parana, je le suivis, au milieu du fourré et des épines, et j'arrivai au fleuve, que je descendis encore jusqu'aux miens, sans recevoir d'eux une seule réponse à mes cris répétés. J'étais on ne peut plus fatigué, et je trouvai mes gens inquiets de moi; car j'avais bien marché pendant plus de deux heures, depuis l'instant où je m'étais perdu. 9 Mai.

Le 10 Mai, au matin, j'arrivai à l'embouchure du Rio Carcarañan [1]; je mis 10 Mai.

1. *Carcarañan* est une corruption de *carácará aña* (*carácará*, diable), nom donné par les Indiens guaranis, soit parce que ce lieu était habité par la tribu des Indiens carácará, soit parce qu'ils y avaient trouvé un oiseau de ce nom, plus méchant et plus rusé que les autres.

1828. Coronda. de suite pied à terre, pour fouler le sol où fut fondé le premier fort espagnol sur le Parana. Des souvenirs historiques se rattachaient à la vue de ce lieu où, aujourd'hui, il ne reste aucune autre trace d'établissement que l'inégalité du terrain, qui montre clairement qu'il y a eu jadis des constructions en terre. C'est, en effet, là qu'en 1526, Gaboto[1], après avoir été chassé par les Charruas de l'embouchure de l'Uruguay, vint fonder le fort de *Santi-Espiritu;* c'est de ce lieu que quatre aventuriers partirent pour traverser seuls le Grand Chaco, afin d'aller rejoindre les conquérans du Pérou, passant avec intrépidité au milieu des nations barbares, ce qu'on ne ferait pas aujourd'hui. Le parage où ce fort fut construit, appartenait à la nation Carácará, ou Timbué, qui fit un bon accueil à l'étranger. Gaboto, après avoir construit son fort, remonta le Parana, et, par suite, l'Uruguay; puis revint à l'établissement où les Indiens, doux et bons, vouèrent de l'affection aux Espagnols; et, de part et d'autre, un traité d'amitié fut conclu. Deux années s'écoulèrent en paix, sous le sage gouvernement de Nuño de Lara; mais l'amour du chef des Indiens pour une belle Espagnole, nommée Lucia Miranda, vint détruire, pour toujours, la tranquillité de la colonie naissante. Le cacique ne pouvait obtenir cette femme aimée que par la violence; il s'entendit avec son frère, et décida la perte de tous les Espagnols. Ils dissimulèrent, n'étant pas en force; et attendirent qu'une partie de la garnison fût obligée d'aller chercher des vivres au loin; car la misère était grande à Santi-Espiritu. Le chef indien réunit quatre mille hommes, qu'il posta près de la forteresse; à la fin du jour, il s'y présenta avec trois cents guerriers d'élite, chargés de vivres, offrant au chef ce gage de son affection. Lara reçut ce présent avec reconnaissance; et l'Indien rusé, qui avait tout calculé, fut invité par le commandant à passer la nuit sous le même toit; c'était ce qu'il désirait. Quand les Espagnols furent endormis, Mangora mit le feu à la salle d'armes, et ouvrit la porte du fort aux siens. Les Espagnols qui eurent le temps de s'armer, vendirent chèrement leur vie; Lara, percé de flèches, voulut venger, dans le sang de Mangora, sa lâche trahison, et ils tombèrent morts tous les deux. Il ne survécut à cette attaque que les enfans et les femmes, entr'autres Lucia Miranda, conduite au frère de Mangora, qui voulait lui rendre la liberté, si elle consentait à devenir son épouse; mais cette femme préféra l'esclavage. Le lendemain de cette catastrophe, le mari de l'Espagnole, qui commandait le détachement envoyé à la recherche des vivres, revint avec les siens au fort, où il ne trouva que des cadavres gisant partout sur le sol.

1. Renseignemens tirés de Funes, *Historia del Paraguay*, etc.

Il était au désespoir; mais il conserva la vie, en apprenant que sa femme était au pouvoir des Indiens. Il s'échappa seul, et se présenta au cacique qui, rempli de jalousie, ordonna la mort du malheureux Espagnol. Lucia se jeta aux genoux de l'Indien, qui n'accorda la vie à son mari qu'à la condition que celui-ci épouserait une Indienne, qu'il ne vivrait plus avec sa femme, et qu'ils ne se parleraient même pas..., chose difficile; aussi, bientôt surpris par le barbare au milieu de doux épanchemens, ils furent mis à mort en même temps, sous les yeux l'un de l'autre. Ceci se passait en 1535; quatre ans après, la haine implacable des deux nations amena la ruine complète du fort, que l'on abandonna pour toujours. 1828. Santi-Espiritu.

Il est impossible de fouler une terre où se sont passés des événemens tragiques, sans se sentir involontairement ému de tristesse; c'est le sentiment que j'éprouvais alors avec force. Chaque vestige réveillait en moi le souvenir de ces tragédies trop souvent répétées, lors de la conquête de l'Amérique. On cite plusieurs faits semblables à celui du fort de *Santi-Espiritu,* où l'amour désordonné d'un chef indien causa la ruine d'un établissement. On se rappelle ce que fit un chef araucano à la Concepcion du Chili, ainsi que beaucoup d'autres aventures semblables. Je dirai, cependant, que ce sont des cas rares. L'Indien tient aux coutumes qui lui sont transmises par les siens, et rarement il s'allie à une Indienne d'une nation différente de la sienne, à moins que ce ne soit pour en faire sa concubine; c'est, chez un grand nombre de ces peuples, une règle sacrée et fondamentale de leur religion.

Presqu'en face de cette embouchure, un second bras du Parana venait s'unir au Coronda, et en formait un large chenal; d'autres bras continuaient à s'y réunir encore, de distance en distance. La rive occidentale devenait à la fois plus escarpée, plus haute, et de plus en plus dénuée d'arbres. Je descendis à terre; et, sur le sommet de la falaise, je troublai la tranquillité dont paraissaient jouir plusieurs cerfs guaçu-ti, qui, par groupes, paissaient dans la campagne, presque mélangés à des autruches d'Amérique ou ñandus, également en troupes. D'abord ils s'inquiétaient peu de ma présence; mais, lorsqu'ils virent que je me dirigeais de leur côté, ils s'enfuirent et disparurent au milieu des plaines. Ces animaux sont on ne peut plus communs dans les Pampas, où il est difficile de les surprendre, et où ils ont toujours une sentinelle prête à les prévenir du danger. J'avais aperçu, pour la première fois, l'ara patagon[1], beau perroquet varié; je désirais vivement l'obtenir et je pensais en venir à bout. J'ordonnai

1. Azara, n.° 277.

1828. Parana. alors au pilote de suivre le courant, et d'aller m'attendre au premier endroit où l'on pourrait descendre; car la falaise, de plus de cent pieds de hauteur, coupée partout perpendiculairement sur les eaux du fleuve, ne permettait pas d'aborder. A peine partis les uns et les autres, j'entendis qu'on m'appelait; c'était mon jeune Correntino qui, sachant combien j'avais recherché les ossemens fossiles à Feliciano, me prévenait que là, dans la falaise, un grand nombre de ces ossemens dépassait l'argile; je m'approchai de l'escarpement et reconnus, distinctement, la majeure partie d'un squelette de megatherium, dont la tête saillait en dehors des couches qui la renfermaient; mais elle était au moins à quinze pieds au-dessous de moi, et, pour l'apercevoir, j'étais obligé de me coucher sur le ventre, et d'avancer la tête au-dessus de l'escarpement. Il m'eût été impossible de l'obtenir, à moins d'un long séjour dans ce lieu sauvage, et sans le concours d'un grand nombre d'ouvriers; tout bien considéré, je n'avais aucun moyen d'extraction. Je dus donc, à mon grand regret, abandonner ces restes d'une ancienne population perdue. Les ossemens de ces animaux si singuliers, voisins des tatous et couverts d'une forte cuirasse osseuse, se trouvent partout, avec la couche argileuse, dans tout l'immense bassin des Pampas. Ainsi celui qui existe entier au musée de Madrid, a été rencontré au Rio de Lujan, assez près de Buenos-Ayres; et, tout récemment encore, on en a trouvé des restes près de cette ville même [1]. Je ne doute pas que des recherches assidues n'en fassent découvrir sur toute l'étendue des Pampas, dans cette puissante couche argileuse, et même dans celles de grès qui lui sont inférieures; ils sont mélangés avec des ossemens de mammifères rongeurs et de carnassiers de petite taille. [2]

1. Falconer, Description des terres magellaniques, dit, t. 1, p. 78 (traduct. de Lausanne, 1787): « Sur les bords du Carcaranan ou Tercero, environ à trois ou quatre lieues de l'endroit où cette « rivière se jette dans le Parana, on trouve des amas d'os d'une grosseur extraordinaire et qui « paraissent être des os humains. Il en est de plus grands les uns que les autres, comme s'ils « avaient appartenu à des personnes d'âges fort différens. J'y ai vu des os de la cuisse ou des « fémurs, des côtes, des thorax et autres parties de l'homme. J'y ai vu même des dents, et parti- « culièrement des dents mâchelières, qui avaient près de trois pouces de diamètre à leur base.
« J'ai trouvé dans les mêmes lieux la coquille d'un animal composé d'os à peu près hexagones, « dont chacun avait un pouce de diamètre au moins; la coquille elle-même avait environ neuf « pieds d'étendue. Elle semblait à tous égards, excepté dans sa grandeur, être la partie supérieure « de l'écaille d'un armadille ou tatou, mais celle-ci n'a aujourd'hui qu'environ une palme de largeur. » On voit dès-lors que les megatherium étaient décrits depuis très-longtemps et ignorés des zoologistes.

2. Voyez, pour plus de détails, partie géologique.

Ma barque, emportée par un courant rapide, m'eut bientôt laissé en arrière, et je suivis, en chassant, les sommités de la falaise, dominant une plaine immense, où rien ne bornait la vue..... C'était la Pampa proprement dite, dénuée d'arbres, et dont l'horizontalité n'était interrompue que par quelques ondulations, pour ainsi dire insensibles, ou qui n'en rompaient, que sur les premiers plans, l'uniformité. Le sol n'était couvert que de plantes graminées, alors dans leur état de repos, c'est-à-dire sans fructification et au rez de terre; les tiges séchées annonçaient seules qu'au printemps ces plaines, maintenant arides, se couvriraient d'une verdure fraîche et de bons pâturages. Les oiseaux que je cherchais, les aras, se montrèrent encore; ils se cachaient dans les trous de la falaise où, sans doute, ils avaient établi leur domicile. J'en tirai au vol, et je les vis tomber dans l'eau, sans espoir de les posséder; il en fut de même d'un aigle aguya. J'étais au désespoir de voir mes espérances encore frustrées. Il faut aimer l'histoire naturelle avec passion pour se représenter combien on désire posséder un objet nouveau, quand on l'aperçoit, et la peine qu'on éprouve lorsqu'il échappe. Les gens de ma barque n'avaient pas trouvé de lieu où ils pussent s'arrêter. La falaise était de plus en plus escarpée, et il était impossible de communiquer; aussi me trouvai-je dans l'obligation de marcher long-temps avec crainte. Cette barque contenait toute ma richesse, mes collections, et je ne pouvais, sans frémir, m'en trouver séparé. Enfin, de loin, j'aperçus mes hommes; et, quoique harassé de fatigue, je pus les rejoindre. Je continuai ma route au pied des falaises toujours abruptes, et fus assez heureux pour me procurer des aras, si long-temps désirés. Il n'en fut pas ainsi de beaucoup d'ossemens, que je vis par intervalle percer les couches des falaises; il me fallut les abandonner.

1828.

Parana.

Vers le soir j'arrivai au port de San-Lorenzo, d'où je voyais, de loin, le collége de San-Carlos, monastère de prédicateurs et de missionnaires de San-Francisco, fondé en 1786 et situé sur la falaise, à peu de distance du rivage, mais à une demi-lieue, au moins, de l'endroit où j'étais. Le clocher en dôme, de construction assez élégante, contrastait avec les campagnes nues des environs; il paraissait y avoir autour quelques maisons. Je n'y voulus pas aller, par cela même que je devais passer la nuit dans ce lieu; je craignais que, voyant si peu de monde, quelques-uns des habitans ne vinssent m'attaquer. Je reconnus, plus tard, que mes précautions n'étaient pas inutiles. J'avais été aperçu dans la campagne, et un Gaucho se présenta, avant la chute du jour, sans doute pour nous reconnaître; car il vint seulement, comme à l'ordinaire, demander du feu, afin d'allumer son cigare, et s'en alla aussitôt. A l'entrée

1828. de la nuit, je crus plus prudent de ne laisser à terre que mon fidèle chien, pour qu'il me prévînt de ce qui pourrait arriver de ce côté-là, tandis que je dormais dans la barque. J'étais seul dans la cabane que j'avais fait faire, entouré de fusils chargés. Mon jeune Correntino couchait derrière, en travers, sur une malle; mes deux marins, en avant, sur des peaux de bœuf; et mon pilote avait pris son domicile sur celles qui servaient de toit; j'étais le seul armé, ne comptant que sur moi pour la défense, parce que je savais combien peu de fond je pouvais faire sur mes compagnons indigènes, qui se seraient sauvés à la première alarme. Jusque vers la moitié de la nuit nous dormîmes dans une tranquillité parfaite; mais, alors, mon chien aboyant avec force, je dus croire qu'il y avait du danger. En effet, je sortis de la cabane, où je couchais toujours tout habillé, et je vis venir plusieurs hommes à cheval qui mirent pied à terre près de là, et s'avancèrent assez doucement vers nous; je leur criai le *qui vive?* auquel ils ne voulurent pas répondre; mais, sur ma menace de faire feu, s'ils approchaient, ils s'arrêtèrent quelques instans, en me lâchant une bordée d'injures, parce qu'ils me reconnaissaient pour étranger, à ma manière de prononcer l'espagnol, et s'avancèrent de nouveau. Je ne voulais pas les tuer, ce qui m'eût été facile; car ils étaient assez près, et la nuit n'était pas assez obscure pour empêcher de les apercevoir. Je me contentai donc de tirer en l'air à une couple de pieds au-dessus de leur tête, afin qu'ils entendissent siffler la balle, et les menaçai d'un second coup, ce qui les fit réfléchir. Ils remontèrent sur leurs chevaux, en grande hâte, et disparurent; ils avaient, sans doute, pensé faire une capture facile, les commerçans étant rarement munis d'armes. Cette petite alerte me tint éveillé le reste de la nuit...; mais ce fut gratuitement. Les Gauchos n'étaient pas venus chercher des balles, et leur instinct de rapine n'allait pas jusqu'à risquer leur vie.

Parana.

11 Mai. Le 11, tout en caressant mon bon chien, qui m'avait sauvé du brigandage des demi-sauvages de ces contrées, je fis faire les préparatifs de départ; et, dès qu'il fit assez grand jour, je me mis en marche. Les falaises, de moment en moment plus hautes, sont coupées perpendiculairement; il n'y a aucun point abordable. Les îles s'écartaient de plus en plus de la côte; et, bientôt le Parana s'en trouvant tout à fait dégagé, a, dans la majesté de son cours, qui se développe à la fois dans toute son étendue, je ne sais quoi d'imposant qu'il est impossible de définir. J'arrivai ainsi, dans la matinée, au port de la ville du Rosario, la seconde de la province de Santa-Fe; je m'arrêtai pour l'aller voir. Elle fut fondée, en 1730, sur le bord même du Parana, au-dessus de la haute falaise calcaire de ce lieu; c'est une agréable petite ville, dont

la population paraît être de près de quatre mille âmes; elle est bien percée, et assez bien bâtie. J'allai voir le cabildo, situé sur une très-jolie place; monument cité, par les gens du pays, pour son élégance. Il est à un étage, et construit, comme tous les cabildos de ces contrées, avec deux galeries, dont une en haut et l'autre en bas. Les maisons aussi sont assez belles au Rosario, et l'on y voit régner un commencement de luxe qui atteste des communications fréquentes avec la capitale et avec un port de mer. On y remarque un mélange de costumes assez singulier: les hommes et les femmes de la bourgeoisie, et les commerçans, sont vêtus à l'européenne; tandis que tous les autres habitans sont de véritables Gauchos, que modifie, du plus au moins, leur genre de travail. Après avoir parcouru la ville, et l'avoir bien vue, ce qui ne demandait pas beaucoup de temps, je partis du port, concevant encore de nouvelles craintes pour la suite de mon voyage. Les pirates infestaient le Parana, et pillaient indistinctement toutes les barques qu'ils pouvaient surprendre. 1828 Le Rosario.

Nous naviguâmes avec vîtesse en descendant le fleuve, et longeant des falaises élevées, de même nature que celles des jours précédens; j'aperçus sur l'une d'elles une croix de bois, placée là, sans doute, comme vigie, ou comme marquant la sépulture de quelque victime. Ceci me rappela qu'un peu plus haut[1], lors des découvertes, Heredia, en 1540, venant de Cordova au travers du Chaco, pour chercher des richesses trompeuses sur la renommée du Rio de la Plata (Rivière d'argent), et suivant les falaises, rencontra une croix, premier signe de ralliement des conquérans. Je me souvins des transports qu'il éprouva, ainsi que les siens, à la vue de cet emblême sacré, élevé au sein des déserts. On adora cette croix; on baisa le tronc d'arbre grossier, dont elle était formée; mais si l'on jette un coup d'œil sur les événemens qui suivirent dès cette époque, on verra combien la jalousie d'autorité, la fierté et l'esprit de vengeance, firent commettre de crimes à ces mêmes hommes si pleins de piété. Singulière réunion d'exaltation religieuse, de courage poussé jusqu'à la témérité, et de perfidie, dans cette première période si orageuse de la conquête de l'Amérique!

Mes pensées me reportaient, malgré moi, vers les siècles chevaleresques; et, l'histoire du docteur Funes à la main, j'aimais à suivre ces expéditions hasardeuses, tout en rangeant rapidement les falaises. Je fus, cependant, tout à coup obligé de revenir au présent. Un temps, d'abord serein et calme, quoique un peu chaud, avait présidé à cette navigation, et n'avait pas peu contribué à

---

1. C'est au-dessus du Rio Carcarañan que cette croix fut rencontrée, dans le Riacho de Coronda.

1828. Parana. entretenir en moi une douce mélancolie; mais, bientôt, il s'obscurcit fortement au Sud. Le tonnerre gronda; des tourbillons de poussière s'élevèrent à l'horizon et surchargèrent l'air. Je ne pouvais rester le long des falaises; je fus très-heureux d'entrer dans un chenal, près de la *Vuelta de Montiel.* J'y étais à peine, quand la foudre éclata. Les vents se déchaînèrent, et la pluie tomba par torrens. Rien de mieux à faire pour moi que de tout couvrir de cuirs, et de rester. La pluie dura peu. Nous reprîmes, quelques momens après, notre marche; nous doublâmes la pointe de Montiel, formée par un groupe d'îles, qui entourent un assez grand lac. Les îles sont boisées, et je les aurais peut-être considérées comme pittoresques, par le contraste qu'elles offraient avec les falaises arides des côtes voisines, les saules étant encore verts, et conservant leur feuillage, malgré la saison avancée; mais quand, dans une barque assez incommode, du reste, on se sent tout mouillé, les plus beaux sites se rembrunissent, et les plus beaux tableaux sont beaucoup trop chargés d'ombre; tant il est vrai que l'état de l'esprit, à l'instant où l'on voit les choses, influe, plus qu'on ne peut le croire, sur la manière dont on les envisage! C'est un prisme qui colore diversement les objets, selon la position dans laquelle ils se trouvent. Je m'arrêtai près d'un ruisseau nommé *Arroyo del medio* (Ruisseau du milieu), qui sépare la province de Santa-Fe de celle de Buenos-Ayres. Là donc finissait mon voyage dans la première de ces deux provinces.

§. 4.

Province de Buenos-Ayres.

12 Mai. Le 12 Mai, je franchis l'embouchure de l'*Arroyo del medio,* et j'entrai dans la province de Buenos-Ayres, dont j'étais absent depuis quatorze mois. Je voyais avec plaisir approcher le terme de mon voyage. La saison, à cause des crues du Parana, était trop peu favorable aux recherches, pour en compenser les fatigues. Les relevés topographiques que je faisais du cours du fleuve, pouvaient seuls me soutenir dans cette entreprise. Je suivis une grande
San-Nicolas. baie le long d'une falaise, et j'entrai dans le Riacho de San-Nicolas, que je parcourus entre les îles et les falaises, jusqu'au port de la ville de ce nom.

Je fus frappé, en arrivant, du grand nombre de navires que j'y trouvai; mais je ne tardai pas à apprendre que, par prudence, ils se réunissaient de manière à former un convoi, et à se défendre mutuellement des forbans, qui, avec doubles patentes du Brésil et de Buenos-Ayres, faisaient alternativement les corsaires sur les deux nations. Plusieurs vols, plusieurs navires pris, motivaient ces craintes, et me jetaient dans de grandes inquiétudes. Je descendis et rencontrai le capitaine de Corrientes qui m'avait conduit de Buenos-Ayres à cette province. Il était aussi, lui, dans l'attente, voulant faire partie du convoi; il me conseilla de vendre ma chalana, et de monter sur le plus grand bâtiment. J'étais on ne peut plus indécis; je me présentai chez le commissaire, qui me tint un tout autre langage, disant qu'avec ma petite barque je me sauverais toujours, et qu'ainsi je n'avais rien à craindre. Je n'avais pas beaucoup de confiance en ce fonctionnaire, que la chose intéressait peu; et, puisqu'il y avait, à San-Nicolas, des navires qui, bien qu'armés, n'en attendaient pas moins le moment de se mettre en convoi, je devais ne pas chercher à lutter seul contre un danger trop certain; d'ailleurs, je m'exposais aux reproches, si, faute de prudence, je compromettais les collections d'histoire naturelle que je rapportais au Muséum. Je me décidai donc à vendre ma barque, et à demander passage jusqu'à Buenos-Ayres, à bord du meilleur navire. Il y en avait huit au port; je m'adressai au capitaine du plus grand de tous, la sumaque *Pura y limpia concepcion,* richement chargée à la Bajada, armée de deux canons sur pivots, et pourvue de douze ou quinze hommes d'équipage. Il ne voulut pas m'admettre avec mon bagage; et sur son refus, je me présentai au capitaine portugais de la balandre *la Paz.* Elle était chargée de chaux; il m'admit volontiers, parce qu'il lui restait de l'espace vide en dessus de son chargement. L'affaire conclue, sans perdre de temps, je transbordai de suite mes caisses, et pris possession de ma nouvelle embarcation; quant à ma barque, je trouvai à la vendre sur-le-champ. J'avais fait tout cela rapidement, sans prendre un instant de repos. Le vent de Sud, qui retenait la flottille, pouvait changer dans la nuit, et le départ avoir lieu dès le lendemain; cependant, il en fut autrement. Le vent contraire se maintint jusqu'au 18 Mai, et il fallait attendre qu'il changeât.

1828. San-Nicolas.

Je profitai de ce sursis, pour parcourir la ville et les environs, revoyant avec plaisir le lieu où, lors de mon premier voyage, j'avais recueilli des ossemens fossiles et des insectes. Je trouvai même quelques nouveaux objets; mais, préoccupé des dangers que mes collections allaient courir dans le trajet qui me restait à faire, en temps de guerre et au milieu des pirates, je ne me livrais pas à mes recherches avec cette tranquillité d'esprit si nécessaire au naturaliste observateur. D'ailleurs le vent pouvait changer d'un instant à l'autre, et je n'osais m'éloigner, de peur de manquer le départ.

La ville, dans le port de laquelle j'étais, se nomme *San-Nicolas de los Arroyos* (Saint-Nicolas des ruisseaux), à cause de plusieurs ruisseaux qui

1828. l'avoisinent; c'est, après Buenos-Ayres, la seconde grande cité de la province. Elle fut fondée par les Espagnols en 1749; et ses riches campagnes lui donnèrent de suite de l'importance, comme chef-lieu des nombreuses fermes que l'on établit aux environs, et comme échelle pour les navires qui remontent ou descendent le Parana. Bientôt, elle prit un tel accroissement que, cinquante ans après sa fondation, on y comptait déjà près de 5000 habitans. Depuis, elle eut beaucoup à souffrir des guerres de l'indépendance; mais, néanmoins, sa population a encore augmenté. Le gouvernement de Buenos-Ayres lui a décerné le titre de *Ciudad;* et, dans le fait, à côté de Corrientes, elle mérite bien ce titre. Elle est agréablement située sur le haut des falaises argileuses qui bordent le fleuve; elle le domine, et en est séparée par une île, qui la garantit des coups de vent et en fait un très-bon port. La ville est bien bâtie, bien alignée, comme toutes les villes espagnoles de ces contrées; mais elle ne possède aucun édifice bien remarquable. Ses maisons à terrasses rappellent Buenos-Ayres; c'est, au reste, une cité très-commerçante, où l'on voit de beaux magasins, des boutiques remplies de marchandises d'Europe, et son aspect général est tout à fait européen. Ses environs sont ornés de quelques jardins remplis de nos arbres fruitiers, tels que pêchers, poiriers, cerisiers, figuiers, etc., avec quelques orangers et citronniers; il ne s'y trouve aucun arbre de luxe. L'extérieur de ces vergers, parfois entourés de murailles, et les arbres qui les peuplent, rappellent les alentours d'une ville de France; mais, en jetant les yeux un peu plus loin, on se retrouve en Amérique. Plus de champs cultivés, plus de brillantes maisons de campagne. La plaine..., la plaine nue, s'aperçoit à perte de vue, sans être animée par aucun arbre. Des chevaux, quelques vaches ou bœufs libres, y paissent vaguement; ou, de distance en distance, une pauvre cabane se montre à peine, pour apprendre au voyageur que le pays n'est pas désert. La grande quantité de jardins que possède la ville prouve que le territoire serait susceptible d'une culture facile et très-productive, puisque ce sont les mêmes terrains qu'à Buenos-Ayres, où, lorsqu'on a voulu semer, le froment a produit jusqu'à cinquante pour un; mais le temps de l'agriculture n'est pas encore venu, et beaucoup trop d'endroits restent encore inoccupés, même par le fermier, qui a besoin de bien plus de superficie que le laboureur; aussi ne pensera-t-on à l'agriculture que lorsque la population se sera accrue de manière à ce que le nombre des bestiaux, cessant d'être en rapport avec elle, ne pourra plus lui suffire. Il est moins pénible pour l'habitant des campagnes d'élever des troupeaux qui ne lui coûtent presque pas de soins, que de cultiver la terre. Il faudra donc,

San-Nicolas.

pour que la culture prenne faveur dans ces contrées, qu'on soit obligé d'y rechercher le mode le plus productif d'exploitation agricole, dans l'intérêt de consommateurs beaucoup plus nombreux, ce qui n'arrivera peut-être que dans bien des siècles; car les deux tiers, au moins, des terrains de la république Argentine restent encore sans maîtres et sans utilité aucune. 1828. San-Nicolas.

En vendant ma chalana, j'avais pu me débarrasser de mon pilote par le paiement intégral de ses gages. Il n'en fut pas ainsi des deux matelots français et de mon jeune Correntino; ils me représentèrent que je les avais engagés sous condition de les conduire à Buenos-Ayres, et que je ne pouvais les abandonner en route. Je fus donc obligé de les prendre avec moi, à bord de la même barque; ce qui, avec les matelots de l'équipage, complétait un nombre de dix hommes assez bien armés, le capitaine ayant une douzaine de fusils de munition. Les autres passagers étaient des femmes et des enfans. Dans la nuit du 18 au 19, le vent sauta au Nord et l'on dut partir. Il fut convenu entre les 19 Mai. capitaines des huit embarcations, que toutes s'arrêteraient au même lieu et se prêteraient un appui mutuel, et que la route qu'on prendrait serait le cours même du Parana, sans entrer dans le bras du Baradero. La flottille mit à la voile, et marcha assez de concert. San-Nicolas s'éloigna bientôt de nous. Nous passâmes entre des îles boisées et la côte ferme, dont les falaises, en partie couvertes de pelouses et abandonnées par les eaux, étaient marquées par des terrains d'atterrissement bas et humides, le plus souvent couverts de saules, et jusqu'où s'avançaient parfois des bestiaux appartenant aux fermes qu'on distinguait, de temps en temps, sur le haut de la falaise. Nous voyageâmes ainsi jusqu'en vue de San-Pedro; là, suivant l'engagement pris avec les autres San-Pedro. capitaines, nous mîmes en panne, pour attendre les autres navires, moins bons marcheurs que nous; ils arrivèrent successivement. Quant aux cinq plus petits, au lieu de rester avec nous pour passer la nuit, ils entrèrent dans le Baradero, en nous criant sauve qui peut. Alors le courant nous portait au-dessous de l'embouchure de ce bras, et nous ne pouvions plus y entrer; nous restâmes le plus long-temps possible pour attendre les retardataires. La sumaque *Pura y limpia concepcion* vint à portée de la voix; et, comme elle était armée de deux canons et de douze hommes d'équipage, son capitaine, en passant, s'amusa un peu à nos dépens, en nous criant que, sans doute, nous serions pris pendant la nuit par les pirates; que, pour lui, il allait entrer dans le Baradero, et il se dirigea vers son embouchure; mais il se trompa..., son navire toucha sur la vase; et, malgré tous ses efforts, il resta là pour passer la nuit. Pendant ce temps, le courant nous avait emmenés, et nous étions bien à un quart

1828. de lieue du Baradero. Notre capitaine fit amarrer le navire le long d'une île à de vieux saules, nous répétant toujours : Je suis Portugais, et je n'ai rien à

San-Pedro. craindre de mes compatriotes. L'autre navire, parti avec nous, vint amarrer aussi à peu près à la moitié de l'intervalle qui nous séparait de la Concepcion. La nuit arriva ainsi, au milieu des entretiens relatifs aux risques à courir. Pour moi, livré à des réflexions assez tristes, je voyais que nous étions beaucoup trop séparés pour nous prêter un appui mutuel, en cas d'attaque; et, d'ailleurs, je pouvais juger du peu de fond à faire sur l'équipage, et notamment sur le capitaine. Nous étions néanmoins sur le qui vive; je tenais chargées toutes mes armes, ainsi que celles du bord. Il était déjà onze heures que nous n'entendions rien encore; mais, bientôt, deux coups de canon et une fusillade nous donnèrent la certitude que la Concepcion était attaquée. Des décharges de mousqueterie résonnèrent, pendant quelque temps, au milieu d'une nuit silencieuse; puis le silence se rétablit. Nous jugeâmes que la sumaque s'était rendue, ce qui fit disparaître les matelots, qui tous allèrent chercher leurs effets, pour les avoir sous la main. Le capitaine en paraissait joyeux, croyant toujours que c'étaient des Brésiliens, ses compatriotes; les femmes se vouaient à tous les saints; quant à moi, j'étais dans une inquiétude affreuse; mon titre d'étranger ne devait pas être respecté. Il ne l'aurait pas été par les corsaires même de Buenos-Ayres ou du Brésil; à plus forte raison par des pirates de toutes les nations recueillies. Nul doute que ces brigands, trouvant des caisses, les emporteraient, sans même les ouvrir, et que je verrais, ainsi, mes collections, réunies avec tant de peine, peut-être jetées à l'eau, quand ces hommes reconnaîtraient leur erreur de les avoir prises pour des objets de prix. Ma position était des plus critique, et je ne savais réellement que faire. Je me livrais par instans à l'espoir, sachant que l'un de ces chefs de forbans était Français; mais comment compter sur un homme capable d'exercer un pareil métier? D'ailleurs, je le savais accompagné d'Italiens et de Gauchos du pays; et, quand il le voudrait, serait-il maître de me faire respecter? En d'autres momens, je pensais à la défense, et je haranguais les gens du bord, qui, de temps à autre, abondaient dans mon sens et me faisaient espérer encore. Telles furent mes angoisses pendant plus d'une heure que le silence continua; car les clameurs ne venaient pas jusqu'à nous. Bientôt le bruit recommença; mais bien plus près de notre barque; c'était, sans doute, le dernier bâtiment qu'on attaquait. Des coups de fusil se firent encore entendre. Les cris des pauvres passagers se mêlaient aux vociférations des assaillans. Bientôt on n'entendit plus que les juremens et les imprécations des derniers, autant du moins que l'éloignement permettait d'en juger, quoique le vent nous apportât le moindre bruit, et que rien n'arrêtât les sons; car un calme parfait régnait de toutes parts. C'était une nuit d'hiver, où tous les animaux nocturnes se taisent momentanément. Mes appréhensions augmentaient; j'étais sur les épines; d'autant plus qu'une flamme élevée, se montrant du côté où se trouvait la Concepcion, annonçait que les forbans y avaient mis le feu. Bientôt des coups de hache redoublés nous firent craindre qu'ils ne coulassent à fond le second navire. J'adressai une nouvelle harangue aux gens du bord, pour les animer à la défense. Ils se dirent prêts à faire ce que je voudrais. Je descendis chercher mes armes; mais, à mon retour, je ne retrouvai plus, sur le pont, que le capitaine et l'un de mes Français. Les autres avaient tous emporté leurs vêtemens, et étaient allés se cacher dans l'île à laquelle nous étions amarrés; ce qui me mit dans l'obligation de cacher mes armes, et de renoncer à la résistance. J'avoue que ce fut un moment terrible pour moi. Je m'aperçus que le capitaine ne voulait pas éteindre, dans la chambre, la lumière qui pouvait nous trahir, et qu'il affectait de parler haut, trouvant, sans doute, un bénéfice à laisser piller sa barque; il ne me restait d'autre ressource que d'employer la force, pour lui faire observer, au moins, la prudence qui pouvait encore nous sauver. Je saisis une barre du cabestan, j'éteignis les lumières, je fis tenir la gueule de mon chien par mon compatriote, pour l'empêcher d'aboyer; et, menaçant le capitaine de lui casser la tête au premier mot, j'attendis les événemens. Nous étions dans une petite anse, au milieu de saules élevés; et il se pouvait que notre barque ne fût pas vue des pirates. Un instant après, nous entendîmes le bruit des rames, les clameurs tumultueuses et joyeuses des rameurs; et, au milieu de leurs cris, je reconnus distinctement celui-ci, en espagnol : *Vamos a buscar là balandra la Paz* (allons chercher la balandre la Paz). J'aperçus même leur barque, qui doublait la pointe, éloignée de nous de deux cents toises tout au plus; et elle se dirigea tout droit sur l'autre pointe, un peu au-dessous. Quand je vis les pirates si près, j'éprouvai une agitation des plus grande; s'ils nous avaient aperçus, toutes mes collections étaient perdues pour la science et pour moi. Mon cœur battait avec force et je retenais ma respiration, en désirant ardemment qu'ils s'éloignassent. Un léger nuage, qui fit tomber un peu de pluie, nous protégea aussi contre eux, et les empêcha de nous voir; sans compter que les liqueurs qu'ils avaient trouvées à bord de la Concepcion, leur avaient peut-être troublé la vue. Toujours est-il que, tout en criant après notre barque, ils en passèrent au plus à cent pas; et je ne commençai à respirer que lorsque la leur eut doublé la pointe au-dessous,

1828. San-Pedro.

1828. parce qu'ayant alors à lutter contre le courant, il y avait plus de chance qu'ils ne reviendraient pas; ce qui arriva comme je l'avais espéré.

San-Pedro. Quand, une heure après, encore sur mes gardes, je ne vis plus que le feu de la Concepcion, certain de n'avoir plus rien à redouter, pour cette fois, je dus rendre grâces à la Providence, qui venait de me sauver comme par miracle. Je n'avais jamais craint pour ma vie; le fruit de mes recherches avait été seul l'objet de ma sollicitude; si, dans cette circonstance, j'eusse perdu ces collections recueillies avec tant de peines, ce qui, comme on vient de le voir, n'avait tenu qu'à bien peu de chose, j'aurais, sans doute, été accusé de n'avoir rien fait; et toutes mes protestations auraient-elles assez établi mon innocence, pour mettre ma conduite à l'abri du blâme?

Le reste de la nuit se passa dans l'attente de nouveaux événemens; mais rien ne survint. Dès que le jour parut, je voulus me rendre compte de ce qui s'était passé. Je m'embarquai dans le canot, déterminé à prendre aussi une décision sur le meilleur mode de continuation de mon voyage jusqu'à Buenos-Ayres. Je venais de me tirer d'un trop mauvais pas pour tenir à suivre la même route; je comptais débarquer, avec tous mes effets, à San-Pedro, et faire le reste du trajet par terre, en charrette. Arrivés au lieu où était le premier navire, nous ne vîmes plus, sur l'eau, que quelques copeaux; on en avait coupé les mâts, et on l'avait ouvert à coups de hache, pour le couler. Les passagers et les matelots s'étaient sauvés en terre ferme, d'où ils avaient gagné, par terre, dans l'eau, l'embouchure du Baradero, où nous les retrouvâmes. Là s'offrit à nos yeux un spectacle des plus propre à inspirer la pitié. La Concepcion brûlait encore, et l'on cherchait à la submerger, pour en éteindre le feu, continuellement alimenté par son genre de chargement, composé, en partie, de cuirs secs non tannés, de suifs, de crins et de savon. J'arrivai au moment où l'on travaillait à la noyer, pour sauver ce qui restait de la cargaison; ~~je rencontrai le capitaine et les~~ passagers. Ces derniers étaient encore à moitié nus, et ils me racontèrent l'événement. La barque, qui les avait attaqués, était une grande chaloupe non pontée, munie de deux pierriers à pivot, et ayant trente hommes d'équipage, tous armés jusqu'aux dents, mélange grossier du rebut de tous les pays; car le chef était un nommé Victor, qui se disait Français, et les autres des Italiens, des Portugais, et surtout des habitans des bords de la Plata. Vers onze heures, ils arrivèrent en ramant sans bruit; lorsqu'on les aperçut de la Concepcion, les deux canons sur pivot ne pouvaient déjà plus agir; car l'un était en avant, l'autre entre le mât de misaine et le grand mât, et leurs feux étaient masqués par ces mâts, les pirates s'étant placés derrière le navire. On tira cependant à l'instant où les assaillans montaient à l'abordage, après avoir essuyé le feu d'une décharge de mousqueterie, à la suite de laquelle l'équipage s'était sauvé à terre, non sans qu'on lui eût adressé plusieurs coups de fusils qui ne l'atteignirent pas. Le propriétaire du chargement, négociant riche de Buenos-Ayres, avait ainsi fait armer le navire, parce qu'il apportait une riche cargaison et beaucoup d'onces d'or. Dès la première attaque, surpris dans la cabane avec son fils, il s'y était blotti, en attendant les événemens. Les pirates, une fois maîtres du bâtiment, descendirent dans la chambre; et, craignant qu'il n'y eût quelqu'un caché, tirèrent, partout, des coups de pistolets, dont heureusement les passagers ne furent pas atteints; mais on les arracha de leur lit, on les menaça, pour leur faire avouer où ils avaient de l'argent; puis on alla les déposer dans l'île en partie inondée de l'autre rive du Baradero. Les forbans continuèrent à prendre tout ce qui leur convint; puis, avant de s'en aller, ils mirent le feu à ce premier navire, et passèrent, de suite, au pillage du second.

Les passagers, ainsi déposés en chemise sur l'île, grelotaient de froid au départ des pirates; ils virent briller les flammes qui dévoraient leurs marchandises. Malheureusement ils ne savaient pas nager; et, par suite de l'éducation efféminée de la classe bourgeoise à Buenos-Ayres, ils manquaient de cette énergie qui fait tout braver. Ils furent donc témoins des rapides progrès de l'incendie, qu'ils auraient pu éteindre d'abord avec très-peu d'eau. L'équipage et le capitaine étaient allés à San-Pedro, et ils restèrent ainsi jusque près de l'aube du jour. Ils éprouvèrent même un malheur de plus : un pêcheur, qui, avec sa petite barque, passait par le Baradero, se refusa long-temps à les transporter sur l'autre rive, communiquant à la côte ferme par des marais, parce qu'ils n'avaient pas d'argent à lui donner; et ce ne fut qu'après leur avoir arraché la promesse d'une somme assez forte, qu'il consentit à leur rendre ce service, si nécessaire dans leur position. Ce trait fait assez connaître l'égoïsme qui domine chez les habitans de ces contrées, si différens des obligeans Correntinos.

Je me rendis en hâte à San-Pedro, où je louai très-cher une chaloupe; car, dans tous les pays du monde, on se prévaut de l'embarras des gens; et je revins à la balandre la Paz, d'où je fis débarquer immédiatement mes bagages pour les transborder dans mon embarcation. Je fus obligé d'abandonner au capitaine le passage payé, trop heureux de sauver mes caisses d'un tel péril. Je revins à San-Pedro, presqu'à la nuit, et je ne fus satisfait que lorsqu'à huit heures du soir tous mes effets furent en sûreté dans une

1828. San-Pedro. des cellules d'un couvent abandonné, que l'alcade du lieu m'avait donnée pour habitation : c'était une pièce voûtée, sombre, où l'on ne voyait que les quatre murailles, et par laquelle le maître d'école du village devait passer pour aller chez lui. On me relégua là, avec mes gens, et tous les autres passagers de la balandre la Paz, dont trois femmes et trois enfans; de sorte que, sans compter mon bagage, nous étions neuf entassés dans une seule chambre. J'étais à la torture; mais j'avais au moins mes richesses sous la main.

21 Mai. Le lendemain, je fis des démarches pour obtenir des charrettes, afin de me rendre à Buenos-Ayres; j'en trouvai que l'on me fit un prix exorbitant, et l'alcade, ainsi que beaucoup d'autres personnes, me conseillèrent de renoncer à mon projet; parce que, si le trajet par eau était périlleux, le chemin par terre l'était encore plus, à cause de la saison des *cardos* (des grands chardons), qui, n'étant pas encore secs, servaient de retraite à des voleurs, lesquels, non contens de piller, assassinaient les commerçans assez imprudens pour suivre cette route; aussi personne ne voulait-il se hasarder à faire ce trajet, à moins que ce ne fût pour conduire des cuirs, ou toutes autres provenances du pays. Ces renseignemens me désolaient, et me laissaient dans une indécision cruelle.

22 Mai. Le 22 Mai, j'aperçus la plus grande barque de Corrientes, que je reconnus pour être la sumaque l'*Itaty*, mouillée justement près du lieu où, disent les habitans, les pirates se cachent le jour, près d'une multitude de petits bras du Parana, qui séparent des îles basses et boisées. Je crus devoir faire prévenir le capitaine du danger qu'il courait, ce qui le décida à venir jeter l'ancre près du village même. Je me rendis à son bord; j'y trouvai plusieurs commerçans que j'avais connus à Corrientes, et j'y restai jusqu'au soir. Le capitaine résolut de ne pas partir sans escorte. En descendant à terre, je trouvai, chez moi ou plutôt chez nous, une réunion de virtuoses qui y étaient venus avec leurs guitares; j'eus beaucoup de peine à m'en débarrasser, ce que je ne pus faire qu'après avoir subi plusieurs couplets chantés en mon honneur, et accompagnés de la *despedida* (chant des adieux), souvent répétée.

Les habitans du pays m'avaient montré beaucoup d'intérêt, ainsi qu'aux autres personnes qui avaient partagé ma mésaventure; ils cherchaient, par beaucoup de prévenances, à nous faire oublier cette affaire. Ils allèrent même jusqu'à profiter de l'arrivée des fêtes civiques du 25 de Mai, anniversaire du premier cri de liberté dans la république Argentine, époque religieusement fêtée partout, pour donner un bal aux *derotados* (déroutés), comme on appelait tous ceux qui se trouvaient à San-Pedro, par suite de l'attaque des pirates. Ce bal fut charmant, et les femmes du pays déployèrent une grâce infinie dans la contredanse espagnole. Il fut suivi d'un second, donné avant notre départ. 1828. San-Pedro.

Le village de San-Pedro, fondé en 1750, par les Espagnols, n'était d'abord composé que du couvent de Récollets qui y existe aujourd'hui, et qui s'entoura, peu à peu, de maisons. Il peut avoir maintenant mille âmes de population. Le couvent est placé sur le haut de la falaise, de manière à dominer le cours du Parana, qui coule, en mille canaux tortueux, entre des îles boisées, et offre un coup d'œil imposant; il est vaste, bien bâti, muni d'une église grande, assez bien ornée de tableaux, et décorée d'un dôme assez beau. Les logemens des moines sont spacieux. Depuis l'expulsion des religieux, réunis à Buenos-Ayres, sous le gouvernement de Rivadavia, le couvent a servi de caserne pendant les guerres, et il était, alors, l'asyle de peut-être vingt familles différentes, parmi lesquelles il y avait un mélange monstrueux de toutes espèces de gens. Entre le couvent et la plaine est situé le village, composé de plusieurs rues bordées de maisons à un seul étage, assez propres, la plupart couvertes en chaume, quoique, depuis quelques années, un Français ait fait bâtir, dans les environs, un four à briques, qui pourvoit à la consommation du pays. On voit clairement que c'est un village naissant, qui prend un accroissement rapide, et qui, dans la suite, pourra devenir très-important, en raison de la proximité du Parana et des belles plaines, où de nombreux bestiaux promettent aux fermiers des produits avantageux. Il y a déjà, dans le bourg, plusieurs magasins assez bien montés en marchandises étrangères.

Les rives du Parana, au pied des falaises, offrent, par endroits, des terrains salés, où poussent des salicornes et des soudes qui, brûlés dans la saison, font des cendres employées à Buenos-Ayres pour la fabrication des savons.

Aux environs de San-Pedro est la Pampa proprement dite; aussi vainement y chercherait-on des arbres indigènes; on n'y voit que ceux qui ont été plantés par les habitans, comme vergers ou comme bois de chauffage. La campagne à perte de vue est uniformément couverte d'herbe maigre, et, de distance en distance, des envahissans chardons. J'allais souvent chez le compatriote propriétaire du four à briques; c'était la seule maison des environs : elle était assez propre, ornée d'un jardin entouré de fossés, clôture ordinaire du pays. Il me fit voir son four; et, en réponse à ma question sur ses moyens de

1828. San-Pedro. chauffage dans un pays sans arbres, il me montra des tas d'ossemens de bestiaux tués dans les estancias des environs. « Voilà, me dit-il, mes combustibles. » Je vis, en effet, dans son four, les restes de ce nouveau genre de chauffage, que j'ai, plus tard, trouvé d'usage général dans les Pampas. On sent que, si l'industrie était plus avancée, on pourrait tirer un meilleur parti de ces os, et qu'ils acquerraient la même valeur qu'en Europe. Il est fort heureux pour les fermiers que quelques personnes veuillent bien les en débarrasser; car, restant inutiles aux environs de leurs demeures, ils ne pourraient que les rendre insalubres.

Lorsque je voulais parcourir la campagne, j'allais à la maison de mon compatriote, qui me prêtait des chevaux; et je pus ainsi visiter, en détail, toute la plaine qui appartient à la Pampa proprement dite; elle est partout argileuse, uniformément plate, à l'exception de petits monticules à peine sensibles, formés par des bancs de cette espèce de corbule des eaux saumâtres ou douces, aujourd'hui vivante dans la Plata, près de Buenos-Ayres et de Montevideo. Ces bancs, qui servent à faire de la chaux, et connus sous le nom de *conchillas*, sont trop épais pour avoir été transportés; au reste, au caractère demi-fossile de leurs coquilles encore entières, on reconnaît facilement qu'elles ont vécu là. L'un d'eux se trouve près du couvent même de San-Pedro, et a près de deux à trois mètres d'épaisseur, sur une étendue de quelques centaines de toises; son élévation est de quatre-vingts ou cent pieds au-dessus du cours actuel du Parana. On doit supposer, d'après ce fait, un soulèvement bien insensible sur toute la surface des Pampas ou un abaissement des eaux sur toute leur étendue; au reste, la présence de ces bancs coïncide parfaitement avec des exhaussemens semblables au-dessus des eaux, contenant des coquilles marines, que j'ai vues en Patagonie, au Chili, en Bolivia et au Pérou, tant sur les côtes de l'Océan atlantique, que sur celles du grand Océan; fait singulier, qui se trouve aussi en rapport avec une foule d'autres observés sur les côtes de la Méditerranée. Quoi qu'il en soit, l'existence de ces amas de corbules sur toute la surface de ces immenses terrains, annonce un long séjour des eaux, après la disparition des mammifères qui la peuplaient, et dont les ossemens se trouvent fossiles dans les couches argileuses qui leur sont inférieures. J'ai dit qu'à l'exception de ces très-légères aspérités, l'horizontalité des Pampas paraît parfaite. Ce sont, partout, des plaines d'une uniformité désolante; seulement, quelquefois, on est surpris de voir s'en élever des volées de canards. En s'approchant de leur point de départ, on n'est pas peu étonné de rencontrer, au milieu de la plaine, un lac qu'on n'avait pas aperçu. Les oiseaux qui s'envolent de celui-ci, vont se reposer non loin de là; et quand on les poursuit, on arrive à un nouveau réservoir naturel d'eaux pluviales qui, se trouvant à deux cents mètres de distance, ne pouvait non plus être aperçu. Ce sont ces lacs nombreux de toutes dimensions qui caractérisent les Pampas proprement dites; en effet, aux environs de Buenos-Ayres il en est de même, ainsi que dans toute l'étendue des terrains argileux. Il est difficile de s'expliquer comment, sur un terrain presque plan, il a pu se former une aussi grande quantité de lacs, tous à peu près aussi peu profonds les uns que les autres; car, à peine leur plus grande profondeur excède-t-elle six à huit mètres au-dessous du sol supérieur. L'uniformité des Pampas inspire la tristesse. Ce que l'on a vu sur une surface de mille mètres carrés, on le retrouve partout; seulement les environs des lieux habités ont changé depuis l'arrivée des Européens. Les cardos (chardons) ou artichauts sauvages, ont envahi une grande partie des terrains.

1828.

San-Pedro.

Ces chardonnières, qui couvrent presque tout le territoire de la province de Buenos-Ayres, depuis cette ville jusqu'aux rives du Rio salado (rivière salée), comme je l'ai dit plus haut[1], étaient en partie tombées. Le *cardo asnal*[2] l'était même depuis quelque temps, puisqu'il commence à sécher en Février; quant au *cardo de Castilla* (chardon de Castille), qui est tout simplement un artichaut sauvage, analogue à notre chardonnette, il résiste beaucoup plus long-temps, parce que sa tige est plus grosse et plus ligneuse; c'est celui qu'on préfère comme combustible, quoiqu'on brûle également l'autre, et ils constituent ensemble presque le seul bois en usage dans la campagne. Les habitans y ajoutent la bouse de vache et les os. Lorsque les chardons commencent à pousser, ils servent de pâture aux bestiaux; en grandissant, ils étouffent toute autre espèce de végétation; mais à peine tombent-ils, que le terrain se recouvre de verdure. Les habitans se servent de la fleur de la seconde espèce pour coaguler le lait, comme on le fait dans beaucoup de nos campagnes de France. Il y a une troisième espèce de chardon, que les habitans nomment *carda* (chardon femelle[3]); la tige en est plus grêle, et il sèche beaucoup plus tard. On ne le brûle que lorsqu'on manque absolument d'autre combustible. Les chardons, en général, sont d'une très-grande utilité dans un pays entièrement dépourvu de bois; mais ils ont l'inconvénient, dans le temps de leur grande

1. Chap. III, pag. 37.
2. *Cynara cardunculus*, Linn.
3. Un *Eryngium*, voisin du *Bromelifolium*.

1828. San-Pedro. hauteur, de servir de retraite aux voleurs de grands chemins, et de leur ménager un guet-apens commode; aussi voyage-t-on toujours avec crainte dans les premiers mois de l'été. Les routes n'offrent, alors, qu'une avenue de chardons, si élevés et si impénétrables, qu'ils ne permettent point à la vue de s'étendre, et ne laissent aucune issue pour fuir le danger.

Il est impossible de douter que deux de ces espèces n'aient été transportées d'Europe par les Espagnols; car je ne les ai vues qu'aux environs des lieux habités, et dans un rayon qui suit, pour ainsi dire, la même marche que l'extinction graduelle de la population sur ces terrains sauvages. Aujourd'hui ces espèces de plantes gagnent d'une manière effrayante; elles paraissent être, jusqu'à présent, resserrées entre les rives de la Plata, du Parana et du Rio salado. Si, sur l'étendue de terrain comprise entre ces deux rivières, on prend pour limite au Sud-Est, la mer, et au Nord-Ouest, le Rio de Arecife, on aura une surface de plus de sept cents lieues, dont au moins la moitié peut être considérée comme couverte de ces artichauts sauvages; ce qui fait craindre pour l'avenir que toutes les Pampas n'en soient successivement envahies. Sur les trois espèces connues dans le pays, le *cardo de Castilla* est évidemment notre chardonnette, ainsi que le cardo asnal notre chardon Marie; mais la *carda* est une plante américaine qui, au lieu d'accompagner l'homme dans ses migrations, disparaît dans les lieux cultivés, et même aux environs des habitations. Cette carda ressemble, par ses feuilles, à un ananas; sa tige, qui porte les fleurs, est de la grosseur du doigt, et les plus grandes ne s'élèvent guère à plus d'un mètre de hauteur : elle est vivace; on en trouve les tiges vertes en tout temps; elle ne commence à être abondante que par le 37.ᵉ degré de latitude sud et aux approches des montagnes. Je l'avais aperçue, pour la première fois, aux environs de Maldonado; et, à Corrientes, une espèce voisine sert d'indice à ses habitans pour juger de la fertilité d'un terrain.

On reconnaît facilement, dans les Pampas, le lieu où s'est arrêtée, pendant long-temps, une horde indienne; son séjour est, le plus souvent, marqué par les chardons qui y poussent. Une maison n'est pas plus tôt bâtie dans les plaines, que les habitans, cherchant à se procurer des combustibles, y apportent, de suite, des tiges sèches de ces chardons; les graines, dès-lors, s'en répandent partout aux environs. Les animaux les foulent et les enterrent. Lorsqu'il a plu, ces plantes poussent, et les semences en sont ensuite transportées plus loin, soit par les vents, soit avec les nouvelles maisons qui se bâtissent. De là leur marche rapide sur le sol de la province Argentine; marche qui fait craindre pour l'avenir que la province de Buenos-Ayres ne finisse par s'en voir entièrement couverte. 1828

J'ai été à San-Pedro témoin d'un jugement assez singulier, qui peut servir à donner une idée des coutumes du pays. Il s'agissait d'un homme du village, parti comme matelot dans une petite barque avec un commerçant français, qui allait, par eau, de bourgade en bourgade, vendre ses marchandises; ce négociant avait quitté San-Pedro avec son marin, après avoir fait son commerce; mais, peu après le départ de son patron, ce dernier conçut le projet de s'approprier le chargement de la barque. Il guetta le moment favorable; et, tandis que le pauvre maître se baissait pour amarrer une écoute, il lui donna un coup de hache sur la tête, le tua, jeta son corps à l'eau, revint au village, comme s'il n'eût rien eu à se reprocher, déchargea la barque, monta un magasin avec les marchandises et se mit à vendre. Cependant la justice reconnut le vol et mit le voleur en prison. Il ne nia pas le fait, disant seulement, pour l'atténuer, que *c'était un Français,* et que tuer un Français ne lui paraissait pas plus criminel que tuer des bestiaux dans la campagne. Il resta dans cette conviction, et fut renvoyé dans la prison où, très-gai, il criait à l'injustice et attendait son élargissement, qui ne pouvait tarder; car les lois n'ont aucun pouvoir, et ne sont respectées par personne dans cette république naissante. Cet homme était certain que, dans quelques mois, on le lâcherait, et qu'il pourrait recommencer de plus belle, parce qu'on serait fatigué de le retenir. San-Pedro.

Je passais mes journées à parcourir les environs, à chasser cette multitude d'oiseaux aquatiques des lacs, parmi lesquels on distingue ces cygnes au col noir, à la nage si gracieuse; et je ne cessais de faire des observations d'histoire naturelle, tout en cherchant les moyens les plus sûrs de gagner en sûreté Buenos-Ayres. Les juges du lieu s'y prêtèrent volontiers, et envoyèrent un exprès au village du Baradero, pour savoir si un corsaire de Buenos-Ayres, armé pour protéger le commerce, était encore à ce village, et s'il pourrait venir escorter l'Itaty. Le capitaine nous fit répondre qu'il ne pouvait venir nous prendre; mais qu'il nous convoierait volontiers, si nous voulions venir le rejoindre au Baradero; cette nouvelle me fit enfin entrevoir l'espoir d'arriver au port. Je fis rembarquer mes collections à bord de l'Itaty, et me préparai au départ.

Le 28 Mai, on se disposa de bonne heure à partir; on leva l'ancre, et nous fîmes nos derniers adieux aux habitans de San-Pedro, dont nous avions tous reçu tant de marques de bienveillance. La sumaque déploya ses voiles, et bientôt San-Pedro s'éloigna. Nous étions partis de bonne heure pour arriver 28 Mai.

1828. San-Pedro. dans la journée au village du Baradero; mais nous n'y réussîmes pas. Le navire était trop grand pour passer par ce bras; aussi toucha-t-il sur la vase, comme l'avait fait la Concepcion; et nous fûmes obligés d'employer une partie du jour à le dégager; de sorte que nous étions le soir à une lieue, au plus, de l'embouchure, ce qui donnait des craintes aux passagers et au capitaine. Le caractère national de deux commerçans de Buenos-Ayres les porta à saisir avec enthousiasme la proposition que je fis d'organiser nos forces, en cas d'attaque; la chose nous était facile. Nous avions à bord plus de vingt hommes armés de fusils, et la haute lisse du navire en faisait une petite forteresse. Tout ainsi arrangé, l'on chargea les armes, qui furent placées à portée, et aucun des apprêts du combat ne fut négligé, la moitié des forces devait toujours veiller, et chercher à voir ou à entendre ce qui pourrait survenir. Une alerte fut donnée vers le milieu de la nuit; mais elle n'avait d'autre cause qu'un énorme banc d'herbes flottantes apporté par les courans. Je pus alors juger combien peu l'on pourrait compter sur ces hommes, si braves en paroles, lorsqu'ils supposent le danger bien loin. Une partie d'entr'eux s'enfuit à terre, et ils ne redevinrent courageux que lorsqu'on fut bien assuré qu'il n'y avait rien à craindre. Le calme renaissait à peine, lorsqu'un peu avant la pointe du jour une seconde alerte, plus sérieuse que la première, vint troubler la tranquillité: on entendit un bruit de rames, et, bientôt, on distingua une embarcation; alors, sous prétexte de faire beaucoup de feu du milieu des roseaux de la rive, les plus déterminés descendirent à terre, le capitaine le premier, de sorte qu'il restait à peine deux ou trois personnes avec moi à bord. On cria qui vive; puis on ordonna aux rameurs de s'arrêter, sous peine de recevoir notre feu. Je vis, dès-lors, que nous n'avions à lutter que contre six hommes seulement; ils s'arrêtèrent, nous dirent qu'ils allaient couper du bois dans les îles; que, par conséquent, ils ne nous étaient nullement hostiles. Alors tous mes intrépides compagnons revinrent à bord, et présentèrent une ligne armée aux pauvres bûcherons, qui se moquaient de leurs terreurs avec tant de forces. Cette dernière alerte dura jusqu'au jour, où nous reprîmes notre marche, en riant de nos craintes de la nuit.

Baradero. Nous étions dans la partie la plus étroite du chenal du Baradero, au milieu de prairies vertes, en partie inondées, où s'étaient réunies des troupes considérables d'oiseaux aquatiques: des cygnes au plumage éblouissant de blancheur, se jouaient parmi de nombreux canards; on eût dit toute la nature vivante. De vastes prairies s'étendaient jusqu'au pied des falaises; la pointe de ces falaises, moins abrupte, était aussi couverte de végétation, et leur sommet se couronnait de maisons d'estancieros, dont les bestiaux paissaient disséminés dans la campagne. Notre barque suivait le courant, et avait à peine l'espace nécessaire pour passer, à tel point que, la veille, ayant tourné sur elle-même dans un endroit plus large, elle était restée dans la même position, et avait été forcée de marcher la poupe en avant, jusqu'au moment où le chenal devint, enfin, assez large pour qu'elle pût se retourner, ce qui n'eut lieu qu'au confluent du Rio d'Arecife, lequel passe près du bourg de ce nom, et sert d'égoût à la plaine; cette jonction opérée, le canal devint plus large. Nous mîmes à la voile; et, bientôt après, nous étions au village du Baradero, où, effectivement, nous rencontrâmes le corsaire dont on nous avait parlé : c'était un petit sloop armé de deux canons sur pivot, et monté de vingt-cinq hommes d'équipage, tous Italiens, ainsi que leur capitaine, et ressemblant assez à ces brigands, si bien décrits dans les romans, à cette classe d'hommes disposés à tout faire, pour un peu d'argent; en un mot, ils ne m'inspiraient pas de confiance. J'allai, pourtant, trouver le capitaine; et, après quelques difficultés de sa part sur le prix, je convins avec lui qu'il nous convoierait jusqu'à Buenos-Ayres, pour trois cents piastres. Il nous prévint que nous partirions le soir même; et, en attendant, je fus au village du Baradero, que je trouvai tel que je l'ai décrit dans mon premier voyage par le même chenal[1]; il a été fondé en 1780 par les Espagnols, et la population, en comptant celle des campagnes qui en dépendent, peut s'élever à mille habitans, presque tous fermiers ou Gauchos. 1828. Baradero.

Vers le soir, le corsaire nous annonça qu'il allait mettre à la voile. Nous nous disposâmes et partîmes. Le jour nous accompagna jusqu'à l'embouchure du Baradero dans le *Riacho de las Palmas*, où une nuit sombre nous fit craindre de perdre de vue notre escorte. La navigation nocturne, lorsqu'on sait être exposé à des dangers, a quelque chose de triste : chaque arbre inspire la terreur; aussi les passagers étaient-ils intimidés au point que tout les effrayait. Nous arrivâmes enfin à la *Boca de las Palmas* (l'embouchure de las Palmas). L'Itaty toucha et ne put avancer; d'ailleurs sa destination était à Buenos-Ayres, et non pas à las Conchas (les Coquilles), où voulait aller le corsaire. Il nous en prévint en nous offrant, moyennant le prix d'un nouveau passage (hospitalité digne de sa profession), de nous conduire à ce village avec nos effets. En restant sur la sumaque, nous courions le risque d'être pris par les Brésiliens, qui rôdaient toujours aux environs. Nous nous décidâmes à nous fier au corsaire; et je fis encore trans-

1. Voyez partie historique, t. 1, chap. V, pag. 94.

1828. porter mes collections à son bord, opération qui n'était pas facile au milieu
Las Palmas. de la nuit et avec de petites embarcations. Nous partîmes pour suivre les détours sans nombre des canaux multipliés qui séparent une multitude de petites îles boisées, de marais également boisés qui tiennent à la terre ferme. Ces canaux sont étroits, sombres; tout y était calme et effrayant. On gardait le plus profond silence : chacun était livré à ses réflexions, et je reconnus que les commerçans avaient alors plus de peur des corsaires qu'ils n'en avaient eu des pirates; l'un d'eux me communiqua ses craintes. J'avoue que leurs figures n'étaient pas plus rassurantes que leur conversation; ils ne parlaient que de piller, de tuer, et les passagers se vouaient à tous les saints, pour échapper à la mort; car, toutes les fois que l'équipage s'approchait de la caisse d'armes, qui était sur le pont, ils s'attendaient à le voir tomber sur eux pour les jeter à l'eau, au milieu de ces lieux sauvages. Cette navigation dura plus de trois heures, qui nous parurent à tous bien longues; car, moi-même, je ne me fiais guère à nos hôtes; mais je ne communiquais mes appréhensions à personne, affectant, au contraire, de causer avec le capitaine. Avec quel plaisir je vis que nous arrivions au milieu des nombreux navires entassés à las Conchas! on s'amarra à d'autres barques, et le capitaine descendit à terre; quant à nous, nous jugeâmes à propos de nous arrêter sur le navire où nous étions, pour que rien ne fût débarqué avant le lendemain. Cette nuit-là fut au moins aussi mauvaise que la dernière; mais je me consolais par l'idée d'être enfin au port, après tant de traverses.

30 Mai. Le 30 Mai, dès l'aurore, je songeai à me procurer des charrettes, pour transporter mes collections à Buenos-Ayres: la chose n'était pas trop facile; cependant, en payant un peu cher, j'en eus d'assurées pour le même jour. Il me restait six lieues à franchir pour arriver à la capitale, où je devais goûter le repos dont j'avais si grand besoin; mais ce trajet, quoique si court, n'était pas encore bien sûr; car, journellement, on pillait et l'on volait sur cette route, de sorte que je voulus escorter armé mes charrettes. Pendant qu'on réunissait les bœufs, je parcourus le village de las Conchas : c'est, pour l'aspect, un de ces jolis hameaux des rives de la Seine, qu'on aurait transporté le long du ruisseau de las Conchas; il se compose seulement de maisons où l'on vend diverses denrées et des boissons aux nombreux matelots qui s'y réunissent. Une ligne de navires occupait les rives fangeuses du canal, sur lequel sont situées les habitations, placées, sans ordre, au milieu de jardins, de bois et de terrains inondés, lors des grandes marées de la Plata, à tel point qu'alors on est souvent obligé d'aller en bateau d'une

maison à l'autre. Je voyais le village dans son plus mauvais moment; la plupart des arbres étaient dépouillés de leurs feuilles, et l'ensemble était des plus triste. Je l'ai revu plus tard au printemps, et je l'ai trouvé bien différent; tout, à cette dernière époque, y annonçait la vie et il offrait un séjour enchanteur. Je le parcourus pendant plus d'une heure; c'était beaucoup plus de temps qu'il ne m'en fallait pour le connaître. Enfin mes charrettes arrivèrent. Je les fis charger, et je partis, tout entier à leur surveillance. Leur contenu m'avait coûté si cher, par suite des fatigues éprouvées et des périls que j'avais courus, pour le sauver! J'avais fait tant de dépenses pour arriver jusque-là! Ces transports divers, ces transbordemens continuels avaient quintuplé les frais de ce voyage. Heureux encore de n'avoir rien perdu! Le souvenir de toutes ces contrariétés m'absorbait tellement, que je n'admirais guère les campagnes que je parcourais. Je laissai promptement les terrains bas de las Conchas, et j'arrivai sur les terrains argileux, en partie nus ou plantés de petits bois de pêchers, qu'on ménage seulement pour le bois de chauffage qu'ils produisent. Je vis, sur la gauche, le bourg de San-Fernando, ou le port *del Tigre,* qui se dessine au-dessous de la falaise; et, plus loin, celui de *San-Isidro.* La route est partout habitée. Ici des pulperias ou auberges la garnissent; là, s'étend un village entouré de vergers. Partout se voient des Gauchos à cheval, à l'air rébarbatif, au regard insolent et scrutateur. Je passai par le village de *los Olivos* (les Oliviers), et j'aperçus les clochers de la capitale Argentine, dans laquelle j'entrai quelques instans après, ayant employé quarante-deux jours pour un trajet qui se fait ordinairement en quinze ou vingt.

1828

Las Conchas.

CHAPITRE XIII.

Coup d'œil historique sur Buenos-Ayres, et séjour dans cette ville.

§. 1.er

Coup d'œil sur l'histoire de Buenos-Ayres.

1828. Buenos-Ayres.

Avant de suivre les événemens politiques qui se sont passés sous mes yeux, pendant mon séjour à Buenos-Ayres, je crois devoir faire connaître cette ville sous le point de vue de son histoire; ce qui pourra éclairer mes lecteurs sur les causes des mouvemens politiques qu'ils savent avoir lieu journellement au sein de cette malheureuse république Argentine, qui, en 1824, paraissait vouloir rivaliser avec nos cités antiques, par des établissemens de tout genre destinés à former une génération savante, et qui est tombée, tout à coup, du despotisme dans l'anarchie.

Quelques années après la découverte de la côte du Brésil par les frères Pinzon, l'un d'eux, Don Vicente Yanes[1] Pinzon, découvrit la Plata, en 1509, accompagné de Jean Dias de Solis, c'est-à-dire que, suivant les côtes, jusqu'au 40.e degré sud, il reconnut une large interruption que, sept ans après, Solis revit seul, et nomma Rio de Solis, nom qui remplaça celui de *Parana guaçu,* donné par les Guaranis, et qui fut, lors d'une expédition commandée par Gaboto, changé en *Rio de la Plata* (rivière d'argent). La première expédition dans la Plata ne laissa aucune colonie. La seconde, celle de Gaboto, en 1526[2], en laissa plusieurs, entr'autres le fort de Santi-Espiritu, dont j'ai eu l'occasion de parler. Le peu d'argent que Gaboto obtint des Indiens du nord du Paraguay, lui fit pardonner de n'avoir pas atteint le but de son voyage; car il devait doubler le cap Horn; et il fit un tel bruit de ses découvertes, que l'on envoya une nouvelle expédition sous les

1. Tous ces renseignemens sont tirés des anciens auteurs espagnols et français, tels que Herrera, Decadas, Charlevoix, Padre Lozano, etc.; et, pour l'histoire plus moderne, jusqu'à 1810, de la *Historia del Paraguay,* par Funes.

2. Sébastien Gaboto, ou Gabot, Vénitien, chargé par l'Espagne de suivre les traces de Magallanes, de doubler l'extrémité sud de l'Amérique, pour chercher les pays d'Ophir et de Tarsis, d'où Salomon avait tiré tant de richesses (idées de cette époque), fut forcé par son équipage d'aller reconnaître la rivière découverte par Solis.

ordres de Mendoza, à qui l'on avait donné le titre d'*Adelantado del Rio de la Plata*, en étendant sa juridiction jusques aux concessions accordées à Almagro au Chili, et à Pizarro au Pérou. Cette expédition, peut-être la plus considérable qui ait été dirigée en Amérique, se composait de 3000 hommes d'armes, avec leurs femmes et leurs enfans, sans compter l'équipage de onze vaisseaux; Mendoza jeta les premiers fondemens de Buenos-Ayres, le 2 Février 1535. Il le nomma la *Santissima Trinidad* (la très-sainte Trinité), et son port fut appelé *Puerto de Buenos-Ayres.* Les naturels qui s'y trouvaient étaient les *Querandis*[1], nation habituée à une vie errante et à la chasse. Ils reçurent d'abord les Espagnols avec affabilité, attirés par des présens qu'ils en obtinrent; mais bientôt, lassés de pourvoir à la subsistance de tant d'hommes, ils se retirèrent à quatre lieues de là. Mendoza, avec des paroles d'amitié, les envoya prier de revenir et de continuer leur service; mais l'envoyé crut qu'il convenait mieux à la dignité espagnole de commander que de supplier. Il réclama impérieusement. Les Indiens maltraitèrent les députés, et commencèrent les hostilités en tuant quelques fourrageurs; Mendoza voulut venger cet affront. Il marcha avec ses troupes, et trouva les Indiens à trois lieues de la ville. Ceux-ci refusèrent des paroles de paix, se disposèrent au combat, et attaquèrent les Espagnols avec cette fureur qu'ils conservent encore aujourd'hui: la bataille fut sanglante, et les meilleurs officiers de Mendoza y périrent[2]. Pour surcroît d'embarras, la désunion se mit parmi eux, et Medrano fut tué dans son lit à coups de poignard. Peu après, Mendoza envoya deux détachemens, l'un avec Ayolas, à la découverte; et un autre, sous un second chef, à la recherche de vivres. Quarante jours s'étaient déjà passés sans nouvelles, et Mendoza était sur le point de retourner en Espagne, lorsqu'Ayolas lui fit parvenir des vivres de *Corpus Christi*. D'un autre côté, tous les Indiens des Pampas, réunis au nombre de vingt-trois mille[3], vinrent mettre le siége devant la ville naissante. Ils furent repoussés par l'artillerie; mais ils lancèrent des

1828.

Buenos-Ayres.

1. D'après les renseignemens que j'ai pu obtenir, cette nation était la même que celle des Puelches, qui habitent aujourd'hui entre le Rio Colorado et le Rio Negro, en Patagonie, ou bien l'une des nombreuses tribus des Araucanos des Pampas. Belliqueuse et fière, comme toutes celles des plaines du sud, elle n'était pas disposée à obéir servilement comme les nations des Andes, les Incas ou les Guaranis du centre de l'Amérique. Elle défend encore l'indépendance qu'on voulait lui enlever, il y a trois siècles. Elle habitait, alors, depuis la Plata jusqu'aux montagnes du Tandil.

2. Padre Lozano, *libro primero, cap. tercero.*

3. Funes, *Historia del Paraguay*, t. I, p. 35.

1828. flèches munies de matières combustibles, qui mirent bientôt le feu aux toits de paille de la ville; et, en même temps, brûlèrent les navires stationnant à la Boca. Les Indiens furent enfin repoussés. Mendoza, emmenant avec lui quatre cents hommes, abandonna Buenos-Ayres, pour remonter le Parana. C'est à cette époque qu'eut lieu la fameuse aventure de cette Maldonada, répétée, sans la moindre expression de doute, par tous les premiers historiens : sortie de Buenos-Ayres, pour chercher une nourriture qu'elle ne trouvait pas, elle se retira à l'entrée de la nuit dans une grotte, où elle rencontra une lionne terrible [1], prête à mettre bas; elle la délivra, et cet animal, par reconnaissance, la nourrit pendant quelque temps. Maldonada se retira parmi les Indiens, et l'un d'eux l'épousa. Elle leur fut postérieurement enlevée, et le féroce Ruiz de Galan, habitué aux crimes, la fit attacher à un arbre, hors de la cité, pour qu'elle y mourût de faim ou dévorée par les bêtes féroces; mais, deux jours après, des Espagnols, ayant été voir si elle vivait encore, rencontrèrent la lionne et les lionceaux qui la gardaient, et la laissèrent détacher sans faire aucun mal aux survenans.

Buenos-Ayres.

En 1539 les Indiens attaquèrent de nouveau; ils étaient sur le point de prendre la ville, lorsque l'apparition de deux navires éloigna une dernière défaite, qui eut lieu bientôt; car, la même année [2], on abandonna la colonie, ainsi que les chevaux et les jumens qui s'y trouvaient; et ses malheureux restes allèrent augmenter d'autant la population naissante de l'Asompcion du Paraguay. Cette province, tour à tour enviée par les partis, resta, malgré les revers, florissante jusqu'au moment où l'on songea à relever Buenos-Ayres. Juan de Garay, après avoir fondé San-Salvador, sur la rive orientale de la Plata, apprit que la discorde existait entre les nations sauvages du sud du même fleuve; il voulut en profiter. Il se rendit au port de Buenos-Ayres, avec soixante hommes, et s'occupa aussitôt à rebâtir la ville; ouvrage qui fut commencé le 11 Juin 1580. Ce général sut gagner l'affection

1. La meilleure preuve que cette histoire n'est qu'une fiction inventée par les premiers historiens, c'est que le terrain ne permet pas de supposer qu'il y eût aucune grotte aux environs de Buenos-Ayres, et que, d'ailleurs, il n'y a pas de lions dans ces contrées. Les seuls animaux féroces sont les jaguars et le cougouar. Ce dernier a reçu le nom de *Leon* par les Espagnols, et pourrait avoir servi de motif à cette fable, sans que ce qu'on lui attribue doive être admis.

2. Les auteurs varient sur l'époque de cet abandon. Je rapporte ici les différentes dates données par eux. Funes, *Historia del Paraguay*, la met en 1539; Charlevoix indique aussi 1539, t. 1, p. 48. Autant en fait Azara. *La Quya del forastero* de Buenos-Ayres donne 1541, ainsi que les Almanachs de Buenos-Ayres; mais je crois que cette date est celle du départ de l'équipage des navires restés quelque temps sur les ruines.

de quelques tribus voisines, et déploya une telle activité que, deux ans après, il était en mesure contre les attaques des Indiens, plus que ne l'avaient été les trois mille hommes de la première tentative, qui n'avaient peut-être pas autant d'expérience, et ne pouvaient pas déployer autant de prudence. Ceci n'empêcha pas les Indiens querandis de se joindre aux nations voisines, et de venir en nombre, en 1582, attaquer les Espagnols; mais Garay avait tout prévu; et, quoique désirant surtout la paix, il se prépara au combat. Il put même faire un tel carnage des Indiens, que le nom de Matanza est resté, jusqu'à présent, à ce champ de bataille, situé près de Barracas, sur le Riachuelo. Cette première victoire affermit la colonie naissante, et le général Garay crut qu'il pouvait aller au Paraguay, jouir de ce qu'il venait de faire, et revoir sa ville de Santa-Fe; mais, en s'y rendant, couchant à terre sur la rive orientale du Parana, dans la province aujourd'hui d'Entre-rios, il fut surpris et tué par les Indiens minuans. La bravoure dont il avait donné l'exemple aux autres colons fut bientôt mise à l'épreuve. Les royaumes d'Europe, jaloux des possessions étendues des Espagnols, voulurent aussi faire des conquêtes. Le corsaire anglais Edward Fontano, vint attaquer la ville, l'année même de la mort de Garay (1582); mais ce fut en vain. Il en fut de même du projet d'attaque du fameux pirate anglais Thomas Cavendich, en 1587. Buenos-Ayres prit, en même temps, de l'accroissement et de la puissance; il ne devait plus craindre pour l'avenir.

1828. Buenos-Ayres.

La province fut, en 1620, séparée du Paraguay, sous la dépendance duquel elle avait toujours été jusqu'alors; car il était ridicule qu'un port dépendît d'une capitale distante de trois cent quatre-vingt-dix lieues; et Buenos-Ayres devint la capitale du Rio de la Plata. L'année suivante, son premier évêque prit possession du nouveau siége. Ce fut, pour ainsi dire, en même temps que l'on commença à réduire les Indiens des bords de l'Uruguay. Buenos-Ayres eut une douane, établie en 1623; et dès-lors la succursale, existant à Cordova, servit au transport de l'argent et de l'or du Pérou à Buenos-Ayres. Cinq ans après (1628), les Hollandais de Bahia au Brésil, voulurent aussi essayer de s'emparer de Buenos-Ayres; mais les préparatifs de résistance qu'ils y trouvèrent les empêchèrent de faire des tentatives directes; ils se contentèrent de jeter des proclamations de liberté qui n'eurent aucun succès. Deux siècles encore devaient s'écouler avant que ces idées pussent se présenter et sourire à l'imagination de l'Américain du Sud; il resta long-temps tranquille possesseur de la capitale Argentine, sans qu'il s'y passât rien de remarquable. Les Anglais, les Hollandais avaient fait leurs efforts pour descendre à Buenos-Ayres. La France était restée

1828. Buenos-Ayres.

jusqu'en 1658 simple spectatrice de ces mouvemens. A cette époque, Louis le Grand, au milieu de ses vastes entreprises, fit équiper, pour attaquer la cité, des bâtimens aux ordres d'Osmat, connu sous le nom de Chevalier de la Fontaine; mais, après un combat dans lequel il périt beaucoup de monde de part et d'autre, le chef de l'expédition et le vaisseau qu'il montait furent pris, et les deux autres retournèrent en France, en fort mauvais état. Cette victoire, ainsi que l'augmentation de la ville, la firent considérer comme un point des plus important; en 1663, on y créa une audience: et, dès-lors, elle prit rang parmi les premières places de ce continent. Deux ans après fut fondé le premier village voisin, celui de los Quilmes, situé à trois lieues au sud; ce village se composa des restes de la nation du même nom, qu'on amena de la province de Tucuman, auprès de laquelle elle existait[1]. La ville de Buenos-Ayres s'était tellement accrue que, bientôt, elle fut en état d'envoyer des troupes sur la rive opposée, pour en chasser les Portugais, qui voulaient s'y établir. En 1698, dix-neuf ans après la première tentative de descente à Buenos-Ayres, qui leur avait si mal réussi, les Français en firent une seconde; mais ils furent encore vaincus; et les Danois ne furent pas plus heureux dans un essai fait l'année suivante.

Au commencement de 1701, on créa, dans Buenos-Ayres, le premier hôpital d'hommes; et celui de femmes le fut en 1727; tandis que l'institution des enfans trouvés n'arriva que beaucoup plus tard. Les frontières entre Buenos-Ayres et les possessions portugaises avaient, pour ainsi dire, toujours été indécises; et des guerres cruelles y avaient lieu tous les jours. Les deux gouvernemens voulurent enfin terminer ces querelles; en conséquence l'Espagne et le Portugal y envoyèrent, en 1755, les premiers commissaires des limites, chargés de fixer les lignes de démarcation; mais ces lignes ne furent jamais arrêtées, jusqu'à la chute de l'Espagne; et, même sous la dépendance des républiques actuelles, elles ne sont pas encore bien établies.

Le commerce de la Plata, quoique restreint à deux navires par an, en vertu d'une ordonnance de 1618, n'en était pas moins actif. Le Paraguay et le Haut-Pérou versaient leurs denrées à Buenos-Ayres, qui en retirait les plus grands avantages. Les provenances du pays avaient été, jusqu'alors, exemptées de droits; mais cette plaie des gouvernemens ne tarda pas à s'introduire à Buenos-Ayres. Une régie fut établie pour le tabac en poudre, qui devait venir de

1. Dans ce village, aujourd'hui entièrement peuplé de créoles blancs ou métis, il serait bien difficile de trouver des traces de cette même nation quilmes. La langue primitive même y fut presque aussitôt oubliée, par suite du mélange.

Séville ou de la Havane, quoiqu'au Paraguay cette plante donnât les meilleurs produits. Cet impôt fit d'abord beaucoup crier; puis on s'y habitua, comme partout; d'ailleurs, ces droits ne portaient que sur les consommateurs; car le commerce de tabac en feuilles était encore permis au Paraguay. Les choses s'amélioraient même à un tel point que, lors d'une nouvelle attaque générale des Indiens, en 1762, les habitans, jusqu'alors chargés en personne de la défense, furent remplacés par des troupes de ligne composées de cavalerie et d'infanterie, à la solde de la municipalité; c'était déjà un grand pas de franchi. Cinq ans après eut lieu, sous le gouvernement de Bucareli, l'expulsion des Jésuites, dans toutes les parties de son gouvernement, ce qui porta un coup funeste au commerce, et, en même temps, aux propriétaires ecclésiastiques; mais on oublia bientôt cette mesure, lorsque Buenos-Ayres, pour couronner sa position, se vit la rivale de la Ville des rois, de Lima. Elle fut, en 1776, érigée en vice-royauté, et sa juridiction comprit le Haut-Pérou (Bolivia d'aujourd'hui), le Paraguay et toutes les autres provinces au sud-est de la Cordillère des Andes; dès-lors, le Haut-Pérou reçut ses marchandises par terre de Buenos-Ayres, et y envoya ses richesses en or et en argent, pour être expédiées en Europe. On sent combien Buenos-Ayres dut prospérer: ce fut bientôt une cité populeuse, une capitale de royaume; ses rues s'ornèrent de maisons spacieuses, qui, néanmoins, laissaient encore désirer un perfectionnement. Elles étaient bien percées et munies de trottoirs en briques; mais le milieu en était toujours sans pavé, sale, boueux; on sentait le besoin de remédier à cet inconvénient: les terrains des environs étant peu propices à ces vues, on eut recours aux terrains granitiques de la rive opposée, et l'on alla chercher des matériaux à l'île de Martin Garcia, le seul lieu des environs qui pût en fournir. Buenos-Ayres commença en 1794, sous le gouvernement d'Aredondo, à devenir en tout une grande ville. La vaccine y fut introduite en 1805: elle ne trouva pas autant de difficultés à vaincre parmi les habitans qu'elle en a éprouvé en France; les habitans s'emparèrent de ce préservatif avec enthousiasme, et les hommes même de la campagne firent vacciner les enfans. La manière dont on l'introduisit montre pour les Américains une tendre sollicitude peu habituelle chez les rois d'Espagne. Charles IV voulut que son premier médecin, Don Francisco Balmis, allât lui-même porter cette bienfaisante découverte; et, pour que l'expédition ne manquât pas son but, on embarqua un grand nombre d'enfans, aux bras desquels on conservait soigneusement le vaccin, parce que la frégate devait visiter tout le Mexique et la Colombie, avant de venir à Buenos-Ayres. Ce ne fut, en effet, que deux ans après son départ d'Europe, que la vaccine

1828.

Buenos-Ayres.

1828 vint répandre ses bienfaits dans la vice-royauté de la Plata. Il faut se représenter les ravages que faisait la petite vérole parmi les créoles, par ceux qu'elle fait parmi les indigènes privés du préservatif, pour se rendre compte des transports d'allégresse avec lesquels on le reçut à Buenos-Ayres. Il y fut apporté par une négresse esclave de Montevideo; on rendit de suite la liberté à cette négresse, et l'on parle encore aujourd'hui de cette époque, comme de celle d'une régénérescence complète.

Buenos-Ayres.

Jusque-là Buenos-Ayres, sauf les premières guerres de la conquête lors de sa fondation, n'avait jamais été habituée à voir son sol le théâtre de la guerre. Le vice-roi *Sobremonte* était un homme pusillanime, enflé d'orgueil, et sans aucune capacité. Il savait qu'une escadre anglaise avait été aperçue dans la Plata; il s'en inquiéta peu, disant que ce devaient être des contrebandiers. Le 25 Juin 1806, le commodore Home Popham fit opérer un débarquement, et envoya 15 à 1600 hommes, sous les ordres de Beresford, pour attaquer une ville dont la population était de 40,000 habitans. Buenos-Ayres ne put lui opposer que quatre cents miliciens à cheval, mal équipés et peu disciplinés; ceux-ci ne devaient faire qu'une faible résistance. En effet, ils se retirèrent, après quelques coups de fusils, tirés de part et d'autre, et la ville fut obligée de capituler; mais, dès que le vainqueur se vit en possession de la cité, il voulut y dicter des lois. Il manqua aux traités, s'appropria le trésor, qu'il expédia en Angleterre; et, par tous les moyens possibles, avilit et déshonora la conquête.

Le vice-roi, au lieu de chercher à secouer le joug des étrangers, partit pour Cordova, où il eut encore l'audacieuse prétention de faire chanter un *Te Deum*, pour célébrer son arrivée. Cependant un Français, Liniers, capitaine de vaisseau au service de l'Espagne, cherchait à suppléer à la nullité du gouverneur. Il passa dans la Banda oriental, appela les milices de la Colonia, montant à six cents hommes bien armés et bien exhortés par le gouverneur de cette place. A ceux-ci s'en joignirent cent autres complétement équipés du prix d'une souscription ouverte par une femme, Dona Francisca Huet. D'un autre côté, les habitans des environs de Buenos-Ayres se rassemblaient; déjà trois cents hommes, sous les ordres de Puiredon, marchaient contre les Anglais, que les habitans de Buenos-Ayres voyaient avec d'autant plus de peine qu'ils unissaient contre eux, à l'aversion ordinaire des Espagnols contre tout étranger, celle que leur inspirait le fanatisme. Les Anglais, à leurs yeux, étaient des *barbaros* (barbares)[1],

1. Qualification par laquelle on désigne, le plus souvent, tous ceux qui ne sont pas catholiques.

des impies; les ecclésiastiques augmentaient cette aversion naturelle, en leur reprochant des sacriléges. La superstition allait si loin que les femmes étaient persuadées que les Anglais *avaient des queues comme le diable*, conviction long-temps maintenue, qui n'a disparu qu'à l'époque des premières alliances entre Anglais et Argentines. Alors Liniers, avec ses troupes, auxquelles se rallièrent trois cents hommes de mer des navires espagnols, les attaqua; il y eut plusieurs combats, dans lesquels les Anglais furent vaincus. Ils se retirèrent dans la place de la Victoria, d'où ils furent encore chassés par la bravoure du capitaine Liniers; ils se réfugièrent dans le fort, et là se virent contraints de poser les armes devant les Espagnols. L'enthousiasme fut tel, pendant cette affaire, qu'une femme combattit à côté de son mari, et qu'un enfant manœuvra long-temps une pièce de canon.

Lorsque Sobremonte apprit l'événement, il se mit en marche avec trois mille hommes; il ne fut pas reçu et se retira à Montevideo. L'action qui avait eu lieu, et la crainte de nouvelles attaques, firent que Liniers voulut organiser une espèce de garde nationale, divisée par provinces. Cette première victoire avait révélé aux créoles le secret de leur puissance ignorée jusqu'alors, ou endormie, sous une aveugle servitude. Ils sentirent ce qu'ils pouvaient faire dans la suite, et leurs forces personnelles étaient connues. Ils savaient que Napoléon avait envahi l'Espagne; mais ils ne savaient encore ce qu'ils avaient à faire eux-mêmes.

Cependant le commodore Popham croisait sans cesse dans la Plata, se recrutant, de jour en jour, de renforts partiels. Il osa enfin attaquer, et parvint à prendre Montevideo. Il entrait, alors, dans la politique des Anglais, à l'instant où les colons étaient dans l'indécision la plus grande, d'être les premiers à briguer l'alliance de peuples qu'ils supposaient avoir besoin d'appui extérieur, pour se former en nation; mais ils n'avaient pas calculé ce que peut la différence de religion chez des hommes fanatisés et encore si peu instruits, et ils s'aventurèrent en vain. Ils voulurent attaquer de nouveau Buenos-Ayres; ils débarquèrent, le 3 Juillet 1807, au nombre de dix mille, sous les ordres du général Whitelock, pendant que le feu de leurs vaisseaux protégeait leur descente. De suite Liniers fit retirer le détachement des Quilmes et des Olivos, et trouva tous ses soldats remplis de courage, ainsi que tous les habitans. Ce premier élan de bravoure avait même passé chez les femmes. Les deux armées, en présence près du Riachuelo, cherchèrent à se surprendre; elles se livrèrent bataille. Les troupes de Buenos-Ayres furent momentanément repoussées et se retirèrent dans la place où, en réponse aux

1828. Buenos-Ayres. propositions de capitulation du chef anglais, toutes les mesures furent prises pour une défense obstinée. L'armée anglaise se forma de nouveau; mais les escarmouches de guerillas la harcelaient d'une manière extraordinaire, lui tuant beaucoup de monde sans qu'elle pût y remédier. Les troupes ayant entouré la ville, Whitelock leur intima l'ordre de se rendre le 5; cette journée pourtant coûta cher aux Anglais. Ils avaient pénétré dans l'intérieur sur trois colonnes; ils furent reçus partout avec une bravoure poussée jusqu'à la témérité. Les rues furent bientôt jonchées de cadavres; et, plus la lutte devenait opiniâtre, plus le courage augmentait chez les habitans. Les hommes ne combattaient pas seuls; on voyait les femmes, du haut des terrasses, faire pleuvoir, sur la tête des Anglais, une grêle de briques et d'autres projectiles. Assaillis de tous les côtés, ceux-ci furent obligés de se retrancher dans les églises, où ils furent bloqués et contraints à capituler, sur la sommation de Liniers, qui leur imposa pour condition le rembarquement de leurs troupes et l'évacuation de Montevideo. Ce traité fut signé le 7 Juin; et, comme le dit l'historien espagnol Funes, qui raconte l'affaire avec tous les détails désirables[1], le plus grand avantage qu'elle procura aux Argentins, fut celui de les faire se connaître eux-mêmes.

Les choses en étaient-là à Buenos-Ayres; on s'y défendait contre l'étranger, sans savoir à quel gouvernement on pourrait appartenir, lorsqu'eut lieu, en 1808, l'abdication de Charles IV, roi d'Espagne, en faveur de son fils; plus tard, protestation de la part de Charles; et, de plus, ordre à Ferdinand de renoncer à la couronne, qui passa immédiatement sur la tête de Napoléon; et, de la tête de Napoléon, sur celle de son frère Joseph, à qui les députés prêtèrent serment. On reçut, au commencement d'Août, les lettres qui annonçaient que Ferdinand VII succédait au trône; en conséquence Liniers expédia les ordres nécessaires pour que fût prêté le serment de fidélité au nouveau roi. La cérémonie fut fixée au 31 du même mois. Les affaires étaient en cet état, lorsque le 13, M. Saumay, émissaire de Napoléon, se présenta à Buenos-Ayres, avec des dépêches adressées à Liniers et aux autres chefs. Liniers, en raison du caractère soupçonneux des Espagnols, avait, comme Français, beaucoup de ménagemens à garder auprès d'eux, pour prouver aux Argentins que sa naissance n'influait en rien sur sa conduite. Il réunit les autorités; et, en leur présence, on lut les dépêches dans lesquelles Napoléon faisait connaître ses intentions, et demandait l'obéissance pour le nouveau roi d'Espagne. La plus vive indignation se manifesta, dans cette réunion, contre les projets de l'émissaire; on décida à l'unanimité

1. Funes, *Ensayo de la historia civil del Paraguay*, etc., t. III, p. 441.

qu'il serait immédiatement renvoyé. L'audience approuva cette mesure, et le serment de fidélité à Ferdinand VII fut décidé pour le 21. La cérémonie eut lieu avec pompe, et l'on cacha soigneusement au peuple l'arrivée de l'émissaire français. Le 23 du même mois se présenta le brigadier Goyoneche, qui a joué un si grand rôle dans les affaires d'Amérique, où, quoique Américain, il combattit toujours contre son pays, en faveur de l'Espagne. Il était envoyé par la junte de Séville; il avait été bonapartiste à Madrid, ferdinandiste à Séville, aristocrate à Montevideo, où il fomenta l'insubordination, et devint royaliste à Buenos-Ayres.

D'un autre côté, Elio, gouverneur de Montevideo, en voulait à Liniers, parce qu'il était Français : l'audience de Buenos-Ayres le cita à sa barre; mais, secouant le joug, il ne voulut pas obéir. Liniers l'envoya prendre de force; Elio forma un nouveau cabildo, et se déclara indépendant de la capitale. C'étaient les premières idées qui fussent venues faire entrevoir les commotions qui allaient agiter l'Amérique entière. Elio se mit sous la protection du Portugal, qui, alors, cherchait à s'emparer de toutes les provinces de la Plata. En 1809, des partisans d'Elio se présentèrent, le 1.er Janvier, pour demander un gouvernement de junte; une partie du peuple se déclara pour eux. Liniers, afin d'arrêter les intrigues, proposa de donner sa démission en faveur de la personne choisie par le peuple; elles furent en effet momentanément suspendues. On exila en Patagonie cinq des chefs des mécontens; et, cependant, sans aucun doute d'après les fausses imputations d'Elio près de la junte de Séville, celle-ci nomma Cisneros vice-roi, à la place de Liniers, auquel on donna quelques titres honorifiques; Elio fut nommé sous-inspecteur général; avant l'arrivée du nouveau vice-roi, il envoya chercher, en Patagonie, les exilés politiques; il les fit amener à Montevideo; et, lors de l'arrivée de Cisneros, il sut si bien arranger les choses, qu'il le mit tout à fait dans son parti contre Liniers[1]; de telle manière que Cisneros obligea celui-ci à venir, tant il avait de crainte, lui rendre la vice-royauté à la Colonia del Sacramento; après quoi, il entra à Buenos-Ayres, où il gouverna au milieu du conflit des passions.

Vers le 19 Mai 1810, Cisneros, ayant appris que les Français possédaient toute l'Espagne, perdit la tête; et, dans son trouble, proposa une représentation nationale.

1. Cet homme intègre fut bien mal payé de ses services. Victime de la vengeance des partis, il mourut lâchement assassiné.

1828. Buenos-Ayres.

Un parti d'indépendans travaillait secrètement à la liberté de son pays; ces patriotes connaissaient déjà leurs droits; pour eux, ils sacrifient leur vie, leur fortune; sans forces, ils osent braver le pouvoir du vice-roi; sans expérience, ils trouvent les moyens d'endormir la vigilance des ministres; sans argent, ils s'assurent la coopération de l'armée; et sans autorité, ils obtiennent l'assentiment général; enfin, dans une réunion de neuf individus, revêtus des pouvoirs du parti, le 25 de Mai 1810, ils remplacent le vice-roi, et jettent hardiment le cri de liberté; ce cri qui, résonnant et trouvant de l'écho depuis les plaines des Pampas jusqu'au sommet des Andes, embrasa, bientôt, de guerres cruelles, le sol américain, et renouvela des scènes oubliées depuis les temps orageux de la conquête.

Les membres les plus récalcitrans de l'audience furent envoyés aux Canaries, avec Cisneros, pendant que tous les chefs des provinces réunissaient leurs forces impuissantes contre Buenos-Ayres. Cette capitale essayait de former une armée qui pût la réduire; cependant quelques-uns des anciennes autorités se réunissent pour aviser aux moyens de soutenir le parti de l'Espagne; de ce nombre était Liniers. Le gouvernement républicain découvrit ces coalitions; et tous les hommes compromis furent condamnés à mort; ce premier sang versé par le parti républicain, fut bientôt suivi de celui des chefs péruviens, après la bataille de Suipacha, gagnée en Octobre. Elio refuse de se soumettre au nouvel état de choses. La Banda oriental devient le théâtre des guerres civiles, entre lui et Artigas, et les troupes envoyées au Paraguay sont battues; l'étincelle avait enflammé les esprits. En Mai 1811, le Paraguay dépose ses chefs pour être libre; mais reste néanmoins indépendant de Buenos-Ayres.

Depuis lors, l'anarchie la plus complète régnait dans la malheureuse république Argentine. La capitale était en proie à des factions rivales, auxquelles tous les moyens d'exciter le désordre étaient bons. Les invectives s'y succédaient, et elle était dans l'état le plus déplorable; tandis que des batailles sanglantes se livraient contre les Espagnols dans les provinces de l'intérieur, telles que celle de Montevideo, par Artigas, en 1812; et la même année, celle que les républicains gagnèrent à Tucuman. A la même époque les Espagnols, réunis à Buenos-Ayres, conspirent sa perte, par les instigations d'Alzaga[1]; il s'agissait de faire tomber toutes les têtes des indépendans, et de ne laisser

1. L'historien Funes, t. III, p. 507, peint cet homme comme un assassin. Il est singulier de voir un de ses parens, en 1828, assassiner son ami pour lui enlever ce qu'il possédait et détruire des billets qu'il avait faits. Le crime était de famille.

vivre que les Espagnols de naissance. A l'instant de commettre ce crime, ils furent surpris les armes à la main, et tous fusillés. Les batailles se succédèrent rapidement. Buenos-Ayres se montra toujours pour la liberté: on peut citer les exploits de ses citoyens à Salta, en 1813; à Montevideo, en 1814. Dès 1812, on s'était reconnu fort arriéré pour le numéraire, et les dépenses étaient prises sur les propriétés de l'ennemi. Il serait trop long d'entrer, au sujet de l'état de Buenos-Ayres, dans des détails étendus sur les actions qui eurent lieu de part et d'autre; un congrès général, réuni à Tucuman, proclama, le 9 Juillet 1816[1], l'indépendance des Provinces-Unies du Rio de la Plata, qui fit incessamment des progrès; la lutte devint de jour en jour plus acharnée sur tous les points de l'Amérique méridionale, et le sang entre frères coula de toutes parts. On peut presque dire que les premières dix années ne furent qu'un combat jusqu'en 1820; époque, où l'anarchie la plus complète survint entre les provinces, qui formèrent autant de petits États distincts. On attribue ce mouvement insurrectionnel au projet de la France, de faire couronner le prince de Lucques, et de lui donner ce gouvernement. En 1821, la question d'un nouveau congrès général fut soulevée par la division des opinions sur la centralisation du pouvoir, ou sur son isolement; cette dernière idée prévalut, et l'on s'occupa d'organiser la constitution provinciale. A Buenos-Ayres, Mártin Rodriguez fut nommé gouverneur; et cette année amena une régénération pour la république Argentine. On dut les améliorations les plus grandes à l'expérience du ministre des affaires étrangères, Don Bernardino Rivadavia, et aux idées élevées qu'il avait empruntées à la civilisation de l'Europe, pendant un court séjour sur ce continent. On élut une chambre représentative, qui déclara l'inviolabilité des propriétés, proclama une loi d'oubli, et jeta les fondemens d'une loi de tolérance religieuse. L'instruction publique, surtout, reçut des perfectionnemens extraordinaires : on institua une université, divisée en six départemens, sciences sacrées, jurisprudence, médecine, sciences exactes, études préparatoires et premières lettres; on fonda un collége des sciences morales. On créa, dans tous les villages, des écoles primaires, dotées par l'État; on établit la liberté de la presse; on abolit les droits sur l'importation par terre; et l'on prit une foule d'autres mesures, tendant à faire de Buenos-Ayres un État bien constitué. En 1822, on y forma un tribunal, ainsi qu'une école de médecine.

1828.

Buenos-Ayres.

1. Ces renseignemens sont en partie tirés de Nuñes, dans son Esquisse de Buenos-Ayres, jusqu'en 1826 inclusivement, ainsi que des pièces et des renseignemens que j'ai trouvés moi-même à Buenos Ayres.

1828. Buenos-Ayres.

En 1820, Buenos-Ayres avait reçu un représentant commercial des États-Unis. En 1821, la république fut reconnue par Rio de Janeiro, quoiqu'avec des circonstances inquiétantes; car les troupes de cet empire étaient toujours à Montevideo; et, en 1823, les États-Unis reconnurent l'indépendance de la Plata, ainsi que l'Angleterre, qui y envoya un consul général. Des agens de l'Espagne se présentèrent aussi; mais seulement avec le pouvoir de conclure un traité de commerce, et de transmettre aux cortès la décision de Buenos-Ayres; mais non pas de reconnaître l'indépendance[1]. Ils étaient envoyés par les libéraux. L'absolutisme survenu rendit nulles toutes ces démarches. Cependant Buenos-Ayres avait souscrit vingt millions de piastres en faveur de l'Espagne, pour soutenir la cause constitutionnelle dans ce royaume, la même somme ayant été votée par la France pour la combattre. On sait que Buenos-Ayres était, à cette époque, bien loin de pouvoir en réaliser une aussi forte[2]. On fit, en faveur des orphelins, des lois qui instituaient une société de bienfaisance, qui devait avoir sur eux le droit de tutelle. On créa aussi une caisse d'épargne.

Dans cette année, on s'occupa de régler les véritables frontières de la république. On envoya des commissaires pour les limites vers le Paraguay, vers le Pérou, et, surtout, sur la ligne d'occupation des Brésiliens; on expédia au Brésil un chargé d'affaires, pour traiter la question de l'occupation; il exposa, dans un mémoire détaillé, tous les droits de Buenos-Ayres à la possession de Montevideo. Le ministre brésilien répondit, au commencement de 1824, qu'on n'avait incorporé Montevideo au Brésil que d'après le vœu formel de ses habitans; et que, par conséquent, l'État cisplatin (Banda oriental) lui appartenait de droit et de fait. Il s'y passa encore plusieurs choses intéressantes: on décréta à Buenos-Ayres la rédaction d'un bulletin des lois; et l'on institua une commission d'émigration pour tous les étrangers qui viendraient se fixer à Buenos-Ayres; institution très-sage dans

1. Voir la lettre d'Ignacio Nuñez à M. Parish, Esquisse de Buenos-Ayres, p. 50.

2. D'après les comptes mêmes du Ministre des finances, de 1822 à 1823, on voit bien une

balance qui donne pour revenus	4,931,386-4 piastres;
pour dépenses	4,931,386-4
Mais une seconde balance vint ensuite; c'est celle de mandats en circulation	349,792-1 ¼
fonds de la Trésorerie	330,311-7 ¾
Déficit	19,480-1 ½

le fond, et qui y amena beaucoup d'étrangers, auxquels on tint peu les promesses qu'on leur avait faites. Rivadavia donna sa démission de ministre; il est vrai, ne connaissant pas l'opinion, il espérait un poste plus élevé. Vers la fin de l'année, tandis qu'au Haut-Pérou le général Sucre se couvrait de gloire à la bataille d'Ayacucho, on s'occupait, à Buenos-Ayres, à consolider l'État. On parvint à réaliser l'installation d'un corps national en une chambre de représentans de toutes les Provinces-Unies du Rio de la Plata; dès-lors, il y eut une nation, et cette chambre s'occupa, d'abord, du recensement de chaque province, de l'administration provinciale, des impôts, des ressources. Dès que ce système politique fut établi, en 1825, on conclut un traité d'amitié, de commerce et de navigation avec l'Angleterre. Ce même traité amena, nécessairement, une loi sur la liberté des cultes; pouvait-on s'en dispenser, lorsqu'on permettait aux Anglais, par le traité, d'élever des temples pour leur religion? C'était un pas difficile à franchir, au milieu d'une nation encore fanatique; et c'est ce qui fit, par la suite, le plus de mal à Rivadavia, qui avait été créé gouverneur. Le gouvernement, sentant que la chambre des députés n'était pas assez nombreuse, prit un arrêté, en vertu duquel chaque province devait envoyer au congrès national un député par 7,500 habitans. De plus, s'il se trouvait une fraction égale à la moitié de la base désignée, on devait nommer un député en sus; et, quoique ce fût une république, les fortunes ne permettant pas toujours aux députés instruits de vivre loin de leur province, on leur assigna un traitement de deux mille cinq cents piastres (12,500 fr.), outre leurs frais de voyage, évalués, pour l'intérieur, à sept cent cinquante francs (150 piastres).

1828. Buenos-Ayres.

Depuis quelque temps l'empereur du Brésil, Don Pedro I.er, ne déguisait plus ses projets ambitieux. Il envoyait toujours, sous de vains prétextes de colonisation, des soldats étrangers à Montevideo; il paraissait même ne pas devoir s'arrêter à cette conquête, mais vouloir y réunir aussi celles d'Entre-rios et le Paraguay. Tout annonçait une guerre prochaine; cependant Buenos-Ayres, à peine guérie de ses récentes blessures, pouvait-elle, sans s'exposer à une ruine entière, se déclarer hostile à un État aussi formidable que le Brésil? La suite nous apprendra les risques qu'elle courait. Le général Lavalleja, de Montevideo, lassé de l'envahissement de sa patrie, partit de Buenos-Ayres, accompagné de trente-trois compagnons, pour la délivrer des Brésiliens; il se réunit au général Fructuoso Rivera. Une guerre sanglante commença; et, bientôt, la Banda oriental entière appartint aux indépendans; il ne restait plus aux Portugais que Montevideo et la Colonia; ce qui prouvait

1828 évidemment que l'adhésion des habitans leur avait été arrachée. Jusque-là, Buenos-Ayres. Buenos-Ayres n'y avait pris aucune part; mais son congrès général reçut du gouvernement provisoire de la Banda oriental, comme partie de l'union des provinces, une demande de secours, qui la décida à renforcer les lignes de frontières de l'Uruguay. En même temps, l'amiral brésilien vint demander des explications aux Argentins: on les lui refusa, comme n'étant pas revêtu de pouvoirs légaux; mais on lui promit d'envoyer à Rio de Janeiro un chargé d'affaires, pour traiter la question avec le Brésil. Cependant les Orientalistes gagnaient des batailles; et, sur le rapport de la victoire remportée au Durazno, par Lavalleja, le congrès général déclara, par un arrêté du 25 Octobre, qu'il prendrait part à la lutte, et l'annonça au ministre des affaires étrangères du Brésil. Il n'y eut d'autre réponse qu'une déclaration de guerre, qui fut acceptée à l'unanimité par le congrès de la Plata, le 1.er Janvier 1826. Rien de plus paternel que les réglemens du congrès pour les invalides de l'armée; ceux-ci devaient jouir de la solde entière de leur grade, le reste de leur vie; et les veuves des deux tiers de la solde de leurs maris, ou bien celles-ci étaient remplacées par leurs enfans. Toutes ces mesures auraient été exécutées, au moins en partie, si le gouvernement avait été stable; car ces promesses étaient faites de bonne foi.

La province de Cordova se fit remarquer par son empressement à fournir son contingent; il n'en fut pas ainsi des autres, qui restèrent neutres, et laissèrent, plus tard, peser tout le fardeau sur Buenos-Ayres. On s'occupa de l'organisation d'une marine, que l'on confia aux ordres du général Brown. J'avais vu, au reste, à mon premier passage, comment on formait cette marine par une *presse,* qui ramassait, de force, les citoyens paisibles, pour les envoyer à bord des vaisseaux. Vers le commencement de cette année, le congrès national établit une banque nationale des Provinces-Unies de la Plata; mais cette banque, à laquelle toutes devaient concourir, ne fut bientôt que de Buenos-Ayres seul; car elles retirèrent leurs fonds, déterminées par des craintes frivoles qu'excitaient les fédéraux, ce qui fit baisser, de suite, ses billets de cinquante pour cent. Les provinces, dès-lors, refusèrent de les recevoir, de sorte que la capitale seule supporta une charge aussi pesante. Les billets perdirent tellement que, les années suivantes, ils étaient à moins d'un dixième de leur valeur première. Le congrès nomma Rivadavia Président de la république, chargé du pouvoir exécutif. Il gouverna sagement; mais il voulut améliorer trop vite; seul tort qu'on ait à lui reprocher. Il prétendait faire prématurément de Buenos-Ayres une ville européenne; tandis que, quinze ans auparavant, elle était encore sous le joug de l'Espagne, sans compter que la métropole elle-même était soumise à des mesures mesquines, qui empêchaient les lumières de lui parvenir, si ce n'est par contrebande. On ne change pas l'état des choses d'une manière aussi brusque. Il y avait beaucoup de mécontens, le clergé, surtout, que Rivadavia avait froissé par la suppression des couvens, ainsi que par la diminution de ses revenus. Quelques hommes, jaloux de voir les étrangers à des places qu'ils n'auraient pu qu'imparfaitement remplir eux-mêmes, le critiquaient sourdement, lui attribuant la diminution de la valeur de l'argent. Leur principal grief était de n'être pas à la tête du gouvernement, ou de ne pas en occuper les postes les plus importans. On prévoyait, dès-lors, que le trop bel édifice élevé par Rivadavia, sur un terrain encore trop peu solide, ne tarderait pas à s'écrouler et entraînerait, en partie, Buenos-Ayres dans sa chute, quand les mécontens arriveraient au pouvoir.

Les batailles gagnées par terre et par mer, les belles troupes envoyées à l'armée de la Banda oriental, l'épuisement et l'élévation du prix des marchandises emmagasinées avant la guerre, satisfaisaient les commerçans, au détriment des consommateurs. Cependant le grand nombre d'ouvriers employés par le gouvernement, le mouvement occasionné par les préparatifs de guerre, et les armemens des corsaires, donnaient momentanément un air de vie à Buenos-Ayres. Tout le peuple de la ville paraissait content, malgré la cherté des denrées venues de l'extérieur; les campagnards seuls se plaignaient. Plus de *saladeros,* plus de vente des produits agricoles; plus aucun profit pour le fermier, qui voyait ses champs couverts de bestiaux, tandis qu'il était, lui, sans vêtemens, et continuellement exposé à se voir envoyé comme soldat à bord des vaisseaux: tout éveillait, dans les campagnes la haine pour le citadin, et en particulier pour le parti de Rivadavia ou parti unitaire.

En 1827, la guerre continuait. Des batailles toujours gagnées par les Orientalistes commençaient à inspirer à Pedro I.er des craintes sur les succès d'une lutte qui pouvait ruiner le Brésil. Buenos-Ayres restait dans le même état. Les marchandises augmentaient beaucoup de prix; les consommateurs devenaient de plus en plus mécontens, à mesure que les environs s'appauvrissaient. Les journaux s'élevaient ouvertement contre le gouvernement; le parti fédéral se renforçait de moment en moment; enfin, Rivadavia voyait qu'il ne pouvait plus rester en place; que, malgré ses nobles efforts pour faire une nation de la république de la Plata, l'ignorance prévalait; que ses mesures étaient dénaturées et mal comprises. Il préféra le

1828. Buenos-Ayres. bien de son pays à son intérêt propre et donna sa démission, le 7 Juillet. Il s'était perdu par trop de scrupules, et par son respect pour la liberté individuelle. Les machinations sourdes des agitateurs, tels que Braulio Costa, correspondant de Quiroga, et autres; et les journaux incendiaires, comme le *Tribun*, l'avaient miné peu à peu, et finirent par le renverser. Le congrès national fut dissous; Buenos-Ayres, privée du concours des provinces qui l'avaient décidée à combattre les Brésiliens, se trouva seule pour supporter toutes les charges. Il n'y avait plus de nation, et la guerre se poursuivait toujours avec fureur. Le parti fédéral nomma Dorrego gouverneur. Peu à peu les idées libérales disparurent. On enfreignit les lois du congrès, en ne proclamant pas les députés nommés, parce qu'ils n'étaient pas du parti de Dorrego[1]. La liberté de la presse fut détruite. On attaqua illégalement les citoyens qui écrivaient contre le gouvernement; on assassina, en un mot. Don Juan Mancilla fut mutilé dans un café; un imprimeur fut menacé d'incendie et de mort, s'il continuait à composer le *Granizo;* et même on chargea cet honnête homme de coups de sabre, pour le forcer à cesser de manifester le vœu des habitans..... Les fonds baissaient de plus en plus.

Au commencement de 1828 les choses en étaient au même point, la misère croissant d'instans en instans dans la capitale; tandis que les troupes, sans argent, se battaient toujours contre les Brésiliens, et qu'on manquait de fonds pour les soutenir. Telle était la situation de la ville lorsque j'y arrivai.

§. 2.

Séjour à Buenos-Ayres.

Juin. Les premiers jours furent employés à me procurer un logement dont la grandeur pût me permettre de revoir mes collections avant de les envoyer en Europe. Je le trouvai facilement; et, dès-lors, je m'occupai, sans relâche, de mes travaux ordinaires, ne les interrompant, de temps en temps, que pour parcourir tantôt les plaines des environs de la ville, tantôt les rives de la Plata, où je cherchais, tour à tour, des oiseaux, des insectes, des coquilles et des plantes; chargeant les chasseurs de la campagne de me procurer des animaux difficiles à obtenir, tels que les divers mammifères et oiseaux aquatiques des Pampas. C'est ainsi que journellement je voyais grossir mes collections d'objets rares

1. Ces renseignemens sont consignés dans le journal *El tiempo* (n.° 175, 3 Décembre, 1828).

du pays, à peine connus même de nom en Europe. Mes promenades quotidiennes au marché complétaient aussi ma collection de poissons de la Plata. Je passai ainsi le mois de Juin. Je remarquai, à l'occasion de la Fête-Dieu, que le clergé avait tout à fait changé de position. Il n'était plus humble et timide, comme du temps de Rivadavia; il marchait la tête haute, et il était facile de reconnaître que son règne était revenu avec le gouvernement fédéral.[1] 1828. Buenos-Ayres.

J'allai voir M. Rivadavia; je pus l'apprécier, et je renouvelai assez fréquemment mes visites. Il passait, alors, une partie de l'année à sa maison de plaisance, en dehors de la ville. Il y pensait peut-être à ce qu'il pourrait faire encore pour le bien de son ingrate patrie. Je visitai aussi le nouveau gouverneur, le général Dorrego, qui me fit beaucoup d'accueil, et me proposa même d'accompagner une expédition de découverte dans les Pampas du Sud: expédition qui devait avoir lieu aussitôt après la signature de la paix avec le Brésil, et que devaient protéger les troupes alors de retour. Il s'agissait d'une grande affaire; c'était de relever le cours du Rio Colorado jusqu'à sa source, dans le but louable d'établir une navigation commerciale de Mendoza à Buenos-Ayres. On sent que j'acceptai volontiers cette proposition, qui me mettait à portée d'étudier, sous tous les rapports, des pays aussi inconnus; d'autant plus que le gouvernement s'offrait à me faire escorter ensuite jusqu'en Patagonie, où j'avais résolu d'aller, avant de passer sur les côtes de l'Océan pacifique.

Je n'avais jamais vu de fête civique à Buenos-Ayres. La principale avait eu lieu le 25 Mai, en l'honneur du premier cri de liberté, en 1810; mais une seconde, non moins révérée, allait être célébrée le 9 Juillet, jour anniversaire de la proclamation de l'indépendance des Provinces-Unies de la Plata, faite par le congrès de Tucuman, en 1816. On avait érigé, tout autour de 9 Juillet.

1. J'ai déjà parlé des partis *unitaire* et *fédéral*, sans les avoir encore positivement caractérisés. Dans la république Argentine, on entend par *unitaires* (*unitarios*) tous ceux qui veulent que les provinces soient unies entr'elles et qu'elles relèvent d'un centre de pouvoir; qu'elles aient, en un mot, un seul congrès national, un seul pouvoir exécutif, un Président de la république. C'est le système qu'avait voulu soutenir Rivadavia. Le parti *fédéral* (*federal*) veut, au contraire, que chaque province ait son congrès particulier, affranchi de tout autre pouvoir, la gouvernant seul, sans rendre compte de sa conduite à ses voisins. Dès-lors les treize provinces de la république Argentine ou du Rio de la Plata formaient chacune un petit État indépendant. On peut dire, de plus, que le parti unitaire était celui des libéraux, de l'amélioration du pays, tandis que le parti fédéral était l'absolutisme avec des vues étroites et opposées à l'avancement de la civilisation; ou mieux, c'était la campagne ignorante contre les citadins éclairés.

1828. Buenos-Ayres. la place de la Victoria, une colonnade peinte sur des planches debout, au sommet de chacune desquelles brillait un écusson où était inscrit l'un des lieux où les indépendans avaient remporté les principales victoires sur les Espagnols. On y lisait les noms de Tupiza, Tucuman, Salta, Chacabuco, Penco, Maipu, Lima, Ayacucho, Junin, etc., avec les dates de chacune d'elles. En me promenant la veille, je voyais tous ces apprêts, l'enthousiasme des citoyens qui avaient contribué au succès, et l'abattement de quelques-uns des antagonistes du système existant. Tout annonçait, pour le jour suivant, le spectacle d'une fête brillante; mais mon espoir fut déçu. Pendant la nuit il s'éleva un terrible pampero, accompagné de pluie et de grêle. Plusieurs navires firent côte; et, le lendemain, en allant voir la rivière en fureur, je fus fort étonné de trouver tout cet échafaudage des hauts faits des Argentins renversé par le vent, et leurs victoires peintes à la colle effacées par la pluie, sans qu'il en restât la moindre trace. Des Français, mauvais plaisans, se permirent quelques jeux de mots sur cet accident; des provinciaux risquèrent même quelques allusions au caractère des *porteños* (habitans de Buenos-Ayres), qu'ils regardent, non sans quelque raison, comme d'une légèreté peu commune, sacrifiant toujours le solide au clinquant, et les connaissances profondes à une étude superficielle, tout juste assez étendue pour qu'ils puissent briller en parlant de tout. La fête fut manquée par suite du mauvais temps; et tous les préparatifs furent perdus.

Les nouvelles batailles gagnées sur les Brésiliens, les dépenses énormes que supportait le Brésil, ainsi que les réclamations des habitans des campagnes théâtre de la guerre, faisaient espérer une paix prochaine, désirée par tout le monde. Buenos-Ayres paraissait aussi beaucoup en souffrir. La baisse de la valeur des billets de banque, les seuls en circulation dans la province, l'excessive cherté des denrées étrangères au pays, rendaient les dépenses excessives. Une bouteille de vin valait jusque cinq ou six piastres; le pain même avait considérablement augmenté de prix, et l'on était à la veille de n'en plus avoir. Les marchandises étrangères de tout genre avaient doublé de prix, et plusieurs manquaient totalement sur la place; ce qui n'était pas étonnant, après un blocus de près de deux ans, pendant lequel à peine deux navires avaient réussi à franchir la ligne brésilienne. La ville offrait un contraste frappant avec les campagnes : tout se vendait en dedans à des prix exorbitans; tandis que les denrées des cultivateurs, et surtout des fermiers, étaient pour rien. Ainsi l'aroba, ou les vingt-cinq livres de viande, se payait six réaux, qui, d'après la valeur du papier-monnaie, portait le change en argent à peine à 75 centimes de France. On conçoit, dès-lors, le mécontentement des fermiers; et, dans la ville, la satisfaction des classes inférieures, qui ne mangent que de la viande, presque jamais de pain, et tiennent fort peu aux vêtemens. 1828. Buenos-Ayres.

L'état de Buenos-Ayres n'avait rien de fort rassurant pour l'avenir. Lors de l'élection du mois de Mai, on avait vu les gens de la campagne armés et menaçant du couteau les gens en habit, en invoquant leur père Dorrego[1]. Il ne put se faire d'élection dans la salle électorale. Les habitans réclamaient en vain. La banque nationale perdait tous les jours de son crédit. Le commerce n'étant pas soutenu par le gouvernement, il y eut une foule de faillites. Tout le monde à Buenos-Ayres sait combien de fois le colonel Rauch avait sauvé le pays, dans les guerres contre les hordes sauvages, qui dévastaient, par intervalle, les campagnes; mais Dorrego, craignant cet officier, parce qu'il était étranger, le destitua[2]. Dès-lors les Indiens, n'étant plus retenus par rien, envahirent les campagnes, interceptèrent les communications entre la cité argentine et les provinces de l'intérieur, et peu s'en fallut qu'ils n'inondassent les plaines des environs de la ville.

Il me devenait impossible de passer au Chili par terre, sans m'exposer à me voir égorgé par les Indiens, qui se vengeaient sur les voyageurs de la chaude guerre qu'on leur avait faite; cette porte m'était donc fermée. D'un autre côté, j'attendais l'exécution de la promesse du gouvernement pour l'expédition projetée, d'autant plus que les nouvelles étaient à la paix. On apprit, en effet, que le 27 Août les préliminaires avaient été signés au Brésil; nouvelle qui donna lieu à de grandes réjouissances, et qui paraissait devoir amener les choses à l'accomplissement de mes vœux de voyage. La paix fut ratifiée le 4 Octobre, à Montevideo. L'évacuation commença de part et d'autre. Ce traité créait une nouvelle république, celle de la Banda oriental, sous le nom de *Republica oriental del Uruguay,* laquelle restait indépendante entre les deux puissances. Le port de Buenos-Ayres devint libre, et son commerce commença à reprendre un grand essor. La nouvelle chambre des représentans, tout à fait dévouée au gouverneur Dorrego, au lieu de s'occuper de l'amélioration du pays, et de préparer des fonds pour payer les services des braves qui allaient revenir de l'armée, donna, selon les journaux du temps, 27 Août.

1. Journal *del Tiempo*, Décembre, 1828; n.° 175.

2. Ce malheureux officier, rentré au service en 1829, dans le parti opposé, fut pris par les Gauchos de Rosas. On lui coupa la tête; on la mit au bout d'une lance et elle fut ainsi portée en triomphe, exposée aux injures des mêmes hommes qui tremblaient naguère devant lui.

1828. Buenos-Ayres. 100,000 piastres (500,000 francs) à Dorrego, parce qu'il avait célébré la paix; et 75,000 piastres (375,000 francs) à répartir, à titre de récompense, entre les membres de la légation du Brésil. On devait neuf mois de solde à l'armée entière. Quelques officiers, bientôt de retour, réclament ce qui leur est dû; pour toute réponse, on leur dit qu'il n'y a pas d'argent. Tout cela aigrit les esprits, et fait beaucoup murmurer.

Novemb. Les troupes arrivent à Buenos-Ayres; je me rends, avec la foule des curieux, pour les voir débarquer. Je me souvenais d'avoir vu partir ces beaux régimens de lanciers, de cuirassiers et de chasseurs, bien équipés, bien propres. Je fus surpris, et j'éprouvai un sentiment bien pénible, en voyant ces braves, qui venaient de vivre deux ans en plein air, dormant au bivouac, se battant tous les jours, pour l'honneur du pays; à peine pouvait-on distinguer les officiers, tous affligés de la plus grande misère: leurs membres, à moitié nus, étaient noircis par le soleil; il était difficile de reconnaître des lambeaux d'uniformes sous la bigarrure de leurs vêtemens. Les uns avaient encore une portion de veste; d'autres n'avaient pas de chemise, et cachaient leurs épaules nues sous un petit poncho de flanelle; d'autres manquaient de pantalons, ou n'en avaient que des fragmens, se couvrant le corps d'un simple chilipa. Leurs costumes inspiraient pour eux une pitié mêlée d'admiration; leurs figures fatiguées, brûlées par le soleil, ajoutaient encore à la dignité de leur tenue martiale. Ils n'avaient pas été habillés depuis leur départ, et l'on sait combien deux années de campagne, au milieu de déserts où l'on est exposé à toutes les intempéries des saisons, détruisent promptement un équipement militaire. Ils demandaient tous le paiement de leur solde, arriérée depuis long-temps. Pour leur faire prendre patience, on remit (aux soldats seulement) le neuvième de ce qu'on leur devait, en leur promettant de compléter sous peu la somme, et l'on en licencia une partie; mais on ne voulut rien donner aux officiers. Les blessés et les veuves réclamèrent l'exécution de la promesse formelle du congrès national, qui leur assignait la solde en partie ou en totalité, pour le reste de leurs jours; mais les temps étaient changés; et, comme dans beaucoup d'autres républiques américaines, les malheureux estropiés à l'armée furent réduits à mendier pour vivre. C'est probablement ce qui inspire à certains habitans des campagnes une invincible aversion pour l'état militaire. Il y avait beaucoup de mécontens. Les officiers subalternes et les soldats se plaignaient de la rapacité de tels de leurs supérieurs qui s'étaient enrichis dans cette guerre; tandis que tous les autres avaient complétement perdu leur temps, et gratuitement exposé leur vie.

Les choses en étaient là, et tout le monde craignait quelque mouvement à Buenos-Ayres. Pour moi, j'avais attendu patiemment les événemens, toujours dans l'espoir d'exécuter mon voyage de découverte. Le gouverneur, que je vis aussitôt après l'arrivée des troupes, m'invita à prendre les devans, ajoutant qu'on s'occupait des préparatifs, et que je me retrouverais avec mon ami M. Parchappe, chargé des observations géographiques; je me berçais encore de cet espoir, le seul qui me restât; car les campagnes étaient infestées par les Indiens, et les communications avec le Chili se trouvaient en partie interceptées. J'avais, depuis quelques mois, déposé mes collections chez le consul général de France, et j'attendais impatiemment le départ. J'avais même retenu mon passage pour la Patagonie; et, je m'étais muni de recommandations du gouvernement pour le commandant de la colonie du Carmen. 1828. Buenos-Ayres.

Le 1.er Décembre, mon domestique vint me prévenir, le matin, qu'il y avait une révolution; que la place de la Victoria était couverte de troupes; je ne voulais pas le croire; mais le bruit de quelques cavaliers armés qui passaient devant ma porte, ne tarda pas à m'en convaincre. Je me rendis sur le théâtre de cette émeute militaire. Des canons, braqués sur la rue qui conduit à la place, m'annoncèrent seuls, avec la foule qui se portait de ce côté-là, qu'il y avait du bruit; en y arrivant, j'y vis un régiment de lanciers, un de cuirassiers, et tous les préparatifs de la guerre. Les mêmes dispositions avaient eu lieu au fort, où des pièces d'artillerie, pointées sur la ville, n'attendaient que le signal pour la foudroyer. Je me trouvais en très-bonne compagnie; l'affluence était grande; et, jusqu'alors, pas un coup de fusil n'avait été tiré. Les soldats étaient calmes, et les citoyens qui se mêlaient avec eux paraissaient aussi tranquilles que si c'eût été un jour de fête. Je recueillis de leur bouche les détails suivans sur le commencement du mouvement insurrectionnel : dans la nuit du 30 Novembre au 1.er Décembre, le gouverneur Dorrego apprit que la première division de l'armée se disposait à se soulever; il envoya, à trois heures du matin, au général Lavalle, qui commandait les troupes, un aide-de-camp, pour le faire venir. Ce chef répondit qu'il irait promptement chasser le gouverneur d'un poste qu'il ne devait pas occuper; en effet, dès l'aube du jour, le régiment d'infanterie marcha vers la place, pendant que les lanciers et les chasseurs s'emparaient du parc d'artillerie. A quatre heures, les lanciers arrivèrent, avec le général Lavalle et beaucoup d'autres officiers; bientôt les cuirassiers le rejoignirent. Un régiment était dans le fort, avec les ministres Guido et Balcarce. L'affaire amenée à ce point, la ville était dans une tranquillité parfaite, lorsqu'à sept heures le 1.er Décemb.

général Martinez sortit de la forteresse, et vint en commission près de Lavalle. On apprit par lui que Dorrego s'était sauvé dès quatre heures du matin, sans mettre personne à sa place; Buenos-Ayres était donc sans pouvoir exécutif. La députation demanda au général Lavalle de laisser au congrès à décider sur ses prétentions. Celui-ci refusa, parce que ses griefs contre le gouverneur s'étendaient sur la chambre même, composée de ses créatures; et parce que, d'ailleurs, Dorrego ayant abandonné son poste, toutes les autorités étaient tombées avec lui. C'était donc au peuple qu'il appartenait de délibérer sur son sort futur. Lavalle fit une proclamation, où il déclarait avoir pris les armes non pour gouverner, mais pour affranchir ses concitoyens; et il les prévenait que, le chef de l'administration s'étant retiré, ils devaient s'occuper d'en nommer un autre.

Les ministres résolurent de remettre leurs porte-feuilles entre les mains de celui que la nation choisirait; cette décision eut lieu à une heure. Dès-lors une foule immense se porta, dans le meilleur ordre, à l'église de San-Francisco, où fut choisi pour président de l'assemblée Don Julian de Agüero. On lut une nouvelle proclamation de Lavalle, dans laquelle il disait que ce mouvement n'avait pas coûté une larme à Buenos-Ayres; qu'il l'avait fait dans l'intérêt public, et qu'il saurait inviolablement respecter les décisions du peuple. On vota; et le général Lavalle fut élu gouverneur, et capitaine-général de la province.

Ainsi finit une révolution commencée le matin, sans coup férir, et sans plus de trouble que s'il se fût simplement agi de la réception d'un nouveau chef. Le soir un calme profond régnait dans la ville, comme s'il ne s'y fût rien passé; les habitans semblaient satisfaits; chacun se mit à ses affaires, comme la veille. J'avais vu, avec surprise, s'établir le nouvel ordre de choses; et je ne pouvais concevoir qu'il ne se fût pas montré un mécontent. Tout Buenos-Ayres paraissait avoir la même opinion : c'était bien certainement le triomphe du parti unitaire, auquel était attachée la majorité des habitans; mais, si telle était l'opinion de la ville, les campagnes lui étaient toujours opposées, ainsi qu'aux améliorations; et elles étaient mues par des hommes puissans. Leurs habitans se formèrent en *montoneros* (ou guerillas), sous les ordres de Rosas et de Dorrego, et bientôt on se battit de toutes parts. Ce calme apparent de la première journée devait être payé par bien des pleurs; une guerre d'extermination allait commencer. La mère allait voir ses enfans combattre avec acharnement, et s'immoler de sang-froid pour des opinions politiques. La ville, avec les étrangers, tint pour le parti unitaire, et la campagne, en masse, se déclara pour le parti fédéral; elle s'unit même aux Indiens sauvages des Pampas, naguère ses ennemis, pour désoler ses frères. Lavalle nomma le général Brown gouverneur provisoire, et se dirigea avec ses troupes vers la campagne, où je le laisserai pour le moment. Le départ des navires étant interdit, dans la crainte qu'il ne parvînt des nouvelles aux troupes du dehors, cette mesure atteignit aussi mon bâtiment; et, en attendant que le gouvernement me permette de mettre à la voile, je vais dire quelques mots sur Buenos-Ayres.

1828.

Buenos-Ayres.

Après ce qu'on vient de lire de son histoire, il me resterait à parler de la ville et de ses habitans; mais ces matières ayant déjà été traitées plusieurs fois par d'autres voyageurs[1], je me bornerai à fixer l'attention de mes lecteurs sur les édifices les plus remarquables de la cité Argentine, et sur quelques-uns des traits caractéristiques de ses mœurs.

Buenos-Ayres est située sur la rive occidentale de la Plata, au sommet d'une légère falaise élevée au plus de soixante à soixante-dix pieds au-dessus du fleuve. De la rade, elle présente une ligne de maisons surmontée de dômes et de clochers d'églises; et son développement la ferait prendre pour bien plus considérable qu'elle ne l'est en effet; car, depuis la Recoleta jusqu'à Barracas, c'est presque une suite non interrompue de bâtimens à terrasses, au milieu de laquelle se distinguent le fort qui domine la petite rade, les édifices construits sur le penchant de la falaise et même au pied, comme ceux qui garnissent l'alameda du *Bajo* ou la promenade du bord de la rivière, plantée d'ombus. Buenos-Ayres, vue de la Plata, a quelque chose d'imposant : la rive s'anime d'un mouvement rapide, dû, soit au débarquement des marchandises par des charrettes à hautes roues, qui vont très-avant dans l'eau chercher les ballots dans les allèges qui les apportent de la rade extérieure; soit à la présence des blanchisseuses, placées sur le tapis vert de la côte, du côté du Nord; soit encore à ces nombreuses charrettes hautes comme des maisons, roulant sans cesse en lignes au bas de la falaise; et tout cela atteste une grande activité de commerce. La ville est sur un plan horizontal, divisée méthodiquement en pâtés de maisons absolument égaux entr'eux, et de cent cinquante varas sur chaque face, séparés par des rues droites et d'égale largeur. Ces rues sont, pour les six à huit

1. Vidal, Buenos-Ayres pittoresque; Maria Graham, *Residence in Chile*, 1824; *Haigh's sketches of Buenos-Ayres; Miers's travels in Chile and Plata; Schmidt-Meyer's travels into Chile;* et, surtout, Voyage de M. Arsène Isabelle à Buenos-Ayres et à Porto Allegre (Havre, 1835), etc.

1828. Buenos-Ayres.

premiers cuadras, munies d'un trottoir peu large, et d'une chaussée pavée. Je dis les huit premiers cuadras, parce qu'il n'y a réellement que cela de pavé ; on peut concevoir dans quel état se trouve le reste. Les pluies délaient l'argile du sol; les charrettes creusent la voie; les eaux entraînent cette boue lorsqu'il y a une pente; alors, les trottoirs sont à trois ou quatre pieds de hauteur au-dessus de la rue; ou, s'il n'y a pas de pente, la fange s'y amasse et forme un canal boueux, qui ne disparaît que dans les temps secs. Si, néanmoins, vous avez besoin d'aller d'un trottoir à l'autre, et qu'il ait plu, vous vous trouvez réduit à gagner le coin d'une rue; car là seulement les voisins charitables se sont occupés de procurer une issue aux piétons, en plaçant, de distance en distance, au milieu de l'eau ou de la fange, des monticules de briques sur lesquels on passe, en sautant de l'un à l'autre, au risque de tomber dedans; lorsqu'il fait sec, au contraire, on est au milieu d'une poussière mouvante. Les trottoirs près de la place de la Victoria, sont pavés en pierres de taille; dans les autres rues ils sont en briques, retenues extérieurement par une pièce de bois. De ces briques, quoique placées debout, les unes s'usent par le frottement; les autres, plus dures, résistent davantage; il en résulte des inégalités sans nombre, où le piéton non habitué trébuche incessamment. Une autre grave difficulté de la circulation sur ces trottoirs, c'est le mode vicieux de construction des fenêtres, qui ont, au rez-de-chaussée seulement, des grilles ou cages de fer, saillant sur la rue souvent d'un pied; et, indépendamment de ce qu'elles sont fort laides, il est bien rare que les étrangers ne s'y heurtent pas les épaules, quand ils se rapprochent trop des murailles.

Mais ces grilles des fenêtres, d'abord maudites par eux, deviennent bientôt leur passion. C'est là que, par un beau jour d'été, il verra, tous les soirs, les plus jolies femmes nonchalamment assises sur un tapis, la tête ornée de leur belle coiffure naturelle, de leur énorme peigne d'écaille, tenant en main l'indispensable éventail; vêtues élégamment, regardant les passans avec une curiosité souvent plus piquante que discrète, disant ce qu'elles en pensent de manière à en être entendues, attendant les salutations de leurs amis, qui viennent, parfois, causer un instant avec elles.... Il est certain qu'alors l'incommodité des grilles, sentie principalement la nuit, est oubliée, et qu'on ne songe, au contraire, qu'à voir et revoir encore celles qui viennent les orner de leur présence enchanteresse.

Les derniers carrés de maisons, du côté de la campagne, se ressentent un peu de la négligence de la police. Ils ne sont plus aussi bien alignés, et présentent beaucoup de lacunes; aussi, à moins d'être à cheval, est-il réellement impossible, lorsqu'il a plu, d'y marcher; ce qui fait qu'on n'y voit guère que des cavaliers et de mauvaises petites maisons, habitées soit par des cultivateurs, soit par les charretiers qui pullulent dans la ville. 1828. Buenos-Ayres.

Si nous voulons jeter un coup d'œil sur les monumens, nous ne trouverons que peu à dire. La place de la Victoria nous donnera, plus que tout le reste, une idée de cette cité; ce qui m'a déterminé à en représenter une partie dans la seule vue de Buenos-Ayres que je crois devoir représenter[1]. Elle comprend la Recoba, monument de construction mauresque, faisant face au cabildo ou palais de justice; c'est réellement un des bâtimens les plus réguliers de la ville. Il offre une espèce d'arc de triomphe au milieu; et, de chaque côté, des galeries où sont établis des marchands d'habillemens confectionnés pour les gens de la campagne; ce qui contraste avec le reste, qui est d'un aspect assez majestueux. En dessus règne une terrasse garnie de balustrades en fer, et de pilastres surmontés de vases de faïence vernie. On croit reconnaître, d'après le dessin de la façade septentrionale, l'intention de continuer la Recoba sur les autres côtés; mais l'exécution de ce projet a été interrompue à la moitié de la longueur de ce pâté de maisons. Au milieu de la place, est une pyramide ou obélisque informe, entourée de grilles de fer; cette place n'est pas pavée: elle est couverte d'une argile de même nature que celle des Pampas; on s'étonne de voir, dans une ville où la moitié des rues est pavée, la place principale, celle qui est le centre des affaires, dépourvue de cet avantage. Comme je l'ai dit, sur le côté opposé à la Recoba est le cabildo, monument à un étage, et muni d'une galerie semblable, quoique plus grande, à celle de tous les cabildos que j'ai déjà décrits. La façade méridionale est occupée par une cathédrale, dont le fronton est en construction, et attend, depuis long-temps, que le gouvernement ait de quoi payer les chapiteaux d'ordre corinthien en bronze, commandés en Europe, pour couronner les colonnes. Hors la place de la Victoire, les monumens sont les églises: celle de Santo Domingo, célèbre par la *reconquista* sur les Anglais; celle de San-Francisco, le collége des Jésuites, la Residencia, la Recoleta, San-Juan, etc.; un théâtre non achevé, ou colyceo, qui devait remplacer l'ancien, des plus médiocre, et plusieurs autres établissemens publics de peu d'intérêt, quant à l'extérieur. Les maisons particulières offrent, jusqu'à un certain point, plus d'amélioration que les édifices publics. Les principales rues sont ornées de belles constructions à l'espagnole, toutes

1. Partie historique, vue n.° 5.

1828. Buenos-Ayres. surmontées de terrasses. Depuis quelques années seulement on a pris le goût des bâtimens à la française; et deux architectes français ont déjà introduit nos jolies maisons à balcons, surtout dans la rue de la Florida.

Une chose que tout étranger trouvera toujours des plus commode à Buenos-Ayres, c'est l'arrangement des rues. La ville est en long, nord et sud, sur les bords de la Plata; et toutes suivent cette direction, ou la coupent à angle droit, comme celles qui partent de la rivière vers la campagne. Pour ne pas multiplier les noms, comme cela se fait si mal à propos à Paris, et dans presque toutes les villes de France, elles gardent les leurs dans tout leur prolongement; et si elles partent de la rivière pour gagner la campagne, leurs numéros vont de la côte vers l'intérieur. Pour celles qui sont longitudinales à la Plata, il eût été impossible d'y établir une suite non interrompue de numéros, si elles avaient conservé le même nom sur toute leur longueur; car il aurait fallu les changer à mesure qu'elles se seraient allongées. Le parti qu'on a pris obvie à tous ces inconvéniens. Les rues qui partent de celle de la Victoria et de la place de la Victoire, coupant transversalement la ville en deux, changent de nom selon qu'elles vont vers le Sud ou vers le Nord, de manière que les numéros, partant du centre de la ville, puissent augmenter, à mesure que l'on construit vers le dehors de la ville; ce qui a lieu si rapidement, que l'accroissement de Buenos-Ayres est une chose extraordinaire. Elle a doublé d'étendue depuis le commencement de ce siècle. Postérieurement à la restauration, on a cru devoir remplacer tous les noms de saints par ceux des lieux où des victoires ont été remportées sur les Espagnols, ou bien, simplement, par ceux des provinces; c'est ainsi qu'on y voit les noms de Potosi, Chacabuco, Florida, etc. On peut dire, en un mot, de Buenos-Ayres que c'est, sous tous les rapports, la ville la plus européenne de toute l'Amérique méridionale.

Après avoir vu l'extérieur des maisons, si l'on veut pénétrer dans leur intérieur on trouvera presque toujours une ou deux cours vastes, entourées de corps de bâtimens, dont les fenêtres donnent dessus; tout y est simple, mais propre. Dans celles des employés ou des commerçans il y a beaucoup de luxe. Souvent ce luxe est en raison de la fortune du propriétaire; mais, plus souvent encore, il est, de beaucoup, au-dessus; aussi tout est-il sacrifié à l'extérieur. Il y aura, par exemple, sur la rue, un riche salon, assez bien décoré, meublé d'un piano, d'un sopha, de chaises américaines[1] en bois, bien dorées, ornées de

1. C'est le genre de chaises le plus à la mode à Buenos-Ayres. Tout y est en bois; et si elles sont brillantes, elles sont fort incommodes et très-dures.

couleurs brillantes; ce salon est le lieu de réception des dames. De cette pièce, une grande porte ouverte laisse pénétrer la vue dans une chambre à coucher, parée d'un lit somptueux et de meubles à l'avenant. Le Porteño est enchanté lorsqu'il entend dire aux passans: « Quel joli salon! quels jolis « appartemens! » Cette satisfaction, et celle de voir sa femme pourvue des costumes les plus propres à la faire envier de ses amies, suffit à son orgueil; il regarde comme rien de n'avoir pas l'aisance chez lui; aussi n'est-il pas rare de voir ces maisons si magnifiques, en apparence, manquer du strict nécessaire, soit pour le manger, soit pour les commodités intérieures du ménage.

C'est dans ces vastes salles que les demoiselles de la maison passent toute la journée à ne rien faire, ou bien à étudier soit des contredanses espagnoles, soit des valses, soit l'accompagnement d'une romance nouvelle, qu'elles doivent chanter le soir; car, si les visites sont rares de jour, la soirée est l'heure des réunions (*tertulias*); alors, quand il y a beaucoup de monde, on cause, on critique; les femmes y montrent la plus grande amabilité et une vivacité d'esprit vraiment rare; on y danse le menuet, le montonero, la contredanse et la valse. La gaîté la plus expansive s'y joint à un laisser-aller, à un abandon qui ne passe pourtant pas les bornes de la convenance, quoique affranchies de cette réserve maniérée que les mères imposent à leurs filles dans notre société d'Europe. Les demoiselles prennent part à toutes les conversations, plaisantent avec esprit, surtout lorsqu'il s'agit de critique, sont vives, enjouées et font le charme des assemblées, autant par leur manière de s'exprimer que par la grâce qu'elles déploient dans les danses du pays; il est vrai qu'à cela se borne l'éducation de la plupart d'entr'elles. Si ce n'est pas une réunion privée et qu'une visite arrive, après les complimens d'usage à la mère, il est rare que les demoiselles ne se lèvent pas d'elles-mêmes pour aller s'asseoir au piano, soit afin d'y jouer quelques contredanses, soit pour s'y accompagner, en chantant une romance; ce qui fournit au visiteur un texte de causerie. S'il est musicien, s'il pince de la guitare, on l'oblige à chanter, de préférence un *triste* (romance) langoureux que les dames aiment beaucoup, et qu'elles font aussi répéter plusieurs fois. Ces soirées amicales sont d'autant plus agréables qu'il y règne beaucoup de gaîté, et que la conversation n'y tombe jamais.

Si l'on se lève trop tôt à Buenos-Ayres, où personne n'est matinal, pas même les ouvriers, on se trouve d'abord absolument seul dans les rues, qui sont encore dans la possession de rats nombreux, sortis des dalles

1828. Buenos-Ayres.

d'égoûts des maisons, et qui s'y ébattent en toute liberté, comme se trouvant chez eux. Bientôt, pourtant, la ville s'éveille; on rencontre, en premier lieu, les charrettes de pêcheurs qui reviennent de la plage, chargées de poissons; comme, par mesure de police, ils ne peuvent reproduire celui de la veille, ils sont obligés d'aller à la pêche tous les jours, avant le lever du soleil; ils donnent un ou plusieurs coups de seine avec des chevaux qui traînent le filet, et la charrette qui la suit est bientôt chargée de beaux poissons, qu'ils apportent au marché. Les charrettes qui vont à la plage décharger les marchandises, et servir de débarcadère aux marins qui viennent de leur bord, se rendent, en foule, de la campagne vers la rivière. On est frappé de la hauteur de leurs roues; elles sont attelées de deux chevaux et conduites par un Gaucho monté sur l'un ou l'autre, et qui ménage peu les pauvres bêtes, celles-ci étant encore à bon marché dans la province. Viennent ensuite les porteurs d'eau, grimpés sur le joug qui unit les bœufs de leur attelage, tandis qu'une sonnette, attachée à un montant, annonce leur passage. Puis arrivent toutes sortes de marchands à cheval; des laitiers, jeunes enfans, accroupis au milieu de pots de fer-blanc remplis de lait; ou des distributeurs de pain, assis entre deux larges paniers de cuir remplis de pains gros comme le poing ou même plus petits, selon l'abondance ou la cherté des farines; car, par une bizarre coutume, le pain est toujours au même prix; on en a toujours huit ou seize pour une piastre (cinq francs); mais il diminue de grosseur, à mesure que la farine renchérit, ou que la piastre-papier perd de sa valeur. Lors du blocus des Portugais, on pouvait manger facilement jusqu'à une douzaine de ces pains, tant ils étaient minimes, fournissant alors à peine une ou deux bouchées. Les marchands de volaille, de fruits, parcourent aussi les rues, ainsi que les ouvriers de toute classe qui se rendent à leur atelier. Les blanchisseuses négresses ou mulâtres plus ou moins teintées, la tête chargée d'une grande gamelle de bois (*batea*), dans laquelle sont leur linge et leur savon, se rendent à la rivière en fumant gravement leur pipe, et emportant la cafetière propre à faire chauffer l'eau de leur maté; car elles ne font rien, pas plus que tous les autres ouvriers du pays, avant d'avoir humé, souvent sans sucre, leur boisson favorite. Vers huit heures, le jour commence pour les commerçans; ils ouvrent leurs magasins, se rendent à leur comptoir, ou s'occupent du débarquement des marchandises. La ville, alors, présente l'aspect de tous les ports un peu considérables : on voit des charrettes chargées de marchandises, des hommes affairés de toutes les nations; on entend parler toutes les langues à la fois par les passans, que le charretier ou l'ouvrier du pays traite de *gringos*, de *carcaman*[1]. Les hommes seuls circulent pendant le jour, et le mouvement est tel qu'on croirait qu'il y a quelque chose d'extraordinaire; on n'a encore vu, dans les rues, que des esclaves, ou du moins des domestiques ou des étrangères; les Porteñas ne sortant que rarement avant le soir.

A deux heures, le mouvement cesse tout à coup : tous les magasins, toutes les boutiques se ferment; les charretiers se retirent, les commerçans et les employés dans les administrations rentrent chez eux. La siesta a commencé. On ne rencontre plus un indigène dans les rues, devenues désertes, et représentant le silence de la nuit; malheur à celui qui aurait alors besoin de quelque chose! Toutes les portes lui sont fermées; un petit nombre d'étrangers seuls circulent encore; ou bien les porte-faix dorment au coin des rues, en attendant la reprise du travail. Vers cinq heures le mouvement recommence, et, semblable à celui du matin, dure jusqu'au soir : la nuit arrivée, plus de commerce pour les magasins en gros. La scène change du tout au tout; le bruit cesse peu à peu pour faire place au triomphe des femmes. Les charrettes n'encombrent plus la cité; elles se retirent vers les faubourgs, ainsi que les hommes à cheval. La ville devient une seconde fois silencieuse; mais c'est pour peu de temps. Dès qu'on allume les réverbères, les dames sortent de chez elles, pour aller visiter les *tiendas* (magasins de tissus, de nouveautés, de quincaillerie, etc.); on les voit par longues phalanges, composées quelquefois de près de vingt, ne formant cependant qu'une seule famille. Elles marchent avec lenteur en se balançant mollement, et agitant leur éventail avec une grâce enchanteresse : c'est la grand'mère, encore fraîche; la mère, les filles et les tantes, accompagnées de leurs domestiques, négresses, mulâtres ou indiennes. Elles vont en s'arrêtant à chaque pas pour répondre aux questions des autres familles qu'elles rencontrent, et alors la rue est interceptée; puis elles entrent dans chaque magasin, faisant déployer toutes les étoffes, se faisant montrer des gants, des peignes, des éventails; et, après avoir tout mis sens dessus dessous, se retirent sans rien acheter, pour recommencer, non loin de là, le même manége. Les commis des tiendas se plaignent que ces visites, quelquefois, ne sont pas tout à fait désintéressées; mais je ne chercherai pas à deviner le sens qu'ils donnent à l'accusation. Les femmes se promènent ainsi jusqu'à dix heures; elles rentrent alors, et les rues, un instant avant remplies des beautés les plus piquantes du monde, redeviennent désertes et silencieuses. On ne voit même pas souvent les femmes les plus

1. Mots de mépris par lesquels ils désignent les étrangers de toute classe.

1828. Buenos-Ayres. riches du pays aller en voiture; toutes préfèrent aller à pied; bien différentes, mais seulement en cela, de celles de nos capitales. Les cafés, pourtant, sont encore pleins d'hommes livrés au jeu, passion qui les domine presque autant que celle des femmes; on les voit, autour des billards, jouer aux cartes avec autant d'acharnement et de feu que s'il s'agissait, pour eux, de la plus brillante conquête de Buenos-Ayres. Ils sortent enfin peu à peu, en allumant leur cigare, et le silence de la nuit commence. Alors, malheur à celui qui s'écarte du centre de la cité, ou qui attend trop tard, s'il n'est pas armé de bons pistolets! car il pourra être volé dans les rues même, près de la place, par des gens qui, le couteau sur la gorge, le forceront poliment à se déshabiller.

Si, au lieu de rester dans la ville à l'approche du soir, on descend vers la Plata, on verra, s'il fait beau temps, beaucoup de caballeros et de señoritas[1] se promener au milieu de l'alameda du Bajo. Les étrangères domineront en nombre: ce seront des Françaises, des Anglaises et des Allemandes, qui aiment mieux prendre le frais que d'aller encombrer les rues; quand elles sont mêlées, les jours de fête, aux dames du pays, en dépit des préjugés nationaux, les Porteñas remportent la palme pour l'élégance de la tournure, du costume, de la coiffure, et plus encore pour la délicatesse des traits; car, si, ailleurs, on remarque une jolie femme au milieu d'une promenade publique, à Buenos-Ayres on en chercherait en vain une disgraciée de la nature. Toutes les Porteñas sont belles, bien faites, et joignent, en général, à tous ces avantages la majesté des traits espagnols, et le plus beau sang qu'on puisse rencontrer. Les Chiliennes, vantées en Amérique, ne peuvent en rien rivaliser avec elles, non plus que les dames de Lima, si célèbres parmi les Péruviens; et je pourrais dire même que nulle part, en Europe, je n'ai vu une population plus belle en hommes et en femmes, que dans la capitale Argentine.

En se promenant sur l'alameda, on a devant soi la Plata: les eaux en sont le plus souvent basses; et, alors, une plage de sable de plus d'une demi-lieue se développe à la vue. Si celle-ci est à sec, elle est couverte d'hommes à cheval, de charrettes à hautes roues, qui se croisent en tous sens pour décharger les allèges. Lorsque le soir arrive, cette plage se couvre de familles de toutes les classes qui viennent se baigner dans le fleuve; on voit partout de petits groupes,

1. Señorita veut dire, en espagnol, *demoiselle*. C'est un diminutif de señora (dame); mais à Buenos-Ayres on ne doit pas se servir du mot *señora*, même pour les dames âgées; elles aiment qu'on les appelle *señorita* à tout âge; celui qui ne le ferait pas, serait regardé comme impoli.

se jouant dans les ondes. Un peu plus loin, des hommes qui se sont fait conduire en charrette très-avant dans la Plata; et qui, après y avoir laissé leurs habits, se baignent autour. Tels sont, pour beaucoup de gens, les amusemens de la soirée d'été; tandis que les autres se promènent dans les rues, en tourmentant les commis marchands.

Si, au lieu de descendre vers la rivière, on continue sa promenade vers le Nord, on arrivera bientôt à ces nombreuses réunions de charrettes qui font les voyages de Mendoza, de Salta et de Cordova; on verra ces cages ambulantes rangées les unes à côté des autres, reconnaissables à la grande cruche qu'elles portent à l'arrière, meuble indispensable pour passer les déserts; à côté, divisés par pays, des hommes à demi nus, ou tout au moins mal vêtus; ce sont les charretiers, les piqueurs, les bouviers et les *capatazes* d'une caravane, assis à terre ou couchés autour d'un brasier, où ils font rôtir des côtelettes de bœuf fichées dans une broche de bois. Un peu plus bas, les jeunes gens viennent faire leur promenade à cheval, déployant leur adresse au retour, et traversant les rues les plus fréquentées, pour se faire remarquer des dames placées à leurs fenêtres.

Les habitans de la capitale sont aussi grands parleurs que ceux de la campagne sont taciturnes. Ils s'expriment avec la plus grande facilité, et même avec éloquence; doués de beaucoup d'esprit naturel, et d'une mémoire prodigieuse, ils discourent sur quelque sujet que ce soit avec le plus grand aplomb, comme s'ils possédaient réellement la matière qu'ils traitent. On est surtout étonné de voir des jeunes gens aborder les questions les plus graves de la morale et de la législation, s'étendre sur les théories de l'économie politique, parler industrie, beaux-arts, littérature, et passer, sans effort, d'un sujet à l'autre, employant les termes techniques les plus recherchés, et ne paraissant jamais soupçonner que leur auditeur soit en état de les juger, et de reconnaître que tout ce verbiage couvre, pour quelques-uns, beaucoup d'ignorance, et un charlatanisme aidé de quelques études superficielles, et de lectures, faites à la légère, avec plus d'avidité que de discernement. Ces beaux diseurs sont très-prompts à s'approprier les idées d'autrui; aussi applaudissent-ils rarement à une heureuse pensée. S'ils ne l'accueillent pas d'un air dédaigneux, au moins cherchent-ils à en diminuer l'effet par quelque objection plus ou moins plausible, tout en ayant grand soin de la graver dans leur esprit, prêts à profiter de la première occasion favorable de la reproduire et de s'en faire honneur. Présentez-leur la moindre indication, ou laissez-leur entrevoir le moindre aperçu d'un projet quelconque..., ils le saisissent avec la plus grande

1828. Buenos-Ayres.

sagacité, entrent dans les détails les plus minutieux, et l'embellissent de tous les ornemens que leur fournit l'imagination qui leur est propre. Tant qu'il ne s'agit que de théories, de plans à former, comptez sur les Porteños.... Les Porteños sont inépuisables, et la fécondité de leur esprit paraît n'avoir pas plus de bornes que celle de leur façon de voir; mais si l'on en vient à l'exécution, en sera-t-il de même? L'homme qui tout à l'heure s'extasiait avec vous sur les merveilles de la gravitation, par exemple, ou sur les résultats des plus beaux problèmes de l'astronomie, peut-il faire une règle de trois, ou même tenir le compte des dépenses de son ménage? et celui qui vous développait les plans les plus sages d'administration et d'économie politique, sait-il maintenir l'ordre dans sa maison? Le premier abord des Porteños flatte et impose; mais quelquefois n'est-on pas détrompé? Un Allemand, qui ne les avait pas jugés à leur avantage, eut l'audace de faire graver et d'employer un cachet aux armes de la république, avec cette légende: *Ni palabra mala, ni obra buena;* dont le sens littéral est: Ni mauvaise parole, ni bonne action; ou mieux: rien de mauvais en théorie, rien de bon en pratique. Cette hardiesse, quand même elle eût été juste à quelques égards, ne pouvait, il faut en convenir, être tolérée par des hommes qu'elle offensait si directement, et fut punie de l'expulsion du plaisant.

Il est bien malheureux que, doués ainsi du génie des entreprises, les Porteños s'en tiennent souvent à des choses si superficielles. Je pourrais citer plusieurs exemples qui prouveraient ce que je viens d'avancer, tant en leur faveur que contre eux; ils saisissent avec la plus grande facilité les matières les plus abstraites, et les classent pour toujours dans leur tête. Ils conçoivent les langues étrangères avec une rapidité surprenante: l'étude de l'anglais et du français n'est rien pour eux; leur mémoire est réellement remarquable. Un commerçant porteño, que j'ai connu à Corrientes, avait imaginé d'apprendre les noms de tous les saints du calendrier espagnol pour tous les jours de l'année, et remplit en assez peu de temps cette tâche difficile, de manière à répondre toujours juste à toutes les questions qu'on lui adressait à cet égard, en prenant indifféremment l'almanach par le commencement ou par la fin. Les Porteños apprennent les vers avec une égale facilité; n'est-il pas fâcheux de les voir gâter tant d'avantages par une assurance qui repose souvent sur si peu de véritables lumières!

Un jeune homme qui passait pour instruit, vint un jour chez moi dans l'intention de s'occuper d'histoire naturelle; entre autres questions, je lui demandai s'il avait étudié les sciences physiques. Il me répondit, sans se déconcerter, qu'il les connaissait parfaitement toutes, en m'avouant cependant qu'il n'avait suivi les cours que pendant six mois; fait qui me rappelle l'anecdote suivante: le général S**, commandant l'armée de Buenos-Ayres opposée aux Santafecinos, crut avoir besoin de la carte de la partie de la province qui s'étend depuis le Rio d'Areco jusqu'au Riachuelo, espace d'environ un degré de long sur autant de largeur. Il fait appeler l'ingénieur S....., employé à son état-major, et lui demande combien il lui faut d'hommes pour lever cette carte. S..... lui désigne un nombre. « Ils sont à votre disposition, répond brusquement le général.... Montèz de suite à cheval, et apportez-moi la carte demain, « à midi. » Notre ingénieur se trouva, comme on peut le croire, assez embarrassé, n'osant faire sentir à son supérieur le ridicule d'un pareil ordre. Un expédient fort adroit le tira d'affaire. Dans le même état-major se trouvait un officier français, qui dessinait passablement; S..... l'alla trouver, et l'engagea à lui faire, sur-le-champ, un croquis idéal du travail que demandait leur chef commun, sûr que celui-ci, quant à l'exactitude, n'y regarderait pas de si près. L'officier se chargea de la besogne, et la carte fut remise à point nommé.

Les habitans ont peu de goût pour les beaux-arts. La nature de leur pays est grandiose, mais n'a rien de pittoresque, ni qui exalte les pensées. Point de bois pour les Dryades et les Faunes; des eaux stagnantes saumâtres et fétides seulement pour les Nayades. Point d'empire pour Flore. Quelle divinité les Grecs eussent-ils placée dans le vaste désert des Pampas? Leur imagination féconde y aurait, sans doute, assis le génie de la Solitude, comme le Camoëns mit au cap de Bonne-Espérance celui des Tempêtes; mais les habitans n'y voient que des pâturages et des chardons; et les Indiens leur Gualichu, ou esprit malfaisant.

La révolution a produit peu de ces hommes qui surgissent ordinairement dans les grandes secousses politiques, et qui se montrent supérieurs à leur époque et à leurs concitoyens : la plupart de ceux qui sont parvenus aux premiers emplois, tout formés au moment du besoin, sont sortis de la classe des avocats; et, à l'exception d'un très-petit nombre, que des voyages en Europe ou des études tardives, mais faites avec plus de persévérance et de justesse d'esprit, ont rendus capables de développer leurs talens, quelques autres n'ont fait qu'ajouter aux préjugés et aux notions erronées de l'éducation la plus vicieuse, le fruit de lectures superficielles faites sans ordre et sans jugement. Les jeunes gens envoyés en Europe afin d'y faire leur éducation, n'ont pas toujours justifié les espérances qu'ils avaient données; et, faute de bonnes directions, n'en ont rapporté, le plus souvent, que des connaissances plus que

1828. Buenos-Ayres. médiocres. Une extrême frivolité, le goût de la parure, la passion du jeu et des femmes, ont rendu presque inutiles les brillantes dispositions dont la nature a doué les créoles américains; et, au milieu de la corruption générale des mœurs, la république ne peut guère espérer de voir naître dans son sein même un Alcibiade.

L'esprit de rapine et de dilapidation a fait de tels progrès au milieu des désordres politiques de Buenos-Ayres, que quelques employés, non contens de vendre la justice et de s'enrichir ainsi, vont jusqu'à regarder tout ce qui appartient à l'État comme de bonne prise; et, à chaque changement de gouvernement, c'est un pillage général. A la suite de telle révolution on n'a plus trouvé dans les bureaux du ministère une seule écritoire, aucun meuble, aucune fourniture. On m'a même assuré que, lors du mouvement de Décembre, un des membres de la représentation nationale fit enlever les persiennes des fenêtres d'un appartement du lieu des séances, et s'appropria un coffre de fer où se gardaient les registres, en le remplaçant par une caisse de bois. Le garde des archives fit transporter chez lui les chaises de son bureau, laissant son remplaçant fort étonné de ne plus trouver un siége pour s'asseoir. Les armes, les munitions sont souvent l'objet d'un trafic scandaleux, et la république Argentine, qui est peu de chose sous le rapport de la population, a peut-être consommé plus d'armes depuis la déclaration de son indépendance, que tel État de l'Europe dans le cours de ses plus longues guerres. Quelques juges tirent aussi bon parti de la justice : c'est ordinairement le plaideur qui paie le plus qui gagne son procès; et tel magistat reçoit des deux côtés à la fois; cette coutume est même si connue, que l'on en parle publiquement, et que celui dont les droits sont le plus évidens, est perdu s'il ne les appuie par des cadeaux.

Parmi les causes de la prolongation et du renouvellement continuel de l'anarchie, il faut ranger la prodigalité et les vices de quelques-uns des habitans; car, si tous ceux qui, dès le principe de la révolution, ont dilapidé la fortune publique, et se sont enrichis par des exactions de tout genre, eussent conservé des biens trop souvent mal acquis, ils se seraient au moins trouvés intéressés au maintien de l'ordre et à la stabilité des institutions; mais la plupart, ayant, au contraire, dissipé promptement et leur patrimoine et le fruit de leurs rapines, ont favorisé l'agitation et le désordre, dans l'espérance de voir se renouveler pour eux les chances qui déjà leur avaient été favorables. C'est ainsi que les provinces de la Plata, sans avoir eu, pour ainsi dire, d'ennemis à combattre, sans avoir créé aucun établissement bien durable, sans avoir fait de très-grands progrès dans l'industrie et dans l'agriculture, ont ruiné les capitalistes espagnols, se sont successivement appauvries d'hommes et d'argent, et ont contracté une dette énorme, qu'elles ne pourront jamais acquitter. 1828. Buenos-Ayres.

Azara, dès le temps des vice-rois, avait remarqué que les lois étaient sans vigueur, et qu'il était toujours facile aux habitans de s'y soustraire. La révolution n'a fait qu'augmenter cette mollesse d'une part, et cette facilité de l'autre. Des volumes de lois et de décrets, publiés à l'envi par chacun des gouvernemens qui se succèdent avec tant de rapidité, n'ont ni amélioré l'administration de la justice, ni procuré plus de garantie à la propriété et à la sûreté individuelle. On peut dire que les lois sont mises en oubli, aussitôt après leur promulgation, même par les magistrats qui les ont proposées ou discutées; et que le plus grand nombre des citoyens ne s'inquiète, en aucune manière, même de celles qui s'inscrivent au bulletin. On ne s'étonnera pas, du reste, de l'inutilité des lois, quand on saura qu'on ne peut obtenir la stricte exécution du plus simple réglement de police; non que la population oppose une résistance ouverte à l'autorité; peut-être, au contraire, n'en est-il pas de plus docile; mais l'indolence des habitans les rend ennemis de toute espèce de sujétion, et présente une force d'inertie que pourrait vaincre seule l'énergie de l'administration. C'est sans doute pour combattre cette mollesse des habitans que le gouvernement espagnol était dans l'usage de faire, chaque année, proclamer toutes les ordonnances et de rappeler les réglemens de police par des bans publiés au son de la caisse, usage qui s'est maintenu quelque temps après la révolution. Depuis on s'est imaginé qu'il suffisait à des républicains d'avoir des affiches, des journaux, un bulletin des lois; mais l'indifférence pour la chose publique est à peu près la même sous le régime de la liberté, que sous celui des lois coloniales.

Une mesure de police qui paraît singulière à l'Européen, et que MM. Rengger et Lonchamp, dans leur Essai historique sur le Paraguay[1], signalent comme un exemple de la cruauté du docteur Francia, c'est la chasse qu'on fait aux chiens tous les ans. J'ai vu cette mesure, très-naturelle d'ailleurs, s'exécuter non-seulement à Buenos-Ayres, mais dans toutes les parties de l'Amérique méridionale, et je la regarde même comme on ne peut plus nécessaire. On concevra facilement combien les animaux de cette espèce doivent pulluler dans un pays où la viande est à si bon marché; ils s'y multiplient d'autant plus que, souvent, on laisse à une chienne toute sa portée, qu'on regarde

1. Page 212.

1828. avec la plus grande insouciance. Ces chiens finissent par tellement encombrer les rues, qu'on est obligé de prendre beaucoup de précautions, en marchant sur les trottoirs, où ils sont couchés, pour ne pas leur fouler les pattes et n'en pas être mordu. La police a donc cru rendre un service aux piétons en en faisant faire tous les ans une battue générale, qui pourtant n'en diminue pas sensiblement le nombre, cette sage mesure ne s'étendant pas au dehors de la ville, où néanmoins s'exercent sur eux des cruautés répréhensibles. Les habitans des campagnes de la république Argentine en élèvent ou, pour mieux dire, en laissent naître autour d'eux une grande quantité qui se nourrissent des restes de la viande consommée en si grande abondance; lorsqu'ils parcourent les champs, ils sont ordinairement suivis de la meute qui les aide à réunir leurs troupeaux, donne la chasse aux perdrix et aux tatous, et attaque courageusement les congouars et les jaguars, quand elle en rencontre. La nuit les chiens gardent l'habitation, et défendent l'approche des parcs des bestiaux; mais ces importans services ne sont jamais récompensés de la moindre caresse. L'insensible Gaucho, qui connaît peu l'amour, connaît rarement l'amitié, soupçonne à peine les affections de famille, traite les animaux aussi durement que ses semblables et lui-même. Les Européens voient avec indignation, dans les villes, les employés des *mataderos* (abattoirs) s'amuser à mutiler les pauvres chiens qui viennent à la curée. Les enfans même, instruits de bonne heure à la cruauté, se plaisent à leur couper, à coups de couteau, les jarrets, comme ils le voient faire aux bœufs par leurs pères, et leurs premiers jeux annoncent la férocité de leurs mœurs futures; car, munis déjà d'armes proportionnées à leur âge, les petits bambins des campagnes échangent sans cesse, dans leurs luttes, la menace de se mutiler ou de s'égorger.

Buenos-Ayres.

Je laisse ces tableaux dégoûtans des mœurs des campagnards, pour dire un mot sur la manière dont on prononce l'espagnol à Buenos-Ayres. Cette langue est assez mal parlée dans les provinces de la Plata; on y mêle au pur castillan une foule de termes provinciaux, étrangers; cependant, on peut dire une chose en faveur de l'Amérique : c'est qu'aux lieux près où l'idiôme primitif s'est conservé, comme au Paraguay et en Bolivia, l'espagnol y est exempt de patois, comme on le voit si souvent en Espagne; on ne peut se plaindre à Buenos-Ayres que d'une prononciation vicieuse, celle des Porteños étant efféminée. Il n'en est pas de l'espagnol comme du français, type à peu près invariable, signe presqu'infaillible du degré d'éducation de celui qui s'en sert. Il est peut-être aussi difficile de parler purement l'un et l'autre; mais pourtant, surtout à Buenos-Ayres, la manière de s'exprimer des individus ne dénote pas aussi sûrement la classe à laquelle ils appartiennent ; ce qui tient, sans doute, aux habitudes provinciales; car, malgré les cours de l'université et les nombreuses écoles établies dans la ville, il est rare qu'un créole s'énonce correctement et écrive avec pureté. La faute dans laquelle tombent beaucoup d'entr'eux, est de confondre l'*i* avec l'*l*, comme ils le font dans la prononciation; ainsi une foule de personnes écrivent *llegua* pour yegua (jument), et *yover* pour *llover* (pleuvoir). Ce vice uniforme dans le langage semble niveler toutes les classes de la société; ajoutez à cela que l'esprit et la facilité naturelle des créoles font que la conversation du peuple est presque aussi fleurie et roule sur les mêmes matières que celle de la haute société; que le luxe, qui a gagné jusqu'aux plus humbles réduits, rend les modes communes à tous les rangs, surtout chez les femmes; que, s'il y a quelque différence dans les vêtemens, elle ne consiste que dans la finesse et la valeur des tissus; que jusqu'au ton et aux manières aisées des hommes de bonne famille (chose que les parvenus ont, chez nous, tant de peine à acquérir), sont fidèlement reproduits par les divers habitans des faubourgs, et même par les esclaves et gens de couleur .... et qu'en conclura-t-on?.... Qu'il n'y a, pour ainsi dire, pas de bas peuple à Buenos-Ayres. Je n'entends parler, toutefois, que de la ville, et j'en sépare entièrement les habitans de la campagne, qui forment une nation distincte.

Si, après avoir étudié les Porteños sous le rapport moral, on passe au physique, on trouvera, comme je l'ai déjà dit, que c'est le plus beau peuple qu'on puisse imaginer, pour les formes comme pour les traits. La population, dans les hautes classes de la société, est composée d'Espagnols-Américains, comme les nomme, avec raison, M. de Humboldt, et rarement de sang métis; aussi le teint y est-il très-blanc, et y voit-on avec plaisir des blonds, si rares au Pérou et au Chili. La race espagnole, au lieu de s'altérer, s'est améliorée à Buenos-Ayres, ainsi que dans certaines autres parties de l'Amérique. Parmi les classes pauvres on trouve beaucoup plus de mélange, tant avec les Américains qu'avec les Africains. Les hautes classes veulent, tout en reniant leurs pères, sous le rapport politique, passer encore pour être d'origine espagnole; il est même singulier de les voir allier ces deux prétentions si opposées. La classe pauvre a dû nécessairement moins répugner au mélange; aussi se compose-t-elle de beaucoup de gens basanés aux cheveux plats, venus, sans aucun doute, du croisement des blancs avec les aborigènes. C'est ainsi que le village des Quilmes, qui est à la porte de Buenos-Ayres, jadis

1828. Buenos-Ayres. composé seulement d'Indiens, a vu disparaître le langage et les traits primitifs de ses habitans. Il y a également beaucoup de mélange avec les Africains; aussi voit-on encore à Buenos-Ayres un grand nombre de nègres et de mulâtres; mais le résultat qu'il présente n'est pas comparable à celui qu'on retrouve au Brésil et même à Lima. En général, par une influence toute particulière du climat, tous les mélanges produisent des hommes bien faits, aux traits on ne peut plus réguliers; pas plus qu'à Corrientes, on ne voit à Buenos-Ayres de bossus ni d'infirmes de naissance.

M. de Humboldt[1] donne pour superficie à la république de Buenos-Ayres, 126,770 lieues carrées, et 2,300,000 habitans. A l'époque où il écrivait, la république de Bolivia n'avait pas encore été démembrée de l'ancienne vice-royauté de Buenos-Ayres: aujourd'hui, qu'elle est réduite aux provinces au sud de Jujui, sa population ne s'élève pas à beaucoup près à la moitié; car, si l'on en croit les approximations reçues dans le pays, la république de la Plata n'aurait réellement que 1,600,000 habitans, dont la province seule de Buenos-Ayres donnerait, selon Azara[2] (en 1801), 73,782 âmes, si toutefois on peut croire cet auteur; car le peu de fractions qu'il présente n'annoncerait que des données approximatives. D'ailleurs, quand il en indique 600 aux îles Malouines, où se trouvait à peine une petite garnison[3], il est permis de douter de ses autres chiffres. Aucun des renseignemens réunis n'offre de calculs plus exacts. Les écrits publiés en 1826 donnent 165 à 170,000 âmes à la province[4], dont 70,000 pour la ville; tandis qu'en 1801, Azara ne faisait monter cette population qu'à 40,000, sans doute aussi par un calcul approximatif. Il est si difficile d'obtenir, en Amérique, un recensement un peu fidèle, que de long-temps on n'aura que des aperçus évidemment fautifs et incomplets. Cependant il est certain, malgré les pertes causées par les guerres civiles, que Buenos-Ayres s'est accrue d'une manière étonnante dans ces dernières années surtout, où les étrangers de toutes les nations y arrivaient de toutes parts, protégés par une commission spéciale d'émigration, créée en 1824; ce qui augmentait journellement l'effectif des habitans de la ville et des provinces.

En considérant le grand nombre d'enfans qui existent dans chaque famille

1. Voyage aux régions équinoxiales, t. 9, p. 157.

2. Voyage dans l'Amérique méridionale, t. 2, p. 338.

3. *Ibidem*, tableau de population.

4. *Almanaque politico y de comercio de Buenos-Ayres*, 1826; ouvrage publié par un Français, M. Blondel, et qui donne, sur le commerce, des renseignemens précieux.

de Buenos-Ayres, on serait étonné que l'accroissement de la population ne soit pas plus considérable; car, supposant juste le chiffre d'Azara, il y aurait eu, en 1801, à Buenos-Ayres, 40,000 âmes; et, en 1826, le nombre en était de 70,000, sur lesquels on peut déduire à peu près 20,000 étrangers. Il resterait encore une augmentation de 10,000 âmes, malgré les guerres continuelles de ce pays; je compte néanmoins pour rien la diminution par suite de cette cause; car le nombre de migrations annuelles des habitans des provinces de l'intérieur vers Buenos-Ayres, compense certainement, et au-delà, la mortalité par la guerre. Quoi qu'il en soit, l'accroissement serait encore, en vingt-cinq ans, d'un quart en sus, et doublerait la population tous les cent ans; ce qui ne peut être expliqué que par le tableau suivant, que je fis avec mon ami M. Parchappe, du nombre d'enfans nés d'une certaine quantité de mariages, et pris indistinctement parmi ses connaissances seulement. (Voyez page 518.)

1828.

Buenos-Ayres.

	GARÇONS.	FILLES.	TOTAL DES ENFANS.
1. M.	3	7	10
2. M.	4	5	9
3. A.	»	»	»
4. A.	3	3	6
5. T.	4	1	5
6. J.	1	1	2
7. U.	2	3	5
8. E.	»	1	1
9. P.	1	1	2
10. E.	4	2	6
11. R.	3	4	7
12. J.	»	1	1
13. S.	4	3	7
14. D.	7	8	15
15. R.	9	7	16
16. M.	5	»	5
17. O.	1	1	2
18. O.	2	2	4
19. B.	»	»	»
20. C.	»	4	4
21. M.	»	2	2
22. R.	3	5	8
23. O.	2	4	6
24. P.	3	6	9
25. R.	3	2	5
26. U.	1	»	1
27. C.	3	3	6
28. S.	»	1	1
29. L.	4	2	6
30. C.	3	6	9
31. B.	4	2	6
32. E.	6	3	9
33. U.	1	2	3
34. T.	3	4	7
35. P.	3	2	5
36. P.	4	»	4
37. P.	1	5	6
A reporter . .	97	103	200
Report . .	97	103	200
38. M.	2	4	6
39. J.	»	»	»
40. G.	3	5	8
41. M.	2	3	5
42. U.	3	»	3
43. A.	1	1	2
44. C.	4	7	11
45. U.	4	4	8
46. U.	5	1	6
47. S.	5	3	8
48. S.	2	1	3
49. M.	1	1	2
50. B.	2	7	9
51. U.	»	5	5
52. L.	1	7	8
53. U.	»	»	»
54. U.	»	»	»
55. M.	2	3	5
56. M.	3	3	6
57. P.	3	8	11
58. B.	2	6	8
59. L.	2	6	8
60. G.	2	2	4
61. C.	2	»	2
62. C.	2	8	10
63. R.	3	6	9
64. L.	2	4	6
65. P.	2	2	4
66. D. V.	3	2	5
67. B.	»	5	5
68. M.	3	3	6
69. L.	1	»	1
70. C.	3	1	4
71. L.	6	3	9
	173	214	387

Terme moyen sur 71 mariages . $5\frac{31}{71}$

ou $5\frac{11}{25}$

Excédant des filles. . . . 40 ou $5\frac{11}{25}$

On voit par ce tableau que, de 71 mariages, il est né 173 garçons, 214 filles, ce qui forme un total de 387 enfans; par conséquent la moyenne donne 5 enfans $\frac{31}{71}$ ou $5\text{-}\frac{11}{25}$ pour chaque mariage, quand il est reconnu que la moyenne est de 3-777, ou presque quatre enfans légitimes par mariage, en France[1]. Le chiffre de Buenos-Ayres est énorme; tandis que le maximum des enfans dans une seule famille est de 16; somme assez élevée, il est vrai, mais commune aux États-Unis, par exemple; tandis qu'il n'y a que cinq mariages qui n'aient pas donné d'enfans. Il serait hasardé, cependant, de baser aucune observation sur des résultats obtenus dans un cercle aussi restreint. Je me contente donc de les donner comme simples renseignemens; il en est de même de l'excédant du nombre des filles sur celui des garçons. On sait qu'au contraire, d'après les règles admises en France, le nombre des garçons est, à l'égard de celui des filles, dans le rapport de $\frac{17}{16}$. Les autres renseignemens statistiques, que je pourrais consigner ici, ne sont pas assez complets pour qu'on en puisse tirer quelques conséquences suceptibles d'intéresser.

1828. Buenos-Ayres.

Le commerce de Buenos-Ayres est très-actif, si nous le considérons sous le rapport de l'exportation et de l'importation. On pourra le voir par le tableau suivant des navires de haute mer entrés dans le port en 1822.

NATIONS.	NOMBRE DES NAVIRES.	NOMBRE DES TONNEAUX.
Anglais	109	20852
Nord-Américains	71	15545
Buenos-Ayriens.	94	5817
Français.	19	3896
Brésiliens	61	5008
Suédois.	10	2215
Sardes	8	1377
Hollandais.	2	556
Danois	2	220
Russes	1	110
	377	55596

Ce nombre est indépendant de 651 embarcations de tonnage moyen, entrées

1. Annuaire du bureau des longitudes, 1835, p. 108.

1828. Buenos-Ayres. à Buenos-Ayres même pour le cabotage intérieur de la rivière, et de 1035 arrivés au port de San-Fernando ou du Tigre par le Parana et l'Uruguay. Cette dernière addition monterait à 1686 petites barques de toute portée.

Si l'on jette un coup d'œil comparatif sur le commerce des étrangers avec Buenos-Ayres, on verra que les Anglais tiennent le premier rang, et qu'à l'époque dont je viens de parler (1822), ils en faisaient presque six fois plus que nous; proportion qui ne s'est pas toujours soutenue. Le commerce de France a beaucoup augmenté, sans doute, depuis; mais il ne peut encore rivaliser ni avec celui des Anglais, ni avec celui des Américains. Il faudrait, je crois, chercher la cause de cette différence dans la crainte des capitalistes français, ou dans le peu de persévérance des armateurs, qui veulent gagner vingt-cinq pour cent dès le premier voyage d'un navire; tandis que les marchandises qu'il porte sont peu au courant des besoins de la place, ou tout au moins mal choisies. Une seconde expédition serait plus profitable; mais il est rare qu'elle ait lieu, et le négociant se rebute dès la première tentative; tandis qu'en persévérant il réussirait.

L'importation a produit, en 1822, d'après l'estimation de la douane, 11,000,000 de piastres, ou 55,000,000 de francs. Si l'on y compare les entrées après la fin de la guerre avec les Brésiliens, on la trouvera extraordinaire, puisque la douane a perçu en droits, depuis le 1.er Décembre 1828, jusqu'au 31 Août 1829 (pendant neuf mois), une somme de 5,391,567 piastres; le seul mois d'Août avait donné 613,552 piastres. Si, sur la totalité des droits, on prend un terme moyen de 15 p. 100, on trouvera qu'il est entré, en marchandises, pendant ces neuf mois, une valeur approximative de 35,943,780 piastres, ou 179,718,900 francs, chiffre si différent de celui de l'année 1822, qu'il paraît difficile à croire; mais Buenos-Ayres avait été trois ans en état de blocus; tout y manquait, jusqu'aux choses de première nécessité. Si l'on compare les droits perçus cette année avec ceux de 1791, par exemple, qui n'étaient que de 336,532 piastres, on sera étonné de l'énorme amélioration du commerce.

D'après les relevés de la douane[1], l'exportation, en 1824, a été comme suit.

1. Renseignemens empruntés à Nuñez, Esquisse de Buenos-Ayres, p. 327. Si mes totaux ne s'accordent pas avec ceux de Nuñez, c'est que j'ai reconnu que ceux-ci étaient faux.

1,279,745	piastres fortes, à 10 p. 100 de prime	1,407,745
10,625	quadruples en or, à 17 piastres.	180,635
10,559	marcs d'argent, à 9 piastres	95,031
655,255	cuirs de bœufs, à 5 piastres	3,276,275
339,803	peaux de chevaux, à 5 réaux.	212,315
130,361	quintaux de viande salée, à 5 piastres	651,805
35,670	douzaines de peaux de chinchilla, à 5 piastres. .	178,350
9,138	peaux de jaguars et autres animaux, à 3 piastres .	27,414
12,167	arrobas[1] suifs, à 2 piastres	24,334
	Crins, cornes, plumes d'autruches, etc.	50,940
	Total (piastres)	6,104,844
	Valeurs d'or et d'argent passées en fraude, portées à un tiers en sus	2,029,700
	Piastres	8,134,544
	En francs.	40,672,720

Le tableau ci-dessus donne une idée exacte des produits de Buenos-Ayres. Il faut cependant en défalquer l'argent qui vient des provinces de l'intérieur; ainsi que les peaux de chinchilla, qui se tirent de la Cordillère de la Bolivia. Les exportations de Buenos-Ayres se réduisent donc aux peaux de bœufs, de chevaux, de moutons, de *nutrias*[2], aux crins, aux plumes d'autruches (*ñandu*); aux cornes, aux peaux de jaguars et de loups marins; au suif en branche, de graisse, et à la viande salée; car, quoique le terrain produise des blés supérieurs, ce genre de culture est tellement abandonné, par suite du peu de stabilité des gouvernemens et du peu de sécurité offerte aux cultivateurs, que, nonobstant une récolte de plus de 20 p. 1, la ville est, quant à cette denrée de première nécessité, tributaire du Chili et de l'Amérique du Nord; tandis que les terrains qui produisaient, en 1792, une exportation telle que l'île Bourbon et l'île de France s'approvisionnaient à Buenos-Ayres, sont, aujourd'hui, tout à fait incultes. Tel est l'effet des troubles politiques, dans un pays où les terres peuvent rivaliser avec les meilleures de l'Europe.

J'ai pensé que le plus sûr moyen de faire connaître le genre d'industrie du pays, et en même temps la nature de son commerce au détail, était de donner une récapitulation industrielle des patentés de la ville de Buenos-Ayres[3]; il sera facile d'en tirer les conséquences.

1. L'arroba fait 25 livres espagnoles.

2. Le coipu des auteurs.

3. L'*Almanaque politico y de comercio de la ciudad de Buenos-Ayres*, de 1826, nous en a fourni les chiffres positifs.

1828. — Buenos-Ayres.

Catégorie	Sous-catégorie	Profession	Nombre	Sous-total	Total
Négocians, Marchands en gros et en détail, sans travaux préparatoires.	En gros.	Négocians de première classe	85	231	987
		Magasins en gros	146		
	De comestibles.	Boissons en gros	13	504	
		Boissons au détail (pulperias)	465		
		Magasins de comestibles	14		
		Boulangers	5		
		Marchands de sel	2		
		Marchands de tabac	5		
	D'habillemens.	Fripier	1	196	
		Marchands de tissus, etc. (tiendas)	183		
		Merciers	12		
	De fournitures diverses.	Magasins de cuirs tannés	24	56	
		Magasins de peaux	3		
		Chantiers de bois de construction	25		
		Magasins de peinture	4		
Fabricans, Entrepreneurs, Artisans, Ouvriers.	Pour la bouche.	Cafetiers	19	100	375
		Hôtels et hôtelleries	25		
		Apothicaires, droguistes	23		
		Confiseurs	8		
		Chocolatiers	11		
		Distillateurs ou liquoristes	14		
	Pour l'habillement.	Chapeliers	21	118	
		Teinturiers	3		
		Tailleurs	16		
		Orfèvres	4		
		Passementiers	2		
		Cordonniers	67		
		Fabricans de peignes	5		
	Pour la maison, Entrepreneurs.	Charpentiers	37	84	
		Serruriers	3		
		Forgerons	18		
		Chaudronnier	1		
		Ferblantiers	2		
		Marbriers	2		
		Maçons (entrepreneurs)	8		
		Matelassier	1		
		Doreur	1		
		Nattiers	3		
		Peintres en bâtimens	4		
		Tonneliers	3		
		Layetier	1		
		A reporter			1362

1828. Buenos-Ayres.

	Report			1362
De luxe, de voitures.	Armuriers.	12	66	
	Graveurs	3		
	Horlogers.	14		
	Charrons.	6		
	Maréchal-ferrant	1		
	Selliers.	9		
	Loueurs de voitures, de chevaux.	21		
Divers.	Ingénieurs architectes	2	7	
	Imprimeurs.	3		
	Peintres en miniature	2		
				1362

Il est assez curieux de comparer les divers chiffres des tableaux ci-dessus à ceux qu'on trouve dans les villes où la civilisation est peu avancée. On peut tirer facilement de ce genre de recherches des conséquences piquantes tant sur les progrès sociaux d'un pays, que sur le degré de sa corruption. On voit, par exemple, que le nombre total des industriels de toute classe à Buenos-Ayres, en y comprenant tous les entrepreneurs, artisans et ouvriers indispensables dans toutes les villes, se monte seulement à 375, ce qui fait un peu moins d'un tiers des marchands; d'où il est facile de conclure qu'elle exploite l'industrie étrangère au lieu de la sienne propre. Aucune fabrique ne s'y approprie les produits du sol; aussi le pays doit-il nécessairement s'appauvrir de plus en plus, car il échange une partie de ses provenances contre les marchandises étrangères; mais toujours aux dépens des entrées. Il en est de même dans toutes les républiques de l'Amérique méridionale dont les mines donnent peu. Parmi les magasins de comestibles, il est singulier de trouver pour chiffre des marchands de boissons en détail, 465; tandis que celui des boulangers est de cinq (juste le même nombre que celui des marchands de tabac). Quelle proportion établir et quelles conséquences en tirer? C'est d'abord qu'à Buenos-Ayres on mange peu de pain, et qu'ensuite l'ivrognerie est poussée à l'extrême. Que dire d'une ville où la totalité des ouvriers, entrepreneurs et fabricans de toute classe, n'égale pas celle des marchands de vin? on ne pourra, sans aucun doute, en avoir qu'une opinion très-défavorable, surtout en reconnaissant que les seuls marchands d'objets propres à la toilette, sans parler des *confectionneurs,* équivalent à près de la moitié du reste des manufacturiers. Si l'on veut pousser plus loin les réflexions sur le nombre comparé des ouvriers, on verra que, sur 375, 100 sont pour la bouche, et 118 pour

1828. l'habillement; ce qui peut démontrer que le luxe extérieur est plus répandu que

Buenos-Ayres. celui de la table. Le nombre des artisans constructeurs de tout genre n'est aussi que de 84; tandis que les états qui tiennent au luxe intérieur du pays ne s'élèvent qu'à 66. Comparant ensuite, à toutes les sommes, celles des articles des ingénieurs et même des imprimeries, qui indiquent le degré de civilisation des cités, on verra qu'à Buenos-Ayres ces chiffres si disproportionnés à la population totale, prouvent peu en faveur des arts, de la littérature et de l'instruction, en général.

Il n'y a, dans Buenos-Ayres, que 22 notaires, 33 avocats, ce qui est un nombre peu élevé pour une ville si grande; tandis qu'on en compte presque autant que d'hommes de société à Chuquisaca. La capitale argentine possède aussi 39 médecins.

Dans la récapitulation que je viens de faire, ne sont pas compris les marchands du marché; ceux-ci ne paient pas de patente, et leur contribution consiste en une somme que perçoit journellement la police chargée de les surveiller. C'est en ce lieu que les bouchers, après avoir acquitté le droit de tuerie à l'abattoir, apportent des charretées de viande, qu'ils ne débitent que là; car il n'y a pas de bouchers dans la cité même, quoique la viande y soit de première nécessité, puisqu'elle y remplace le pain de notre Europe. Là aussi viennent s'étaler les denrées de toutes espèces produites par le pays; un grand nombre de charrettes y voiturent du poisson; des chevaux y apportent les œufs, la volaille en abondance; le gibier, que des chasseurs de profession tuent dans la campagne; aussi toute l'année, et surtout l'hiver, y voit-on une telle quantité de toutes espèces de canards, de tinamous ou perdrix, qu'on s'étonne qu'on en puisse prendre autant, aussi bien que de petits oiseaux, tels que l'étourneau militaire; les barges, les aras patagons, etc., allant tous par troupes qu'on peut tuer par volées. Il y figure encore toute espèce de tatous, mais seulement l'hiver; car ces animaux, comme les oiseaux, s'éloignent ou disparaissent des environs de Buenos-Ayres, à mesure que la population gagne les déserts. Le marché est curieux à voir, autant par la diversité des objets qu'on y rencontre, que par le peu de commodités dont y jouissent les détaillans qui, pour la plupart, étalent leurs marchandises à terre.

Il me reste une dernière observation à faire sur la différence des places commerciales de l'Amérique, pays consommateur, avec celles de l'Europe, pays manufacturier. Il n'y a point, dans la première, comme dans la seconde, de boutiques spécialement destinées à tel article; et les objets les plus disparates sont vendus dans la même maison : souvent une *tienda* débite simultanément des draps, des mousselines, des soieries de toute espèce, de la quincaillerie, de la mercerie, des objets confectionnés, des modes, des meubles, etc.; et une *pulperia* sera tout à la fois un cabaret, un magasin d'épicerie, de droguerie, de sellerie, de coutellerie, etc.

Il ne me reste plus qu'à donner quelques notions sur la température de Buenos-Ayres, située au 33° 34' de latitude sud : elle est moins chaude qu'elle ne devrait l'être, et l'on éprouve souvent un froid assez vif; cependant le maximum de l'année[1] (1822) est de 91 de Fahrenheit, ou de 26°¼ de Réaumur. Ce qui influe beaucoup sur la santé de quelques personnes, quoique le pays soit on ne peut plus sain, c'est la grande variation de l'atmosphère; le vent, changeant tout à coup, apporte des masses d'air, soit du pôle, soit des montagnes, et abaisse tellement la température qu'on est obligé de se couvrir de suite. Il n'est aucun étranger qui n'ait remarqué ce fait. D'après les observations hygrométriques, le nombre de jours humides, pendant l'année citée, a été de 294, et celui des jours secs de 38; ce qui explique facilement pourquoi les maisons, les terrasses et les murailles sont couvertes d'une belle végétation. Des observations *météorologiques*, faites dans le cours de la même année, donnent les résultats suivans. Le nombre des beaux jours a été de 207; des jours nuageux, de 80; des jours de pluie, de 78, et des jours d'orage (tonnerre et éclairs), de 28. Les vents ont été 170 jours du Nord à l'Est; 56, du Nord à l'Ouest; 66, du Sud à l'Est, et 72 du Sud à l'Ouest; ce qui peut prouver que ceux qui règnent sont du Nord à l'Est, ou du Sud à l'Ouest; les premiers, constamment chauds, occasionnent, lorsque l'atmosphère est chargée, des maux de tête violens. On a aussi remarqué que, dans les jours qui précèdent les changemens de temps, les Gauchos sont plus disposés à leurs sanglantes querelles; on a reconnu que le nombre des assassinats était alors comparativement plus considérable; mais la pesanteur de l'air annonce-t-elle une tempête, la foudre gronde dix fois plus qu'en Europe; les éclairs se renouvellent de toutes parts; Azara dit qu'en 1793, pendant un seul orage, la foudre tomba trente-sept fois dans la ville, et tua dix-neuf personnes[2]. Heureusement les exemples en sont rares. Ordinairement, après que les tourbillons de poussière ont obscurci l'air de manière à forcer d'éclairer l'intérieur des

1. N'ayant pas eu les observations faites par M. Mossotti à Buenos-Ayres, je me vois forcé de donner ces résultats succincts d'après les tableaux publiés en 1822 par M. Nuñez, Esquisse historique de Buenos-Ayres, p. 196, 197.

2. Voyage dans l'Amérique méridionale, t. I, p. 36.

1828. Buenos-Ayres.

appartemens, le vent tourne au Sud-Ouest, en passant sur les Pampas, prend, alors, le nom de Pampero, et augmente tellement de force, qu'il renverse tout devant lui. Il est certain qu'il souffle avec d'autant plus de violence qu'on s'avance davantage vers le Sud; et amène une fraîcheur salutaire qui fait disparaître tous les inconvéniens des vents de Nord-Est, apporte le calme dans les esprits, et change tout à coup la chaleur en un froid pénétrant.[1]

1. Le reste de la description du territoire et des accidens locaux, appartient à la géographie ou à la géologie. Voyez ces parties spéciales, pour plus de développement.

CHAPITRE XIV.

Voyage de M. Parchappe à la Cruz de Gerra.[1]

1828 — San-Jose de Flores. 1.er Janvier.

Je partis de Buenos-Ayres sur les dix heures du matin, et m'arrêtai à San-Jose de Flores, à cause de l'ardeur du soleil; j'étais avec un Français de mes amis, dont l'habitation se trouvait sur la route que nous devions suivre. San-Jose de Flores est un assez joli village, situé à deux lieues de Buenos-Ayres : toutes les maisons y sont bâties en briques, et quelques-unes terrassées, les autres couvertes en paille; presque tous les habitans y sont jardiniers, et ce village fournit une grande partie des légumes et des fruits que consomme la capitale. Il s'y trouve beaucoup de bois de pêchers et quelques peupliers, qui lui donnent un aspect tout à fait européen. Plusieurs habitans de la ville y ont leurs maisons de plaisance et des jardins, dont la culture s'améliore graduellement; et, comme c'est une route extrêmement fréquentée, le séjour en est assez agréable, malgré le peu de variété de sites qu'offre un sol généralement plat. Il n'y a d'autre eau que celle des puits; mais elle est très-bonne. Le chemin est fort large, très-bourbeux en hiver, et plein de poussière en été; inconvénient commun à toutes les parties argileuses des Pampas proprement dites. Le grand nombre de maisons qui existent et qui s'y bâtissent continuellement, font présumer que San-Jose de Flores ne tardera pas à se réunir à Buenos-Ayres, et à devenir un de ses faubourgs. Le nom Flores (fleurs), ajouté à celui de San-Jose (saint Joseph), prévient les étrangers en faveur de ce village; mais Flores est, tout simplement, le nom du particulier à qui appartenait le terrain sur lequel s'est construite la chapelle de San-Jose, dont la fondation est toute récente.

Après dîner, mon compatriote se sépara de moi, et j'allai coucher à une *chacra,* distante de sept lieues de Buenos-Ayres. Les maisons deviennent plus rares; la plaine est légèrement ondulée, et l'on commence à trouver ces immenses chardonnières déjà décrites.[2]

---

1. Je n'ai pas fait ce voyage; mais mon savant ami, M. Parchappe, qui a parcouru ces parties australes, dont l'exploration lie mes observations sur la Patagonie à celles que j'ai faites sur Buenos-Ayres, a bien voulu me communiquer tous les matériaux qui composent ce chapitre et les deux suivans. Cette relation fera bien connaître à mes lecteurs le sol des Pampas.

2. Chap. III, p. 37, et chap. XII, p. 472.

1828. Pampas.

C'était le temps de la récolte des blés, qui se prolonge ordinairement dans les mois de Janvier et de Février, et qui, cette année, allait très-lentement, à cause de la rareté des bras. Les levées forcées pour l'armée avaient dégarni les campagnes, et empêchaient les Santiaguenos[1] de venir se louer, selon leur usage, par la crainte d'être obligés de servir. Les laboureurs coupent le blé à la faucille; ils le réunissent en tas dans un enclos formé de pieux et de traverses, c'est ce qu'ils appellent *parra*[2]. Ils le font ensuite fouler aux pieds, par une troupe de jumens, pour en séparer le grain, à peu près comme le faisaient les Romains; puis ils le ventent, en le secouant avec des fourches de bois, de manière à ce que la paille, brisée, s'envole de côté.

J'arrivai à la chacra assez fatigué de la chaleur et de la poussière: on m'offrit, de suite, un sorbet aigre d'orange amère, l'espèce de rafraîchissement le plus en usage dans le pays, et fabriqué dans les bois d'orangers qui couvrent les îles de l'embouchure du Parana dans la Plata; les habitans aisés en font leur provision tous les ans; il se conserve assez bien; mais il perd beaucoup du parfum de l'orange. La maison dans laquelle j'étais est vaste, construite de *pared francesa* (muraille française), et couverte en paille, genre de construction généralement usité dans la campagne; les riches propriétaires seuls emploient la brique et la chaux dans leurs édifices. Cette bâtisse se fait en remplissant les interstices, laissés par la charpente, avec de la terre mélangée à de la paille hachée; dans la province de Buenos-Ayres, ce système de construction est modifié par la rareté et par la mauvaise qualité des bois, qui, n'étant ni équarris ni droits, ne permettent pas que les murs ni les toits soient fort unis. Les murailles sont grossièrement enduites de boue et rarement crépies; de sorte, qu'en général les maisons de la campagne présentent un aspect de misère et de malpropreté qui ne répond nullement à la richesse du pays. La paille employée pour la toiture, varie: ce sont des graminées ou des joncs de différentes espèces, qui se placent par couches étagées, de manière à se recouvrir de haut en bas; amarrés quelquefois, par petites poignées, avec des lanières de peau de bœuf, aux lattes qui reposent sur les chevrons, d'autres fois ils ne sont que ployés sur ces lattes. Quand c'est la paille dite *esparto*[3], on ne se contente pas de la doubler, mais on en tord chaque poignée; ce qui donne au toit, vu en dessous, l'aspect d'une natte.

1. Habitans de la province de Santiago del Estero.
2. Mot qui n'appartient pas à la langue espagnole et paraît purement local.
3. Espèce de graminée très-commune dans toutes les Pampas.

Le lendemain matin, mon domestique vint me chercher, de bonne heure, pour me conduire, de la part du major Pédriel, chef de l'expédition, à la *pulperia de Caveda*, où je trouvai cet officier, accompagné du commissaire des guerres Olleros, de son beau-frère Correa, qui nous suivait comme vivandier, et d'un jeune employé du bureau topographique, désigné pour me servir d'aide. Ces messieurs avaient marché presque toute la nuit, et suivi au pas quatre charrettes pesamment chargées des effets du commandant et de la vivanderie; aussi étaient-ils tous épuisés de fatigue et à moitié endormis; mais on parla de déjeûner, pendant que les charretiers attelleraient leurs bœufs; bientôt les esprits et la conversation se ranimèrent, et nous pûmes faire connaissance. Les chemins de la province de Buenos-Ayres sont couverts de pulperias, espèce de cabarets où l'on ne loge point, parce qu'il n'y a pas d'auberges, dans l'intérieur de l'Amérique du Sud, l'usage étant de se coucher où l'on s'arrête, et de s'y faire un lit avec son recado. On trouve dans les pulperias du vin, de l'eau-de-vie, des rafraîchissemens, de l'herbe (maté), du tabac, du pain, du fromage, quelques articles de quincaillerie; elles servent de points de repos aux voyageurs, et sont le rendez-vous de tous les fainéans et mauvais sujets des environs; aussi deviennent-elles souvent le théâtre de disputes qui se terminent, d'ordinaire, par quelques coups de couteau. Elles n'ont point d'enseignes, comme nos cabarets, ou plutôt toutes en ont une qui leur est commune, et qui consiste en une girouette ou une banderolle placée au bout d'une longue perche de *tacuara* [1], grand bambou qui vient de la province de Corrientes et du Paraguay. 1828. Pampas. 2 Janvier.

Les charrettes étaient parties, et nous ne les atteignîmes qu'au moment où elles traversaient un petit ruisseau bourbeux. Pour cette opération, on fait arrêter le convoi, et l'on passe les charrettes une à une, en ajoutant aux trois paires de bœufs dont elles sont attelées, une paire ou plus, s'il est nécessaire; les *picadores* (piqueurs) [2] des autres sautent à terre, avec leur *picanilla* [3], se placent de chaque côté de l'attelage, quelquefois dans l'eau jusqu'à moitié du corps; et, par leurs cris et à coups d'aiguillon, ils excitent les bœufs à employer toutes leurs forces. Lorsque le convoi est considérable, il faut, quelquefois, un jour entier pour franchir une rivière. Les charrettes de Buenos-Ayres sont moins soignées, plus grossièrement couvertes que celles de

1. Canne d'une espèce de bambousier.

2. Ou conducteurs, ainsi nommés parce qu'ils dirigent les charrettes, en piquant les bœufs avec l'aiguillon.

3. Bâton de trois mètres environ de longueur et armé d'un aiguillon.

1828. Pampas. Corrientes, mais plus fortes dans toutes leurs dimensions; on les charge du double; ce que ne permettent pas les chemins de Corrientes, incomparablement plus mauvais.

Le ruisseau passé, nous fîmes halte un peu plus loin. On détela les bœufs; tout le monde s'empressa, les uns réunissant des chardons, les autres allant chercher de l'eau. On mit rôtir quelques morceaux de viande; et, quand la flamme les eut à moitié charbonnés, on planta les broches debout; les groupes se formèrent à l'entour. On s'assit par terre, les jambes croisées, comme les Orientaux; chacun, armé d'un couteau, coupa comme bon lui sembla; et, lorsque le repas fut terminé, on avala un grand pot d'eau. Les habitans du pays ne boivent généralement qu'après avoir mangé. La viande se rôtit, et n'est pas souvent assaisonnée de sel; c'est, ordinairement, la seule nourriture en voyage. Le couteau est un meuble indispensable pour ceux qui parcourent l'intérieur du pays, et les gens de la campagne se moquent des étrangers qui ont oublié de s'en pourvoir; ils disent proverbialement *el que no tiene cuchillo, no come* (celui qui n'a pas de couteau ne mange pas). Le dîner fini, chacun chercha l'ombre des charrettes, étendit les diverses pièces de son recado, et fit la *siesta* jusqu'à trois ou quatre heures de l'après-midi; alors on attela les bœufs, après avoir toutefois préalablement pris le *maté,* ce qui est de rigueur.

Nous arrivâmes au coucher du soleil à la poste de Cepedes, située de l'autre côté du Rio de la Matanza (rivière du Massacre). Ce nom nous rappela l'horrible carnage qui lui a valu son nom, lors de la première fondation de Buenos-Ayres. Ce petit ruisseau coule dans un lit argileux, et l'eau en est saumâtre. Nous priâmes la femme du maître de poste de nous faire à souper, ce à quoi elle se prêta de bonne grâce, en tuant aussitôt une couple de poules de sa basse-cour. Il est assez ordinaire de voir, près des maisons de poste, une pulperia, qui souvent appartient au maître de cet établissement; mais il ne restait de l'approvisionnement de celle où nous nous trouvions, qu'un peu de sucre et de vinaigre, qui servirent à nous rafraîchir. Les pulperias les mieux organisées offrent une chambre commune aux voyageurs, qui peuvent profiter des grabats, qu'on y trouve quelquefois, pour passer la nuit, si la crainte d'y rencontrer beaucoup trop nombreuse compagnie, ne leur fait préférer de coucher en plein air. Les postes ne fournissent que les chevaux sans selle. On paie celui du postillon; le prix des chevaux est d'un demi-réal (31 centimes) par lieue; ceux de charge coûtent un réal (62 centimes); le gouvernement est taxé aux mêmes prix. Les postes sont généralement à la distance de cinq ou six lieues l'une de l'autre, rarement moins, quelquefois plus.

Les équipages, s'étant égarés la veille au soir, n'arrivèrent qu'au milieu du jour; de sorte que nous ne nous mîmes en route que l'après-midi. Nous prîmes les devants au galop, par une chaleur excessive, et nous fûmes obligés de nous arrêter à chaque maison pour nous rafraîchir. Nous arrivâmes de nuit dans un bas-fond, auprès d'une lagune, où nous attendait le reste du convoi, qui se composait, en tout, de vingt et quelques charrettes. Lorsqu'une de leurs suites fait halte, une moitié s'arrête et l'autre continue à marcher, en longeant la première, de façon à former deux files et à laisser une avenue au milieu; ce qui a pour but d'occuper moins de terrain, de faciliter la surveillance, et de diminuer le chemin qu'ont à parcourir les *picadores* pour amener les bœufs au joug. Nous fîmes rôtir un morceau de viande, et nous nous disposâmes à nous coucher.

1828. Pampas. 3 Janvier.

Le recado, comme je l'ai dit, sert de lit; il se compose des pièces suivantes: une ou deux peaux de mouton, ou une couverture grossière, qu'on place immédiatement sur le dos du cheval; une couverture épaisse (*sudadera*), destinée à empêcher la sueur de pénétrer plus avant et de salir les autres pièces; une ou deux couvertures (*jergas*), dont la plus fine et la plus ornée se place sur l'autre; une pièce de cuir oblongue (*carona*), couverte de broderies et de dessins imprimés, et dont les dimensions sont réglées de manière à laisser apercevoir la bordure de la couverture qui est en dessous. Cette pièce, chez les gens pauvres, consiste, tout simplement, en une peau de vache, coupée en carré long; par-dessus s'étend un bât (le *recado* proprement dit), dont les têtes sont en bois, et l'intérieur en jonc, le tout recouvert de cuir, et également orné de dessins empreints. Au recado sont fixés les étriers, que les habitans emploient fort petits, n'y plaçant que l'extrémité du pied, et, quelquefois, saisissant seulement une des tiges de l'étrier entre le gros orteil et le suivant. On fixe le recado sur le cheval au moyen d'une sangle, composée de deux pièces, l'une pour le dos, l'autre pour le ventre. La première est ordinairement de cuir, ornée comme la carona et le recado; et la seconde, d'un morceau pris dans la partie la plus forte d'une peau de vache dépouillée de son poil, ou bien de petites tresses de lanières de peau de cheval épilée, également fixées, par chacune de leurs extrémités, à une forte pièce de peau, et réunies par d'autres tresses transversales. Les deux pièces de la sangle sont unies par un fort anneau de fer, et portent chacune, à leur bout opposé, un autre anneau semblable; celui de la pièce supérieure sert d'attache à une forte courroie qu'on fait passer dans l'anneau de l'inférieure; puis, alternativement dans l'un et dans l'autre, quand on sangle le cheval, ce qui a lieu à peu près sous le milieu du ventre.

1828. Pampas. Dessus le recado se pose une peau de mouton, garnie de son poil, et teinte en bleu ou en noir (*coginillo* ou *pellon*); puis une petite pièce de veau tanné, garnie d'une bordure imprimée (*sobre pellon*); et, sur le tout, une légère sangle, tissue de laine. Telle est la selle complète. En voyage on ploie, quelquefois, un drap de lit sous le *pellon*. La sangle des gens de la campagne et de travail est munie d'un autre anneau, placé à côté de celui de droite de la pièce supérieure et destiné à fixer l'extrémité du lacet, ou toute autre courroie, lorsque le cavalier veut traîner un fardeau. Le bât porte aussi, sur la partie postérieure, plusieurs petites courroies servant à retenir divers menus objets que l'on veut avoir avec soi en voyage; c'est là aussi que s'attache le lacet, lorsqu'on n'a point à s'en servir, et, quelquefois encore, les boules, quoiqu'ordinairement on les suspende à la ceinture. Les couvertures sont de laine, diversement tissues, bigarrées de couleurs diverses, et souvent garnies de franges et de broderies. On en fabrique à Cordova, et c'est un article de commerce des Indiens Pampas et Chiliens. Les étriers des pauvres sont de bois, de fer ou de laiton; ceux des riches sont d'argent, et, généralement, d'un travail lourd et grossier.

Le cavalier place au cou de son cheval un grand anneau de cuir tressé (*fiador*), auquel est attaché un anneau de fer ou de cuivre, qui sert à suspendre les entraves (*maneado*), et à fixer la longue courroie ou licou (*maneador*), au moyen duquel on attache le cheval à la plate-longe, pour qu'il puisse manger, dans les haltes qu'on fait en plein champ.

Le mors est toujours en fer, et ordinairement orné de deux rondelles d'argent. La gourmette, bien différente des nôtres, est un grand anneau qui embrasse la mâchoire inférieure. La têtière (*bozal*) est souvent ornée de petites plaques d'argent; c'est la partie où les habitans riches de la campagne, à l'instar des Indiens, prodiguent tout leur luxe.

La bride est ordinairement en tresses de peau de cheval, et semblable, pour la forme, à celles que nous appelons *à la hussarde*. On l'orne aussi d'anneaux et de petits tuyaux d'argent; et l'on voit encore quelques anciens harnais munis d'un poitrail tout couvert d'ornemens analogues.

Les gens du pays montent souvent sans éperons, surtout les chevaux dressés et doux; et ils ne se servent alors que du *rebenque*, espèce de martinet. Souvent aussi, au lieu de manche de bois, on met une tige de fer, ce qui fait du fouet une arme dangereuse, dont les habitans se servent avec beaucoup d'adresse, soit pour leur défense, soit pour tuer les serpens et autres petits animaux qu'ils rencontrent dans les champs. On ne fait, le plus souvent, usage des éperons que pour dompter ou monter des chevaux fougueux et récemment dressés. Ceux qu'on emploie à cet usage sont de fer, très-forts, très-lourds; les tiges en sont longues, et portent une rondelle ou étoile dont les pointes, très-aiguës, ont jusqu'à deux centimètres. Elles servent au cavalier à fixer les talons dans la *carona*, et à l'y assurer au point de résister à toutes les courbettes, et aux sauts du cheval indompté. 1828. Pampas.

Les gens du pays usent d'étrivières très-allongées, de manière à ce que la pointe du pied soit inclinée vers le sol; ils montent également bien sans étriers, sautant, avec la plus grande légèreté et d'un seul temps, sur le dos du cheval, en empoignant la crinière de la main gauche, et plaçant la droite sur le garrot, au moment où ils ont pris leur élan; exercice très-difficile pour les Européens. Ils sont d'une solidité à toute épreuve, et presque aussi fermes à poil que sur le cheval sellé.

Le recado est long à placer, et exige qu'on descende souvent, pour serrer la sangle, qui tend toujours à se relâcher et à glisser en arrière; ce qui est fort dangereux, si le cheval vient à la sentir sous le bas-ventre; car, alors, il s'emporte immédiatement, pousse des ruades et fait des sauts furieux, jusqu'à ce qu'il se soit débarrassé de la selle et du cavalier. Le recado, par son peu de fixité, a aussi l'inconvénient de blesser très-souvent la bête sur le dos; mais, en revanche, il a l'avantage d'offrir à l'homme qui la monte un siége plus doux et moins glissant, et de lui servir de lit. Les gens du pays se couchent toujours de manière à avoir la tête au vent, regardant comme dangereux d'y placer les pieds, et n'oubliant jamais de regarder de quel côté il souffle, pour prendre cette précaution.

Le major Pédriel, ayant jugé à propos de passer par Lobos, pour se rendre à Navarro, nous laissâmes les charrettes se diriger sur ce dernier point, et nous allâmes changer de chevaux à la poste voisine, distante d'environ une lieue. De là nous parcourûmes d'un galop le trajet de cette poste à Lobos, par un chemin très-beau et qu'égaie le grand nombre d'habitations qu'on découvre, en perspective, sur tous les points de l'horizon; habitations, toutes entourées de peupliers, et formant autant de bouquets de bois, qui rompent l'uniformité du paysage. Le village de Lobos se découvre de très-loin, par la même raison; il est bordé de fossés et de peupliers, qui, dans l'été, donnent un ombrage fort agréable, et reposent l'œil fatigué de la monotonie des Pampas. Nous arrivâmes vers une heure, suffoqués par la chaleur autant que par l'agitation du cheval; la fraîcheur que nous respirâmes, en entrant à Lobos, et que nous goutâmes, pendant tout le temps de notre séjour dans ce village, nous le fit trouver charmant. Lobos est 4 Janvier. Lobos.

1828. un des points de l'ancienne ligne de frontière, tracée du temps du gouvernement espagnol, et qui suivait, à peu près, le cours du Salado, à quelques lieues au nord de cette rivière, depuis Chascomus jusqu'à Melincué: ligne composée de petits forts carrés, assez mal tracés, plus mal construits, et servant de cantonnemens aux corps de cavalerie chargés de la protéger contre les Indiens. Ces forts sont devenus des villages, dont les premiers fondateurs ont été les militaires mariés et les cantiniers, et qui se sont plus ou moins augmentés, en raison des avantages de leur situation respective. Ils ont tous conservé, jusqu'à présent, le nom de *guardia* (gardes), qui indique leur origine. Dans le principe, il sortait, presque journellement, de chaque fort, un détachement obligé de parcourir la moitié de l'intervalle qui le séparait du fort voisin, jusqu'à ce qu'il rencontrât les éclaireurs de ce dernier. Ces sorties avaient pour but de découvrir les mouvemens des Indiens, et de vérifier s'il existait, sur le terrain, quelques traces de leur passage. Les commandans s'assuraient de la fidèle exécution de la reconnaissance par des signes convenus, dont les détachemens devaient faire échange; il y a long-temps que cette pratique a cessé.

Lobos.

Je viens d'indiquer l'usage de rechercher sur le terrain les traces du passage des Indiens. Tous les Américains ont, comme les Gauchos, une sagacité extraordinaire pour reconnaître ainsi la direction qu'ont prise les bestiaux ou les cavaliers qu'ils veulent suivre. Lorsque l'empreinte des pieds des animaux existe à la surface du sol, la chose est facile. Ils jugent, de plus, à l'intervalle qui sépare les traces des pieds de devant et de derrière, traces qu'ils savent fort bien distinguer, si les animaux marchaient lentement ou au galop. Lorsque les empreintes n'existent point, ils constatent, par le froissement des herbes, la direction de la marche et, à peu près, le nombre des bêtes qui ont passé, ainsi que le temps écoulé depuis. Ils se servent d'une foule d'autres indices; et, comme ils ont une grande connaissance des localités, ils savent les points où l'on trouve de l'eau, et sur lesquels, par conséquent, on a dû se diriger pour les haltes.

Nous allâmes faire une visite au curé du lieu, homme assez affable, point du tout cafard, grand joueur, passablement libre dans sa conduite et dans sa conversation, ainsi que la plupart des prêtres du pays. Nous nous rendîmes ensuite chez M. Brunier, militaire français au service de la république, et que j'avais eu l'occasion de voir à Buenos-Ayres. Il était major du régiment de Blandengues, qui, depuis un grand nombre d'années, tenait garnison à Lobos, ce qui, en contribuant beaucoup à l'augmentation du village, a rapidement enrichi la plupart des vivandiers qui s'y sont établis. Nous dînâmes chez l'un d'eux qui, en moins de deux ans, avait fait une assez belle fortune, et faisait construire, en ce moment, une maison à étage, chose très-rare dans la campagne. 1828. Navarro.

Nous montâmes à cheval après dîner, et partîmes pour Navarro. Nous arrivâmes de nuit à la poste de Santana, située à un quart de lieue de ce village. Le maître en était un gros homme, élevé dans la campagne, et possesseur d'un assez grand troupeau de bestiaux. Il nous reçut fort bien, nous fit servir du maté, et nous apprit qu'il était veuf depuis quelques années; après des détails des plus circonstanciés sur sa défunte femme et sur sa famille, il entama le chapitre non moins important et beaucoup plus étendu de ses chevaux, de leur nombre, de leur couleur, de leur âge, de leur qualité, de leur légèreté à la course, de ceux qu'il avait donnés, vendus et perdus, des élèves qu'il formait; puis il nous offrit de monter à cheval, le lendemain, pour faire un tour de promenade à Navarro, raillant ceux d'entre nous qu'il jugeait n'être pas forts écuyers. Telle est, en abrégé, la conversation de notre hôte, conversation qui dura jusqu'à minuit, sans que personne eût eu le temps de placer un mot, et ne se termina que parce que notre causeur s'aperçut, enfin, qu'une grande partie de son auditoire dormait d'un profond sommeil. Si l'on ajoute aux matières dont traita notre hôte, le jeu, les courses de chevaux, les discussions sur les marques des bestiaux, et quelques récits d'amourettes, on aura une idée du fondement perpétuel et uniforme de toutes les conversations des habitans de la campagne. Les chevaux, surtout, sont l'éternel sujet de leurs entretiens; ce qui, du reste, doit paraître assez naturel, cet animal étant, dès leur enfance, le compagnon inséparable de leurs travaux et de tous leurs pas, puisque l'Américain a toujours un cheval sellé près de lui ou à la porte de sa maison, et ne fait jamais à pied aucune course, ne fût-elle que d'une centaine de pas.

La manière de former les chevaux dans les provinces de la Plata, ne ressemble nullement à celle dont on les élève en Europe. Le grand nombre de ces animaux, et la vaste étendue des pâturages, font que la valeur en est très-modique, que leur multiplication et leur éducation sont abandonnées à la nature, que leurs maîtres, les meilleurs cavaliers du monde, les domptent très-facilement et sans beaucoup de précautions; de sorte qu'un cheval, pour eux très-doux, serait, le plus souvent, un Bucéphale pour un Européen. Les chevaux passent toute l'année dans les champs, l'usage des écuries étant inconnu et impraticable, à cause de la quantité des bestiaux et du manque de

1828. Navarro. fourrages cultivés. Ils n'ont, ainsi que les bêtes à cornes, d'autre aliment que l'herbe qui croît naturellement; aussi souffrent-ils et maigrissent-ils beaucoup, lors des grandes sécheresses, comme dans les hivers trop pluvieux, et n'ont-ils ni le feu ni la vigueur des nôtres. On les partage, ordinairement, par troupes de quarante ou cinquante (*tropilla*), plus ou moins; et, à la tête de chacune, se trouve une jument nommée *madrina*, qui porte une clochette dont le son sert à les rallier. Les chevaux, habitués à la suivre, ne s'en séparent jamais; et celui qu'on desselle et qu'on lâche à la porte de l'habitation, fût-il presque mort de faim, prend, la plupart du temps, le grand trot ou le galop, et ne s'arrête pour manger que lorsqu'il a rejoint la tropilla qui, quelquefois, se trouve à près d'une lieue de distance. Il suffit, pour l'y accoutumer, de l'attacher, pendant quelques jours, avec la madrina, ce qui se fait au moyen de deux anneaux de peau réunis par une forte courroie, et qu'on leur passe au cou. Les riches propriétaires réunissent les chevaux d'une même couleur, luxe qui augmente de beaucoup la valeur de la tropilla. Les jumens sont également divisées en troupes nommées *manadas*, à la tête de chacune desquelles on met un cheval entier (*cojudo*), qu'elles suivent fidèlement; lorsqu'un de ces animaux en rencontre quelques-unes isolées, il les réunit, de gré ou de force, à son troupeau, et les poursuit à coups de pieds et à coups de dents, jusqu'à ce qu'il les ait soumises. Quand deux ou plusieurs troupes de ces jumens se rencontrent, il est assez ordinaire de voir leurs étalons chercher mutuellement à s'enlever leurs compagnes, et se livrer des combats furieux. Ces jumens sont uniquement destinées à la propagation de l'espèce; les habitans regardent comme un déshonneur d'en monter une, aussi est-il rare d'en trouver de domptées; et, quand il y en a quelques-unes dans un établissement, elles sont destinées au service des *peones* et aux plus vils emplois. Une des niches que les habitans font aux étrangers, est de leur faire monter une jument à leur insu, ce qui provoque l'hilarité des assistans. Les chevaux se châtrent de bonne heure, et l'on se sert peu de ceux qui sont entiers; on les dompte, le plus souvent, à l'âge de deux ou trois ans. Pour cette opération, après avoir lacé l'animal, on lui met une têtière, à laquelle est attachée une longue et forte courroie tressée, que l'écuyer tient continuellement dans la main, et qui lui sert à retenir le cheval, pendant qu'il le selle, ou dans le cas d'une chute, et à le faire tourner à son gré; puis, il lui met les entraves, pour gêner ses mouvemens et le seller plus facilement : dernière opération, qui exige beaucoup de patience et de précautions de la part du dompteur, tant pour éviter les coups de pied, que pour ne pas l'épouvanter, en plaçant les diverses pièces du recado. Quand il est sellé, l'écuyer se dispose à l'enfourcher, tenant, de la main gauche, la courroie du bozal et une poignée de la crinière, et frappant quelques coups avec la droite sur la selle, pour le disposer à le recevoir : assez souvent il est aidé d'un camarade, qui serre fortement l'oreille gauche du cheval. Celui-ci commence à tourner, pour éviter l'écuyer, qui suit avec légèreté ses mouvemens, et, saisissant l'instant favorable, s'élance dessus avec une promptitude et un aplomb étonnans. A peine sent-il le poids de son maître, qu'il se met à ruer, à sauter, à faire des courbettes, et cherche tous les moyens de se débarrasser d'un fardeau si nouveau; tandis que l'écuyer, le serrant fortement des cuisses et des jambes, fixe les dards de ses éperons dans la carona, résiste à tous ses efforts, attentif seulement à éviter de tomber dessous, quand il s'abat, ce qui arrive souvent et est très-dangereux, surtout lorsqu'il se jette sur le côté, ce que les habitans appellent *bolear se*. L'animal, fatigué de l'inutilité de ses efforts, commence, enfin, à supporter plus patiemment le poids du cavalier; celui-ci, à coups d'éperons, l'oblige à partir, secondé par un autre cavalier qui, sur un cheval doux, marche derrière le dompteur, et l'aide, à grands coups de fouet, à faire galoper sa monture. Le cheval furieux ne s'élance que par bonds, mêlant sa course de sauts et de ruades; quand il a bien galopé, on l'arrête, et, au moyen de la têtière, on lui apprend à obéir à la main, et à tourner à droite et à gauche, lui brisant le cou, pour ainsi dire, et lui amenant la bouche jusqu'à l'arçon. Le dompteur n'en descend que lorsque tous deux sont baignés de sueur et rendus de fatigue; alors on lâche l'animal avec ses compagnons, ou, si l'on est pressé de le dompter, on l'attache à la plate-longe (*á soga*), en un lieu où il trouve à manger autour de son piquet, afin de recommencer le lendemain; de sorte qu'en peu de jours, exténué, mal nourri, il est, effectivement, réduit, mais plutôt par l'épuisement et par la faim, que par l'art. Rendu à cet état, il n'est point encore considéré comme cheval entièrement doux, mais comme *redomon*, c'est-à-dire à moitié dompté; c'est alors qu'on lui met les rênes; mais, au lieu de mors, on lui passe, dans la bouche, une petite courroie, avec laquelle on lui lie fortement la mâchoire inférieure: cette petite courroie est fixée à la bride. Dans une estancia bien organisée, on amène au moins une fois par semaine les chevaux au parc, afin de faire monter tous les redomones, et de les repasser (*repasar*), c'est-à-dire de les faire galoper jusqu'à ce qu'ils soient inondés de sueur. Ils sont bientôt en état de recevoir le mors, et on leur donne, alors, le

1828.
Navarro.

1828. Navarro.

titre de chevaux doux; mais ils ne le sont réellement qu'au bout de plusieurs mois ou un an de service et de travail. Il est aisé de voir que des chevaux formés de cette manière doivent conserver beaucoup de défauts; en effet, ils ont, généralement, la bouche dure, sont ombrageux, tournent court, ou partent au galop, dès qu'ils sentent le pied dans l'étrier, de manière que, pour s'en servir, il faut être aussi leste que leurs maîtres. L'Européen qui se croit cavalier dans son pays, se trouve tout étonné de ne rien savoir, au milieu des Américains, et d'être en butte à leurs plaisanteries; ceux-ci ont même une expression (*maturango*) par laquelle ils désignaient jadis les Espagnols d'Europe, et dont ils se servent actuellement encore pour faire connaître tout individu qui ne monte pas aussi bien qu'eux à cheval; et l'épithète tombe toujours sur les Européens. Outre les défauts dont je viens de parler, les chevaux du pays ont d'ordinaire les jambes de devant très-faibles, ce qui tient à l'habitude des habitans de les arrêter court, au plus grand galop, ainsi que de galoper tant en descendant qu'en montant; et, comme le terrain est presque toujours hérissé d'aspérités formées par les touffes d'herbes sauvages et par les fourmilières; qu'il est, en même temps, miné par les *biscachas*, les *tatous* et les autres animaux qui creusent des terriers, les chevaux buttent à chaque instant; aussi n'est-il pas rare de les voir s'abattre sous le cavalier. Les Américains ont, dans ces chutes, le grand avantage de savoir tomber, et ils se blessent rarement; beaucoup d'entr'eux tombent toujours debout, en passant par dessus la tête du cheval. Ceux qui ont acquis cette présence d'esprit et cette adresse, se nomment *paradores*. Il y en a qui s'y exercent de bonne heure, et qui font abattre leur cheval, pour s'amuser. J'ai vu un jeune homme faire, pour quelques pièces de monnaie, ce tour d'adresse au coin d'une pulperia. Il avait placé à la bride une longue courroie, qu'il faisait passer entre les jambes, par dessous le ventre, en fixant l'autre extrémité à un pieu; il montait ensuite, partait au galop, et lorsqu'il arrivait au point où la courroie, en se tendant, faisait effort, l'animal s'abattait nécessairement. Le cavalier se trouvait donc lancé en avant; mais il tombait toujours debout, son poncho à la main, et courant quelques pas, pour ne point trébucher.

J'ai décrit la manière de dompter les chevaux. Quoique tous les habitans soient excellens écuyers, il ne faut pas les croire tous dompteurs; le nombre de ces derniers est même assez borné, et ils reçoivent, dans les estancias, des gages plus forts, mais qui sont loin d'être proportionnés à la peine et aux dangers de leur profession; un grand nombre de ces malheureux, mordus par les chevaux ou atteints de leurs ruades, restent estropiés pour la vie; et, quelquefois, périssent des suites d'une chute ou d'une blessure.

Le prix des chevaux, dans la province de Buenos-Ayres, varie de quatre à six piastres fortes (20 à 30 francs), quand on en achète un grand nombre à la fois; prix dont la modicité explique le peu de soin qu'on prend de ces animaux. L'habitant de la campagne conserve le même cheval sellé pendant trois ou quatre jours, oubliant quelquefois de le faire boire, sans qu'il ait, d'ailleurs, d'autre nourriture que celle qu'il trouve, la nuit, autour de son piquet, c'est-à-dire dans un rayon de huit à dix mètres; il ne pense à changer de monture que quand la pauvre bête est tout à fait efflanquée. La mauvaise construction des recados, le peu de soin donné à la propreté des couvertures, et l'usage de faire tirer des fardeaux à la sangle, font que la plupart des chevaux se blessent sur le dos; il est rare d'en trouver en bon état, et qui n'aient au moins des cicatrices. Jamais on ne les lave, ni ne les bouchonne, et l'usage de l'étrille est inconnu dans la campagne, ainsi que celui des fers. Les Américains ne leur coupent jamais la queue, et la regardent lorsqu'elle est bien fournie de crins comme un grand mérite et le plus bel ornement d'un cheval; montrant, en cela, un meilleur goût que les Européens. Il faut dire, pourtant, que, depuis quelques années, s'est introduite, dans la province de Buenos-Ayres, la mode de tondre la crinière, en ne lui laissant que trois à quatre doigts de long, et un bouquet près du garrot, pour aider à monter; mais je crois que cette mode est intéressée, et doit, en partie, son origine à l'élévation de la valeur des crins. Dans la capitale, la grande affluence des étrangers a fait augmenter le prix des chevaux, et y a introduit la manière européenne de les nourrir et de les soigner; on leur construit des écuries, on les panse, on les ferre, et on leur donne des grains et du fourrage. Ils se vendent d'une once d'or à trente piastres (85 à 150 francs); et il y en a même, notamment ceux du Chili et ceux de course, qui coûtent beaucoup plus cher. 1828. Navarro.

La course des chevaux est un des principaux amusemens des gens du pays, et ils choisissent avec soin ceux qu'ils y destinent, en prenant à peu près les mêmes précautions que nos amateurs d'Europe, pour les amener graduellement à parcourir promptement de grandes distances, depuis une cuadra (140 mètres environ) jusqu'à une lieue, selon les forces de l'animal. D'ailleurs, les réglemens relatifs à cette joûte ont les plus grands rapports avec les nôtres, si ce n'est qu'on ne pèse ni les chevaux, ni les jockeis; qu'il n'y a point de signal convenu pour le départ, et qu'on ne lance jamais que deux chevaux à la fois. Comme en Europe, les courses sont toujours intéressées, et donnent même, souvent, lieu à de très-forts paris.

1828. Navarro. Les chevaux des provinces de la Plata sont de taille moyenne: il n'y a point de distinction de races et aucune émulation pour les perfectionner; aussi ceux de belles formes sont-ils peu communs; ceux du Chili jouissent d'une grande réputation; leur couleur la plus commune est le rouge, qui, par diverses nuances, passe du rouge-vif au rouge-brun; on trouve, aussi, beaucoup de chevaux bais, alezans et gris; les noirs sont très-rares. Les habitans ont une foule de noms pour distinguer les teintes et jusqu'aux moindres signes. Une des variétés remarquables est celle des nains; et une monstruosité assez commune distingue ceux qui ont un double sabot, placé à hauteur du boulet et un peu en arrière; espèce de second pied, plus petit que l'autre et n'atteignant pas le sol: quelquefois deux des jambes seulement, mais plus souvent les quatre, en sont pourvues. Les chevaux sauvages, qui se trouvaient autrefois en grande abondance dans les campagnes désertes de la province, au sud du Salado, ont presque entièrement disparu, ainsi que dans les autres provinces. On en a parlé à l'article d'Entre-rios.[1]

Il est assez remarquable que presque tous les chevaux des Indiens pampas sont pies (rouge et blanc), et tachetés d'une manière étrange et très-tranchée; tandis que cette variété de couleurs est très-rare parmi ceux des créoles. On ne peut attribuer cette différence à ce que les chevaux indiens se rapprochent plus de l'état sauvage; car ces mêmes couleurs se rencontraient tout aussi peu fréquemment dans les grands troupeaux sauvages qui existaient, il y a quelques années, au sein des diverses provinces, et il faut nécessairement que les Indiens se soient étudiés à multiplier, par goût, ces animaux bigarrés, conservant les jumens qui naissaient ainsi, et mangeant les autres.

Les ânes et les mules sont rares dans les environs de Buenos-Ayres; ces dernières n'y réussissent pas aussi bien que dans les autres provinces, ce que les habitans attribuent à la mollesse du sol, qui fait croître leurs sabots d'une manière extraordinaire, et les rend presque inutiles pour le service, ce qu'ils désignent par le mot *chapinas*.

L'Entre-rios et Santa-Fe faisaient un grand commerce de mules, avant que les guerres et les désordres de la révolution eussent ruiné leurs campagnes.

5 Janvier. Je reprends mon récit: un orage se forma; il plut toute la nuit et une partie de la journée, ce qui nous empêcha de nous mettre en marche. Notre hôte fit réunir son bétail, qui, tout le temps que dura la pluie, resta près de l'habitation, immobile, sans manger, et tournant le derrière au vent.

1. Chapitre XII, page 432.

Les habitations de la campagne se divisent en *quintas*, *chacras* et *estancias*. Les premières, dont le nom équivaut à peu près à celui de *verger*, sont celles qui entourent la capitale et les divers villages de la province, spécialement destinées à la culture des arbres fruitiers, des légumes et des fleurs. Les *chacras*, dont le nom correspond à celui de *ferme*, sont des établissemens agricoles, où l'on cultive les grains, principalement le blé, l'orge et le maïs. Les *estancias*, enfin, sont des terrains d'une plus grande étendue, destinés à élever des troupeaux. Celles des provinces de Buenos-Ayres sont les plus considérables et les mieux administrées. Nous nous trouvions dans l'une d'elles; mais je ne parlerai que des différences qui pourraient exister avec celles de la province de Corrientes[1], déjà suffisamment décrites. Les logemens en sont distribués de la même manière; les bâtimens en sont, le plus souvent, renfermés dans un espace carré, ceint d'un fossé, et défendu par une ou deux pièces de canon : usage introduit depuis les dernières invasions des Indiens. Ceux-ci, quoiqu'ils se soient un peu familiarisés avec l'effet des armes à feu, craignent toujours beaucoup le canon, et n'osent que rarement franchir les fossés des habitations dont les maîtres font mine de vouloir se défendre. On cite l'exemple d'un Anglais qui, cerné dans une maison entourée de cette manière et dépourvue d'artillerie, se servit, pour effrayer les Indiens, d'un des mortiers de bois en usage dans le pays; et, promenant cette nouvelle arme sur le bord du fossé, un tison à la main, parvint à les obliger à la retraite, sans qu'ils eussent osé rien entreprendre; mais, s'ils étaient si pusillanimes, il y a quelques années, ils ne le sont plus autant aujourd'hui : la suite du récit prouvera que maintenant le canon leur inspire moins de crainte. | 1828. Navarro.

Près du carré qui contient les édifices, il s'en trouve un, deux ou trois autres, destinés à enfermer les animaux, et qui portent le nom de *corrales*, *rodeos* ou *potreros*. Dans les provinces où le bois abonde, on les entoure de forts pieux, réunis par des traverses, et on leur donne, souvent, une forme circulaire. Dans celles de Buenos-Ayres, où cet article est si rare, on y supplée par des fossés, ce qui a l'avantage d'offrir plus de sécurité contre les sauvages. Les bestiaux élevés dans les estancias de Buenos-Ayres consistent en vaches, en chevaux et en moutons : les premiers, par la valeur de leurs produits, sont ceux à la multiplication desquels on attache le plus d'importance, et dont le nombre est le plus considérable.

Comme à Corrientes, les jumens ne sont propres qu'à fournir les chevaux

1. Chapitre VII, page 156.

1828. — Navarro.

nécessaires à l'exploitation de l'estancia. L'éducation des bêtes à cornes est la même; et l'on peut dire qu'elles sont, en quelque sorte, sauvages. Ainsi qu'on l'a dit à Corrientes, tous les ans, et généralement au printemps, on marque les animaux de l'année antérieure qui ont cessé de teter, et qui sont parvenus à l'âge de la hierra, nom de cette opération; cette époque est une fête pour les habitans. Le propriétaire n'épargne rien pour signaler ce grand jour; il invite ses voisins, leur prépare un festin, et fait tuer les animaux les plus gras, que l'on dépèce, sans les dépouiller, afin de pouvoir faire rôtir la chair avec la peau, ce qui est un luxe et un grand régal dans le pays. On regarde la viande ainsi rôtie comme plus savoureuse; quant à moi, je ne me suis pas aperçu de la différence. La hierra est un spectacle curieux et vraiment intéressant pour un étranger; ce sont comme des joûtes, où brillent toute l'adresse des habitans et leur supériorité comme écuyers.

Avant que les troubles et la révolution eussent ruiné les campagnes des autres provinces, les bras ne pouvant suffire à la marque et à la castration, on faisait de grands abatis de taureaux; et, pour cela, on les poursuivait dans les champs et dans les bois; on les tuait à coups de lance, ou bien on leur coupait les jarrets avec un instrument tranchant, en forme de demi-lune et placé au bout d'un long bâton, pour les dépouiller ensuite. La chair était abandonnée; quelquefois, seulement, on en retirait le suif.

Les chevaux, de même que les autres animaux domestiques des fermes, s'attachent singulièrement au terrain sur lequel ils sont nés, ou auquel ils sont depuis long-temps habitués; aussi est-il très-fréquent, lorsqu'on les fait voyager, même à des distances considérables, de les voir s'échapper et retourner d'eux-mêmes à leur sol natal, que les habitans nomment *querencia*. Il y en a un grand nombre qui sont doués de cet instinct; on les appelle *volvedores;* et leurs maîtres ont grand soin, lorsqu'ils mettent pied à terre dans quelque endroit, de les attacher fortement, sans quoi ils les verraient partir au galop, emportant tout le harnais.

La hierra des chevaux ne diffère de celle des bêtes à cornes qu'en ce qu'elle se fait dans l'intérieur même du parc, parce qu'il serait trop difficile de les lacer en plein champ, à cause de leur légèreté. C'est pour le même motif que, lorsqu'on veut prendre des chevaux ou des jumens, sans les amener au parc, ou bien lorsqu'on poursuit, soit des chevaux sauvages (*baguales*), soit des chevaux domptés qui ont la mauvaise habitude de fuir, quand on cherche à les réunir, on emploie, au lieu du lazo, les bolas, armes dont les habitans, à l'instar des Indiens, se servent avec une adresse égale, et qui deviennent très-dangereuses dans leurs mains. Ces bolas, dont on a déjà parlé plusieurs fois, différent un peu de celles dont on se sert pour la chasse; elles sont ordinairement plus grosses. 1828. Navarro.

Les produits des estancias sont les mêmes qu'à Corrientes; seulement on en tire meilleur parti, surtout pour la chair salée, les cuirs de bœufs, de vaches et de chevaux. On les sèche ou on les sale, parce qu'ils sont alors plus recherchés par les Anglais, et moins exposés aux attaques des insectes; mais leur pesanteur en rend le fret plus onéreux. Les rognures des cuirs secs sont vendues pour la fabrication de la colle forte. Les hommes de la campagne emploient aussi ces cuirs à mille usages; les suifs et la graisse s'exportaient plus autrefois qu'ils ne s'exportent maintenant, parce qu'on s'en sert dans les fabriques de chandelles et de savon. La graisse se débite pour la cuisine des habitans, qui en sont très-friands; la plus recherchée par eux est celle qu'on retire des os, en les faisant bouillir.

Les cornes se vendent au mille, et les os par charretée; le crin par *arroba*, poids de 25 livres. Comme cet article a pris beaucoup de valeur depuis quelques années, les propriétaires font couper la crinière à tous leurs chevaux et jumens; et peler, de plus, la queue de ces dernières, que cette opération rend hideuses, et laisse sans défense contre les moustiques et autres insectes dont elles sont assaillies l'été. Il faut ajouter aux articles dont je viens de parler, la laine des brebis, quoique la qualité en soit extrêmement inférieure et le déchet énorme, à cause de la graine épineuse d'une espèce de chardon qui couvre le sol de cette province, et qui remplit les toisons. Chaque estancia possède, ordinairement, son troupeau de brebis, plus ou moins considérable; ces brebis sont parquées à part, et multiplient très-rapidement; car elles portent d'ordinaire deux fois par an, surtout dans les provinces plus septentrionales. Les habitans en tirent peu de parti : la chair de ces animaux ne leur plaît pas, et il y a peu d'années qu'ils y goûtaient à peine, ne mangeant jamais, d'ailleurs, que de l'agneau rôti; mais, depuis que les étrangers ont commencé à affluer à Buenos-Ayres, l'usage de la chair de mouton s'est généralisé dans la capitale, et l'augmentation du prix des vaches l'a fait s'étendre jusqu'à la campagne. Il faut ajouter que cette chair est d'une qualité très-inférieure, et ne ressemble que bien peu à celle du mouton d'Europe. Les peaux, garnies de leur laine, servent à former la partie du recado nommée pellon ou *cojenillo* (petit coussin). La laine est employée par les matelassiers et pour les chapeaux communs. On a essayé de multiplier les mérinos, et on les a fait croiser avec la race

1828. Navarro. indigène; mais le chardon, qui remplit les toisons, est un grand obstacle à ce qu'on puisse obtenir des produits de bonne qualité. Ces essais ont beaucoup mieux réussi dans les provinces de Corrientes et de Cordova. Les brebis des Indiens pampas sont très-estimées pour leur grande taille, pour la beauté de leur laine, et les propriétaires cherchent à se procurer des béliers de cette race. Au reste, l'éducation de ces animaux n'est pas plus soignée que celle des vaches et des chevaux; ils sont également abandonnés à la nature et à l'intempérie des saisons: leurs gardiens sont rarement des bergers, mais bien de ces chiens décrits à l'article de Corrientes.[1]

Tels sont les produits des estancias, produits qui forment la principale et presque l'unique richesse de la province de Buenos-Ayres. Si l'on considère la rapidité avec laquelle les troupeaux multiplient, la facilité de se procurer le terrain nécessaire pour les élever, et le peu de frais qu'exige cette entreprise, on concevra que cette branche de commerce soit à la fois la moins pénible et la plus lucrative de celles qu'offre le pays; aussi est-ce l'industrie commerciale à laquelle les habitans se livrent le plus généralement, et l'origine de la plupart des grandes fortunes des provinces de la Plata. Jusqu'à l'époque de la révolution les créoles n'en connaissaient point d'autres, et le commerce se trouvait exclusivement entre les mains des Espagnols; ce n'est que depuis, et à l'exemple des étrangers, qu'ils se sont occupés d'autres spéculations mercantiles; en revanche ces derniers ont acquis des terrains, élèvent des troupeaux; et, aujourd'hui, beaucoup d'Anglais et autres étrangers sont propriétaires d'estancias. Il existe, dans celles-ci, une coutume ancienne et presque générale, qui prouve que les habitans de la campagne ne sont pas très-délicats sur les moyens d'augmenter leur fortune; c'est celle de se voler mutuellement des animaux, ce que facilitent beaucoup l'étendue des terrains et celle des troupeaux, qui dépassent, à chaque instant, leurs limites. Dans tel des établissemens il est rare qu'on tue d'autres animaux que ceux des voisins. Dans les estancias considérables, on forme, pour faciliter la surveillance, des espèces de succursales de l'estancia principale, nommées puestos, et qui ont leur administrateur, leurs ouvriers et leur parc à part. Dans un établissement de cette nature, le propriétaire, qui, la plupart du temps, habite la capitale, a une personne chargée de l'administration générale, avec le titre de majordome; celui-ci a, sous ses ordres immédiats, des contre-maîtres nommés capataces, et qui, placés à la tête des puestos, dirigent et surveillent les peones, dans leurs diverses

1. Chapitre VII, page 175.

opérations, et maintiennent l'ordre parmi eux. Le salaire des ouvriers, dans cette province, est, ordinairement, pour les estancias, de huit piastres (40 francs) par mois, et leurs travaux, si l'on en excepte la hierra et la castration, se réduisent à fort peu de chose; c'est une vie de fainéantise. Toutes leurs occupations se bornent, en quelque sorte, à monter à cheval, à parcourir le terrain de leur maître pour la surveillance, et à conduire les vaches et les chevaux au parc; aussi est-on presque sûr de les trouver, à quelque heure que ce soit, les cartes à la main. Cependant, depuis quelques années, l'agriculture, auparavant absolument inconnue dans les estancias, commence à s'y introduire, et finira par en bannir l'oisiveté. En général, on voit, aujourd'hui, près de l'habitation principale de ces établissemens, un bois de pêchers, destiné à fournir le combustible et des fruits, et un morceau de terrain plus ou moins grand, réservé pour la culture des grains et de quelques légumes, ce qui contribue à améliorer la nourriture des travailleurs, qui, avant cette époque, se composait uniquement de viande. Il serait difficile de se faire une idée de la quantité qu'en consomment les habitans de la campagne. Dans les estancias, les broches sont au feu, toute la journée, et l'on voit les braises couvertes de divers petits morceaux de chair et d'intestins gras que les ouvriers font rôtir, sans les laver, et qu'ils mangent ainsi avec le plus grand plaisir, charbonnés, souillés de cendres et sans sel; en général, la propreté est inconnue dans leur cuisine et dans leur manière de préparer leurs alimens. Les animaux sont dépecés par terre, sur leur peau, de sorte que la viande est toujours couverte de sang, salie de boue, de fiente; et c'est pour cela qu'on est dans l'usage de la laver avant de la faire bouillir, mais rarement avant de la rôtir. Le laitage n'est pas plus soigné; aussi le fromage est-il détestable; et le beurre, mal lavé et renfermé, comme la graisse, dans des vessies, a, presque toujours, un mauvais goût. Tous ces inconvéniens, communs, il y a quelques années, à la capitale et à ses environs, commencent à s'y faire moins sentir, depuis que l'affluence des étrangers, la civilisation et les progrès du luxe y font rechercher, avec avidité, tout ce qui contribue aux agrémens de la vie.

1828.

Navarro.

Toutes les autres provinces ont vu disparaître la majeure partie de leurs bestiaux, par suite des désordres qu'ont amenés la révolution et l'anarchie; celle de Buenos-Ayres a moins souffert, et, sauf les pertes que lui ont occasionnées ses guerres avec Santa-Fe et les invasions des Indiens, ses richesses pastorales sont restées à peu près intactes, et augmentent journellement; aussi voit-on, dans ses campagnes, des établissemens considérables, auxquels on n'en peut comparer aucun autre de ce genre. Une estancia qui ne renferme

1828. Navarro. que trois à quatre mille têtes de bétail, ne fixe pas l'attention, mérite à peine son titre; et il en est dont les propriétaires marquent jusqu'à douze mille veaux chaque année, ce qui suppose un principal de quarante à cinquante mille têtes, et un revenu d'un nombre égal de piastres. Il n'y a guère, dans ces entreprises, d'autres pertes naturelles à craindre que celles qu'amènent les grandes sécheresses qui désolent quelquefois ces contrées, et les épizooties, qui sont rares. Parmi celles-ci se trouve une maladie connue sous les noms de *mancha* ou *mal grano,* décrite à Corrientes[1]; mais la chance la plus terrible, capable de ruiner, en un instant, un propriétaire, est celle des invasions fréquentes et inopinées des Indiens. Rien n'échappe à ce fléau, qui détruit ou enlève tout ce qui se présente devant lui.

Les animaux de la province de Buenos-Ayres ont une taille moyenne, entre ceux de la Banda oriental et ceux des provinces du Nord; et il en est de même du poids de leurs peaux. Leur chair est tendre et se cuit très-facilement, au contraire de celle des autres provinces; mais elle est moins savoureuse et moins substantielle. En une demi-heure d'ébullition, la viande est bonne à manger, et une cuisson plus longue la réduirait en bouillie; aussi les habitans, qui dînent à midi, ne mettent-ils jamais le pot au feu qu'à onze heures.

6 Janvier. Les charrettes avaient passé la veille par Navarro, et continué leur route, en se dirigeant vers las Saladas. Nous allâmes visiter le premier de ces deux endroits, l'une des gardes de l'ancienne ligne de frontière, et qui suit immédiatement Lobos, vers le Nord-Ouest, à une distance d'environ six à sept lieues. Ce village est bâti près d'une lagune du même nom, assez grande, et liée à plusieurs autres par une *cañada,* ou marais, dont le milieu forme le lit d'un petit ruisseau, et court au Sud-Est se décharger dans le Salado; cette *cañada* s'appelle de *las Saladas,* nom qui lui est commun avec le district compris entre elle et le Salado. Navarro se trouve dans un bas-fond qui m'a paru humide; c'est, du reste, un des plus misérables villages de la province, ce qu'il faut peut-être attribuer à ce qu'il n'a jamais eu d'autre garnison qu'un petit détachement du régiment de Blandengues, stationné à Lobos. Les maisons sont peu nombreuses, mal bâties, et couvertes en joncs; le fortin tombe en ruines. Ainsi qu'à Lobos, tous les enclos sont entourés de peupliers, qui viennent très-bien et présentent à l'horizon une jolie perspective.

Le major Pédriel, n'ayant pu savoir positivement sur quel point de las

1. Chapitre VII, page 165.

Saladas nous attendait l'escadron de Blandengues qui devait nous accompagner, et ayant appris de notre hôte que le détachement de milices et l'autre convoi de charrettes destinés à faire partie de l'expédition, n'avaient probablement pas encore quitté la guardia de Lujan, résolut de se diriger sur ce point. Nous montâmes aussitôt à cheval et prîmes à travers champs, nous dirigeant sur la poste située entre Navarro et cette guardia. La campagne que nous traversâmes est presque déserte, et les herbes y sont très-hautes, ce qui vient de l'absence du bétail. Cette circonstance rendait le chemin très-pénible, sans néanmoins nous empêcher de galoper, les habitans ne connaissant pas d'autre allure, et n'allant au trot que quand il est absolument impossible de faire autrement. Nous arrivâmes à la poste vers deux heures; et, pendant qu'on amenait les chevaux au *corral,* nous mangeâmes un rôti, à l'ombre de quelques saules plantés sur le pourtour du fossé qui entourait l'habitation. Le propriétaire nous raconta qu'il avait été pillé et ruiné dans la dernière invasion des Indiens; et son habitation présentait, effectivement, l'aspect de la plus grande misère. Il en est de même de la plupart de celles de la campagne dans cette province; et, si l'on en excepte les estancias et les maisons de plaisance des environs de la capitale, ainsi que les principaux villages, tout le reste ne se compose que de misérables chaumières, où l'on voit, pour tous meubles, un pauvre grabat formé de bâtons couverts d'une peau de vache, une table grossièrement travaillée, quelques mauvaises chaises ou escabeaux, remplacés même, souvent, par des blocs de bois ou des têtes de vache. La batterie de cuisine se compose d'une marmite, d'une cafetière, d'un gobelet de fer-blanc, auquel il est très-ordinaire de voir substituer une corne de vache, d'un plat d'étain, et de deux ou trois cuillers de fer ou de corne; l'usage des assiettes est peu répandu; on mange ordinairement au plat, et il n'y a pas long-temps qu'à Buenos-Ayres même c'était une coutume presque générale.

1828.

Navarro.

Les chevaux qu'on nous donna répondaient à la résidence; c'étaient, extérieurement, de vrais rossinantes; mais ils n'en galopèrent pas moins pendant tout le trajet qui nous restait à parcourir, au travers des chardons où nous nous perdions de vue, et des herbes qui nous venaient au genou. Comme il n'y avait pas de chemin frayé, le postillon, qui remplissait, en même temps l'office de guide (*vaqueano*), marchait à une certaine distance en avant, comme cela se pratique toujours dans le pays, sans tourner la tête, ni s'inquiéter si l'on le suivait ou non. Nous ne trouvâmes qu'à une lieue environ de la guardia de Lujan un chemin frayé, conduisant à une *estancia* voisine,

1828. — Guardia de Lujan.

la seule que nous ayons rencontrée dans tout le trajet. Nous arrivâmes au village vers trois heures, couverts de sueur et d'une couche épaisse de poussière, qui ne permettait plus de distinguer la couleur de nos vêtemens. Pour comble de malheur, nous n'avions pas de quoi changer, nos effets étant chargés sur les charrettes, qui suivaient un autre chemin, et nous avions encore à passer quelques jours dans cet état. C'est un inconvénient dont on a souvent à souffrir dans les voyages entrepris au milieu de ces régions. L'Européen doit alors oublier tous les agrémens des pays peuplés et civilisés, s'habituer à la fatigue, à la faim, à la soif, à la malpropreté, à toutes les privations possibles; privations, toutefois, qui n'en sont point pour les habitans, lesquels traitent toutes nos coutumes de délicatesses et de superfluités. Nous descendîmes chez le juge de paix du lieu, Espagnol marié dans le pays, et établi dans le village depuis un grand nombre d'années; il paraissait jouir d'une assez belle fortune, acquise, comme un grand nombre de celles des villages de ces campagnes, par le commerce de la pulperia, et celui du blé et de la mouture. Notre juge de paix continuait ces deux exercices, passant alternativement de son bureau à sa boutique et à son moulin. Sa maison respirait l'aisance; il nous reçut assez bien, et nous fit au moins préparer un bon dîner, la chose importante du moment; quant au logement, la cour était vaste, et la chaleur de la saison permettait d'en faire une chambre à coucher. Lorsque nous nous fûmes un peu reposés, nous allâmes nous promener dans le village, qui est assez grand et assez vivant; il y a plusieurs maisons bâties en brique, et la plupart renferment une pulperia ou une boutique, ce qui prouve que la campagne environnante est peuplée, et le commerce passablement étendu. La guardia de Lujan est le point de l'ancienne ligne de frontière, intermédiaire entre le fort de Navarro et le fort d'Areco, à environ huit lieues au N. N. O. de Navarro, et à six lieues au S. O. de la ville de Lujan qui, comme la guardia même, tire son nom du ruisseau coulant auprès, et se jetant dans le Parana à Las Conchas. Ce village présente un aspect tout différent de celui de Lobos et de Navarro, parce qu'il est presque dépourvu d'arbres; en revanche, il est plus étendu et plus florissant, et l'on cultive beaucoup de blé dans ses environs. Nous vîmes, sur la place, l'autre convoi de charrettes qui nous attendait, et qui reçut l'ordre de se disposer à partir le lendemain. Ne pouvant changer de linge, nous voulûmes, au moins, nous débarrasser de notre longue barbe, et nous entrâmes chez un barbier, dans l'intention de nous faire raser; nous le trouvâmes occupé à rajeunir un vieillard octogénaire, qui nous conta une partie de l'histoire de sa vie : c'était un ancien soldat espagnol, du corps de Blandengues, et l'un des fondateurs du village; il n'avait jamais voulu, disait-il, accepter le grade de caporal, afin de vivre sans responsabilité. Pendant qu'il nous faisait une longue énumération de ses campagnes, qui se réduisaient à quelques courses contre les Indiens, nous remarquions le bruit extraordinaire que faisait le rasoir sous la main du frater, bruit assez semblable à celui d'une scie; et comme, d'un autre côté, la malpropreté des serviettes et du gîte étaient extrêmes, nous perdîmes l'envie de lui confier nos têtes, et nous nous retirâmes, sous le prétexte qu'il était tard. Le major nous annonça que le départ n'aurait lieu que le lendemain, afin de donner le temps de se réunir aux miliciens, dont nous emmenions un escadron. 1828. Guardia de Lujan.

Toute la population de la campagne est organisée en milice active et passive, divisée en plusieurs régimens, commandés par d'anciens militaires; une partie des officiers est également tirée de l'armée. La partie active est destinée à concourir, avec les troupes de ligne, au service intérieur de la province et à sa défense; et, dans ce cas, elle jouit de la même solde. Les miliciens gardent leurs armes chez eux, et montent leurs propres chevaux; ceux qui devaient nous accompagner avaient reçu l'ordre d'en conduire chacun deux, et devaient être relevés au bout de deux mois. Cette institution est une des meilleures du pays; il est fâcheux que, trop souvent dominée par l'esprit de parti, elle ait quelquefois servi d'instrument aux fauteurs de l'anarchie. Nous trouvâmes, chez le juge de paix, le colonel du régiment qui devait nous fournir un détachement; il se nommait Don Juan Izquierdo : c'était, disait-on, un brave militaire, qui avait servi en Europe; il paraissait doué d'une grande franchise; mais il avait ce mauvais ton et cette grossièreté que beaucoup de gens, surtout dans le pays dont je parle, regardent comme un attribut nécessaire de la profession des armes. Sa résidence était à la ville de Lujan, où il était parvenu à se former une petite estancia. Les colonels de milice sont à portée de tirer un grand parti de leur place, par les exemptions de service et autres faveurs qu'ils accordent à ceux qui peuvent les bien payer. Depuis la révolution et à l'exemple de leurs prédécesseurs, les employés espagnols, ils possèdent, au suprême degré, le secret de s'enrichir en des places dont les faibles émolumens sembleraient devoir satisfaire à peine aux premiers besoins.

La journée se passa en préparatifs pour le départ; le colonel Izquierdo nous donna une pièce de quatre, qui appartenait au cantonnement, et un petit détachement de canonniers, commandé par un sergent. On la disposa de 7 Janv.

1828. manière à pouvoir être traînée par une paire de bœufs, et on la plaça à la suite du convoi. Le major fit distribuer, dans les charrettes, vingt-neuf prisonniers de guerre brésiliens, destinés aux travaux de l'établissement; ils avaient été amenés à cet effet de l'embouchure du Salado, et on les traitait avec beaucoup d'humanité. La conduite des habitans de la province de Buenos-Ayres envers leurs prisonniers et leurs esclaves, fait beaucoup d'honneur à leur caractère; et s'ils ont agi autrement, à l'égard des Espagnols, dans le courant et surtout au commencement de la révolution, il ne faut attribuer ce fait qu'à l'exaltation des passions, dans une pareille circonstance. Tout étant disposé, et les miliciens réunis, l'ordre du départ fut donné pour l'entrée de la nuit. Les marches nocturnes sont fort en usage dans ces contrées, pendant la saison chaude, à cause de l'ardeur du soleil, qui fait beaucoup souffrir les animaux, surtout les bœufs; et, comme ces derniers ne paissent, la nuit, que lorsqu'ils n'ont pu prendre de nourriture dans la journée, les convois de charrettes tirent, de ce procédé, le double avantage de profiter de la fraîcheur, et d'avoir toujours leurs bêtes bien repues. Le convoi partit, sous l'escorte des miliciens, un peu après le coucher du soleil, et se dirigea sur une estancia de las Saladas, où nous attendait l'escadron de Blandengues; quant à nous, le major décida que nous partirions plus tard. Nous étendîmes donc nos recados, et nous couchâmes, pour attendre, en causant, l'heure du départ. A minuit on sella les chevaux.

Guardia de Lujan.

Pampas. 8 Janvier.

Nous nous mîmes en route vers une heure du matin, par une nuit que le temps, qui s'était couvert, rendait très-obscure, et nous prîmes le chemin de las Saladas, qui est très-frayé. Il faut être habitué à ce genre de traite pour le préférer aux voyages de jour, et avoir, comme les habitans, l'habitude de faire la siesta; ou bien pouvoir, ainsi qu'un grand nombre d'entr'eux, dormir à cheval, au pas, et même au trot, des heures entières; sans cela, l'avantage de la fraîcheur est plus que compensé par l'ennui de ne rien distinguer, ce qui fait juger les distances beaucoup plus considérables, et par la fatigue de lutter contre le sommeil. La première partie de la course se passe néanmoins assez agréablement; on cause, on plaisante, on chante, pour se distraire; mais, bientôt, le sommeil et la fatigue l'emportent; les esprits abattus ne trouvent plus d'idées, la conversation languit, ne tarde pas à cesser entièrement, et la marche devient insupportable. Alors, très-fréquemment, on voit les voyageurs mettre pied à terre, retirer le cojinillo du recado, et s'étendre dessus, pour sommeiller une heure ou deux, en tenant leur cheval par la bride; c'est ce que firent deux de nos compagnons. Quant à nous, nous continuâmes, en donnant, de temps en temps, un petit galop, pour nous réveiller; non, toutefois, sans courir le risque de nous casser le cou; mais c'est une réflexion que ne font jamais les habitans. Aux approches du jour le besoin de dormir augmente, devient presque insurmontable, et ne diminue un peu que lorsque l'aurore commence à colorer l'horizon, et que la fraîcheur de la brise du matin vient ranimer le voyageur accablé; ce moment arriva enfin pour nous, et des bêlemens de brebis nous firent juger que nous nous trouvions près d'une ferme. Effectivement, quelques centaines de pas plus loin, nous étions au milieu d'un troupeau de ces bêtes à laine, qu'un homme poussait, en toute hâte, du côté de la maison, située à une petite distance sur la droite. Notre marche avait été entendue des habitans; ils craignaient, sans doute, que nous ne leur enlevassions, en passant, quelques têtes de leur bétail, ce qui arrive à chaque instant dans le pays; ils avaient, en conséquence, envoyé les chercher, et leur conducteur se pressait tellement, qu'il avait laissé, en arrière, un grand nombre d'agneaux nouveau-nés, qui nous obligeaient à détourner nos chevaux pour ne point les écraser.

Au lever du soleil, nous reconnûmes que le terrain s'élevait insensiblement, en une suite de petits coteaux étendus du N. O. au S. E., et formant le canton de las Saladas; ce sont de très-bonnes terres de labour, comme toutes les hauteurs de la province, que la nature de leur terrain, moins compacte et moins argileux, rend plus favorables à l'agriculture que le sol uni des Pampas. Nous distinguâmes bientôt plusieurs chacras, et plusieurs champs de blé, que l'on récoltait. Comme les estancias sont peu nombreuses dans ce canton, on sème en plein champ, sans enclos, ce qu'il est impossible de faire dans les lieux où il y a beaucoup d'animaux réunis; c'est par ce motif que le territoire de la province se divise naturellement en parties agricoles et en parties pastorales, en observant toutefois que le rapport de ces dernières, comparé à celui des autres, est très-grand. Nous nous arrêtâmes à un rancho où l'on s'occupait à traire les vaches, et d'où l'on apercevait un massif d'arbres que nous apprîmes être l'estancia de Don Felipe Barrancos, vers laquelle nous nous dirigions; nous demandâmes un peu de lait, que nous fîmes chauffer, et dont nous nous servîmes, au lieu d'eau, pour prendre du maté. L'infusion de lait est beaucoup plus agréable que l'infusion d'eau; néanmoins les gens de la campagne n'en font point usage; les dames seules de Buenos-Ayres et de Montevideo préparent ainsi le maté, surtout pour le prendre le matin. Ce n'est aussi que dans ces deux villes que l'on prend, ordinairement, le maté avec du sucre; dans tout le reste des campagnes on lui laisse, généralement, son amertume,

1828. et le maté sucré répugne à un grand nombre d'habitans, quoiqu'ils soient,
Pampas. d'ailleurs, très-avides de sucreries.

Nous atteignîmes l'estancia vers huit heures, et nous y trouvâmes l'escadron de Blandengues, baraqué près de l'habitation. Les charrettes n'étant pas encore arrivées, il fut décidé que nous ne partirions que le lendemain. L'estancia de Barrancos se compose de deux corps-de-logis, bâtis en pared francesa : l'un sert de logement, et l'autre de cuisine et magasin; à l'extrémité du premier, on construisait, en brique crue, un pavillon carré, à un étage, destiné à emmagasiner du blé. Cette construction, fort en usage dans toutes les provinces du Rio de la Plata, dure très-long-temps, lorsque les murs sont bien crépis; elle a l'inconvénient d'être facilement minée par les rats, et de n'offrir aucune sécurité contre les voleurs. Les officiers de Blandengues occupaient une petite chambre, dont ils nous offrirent le partage; mais elle était tellement pleine de puces, qu'on ne pouvait y entrer sans en avoir les jambes couvertes. Cet insecte, ainsi que les punaises, abonde dans la province de Buenos-Ayres; on n'a pas, comme dans celle de Corrientes, l'avantage de n'en être poursuivi que dans l'hiver, et de le voir disparaître à l'approche des grandes chaleurs; je crois, au contraire, qu'il multiplie davantage pendant l'été; aussi aimâmes-nous mieux, mon aide et moi, nous aller reposer à l'ombre d'un grand bois de pêchers, contigu à l'estancia, et qui, n'ayant pas été taillé depuis quelques années, était très-touffu. Nous y trouvâmes tous les Blandengues, distribués en groupes et assis par terre, les cartes à la main, occupation presque continuelle des militaires du pays et de la plupart des habitans de la campagne. On avait placé les charrettes de la maison dans le bois, pour les mettre à l'abri des rayons du soleil, et nous choisîmes l'une d'elles pour chercher un sommeil dont nous avions grand besoin. Nous nous étendîmes sur nos ponchos; et, malgré le bruit et les altercations fréquentes des joueurs que nous avions au-dessous de nous, nous nous endormîmes si profondément qu'on fut obligé de venir nous réveiller sur les deux heures, pour aller partager le dîner que nous faisait offrir le propriétaire de l'estancia : ce brave homme s'était mis en frais pour nous bien traiter; mais l'art culinaire est, ainsi que tous les autres, fort arriéré dans l'Amérique du Sud; et la campagne de Buenos-Ayres n'offrant d'autres ressources que la viande et la volaille, qu'on ne sait point engraisser, il est presque impossible qu'une table soit bien servie, au moins pour le goût d'un Européen. Ce qui me plut davantage, ainsi qu'à mes compagnons de voyage, ce fut le dessert, qui se composait de lait caillé, avec du sucre. On caille ce lait au moyen de la fleur de chardon; et, comme la coagulation a lieu presque instantanément, le petit-lait est à peine acide, et on le sert avec le caillé; le tout a un goût fort agréable, et nous flattait d'autant plus, que nous étions très-échauffés par l'ardeur de la saison et par la fatigue du voyage. Notre hôte, qui s'aperçut du plaisir avec lequel nous y faisions honneur, nous en fit servir de nouveau. Les habitans de ces campagnes ignorent les minutieuses lois de l'étiquette européenne; mais ils ont une franche politesse, peut-être préférable; et l'on trouve chez eux, comme dans tous les pays où la population et la civilisation n'ont encore fait que peu de progrès, cette hospitalité secourable, qui honore tant l'homme de la nature. 1828 Pampas.

Après le dîner, mes compagnons allèrent faire la sieste, selon leur constant usage, et moi j'allai m'asseoir à l'ombre de grands saules plantés sur le bord du fossé qui entourait l'habitation; ce fossé pouvait avoir deux mètres de profondeur, et contenait quelques centimètres d'eau. C'est généralement à cette zone qu'on la rencontre aux environs du Salado; quelquefois il suffit de creuser un mètre. Plus on s'avance de Buenos-Ayres vers le S. O., plus la profondeur des puits diminue; et ce n'est qu'en s'éloignant du Salado pour s'approcher des montagnes du Volcan, du Tandil, de Tapalquen, etc., qu'elle augmente de nouveau, ce qui indique que le Salado occupe la partie la plus basse d'un grand bassin dont les pentes, depuis les montagnes, d'un côté, et le centre de la campagne de Buenos-Ayres, de l'autre, sont presque insensibles[1]. Vers le Sud, l'écoulement des eaux que fournissent les montagnes, a lieu par les petites rivières Vivorota, Pichileufú, Tandil, Chapaleufú, Azul, Tapalquen, Chatico et autres, dont le cours, très-lent, fait que tantôt elles se renferment dans leur lit, et tantôt se répandent pour former de larges marais.

Dans un des angles du fossé se trouvait un terre-plein, de deux à trois mètres d'élévation, sur lequel était placée une petite pièce d'artillerie. Un préjugé généralement répandu, parmi les habitans et même parmi les militaires, c'est que l'artillerie augmente d'effet en raison proportionnelle de sa plus grande élévation; de là vient la construction si vicieuse des petits forts de la frontière, que j'aurai l'occasion de faire remarquer, en décrivant le plus

1. C'est vers ce centre que se trouve le point de partage des eaux, qui, d'une part, s'écoulent par les rivières San-Borombon, Matanza, Conchas, Lujan, etc., dans le bassin de la Plata et du Parana; et, de l'autre, par les chaînes des lagunes de Chascomus, Monté, Lobos et Navarro, et par les ruisseaux Leasgo, Calú-calú, etc., dans le ruisseau du Salado.

1828. Pampas. moderne d'entr'eux, celui du Tandil. Au pied du massif on avait creusé un puits qui fournissait l'eau à la maison; et, tout près, se trouvait une grande mare, ombragée de saules, dans laquelle barbottaient une cinquantaine de canards. Ceux qu'on élève dans ce pays sont de deux espèces: le grand canard musqué, qui engraisse très-facilement, et dont la chair, presque blanche, est très-délicate; et le canard que les habitans appellent *marrueco* (de Maroc), canard commun d'Europe. Ces deux espèces de canards et les poules sont les volailles qui peuplent, généralement, les basse-cours du pays; on y voit aussi, mais rarement, quelques pintades; les paons y sont moins communs encore, et je ne me rappelle avoir vu d'oies domestiques qu'à l'arroyo de la China, où l'on m'a dit que c'étaient des oies sauvages apprivoisées[1], qui multiplient très-bien en domesticité. On ne voit presque point de pigeonniers dans la campagne, quoiqu'il y en ait de très-considérables, à Buenos-Ayres. Les dindons sont assez nombreux, et les noirs sont, ici, en aussi petite quantité que les gris chez nous. Ce qu'il y avait de plus remarquable, dans la basse-cour de Barrancos, c'étaient cinq ou six autruches privées, qui se trouvaient à l'époque de la ponte. Je fus très-étonné lorsqu'on vint me montrer un œuf encore chaud qu'un de ces oiseaux venait de déposer dans la cuisine; comme on leur enlevait leurs œufs à mesure qu'elles pondaient, je n'ai pu savoir si elles couvaient en domesticité. L'autruche prise jeune s'élève parfaitement, et devient d'une grande familiarité, quoique jamais elle n'aime qu'on la touche; celles de la maison où nous nous trouvions, ne pouvant franchir le fossé, et n'osant point passer sur la planche étroite qui servait de pont-levis, erraient, toute la journée, de chambre en chambre et dans la cour, vivant en très-bonne intelligence avec les poules, les canards et les autres animaux domestiques. Cet oiseau est naturellement fort peu farouche; et, dans les campagnes, où l'on ne se fait point un jeu de le poursuivre, on le voit s'approcher des habitations pour paître.

Nous tendîmes nos lits dans la cour, dans l'intention d'éviter les puces, et de jouir de la fraîcheur de la nuit; mais nous fûmes assez incommodés par les moustiques, qui commencent à abonder dans cette partie moins peuplée de la campagne. Cependant il n'y a aucune comparaison entre ceux qu'on y rencontre, et les essaims innombrables dont on est assailli sur le Parana et dans les provinces de Corrientes et du Paraguay; comme les nuits, dans la campagne de Buenos-Ayres, sont toujours fraîches, même en plein été, les moustiques disparaissent au bout de quelques heures.

1. C'est le cygne blanc.

Les charrettes et la milice étaient arrivées dans le courant de la matinée; mais, afin d'attendre quelques traînards, et de donner au premier convoi le temps de nous rejoindre, la marche fut remise au lendemain.

1828.

Pampas.

9 Janvier.

Notre commandant voulut, avant de partir, inspecter les troupes de l'expédition, et j'assistai à la revue. L'étranger, habitué à la tenue sévère et brillante des troupes européennes, ne doit s'attendre à trouver, dans celles de l'Amérique du Sud, ni la propreté, ni l'uniformité qui flattent si agréablement la vue dans les nôtres; et le spectacle qu'offrent celles-là, surtout en campagne, est plutôt grotesque qu'imposant. L'uniforme du corps de Blandengues, et, en général, de toute la cavalerie, se compose d'une veste et d'un pantalon de drap bleu, avec passe-poil rouge, et d'un schako d'une forme analogue à ceux des troupes russes; mais il est plus ordinaire de voir les soldats couverts d'une espèce de toque ou bonnet de police, également de drap bleu. Les schakos ne durent guère plus d'une campagne, parce que les cavaliers, qui trouvent cette coiffure incommode, les perdent ou s'en débarrassent. Il en est presque de même des autres parties de leurs vêtemens. L'insouciance et la malpropreté naturelles aux habitans de la campagne, chez lesquels se recrute la cavalerie, leur font attacher peu de prix à leur équipement, et la discipline n'est pas assez stricte pour vaincre leur indolence. On ne sera donc pas surpris lorsque je dirai qu'il eût été difficile de réunir, dans l'escadron qui nous accompagnait, dix hommes uniformément vêtus: les uns portaient des pantalons, d'autres des caleçons, avec des chilipas de diverses couleurs; plusieurs étaient coiffés de chapeaux ronds, et la plupart se ceignaient le front d'un mouchoir, usage général chez les hommes du peuple; le plus grand nombre marchait pieds nus, quelques-uns seulement portaient des bottes de potro; enfin, presque tous étaient couverts de ponchos diversement bigarrés, ce qui achevait de rendre tout à fait bizarre l'aspect de cette troupe. Les armes, surtout les armes à feu, étaient en aussi mauvais état que l'habillement, et un grand nombre d'entr'elles absolument hors de service. Les soldats n'ont aucune idée des soins qu'elles exigent; beaucoup d'entr'eux ignorent la manière de les démonter, et d'ailleurs ils s'en soucient fort peu; aussi se détériorent-elles très-promptement, et il serait difficile de se figurer l'immense quantité d'armes à feu que les provinces de la Plata ont consommées, depuis le commencement de la révolution, quoique les plus fortes armées n'aient jamais passé de huit à dix mille hommes, qu'elles aient bien rarement atteint ce nombre, et qu'elles n'aient eu presque à soutenir que de petites guerres intestines. Dans la province de Corrientes, j'ai vu au milieu de la plus profonde paix, un armurier et deux ouvriers occupés,

1828. toute l'année, à l'entretien et à la réparation des armes, quoique l'État n'ait
Pampas. sur pied que trois à quatre cents hommes.

La discipline des corps armés est aussi mauvaise que leur tenue; les recrues y apportent tous les vices dominans du pays, la passion du jeu et des liqueurs fortes, la paresse, la malpropreté, l'esprit querelleur qui coûte peut-être autant d'hommes à la nation que ses guerres. Les châtimens sont corporels et très-cruels; mais ils ne sont pas un frein suffisant pour les désordres, et le mauvais choix des officiers est un autre obstacle à un meilleur état de choses. Ceux-ci sont, généralement, des jeunes gens qui sortent de leur famille pour occuper les places vacantes de l'armée, la plupart du temps, parce qu'ils ne sont pas propres à autre chose, ou que l'irrégularité de leur conduite les rend à charge à leurs parens. Comme il n'existe aucune école d'officiers, ils reçoivent au corps leur éducation militaire, et l'on conçoit facilement qu'elle ne doit pas être brillante; aussi sont-ils, en général, d'une ignorance profonde, même sur les élémens de leur art. Il ne s'est formé d'officiers et de soldats vraiment dignes de ce nom, qu'à l'armée des Andes, qui a fait la guerre sous les ordres de San-Martin et de Bolivar; et c'est, sans contredit, à ces deux chefs qu'on a dû la meilleure organisation de l'armée qui a fait la dernière campagne contre le Brésil. Leurs talens personnels et le grand nombre d'officiers étrangers, qui ont servi sous leurs drapeaux, ont contribué à exciter l'émulation, et à faire naître, dans leurs armées, l'esprit militaire; mais tous leurs efforts réunis n'ont jamais pu obtenir cette sévérité de tenue, cette immobilité sous les armes, cette précision dans les mouvemens qui distinguent les troupes européennes, l'insouciance et l'apathie des habitans ayant une force d'inertie dont rien ne peut triompher. J'ajoute que le peu de fixité des corps est un autre obstacle non moins grand; car il faut moins de temps, en général, pour les dissoudre, qu'il n'en a fallu pour les former; et, lorsqu'ils échappent à un anéantissement complet, leur nom et leur cadre, tout au plus, survivent à la désorganisation générale. La désertion journalière y laisse des vides considérables, qui se remplissent avec de nouvelles recrues, lesquelles ne tardent pas à suivre l'exemple de leurs devanciers; et, par suite de ce mouvement perpétuel, on y compte bien peu de vieux soldats dans les corps. L'habitant de ces campagnes, que ses mœurs rapprochent tant de l'état sauvage, a un instinct farouche d'indépendance qui le rend indocile à toute espèce de frein, et incapable de s'habituer à l'esprit d'ordre et aux règles minutieuses de la discipline militaire; aussi la plupart des soldats n'aspirent-ils qu'au moment de déserter sans danger; et, comme les localités et la difficulté d'établir une police sévère, en de vastes campagnes presque désertes, leur en offrent, à chaque instant, l'occasion, ils ne tardent pas à en profiter. Ce penchant à la désertion explique surtout comment la république Argentine n'a pu conserver, jusqu'à cè jour, une force armée permanente et bien organisée; mais un autre fait, qui n'y contribue pas moins puissamment, c'est le défaut de loi pour le recrutement des armées, et la manière infâme dont on y procède. Dès qu'il survient une guerre, on s'empresse de ramasser tous les malfaiteurs, tous les vagabonds; on les amène au lieu de rassemblement, où ils sont renfermés dans la caserne jusqu'au moment du départ; on leur enseigne, à la hâte, un peu d'exercice, on les équipe, on les arme, et le corps est formé. Les prisons sont la pépinière des soldats de la république; des brigands, couverts de crimes, en sont quittes pour une centaine de coups de bâton, châtiment à la suite duquel on les débarrasse de leurs fers, et voilà des soldats. Les citadins, et tous ceux qui possèdent quelque chose, s'exemptent du service militaire; ceux que le goût entraîne vers cette profession entrent dans l'armée avec un grade. Les premières années d'enthousiasme de la guerre de l'indépendance ont seules fourni à la république quelques volontaires distingués.

1828.

Pampas.

On sent bien qu'avec un pareil mode de recrutement on ne doit trouver, dans les corps qui composent l'armée, ni cet esprit martial, ni ce noble orgueil qui animent les guerriers européens, et qui devraient, surtout, faire l'apanage des troupes républicaines; on concevra même difficilement que de pareils soldats aient pu vaincre des troupes espagnoles bien disciplinées; mais il faut réfléchir que, si la soldatesque américaine n'est pas animée de ces généreuses passions qui font mépriser les dangers et affronter la mort, elle possède, au moins, cette valeur brutale, partage de tous les peuples sauvages et nomades. Accoutumés dès leur enfance à tremper leurs mains dans le sang des animaux, à exposer leur vie dans les exercices les plus périlleux, et souvent dans les querelles qui naissent toujours de leurs réunions; habitués à braver la faim, la soif et l'intempérie des saisons, les hommes qui la composent sont, pour ainsi dire, insensibles à la douleur; ils voient leur sang couler sans s'émouvoir, et reçoivent la mort avec presque autant d'indifférence qu'ils la donnent.

Le départ ayant été fixé pour le soir, je passai la plus grande partie de la journée dans le bois de pêchers de l'habitation. Quoique ce fût la saison des fruits, on ne trouvait aucune pêche sur les arbres, et la récolte avait entièrement manqué dans toutes les plantations qui avoisinent le Salado, ce qui arrive très-fréquemment; tandis qu'à Buenos-Ayres et dans les îles du Parana

1828. Pampas. les pêchers produisent, tous les ans, plus ou moins abondamment, et toujours au-delà des besoins de la consommation. Quoiqu'il n'y ait, des rives de la Plata à celles du Salado, qu'un degré de différence en latitude, l'abaissement de la température est très-sensible; ce qu'il faut attribuer, je crois, à la vaste étendue et à l'égalité de sol des Pampas, qui ne présentent aucun abri; de sorte que les brises, qui viennent depuis l'Ouest jusqu'au Sud, sont très-fraîches, surtout pendant la nuit, et occasionnent des gelées blanches tardives, qui brûlent les fleurs des arbres fruitiers. C'est par le même motif, sans doute, que les pêches, dans ces parages, sont, le plus souvent, moins belles et moins savoureuses que celles que produisent les environs de la capitale, et je croirais que, pour les avoir bonnes, il faudrait, comme en Europe, recourir aux espaliers, ou du moins à des abris artificiels du côté des vents froids.

Nous nous mîmes en marche à cinq heures de l'après-midi, au nombre d'environ deux cent cinquante hommes. L'escadron de Blandengues marchait en avant; au centre venaient les charrettes et les prisonniers de guerre; et les miliciens en formaient l'arrière-garde. A une lieue, après avoir atteint une misérable masure, la dernière habitation que nous dussions trouver sur toute la route, nous entrâmes dans le désert. Nous perdîmes bientôt de vue tout objet remarquable; l'horizon devint parfait; nous nous trouvâmes comme au milieu d'un océan de verdure, dont rien ne modifiait la monotone uniformité; et nous nous enfonçâmes dans les Pampas. Tel est le nom qu'on donne, en général, aux vastes plaines qui s'étendent depuis les côtes de l'Atlantique, jusqu'au pied des Andes; mais, dans le langage des habitans de la campagne, qui ont emprunté ce terme des Indiens quichuas, *pampa* signifie un espace de terrain absolument plat et couvert de pâturages, ce qui équivaut à notre mot *prairie;* l'on ne doit pas croire que telle soit la nature de toute l'étendue des pampas. D'abord on a beaucoup exagéré l'égalité du sol, puisque toute la partie de la province comprise entre la Plata, le Parana et le Salado, se compose de terrains légèrement ondulés, dans lesquels on distingue très-bien les hauteurs, les bas-fonds où coulent diverses petites rivières, et les marais qui ne se dessèchent que dans l'été; il y a, d'ailleurs, comme je l'ai déjà dit, un point de partage des eaux entre le bassin de la Plata et celui du Salado. Au sud de cette dernière rivière, le terrain est plus généralement plat; mais, au milieu de cette immense nappe verte, se trouvent, comme semés en grand nombre, des groupes de dunes sablonneuses, assez élevées, couvertes d'une végétation plus rare, et qui forment des îlots, dont la teinte jaunâtre tranche sur le vert foncé de la surface plane. Il y a aussi quelques séries de coteaux, que leur situation au milieu des plaines fait paraître plus élevés qu'ils ne le sont réellement, et que, pour cette raison, les habitans ont nommés *cerillos, cerilladas*. On a également exagéré l'étendue des Pampas, au moins du Nord au Sud : c'est un immense bassin, il est vrai; mais circonscrit, au Nord, par les montagnes de Cordova et de San-Luis, et, au Sud, par celles du Tandil, de la Sierra ventana, etc.; car, bien que celles-ci n'offrent que des groupes, ou plutôt une chaîne interrompue, la ligne fictive qui les réunit constitue une division bien tranchée dans la nature des terrains. Du côté septentrional de cette ligne la Pampa présente un fond uniforme et argileux; tandis qu'au Sud le sol devient de plus en plus inégal, offrant beaucoup de bancs calcaires et de parties sablonneuses. Ce serait encore une erreur de croire que, de l'Est à l'Ouest, le bassin s'étend depuis les côtes de l'Océan jusqu'aux contreforts des Andes; on rencontre, bien avant d'atteindre ceux-ci, des terrains sablonneux, de véritables steppes, formant, tout autour, une lisière d'une très-grande largeur.

1828. Pampas.

Nous suivions un chemin de charrettes, tracé par les anciennes expéditions aux salines du S. O.; et, quoiqu'il n'eût pas été fréquenté depuis un grand nombre d'années, il était encore très-reconnaissable. Les terrains inhabités des Pampas sont généralement très-mous, et les roues des charrettes y creusent des ornières profondes, qui ne disparaissent que très-difficilement; la trace se perdait seulement dans les bas-fonds inondés une partie de l'année, et dans ce que les habitans nomment *pajonales*, parties plus basses, où croît une graminée qui pousse par touffes épaisses, et s'élève presqu'à la hauteur d'un homme à cheval, ce qui rend la marche extrêmement pénible. On voit beaucoup de ces lieux dans les Pampas; mais, au nord du Salado, le long séjour des bestiaux les a fait disparaître, de sorte que l'aspect de la végétation y est absolument différent.

Nous fîmes halte à huit heures du soir, auprès d'un petit lac presque sec, dont l'eau bourbeuse et saumâtre fut tout notre souper; car on avait ordonné de ne pas faire de feu, et de ne pas débrider les chevaux, la marche devant recommencer à minuit. Les charrettes poursuivirent leur route; et nous, ayant dessellé nos montures, nous nous étendîmes sur nos recados, la bride à la main.

Nous remontâmes à cheval à l'heure indiquée, et continuâmes silencieusement notre marche, par une de ces belles nuits d'été, dont l'agréable fraîcheur vient dédommager des ardentes chaleurs de la journée; celle qui suivit fut ter- 10 Janvier.

1828. Pampas. rible. Le temps était calme et le soleil brûlant, même dès l'horizon; mais à peine l'astre s'éleva-t-il, que nous fûmes assaillis d'une nuée de taons, dont la piqûre, très-douloureuse, est immédiatement suivie d'une goutte de sang. Il est impossible de se défendre de ce cruel insecte, qui ne s'annonce par aucun bourdonnement, et qui se pose si doucement qu'on n'est averti de sa présence que par sa redoutable succion. Nous fûmes obligés de recourir aux gants, et mes compagnons se firent des voiles avec leurs mouchoirs; heureusement j'avais été prévenu, et je m'étais muni d'une espèce de sac de crêpe que l'on place par dessus le chapeau, et qui vient s'attacher autour du cou, de sorte que le visage se trouve préservé, sans que la respiration ni la vue soient gênées. Nos malheureux chevaux, qui n'avaient pas les mêmes ressources, furent bientôt couverts de sang, et plusieurs d'entr'eux devinrent tellement inquiets que nous eûmes beaucoup de peine à les maintenir. Les taons sont rares dans l'intérieur de la province de Buenos-Ayres, parce que les champs, continuellement broutés par les bestiaux, ne leur offrent aucun abri; mais, dans les Pampas, où les pajonales abondent, et où les herbes, en général, s'élèvent à leur hauteur naturelle, cet insecte multiplie prodigieusement, et contribue, plus que tout autre, à rendre les voyages d'été extrêmement pénibles. Les chevaux, assaillis par les taons, ne peuvent paître de jour, et maigrissent promptement. C'est pour ce motif que les Indiens font peu d'expéditions dans la saison où nous nous trouvions, c'est-à-dire depuis le mois de Décembre jusqu'à la fin de Février, époque à laquelle le nombre de ces insectes diminue, ne disparaissant néanmoins complétement qu'à la fin de Mars.

Nous passâmes de bonne heure la *cañada* de Chivilcoy, nom d'un cacique qui, anciennement, habitait ces parages. On appelle *cañada*, dans l'Amérique espagnole, un terrain inondé, plus ou moins étendu et peu profond, où les animaux peuvent paître, et qui se dessèche d'ordinaire, au moins en partie, pendant l'été. La richesse de la langue espagnole permet de distinguer, par une variété des dénominations, que nous ne pouvons rendre en français que par le mot de *marais*, plusieurs espèces de terrains inondés; ainsi l'on nomme *bañado*, les prairies qui bordent une rivière et qu'inondent leurs crues; *cañada*, les bas-fonds de l'espèce dont je viens de parler; *esteros*, des marais plus profonds, et dans lesquels croissent des joncs nommés, ainsi que les nattes qu'ils servent à fabriquer, *estera;* enfin, il y a les *cangrejales* (habitation des crabes), dont il a été question à l'article Corrientes. Les Pampas répondent aux savanes sèches de l'Amérique du Nord; et les cañadas d'une grande étendue aux savanes noyées du même pays.

Il y avait encore, dans la cañada de Chivilcoy, un peu d'eau, qui fit grand bien à nos chevaux, qu'avaient couverts de sueur non-seulement l'ardeur du soleil, mais encore l'agitation continuelle dans laquelle les tenaient les taons. En sortant de la cañada, nous gravîmes de beaux coteaux garnissant les deux rives du Salado, dans toute l'étendue de son cours, et très-propres à des établissemens agricoles. A neuf heures, nous passâmes cette rivière, alors assez basse; elle coule, sur le point où nous la traversions, au milieu d'un *bañado* dont la largeur moyenne est d'un quart de lieue, et entièrement inondé lors des crues. L'eau de la rivière était stagnante, et croupissait sur un fond de vase épais; elle est tellement saumâtre, dans les temps de sécheresse, qu'il est impossible de la boire, et que les animaux même refusent de s'en abreuver. Comme toutes celles de cette nature, elle est très-fétide, lorsque le cours s'en trouve interrompu, et le piétinement des chevaux dans la vase en couvre la surface de bulles gazeuses d'une odeur insupportable. Ces pauvres animaux, toujours poursuivis par les taons, eurent un moment de répit, en traversant la rivière; et nous les voyions s'efforcer, malgré nous, de prendre le trot, afin de se délivrer, par le jaillissement de l'eau, de ces insectes sanguinaires. Nous fîmes halte, une lieue plus loin, sur le bord d'un grand marais peuplé de joncs, et qu'on nomme lagune de Calilian : les eaux de ce marais, qui proviennent des filtrations des coteaux dont elles baignent le pied, sont moins saumâtres que celles du Salado; et, dans ces parages, où l'eau douce est extrêmement rare, on peut les regarder comme potables; en tout cas, il fallait bien nous en contenter. Ce point avait été désigné comme lieu de rendez-vous au premier convoi de charrettes, qui venait par un autre chemin, et qui devait passer le Salado plus bas; nous nous arrêtâmes pour l'attendre. 1828. Pampas.

La chaleur était terrible; deux tentes de campagne, destinées aux officiers, étaient emballées dans les charrettes, et celles-ci campaient assez loin de nous, de sorte que nous n'avions aucun abri contre l'ardeur du soleil. La vaste étendue des Pampas n'offre au voyageur ni arbre ni arbuste qui puisse lui prêter son ombre, et il ne lui reste d'autre ressource, contre l'insupportable souffrance qu'occasionne la chaleur, doublée par les tourmens de l'imagination, que la résignation naturelle aux gens du pays, et les abris imparfaits qu'a imaginés leur faible industrie, et que nous construisirent rapidement nos soldats. Ils coupèrent, dans la lagune, quelques poignées de jonc, qu'ils fichèrent en terre dans des trous creusés avec leurs couteaux, réunirent, ensuite, deux à deux, les sommités de ces poteaux flexibles, et formèrent, ainsi, une suite d'arceaux sur lesquels ils jetèrent nos ponchos, nos couvertures et les diverses

1828. Pampas. pièces de nos recados. Ces huttes fragiles étaient soutenues par des courroies tendues de part et d'autre, de manière à les arc-bouter; nous pûmes nous y couler et y trouver un asile, sinon contre la chaleur, du moins contre les rayons brûlans du soleil. Le rôti fut aussitôt fait que nos maisons; et, dès que nous eûmes satisfait un appétit qui, dans ces voyages, se trouve toujours bien aiguisé par la fatigue, nous nous abandonnâmes à un sommeil profond, quoique interrompu, de temps en temps, par la piqûre de quelques taons, assez hardis pour s'introduire dans nos huttes.

Lorsque nous nous réveillâmes, tous nos soldats étaient à l'eau, et se dédommageaient, dans le bain, de la chaleur de la journée. Il était facile de reconnaître, à l'aspect de tous ces corps basanés, combien le sang est mélangé parmi les habitans de l'Amérique du Sud, et surtout chez ceux de la campagne; parmi les deux cent cinquante hommes qui nous accompagnaient, à peine en distinguait-on quelques-uns d'un blanc pur. Tous les autres offraient un mélange des races noire, indienne et blanche, avec tant de nuances différentes et par des gradations si délicates, qu'il eût été difficile de dire, pour quelques individus, de laquelle ils participaient le plus. La chaleur du climat, et le hâle auquel la vie active et presque nomade des habitans les expose dès leur enfance, contribuent beaucoup à rembrunir leur teint et à augmenter la difficulté de distinguer les races. Cependant ils ont tous, à l'exception des mulâtres bien prononcés, et des Indiens bien clairs, des prétentions à l'origine européenne et à l'honneur de la pureté du sang; mais on voit combien cette prétention est chimérique.

Les charrettes de l'autre convoi arrivèrent l'après-midi, et la marche fut disposée pour le lendemain matin. Chaque cavalier mit paître son cheval, en lui passant au cou un lazo, ou plutôt la longue courroie appelée *mancador*, et en fixant l'autre extrémité à terre. Dans un pays où l'on ne trouve pas seulement un arbuste pour faire un piquet, cela semble assez difficile; mais les gens de la campagne, obligés de suppléer à tout ce qui leur manque, ne sont jamais embarrassés. Ils choisissent une grande touffe d'herbe à laquelle ils fixent le mancador par un nœud très-fort, qui ne glisse jamais; néanmoins ce moyen n'est pas sans danger, parce que les chevaux, naturellement ombrageux, s'épouvantent facilement de nuit, et peuvent, par un violent effort, déraciner la touffe à laquelle ils sont attachés; alors ils partent, ventre à terre, entraînant cette touffe avec eux; et, comme le bruit que fait celle-ci, en froissant les autres herbes, contribue à redoubler leur crainte, il n'y a plus de raison pour qu'ils s'arrêtent; et il est rare qu'on puisse les rattraper. Les habitans ont un autre moyen, plus sûr et très-ingénieux : ils creusent, avec leur couteau, un trou vertical de quatre centimètres environ de diamètre, et de deux décimètres de profondeur ; font, à l'extrémité du *mancador*, un gros nœud qu'ils placent dans le fond du trou, puis remplissent celui-ci de terre, qu'ils pressent avec le manche du couteau. En tirant verticalement, de bas en haut, le *mancador*, il est très-facile d'arracher le nœud; mais le cheval ne faisant force qu'horizontalement, la courroie romprait plutôt que de céder. Lorsque c'est un lazo, l'anneau de fer qu'il porte supplée au nœud. C'est encore là une des nombreuses occasions où le couteau est indispensable aux hommes de la campagne, et il n'y a pas un instant de la journée où ces occasions ne se renouvellent; aussi n'est-il rien à quoi ils tiennent plus en voyage, ni de perte plus sensible pour eux, que celle de ce petit meuble. Ils sont capables de passer une demi-journée à l'endroit où ils supposent l'avoir perdu ou laissé, cherchant, avec une patience incroyable, sous toutes les touffes d'herbes, et employant, enfin, le moyen auquel on a toujours recours en pareil cas, celui de mettre le feu aux champs, lorsque l'herbe est assez desséchée pour le permettre.

1828. Pampas.

Les chevaux de réserve, les bœufs des charrettes et le bétail pour la consommation, eurent la liberté de paître, sous la surveillance de quelques hommes, qui se relevaient de deux en deux heures, afin que les rondes fussent continuelles; précaution indispensable pour que les animaux ne s'éloignent pas.

11 Janvier.

Nous nous mîmes en marche de bonne heure; et, comme nous nous éloignions, de plus en plus, de la partie habitée de la province, et que nous commencions à parcourir les lieux fréquentés habituellement par les Indiens, on prit quelques mesures pour prévenir les surprises. La garde des chevaux fut confiée à un détachement qui resta exclusivement chargé de ce service; il en fut de même des bestiaux, et tous les animaux furent placés à l'arrière-garde. On jeta des éclaireurs sur les flancs de la colonne, à une demi-lieue de distance, et un piquet d'avant-garde prit les devants avec les vaqueanos ou guides à la tête. On donne, en général, dans le pays, le nom de vaqueano à toute personne qui connaît parfaitement un chemin, et peut, au besoin, servir de guide; ainsi l'on dit : un tel est vaqueano de tel endroit à tel autre. Il y a des vaqueanos de profession, dont les connaissances s'étendent non-seulement à un ou plusieurs chemins, mais encore à tout un pays, et qui se dirigent par les aires de vent, au moyen du soleil et de quelques constellations qu'ils connaissent. Ils ont, du reste, une mémoire prodigieuse et une sagacité

1828. Pampas.

étonnante, pour reconnaître les localités; et, quoique l'uniformité des Pampas présente très-peu de variétés dans les sites, les vaqueanos distinguent des différences d'aspect très-fugitives, qui échapperaient à tout autre; ils se guident, également, par la nature de la végétation, et par mille signes, dont ils font, dès leur enfance, une étude particulière. Leur vue est tellement exercée, que la nuit la plus sombre ne les empêche pas de distinguer les objets, et même la couleur des animaux, à une assez grande distance; et il est rare que l'obscurité les oblige à s'arrêter, ou les fasse se perdre en voyage. Lorsqu'ils ont quelque doute, ou que la difficulté de reconnaître les lieux leur fait craindre de s'égarer, ils marchent seuls en avant, et fuient toute espèce de conversation, soit pour se recueillir et éviter les distractions, soit pour éluder les questions du voyageur inquiet, soit pour ne pas avoir à faire un aveu qui coûterait trop à leur amour-propre. Les vaqueanos estiment rarement les distances par lieues, et ne se font jamais une idée bien juste de cette mesure itinéraire; le temps et l'allure du cheval sont les élémens qui servent, le plus souvent, de base à leur calcul, et ils disent : au galop, on arrive de tel point à tel autre en tant d'heures. Les armées du pays ont toujours à leur service un détachement de vaqueanos, commandé, d'ordinaire, par celui d'entr'eux dont la réputation et les connaissances sont plus étendues. Notre expédition en avait deux : l'un était un vieillard qui, avant la révolution, avait, pendant un grand nombre d'années, trafiqué avec les tribus d'Indiens habitant alors ces parages; et, quoiqu'il n'eût pas visité ceux-ci depuis fort long-temps, il se rappelait parfaitement toutes les localités et leurs noms indiens. L'autre était un jeune homme qui avait fait partie des dernières expéditions aux salines, et qui avait accompagné plusieurs arpenteurs dans la mesure des concessions déjà faites par le gouvernement, jusqu'au-delà du but de notre voyage.

Après avoir gravi les coteaux qui bordent le cours du Salado, nous parcourûmes un pays plat ou Pampa, et nous aperçûmes, bientôt, des hauteurs que nous apprîmes être celles qui entourent la lagune Palantelen. Nous nous dirigeâmes vers ce point, et nous y arrêtâmes, pour faire reposer les animaux et passer le milieu de la journée. La lagune Palantelen se trouve à environ trois lieues au S. O. du point où nous venions de passer le Salado : c'est une des plus grandes et des plus belles qui existent sur le chemin de la Cruz de Guerra; elle peut avoir un quart de lieue dans son plus grand diamètre. Les hauteurs qui l'environnent forment comme un bassin qui, du côté de l'Ouest, présente une ouverture, et dont les bords, assez escarpés, pouvaient avoir, sur le point où nous nous trouvions, une dizaine de mètres d'élévation au-dessus du niveau de l'eau. 1828. Pampas.

On remarque, généralement, que les lagunes, très-nombreuses dans la vaste plaine des Pampas, sont comme adossées à des hauteurs plus ou moins considérables, et qui les bordent toujours du côté de l'Est, en formant une anse dont l'ouverture se présente au côté opposé. Cette disposition générale est un fait géologique dont l'explication paraît facile; car il suffit d'établir que l'écoulement des eaux qui ont couvert le continent américain a eu lieu sur chaque versant de la chaîne des Andes, dans un sens opposé, comme l'indiquent naturellement la pente des terrains et le cours des rivières qui, d'un côté, se déchargent dans l'Atlantique, et, de l'autre, dans le grand Océan. Ceci posé, le courant qui, sur ce versant, s'est établi de l'Ouest à l'Est, a formé les atterrissemens qui, aujourd'hui, sont les groupes de hauteurs disséminés dans les Pampas, et a dû creuser au milieu d'eux, dans l'état de délaiement et de mobilité où ils se trouvaient, ces espèces d'anses ouvertes au couchant, au fond desquelles sont restés des dépôts d'eau entretenus, depuis, par les filtrations, la pente naturelle des terrains, et devenus les lagunes actuelles.[1]

Les eaux se trouvaient alors très-basses, dans le Salado et dans toutes les lagunes que nous rencontrions, à cause de la sécheresse qui régnait depuis quelque temps; cependant celle de Palantelen était encore assez profonde pour que les chevaux perdissent pied à peu de distance du bord. L'eau en est légèrement saumâtre; mais, lors des crues, elle est potable; nous trouvâmes, d'ailleurs, sur le bord et au pied des hauteurs, des puits où elle était très-fraîche et beaucoup plus douce. C'est la ressource ordinaire des voyageurs en temps de sécheresse, et quand les lagunes sont trop salées. Comme elle se trouve à peu de profondeur, surtout au bord même des lagunes, et que le terrain n'est pas très-dur, le couteau suffit, quelquefois, pour creuser un petit puits, et l'on se procure, en quelques minutes, une eau fraîche et bien moins chargée de sels que celle qui subit journellement l'évaporation considérable occasionnée par le soleil.

La hauteur sur laquelle nous étions campés était couverte de *biscacheras*, c'est-à-dire de terriers formés par l'animal que les habitans appellent biscacha, dont il a été déjà question[2]. Il recherche les hauteurs de peur des

1. Opinion propre à M. Parchappe.

2. Chapitre XII, page 449.

1828. Pampas. inondations, et vit en famille. Ces biscacheras sont souvent la cause de chutes très-dangereuses; et, lorsqu'on s'est inconsidérément engagé dans un terrain criblé de ces terriers, il faut la plus grande attention pour en sortir sans mésaventure, surtout quand ce sont des terriers abandonnés, recouverts d'une végétation élevée.

Les alentours de la lagune étaient abondamment garnis de chardons secs; et, pendant que l'on dépeçait les animaux qui devaient servir à notre dîner, les soldats recueillirent, en un instant, de grosses brassées de ces chardons pour faire le feu. Je voulus contribuer, pour ma part, à cette tâche; mais je m'aperçus bientôt qu'il faut avoir les mains aussi calleuses que celles des habitans, pour affronter les longues épines, dont les tiges des chardons sont garnies et qui couvrent tout le sol sur lequel ceux-ci croissent. Cependant les gens du pays, toujours nu-pieds, ne font aucune difficulté de marcher sur ce terrain, et s'ils s'enfoncent une épine dans les pieds, ils l'en retirent avec le calme et l'impassibilité qui leur sont propres; quelquefois il s'en brise dans les chairs; et, alors, ils emploient la pointe de leurs couteaux pour l'extraire. Les grandes chardonnières, comme on l'a déjà dit, ne dépassent pas le Salado; mais on trouve, presque toujours, en plus ou moins grande abondance, sur le bord des principales lagunes, des chardons, qui sont l'indice du séjour qu'y a fait quelque tribu indienne; car cette plante est une de celles qui, dans ces pays, accompagnent toujours l'habitation de l'homme, comme j'ai encore eu l'occasion de le faire remarquer. J'ai entendu dire assez plaisamment, à ce sujet, à quelques habitans de la campagne, que notre espèce ne peut rien produire de bon, et qu'à mesure que nous gagnons du terrain sur les Pampas, les chardons nous suivent et étouffent les autres plantes.

Nous n'eûmes point autant à souffrir ce jour-ci de l'ardeur du soleil, et nous prîmes notre repas à l'ombre des charrettes, sous lesquelles nous nous distribuâmes par groupes. On les attela de nouveau vers trois heures; pour cette opération quelques hommes à cheval amènent le troupeau de bœufs au milieu du convoi, de manière qu'il se trouve à peu près à égale distance des charrettes les plus éloignées, et ils tournent autour du troupeau pour le réunir. Lorsque ce sont tous bœufs déjà faits au travail, ils ne cherchent point à s'échapper, et attendent paisiblement le lazo qui doit les conduire au joug; mais lorsqu'il y a des animaux nouvellement domptés, il n'est pas rare qu'ils s'échappent au galop, même le lazo au cou, et il faut, alors, les poursuivre et les lacer à cheval, ce qui occasionne des retards considérables. Le piqueur de chaque charrette vient chercher, successivement, les bœufs qu'il doit atteler;

il les connaît si bien qu'il les distingue à l'instant, quelque nombreux que soit le troupeau, sachant aussi la place que doit occuper chacun d'eux dans l'attelage, ce qui n'est pas indifférent, comme on a eu l'occasion de le dire, en parlant de la manière de dompter les bœufs à Corrientes[1]. L'opération de l'attelage des charrettes est, en général, fort longue; et, si le convoi est un peu considérable, elle dure, souvent, plus d'une heure. 1828. Pampas.

Nous montâmes à cheval vers quatre heures, et nous fîmes halte au coucher du soleil, à une lieue et demie environ du point dont nous étions partis, sur le bord d'une petite lagune dont l'eau était très-bonne.

12 Janvier. Chaque convoi a, pour son service, un chef ou capataz, un conducteur, nommé picador (piqueur), par charrette, un guide qui marche toujours à la tête, à quelques pas des premiers bœufs, et un ou plusieurs bouviers qui conduisent, à la queue, les bœufs et les chevaux de relai. Ce sont ceux-ci qui, pendant la nuit, font la ronde autour des animaux, service très-pénible; car, lorsqu'il pleut et que le temps est le plus mauvais possible, ils doivent redoubler de surveillance. Il paraît que les nôtres s'étaient négligés, la nuit précédente; du moins vint-on nous annoncer, au point du jour, qu'une partie des bœufs avait disparu; aussitôt plusieurs hommes partirent au galop, en diverses directions, en cherchant à découvrir celle qu'avaient pu suivre les animaux. Cette connaissance est facile, le matin, lorsqu'il y a de la rosée, parce que les herbes, froissées par les pieds des bestiaux, se couchent naturellement dans le sens de leur marche; mais, dès que le soleil vient à s'élever, tout sèche; et, les plantes reprenant leur port naturel, les traces disparaissent, ou du moins ne se discernent plus qu'avec peine. Alors, il ne reste aux chercheurs que la ressource des conjectures. Si la perte a eu lieu près de l'endroit où les animaux ont été élevés (la querencia), il est presque hors de doute qu'ils se sont dirigés de ce côté-là; ce qui arrive souvent même à des distances très-éloignées. Il est assez ordinaire, aussi, de voir les bœufs, lorsqu'ils sont repus, suivre le chemin, soit en avant, soit en arrière, et ce dernier cas est le plus fréquent. La recherche des animaux perdus, qui se nomme dans le pays *campeada*, ne laisse pas d'avoir ses dangers, et l'on voit fréquemment les hommes qui s'y emploient se perdre, surtout lorsqu'ils ne sont pas vaqueanos, c'est-à-dire lorsqu'ils ne connaissent pas les localités; aussi témoignent-ils toujours quelque répugnance pour ce service, au milieu des Pampas, manifestant la crainte

1. Chapitre VII, page 159.

1828. de s'égarer dans le désert, ce qu'ils expriment par le mot pittoresque
Pampas. d'*empamparse*, comme si l'on disait *s'empamper*. Lorsqu'un habitant se trouve ainsi perdu, ce qu'il attribue, ordinairement, à ce que sa tête s'est échauffée, il prend le parti de s'arrêter, et de se reposer, pour rafraîchir ses idées; il desselle son cheval, pour le faire reposer, le laisse paître, en l'attachant avec le mancador, et passe souvent la nuit endormi auprès de son coursier, sans que les idées affligeantes qui, en pareil cas, désespéreraient plus d'un Européen, viennent troubler son sommeil. Le lendemain, remonté à cheval, s'il s'est beaucoup éloigné de ses compagnons de voyage, et qu'il lui devienne impossible de les retrouver, ce qui arrive quelquefois, il prend, sans s'inquiéter, la direction qu'il juge devoir le conduire en terre habitée, comptant, pour sa nourriture, sur ses boules et sur son rebenque, qui lui servent, les premières, à poursuivre les daims et les autruches; le second, à tuer les perdrix qui pullulent dans ces campagnes. Il est, en outre, pourvu des ustensiles nécessaires pour faire du feu, ustensiles que n'oublie jamais l'homme qui se met en route; et se trouve ainsi en état d'affronter la fatigue, la faim, et tout ce que peut présenter d'horrible à l'imagination l'idée de se trouver seul, dans un désert sans limites. Il n'y a qu'un cas qui puisse, réellement, embarrasser le campeador, et même abattre son courage, c'est celui où, dans sa course, qui a toujours lieu au galop, son cheval vient à s'abattre sous lui et lui échappe; car, alors, l'homme démonté, et quelquefois blessé dans sa chute, n'est plus rien, et court les plus grands dangers. Les habitans racontent beaucoup d'histoires d'hommes perdus, qui n'ont jamais reparu.

La disparition des bœufs nous contraignit à suspendre notre marche jusqu'au retour des hommes qui étaient à leur poursuite. Un spectacle assez singulier vint faire un instant diversion à l'ennui que nous causait ce retard: j'aperçus tout à coup un groupe considérable de nos soldats, qui formaient un grand cercle autour d'un de leurs camarades; je m'approchai, et je vis que l'individu, objet de cet empressement, tenait dans une main une vipère, longue de près d'un mètre et demi, et de l'espèce très-venimeuse, qu'on nomme, dans le pays, vivora de la Cruz. Comme je témoignais ma surprise de le voir manier un animal aussi dangereux, les soldats qui se trouvaient près de moi me dirent que cela ne devait pas m'étonner; que les *Santiagueños* (notre homme était de la province de Santiago del Estero) possédaient, en général, l'art d'ensorceler les animaux les plus à craindre, et que leur camarade avait, pour les serpens, *la contra*, c'est-à-dire une sorte de charme ou de préservatif qui les mettait hors d'état de lui nuire; mais je m'aperçus, bientôt, que ce prétendu charme ne consistait qu'en un peu d'adresse et beaucoup de présence d'esprit. Le Santiagueño, après avoir fatigué et étourdi la vipère, en la souffletant de la main gauche, tandis que, de la droite, il la tenait toujours fortement serrée près de la tête, de manière à n'en pouvoir pas être mordu, accompagnant cette opération de mille simagrées, et crachant à plusieurs reprises dans la gueule du malheureux reptile, le lâcha enfin, non sans continuer à le tourmenter, tantôt en le tirant par la queue, tantôt en le frappant de petits coups précipités sur la tête. Quelquefois il lui donnait un instant de repos; et, dès qu'il le voyait se ranimer et se disposer à se lancer sur lui, il lui appliquait rapidement un petit coup sur le côté de la tête, ce qui détournait le mouvement. Ce spectacle amusait beaucoup nos soldats, qui témoignaient leur intérêt par de grands éclats de rire; et, lorsqu'ils en furent rassasiés, un coup de sabre y mit fin, en partageant la vipère en deux tronçons. 1828. Pampas.

Il était dix heures, et rien ne paraissait encore; le commandant profita de ce retard pour nous faire changer de montures, et ordonna d'amener la *caballada* (la troupe de chevaux). Nous en conduisions environ quatre cents, indépendamment de ceux qui étaient montés, et ils étaient récemment venus de la province de Cordova, où le gouvernement les avait fait acheter. Les soldats s'emparèrent de leurs brides; quelques-uns se munirent également de lazos; et, dès que les chevaux furent arrivés, ils les entourèrent, de manière à les resserrer dans un plus petit espace, et à les contraindre de rester réunis. Alors ceux qui étaient armés de lazos commencèrent à en faire usage; et, dès qu'un cheval était pris, le soldat, auquel on le destinait, lui plaçait la bride et l'emmenait. Cette opération peut amener les mêmes accidens que celle qui a lieu pour atteler les bœufs; des chevaux, et c'est le plus grand nombre, cherchent à éviter le lazo, ou l'enlèvent, en s'échappant. Lorsqu'ils forcent l'enceinte que forment les hommes qui les entourent, il arrive souvent qu'on les perd tout à fait, ou qu'on a, du moins, beaucoup de peine à les rattraper; et, s'ils sont nouvellement domptés et encore farouches, il faut souvent employer les bolas pour les arrêter. La plupart des nôtres, étant dans ce cas, nous donnèrent beaucoup d'embarras dans tout le courant de l'expédition. Les soldats, jaloux de s'assurer de leur docilité, sellèrent chacun le leur, dès que tout le monde fut pourvu; les montèrent, ensuite, les faisant galoper une centaine de pas, dans l'intention de reconnaître leurs bonnes et mauvaises qualités, afin de ne pas se trouver exposés à quelque accident

1828 dans la route. Cette précaution est d'un usage général dans le pays, ainsi que
Pampas. celle de tirer un cheval par la bride, et de le faire marcher cinq ou six pas, avant de le monter.

Nous jouîmes alors d'un spectacle assez plaisant, et qui égaya beaucoup le camp tout entier. Un grand nombre de nos chevaux se mirent à ruer et à faire des soubresauts, dès qu'ils sentirent le cavalier; et, en un clin d'œil, vingt ou trente furent étendus sur l'herbe, en butte aux huées de leurs camarades. Ce n'est pas tout; les coursiers, une fois débarrassés de leurs maîtres, s'échappèrent dans toutes les directions, jetant, çà et là, recados et couvertures. Il fallut beaucoup de temps et de tirs de bolas pour rattraper ces fugitifs, et leurs maîtres eurent presque tous à déplorer la perte de quelque pièce de leur harnachement. Si l'on considère la lenteur et les embarras inséparables d'une semblable manière de changer de chevaux, on jugera des inconvéniens qui doivent en résulter pour la cavalerie en campagne. Ajoutez à cela que la manière de seller exige aussi beaucoup plus de temps que la nôtre; que des chevaux aussi peu dociles rendent impossible l'ensemble et la régularité dans les manœuvres, enfin mille autres inconvéniens, tels que les pertes inévitables, et qui laissent quelquefois tout un corps à pied; le dépérissement rapide des chevaux, blessés, pour la plupart, par le harnais, mal soignés, mal nourris, hors de service au bout d'une campagne de deux ou trois mois, quelquefois moins..... et l'on se convaincra que tant d'inconvéniens laissent la cavalerie du pays de beaucoup inférieure à la nôtre. Cependant les officiers américains ont la présomption de la croire la première du monde, et s'imaginent que rien ne pourrait lui résister. On a beau leur représenter que leurs soldats, en effet individuellement les meilleurs écuyers qui existent, ne pourraient jamais, en corps, présenter une masse compacte capable d'enfoncer la plus médiocre infanterie; ils sont intraitables sur cet article, comme sur bien d'autres, et leur amour-propre ne veut rien céder. Convenons, toutefois, que nos cavaliers, placés dans les mêmes circonstances que les leurs, se trouveraient fort embarrassés, et même hors d'état d'agir; ce qui s'opposera toujours à ce que des troupes européennes puissent tenter des conquêtes, ou, du moins, faire de rapides progrès dans l'intérieur de ces provinces.

Les bœufs perdus reparurent, enfin, et arrivèrent sur les onze heures; mais, comme la chaleur était très-forte, le commandant décida qu'on ne marcherait que l'après-midi. Nous partîmes à trois heures, et, après avoir parcouru environ trois lieues, nous campâmes auprès de la lagune de Galvan[1] : cette lagune a son bassin creusé au milieu de petites hauteurs qui, dans certains endroits, sont coupées à pic et forment falaise. On reconnaît que, dans la saison des pluies, elle doit être assez profonde; mais, vu la sécheresse, l'eau, d'ailleurs très-basse, se trouva si saumâtre, et même si fétide, qu'il était impossible de la boire. Nous nous mîmes aussitôt à pratiquer des trous de quatre décimètres de diamètre environ, et à cette distance du bord. La première couche était sablonneuse, et se creusa facilement, ainsi que la suivante, qui était d'argile; mais, à environ six décimètres de profondeur, le terrain durcit beaucoup, et cette dernière couche ne céda pas sans dommage pour les couteaux et pour les sabres. L'eau parut à huit décimètres; elle était potable, quoique légèrement salée.

1828

Pampas.

Nous fûmes assaillis, cette nuit, d'une nuée de moustiques; nous nous étions arrangés pour dormir au bord de l'eau, au pied de la falaise de la lagune, de sorte que nous nous trouvions à l'abri du vent, et n'avions aucun espoir d'être délivrés de ces insectes incommodes. Je proposai à mes compagnons de voyage de gagner la hauteur sur laquelle se trouvait le convoi de charrettes; mais, comme il y avait à traverser un grand espace couvert de chardons et miné par les biscachas; comme, de plus, la nuit était fort obscure, la crainte des épines et des chutes les empêcha d'accéder à ma proposition. Quant à moi, qui n'ai jamais pu m'habituer aux moustiques, dont le bourdonnement seul m'empêche de dormir, je persistai dans mon projet; je fis seller mon cheval, et, au risque de me casser mille fois le cou, je gagnai le convoi. Je trouvai les charretiers assis en rond autour de plusieurs feux, allumés dans l'intervalle qui séparait les deux lignes de voitures; ils venaient de souper, et, la cafetière d'eau chaude à la main, ils faisaient circuler le maté à la ronde, en attendant le sommeil. Mon malheur voulut que l'emplacement où se trouvaient les charrettes fût couvert d'herbes sèches très-élevées, au milieu desquelles un homme couché se trouvait comme au milieu d'un champ de blé, et tout à fait à l'abri du peu de vent qui régnait, de sorte que je n'avais rien gagné à changer de gîte, et que je passai une très-mauvaise nuit; tandis que les Gauchos, étendus autour de moi, la tête bien enveloppée dans leurs ponchos, ronflaient comme des bienheureux. Mes camarades rirent beaucoup à mes dépens, le lendemain, m'assurant qu'ils avaient parfaitement dormi, grâces à une épaisse fumée dont ils s'étaient entourés, en brûlant, sur le bord de la lagune, des os et des herbes à moitié vertes. C'est, en effet, un assez bon

1. La carte en indique deux, l'une près de l'autre, mais nous n'en avons vu qu'une.

1828. Pampas. préservatif contre les moustiques; mais, au milieu du convoi, on ne pouvait l'employer sans risquer de mettre le feu aux champs et de l'incendier, ce qui, plusieurs fois, a eu lieu dans ces campagnes.

13 Janvier. Les charrettes furent attelées dès le point du jour, de sorte que nous partîmes de très-bonne heure. Le vent, qui avait soufflé du Nord tous les jours précédens, venait de passer au Sud-Est, et le temps s'était couvert; aussi jouîmes-nous d'une journée très-fraîche, et les taons nous laissèrent-ils un peu tranquilles, nous et nos chevaux. Ces insectes ne se lèvent guère qu'avec le soleil, se couchant en même temps que lui; pendant la nuit, et quand le temps est couvert, ils restent blottis sous des touffes d'herbes, la marche des animaux peut seule les obliger à sortir de leur retraite; et ils s'en vengent en s'attachant à leurs jambes. Nous ne tardâmes pas à apercevoir devant nous, à l'horizon, de petites éminences, que nous apprîmes être les *medanos* (dunes) *de los pozos de Piche* (des puits de Piche). *Piche* ou *pichi* signifie *petit* dans la langue des Indiens araucanos; c'était le surnom d'un cacique qui avait séjourné dans cet endroit. Je n'avais pas encore vu de medanos : leur aspect est toujours agréable aux voyageurs qui se trouvent au milieu des Pampas; d'abord, en ce qu'il rompt la monotonie si fastidieuse de ces vastes plaines; puis, en ce qu'il annonce de l'eau douce et excellente, avantage que sa rareté rend d'autant plus précieux. J'avais un autre motif pour désirer d'en voir; j'étais curieux de m'assurer de la nature de ces hauteurs, dont le nom espagnol rappelle à l'imagination les dunes de sable entièrement arides qui bordent les côtes de la mer. Telle est, en effet, l'idée que s'en forment la plupart des étrangers, trompés par la fausse application du mot. Les cartes du bureau topographique de Buenos-Ayres, sur lesquelles on a indiqué quelques-uns de ces medanos, au moyen d'un pointillé semblable à celui qu'on emploie pour figurer les bancs sablonneux, me maintenaient dans cette erreur. Il me semblait difficile de croire, cependant, qu'au milieu de plaines si riches en pâturages il se trouvât tant de monticules de sable pur et stérile, et je reconnus, dans cette même journée, combien cette opinion est fausse.

Arrivés vers dix heures aux medanos de los pozos de Piche, nous y fîmes halte pour prendre le repas du matin; pendant qu'il se préparait, je montai sur le haut du medano principal, que j'estime avoir une trentaine de mètres d'élévation au-dessus du niveau du terrain environnant. Cette éminence, qui n'est rien en elle-même, devient une montagne, comparativement à l'immense plaine qu'elle domine : de son sommet, la vue n'a de bornes, dans toutes les directions, que celles d'un horizon parfait; mais l'œil attristé parcourt, avec une espèce d'effroi, cette vaste solitude, ces campagnes silencieuses, dont la couleur uniforme, jaunie par la sécheresse, n'est interrompue que par le vert rembruni de quelques lagunes peuplées de joncs. Pas un arbre, pas un buisson qui se dessine sur l'azur du ciel; l'oiseau, perdu dans cet océan de verdure, chercherait, en vain, une branche pour se reposer, ou le plus modeste feuillage propre à lui servir d'asyle; et la nature paraîtrait entièrement inanimée, si quelques cigognes ne venaient planer au-dessus de ces campagnes, si des cerfs et des autruches ne se laissaient, de temps à autre, apercevoir au loin. Je contemplais avec étonnement ce morne paysage; et lorsque je ramenais mes regards fatigués sur l'étroit terrain qu'occupait, au pied de la hauteur, le campement de notre expédition, mon imagination le comparait involontairement à l'étendue du désert, et se trouvait ainsi conduite à l'idée du petit espace qu'occupe l'homme sur la terre. La vue des grandes solitudes inspire toujours des réflexions mélancoliques, et ramène, sans cesse, l'esprit du voyageur à un retour affligeant sur lui-même.

Les medanos sont formés d'une terre légère, sablonneuse et fertile; car, bien que l'herbe y soit moins touffue que dans la plaine, les chardons et quelques autres plantes y poussent avec beaucoup de vigueur. Leur aspect varie: tantôt ils forment de petites chaînes qui n'affectent aucune direction particulière, et dont l'étendue dépasse rarement une demi-lieue; tantôt ils s'arrondissent et bordent des anses dont l'ouverture se présente à l'ouest, et qui renferment un réservoir d'eau; ou bien, et c'est le cas le plus général, ils constituent des groupes irréguliers, plus ou moins élevés. Celui sur lequel nous nous trouvions est un des plus remarquables par sa hauteur. La transition du terrain plat et argileux de la Pampa à la pente sablonneuse, assez rapide, des medanos est subite, ceux-ci paraissant comme jetés au hasard, et, pour ainsi dire, semés, avec la main, sur la surface de la plaine. Il n'y a guère de groupe qui ne possède plusieurs petites lagunes, entretenues par les eaux pluviales qui filtrent au travers des hauteurs sablonneuses, et dont l'eau est, généralement, très-douce; aussi la juge-t-on délicieuse, quand on la compare à celles des lagunes de la plaine, toutes saumâtres, ce qu'on trouvera bien naturel, si l'on considère que les eaux qu'elles reçoivent n'y arrivent qu'après avoir lavé des terrains tous plus ou moins saturés de sel. Au pied et au sud du medano où nous campions, s'étendait une assez grande lagune, au bord de laquelle on voyait quelques petits puits creusés anciennement par les Indiens, sans doute pour se procurer de l'eau plus fraîche; car la lagune est douce : ce sont eux qui ont donné leur nom à cet endroit.

1828. Pampas. Nous repartîmes aussitôt après avoir mangé un rôti sans pain et sans sel, notre repas habituel depuis que nous avions quitté les terrains habités. Deux heures de marche au travers d'une Pampa, nous amenèrent à un terrain plus élevé, et nous entrâmes dans une espèce d'enceinte formée par plusieurs lagunes que nous voyions à droite et à gauche, et qui se communiquaient entr'elles, en formant comme un chapelet; ce que les naturels ont très-bien exprimé par le mot *encadenadas* (enchaînées), nom qu'ils ont donné à cet endroit, et commun à plusieurs autres suites semblables de lagunes répandues dans la province de Buenos-Ayres. Cet enchaînement est très-favorable pour l'établissement d'estancias, parce qu'il offre des *potreros* ou enceintes naturelles, faciles à clore entièrement, au moyen de quelques fossés, et très-commodes pour enfermer des bestiaux. Nous désirions passer la nuit dans cet endroit, qui offrait beaucoup de chardons pour le feu, et un emplacement très-propre au campement; mais l'eau y était si salée que le commandant résolut de pousser plus avant, quoiqu'il fût déjà tard. Le vaqueano nous dit qu'une lieue plus loin nous trouverions un medano et de l'eau douce; effectivement nous arrivâmes, à la nuit tombante, au pied du *medano partido* (dune fendue ou partagée), ainsi nommé parce qu'il présente deux petites cimes qui, rapprochées par l'éloignement, offrent l'aspect qu'exprime le nom qui lui a été donné. Le temps continuant à être couvert et frais, il n'y eut point de moustiques, et nous passâmes une très-bonne nuit, qui nous dédommagea de la précédente.

14 Janvier. Nous partîmes au point du jour, afin d'arriver de bonne heure à la Cruz de Guerra; nous n'en étions plus éloignés que de trois lieues. Le chemin, jusqu'alors assez droit, s'infléchit tout à coup vers le Sud, et fait un détour assez considérable, afin d'éviter un grand marais, par la pointe duquel nous vînmes passer. Tous les chemins de charrettes, qui traversent les provinces de la Plata, ont été tracés, dans l'origine, par les vaqueanos, chargés d'y guider les premiers convois; ils présentent, par conséquent, toutes les sinuosités qui doivent provenir du peu de certitude de la marche d'un homme à cheval, ne se dirigeant que par le soleil, par les étoiles, ou par des objets naturels souvent peu remarquables. Ceux qui traversent le désert, et qui, par conséquent, sont peu fréquentés, conservent les divergences résultant des erreurs de ces guides; tandis que ces mêmes erreurs, dans les lieux habités, se sont avec le temps rectifiées. Le besoin d'eau a réglé les journées de marche, contribué, souvent, à modifier la direction générale d'une route, et les convois de charrettes sont libres de suivre les routes tra-

cées, ou de s'en frayer de nouvelles. Du reste, aucun obstacle, ni naturel ni artificiel, ne se présente dans les vastes plaines, au sud de Buenos-Ayres; à cheval, en voiture, on peut se diriger dans tous les sens; et, dans les autres provinces, les obstacles naturels, comme bois, marais, montagnes, obstacles que le défaut de bras et d'industrie n'a pas encore permis d'aplanir, ont dû déterminer d'autres détours. Malgré toutes ces causes d'irrégularité, on peut dire que les chemins sont, en général, assez directs, et on ne saurait trop admirer la sagacité naturelle des hommes qui les ont ouverts.

CHAPITRE XV.

Séjour à la Cruz de Guerra. — Excursion aux environs, et retour à Buenos-Ayres.

§. 1.er

Séjour à la Cruz de Guerra.

1828. La Cruz de Guerra.

Nous arrivâmes à huit heures du matin à la Cruz de Guerra, et nous campâmes sur les medanos qui bordent la lagune à l'est. Nous ne savions pas si cet endroit devait être le terme de notre voyage; car le gouvernement, qui voulait reculer ses frontières, sans avoir fait, préalablement, reconnaître les positions propres à établir les forts qui devaient composer la nouvelle ligne, ignorait si, plus à l'ouest de la Cruz de Guerra, il se trouvait ou non quelque point convenable. Cette lagune faisait partie de la ligne projetée, reconnue peu d'années auparavant, et qui, partant du cap Corrientes, suivait les montagnes du volcan du Tandil et de Tapalquen, et, de là, se reployait pour aboutir aux établissemens qui forment l'extrémité nord de l'ancienne ligne tracée par les Espagnols. L'exécution de ce projet s'était bornée à la construction du fort de l'Indépendance au pied des montagnes du Tandil, et le reste de la ligne n'était indiqué que par quelques monticules de terre, élevés comme jalons ou points de repère à des intervalles considérables les uns des autres. La reconnaissance s'était faite en marquant, à la course et au moyen d'une boussole portative, les aires de vent suivies, et en tenant compte des distances parcourues à l'aide d'un cordeau porté par deux hommes qui, tant bien que mal, suivaient la ligne au galop, avec le reste de la suite. C'est d'après cette reconnaissance et d'autres semblables, qu'une foule de points ont été placés sur la carte de la province; c'est ainsi que se sont exécutés la plupart des travaux topographiques qui ont servi à la construction de cette carte. Au projet de la ligne du Tandil avait succédé celui que nous devions exécuter; la nouvelle ligne devait s'appuyer au Sud sur la baie Blanche; et, comme celle-ci se trouve à peu près sous le même méridien que la lagune *Mar chiquita*, que traverse le Salado, et qui est sur la frontière de la province de Santa-Fe, il semblait qu'en la traçant directement du Sud au Nord, elle viendrait se lier avec l'extrémité de l'ancienne. La baie Blanche avait été reconnue dans une expédition, ou, pour mieux dire, on était arrivé jusque-là; car cette reconnaissance s'était bornée, sur terre, à quelques courses au milieu des dunes stériles et des bas-fonds vaseux qui entourent le point où avaient mouillé les bâtimens. L'extrémité nord de la ligne était mieux connue, grâce à sa proximité des estancias et des anciens forts; cependant le lieu désigné dans le projet pour le nouvel établissement du nord, et qui était la lagune de Potroso, fut, après un nouvel examen, rejeté comme peu convenable, et l'on choisit, sur la rive droite du Salado, une éminence nommée *Cerrito colorado* (petite montagne rouge). Quant aux points intermédiaires, ils étaient absolument inconnus, sauf une grande lagune nommée la *laguna Blanca,* dont la position, vaguement déterminée par une reconnaissance de Don Manuel Rosas, se trouvait à peu près sur le parallèle du cerro de Tapalquen. L'établissement que nous allions former devait lier la laguna Blanca au Cerrito colorado, et la direction de la ligne projetée indiquait qu'il se trouvait à environ sept ou huit lieues plus à l'ouest que la Cruz de Guerra; il s'agissait donc de découvrir, à cette distance, quelque lagune assez grande et assez profonde pour résister aux sécheresses, et fournir, en tout temps, l'eau nécessaire à la colonie. C'était textuellement ce que renfermaient les instructions qui m'avaient été données par le chef du bureau topographique; mais, par une étourderie inconcevable dans un pareil personnage et sur une matière aussi importante, il m'avait désigné le Nord-Ouest comme l'aire de vent que je devais suivre dans mes recherches, se mettant ainsi en contradiction avec lui-même, et en opposition avec le but qu'on se proposait, lequel était d'occuper le milieu entre les deux points dont j'ai parlé plus haut; car la Cruz de Guerra étant déjà beaucoup plus près du Cerrito colorado que de la laguna Blanca, le rumb indiqué tendait à nous éloigner encore davantage de cette dernière localité. Pour me conformer, néanmoins, à la lettre de mes instructions, je consultai d'abord les *vaqueanos,* et plaçant devant eux le théodolite dont j'étais porteur, je leur indiquai la direction qui m'était désignée, et leur demandai si, en la suivant, nous trouverions quelques lagunes telles que celle dont nous avions besoin. Après être restés quelque temps pensifs, comme pour recueillir leurs idées, nos guides répondirent sans hésiter qu'il n'y avait, de ce côté, aucune lagune; que, seulement, en inclinant plus au Nord, nous en trouverions de très-belles; mais, comme cela m'eût rapproché, de plus en plus, du Cerrito colorado, et rejeté, en outre, plus en dedans de la ligne projetée que nous n'y étions déjà, je me tournai d'un autre côté, et leur indiquai, depuis l'Ouest jusqu'au Sud-Ouest, ce qui répondait entièrement à nos vues. Ils

1828. La Cruz de Guerra.

1828. me dirent, alors, qu'en suivant ce rumb, nous rencontrerions plusieurs

La Cruz de Guerra. grandes lagunes, une, entr'autres, au pied des *medanos Monigotes;* et il fut résolu que, le lendemain, nous pousserions une reconnaissance de ce côté-là.

Les nuages s'étaient dissipés, et le soleil dardait de nouveau avec force; nos soldats profitèrent de ce jour de repos pour se baigner et laver leur linge. En un instant, les bords de la lagune furent couverts de chemises et de caleçons étendus sur l'herbe; et pendant que les hardes séchaient, les blanchisseurs prenaient leurs ébats au milieu du lac, qui, probablement, n'avait jamais vu tant de baigneurs réunis dans son sein; quelques-uns firent participer leurs chevaux à ce plaisir, et traversèrent le lac avec eux. Quoique les eaux fussent très-basses, les pauvres animaux perdaient pied en approchant du centre, et cherchaient à rebrousser chemin; mais les nageurs, les saisissant d'une main par la crinière, les obligeaient, de l'autre, à gagner le bord opposé. Les officiers et moi mourions d'envie de partager avec les soldats le plaisir du bain; mais, comme notre linge était extrêmement sale, et que l'encombrement des charrettes ne nous permettait pas d'en changer, nous ajournâmes la partie, ne nous sentant pas disposés, d'ailleurs, à attendre dans l'eau que nos chemises fussent lavées et sèches.

La profondeur de la lagune, malgré la sécheresse, nous fit juger du copieux volume d'eau qu'elle devait contenir en temps ordinaire; il était donc peu probable qu'elle se tarît jamais entièrement. L'eau avait un léger mauvais goût et était un peu saumâtre; mais, au temps des pluies, elle doit être potable.

15 Janvier. Je montai à cheval avec le commandant, et nous partîmes pour notre reconnaissance, accompagnés de cinq soldats et de deux *vaqueanos.* Nous nous dirigeâmes à l'Ouest-Sud-Ouest; et, laissant à notre gauche le chemin frayé des salines, nous coupâmes au galop à travers champs. A une lieue environ de la Cruz de Guerra, nous laissâmes, sur la droite, une petite lagune d'eau douce, trop peu considérable pour fournir aux besoins d'un établissement; d'ailleurs le terrain qui l'entourait était absolument plat et paraissait très-bas, comme tout celui que nous venions de parcourir. Une lieue plus loin, nous traversâmes un petit coteau (*cerillada*), dont la direction était à peu près Nord et Sud. De son sommet, où nous nous arrêtâmes un instant, on distinguait encore les medanos de la Cruz de Guerra, qui, par l'effet du mirage, se détachaient de l'horizon, et paraissaient un îlot baigné par les flots de l'Océan. Nous parcourûmes ensuite une Pampa, qui semblait ne point avoir

de terme; rien ne s'offrait à notre vue, que l'herbe à moitié flétrie de la campagne et l'azur du ciel; nous galopions, en maudissant l'ardeur du soleil et l'importunité des taons; enfin nous aperçûmes une éminence, que nous atteignîmes bientôt, et qui se trouvait sur le bord de la lagune, que nos guides s'étaient proposé de nous montrer. En gravissant cette petite hauteur, le commandant et l'un des vaqueanos qui me précédaient, se détournèrent tout à coup, pour éviter, par un coude, un espace de terrain couvert d'herbes hautes et touffues. Comme mon cheval se trouvait lancé, et que la vue de la lagune augmentait mon impatience, je ne crus pas devoir user de la même précaution, et je poussai droit en avant; mais mon inexpérience faillit me coûter cher; car mon cheval s'abattit tout à coup au milieu de ces herbes, et si je ne l'eusse relevé subitement, par un violent effort sur la bride, il me lançait en avant et roulait peut-être sur moi. Il avait mis les pieds de devant dans une des biscacheras, vieux terriers abandonnés, dont ce terrain est entièrement miné; l'herbe traîtresse qui les recouvre est une graminée d'une espèce particulière, d'un aspect jaunâtre et très-reconnaissable; elle ne croît que sur les terrains qui ont servi d'habitation aux biscachas, et sa vue est l'indice certain du danger de la fouler inconsidérément. Ce ne fut pas sans broncher plus d'une fois que mon cheval se retira de ce mauvais pas; pourtant j'en fus quitte pour la peur.

1828.

La Cruz de Guerra.

La vue de la lagune nous causa un instant de plaisir : elle offrait une belle nappe d'eau, deux fois au moins plus étendue que celle de la Cruz de Guerra, et les hauteurs qui la bornaient au Sud et à l'Est présentaient un plateau assez spacieux, couvert de chardons, de fenouil et de *bisnaga*, plantes indiquant, à n'en pas douter, que ces lieux avaient été fréquentés par les Indiens; mais nous nous trouvâmes totalement désappointés en arrivant sur le bord du lac : l'eau en était d'un vert foncé, salée et tellement fétide, que nos chevaux, quoique baignés de sueur et mourant de soif, ne purent se décider à en boire. Ces pauvres animaux approchaient les lèvres de la surface; mais à peine l'avaient-ils goûtée, qu'ils relevaient subitement la tête avec dégoût, promenant à l'entour leurs regards inquiets, ouvrant les narines, dressant les oreilles, et semblant témoigner, par ces signes d'impatience, l'étonnement où ils se trouvaient de se voir au milieu d'un lac, sans pouvoir satisfaire la soif qui les dévorait. Ils eurent au moins l'avantage de se rafraîchir, et de laver le sang dont les avait couverts la piqûre des taons; quant à nous, tout aussi altérés qu'eux, nous n'eûmes pas même ce dédommagement, le temps nous pressant; et le bain n'étant, d'ailleurs, pas propre à flatter la sensualité. J'inter-

1828. rogeai les guides, pour savoir d'eux s'ils connaissaient, plus loin, quelque autre lagune, lorsque deux soldats, détachés en éclaireurs sur notre droite, vinrent annoncer au commandant qu'ils avaient vu des traces récentes de plusieurs chevaux : cette nouvelle, qui parut l'alarmer, et la réponse négative des vaqueanos, le décidèrent à ordonner le retour à la Cruz de Guerra. Nous laissâmes, avec le plus grand plaisir, la lagune que nous avions tant désirée, et nous suivîmes nos guides, qui se mirent à galoper en avant. Le point que nous abandonnions est situé, comme je l'ai déjà dit, à l'O.-S.-O. de la Cruz de Guerra, à la distance d'environ cinq lieues. Je remarquai bientôt que les conducteurs ne reprenaient pas la direction que nous avions suivie en venant, et qu'ils inclinaient plus vers le Sud, d'où je conclus que leur intention était de nous faire passer par les *medanos Monigotes;* effectivement, après deux lieues de marche environ, nous commençâmes à apercevoir un groupe assez considérable de hauteurs. Notre commandant, qui n'avait pas fait la même observation que moi, s'imaginait que c'était la Cruz de Guerra, lorsqu'une fumée qui s'éleva tout à coup sur notre gauche, et qui était un signal convenu avant notre départ, vint le détromper. Je le vis aussitôt pâlir et entrer dans une terrible colère contre les vaqueanos, qu'il prétendait nous avoir égarés. Il les appela à grands cris et les accabla d'injures, les traitant d'ignorans, qui ne savaient pas leur métier. Ces pauvres malheureux avaient beau lui représenter qu'ils avaient cru qu'il lui conviendrait de visiter la lagune de Monigotes, d'autant plus que cela n'occasionnait pas un grand détour; ils eurent toutes les peines du monde à le convaincre et à l'apaiser, et je vis combien notre chef eût été peu rassuré, si nous nous fussions trouvés réellement perdus et obligés de passer la nuit au milieu de la Pampa. Les medanos Monigotes sont situés à trois lieues au sud-ouest de la Cruz de Guerra, sur le chemin des salines : c'est un des groupes les plus élevés et les plus étendus que j'aie vus, et leur aspect irrégulier n'est pas sans agrément; la lagune qui en baigne le pied paraît devoir être assez considérable en hiver; mais elle était alors presque à sec, ce qui nous fit juger que, plus on s'avançait vers l'Ouest, plus la sécheresse se faisait sentir. Nous suivîmes, en revenant, le chemin des salines, dont les profondes et nombreuses ornières paraissaient encore toutes fraîches, quoiqu'il y eût un grand nombre d'années qu'elles avaient cessé d'être fréquentées; enfin nous arrivâmes au campement, accablés de chaleur et de fatigue, sans avoir pu nous désaltérer dans tout le courant de la journée, et fort mécontens du résultat de notre reconnaissance.

La Cruz de Guerra.

Je proposai au commandant d'établir un camp provisoire à la Cruz de

Guerra, et de faire une nouvelle excursion, en emportant quelques vivres, ce qui nous permettrait de consacrer le nombre de jours nécessaire à un examen détaillé des lieux renfermés dans le rayon qui nous était indiqué; mais il m'objecta que les charrettes de l'expédition étaient louées par le gouvernement, et qu'une des conditions stipulées dans le contrat était qu'elles seraient déchargées aussitôt après leur arrivée au point désigné pour l'établissement. Il était aisé de répondre à cette objection que le choix du lieu convenable ne pouvait se faire en courant, qu'il demandait un peu plus de temps que nous n'y en avions mis, et que, d'ailleurs, cette difficulté était facile à aplanir, puisque le propriétaire des charrettes marchait à la tête du convoi; mais je vis que mon homme avait pris son parti, et que jamais il n'avait eu l'intention bien formelle de dépasser la Cruz de Guerra. Je l'accompagnai, en silence; tout en marchant, il me fit remarquer l'excellence des pâturages, ainsi qu'une autre grande lagune située au Sud-Est de la Cruz de Guerra, et qui rendrait admirable la situation d'une estancia placée entre les deux, d'autant plus qu'il s'y trouvait justement une hauteur sur laquelle la maison serait très-bien située. Le gouvernement se proposait d'accorder des terrains aux colons qui viendraient s'établir dans les nouveaux forts; les officiers devant participer à cette distribution, il était naturel que leur chef eût la préférence; le nôtre, du moins, y comptait bien, et le but de sa promenade était, comme il l'avouait hautement, de bien reconnaître les lieux, afin de fixer son choix et d'être le premier à faire sa demande.

1828. La Cruz de Guerra. 16 Janvier.

Le lac de la Cruz de Guerra est de forme elliptique; il a environ trois cents mètres, dans son plus grand diamètre : la profondeur, au temps des crues, doit en être, autant que j'ai pu en juger, de quatre mètres environ; le fond est une argile sablonneuse, dont s'échappent des bulles de gaz fétide, lorsqu'elle est foulée. La lagune occupe le centre d'un petit bassin formé par des hauteurs ou medanos, qui l'entourent de tous côtés, excepté celui du sud-ouest, où s'ouvre une gorge par laquelle communique, avec la lagune, un marais allongé, servant de canal aux eaux pluviales qui viennent l'alimenter; disposition parfaitement d'accord avec l'explication que j'ai déjà donnée de l'origine des nombreuses lagunes disséminées sur la surface des Pampas[1]. Les medanos les plus élevés sont ceux qui se trouvent au Nord-Est et à l'Est de la lagune : ceux-ci sont coupés presqu'à pic, du côté de l'eau, malgré la légèreté du terrain qui les compose; ils s'abaissent, vers la cam-

1. Chapitre XIV, pag. 565.

1828. La Cruz de Guerra. pagne, par une pente inégale et assez raide. J'en évalue à une quinzaine de mètres la hauteur au-dessus du niveau de la lagune. Les medanos qui la bordent au Nord et à l'Ouest, sont beaucoup plus bas, et leur pente, soit vers elle, soit vers la campagne, est très-douce: ceux de l'Est se prolongent vers le Sud-Ouest, en s'abaissant insensiblement jusqu'à l'extrémité du marais dont j'ai parlé; lequel, dans les grandes eaux, ne fait qu'un tout avec la lagune. Outre ces hauteurs, il y a, au Sud, deux petites éminences à environ six cents mètres de celle-ci, milieu de l'intervalle qui la sépare d'une autre grande lagune, de forme allongée, peuplée de joncs, et dont l'eau est assez douce: c'est sur ces mamelons que notre commandant avait jeté ses vues, pour son établissement particulier. Tout le reste du sol est plat, et l'on reconnaît facilement, à la nature des plantes qui y croissent, que, dans les années pluvieuses, il doit être très-humide, et souvent même couvert d'eau; ce n'est qu'à un quart de lieue à peu près de la Cruz de Guerra que les terrains s'élèvent un peu, du côté du Sud et de l'Ouest.

17 Janvier. Le commandant choisit pour notre établissement provisoire, jusqu'à ce que l'emplacement du fort fût déterminé, les deux petites hauteurs qui s'élèvent entre les deux lagunes, et y fit conduire les équipages. Le lendemain, on procéda, de bonne heure, à la décharge des charrettes, qui apportaient des bois de construction, des portes et des fenêtres, des outils, des munitions, deux pièces de huit avec leurs affûts, les bagages des officiers, les meubles du commandant, et l'assortiment complet d'une pulperia. Dès que cette opération fut terminée, le convoi se mit en route et se dirigea sur Navarro, d'où il devait apporter un nouveau chargement de bois. Nous pûmes enfin jouir de nos effets, et nous eûmes le plaisir indicible de changer de linge, ce que nous n'avions pu faire depuis notre départ de Buenos-Ayres. D'un autre côté, nous éprouvâmes la fatigue de passer toute la journée à l'ardeur du soleil, les charrettes ne se trouvant plus là pour nous prêter le secours de leur ombre. Il n'en était resté que deux appartenant à l'État; mais l'une renfermait les munitions, l'autre était découverte; et, quant aux deux tentes de campagne, l'une servait à envelopper la couchette du commandant, l'autre à l'abriter.

Les soldats, afin de donner un peu de régularité au campement, allèrent couper des joncs, et commencèrent à construire de petites huttes sur un alignement qui leur fut tracé. Nous n'avions d'autre moyen de nous abriter un peu, que d'empiler des caisses et des malles les unes sur les autres, ce qui nous fut d'un faible avantage, surtout à midi, à cause de la hauteur du soleil à cette époque.

Il s'agissait de nous prémunir contre un coup de main des Indiens, en attendant que les travaux du fort fussent assez avancés pour offrir une défense. La première chose dont on s'occupa, fut de mettre les animaux en sûreté, et nous traçâmes, sur la petite hauteur la plus septentrionale, un carré de cinquante mètres de côté, avec un fossé de trois mètres de large; parc provisoire, qui devait servir à renfermer, la nuit, les bêtes à cornes. Les prisonniers brésiliens furent mis de suite à l'ouvrage; un autre carré égal fut tracé à la suite de celui-ci pour les chevaux; car il n'était pas prudent de les laisser paître dans l'obscurité, jusqu'à ce qu'ils eussent un peu l'habitude des lieux, et qu'un service de reconnaissance fût installé pour prévenir toute surprise. Dans tout établissement de ce genre, comme dans les voyages, les chevaux sont l'objet le plus essentiel, qui attire toute l'attention, l'objet toujours présent à la pensée des habitans; ce dont on ne s'étonnera pas, si l'on réfléchit que le cheval est l'indispensable compagnon de tous leurs travaux, et que sa perte, que rendent si facile ses habitudes demi-sauvages, devient irréparable dans le désert.

1828. La Cruz de Guerra.

Un autre intérêt qui appelait la sollicitude toute spéciale du commandant, était celui de la pulperia, tenue par son beau-frère. Le débit commença dès ce jour même, et les soldats accoururent en foule. L'eau-de-vie, le vin, le biscuit, les raisins secs, les figues, furent fêtés, à l'envi; et ces malheureux militaires, rançonnés impitoyablement, consommaient, en une ou deux séances, un mois entier de leur solde; mais le Gaucho ne prévoit jamais de lendemain; comme l'Indien, avec lequel il a, d'ailleurs, tant d'autres points d'analogie, il se livre, sans réserve, au plaisir qui s'offre à lui; il le savoure jusqu'à satiété, et ne songe jamais à ménager ses jouissances pour les prolonger. Dans les jours d'abondance il ne s'inquiète point des privations, parce qu'il n'en est pas qu'il ne sache supporter avec courage; et, au sein du plus affreux dénuement, il ne désespère jamais de l'avenir; le premier jour prospère le dédommageant amplement de toutes ses souffrances. Son caractère présente, tout à la fois une sensualité effrénée, une impassibilité stoïque; et l'on remarque, dans sa conduite, le contraste étonnant d'une avidité qui ressemble à l'avarice, et d'une prodigalité qu'on pourrait prendre pour du désintéressement. Fidèles à ce système, nos soldats, tout en déclarant que le pulpero était un voleur, mangeaient jusqu'à leur dernier sou. Lorsque l'argent manqua, il fallut avoir recours à d'autres expédiens; et, bientôt, tous leurs effets particuliers furent mis en gage; enfin il leur fut ouvert un crédit; et, comme le vendeur réel était, en même temps, le caissier et celui qui devait payer la solde, il ne

1828. courait aucun risque de se montrer confiant, et se trouvait à l'abri de toute perte.

La Crus de Guerra.

L'usage de recevoir des effets en nantissement est général dans ces provinces, et s'étend aux prêts d'argent, qui, d'un autre côté, ne se font jamais sans un énorme intérêt; on estime toujours l'objet mis en gage beaucoup au-dessous de sa valeur réelle; et, à l'expiration du terme stipulé, il devient inévitablement la propriété du prêteur, à qui son argent n'a pas été remboursé. C'est surtout quand des joueurs se réunissent dans les pulperias que ces établissemens sont profitables à leurs propriétaires; leurs maîtres étant sûrs, alors, d'un double gain, celui de la vente et celui de l'usure. Une foule d'individus ont fait d'immenses fortunes dans cet odieux commerce, surtout parmi ceux qui ont accompagné les expéditions militaires. Le pulpero se montrait d'autant plus dur envers les soldats, qu'il n'avait à craindre aucune des scènes désagréables dont les pulperias sont trop fréquemment le théâtre; scènes qui, quelquefois, finissent tragiquement pour leur propriétaire; car, il n'en est guère qui n'ait jamais été ensanglantée par quelque dispute, et souvent le maître devient la victime des fureurs des joueurs et des ivrognes. Le titre de parent et d'agent du chef, mettait le nôtre à l'abri d'un pareil danger. Un article qui contribue beaucoup à augmenter les bénéfices des vivandiers attachés aux expéditions militaires, c'est la dépouille des bêtes à cornes que consomment les troupes : les peaux et le suif se vendent au compte de l'État et au plus offrant; et, comme il y a, généralement, très-peu de concurrence; comme les moyens de transport, si difficiles, d'ailleurs, se trouvent au pouvoir des acheteurs, on conçoit que les enchères ne doivent pas monter beaucoup et restent tout à leur avantage. Ce trafic donne aux chefs des expéditions, lorsqu'ils ne le font point pour leur propre compte, un moyen très-efficace de servir leurs protégés. La corruption est si répandue, que le peuple ne croit plus à la probité, même de ses magistrats; et, quoiqu'on pût citer quelques honorables exceptions à cette vénalité générale, il serait bien difficile de persuader à la majorité des habitans que les individus qu'elles concernent sont rentrés dans la vie privée sans avoir augmenté leur fortune particulière aux dépens de la fortune publique. Au reste, le succès et l'impunité légitiment tout; il n'y a de méprisés que ceux qui restent dans l'indigence, et l'on ne recherche point par quels moyens se sont enrichis ceux qui affichent tout à coup un luxe effréné. On ne devra donc pas s'étonner si la démoralisation est presque générale, et si les excès les plus scandaleux se commettent avec la dernière effronterie.

Pendant que l'on creusait les fossés des deux carrés destinés aux animaux, le commandant fit commencer son habitation provisoire. Les bois qui devaient servir à bâtir consistaient en grands pieds de quebracho et d'espinillo, dont on forme les montans qui soutiennent le faîte et les solives; en palmes et en chevrons de saules, et en cannes ou bambous que l'on refend, pour faire des lattes. Les portes, les fenêtres et leurs montans venaient tout faits, et prêts à poser; le corps des édifices devait être *pared francesa*, et la toiture de jonc. On bâtit une pulperia, et l'on nous donna, pour abri, une tente, qui ne pouvait contenir que la moitié de nous; le commissaire reçut quelques brins de saules, dont il réussit, en y joignant force joncs, à se faire une petite cabane. Les officiers vinrent, successivement, implorer la même faveur; mais ils éprouvèrent beaucoup de difficultés; et ce ne fut qu'à force d'importunités qu'ils purent obtenir quelques morceaux de bois, avec injonction, toutefois, de ne point les couper. Le commandant se montrait, pour les autres, excessivement parcimonieux sur cet article; et il se faisait, disait-il, un scrupule d'employer à des objets provisoires des matériaux qui pouvaient être indispensables à l'établissement définitif.

1828.

La Cruz de Guerra.

18 Janvier.

L'eau de la lagune se trouvant un peu éloignée, et ayant d'ailleurs, à cause de la sécheresse, un assez mauvais goût, on songea à s'en procurer d'autre, et l'on creusa simultanément trois puits, qui furent terminés le lendemain. L'eau se rencontra à environ trois mètres de profondeur; les couches traversées se composaient de deux décimètres de terre végétale, vingt-trois décimètres d'argile pure, jaunâtre, et cinq décimètres de pierre argileuse, d'un brun jaunissant. C'est au-dessous de cette couche, que se trouve l'eau, sur un fond de sable et d'argile. Il en est de même de tous les puits creusés dans la vaste plaine des Pampas: la profondeur seule varie; mais dès qu'on atteint à la pierre argileuse, nommée *tosca* par les habitans, c'est un signe certain qu'on touche à l'eau. Celle que nous trouvâmes était très-bonne, et n'offrait au goût aucun indice de sel.

Nous vîmes arriver, dans l'après-midi, un nouveau convoi de charrettes, qui apportaient des pieux de *ñanduvay*, destinés à construire des parcs pour les bestiaux; ces bois devenaient inutiles pour le moment, par la précaution qu'on avait prise de les clore de fossés. Notre chef fit tracer un nouveau carré de cinquante mètres, sur la seconde éminence, située au sud de celle que nous occupions: on l'entoura de même, et l'on commença à construire, dans l'intérieur du carré, trois édifices, qui en occupaient trois côtés. Le commandant destinait, disait-il, ces nouvelles constructions au logement

1828. de la troupe, en cas d'attaque de la part des Indiens, jusqu'à ce que le fort fût construit. Voyant que notre chef s'occupait fort peu du but essentiel de l'expédition, je lui fis observer que je ne pourrais probablement pas prolonger beaucoup mon séjour à la Cruz de Guerra, et qu'il était temps que nous songeassions à la construction du fort ou au moins à son tracé, principal objet de mon voyage. Il fut convenu que, ce jour même, nous en choisirions l'emplacement; et, effectivement, nous montâmes à cheval vers onze heures, pour faire une nouvelle reconnaissance des alentours de la lagune.

La Cruz de Guerra.

Les forts qui défendent la frontière contre les incursions des Indiens, sont destinés non-seulement à servir d'asile à la garnison qui les occupe, et aux habitans qui s'établissent dans les environs, mais encore à protéger les bestiaux, unique provision de bouche, et les chevaux, sans lesquels on ne peut faire la guerre à un ennemi toujours à cheval. Il faut, par conséquent, que ces forts commandent une rivière ou une lagune, où l'on puisse abreuver les animaux, même en cas de siége; cas assez rare, il est vrai, mais non pas sans exemple; et, quoique le siége se réduise toujours à un blocus, celui-ci, quelquefois, est de nature à ne pas permettre de conduire les animaux à un abreuvoir non couvert par le feu de la garnison. Il était donc essentiel que le fort que nous allions construire, dominât la lagune de la Cruz de Guerra; et les bords de celle-ci n'offraient que deux situations favorables : la plus avantageuse était la pente douce de l'ouest, à cause de l'égalité du sol, et parce que cette position permettait de battre le pied des falaises, tout autour de la lagune; le chef la rejeta, pour le motif que les matériaux se trouvaient réunis sur le côté opposé. Je lui proposai, alors, les medanos de l'est, qui s'élèvent sur tout le reste de la campagne; mais il eut de suite une objection toute prête à m'opposer dans l'irrégularité du sol. J'eus beau lui représenter que la légèreté de ce terrain permettait de la faire disparaître facilement, et que, d'ailleurs, la nécessité de ne pas nous éloigner ne nous laissait d'option qu'entre les deux situations que je venais de lui indiquer; il me fut impossible de le convaincre. Il me dit que son choix était déjà fait et irrévocablement arrêté; que le fort se construirait dans la plaine qui se trouve au pied et au sud-est des medanos, de manière à rester au sud-ouest du terrain sur lequel il se proposait de former son établissement particulier; que celui-ci renfermerait ainsi les deux seules lagunes qu'il y eût dans ces parages, ce qui lui donnerait infiniment de prix; et que, quant au fort, il aurait pour abreuvoir le marais qui dégorge dans la lagune. Je lui fis observer que ce marais était à sec la plus grande partie de l'année; que le fort serait ainsi dominé par les medanos voisins; que la plaine dans laquelle il voulait le construire offrait tous les indices de s'inonder en temps de pluie; qu'un ennemi embusqué au pied des falaises du sud-est, se trouverait maître de la lagune, sans avoir à craindre le feu des assiégés; que, bien que les Indiens soient véritablement peu redoutables pour un point fortifié, il fallait aussi songer à l'avenir; que la province pourrait, dans la suite, avoir à combattre de plus dangereux adversaires; et que, par conséquent, il paraissait naturel de tirer le meilleur parti possible d'établissemens que l'État formait à si grands frais. Ces raisons, mises dans la balance avec celles qui avaient déterminé le choix du commandant, ne furent d'aucun poids. Il ne me resta plus qu'à obéir en aveugle; mais ce ne fut pas sans me proposer de sauver ma responsabilité par un rapport circonstancié, et sans déplorer l'ignorance et la faiblesse d'un gouvernement qui chargeait un ingénieur de l'exécution de ces travaux, tout en le soumettant aux caprices d'un chef.

1828.

La Cruz de Guerra.

Nous eûmes, dans le courant de cette journée, une alerte causée par un accident qui faillit renverser les projets du commandant et nous mettre tous d'accord. Tout le monde faisait la sieste, et le plus profond silence régnait au camp. Une épaisse fumée s'éleva tout à coup du milieu des bivouacs des miliciens, situés à deux cents pas de nous, de l'autre côté du parc aux bestiaux; comme je voyais cette fumée augmenter à chaque instant d'intensité, sans que la tranquillité générale en fût troublée, en faisant le tour du fossé pour m'assurer de ce qui pouvait l'occasionner, je reconnus que, la cabane des officiers de la milice étant en flammes, le feu, parvenu aux herbes sèches dont le terrain était couvert, se propageait avec rapidité, et menaçait d'envahir les piles de bois et le camp tout entier. Les miliciens, qui se trouvaient en défaut, faisaient, silencieusement, tous leurs efforts pour se rendre maîtres de l'incendie; mais en vain, et je vis le moment où nous nous trouvions, au milieu de la Pampa, réduits à nos chevaux et à nos vaches. Je courus éveiller le commandant, qui fit aussitôt sonner la trompette: en un instant tous les soldats accoururent, munis des couvertures de leurs recados; et, formant un cercle autour du feu, ils parvinrent à l'étouffer, ou, du moins, à l'arrêter, en frappant, avec elles, sur les touffes d'herbes embrasées, qu'ils empêchaient ainsi d'incendier les touffes voisines. Tel est le moyen qu'on emploie généralement pour arrêter les progrès des flammes dans les champs; et lorsqu'elles s'étendent sur un plus grand front, lorsque, poussées par un vent violent, elles se propagent avec trop de promptitude, on a recours à un autre préservatif, que les

1828. La Cruz de Guerra. habitans nomment *contra-fuego* (contre-feu), et consistant à brûler, sous le vent de l'incendie, une lisière de quelques mètres de largeur sur tout l'espace qu'occupe le feu, de manière à ce qu'arrivé à la lisière, il s'éteigne faute d'aliment. On parvient aussi, par le même moyen, et lorsque le temps est calme, à lui faire changer de direction.

20 Janvier. Le fort qui allait se construire devait renfermer assez de bâtimens pour contenir, outre la garnison et les magasins du gouvernement, les colons qu'on supposait devoir venir s'établir dans ces parages; de sorte que c'était un village entier qu'il fallait entourer de fossés et mettre à l'abri d'un coup de main. Le peu de bras et de ressources destinés à cette entreprise exigeait que tout se réduisît à des travaux de fortification passagère, et que ceux-ci eussent le moins de développement possible. Pour éviter la multiplicité des fronts, j'adoptai la forme carrée; et, une fois mon projet terminé et approuvé par le commandant, je commençai à le tracer sur le terrain. Pour tirer le meilleur parti possible de la mauvaise situation qui m'avait été désignée, je plaçai l'une des faces sur la crête des hauteurs qui se prolongent au sud-est du marais. J'obtenais ainsi l'avantage de donner à toutes, et, par conséquent, aux édifices du village, une direction différente de celle de la méridienne et de sa perpendiculaire; direction généralement adoptée par les Espagnols pour leurs établissemens dans cette partie de l'Amérique, et qui a le grand inconvénient d'être cause que les habitations profitent inégalement du soleil; car, dans les rues qui vont de l'Est à l'Ouest, tout le côté exposé au Sud est très-humide, parce qu'il ne reçoit que les premiers et les derniers rayons du soleil, dans l'été, et qu'il en est entièrement privé dans l'hiver; c'est pour cela qu'à Buenos-Ayres on attache beaucoup plus de prix, toutes choses égales d'ailleurs, aux édifices tournés vers le Nord. La disposition, qui rend plus égale la répartition du bienfait de l'exposition, est celle des octans; ce fut celle que je donnai à la Cruz de Guerra, ainsi que je l'avais fait pour les villages qu'on m'avait chargé de tracer dans la province de Corrientes : c'est aussi à peu près dans ce sens que sont tracées les rues de la ville de Montevideo; mais je crois qu'on avait pour but de se conformer à la nature de l'étroit terrain sur lequel elle est bâtie, plutôt que de s'écarter de l'usage général. Les parcs pour les animaux furent placés, et s'appuyèrent sur les fronts nord-ouest et sud-est du fort, dont l'entrée, qui devait se fermer avec une énorme porte, apportée toute faite de Buenos-Ayres, fut pratiquée au milieu de la courtine du nord-est. Le village, tracé dans l'intérieur, eut une forme analogue; une avenue d'environ

trente-cinq mètres, devait régner sur le pourtour, et quatre rues de vingt mètres, ouvertes en face du milieu de chaque courtine, conduisaient à une place carrée, de cent vingt mètres de côté, et au centre de laquelle on devait creuser un large puits. Tel fut le plan de la Cruz de Guerra; mais je ne vis que le commencement de l'exécution, et j'ignore si elle aura été exactement suivie et poussée jusqu'au bout, les événemens désastreux de la fin de cette même année ayant fait abandonner avec précipitation cet établissement.

1828. La Cruz de Guerra.

Pendant que j'étais occupé au tracé du fort, le capitaine commandant des Blandengues faisait les préparatifs d'une excursion dans laquelle je devais l'accompagner, et qui avait pour but de reconnaître, vers le Sud, les plaines situées entre la Cruz de Guerra et la laguna Blanca. On devait, en même temps, mesurer quelques lots de terrain, dont le capitaine et ses camarades se proposaient de solliciter la jouissance par bail emphytéotique. Depuis la conquête jusqu'à la révolution, les concessions avaient été accordées par les vice-rois avec la plus grande facilité et en toute propriété, aux colons qui en faisaient la demande: dans le principe, elles se donnaient comme récompense de services militaires et personnels; mais, dans la suite, il suffit à chacun de les demander. Les formalités requises se bornaient à constater, par déclaration de témoins, que le terrain sollicité appartenait à l'État, et à le faire mesurer par un commissaire à la nomination du vice-roi ou du gouverneur de la province, accompagné d'un arpenteur et de témoins. Cette opération faite et consignée dans un procès-verbal signé par tous les assistans, le vice-roi expédiait le titre de propriété, sous le nom de *merced real* (grâce royale), sans autres frais que ceux de timbre, d'écrivain public ou de notaire, et d'un droit, une fois payé, connu sous le nom de *media anata*, que rendait très-modique l'évaluation faite du terrain à tant par lieue carrée. La révolution ayant ouvert au commerce étranger les marchés de l'Amérique, les produits des établissemens de ce genre, dont la métropole exerçait auparavant le monopole exclusif, ont successivement augmenté de valeur jusqu'à ce jour, où celle des peaux de bœuf est sextuple de ce qu'elle était au commencement de la révolution. La cupidité des propriétaires et des spéculateurs s'est éveillée; les estancias se sont multipliées, au point de doubler la superficie qu'elles occupaient, et les terrains sont aussi recherchés aujourd'hui qu'ils étaient auparavant dédaignés. Obligé de reculer ses frontières, pour protéger les nouveaux établissemens contre les sauvages, et pour assurer les conquêtes faites sur le désert par les entreprenans pasteurs qui, journellement,

1828. La Cruz de Guerra. allaient s'y établir, le Gouvernement ne put méconnaître l'importance des acquisitions territoriales de l'État; il cessa, dès-lors, d'accorder des titres de propriété, et remplaça ces concessions par des contrats emphytéotiques, dont la durée devait être de dix ans. Un bureau topographique fut créé pour former une espèce de cadastre et dresser une carte de la province; il fut ouvert des registres, où devaient s'inscrire les titres de tous les propriétaires et les emphytéoses. Les terrains occupés depuis un grand nombre d'années par des particuliers qui avaient négligé de solliciter la merced real, ou de remplir les formalités de rigueur, furent déclarés propriété de l'État, et soumis, comme les autres, au régime emphytéotique. Leurs droits et leur évaluation furent fixés pour dix ans, durée du premier contrat; les premiers à deux pour cent, et la dernière à trois mille piastres (quinze mille francs), la lieue carrée, pour les territoires compris dans l'ancienne ligne de frontière, et à deux mille (dix mille francs) pour ceux renfermés entre l'ancienne et la nouvelle; enfin, il fut décidé que la superficie de chaque lot n'excéderait pas douze lieues carrées, et qu'un même individu ne pourrait en solliciter deux. Ces améliorations, comme la plupart des sages institutions qui tendaient à tirer la république du chaos où elle est plongée, sont dues à la courte administration de M. Rivadavia, administration qui a brillé comme un éclair au milieu de la tourmente révolutionnaire et anarchique à laquelle ce malheureux pays s'est vu, de plus en plus, en butte.

Le commandant nous accorda, pour notre voyage, deux vaches grasses, qui furent dépecées et réduites en charque; il eut la bonté d'y joindre un peu de sel, quelques livres de yerba, et quelques brasses de tabac du Brésil. Les provisions des gens du pays se bornent ordinairement à ces articles; et, sûrs, une fois, de n'en pas manquer, non plus que de chevaux, ils seraient capables d'entreprendre le tour du monde, sans songer à faire de porte-manteau ni à remplir leur bourse. Ils ont toujours un lit prêt dans leur recado, une hôtellerie partout où se trouvent de l'eau à boire et des chardons à brûler; et leur lazo, leurs bolas, leur tiennent lieu de provisions de bouche. Quelqu'habitué que je fusse à cette manière de vivre, je fis ajouter à nos comestibles un peu de sucre, de thé, et quelques autres petits objets que nous fournit la pulperia. Notre départ fut fixé au 23.

21 Janvier. Je m'aperçus, en me levant, qu'une bonne partie de mon travail de la veille était devenue inutile. Pendant la nuit, les animaux, qu'en négligeant de les renfermer dans le parc, on avait laissés paître à discrétion, étant venus se frotter contre les cannes qui m'avaient servi de jalons, et que j'avais plan-

tées aux divers angles du tracé de nos ouvrages, la plupart étaient brisées ou renversées; et il me fallut, pour ainsi dire, recommencer. Les bestiaux, qui, dans ce pays, vivent en liberté, sans connaître ni le bouchon ni l'étrille, ont une grande propension à se gratter contre le premier objet qu'ils rencontrent; et, comme ils ne trouvent point, dans cette province, d'arbres qui puissent leur prêter ce secours, on les voit se réunir autour des pieux des parcs, des roues des charrettes, et jusque contre les murs des habitations, pour soulager la démangeaison qu'ils éprouvent. Je me suis vu souvent obligé, afin de pouvoir dormir, dans mes voyages, de faire éloigner les animaux de ma charrette, à laquelle ils venaient, à chaque instant, imprimer les plus rudes secousses.

Pour m'épargner, à l'avenir, un semblable désagrément, je fis rafraîchir à la pioche toutes les lignes du tracé, et l'on commença, dès ce jour même, à creuser le fossé; il n'y eut guère que les prisonniers brésiliens qui contribuèrent au travail. Quoique le gouvernement accordât une haute-paie de deux piastres (dix francs) par jour aux militaires qui prenaient part au travail, tous les miliciens et la plupart des Blandengues aimèrent mieux passer leur temps dans l'oisiveté, et rester nonchalamment étendus dans leurs cabanes, le cigare ou les cartes à la main, que de gagner, au moyen d'un exercice très-peu pénible d'ailleurs, un salaire qui leur était d'autant plus nécessaire, que leur solde se trouvait mangée aussitôt que reçue, et souvent même à l'avance; tant les Gauchos sont insoucians et paresseux!

Je commençai dans l'après-midi à lever le plan topographique des alentours de la Cruz de Guerra, et je pris pour base l'un des fronts du fort; il n'y avait d'autres points remarquables dans cette solitude que les ouvrages que nous avions faits, et un monticule de terre artificiel, placé sur la partie la plus élevée des medanos de la lagune. Ce tertre, conique, avait été formé par l'expédition qui, antérieurement, avait parcouru l'ancienne ligne de frontière; ceux qui la composaient avaient voulu, sans doute, suivre l'exemple des anciens aventuriers qui allaient en découverte, et qui prenaient possession, en élevant une croix sur les plages où ils abordaient. Ce signal de leur présence, et quelques fragmens de bouteilles de Bordeaux qui l'entouraient, prouvaient, à la fois, que d'autres chrétiens avaient précédemment fréquenté ces lieux, et qu'ils étaient mieux approvisionnés que nous.

Il arriva un exprès de la capitale. Je reçus du bureau topographique une note qui renfermait l'ordre de laisser à mon aide la surveillance de l'exécution des travaux, et de me rendre, le plus tôt possible, à la Guardia del

1828. monte, afin d'y attendre les moyens de me transporter au Tandil, où se réunissait, sous les ordres du colonel Estomba, l'expédition qui devait se diriger à la baie Blanche. J'hésitai un instant à prendre une détermination relativement à ce nouveau voyage, que j'acceptai cependant tout en me promettant d'aller avant à Buenos-Ayres, et j'annonçai à notre chef que mon départ aurait lieu au retour de la reconnaissance que j'allais faire.

La Cruz de Guerra.

22 Janvier. Le commandant fit creuser complétement un bout du fossé du fort, afin de juger du plus ou moins de facilité qu'il y aurait à exécuter ce travail; le terrain se trouva absolument composé des mêmes couches que dans l'endroit où l'on avait percé les puits; seulement l'argile était mêlée d'un peu de sable. Il n'y avait de réellement dur que la couche de pierre argileuse qui précède l'eau, et celle-ci se rencontra un peu avant d'arriver à la profondeur totale; mais, comme l'angle où l'on avait commencé l'excavation était le point le plus bas du terrain, cet inconvénient devait disparaître à mesure qu'on s'en éloignerait.

Les préparatifs pour le voyage qui devait commencer le lendemain, se terminèrent; le charque était à peu près sec; on en fit un ballot; les autres provisions en formèrent un second, et le tout compléta la charge d'un cheval de bât qui devait nous suivre; malheureusement le temps orageux avait nui à la prompte dessiccation de la viande, dont une partie s'était entièrement perdue, et dont l'autre avait contracté une teinte verdâtre et un fumet qui ne flattaient ni l'œil ni l'odorat. Je craignais que ces provisions ne fussent rien moins que suffisantes pour la durée probable de notre excursion, et je fis part de mes craintes au capitaine des Blandengues; mais il me rassura, en me disant qu'avec les bolas de nos soldats il ne nous manquerait rien, les cerfs et les tatous devant suppléer au défaut de viande. L'événement, toutefois, justifia et sa confiance et mes craintes: sa confiance, en ce que nous ne sommes pas morts de faim; mes craintes, en ce que nos estomacs eurent beaucoup à souffrir. Notre escorte devait se composer de douze soldats de confiance, à qui l'on distribua des munitions, et qui mirent leurs armes en état. Dans l'après-midi ces mêmes soldats allèrent incendier les champs, dans la direction que nous devions suivre, afin de débarrasser le terrain des hautes herbes dont il était couvert, et de rendre la marche moins pénible.

L'usage de mettre le feu aux champs est général dans les provinces du Rio de la Plata. Il a pour but de détruire les produits morts de la végétation, et de faciliter la renaissance de celle-ci; aussi ne pratique-t-on, ordinairement, cette opération qu'aux approches du printemps; à toute autre époque elle est plutôt nuisible qu'avantageuse. Rien de plus agréable que la vue d'un champ brûlé qui commence à reverdir; les plantes y repoussent avec une vigueur et une rapidité étonnantes; la fraîcheur de la verdure y attire les bêtes affamées des voyageurs, et offre à ceux-ci une tendre pelouse pour se reposer. Ces incendies périodiques ne sont pas, toutefois, sans quelques inconvéniens; et, souvent, ils ont occasionné de funestes accidens, surtout dans les endroits dont les habitations sont un peu rapprochées. Les immenses chardonnières qui couvrent presque tout le territoire de la province de Buenos-Ayres, leur présentant un aliment plus combustible que les herbes des Pampas, les rendent aussi beaucoup plus violens et plus dangereux. C'est pour cela que le gouvernement a défendu de brûler les champs dans la partie de cette province comprise entre le Salado et la Plata; néanmoins l'insouciance des voyageurs, qui négligent presque toujours d'éteindre les feux qu'ils allument dans leurs haltes, en occasionne quelquefois d'imprévus. Il y en eut un terrible en 1820 : poussé par un vent violent du Sud-Ouest, il atteignit les environs de la capitale, et causa d'énormes dégâts; la plupart des maisons de la campagne, dont les murs se composent, en grande partie, de bois, et la toiture de jonc, furent entièrement consumées; il périt un grand nombre de bestiaux, et des troupeaux entiers de moutons; de grandes plantations de bois de pêchers furent totalement détruites; enfin, la ville fut, quelques instans, plongée dans une obscurité telle, qu'il eût été impossible de lire, et que plusieurs femmes s'évanouirent de frayeur. Tout le monde était dans la stupeur et ignorait la cause de ce phénomène, lorsque la violence du vent, dissipant peu à peu ces ténèbres, et apportant une nuée de brins de paille charbonnés, en fit découvrir la cause.

1828. La Cruz de Guerra.

Nous faillîmes acquérir, à nos dépens, dans la soirée, une nouvelle preuve des dangers qui accompagnent quelquefois la combustion des champs. La journée ayant été très-calme, le feu, que les soldats avaient été allumer au loin, s'était propagé dans toutes les directions; et, à la nuit tombante, il se trouvait assez près du camp pour inspirer des craintes sérieuses. Le commandant ayant fait assembler tout le monde, nos soldats, munis de leurs pompes à incendie, c'est-à-dire des couvertures et des caronas de leurs recados, formèrent une grande ligne sur l'étendue du front qu'il occupait. Je jouis alors d'un spectacle à la fois imposant et bizarre; le temps était couvert, et la profonde obscurité de la nuit donnait aux flammes et à leurs reflets le plus vif éclat. Qu'on se représente une ligne de feu d'une demi-lieue d'étendue, tantôt paraissant s'éteindre et présentant l'aspect d'un cordon d'illumination; tantôt

1828. se ranimant, et ressemblant à une mer qui roulerait des vagues embrasées.
La Crus de Guerra. Le feu gagnant, de temps à autre, de hautes touffes isolées, celles-ci s'enflammaient instantanément et formaient un faisceau de grandes flammes ondoyantes, du sein desquelles s'élançait, comme d'un volcan, une gerbe d'étincelles et de légères flammèches. Plus de deux cents hommes, placés devant ce rideau lumineux, secouant leurs chiffons, et s'agitant dans tous les sens, ressemblaient assez aux ombres du Tartare; et, quand leurs visages basanés se laissaient découvrir, rougis par les reflets de la lumière, on les aurait pris pour les dieux du sombre séjour, avec lesquels ils avaient, d'ailleurs, tant de rapports moraux. Je crois que les efforts de ces lutins eussent été inutiles, si le vent, s'étant élevé peu à peu de la partie du nord, n'eût arrêté les progrès du mal, et n'en eût changé la direction.

§. 2.

Excursion aux environs.

Pampas. 23 Janvier. Les chevaux furent sellés de bonne heure, et nous nous disposâmes à partir, nous proposant de marcher toute la journée sans nous arrêter. Notre caravane se composait du capitaine de Blandengues, et d'un jeune officier qui voulut nous accompagner pour se promener; de douze soldats, d'un domestique, que j'avais amené de Buenos-Ayres, et de deux vaqueanos de l'expédition, qui avaient, disaient-ils, une connaissance très-étendue du terrain que nous allions parcourir. J'avais à mesurer quatre lots de terrain, de douze lieues carrées chacun, c'est-à-dire qu'il fallait tracer quatre rectangles de quatre lieues sur trois; et, comme ils devaient être contigus, ils se trouvaient renfermés dans un grand rectangle de huit lieues sur six. La lieue légale du pays contient six mille vares, et diffère peu de la lieue marine, de vingt au degré. Comme la nature du sol de la province de Buenos-Ayres offre très-peu de limites naturelles, il a fallu y substituer des limites artificielles, et tracer la figure des propriétés au moyen de bornes alignées; l'absence de tout obstacle et la facilité de choisir à son gré une figure aisée à tracer, a fait adopter généralement la forme rectangulaire. Une partie des anciens lots, distribués successivement par les vice-rois, ont leurs côtés dirigés selon la méridienne et la perpendiculaire; d'autres ont, pour direction, celle des octans; et, comme on a reconnu que celle-ci était plus analogue à la forme de la province et au cours de ses rivières, elle a été définitivement prescrite par une loi, de sorte que tous les terrains accordés et mesurés depuis quelques années, sont des rectangles, dont les côtés se dirigent du Nord-Est au Sud-Ouest, et du Nord-Ouest au Sud-Est. 1828. Pampas.

Nous avions été informés que le gouvernement se proposait de mettre en réserve, autour de chacun des forts de la nouvelle ligne de frontière, cent lieues carrées de terrain, pour être distribuées par petits lots aux colons qui viendraient s'y établir; et les individus pour lesquels j'allais travailler, voulant obtenir de grands lots en emphytéose, et prévenir toute difficulté qui eût pu survenir, me manifestèrent le désir que leurs terrains se trouvassent hors des limites que devaient atteindre les cent lieues. Supposant que le fort de la Cruz de Guerra devait occuper le centre d'un carré de dix lieues, et dont les côtés se dirigeraient selon les octans, je devais, pour atteindre le côté sud-ouest de ce carré, marcher, la valeur de sept lieues et sept centièmes, directement au Sud; en procédant à cette opération, je dus me conformer à la méthode en usage dans le pays, et autorisée par le bureau topographique, quelque grossière qu'elle soit.

Les arpenteurs prennent toutes leurs mesures à la boussole, et doivent tenir compte de la déclinaison; ils tracent leurs alignemens au moyen de banderoles portées par des hommes à cheval qui courent en avant, pour s'aligner d'eux-mêmes sur celles qui les ont précédés, lorsqu'ils ne sont pas placés par quelqu'aide de l'arpenteur, chargé de ce soin. Les distances se mesurent avec un cordeau, ordinairement de cent ou cent cinquante vares, tenu par deux hommes; et les extrémités de chaque mesure sont marquées par d'autres, munis, à cet effet, de cannes ou bâtons dont ils aiguisent le bout; toutes ces opérations se font sans mettre pied à terre, et l'on mesure en galopant à travers broussailles et chardons. On sent tous les inconvéniens qui doivent naître d'une semblable manière d'arpenter; et les résultats d'opérations aussi grossières, bien que n'étant, tout au plus, qu'une approximation de la vérité, sont, néanmoins, les seules données qu'ait employées le bureau topographique pour la rédaction de la carte de la province. Les graves erreurs résultant du mauvais arpentage des propriétés n'ont eu que peu ou point d'inconvéniens, tant que les terrains ont été négligés et presque sans valeur; mais aujourd'hui qu'ils acquièrent du prix dans une progression très-rapide, la détermination erronée des limites est la source d'une foule de procès, qui se multiplient en raison du morcellement des propriétés.

J'avais été pourvu d'un assez bon théodolite, portant une aiguille aimantée; l'ayant placé à l'angle sud du fort, qui me servit de point de départ, je tirai une visuelle dans la direction de la méridienne, et je fis aligner, dans cette direction, les soldats porteurs de banderoles. Nous partîmes ensuite; et, pour éviter une partie des erreurs attachées à la manière de chaîner, dont je viens de parler, j'ordonnai que la marche se fît au trot et non au galop; mais nous fûmes bientôt obligés de prendre le pas, et même de nous arrêter tout à fait, à cause de la maladresse de mes jalonneurs, qu'il m'était impossible de maintenir dans la direction. Quoique ce fussent de vieux soldats, ils manquaient tellement de coup d'œil, que je ne pouvais parvenir à leur faire comprendre comment ils devaient s'aligner; je fus obligé de multiplier les stations pour rectifier notre marche; et, quoique nous n'eussions pris aucun repos jusqu'au coucher du soleil, nous ne pûmes faire, dans le courant de cette journée, que trois lieues.

Le terrain, au sortir de la Cruz de Guerra, s'élève un peu, et forme un plateau d'une lieue de largeur; ce plateau avait été entièrement parcouru par le feu de la veille, et présentait une grande surface noire, couverte de paille charbonnée, sans autre indice de végétation que les joncs de deux ou trois petites mares, qui, nonobstant leur défaut d'eau, avaient conservé assez d'humidité pour se faire respecter par l'incendie. Ce deuil momentané de la nature ne présentait à l'œil attristé que des débris; on voyait, çà et là, des squelettes d'animaux, blanchis par le temps, et que le feu avait privés du dôme de verdure qui, depuis des années, leur servait de tombeau; quelques têtes de bœuf et de cheval annonçaient que déjà cette partie du désert avait été animée par le séjour ou par le passage de l'homme; le cerf timide, l'autruche aux pieds agiles, le farouche jaguar, avaient également fui ce séjour de désolation, alors visité seulement par quelques oiseaux de proie.

Après avoir traversé le plateau incendié, nous descendîmes insensiblement dans une grande Pampa, couverte, en partie, de pailles très-élevées (pajonales), dans lesquelles un homme à pied se serait trouvé comme perdu, et qui ne contribuèrent pas peu à ralentir notre marche, et à me faire pester contre le faux coup d'œil de mes porte-drapeaux. Le terrain s'éleva ensuite un peu, et nous nous trouvâmes, au coucher du soleil, près d'une grande lagune, où nous résolûmes de passer la nuit. Malheureusement l'eau, très-basse, n'était point potable; mais nos soldats, en cherchant des places bien pourvues d'herbe, pour faire paître les chevaux, découvrirent, à deux cents pas de nous, un petit réservoir garni de joncs, qui nous fournit une eau douce et fraîche. L'installation de notre bivouac fut bientôt faite; l'opération se bornait à étendre nos recados, qui devaient nous servir d'abord de siéges, puis de lits, et à réunir quelques brassées de chardons, pour faire du feu. La préparation du souper n'exigea pas plus de temps; des morceaux de charque présentés à la flamme pendant quelques minutes, et le maté, en firent les frais. 1828. Pampas.

Nos coursiers furent placés autour de nous à la plate-longe, et ceux qui formaient notre réserve attachés deux à deux par le cou (*acollarados*); on mit, en outre, les entraves aux pieds de devant à l'un des chevaux de chaque paire, de manière que le cheval libre se trouvait dans l'impossibilité de s'éloigner beaucoup, et l'autre dans celle d'entraîner son camarade. Telle est la méthode en usage pour en retenir une petite troupe au milieu du désert; mais, lorsqu'elle est précédée d'une jument, on se contente de mettre des entraves à celle-ci, bien certain que ses compagnons ne l'abandonneront pas. Malgré toutes ces précautions, il arrive quelquefois des accidens qui mettent les voyageurs dans l'embarras, et nous eûmes lieu de nous en convaincre dans cette nuit même. Le maté avait cessé de faire la ronde, et nous donnions la dernière main à nos lits. Nos soldats, tout en étendant leurs harnais et en se débarrassant de leurs ponchos, pour en faire leur couverture de nuit, remarquaient que les chevaux étaient inquiets, qu'ils dressaient fréquemment les oreilles, et cessaient de paître, pour donner des signes de crainte et d'impatience. N'en pouvant deviner la cause, mais soupçonnant ce que ce pouvait être, nos hommes s'accroupissaient, pour chercher à distinguer, dans l'obscurité, l'objet de la frayeur de nos montures; ils ne purent rien apercevoir, et conclurent, néanmoins, qu'il devait y avoir, dans les environs, un cougouar ou un jaguar. A cette nouvelle, mon domestique, qui avait paru partager toute l'inquiétude de nos bêtes, rapprocha, sans mot dire, son lit des nôtres, témoignant, par ses gestes, qu'il se serait fort bien passé du voisinage de l'hôte dont les soldats nous annonçaient la visite: ceux-ci commencèrent à le plaisanter. Comme il prétendait n'avoir point peur et faisait le brave, le capitaine, pour le mettre à l'épreuve, feignit d'avoir soif et le pria d'aller chercher de l'eau au réservoir. Le pauvre diable, placé entre la crainte et l'amour-propre, hésita un instant; enfin, assailli des railleries des Blandengues, le point d'honneur l'emporta.... Il partit d'un air résolu, la cafetière à la main. Nous ne tardâmes point à le voir reparaître; pour cette fois, il ne cherchait plus à déguiser sa frayeur. Il arriva sans eau, hors d'haleine et tellement effaré, qu'il eut beaucoup de peine à nous faire entendre qu'il l'avait vu, que c'était bien un jaguar, qu'il était près de la mare, et que ses yeux brillaient au milieu des joncs comme deux chandelles. A ces mots, les huées interrompirent

1828. Pampas. le pauvre narrateur, et il n'eut d'autre parti à prendre que de gagner son lit, tout en répétant qu'il était bien sûr de ce qu'il disait, et que nous verrions peut-être, sous peu, qu'il n'avait pas la berlue; l'apparition qui avait terrifié mon domestique, n'était que trop réelle. Il y avait à peine une heure que nous étions couchés, et nous causions, en attendant le sommeil, lorsque, tout à coup, un bruit assez semblable au roulement du tonnerre nous annonça la dispersion complète de nos chevaux : les uns arrachèrent les touffes d'herbes auxquelles ils étaient attachés; d'autres rompirent leurs liens et leurs entraves, et tous firent les plus violens efforts pour échapper au danger qui les menaçait. Ceux qui couraient le danger le plus imminent vinrent se jeter au milieu de nous, suivis du terrible animal qui croyait en faire sa proie. Nous nous trouvâmes tous sur pied au même instant, les uns le sabre en main; d'autres armés de leurs couvertures, et tous poussant de grands cris pour effrayer l'auteur du désordre. Celui-ci, alarmé de cette réception, franchit, en deux ou trois bonds, l'espace qu'occupait notre bivouac, et disparut avec une telle rapidité qu'il me fut impossible de distinguer si c'était un jaguar ou un cougouar; mais les soldats assurèrent que c'était un jaguar, ce qui n'est pas improbable, quoiqu'à cette latitude ils commencent à devenir rares.

La paire de chevaux qui, pour notre bonheur, était venue se jeter au milieu de nous, fut sellée par les soldats, et servit à réunir les autres, ce qui ne se fit point sans difficulté, et nous en perdîmes trois ou quatre, qu'il fut impossible d'atteindre, et qui retournèrent probablement à l'établissement. Ceux qui avaient fui dans la direction de la mare dont le jaguar était sorti, nous donnèrent une peine infinie : ils se laissaient amener sans répugnance jusqu'à une certaine distance des joncs; mais, dès que l'odorat leur faisait reconnaître le lieu fatal et les traces de l'animal qui les avait tant effrayés, ils rebroussaient chemin et partaient ventre à terre. On tenta trois ou quatre fois, en vain, de les ramener par ce chemin, et l'on fut, à la fin, obligé de leur faire faire un grand circuit, pour les réunir aux autres. L'alarme une fois dissipée, l'ordre se rétablit promptement : mon domestique seul ne put se tranquilliser; ce pauvre garçon passa toute la nuit assis sur son recado, interrompant, à chaque instant, le sommeil des soldats impatientés par ses continuelles questions, et nullement disposés à faire les frais d'une conversation qui, de sa part, était toute intéressée.

24 Janvier. Nous avions devant nous, sur une étendue de plus d'une lieue, un rideau de medanos qui se dirigeaient de l'Est à l'Ouest, et que nous gravîmes de

bonne heure. Notre vaqueano me dit que ces hauteurs, qui formaient un groupe remarquable par son étendue et par son élévation, étaient connues sous le nom de *medanos de Ocá*. Le pied du revers opposé était baigné par deux lagunes d'une eau douce et limpide; et les accidens du terrain environnant, dont les pentes venaient mourir au bord de l'eau, faisaient de cet endroit un site qui, comparé à la surface plate et monotone des campagnes d'alentour, pouvait être regardé comme pittoresque, et auquel, pour être réellement agréable, il ne manquait que le séjour et les travaux de l'homme. Le terrain se maintint assez élevé pendant une lieue environ; mais, ensuite, il devint extrêmement bas; les pajonales se multiplièrent, et nous traversâmes de grands espaces dont l'aspect et la végétation indiquaient qu'ils devaient être inondés une partie de l'année. Heureusement mes jalonneurs devenaient plus habiles, et j'étais moins souvent obligé de m'arrêter pour rectifier notre direction; plusieurs d'entr'eux avaient déjà acquis un tel tact qu'ils arrivaient au galop et sans tâtonner au point où ils devaient se placer, et qu'ils plantaient verticalement leur drapeau de manière à couvrir exactement ceux qui les précédaient; se montrant ainsi dignes héritiers du nom de Blandengues, s'il est vrai que ce nom vienne, comme plusieurs personnes me l'ont assuré, du mot *blandear* ou *blandir*, brandir, en parlant de la lance, et qu'il ait été donné à leurs prédécesseurs à cause de la dextérité avec laquelle ils maniaient cette arme.

1828. Pampas.

Au bout de trois heures de marche, nous nous trouvâmes arrêtés par un grand marais, profond et bourbeux, et couvert d'une forêt de joncs élevés. Le vaqueano me dit que c'était un *cañadon*[1], formant l'un des bras de la rivière Saladillo, et qu'il doutait que nous pussions le traverser. Avant de

1. *Cañadon* est un augmentatif de *cañada;* et les amas d'eau désignés par le premier de ces noms diffèrent de ceux qu'exprime le second, en ce qu'ils sont plus considérables et ordinairement peuplés de grands joncs, *estera;* qu'ils affectent une certaine direction, et qu'ils ont un courant sensible dans les temps des crues; en un mot, ce sont des ruisseaux ou de petites rivières qui, rencontrant un terrain très-uni et presque sans pente, dégénèrent en marais. Quelques-uns reprennent ensuite leur forme naturelle, en s'encaissant de nouveau; et ces changemens se répètent alternativement plusieurs fois, de sorte qu'il est des rivières qui semblent disparaître tout à coup, et dont on ne peut retrouver le cours qu'en étudiant la forme du terrain. C'est pour cela que la plupart de celles qui descendent de la chaîne des montagnes du Volcan, du Tandil et de Tapalquen, et qui s'écoulent par un versant dont la pente, depuis le pied de ces montagnes jusqu'au Salado, est presque insensible, se trouvant dans le cas dont je viens de parler, ont reçu des habitans des noms différens dans les parties interrompues de leur cours. Ainsi la petite rivière de las Flores, qui se décharge dans le Salado au même point que le Saladillo, porte, vers sa source, le nom d'*Arroyo Tapalquen*. L'*Arroyo Asul*, après avoir donné naissance à un vaste marais, forme, plus bas, l'*Arroyo Gualiche*, et ainsi des autres. Il résulte de là une grande confusion.

1828. tenter le passage du cañadon, je voulus m'assurer si la direction que nous
Pampas. suivions nous y obligeait dès ce moment; et, ayant remarqué que la ligne de joncs ne se prolongeait pas sur notre droite, j'envoyai un homme en avant avec une banderole, en lui ordonnant de côtoyer le bord de l'eau. Je vis bientôt que l'obstacle qui nous arrêtait n'était qu'un coude de la rivière, et je sauvai la difficulté, en traçant sur le terrain un petit triangle, que je calculai de manière que son sommet tombât exactement à l'extrémité de la distance que nous avions à parcourir, c'est-à-dire à sept lieues et demie de pays, au sud de la Cruz de Guerra. Le point déterminé se trouva sur le bord même du cañadon, en face d'un petit medano isolé, connu du vaqueano sous le nom de *medano del Buey* (dune du Bœuf). C'était de ce point que nous devions partir pour tracer les quatre lots de terrain, et nous y fixâmes une borne à la manière du pays, c'est-à-dire que nous entourâmes un espace circulaire de trois mètres environ de diamètre, d'un petit fossé, en jetant au centre la terre de l'excavation, pour en faire un monticule de forme conique. Ces tertres, en des plaines où il n'y a aucun autre objet remarquable, se distinguent de fort loin; et, comme ils se couvrent promptement de végétation, ils durent très-long-temps. On ne pouvait suppléer d'une manière plus ingénieuse au défaut de pierres et de bois, pour indiquer les limites des propriétés : aussi la plupart des terrains nouvellement occupés n'ont-ils point d'autres bornes; celles de pierre ou de bois, qu'on remarque dans les anciennes propriétés, sont construites avec des matériaux apportés du dehors; car, depuis Buenos-Ayres jusqu'aux montagnes du Tandil, on ne trouve pas le plus petit caillou, ni un arbre qui puisse fournir un pieu capable de servir de borne.

Nous fîmes halte, tant pour élever la borne dont je viens de parler, que pour faire reposer les chevaux; je montai ensuite sur la cime du medano del Buey pour découvrir le pays, et je reconnus que le cañadon, dont nous avions atteint la rive, s'étendait du Sud-Ouest au Nord-Ouest, ce qui me fit prendre la résolution d'en faire une ligne de démarcation entre les lots de terrain que j'allais tracer, en en plaçant deux sur un bord, et deux sur le bord opposé. Je me conformais, en cela, à une ordonnance très-sage du gouvernement, qui prescrit de prendre les cours d'eau qu'on rencontre dans les terrains nouvellement distribués, pour limites naturelles; de manière à en rendre la jouissance commune aux propriétés contiguës. D'après cette détermination, la borne que nous venions de former devant se trouver au milieu du côté nord-est du grand rectangle que j'avais à tracer, il me fallait, de ce point, me diriger soit au Sud-Est, soit au Nord-Ouest.

Le premier de ces rumbs m'obligeait à passer de suite le cañadon; et, quoiqu'il fût si large que je ne pouvais découvrir l'autre bord, et que la surface des joncs se confondît avec le vague de l'horizon, je pris le parti de profiter du bon état où se trouvaient encore les chevaux, pour franchir ce mauvais pas. Après avoir fait aligner les banderoles dans la nouvelle direction que nous allions suivre, nous montâmes à cheval, et nous entrâmes dans cette épaisse forêt de joncs, faisant environ deux cents pas dans un lit de vase d'un demi-mètre de profondeur; après quoi nous trouvâmes l'eau. Il y a peu de marches plus pénibles que celle que nous eûmes à faire cet après-midi; le marais devint si profond que l'eau atteignait l'épaule du cheval, et les joncs étaient si épais, que nous avions une peine infinie à nous frayer passage : d'un autre côté, leur hauteur était telle qu'ils dépassaient de beaucoup la tête du plus haut monté de nos cavaliers; et ceux-ci, pour apercevoir les banderoles et pour s'aligner, étaient obligés de se tenir debout sur la selle. La chaleur était excessive, et l'eau saumâtre au point de ne pouvoir servir à nous désaltérer; les moustiques nous couvraient le visage et les mains; nous marchions avec la plus grande lenteur, sans avoir sous les yeux d'autres objets que les joncs qui nous entouraient, le soleil irrité qui dardait sur nos têtes, et sans possibilité de prévoir quand nous sortirions de là. 1828. Pampas.

Les cavaliers du pays, ordinairement nu-pieds, ou n'ayant d'autre chaussure que leurs bottes de potro, qu'ils enlèvent comme un gant, ne craignent point de se mouiller les jambes, et se contentent de retrousser leurs caleçons; pourtant, lorsqu'ils veulent les tenir sèches, ils les relèvent en arrière, de manière que leurs talons viennent presque toucher au bât du recado; et, ainsi agenouillés, ils sont capables de trotter une journée entière; mais l'Européen qui parvient à prendre cette position, ne peut la supporter, tout au plus, que quelques minutes, et le meilleur parti pour lui est de croiser les étriers par dessus la selle, ce qui élève ses pieds à la hauteur du garrot. Il est vrai que cette posture exige assez d'habitude du cheval pour suivre exactement tous ses mouvemens, afin de ne pas perdre l'équilibre, et qu'elle expose le cavalier à ce qu'un trébuchement lui fasse prendre un bain complet; mais elle est beaucoup moins incommode que l'autre, et n'a rien de fatigant.

Nous passâmes tout l'après-midi au milieu de l'eau et des joncs, et le jour allait nous manquer, quand, enfin, nous atteignîmes l'autre rive : nous n'avions cependant fait qu'environ les deux tiers d'une lieue du pays; mais, outre la

1828. Pampas. lenteur de notre marche, nous nous étions trouvés forcés, en arrivant à chaque banderole, de faire une longue pause, en attendant que celles qui précédaient eussent eu le temps de trouver la direction et de se placer. Le rumb que nous suivions nous avait, par malheur, fait traverser obliquement le cañadon; car sa largeur réelle n'est que d'environ deux mille vares (1733 mètres). Nous en sortîmes haletans de soif, et aussi fatigués au moral qu'au physique; heureusement que le vaqueano avait pris les devants de bonne heure pour chercher une place convenable à la halte de nuit. Une fumée, que nous aperçûmes sur le sommet d'un medano situé à un quart de lieue sur notre droite, nous indiqua qu'il nous attendait avec du feu allumé; et nous le rejoignîmes au galop, après avoir planté un drapeau pour reconnaître le point où nous nous étions arrêtés.

25 Janvier. Nous avions tous dormi d'un sommeil réparateur, que la fraîcheur de la nuit, ainsi que la fatigue de la veille, avaient rendu aussi profond qu'agréable. Je me levai au point du jour et jetai les yeux autour de moi, pour reconnaître le lieu où nous nous trouvions, ce que je n'avais pu faire le jour précédent; car la nuit était close à notre arrivée sur le point où nous venions de goûter les douceurs du repos. Notre bivouac était établi sur le penchant d'un medano, dont le pied entourait circulairement une petite lagune d'excellente eau, qui n'avait pas plus de quarante mètres de diamètre, et se trouvait comme au fond d'un entonnoir : elle avait conservé relativement beaucoup plus d'eau qu'aucune de celles que j'avais vues jusqu'alors; ce que j'attribuai à sa position, qui la protégeait, la plus grande partie de la journée, contre tous les vents, et contre les rayons du soleil. Le medano que nous occupions, était la seule éminence de ces parages; de quelque côté que la vue s'étendît, on ne découvrait que des joncs, dont la sombre verdure donnait une teinte lugubre à cet affreux paysage. Le sommet du medano del Buey se distinguait comme une tache bleuâtre au-dessus de la surface parfaitement unie du cañadon que nous avions traversé; l'on n'apercevait de terre ferme qu'une bande étroite, qui paraissait se prolonger vers le Sud-Ouest, et le court espace qui nous séparait du nouvel océan de joncs dans lequel nous devions nous enfoncer. A en juger par la profondeur qu'avaient conservée ces marais, malgré la saison et la grande sécheresse, nul doute que tout le terrain, au temps des crues, ne soit inondé, jusqu'au pied du medano sur lequel nous étions campés; à toute autre époque, il nous eût été impossible de passer à gué. Je suis persuadé que nous sommes les premiers qui l'ayons entrepris sur ce point, et que jamais créature humaine n'a pénétré

dans cette épouvantable solitude. Je jugeai, à la mine rembrunie de mes compagnons de voyage, que la journée qui s'offrait en perspective ne leur souriait nullement; mais il fallait bien prendre son parti, et nous nous mîmes en route. 1828. Pampas.

Nous parcourûmes un peu plus de quatre mille vares, avant de rentrer dans les marais, par un chemin couvert de hautes herbes et de plantes aquatiques. Le nouveau cañadon, dans lequel nous entrâmes, était encore plus profond que le premier; et vainement ceux d'entre nous dont les chevaux étaient d'une taille peu avantageuse, cherchaient à esquiver le bain, en relevant les jambes; ils se les mouillèrent complétement; mais la chaleur de la saison rendait cet accident peu fâcheux. Ce second bras du Saladillo, dont le cours est presque parallèle à celui de l'autre, est plus large de près de trois cents mètres; néanmoins nous le passâmes beaucoup plus rapidement, parce qu'il est entièrement dépourvu de joncs dans le milieu, ce qui rendait plus facile la marche et l'alignement des jalonneurs. Je remarquai également que l'eau en était beaucoup moins salée et presque potable. Au sortir de ce cañadon, nous nous crûmes enfin débarrassés des marais, de leurs joncs et de l'odeur fétide qu'exhale leur vase; néanmoins, voyant les hautes herbes et les plantes aquatiques continuer à couvrir le terrain, il me restait quelque doute. Nous n'avions, en effet, pas encore parcouru deux mille mètres qu'une nouvelle barrière se présenta devant nous. A cet aspect, je vis le découragement s'emparer de tous nos soldats, et leurs murmures me firent craindre une espèce de soulèvement; heureusement que l'autorité du capitaine, et quelques paroles encourageantes de ma part, les rappelèrent à leur devoir.... Nous nous ensevelîmes, de nouveau, dans les joncs. Ce troisième cañadon était presque à sec, et n'avait conservé un peu d'eau que dans le milieu; tout le reste se composant de vase molle et fétide. Nous le traversâmes plus obliquement que les deux autres; la direction en était, en cet endroit, sud et nord, et la largeur réelle quarante mètres. La campagne que nous découvrîmes en abordant la rive opposée, rendit le courage et la bonne humeur à notre petite troupe : nous foulions enfin un terrain sec et ferme, qui s'élevait insensiblement; notre vue, si long-temps bornée et attristée par les murailles de joncs qui nous entouraient, ne rencontrait plus de limites que celles de l'horizon, et tout faisait croire que la partie la plus pénible de notre voyage était passée. Habitués à parcourir rapidement des plaines où les ruisseaux et les amas d'eau sont peu considérables, les habitans de Buenos-Ayres n'aiment ni les courses dans les terrains inondés, ni la lenteur de la marche, à laquelle ils obligent; quant à moi,

1828. Pampas.

qui avais parcouru, dans tous les sens, les immenses marais de la province de Corrientes, et traversé tant de fois ses larges rivières, je regardais comme une bagatelle les cañadas et cañadones des Pampas, et il me semblait moins pénible, sous le rapport des facilités de la marche, de faire deux cents lieues dans celles-ci, que cinquante dans la première.

A deux lieues juste de notre premier point de départ (le medano del Buey), nous trouvâmes une lagune entièrement sèche, que nous traversâmes, et sur le bord de laquelle nous élevâmes une borne semblable à la première, mais de moindres dimensions. Il est d'usage de placer, entre les points extrêmes des côtés d'un terrain, des bornes intermédiaires, ordinairement de lieue en lieue, qui servent à indiquer la direction; nous avions omis la seconde, parce que le point où elle aurait dû se placer se trouvait au milieu des eaux. Nous arrivâmes bientôt à la troisième, et nous remarquions avec inquiétude qu'autant le terrain que nous avions parcouru la veille était bas et inondé, autant celui sur lequel nous nous avancions était sec et aride, ce qui nous faisait craindre de manquer d'eau; aucun medano ne s'offrait à la vue, et, par conséquent, nul espoir de rencontrer une lagune d'eau douce. Nous parcourûmes la dernière lieue qui nous restait à faire dans la direction du Sud-Est, souffrant déjà, par anticipation, toutes les angoisses de la soif, et nous arrivâmes au terme de ce côté, sans avoir rien trouvé qui pût dissiper nos craintes. Nous fûmes, cependant, obligés de nous arrêter, à cause de la chaleur et de la fatigue des chevaux; et nous nous préparâmes à déjeûner, sauf à nous désaltérer plus loin.

Nous élevâmes une haute borne pour marquer l'angle Est du grand rectangle que nous tracions: un peu avant d'atteindre ce point, nous avions croisé divers sentiers qui se dirigeaient droit au Sud. Les vaqueanos m'apprirent que c'était le chemin frayé par les Indiens, dans leurs voyages à la Sierra Ventana et au Rio Colorado, et que ce chemin passait par la laguna Blanca. Comme les indigènes dirigent toujours leur marche au travers des lieux où ils savent qu'ils trouveront de l'eau, nous en conclûmes que nous ne devions pas être très-éloignés de quelque lagune; mais, pour le moment, il fallait nous résoudre à nous en passer, et nous nous contentâmes de satisfaire notre appétit. Je ne tardai pas, toutefois, à m'apercevoir qu'il eût beaucoup mieux valu rester à jeun; la soif qui nous dévorait, irritée par le sec rôti dont se composait notre ordinaire, me tourmenta bientôt au point, que je fis vœu de ne plus manger désormais, avant d'être assuré de pouvoir satisfaire à la fois l'un et l'autre besoin; suivant, en cela, l'exemple de nos malheureux chevaux, qui regardaient tristement l'herbe qu'ils foulaient aux pieds, sans se déterminer à en approcher les lèvres. Nos soldats parcouraient les alentours, munis des pelles dont nous nous étions pourvus : ils découvrirent, dans un bas-fond, une petite jonchaie, indiquant que l'eau séjournait ordinairement en cet endroit; mais le terrain vaseux qui la composait, était durci et crevassé par la sécheresse. Ils entreprirent, néanmoins, de creuser un puits, et se mirent avec ardeur à l'ouvrage : à un mètre et demi de profondeur, ils trouvèrent la pierre argileuse, indice précurseur de l'eau, après laquelle nous soupirions tous; mais la couche se trouva tellement dure et tellement épaisse, qu'elle nous fit désespérer du succès, et le capitaine ordonna de seller les chevaux. Deux soldats, néanmoins, plus courageux ou plus altérés que les autres, persistèrent dans leur entreprise, et nous annoncèrent, au moment où nous mettions le pied à l'étrier, que l'eau filtrait enfin. Tout le monde se précipita vers le petit puits..... Inutiles efforts! L'eau était si salée, qu'il était impossible de l'avaler; elle servit, tout au plus, à nous rafraîchir la bouche.

Nous suivîmes le rumb perpendiculaire à celui de notre point de départ, c'est-à-dire que nous nous dirigeâmes au Sud-Ouest; et nous ne tardâmes pas à croiser, de nouveau, le chemin des Indiens, dont j'ai parlé plus haut; mais, comme nous le laissions sur notre gauche, et que nous allions nous en éloigner de plus en plus, rien ne nous assurait que nos recherches dussent être moins infructueuses. Heureusement, le temps s'était couvert, et un gros orage s'était formé au Sud-Est: dans toute autre circonstance, la pluie, dont nous étions menacés, nous eût paru un malheur; mais elle nous semblait, alors, l'unique remède à nos souffrances, et nous la souhaitions avec plus d'ardeur qu'on n'a jamais désiré le retour du beau temps. Les nuages s'amoncelaient incessamment; et, sur le fond noir de l'horizon, un de nos soldats nous indiqua du doigt un point plus rembruni, qu'il nous assura être la montagne de Tapalquen. D'autres yeux que ceux d'un homme du pays, n'eussent certainement pas remarqué un objet si confus, qui semblait un des accidens que présentent ordinairement les nuées à l'horizon; devant pourtant me fier à la vue du soldat plutôt qu'à la mienne, je relevai le point qu'il nous signalait avec d'autant plus de confiance, que c'était à peu près l'aire de vent sous laquelle devait se trouver cette montagne, et que la distance de treize ou quatorze lieues qui nous en séparait, n'infirmait en rien sa donnée.

L'orage trompa notre espoir : il ne tomba que quelques gouttes d'eau. Par bonheur nous aperçûmes bientôt, sur notre droite, une ligne noirâtre, que

1828. Pampas. nous reconnûmes à l'instant pour le dernier bras du Saladillo, que nous avions passé; et la vue des joncs nous causa autant de plaisir, qu'elle nous avait précédemment fatigués. Nous nous en rapprochions insensiblement; et, après deux lieues de marche, nous nous trouvâmes à une centaine de pas de ses bords. Nous fîmes halte. Les chevaux prirent d'eux-mêmes le galop, et se précipitèrent au milieu des joncs, pour étancher leur soif dans une eau salée et bourbeuse. Nos pauvres soldats furent obligés d'avoir de nouveau recours à leurs pelles, et d'acheter, par plus d'une heure de travail, le triste secours d'une boisson plus que saumâtre; fort heureux encore que celle-ci, au moins, ne nous manquât pas. Nous eûmes recours à un expédient pour en déguiser la salure; ce fut de la prendre dans le maté, en sucrant bien celui-ci. Cet amalgame nous procura un breuvage diabolique, qui désaltérait fort peu; mais qui, enfin, valait mieux que rien. Nous nous servîmes cette nuit-là d'un combustible que nous n'avions point trouvé jusqu'alors; c'est le chardon à tige grêle ou *carda,* dont il a déjà été question.

26 Janvier. Le manque d'eau de la veille avait exténué nos chevaux; et le capitaine, désirant les ménager, jugea convenable de faire en une seule traite, le chemin que nous devions parcourir dans la journée, afin qu'ils eussent plus de temps pour paître et pour se reposer. Les habitans ont remarqué que les chevaux, et surtout les bœufs, supportent beaucoup plus facilement la privation de nourriture que le manque d'eau; et qu'ils souffrent moins de trois ou quatre jours passés sans manger, que d'un seul passé sans boire.

Nous continuâmes notre marche en nous dirigeant toujours au Sud-Ouest, et côtoyant le cañadon. Au bout de trois quarts de lieue, nous entrâmes, de nouveau, dans les joncs et dans l'eau, qui se trouva assez profonde en cet endroit; et nous marchâmes plus d'une demi-lieue sans pouvoir en sortir. Lorsque nous atteignîmes l'autre bord, nous fûmes tout étonnés de n'avoir point traversé le marais, comme nous nous l'étions figuré, reconnaissant que ce n'était qu'une sinuosité, qui avait croisé la ligne que nous suivions; car son cours se prolongeait toujours sur notre droite, et à une petite distance. Nous continuâmes, sans nous éloigner, pendant environ deux lieues, à parcourir un terrain très-bas, couvert de pajonales; puis nous rencontrâmes de nouveau le marais; et, cette fois-ci, nous le franchîmes réellement; car le sol qui s'éleva tout à coup, nous permit d'en découvrir le cours, qui s'étendait sur notre gauche. Nous fîmes encore une lieue sur des coteaux entièrement couverts de cardas épaisses, qui gênaient beaucoup notre marche, ce qui compléta six lieues, depuis la borne de l'angle Est, borne à laquelle nous aurions pu donner, à juste titre, le nom de borne de la soif. Il y a, sur le chemin des salines, des medaños qui portent un nom semblable, *medanos de la Sed;* ils l'ont probablement reçu de quelque voyageur qui se sera trouvé dans le même cas que nous, et qui aura voulu consacrer le souvenir de ses souffrances. Nous nous voyions donc à l'extrémité du côté Sud-Est, et à l'angle Sud du grand rectangle; ce point, que nous signalâmes par une haute butte de terre, était, à très-peu de chose près, à quinze lieues de pays, ou quatorze lieues marines, au sud de la Cruz de Guerra.

Nous avions cru passer la nuit près d'une grande lagune qu'il nous semblait voir devant nous, en marchant; mais c'était une illusion produite par le mirage. Cette image trompeuse, fuyant devant nous, finit par se dissiper totalement. Nous arrivâmes au milieu d'une grande pelouse d'un vert tendre; c'était un *salitral.* On appelle ainsi des espaces plus ou moins grands de terrain imprégné de sel, où il ne croît que des plantes salines : celle qu'on rencontre le plus fréquemment présente une petite touffe de feuilles filiformes, tendres et d'une verdure agréable, et ne s'élève pas à plus d'un décimètre de hauteur; quoique ces touffes soient un peu clair-semées, leur ensemble forme un gazon assez épais, sur lequel il est très-agréable de faire halte, lorsqu'il y a de l'eau à proximité. Dans le cas contraire, et c'est celui où nous nous trouvions, on est obligé d'avoir recours aux puits artificiels, et l'on n'est que trop certain que l'eau sera très-salée; les salitrals, assez communs dans toute la province de Buenos-Ayres, deviennent plus nombreux à mesure qu'on s'avance vers le Sud, et le terrain, en général, change d'aspect. Celui que nous avions parcouru sur la rive droite du cañadon était très-bas, couvert de hautes herbes, et sujet à s'inonder; mais, depuis que nous avions passé sur la rive gauche, il s'était ondulé, et formait de petits coteaux qui paraissaient s'élever de plus en plus. Au Sud, nous voyions, à l'horizon, des hauteurs assez prononcées pour rompre la régularité habituelle du cercle qui le termine dans les Pampas. Les vaqueanos me dirent que ces hauteurs avoisinaient la laguna Blanca, et je crois qu'elles forment la croupe ou le prolongement des montagnes de Tapalquen.

Nous n'avions rien pris de la journée; aussi fêtâmes-nous le charque à l'envi. Les provisions reçurent un tel échec, que le soldat qui en était chargé nous prévint qu'il ne restait plus que trois ou quatre morceaux de viande sèche, et une poignée de yerba. Cette triste nouvelle, et l'état pitoyable auquel le manque d'eau avait réduit nos chevaux, nous fit craindre d'être obligés de retourner subitement à la Cruz de Guerra, sans pouvoir terminer notre opé-

1828. Pampas. ration. Cependant la nature du terrain qui s'offrait à nous, promettait une chasse abondante; ressource qui nous avait entièrement manqué dans les bas-fonds que nous avions parcourus les jours précédens. Les soldats nous assurèrent que le lendemain nous rencontrerions des venados ou cerfs, et nous nous endormîmes dans cet espoir.

27 Janvier. Nos gens avaient reçu l'ordre de tout préparer pour le départ avant le jour; et, lorsque nous nous réveillâmes, le feu pétillait et l'eau était bouillante, pour prendre le maté. C'est une règle invariable en se levant; et les domestiques, attentifs, épient le réveil de leurs maîtres, pour se présenter à eux le maté d'une main, et un tison de l'autre, pour allumer le cigare. Le plus souvent, on ne fait pas d'autre déjeûner.

Nous partîmes dès que la clarté de l'aurore me permit de me servir de mon instrument, et d'aligner les jalonneurs, nous dirigeant au Nord-Ouest, afin de tracer le troisième côté de notre rectangle. Nous parcourûmes un terrain légèrement ondulé; et, au bout d'une lieue et demie, nous atteignîmes un groupe de medanos, entre lesquels se trouvaient trois petites lagunes d'eau douce. Nous nous arrêtâmes un instant pour faire boire nos chevaux, qui purent enfin se désaltérer; ces pauvres animaux étaient sur les dents, la chaleur, les taons, et surtout la soif, les ayant exténués. Au pied du revers opposé des medanos, nous fîmes halte en face d'un cañadon, second bras du Saladillo : sa largeur, sur ce point, est de mille deux cents mètres; il y est toujours garni de joncs épais; mais beaucoup moins profond que dans l'endroit où nous l'avions traversé précédemment. Sur la rive opposée, nous trouvâmes un autre groupe de medanos, que nos guides connaissaient sous le nom de *medanos de Rojas*, dont le plus âgé des deux me fit connaître l'origine. Il me dit que, dans sa jeunesse, il avait beaucoup voyagé dans les parages où nous nous trouvions. Les Indiens, qui, à cette époque, étaient en paix avec les chrétiens, fréquentaient habituellement ces lieux, et il y avait des *tolderias* (campemens) sur presque toutes les principales lagunes. Quelques chrétiens, au nombre desquels se trouvait notre guide, venaient trafiquer avec les Indiens, et échanger de l'eau-de-vie, du tabac, de la yerba et autres bagatelles, contre des peaux, des fourrures, des ponchos, des *mantas* (tissus de laine), des brides, etc. Ils étaient très-bien reçus par les Indiens; et le jour de leur arrivée était, pour ceux-ci, un événement important, dont la nouvelle se communiquait de tolderia en tolderia, au moyen de signaux de fumée, selon l'usage de ces hordes, qui, avec cette espèce de télégraphe, correspondent entr'elles à des distances considérables, et s'avertissent mutuellement, par l'intensité de la fumée ou par le nombre des feux, soit de leur marche, soit de l'approche de l'ennemi dont elles sont menacées, soit de tout autre objet important. On voyait, parmi ces Indiens, plusieurs captifs chrétiens des deux sexes, faits par eux dans des guerres antérieures. Les mâles pris en bas âge (car les sauvages ne font point de prisonniers adultes), avaient entièrement perdu le souvenir de leur origine; mais, parmi les femmes, plusieurs, enlevées nubiles à leurs parens ou à leurs maris, s'étaient vues contraintes à passer dans les bras de leurs ravisseurs. Deux de ces malheureuses, d'une famille connue, et portant le nom de Rojas, faisaient partie d'une tolderia établie sur les medanos au pied desquels nous venions de passer, et qui ont conservé leur nom: chacune d'elles était devenue l'épouse d'un Indien, et elles en avaient plusieurs enfans; leur attachement pour les fruits de cette union forcée, les avait fait s'habituer à la dureté et aux privations de la vie errante de leurs maîtres, et perdre, sinon tout à fait la mémoire de leur pays, au moins l'envie d'y retourner. Notre vieux guide s'était plusieurs fois entretenu avec elles, mais en cachette de leurs maris; car les Indiens qui possèdent une chrétienne, craignant toujours de la perdre, cherchent à la dérober aux yeux de ses compatriotes; et, lorsqu'ils ne peuvent éviter de la montrer, lui défendent, sous les plus terribles menaces, de s'exprimer en espagnol. Un grand nombre de ces captives s'attachent sincèrement à leurs maîtres, qui les traitent, généralement, avec douceur, et refusent de profiter des occasions qu'on leur offre de s'échapper.

1828. Pampas.

Nous rencontrâmes, à trois ou quatre lieues des medanos de Rojas, une petite rivière, connue des Indiens et de nos guides sous le nom de *Chalidéo;* son lit est encaissé, et coule entre de petites collines dont la pente, assez raide, vient mourir dans l'eau, sans laisser de plage sur ses bords. La largeur de cette rivière était, sur ce point, d'une douzaine de mètres, et sa plus grande profondeur d'un mètre; mais il est évident que les eaux, alors très-basses, à cause de la sécheresse, doivent s'élever beaucoup plus haut dans la saison pluvieuse. Le courant, par la même raison, était presque nul, et la salure insupportable. Le Chalidéo court du Sud-Ouest au Nord-Est, et va former, plus bas, le premier cañadon que nous avions passé le 24. D'après le rapport du plus âgé de nos guides, il sort de la *laguna del Monte,* l'un des grands lacs qui avoisinent celui des salines, et son existence, jusqu'à présent, avait été totalement ignorée du bureau topographique; aussi ne le voit-on figurer sur aucune carte ancienne ni moderne. Il paraît, d'après l'itinéraire de Zizur aux salines, que la laguna del Monte est alimentée par un ruisseau qui des-

1828. Pampas. cend des montagnes Guamini; de sorte que ce serait la vraie source du Rio Saladillo. Chalidéo, dans la langue auca ou araucana, a la même signification que Saladillo dans l'idiome espagnol, et signifie *ruisseau salé;* de plus, le mot saladillo est devenu générique pour les habitans du pays, qui l'emploient pour exprimer tout ruisseau ou cañadon dont l'eau est saumâtre. Comme les eaux salées sont extrêmement communes dans les provinces comprises entre le Parana et les Andes, et surtout dans celle de Buenos-Ayres, il en est résulté, dans la nomenclature des rivières, une confusion qui a induit en erreur plusieurs géographes, en leur faisant confondre des cours d'eau, qui portent à la vérité le nom commun de Salado ou Saladillo, mais qui sont tout à fait distincts. Les Indiens n'ont pas été plus féconds que les Espagnols dans la distribution des noms, et ils ont répété à l'excès ceux de *chadicó, chadilcó* et *chadileuvu,* qui signifient eau salée, ruisseau salé, rivière salée.

Nous trouvâmes, sur la rive opposée, un groupe de medanos, dont les sommets coniques étaient assez élevés; ils comprenaient trois petites lagunes de très-bonne eau, qui n'étaient pas éloignées de plus de deux cents pas de l'amer Chalidéo, et dont le niveau était certainement élevé de plus de dix mètres au-dessus de celui de cette rivière. Nous dépassâmes un peu ces medanos, afin de signaler une borne, la quatrième depuis notre point de départ de l'angle Sud; ce qui veut dire que nous avions mesuré quatre lieues dans la matinée. Nous revînmes ensuite prendre du repos sur le bord d'une lagune.

L'endroit où nous nous trouvions était aussi pittoresque que peut l'être un site des Pampas : la base des medanos reposant sur le sommet des coteaux, dont le Chalidéo baigne le pied, il en résultait une élévation totale, et des accidens de terrain bien rares dans un pays aussi plat; mais il manquait à ce site, comme à tous ceux de la contrée, des arbres pour l'embellir, et des habitans pour l'animer. Les chardons qui couvraient les medanos indiquaient que les Indiens y avaient fait séjour; et nous servirent à former, avec nos ponchos, de petites tentes, pour diminuer l'ardeur excessive des rayons du soleil. Il ne restait de provision que pour quatre ou cinq personnes; et je voyais avec peine nos pauvres soldats nous regarder tristement du coin de l'œil, pendant que nous dévorions nos derniers morceaux de charque. On apercevait bien quelques venados dans la plaine; mais les chevaux étaient tellement rendus que leurs écuyers ne se hasardaient point à les faire courir dans un terrain sablonneux, où il est très-facile qu'ils s'abattent. Heureusement que plusieurs soldats avaient été se baigner à la rivière, et qu'ils furent assez adroits pour attraper quelques poules d'eau, qu'ils partagèrent avec leurs compagnons, et qui servirent à satisfaire en partie leur appétit. Notre repas terminé, nous nous disposions à faire un peu de sieste, en attendant que l'ardeur du soleil fût diminuée, lorsqu'un accident imprévu nous obligea à décamper subitement. Nos guides étaient dans l'usage, à toutes nos haltes, et comme le pratiquent toujours les Indiens, de mettre le feu aux champs, afin de les nettoyer et de détruire les hautes herbes dont ils étaient couverts; ils ne faisaient, ordinairement, cette opération qu'au moment du départ; mais, cette fois, ils l'avaient anticipée fort mal-à-propos; car le feu, rencontrant un aliment aussi actif que les chardons secs, se propagea avec une telle rapidité, que nous eûmes beaucoup de peine à sauver nos harnais; et il ne nous resta d'autre parti à prendre que de monter de suite à cheval, et de continuer notre marche.

A une demi-lieue de la borne que nous avions élevée, nous traversâmes un petit cañadon de cinq cents mètres de largeur, presque à sec, mais toujours garni de joncs épais; ce cañadon court, comme les autres, au Nord-Est, et va se joindre plus bas au Chalidéo, pour former le plus occidental des trois bras du Saladillo. A une distance égale, nous trouvâmes, dans notre direction, l'extrémité septentrionale d'une grande lagune, également pleine de joncs, et nous fûmes obligés de tourner cet obstacle; car le premier des jalonneurs, qui tenta de le franchir, rencontra un fond vaseux dans lequel son cheval s'abattit, et disparut presqu'en entier. Ces bourbiers sont, en général, très-périlleux, et l'on ne doit jamais en essayer le passage qu'avec beaucoup de précaution.

Nos soldats, tous l'œil au guet, cherchaient à découvrir quelque gibier pour notre souper; mais nous nous enfonçâmes tout à coup dans un immense pajonal, dont les herbes dépassaient la tête de nos chevaux; et nous n'en pûmes sortir qu'au coucher du soleil. Il fallut donc se résoudre à se coucher, sans apaiser une faim que redoublait l'idée même de la pénurie dans laquelle nous nous trouvions; et nous nous arrêtâmes tristement près d'une lagune située au pied de medanos connus sous le nom de Oquil. Le capitaine tint conseil avec ses soldats, qui paraissaient fort mécontens; il fut décidé à l'unanimité que l'on tuerait le cheval le plus gras, ce qui fut exécuté à l'instant; et, bientôt, le feu fut entouré de broches bien garnies. Tous les militaires qui ont fait des expéditions dans les Pampas sont habitués à se nourrir de la chair de cheval, lorsqu'ils ne rencontrent pas autre chose; et l'on emmène ordinairement une troupe de jumens destinées à cet usage. Il en est de même

1828 de tous les habitans qui ont fait des excursions lointaines; et les Indiens

Pampas. pampas préfèrent à tout autre cet aliment, pour lequel, au contraire, les Européens éprouvent une répugnance difficile à vaincre. Quant à moi, je ne pus me décider, malgré les vives instances de mes compagnons et la bonne mine de leur souper, à y faire honneur; la graisse de cheval exhale une odeur forte et pénétrante, très-désagréable, et qui m'a toujours empêché de me décider à en manger. Il me restait heureusement une poignée de sucre, et je me contentai de maté, espérant mieux pour le lendemain.

28 Janvier. Notre dénuement augmentait progressivement; nous prîmes, en partant, du maté amer. Nous arrivâmes, de bonne heure, à l'angle Ouest du grand rectangle; et pendant que nous y élevions une haute borne, nous reçûmes une averse, que nous avait annoncée une nuit très-orageuse, et qui nous fut très-favorable, car elle fournit à nos soldats l'occasion de surprendre et d'atteindre facilement une couple de cerfs, dont l'un succomba sous les boules. Le pauvre animal fut immédiatement dépecé; nous nous préparâmes à en rôtir la moitié, pour déjeûner sans desseller; mais l'herbe étant mouillée, et la pluie continuant même un peu, nous eûmes beaucoup de peine à faire du feu, et il fallut toute l'adresse et toute la patience de mes compagnons pour y parvenir. Enfin une flamme naissante, alimentée par quelques restes de graisse de cheval, nous permit de roussir notre rôti, et nous le dévorâmes à moitié sanglant. La chair du venado, quoique un peu sèche, est fort bonne, et a beaucoup d'analogie avec celle de notre chevreuil. Les femelles, et les jeunes mâles, auxquels le bois n'a pas encore poussé, n'ont aucun fumet, ce qui fait que les habitans les chassent de préférence; l'odeur des vieux mâles leur répugnant beaucoup, ils ne se décident à en manger que lorsqu'ils n'ont pas autre chose. Nous déjeûnâmes sans boire, parce qu'il n'y avait point d'eau à proximité, et que la lagune la plus voisine se trouvait à un quart de lieue est de notre campement; elle se nomme la *laguna del Bagual,* et c'est une des plus grandes qu'il y ait dans ces parages.

Nous tirâmes au Sud-Est, afin de tracer le quatrième côté du rectangle; et nous continuâmes notre marche en suivant le revers de coteaux (cerillada), dont nous gravissions quelquefois le sommet, et qui se dirigeaient, comme nous, du Nord-Ouest au Sud-Est. Une autre cerillada se voyait sur notre droite; elle courait parallèlement à la première, et n'en était séparée que par une petite vallée. Nous mesurâmes trois lieues, sans nous arrêter, dans cette nouvelle direction: au bout de deux lieues et demie, nous traversâmes l'extrémité orientale d'une longue lagune, peuplée de joncs, et qui contenait un peu d'eau; à un quart de lieue, sur la droite, il y en avait une autre d'égale grandeur, mais entièrement sèche. 1828. Pampas.

Nous fîmes halte dans un bas-fond, pour reposer nos chevaux : la yerba était finie, comme les autres provisions; et c'était, sans contredit, la privation la plus sensible pour le capitaine et ses soldats, qui ne pouvaient regarder le maté et la cafetière sans soupirer, et sans s'écrier : *quien tubiera una cebadurita de yerba!* (que n'avons-nous une pincée de yerba!) Comme nous réservions l'autre moitié de venado pour le souper, il devenait inutile d'allumer le feu; aussi ne s'en fit-il d'autre que celui que les vaqueanos mirent aux champs, au moment du départ, selon leur constante habitude.

Après une heure de repos, nous nous remîmes en route, et nous continuâmes à suivre le penchant de la cerillada dont j'ai parlé. Lorsque nous eûmes marché un peu plus d'une lieue, nos guides me dirent que nous étions en face d'un grand lac, nommé *la laguna de los muchos pozos,* qui se trouvait à environ trois quarts de lieue sur notre gauche, c'est-à-dire dans le Nord-Ouest : la position et la nature de cette lagune, qu'ils m'assurèrent être de bonne eau, me firent regretter de n'avoir pas connu son existence lors de notre arrivée à la Cruz de Guerra; car elle remplissait beaucoup mieux que celle-ci le but du projet, qui était de former l'établissement plus dans l'ouest, et plus rapproché de la laguna Blanca.

Le rectangle se trouvant tracé, il nous restait, pour terminer l'opération, à regagner, par le rumb sud-est, la borne du medano del Buey, qui nous avait servi de point de départ, ce qui aurait vérifié l'exactitude du travail déjà fait; et, ensuite, à diviser le grand rectangle en quatre autres intérieurs. L'état de nos chevaux, le manque absolu de provisions, nous mirent dans l'impossibilité de pousser plus loin notre arpentage; et nous ne songeâmes qu'à chercher un endroit propre à passer la nuit, pour retourner, le lendemain, à la Cruz de Guerra. A un quart de lieue devant nous, s'offrait un rideau de medanos, qui se prolongeait du Nord-Ouest au Sud-Est, sur une étendue de plus d'une lieue. Nous nous y dirigeâmes, et en gravîmes la crête : au pied du revers opposé, nous trouvâmes une grande lagune presque entièrement desséchée; il ne restait au milieu qu'un bourbier à peine suffisant pour abreuver les chevaux. Il fallut donc, encore, creuser un puits; mais, heureusement, c'était le dernier; nous campâmes au milieu même de la lagune, sur un petit tertre, couvert de gazon, qui devait ordinairement former une île.

La soirée était superbe, et le temps parfaitement calme, quoique l'horizon fût en feu. Les incendies journaliers, occasionnés par nos guides, et ceux que

1828. Pampas. l'on continuait à entretenir autour de l'établissement, avaient gagné une immense étendue, et s'étaient unis de tous côtés. Une épaisse fumée, que le calme tenait suspendue au-dessus des champs embrasés, formait une zone noire d'une grande largeur : la partie du ciel comprise entre cette zone et la surface ténébreuse de la terre, paraissait enflammée ; et les reflets rougeâtres de la lumière devaient au contraste un éclat éblouissant. Plus haut, la voûte azurée semblait assise sur le toit nébuleux de cette fournaise; et la vue fatiguée se reposait agréablement sur le bleu pur d'un beau ciel, sur la douce lumière des étoiles. Au zénith, la sérénité la plus complète et l'ordre imperturbable de la marche des corps célestes; à l'horizon, l'activité dévorante et tumultueuse de torrens de feu; autour de nous, le silence du désert. Mes compagnons, peu touchés de ce sublime spectacle, s'étaient profondément endormis; et, grâce à la fatigue de la journée, je ne tardai pas à en faire autant.

29 Janvier. Je fus réveillé, long-temps avant le jour, par la fraîcheur de la nuit, qui, aux approches de l'aurore, dégénéra en un froid tel que je me sentis les pieds et les jambes glacés. La brise du Sud-Ouest, qui avait succédé à la pluie de la veille, avait considérablement rafraîchi le temps, une abondante rosée avait percé nos ponchos, l'unique couverture en usage dans les voyages. Les nuits, en général, sont très-fraîches dans les Pampas. Ces vastes plaines ne présentant aucun obstacle à l'air ambiant, il y est très-vif; et, par la même raison, le rayonnement nocturne abaisse promptement la température à la surface de la terre, et y occasionne ces rosées qui pénètrent bientôt tous les vêtemens. Les habitans de la campagne, qui, sans se rendre compte des faits, savent parfaitement les observer, cherchent toujours, même dans les nuits les plus calmes, l'abri de quelque touffe d'herbe plus élevée, pour étendre leur lit, ce qu'ils appellent un *reparo*.

Je réveillai mes compagnons, qui, sentant la fraîcheur du matin, firent de nouvelles lamentations sur la privation du maté : pour cette fois, il fallut se contenter du seul cigare, et partir sans avoir pris l'indispensable viatique des créoles; nos vaqueanos nous firent couper droit au Nord; et, au bout de deux lieues environ, nous atteignîmes les *medanos Monigotes*, dont j'ai déjà parlé. Là nous trouvâmes le chemin frayé des salines, qui nous conduisit directement à la Cruz de Guerra. Le feu avait passé sur tout le terrain que nous parcourions, et l'herbe nouvelle, qui commençait à poindre, avait fait succéder, à la teinte jaunâtre d'une campagne desséchée, la tendre verdure d'une fraîche pelouse. On voyait, de tous côtés, les cerfs et les autruches paître avidement ce frais regain; un aspect riant et animé avait promptement remplacé le deuil de l'incendie. Nous aperçûmes de loin la peuplade naissante de la Cruz de Guerra; les huttes agrandies et perfectionnées des soldats; les bâtimens plus élevés que faisait construire le commandant, et dont la charpente était terminée; les terres remuées, dont la couleur jaune tranchait sur le vert de la campagne; les groupes de troupeaux paissant à l'entour du nouveau village, tout avait fait changer de face à ce petit coin du désert; et, pour nous, la transition de la morne solitude de la Pampa au mouvement du petit camp de la Cruz de Guerra était plus grande, que ne l'est, pour un campagnard européen, celle du séjour paisible de son hameau ou de sa chaumière au tumulte de nos grandes villes. Le reste de la journée nous profitâmes tous, chacun selon ses goûts, des avantages de notre retour en terre habitée: les soldats qui m'avaient accompagné se gorgèrent de maté, et mirent vingt rôtis au feu, en racontant à leurs camarades les détails de notre excursion; le capitaine peignit aux autres officiers, avec ce ton d'exagération naturel aux Porteños, la beauté du terrain où il devait former son estancia, l'excellence des pâturages et l'abondance des eaux; pour moi, je savourai, avec sensualité, le plaisir de me raser, de me baigner, de changer de linge, et de prendre un peu de repos.

1828. La Cruz de Guerra.

§. 3.

Retour à Buenos-Ayres.

J'appris que l'on attendait, d'un moment à l'autre, un nouveau convoi de charrettes chargées de matériaux, nouvelle qui me fut très-agréable; car elle m'offrait l'occasion d'expédier mon équipage à Navarro, où je pensais le laisser en dépôt pendant mon voyage à Buenos-Ayres. Je résolus de partir aussitôt après l'arrivée du convoi annoncé, et je communiquai mon projet au commandant, qui me parut n'en être nullement fâché.

30 Janvier.

Je finis mes travaux de la Cruz de Guerra et déterminai la latitude de cet établissement. On m'avait muni d'un cercle de réflexion, de construction anglaise, instrument très-soigné, et dont le vernier était divisé de vingt en vingt secondes; mais la lunette en avait été perdue, et j'avais été obligé d'y faire substituer des pinnules. De plus, cet instrument était destiné pour la mer; et, avec un horizon artificiel, il ne mesurait que des angles au-dessous de la valeur qu'avait alors la hauteur méridienne du soleil à cette latitude; de sorte que je ne pus observer cet astre dans le méridien, et je pris trois hauteurs à une demi-heure d'intervalle, à neuf heures, neuf heures et demie et dix heures. Ces

1828. trois observations, combinées deux à deux, m'ont donné, pour résultat moyen,
La Cruz de Guerra. 35° 40′ 22″ pour la latitude du fort de la Cruz de Guerra; ce qui diffère de dix minutes de la position assignée à cette lagune dans la carte du bureau, où elle a été placée, d'après l'itinéraire de Zizur aux salines. Plusieurs calculs d'azimut m'avaient fait déterminer la déclinaison de l'aiguille aimantée; elle était, pour cette époque, de 14° 7′ E.

Je cherchai aussi à découvrir l'origine du nom de Cruz de Guerra; mais il me fut impossible d'apprendre rien de positif à cet égard; il paraît seulement, d'après les renseignemens vagues que me donna le vieux guide, que ce point avait servi plusieurs fois de lieu de conférences entre les Espagnols et les caciques Indiens. Il est possible que la *croix de guerre* ait été quelque symbole employé comme signal de rupture entre ces éternels ennemis.

Les charrettes annoncées arrivèrent au milieu du jour et déchargèrent immédiatement, afin de repartir dans la nuit. J'expédiai mon équipage à Navarro, et j'écrivis au commissaire de ce village, pour le prier d'en être le dépositaire; mon adjoint devait rester jusqu'à nouvel ordre: je lui donnai les instructions nécessaires pour surveiller l'exécution des travaux du fort, et je fis mes préparatifs de départ pour le lendemain.

31 Janvier. J'étais prêt de grand matin, et je comptais me mettre en chemin de bonne heure; mais le capitaine qui m'avait accompagné dans ma reconnaissance devait faire route avec moi jusqu'à Lobos, et un autre officier jusqu'à Buenos-Ayres; quatre soldats devaient nous servir d'escorte, et ces messieurs employèrent toute la matinée à se disposer. Rien d'aussi difficile que de partir dans ces contrées; les chevaux, les recados, tout l'attirail de courroies (*huascas*), et autres bagatelles, dont les habitans ont besoin dans leurs voyages, occasionnent toujours retards sur retards. Mes compagnons, pour calmer mon impatience, me dirent que nous marcherions toute la nuit, et firent si bien que nous dînâmes à la Cruz de Guerra. Après le dîner, il fallait nécessairement faire la sieste; et, après la sieste, il était indispensable de prendre le maté et de fumer le cigare; enfin, toutes ces opérations terminées, il ne restait plus que le chapitre des adieux; ceux-ci, heureusement, furent très-courts et assez froids. Le commandant me chargea de remettre à son frère quelques milliers de piastres, produit de ses économies et de la pulperia.

Nous montâmes à cheval deux heures avant le coucher du soleil, et nous atteignîmes, à la chute du jour, le medano de los pozos de piche. Nous marchâmes sans nous arrêter jusque vers deux heures du matin. La nuit était fort obscure, et il nous était impossible de galoper; car le passage répété de charrettes pesamment chargées avait rempli le chemin de trous et creusé de profondes ornières; de plus, en parcourant toutes ces campagnes jusqu'au Salado, et débarrassant le terrain des hautes herbes dont il était couvert, l'incendie avait mis à nu les pieds des touffes, ce qui hérissait le sol d'aspérités, contre lesquelles les chevaux butaient à chaque instant. Nous voyagions donc au grand trot, allure qui ne plaît nullement aux créoles, accoutumés à faire toutes leurs courses au galop; aussi mes compagnons, n'en pouvant plus de sommeil et de fatigue, furent-ils d'avis de s'arrêter un instant. Nous mîmes pied à terre, et chacun d'eux, enveloppé de son poncho, s'étendit sur l'herbe sans desseller, tenant la bride à la main. La nuit étant très-fraîche, je ne me sentis nullement disposé à partager ce délassement, et je me promenai sur la route, pendant que mes hommes ronflaient, me proposant d'interrompre promptement leur sommeil; au bout d'une heure, je les réveillai, en leur persuadant qu'ils avaient dormi beaucoup plus long-temps, et nous nous remîmes en marche.

Un peu avant le point du jour, nous passâmes près de la lagune de Palantelen; et, bientôt après, nous abandonnâmes le chemin que nous avions suivi en venant de la guardia de Lujan, pour en prendre un nouvellement frayé par les charrettes qui faisaient les voyages de Navarro. Ce chemin suivait la côte du Salado, en s'en approchant insensiblement; et nous n'atteignîmes cette rivière que quelques instans après le lever du soleil.

Le point où nous passâmes le Salado se trouvait cinq ou six lieues plus bas que celui où nous l'avions passé en allant à la Cruz de Guerra. La forme de son cours était absolument la même, c'est-à-dire qu'il coulait toujours dans un bañado ou bas-fond sujet à s'inonder, et dont la largeur moyenne est d'un quart de lieue environ; je remarquai seulement que les coteaux qui bordent cette espèce de vallon étaient beaucoup plus élevés. La rivière se trouvait presque à sec, et il ne restait, au milieu de son lit, qu'un bourbier, avec un décimètre d'eau d'une salure amère. Nous fîmes halte pour faire un peu reprendre haleine à nos chevaux épuisés, aussi bien que leurs cavaliers. Nous avions fait au moins vingt lieues sans desseller; et la fatigue, jointe au besoin de sommeil, avait abattu nos forces et notre courage. Nous nous étendîmes ou plutôt nous nous jetâmes sur nos ponchos; mais l'ardeur du soleil, qui commençait à s'élever sur l'horizon, ne nous permit aucun repos. Malheureusement, par suite de l'imprévoyance ordinaire des habitans, nous n'avions fait aucune espèce de provisions; et la faim, qui vint bientôt se réunir à nos souffrances, nous contraignit à remonter à cheval pour atteindre un gîte. Nous gravîmes les hauteurs qui bordent le Salado, et nous distinguâmes

1.er Février.

1828. Pampas. au loin une cabane vers laquelle nous nous dirigeâmes avec empressement; elle se trouvait sur le bord de la route nouvellement frayée que nous suivions, et servait d'asile à une pauvre famille, qui cultivait à côté un petit champ de maïs. Nous nous approchâmes de la porte, ou plutôt de la peau de vache qui couvrait l'unique ouverture de cette chaumière, en criant la formule d'usage; mais nous attendions en vain la réponse ordinaire et l'invitation, sans laquelle il serait impoli de mettre pied à terre; tout restait silencieux; il n'y avait pas même de chien qui vînt nous saluer de ses aboiemens et chercher à mordre les jambes des chevaux, comme c'est leur habitude dans ce pays. Fatigués d'appeler, nos soldats descendirent de cheval, et allèrent soulever le rideau qui fermait l'entrée de ce réduit. Personne!.... Les maîtres de la maison, qui étaient, sans doute, allés faire quelque course aux environs, l'avaient abandonnée, sous la sauve-garde de la foi publique; ce qu'ils pouvaient, d'ailleurs, faire sans danger, grâce au désert qu'ils habitaient, et surtout au dénûment de leur ménage. Frustrés dans notre espoir, nous fûmes tentés de tuer quelques poules, qui rôdaient autour de cette misérable hutte; mais un reste de respect pour le droit de propriété, et plus encore la vue, quoique fort éloignée, d'autres habitations, nous retinrent, et nous firent continuer notre pénible marche, au grand mécontentement de nos soldats, qui trouvaient beaucoup plus naturel de manger les poules, sauf à les payer ensuite.

Plusieurs groupes de peupliers, dont le mirage ne laissait apercevoir que la cime comme suspendue dans les airs, se distinguaient confusément à l'horizon, et indiquaient autant de maisons. Je fis observer à mes compagnons que, pour aller à Lobos, nous devions nous diriger sur les groupes qui se trouvaient le plus à l'Est; mais ceux qui se présentaient droit devant nous leur paraissant plus rapprochés, ils s'obstinèrent à continuer à suivre le chemin de charrettes, et, vers onze heures du matin, nous atteignîmes enfin une maison. Le propriétaire, jeune homme nouvellement marié, se trouvait seul dans ce moment, et n'avait absolument rien de prêt à nous fournir; mais il consentit à nous vendre des volailles. La pulperia voisine nous offrit du pain, du vin et des figues sèches; enfin, on nous prépara un repas qui, après la longue abstinence que nous venions de subir, pouvait passer pour splendide. Pendant que nos soldats faisaient la cuisine, nous cherchâmes à satisfaire notre besoin le plus pressant, celui du sommeil; des peaux de vaches étendues au milieu de l'unique pièce qui composait l'habitation, et des oreillers que nous présenta notre hôte, nous parurent des lits moelleux, sur lesquels nous nous endormîmes si profondément que nous ne nous réveillâmes que fort tard dans l'après-midi. Nous dévorâmes en un clin-d'œil notre dîner, et songeâmes ensuite à repartir. Notre hôte nous dit que le chemin que nous suivions conduisait à Navarro, et nous éloignait de Lobos, comme je m'en étais douté; il nous indiqua, à l'horizon, un point qui se trouvait dans la direction de ce dernier village, ainsi qu'une pulperia plus rapprochée, et dont il nomma le propriétaire; celui-ci se trouva être une ancienne connaissance du capitaine, qui, ne paraissant nullement pressé d'arriver, jugea convenable de passer la nuit chez son ami. Nous coupâmes donc à travers champs directement sur la pulperia, que nous atteignîmes au coucher du soleil.

La facilité avec laquelle on peut parcourir, dans toutes les directions, la province de Buenos-Ayres, est vraiment admirable : il est rare qu'on rencontre un ruisseau ou une rivière qu'on ne puisse passer aisément, et il n'y a guère d'autre obstacle que celui qu'opposent les chardons au temps de leur grande hauteur; de plus, l'horizon étendu dont on jouit dans un terrain aussi plat, permet toujours de distinguer quelques-uns des ombus ou des peupliers ombrageant presque toutes les habitations, et servant comme de points de repère au voyageur qui ne veut pas suivre les chemins frayés. Ces arbres s'aperçoivent de fort loin; d'autant plus que la réfraction considérable qui a lieu dans une couche d'air aussi profonde que celle que perce l'œil dans ces vastes plaines, fait souvent paraître au-dessus de l'horizon ceux qu'il cache réellement. Au reste, l'atmosphère des Pampas ne facilite pas seulement la transmission de la lumière; elle est tout aussi favorable à la propagation du son; car, au moment où nous arrivâmes sur le bord du Salado, nous entendîmes parfaitement une canonnade qui avait lieu dans la Plata, en face de Buenos-Ayres, entre l'escadre brésilienne et celle de l'amiral Brown, à une distance qui ne pouvait être moindre de vingt lieues marines.

Nous trouvâmes l'ami de notre capitaine faisant une partie de cartes avec deux de ses voisins; une petite table, couverte d'un poncho, en guise de tapis, était placée au milieu de la cour, et des grains de maïs servaient de jetons, usage général dans ces pays. A Buenos-Ayres même, dans les cafés et dans les meilleures maisons, on ne voit ordinairement que ces grains, ou des haricots, sur les tapis; et quelque gros jeu que jouent les créoles, il est rare qu'il paraisse de l'argent sur la table. On interrompit un instant la partie, pour nous faire accueil et nous inviter à nous y intéresser. Le capitaine fut le seul qui accepta; car l'autre officier ne le pouvait faire, par la raison toute simple qu'il n'avait pas le sou, et moi, j'avais, dans mon ignorance des jeux du pays, une excuse toute prête. La table fut transportée dans la salle; et

1828. Pampas. pendant que ces messieurs s'escrimaient, et que le souper se préparait, j'examinai, en me promenant, l'habitation de notre hôte.

Elle se composait de deux corps de logis parallèles : le plus grand contenait une chambre à coucher, une salle, un magasin et une pulperia ; l'autre, la cuisine et une chambre de domestiques. Le pignon, sur lequel se trouvait la porte de la pulperia, était abrité par le prolongement du toit, qui, s'avançant de quatre à cinq mètres en saillie, couvrait un espace destiné à recevoir les buveurs, lorsque la réunion était trop nombreuse pour être contenue dans l'intérieur : un banc en maçonnerie se trouvait de chaque côté de la porte ; c'est là que se placent ordinairement les joueurs de guitare et les chanteurs, personnages principaux et indispensables de ces réunions. L'intervalle entre les deux corps de logis était nivelé et battu ; et le tout clos d'un fossé carré, large et profond, sur les bords intérieurs duquel s'élevait un rideau de peupliers. Dans l'un des angles du carré on voyait un four hémisphérique, construit en briques séchées au soleil, sur une petite plate-forme d'un demi-mètre d'élévation au-dessus du sol ; four destiné non-seulement à la consommation de la maison, mais encore et principalement au commerce de la pulperia, où il se débitait beaucoup de pain ; car les pulperos sont presque les seuls boulangers des campagnes. La description que je viens de faire de cette habitation, convient, à de légères différences près, à toutes celles de la province de Buenos-Ayres ; et, quoique les murs fussent construits de pieux et de boue, et la toiture de joncs, ce n'en était pas moins un édifice d'importance dans le pays. Au reste, au milieu du désordre et de la malpropreté qui régnaient dans cette maison, et qui sont le caractère distinctif des habitations des provinces, où la vie pastorale est le principal exercice des campagnes, on y voyait un air d'abondance, annonçant que le propriétaire était plus riche que ne l'indiquait l'architecture de son manoir.

Nos joueurs s'étaient tellement échauffés qu'ils ne purent se décider avant minuit à céder la table, pour qu'on substituât la nappe au tapis ; encore n'était-ce qu'une trêve, et la partie devait-elle reprendre aussitôt après le souper. Celui-ci fut aussi somptueux qu'il pouvait l'être dans la campagne de Buenos-Ayres, c'est-à-dire qu'il y eut abondance de viande et de volaille. L'ordre du service est diamétralement opposé à celui qui s'observe sur nos tables : on commence par le rôti ; puis viennent les ragoûts, le bouilli ; et l'on finit par une tasse de bouillon. Quant au pain, comme c'est plutôt un article de luxe et de gourmandise que de première nécessité, il se sert avec beaucoup de parcimonie, se tranchant ordinairement en petits morceaux, équivalens à une bouchée, et dont chaque convive attrape ce qu'il peut. On place sur la table une bouteille ou flacon de vin, que l'on n'attaque que vers la fin du repas, en buvant, le plus souvent, dans le même verre; ceux qui sont altérés demandent le pot à l'eau où l'on boit également en commun. Nous eûmes chacun une assiette et un couvert, et notre hôte fit les honneurs de la table, en nous servant successivement, ce qui est le *nec plus ultra* du luxe et de la politesse; car, dans les maisons moins opulentes, les assiettes et les fourchettes sont très-rares; chacun tire son couteau de sa poche, mange avec les doigts, en portant la main au plat, met les os de côté, pour les y rejeter ensuite, se sert comme il peut, et s'essuie à la nappe ou torchon qui recouvre la table. Si l'on passe de là à la cabane du pauvre, le service y est beaucoup plus simple encore : à défaut de table, on met par terre le vaisseau qui contient la viande et le bouillon, et l'on pique la broche à côté; on s'assied à l'entour sur des escabeaux, sur des blocs de bois ou sur des têtes de vache; chacun coupe à sa guise; une cuiller unique circule à la ronde; et, lorsque le repas est terminé, on va puiser de l'eau au baril avec un gobelet de fer-blanc, et, plus souvent, avec une corne destinée à cet usage. Là, il ne faut pas compter sur du pain, ni sur rien qui y ressemble; il ne faut pas non plus espérer la moindre variété dans les alimens : la viande bouillie et rôtie forment, depuis le commencement jusqu'à la fin de l'année, le repas de midi et celui du soir, les seuls que fassent les habitans de la campagne; car ils ne déjeûnent qu'en voyage, et lorsqu'ils prévoient que leurs occupations ne leur permettront pas de dîner. Le maté est la seule chose que l'on prenne le matin; aussi la bouilloire est-elle au feu dès le point du jour. Les gens un peu à l'aise se le font apporter au lit; les familles pauvres se réunissent, en se levant, autour du foyer de la cuisine; et père, mère, enfans, journaliers esclaves, assis pêle-mêle, se passent à la ronde l'amer breuvage, qu'ils hument tous avec un seul et même tube. Tel est l'invariable genre de vie des habitans de ces campagnes : accoutumés, dès leur enfance, à ne se nourrir que de viande, ils ne s'en fatiguent jamais, pourvu qu'elle soit grasse, et n'aspirent à rien de mieux; ils croient avoir fait une grande débauche, lorsqu'ils ont à la pulperia dépensé quelques réaux en pain, figues ou raisins secs et autres friandises. Sobres à l'excès, on ne les voit presque jamais manger au-delà de leur appétit, et ils supportent la faim avec une constance et une résignation admirables. 1828. Pampas.

La table levée, les cartes furent rapportées, et la partie reprit avec ardeur. Notre capitaine, qui avait passé la nuit précédente à cheval, et qui se proposait de partir de grand matin, n'en continua pas moins à jouer, pendant que ses compagnons dormaient comme des gens harassés : la passion du jeu lui fit oublier la fatigue, le sommeil, et jusqu'au voyage; car ce ne fut que vers le point du jour que nous sentîmes, au bruit de son recado, qu'il se disposait à prendre du repos.

2 Février. Nous nous étions en vain disposés à partir de grand matin; notre joueur, vaincu par le sommeil, ne put se réveiller que vers dix heures, et il en était plus de onze lorsque nous montâmes à cheval, par un soleil terrible. Au bout d'une heure de marche, nous nous arrêtâmes pour nous rafraîchir à une maison, dont nous trouvâmes les habitans encore tout alarmés d'une scène qui avait eu lieu chez eux, la nuit précédente. Un sous-officier, accompagné de quelques soldats du régiment stationné à Lobos, avait été envoyé par son colonel à la recherche de quelques déserteurs cachés dans les environs; profitant de cette occasion pour s'introduire avec autorité dans les habitations, il s'y était livré à toutes sortes de violences, et en avait mis quelques-unes au pillage; celle où nous nous trouvions n'avait échappé à ses mauvais traitemens que par la fermeté du propriétaire, qui s'était barricadé dans l'intérieur, menaçant de faire feu sur ces vauriens; mais ses domestiques, saisis dans la cuisine, avaient été attachés à un pieu et horriblement fustigés. De pareils actes de brigandage ne sont que trop fréquens dans un pays où l'exécution des lois est nulle ou le plus souvent éludée; et il est très-commun de voir les hommes armés se comporter dans leur patrie comme en pays ennemi. Le capitaine, qui appartenait au corps des délinquans, se chargea de les faire punir; et, comme il était beaucoup mieux monté que nous, il prit les devans au galop. Je crus un instant que l'impatience de faire rendre justice et d'arrêter les désordres qui peut-être continuaient, lui faisait hâter sa marche; mais l'autre officier, qui m'accompagnait, ne tarda pas à me détromper, et m'apprit que son vrai motif était le désir de revoir une concubine avec laquelle il vivait depuis plusieurs années, et de la faire retourner au village, que le séjour de son amant à la Cruz de Guerra l'avait obligée d'abandonner pour une estancia voisine.

Nous nous arrêtâmes à une pulperia, afin de nous faire préparer à dîner; mon compagnon, qui se chargea de le commander, fit tuer des volailles, servir le meilleur vin, et n'omit rien pour que le repas fût aussi complet qu'on pouvait l'espérer dans ces lieux. Comme je savais qu'il manquait d'argent, et que, par conséquent, je devais faire tous les frais, j'étais étonné qu'il disposât si libéralement de ma bourse; mais le rusé personnage avait d'autres intentions. Il était lié, depuis long-temps, avec le propriétaire de la pulperia; et, comme les pulperos ont toujours intérêt à ménager les officiers, afin de se faire payer des dettes que les soldats contractent journellement chez eux, il prévoyait parfaitement que notre hôte se trouverait trop heureux de nous héberger gratis; c'est effectivement ce qui arriva. Dans les garnisons, un grand nombre d'officiers abusent de cette dépendance où ils tiennent les malheureux pulperos. 1828 Pampas.

Nous atteignîmes dans l'après-midi Lobos, où je descendis chez le major Brunier, qui me combla de politesses et d'attentions. Mon hôte m'engagea à passer la journée avec lui, pour prendre un peu de repos, dont j'avais assez grand besoin; et j'y consentis d'autant plus volontiers, qu'il devait s'acheminer le lendemain pour Buenos-Ayres, ce qui me procurait un nouveau compagnon de voyage fort agréable. Le régiment dont nous avions emmené un escadron à la Cruz de Guerra, se disposait à partir pour la laguna Blanca, où l'on allait établir un autre fort; et une lettre du bureau topographique, que me remit le colonel, m'informa que mon aide, resté à la Cruz de Guerra, était chargé d'aller le tracer. J'appris également que l'expédition pour la baie Blanche marchait avec beaucoup de lenteur, et que j'aurais le temps de passer quelques jours dans la capitale, où se trouvait encore le colonel Estomba, chef de cette expédition. Je fus enchanté de savoir que je pourrais faire connaissance avec ce militaire, et étudier un peu son caractère, avant de me décider à l'accompagner. Lobos. 3 Février.

Le major Brunier n'avait que vingt-quatre heures à passer à Buenos-Ayres; et, nous proposant de partir de grand matin, nous fîmes demander des chevaux à la poste pour le point du jour. Ils se firent attendre très-long-temps; et le major, qui devait indispensablement se trouver de bonne heure à Buenos-Ayres, se décida à se servir des siens propres, jusqu'à la poste prochaine. Pour moi, ne pouvant partir que vers dix heures, il ne me restait aucun espoir de l'atteindre; on compte vingt-quatre lieues de Lobos à la capitale, et il n'y a que deux postes intermédiaires. Le trajet a lieu ordinairement en huit heures, c'est-à-dire qu'on fait à peu près trois lieues à l'heure; mais, le plus souvent, on éprouve des retards considérables dans les maisons de poste, qui sont très-mal servies; et, lorsqu'on veut voyager rapidement, il faut avoir un homme qui aille toujours en avant, pour faire amener les chevaux au parc, sans quoi l'on court risque de les attendre long-temps. La première poste était de six lieues, ainsi que la seconde; nous les parcourûmes sans éprouver d'autre retard que celui du départ de Lobos; mais à la dernière, on nous fit perdre près d'une heure pour changer de monture, et encore fûmes-nous très-mal servis. Le maître de poste s'excusa en me disant que la grande sécheresse, qui avait régné pendant les deux derniers mois, avait fait considérablement maigrir tous les animaux: qu'on ajoute à cela que cette dernière poste est de 4 Février.

1828. Pampas. douze lieues; que les chevaux parcourent ce trajet d'une traite, et souvent d'un seul galop; qu'ils ne reviennent que le lendemain de la capitale, où ils passent la nuit sans boire ni manger, et on ne s'étonnera pas que ces pauvres bêtes soient en mauvais état, mais bien qu'elles puissent soutenir une pareille fatigue.

A six ou sept lieues de Buenos-Ayres, on atteint le rayon dans lequel se trouvent comprises les chacras (terrains destinés au labour). Le nombre des troupeaux diminue, les maisons se rapprochent, et quelques-unes, bâties en briques et crépies à la chaux, annoncent la propreté et l'aisance. On aperçoit des terrains clos de fossés; les routes ne sont plus aussi solitaires, et l'on rencontre fréquemment des voyageurs et des charrettes; de tous côtés s'élèvent de longues perches, au haut desquelles flottent de petites banderoles, unique enseigne usitée pour les pulperias dans ces provinces; enfin, au silence et à l'air morne des vastes plaines, sur lesquelles sont disséminées les estancias, succède l'air riant et animé d'un pays agricole; et, quoique celui-ci soit encore bien loin de ressembler à nos riches guérets de l'Europe, son aspect cause néanmoins une douce émotion au voyageur qui vient de traverser les Pampas, et qui n'a trouvé, sur son chemin, que quelques pasteurs aussi agrestes que leurs troupeaux. A deux lieues de la capitale, on entre dans les quintas (vergers), et la nature s'anime de plus en plus : tout le terrain est coupé de fossés bordés de haies d'aloës; de nombreux bois de pêchers cachent l'horizon de toutes parts, et forment une immense forêt, sur laquelle dominent les terrasses d'une foule de maisons de campagne, peu élégantes, il est vrai, mais dont l'éclatante blancheur tranche sur la verdure des arbres, et rompt l'uniformité du tableau. Les marchands de lait et de légumes, tous au grand galop, se croisent sur la route, et y soulèvent des nuages de poussière; quelques citadins, les uns à cheval, les autres en cabriolet, viennent respirer l'air plus pur; enfin, tout annonce l'approche d'une grande ville. Nous arrivâmes à Buenos-Ayres à l'entrée de la nuit; et, après tant de jours d'une vie sauvage et passée dans le silence du désert, les lumières, l'agitation des rues, le bruit confus de la foule, de la musique, des tambours, des chiens et des voitures, firent sur moi une impression analogue à celle qu'éprouve le campagnard transporté pour la première fois au milieu du tumulte de Paris.

CHAPITRE XVI.

Voyage à la Baie Blanche.

A mon arrivée à Buenos-Ayres, je m'empressai de faire la connaissance 1828.
du colonel Estomba, chef de l'expédition de la baie Blanche. L'affabilité, les Buenos-
manières aussi nobles que franches de ce militaire, me donnèrent de lui Ayres.
l'opinion la plus avantageuse, et me décidèrent à courir les chances de cette Février.
nouvelle entreprise. Un nombreux convoi allait partir pour le Tandil, point de réunion de l'expédition ; et la lenteur des préparatifs me permit de prendre quelques jours de repos. Une charrette, que j'avais demandée pour le transport de mes effets, m'avait été expédiée à la guardia del Monte; de sorte que j'étais obligé de passer par ce village pour la rejoindre, et d'employer un cheval de bât au transport de quelques provisions indispensables dans un voyage qui, selon toutes les apparences, devait être d'une assez longue durée. Après avoir reçu toutes les instructions nécessaires et m'être séparé du colonel Estomba, qui prenait les devans et se rendait directement au Tandil, je fixai le jour de mon départ au 18; mais un contre-temps, sur lequel je n'avais pas compté, le retarda jusqu'au 21. C'était l'époque du carnaval, qu'on fête, dans ces contrées, d'une manière toute particulière, et analogue à la saison dans laquelle il tombe. En Europe, on cherche à se réchauffer dans des bals et par des repas; à Buenos-Ayres, au contraire, on se jette de l'eau, et l'on emploie tous les moyens possibles pour se mouiller des pieds à la tête. Les rues, parcourues dans tous les sens et inondées, sont remplies de cavaliers, qui se poursuivent, se heurtent, arrosés du haut des terrasses par les personnes qui les garnissent, et qui sont, à cet effet, pourvues de vases remplis d'eau. Les hommes de la plus basse classe sont ceux qui se livrent avec le plus de fureur à ce divertissement puéril et périlleux; mon domestique qui, pour rien au monde, n'aurait renoncé à cette partie de plaisir, me laissa pester contre lui pendant ces trois journées de folie, et ne reparut que le mercredi des Cendres, à demi éclopé, par suite d'une chute de cheval, une jambe entortillée de chiffons et en assez mauvais état. Enfin les chevaux de poste se trouvèrent à ma porte, le 21 au matin; et, après avoir placé deux petites malles sur une bête de somme, nous prîmes le chemin qui conduit à la guardia del Monte.

Au sortir de la ville, nous descendîmes dans la vallée du Riachuelo, dont le fond marécageux s'inonde une partie de l'année, et ne présente que des terrains argileux presque toujours dans un état ou de délayement ou de séche-

1828. resse totale, ce qui les rend presqu'impropres à l'agriculture; aussi n'y a-t-il qu'un très-petit nombre d'habitations dans la vallée, qui sert, en général, de pâturages communs aux fermiers établis sur les coteaux dont elle est bordée.

Riachuelo.

Le Riachuelo, portant, plus haut, le nom de Matanza, est un ruisseau dont le courant est sensible seulement dans les grandes crues occasionnées par les pluies : il n'a guère que cinq ou six mètres de largeur, et un mètre de profondeur; aussi serait-il partout guéable, si la nature du terrain qu'il parcourt ne présentait, presque partout, des fondrières, sur lesquelles on ne peut s'aventurer impunément, et où périssent, souvent, les animaux inexpérimentés qui tentent de les franchir. Il n'y a que deux ou trois gués généralement fréquentés, et aboutissant aux chemins de la capitale dirigés au Sud. L'étendue du cours du Riachuelo est d'environ douze lieues, la vallée qui lui sert de bassin va en s'élargissant vers son embouchure; l'eau du ruisseau est saumâtre, comme toutes celles qui baignent cette province.

On compte environ cinq lieues jusqu'à la première poste que nous atteignîmes, en quittant la vallée; elle est située sur le penchant des coteaux du sud, dont l'aspect, quoique nu, est assez riant, et dont le sol fertile n'attend que des bras, pour se transformer en riches guérets. Nous changeâmes de chevaux; et celui qu'on nous donna pour porter le bagage se montra assez rétif, ce qui nous fit perdre près d'une demi-heure, que dura l'opération de le charger. La méthode qu'on emploie, en ce cas, est assez défectueuse; on selle la bête comme à l'ordinaire, à la seule différence près, qu'on ajoute souvent un bât formé de gros bouchons de paille, destinés à empêcher la charge de l'atteindre et de la blesser aux flancs. On partage le fardeau en deux parties égales, qu'on assemble au moyen de courroies : on les place sur le bât, et l'on sangle le tout fortement, avec une longue courroie qui fait plusieurs tours; le postillon conduit, par un licol, la bête de somme, qui doit galoper comme les chevaux de selle; aussi arrive-t-il fréquemment que, les courroies venant à s'allonger, la charge tourne, et se trouve quelquefois dispersée çà et là par l'animal, dans les mouvemens qu'il se donne pour s'en débarrasser. Les Indiens et les muletiers de profession savent seuls l'assurer parfaitement.

Nous arrivâmes vers deux heures à la seconde poste, dont le maître était un vieux ours renfrogné qui nous fit un assez triste accueil; c'était un estanciero possesseur de troupeaux considérables, et jouissant, par conséquent, d'un honnête revenu. Sa demeure offrait, néanmoins, l'aspect le plus misérable et le plus dégoûtant; tout annonçait en lui un de ces avares, si nombreux parmi les estancieros, qu'a enrichis tout à coup la hausse énorme du prix du bétail et des peaux, amenée par la révolution et par la liberté du commerce. Un grand nombre d'entr'eux, bien loin de profiter de ce changement inattendu pour améliorer leur sort, et introduire, dans leurs habitations et dans leur manière de vivre les commodités et l'aisance, que mettent à leur disposition un revenu considérable et un marché toujours abondamment pourvu, persistent dans leur malpropreté, dans leurs coutumes plus qu'agrestes, dans l'usage exclusif de la viande, pour tout aliment; se faisant une affaire d'amour-propre de ne point renoncer à des habitudes qu'ils regardent comme essentielles à leur profession, et enlevant ainsi à la circulation des capitaux énormes, qu'ils entassent au grand préjudice du pays, sans en tirer personnellement aucun avantage. Ces malheureux, lorsqu'ils se sont repus d'un rôti bien gras, et qu'ils ont fumé leur cigarillo, se regardent comme les plus heureux des mortels, dédaignant les superfluités dont les citadins se font un besoin, vantant leur état comme le plus utile, leurs violens exercices comme les plus nobles du monde, et méprisant, souverainement, toute espèce de science, d'éducation et de politesse.

Nous remontâmes à cheval, et nous nous arrêtâmes, au coucher du soleil, à la troisième poste, dite d'Aguero, la dernière avant d'arriver à la guardia del Monte; le gîte qui s'offrait à nous pour passer la nuit, était extrêmement misérable, et ce n'était point, comme à la station précédente, un effet de l'insouciance et de l'avarice du propriétaire, mais bien celui d'une pauvreté trop réelle. En revanche, nous y trouvâmes l'accueil le plus obligeant; et, quoique le maître de poste fût retenu au lit par une maladie douloureuse, toute la maison se mit en mouvement pour nous. On peut observer, dans ces campagnes, plus que partout ailleurs, combien les richesses inspirent d'égoïsme et de dureté. Dans les estancias opulentes, l'orgueilleux propriétaire daigne rarement demander quels sont les voyageurs qui s'arrêtent sur son habitation, ceux-ci n'ayant ordinairement d'autre ressource que de s'introduire et de s'établir à la cuisine; dans les pauvres cabanes des pasteurs moins fortunés, au contraire, on trouve l'hospitalité la plus franche, et tous les secours qu'on peut attendre de leur triste situation. Ces bonnes gens furent très-reconnaissans du salaire que je leur offris pour leurs soins; leur extrême misère put seule les déterminer à l'accepter; car il n'est d'usage de payer ni l'asyle, ni la nourriture que l'on reçoit, et la plupart des habitans s'offenseraient qu'on osât y mettre un prix.

Le postillon nous fit couper à travers champs, et passer des bas-fonds riches 23 Févr.

1828. en pâturages et couverts de troupeaux; nous atteignîmes, ensuite, des coteaux couverts de chardons, où nous reprîmes le grand chemin, qui nous conduisit jusqu'à la guardia del Monte. Je descendis à la maison du juge de paix, qui n'était pas chez lui; mais, comme on était prévenu de mon arrivée, on me donna pour logement une maison contiguë, dont le propriétaire était absent. Je reconnus, en ouvrant mes malles, l'inconvénient de cette manière de transporter des objets fragiles: tout le biscuit, qui remplissait l'une d'elles, était brisé en petits fragmens, réduit en grande partie en poussière, et mêlé avec du sucre, de la yerba et autres objets; j'aurais jeté de suite ce bizarre mélange, si je n'avais pensé que je pouvais me trouver, quelque jour, en position de ne pas le dédaigner.

Guardia del Monte.

A la porte du juge se trouvait le fourgon que le gouvernement m'avait destiné, semblable à ceux qui suivent les armées dans le pays : ce sont des charrettes sans ferremens, construites sur le même modèle que celles qu'emploient les habitans dans leurs voyages, mais plus petites; munies d'un court timon où l'on place des chevaux, elles sont portées sur deux roues élevées, ce qui les rend très-versantes. La couverture en est formée de montans et de cerceaux grossièrement assemblés et recouverts d'une toile peinte; et leur seule ouverture, placée en arrière, se ferme avec deux volets et un cadenas. On y monte à l'aide d'une petite échelle. Quelqu'incommode que soit une semblable voiture, je me trouvais très-heureux de la posséder; car elle m'offrait une petite maison ambulante, et m'assurait un abri pour tout le temps que je devais passer dans le désert. J'envoyai retenir des chevaux à la poste pour le lendemain, et j'ordonnai à mon domestique de se disposer à partir pour Navarro, afin d'en rapporter mes effets, qui s'y trouvaient en dépôt, depuis le retour de la Cruz de Guerra.

En attendant le retour du juge de paix, je parcourus le bourg del Monte, dont l'apparence est des plus triste : les rues y sont tirées au cordeau et se coupent à angle droit; mais les maisons, très-clair-semées, sont construites en briques séchées au soleil, ou pared francesa; quelques-unes sont en pisé, ainsi que leurs murs de clôture; toutes couvertes en paille, et dans un état de dégradation qui annonce la détresse, et ne répond nullement à la richesse des immenses estancias dont le village est environné. L'ancien fortin est complétement abandonné: l'édifice qui servait de caserne à la petite garnison qu'on y entretenait, tombe en ruines; les ordures et les mauvaises herbes en défendent seules l'approche. J'ignore le motif qui a fait donner à ce lieu son nom qui, dans le pays, signifie *bois,* rien n'indiquant qu'il ait jamais existé, dans ce voisinage, le plus petit bouquet d'arbres; il est plus probable que ce nom lui vient de quelques anciennes plantations de pêchers, aujourd'hui si communes dans toute la province. Le Monte est situé sur le bord d'une grande et belle lagune, entourée de petites falaises argilo-calcaires, et qui communique, au Sud, avec une chaîne de lagunes semblable, dont le cours non interrompu va s'unir au Rio Salado.

1828. Guardia del Monte.

Au retour de ma promenade, je trouvai le juge, qui m'attendait, et qui m'accueillit assez bien, quoique son abord fût froid et réservé: ce magistrat était à la fois pulpero et boulanger, comme celui de la guardia de Lujan; mais il était, de plus, homme d'affaires de l'estanciero Rosas, et ce n'était pas la moins importante de ses attributions; car son patron peut être considéré comme le seigneur suzerain de cette partie de la province. Don Juan Manuel Rosas, fameux dans toute la république Argentine par l'influence qu'il exerce sur la population des campagnes, et par la part active qu'il a prise aux discordes civiles, est un très-riche propriétaire qui administre lui-même non-seulement ses propres estancias, mais encore celles de plusieurs citadins opulens : il se trouve ainsi à la tête de trois ou quatre cents hommes qui lui sont entièrement dévoués, et il n'en faut pas davantage pour bouleverser la république; mais cette force est bien moins dangereuse que l'ascendant extraordinaire qu'il a su prendre sur l'esprit des Gauchos; ascendant dû à l'influence des établissemens qu'il dirige, mais surtout à un système de conduite très-bien calculé, et à la faiblesse des gouvernemens successifs, qui ont recherché l'appui de son autorité, au lieu de la réprimer dès sa naissance. Rosas ne manque pas d'une certaine éducation : il écrit avec facilité; il est doué, comme la plupart des créoles, d'une grande pénétration. Entraîné, par goût et par calcul, vers la vie et les occupations rurales, il a fait, de ces dernières, une étude spéciale, et s'est rendu fameux, entre tous les pasteurs, par son adresse à monter à cheval, par l'intrépidité avec laquelle il se livre à tous les exercices périlleux qui font leur gloire et leur assurent la supériorité: toujours vêtu du costume national, se nourrissant comme ses ouvriers, les accompagnant continuellement, et partageant souvent leurs travaux, il a voulu renchérir encore sur la dureté de la vie que mènent ces peuples, en s'imposant des privations pénibles et tout à fait gratuites; ainsi, dans ses voyages, il a pris l'habitude de ne pas accepter de lit, ni même d'abri, et il couche sur son recado, près du parc où l'on renferme ses chevaux. Le premier debout, il se fait un mérite de braver le sommeil, la faim, le froid, la pluie et les ardeurs du soleil. Les hommes sensés rient de cette ostentation d'insensibilité; mais

1828. Guardia del Monte. la foule des campagnards, prise par son faible, admire et porte aux nues son digne émule, et ne parle de lui qu'avec enthousiasme. D'un autre côté, un caractère de grandeur s'attache à toutes les entreprises de Rosas : doué d'un esprit d'ordre remarquable et d'une grande activité, ses établissemens sont parfaitement administrés et peuvent servir de modèles. Ce qu'il y a surtout de louable dans son exploitation, c'est que, non content des immenses bénéfices que donnent les troupeaux, il se livre avec ardeur à l'agriculture, sème à lui seul presqu'autant que tous les habitans du Sud réunis, et fait des plantations d'arbres considérables. Ses États, du reste (car c'est le nom qu'on peut donner à ses vastes possessions), sont le refuge de tous les malfaiteurs, sûrs d'y trouver une protection efficace, et d'y échapper à toute poursuite, pourvu qu'ils consentent à travailler et se rangent à la sévère discipline à laquelle le maître soumet tous ses serviteurs. Rosas a le plus grand soin d'eux : il les paie exactement, il veille lui-même à ce qu'ils soient bien nourris; et, tout en accordant l'impunité à des crimes commis hors de ses propriétés, il se montre inexorable pour les moindres délits dont son territoire a été le théâtre, rendant la justice en personne, infligeant des châtimens rigoureux, sans même en excepter, dit-on, la peine capitale, et redoutable à tous ses voisins, qui, plus d'une fois, ont éprouvé combien il est dangereux de l'offenser. Accoutumé à gouverner despotiquement les immenses domaines qu'il gère, enivré des flatteries continuelles des Gauchos qui l'entourent, lui, leur modèle autant que leur chef, et d'un grand nombre de citadins qui n'espèrent qu'en lui; fort, enfin, de sa popularité et du dévouement fanatique dont il se voit l'objet dans ces campagnes, Rosas s'est déclaré tour à tour le soutien intéressé ou l'amer censeur des divers gouvernemens qui se sont succédé depuis plusieurs années; et, malgré sa profonde dissimulation, on reconnaît sans peine qu'il aspire à devenir le chef de l'État.[1]

23 au 27 Février. J'expédiai mon fourgon pour Navarro, le 23 au matin; il y a douze lieues d'un village à l'autre, et j'étais forcé de passer plusieurs jours à la guardia del Monte, sans autre ressource contre l'ennui que la promenade et les conversations de mon juge de paix. Les sujets de celles-ci n'étaient pas très-variés; car les entretiens des habitans roulent presque toujours sur leur vie et sur leurs occupations, elles-mêmes très-uniformes. Les idées de mon hôte

---

1. Rosas a été nommé gouverneur en 1829; et encore aujourd'hui (1836) il dirige de droit ou de fait la province de Buenos-Ayres. Il est même, dit-on, parvenu à améliorer le système des finances de ce malheureux pays.

s'étendaient, néanmoins, quelque peu au-delà de ce cercle étroit; il s'occupait de politique, lisait les journaux, un peu d'histoire, et pouvait passer pour un homme éclairé, au milieu de cette population grossière. Ses relations d'amitié et d'intérêt avec son patron Rosas, amenaient souvent l'entretien sur ce fameux personnage; et, quand il entamait ce chapitre, il devenait intarissable. Je n'ai jamais vu d'enthousiasme égal, ni peut-être plus sincère, quoiqu'on eût pu supposer qu'il s'y mêlât des vues personnelles. Mon hôte, ne trouvant, dans les temps modernes, aucun sujet de comparaison, affirmait très-sérieusement que, si son héros fût né dans les siècles fabuleux de la Grèce, il aurait été l'émule des Hercule et des Thésée. Je fus frappé de ce parallèle; car, sauf tout ce qu'il y avait d'emphase dans un pareil éloge, on ne peut disconvenir qu'il ne prouvât une certaine justesse d'esprit, et qu'il ne fût un indice de plus de cette admirable sagacité dont la nature a doué les plus grossiers habitans de ces contrées. Notre panégyriste, en effet, aurait pu tout aussi bien comparer Rosas à quelque grand guerrier, ou à quelqu'homme d'État célèbre des siècles plus récents; mais cet éloge eût porté à faux, puisqu'il n'a encore commandé d'autre armée que ses journaliers, ni gouverné d'autre État que ses domaines; tandis que sa vie active et laborieuse, son endurcissement aux fatigues et aux privations, son mépris pour les commodités de la civilisation, son adresse et sa témérité dans les exercices du cheval et de la vie pastorale, en font réellement un héros de la nature, assez semblable à ceux des temps où les qualités physiques l'emportaient sur toutes les autres. La chasse du sanglier de Calydon, par exemple, offrait-elle plus de dangers que la poursuite d'un taureau; et n'y a-t-il pas autant de mérite à dompter et à parquer trois ou quatre mille vaches sauvages, qu'à nettoyer les étables d'Augias?

1828.

Guardia del Monte.

Les environs de la guardia del Monte sont aussi nus que le reste de la province; les ondulations de la plaine fuient et se perdent dans un horizon sans bornes, et dont quelques massifs d'arbres, entourant les principales demeures, jalonnent l'étendue et reculent encore la limite lointaine. Le vert jaunissant des pâturages répand, sur cette vaste superficie, une seule et même teinte tachetée de points noirâtres, que forment les groupes de troupeaux paissans. La campagne qui s'étend au sud du village présente, néanmoins, un aspect un peu plus pittoresque; la surface argentée de la grande lagune, sur le bord de laquelle il est bâti, et les petites falaises jaunâtres qui entourent le bassin de celle-ci, jettent quelque variété dans les jeux de la lumière. Des habitations d'une construction plus soignée, et parmi lesquelles se distingue la belle estancia de Dorna, animent encore le paysage. Cette estancia passe pour la plus

1828. Guardia del Monte. considérable de la province, et l'on assure que son propriétaire marque jusqu'à douze mille veaux par an; elle est contiguë à l'une de celles de Rosas, où celui-ci fait sa résidence habituelle, et qu'on pourrait appeler le chef-lieu de ses États. Il est rare que, dans ces campagnes, les propriétaires voisins vivent en bonne intelligence. Le vague et l'incertitude des limites de leurs terrains, et le mélange continuel de leurs troupeaux, sont des causes de discordes qui se renouvellent incessamment; à quoi il faut ajouter qu'ils sont, généralement, envieux les uns des autres. Il était difficile, du caractère dont j'ai dépeint Rosas, qu'un voisin aussi riche que Dorna, et dont l'influence pouvait balancer la sienne, ne lui portât pas ombrage; aussi la collocation de quelques bornes de partage fut-elle bientôt la cause ou le prétexte d'une rupture haineuse, et d'un procès scandaleux, qui dure depuis plusieurs années.

Mon fourgon fut de retour le 24 Février; il arriva tellement disloqué qu'il était hors d'état d'aller plus loin sans réparations. Les charrettes du pays sont entièrement construites en bois, sans qu'il y entre un clou ni le moindre lien de fer; quand on les tient dans l'inaction et exposées au soleil, toutes leurs parties se disjoignent, et il devient nécessaire de les resserrer, sous peine de les voir s'enfondre et tomber en pièces sur la route.

Peu s'en était fallu que pareil accident n'arrivât à la mienne; et, malgré mon impatience, il fallut accorder une journée au charron que me procura le juge de paix; mais le 26, jour destiné à ce travail d'urgence, il se déclara un orage épouvantable, et l'eau tomba par torrens jusqu'au coucher du soleil. Force me fut donc de remettre l'opération au jour suivant; et, le surlendemain, Guardia de los Ranchos. je me rendis à la *guardia de los Ranchos*. Je remarquai, dans la cour du maître de poste, plusieurs énormes os de baleine, qui y avaient été transportés de la baie de Samborombon, distante de plus de vingt-cinq lieues; le grand nombre de navires baleiniers, qui autrefois venaient y pêcher, depuis le Brésil jusqu'aux îles Malouines, explique, sans doute, cette abondance d'os de cétacés répandus sur toute la côte, particulièrement vers le Sud. Les habitans se servent des vertèbres en guise de siéges.

29 Février. Le 29, j'arrivai à Charcomus, bourg agréablement situé sur le bord d'une grande lagune, dont le fond est de sable, et dont les bords montrent quelques bancs de tosca ou calcaire à ossemens, dont il a été question sur les rives du Parana[1]; lagune contenant beaucoup de poissons, principalement des espèces de silures. La position de Charcomus est très-pittoresque, et les grandes plan-

1. Chapitre XII, pag. 456.

tations de peupliers, qui l'entourent, en font un des plus jolis bourgs de la province de Buenos-Ayres. En 1800, sa population était déjà de mille habitans, selon Azara[1]; mais, depuis, elle s'est beaucoup accrue, surtout pendant la guerre avec les Brésiliens, à cause de la proximité de l'embouchure du Salado, où entrèrent beaucoup de prises; aussi, pendant tout ce temps de guerre, y trouvait-on toujours une affluence assez grande d'étrangers, marins et corsaires. De Charcomus, j'allai coucher à la poste de Roxas; et je ne rencontrai que le lendemain, à midi, en arrivant à celle de Don Victorio Merlo, le convoi des charrettes appartenant à l'expédition, et qui se disposait à se mettre en marche. Je passai le Salado le même jour, et j'atteignis le soir la poste d'Isla: le jour suivant, nous fîmes halte au village de Dolores; la campagne que je venais de traverser, depuis le Salado, est unie, et présente le même aspect que les terrains que j'ai décrits dans le voyage à la Cruz de Guerra. Elle est bien caractérisée, d'ailleurs, par le grand nombre de petits lacs qu'on y rencontre, de distance en distance: en partant de Dolores, je remarquai beaucoup de plaines basses, surtout avant d'arriver à la poste de Don Pedro Ponce, placée à peu près à la *moitié* du chemin qui sépare ce village de la poste de Caquel; ces plaines humides paraissent communiquer avec celles qui couvrent tout l'espace situé en deçà. Les dunes du cap San-Antonio, à l'ouest duquel je me trouvais, sont, sans doute, un cours d'eau analogue à ceux que forment les bras du Saladillo, près de la Cruz de Guerra: et qui paraissent venir de l'ouest de la Sierra du Tandil, tantôt présentant l'aspect de ruisseaux, tantôt disparaissant ou se changeant en marais, avant d'atteindre les bords de la mer. Le sol s'élève peu à peu, en approchant des hauteurs de Caquel, ancien fortin, situé près du lac du même nom. Les bords de ce lac offrent quelques pierres et des masses d'argile durcie; tout le sol des environs est couvert d'efflorescences salines. Je fus obligé de rester plusieurs jours en ce lieu, afin de me procurer des chevaux, que, sur un avis du colonel Estomba, j'avais fait demander dans les estancias voisines.

1828. Pampas. 3 Mars.

Le 6, au soir, nous abandonnâmes les hauteurs de Caquel, qui sont de peu d'étendue. Tout le terrain qui suit, jusqu'à l'estancia de Baudria, distante de quatre lieues, redevient uni comme les Pampas, sauf un petit mamelon peu élevé, qu'on rencontre une lieue avant d'arriver à cette estancia, et au pied duquel s'étend une lagune alors presque sèche; toutes ces petites éminences sont formées de terre argileuse et compacte. Elles diffèrent essen- 6 Mars.

1. Voyage dans l'Amérique méridionale, t. II, p. 338 (tableau).

1828. tiellement des medanos qui environnent la Cruz de Guerra. L'estancia de Baudria est un établissement nouveau. Pour en former de semblables, les habitans commencent par creuser un fossé sur lequel ils placent un petit pont-levis; ils construisent, en deçà, un rancho ou petite cabane, pour se mettre à l'abri des attaques des Indiens, attaques très-fréquentes depuis le commencement de la révolution, et qui, à certaines époques, ont dévasté la province de Buenos-Ayres. Ils forment, en même temps, les potreros ou parcs pour les animaux, et l'un de leurs premiers soins est de planter des bois de pêchers; ces premiers travaux exécutés, on les étend, on les perfectionne, peu à peu; on construit une maison de maître, plus ou moins spacieuse; le rancho sert alors de cuisine, et est abandonné aux ouvriers.

Pampas.

Pendant notre halte à l'estancia de Baudria, nous reçûmes la visite d'Indiens pampas, qui venaient de dresser leurs toldos ou tentes, à peu de distance; ils nous dirent qu'ils venaient chercher asyle dans l'intérieur de la province, et que la crainte des Chilenos (Indiens chiliens ou de la Cordillère) les chassait des lieux où ils faisaient leur séjour habituel. Je fus frappé de la bonne tenue de ces naturels, et surtout de l'harmonie de leur langage, que parlent aussi les Aucas, les Ranqueles, etc., et qui n'est que l'araucano du Chili : ces indigènes, qui venaient alors se réfugier au milieu des chrétiens, sont les mêmes qui, de temps à autre, leur font une guerre d'extermination, se répandant, comme un torrent, au milieu des estancias surprises, tuant tous les hommes adultes, enlevant les femmes et les enfans, pillant tout ce qu'ils trouvent, et entraînant rapidement, au désert, tous les troupeaux dont ils ont pu s'emparer. Mais il est rare qu'ils jouissent tranquillement du fruit de leurs rapines : le plus souvent, ils sont surpris au retour de leur expédition, et dépouillés par quelque tribu ennemie; quelquefois, aussi, les chrétiens prennent leur revanche, pénètrent, à leur tour, à la faveur des ténèbres, dans le camp de leurs ennemis, et y massacrent tout sans pitié. Dans les intervalles de paix, qui succèdent à ces boucheries, les Indiens viennent trafiquer à Buenos-Ayres, où ils apportent quelques tissus de laine, comme des ponchos, des couvertures, des plumes d'autruche et des pelleteries.

7 Mars. De l'estancia de Baudria, je me dirigeai vers le Tandil, et j'allai d'une seule traite à la laguna du *Juncal,* distante de sept lieues; cette lagune, dont le nom annonce la présence de joncs, est située au pied d'une petite hauteur; l'eau en était bonne, et, en général, au sud du Salado les eaux sont moins saumâtres que de l'autre côté. J'apercevais aussi moins de ces grands espaces saturés de sel, où il ne croît que quelques plantes maritimes, comme des

soudes et des *salicornes*, surtout des dernières; on voyait, sur les bords de la lagune, des traces du séjour des naturels, c'est-à-dire des feux éteints, des os à moitié calcinés, des carcasses de chevaux et autres animaux, provenant de leur chasse. J'allai coucher à deux lieues de là, à l'endroit nommé *Cacique negro*[1], du nom d'un chef, qui y a long-temps séjourné avec sa tribu. C'est une hauteur peu étendue, pourvue d'un lac d'eau douce, alors mauvaise, parce qu'elle était très-basse. Je recueillis sur les bords de très-belles ampullaires[2], les seules que j'eusse vues jusqu'à ce moment dans les Pampas. A une lieue en deçà du Cacique negro, j'avais commencé à apercevoir, au Sud-Ouest, les premières sommités de la chaîne du Tandil, quoiqu'elles fussent encore à la distance d'environ quinze lieues : leur vue procure une sensation agréable au voyageur fatigué de l'invariable uniformité des Pampas; on considère avec plaisir ces masses qui viennent enfin dessiner sur l'horizon quelques dentelures. Pendant la nuit, par un beau clair de lune, nous marchâmes environ quatre lieues. Le terrain, quoique très-uni, s'élève peu à peu à partir de la dernière station. 1828. Pampas.

Nous nous remîmes en route après le soleil levé, et nous fîmes près de six lieues. Les montagnes du Tandil se découvraient de plus en plus, et présentaient deux groupes ou sommets qui dominaient toute la chaîne. Nous arrivâmes au bord de l'Arroyo del Tandil, ruisseau peu profond, descendant des hauteurs, et coulant entre des joncs et des herbes assez élevées, qui le masquent entièrement, de sorte que, pour le découvrir, il faut être averti de sa présence par la force et par la fraîcheur de la végétation. L'eau en est excellente, et c'est la première parfaitement douce qu'on trouve depuis Buenos-Ayres. L'endroit où nous campâmes avait été récemment abandonné par les indigènes, et le sol était jonché d'ossemens et de têtes de tatous de deux espèces, les *mulitas*[3] et les *peludos*[4], très-communes dans ces campagnes; on les voit paître, le matin, dans les regains des plaines brûlées, et il est très-facile de les attraper; c'est une excellente nourriture, recherchée non-seulement des Indiens, mais aussi des créoles; ce qui fait qu'on en apporte beau- 8 Mars.

1. Cet Indien, chef de la nation Puelche, joue un rôle assez important dans l'histoire. Voyez la description de l'établissement du Carmen en Patagonie.

2. Voyez Mollusques. C'est une espèce nouvelle, figurée sous le nom d'*Ampullaria australis*, d'Orb., parce que c'est l'espèce qui se trouve le plus au Sud.

3. Tatou mulet, *Dasypus hybridus*, Desm., Mamm., esp. 583.

4. Tatou velu, *Dasypus villosus*, Desm., Mamm., esp. 587.

1828 coup au marché de la capitale. Dans le reste de la journée nous fîmes encore
Tandil. cinq lieues, et nous allâmes coucher à la laguna de Mariano. Le temps était à l'orage, et il commençait à tomber quelques gouttes d'eau. Le chemin incline un peu vers l'Ouest, côtoyant la chaîne du Tandil, et faisant mille détours, pour chercher les hauteurs et éviter les bas-fonds marécageux. Les montagnes se découvrent alors dans toute leur étendue, et l'on commence à jouir des contrastes piquans que produisent, d'un côté, la couleur rougeâtre de leurs sommets granitiques, avec la tendre verdure qui entoure leur pied; de l'autre, le bruit tumultueux des torrens élancés de leurs gorges, avec le silence et l'immobilité des eaux stagnantes de la plaine. D'épais nuages s'amoncelaient autour des pics; et, à peine eûmes-nous fait halte, que l'orage éclata; la pluie tomba si abondamment qu'il nous fut impossible de faire du feu; et, par conséquent, de prendre aucune nourriture, jusqu'au lendemain; contre-temps auquel il faut
9 Mars. s'habituer en de tels voyages. La distance de la laguna de Mariano au Tandil, est de quatre à cinq lieues, au travers d'un terrain fortement ondulé; un quart de lieue au-dessous du fort, nous traversâmes un ruisseau limpide qui s'échappe d'une gorge, et sur les bords duquel il est construit. Nous arrivâmes à onze heures au Tandil.

Le fort du Tandil ou de l'Indépendance est un carré, dont les côtés sont brisés en étoile, et peuvent avoir 150 à 200 varas de long: aux quatre angles on a réuni presque toute la terre du fossé, pour former autant de cavaliers, sur lesquels sont placées trois pièces en batterie, de sorte que les courtines sont presque sans parapet; il n'y a point de glacis; le talus extérieur des remparts, ainsi que les côtés de leurs rampes, sont revêtus en pierre. Les casernes et autres édifices de l'intérieur du fort sont construits en pierres brutes, liées avec de la terre, et couverts en paille; ils forment un carré au milieu duquel on a creusé un puits entouré de peupliers, et de 20 à 22 varas (à peu près 60 pieds) de profondeur, traversant, dans toute sa ligne d'aplomb, une couche de *tosca*, ou argile à ossemens durcie.

Les peupliers ne croissent pas là, non plus que les pêchers, qui restent rabougris et ne donnent point de fruits, ce que l'on attribue aux gelées tardives; mais la nature du terrain, et surtout la mauvaise exposition, me paraissent y contribuer aussi; car, en Patagonie, ces arbres poussent avec vigueur, quoique le climat soit beaucoup plus froid. Il peut y avoir, en dehors du fort, une vingtaine d'habitations, occupées, pour la plupart, par des pulperos. Le fort a été construit, en 1824, par l'expédition que commandait le gouverneur-général Martin Rodriguez : il est dominé par toutes les hauteurs de la gorge, à l'entrée de laquelle il se trouve placé, et ne peut être de quelque utilité que contre un ennemi dépourvu d'armes à feu, comme les Indiens; la construction en a coûté des sommes considérables, et n'a servi qu'à établir la communication avec l'établissement du Carmen, en Patagonie. 1828. Tandil.

Les montagnes du Tandil sont basses, et ne me paraissent pas plus élevées que les mornes de Rio de Janeiro, dont elles diffèrent en ce que la roche s'y présente presque toujours à nu, qu'on n'y aperçoit ni arbre, ni arbuste, et presque pas de végétation. Je gravis l'une d'elles, assez élevée pour que, de son sommet, je pusse découvrir toute la chaîne, dont la direction paraît être E. N. E.-O. S. O. Sur les flancs et à la base on voit des couches primordiales stratiformes, dont les feuillets sont inclinés de 45 degrés environ à l'horizon, et du Nord au Sud. Plus haut, ce ne sont plus que des granits généralement gris ou rougeâtres. Lorsque ce granit est à l'état de gneiss, il se compose de feuillets dirigés dans tous les sens; d'autres fois il présente comme des aiguilles ou cônes émoussés sous diverses inclinaisons; quelques-unes sont traversées de veines de quartz. J'y trouvai des sources d'une eau limpide, très-fraîche et très-bonne: le morne que j'avais gravi est resserré entre deux gorges qui présentent leur ouverture au fort; et, au fond de chacune d'elles, coule un ruisseau qui y entretient, sur ses rives, une délicieuse fraîcheur et une verdure charmante. Le long d'un de ces ruisseaux, large de 6 à 7 mètres, étaient campés des Indiens aucas, réfugiés dans ces lieux depuis qu'ils avaient été battus et dépouillés au bord du Colorado par une tribu ennemie, venue des montagnes du Chili. Leurs tentes, que je visitai, sont formées de quelques bâtons, sur lesquels ils placent des peaux de cheval: ils avaient pour chef le cacique Venancio, vieillard appartenant à la grande nation des Araucanos: ce vieux cacique a servi dans les armées du pays contre les Espagnols, pendant les guerres de la liberté, et il a reçu au Chili le grade de major. C'est pour ce motif, dit-on, que ses compatriotes le poursuivent, et surtout Pincheira, créole, chef célèbre, que l'on assure être né à Cauquen; Pincheira, la terreur de ses ennemis, déserteur de l'armée de San-Martin au Chili, d'où il est passé du côté des Indiens, par suite de sa mauvaise conduite; et qui, sous prétexte de défendre la cause du roi d'Espagne, continue à faire une guerre cruelle aux indépendans, à la tête des nombreux indigènes dont il a su s'entourer et gagner la confiance.

Le colonel Estomba me prévint que je devais partir le 12, accompagné d'une escorte de trente hommes et du cacique Venancio, avec les siens, pour faire une reconnaissance préliminaire de la baie Blanche, afin de

1828. décider sur quel point se dirigerait l'expédition, et de choisir, à l'avance, le

Tandil. lieu où devrait commencer à se former l'établissement. Le lendemain, les Indiens, qui devaient m'accompagner, me donnèrent le spectacle de leurs exercices en manœuvrant à cheval sur deux rangs : ils conservèrent assez bien leur alignement, exécutèrent des conversions, simulèrent une charge, la lance en arrêt, accompagnant de grands cris toutes leurs évolutions. Leur cacique était vêtu comme les habitans du pays; il montait un beau cheval noir, *orejano* (cheval sauvage dompté), comme tous ceux qu'emploient les Indiens, et dont le harnachement était tout couvert d'argent. C'est de ce cacique que j'appris que le Colorado et le Rio negro descendent des Andes : il était venu du Chili, entre ces deux rivières, et avait rencontré un grand nombre de troupeaux de vaches sauvages et très-grasses; les hommes qui le suivaient, appartenaient, aussi bien que lui, à la nation auca ou araucana, et, en particulier, à la tribu des Pehuenches, qui habitent les vallées des Andes, vers le volcan et le col d'Antuco, en face de la Concepcion du Chili. La reconnaissance préliminaire que j'allais faire de la baie Blanche n'était pas sans danger; car nous devions nous éloigner, de plus en plus, des habitations des blancs, et parcourir une région entièrement soumise à des sauvages, qui ne pouvaient voir de bon œil les chrétiens empiéter continuellement sur un territoire dont ils se regardent assez naturellement comme les légitimes possesseurs. Il était surtout téméraire de s'enfoncer vers le Sud, avec une force aussi peu respectable que celle qui devait m'accompagner, à une époque où le fameux Pincheira parcourait le désert en vainqueur de toutes les peuplades des Pampas, portant la terreur et l'extermination parmi les habitans civilisés, autant que dans les camps indiens; cependant notre chef croyait, avec raison, très-important de déterminer la position de la nouvelle colonie, préalablement à l'arrivée sur les lieux du convoi de charrettes qui suivait la caravane, et il comptait, d'ailleurs, pouvoir me suivre à très-peu de journées d'intervalle. Du succès de ma mission paraissait dépendre celui de l'entreprise.

12 Mars. Je me mis en marche avec une escorte composée de vingt-cinq cuirassiers, que commandait le lieutenant-colonel Morel; notre troupe s'augmentait de trente Indiens, avec leur cacique, de dix femmes, d'un vaqueano ou guide, accompagnés de six hommes et de deux habitans de Patagones ou le Carmen, avec trois domestiques. Nous nous dirigeâmes au Sud-Ouest, au travers des gorges de montagnes, et nous fîmes à peu près six lieues, qui, en tenant compte des détours, peuvent se réduire à quatre. Nous passâmes plusieurs ruisseaux, et j'observai, à deux lieues du Tandil, sur la droite, au sommet d'un mamelon,

d'énormes blocs de granit, isolés et comme posés à la main sur le sol : arrondis, comme s'ils avaient été roulés; quelques-uns s'effeuillant et se fendant, détériorés et divisés en fragmens par l'action de l'atmosphère; ce granit est noirâtre. Le lieu où nous nous étions arrêtés est une belle vallée circulaire, qui peut avoir quatre à cinq lieues de diamètre, et qui sépare la chaîne proprement nommée du *Tandil*, d'une chaîne parallèle qu'on nomme *de la Tinta*; cette vallée est traversée du S. S. E. au N. N. O. par le ruisseau *Chapaleufu*. L'ordre habituel de notre marche mérite d'être décrit, et ce que j'en puis dire doit trouver ici sa place. A l'avant-garde, et à environ une demi-lieue de distance, s'avançait le vaqueano ou guide, le personnage le plus important de toute la caravane, puisque c'est lui dont l'expérience la conduit à travers champs, lui fait éviter les obstacles, calcule la direction et les haltes, d'après le besoin qu'elle a d'eau. L'art de se diriger au milieu de déserts dont l'aspect uniforme n'offre aucun objet qui puisse laisser dans la mémoire des traces profondes, exige une sagacité dont nous nous faisons difficilement une idée, et qu'on ne peut trouver que chez les sauvages, ou chez des peuples semblables aux pâtres de l'Amérique du Sud, dont l'éducation et les mœurs se rapprochent de l'état de nature. Le vaqueano qui nous conduisait était, en cette qualité, à la solde du gouvernement : il était accompagné de plusieurs vauriens qui, sous le titre de volontaires, et sans autre espoir que celui de prendre part à quelque échauffourée, où il leur serait permis d'enlever des chevaux aux Indiens, abandonnaient gaîment les lieux habités, pour braver les incommodités et les privations de la vie errante. Ces aventuriers appartenaient à la classe d'hommes qui, dans le pays, portent le nom de Gauchos, gens sans aveu et sans domicile, vivant sur le commun, abusant de l'hospitalité, si générale dans ces contrées, partageant leur vie entre le jeu et les cabarets, et ne louant leurs services qu'à la dernière extrémité; vrai type des mœurs agrestes, et du caractère indépendant des habitans dans les provinces où domine la vie pastorale. Quelques-uns des volontaires marchaient groupés autour du vaqueano; d'autres, placés par ses ordres à une demi-lieue sur les flancs de la colonne, lui servaient d'éclaireurs, et scrutaient d'un œil attentif les hautes herbes qui couvrent une grande partie de la surface des plaines. Venaient ensuite les Indiens : ces fiers et indomptables guerriers marchaient épars, traînant d'une main leurs longues lances, et épiant les cerfs et les autruches que nous trouvions continuellement sur notre passage, et qui échappaient rarement à leurs bolas; leurs femmes et leurs enfans conduisaient derrière eux les bêtes de somme et les chevaux de rechange, galopant à droite ou à gauche pour chasser les bêtes paresseuses

1828. Tandil.

1828. qui, dans ces longs voyages, s'arrêtent à chaque instant pour brouter. Enfin,
Tandil. l'arrière-garde était formée par le détachement de cuirassiers : ces militaires emmenaient aussi des chevaux de rechange et un troupeau de jumens destiné à l'approvisionnement de la caravane; car on n'emporte jamais d'autres vivres dans des marches aussi rapides, et l'on avait seulement préparé pour moi un peu de viande de vache salée et séchée à la manière du pays.

Nous repartîmes dans l'après-midi, nous dirigeant au S. O. 1/4 S., à travers la vallée; mais nous ne pûmes faire plus d'une lieue et demie, parce qu'un fort orage nous surprit, et nous força de nous arrêter au bord d'un faible ruisseau, qui tombe dans le Chapaleufu.

13 Mars. Le lendemain, au lever du soleil, nous étions à cheval; nous avions devant nous la chaîne nommée *Sierra de la Tinta* (des couleurs), à cause des ocres qu'y viennent chercher les Indiens pour se peindre le corps et teindre leurs pelleteries; elle présente une longue et grande muraille, d'une hauteur uniforme, dont les flancs sont coupés à pic, et laissent apercevoir des couches horizontales de calcaire. Je crus y reconnaître de beau marbre blanc, veiné de rouge pâle; je trouvai aussi, roulés dans le ravin, quelques morceaux de silex. Vers dix heures, nous sortîmes des montagnes, côtoyant un ruisseau qui court au Sud et se jette dans le Quequen. Les Pampas reparurent avec leur fastidieux horizon; nous fîmes halte, après avoir parcouru de sept à huit lieues au S. O. 1/4 O. Nous prîmes quelques instans de repos; puis, nous nous remîmes en marche à travers un terrain bas ou cañada, sec alors, et permettant d'y reconnaître les traces des charrettes de l'expédition de Rodriguez, en 1824. Tout le fond en était argilo-calcaire; ce qu'il était facile de vérifier, grâce à la terre meuble rejetée par les biscachas, et à l'aspect général des bords de la lagune, sur lesquels nous nous étions arrêtés. Nous avions parcouru environ quatre lieues et demie au S. O. 1/2 S.; j'avais vu, pour la première fois, l'animal appelé *lièvre* par les Espagnols, et *mara*[1] par les Indiens; je fus frappé de la rapidité de sa course, et de la grosseur de son
14 Mars. volume. Le 14, nous nous remîmes en route, après avoir changé de chevaux, opération qui dura une demi-heure. Le pays que nous parcourions était uni et bas : vers huit heures, une légère hauteur ou *loma* se présenta; et, de l'autre côté, nous trouvâmes un ruisseau entièrement à sec, dont le lit était rempli de joncs. Nous en passâmes un autre une lieue plus loin, et nous fîmes halte enfin près d'un troisième, nommé *Quequen,* large à peine de cinq mètres,

1. Le *Mara agouti* de Patagonie, ou *Dolichotes mara.*

et dont la sécheresse avait rendu les eaux dormantes troubles et bourbeuses; 1828.
il court à peu près à l'Est. Nous avions parcouru environ six lieues dans la Pampas.
même direction que la veille; nous repartîmes vers une heure. Au bout d'une lieue et demie, nous passâmes un ruisseau sec, et nous atteignîmes des hauteurs qui croisaient perpendiculairement tout l'horizon; à deux heures on distinguait encore, au N. E., les montagnes de la Tinta. Nous nous arrêtâmes, quatre lieues plus loin au S. O., dans un bas-fond, entre deux éminences, auprès d'une petite lagune de très-bonne eau; à un quart de lieue, au S. O. 1/4 O., se trouvait un bien plus grand lac, que nous n'avions pas vu d'abord. Le temps était orageux : il plut toute la nuit et une partie du jour suivant, ce qui arrêta notre marche; mais le pampero vint, bientôt, en balayant les nuages, rendre à l'horizon sa sérénité habituelle; et nous pûmes, le surlendemain, poursuivre
notre voyage. Nous parcourûmes, d'abord, quatre à cinq lieues de terrain ondulé, 16 Mars.
comme celui que nous avions atteint à la halte précédente; après quoi, nous traversâmes une zone d'égale largeur d'un sol plat, mais élevé et sec. Les hauteurs reparurent ensuite; et c'est au milieu d'elles, sur les bords d'un lac, que nous nous arrêtâmes, après avoir parcouru, tout d'une traite, onze à douze lieues, partie au S. O., partie au S. O. 1/4 O. Cette dernière traite avait été très-fatigante pour nos chevaux, en raison de l'extrême mollesse du sol, miné, de toutes parts, par une espèce de rongeur, de la grosseur d'un jeune rat, dont la queue, de deux pouces de long, est dépourvue de poils; sa fourrure est fauve, avec une raie noire dorsale; il a du blanc au museau et des moustaches assez longues[1]. Il faut avoir voyagé au milieu de ces plaines vierges, où l'homme n'apparaît qu'à de longs intervalles, pour s'en faire une idée juste; une multitude de galeries souterraines, creusées par les mammifères dont je viens de parler, s'affaissent sous les pieds des chevaux, qui enfoncent, à chaque pas, de cinq à six pouces, et bronchent continuellement. Nous rencontrâmes un autre animal, que nous n'avions pas encore vu, le tatou *pichi* (petit)[2], ainsi nommé à cause de ses dimensions, moindres que celles de la mulita, et de sa forme plus arrondie; c'est aussi un fort bon manger. Les bords du lac où nous passâmes la nuit, présentaient toujours le même fond, c'est-à-dire l'argile calcaire à ossemens.

Le 17, le terrain se montra plus fortement ondulé : au bout de quatre lieues, nous traversâmes un marais ou cañada qui paraît avoir cours; il était à sec

1. Espèce du genre *Ctenome*.

2. *Dasypus minimus*, Desm., Mamm., esp. 588.

1828. au point où nous le passâmes, mais il y avait de l'eau à droite et à gauche.
Pampas. Trois lieues plus loin, nous arrivâmes à une autre cañada entièrement sèche, comme la première, et nous atteignîmes les bords de l'Arroyo-Salado, après avoir marché, sans faire de halte, neuf à dix lieues au Sud. Le ruisseau, sur les bords duquel nous nous trouvions, est large de plus de cinq mètres: le lit en est encaissé entre des falaises élevées de cinq à dix, et composées d'argile à ossemens; le fond en paraît calcaire; les eaux en sont fortement saumâtres, et coulent avec assez de rapidité. Je recueillis sur ses bords deux espèces de coquilles fluviatiles, une paludine[1] et une lymnée[2]. Du campement nous commencions à découvrir les montagnes de la Ventana sur la droite; je les relevai; et je trouvai qu'elles embrassaient l'horizon, depuis le quatrième degré de l'Ouest vers le Sud, jusqu'à sept degrés et demi. Le vaqueano alla à la découverte, pour chercher une issue par où la charrette pût passer, et pour découvrir les tentes du cacique Tetruel, que l'on disait campé dans ces environs. Le passage fut bien trouvé un peu au-dessous de notre campement; mais on ne vit aucune trace des Indiens.

Le lendemain, nous descendîmes à peu près une lieue au S. 1/4 E., en côtoyant le ruisseau, pour arriver au gué reconnu la veille. Je remarquai, en le traversant, que la couche d'argile qui recouvre les bancs de calcaire, était réduite à une épaisseur d'environ deux mètres: c'était, au reste, le dernier lieu où je devais l'apercevoir; car, au-delà, vers le Sud, le calcaire seul se montre partout, et les alluvions qui le recouvrent à peine, sont des mélanges de sable et d'argile. Nous prîmes, ensuite, la direction S. O. 1/4 S., que nous suivîmes toute la journée, c'est-à-dire pendant sept ou huit lieues, à travers un terrain plat: une lieue avant de nous arrêter, nous passâmes un bas-fond à sec; mais, sur la droite, il formait un ruisseau dit *de la Algarroba* ou *de las Achiras*. Lorsque nous eûmes gravi le petit coteau au pied duquel il coule, nous aperçûmes à l'horizon des groupes d'objets confus, auxquels le mirage, qui s'observe presque continuellement à la surface de ces grandes plaines, donnait mille formes fantastiques; mais bientôt nous pûmes distinguer des cavaliers qui couraient à toute bride, puis revenaient sur leurs pas et se croisaient en tous sens. Nos éclaireurs prirent les devans; et, avant qu'ils fussent de retour, nous nous trouvâmes sur le théâtre de cette joûte inattendue. C'était une chasse d'Indiens aucas: les cerfs guaçu-ti, les autruches (ñan-

1. *Paludina Parchappii,* d'Orb. Voyez Mollusques.
2. *Lymneus Parchappii,* d'Orb. Voyez Mollusques.

dus), les tatous de diverses espèces, qui, de toutes parts, gisaient, égorgés, sur l'herbe ensanglantée, prouvaient qu'elle avait été très-abondante; l'unique arme dont se servent ces peuples pour atteindre leur proie, se compose de bolas, déjà plusieurs fois décrites. Lorsqu'ils veulent faire une grande battue, ils vont passer la nuit sur le point où elle doit commencer, et ils se forment sur une grande ligne demi-circulaire. Ces préparatifs se font la veille au soir, et chacun dort à son poste, de manière qu'au point du jour ils n'ont qu'à monter à cheval, et à s'avancer lentement dans l'ordre prescrit; ils surprennent ainsi, sur tout le front qu'ils embrassent, les animaux encore endormis ou attendant, pour paître, que la rosée soit dissipée. Quelquefois ils forment deux ou trois lignes concentriques, de sorte que l'animal, qui a échappé aux chasseurs de la première, tombe infailliblement sous les coups de ceux de la seconde. On conçoit qu'un pareil système de chasse dépeuple bientôt une contrée, et que la tribu ne tarde pas à se voir forcée de lever le camp pour aller chercher fortune ailleurs. Celle que nous venions de rencontrer, faisait alors des provisions pour plusieurs semaines; elle nous accueillit très-cordialement, et nous donna beaucoup de gibier.

1828. Pampas.

Nous fîmes halte près d'un lac assez étendu, dont l'eau était passable: et qui donne naissance, au Sud, à un ruisseau courant au Sud-Ouest; le fond en est composé d'argile durcie. Les Indiens que nous avions rencontrés appartenaient à la tribu du cacique Tetruel, établi en ces lieux, depuis qu'il avait été dépouillé et mis en fuite par les Chilenos de Pincheira. Ils nous dirent que le ruisseau, sur lequel campait leur cacique, était encore loin, ce qui nous détermina à passer la nuit à cette même place. Je profitai de cette halte pour aller visiter les tentes que les chasseurs avaient dressées sur les bords du lac; elles étaient en petit nombre; et, aux environs, paissaient une vingtaine de chevaux, et environ cent brebis. Je trouvai les femmes et les enfans occupés à dépecer, à couper par morceaux, et à boucaner la chasse. Les principaux Indiens étant venus visiter le cacique Venancio, cette entrevue donna lieu à une espèce de conseil que les créoles nomment *parlamento*. Venancio était assis sous sa tente, entre ses deux femmes; et les visiteurs, assis à terre, formaient deux cercles autour de lui. Divers orateurs prirent la parole, et les assistans leur prêtaient la plus grande attention; leur déclamation, fortement accentuée, ressemble à un chant monotone, coupé par versets, et diffère essentiellement du ton de leur conversation habituelle. Toutes les fois qu'une tribu en rencontre une autre ou qu'elle doit traiter de paix, de guerre, et même de choses moins importantes, il se forme des réunions semblables, et il n'est pas rare qu'elles aient lieu à cheval.

1828. Pampas. 19 Mars. Le 19, nous quittâmes les Indiens, et parcourûmes, au S. O., environ sept lieues de terrain légèrement ondulé, sablonneux, et n'offrant que des pâturages durs et rares. Nous nous arrêtâmes sur les bords d'un ruisseau, que je crois être le *Viruta,* indiqué par d'autres voyageurs, et qui porte aussi le nom de *las Mostazas* (des Moutardes), en raison, sans doute, du grand nombre de crucifères qui se trouvent sur ses bords : il coule dans un profond vallon du N. N. O. au S. S. E. De cette station, je relevai la Sierra de la Ventana, au N. O. 1/4 N. Nous marchâmes, de nouveau, l'après-midi; et, après avoir parcouru à peu près trois lieues au S. O. 1/4 O., nous atteignîmes à un ruisseau, nommé *Chaticò* par les Indiens, et qui coule du N. N. O. au S. S. E. Nous eûmes à traverser, dans ce trajet, de grands ravins, où l'on découvre d'énormes bancs de calcaire à nu ou à peine recouverts par la terre végétale : sur les bords du Chaticò se trouvait la *tolderia,* ou réunion de tentes, des Aucas de Tetruel. Il y eut un nouveau parlamento; mais ce dernier se tint à cheval. Les Indiens s'y montrèrent aussi cérémonieux et aussi infatigables harangueurs que dans le précédent. Nous apprîmes qu'un grand nombre de tribus de *Ranqueles* et de *Chilenos* devaient se mettre en marche; nouvelle peu rassurante pour nous, et qui, jusqu'à l'arrivée du gros de l'expédition, devait rendre nos positions très-précaires.

20 Mars. En partant du ruisseau Chaticò, nous marchâmes à l'O. S. O., l'espace de trois lieues, nous dirigeant sur une colline assez élevée, flanquée de deux autres, qui le sont un peu moins; là, nous changeâmes de direction, au S. O., et nous parcourûmes quatre à cinq lieues, à travers un terrain fréquemment coupé de profonds ravins. Nous fîmes halte sur les bords du *Rio Sauce grande* (grande rivière du Saule), nom qui lui est commun avec une autre rivière moins considérable, que toutes deux doivent aux saules dont elles sont bordées. Je voyais enfin des arbres, les seuls qu'ait plantés la nature dans tout le trajet de Buenos-Ayres à la baie Blanche; aussi éprouvai-je une sensation délicieuse, en m'asseyant sous leur ombrage; et ma vue, si long-temps fatiguée de la monotonie et de l'aridité des Pampas, se reposait avec bonheur sur leur tendre verdure, reflétée par les eaux limpides de la rivière qui baignait leurs racines.

Le Sauce court, sur ce point, au S. S. E.; il est large de cinq ou six mètres, et profond d'un mètre à un mètre et demi. Le cours en est rapide : les eaux en sont des plus claires; il occupe le milieu d'une vallée profonde, qui peut avoir mille mètres de largeur. L'après-midi nous le côtoyâmes, en le remontant l'espace d'environ une demi-lieue, afin de chercher un gué commode pour la charrette. Le passage ayant présenté des difficultés, nous fûmes obligés de camper et de passer la nuit sur l'autre rive. Tout le long du Sauce règne un chemin frayé par les Indiens, et à chaque pas nous trouvions des traces plus ou moins anciennes de leurs campemens : l'un d'eux paraissait avoir été abandonné précipitamment, et nous y trouvâmes des peaux, deux lazos, un sac plein de sel, et un autre dans lequel se trouvait un soulier de femme, provenant, sans doute, du pillage de quelque habitation ; car les Indiennes marchent nu-pieds. La nuit un orage se déclara, avec un fort coup de vent de Sud, et un peu de pluie. 1828. Rio Sauce.

En partant du Rio Sauce grande, nous suivîmes, pendant six à sept lieues, la direction S. O., et nous nous arrêtâmes près d'un bas-fond ou lagune desséchée ; on avait pratiqué, sur ses bords, des trous peu profonds, dans lesquels nous trouvâmes de l'eau potable, quoique saumâtre. J'appris des guides que ce lieu se nomme *Manantiales de Napostà* (les sources de Napostà), et qu'il sert de halte aux Indiens qui vont et viennent du Rio Colorado vers le Nord, et réciproquement. La côte du Rio Sauce, sur une largeur de trois lieues environ, offre un terrain légèrement ondulé, couvert de pâturages passables ; mais, au-delà, il devient tout à fait aride, presque sans herbe, et il est miné, de toutes parts, par les rats appelés, d'après leur cri, *tucutucu*[1], d'où le nom de *tucutucales* donné à ces terrains si pénibles à franchir, et qu'on nomme aussi *guadal, campo guadaloso*. A défaut de pâturages, ils nourrissent un petit arbuste épineux, le chañar des habitans ; arbuste caractérisant les terrains sablonneux qui circonscrivent le bassin proprement dit des Pampas, et qui couvrent une partie des déserts de la Patagonie. Après midi, nous changeâmes de direction, portant à l'O. S. O., quatre à cinq lieues. La marche devenait de plus en plus difficile, et nos malheureux chevaux, enfonçant jusqu'à mi-jambe, étaient près de nous refuser le service, lorsque nous atteignîmes des hauteurs ou dunes, d'où nous aperçûmes la mer. 21 Mars.

Je touchais au but de mon voyage. Au plaisir de l'avoir atteint sans accident, se joignait celui de contempler l'Océan, que je n'avais pas vu depuis plusieurs années, et dont la surface azurée faisait diversion à l'aspect jaunissant et morne des plaines que je parcourais depuis si long-temps. Le vaqueano, qui avait pris les devans, vint me prévenir qu'il avait aperçu un bâtiment à deux mâts, mouillé dans la baie : ce ne pouvait être que le navire Baie Blanche.

1. Encore une espèce du genre Éténome.

1828. envoyé de Buenos-Ayres, avec les matériaux propres aux constructions qui devaient s'exécuter dans le nouvel établissement; ainsi tout concourait à assurer le succès de l'entreprise, et je fus soulagé d'un grand poids, en voyant se dissiper les inquiétudes que j'avais nourries, jusqu'alors, sur le résultat de ma mission. Nous marchâmes encore une lieue à l'O. N. O., à travers des terrains minés et couverts de chañars; puis, descendus des coteaux qui bordent le bassin de la baie Blanche, dans une plaine étendue entre leur pied et le rivage de la baie, nous arrivâmes au bord d'une petite rivière, que nous apprîmes postérieurement être le *Napostà* des Indiens, ou le *Sauce chico* des Espagnols, et qui court, sur ce point, du N. O. au S. E. Nous campâmes au milieu de bons pâturages, résolus à nous fixer provisoirement dans ce lieu, jusqu'à ce qu'une plus ample reconnaissance de la baie m'eût permis de choisir l'assiette de l'établissement projeté.

Baie Blanche.

22 Mars. Le lendemain je montai à cheval, accompagné du chef du détachement; et, côtoyant les dunes qui entourent la baie, je me dirigeai à l'E. S. E., pour chercher le navire aperçu la veille. Sur notre droite, nous voyions d'immenses terrains plats, couverts de plantes et d'arbustes maritimes, au milieu desquels se distinguaient de grands espaces nus, blanchâtres, superficiellement chargés d'efflorescences salines, qui brillaient au soleil; le tout inondé, à l'époque des grandes marées. Je gravis, à deux reprises différentes, le sommet des dunes, pour diriger ma lunette sur la baie, où je n'apercevais pas même la mer, parce que la marée était très-basse, et qu'elle abandonne, alors, tout le sol ras qui en constitue le fond. Nous parvînmes, enfin, à une pointe élevée, d'où nous découvrîmes la baie dans toute sa largeur, et le bâtiment mouillé à environ une demi-lieue plus loin. Nous prîmes le galop sur une plage de sable, semée de coquilles; nous passâmes sur un banc de roche, environné de grands amas de cailloux roulés de toute couleur, et nous arrivâmes au bord d'un ruisseau dans lequel la marée basse avait fait échouer le navire. Nous trouvâmes à bord M. Enrique Jones, son propriétaire, et le pilote Laborde, avec six matelots français, formant l'équipage d'une baleinière destinée pour la baie : le ruisseau a reçu le nom d'*Arroyo Pareja,* dans une reconnaissance faite antérieurement par mer : il n'a qu'environ une demi-lieue de cours, sans eau douce; il présente un très-bon port pour trente à quarante navires, qui resteraient échoués, à mer basse, sur un fond de vase. Don Enrique avait fait creuser, aux environs, un puits, qui lui fournissait, à deux ou trois pieds de profondeur, de l'eau potable. Comme il n'y avait, dans le voisinage, que des dunes, des guadales, et aucun lieu

propre à l'établissement, je décidai, malgré la bonté du port, que le bâtiment attendrait le choix d'un endroit plus convenable, afin d'y venir mouiller; et je pris le parti de rester à bord pour aller reconnaître, avec la baleinière, la bouche de la rivière sur laquelle nous étions campés. J'avais envoyé, le matin, le vaqueano dans une direction opposée, avec mission d'examiner le terrain. Il était allé jusqu'à *Vaca loncoy* ou *Cabeza del Buey* (la Tête du bœuf), dune élevée, qui se trouvait en face de nous, sur la côte sud, et il avait trouvé impraticable tout le bas-fond qui entoure la baie, surtout sur la côte opposée, où l'on ne rencontre que des *cangrejales* (crabières); tandis que le sol sur lequel nous nous étions arrêtés, offrait, sur une assez grande étendue, de bons pâturages, et un plateau très-uni et très-vaste, propre à l'assiette d'un village. J'avais aussi chargé l'officier qui m'accompagnait de parcourir les rives du Napostà, jusqu'à son embouchure; et, le lendemain, tandis qu'un vent très-violent s'était élevé et me forçait de rester à bord du navire, il côtoya la rivière jusqu'à son embouchure, et constata que la route était praticable, même pour des charrettes, jusqu'au rivage de la baie, quoique la haute mer en couvrît quelquefois une partie. Pour se rapprocher de l'embouchure, il fit passer la rivière à notre troupe, et alla camper une demi-lieue plus bas, à environ trois quarts de lieue de la côte.

1828. Baie Blanche. 23 Mars.

Le vent continuant à souffler avec violence, et s'opposant à mon projet de reconnaissance par eau, le vaqueano m'amena un cheval sellé, dont je profitai pour retourner au camp par terre; mais je donnai ordre au pilote de s'embarquer dans la baleinière, afin de gagner l'entrée du Napostà. Chemin faisant, j'aperçus, du haut des dunes, les voiles blanches de l'embarcation, qui cinglait vers le fond de la baie; je pris le galop pour la devancer, et j'arrivai au camp une demi-heure avant le coucher du soleil. Dès que j'eus mis pied à terre, je fis monter un homme sur le toit de la charrette, pour qu'il pût suivre la marche de la baleinière qui s'avançait sous voile, et paraissait s'approcher de l'embouchure: j'envoyai un autre homme à la côte pour faire des signaux; mais la nuit étant survenue, mon messager reparut au camp sans avoir rien aperçu, ce qui me donna quelque inquiétude sur la manière dont nos marins allaient la passer; aussi le lendemain, 25, montai-je à cheval de grand matin, me dirigeant vers la bouche, accompagné de l'officier et du vaqueano. La marée de la veille avait envahi toutes ces nappes blanches, couvertes d'efflorescences salines, et dont l'éclat m'avait frappé à notre arrivée; mais je vis clairement qu'on pouvait débarquer, sans danger, tous les objets non susceptibles de s'altérer par l'humidité, et qu'il serait facile d'élever un terre-plein propre à servir

24 Mars. 25 Mars.

1828. Baie Blanche. de batterie et de lieu de décharge pour les bâtimens. Tout le terrain, du cap à la côte, est ferme, et offre un bon chemin de charrettes. La rivière est profonde à son embouchure; elle coule sur un fond de vase, qui est aussi celui de tout l'intérieur de la baie: en cet endroit elle est fort étroite et ne présente qu'un canal, de sorte qu'à la marée basse on n'aperçoit qu'un filet d'eau entre deux plages de vase. La petite rivière Napostà traverse l'une d'elles, pour se décharger dans le canal de la baie; et les nombreuses sinuosités que forme son lit, ne peuvent se révéler à marée haute, qu'au moyen de balises, dont l'établissement me parut indispensable. Grâces à ces précautions, les embarcations et même les petits navires pourront remonter la rivière jusqu'à moitié chemin de la côte à la nouvelle colonie. Ne trouvant aucune trace de la baleinière, je fis allumer des feux et planter un drapeau, espérant que ces signaux seraient vus par son équipage; et j'allai, avec le vaqueano, reconnaître la colline dont il m'avait parlé. Nous suivîmes les bords de la rivière, qui fait un grand nombre de détours, et nous découvrîmes un fossé dont les Indiens avaient clos le terrain qu'embrasse l'une de ses sinuosités, sans doute afin d'enfermer des chevaux. Je jugeai que ce réduit pourrait nous fournir un abri, en cas de danger. Les renseignemens que le vaqueano m'avait donnés sur la colline étaient exacts : elle présente un vaste plateau, bordé, au Nord et à l'Est, par le Napostà; le terrain en est uni, ferme et propre à l'agriculture. C'est le seul des environs qui réunisse ces avantages. Je fus enchanté de la situation; et, après l'avoir bien reconnue, je me décidai définitivement à y asseoir le fort. De retour au camp, j'écrivis au capitaine du navire, en lui annonçant que mon choix était fait, et que je le priais de venir mouiller près de nous. L'officier se chargea de porter ma lettre, et de demander quelques vivres; car toutes mes provisions, ainsi que celles des autres personnes de l'expédition, étaient épuisées. J'avais envoyé un homme à cheval à l'entrée de la rivière: il devait y rester en vigie, et attendre la baleinière: mais il revint le soir, sans avoir rien découvert; et l'officier, de retour du bâtiment, annonça qu'elle n'y était pas retournée. Mes inquiétudes sur le sort des marins qui y étaient embarqués devinrent plus vives. Je me perdais en conjectures sur les causes de leur disparition.

26 Mars. Le lendemain matin, je fis allumer, de nouveau, de grands feux, et parcourir la côte par quelques hommes à cheval; tandis que les autres, accompagnés des Indiens, se répandaient dans la campagne, pour chasser et nous procurer des vivres. Nos chasseurs, ayant aperçu, entre la rivière et les Manantiales de Napostà, une multitude de caracarás et d'urubus, qui planaient dans les airs,

suivirent cette direction; c'était un signe certain que quelques cadavres gisaient en ce lieu, et c'est ainsi, souvent, que les habitans des campagnes découvrent les restes de quelque pièce de bétail, qui leur a été dérobée par le jaguar ou par des malfaiteurs. Nos gens trouvèrent effectivement le corps d'un Indien, mort tout récemment, et ne manquèrent pas de le dépouiller, à l'instant, de ses vêtemens; du reste, leur battue fut peu fructueuse, parce que les naturels qui habitaient ces cantons avaient tout détruit. Lorsque ces derniers chassent, armés de leurs bolas, ils forment un grand arc de cercle double, de sorte qu'il ne leur échappe aucun animal : celui que manque le premier rang des chasseurs, tombe infailliblement sous les coups du second; et tout meurt, jusqu'aux perdrix. Un canton habité quelque temps par des Indiens, ne présente bientôt plus d'autres êtres vivans que les oiseaux de proie. Malgré cette dévastation, nous eûmes, pour notre part, quelques quartiers de cerfs guaçu-ti, dont les habitans ne mangent que les femelles, à cause de la répugnance que leur inspire la forte odeur d'ail qu'exhale le mâle. J'en ai cependant essayé, et il m'a paru très-bon, d'un goût analogue à celui du chevreuil d'Europe. On nous donna aussi des tatous *peludos, pichi* et *matacos*[1]. Ces derniers, dont je goûtais pour la première fois, offrent cette singularité, que, lorsqu'ils sont effrayés, ils se renferment dans leur carapace, en en formant une boule, restant alors dans une immobilité complète, et se laissant même emporter ainsi à cheval, pendant fort long-temps, sans dérouler leur prison sphérique: leur chair est moins délicate que celle des deux autres espèces, et les Indiens ne les utilisent que lorsqu'ils ne trouvent rien de mieux. Quant aux pichis et aux peludos, ils sont extrêmement gras, et revêtus, quelquefois, d'une couche de graisse de deux doigts d'épaisseur; les pichis sont un mets aussi délicat que les mulitas ou tatous-mulets. A ces provisions de chair fraîche, furent joints quelques vivres que m'avait envoyés Don Enrique, et notre subsistance se trouva assurée pour plusieurs jours.

Dans l'après-midi, l'incertitude à l'égard des gens de la baleinière durait encore, et aucun des éclaireurs n'en avait apporté de nouvelles, lorsque nous vîmes, tout à coup, s'élever une grande fumée au fond de la baie. J'envoyai, de suite, trois soldats reconnaître d'où elle provenait; ils revinrent à la nuit, et nous dirent avoir rencontré la barque, avec son équipage, à moitié mort de faim, et demandant des vivres à grands cris. Au même instant, des Indiens du cacique Tetruel vinrent nous visiter, et nous annoncèrent que l'expédition

1. Tatou apar, *Dasypus apar*, Desm., Mamm., esp. 581.

1828. Baie Blanche.

était en route, et qu'elle ne tarderait pas à arriver : cette heureuse nouvelle et le plaisir d'avoir retrouvé la chaloupe, répandirent la gaîté dans notre petit camp. Des conversations animées s'engagèrent parmi les groupes accroupis autour des feux, où grillaient les produits de la chasse, et se prolon-
27 Mars. gèrent fort avant dans la nuit. Impatient de porter secours aux pauvres matelots de la baleinière, je montai à cheval de bonne heure, et je me dirigeai vers le fond de la baie, à travers la plaine comprise entre les salitrales et les dunes; bas-fond qui présente d'assez bons pâturages. Après avoir marché environ quatre lieues, j'entrai sur les plages salées que la marée avait couvertes la veille, ce qui rendait le trajet très-difficile; j'apercevais devant moi, à la distance de deux lieues, une interruption entre les dunes. Je demandai au vaqueano d'où elle provenait : il me dit que c'était une gorge, et qu'au fond coulait une petite rivière, formant la pointe extrême et comme le prolongement de la baie; aussi rencontrâmes-nous plusieurs coupures creusées par ses divers bras ; deux entr'autres assez larges et assez profondes pour donner entrée à des navires; mais leurs bords n'offrent aucun point propre au débarquement. Tous les terrains des environs sont vaseux, et, sur les bords même, ne présentent qu'une vase plus molle et pleine de trous de crabes, ce qui leur a fait donner, par les habitans, le nom de cangrejales; car, à peine les chevaux y posent-ils les pieds de devant, qu'ils y tombent et s'y enfoncent jusqu'au ventre ; quelquefois même il devient impossible de les en retirer, et ils y périssent. Le cavalier, alors, n'a d'autre parti à prendre que de se jeter de côté; et, s'il voit que le sol ne peut le supporter debout, il s'en retire, en se traînant à plat ventre.

Nous trouvâmes, sur la rive de l'un des ruisseaux, un énorme amas d'ossemens de vaches, qui provenait, sans doute, d'un chargement de viande salée qu'un bâtiment était venu faire dans cet endroit quelques années auparavant, lorsque ces parages nourrissaient encore des troupeaux sauvages, qui, depuis, ont complétement disparu. Je vis par là que ce cours d'eau avait été pris mal à propos pour l'embouchure du Rio Napostà ou Sauce chico, et que celle-ci n'était pas connue avant notre arrivée. Nous vîmes, au lieu où nos soldats avaient, la veille, rencontré l'équipage de l'embarcation, un feu encore allumé; mais, en suivant les traces des matelots sur la vase, nous reconnûmes qu'ils étaient partis; la baleinière était amarrée dans un petit canal, une lieue plus bas. J'en conclus que, pressés par la faim, ils s'étaient dirigés à pied vers le camp; et, effectivement, à notre retour, nous y vîmes deux matelots qui s'y étaient rendus pendant notre absence. Ils nous dirent que, le jour de leur départ du navire, ils avaient manqué l'embouchure du Napostà, parce que leur patron, malgré les renseignemens que je lui avais donnés sur la localité et sur la distance, s'était obstiné à nous chercher dans le fond de la baie; qu'épuisés de fatigue et de besoin, et ne nous trouvant pas par eau, ils avaient, enfin, pris le parti de nous chercher par terre. L'après-midi, arrivèrent successivement deux autres de leurs camarades; puis le patron, avec les deux derniers, à demi morts de faim et de soif, et conduits par mes Indiens, qu'ils avaient, fort heureusement, rencontrés. Ils durent probablement la vie à l'humanité de ces sauvages; car ils erraient au hasard, et leurs forces étaient complétement épuisées par trois jours d'un jeûne absolu.

Baie Blanche.

Dès notre arrivée, le cacique Venancio avait envoyé un exprès à son lieutenant Montero, campé, avec le reste de son monde, sur les rives du Colorado; il arriva dans la soirée, accompagné d'un envoyé du même Montero. Ces Indiens nous apprirent qu'ils avaient vu neuf hommes à cheval vers la Cabeza del Buey : ils les supposaient des espions, ou l'avant-garde des Indiens ennemis, qu'ils assuraient venir en grand nombre, dans l'intention de nous attaquer et de s'opposer, de tout leur pouvoir, à notre établissement, regardé par eux comme un empiétement sur leurs possessions; ils les disaient, de plus, instruits de notre peu de force, et n'ignorant pas que le reste de l'expédition n'arriverait que plus tard. Ils ajoutèrent, enfin, que l'ennemi était attendu sous trois ou quatre jours, au plus; que la dissention s'était mise parmi les gens de Montero, dont une partie était soulevée; qu'ils étaient au moment d'en venir aux mains, et que plusieurs d'entr'eux avaient déserté, pour rejoindre les hordes de Pincheira, dont nous étions menacés. Nous résolûmes de ne pas mépriser entièrement ces nouvelles, et de pourvoir à notre sûreté. Notre première mesure fut de placer des avant-postes sur tous les points; et nous songeâmes à nous fortifier dans un coude du Napostà. Ce qui semblait justifier ces précautions et indiquer quelque danger réel, c'est que le cacique Venancio parut frappé de terreur; aussi assembla-t-il tous les siens, et tint-il conseil avec eux pendant toute la nuit. Notre position paraissant devenir plus critique, 28 Mars. nous dépêchâmes, dès le lendemain, un exprès au colonel Estomba, pour l'engager à hâter sa marche, et à nous envoyer quelque renfort de troupes; nous formâmes aussi deux détachemens, chargés de battre la campagne et de nous avertir au moyen de fumée, s'ils apercevaient quelque chose : ce genre de signaux est le télégraphe employé par les Indiens. Le détachement dirigé sur la Cabeza del Buey, pour chercher les traces des neuf hommes, que les Indiens disaient avoir vus, revint vers le soir, et déclara qu'il n'avait pu les

1828. découvrir. Plus tard, nous eûmes une très-chaude alarme. Deux Indiens de Venancio, étant allés en éclaireurs dans la campagne, donnèrent dans un groupe de cavaliers et prirent aussitôt la fuite, se repliant sur notre camp. On les poursuivit, et l'un d'eux fut atteint; l'autre accourut tout épouvanté, en criant que l'ennemi arrivait sur ses pas, que son compagnon était prisonnier, et qu'il avait aperçu une fumée, signal convenu. A l'instant tout se met en mouvement; on selle les chevaux, et l'on s'occupe des préparatifs du combat. Nous prenions des dispositions pour effectuer notre retraite, lorsque le second détachement, commandé par l'autre vaqueano, arriva : c'était le prétendu groupe ennemi qui avait poursuivi l'éclaireur, et qui ramenait son camarade, en l'accablant de plaisanteries sur sa frayeur prématurée. Remis de cette fausse alerte, nous reconnûmes quelle espèce de fond il fallait faire sur des indigènes. Vivant continuellement en guerre entr'eux, ils sont parvenus à s'inspirer mutuellement une telle terreur, que le moindre accident devient pour leur imagination mobile un sujet d'appréhension. A peine ont-ils assis leur camp dans un canton qu'une panique, semblable à celle de ce jour, les fait fuir à une grande distance, et jamais ils ne se couchent avec une sécurité parfaite. Le matin j'étais allé, avec le patron de la baleinière, lui faire connaître l'embouchure du Napostà; nous côtoyâmes la rive gauche. Je la trouvai couverte de broussailles et inondée presque sur tous les points, par la haute mer; ce qui me décida à choisir la rive droite pour nous y retrancher, en cas de nécessité, et pour la décharge du bâtiment. Le patron, ayant bien reconnu la position de la bouche, je l'envoyai, avec trois matelots, chercher la baleinière, restée échouée dans le fond de la baie : ils furent de retour vers le soir, et je m'embarquai avec eux pour remonter la rivière, jusqu'au coude choisi pour notre réduit provisoire; elle dessine, jusqu'à ce point, un très-grand nombre de sinuosités, mais tellement rapprochées que je reconnus qu'il serait facile, au moyen de saignées, de redresser tout à fait son cours. Sur ces entrefaites, la chaloupe du navire vint, en sondant, jusqu'à une certaine distance de la bouche; puis elle vira de bord, et s'en retourna. J'appris, par un soldat venu du navire, qu'elle n'avait pas trouvé d'eau; mais il était clair pour moi qu'elle n'avait pas suivi le chenal, ni aperçu l'entrée de la rivière, qui paraît très-difficile à reconnaître du large, ce qui me confirma dans l'opinion qu'elle avait été ignorée jusqu'alors.

Baie Blanche.

29 Mars. Nous fûmes réveillés, le 29, par l'arrivée de plusieurs Indiens du cacique Tetruel, qui venaient nous annoncer que leur chef était allé au-devant du colonel Estomba, et que, probablement, le convoi devait se trouver de ce côté

de l'Arroyo Salado; heureuse nouvelle, qui retrempa un peu le moral de notre petite troupe, et fit, surtout, le plus grand plaisir au cacique Venancio et à ses Indiens alarmistes. Je m'embarquai dans la baleinière, et j'allai à bord du bâtiment que j'attendais avec impatience. Le patron opposa mille objections à mon projet de le faire passer plus avant. Le véritable motif de sa répugnance était son intérêt personnel; car il était avantageux pour lui de décharger sur le point où il se trouvait, sans être obligé d'appareiller de nouveau; mais je tins ferme, et il se détermina, enfin, à mettre à la voile le lendemain. Le vent s'opposant, dans la journée du 30, à notre sortie du ruisseau Pareja, je restai à bord; le surlendemain, 31, nous appareillâmes, vers le soir; mais le bâtiment échoua dans un coude du ruisseau; et, le jour suivant, voyant que la marée ne montait pas assez pour le remettre à flot, je m'embarquai dans la baleinière, pour retourner au camp. Un autre contre-temps m'empêcha d'y arriver le jour même : ne pouvant reconnaître, dans l'obscurité, la bouche du Napostà, nous échouâmes, et je fus obligé de passer la nuit dans la baleinière; nous ne pûmes remonter la rivière qu'à la marée du lendemain. Quant au navire, il n'arriva que deux jours après au mouillage que j'avais indiqué; et peut-être eût-il tardé davantage, sans les nombreuses balises que j'avais eu l'attention de placer sur les bords du chenal, où, à mer basse, il y avait encore deux brasses d'eau sur fond de vase et gravier. Le patron fut forcé de convenir que le port était excellent; que le jugement qu'il en avait porté était entièrement faux; et l'on s'occupa immédiatement de décharger. Je fis empiler les bois de construction à la pointe près de l'embouchure; et, au moyen de petits radeaux, une partie de la cargaison fut remorquée jusqu'au coude dont j'ai parlé, qui se trouve à un quart de lieue dans les terres. Lorsqu'on aura redressé le cours de la rivière, les embarcations et même les petits bâtimens pourront, facilement, remonter avec les marées jusqu'à ce point; ce qui sera très-avantageux, parce qu'il n'en est aucune qui puisse porter l'inondation jusque-là, et que, par conséquent, il y aura toujours un chemin ferme et sec pour les charrois. A mon arrivée au camp, j'y trouvai le major Valle, venu de la veille au soir, avec un renfort de vingt hommes et des vivres; il m'apportait une réponse du colonel Estomba à ma lettre. Le convoi devait atteindre ce même jour le Rio Sauce, et le colonel devait nous l'annoncer par deux coups de canon. Dès-lors nos craintes cessèrent entièrement, et je pus m'occuper, en toute sécurité, du débarquement des matériaux, et du projet de fortification que je devais présenter au commandant de l'expédition.

1828. Baie Blanche. 1.er Avril. 2 Avril.

1828. Baie Blanche. La nouvelle de notre arrivée dans ces environs s'était promptement répandue parmi les tribus errantes des alentours; aussi en vint-il successivement plusieurs camper au-dessus et au-dessous de nous, sur les bords du Napostà. Ces Indiens avaient, parmi eux, plusieurs femmes et enfans de race blanche; captifs provenant d'invasions antérieures sur le territoire des chrétiens, et dans lesquelles ils ne tuent que les mâles adultes. Nous songeâmes à racheter ces prisonniers au prix de quelques jumens, monnaie ordinairement employée dans ces sortes d'échanges; mais la chose ne se fit pas sans difficulté, et ce qu'il y a de remarquable, c'est qu'elles provinrent des captifs eux-mêmes, qui s'attachent beaucoup aux Indiens leurs maîtres. Lors de l'expédition du colonel Rauch, contre les tribus du Sud, un grand nombre des femmes blanches qu'il leur avait enlevées, s'échappèrent pour retourner avec les Indiens. Pendant les marches de nuit, elles se laissaient tomber de la croupe des chevaux, sur lesquels les soldats les emmenaient, et se sauvaient à la faveur des ténèbres.

9 Avril. Ayant appris par un billet du colonel Estomba, qui m'avait écrit, la veille, des Manantiales de Napostà, qu'il devait arriver dans la journée avec la première division de charrettes et la cavalerie de l'expédition, je montai à cheval pour aller au-devant de lui; et, l'ayant rencontré à une petite distance, nous arrivâmes au camp vers les dix heures. Après quelques instans de repos, le colonel voulut parcourir les environs. Je lui montrai tous les avantages de la position que j'avais choisie pour l'établissement, tant à cause de la belle colline, sur laquelle devait se bâtir le fort, que de la proximité d'un bon port. Il fut enchanté de tout ce que j'avais fait, et il approuva mes plans. Deux jours après, le reste du convoi arriva avec l'infanterie; le campement général fut établi près de la hauteur de mon choix. Je commençai le tracé du fort, et fis successivement celui du village, des casernes, etc. On se mit à creuser les fossés, et tout mon temps fut consacré à la direction des travaux.

14 Avril. Le 14, Montero, lieutenant du cacique Venancio, arriva du Colorado, accompagné de ses soldats et d'Indiens. Ce Montero, fusillé depuis, sans jugement, par ordre de Rosas, était un officier du Chili, envoyé à la tête d'un détachement de cavalerie, afin de poursuivre, de concert avec le cacique Venancio, les hordes de Pincheira. Ayant été battu, et s'étant laissé couper la retraite, à travers la Cordillère, il avait pris le parti de se réfugier sur le territoire de Buenos-Ayres, où il espérait obtenir les moyens de retourner au Chili. Le lendemain de son arrivée, il passa ses soldats et ses Indiens en revue, nous donnant le spectacle du simulacre d'un combat à pied et à cheval. Il

est impossible de se faire une idée de l'impétuosité de l'attaque de ces sauvages, et des cris horribles qui l'accompagnent. Cette petite guerre était le prélude d'évènemens plus sérieux. Impatient de venger sa défaite, Montero sollicita des secours du colonel et des Indiens pampas, nos voisins, pour aller attaquer la bande de Pincheira. Nous lui fournîmes vingt-cinq hommes et un officier, avec des armes et des vêtemens : cent Pampas se joignirent à lui; et, deux jours après, ils partirent pour le Colorado, sur lequel Montero avait laissé une partie de ses forces. Au bout de quinze jours, nous reçûmes de lui une lettre, nous annonçant qu'il allait se mettre en marche avec cinquante-huit chrétiens, armés de carabines, et plus de quatre cents indigènes, armés de lances et de bolas; et que son intention était de revenir par l'autre côté de la Sierra Ventana.

Notre navire déchargé, on l'expédia pour le Rio negro, en Patagonie, d'où il devait rapporter un chargement de bois de construction. Un autre bâtiment arriva avec une cargaison de matériaux, et l'on déploya toute l'activité possible pour avancer les travaux de l'établissement. Je m'occupais aussi d'observations météorologiques, et de la construction d'une carte détaillée des environs; je reconnus que la campagne, qui borde le Rio Napostà ou Sauce chico, est coupée de plusieurs petits ruisseaux, qui viennent s'y jeter, en descendant des collines voisines; qu'au point où cette rivière quitte les hauteurs pour traverser la plaine, elle coule dans une vallée profonde et étroite, qui vient des montagnes; là, son lit peut avoir sept ou huit mètres de largeur, et son cours est rapide. Si le pays était boisé et animé de quelques habitations, il présenterait un site charmant; mais ce sol, encore vierge de cultures et de plantations, n'offre qu'un paysage morne, dont la vue inspire la tristesse. Les collines entre lesquelles la rivière débouche dans le vallon sont élevées; et, de leur sommet, on domine la baie, qu'on découvre presqu'en entier, de sorte qu'on peut apercevoir, à une grande distance, les bâtimens qui entrent ou qui sortent. La vue plonge ainsi au loin, où l'on voit la rivière serpenter, en traçant de nombreuses sinuosités; un peu plus haut, un banc calcaire coupe son lit, et il en résulte une petite chute d'environ un demi-pied. Les pâturages de toute la vallée sont excellens; et, pour devenir très-bons, il ne manque à ceux des hauteurs qui la bordent, que la présence du bétail.

La construction de ma carte m'occupa pendant tout le mois de Mai. J'avais mesuré avec soin la distance du village à l'embouchure de la rivière; et, prenant cette ligne pour base, j'enchaînai, par des triangles, les points les plus remarquables jusqu'au fond de la baie, où je trouvai un ruisseau sortant

1828. d'une gorge et presque entièrement tari. Il ne restait dans son lit que quelques
Baie Blanche. mares d'une eau très-saumâtre : les bords en étaient couverts d'efflorescences salines; tout le terrain, jusqu'à ce point, présente des traces de fertilité. Aucun incident remarquable ne venait faire diversion à mes occupations; seulement, de temps à autre, nos amis les Indiens nous donnaient de fausses alertes. Tantôt ils avaient aperçu des feux éloignés, tantôt c'étaient des traces récentes de partis ennemis. On poussait des reconnaissances dans la direction indiquée, et l'on ne trouvait rien. Quelques habitans du village de Lobos vinrent visiter notre établissement; le but de leur voyage était de découvrir si, parmi les captifs que nous avions rachetés des Indiens, se trouvaient quelques-uns de leurs parens, qui leur avaient été enlevés dans des incursions faites par les sauvages, quelques années auparavant. Un exprès nous arriva aussi de Patagones, pour nous prévenir que le navire était en charge, et qu'il apporterait incessamment les bois qui nous étaient encore nécessaires. Les travaux se poursuivaient activement : le fossé présentait déjà une profondeur respectable; une caserne était finie, et une seconde commencée. J'avais fait creuser, au milieu du fort, un puits où l'on trouva, à quatre mètres de la surface, de bonne eau, dissolvant bien le savon. Les couches traversées se composent de trois décimètres de terre végétale; puis d'une couche d'argile, mêlée de silex et de pierres calcaires, d'égale épaisseur. Tout le reste est un banc d'argile calcaire, très-dure, semblable à celle à ossemens qui forme le fond des Pampas, et s'étend jusqu'aux montagnes. La surveillance des travaux ne réclamant plus aussi impérieusement ma présence, je résolus de reconnaître le cours du Napostà, jusqu'à la Sierra Ventana.

11 Mai. Je fis mes préparatifs le 11 Mai, pour partir le lendemain; mais de grands feux, très-éloignés, que nous aperçûmes dans la nuit, me firent hésiter un instant. Cependant l'incendie s'étendant peu à peu, de manière à rougir tout l'horizon de l'O. N. O. jusqu'au Nord, j'en conclus que c'était un de ces embrâsemens fortuits, si communs dans ces vastes plaines, et qu'il n'offrait aucun
12 Mai. indice de danger; aussi le lendemain matin, accompagné du lieutenant-colonel Morel, je me mis en route vers neuf heures, en relevant à la boussole les rumbs suivis, et en faisant mesurer les distances au cordeau. Nous prîmes la direction N. E., et nous parcourûmes deux lieues, au travers de bons terrains abondans en *cebadilla* (espèce de graminée, que l'on estime le plus parmi les pâturages du pays), ce qui nous conduisit à un bouquet de chañars. Nous tournâmes ensuite S. E.; et, après une lieue un quart de marche, nous arrivâmes au bord du Napostà, qui, en cet endroit, a huit

à neuf mètres de largeur : les bords sont coupés à pic et forment une falaise de deux mètres de hauteur au-dessus du niveau de l'eau, dont la profondeur est à peu près égale; mais ici le lit est traversé par une couche de roche qui forme une chute de quelques pouces. Nous fîmes halte, pour laisser reposer nos chevaux; puis, nous continuâmes au N. E., et marchâmes 2,000 mètres dans cette direction, ce qui nous ramena au bord du Napostà, dont le lit, sur ce point, est plus resserré et plus encaissé. Nous mesurâmes ensuite 1,500 mètres au N. O.; puis 3,000 au N. E. Le terrain s'ondule fortement, et les pâturages sont durs : le sol est sablonneux et mou; le banc calcaire se montre de toutes parts à sa surface. Nous côtoyâmes le cours de la rivière l'espace de 1,300 mètres, et nous nous arrêtâmes pour passer la nuit; le Napostà forme, en cet endroit, quatre sauts, à cinquante pas de distance l'un de l'autre. Les deux extrêmes ne sont que de quelques pouces; mais les deux du milieu ont près d'un mètre, et l'eau se brise sur des roches qu'on découvre dans le fond, et qui sont en partie argileuses, en partie calcaires. La couche, sur laquelle coulent les eaux, est de cette dernière espèce. 1828. Baie Blanche.

Le 13, nous partîmes de bon matin, et nous parcourûmes successivement 2,500 mètres au N. O. jusqu'au bord d'un ravin profond, et 5,000 mètres au N. E. jusqu'à la rivière, qui n'offre rien de particulier sur ce point; nous reprîmes la direction N. O., que nous suivîmes pendant 4,000 mètres; puis, nous revînmes à celle du N. E. Au bout de 5,000 mètres, nous arrivâmes au bord de la vallée; et, à 800 mètres plus loin, à celui du Napostà, qui forme, là, une chute de près d'un pied. Ses rives sont toujours escarpées, et dominent de trois à quatre mètres le niveau de l'eau : son lit, plus étroit, n'a que six mètres, environ, de largeur; toute la couche qu'il traverse est argileuse, et le fond est couvert d'une argile gris-bleuâtre très-onctueuse, mêlée d'un peu de sable. Nous nous arrêtâmes pour déjeûner, sans avoir pu encore découvrir les montagnes, parce que l'atmosphère était embrumée; ce qui me contrariait beaucoup. L'après-midi nous nous dirigeâmes au N. O., et nous parcourûmes 5,000 mètres dans cette direction, sur un terrain inégal; 1,500 mètres, suivis au N. E., nous ramenèrent au bord du Napostà, qui présente ici une cascade embarrassée de gros quartiers de roche, et haute de près de deux mètres. Quelques pas au-dessus tombe un petit ruisseau qui arrive par une gorge, dont la direction est du N. E. au S. O., et produit une chute de cinq à six mètres d'élévation; à cette place, le jet peut avoir un pied de diamètre, et son action forme une espèce de puits rond, de trois à quatre mètres de diamètre, dont le niveau est un peu plus élevé que celui des eaux de la 13 Mai.

1828. Baie Blanche.

rivière. Ce puits se dégorge par une petite ouverture souterraine, au travers de laquelle on voit la lumière; et il en résulte un petit pont naturel, qui permet de suivre, sans interruption, la rive gauche du Napostà. Pour être un des plus charmans endroits que j'aie vus, il ne manque à ce site, naturellement pittoresque, que de beaux arbres, et la variété qu'y jetteraient les travaux de l'homme.

A partir de cet endroit, le cours de la rivière s'incline de manière à indiquer sa source vers l'O. La brume continuant à être très-épaisse, nous ne pûmes distinguer les montagnes, et jugeâmes seulement, à la nature du terrain, qui s'ondulait fortement, coupé de profonds ravins, que nous en étions assez près; mais nos chevaux étant rendus, et nos vivres épuisés, nous fûmes forcés de borner là notre exploration, et de retourner à l'établissement. Nous suivîmes le fond de la vallée, en côtoyant la rivière, et nous aperçûmes, un peu plus bas, les traces encore fraîches d'un détachement assez considérable qui avait passé le ruisseau sur un saut, et se dirigeait vers l'intérieur; nous reconnûmes que c'étaient des naturels, parce qu'ils avaient tué une jument sur l'autre bord, pour faire un repas. Je me proposai de communiquer ces renseignemens au colonel, les allées et venues des Indiens n'étant pas des indices à négliger. Deux lieues plus bas, nous croisâmes le grand chemin qui va à Patagones, et qui passe par un gué de la rivière. Nous arrivâmes au soleil couché au point où nous avions passé la nuit précédente, et nous nous y arrêtâmes. Il faisait excessivement chaud, et nous reconnûmes que la brume, qui obscurcissait l'atmosphère, n'était autre chose que de la fumée, provenant des grands feux
14 Mai. que nous avions aperçus dans la nuit d'avant notre départ. Le lendemain, nous partîmes de bon matin, toujours suivant le cours de la rivière, en remarquant que les bords en étaient tout couverts d'ossemens, quelquefois assemblés par grands tas; et que toute la vallée, coupée de sentiers battus, dans diverses directions, produisait abondamment des chardons ou artichauts sauvages, une espèce de crucifère, ressemblant à la moutarde, et, généralement, toutes les plantes qui, dans ces contrées, sont les compagnes inséparables de l'homme. Nous en conclûmes que, de tout temps, les indigènes avaient, en grand nombre, habité ces lieux, et qu'ils avaient possédé de grands troupeaux, ce que confirmaient, d'ailleurs, les restes de plusieurs parcs. Antérieurement les habitans de Patagones venaient, sur ce point, acheter aux Indiens les bestiaux, que ceux-ci dérobaient dans leurs invasions sur le territoire de Buenos-Ayres. Nous arrivâmes au camp vers neuf heures, nous fîmes part au colonel de notre reconnaissance et des traces que nous avions vues; il nous dit que cela

coïncidait avec les nouvelles apportées du Tandil, par des captifs échappés, que les Indiens se disposaient à une incursion dans le courant de la lune actuelle. C'est un usage constant chez eux de placer l'époque de leurs expéditions de manière à pouvoir profiter de la pleine lune pour leurs attaques nocturnes; aussi peut-on, en général, vivre en paix lors des nouvelles lunes. 1828. Baie Blanche.

A mon retour, je repris la surveillance des constructions; le 19, nous reçûmes un courrier de Buenos-Ayres, ainsi qu'un renfort de bestiaux et de jumens pour notre approvisionnement. On me remit, de la part du département topographique, des dépêches qui m'annonçaient qu'un projet de loi avait été proposé à la chambre des représentans, pour accorder 100 lieues carrées à chacun des nouveaux établissemens de la frontière; et l'on m'invitait à mesurer cette étendue, et à placer les bornes qui devaient en fixer les limites. D'autres dépêches, qui arrivèrent le lendemain, contenaient un décret du gouvernement, sur la forme du village, et la distribution de terrains pour la culture et les bestiaux. La lecture de ces instructions, et ma correspondance y relative, m'occupèrent jusqu'au 25, jour anniversaire de l'*indépendance* des provinces du Rio de la Plata. La fête fut célébrée avec autant d'éclat qu'elle pouvait l'être dans notre colonie ébauchée : le drapeau national fut hissé dans le fort, et salué de quatre coups de canon, le matin et le soir; et, pour la première fois, sans doute, l'écho silencieux des environs répéta la détonation de l'artillerie. Il y eut grande parade, distribution extraordinaire de vivres, etc.; rien ne troubla la fête, si ce n'est un vent violent, qui, depuis quelques jours, soufflait sans interruption. Les Indiens m'assurèrent que les mois de Mai et de Juin, sont ceux où les vents les plus forts règnent dans ces contrées. Le lendemain, je me préparai à la reconnaissance de la seconde rivière, qui se jette dans le fond de la baie, et que les indigènes nomment *Manueleo*. 19 Mai. 25 Mai.

Je partis le 27, en compagnie du lieutenant-colonel Morel. Nous suivîmes la direction N. O.; au bout d'une lieue, nous passâmes un ravin profond, à son débouché dans la plaine, et nous mesurâmes deux lieues, en côtoyant les hauteurs qui environnent le bassin de la baie; 3,500 mètres plus loin, nous passâmes la petite rivière salée que nous avions rencontrée les jours précédens, dans notre première reconnaissance. Jusque-là, il y a beaucoup de bouquets de chañars; plus loin, on n'en découvre presque plus; mais toutes les collines, presque dénuées de fourrages et très-pierreuses, sont couvertes de touffes d'un petit arbuste épineux qui ne s'élève pas à plus de deux pieds de terre, et qui est un très-bon combustible. Nous nous arrêtâmes au bout de trois lieues, et fîmes élever un monticule en guise de borne, pour signaler l'angle O. d'un lot 27 Mai.

1828 — Baie Blanche.

de terrain assigné au lieutenant-colonel Morel. Nous continuâmes ensuite notre course, en suivant le même rumb, et mesurâmes trois autres lieues, ce qui complétait six lieues en ligne droite. Trompés dans l'espoir que nous avions conçu de rencontrer l'autre rivière, et la nuit étant sur le point de se fermer, nous fîmes une autre borne, et nous envoyâmes un homme au galop pour reconnaître le terrain à environ une lieue en avant, et découvrir le cours d'eau; il revint sans en avoir aperçu aucune trace Nous n'avions rien pris de la journée; nous mourions de soif, et nos chevaux étaient exténués. Nous résolûmes de marcher toute la nuit vers le Sud, jusqu'à ce que nous eussions trouvé de quoi nous désaltérer. Nous venions de passer la pointe d'un ravin, dans le fond duquel il y avait beaucoup de joncs, *cortadera;* ce qui nous fit présumer que c'était une cañada qui allait se décharger dans la rivière, et nous prîmes le parti de la suivre. Après avoir marché pendant une demi-heure, nous remarquâmes que la cañada commençait à former lit dans le milieu, et que le terrain devenait humide; un peu plus loin, il y avait de la boue, et, enfin, au bout d'une heure de marche, nous trouvâmes l'eau. Quoiqu'elle fût un peu saumâtre, nous nous arrêtâmes pour passer le reste de la nuit.

28 Mai. Je relevai l'aire de vent que nous avions suivie jusqu'alors, et qui se trouva être neuf degrés à l'O. du Sud magnétique; puis celle que nous allions suivre en continuant de côtoyer la cañada, et qui était treize degrés à l'E. du Sud. Nous montâmes à cheval, et, après avoir marché environ une heure, nous débouchâmes dans la vallée, au milieu de laquelle coule la petite rivière, que quelques-uns prétendent être le Sauce chico; mais dont le nom indien est Manueleo. Sa largeur est à peu près la même que celle du Napostà, mais son cours beaucoup moins rapide, et sa surface couverte de plantes aquatiques, comme celle des eaux stagnantes. Ses deux bords forment un large marais coupé de divers petits ruisseaux assez profonds, et plein de différentes espèces de joncs très-élevés. La vallée est beaucoup plus large que celle du Napostà; elle offre de bons pâturages et témoigne, par plusieurs indices, avoir été également habitée par un grand nombre de tribus indiennes. Un peu au-dessus du point où nous abordâmes, se voient, sur les bords de la rivière, quelques saules, et les débris d'une grande tolderia, attaquée, il y a un an ou deux, par les bandes de Pincheira, qui égorgèrent, selon leur usage, tous les malheureux tombés entre leurs mains. On voyait, çà et là, un très-grand nombre de squelettes; ce qui prouve que les Indiens, si soigneux d'enlever le corps des leurs du champ de bataille, n'ont pas l'habitude d'enterrer les cadavres de leurs ennemis. Des hauteurs qui forment la vallée et qui

sont couvertes de chañars, j'observai la direction du cours de la rivière, qui se trouva être, dans une étendue de deux lieues, une plus haut et une plus bas, 83 degrés à l'Est du Sud magnétique. Je fis mesurer sur cette ligne, et en descendant une lieue et demie, nous nous trouvâmes, alors, à l'entrée de la gorge, par laquelle la rivière débouche dans le grand bassin qui entoure la baie; et, là, j'observai que son cours s'infléchit vers le Sud, en suivant le pied des hauteurs qui vont former, dans le Sud-Est, la pointe nommée Vaca loncoy ou Cabeza del Buey. Voyant que nous nous éloignions, de plus en plus, de ses bords, je changeai de direction, et je fis mesurer 3,000 mètres au rumb, quatre degrés à l'Est du Sud magnétique; ce qui nous amena au bord d'un bras qui, près de là, se répand dans un marais, et y forme un grand nombre de petits ruisseaux déchargés dans la baie, et qu'on passe un peu plus bas pour aller à Patagones. Nous nous arrêtâmes pour dîner; nous suivîmes, ensuite, l'aire de 84 degrés à l'Est du Sud magnétique; et, au bout de 4,500 mètres, nous arrivâmes près des grands chañars du fond de la baie et au pied desquels passe le grand chemin du Carmen. Un peu plus sur la droite coulent les divers petits ruisseaux, qui vont se perdre dans les deux canaux principaux de la pointe de la baie, sur le bord de l'un desquels se trouve le grand amas d'os, dont j'ai parlé plus haut. J'ai relevé de ce point la Cabeza del Buey, sous l'angle de onze degrés à l'O. du S.

1828.

Baie Blanche.

Une tribu indienne venait de dresser ses tentes sur les bords de l'un des ruisseaux; je lui achetai une trentaine de peaux de renards, de mouffettes et de chat-tigre. Je bornai là mon excursion, et nous arrivâmes au fort une heure avant le coucher du soleil. Il résulte de la reconnaissance que je venais de faire, que le Napostà est réellement la rivière appelée Sauce chico par tous les voyageurs qui vont à Patagones; et que l'autre n'a été connue, jusqu'à présent, que des Indiens et des militaires qui ont fait partie de quelques expéditions. Quoique le vaqueano m'ait assuré que la source du Manueleo est à la Sierra Ventana, et près de celle du Sauce grande, la partie de son cours que j'ai observée, et la distance de six lieues et au-delà, parcourue dans le Nord-Ouest, sans la rencontrer, prouvent que sa source doit être beaucoup plus dans l'Ouest, à moins qu'elle ne fasse un circuit très-considérable.

Les efflorescences salines que j'ai recueillies sur les bords du Manueleo, ont donné, par l'analyse, 93 parties de sulfate de soude et 7 parties de sel marin; tandis que celles qui ont été recueillies sur les bords de la baie même, ont donné 63 parties de sulfate de soude, et 37 parties de sel marin. Nul

1828. doute que ces efflorescences ne puissent être employées avec quelque avantage dans les arts.

Baie Blanche. 3 Juin. Le 3 Juin nous reçûmes un exprès de Montero, qui nous faisait savoir que, le 15 Mai, il avait atteint les Indiens de Pincheira, après avoir côtoyé pendant huit jours le Colorado; puis coupé au Nord, jusqu'à une rivière plus large et plus profonde, qui doit être le Tunuyan. Ils avaient voyagé continuellement au milieu de bois d'algarrobos, et mis un jour et demi à passer d'une rivière à l'autre : le terrain intermédiaire est aride et dénué de pâturages; ils n'en ont trouvé que sur les rives des deux cours d'eau. Ils apercevaient des montagnes à l'horizon. Au moment où Montero allait surprendre l'ennemi, un des siens déserta et donna l'éveil à ce dernier; ce qui lui permit de passer la rivière et de se réunir. Ce contre-temps ruinait les projets de Montero; aussi fit-il égorger, immédiatement, le cacique du déserteur, qui ne l'avait pas prévenu. Il franchit, néanmoins, la rivière à la nage, avec vingt-cinq carabiniers et cent cinquante Indiens, armés de lances; ayant atteint l'autre rive, sans obstacle, il chargea les ennemis, en tua plusieurs, les poursuivit jusqu'au coucher du soleil, et passa la nuit dans leur camp, qu'il brûla. Le lendemain, ses chevaux se trouvant en très-mauvais état, il se replia sur le point qu'il avait quitté la veille; les ennemis vinrent l'attaquer, sans autre succès que de reprendre les chevaux qui leur avaient été enlevés. Le reste de la division était demeurée de ce côté-ci, et Montero s'y étant réuni à toutes les troupes, se disposa à recevoir l'ennemi, qui n'osa l'attaquer, et se retira en menaçant de venir le chercher bientôt. Parmi le butin se sont trouvées sept ou huit captives, et il est passé de notre côté une vingtaine d'Indiens, avec leurs familles : ils assurent que la force des leurs se compose de six cents, et de deux cents blancs, ayant des armes à feu. Ces derniers sont des déserteurs et des bandits de toutes les provinces voisines des Pampas. Il n'y a que huit jours qu'ils sont de retour d'une expédition dans la province de San-Luis, qu'ils ont ravagée, et dont ils ont emmené plus de cent familles captives : ils disent qu'ils vont attaquer Patagones, qu'ils désirent détruire; qu'ensuite ils viendront à la bahia Blanca, et, qu'enfin, ils iront s'établir du côté du Tandil. Montero annonçait que, sous peu de jours, il serait de retour, et faisait demander des chevaux de selle, et des jumens pour l'approvisionnement. L'exprès ajouta à ces détails, qu'ils avaient trouvé des vestiges d'une habitation munie d'arbres fruitiers, qui sont probablement les restes d'un ancien établissement de la frontière de Mendoza. Le 13, l'officier, parti avec Montero, arriva à la tête de son détachement, ramenant les captives sauvées des mains des Indiens. Le colonel les fit aussitôt vêtir, et les distribua dans les maisons déjà construites. Il m'en donna une, jeune fille de huit ans, ayant une très-jolie figure, et qu'il lui plut de nommer Armide. J'eus plusieurs conversations avec l'officier, et je reçus de lui des détails plus circonstanciés sur leur marche; il m'apprit que, tant qu'ils avaient côtoyé le Colorado, ils avaient fait, au plus, sept ou huit lieues par jour, de sorte qu'ils ont été beaucoup moins loin que je ne l'avais pensé d'abord, et les montagnes qu'ils ont vues ne peuvent être les Andes. Cependant le vaqueano, et plusieurs autres personnes, m'ont assuré qu'il n'y avait aucun groupe de montagnes entre la Sierra Huamini et la Cordillère, et qu'en remontant le Colorado, dans cet intervalle, on trouve de grands bois d'algarrobos de plusieurs espèces, et très-rarement de l'eau. Il y a contradiction entre ces divers renseignemens, et la géographie de tout cet intérieur du continent est encore dans l'enfance. Les détails de l'expédition de Montero servirent, pendant plusieurs jours, d'aliment à nos entretiens, dont les sujets, comme on peut bien le penser, ne pouvaient être très-variés, au fond du désert que nous habitions. Cependant les travaux du fort avançaient rapidement; la construction des logemens tirait à sa fin, et je n'avais plus guère à m'occuper que de choses accessoires, comme magasin à poudre, four à briques, etc. Le 5 Juin, un navire, arrivé de Patagones, nous apporta le reste des matériaux nécessaires. Don Enrique Jones, qui amenait ce bâtiment, y avait chargé plusieurs pieds d'arbres fruitiers, qu'il planta sur les bords du Napostà, et ce service éminent, rendu à la colonie naissante, mérite que la mémoire en soit conservée.

Pour faire diversion à la monotonie de notre existence, j'étudiais les mœurs de nos volontaires, de nos soldats de milice, type du véritable Gaucho, nom qu'on donne, dans le pays, à ces fainéans vagabonds, aimant avec passion le jeu, l'eau-de-vie et les femmes; paresseux par essence, et dont le caractère offre un mélange d'humanité et de vertus hospitalières, avec des coutumes féroces et une insensibilité peu commune. Un jour, à la suite d'une dispute survenue au jeu, source continuelle de discorde, un soldat donne un soufflet à l'un de ces miliciens, qui revenait de l'expédition de Montero. Le milicien se lève sans rien dire, tire son couteau, et le plonge, jusqu'au manche, dans le flanc de son adversaire, qui tombe baigné dans son sang; on l'arrête, on lui met les fers aux pieds, on l'amène devant le colonel. Il se présente avec le plus grand sang-froid, et interrogé, avec indignation, sur le motif d'un aussi horrible attentat, il répond, sans s'émouvoir, qu'il a reçu un soufflet; mais que, du moins, il a eu le plaisir d'éventrer son ennemi, et qu'on peut faire de lui ce qu'on voudra. Menacé d'être fusillé le lendemain, il ne s'émeut en aucune manière, enfonce son chapeau sur ses yeux, et se retire sans daigner saluer son chef. Plusieurs coups de couteau avaient déjà été donnés, et c'est chose commune, parmi les habitans de la campagne de Buenos-Ayres; mais c'était le premier qui compromît la vie de l'un de nos soldats, et le colonel paraissait vouloir faire un exemple; il attendit toutefois, pour prendre une décision, que l'état du blessé ne laissât plus aucun espoir.

Toutes les querelles des Gauchos se vident le couteau à la main; leurs duels ont lieu, ordinairement, en présence de témoins, et sont soumis à certaines lois. Ainsi il leur est permis de tenir leur poncho de la main gauche, et de s'en faire une espèce de bouclier : ils se battent très-rarement à mort; ils ne doivent se toucher qu'au-dessus de la ceinture, et, le plus souvent, tous leurs efforts se bornent à atteindre leur adversaire au visage, et à lui faire une belle balafre; c'est ce qu'ils appellent marquer leur ennemi, par allusion aux bestiaux qu'on marque avec un fer chaud. Le jeu et l'ivresse ne sont pas les seules sources de querelles parmi ces bandits; la jalousie leur met souvent le couteau à la main, et c'est ainsi qu'ils se disputent une maîtresse. Quant à leurs femmes légitimes, ils y tiennent ordinairement fort peu, et les cèdent volontiers : ils les jouent même quelquefois; elles sont plutôt leurs esclaves que leurs compagnes. L'aspect d'un Gaucho n'est pas moins étrange que ses mœurs; ses vêtemens se composent d'un feutre, d'une chemise, d'un caleçon de toile blanche, orné de franges par le bas, d'un chilipa d'étoffe rouge, verte ou blanche, de bottines de peau de cheval, sans semelles et sans coutures, et d'un poncho qu'ils portent tantôt sur les épaules, tantôt noué autour de la ceinture, selon que le temps est mauvais ou beau. Ajoutez à cela d'énormes éperons, un lazo, des bolas suspendus à l'arçon, un long couteau dans sa gaîne, placé derrière le dos, et vous aurez une idée complète de l'accoutrement d'un Gaucho. Il n'emporte, en voyage, ni linge, ni d'autres vêtemens que ceux qu'il a sur le corps; quand sa chemise est trop sale, il la lave dans quelque lagune, au moment de la halte. Toutes ses provisions sont contenues dans son chapeau; elles consistent en tabac et papier pour faire des cigares, un petit sac de yerba, un maté, un jeu de cartes et un briquet. Malgré ce dénûment, le Gaucho est un précieux compagnon de voyage dans les plaines de l'Amérique du Sud; son admirable sagacité dans le choix des haltes, sa promptitude incroyable à allumer du feu et à faire griller un rôti, sans autre combustible que quelques plantes sèches, sa conversation enjouée, ses réparties spirituelles, la patience avec laquelle il supporte toutes les privations, et son sang-froid au milieu des dangers, en font à la fois le plus utile des domestiques et la meilleure des escortes.

Je me préparai, vers le 16 Juin, à faire une reconnaissance de la côte de la baie et de l'embouchure du Rio Sauce grande; mais, au moment où j'allais partir, un incident fit ajourner indéfiniment ce voyage. On s'aperçut que plus de soixante chevaux avaient disparu dans la nuit. On envoya à leur recherche, en diverses directions, et l'on en découvrit les traces, qui suivaient le cours du Napostà, en remontant vers les montagnes: alors un détachement se mit à la poursuite; mais les craintes qu'inspira cet évènement m'obligèrent à rester au fort. Le détachement revint, quelques jours après, sans avoir pu atteindre les voleurs. L'officier qui le commandait calculait avoir fait une cinquantaine de lieues, en suivant les traces, qui traversaient les montagnes et se dirigeaient vers l'Ouest. Il n'avait pu aller plus avant, parce qu'un des chevaux était fatigué; et les voleurs fuyaient avec une telle rapidité qu'ils n'avaient fait que deux haltes dans tout ce trajet. On le reconnaissait aux restes d'une jument, qu'ils avaient mangée à chacune d'elles. Le 18, nous reçûmes la visite du fameux cacique Negro, qui arrivait avec le cacique Chanel, son fils, et une cinquantaine d'Indiens puelches. Il fit beaucoup d'offres de service au colonel, qui l'accueillit avec égards et l'engagea à passer quelque temps auprès de nous. Peu de jours après que cette petite troupe eut assis son camp aux environs du fort, le cacique Chanel vint prévenir le colonel qu'il avait reçu avis de l'approche des ennemis, et que nous devions incessamment être attaqués. Cette nouvelle, au premier abord, ne sembla pas mériter plus d'attention que tous les avis pareils qui nous avaient déjà donné tant de fausses alertes; mais plusieurs incidens vinrent lui donner de la consistance. Quelques Indiens pampas arrivèrent à pied, exténués de fatigue : ils s'étaient échappés, depuis deux mois, des mains d'un certain cacique Muñol, dont ils étaient les captifs; ils nous dirent que ce Muñol avait été au moment de faire la paix avec les chrétiens, mais qu'un autre cacique, nommé Maïca, l'en avait dissuadé, et était parvenu à le convaincre qu'il valait mieux périr que de traiter avec leurs éternels ennemis, et que tous deux, se trouvant dénués de chevaux, étaient allés joindre les Indiens chilenos du Tunuyan, pour marcher contre nous de concert avec eux. Le colonel Estomba ne crut pas devoir négliger des renseignemens qui paraissaient coïncider, et il prit toutes les mesures convenables pour éviter une surprise; malheureusement la désertion s'était mise parmi notre petite troupe, et nous avions déjà perdu cinquante à soixante hommes, quand dix soldats partirent, en une même nuit, avec armes et bagages. On envoya immédiatement à leur poursuite; mais en vain; on ne découvrit pas même leurs traces. L'état fâcheux où nous mettaient à la fois la crainte d'une attaque imminente et la diminution de

1828. — Baie Blanche. — 16 Juin. — 18 Juin.

1828. Baie Blanche.

nos forces, rendait impossible la continuation de mes reconnaissances dans les environs. D'un autre côté, les travaux du fort étaient assez avancés pour que ma présence ne fût plus nécessaire. Je manifestai donc au colonel le désir de retourner à Buenos-Ayres, et il fut convenu que, lorsqu'un demi-front de la fortification serait complétement terminé, il ne mettrait plus d'obstacle à mon départ.

Je m'occupai, dès-lors, des préparatifs de mon retour, et je mis en ordre toutes les notes que j'avais recueillies sur cette contrée sauvage, foulée pour la première fois, peut-être, par un Européen observateur; mais ne pouvant, en ce moment, me livrer à d'autres travaux, je m'occupai spécialement d'observations météorologiques, que je consigne dans la table suivante, laquelle, toute incomplète qu'elle soit, sous beaucoup de rapports, suffira, néanmoins, pour donner une idée de la température et des vents propres aux mois que j'ai passés à la baie Blanche. On remarquera que, sur quatre-vingt-trois jours, il y en a quarante-neuf de vent plus ou moins violent, et un seul de calme. Il y a eu seize jours où il est tombé de la pluie; mais seulement neuf où elle ait eu quelque durée. Enfin, le maximum de chaleur a été de 29 degrés centigrades; et celui du froid de 3 degrés au-dessous de zéro. Je ferai remarquer, néanmoins, que le froid a dû être plus intense quelques jours après la cessation de mon journal; car la glace a acquis jusqu'à trois centimètres d'épaisseur. Nous étions au commencement de l'hiver de ces contrées.

DATES. 1828.	TEMPS.	VENT.	RUMBS.	THERMOMÈTRE à l'air libre et à l'ombre,		OBSERVATIONS.
				au soleil levé.	à deux heures.	
Avril 21.	Clair.	Violent.	N. O.	» »	22°,3	
22.	Nébuleux.	Très-fort.	N. O.	» »	23°,5	
23.	*Idem.*	Fort.	N. N. O.	» »	20° »	
24.	Nébuleux.	Bonne brise.	S.	» »	13° »	Pluie instantanée.
25.	Clair.	*Idem.*	S. S. E.	0° »	12° »	Gelée; glace épaisse de 2 millimètres.
26.	*Idem.*	Petite brise.	»	1° »	» »	
27.	Couvert.	Très-fort.	N. N. O.	» »	12° »	Pluie instantanée.
28.	*Idem.*	Fort.	N. N. O.	» »	17° »	*Idem.*
29.	*Idem.*	Petite brise.	N. N. E.	» »	16° »	*Idem.*
30.	Clair.	Très-fort.	S. O.	» »	17°,5	
Mai 1.	Nuageux.	Bonne brise.	N. E.	» »	17° »	
2.	Clair.	Fort.	O. N. O.	» »	18° »	
3.	Couvert.	Très-fort.	N. N. E.	10° »	20° »	Le vent a augmenté jusqu'à la nuit.
4.	*Idem.*	Petite brise.	O.	» »	18°,5	
5.	Nébuleux.	Fort.	O.	» »	20°,5	
6.	Clair.	Petite brise.	S. S. E.	5° »	17°,5	Gelée blanche.
7.	*Idem.*	*Idem.*	N. O.	0°,5	19° »	Forte gelée blanche.

1828.
Baie Blanche.

DATES. 1828.	TEMPS.	VENT.	RUMBS.	THERMOMÈTRE à l'air libre et à l'ombre, au soleil levé.	à deux heures.	OBSERVATIONS.
Mai 8.	Nuages.	Fort.	N. N. O.	» »	19°,7	
9.	Brumeux.	Très-fort.	N. N. O.	» »	22° »	
10.	Nébuleux.	Fort.	N. N. O.	» »	25° »	
11.	*Idem.*	*Idem.*	N. O.	» »	24°,5	
12.	*Idem.*	*Idem.*	N. N. O.	1°,2	19° »	
13.	Embrumé.	*Idem.*	N. O.	12°,5	21° »	
14.	*Idem.*	Très-fort.	N. N. O.	» »	29° »	Jour le plus chaud, depuis que j'ai commencé mes observations.
15.	Nébuleux.	Bonne brise.	S. O.	» »	13° »	Un orage, dans la nuit, vers le S. O.; il passe du côté des montagnes; tonnerre, pluie.
16.	Couvert.	*Idem.*	N. N. E.	2°,5	13° »	Glace de 5 millimètres d'épaisseur.
17.	*Idem.*	Très-fort.	N. N. E.	10° »	14° »	Gouttes de pluie, la nuit.
18.	*Idem.*	Petite brise.	N.	» »	18°,2	Gouttes de pluie, la nuit; alors vent à l'Ouest.
19.	Nébuleux.	*Idem.*	N. O.	» »	20° »	
20.	*Idem.*	Bonne brise.	N. O.	» »	18° »	Passe à l'Ouest avec violence.
21.	Clair.	Tempête.	S. O.	» »	15° »	Tempête.
22.	*Idem.*	Très-fort.	N. N. O.	» »	21°,5	
23.	Nébuleux.	*Idem.*	N. N. O.	» »	20° »	
24.	Couvert.	Petite brise.	O. N. O.	» »	16°,2	Quelques gouttes de pluie.
25.	*Idem.*	Bonne brise.	N. N. O.	» »	20° »	
26.	Nuages à l'horiz.	Petite brise.	N. N. O.	» »	27° »	
27.	Nébuleux.	*Idem.*	N. O.	» »	25° »	
28.	*Idem.*	*Idem.*	N. O.	» »	25° »	
29.	Quelques nuages.	*Idem.*	S. S. E.	» »	21°,5	
30.	Brumeux.	Bonne brise.	N. N. O.	» »	25° »	
31.	Nébuleux.	Calme.	»	» »	20° »	
Juin 1.	Couvert, pluie.	Bonne brise.	S.	» »	15° »	Pluie et tonnerre; le temps s'élève le soir.
2.	Couvert, brume.	Petite brise.	S. S. E.	» »	14° 4	
3.	Clair.	Bonne brise.	S. S. O.	0°,2	14°,5	
4.	*Idem.*	Petite brise.	N. O.	» »	15°,5	
5.	*Idem.*	Fort.	N. O.	» »	18°,7	
6.	Nébuleux.	*Idem.*	N. O.	» »	20° »	
7.	*Idem.*	*Idem.*	N. O.	» »	19°,6	
8.	Couvert.	Bonne brise.	O.	» »	14°,7	Pluie, le matin.
9.	Nébuleux.	Petite brise.	N. E.	» »	16° »	
10.	Couvert.	*Idem.*	N. O.	» »	18°,6	
11.	*Idem.*	*Idem.*	E. N. E.	» »	17° »	Pluie, tout le soir.
12.	*Idem.*	*Idem.*	N. N. O.	» »	17°,3	
13.	Clair.	Bonne brise.	O. S. O.	» »	13° »	
14.	Nébuleux.	Fort.	N. N. O.	» »	15° »	
15.	*Idem.*	Bonne brise.	O. S. O.	» »	17°,5	
16.	*Idem.*	Très-fort.	N. N. O.	» »	20° »	
17.	Couvert.	Petite brise.	E.	» »	14° »	Petite pluie, à onze heures, jusqu'au soir.
18.	Nébuleux.	*Idem.*	O. S. O.	» »	13° »	Pluie, dans la nuit.
19.	Couvert.	*Idem.*	O. S. O.	» »	10° »	
20.	Clair.	*Idem.*	N. N. O.	0° »	12° »	Gelée blanche.
21.	*Idem.*	Bonne brise.	N. O.	» »	14°,4	

1828.

Baie Blanche.

DATES. 1828.	TEMPS.	VENT.	RUMBS.	THERMOMÈTRE à l'air libre et à l'ombre, au soleil levé.	à deux heures.	OBSERVATIONS.
Juin 22.	Clair.	Bonne brise.	O.	„ „	11° „	
23.	Couvert.	Petite brise.	S. S. O.	„ „	7°,8	
24.	*Idem.*	*Idem.*	N. E.	„ „	10°,2	
25.	*Idem.*	Fort.	N. N. O.	„ „	15°,1	
26.	*Idem.*	Petite brise.	N. O.	„ „	„ „	
27.	Nébuleux.	Bonne brise.	N.	„ „	19° „	
28.	Couvert.	Petite brise.	E. N. E.	„ „	11°,2	
29.	*Idem.*	*Idem.*	O.	„ „	10°,9	Petite pluie fine.
30.	*Idem.*	*Idem.*	S. S. O.	„ „	7°,7	Pluie assez forte.
Juillet 1.	Nébuleux.	Bonne brise.	S.	„ „	7°,8	
2.	*Idem.*	Petite brise.	O. S. O.	3° „	6°,2	Glace épaisse d'un centimètre.
3.	*Idem.*	Fort.	N. N. O.	„ „	9°,6	*Idem.*
4.	Couvert.	Petite brise.	E. S. E.	„ „	8°,1	
5.	Nébuleux.	*Idem.*	S. E.	„ „	10°,7	
6.	*Idem.*	Bonne brise.	N. E.	„ „	12° „	
7.	Couvert.	Petite brise.	S. S. E.	„ „	10°,8	Pluie.
8.	Nébuleux.	Bonne brise.	O. S. O.	„ „	11°,8	
9.	*Idem.*	*Idem.*	O.	„ „	12° 1	
10.	*Idem.*	*Idem.*	O. S. O.	„ „	11°,6	
11.	Nuageux.	Petite brise.	N.	„ „	12°,9	
12.	Nébuleux.	Fort.	N. N. O.	„ „	12° „	

Pampas.

15 Juillet.

Je partis le 15 Juillet, accompagné de douze hommes et de deux officiers. Je ne me dirigeai pas immédiatement sur Buenos-Ayres, mon intention étant de mesurer quelques lots de terrain, et de reconnaître le cours du Sauce grande; aussi laissai-je au fort ma charrette, qui devait me rejoindre plus tard, à un point convenu. Je suivis à peu près la côte de la baie, et fis mesurer quatre lieues dans la direction de 64 degrés à l'Est du Sud magnétique, ce qui formait le front d'un lot, et me plaçait en face de l'Arroyo Parejà; mais, arrivé à ce lieu, je reconnus que le petit nombre d'hommes et de chevaux que j'avais pu obtenir, ne pourrait suffire pour un travail suivi, et je cessai de mesurer, me contentant de relever la Sierra Ventana. Je me proposais de reprendre mes opérations à la bouche du Rio Sauce; mais, ayant perdu des chevaux dans la nuit, je fus forcé d'envoyer à leur recherche deux hommes, qui ne les retrouvèrent pas; de sorte que je me vis, le 17, dans l'impossibilité de continuer, et il fallut renoncer à toute reconnaissance ultérieure. Un des officiers qui m'accompagnaient, retourna au fort pour m'expédier ma charrette; et j'allai l'attendre aux Manantiales de Napostà, qui sont à peu près sur une ligne droite tirée de l'Arroyo Parejà au pic le plus élevé de la Sierra Ventana, à environ trois lieues du premier point. Nous y arrivâmes à une heure, et la charrette nous rejoignit le soir. 1828. Pampas.

Le 18, au matin, nous nous aperçûmes que la moitié de nos chevaux s'étaient échappés pendant la nuit, et je fus obligé d'envoyer deux hommes à l'établissement pour les chercher ou en ramener d'autres. Malgré ce contre-temps, nous partîmes avec la charrette, et nous arrivâmes à quatre heures au Rio Sauce grande. Nous trouvâmes, sur ses bords, une malheureuse Indienne, avec deux petits enfans, et deux chevaux très-maigres. Elle nous dit qu'elle était sœur du cacique Chanel, et qu'elle avait été faite captive par le cacique Muñol, qui avait tué son mari. Il y avait huit jours que cette pauvre femme s'était échappée des mains des meurtriers de son mari; et, depuis ce temps, elle était obligée, tout en soignant ses enfans, de veiller, la nuit, sur les deux chevaux, seule ressource qui lui restât pour les sauver; et il lui fallait, le jour, tout en cheminant au milieu du désert, chercher la nourriture nécessaire pour se soutenir, elle et sa petite famille. Elle avait parcouru ainsi une cinquantaine de lieues, depuis les *Salinas*, où étaient campés les caciques Muñol et Maïca; elle nous apprit que c'étaient eux qui avaient volé les chevaux qui, dernièrement, avaient été enlevés à l'établissement. Nous fîmes quelques petits cadeaux à cette bonne mère; et elle nous donna une partie de sa chasse, qui consistait en tatous pichis et matacos, qu'elle avait attrapés ce jour-là en assez grand nombre. 18 Juillet.

Le 19, nous partîmes à huit heures du matin, et côtoyâmes le Sauce, en le remontant pendant une demi-lieue environ, jusqu'à un gué que nous passâmes au pied des montagnes, à environ trois lieues de distance des plus élevées. Nous redescendîmes un peu le cours de cette rivière, et nous nous arrêtâmes sur ses bords dans un delta qu'elle forme avec un ruisseau dont elle reçoit les eaux. Là, nous attendîmes les deux hommes qui avaient été chercher des chevaux à l'établissement, et qui revinrent porteurs d'une lettre, par laquelle le colonel Estomba m'annonçait l'envoi d'un nombre de chevaux égal à celui que j'avais perdu; malheureusement mes conducteurs maladroits les avaient laissés échapper de nouveau; de sorte que je me trouvais dans le même embarras. Toutefois, ne voulant pas me soumettre à de nouveaux délais, je pris la résolution de continuer mon voyage avec le petit nombre qui me restait. Je partis donc, le lendemain; nous côtoyâmes d'abord et franchîmes ensuite le ruisseau à l'embouchure duquel nous avions campé. Je remarquai qu'un peu au-dessus de sa chute dans le Sauce, il se forme de la réunion de deux bras qui descendent des montagnes. Nous marchâmes tantôt à l'Est, tantôt à 19 Juillet.

1828. l'E. 1/4 S. E., et nous arrêtâmes pour dîner sur les bords du Chaticò. Nous
Pampas. fîmes encore deux lieues l'après-midi, puis nous passâmes la nuit sur les bords
d'un autre ruisseau, composé de plusieurs bras, que nous n'avions pas traver-
sés dans le précédent voyage; parce que la direction, que nous suivions alors,
s'éloignait beaucoup plus des montagnes et de la source de tous ces petits cours
21 Juillet. d'eau. Le 21, nous marchâmes depuis neuf heures jusqu'à deux, et nous abandonnâmes les terrains ondulés, pour entrer dans la plaine où coule du N. O.
au S. E. un ruisseau qui porte le nom de *las Achiras*. Nous trouvâmes, sur
ses rives, des sépultures faites à la hâte, et des membres épars d'Indiens égorgés;
c'étaient les restes de la tribu du cacique Cachal, surprise et massacrée par
les Indiens de Pincheira. Nous nous éloignâmes, le lendemain, de cet abo-
minable spectacle; nous traversâmes l'Arroyo Salado à midi, et nous nous
arrêtâmes pour dîner sur le bord d'une grande lagune saumâtre. Le soir, nous
fîmes halte auprès d'un ruisseau dont l'eau est presque dormante, et qui coupe
la plaine du Nord au Sud.

23 Juillet. Le 23, notre marche fut lente et pénible, parce qu'une roue de la charrette
se dérangea. Nous franchîmes néanmoins un bras de l'Arroyo Quequen, et campâmes auprès d'une très-belle lagune, nommée Lanquen; la campagne, au milieu
de laquelle elle est située, est superbe, et annonce la plus grande fertilité.
25 Juillet. Le 25, après avoir passé le bras principal du Quequen, nous atteignîmes les
montagnes de la Tinta, et couchâmes sur les bords du Chapaleufu. Le 26,
nous atteignîmes le Tandil, où nous nous arrêtâmes un jour, pour faire rac-
commoder la charrette et nous procurer des chevaux. De là, jusqu'à Buenos-
Ayres, nous reprîmes la route frayée que nous avions suivie en venant; nous
arrivâmes à la capitale le 10 Août, sans autre incident remarquable.

TABLE.

Pages.

FIN DU TOME PREMIER.

www.ingramcontent.com/pod-product-compliance
Ingram Content Group UK Ltd.
Pitfield, Milton Keynes, MK11 3LW, UK
UKHW020611230726
13926UKWH00005B/2329